非常规油气勘探开发技术进展与实践

徐凤银　陈　东　梁　为　闫　霞　云　箭　范章群　等　编著

科学出版社

北　京

内 容 简 介

本书系统分析了我国非常规油气资源现状、成果进展、技术瓶颈和发展需求，梳理总结了我国非常规油气勘探开发成功经验，对我国非常规油气资源开发技术与管理提出了方法与建议，为推动我国非常规油气勘探开发技术成果交流与应用、提升研究水平具有现实指导意义。

本书不仅适用于广大石油、天然气、煤炭等地质开发、工程技术与管理人员，也可为其他从事能源和地质有关的科技人员提供参考。

图书在版编目（CIP）数据

非常规油气勘探开发技术进展与实践 / 徐凤银等编著. —北京：科学出版社，2022.7

ISBN 978-7-03-072656-8

Ⅰ. ①非…　Ⅱ. ①徐…　Ⅲ. ①油气勘探 ②油气田开发　Ⅳ. ①P618.130.8 ②TE3

中国版本图书馆CIP数据核字（2022）第114822号

责任编辑：吴凡洁　冯晓利 / 责任校对：王萌萌
责任印制：吴兆东 / 封面设计：赫　健

科学出版社 出版
北京东黄城根北街 16 号
邮政编码：100717
http://www.sciencep.com

北京中科印刷有限公司 印刷
科学出版社发行　各地新华书店经销
*
2022 年 7 月第　一　版　开本：890 × 1240　A4
2022 年 7 月第一次印刷　印张：31 3/4
字数：1002 000

定价：360.00 元

（如有印装质量问题，我社负责调换）

编著委员会

主　编： 徐凤银

副主编： 陈　东　梁　为　闫　霞　云　箭　范章群

编　委： 马信缘　杨　贇　王虹雅　岳宁远　徐博瑞　葛沭杉　王艺诺

彭宏钊　张双源　王　平　陈梦希　冯　堃　李宇新

序

我国非常规油气资源量高达 131.89 万亿 m^3，其中可采资源量 45.3 万亿 m^3，与常规天然气可采资源量基本相当，已成为油气增储上产的重要组成部分。“十三五”期间，我国在页岩气、致密气、煤层气、页岩油、稠油、天然气水合物等领域的勘探开发均取得重大进展与突破。2020 年，页岩气产量 200.8 亿 m^3，致密气产量 482.5 亿 m^3，地面开发煤层气产量 59.8 亿 m^3，非常规天然气产量占天然气总产量的 40%；页岩油在准噶尔盆地、鄂尔多斯盆地、松辽盆地、渤海湾盆地等多个盆地实现重要突破，海上首座大型稠油热采开发平台——旅大 21-2 平台顺利投产，水深 1225m 的南海神狐海域可燃冰第二轮试采取得成功，创造了产气总量、日均产气量两项世界纪录。我国非常规油气开发迎来发展热潮。

预计“十四五”期间，我国非常规油气探明储量将占油气总探明储量的 70% 左右，新建非常规油气产能将占新建油气总产能的 50%以上，为原油、天然气产量持续增长提供强劲动力。尽管如此，我国非常规油气开发依旧处于起步阶段，产业发展面临资源禀赋差、开采难度大、投资回报率低、管理模式不适用、现有工程技术还不能完全满足大规模高效开发要求等许多挑战。

为进一步促进我国非常规油气产业高质量发展，探索非常规油气勘探开发新技术，中国石油学会非常规油气专业委员会与煤层气开发利用国家工程研究中心联合，持续组织开展非常规油气技术交流，收集、整理非常规油气勘探开发前沿技术进展及应用，在科学出版社的大力支持下，编著出版《非常规油气勘探开发技术进展与实践》一书。该书较为系统地总结了我国非常规油气资源现状、成果进展、技术瓶颈和发展需求，分享了非常规油气勘探开发成功经验，对非常规油气资源开发技术与管理提出了方法与建议，对推动我国实现碳达峰、碳中和目标有着十分重要的现实意义。

该书理论联系实际，内容丰富，图文并茂。徐凤银同志作为煤层气开发利用国家工程研究中心负责人，近年来利用自身学术技术优势，为煤层气及其他非常规油气勘探开发技术进步和产业发展做了大量有益工作，取得明显成效，值得高度肯定。特向参与论文撰写和为编辑出版做出积极贡献的同志表示衷心的祝贺和感谢，并愿意将该书推荐给广大石油、天然气、煤炭等专业的地质与开发人员、工程技术人员与管理人员，它也是其他从事能源和地质有关工作的科技人员难得的重要参考书。

中国工程院院士

2022 年 2 月

序

前　　言

2021 年 10 月 21 日，习近平总书记在胜利油田勘探开发研究院考察时强调，解决油气核心需求是我们面临的重要任务。要加大勘探开发力度，夯实国内产量基础，提高自我保障能力。要集中资源攻克关键核心技术，加快清洁高效开发利用，提升能源供给质量、利用效率和减碳水平①。总书记重要讲话精神和重要指示要求，为我们谋划长远、做在当前指明了方向，我们必须坚定不移地做好能源安全保障工作，加快能源科技自主创新步伐，把能源的饭碗牢牢端在自己手里。

近年来，我国在页岩气、致密气、煤层气、页岩油、稠油、天然气水合物等领域的勘探开发取得重要突破与进展，2020 年非常规油气产量占油气总产量的 25%，近 10 年年均增长 1.2 亿 t 当量，年平均增长率 9%。长宁—威远、川南等页岩气田已成为我国天然气产量的主要增长点；长庆油田致密气年产量突破 330 亿 m^3，仅苏里格气田高效开发示范区中就有 31 口气井日产量超过百万立方米；鄂尔多斯盆地东缘 2000m 以深的煤层气勘探开发取得重大突破，形成 2000m 以深探明地质储量规模达到 1100 亿 m^3 的整装煤层气田，水平井单井日产量达到 10.1 万 m^3，展示了光明的开发前景；渤海油田海上首座大型稠油热采开发平台——旅大 21-2 平台顺利投产，填补了我国海上油田稠油规模化热采的技术空白；南海神狐海域可燃冰第二轮试采取得成功，创造了“产气总量 86.14 万 m^3、日均产气量 2.87 万 m^3”两项新的世界纪录，实现了从探索性试采向试验性试采的重大跨越。

为进一步探索非常规油气勘探开发新技术，促进非常规油气技术交流，助力非常规油气产业高质量发展，中国石油学会非常规油气专业委员会联合煤层气开发利用国家工程研究中心，在组织召开“非常规油气勘探开发技术交流会”的同时，由煤层气开发利用国家工程研究中心和《煤田地质与勘探》编辑部共同组成编委会，系统梳理了交流会上关于非常规油气勘探开发技术的创新成果，分析研判技术发展趋势，认真筛选其中优秀论文，与作者反复沟通协调，组织编著并公开出版发行本书。全书共分四篇，分别为煤层气篇、页岩油气篇、致密油气篇和综合篇。由徐凤银整体策划，由陈东、梁为、闫霞、云箭、范章群、马信缘、杨赟、王虹雅、岳宁远、徐博瑞、葛沭杉、王艺诺、彭宏钊、张双源、王平、陈梦希、冯堃、李宇新等负责审稿，并由徐凤银最终审定。特别令我们感动的是 97 岁高龄的翟光明院士，仍然在不断关注非常规油气技术与产业发展，关注学术交流，关注青年人培养，对书中的很多文章都做了认真审阅、提出问题，并欣然为本书作序，给予我们极大的鼓励。在会议组织和书稿梳理、编辑出版过程中，得到广大技术人员、专家和教授的积极参与，得到中国石油学会及各有关非常规油气勘探开发企业事业单位、科研院所及高校的大力支持；煤层气开发利用国家工程研究中心、中石油煤层气有限责任公司对本书编著出版提供了大量帮助，在此深表感谢。

本书涉及非常规油气勘探开发的地质、工程、经济评价和管理等各个方面，编著难度较大，难免挂一漏万，加之编著者水平有限，不足之处在所难免，敬请读者斧正。

本书编委会

2022 年 2 月

① 习近平主持召开深入推动黄河流域生态保护和高质量发展座谈会并发表重要讲话. http://www.gov.cn/xinwen/2021-10/22/content_5644331.htm。

目　录

第三篇　致密油气篇

第四篇　综　合　篇

第一篇　煤层气篇

煤层气是重要的清洁能源之一，除了作为清洁能源带来的经济效益外，还能降低煤层瓦斯含量、促进煤矿安全生产、减少煤矿瓦斯事故，同时有利于减少温室气体排放、保护生态环境，具有明显的社会和环境效益。但相对于其他非常规油气，煤层气产业存在技术、成本、市场等难题，发展规模仍然受到一定限制。本篇结合我国沁水盆地、鄂尔多斯盆地、海拉尔盆地等煤层气勘探开发主要区域，从煤层气相关的水文地质、富集规律、储层改造、主控因素、基础实验等方面开展了研究和应用。

煤层气富集成藏的水文地质控制机理及其定量化研究

徐凤银[1,2]，王　勃[3]，王红娜[4]，徐博瑞[1,2]，马信缘[2]

（1. 中联煤层气国家工程研究中心有限责任公司，北京 100095；2. 中石油煤层气有限责任公司，北京 100028；3. 应急管理部信息研究院，北京 100029；4. 中油油气勘探软件国家工程研究中心有限公司，北京 100080）

摘要：水文地质作为煤层气富集高产的主控因素之一，其控气作用涵盖了煤层气生成、保存、富集及产出等各个阶段。国内外关于这方面研究多集中在煤层气富集的水文指标定性描述，而针对富集区的水文指标定量研究及高产区水化学控气动态效应的研究较少，在一定程度上制约着煤层气的效益开发。为此，本文利用数理统计、文献分析、测井解释、测试化验及水化学分析等方法，系统梳理了水动力、水地球化学及同位素等控气方面的研究成果，总结了水文地质控气作用的研究现状、存在问题及发展趋势。研究结果表明：①控制煤层气成因方面，活跃的水动力条件和矿化度小于 1000mg/L、pH 介于 5.9～8.8 和氧化还原电位为–590～–540mV 等条件下利于低煤阶次生生物气的生成，构造热事件产生的异常高温，促进了煤岩变质作用和热成因气的生成；②控制煤层气富集方面，在同一开发单元内，煤层气富集区的定量指标包括矿化度大于 1500mg/L 的 $NaHCO_3$ 型水，且脱硫系数小于 1、钠氯系数小于 10；③控制煤层气高产方面，δD 同位素向左偏移，说明产出水为大气降水成因，对应于低产水、高产气的区域，在富集区内，中高矿化度、钠氯系数低值的叠合区为煤层气高产区，结合研究区的微构造特征，构建了“构造高部位水力圈闭型、构造中高部位煤层裂隙发育型及构造低部位水体滞流型”三种煤层气高产模式。提出了“由定性评价向定量化评价转变、由单一评价向多元化评价转变、由静态评价向动态评价转化、由纯理论研究向理论指导生产实践转变”四大发展趋势。

关键词：水文地质；煤层气；富集；高产；进展；趋势；定量化

Hydrogeological control mechanism of CBM enrichment and accumulation and its quantitative research

Xu Fengyin[1,2]，Wang Bo[3]，Wang Hongna[4]，Xu Borui[1,2]，Ma Xinyuan[2]

（1. China United Coalbed Methane National Engineering Research Center Co.，Ltd.，Beijing 100095；2. PetroChina Coalbed Methane Company Limited，Beijing 100028；3. Information Research Institute，Ministry of Emergency Management of PRC，Beijing 100029；4. CNPC Exploration Software Co.，Ltd，Beijing 100080）

Abstract: As one of the main controlling factors for coal bed methane（CBM）enrichment and high production, the hydrogeological effect on CBM covers the entire processes of generation, preservation, enrichment and output. Previous studies by national and international scholars mainly focused on the qualitative description of hydrologic indexes related to CBM enrichment, but few studies focused on the quantitative characterization of hydrologic indexes in enrichment area and the dynamic effect for gas controlled by hydrochemical parameters in high production area, which restricted the beneficial development of CBM to a certain extent. In this study, methods of mathematical statistics, literature analysis, well logging, testing and hydrochemical analysis were

---

基金项目：国家自然基金项目“基于煤层气高效排采的煤层水响应机理及产出水动力模型研究”（41872179）；国家科技重大专项 “煤层气高效增产及排采关键技术研究”（2016ZX05042）。

第一作者简介：徐凤银（1964—），男，陕西佳县人，教授，现主要从事石油、天然气、煤层气勘探开发技术与管理工作。地址：北京市朝阳区太阳宫南街 23 号丰和大厦，电话：010-63591287，邮箱：xufy518@sina.com.cn。

通讯作者简介：王勃（1979—），男，陕西西安人，教授级高级工程师，主要从事煤层气勘探开发综合地质、技术研发等方面的研究。地址：北京市朝阳区芍药居 35 号中煤信息大厦，电话：010-84657905，邮箱:wangbo1230038@163.com。

utilized; research results of the controlling effect of hydrodynamic, hydrochemistry and isotope on gas were systematically analyzed; the research status, scientific issues and development trends regarding the hydrogeological effect on CBM were summarized. The main research results include: ①In the aspect of controlling factors for CBM genesis, active hydrodynamic condition and salinity <1000mg/L, pH value between 5.9～8.8 and redox potential of –590～–540mV are beneficial to the generation of secondary biogas from low-rank coal; The abnormally high temperature induced by magmatic hydrothermal fluid accelerates the metamorphism of coal rocks and promotes the generation of thermogenic gas. ②In the aspect of CBM enrichment, some quantitative indexes, including water type of $NaHCO_3$ with salinity of more than 1500mg/L, desulfurization coefficient less than 1 and sodium chloride coefficient less than 10, indicate the enrichment area of CBM in one development block. ③In the aspect of CBM production, the produced water of precipitation origin indicated by the left shift of δD isotope corresponds to the area of low-production water and high-production CBM; the high-production area of CBM is indicated by the overlapping zone of middle-high salinity and low coefficient of sodium chloride within the enrichment area; three high-production models for CBM are established based on these analytical results and the microstructural features, which are the hydraulic trap in structural high, the fracture dominated type in the middle-high structural part, and the type with stagnant water in the low structural part. Ultimately, four development trends, including the transition from qualitative evaluation to quantitative evaluation, the transition from single evaluation to multivariate evaluation, the transition from static evaluation to dynamic evaluation, the transition from pure theoretical research to the research of production practice guided by theory, are proposed.

Keywords: hydrogeology; coalbed methane（CBM）; enrichment; high production; progress; trend; quantification

煤层水控气效应贯穿煤层气的生成、富集成藏与生产的整个过程，地下水不仅是煤层气形成的介质，还是煤层气运移的驱动力与产出的载体[1,2]。经过四十多年来的煤层气勘探开发实践与理论研究的不断探索，水文地质控气作用取得了丰富的理论成果，有效指导了煤层气富集区的优选，但在富集区水文定量化评价和对煤层气高产的效应方面研究薄弱，为此，本文在梳理国内外煤层气水文地质控气作用研究现状的基础上，剖析了存在的科学问题，研判了水文地质控气研究的发展趋势，以期对国内煤层气高效排采有一定的指导意义。

1 水对煤层气成因类型的作用机理

煤层气按成因可划分为生物成因气和热成因气两种[3-6]，水对生物成因气的作用体现在水动力条件、水矿化度及水文环境等控制着甲烷产出；水对热成因气的作用则是体现在加强煤化过程中的温度效应，进而对增强生气潜力等方面的影响。这些成果阐明了水对煤层气生成的作用机理，对不同煤阶煤层气勘探思路的选择意义重大。

1.1 水体环境控制生物成因气的生成

目前开发较为成功的低煤阶煤层气区，多以生物成因气为主，生物成因气中原生生物成因气较次生生物成因气而言，保存条件较差，难以富集成藏[7]。国内外学者研究表明，活跃的水动力条件和适中的矿化度、pH 值和氧化还原条件等对低煤阶次生生物气的生成较为有利。

适宜的水体条件对于微生物生产甲烷具有重要意义，其研究始于 20 世纪 70 年代，国内外学者就产甲烷菌活动最适宜的水体环境条件进行了定量表征：Bryant 基于产甲烷菌的实验室培养，发现产甲烷菌生存需求的培养液最适宜的氧化还原电位为–590～–540mV[8]；关德师提出产甲烷菌生长的 pH 介于 5.9～8，其中 pH 为 7.0～7.2 时产甲烷菌活性最高，pH 在 6.6 以下产甲烷菌活性急剧下降，当 pH 低于 6.2 时，大部分产甲烷菌停止生长[9]。Rinzema 等对产甲烷菌对水中 Na^+浓度进行了实验测试，发现 Na^+浓度为 2300～3500mg/L 时，产甲烷菌活性最佳；当 Na^+浓度大于 10000mg/L 时，产甲烷能力被强烈抑制甚至中止[10]；苏现波对河南义马的低煤阶煤进行了不同盐度和 pH 条件下的生物甲烷生成模拟实验，发现与盐度条件相比，产甲烷菌对 pH 反应更敏感，当 pH=8 时，产气效率最高，酸性或碱性增强时，产气效率均大幅下降，产甲烷菌在矿化度 5000～15000mg/L 时，产气量变化不大，盐度高于 15000mg/L 之后，产气量明显下降[11]；李本亮等通过实验室模拟实验，发现矿化度不超过 4000mg/L 时，次生生物成因气大量生成，当矿化度大于 10000mg/L 时，低煤阶煤的生气能力急剧下降[12]，国内外不同学者在实验室条件下针对水地球化学特征对产甲烷菌影响开展了许多测试，针对 pH 和矿化度对产甲烷菌的影响，国内外学者得到的认识存在一些分歧，但整体趋势是相同的，产生这种分歧的可能是不同地区收集的产甲烷菌种类不同。

除去实验室精细化测定影响生物成因气形成的水地球化学条件外，国内学者针对自然条件下不同水体环境对生物成因气富集的影响也进行了探讨，李志军等在分析沙尔湖凹陷煤层物性条件、水文地质条件和煤层气含气性的基础上，提出高矿化度的地下水既破坏低煤阶甲烷菌的生长和生物气的形成，又会降低该区的煤层气吸附能力[13]；魏迎春等在划分新疆淮南地区成为 8 个水文地质单元的基础上，结合前人定量化表征矿化度对产甲烷菌的结果，预测了适宜甲烷菌产气的区域，为预测低煤阶煤层气有利区提供了新方法[14]；皇甫玉慧等从生物气成因机理上分析，提出“最佳深度”这一概念，即低煤阶煤层气藏的含气性随埋深呈先增加后减少的趋势，在某一埋深达到最高值，这个深度就称为“最佳深度”，不同地区的“最佳深度”受水文地质条件影响而存在差异[7]。

1.2 构造热事件控制热成因气的分布

热成因气主要是在煤变质阶段大量形成，温度是加速煤变质作用的主导因素，地下水在热成因气的形成中主要起辅助作用，地下水作为与煤层发生热交换的载热流体，进而加速煤层变质作用。热液的形成主要有两种途径：一种是煤层与岩浆直接接触，因岩浆中含有挥发分，会喷射出高温蒸汽，当温度降到临界点，形成高温热液，这一过程又称为气成热液作用[15]；另一种是煤层内部及其相邻含水层中的水由于受到基底深部热源的影响，温度升高，形成高温热液[16]。

岩浆侵入活动对煤层的成气作用主要体现在三个方面：一是提高了岩浆侵入体附近的煤层变质程度，通过对不同煤阶的煤进行产气率测定表明，煤层气的产出率是随着煤阶的提高而提高的[17]；二是促使煤层二次生气，王红岩等通过对比沁水盆地与美国黑勇士盆地之间的含气量差异性，认为由于构造热事件过程中产生的高温、高压的环境促使煤层生烃，提高了煤层的吸附能力，并且提出沁水盆地煤层气含气量欠饱和的原因之一就是岩浆侵入活动产生的温度变化[18]；三是岩浆本身挥发分含量较高，在侵入煤层的过程中产出大量的气体，赋存在围岩之中，提高了储层天然气的含量和压力，改变了煤层气的成分[19]。

通过研究岩浆活动对煤层气形成的控制作用，可以对局部煤层气含气量的异常分布进行解释。例如，宋孝忠在研究黄河北煤田赵庄井田煤层气含气量时发现，该区域太原组上组煤层的含气量大于下组煤层，一般来说，煤层瓦斯含量随埋藏深度增大而增大，通过结合该区域岩浆侵入作用对煤层生气、储气特征影响及井田煤变质变化情况，提出岩浆侵入煤层方式、程度及不同变质程度煤的吸附特征是造成下组煤瓦斯含量普遍低于上组煤的主控因素[20]。

2 水文地质对煤层气富集成藏的控制作用

2.1 水动力分区控气作用机理

水动力条件通过影响地下水的运移和液体压力变化，进而影响煤层含气性分布状态，通过精细划分地下水动力场，为探究地下水运移机理和寻找煤层气富集区提供依据。

2.1.1 基于水动力场分区的煤层气富集区预测

目前国内针对水动力分区对煤层气的控制作用的代表性观点：水力封闭或水力封堵作用为煤层气富集创造有利的环境；水力运移逸散作用导致气藏破坏[20]。

Pashin 认为，盆地水动力对煤层气勘探、开发及煤层气开发产生的环境问题具有重要意义，通过对黑勇士盆地多年来积累的煤层气井生产数据和地质数据的分析，提出地层框架是水文系统的第一要素，它决定了含水层和煤层气藏的分布和连通性[21]；美国地质调查局在粉河盆地建立了一个基于 9 口试验井的测试场，Barnhart 等通过取心测试发现，Birney 测试场上的 Flowers-Goodale 煤层的水力传导率非常低，这种低水力传导率有利于开展微生物对于煤层气增产贡献的检测测试，煤层含气量测试结果表明在 Flowers-Goodale 煤层生物成因甲烷含量最高，因此，弱水动力条件更有利于生物成因气的形成与富集[22]。

目前针对水动力场分区的研究可分为两种，第一种是基于“补径排”水文地质模式，探讨区域水动力场对煤层气富集的控制作用，该方法有效指导了浅层煤层气有利区的优选，国内学者利用该方法对彬长、樊庄、寿阳、保德等区块的水动力场进行了划分，并讨论了不同水动力场与煤层气富集之间的关系，为指导我国浅部煤层气有利区优选提供了有力依据[23-26]；第二种方法是利用区域“原始水动力场”的划分方法，该方法适用于深部煤层气藏，主要是分析由于煤层气排采引起的动态水动力场，该方法对认识埋深较大、位于盆地内部的煤层水动力场具有重要意义[27]。

以沁水盆地南部为例，国内学者依据构造形态、矿化度及水动力径流条件等将沁水盆地划分为强径流区、中等弱径流区及弱径流区，其中，强径流区位于盆地边缘向内的 3～5km，矿化度介于 356.84～542.20mg/L，主力煤层平均含气量介于 6～8m^3/t；中等径流区位于盆地环斜坡地带，宽度 3～8km，径流强度较强，矿化度介于 465.72～1399.18mg/L，水力交替作用强烈，水力坡度大，主力煤层含气量介于 3～16m^3/t，且变化幅度较大；弱径流区位于盆地内部，富水性强，矿化度可达 1823.61mg/L，径流条件较弱，主力煤层含气量可达 26m^3/t[22,23]。

在盆地尺度水动力分区的基础上，国内学者基于勘探开发实践数据构建了区块尺度的水动力分区判识方法：以现场测试的地层压力为依据，计算折算水位，绘制折算水位图，分析地下水流动状态[11]。根据区域内的构造、水化学特征及水动力强度的变化等条件(表 1)，可将水动力场分为强径流区、弱径流区和滞流区[23,26-29]。

表 1　不同水动力场判识条件

判识条件	强径流区	弱径流区	滞流区
断裂发育情况	断层或其他导水构造强烈发育且导水性较好	区域内分布一定的裂隙和断层，导水性一般	区域内构造断裂发育较差或不发育
与地表水力联系	地表水体与含水层内联系密切	部分地表水体与含水层有水力联系	地表水体与含水层基本无水力联系
折算水力梯度/(m/100m)	＞0.3	0.1～0.3	＜0.1
矿化度/(g/L)	＜600	600～1200	＞1200
水型	SO_4·Cl-Na·K	HCO_3·Cl-Na·K	Cl-Na·K

2.1.2　水动力场控气成藏模式

水动力条件是煤层气成藏的主要控制因素之一，专家学者通常耦合水动力和构造条件，划分并构建煤层气成藏模式，为煤层气富集有利区的优选提供依据[2]。傅雪海等最早提出了水动力和构造结合的成藏概念模型，将沁水盆地的水力封闭作用分成等势面“洼地”滞流型、等势面箕状缓流型和等势面扇状缓流型三种类型[30]；秦荣芳等以桌子山矿区为研究对象，提出了叠瓦扇式逆冲断层与水力封堵型成藏模式，为解释复杂构造情况下水动力作用控气效应提供了新思路[31]；朱亚茹等结合水化学特征、水动力和构造特征，将西山煤田古交矿区划分出单斜-水力封堵型煤层气藏和地垒-水力封堵型煤层气藏[32]；曾玲等以此为基础，提出了单斜-水动力成藏、向斜-水动成藏、断层-水动力成藏三种煤层气富集模式[33]。

以上研究从构造和水动力分区的配置关系来划分煤层气藏模式，对沉积控制下的储盖组合考虑较少，且气藏模式资源规模小。基于此，笔者结合构造、水动力及沉积的耦合关系，对沁南-夏店区块进行解剖，建立了区块尺度的主控因素配置煤层气藏模式(图 1)。沁南-夏店区块主要为一向斜构造，向斜一翼部被两条断层切割，结合构造、水动力及沉积作用，可分为开放类型、半开放类型和封闭类型三大基本系统，对应于图 1 中的补给区、弱径流区和承压-滞流区。该区为三角洲沉积体系，煤层顶板以封盖性能好的泥岩为主，泥岩盖层在全区分布稳定，底板为泥岩或粉砂质泥岩，整体封盖性能较好。因此构造和水动力耦合为该区煤层气富集主要控制因素。补给区位于向斜东翼，边界类型主要有导水边界、顶板越流边界和下渗补给边界，与地表水力联系密切，水动力活动较强，逸散作用较强，煤层气保存条件差，煤层含气量小于 8m³/t，含气饱和度小于 48%；弱径流区位于东部断层的两侧，边界类型主要有气体逸散边界，阻水阻气边界和泄水泄气边界，部分受大气降水补给，煤层气保存条件较好，煤层气井产气量稳定，含气量大于 16m³/t，且分布均匀；承压-滞流区位于地下水低势区的向斜核部，水动力径流条件差，边界类型以阻水阻气边界和滞水边界为主，基本不受大气降水补给，为煤层气富集区，煤层含气量大于 14m³/t，含气饱和度大于 82%。

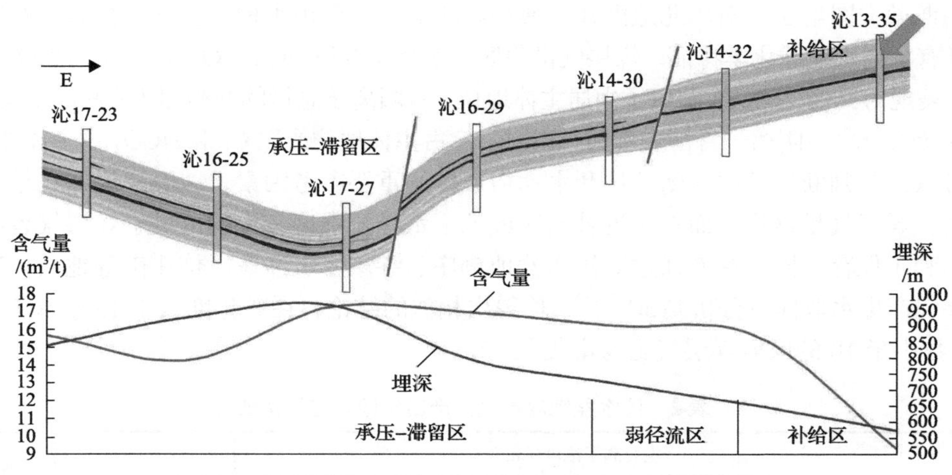

图 1 沁南-夏店地区水动力场划分与煤层气成藏模式图

2.2 水地球化学控气作用机理

水地球化学特征与煤层气关系密切，不同的地下水矿化度对煤层气富集的影响具有差异性[28]、同位素分布指示煤层水的成因，进而影响煤层气富集。这些成果不仅可以揭示地下水的补给来源、运移途径和径流强度，还可以查明不同地质条件下的煤层气富集规律，指导煤层气富集区的优选。

2.2.1 富集区的水地球化学特征参数指标

表征水地球化学特征的参数主要包括水型、矿化度和主离子含量等，水型的判别目前常用的主要有六轴图解法(蒂克尔图解)、三线图示法、斯蒂夫图解法和库尔洛夫式等[28]，几种参数的综合表征可以用来判识煤层产出水水源和优选煤层气富集区。

Papendick 利用实验测试、数据统计和归纳分析等方法获取了澳大利亚 Surat 和 Clarence-Moreton 盆地煤层气产区煤层水地球化学特征参数，并与美国六个含煤盆地的煤层气井产出水特征进行了对比，提出与生物成因和热成因煤层气相关的地下水普遍具有低 SO_4^{2-} 含量(＜500mg/L)，低 Mg^{2+}、Ca^{2+}含量，高 Na^+、Cl^-、HCO_3^- 含量的特点[34]；Alley 等统计了美国 337 个煤层气井产出水样品的测试数据，发现大多数煤层气井产出水样品中氯化物浓度小于 5000mg/L[35]；Owen 等通过多元化统计技术及数据图形化评估方法分析了澳大利亚 Surat 和 Clarence-Moreton 盆地多个煤层气开发区的产出水地球化学特征与煤层气、煤层水主离子之间的相关性，认为 Na/Cl 与碱度/Cl 比值、Na/Cl 和 Na/碱度比值、高矿化度煤层水的氯化物含量和 pH 之间及氯化物和残留碱度之间分别呈强线性正相关关系、指数衰减趋势、反线性关系、反比关系[36]；Zhang 等[37]运用实验测试、数理统计等方法对沁水盆地柿庄南区块 47 口煤层气井采出的 119 个水样品的地球化学特征进行了统计分析，不仅验证了 Papendick[34]得出的结论，还分析了柿庄南煤层水中主要离子之间的相关性，Na 和 Cl、Na/Cl 和碱度/Cl 以及 Na/Cl 和 Na/碱度比分别表现出正线性关系、强正线性关系和指数衰减关系，这与 Owen 等[36]研究结论一致，也说明了水地球化学特征对识别煤层气地下水具有重要意义[37]。

Marnie 等对里士满河集水区 6 个不同地质单元中 91 个地下水样品进行了分析，发现氯化物型地下水中的甲烷浓度最高(13.26μg/L，样品数 n=58)，而碳酸氢盐型地下水的甲烷浓度较低(3.71μg/L)[38]；Rice 等收集了粉河盆地 228 口煤层气井产出水样，测试了主离子含量、δD_{H_2O}和$\delta^{18}O_{H_2O}$，测试结果表明，粉河盆地煤层水主要水型为 Na-HCO_3 型水，SO_4^{2-} 含量较低，由于煤层水在空间上发生了水岩作用、混合和生物地球化学反应，导致了煤层水地球化学及同位素特征发生了变化，并查明研究区煤层水的流动路径为东南到西北[39]；Daniel 等结合多元统计技术、水化学混合模型和逆地球化学模型，研究了澳大利亚昆士兰东南部 Condamine 河冲积层的水化学演化途径[40]。

笔者运用斯蒂夫图解法，对华北地区几个典型区块的煤层产出水地球化学特征研究发现，开发成效显著的区块具有相同水地球化学特征，煤层气富集区的水型主要以 Na-HCO_3 和 Na-Cl-HCO_3 水型为主，其中阳离子特征表现为：Na^+和 K^+在阳离子中居主体地位，占阳离子总量的 90%以上；Mg^{2+}和 Ca^{2+}含量极低，不足阳离子总量的 10%，阴离子特征表现为：以 HCO_3^- 占主体地位或以 Cl^-和 HCO_3^- 占主体地位(图 2)。

矿化度可以作为判断煤储层封闭条件和水动力条件的重要参考因素，一般来说，在地下水滞流区，矿化度含量高，煤层气易富集；而在接近补给区或地下水径流强度较大的区域，煤层气容易随地下水运动而逸散，不利于保存。国内学者通过对沁水盆地樊庄、寺家庄、潘庄、柿庄南等地质构造条件相对简单的区块煤层气产出水取样及分析测试[41-45]，均得出相似的结论：在矿化度大于 1500mg/L，脱硫系数小于 1、钠氯系数小于 10 的区域煤层气更易富集(表 2)。

表 2　沁水盆地煤层气井产出水地球化学特征

区块	井号	主要离子浓度/(mg/L)						矿化度/(mg/L)	钠氯系数	脱硫系数
		Na^++K^+	Mg^{2+}	Ca^{2+}	Cl^-	HCO_3^-	SO_4^{2-}			
潘庄	P-1	821.3	7.7	11.3	322.2	1313.7	189.3	2742	3.93	21.73
	P-2	635.92	4.21	8.09	136	1443	20.9	2258	7.22	5.68
	P-3	614.41	5.14	5.02	138	1225	44.9	2112	6.87	12.03
	P-4	589.84	7.53	5.89	72.3	1244	57.3	2067	12.59	29.31
寺家庄北	S-1	476.26	2.36	7.7	37.7	1143	4.95	1718	19.50	4.86
	S-2	391.79	2.5	7.88	42.3	938	0.864	1418	14.30	0.76
	S-3	430.04	2.75	7.06	42.9	978	2.73	1516	15.47	2.35
	S-4	410.09	1.96	6.17	52.3	959	1.68	1469	12.10	1.19
寺家庄南	Z-1	483.71	2.83	9.08	38.6	1145	2.5	1738	19.34	2.40
	Z-2	405.08	2.05	5.81	33.7	968	8.82	1452	18.55	9.68
	Z-3	423.995	1.8	5.6	39.9	1009	2.07	1520	16.40	1.92
	Z-4	380.05	2.02	7.89	36.2	885	1.57	1358	16.20	1.60
樊庄	F-1	607.06	3.31	8.43	157.56	1250.8	2.38	2068	5.95	0.56
	F-2	987.78	3.2	5.84	775	1178	10.88	3057	1.97	0.52
	F-3	567.4	1.3	5.28	262.5	952.5	5.9	1868	3.34	0.83
	F-4	704.3	0.98	3.7	201.67	1361.3	5.75	2388	5.39	1.05
柿庄南	H-1	278.61	0.17	2.14	86.7	555.04	0.52	5553	4.96	0.22
	H-2	747.95	4.24	2.87	336.55	1082.5	0.62	2294	3.43	0.07
	H-3	443.03	0.35	2.65	70.35	810.15	0.26	1059	9.72	0.14

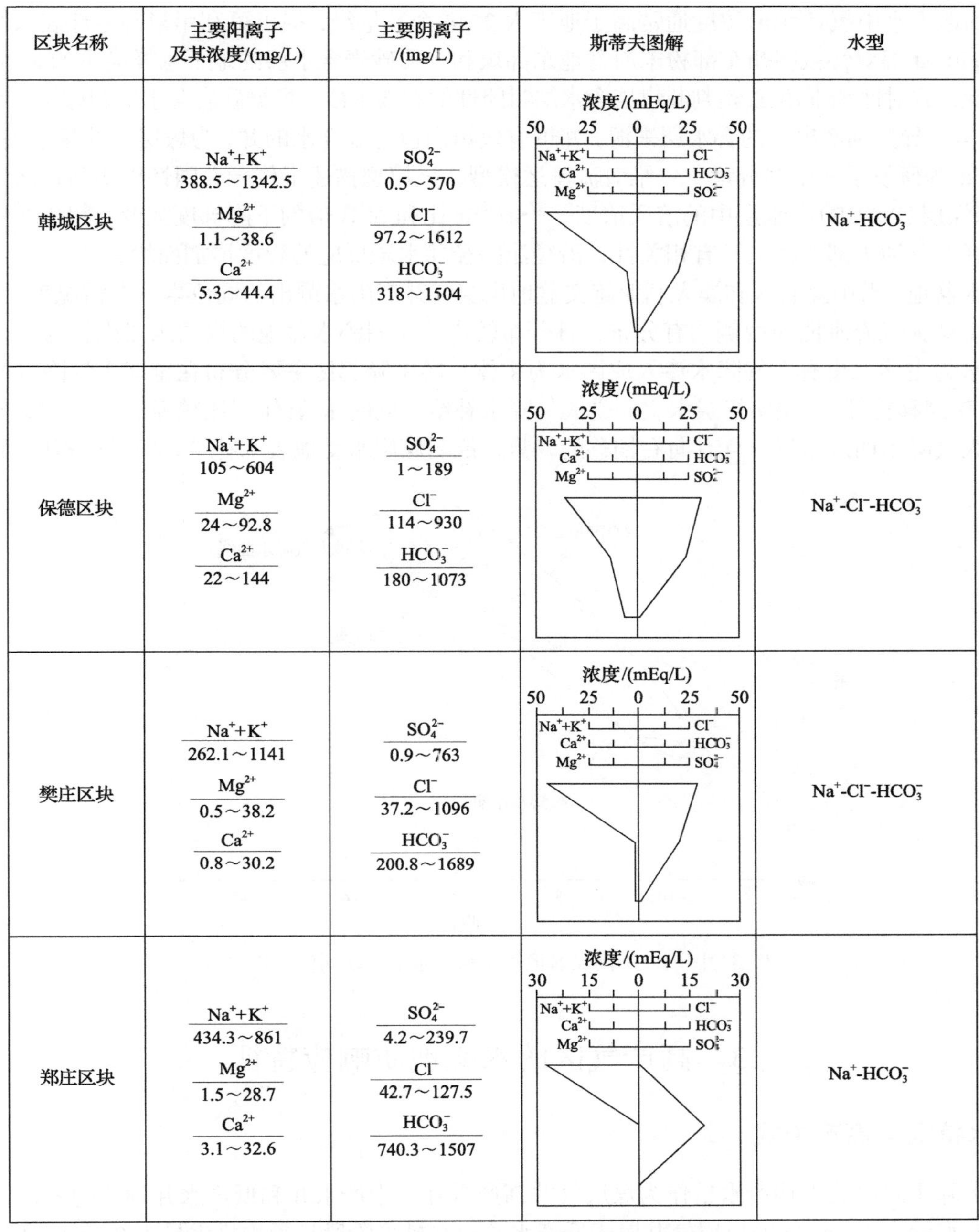

区块名称	主要阳离子及其浓度/(mg/L)	主要阴离子/(mg/L)	斯蒂夫图解	水型
韩城区块	Na^++K^+ 388.5～1342.5 Mg^{2+} 1.1～38.6 Ca^{2+} 5.3～44.4	SO_4^{2-} 0.5～570 Cl^- 97.2～1612 HCO_3^- 318～1504	浓度/(mEq/L) 50 25 0 25 50 Na^++K^+ Cl^- Ca^{2+} HCO_3^- Mg^{2+} SO_4^{2-}	Na^+-HCO_3^-
保德区块	Na^++K^+ 105～604 Mg^{2+} 24～92.8 Ca^{2+} 22～144	SO_4^{2-} 1～189 Cl^- 114～930 HCO_3^- 180～1073	浓度/(mEq/L) 50 25 0 25 50 Na^++K^+ Cl^- Ca^{2+} HCO_3^- Mg^{2+} SO_4^{2-}	Na^+-Cl^--HCO_3^-
樊庄区块	Na^++K^+ 262.1～1141 Mg^{2+} 0.5～38.2 Ca^{2+} 0.8～30.2	SO_4^{2-} 0.9～763 Cl^- 37.2～1096 HCO_3^- 200.8～1689	浓度/(mEq/L) 50 25 0 25 50 Na^++K^+ Cl^- Ca^{2+} HCO_3^- Mg^{2+} SO_4^{2-}	Na^+-Cl^--HCO_3^-
郑庄区块	Na^++K^+ 434.3～861 Mg^{2+} 1.5～28.7 Ca^{2+} 3.1～32.6	SO_4^{2-} 4.2～239.7 Cl^- 42.7～127.5 HCO_3^- 740.3～1507	浓度/(mEq/L) 30 15 0 15 30 Na^++K^+ Cl^- Ca^{2+} HCO_3^- Mg^{2+} SO_4^{2-}	Na^+-HCO_3^-

图 2　华北地区典型区块地下水地球化学特征

mEq/L 即摩尔离子每升，是离子摩尔浓度的单位

2.2.2　同位素地球化学控气机理

氢、氧稳定同位素组分可提供关于煤层水与大气降水或围岩含水层中地下水混合的证据，进而指示渗透率和水流动速率的变化，是判断煤层水径流条件变化的有效指标[33-35]；Roger 测试了 Surat 盆地三个主要煤层气区产出水和产出气中的氢、氧同位素和碳同位素的值，通过绘制氘同位素差[$\Delta^2H(H_2O-CH_4)$]值与 δ^2H-H_2O 和 $\delta^{18}O$-H_2O 的交叉图，发现微生物参与的 CO_2 还原是甲烷的主要成因[46]；Kinnon 等对澳大利亚鲍文盆地煤层气井产出水稳定同位素分析发现，δD、$\delta^{18}O$ 正向偏离的地下水与高产水、浅层区相关，负向偏离则与低产水、高产气相关[47]；Marnie 等发现瓦隆煤系煤层气(CSG)具有热成因特征，可能向上涌入单个浅井或邻近的地表水，提出碳稳定同位素值可以用作煤层气地下水的示踪剂[38]；Atkins 等使用化学示踪剂研究了新南威尔士州里士满河集水区在煤层气井开采之前，地表水与地下水之间的连通

性，观察到地下水中氡(^{222}Rn)浓度通常高于地表水 2～4 个数量级，提出可利用氡确定地表水段是否补充地下水[48]；Frost 等对怀俄明州东部粉末河盆地东部煤和上覆砂岩含水层的地下水样品中的 Sr 同位素数据研究后发现，放射性 Sr 同位素是判断煤层含水层封闭性的有效手段，根据砂岩含水层和煤层含水层中地下水 Sr 同位素差异判别产出水的含水层来源，并可有效识别包含混合水的井，为煤层气井排采提供依据[49]；Lemarchand 等研发了一个多分量、一维对流输运模型，该模型描述了位于美国怀俄明州粉河盆地怀俄达克-安德森煤层(WACB)含水层中的溶质浓度，$^{87}Sr/^{86}Sr$ 比和 $\delta^{11}B$ 值的下降梯度演变，提出 $^{87}Sr/^{86}Sr$ 比率与由补给区至盆地内部的距离具有相关性，沿径流路径随水岩反应的程度增加而增大[50]。

从沁水盆地、黔中隆起区和澳大利亚鲍文盆地煤层气井产出水测出的同位素分布情况来看(图 3)，沁水盆地在全球大气降水曲线两侧均有分布，且分布较广，说明沁水盆地的煤层水成因较为复杂，既有以沉积成因水为主体，也有大气降水渗入成因水为主体；黔中隆起区主要分布在全球大气降水曲线左侧，有明显的 D 漂移特征①，说明煤层水主要受大气降水补给，同时水-岩作用比较强烈[51]；鲍文盆地主要分布在全球大气降水曲线附近，且有向右偏移的趋势，说明煤层水受地表水补给，但以沉积成因水为主体。

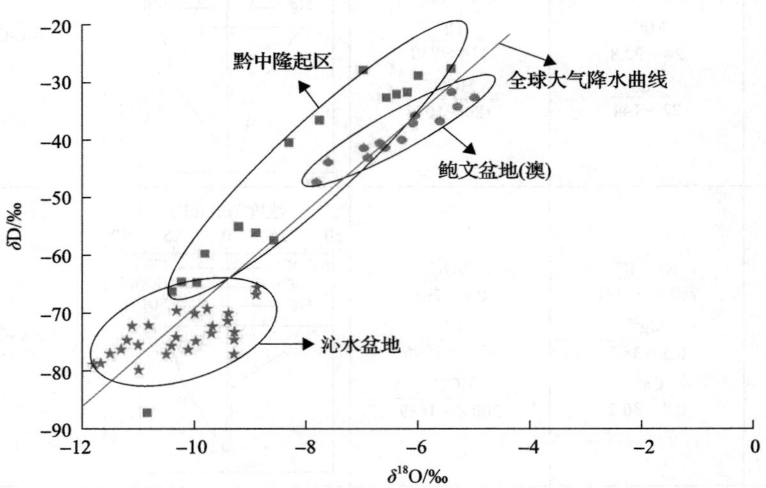

图 3　国内外不同煤盆地煤层采出水 H、O 同位素相关图

3　高产气区的水文地质响应特征

3.1　产水特征与高产模式

以排水降压阶段的平均产水量作为煤层气井高产水井、中产水井和低产水井划分的依据，在排采阶段日平均排水量小于 $2m^3/d$ 的煤层气井属于低产水井；在排采阶段日平均排水量为 2～$5m^3/d$ 的煤层气井属于低产水井；在排采阶段日平均排水量大于 $5m^3/d$ 的煤层气井属于高产水井。以樊庄区块为例，对 31 口高产气井(在煤层气井进入产量递减阶段前的日平均产水量大于 $1000m^3/d$)进行了统计分析，绘制了产水曲线并进行分类，其中 5 口井为高产气-高产水井，排水降压阶段单井日平均产水量为 7.54～$9.74m^3/d$，这些井主要位于局部构造低部位；其中 10 口井为高产气-中产水井，排水降压阶段单井日平均产水量介于 2.09～$4.83m^3/d$，这些井位于局部构造中高部位附近；18 口井为高产气-低产水井，排水降压阶段单井日平均产水量介于 0.09～$1.93m^3/d$，这些井位主要位于地下水位以上的局部构造高部位。

通过对选取的典型井位的排采特征和所处的构造部位进行分析，笔者总结了以下几种煤层气高产的模式：①构造高部位水力圈闭型[图 4(a)]；②构造中高部位煤层裂隙发育型[图 4(b)]；③构造低部位水体滞流型[图 4(c)]。

① D 漂移特征是指煤层水中的 D 同位素含量相较于 ^{18}O 含量较高，在 $\delta D/\delta^{18}O$ 的坐标系中，偏向大气降水曲线的左侧，如果拟合出一条曲线的话，位于当地大气降水曲线的上方，称为 D 漂移特征。

构造高部位水力圈闭型高产气模式位于挤压性正断层发育、水力径流方向与煤层气运移方向相反的宽缓向斜翼部区域。以图 4(a)为例，煤层气井位于向斜翼部高部位，煤层水受断层阻隔作用，与断层下盘水力联系较弱，煤层气易沿煤层上倾方向向上运移；在单斜的高势区，受大气降水补给，水流方向与煤层气运移方向形成差异流向，水力圈闭与断层之间形成一个适合煤层气保存的封闭环境。该模式下，单斜的低部位煤层气含量最高，但由于受到地表和含水层的水流补给，排水降压难度大，不利于煤层气高产；单斜位于地下水位线以上的高部位，煤层气含量与低部位相比较低，但排水降压难度低，有利于煤层气高产。

构造中高部位裂隙发育型高产气模式位于构造裂隙较发育的深部区域。以图 4(b)为例，煤层埋深较大，但构造煤层裂隙发育，大大改善了煤层的渗透性；深部水动力条件较弱，煤层气不易逸散，同时深部煤储层吸附气与游离气共存，排水降压后，煤层气产量高。

构造低部位水体滞流型高产气模式主要位于盆地内部或大型向斜或背斜的宽缓翼部，地层倾角不大，煤层受构造作用影响小，煤层顶底板封盖性能好的区域。以图 4(c)为例，含水层及煤层发育较为平缓，且煤层接受的水源补给较少，煤层水动力条件弱，煤层不易随水流逸散，且煤层含水量少。该模式下，煤层井易高产，且稳产时间长。

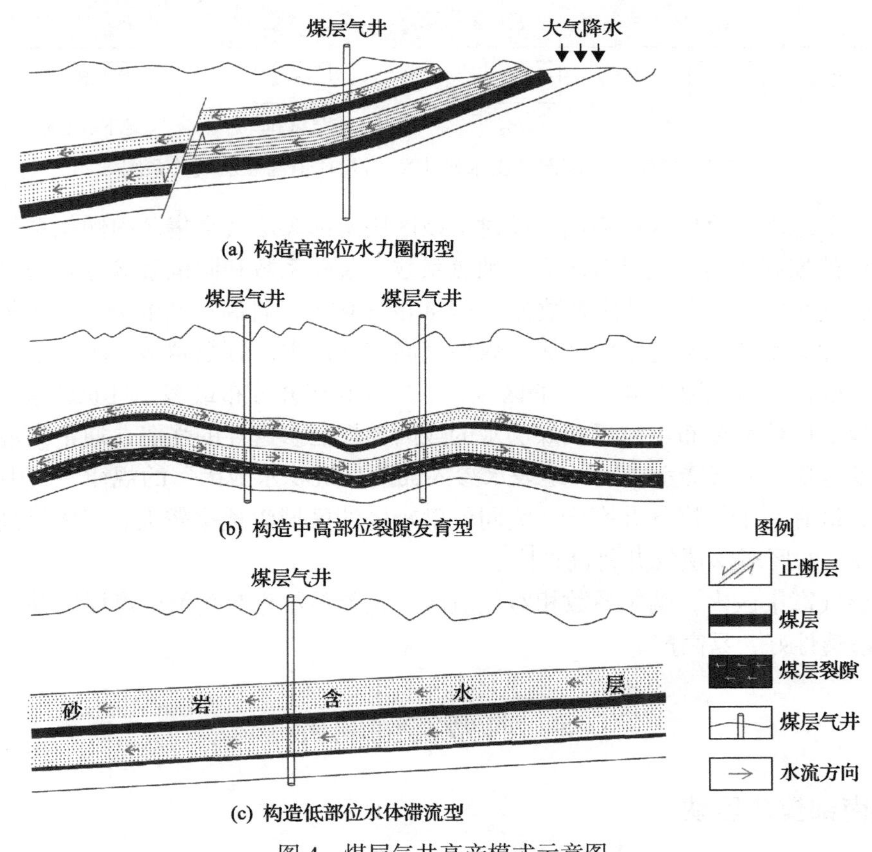

图 4 煤层气井高产模式示意图

3.2 水化学特征参数表征与高产区预测

水化学特征参数可以表征地下水的封闭条件，例如，钠氯系数(r_{Na}/r_{Cl})可以指示地下水中钠盐的富集程度、地下水的变质程度及储层的水文地球化学环境，表示单位体积卤水中钠离子与氯离子的当量比值；脱硫系数可以反映地下水的封闭性，一般来讲，封闭性越好，还原性越强，SO_4^{2-} 含量越少，其值越低[28]。

对樊庄区块南部水化学特征和含气量进行综合分析发现，区块南部由北向南矿化度逐渐升高，钠氯系数由西北向东南逐渐减小，在矿化度与钠氯系数交叉区域形成了两个煤层气富集中心；矿化度高值区为煤层气滞流区，与煤层含气量高值区呈正向相关性，但矿化度最高值区域煤层气井不高产，目前樊庄南部煤层气高产的区域对应于中等矿化度值和低 r_{Na}/r_{Cl} 等交叉区域(图 5)。

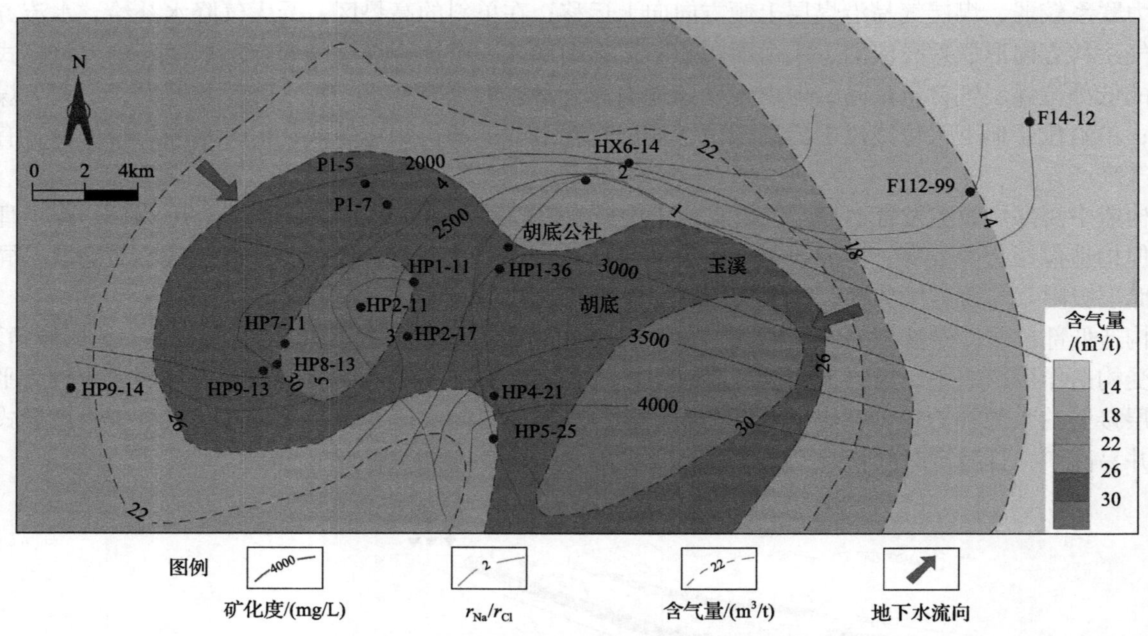

图 5　樊庄区块南部产出水矿化度-常量比值与煤层气关系图

王勃等以沁水盆地南部樊庄区块为例，探讨了该区块南部煤层气富集区内钠氯系数、脱硫系数和同位素对煤层气高产的控制作用。通过对研究区钠氯系数、脱硫系数和同位素等分布规律的研究发现，日产气量较高的煤层气井主要分布在钠氯系数为 3.5～8 的区域上，且高产井的分布与钠氯系数在一定范围内呈负相关关系，即其钠氯系数越小的区域，煤层气高产井出现的频数越多；脱硫系数可以反映地层水所处环境的封闭程度，脱硫系数为 4～10 的区域，煤层气高产井分布最多，且脱硫系数与单井日产气量呈正相关关系；氢氧同位素分布可以反映煤层水的成因及煤层渗透性的强弱，通常来说不同成因煤层水氢氧同位素的密度呈现“大气降水成因＞地表水渗入成因＞沉积水成因”的规律，其中大气降水成因的煤层渗透性最好，最有利于煤层气井高产，氢同位素较轻的区域渗透率较大，气体易高产，氢同位素值介于–76.5‰～–75‰的区域煤层气井易高产[28]。

综上，在煤层气富集区内，钠氯系数相对低值区、脱硫系数相对高值区煤层气井易高产；大气降水成因区，煤层气渗透性好，易高产。

4　典型实例剖析

4.1　沁水盆地南部樊庄区块

选取沁水盆地南部樊庄区块含气性较高(＞15m^3/t)，煤层渗透率大于 0.1mD 的 58 口煤层气井进行统计分析，选取煤层气井两相流动初期上产阶段的数据进行比较，根据日产气量将其划分为高产井(日产气大于＞2000m^3/d) 17 口，中产井(日产气量为 1000～2000m^3/d) 16 口，低产井(日产气小于 1000m^3/d) 25 口。

樊庄区块的高产井气水比介于 212～6113，平均值为 1988，主要位于斜坡带和构造高部位；中产井气水比介于 91～1944，平均值为 625，主要位于斜坡带和构造高部位；低产井气水比介于 40～2035，平均值为 373，在斜坡带、构造高部位和低部位均有分布(表 3)。

表 3　樊庄区块典型井气水比及构造部位分布表

参数		高产井	中产井	低产井
构造部位	高部位(个数)	3	6	9
	斜坡带(个数)	14	9	10
	低部位(个数)	0	1	6
气水比		212～6113	91～1944	42～2035
气水比(平均值)		1988	625	373

统计结果分析表明：高产气井主要位于斜坡带，其次为构造高部位，气水比大于500；构造低部位多为低产气井，且煤层气井产出气水比小于500。造成中高煤层气井产气差异的主要原因之一就是地下水动力的作用，构造高部位和斜坡带有利于煤层气井排水降压，但是构造高部位水动力条件较强，会导致煤层气顺水流逸散；斜坡带煤层水动力条件相对滞缓，有利于煤层气保存，也有利于煤层气井高产。

4.2　鄂东缘韩城区块

根据李剑等的研究，位于鄂尔多斯盆地东南缘的韩城区块 11 号煤层的含气量与产气量与其煤层水化学成分相关性较高，根据统计的 25 个样本，揭示了煤层水化学区带与含气量关系(表 4)；其统计的 249 个样本揭示了煤层水化学特征与含气量、含水量之间的关系(表 5)[52]。

表 4　韩城区块 11 号煤层不同水化学区带含气量分布[41]

参数	HCO_3^-–Na^+带	HCO_3^-–Cl^-–Na^+带	SO_4^{2-}–Cl^-–Ca^{2+}–Na^+带	Cl^-–Na^+带
样本数	5	10	5	5
煤层现今含气量/(m^3/t)	4～6	6～9	8～13	12～15
现今平均含气量/(m^3/t)	5.5	8.3	11.6	14.1
煤层原始含气量/(m^3/t)	11～15	10～15	9～16	10～16
原始平均含气量/(m^3/t)	13.9	14	14.1	14.3

表 5　韩城区块 11 号煤层不同水化学区带煤层气井产水量及产气量[41]

参数	Cl^-–Na^+带	SO_4^{2-}–Cl^-–Ca^{2+}–Na^+带	HCO_3^-–Cl^-–Na^+带	HCO_3^-–Na^+带
样本数	17	10	212	10
平均日产气量/(m^3/d)	1983	1056	598	235
平均日产水量/(m^3/d)	1.61	3.62	5.64	9.92

韩城区块煤层气井主要分布在 HCO_3^-–Cl^-–Na^+带，产气量最高的分布在 Cl^-–Na^+带，其次分布在 SO_4^{2-}–Cl^-–Ca^{2+}–Na^+带；而产水量则相反，产水量最高的在 HCO_3^-–Na^+带，其次分布在 HCO_3^-–Cl^-–Na^+带，区块内煤层气井的产气量和产水量具有明显的负相关关系，即产水量越低，产气量越高。

通过对比不同水化学区带内的煤层现今含气量发现，Cl^-–Na^+带现今煤层含气量最高，SO_4^{2-}–Cl^-–Ca^{2+}–Na^+带次之，而后为 HCO_3^-–Cl^-–Na^+带，最低为 HCO_3^-–Na^+带；通过朗缪尔方程计算，不同区带的原始煤层含气量相差不大，据此推断 Cl^-–Na^+带和 HCO_3^-–Cl^-–Na^+带更有利于煤层气的保存。

5　存在问题及发展趋势

5.1　存在的科学问题

通过国内外的文献调研和总结，发现前人在煤层水动力学、煤层水地球化学及水文地质条件对煤层气富集、高产的控制机理等方面取得了一系列进展，为煤层气的有利区优选和高效开发提供了坚实的理论基础和实践经验，但仍存在以下科学问题需深入探讨和研究：

(1) 煤层水的分布和运移决定着煤层气的富集与逸散，由于地质构造的复杂性、储层渗透率的差异性及水岩之间的相互作用，需要划分更精细、更立体的水文地质单元才能使煤层气井开采更加具有经济效益，但目前煤层水的分布规律只停留在定性描述阶段，亟须建立煤层水纵向和横向非均质性分布的定量评价方法。

(2) 煤层气有利区及“甜点”区的优选涉及水文地质条件的多考虑水动力条件，对水地球化学尤其是煤层水同位素特征考虑较少，且主要针对煤层气富集来研究，亟须建立关于煤层气富集，高产的水文地质指标的综合评价体系。

(3) 关于煤层水动力条件、水地球化学特征动态变化与煤层气井排采效率的关系研究不够深入，需要建立基于不同水动力场和水化学动态变化的水动力学模型，以期指导煤层气井高效排采。

5.2　发展趋势

(1) 由定性评价向定量化评价转化。由于地下水文地质条件分布的差异性，前人针对煤层水的分布大多是依据地貌、地质构造和地表水系等条件，圈定边界并划分出水文地质单元，但同一个水文地质单元内的煤层气井产气情况差异较大，其原因为煤层水在水文地质单元中纵、横向的非均质性强。因此，需要建立煤层水纵向和横向非均值性分布的定量化评价方法，精细刻画水文地质单元的非均质性分布特点。

(2) 由单一评价向多元化评价转变。煤层气富集与高产的辩证关系表明，煤层气高产区一定位于煤层气的富集区。前人总结的煤层水含量、水动力分区、不同水化学条件等对煤层气富集尤其是对煤层含气性控制作用明显，且侧重于单一指标评价；亟须在前期研究煤层气富集、高产辩证关系的基础上，由对煤层气富集(含气性)的单一性评价向煤层气富集(含气性、含水性)、高产(产气量、产水量)的多元化评价转变，构建水动力分区、水径流强度、煤层水离子表征、煤层水同位素等多元化评价指标体系。

(3) 由静态评价向动态评价转化。地下水文地质条件伴随着煤层气井的生产，处于一个动态变化的过程，煤层水含量、水动力条件和水化学特征等都会随着煤层气产出过程而发生变化。因此，仅从静态的资料来分析煤层气控气作用机理，无法满足煤层气效益开发的要求，亟须考虑在定量化表征煤层水控气作用参数的基础上，分析水文地质参数在煤层气生产过程中的变化规律，实现水文地质控气作用机理研究由静态评价向动态评价的转化。

(4) 由纯理论研究向理论指导生产实践转变。中国煤层气理论研究始于 20 世纪 70～80 年代，围绕水文地质条件控气作用取得了很多理论突破和创新，但由于我国煤层气盆地煤层气水文地质存在类型多样、含水层分布非均质性强及水文地质与构造配置关系复杂等特点，使得水文地质研究成果与煤层气生产过程中的排采制度联系不够紧密，亟须将理论研究与现场生产实践相结合，深化水文地质控气作用机理研究，构建服务于煤层气勘探开发的水文地质综合指标评价体系和个性化适用高效排采制度，指导煤层气富集、高产区的优选和高效开发。

6　结　论

(1) 影响煤层气富集高产的因素有很多，本文仅从水文地质学角度，在构造、沉积等条件相似条件下总结了近些年来国内外关于煤层气水文地质控气作用的研究所取得的丰硕成果、存在的问题及发展趋势。

(2) 活跃的水动力条件和矿化度小于 1000mg/L、pH 介于 5.9～8.8 和氧化还原电位为−590～−540mV 等条件下利于低煤阶次生生物气的生成，为低煤阶煤层气勘探提供了思路；构造热事件产生的异常高温，促进了煤岩变质作用和热成因气的生成，指导中高煤阶煤层气的勘探。

(3) 基于勘探开发实践数据构建了区块尺度的水动力分区判识方法：以现场测试的地层压力为依据，计算折算水位，绘制折算水位图，分析地下水流动状态。根据区域内的构造、水化学特征及水动力强度的变化等条件，可将水动力场分为强径流区、弱径流区和滞流区，水动力场的划分及其指标等研究受到广泛的关注和认可，有效指导了煤层气富集区的优选。

(4)在矿化度大于1500mg/L，脱硫系数小于1、钠氯系数小于10的区域煤层气更易富集，极大地深化了对水文地质控气作用机理的认识；分析水地球化学特征对煤层气高产的响应机理，即"在煤层气富集区内，钠氯系数相对低值区、脱硫系数相对高值区煤层气井易高产；大气降水成因区，煤层气渗透性好，易高产"。据此构建了基于不同产水特征的煤层气高产模式，更是对理论与生产实践相结合的探索。

(5)针对煤层水纵、横向分布非均质强，煤层气富集、高产的水文地质指标综合评价体系尚未建立，煤层水化学特征动态变化对煤层气井高效排采的响应机理定量化表征难等问题，提出了水文地质控气作用机理研究的发展趋势：由定性评价向定量化评价转变、由单一评价向多元化评价转变、由静态评价向动态评价转化、由纯理论研究向理论指导生产实践转变。

参考文献

[1] Wang B, Sun F J, Tang D Z, et al. Hydrological control rule on coalbed methane enrichment and high yield in FZ Block of Qinshui Basin[J]. Fuel, 2015, 140: 568-577.

[2] 宋岩, 柳少波, 赵孟军, 等. 煤层气藏边界类型、成藏主控因素及富集区预测[J]. 天然气工业, 2009, 29(10): 5-9, 133, 134.

[3] Scott A R, Kaiser W R, Ayers W B, et al. Thermogenic and secondary biogenic gases, San Juan Basin[J]. AAPG Bulletin, 1994, 78(8): 1186-1209.

[4] 戴金星, 裴锡古. 中国天然气地质学 · 卷一[M]. 北京: 石油工业出版社, 1992.

[5] Rice D D. Composition and origins of coalbed gas[C]//Law B E, Rice D D. Hydrocarbons from coal: AAPG Studies in Geology Series 38. Tulsa, Oklahoma: American Association of Petroleum Geologists, 1993: 159-183.

[6] Rightmire C T. Coalbed methane resource[C]//Rightmire C T, Eddy G E, Kirr J N. Coalbed methane resources of the United States: AAPG Studies in Geology Series 17. Tulsa, Oklahoma: American Association of Petroleum Geologists, 1984: 1-14.

[7] 皇甫玉慧, 康永尚, 邓泽, 等. 低煤阶煤层气成藏模式和勘探方向[J]. 石油学报, 2019, 40(7): 786-797.

[8] Bryant M P. 1979. Microbial methane production-theoretical aspects[J]. JWPCF, 48 :193-201.

[9] 关德师. 甲烷菌的生存条件与生物气[J]. 天然气工业, 1990, 10(5): 13-19.

[10] Rinzema A, Lier J V, Lettinga G. Sodium inhibition of acetoclastic methanogens in granular sludge from a UASB reactor[J]. Enzyme & Microbial Technology, 1988, 10(1): 24-32.

[11] 苏现波, 徐影, 吴昱, 等. 盐度、pH对低煤阶煤层生物甲烷生成的影响[J]. 煤炭学报, 2011, 36(8): 1302-1306.

[12] 李本亮, 王明明, 魏国齐, 等. 柴达木盆地三湖地区生物气横向运聚成藏研究[J]. 地质论评, 2003, (1): 93-100.

[13] 李志军, 李新宁, 梁辉, 等. 吐哈和三塘湖盆地水文地质条件对低煤阶煤层气的影响[J]. 新疆石油地质, 2013, 34(2): 158-161.

[14] 魏迎春, 张强, 王安民, 等. 准噶尔盆地南缘煤系水矿化度对低煤阶煤层气的影响[J]. 煤田地质与勘探, 2016, 44(1): 31-37.

[15] 刘志坚. 浅析煤的气成热液变质机理和特征[J]. 煤田地质与勘探, 1988, (5): 34-36.

[16] 钟宁宁, 任德贻. 河南石炭二叠纪含煤岩系煤热变质作用下的变化——地下水热液对煤变质作用影响的初步探讨[J]. 地质论评, 1990, (2): 130-139.

[17] 张振文, 蒋福兴, 王慧敏. 岩浆活动对煤层气的成藏作用[J]. 中国煤炭, 2002, (8): 5, 36-38.

[18] 王红岩, 万天丰, 李景明, 等. 区域构造热事件对高煤阶煤层气富集的控制[J]. 地学前缘, 2008, (5): 364-369.

[19] 宋孝忠. 黄河北煤田赵官井田煤层瓦斯赋存规律及主控因素[J]. 煤田地质与勘探, 2019, 47(1): 73-77.

[20] 叶建平, 武强, 王子和. 水文地质条件对煤层气赋存的控制作用[J]. 煤炭学报, 2001, (5): 459-462.

[21] Pashin C. Hydrodynamics of coalbed methane reservoirs in the Black Warrior Basin: Key to understanding reservoir performance and environmental issues[J]. Applied Geochemistry, 2007, 22(10): 2257-2272.

[22] Barnhart E P, Weeks E P, Jones E J P, et al. Hydrogeochemistry and coal-associated bacterial populations from a methanogenic coal bed[J]. International Journal of Coal Geology, 2016, 162: 14-16.

[23] 田冲, 汤达祯, 周志军, 等. 彬长矿区水文地质特征及其对煤层气的控制作用[J]. 煤田地质与勘探, 2012, 40(1): 43-46.

[24] 孙粉锦, 王勃, 李梦溪, 等. 沁水盆地南部煤层气富集高产主控地质因素[J]. 石油学报, 2014, 35(6): 1070-1079.

[25] 康永尚, 陈晶, 张兵, 等. 沁水盆地寿阳勘探区煤层气井排采水源层判识[J]. 煤炭学报, 2016, 41(9): 2263-2272.

[26] 李剑, 王勃, 邵龙义, 等. 水文地质分区及其控气作用——以鄂东气田保德区块为例[J]. 中国矿业大学学报, 2017, 46(4): 869-876.

[27] 康永尚, 姜杉钰, 王金, 等. 沁水盆地原始水动力场类型及其对煤层气排采的影响[J]. 地质论评, 2018, 64(4): 927-936.

[28] 王勃. 高、低煤阶煤层气成藏特征对比及物理模拟实验研究[D]. 徐州: 中国矿业大学, 2006.

[29] 宋岩, 马行陟, 柳少波, 等. 沁水煤层气田成藏条件及勘探开发关键技术[J]. 石油学报, 2019, 40(5): 621-634.

[30] 傅雪海, 秦勇, 王文峰, 等. 沁水盆地中—南部水文地质控气特征[J]. 中国煤田地质, 2001, (1): 31-34.

[31] 秦荣芳, 曹代勇, 王安民, 等. 鄂尔多斯盆地西缘桌子山矿区煤层气成藏模式[J]. 煤田地质与勘探, 2018, 46(3): 54-58.
[32] 朱亚茹, 孙蓓蕾, 曾凡桂, 等. 西山煤田古交矿区煤层气藏水文地质特征及其控气作用[J]. 煤炭学报, 2018, 43(3): 759-769.
[33] 曾玲, 孙晓光, 崔少华, 等. 西山煤田构造-水文地质对煤层气成藏的控制作用[J]. 煤炭科学技术, 2019, 47(9): 80-88.
[34] Papendick S L, Downs K R, Vo K D, et al. Biogenic methane potential for Surat Basin, Queensland coal seams[J]. International Journal of Coal Geology, 2011, 88(2-3): 123-134.
[35] Alley B, Beebe A, Jr J R, et al. Chemical and physical characterization of produced waters from conventional and unconventional fossil fuel resources[J]. Chemosphere, 2011, 85(1): 74-82.
[36] Owen D D R, Raiber M, Cox M E. Relationships between major ions in coal seam gas groundwaters: Examples from the Surat and Clarence-Moreton basins. International Journal of Coal Geology, 2015, 137: 77-91.
[37] Zhang S H, Tang S H, Li Z C, et al. Study of hydrochemical characteristics of CBM co-produced water of the Shizhuangnan Block in the southern Qinshui Basin, China, on its implication of CBM development[J]. International Journal of Coal Geology, 2016, 159: 169-182.
[38] Atkins M L, Santos I R, Maher D T. Groundwater methane in a potential coal seam gas extraction region[J]. Journal of Hydrology: Regional Studies, 2015, 4: 169-182.
[39] Rice C A , Flores R M , Strieker G D , et al. Chemical and stable isotopic evidence for water/rock interaction and biogenic origin of coalbed methane, Fort Union Formation, Powder River Basin, Wyoming and Montana U. S. A. [J]. International Journal of Coal Geology, 2008, 76(1-2): 76-85.
[40] Owen D D R, Cox M E. Hydrochemical evolution within a large alluvial groundwater resource overlying a shallow coal seam gas reservoir[J]. Science of the Total Environment, 2015, 523 (AI): 233-252.
[41] 张松航, 唐书恒, 李忠城, 等. 煤层气井产出水化学特征及变化规律——以沁水盆地柿庄南区块为例[J]. 中国矿业大学学报, 2015, 44(2): 292-299, 318.
[42] 徐占杰. 沁水盆地北部煤层气同位素地球化学及成因研究[D]. 北京: 中国矿业大学(北京), 2017.
[43] 张聪, 陈洪明, 李梦溪, 等. 樊庄区块固县井区煤层气储层流体化学场研究[J]. 中国煤层气, 2011, 8(6): 3-7.
[44] 刘超, 冯国瑞, 曾凡桂. 沁水盆地南部潘庄区块废弃矿井煤层气地球化学特征及成因[J]. 煤田地质与勘探, 2019, 47(6): 67-72, 77.
[45] 刘广景. 柿庄南区块煤层气井排采产出水地球化学特征分析[J]. 煤炭技术, 2019, 38(1): 60-62.
[46] Morin R H . Hydrologic properties of coal beds in the Powder River Basin, Montana I. Geophysical log analysis[J]. Journal of Hydrology, 2005, 308(1-4): 227-241.
[47] Kinnon E C P, Golding S D, Boreham C J, et al. Stable isotope and water quality analysis of coal bed methane production waters and gases from the Bowen Basin, Australia[J]. International Journal of Coal Geology, 2010, 82(3-4): 219-231.
[48] Atkins M L, Santos I R, Maher D L. Assessing groundwater-surface water connectivity using radon and major ions prior to coal seam gas development (Richmond River Catchment, Australia) [J]. Applied Geochemistry, 2016, 73: 35-48.
[49] Frost C D, Pearson B N, Ogle K M. Sr isotope tracing of aquifer interactions in an area of accelerating coal-bed methane production, Powder River Basin, Wyoming[J]. Geology, 2002, 30(10): 923-926.
[50] Lemarchand D, Jacobson A D, Cividini D, et al. The major ion, $^{87}Sr/^{86}Sr$, and $\delta^{11}B$ geochemistry of groundwater in the Wyodak-Anderson coal bed aquifer (Powder River Basin, Wyoming, USA) [J]. Comptes Rendus Geoscience, 2015, 347: 348-357.
[51] 吴丛丛, 杨兆彪, 秦勇, 等. 贵州松河及织金煤层气产出水的地球化学对比及其地质意义[J]. 煤炭学报, 2018, 43(4): 1058-1064.
[52] 李剑, 车延前, 熊先钺, 等. 韩城煤层气田 11 号煤层水化学场特征及其对煤层气的控制作用[J]. 中国石油勘探, 2018, 23(3): 74-80.

基于岩储共控论下的煤层气勘探潜力研究

郭广山，柳迎红，王存武，吕玉民，朱学申，田永净
（中海油研究总院新能源研究中心，北京 100028）

摘要：为解决不同宏观煤岩类型物理性质对煤储层的控制作用，在“源控论”和“源岩油气地质”基础上提出煤层气“岩储共控论”。为说明该理论的可靠性，通过采集研究区同一工作面不同煤岩类型煤样，分别进行吸附性、孔渗条件和岩石力学实验。在实验测试结果基础上进一步基于不同宏观煤岩类型在测井曲线的响应特征，建立宏观煤岩类型指数并验证，对研究区进行了不同宏观煤岩类型分布规律的精细刻画。研究结果说明：①“岩储共控论”地质研究的核心是煤岩特性和储层性质；②光亮煤具有更强的吸附能力、较好的孔渗条件和易改造的岩石力学性质；③研究区 3 号煤层宏观煤岩类型主要以光亮煤和半亮煤为主，半暗煤次之，暗淡煤不发育。研究结果和宏观煤岩类型指数评价方法对推动该区域煤层气快速勘探开发提供了有力支撑。

关键词：岩储共控论；吸附能力；孔隙结构；岩石力学；宏观煤岩类型指数

Study on exploration potential of coalbed methane based on rock and reservoir control theory

Guo Guangshan, Liu Yinghong, Wang Cunwu, Lv Yumin, Zhu Xueshen, Tian Yongjing
(New Energy Research Center，CNOOC Research Institute，Beijing 100028)

Abstract: In order to solve the control effect of physical properties of different macro coal rock types on coal reservoir, based on the “source control theory” and “source rock oil and gas geology”, the “rock reservoir co control theory” of coalbed methane is proposed. In order to demonstrate the reliability of the theory, different types of coal samples were collected from the same working face in the study area, and the adsorption, porosity and permeability conditions and rock mechanics experiments were carried out respectively. On the basis of the experimental test results, further based on the response characteristics of different macro coal and rock types in the logging curve, the macro coal and rock type index is established and verified, and the distribution law of different macro coal and rock types in the study area is finely depicted. The results show that: ① the core of the geological research of “rock reservoir co control theory” is the characteristics of coal rock and reservoir; ② bright coal has stronger adsorption capacity, better porosity and permeability conditions and rock mechanical properties easy to transform; ③ bright coal and semi bright coal are the main macroscopic coal rock types of No.3 Coal Seam in the study area, followed by semi dark coal, and dark coal is not developed. The research results and macro coal rock type index evaluation method provide strong support for promoting the rapid exploration and development of coalbed methane in this area.

Keywords: rock and reservoir control theory; adsorption capacity; pore structure; rock mechanics; macro coal rock type index

煤层气作为一种非常规洁净能源，在我国经过了二三十年的发展。纵观煤层气整个勘探开发历程，虽然我国煤层气资源丰富，但受制于煤储层“三高一低”的低品质特征，除潘庄煤层气田、保德煤层气田外鲜有开发成功区块。近些年，行业众多专家对煤层气产能开展了一系列工作，研究结果显示煤层气

作者简介：郭广山(1982—)，高级工程师，主要从事非常规油气地质研究。地址：北京市朝阳区太阳宫南街 6 号院，电话：010-84525326，邮箱: guogsh2@cnooc.com.cn。

“富集+高产+可采”是未来勘探开发的主旋律。煤层气富集+高产+可采涉及煤层气资源性参数、可改造参数和渗流材料。综合分析这些参数与煤岩本身紧密相关。煤储层宏观和微观煤岩组成及其本构关系直接控制着煤层气的储集性、可采性及开发工程工艺。煤岩学制约下的煤体结构、吸附性、储层有效孔渗空间发育特征、层内(间)本构关系变化及煤储层物性响应存在明显的差异。但是目前，煤岩学主控的煤层气储渗空间特征及其开发机理研究远不能满足煤层气开发需求，不同煤岩类型主控下的单井配产、多层合采、层段优化、排采制度及井网优化部署等仍然处于探索阶段。

本文依托于沁水盆地南端柿庄区块煤岩测试资料，结合煤层气井动静态参数，在“源控论”和“源岩油气地质”基础上提出煤层气“岩储共控论”，通过煤岩一站式系统实验，从煤岩吸附性、孔裂隙结构和力学性质三方面实验结果来说明不同宏观煤岩类型对资源条件、渗流条件和可改造性的控制作用，进而建立宏观煤岩类型评价指数并验证，建立宏观煤岩类型对煤储层的控制作用，分析煤储层宏观煤岩组成及分布规律对煤层气勘探开发的影响，为煤层气田滚动开发提供技术支撑。

1 岩储共控论理论含义

“岩储共控论”是在“源控论”和“源岩油气地质”基础上提出的一种煤层气成藏论的重要组成部分。煤层气作为一种源岩油气，其地质研究的核心是煤岩特性和储层性质。煤岩特征是核心，煤储层是在成煤过程及成煤之后，在构造演化、埋藏史、热动力史及水文地质等综合作用下的外在表现。评价内容包括煤岩评价和煤储层两个部分，评价其煤岩物性、含气性、可压性、可采性，核心是明确煤层气富集成藏范围和储量规模。研究对象是煤层气“甜点”区和“甜点”段，产生人工渗流场，建造人工煤层气藏，目的是实现煤层气资源规模高效开发。

2 岩储共控论地质含义

研究煤岩样品采集自沁水盆地南端柿庄区块煤层气参数井以及周边煤矿矿井工作面，样品规模基本在 30cm×30cm×30cm，煤岩反射率测试结果为 2.0%～3.0%，为高变质程度。对煤层气参数井和煤矿工作面进行宏观煤岩类型描述发现，研究区 3 号煤层宏观煤岩类型变化较大，从煤层底部到顶部不同宏观煤岩类型均有发育，选取典型剖面进行了精细的刻画，具体如图 1 所示。

为通过实验测试说明不同宏观煤岩类型在煤储层吸附性、孔渗条件和力学性质方面的差异性，研究依次设计了Ⅰ、Ⅱ、Ⅲ共 3 个系列实验。实验前提是煤样是采集自同一工作面，在煤岩类型描述的基础上，选取不同宏观煤岩类型样品分别进行不同测试实验。实验分别为：①系列Ⅰ进行了不同宏观煤岩类

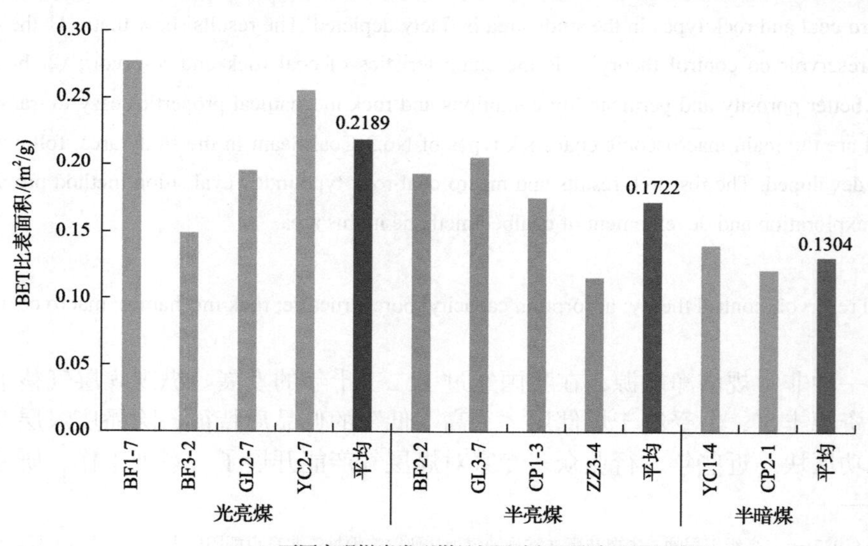

(a) 不同宏观煤岩类型样品低温液氮吸附实验测试结果

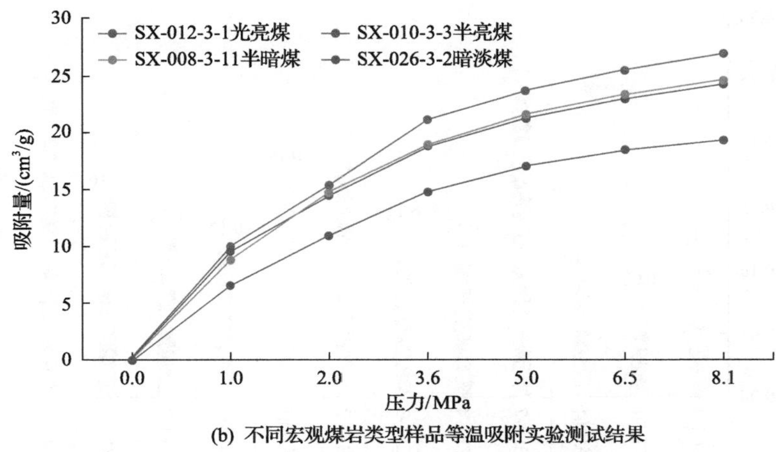

(b) 不同宏观煤岩类型样品等温吸附实验测试结果

图 1　不同煤岩类型煤样吸附性实验测试结果

型煤样等温吸附实验，利用测试结果分析不同煤岩类型吸附能力；②系列Ⅱ对不同宏观煤岩类型煤样进行液氮实验、核磁共振实验和 X-CT 扫描，分布孔径大小及分布规律；③系列Ⅲ对不同宏观煤岩类型煤样进行演示力学分析，利用测试结果分析煤岩可压性。具体实验结果分析如下：

2.1　不同宏观煤岩类型吸附特征

测试结果显示不同宏观煤岩类型比表面积大小呈现明显的差异，光亮煤最大，半亮煤和半暗煤次之，暗淡煤最小。比表面积的差异直接影响不同宏观煤岩类型煤样吸附能力的大小。比表面积越大，吸附能力越强，在相同演化程度和保存条件相似条件下，光亮煤含量越大，含气量越高，资源条件越好。

2.2　不同宏观煤岩类型岩石力学实验结果与评价

通过不同宏观煤岩类型样品岩石力学测试结果，对抗压强度、泊松比和弹性模型三个参数进行对比分析，结果显示光亮煤表现出低抗压强度、低弹性模量、高泊松比；暗淡煤表现出高抗压强度、高弹性模量、低泊松比；半亮煤和半暗煤介于光亮煤和暗淡煤之间(图 2)。综合三个参数显示光亮煤脆性大，机械强度小，更易压裂改造。

2.3　不同宏观煤岩类型孔渗条件实验测试结果与评价

通过对不同宏观煤岩类型煤样进行液氮、X-CT 扫描和核磁共振结果分别分析发现，不同类型表现出孔隙类型具有明显的差异(图 3)。

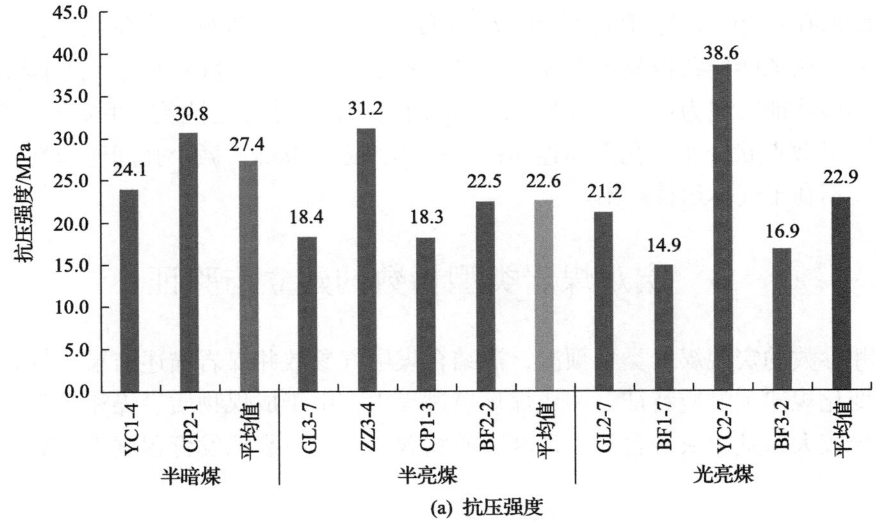

(a) 抗压强度

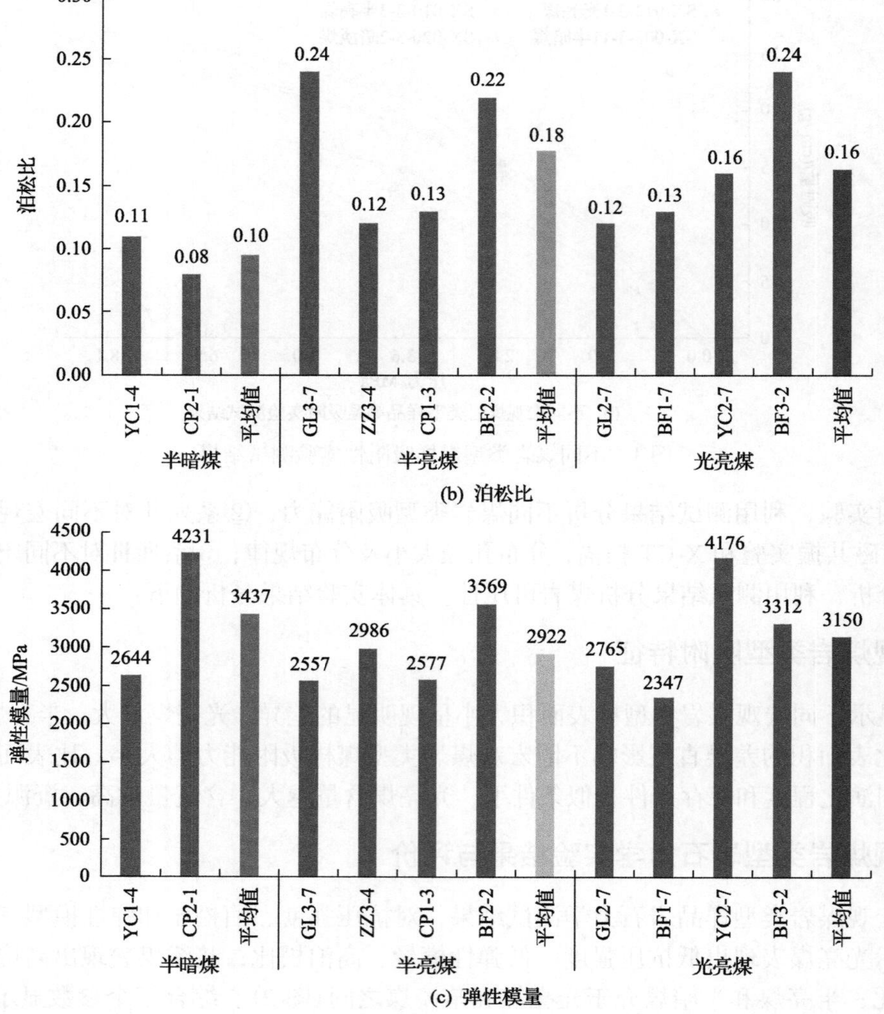

图 2　不同煤岩类型煤样岩石力学实验测试结果

光亮煤孔隙类型特征表现为：①低温液氮，吸附回线较大，孔隙连通性较好，明显有拐点，主要为墨水瓶形孔和狭缝平板孔；②X-CT，发育多条裂隙，形成复杂裂隙网络；③核磁共振，三峰，中大孔和裂隙间连通性好。该类储层孔径分布连续，中大孔和微裂隙发育，有利于煤层气富集和产出。

半亮煤孔隙类型特征表现为：①低温液氮，吸附回线较大，孔隙连通性较好，主要为圆筒形孔、狭缝平板孔和墨水瓶形孔；②X-CT：孔隙呈团块状分布，孔隙间连通性好；③核磁共振，双峰，微小孔和中大孔间连通性差。该类储层孔径分布连续，孔隙连通性较好，较有利于煤层气富集和产出。

半暗煤孔隙类型特征表现为：①低温液氮，吸附回线小，孔隙连通性差，主要为不透气孔；②X-CT，裂隙不发育，孔隙呈散点状分布，孔隙间连通性差；③核磁，单峰，微小孔间连通性差。该类储层较有利于煤层气富集，不利于气体运移产出。

3　宏观煤岩类型指数的建立与验证

实现基于测井参数的宏观煤岩类型预测，需结合煤层气参数井煤岩描述结果，刻画出不同宏观煤岩类型在测井曲线变化规律和响应特征。在成煤环境过程中，由于成煤物质、煤相等因素，造成宏观煤岩类型物理性质差异较大，其中灰分含量、密度、矿物含量、内生裂隙发育程度等参数决定着测井曲线响

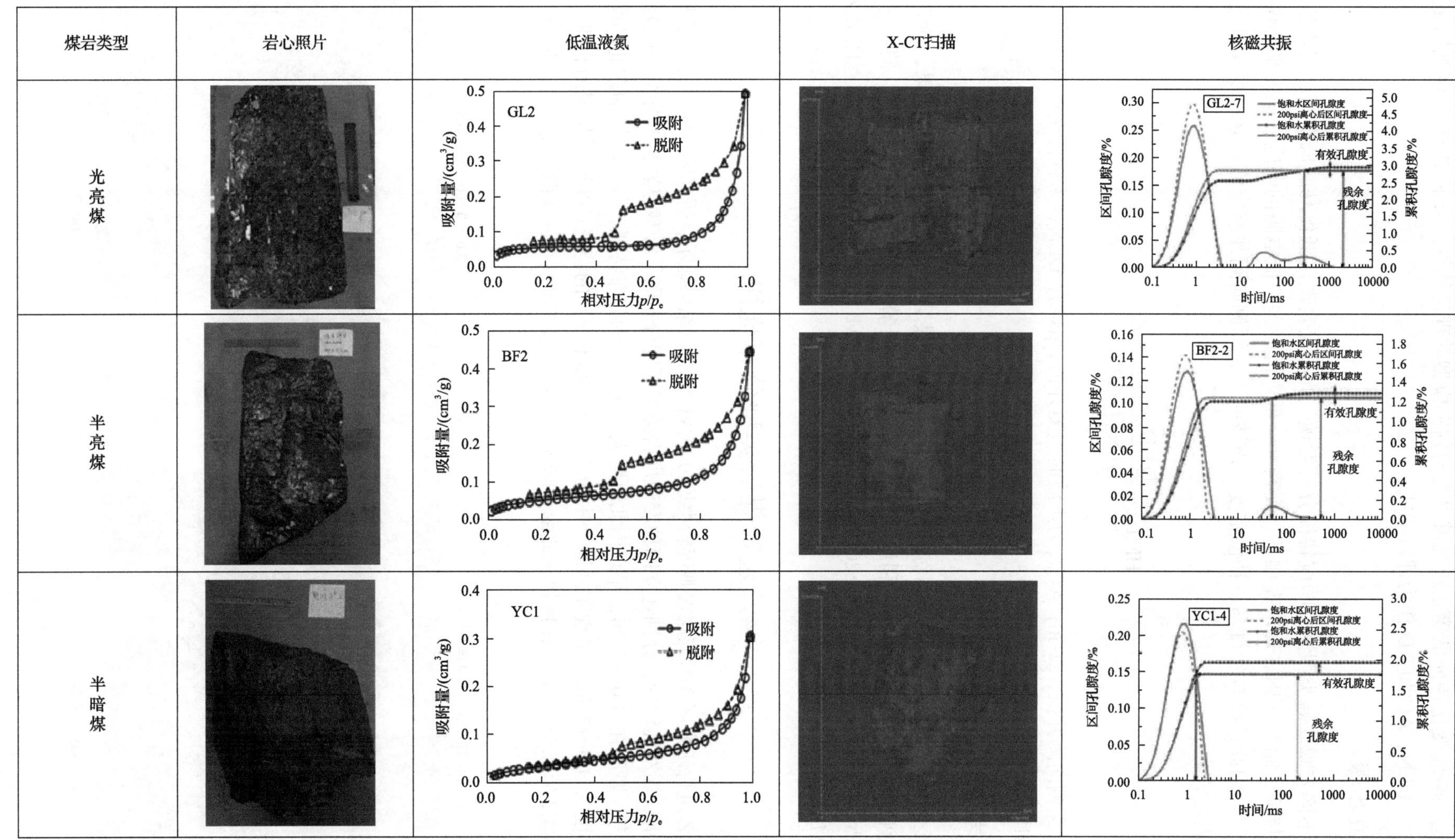

图3 不同煤岩类型煤样孔渗条件实验测试结果

1psi=6.895kPa

应变化特征，这些响应变化特征是建立宏观煤岩类型判别模型的理论依据。采用 SPSS 软件利用主成分分析法确定出 GR、DEN、AC 和 RD 作为评价曲线。

3.1　指数建立步骤

对研究区不同宏观煤岩类型测井响应特征分析发现，光亮煤表现出低伽马、低密度、高声波时差、高电阻的响应特征，暗淡煤则表现出高伽马、高密度、低声波时差、低电阻的响应特征；半亮煤和半暗煤介于两者之间。因此选择自然伽马、补偿密度、声波时差和深侧向测井响应值建立宏观煤岩类型指数（HMLZ），其表达式为

$$\mathrm{HMLZ}=\frac{\lg \mathrm{RD_{AS}}\cdot \mathrm{AC_{AS}}}{\mathrm{DEN_{AS}^{2}}\cdot \mathrm{GR_{AS}}} \tag{1}$$

式中，$\mathrm{RD_{AS}}$为深侧向测井值，Ω·m；$\mathrm{AC_{AS}}$为声波时差测井值，μs/m；$\mathrm{DEN_{AS}}$为补偿密度测井值，g/cm^3；$\mathrm{GR_{AS}}$为自然伽马测井值，API。

3.2　宏观煤岩指数建立与验证

建立研究区 20 口煤层气参数井煤岩综合测井图，结合 3 号煤层宏观煤岩类型描述结果，划分出不同宏观煤岩类型评价测井曲线响应范围，利用建立的 HMLZ 分别计算出煤岩类型分区范围。研究区 3 号煤层宏观煤岩类型的识别标准为：HMLZ＞20.0 为光亮煤；10.0＜HMLZ≤20.0 为半亮煤；5.5＜HMLZ≤10.0 为半暗煤；HMLZ≤5.5 为暗淡煤。

4　宏观煤岩类型分布规律

按照 HMLZ 进行研究区 3 号煤层宏观煤岩类型分布规律评价，结果显示，研究区主要发育光亮煤和半亮煤，半暗煤和暗淡煤发育较少，分别建立四种宏观煤岩类型厚度分布图。宏观煤岩类型分布特征为(图 4)：半亮煤全区发育，厚度在 1.0～4.5m，呈现南北厚度大、中间薄的分布特征，仅在区块的东北部厚度小于1m；光亮煤厚度为 1.5～3.5m，呈现东西厚、中间薄，且局部不发育的特征；半暗煤呈现南北薄、中间厚的分布特征，厚度为 0.5～3.0m，在区块东北部半暗煤不发育；暗淡煤仅在区块西南部发育，厚度为 0.2～0.8m。

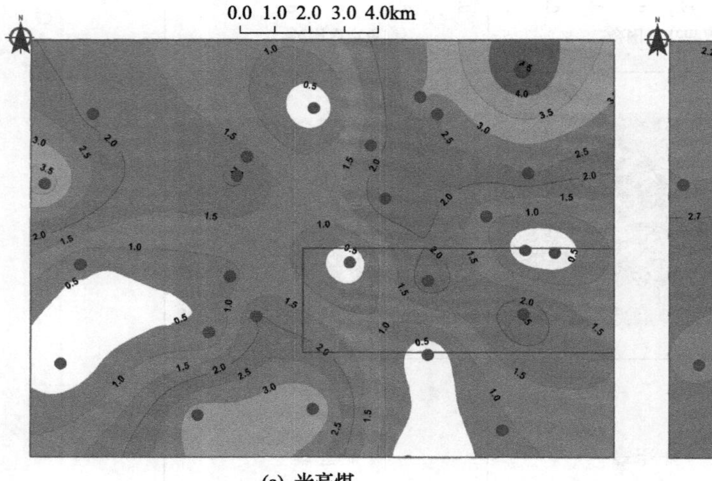

(a) 光亮煤

(b) 半亮煤

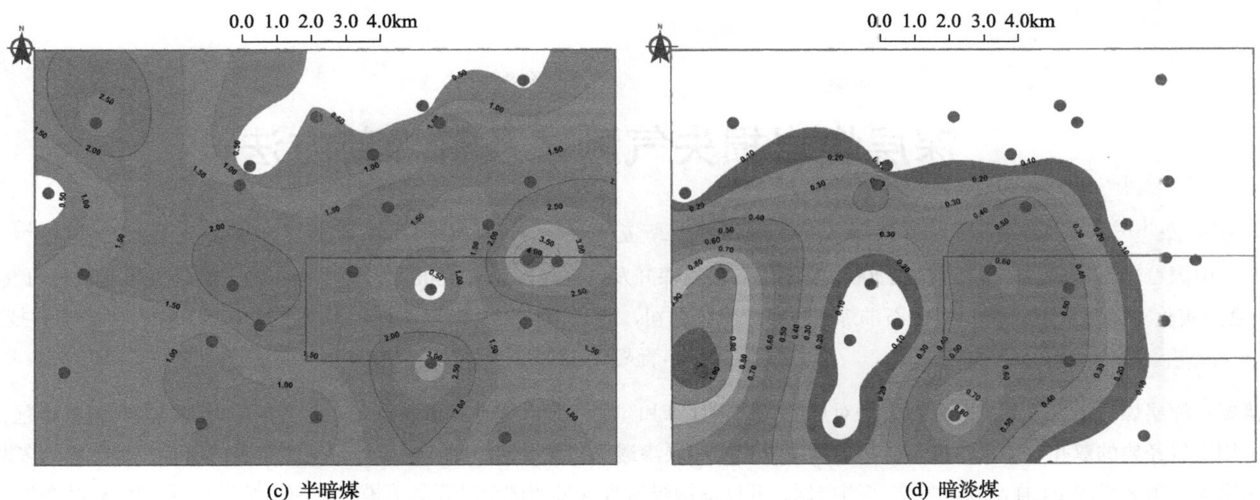

(c) 半暗煤　　(d) 暗淡煤

图 4　不同煤岩类型厚度分布图(单位：m)

5 结　论

(1)岩储共控论地质研究的核心是煤岩特性和储层性质。煤岩特征是核心，煤储层是在成煤过程及成煤之后，在构造演化、埋藏史、热动力史及水文地质等综合作用下的外在表现。评价内容包括煤岩评价和煤储层两个部分，评价其“煤岩物性、含气性、可压性、可采性”。

(2)不同宏观煤岩类型煤样系列实验结果说明：光亮煤具有更强的吸附能力、较好的孔渗条件和易改造的岩石力学性质；半亮煤和半暗煤次之，暗淡煤最差。

(3)研究区 3 号煤层宏观煤岩类型主要以光亮煤和半亮煤为主，半暗煤次之，暗淡煤不发育。利用宏观煤岩类型在自然伽马、补偿密度、声波时差和深侧向测井曲线变化规律，建立宏观煤岩类型指数 HMLZ 进行定量识别，3 号煤层判别标准为：HMLZ＞20.0 为光亮煤，10.0＜HMLZ≤20.0 为半亮煤，5.5＜HMLZ≤10.0 为半暗煤，HMLZ≤5.5 为暗淡煤。宏观煤岩类型指数 HMLZ 判别模型可靠性和准确性较高。

参 考 文 献

梅放, 康永尚, 李喆, 等. 2019. 中高煤阶煤层煤体结构识别测井法适用性评价研究[J]. 煤炭科学技术, 47(7): 95-107.
陶传奇, 王延斌, 倪小明, 等. 2017. 基于测井参数的煤体结构预测模型及空间展布规律[J]. 煤炭科学技术, 45(2): 173-177, 196.
王生维, 陈钟惠, 张明, 等. 2003. 煤相分析在煤储层评价中的应用[J]. 高校地质学报, 9(3): 396-401.
王勇飞, 曾焱, 卜淘. 2019. 利用测井曲线定量识别安泽区块煤体结构[J]. 辽宁工程技术大学学报(自然科学版), 38(2): 103-111.
魏迎春, 闵洛平, 常东亮, 等. 2017. 基于测井资料的临汾区块煤体结构识别及其分布规律[J]. 中国煤炭, 44(4): 35-40.
吴翔, 吴建光, 张平, 等. 2017. 沁源区块 2 号煤层煤相展布特征及对含气量的控制[J]. 煤炭科学技术, 45(4): 117-122.
徐光波, 赵金环, 崔周旗, 等. 2018. 沁水盆地南部安泽区块煤体结构测井识别研究[J]. 煤炭科学技术, 46(5): 53, 179-184.
许浩, 汤达祯. 2016. 基于煤层气产出的煤岩学控制机理研究进展[J]. 煤炭科学技术, 44(6): 140-145, 158.
杨智, 邹才能. 2019. “进源找油”: 源岩油气内涵与前景[J]. 石油勘探与开发, 46(1): 173-184.
姚艳斌, 刘大锰, 汤达祯, 等. 2010. 沁水盆地煤储层微裂隙发育的煤岩学控制机理[J]. 中国矿业大学学报, 39(1): 6-12.
钟玲文, 张新民. 1990. 吸附能力与其煤化程度和煤岩组成间的关系[J]. 煤田地质与勘探, 18(4): 29-35.

深层煤岩损失气测试及解释新方法

邓　泽[1,2,3]，王红岩[1,2,3]，姜振学[1]，侯淞译[4]，李五忠[2,3]，李亚男[2,3]，朱纪跃[5]，李龙飞[6]，王雪帆[2,3]

(1. 中国石油大学(北京)，北京 102200；2. 中国石油勘探开发研究院，北京 100083；3. 中国石油天然气集团非常规油气重点实验室，北京 100083；4. 中石油煤层气有限责任公司，北京 100028；5. 陕西理工大学，汉中 723001；6. 山东科技大学，青岛 266590)

摘要：深层煤岩损失气测试及解释方法对煤层气储量计算和"甜点"区优选有重要意义。针对深层煤岩损失气解释难题，引用煤岩经典的双孔双渗理论模型，考虑损失过程中储层渗透率、含水饱和度、温度等对气体产出的影响，基于鄂尔多斯东缘太原组 8 号煤 P1 样品现场解吸实测数据，开展深层煤岩含气量测试全过程数值模拟。模拟结果揭示：P1 样品损失气占比 24.7%，损失气量达到 8.64m^3/t。其中井筒提升损失 18.8%，地面暴露期间损失 5.9%，该样品总含气量达 34.98m^3/t；P1 样品含游离气，游离气含量为 9.71m^3/t，吸附游离比例近 7∶3。基质渗透率和初始含气饱和度是决定损失气量大小的关键因素。本文为深层煤岩损失气解释提供了一种新方法，该方法可在页岩含气量测试中开展应用。

关键词：USBM 法；损失气；游离气；数值模拟；吸附游离气比例

A new method for testing and interpreting lost gas in deep coal

Deng Ze[1,2,3], Wang Hongyan[1,2,3], Jiang Zhenxue[1], Hou Songyi[4], Li Wuzhong[2,3], Li Ya'nan[2,3], Zhu Jiyue[5], Li Longfei[6], Wang Xuefan[2,3]

(1. China University of Petroleum (Beijing), Beijing 102200; 2. PetroChina Exploration and Development Research Institute, Beijing 100083; 3. CNPC Unconventional Key Laboratory, Beijing 100083; 4. PetroChina Coal-bed Methane Co., Ltd., Beijing 100028; 5. Shanxi University of Technology, Hanzhong 723001; 6. Shandong University of Science and Technology, Qingdao 266590)

Abstract: The test and interpretation method of deep coal rock loss gas is of great significance for the calculation of coalbed methane reserves and the optimization of sweet spots. Aiming at the problem of gas loss interpretation in deep coal rock, the classic dual porosity and dual permeability theoretical model of coal rock is used to consider the influence of reservoir permeability, water saturation, temperature, etc. on gas production during the loss process, based on the measured data of on-site desorption of P1 sample of Taiyuan Formation No. 8 coal in the eastern margin of Ordos, and numerical simulation of the whole process of deep coal gas content test was carried out. The simulation result reveals: P1 lost gas proportion accounted for 24.7%, reaching 8.64m^3/t. Among them, the wellbore lifting loss was 18.8%, and the surface exposure period was 5.9%. The total gas content of the sample reached 34.98m^3/t; the P1 sample contained free gas, the free gas content was 9.71m^3/t, and the adsorption free ratio was nearly 7∶3. Matrix permeability and initial gas saturation are the key factors that determine the amount of gas lost. This article provides a new method for the interpretation of gas loss in deep coal and this method can be used in shale gas content testing.

Keywords: USBM method; lost gas; free gas; numerical simulation; ratio of adsorbed free gas

---

作者简介：邓泽(1982－)，高级工程师，主要从事非常规油气勘探研究。地址：河北省廊坊市广阳区万庄镇中石油廊坊科技园区，电话：010-69213353、18031622626，邮箱：dengze@petrochina.com.cn。

通讯作者：王雪帆(1994－)，主要从事非常规油气勘探研究。地址：河北省廊坊市广阳区万庄镇中石油廊坊科技园区，电话：010-83596236、18222005288，邮箱：wxf1994@petrochina.com.cn。

选用合适的评价方法与技术，明确资源储量、富集规律与重点勘探领域的研究过程，是油气资源评价的重要组成部分(郑民等，2019)。含气量是含气性评价、资源储量计算、优选开发“甜点”区的核心参数之一。目前国内含气量获取方法主要有两大类：直接法和间接法。直接法是指现场解吸法，按照解释方法主要分为 4 类：USBM 法(Kissel et al., 1973)、多项式拟合法(Shtepani et al., 2010)、Smith-Williams 法(Smith and Williams, 1984)、Amoco 曲线拟合法(Yee et al., 1993)。间接法包括等温吸附法、测井解释法和地震解释法等。除测试方法外，很多学者在提高损失气计算的可靠性和解释损失气计算方法方面做了大量探索。周尚文等(2018)对比分析了 USBM 直线回归法、多项式回归法、Amoco 曲线拟合法对页岩损失气的影响，认为 USBM 直线回归法虽然理论基础简单，但其适用性更强，计算结果更为合理。赵群等(2013)认为，指数递减法对整个测试区间内的实测数据拟合效果最好。姚光华等(2016)分析了 USBM 对深层页岩气的适用性，认为对于正常压力系数的气藏，损失气计算时间偏早，USBM 方法导致损失气计算结果偏大；而对于异常高压气藏，损失气计算时间偏晚，可能导致损失气计算结果偏小。也有学者从选取实验点数、研究气体扩散特征、优化开始解吸时刻等方面讨论了提高损失气拟合精度的对策与方法(刘洪林等，2010；唐颖等，2011；郝进等，2015；魏强等，2015；李国庆等，2017；郭涛等，2018；刘刚等，2019；左国勇等，2019；王劲铸等，2021)。

在测试方法中，直接法的 USBM 法是损失气常用解释方法，主要执行标准是《煤层气含量测定方法：GB/T 19559—2008》。USBM 法假设煤样为球形颗粒、气体在煤样中为菲克扩散，忽略水相及渗流作用影响，解析气最初几个小时的解吸气量与解吸时间的开方近似为线性关系。以标准状态下累计解吸量为纵坐标，总损失时间的平方根为横坐标作图。在解吸气量与总时间的平方根的图中，拟合直线的反向延长线与纵坐标轴的截距即为损失气量。USBM 法假定总损失时间的起点，即解吸开始的时间为提升到井筒一半的时刻，这与样品真实的解吸开始时刻不完全相符。且需要注意的是 USBM 法是基于单孔隙模型的、针对吸附气体、扩散速率假设恒定的解吸扩散方程的简化解析解，其适用条件是：①损失气量不超过 20%，即损失时间不能太长；②只有吸附气，即不含游离气；③取心过程温度变化不大。浅层煤岩取心一般采用绳索取心方式，提升速度快，气体散失时间通常较短，USBM 法应用效果好；而深层煤层气一般是钻杆常规取心，提升非常慢，通常需要 6～8h，气体散失时间较长。深层煤储层温度高，整个取心过程中温度变化大，扩散速率是随时间而变化的函数，另外深层煤岩中可能含有一定的游离气。因此，深层煤层气赋存状态及取心参数的巨大差异性可能导致 USBM 直线回归法计算结果与实际含气量数据偏差较大。

为解决直线回归计算结果的偏差问题，本文采用直接法的实测解吸数据，引用煤岩经典的双孔双渗理论模型，考虑了整个解吸过程中储层渗透率、含水饱和度、温度对气体产出的影响，开展深层煤岩含气量测试全过程数值模拟，当模拟结果与实测解吸数据达到最佳匹配时，则认为数值模拟可以代替完整的损失气散失过程，从而得到损失气量和总含气量。

1 实验样品与实验方法

1.1 实验样品

大宁—吉县地区位于鄂尔多斯盆地东南缘晋西褶曲带。东部与吕梁山脉接壤，西部横跨黄河与伊陕斜坡构造带相连，南部相接于渭北隆起。研究区开发潜力巨大，煤层气资源探明储量超过 1438 亿 m^3，主要含煤层系为下二叠统山西组 5 号煤层和太原组 8 号煤层。本文选取某井下二叠统太原组 P1 样品进行实验和分析(图 1)，深度为 2137.61m，为原生结构煤，宏观煤岩类型为半亮型煤，割理较发育，含镜煤条带，贝壳状断口，属于无烟煤，详细参数见表 1。

图 1　P1 样品全貌

表 1　样品 P1 基本参数表

数据分类	参数	参数值	获取方法
样品基本信息	质量/g	2240	实测
	深度/m	2137.61	实测
	孔隙度/%	10	实测
	视密度/(g/cm³)	1.48	实测
	水分/%	1.32	实测
	灰分/%	26.62	实测
	TOC/%	72.06	实测
	R_{omax}/%	3.25	实测
	镜质组/%	64.3	实测
	壳质组/%	9.1	实测
	惰质组/%	26.6	实测
等温吸附实验条件及结果	实验温度/℃	60	实测
	V_L/(m³/t)	28.53	实测
	P_L/MPa	2.86	实测
现场解吸数据	提升深度/m	2137.61	实测
	储层压力/MPa	21.38	估算
	地面温度/℃	20	实测
	地下温度/℃	60	估算
	泥浆温度/℃	30	估算
	水浴温度/℃	60	实测
	提升时间/h	6.5	实测
	到达地面至装罐时间/h	0.75	实测
	装罐测量时间/h	72.75	实测

1.2　实验方法

1.2.1　现场含气量测试

现场含气量测试参照《煤层气含量测定方法：GB/T 19559—2008》执行。样品装罐密封后立刻开始测量，以不大于 5min 间隔测 1h，然后以不大于 10min 间隔测 1h，以不大于 15min 间隔测 1h，以不大于 30min 间隔测 5h，累计测 8h。连续解吸 8h 后，每间隔一定时间采集相关数据，直至解吸终止限。解吸数据的采集最早采用手动量筒(图 2)，近年来发展了高精度流量计、自动 U 型量筒测量、脉冲旋转测量等多种方法，自动化程度和测试精度进一步提高(图 3)。P1 样品现场解吸数据见表 2 和图 4。

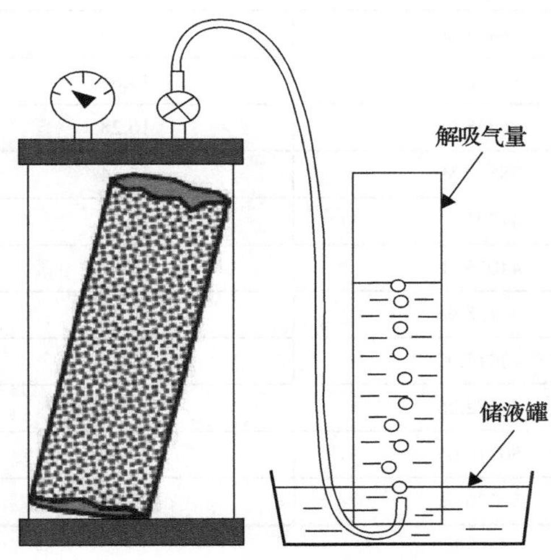

图 2　手动量筒示意图

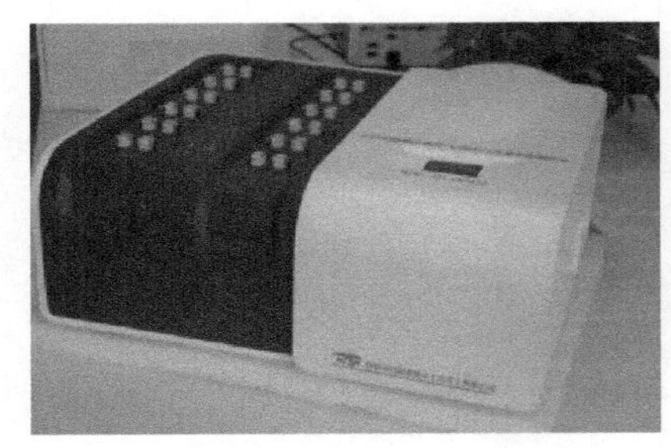

(a) 高精度流量计法测解吸气

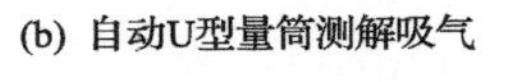

(b) 自动U型量筒测解吸气

(c) 脉冲旋转测解吸气

图 3　三种常用解析气装置

表 2　解吸数据表

解吸时间/min	累计解吸量/mL	解吸气/(m^3/t)	解吸速度/(m^3/h)
0	0	0.00	0.000
10	331.36	0.15	0.89
20	712.00	0.32	1.02
30	1192.83	0.53	1.29
40	1765.858	0.79	1.54
50	2372.47	1.06	1.63
60	3140.26	1.40	2.06
70	3990.91	1.78	2.28
80	4835.73	2.16	2.26
95	6182.20	2.76	2.40
110	7664.34	3.42	2.65
125	9177.57	4.10	2.70
140	10686.62	4.77	2.70
170	13683.51	6.11	2.68
200	16659.13	7.44	2.66

续表

解吸时间/min	累计解吸量/mL	解吸气/(m^3/t)	解吸速度/(m^3/h)
260	21413.06	9.56	2.12
320	25207.05	11.25	1.69
380	28417.80	12.69	1.43
500	33172.06	14.81	1.06
620	36468.48	16.28	0.74
740	38832.59	17.34	0.53
980	41995.31	18.75	0.35
1220	44053.46	19.67	0.23
1460	45738.95	20.42	0.19
1940	48017.00	21.44	0.13
2420	49572.25	22.13	0.09
2900	50714.65	22.64	0.06
4340	52736.06	23.54	0.04

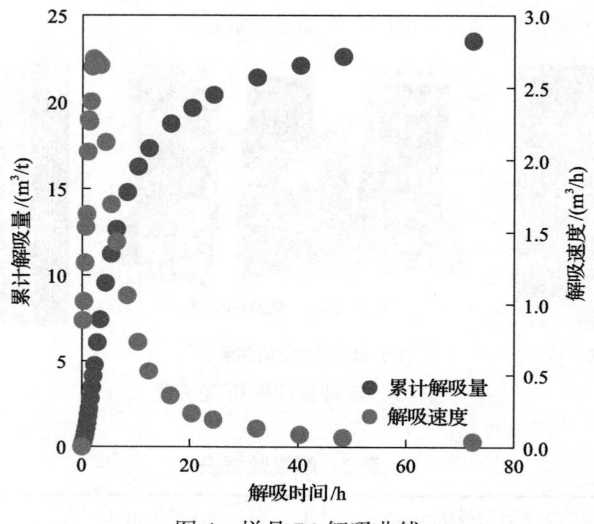

图 4　样品 P1 解吸曲线

1.2.2　其他基本参数测试

等温吸附参照《煤的高压等温吸附试验方法：GB/T 19560—2008》执行，工业分析参照《煤的工业分析方法 仪器法：GB/T 30732—2014》执行，真相对密度测试参照《煤和岩石物理力学性质测定方法 第 2 部分：煤和岩石真密度测定方法：GB/T 23561.2—2009》执行，煤的孔隙度、渗透率和基质渗透率参照《岩心分析方法：GB/T 29172—2012》执行。样品分析测试在中国石油天然气集团非常规油气重点实验室完成。

1.2.3　损失气模拟物理模型

本次模拟选用的物理模型为裂隙-孔隙的双孔双渗 Warren-Root 模型(图 5)，同时考虑到煤层中含有液相和气相两种相态。煤具有典型的裂缝-孔隙双重孔渗结构，即煤中含有大量微小的孔隙和尺寸相对较大的裂隙(割理)。微小孔隙系统的存在，使煤具有很大的比表面积，具有很强的吸附能力，但渗透率很低；裂缝系统的孔隙度较小，储集能力小，但其渗透率比孔隙系统大若干数量级。

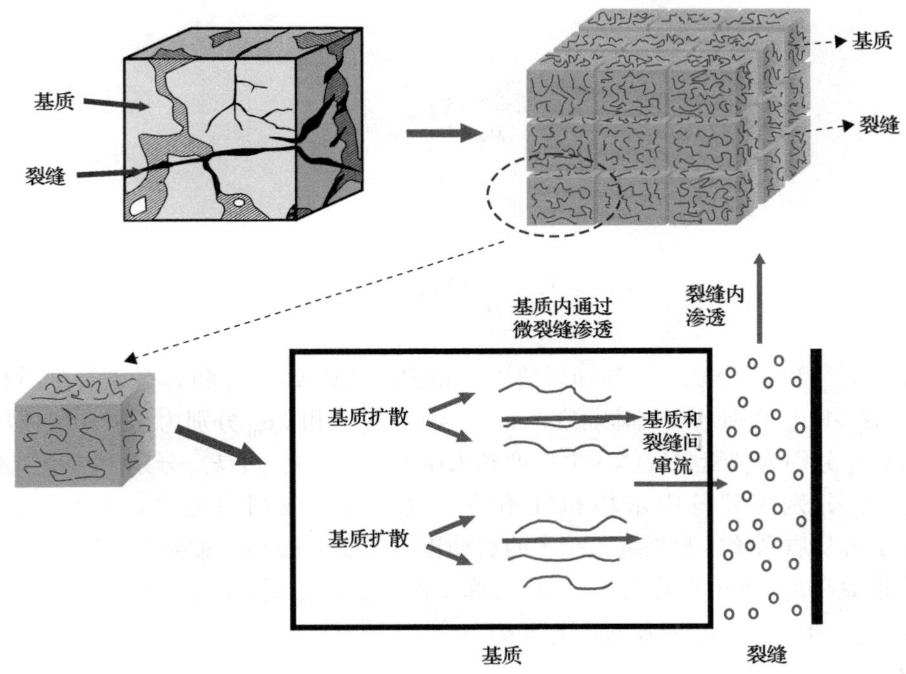

图5 双孔双渗 Warren-Root 模型

1.2.4 煤层气双孔双渗数学模型的建立

1. 模型基本假设

(1)煤层气在裂缝中以游离态存储，在基质中以游离态和吸附态存储。

(2)煤岩基质孔隙中的吸附解吸过程视为瞬间达到平衡状态，不随时间变化，是关于压力的函数，满足朗缪尔等温吸附方程。

(3)煤层气岩心在提升过程中，温度随岩心深度的变化而不同。

(4)从煤岩基质孔隙中流入裂缝的流动方式为滑脱扩散流动，裂缝中的气体流动方式为渗流，满足达西定律。

(5)考虑圆柱形岩样煤层气的平面径向流，采用 Warren-Root 模型，流体从基质流向裂缝为拟稳态窜流，并且气体可通过裂缝和孔隙流出岩样。

(6)煤岩中基质和缝隙中存在水和煤层气两种流体，且水不可压缩，气体压缩因子和黏度随温度和压力而变化，忽略重力和毛细管力的影响。

(7)气藏不考虑构造影响，基质和裂缝均质且各向同性。

(8)流体在孔隙中流动存在启动压力梯度。

2. 渗流方程

基质系统中气水向裂缝扩散和渗流、裂缝系统中的气水向外渗流，渗流速度可分别如下：

基质水相：

$$v_{\mathrm{wm}} = \frac{k_{\mathrm{amw}}}{\mu_{\mathrm{w}}}(\nabla p_{\mathrm{wm}} - \lambda_{\mathrm{m}}) \tag{1}$$

基质气相：

$$v_{\mathrm{m}} = \frac{k_{\mathrm{am}}}{\mu_{\mathrm{g}}}(\nabla p_{\mathrm{m}} - \lambda_{\mathrm{m}}) \tag{2}$$

裂缝水相：

$$v_{\mathrm{w}} = \frac{k_{\mathrm{w}}}{\mu_{\mathrm{w}}}(\nabla p_{\mathrm{w}} - \lambda_{\mathrm{f}}) \tag{3}$$

裂缝气相：

$$v_{\mathrm{f}} = \frac{k_{\mathrm{g}}}{\mu_{\mathrm{g}}}(\nabla p_{\mathrm{f}} - \lambda_{\mathrm{f}}) \tag{4}$$

式(1)～式(4)中，v_{wm} 和 v_{w} 分别为基质和裂缝中水相的流动速度；v_{m} 和 v_{f} 分别为基质和裂缝中气体流动速度，m/s；μ_{w} 和 μ_{g} 分别水和气体黏度，mPa·s；∇p_{wm} 和 ∇p_{m} 分别为基质中气体压力梯度和水压力梯度；∇p_{f} 和 ∇p_{w} 分别为裂缝中气体压力梯度和水压力梯度。k_{amw}、k_{am} 分别为基质中水相和气相的有效渗透率；k_{w}、k_{g} 分别为裂缝中水相和气相的有效渗透率或相渗透率，mD；$\lambda_{\mathrm{m}} = \mathrm{e}^{\mathrm{am}} k_{\mathrm{am}}^{\mathrm{bm}} s_{\mathrm{gm}}^{\mathrm{cm}}$、$\lambda_{\mathrm{f}} = \mathrm{e}^{\mathrm{af}} k_{\mathrm{g}}^{\mathrm{bf}} s_{\mathrm{g}}^{\mathrm{cf}}$ 分别为基质系统中和裂缝系统中的启动压力梯度，Pa/m（黄亮等，2016），其中，am、bm、cm、af、bf、cf 为指数常数，可由实验测得。当压力梯度 $|\nabla p_{\mathrm{wm}}| < \lambda_{\mathrm{m}}$ 时，$v_{\mathrm{wm}} = 0$；当 $|\nabla p_{\mathrm{m}}| < \lambda_{\mathrm{m}}$ 时，$v_{\mathrm{m}} = 0$；当 $|\nabla p_{\mathrm{w}}| < \lambda_{\mathrm{f}}$ 时，$v_{\mathrm{w}} = 0$；当 $|\nabla p_{\mathrm{f}}| < \lambda_{\mathrm{f}}$ 时，$v_{\mathrm{f}} = 0$。

3. 连续性方程

基质、裂缝系统中水气连续性方程：

基质水相：

$$\frac{\partial}{\partial t}(s_{\mathrm{wm}} \phi_{\mathrm{m}} \rho_{\mathrm{w}}) = \nabla \cdot (\rho_{\mathrm{w}} v_{\mathrm{wm}}) - \frac{\rho_{\mathrm{w}} k_{\mathrm{amw}} \sigma (p_{\mathrm{wm}} - p_{\mathrm{w}})}{\mu_{\mathrm{w}}} \tag{5}$$

基质气相：

$$\frac{\partial}{\partial t}[s_{\mathrm{gm}} \phi_{\mathrm{m}} \rho_{\mathrm{m}} + (1 - \phi_{\mathrm{m}} - \phi_{\mathrm{f}}) q_{\mathrm{m}}] = \nabla \cdot (\rho_{\mathrm{m}} v_{\mathrm{m}}) - \frac{\rho_{\mathrm{m}} k_{\mathrm{am}} \sigma (p_{\mathrm{m}} - p_{\mathrm{f}})}{\mu_{\mathrm{g}}} \tag{6}$$

裂缝水相：

$$\frac{\partial}{\partial t}(s_{\mathrm{w}} \phi_{\mathrm{f}} \rho_{\mathrm{w}}) = \nabla \cdot (\rho_{\mathrm{w}} v_{\mathrm{w}}) + \frac{\rho_{\mathrm{w}} k_{\mathrm{amw}} \sigma (p_{\mathrm{wm}} - p_{\mathrm{w}})}{\mu_{\mathrm{w}}} \tag{7}$$

裂缝气相：

$$\frac{\partial (s_{\mathrm{g}} \rho_{\mathrm{f}} \phi_{\mathrm{f}})}{\partial t} = \nabla \cdot (\rho_{\mathrm{f}} v_{\mathrm{f}}) + \frac{\rho_{\mathrm{m}} k_{\mathrm{am}} \sigma (p_{\mathrm{m}} - p_{\mathrm{f}})}{\mu_{\mathrm{g}}} \tag{8}$$

式中，ρ_{m}、ρ_{f} 分别为基质和裂缝气体密度，kg/m^3；ρ_{w} 为水的密度，其值取1000kg/m^3，水不可压缩；ϕ_{m}、ϕ_{f} 分别为基质孔隙度和裂缝孔隙度，无因次；s_{gm}、s_{wm} 分别为基质中气相和水相的饱和度，满足 $s_{\mathrm{wm}} + s_{\mathrm{gm}} = 1$；$s_{\mathrm{g}}$、$s_{\mathrm{w}}$ 分别为裂缝中气相和水相的饱和度，满足 $s_{\mathrm{w}} + s_{\mathrm{g}} = 1$。式(5)和式(7)等号右边第二项为基质中水到缝隙的窜流项。式(6)和式(8)等号右边第二项为基质中气体到缝隙的窜流项。$\sigma = 4\left(\frac{1}{L_x^2} + \frac{1}{L_y^2} + \frac{1}{L_z^2}\right)$ 为形状因子，L_x、L_y、L_z 分别为 x、y、z 方向裂缝的间距（Kazemi et al.，1976）。

朗缪尔等温吸附方程为

$$q = \frac{V_L p_m}{p_L + p_m}$$

式中，q 为单位质量样品中气体的吸附量，m^3/t；V_L 为朗缪尔体积，m^3/t；p_L 为朗缪尔压力，MPa。

$$q_m = \frac{\rho_s M_g}{V_0} q$$

式中，q_m 为单位体积煤岩样品中含有煤层气的吸附气量，kg/m^3；M_g 为气体摩尔质量，kg/mol；$V_0=22.4\times10^{-3}m^3/mol$ 为标况下气体摩尔体积；ρ_s 为煤岩样品的骨架密度，m^3/t。

4. 基质和裂缝中气体的状态方程

基质气相：

$$\rho_m = \frac{p_m M_g}{z_m(T, p_m)RT} \tag{9}$$

裂缝气相：

$$\rho_f = \frac{p_f M_g}{z_f(T, p_f)RT} \tag{10}$$

式(9)和式(10)中，R 为气体常数，取值为 8.314J/(mol·K)；T 为绝对温度，K；$z_m(T, p_m)$ 和 $z_f(T, p_f)$ 为基质和裂缝中气体压缩系数，其分别为基质和裂缝中气体温度和压力的函数。

根据基质和裂缝中的毛细管力方程：

基质：

$$p_m - p_{wm} = p_{cm}(s_{wm}) \tag{11}$$

裂缝：

$$p_f - p_w = p_c(s_w) \tag{12}$$

式(11)和式(12)中，$p_{cm}(s_{wm})$ 和 $p_c(s_w)$ 分别为基质和裂缝中的毛细管力，分别为基质和裂缝中含气饱和度的函数。若忽略毛细管力，由式(11)和式(12)可得，$p_m=p_{wm}$，$p_f=p_w$。

5. 初始条件和边界条件

煤岩样品煤层气解吸过程的初始条件：

$$p_m = p_f = p_0,\ s_g = s_{g0},\ s_w = 1 - s_{g0},\ s_{gm} = s_{gm0},\ s_{wm} = 1 - s_{gm0} \tag{13}$$

煤岩样品煤层气解吸过程的边界条件：

$$\frac{\partial p_f}{\partial r} = 0,\quad \frac{\partial p_m}{\partial r} = 0,\qquad r = 0,\ t > 0$$

$$p_f = p_c,\ p_m = p_c,\qquad r = R_a,\ t > 0 \tag{14}$$

式(13)和式(14)中，R_a 为煤岩岩样柱形底面半径；s_{gm0}、s_{g0} 分别表示初始时刻基质孔隙和缝隙中的含气饱和度；p_0 为初始解吸时刻的煤岩样品中煤层气的压力，$p_0=p_w gH+p_{air}$，其中，g 为重力加速度，$g=9.8m/s^2$，H 为初始解吸时刻的煤岩样品所处的地层深度，p_{air} 为大气压力，p_{air}=0.1013MPa。

在岩样提升过程中（$0<t\leqslant t_{s1}$，t_{s1} 为最大提升时间），岩样表面的静水压力随着深度而降低。而在地面上装罐阶段和装罐测量阶段，岩样表面的压力为大气压力。因此可得

$$p_c=\begin{cases}\rho_w gH\left(1-\dfrac{t}{t_{s1}}\right)+p_{air}, & 0\leqslant t\leqslant t_{s1}\\ p_{air}, & t>t_{s1}\end{cases} \tag{15}$$

6. 温度场热传导方程的建立

对于圆柱形岩样，假设其沿着圆截面径向的热传导方程为

$$\frac{\partial^2 T}{\partial r^2}+\frac{1}{r}\frac{\partial T}{\partial r}=\frac{1}{a}\frac{\partial T}{\partial t} \tag{16}$$

式中，T 为岩样内部的温度，其为岩样经坐标 r 和时间 t 的函数；a 为热扩散率，$a=\dfrac{k_T}{\rho_b C}$，m^2/s，其中，k_T 为岩样的热导率 $[W/(m\cdot K)]$，C 为煤岩样品的比热容 $[J/(kg\cdot K)]$，ρ_b 为煤岩岩样的表观密度 (kg/m^3)。

将岩心开始提升时刻作为初始零时刻，此时岩样的温度为储层温度 T_{res}，由此初始条件可表示为

$$T(r,t)=T_{res}, \quad t=0,\ 0\leqslant r\leqslant R_a \tag{17}$$

取心过程经过岩样提升阶段、地面装罐阶段和装罐测量三个阶段。其中，在岩样提升过程中（$0<t\leqslant t_{s1}$），由于钻井液包裹岩样，因此岩样表面温度即为钻井液泥浆温度 T_{mud}。而在地面上装罐阶段（$t_{s1}<t\leqslant t_{s2}$），岩样表面温度为大气温度 T_{air}。装罐测量阶段（$t_{s2}<t\leqslant t_{s3}$），岩样需要放到保温箱在高温水浴里解吸，此时岩样表面温度为水浴温度也即为储层温度 T_{res}。因此，岩样球体表面温度的边界条件可表示为

$$T(t)|_{r=R_a}=\begin{cases}T_{mud}, & 0<t\leqslant t_{s1}\\ T_{air}, & t_{s1}<t\leqslant t_{s2}\\ T_{res}, & t_{s2}<t\leqslant t_{s3}\end{cases} \tag{18}$$

在岩样中心处，温度的梯度为零，相应的边界条件可表示为

$$\left.\frac{dT}{dr}\right|_{r=0}=0, \quad t\geqslant 0 \tag{19}$$

7. 方程的求解

采用全隐式有限差分法求解基本方程。首先，求解温度场方程，得到岩心在提升过程中，岩样内部温度场。然后，将所求得的岩样温度场结果应用于求解煤层气解吸气量的求解。

2　结果与讨论

2.1　新方法损失气解释结果及不同方法对比

P1 样品新方法计算的结果如表 3 和图 6 所示，其中吸附气为 25.27m³/t，占比为 72.2%；游离气为 9.71m³/t，占比为 27.8%。测试气量组成中包含损失气、解吸气、残余气和总气量。其中损失气为 8.64m³/t，占比 24.7%。其中井筒提升损失了 6.58m³/t，占比 18.81%，地面暴露期间损失了 2.06m³/t，占比 5.88%。现场实测解吸气为 23.54m³/t，占比 66.3%，残余气 3.16m³/t，占比 9.0%，含气量总计 34.98m³/t。

表 3 样品新方法计算解释结果

分类		新方法解释气量/(m^3/t)	占比/%
测试组成	损失气	8.64	24.7
	解吸气	23.18	66.3
	残余气	3.16	9.0
	总气量	34.98	100
赋存状态	吸附气	25.27	72.2
	游离气	9.71	27.8

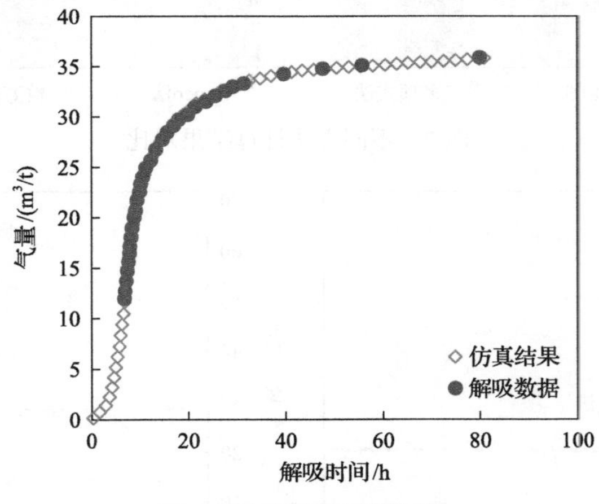

图 6 数值模拟计算结果

对 P1 样品进行 USBM 法、多项式法和 Amoco 法数值模拟，将不同方法模拟结果同数值模拟结果进行对比，如表 4 和图 7 所示。根据等温吸附结果，计算该样品原位最大吸附能力为 25.16m^3/t，结合实测气量为 23.54m^3/t，含气量总计 35.34m^3/t，损失气必定大于 1.62m^3/t，推测原位为超饱和吸附状态，含游离气，且一开始提升就发生逸散，因此应以开始提升时刻为损失起算时间。采用 60min 以内实测数据进行线性回归，分别获得 USBM 法、多项式法、Amoco 法和数值模拟法损失气，结果分别为 25.93m^3/t、35m^3/t、50m^3/t 和 8.64m^3/t，分别占总气量的 52.4%、59.8%、68.0%和 26.8%，模拟损失气量占比大小排序为：Amoco 法＞多项式法＞USBM 法＞数值模拟法。

表 4 不同模拟方式结果对比

参数	USBM 法	多项式法	Amoco 法	数值模拟法
损失气/(m^3/t)	25.93	35	50	8.64
解吸气/(m^3/t)	23.54	23.54	23.54	23.54
残余气/(m^3/t)	1.49	1.49	1.49	3.16
总气量/(m^3/t)	50.96	60.03	75.03	35.34
损失气占比/%	52.4	59.8	68.0	26.8

2.2 散失过程中吸附气和游离气比例

如图 8 软件模拟结果可得到吸附气和游离气产出情况。P1 样品中游离气含量为 9.71m^3/t，游离气占比 27.8%，吸附游离比例解吸接近 7∶3。装罐解吸前，损失气以游离气逸散为主，至装罐解吸时，吸附气逸散 15.64%，游离气逸散高达 53.24%；解吸至约 7.25h，解吸气累计产出 64.87%，游离气累计产出 92.69%。

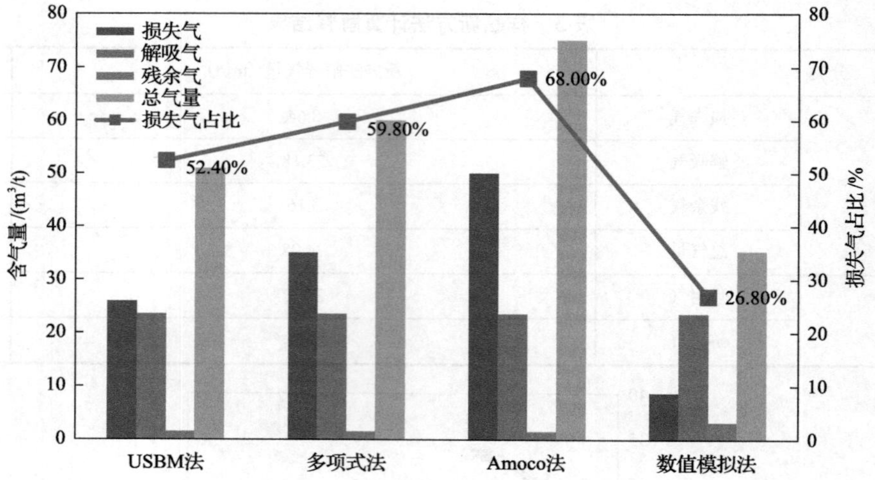

图 7　不同方法计算结果对比

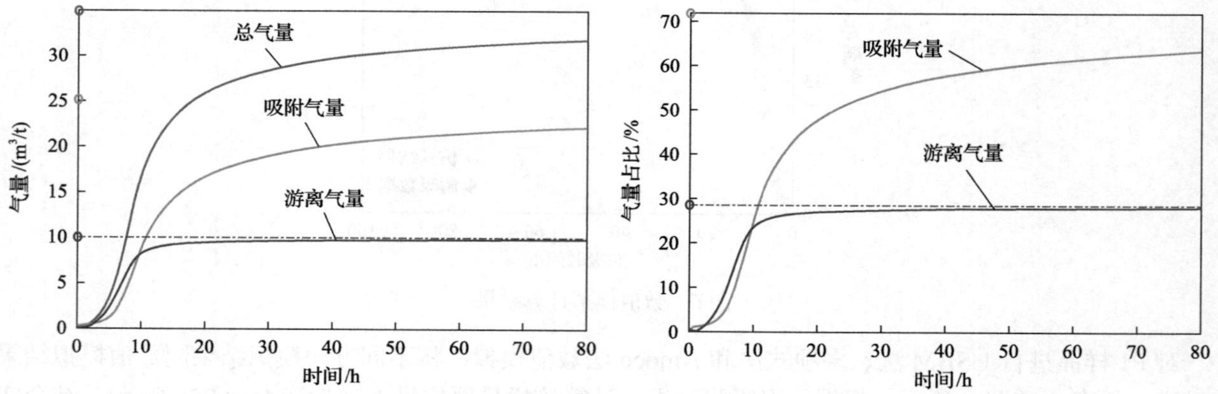

图 8　软件模拟散失过程中游离气和吸附气比例变化

2.3　损失气影响因素分析

模拟了岩心尺度下不同初始含气饱和度、基质渗透率、裂缝渗透率、提升时间、朗缪尔体积和朗缪尔压力对含气量测试过程中气体产出的影响模拟，总时间为 80h。从图 9 可以得出：①初始含气饱和度越高时，游离气含量越大，总气量也越大，初始阶段散失速度和损失气也越大；②基质渗透率越大时，初始阶段散失速度越快，损失气量也越大，但最终总气量不变；③裂缝渗透率变化对气体产出影响不大，

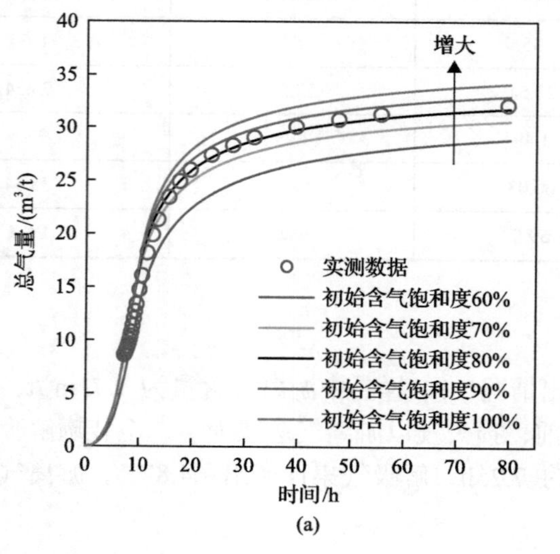

(a)

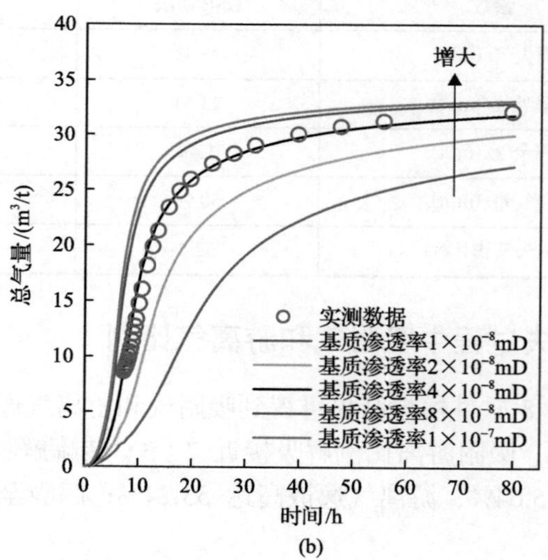

(b)

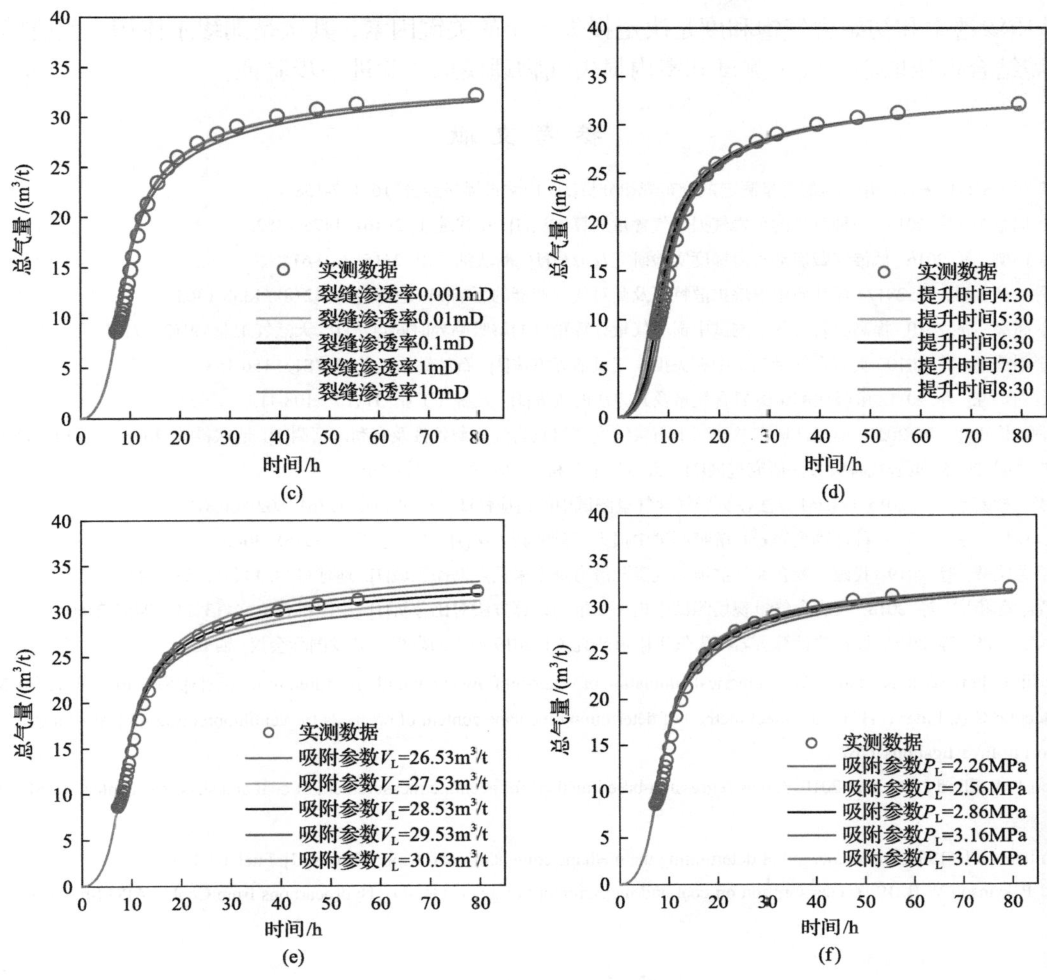

图 9　损失气影响因素敏感性分析

即岩心尺度的解吸对裂缝渗透率不敏感，煤层气的产出主要受基质渗透率的控制；④提升时间越短，损失气越小，损失气计算结果越可靠，但最终总气量不变；⑤朗缪尔体积 V_L 越大，吸附气占比越高，总气量也越大，在该样品条件下对损失气影响不大；⑥朗缪尔压力 P_L 对损失气和总气量影响均不大。总体来看，基质渗透率和初始含气饱和度是决定损失气大小的关键因素，其次是朗缪尔体积。

2.4　新方法局限性

相比于 USBM 法，本数值模拟解释方法求解过程复杂，影响参数较多。基质渗透率、含气饱和度、等温吸附参数等输入值对损失气解释结果影响大，实际操作过程中需结合实测数据对敏感参数进行优化。另外建议进一步开展现场保压取心含气量测试和室内损失气物理模拟实验，进一步验证该方法可靠性。

3　结　　论

(1) 引用煤岩经典的双孔双渗理论模型，考虑了整个解吸过程中储层渗透率、含水饱和度、温度对气体产出的影响，开展含气量测试全过程数值模拟，提供了一种深层煤岩损失气解释新方法。

(2) 采用新方法计算深层煤岩样品 P1 的损失气为 8.7m³/t，占比 24.7%。其中井筒提升损失气 6.6m³/t，占比 18.8%；地面暴露期间损失气 2.1m³/t，占比 5.9%。现场实测解吸气为 23.54m³/t，含气量总计 34.98m³/t，吸附游离比例约为 7∶3。不同方法损失气对比结果为：Amoco 法 (68%)＞多项式法 (59.8%)＞USBM 法 (52.4%)＞数值模拟法 (26.8%)。

(3)基质渗透率和初始含气饱和度是决定损失大小的关键因素，其次是朗缪尔体积。数值模拟解释结果可靠性需结合保压取心含气量测试和室内损失气物理模拟实验进一步验证。

参考文献

郭涛. 2018. 基于 USBM 法对矿井瓦斯的含量测定及分布规律分析[J]. 内蒙古煤炭经济, 16: 157-158.

郝进, 姜振学, 邢金艳, 等. 2015. 一种改进的页岩气损失气含量估算方法[J]. 现代地质, 29(6): 1475-1482.

黄亮, 石军太, 杨柳, 等. 2016. 低渗气藏启动压力梯度实验研究及分析[J]. 断块油气田, 23(5):610-614.

李国庆, 孟召平, 刘金融, 等. 2017. 煤基质中甲烷扩散特征及其对气井产能的影响[J]. 地球科学, 42(8): 1358-1363.

刘刚, 赵谦平, 高潮, 等. 2019. 提高页岩含气量测试中损失气量计算精度的解吸临界时间点法[J]. 天然气工业, 39(2): 71-75.

刘洪林, 邓泽, 刘德勋, 等. 2010. 页岩含气量测试中有关损失气量估算方法[J]. 石油钻采工艺, 32(S1): 156-158.

唐颖, 张金川, 刘珠江, 等. 2011. 解吸法测量页岩含气量及其方法的改进[J]. 天然气工业, 31(10): 108-112.

王劲铸, 李小刚, 徐正建, 等. 2021. 南盘江坳东兰地区下石炭统鹿寨组页岩气成藏条件及有利区预测[J]. 地球科学, 46(5)：1814-1828.

魏强, 晏波, 肖贤明. 2015. 页岩气解吸方法研究进展[J]. 天然气地球科学, 26(9)：1657-1665.

姚光华, 王晓泉, 杜宏宇, 等. 2015. USBM 方法在页岩气含气量测试中的适应性[J]. 石油学报, 37(6): 802-806,814.

赵群, 王红岩, 杨慎, 等. 2013. 一种计算页岩岩心解吸测试中损失气量的新方法[J]. 天然气工业, 33(5): 30-34.

郑民, 李建忠, 吴晓智, 等. 2019. 我国主要含油气盆地油气资源潜力及未来重点勘探领域[J]. 地球科学, 44(3)：833-847.

周尚文, 王红岩, 薛华庆, 等. 2018. 页岩含气量现场测试中损失气量的计算方法对比分析[J]. 中国科技论文, 13(21): 2453-2460.

左国勇, 卢春华, 李波, 等. 2019. 面积法计算页岩损失气下限值研究[C]//2019 油气田勘探与开发国际会议, 西安.

Kazemi H, Merrill L, Porterfield K, et al. 1976. Numerical simulation of water-oil flow in naturally fractured reservoirs[J]. SPE Journal, 16(6):317-326.

Kissell F N, Mecullo C H, Elder C H. 1973. Direct method of determining methane content of coalbeds for ventilation design[R]. Washington: US Bureau of Mines Report of Investigations 7767.

Shtepani E, Noll L A, Elrod L W, et al. 2010. A new regression-based method for accurate measurement of coal and shale gas content[J]. SPE Joural, 13(2): 359-363.

Smith D M, Williams F L. 1984. Direct method of determining the methane content of coal-A modification[J]. Fuel, 63:425-427.

Yee D, Seidle J P, Hanson W B. 1993. Gas sorption on coal and measurement of gas content[J]. Hydrocarbons from Coal (AAPG Studies in Geology, #38): 203-218.

煤层气井低产低效原因分析及对策研究

刘　佳，冯汝勇，李　娜，杜希瑶

（中海油研究总院有限责任公司，北京 100028）

摘要：结合沁北煤层气 A 区煤层气井生产动态分析，归纳低产低效原因为三类：排采制度不合理（Ⅰ类）、沟通外源水（Ⅱ类）、压裂效果不理想（Ⅲ类）。其中Ⅰ类井典型特征为排采速度过快或排采不连续，造成产气大幅下降且低于平均水平。Ⅱ类井典型特征为产水量大且井底流压下降困难，无产气或见气后很快无气流。Ⅲ类井排采特征为煤层气井低产水，压后渗透率明显低于相邻井。对以上三类井有针对性地提出了相应的改造措施，并建立 A 区块综合治理试验区整体地质模型，预测三类低产低效井提产效果，预测结果表明，综合治理试验区整体产气量增加 5533 万 m^3。

关键词：煤层气；低产低效；排采制度；压后渗透率

Cause analysis and countermeasures of low production and low efficiency of coalbed methane wells

Liu Jia, Feng Ruyong, Li Na, Du Xiyao

(CNOOC Research Institute Ltd., Beijing 100028)

Abstract: Combined with the production performance analysis of coalbed methane wells in Qinbei coalbed methane block A, the reasons for low production and low efficiency are summarized as follows: wells with unreasonable drainage and production system (class Ⅰ), wells with external communication (class Ⅱ), and wells with unsatisfactory fracturing effect (class Ⅲ). The typical characteristics of class Ⅰ wells are the drainage and production speed is too fast or discontinuous, resulting in a significant decrease in gas production and lower than the average level. The typical characteristics of class Ⅱ wells are the water production is large and the bottom hole flow pressure is difficult to drop, and there is no gas production or no gas flow soon after gas is seen. The drainage and production characteristics of class Ⅲ wells are that the coalbed methane wells have low water production and the permeability after pressure is significantly lower than that of adjacent wells. The corresponding transformation measures are put forward for the above three types of wells. The overall geological model of the comprehensive treatment test area in block A is established to predict the production improvement effect of three types of low production and low efficiency wells. The prediction results show that the overall gas production in the comprehensive treatment test area increases by $5533\times10^4 m^3$。

Keywords: coalbed methane; low yield and low efficiency; drainage and mining system; permeability after compaction

由于煤层气大部分以吸附态形式存在，开采煤层气的主要方法通过降压开采进行，煤层气在成藏机理、赋存状态、分布规律和勘探开发方式等方面有别于常规天然气[1-13]。2011～2015 年期间，中国加快建设沁水盆地和鄂尔多斯东缘两个产业化基地[6-9]，全国新增探明地质储量 3504.1 亿 m^3，累计探明地质储量达 6292.7 亿 m^3。但从煤层气产量上看，单井产量偏低的问题非常突出[10-13]。

沁北煤层气 A 区块现有总井数 1000 余口，90%的井已见气，见气井单井平均日产气仅 600m^3，70%

作者简介：刘佳（1988—），湖北荆州人，高级工程师，主要从事油气田开发和油藏数值模拟研究。地址：北京市朝阳区太阳宫南街 6 号院中海油大厦，电话：010-84524860，邮箱：liujia33@cnooc.com.cn。

的煤层气井平均日产气量小于 500m^3，低产井问题严重。为了分析该区块低产低效井，在沁北煤层气 A 区块选择一个综合治理试验区进行煤层气井低产低效原因分析及综合治理措施研究，综合治理试验区的研究目的是制定有效的低产低效井治理措施，指导其他井、其他区域低产井治理。因此选择综合治理试验区应遵循以下原则。

(1)在提产有利区内选择综合治理试验区。提产有利区内煤层开发条件好，低产低效井不是地质原因造成。可通过采取排采管理或储层改造等可实施的措施提高低产低效井产量，获得较好的开发效果。

(2)选择的综合治理试验区应包含一定量的低产井，且低产井的比例应与整个区块的比例一致，以利于其他试验区的选择。区块内低产气井 97 口，占比 30%左右，建议选择包含 100 口井左右的区域，低产井约 30 口。

结合以上的原则，所选综合治理试验区内共有排采井 98 口，占总排采井的 8.1%。试验区高产气井(平均产气量大于 1000m^3/d)共 28 口，占比 28.6%；中产气井(平均产气量为 500～1000m^3/d)43 口，占比 43.9%；低产气井(平均产气量小于 500m^3/d)27 口，占比 27.5%。综合治理试验区高、中、低产井占比与有利区相近，符合选区原则。

1 低产低效井分析

对试验区低产低效井进行分析，可将低产低效井分为三类：第Ⅰ类为排采问题，由于煤层气井压降过快，导致储层受到伤害；第Ⅱ类为压裂沟通顶底板外源水，裂缝未在煤层中延伸，导致产水量过大，产气量低；第Ⅲ类为未有效改善储层，导致储层渗透率未得到改善。其中第Ⅱ类和第Ⅲ类均属于压裂改造问题。

1.1 排采管理

通过对 A 区块排采井的排采曲线特征进行分析，划分了六种压降模式，分别为缓慢降压型(对角线形)、平稳降压型(椭圆弧形)、快速降压型(“L”形)、压力震荡型(“W”形)、压力不降型(“一”字形)和压力不连续型。

其中快速降压型、压力震荡型、压力不连续型这三种排采制度对煤储层物性有较大影响，由于排采制度不合理，当井底流压下降过快时，由于受应力敏感效应影响，裂缝闭合，储层渗流能力下降；当液面波动较大时，煤粉沉降后堵塞地层渗流通道，煤层渗透率下降。

对试验区排采井进行排采制度合理性分析，试验区中共有 13 口井排采制度不合理导致低产。如图 1 所示，A1 井排采初期多次关井，压力波动不连续，容易造成煤粉脱落后沉降到渗流通道，导致储层物性降低，通过 A1 井后期产水量对比可知，该井产水量急剧减小，压力扩展范围有限，进而导致煤层解吸范围低于正常值，产气量较低。

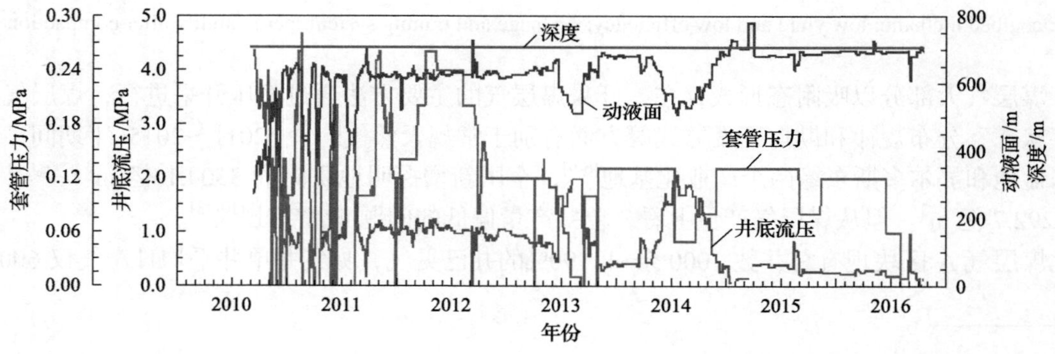

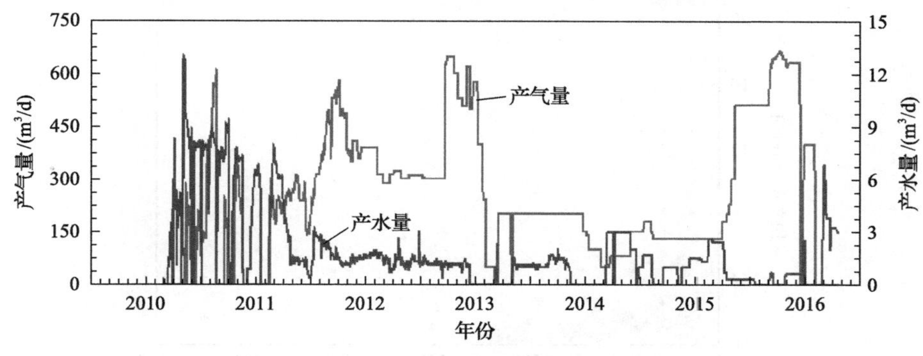

图 1 A1 井排采动态曲线

A2 井排采动态曲线表明(图 2)，该井排水降压阶段井底流压下降过快，液面下降速度达到 20m/d，一方面，导致储层内压差增大，地层水流速变快，易导致煤粉脱落，堵塞地层渗流通道，降低渗透率；另一方面，井底流压下降过快，井筒附近压力过早降低，导致井筒附近储层受到强烈应力敏感，煤层内微裂隙被挤压，渗流通道尺寸减小或闭合，产水量和产气量均较低。经统计，试验区中共 13 口井由于排采问题导致产气量较低。

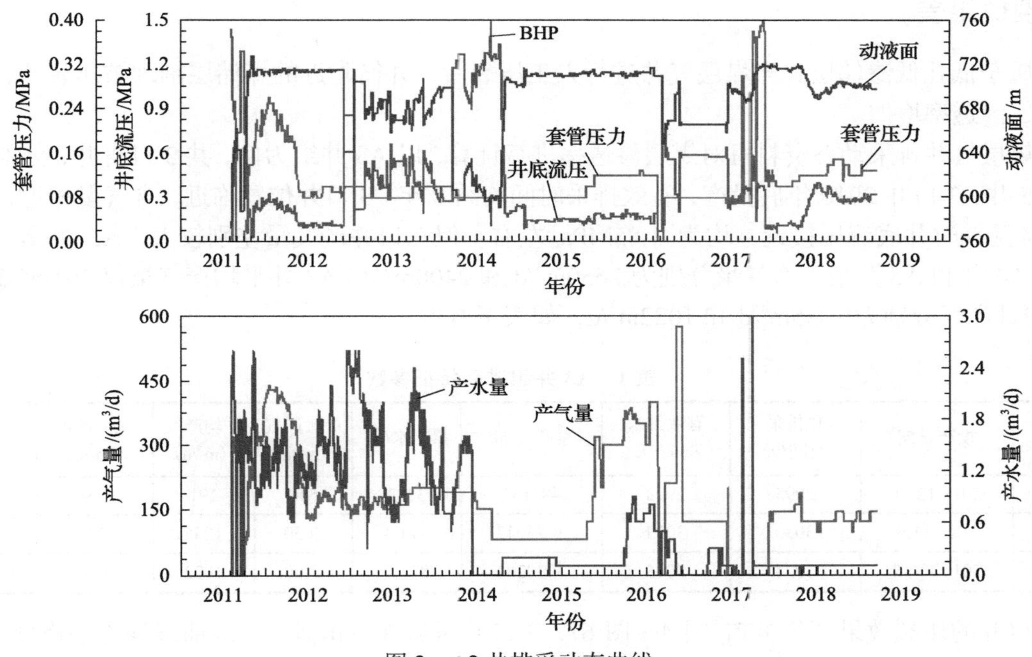

图 2 A2 井排采动态曲线

1.2 沟通外源水

对试验区 98 口井进行产水量与产气量关系统计，如图 3 所示，统计结果表明，产水量与产气量呈明显负相关关系，即产水量较大时，产气量往往较低，且当平均产水量大于 $4m^3/d$ 时，煤层气井开发效果普遍较差。

分析结果表明，当煤层气井顶底板有大段的砂岩含水层且顶底板隔层较薄时，人工裂缝易压穿顶底板，进入含水层，造成煤层气井产水量高。此时煤层气井排采面临两个问题：一是由于人工裂缝直接沟通上下含水层，地层水从砂岩层进入井筒中的渗流通道为人工裂缝，渗流能力较好，导致较低的压差下产水量较高，若不增加产水量，则井底流压很难持续下降；二是由于产水量主要来自上下砂岩含水层，而煤层内压降较小，煤层内吸附气解吸不充分，造成产气量较低。

从煤层气井排采情况可以看出，煤层出水导致气井低产，不利于整体经济效益的提升。根据微地震

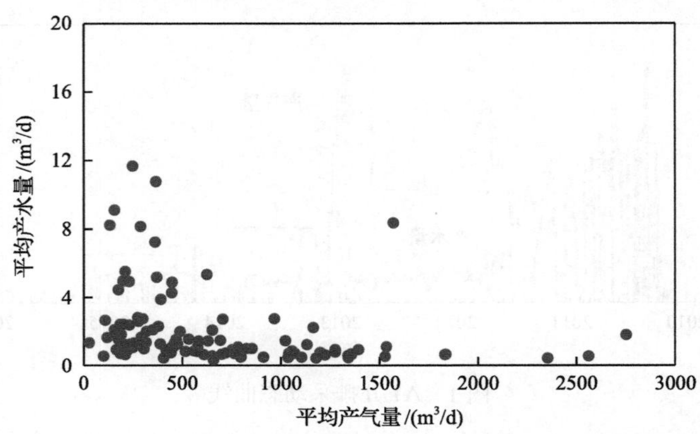

图 3　综合治理试验区平均产水量与平均产气量关系

监测裂缝延伸情况，压裂裂缝缝高通常比较大，极易压穿隔层，使裂缝进入高含水层，导致煤层气井产水量高。且部分煤层气井的顶底板厚度较薄，含水层较近，难以限制裂缝缝高的增长。经统计，试验区中共 8 口井属于压裂沟通上下含水层，高产水低产气井。

1.3　压裂效果差

煤层属于低孔低渗储层，当煤层气井进行人工压裂后，井筒附近的煤储层割理被压裂开，煤层物性得到改善，渗透率增加。

通过煤层气井排采动态资料可对煤层渗透率进行计算，以 A3 井组为例，共 3 口直井，分别为 A3 井、A4 井、A5 井，3 口井 2010 年底投产，有效排采时间均约 8 年。3 口井位置临近，含气量相近，均为 15～16m^3/t，且见气时井底流压接近，均为 1.85MPa 左右。但三口井产气量差别较大，A3 井最大产气量仅 540m^3/d，A4 井和 A5 井最大产气量分别为 2650m^3/d 和 2400m^3/d。A3 井平均产气量仅 191m^3/d，A4 井和 A5 井平均日产气分别为 1035m^3/d 和 1022m^3/d，如表 1 所示。

表 1　A3 井组排采特征参数

井名	投产日期	总排采时间/天	有效排采时间/天	累产气/m^3	累产水/m^3	最大产气/(m^3/d)	平均产气/(m^3/d)	最大产水/(m^3/d)	储层压力/MPa
A3	2010.12.11	2995	2908	483131	3022	540	191	3.9	3.22
A4	2010.11.6	3030	3013	3083047	814.4	2650	1035	3.4	2.70
A5	2010.11.12	3024	3005	3030262	871.0	2400	1022	6.8	2.08

对 3 口井的压裂效果评价可知(图 4～图 6)，3 口井压裂规模相似，压降曲线均为平稳型，但 A3 井

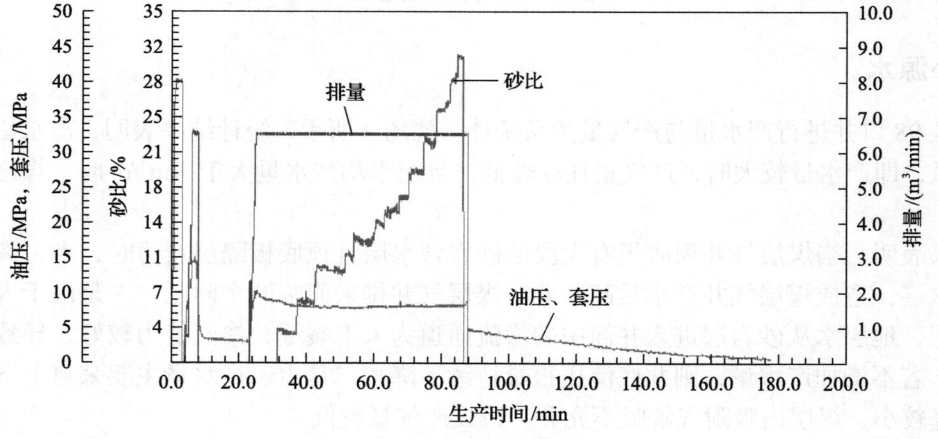

图 4　A3 井压裂曲线

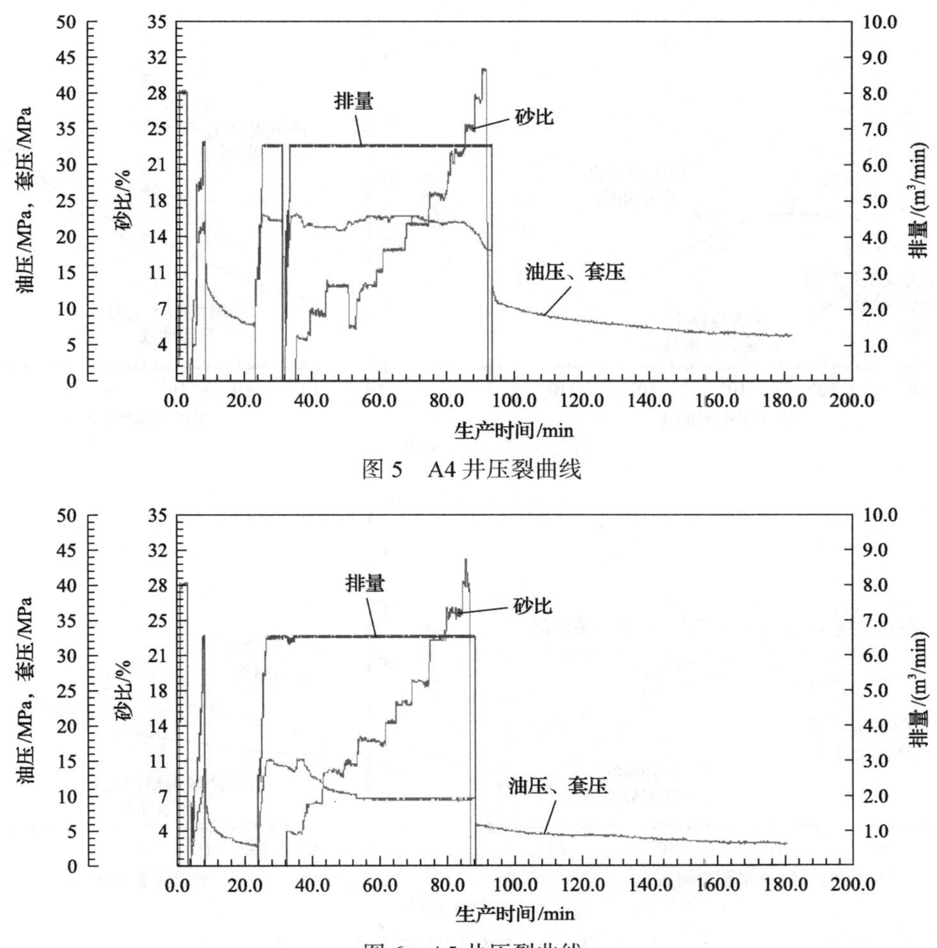

图 5 A4 井压裂曲线

图 6 A5 井压裂曲线

破裂压力较低，为 10MPa，比 A4 井和 A5 井低了 5～10MPa，说明 A3 井可能存在天然裂缝，在压裂时可能沟通了煤层上下隔层，导致裂缝在煤层中延伸长度有限。

基于 3 口井的排采资料，采用不稳定评价方法对煤层气井纯产水阶段的生产数据进行反演，当压力传播到边界且出现拟稳态流时，双对数曲线表现为斜率为 1 的直线，故此可以计算煤储层的渗透率。目前商业软件 Topaze 已经较好地实现了不稳定产量评价方法，故本节采用 Topaze 软件对三口井的渗透率进行计算，如图 7 所示。

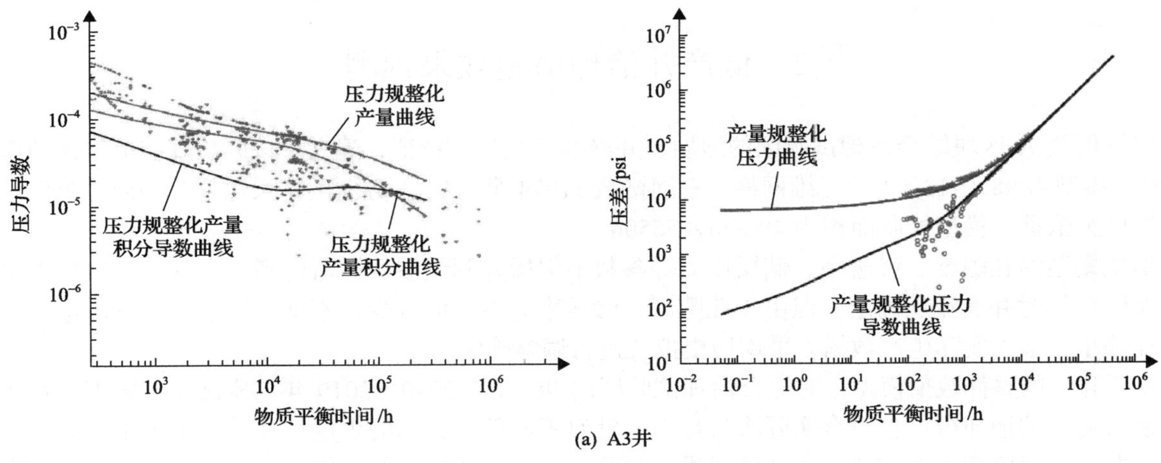

(a) A3井

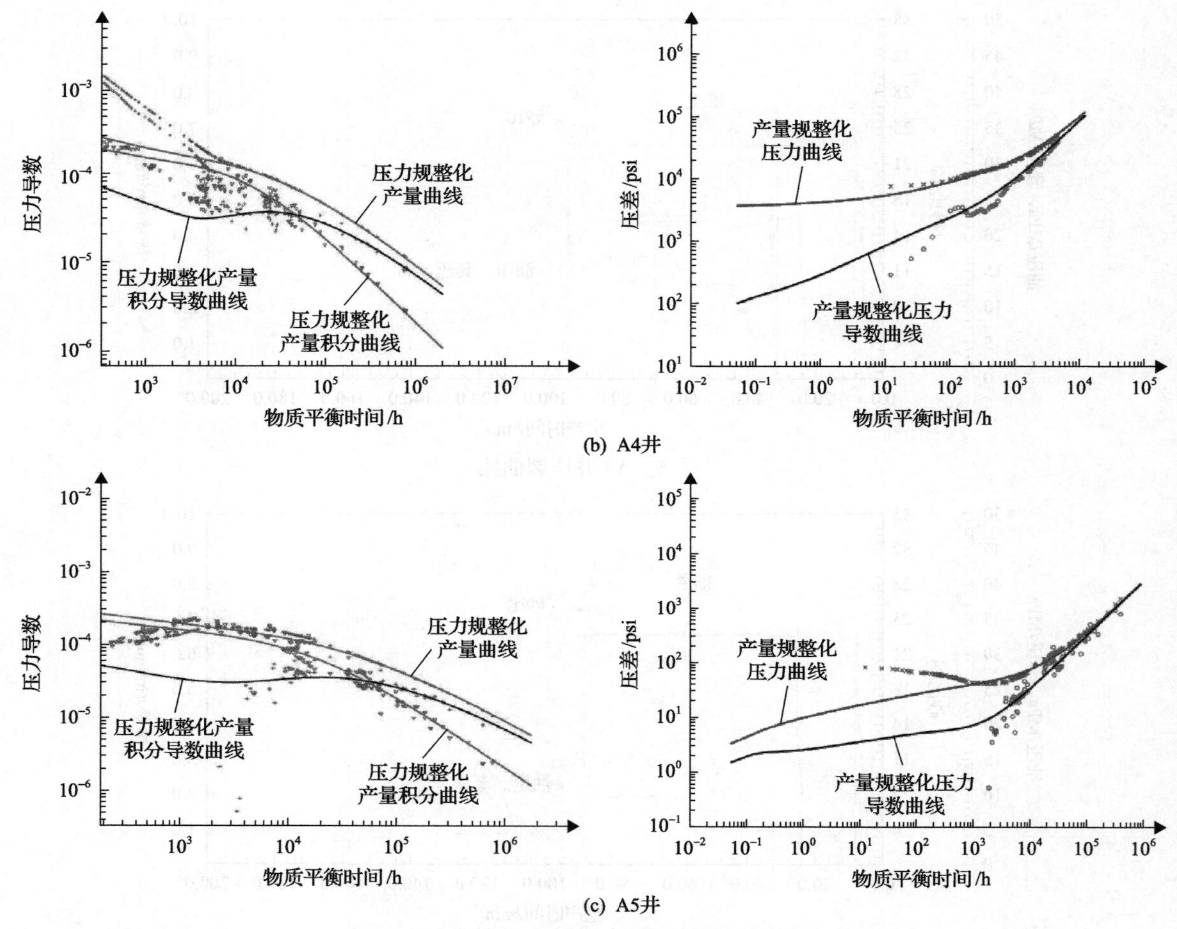

图 7　Topaze 软件反演渗透率拟合图

计算结果表明，A3 井渗透率仅 0.6mD，而 A4 井和 A5 井渗透率均达到 1.74mD 和 2.12mD，说明 A4 井和 A5 井通过人工压裂后，煤层物性得到了有效改善，而 A3 井由于裂缝在煤层中延伸长度有限，物性改善程度有限。通过计算与统计，试验区中共 6 口井是压裂改造失败的低产井。

基于以上分析可知，A 区块综合治理试验区中共有 27 口低产低效井，其中 13 口井由于排采制度不合理导致产气量低，占比 48%；8 口井属于沟通外源水井，由于压裂沟通上下含水层，产水量主要来源于外源水，煤层内压降不充分导致产气量低，占比 30%；6 口井属于压裂改造失败井，裂缝在煤层中延伸有限，煤层物性没有得到有效改善导致产气量低，占比 22%。

2　低产井治理措施效果预测

以煤层气 A 区块综合治理试验区的地质、井网和工艺参数特征，建立了该区块煤层的整体地质模型(图 8)。模型为 98×113×1 的三维网格，总网格数 11074 个。*X*、*Y* 方向网格尺寸均为 50m，纵向以测井气层厚度为依据。模型控制面积为 4900m×5650m。

地质模型的孔隙度、渗透率、储层压力等参数根据探井测试参数插值得到，含气量等参数则根据开发井实际见气时井底流压确定。但由于孔隙度、渗透率等参数值较少，不确定性较大，且渗透率测试参数往往偏小，基于实际生产数据，采用历史拟合进行调整确定。

基于建立的整体数值模型，对综合治理试验区内 98 口井 2010～2019 年的实际生产数据进行历史拟合，使得建立的地质模型更符合实际渗流环境。针对不同低产原因的煤层气井，分别提出针对性的改造措施，并采用数值模拟的方式对增产效果进行预测。并针对井网控制不完善区域，提出了井网加密等增产措施。

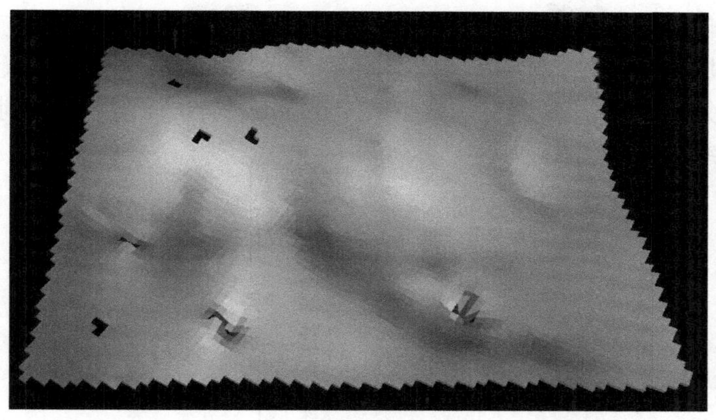

图 8 综合治理试验区整体地质模型（埋深图）

对于排采问题井，由于排采制度不合理，导致井筒附近储层受到损害，渗透率降低。建议采取小型解堵措施，对井筒附近煤层进行清洗解堵。采用数值模拟方法对该类井措施前后开发效果进行对比。以 A1 井为例，措施前井筒生产指数为 $15m^3/(psi \cdot d)$，参考周边正常排采井，措施后生产指数确定为 $60m^3/(psi \cdot d)$。预测结果对比如图 9 所示。

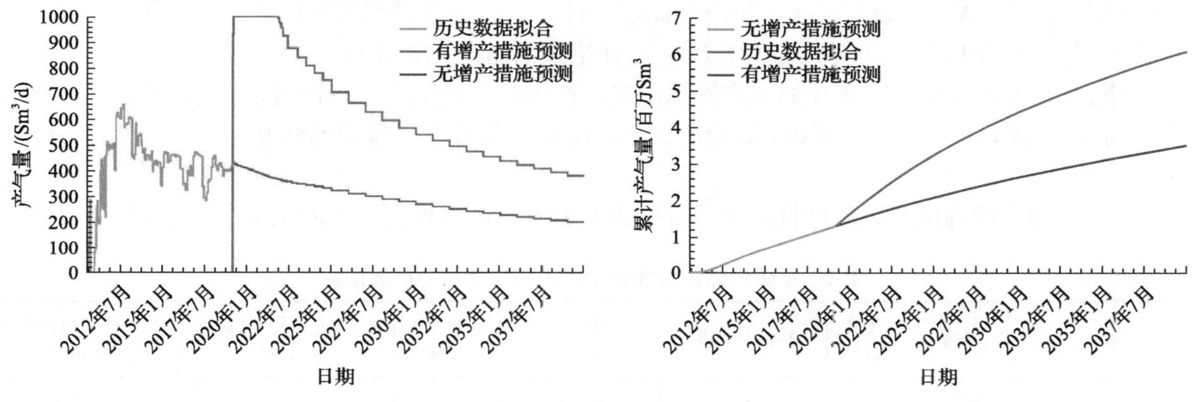

图 9 A1 井增产措施前后产气量对比图

预测结果表明，A1 井采取小型解堵技术后，近井筒地带储层物性得到改善，产量得到明显提升，日产气保持 $1000m^3/d$ 稳产 3 年左右，20 年后累计产气量为 610 万 m^3，比措施前增加 257 万 m^3。

对于沟通外源水井，裂缝主要存在于上下顶底板，故对于该类井应采取加大排量和封堵及二次压裂等措施，改善煤储层物性，有效降低煤层内地层压力。以 A2 井为例，对产气量进行预测，结果如图 10 所示。

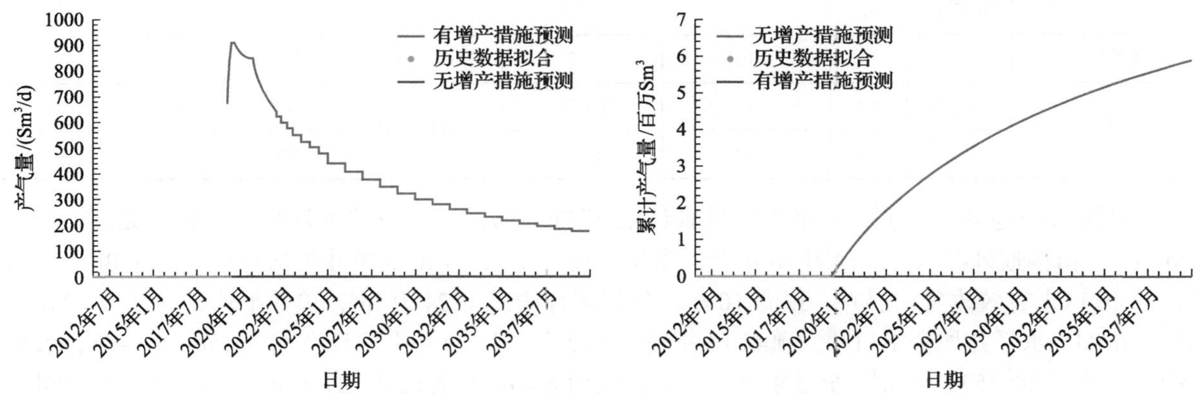

图 10 A2 井增产措施前后产气量对比图

预测结果表明，A2 井采取二次压裂及加大排量措施后，井底流压下降，煤层得到有效降压，产量得到明显提升，日产气能保持 800m^3/d 稳产 3 年左右，20 年后累计产气量为 294 万 m^3。

对于未有效改善储层的低产井。建议采用二次压裂技术，对煤层进行再次压裂，提高渗透率。以 A3 井为例。根据生产动态分析，A3 井渗透率计算结果为 0.6mD，二次压裂后，达到邻井 2.0mD 的渗透率级别。措施前后的生产曲线对比见图 11 所示。

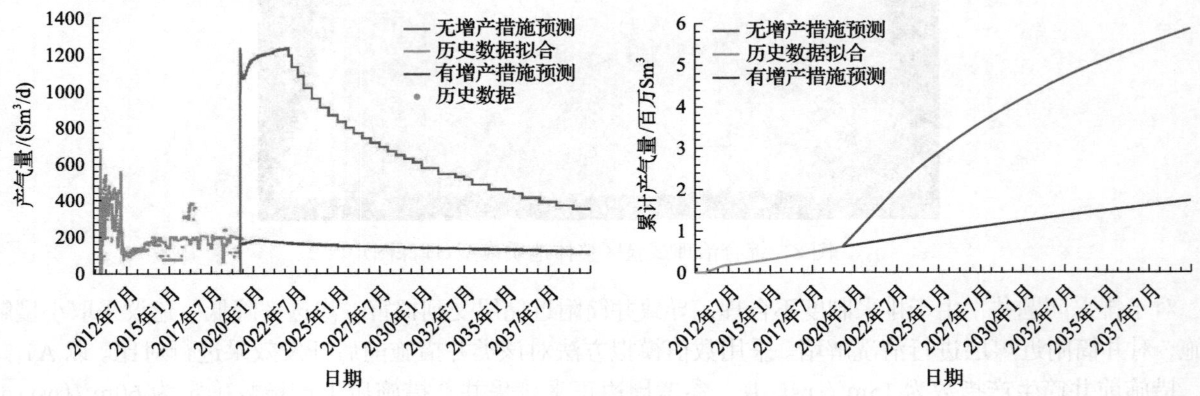

图 11　A3 井增产措施前后产气量对比图

预测结果表明，A3 井采取二次压裂改善储层物性后，产气量得到明显提升，日产气保持 1200m^3/d 稳产 3 年左右，20 年后累计产气量为 587 万 m^3，比措施前增产 413 万 m^3。

对井网不完善区域采取加密井的方式提高产量，在综合治理试验区内部署加密水平井。预测结果表明，加密水平井 A-6H，日产气 1600m^3/d 稳产 3 年，10 年后累计产气量为 500 万 m^3，20 年后累计产气量为 732 万 m^3。

对 A 区块综合治理试验区低产低效井治理措施开发效果进行模拟，预测结果如表 2 所示。

表 2　A 区块综合治理试验区不同增产措施产量预测

分类	方案	井数/口	预测时间/年	累计产气量/万 m^3	增产量/万 m^3	单井累计产气量/万 m^3	单井平均日产气/(m^3/d)
排采问题	措施前	13	10	2120	2652	163	493
	措施后	13	10	4772		367	1112
外源水	措施前	8	10	844	1785	105	318
	措施后	8	10	2629		329	997
未有效改善储层	措施前	6	10	448	1224	74	224
	措施后	6	10	1672		279	845
水平井		1	10	502	502	500	1515
整体方案	措施前	98	10	20773	5533	212	642
	措施后	99	10	26306		273	827

13 口排采问题井，预测 10 年产气量累计增产 2652 万 m^3，单井平均日产气由 493m^3/d 增长至 1112m^3/d。8 口沟通外源水井，预测 10 年产气量累计增产 1785 万 m^3，单井平均日产气由 318m^3/d 增长至 997m^3/d。6 口未有效改善储层井，预测 10 年产气量累计增产 1224 万 m^3，单井平均日产气由 224m^3/d 增长至 845m^3/d。水平井加密 1 口井，预测 10 年增产 502 万 m^3，单井平均日产气 1515m^3/d。综合治理试验区整体产气量增加 5533 万 m^3，全区单井平均日产气由 642m^3/d 增长至 827m^3/d，采出程度由 32%提升至 38%。

3 结 论

对试验区 27 口低产低效井进行分析，可将低产低效井分为三类，第Ⅰ类为排采制度不合理造成的，有 13 口井，煤层气井压降过快，导致储层受到伤害；第Ⅱ类为压裂沟通顶底板外源水，裂缝未在煤层中延伸，导致产水量过大，产气量低，此类有 8 口井；第Ⅲ类为未有效改善储层，导致储层渗透率未得到改善，共有 6 口井。其中第Ⅱ类和第Ⅲ类均属于压裂改造问题。

针对三类低产低效井提出增产措施建议：第一，对未有效改善储层的低产井，建议采用二次压裂技术，提高煤储层渗透性；第二，对于排采制度不合理的低效井，导致储层受到损害，渗透率降低，建议采取小型解堵措施，对井筒附近煤层进行清洗解堵；第三，对井网不完善区域采取加密井的方式提高产量，在综合治理试验区内部署加密水平井。在此基础上，建立综合治理试验区整体地质模型，采用数值模拟方法预测 10 年，累计产气量提高 5533 万 m^3，采出程度由 32%提升至 38%，增产效果明显。

参 考 文 献

[1] 周世宁, 孙辑正. 煤层瓦斯流动理论及其应用[J]. 煤炭学报, 1965, 2(1): 24-37.
[2] 张遂安, 曹立虎, 杜彩霞. 煤层气井产气机理及排采控压控粉研究[J]. 煤炭学报, 2014, 39(9): 1927-1931.
[3] Smith D M, Williams F L. Diffusional effects in the recovery of methane from coalbeds[J]. SPE, 1982, 20(5): 529-535.
[4] 刘世奇, 桑树勋, 李梦溪, 等. 樊庄区块煤层气井产能差异的关键地质影响因素及其控制机理[J]. 煤炭学报, 2013, 38(2): 277-283.
[5] 杨恒林, 汪伟英, 田中兰. 煤层气储层损害机理及应对措施[J]. 煤炭学报, 2014, 39(S1): 158-163.
[6] 陈振宏, 王一兵, 杨焦生, 等. 影响煤层气井产量的关键因素分析——以沁水盆地南部樊庄区块为例[J]. 石油学报, 2009, 30(3): 409-412.
[7] 邵先杰, 王彩凤, 汤达祯, 等. 煤层气井产能模式及控制因素——以韩城地区为例[J]. 煤炭学报, 2013, 38(2): 271-276.
[8] 万金玉, 曹雯. 煤层气单井产量影响因素分析[J]. 天然气工业, 2005, 25(1): 124-126.
[9] 叶建平, 史保生, 张春才. 中国煤储层渗透性及其主要影响因素[J]. 煤炭学报, 1999, 24(2): 118-122.
[10] 娄剑青. 影响煤层气井产量的因素分析[J]. 天然气工业, 2004, 24(4): 62-64.
[11] 郭继圣, 张宝优.我国煤层气(煤矿瓦斯)开发利用现状及展望[J]. 煤炭工程, 2017, 49(3): 83-86.
[12] 付玉, 郭肖, 龙华. 煤层气储层压裂水平井产能计算[J]. 西南石油学院学报, 2003, 25(3): 44-46.
[13] 杨满平, 王刚, 许胜洋, 等. 考虑应力敏感性的煤层气稳定流动气井产能方程[J]. 天然气地球科学, 2011, 22(2): 347-350.

采气采煤一体化新模式助力碳减排碳中和

王凤林[1,2]，尹军杰[1,2]，李春虎[1,2]，朱学光[1,2]，王　鑫[1,2]

（1. 中联煤层气国家工程研究中心有限责任公司，北京 100095；2. 中石油煤层气有限责任公司，北京 100028）

摘要：我国应对气候变化做出了国际承诺“力争 2030 年前实现碳达峰，2060 年前实现碳中和”，而甲烷也被《京都议定书》列为六大主要温室气体之一，100 年跨度内甲烷的温室效应比二氧化碳高 25 倍，而在 20 年跨度内甲烷的温室效应则比二氧化碳高 75 倍。加大煤层气开发利用既能减少甲烷排放又是二氧化碳减排的重要补充，还是短期内减缓气候变暖速度的最直接和有效的途径。为保证煤炭企业安全生产和煤层气开发的经济效益，王凤林等在采气采煤协调开发模式中提到首采区以外地面抽采、首采区内配合煤矿排采的“采前抽、采中抽、采后抽”。本文在此基础上提出采气采煤一体化新模式。该模式对保障国家能源安全、优化能源结构、保障煤矿安全生产和推进碳减排、碳封存均具有重要的现实意义和长远的战略意义。

关键词：采气采煤一体化；新模式；碳减排；碳中和；温室效应

New integrated mode of gas production and coal mining helps carbon emission reduction and carbon neutralization

Wang Fenglin[1,2], Yin Junjie[1,2], Li Chunhu[1,2], Zhu Xueguang[1,2], Wang Xin[1,2]

(1. China United Coalbed Methane National Engineering Research Center Co., Ltd., Beijing 100095; 2. PetroChina Coalbed Methane Co., Ltd., Beijing 100028)

Abstract: China has made an international commitment to deal with climate change to “strive to achieve carbon peak by 2030 and carbon neutralization by 2060”, and methane is also listed as one of the six major greenhouse gases by the “Kyoto Protocol”. The greenhouse effect of methane is 25 times higher than that of carbon dioxide in the span of 100 years, while that of methane is 75 times higher than that of carbon dioxide in the span of 20 years. Increasing the development and utilization of coalbed methane is not only an important supplement to carbon dioxide emission reduction, but also the most direct and effective way to slow down the rate of climate warming in the short term. In order to ensure the safety production of coal enterprises and the economic benefits of coalbed methane development, Wang Fenglin and others mentioned the “pre mining, mid mining and post mining” of surface extraction outside the first mining area and coal mine drainage in the first mining area. On this basis, this paper puts forward a new model of integration of gas production and coal mining. This model has important practical and long-term strategic significance for ensuring national energy security, optimizing energy structure, ensuring coal mine safety production and promoting carbon emission reduction and carbon sequestration.

Keywords: integration of gas mining and coal mining; new model; carbon emission reduction; carbon neutralization; greenhouse effect

《京都议定书》中规定的六种温室气体包括二氧化碳（CO_2）、甲烷（CH_4）、氧化亚氮（N_2O）、氢氟

作者简介：王凤林（1977—），高级工程师，主要从事煤层气开发及智慧新能源研究。地址：北京市海淀区中关村环保科技示范园地锦路 7 号院 1 号楼，电话：13691052123，邮箱：wangfl2012@petrochina.com.cn。

碳化物(HFC_S)、全氟化碳(PFC_S)和六氟化硫(SF_6)。《巴黎协定》设定了21世纪后半叶实现温室气体零排放的目标，我国率先签署《巴黎协定》。习近平在第七十五届联合国大会一般性辩论上的讲话“中国将提高国家自主贡献力度，采取更加有力的政策和措施，二氧化碳排放力争于2030年前达到峰值，努力争取2060年前实现碳中和。各国要树立创新、协调、绿色、开放、共享的新发展理念，抓住新一轮科技革命和产业变革的历史性机遇，推动疫情后世界经济‘绿色复苏’，汇聚起可持续发展的强大合力”①。加大节能是首要选择、加快发展风能太阳能，持续提高非化石能源比重是主要方式、增加能源系统的“储、调”能力是必由之路、加快终端电气化应用是必然结果、大力发展氢能是不可或缺的选择、做好碳捕集封存和利用技术产业积累是必要准备。在风能、太阳能具有全面经济性优势，建立起高比例可再生能源系统之前，还需要化石能源为能源供应提供“兜底”保障[1]。在煤炭行业开展碳减排工作，可以有效助力早日实现碳达峰和碳中和。加大煤层气开发利用既能减少甲烷排放，又是二氧化碳减排的重要补充，还是短期内减缓气候变暖速度的最直接和有效的途径。本文提出的采气采煤一体化新模式对保障国家能源安全、优化能源结构、保障煤矿安全生产和推进碳减排碳封存均具有重要的现实意义和长远的战略意义。

1 甲烷排放仍在增长，煤炭行业占比居高不下

全球增温潜势(GWP)的分析显示，以单位分子数而言，100 年跨度内甲烷的温室效应比二氧化碳高25倍，而在20年跨度内甲烷的温室效应则比二氧化碳高75倍，《京都议定书》也将甲烷列为六大主要温室气体之一。甲烷的人为排放源主要包括煤炭开采、石油和天然气泄漏、水稻种植、反刍动物消化、动物粪便管理、燃料燃烧、垃圾填埋、污水处理等。美国约翰·霍普金斯大学环境健康与工程系的研究团队研究显示，2015年中国人为及自然排放的甲烷总量为6150万t(上下误差在270万t以内)，2010～2015年，中国的甲烷排放量每年增长110万t左右(上下误差在40万t以内)，其中，中国煤炭行业的甲烷排放增长量占到了世界甲烷排放总增长量的11%～24%。

麦肯锡的报告认为，中国的甲烷这种强效温室气体主要来自化石燃料价值链(包括煤炭开采)与粮农系统(牛肉与大米)。我国学者研究认为，2015年中国甲烷排放总量约为61.59万亿g，人为排放量49.81万亿g，其中农业活动和能源活动排放量占总排放量的33.2%和33.1%[2]。由于甲烷排放量受到地区的资源条件、人口密度和经济情况等因素影响，在传统的产煤区域，能源矿产活动排放量占比将大幅提高。根据曹国良等[3]的研究，陕西省甲烷主要排放源占比中，能源活动占比为92.08%，农业活动占比为4.36%，废弃物处理占比为3.56%。能源活动一直是陕西省甲烷排放中占比最大的排放源，且呈逐年增加趋势。

自2010年起，中国就已陆续出台与煤层气开发、利用和监管相关的政策规划[4-6]。2021年中国甲烷论坛上，生态环境部应对气候变化司司长李高表示，对于甲烷的排放控制国际上非常重视，“十四五”期间生态环境部也将围绕甲烷排放控制制定相关的行动方案，推动油气、煤炭等各领域的甲烷排放控制，从政策、技术、标准各方面采取措施，推动形成甲烷排放控制的相关体系。

2 新模式控制甲烷排放兼具气候、环境和经济效益

为保证煤炭企业安全生产和煤层气开发的经济效益，王凤林等[7]在采气采煤协调开发模式中提到首采区以外地面抽采、首采区内配合煤矿排采的“采前抽、采中抽、采后抽”。本文在此基础上提出采气采煤一体化新模式。采气采煤一体化新模式的建设，不仅可以助力甲烷排放控制，还有利于二氧化碳封存治理。与二氧化碳减排不同的是，减少甲烷排放不仅具有气候效益，还可能产生重要的经济效益和环境效益。地面开发煤层气是有效减少煤矿风排瓦斯的重要手段，是控制甲烷排放的重要方式。

① 习近平在第七十五届联合国大会一般性辩论上的讲话. (2020-9-22). http://www.gov.cn/xinwen/2020-09/22/content_5546169.htm。

2.1 煤层气开发利用是实现国家温室气体减排目标的重要途径

矿井瓦斯抽采主要着眼于煤矿安全生产，抽采气甲烷浓度低(多小于 40%)，矿井乏风的甲烷浓度甚至低于 1%，抽采量受煤炭产量影响而难以稳定，加之抽采站点多且分散、单个抽采点产量不高、难以规模性集输等因素，全国利用率总体不高，排空现象严重。地面井抽采的煤层气具有甲烷浓度高、杂质气体含量低、可利用性高等特点，便于与天然气管网统筹，是实现国家温室气体减排目标的一条重要途径。

2.2 煤层气开发利用是降低煤矿瓦斯事故的重要途径

在过去相当长的一段时期内，我国煤矿一次死亡 10 人以上特大事故中，瓦斯事故占到 80%以上，造成很大的人员伤亡及经济损失。瓦斯抽采程度无法满足煤炭安全生产需求也是造成重特大瓦斯事故频发的关键原因之一。近年来，国家实施了煤矿区井下抽采和煤炭规划区地面开发等多措并举的方针，变中-高瓦斯矿井为低瓦斯矿井，煤矿瓦斯灾害大幅度减少，虽然全国煤炭产量逐年大幅增加，但瓦斯事故起数和伤亡人数均在大幅降低。2020 年更是取得历史最佳成绩：新中国成立以来首次实现全年未发生一次死亡 10 人以上的重大煤矿瓦斯事故；全国 24 个产煤省区市中有 18 个实现瓦斯“零事故”，全国煤矿瓦斯事故起数、死亡人数比 2005 年分别下降 98.3%、98.6%。

2.3 煤层气开发利用是保障国家能源安全的重要组成部分

能源是国家经济社会发展的重要支撑，能源问题关系到国家安全、经济发展和社会稳定。我国煤层气资源丰富，目前煤层气产业还处于初期阶段，前景十分广阔。据 2015 年全国煤层气资源量动态评价，全国埋深 2000m 以浅的煤层气资源量为 30.05 万亿 m^3，埋深 2000m 以深资源量还未评价，深部煤层气勘探突破，大大增加了我国煤层气资源量。煤层气产业快速发展，对优化能源结构具有重要作用。

3 采气采煤一体化新模式

3.1 首采区以外地面煤层气开发新模式

我国大多煤层具有“三低一高”的特点，即低压、低渗、低饱和度和高吸附性，大部分井的产量不高，为了获得更高的产气量，水力压裂增产技术是目前煤层气开发的一种有效增产措施，几乎我国现在产气量在 $1000m^3/d$ 以上的煤层气井都是通过水力压裂改造获得的[8]。但是现阶段的提高产量的措施大都是从提高渗流能力或提高泄气面积出发，提高煤层气解吸程度的措施只是通过降低井底流压，但是我国煤层的低压限制了单纯靠排水降压增大煤层气的解吸量的效果。

在针对提高煤层气采收率的研究过程中，国内外学者结合煤中气体吸附理论和运动理论开展了大量研究，研究表明煤对煤层气主要成分的吸附能力由大到小为二氧化碳、甲烷、氮气[9]。二氧化碳对甲烷存在竞争吸附优势，因此通过向煤层中注入二氧化碳，可以驱替和置换煤层气。二氧化碳提高煤层气采收率技术(CO_2–ECBM)将二氧化碳泵注到井内，二氧化碳进入煤层自然裂隙之后，大部分会优先吸附到原生孔隙系统中，同时高压二氧化碳将驱使甲烷从原生孔隙系统进入天然裂隙，由于二氧化碳的注入，次生孔隙系统的压力增加，于是甲烷流向生产井井筒，而二氧化碳则原地储存起来；部分二氧化碳会溶解于煤层流体中，并与煤层中矿物发生化学反应而封存于地层中。该技术的优势是有利于二氧化碳地质封存，从而实现碳减排，同时可提高煤层气采收率实现甲烷清洁能源开采的双重效益。此外，煤层分布区一般都与电厂临近，电厂是二氧化碳的主要排放源，将大大降低运输成本。

这一技术已取得一系列重要成果，美国于 20 世纪末在圣胡安盆地向煤层注入二氧化碳试验取得成功，我国晋城地区地面注二氧化碳先导性试验也取得成功。CO_2–ECBM 既可以提高采收率，又可以实现二氧化碳在煤层中的封存，有较高的研究价值。有的学者指出，虽然二氧化碳比甲烷更容易吸附在固相物质中，但由于煤储层基质孔隙与割理中有束缚水，注入气体不能直接通过液体进入基质孔隙置换甲烷气，其能够提高采收率是压差驱替作用。针对这个问题，可以采用二氧化碳超临界(温度超过31℃、压力超过7.38MPa)流体。该流体介于气体和液体之间，兼有气体、液体的双重特点，其密度接近液体，而黏度近似于气体，其扩散系数是液体的近百倍。

3.2　首采区内煤层气开发技术

中石油煤层气公司在鄂尔多斯盆地东缘开展了煤层顶板水平井体积压裂技术，形成了顶板水平井少段多簇、密切割分段、控底体积压裂工艺，现场应用74口井，单井平均日产气量1108m^3，较常规压裂提产50%，累计增产6945万m^3。煤炭科学研究总院西安研究院在安徽淮北矿区开展了碎软低渗煤层顶板水平井分段压裂地面瓦斯抽采技术，采用顶板水平井工艺可以实现一个或多个采煤工作面的全覆盖，实现煤矿瓦斯地面的区域性防治，通过3～5年高效预抽，可以有效降低煤层气含量30%～40%。使用地面大能力钻机、适应大起伏地形的Φ311mm特大孔径地面L型顶板水平井抽采采动区技术的成功应用，实现了单一煤层单井抽采覆盖范围超1000m和3.3万m^3/d的抽采效果。

3.3　枯竭矿井二氧化碳封存

二氧化碳封存方式包括地质封存、地表封存和海洋封存。目前常见的地质封存包括无商业开采价值的煤层(同时促进煤层气回收)与油田(同时促进石油回收)、枯竭天然气田、深部含水咸水地层。

我国大量的煤矿因资源枯竭而报废，煤矿废弃矿井存在大面积的采空垮落区和废弃巷道硐室[10]。采空区上覆岩层垮落后形成的垮落区空隙率和空隙的几何尺寸都远大于深部咸水层储层，加上废弃巷道硐室，不但提供了巨大的二氧化碳封存空间，而且二氧化碳压注阻力要远小于深部咸水层储层。只要根据埋深和上覆岩层二氧化碳逸散通道的发育情况，调整封存压力和采取适当的封堵措施，可以获得相当可观的二氧化碳封存容量，用于当地二氧化碳的地质封存有很大价值。

煤矿采空区封存二氧化碳的优势和深部咸水层储层相比，具有以下优势：主储层为大尺度空间和大尺度空隙封存，二氧化碳注入和扩散阻力小，注入工艺简单；煤矿勘探和生产积累了丰富的地质资料，可大大减少地质勘探工程量；每个矿井相对封闭，形成独立的封存范围有利于封存区域的灵活管理。

4　结　论

(1)采煤采气一体化可以推动煤层气行业发展，加强煤层瓦斯应用，有效减少甲烷排放量，提高煤炭行业安全、减排、瓦斯利用，兼具气候、环境和经济效益。

(2)地面煤层气开发新模式CO_2-ECBM采用超临界二氧化碳注入煤层气井，即实现周边煤炭发电厂二氧化碳的地质封存，同时有效开发清洁能源甲烷，确保煤矿开采的安全，减少风排瓦斯的甲烷量，实现碳减排，该开发模式兼具气候、环境、安全和经济效益。

(3)枯竭矿井二氧化碳封存模式有大量有效的空间用于二氧化碳就地封存，减少二氧化碳的长距离输送，是一种有效的、经济的二氧化碳封存模式。

参考文献

[1] 高虎. “双碳”目标下中国能源转型路径思考[J]. 国际石油经济, 2021, (3): 1-6.

[2] 黄满堂. 2015年中国地区大气甲烷排放估计及空间分布[J]. 环境科学学报, 2015, 39(5): 1371-1380.

[3] 曹国良, 楚若男, 于婷. 陕西省CH_4排放量计算与情景预测分析[J]. 安全与环境学报, DOI: 10.13637/j.issn.1009-6094.2021.0242.

[4] IPCC. Climate Change 2014: Mitigation of Climate Change, Contribution of Working Group Ⅲ to the Fifth Assessment Report of the Intergovernmental Panel on Climate Change[M]. New York: Cambridge University Press, 2014.

[5] 项目综合报告编写组.《中国长期低碳发展战略与转型路径研究》综合报告[J]. 中国人口·资源与环境, 2020, 30(11): 1-25.
[6] 周淑慧, 王军, 梁严. 碳中和背景下中国“十四五”天然气行业发展[J]. 天然气工业, 2021, 41(2): 171-181.
[7] 王凤林, 徐祖成, 胡爱梅. 采气采煤协调发展[J]. 煤矿安全, 2010, (10): 110, 111.
[8] 韦世明. 煤层气增产方法总结与展望[J]. 内蒙古石油化工, 2015, (11): 45-47.
[9] 崔永君. 煤对 CH_4、N_2、CO_2 及多组分气体吸附的研究[D]. 西安: 煤炭科学研究总院西安分院, 2003.
[10] 黄定国, 侯兴武, 吴玉敏. 煤矿废弃矿井采空区封存 CO_2 的机理分析和能力评价[J]. 环境工程, 2014, (32): 1076-1080.

基于低温液氮吸附的 CO_2 相变致裂煤孔隙特征研究

张　震[1,2]，刘高峰[1,2]，曹运兴[1,2]，鲜保安[1,2]

（1. 河南理工大学煤层气/瓦斯地质工程研究中心，焦作 454003；2. 河南理工大学河南省非常规能源地质与开发国际联合实验室，焦作 454003）

摘要：我国低渗煤层普遍发育，研发安全、有效和适用性强的增透改造技术，是煤层气开发和瓦斯抽采研究领域的主要研究内容和重要需求之一。CO_2 相变致裂技术是一种新兴的低渗煤层增透改造技术，具有独特的技术优势，但是现有关于 CO_2 相变致裂对煤的孔裂隙结构影响的研究，主要集中在现场宏观裂隙、致裂影响半径的研究，而 CO_2 相变致裂对煤层孔隙的影响缺乏对比研究。为研究 CO_2 相变致裂孔隙结构的变化特征与演化规律，以平顶山八矿的己$_{15}$组煤样为研究对象，设计搭建了 CO_2 相变致裂煤储层模拟装置，利用低温液氮吸附与 FHH（Frenkel-Halsey-Hill）分形模型，分析不同相变致裂压力（120MPa、150MPa、185MPa）对煤样微观孔隙的影响。研究结果表明：CO_2 相变致裂对煤样 2～50nm 的孔隙具有明显的改造效果，致裂后煤样的孔容、孔比表面积明显降低，2～50nm 孔隙的分形维数减小，孔隙表面粗糙程度受致裂作用的影响变得光滑；受不同相变致裂压力的影响，煤样的孔容、孔比表面积、孔隙分形维数与致裂压力呈负相关关系。

关键词：CO_2 相变致裂；致裂压力；孔隙结构；分形维数

Pore characteristics research of CO_2 phase transition fracturing coal based on low temperature liquid nitrogen adsorption

Zhang Zhen[1,2], Liu Gaofeng[1,2], Cao Yunxing[1,2], Xian Baoan[1,2]

(1. Research Center of Coalbed Methane/Gas Geology and Engineering, Henan Polytechnic University, Jiaozuo 454003;
2. Henan International Joint Laboratory for Unconventional Energy Geology and Development, Henan Polytechnic University, Jiaozuo 454003)

Abstract: Low permeability coal seams are widely developed in China, and the research and development of the safe, effective and applicable permeability-enhancement and treatment technology is one of the main research contents and important needs in the field of coalbed methane development and gas drainage. CO_2 phase transition fracturing technology (CO_2-PTF) as a new technology for improving permeability of low permeability coal seam, which has unique technical advantages. However, the existing research on the pore-fracture structure of coal caused by CO_2-PTF mainly focuses on the coal field macro-fracture and fracture influence radius. The influence of CO_2-PTF on coal pore lacks the comparative research. In order to study the change characteristics and evolution law of pore structure caused by CO_2-PTF, taking Ji$_{15}$ group of coal sample from Pingdingshan No.8 coal mine as the research object, a simulation device of CO_2-PTF reservoir was designed. The influence of different phase transition fracturing pressures (120MPa, 150MPa, 185MPa) on microscopic pore was analyzed by using low temperature liquid nitrogen adsorption and FHH fractal model. The results show that: CO_2-PTF has obvious effect on the pore with pore diameter 2-50nm, the pore volume and specific surface area of coal sample are significantly reduced after fracturing, the fractal dimension of 2-50nm pore is reduced, and the pore surface roughness becomes smooth due to the effect of fracturing; Moreover, the pore volume, pore specific surface area and pore fractal dimension of coal samples are negatively correlated with the fracturing pressure.

Keywords: CO_2 phase transition fracturing; fracturing pressure; pore structure; fractal dimension

---

作者简介：张震（1996—），博士研究生，研究方向煤地质与非常规天然气地质。通信地址：河南省焦作市山阳区世纪大道 2001 号，电话：15713944947，邮箱：15713944947@163.com。

我国低渗煤储层普遍发育，渗透率小于 1mD 的煤储层约占 72%，低渗煤储层的高比例严重制约了我国煤层气高效开发以及煤矿瓦斯的有效治理[1,2]。因此，实现低渗煤储层煤层气高效开发以及瓦斯有效治理，在能源利用、煤矿安全、环境保护多方面具有重要意义。低渗煤储层实现煤层气高效开发及煤矿瓦斯的有效治理需要对此类储层进行储层改造，现阶段的改造方法主要包括水力压裂、水力割缝和冲孔、松动爆破、气体驱替等，不同的改造方法适用于不同地质条件的煤储层[3-6]。水力化措施是现阶段改造低渗煤储层主要手段，但是水力化措施改造储层产生的水锁效应，以及大量水资源的消耗，限制了煤层气（瓦斯）的高效抽采。

CO_2 相变致裂作为一种新的低渗煤储层改造技术，已在煤矿现场得到广泛应用，取得了良好的效果。曹运兴等[7]将 CO_2 相变致裂技术用于潞安矿区低渗煤储层，现场抽采数据表明，在气相压裂试验区段，瓦斯突出危险性降低，煤层渗透率提高 1～2 个数量级，瓦斯抽采浓度和流量提高 1 个数量级；王兆丰等[8]将 CO_2 相变致裂技术用于高瓦斯压力、高瓦斯含量的平煤十三矿，现场试验表明：致裂后煤层裂隙大幅增加，抽采 54d，煤层瓦斯单孔平均抽采纯量为致裂前的 1.08～1.73 倍；周科平等[9]、陈喜恩等[10]从力学的角度研究了液态 CO_2 相变致裂系统爆破管内压力变化，获得压力与时间关系曲线，分析了压力曲线变化规律以及 CO_2 相变致裂力学方程；此外，李豪君等研究 CO_2 相变致裂现场布孔方式，布孔参数对致裂影响半径及瓦斯消突抽采效果的影响[11-13]。

基于现阶段的研究可以看出，CO_2 相变致裂技术的研究多集中于现场应用研究及储层断裂力学研究；现场研究表明，CO_2 相变致裂技术可以在煤储层中产生米级以上的大尺度裂隙，煤储层是含有孔裂隙的多孔介质，孔裂隙是煤层气（瓦斯）贮存与运移的通道，由于 CO_2 相变致裂可以产生高压冲击波，改造煤储层产生裂隙的同时会对煤储层孔隙产生影响，现场大尺度研究造成 CO_2 相变致裂对煤储层微观孔隙的改造研究薄弱。因此，有必要开展 CO_2 相变致裂技术对煤储层微观孔隙的研究，相关研究的开展对丰富完善储层改造理论具有重要意义。鉴于此，本文结合孔隙测试技术，借助分形理论，开展 CO_2 相变致裂改造煤储层微观孔隙的研究。

1　样品与实验

1.1　实验样品

实验所需煤样为采自平顶山八矿的己$_{15}$组原生结构煤样，煤样采集后密封包装运至实验室开展后续的实验，煤样基础分析主要包括煤的工业分析、镜质组反射率，见表 1。

表 1　煤样基础分析

煤样	工业分析								
	$R_{o,max}$/%	M_{ad}/%	A_{ad}/%	V_{ad}/%	FC_{ad}/%	A_d/%	V_d/%	V_{daf}/%	FC_d/%
己$_{15}$煤	1.22	0.97	10.03	22.17	66.83	10.13	22.39	24.91	67.48

注：$R_{o,max}$ 为镜质组最大反射率；M_{ad} 为空气干燥基水分；A_{ad} 为空气干燥基灰分；V_{ad} 为空气干燥基挥发分；FC_{ad} 为空气干燥基固定碳；A_d 为干燥基灰分；V_d 为干燥基挥发分；V_{daf} 为干燥基无灰基挥发分；FC_d 为干燥基固定碳。

1.2　CO_2 相变致裂实验

煤样 CO_2 相变致裂实验的开展是基于现场相变致裂自主研发的实验装置，见图 1。实验装置主要包括模拟煤层钻孔装置、CO_2 相变致裂装置、煤样盒等。模拟煤层钻孔装置上设 12 个内径为 54mm、外部高度为 100mm、内部空间高度为 75mm 的煤样盒，12 个煤样盒自前至后（从 CO_2 相变致裂装置出口正对的煤样盒开始）各 4 个，以 CO_2 相变致裂装置出口正对的 4 个煤样盒为例，4 个煤样盒分别位于出口上侧、下侧、左侧、右侧，煤样盒依靠螺纹与模拟钻孔孔壁连接，不同位置的煤样盒可以模拟 CO_2 相变致裂对不同位置煤的改造实验。

考虑到煤样盒的内径与内部长度，利用线性切割机制备直径 50mm、长度 75mm 的煤柱，实验煤柱两端面的不平整度误差不大于 0.05mm。CO_2 相变致裂实验过程如下：

(1)组装 CO_2 致裂装置：将充气阀、加热器、储液管、喷气阀、密封垫、爆破片按照操作规范进行组装，进行称重，记录充装前质量。

(2)充装液态 CO_2：开启空气压力机，接通液态 CO_2 气瓶连接充装机，将致裂装置固定在充装机，打开开关进行充装，充装后进行称重，记录充装后的质量。

(3)安装模拟煤层钻孔：将模拟钻孔固定在安全实验仓内支架上。

(4)将致裂装置放入模拟钻孔中，将致裂装置喷气阀喷射孔对准孔壁的 4 个煤样冲击孔，两端进行固定，防止实验过程发生位移。

(5)安装煤样盒：首先按顺序将切好的煤样装入煤样盒，拧紧煤样盒盖子，然后把煤样盒安装在模拟煤层钻孔孔壁。

(6)封闭模拟钻孔：安装模拟钻孔两端法兰，封闭模拟钻孔。

(7)通电启动加热器：关闭舱门，连接充气阀导线，进行通电启动加热器，等待 30min。

(8)取煤样：打开风机安全舱排气，打开舱门，拆卸煤样盒，取出煤样。

(9)拆卸实验装置：打开法兰，取出 CO_2 致裂装置。

(10)仅需调整爆破片规格，重复上述步骤，开展 120MPa、150MPa、185MPa 的相变致裂实验。

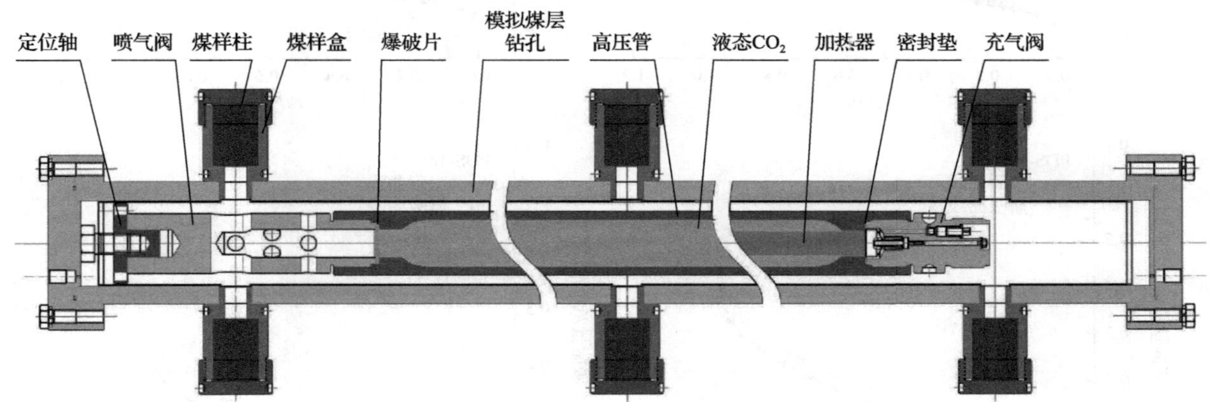

图 1 实验装置纵切图

1.3 低温液氮吸附实验

选取原始煤样以及不同相变致裂压力作用后的煤样，进行破碎筛分，获取足够的 60～80 目煤样开展低温液氮吸附实验。本次低温液氮吸附实验所用仪器为 Micromeritics AutoPore ASAP 2460 吸附仪，该仪器比表面积测试下限为 $0.01m^2/g$，孔径适用范围为 0.35～500nm，本次实验的开展参照《压汞法和气体吸附法测定固体材料孔径分布和孔隙度第 2 部分：气体吸附法分析介孔和大孔：GB/T 21650.2—2008》进行。原始煤样编号为 PDS-0，120MPa、150MPa、185MPa 相变致裂压力作用后的煤样分别编号为 PDS-120、PDS-150、PDS-185。

2 结果与分析

2.1 孔隙结构特征变化

2.1.1 低温液氮吸附曲线

煤样的低温液氮曲线在一定程度上可以反映煤中孔隙的主要形态，煤中孔隙主要分为 3 类：第Ⅰ类为开放连通性孔隙，如两端开放的管状毛细孔与平行狭缝孔；第Ⅱ类孔隙为半开放孔隙，如锥形孔与楔形孔等；第Ⅲ类孔隙为细颈瓶状孔，即墨水瓶孔；三类孔隙中，Ⅰ类与Ⅲ类孔隙由于吸附时毛细凝聚与解吸时毛细蒸发的压力不同，因此会引起吸附曲线与解吸曲线不重合，即产生滞后回线；而Ⅱ类孔隙不会产生滞后回线[14]。由图 2 可以看出，无论原始煤样还是相变致裂后的煤样均存在滞后回线，表明煤样中存在第Ⅰ类两端开放的管状毛细孔或平行狭缝孔隙。对于原始煤样，在相对压力 0.5 附近存在轻微的拐点，表明原始煤样中存在第Ⅲ类孔隙，相变致裂后的煤样，相对压力 0.5 附近无明显的拐点，表明相变致裂后煤中第Ⅲ类孔隙(墨水瓶孔)被改造；并且由图 1 可知，从 PDS-0 到 PDS-120、PDS-150、PDS-185，随着相变致裂压力的增大，相对压力小于 0.4 的吸附曲线与解吸曲线从无明显滞后回线到产生明显的滞后回线，表明煤样微孔孔隙结构明显发生改变，即存在Ⅱ类孔隙和Ⅲ类孔隙向Ⅰ类孔隙转化，煤样孔隙的连通性改善。

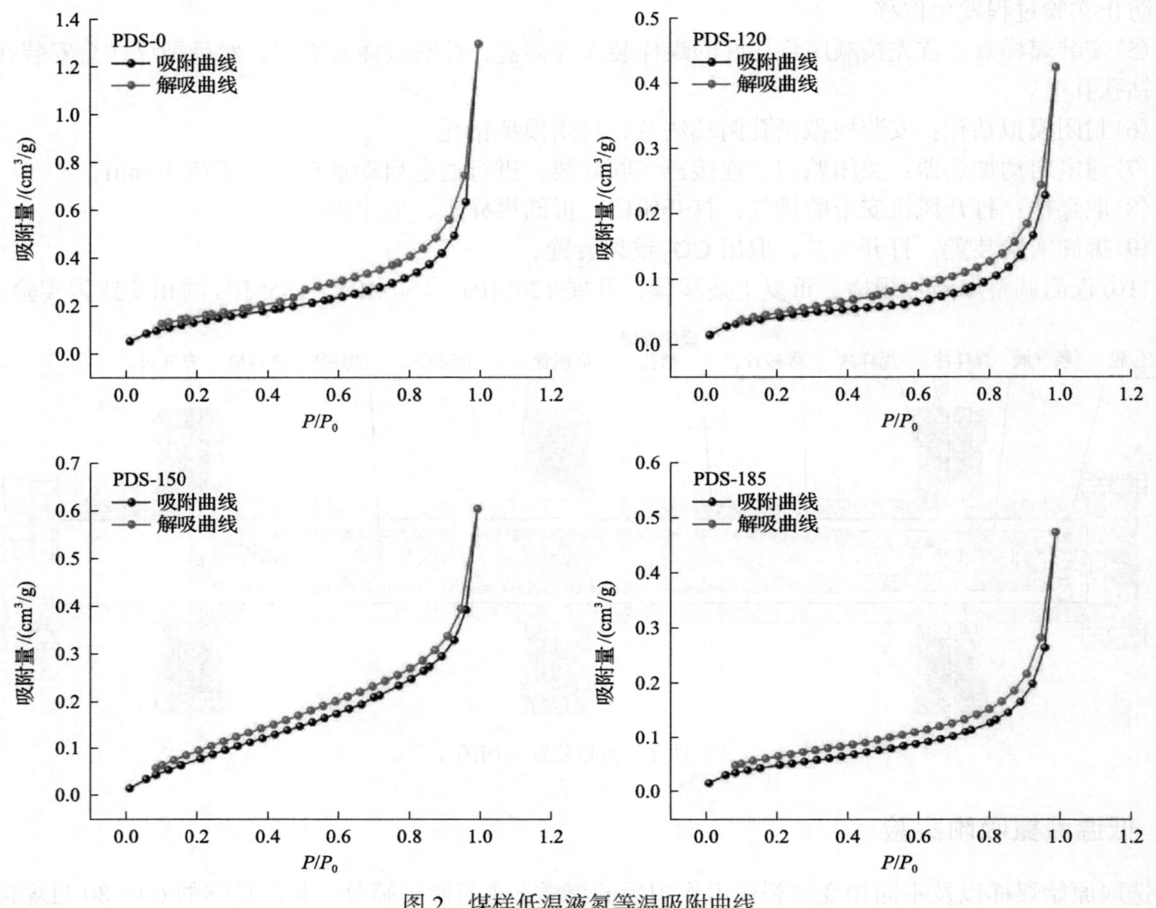

图 2 煤样低温液氮等温吸附曲线

对比 4 组煤样对低温液氮的吸附量，PDS-0 在相对压力接近 1 的吸附量为 1.2926cm^3/g，PDS-120、PDS-150、PDS-185 在相对压力接近 1 的吸附量分别为 0.4227cm^3/g、0.6031cm^3/g、0.4723cm^3/g。相变致裂后的煤样对低温液氮的吸附量明显降低，并且煤样低温液氮吸附量与相变致裂压力呈负相关关系(图 3)。煤样低温液氮吸附量的变化表明，煤样内部微孔结构发生变化，并且相变致裂压力越大对微孔的影响程度越大。

2.1.2 孔隙结构变化

按照国际纯粹与应用化学联合会(IUPAC)的分类方法对孔隙进行分类，煤样孔隙主要分为微孔(＜2nm)、介孔(2～50nm)、大孔(＞50nm)，煤样低温液氮吸附主要表征 2～50nm 的介孔。煤样孔隙的 dV/dD 与孔径曲线能够反映煤样内部孔隙结构的变化，曲线中的峰表示该孔径的孔隙数量比例最大，峰的强度表示孔的数量。由图 4 可知，原始煤样 PDS-0 孔隙的峰主要位于 3～4.5nm 处，PDS-120 孔隙的峰主要位于 2.5nm 与 8nm 处，PDS-120 孔隙的峰主要位于 6nm 处，PDS-185 孔隙的峰主要位于＜4nm 与 7nm 处。对比相变致裂后煤样与原始煤样孔隙峰位的变化，表明孔隙之间存在着孔隙类型转化，即小尺

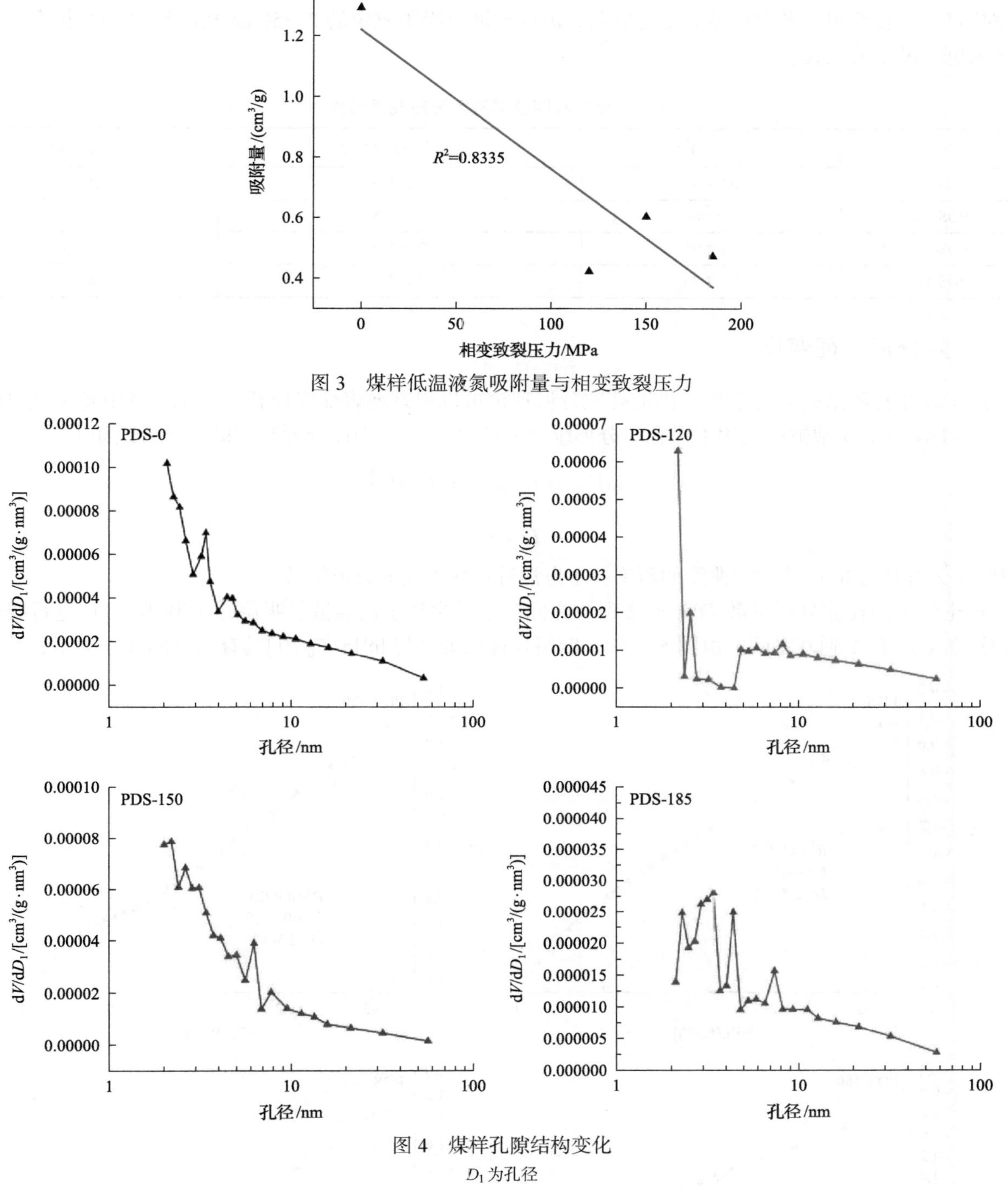

图 3 煤样低温液氮吸附量与相变致裂压力

图 4 煤样孔隙结构变化

D_1 为孔径

度孔隙向大尺度孔隙转化，并且相变致裂后煤样孔隙峰的强度整体降低，也表明 2～50nm 孔隙数量在相变致裂压力作用下明显减少，转化为更大尺度的大孔。

2.1.3 孔容与孔比表面积变化

CO_2 相变致裂后的煤样，孔隙结构明显发生改变，4 组煤样孔隙低温液氮吸附测试结果见表 2。原始煤样 PDS-0 孔容为 0.00201cm^3/g，相变致裂后的煤样孔容比原始煤样降低一个数量级，PDS-120、PDS-150、PDS-185 的孔容相比 PDS-0 的孔容分别降低了 67.66%、54.73%、63.68%；对比 4 组煤样比表面积变化，PDS-0 的比表面积最大，为 0.55783m^2/g，PDS-120、PDS-150、PDS-185 的孔比表面积相比 PDS-0 的孔比表面积分别降低了 72.31%、29.58%、64.67%；相变致裂后煤样的平均孔径相比原始煤样明显增大。煤样孔隙孔容、比表面积、平均孔径的变化表明，由低温液氮吸附测定的 2～50nm 孔隙经过 CO_2 相变致裂后转化为更大尺度的大孔。

表 2　煤样孔隙低温液氮吸附测试结果

煤样编号	孔容/(cm^3/g)	孔比表面积/(m^2/g)	平均孔径/nm
PDS-0	0.00201	0.55783	6.21669
PDS-120	0.00065	0.15448	7.14977
PDS-150	0.00091	0.39285	9.30663
PDS-185	0.00073	0.19709	9.68223

2.2　孔隙分形特征变化

由于煤样孔隙结构的复杂性，借助孔隙分形理论可以很好地表征煤样孔隙变化，其中基于低温液氮吸附的 FHH 分形模型被广泛用于煤孔隙分形维数的计算[15-17]。FHH 分形模型的计算公式如下：

$$\ln V = A + k\ln\left[\ln\left(P_0 / P\right)\right] \tag{1}$$

$$D = 3 + k \tag{2}$$

式中，k 为 $\ln V$ 与 $\ln[\ln(P_0/P)]$ 曲线的斜率；A 为常量；D 为孔隙分形维数。

多孔介质的孔隙分形维数 D 介于 2 到 3 之间[18]，因此基于低温液氮吸附数据利用式(1)进行线性拟合的斜率 k 介于–1 到 0 之间。由图 5 可知，四组煤样的 $\ln V$ 与 $\ln[\ln(P_0/P)]$ 具有明显的线性关系，并且相

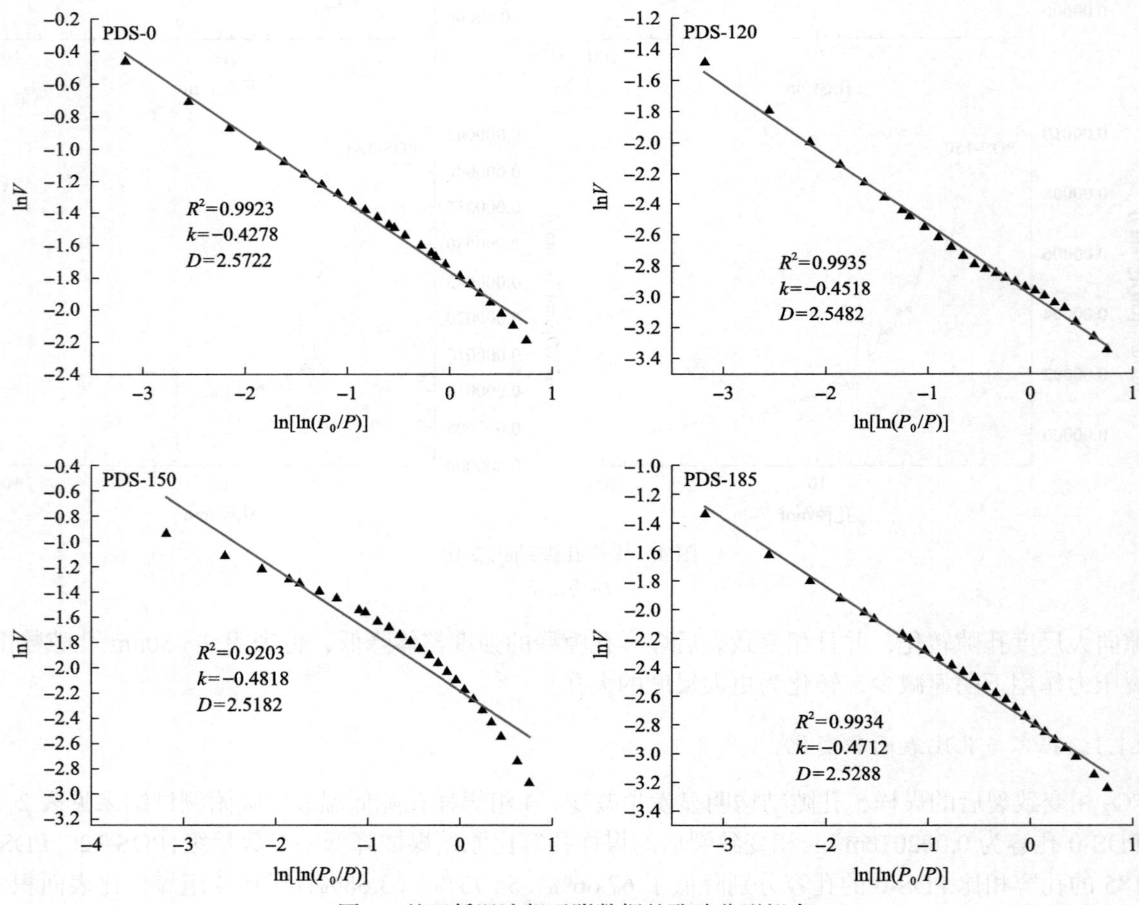

图 5　基于低温液氮吸附数据的孔隙分形拟合

关系数 R^2 大于 0.92，具有良好的拟合效果。

由表 3 可以看出，4 组煤样拟合直线的斜率介于–1 到 0 之间，PDS-0 孔隙分形维数为 2.5722，经过 CO_2 相变致裂改造后的煤样 PDS-120、PDS-150、PDS-185 孔隙分形维数分别为 2.5482、2.5182、2.5288；煤样孔隙分形维数的变化，表明经过 CO_2 相变致裂后，孔隙结构由复杂变得简单，孔隙表面粗糙程度趋于光滑，这种变化主要由于 2～50nm 孔隙向大孔转化造成的。

表 3　煤样孔隙分形

煤样编号	K	D	R^2
PDS-0	–0.4278	2.5722	0.9923
PDS-120	–0.4518	2.5482	0.9935
PDS-150	–0.4818	2.5182	0.9203
PDS-185	–0.4712	2.5288	0.9934

2.3　相变致裂压力对孔隙的影响

由上述分析可以看出，不同相变致裂压力对煤样孔隙均有改造，为了研究相变致裂压力对孔隙的影响特征，本节主要讨论相变致裂压力对孔隙主要结构参数(平均孔径、孔容、孔比表面积和孔隙分形维数)的影响。

图 6 显示，在 CO_2 相变致裂的影响下，煤样平均孔径与相变致裂压力呈现明显的正相关，这表明随相变致裂压力的增大，孔隙由介孔向大孔转化的趋势越明显，相变致裂压力越大越有利于介孔的改造。

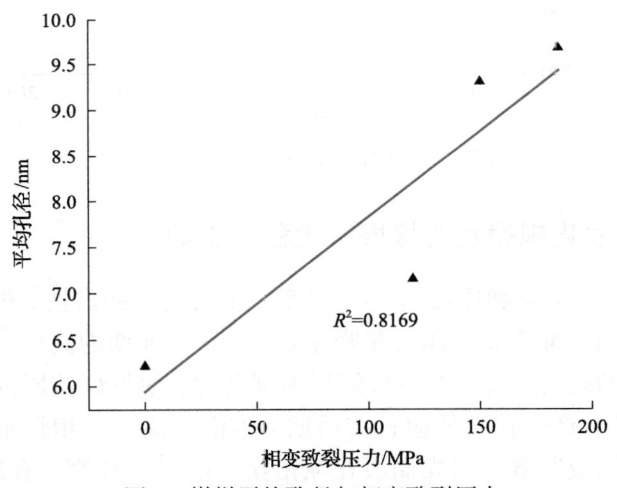

图 6　煤样平均孔径与相变致裂压力

由图 7 可以看出，煤样孔容、孔比表面面积与相变致裂压力呈现明显的负相关，相变致裂后 2～50nm 孔容与孔比表面积的降低是由于煤样介孔受到 CO_2 高压冲击波作用，产生孔隙塌陷以及扩孔效应，即介孔的数量明显减少，小尺度孔隙向大尺度孔隙转化；相变致裂压力越大，这种孔隙转化效应越明显。

介孔向大尺度孔隙转化，使得孔隙的复杂性明显降低，体现在孔隙分形维数上，即介孔分形维数值明显降低，图 8 表明在 CO_2 相变致裂作用下，介孔的分形维数与相变致裂压力呈现明显的负相关，即相变致裂压力越大，介孔的分形维数降低得越明显，该趋势与孔容、孔比表面积随相变致裂压力的变化趋势一致。介孔分形维数的变化也反映了 CO_2 相变致裂扩孔效应对孔隙类型的转化。

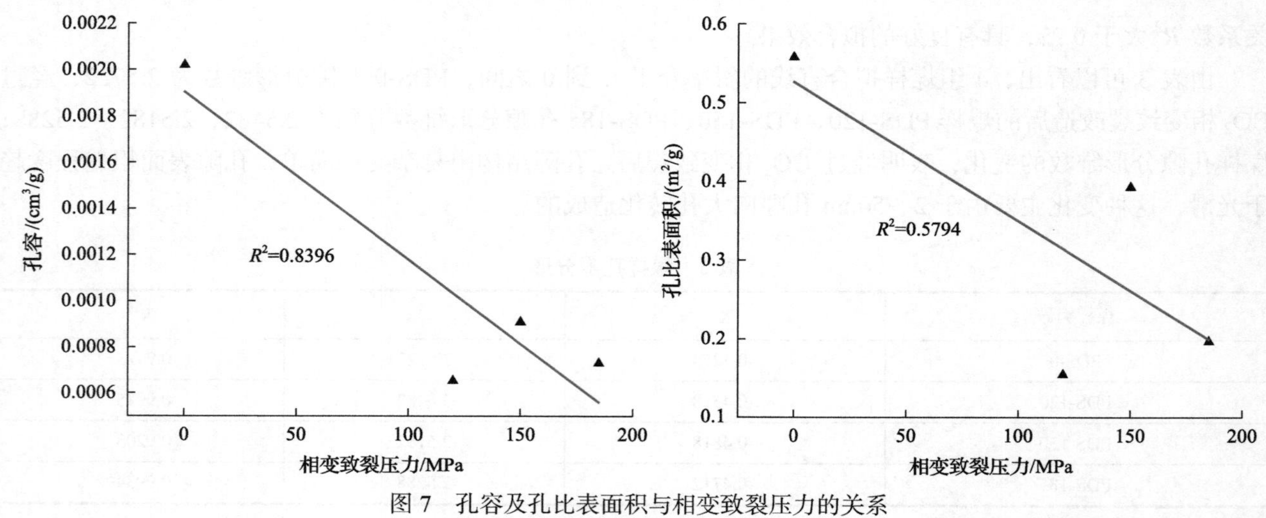

图 7 孔容及孔比表面积与相变致裂压力的关系

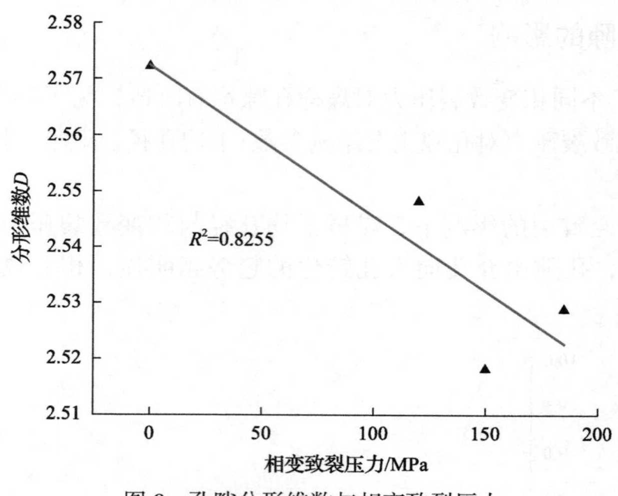

图 8 孔隙分形维数与相变致裂压力

2.4 CO_2 相变致裂孔隙演化规律及对煤层气运移的影响

CO_2 相变致裂改造煤储层主要利用液态 CO_2 相变产生的高压冲击波，相变致裂过程主要包括前期的高压气相射流阶段和后期的准静态高压气相膨胀阶段[7]，在前期的高压气相射流阶段，高压气相射流在煤储层内部形成裂缝的同时，进而改造煤储层内部孔隙，使得煤储层内部的孔隙在高压气相射流作用下，发生“孔隙塌陷”，产生扩孔效应；在后期的准静态高压气相膨胀阶段，高压气体通过前期形成的裂隙，产生“气楔效应”继续与煤储层孔隙相互作用[19]，加剧“孔隙塌陷”，使得扩孔效应进一步增强。

因此，在 CO_2 相变致裂作用下，煤储层小尺度介孔产生扩孔效应，小尺度介孔向大孔转化，使得介孔的孔容与孔比表面积明显降低。由于孔隙的转化，介孔比表面积降低，介孔的复杂程度明显降低，进而表现为介孔分形维数的降低。CO_2 相变致裂压力越大，产生的高压冲击波能量越强，造成的扩孔效应越明显，因此介孔孔容、孔比表面面积、分形维数与相变致裂压力呈负相关关系。

相变致裂后，煤储层介孔孔容与孔比表面面积明显降低，介孔转化为更大尺度的孔隙。煤层气运移过程中，在＜100nm 孔隙中，气体主要以扩散的形式运移；＞100nm 的孔隙，气体主要以渗流方式运移[20]，相变致裂扩孔效应的产生，使得煤层气运移通道改善，而比表面积的降低，有利于气体的解吸，因此通过 CO_2 相变致裂改造煤储层孔隙结构，有利改善煤层气的运移能力。

3 结　论

(1)CO_2相变致裂对煤样的介孔孔容、孔比表面面积、孔隙分形维数产生明显的影响，相变致裂后煤样介孔孔容、孔比表面面积、孔隙分形维数明显降低，表明 CO_2 相变致裂能有效降低煤样介孔的复杂程度，孔隙表面粗糙程度受致裂作用的影响变得光滑。

(2)介孔孔容、孔比表面面积、孔隙分形维数与相变致裂压力呈明显的负相关关系，表明相变致裂压力越大，对介孔的改造程度越明显。

(3)介孔孔容与比表面面积的降低，是CO_2相变致裂的扩孔效应引起的，即小尺度介孔转化为更大尺度的孔隙。

参考文献

[1] 袁亮. 瓦斯治理理念和煤与瓦斯共采技术[J]. 中国煤炭, 2010, 36(6): 5-12.

[2] 雷毅, 武文宾, 陈久福. 松软煤层井下水力压裂增透技术及应用[J]. 煤矿开采, 2015, 20(1): 4, 105-107.

[3] 吕有厂. 水力压裂技术在高瓦斯低透气性矿井中的应用[J]. 重庆大学学报, 2010, 33(7): 102-107.

[4] 范迎春, 王兆丰. 水力冲孔强化增透松软低透突出煤层效果分析[J]. 煤矿安全, 2012, 43(6): 137-140.

[5] 郭金栋, 谢绍东, 许福乐, 等. 卸压爆破在低透气突出煤层快速掘进中的应用[J]. 煤炭技术, 2009, (9): 66-68.

[6] 杨宏民, 张铁岗, 王兆丰, 等. 煤层注氮驱替甲烷促排瓦斯的试验研究[J]. 煤炭学报, 2010, 35(5): 792-796.

[7] 曹运兴, 张军胜, 田林, 等. 低渗煤层定向多簇气相压裂瓦斯治理技术研究与实践[J]. 煤炭学报, 2017, (10): 2631-2641.

[8] 王兆丰, 周大超, 李豪君, 等. 液态 CO_2 相变致裂二次增透技术[J]. 河南理工大学学报(自然科学版), 2016, 35(5): 597-600.

[9] 周科平, 柯波, 李杰林, 等. 液态 CO_2 爆破系统压力动态响应及爆炸能量分析[J]. 爆破, 2017, 34(3): 7-13.

[10] 陈喜恩, 赵龙, 王兆丰, 等. 液态 CO_2 相变致裂机理及应用技术研究[J]. 煤炭工程, 2016, 48(9): 95-97, 101.

[11] 李豪君, 王兆丰, 陈喜恩, 等. 液态 CO_2 相变致裂技术在布孔参数优化中的应用[J]. 煤田地质与勘探, 2017, 45(4): 31-37, 43.

[12] 程小庆, 王兆丰, 李豪君. 液态 CO_2 相变致裂强制煤层顶板垮落技术[J]. 煤矿安全, 2016, 47(6): 67-70.

[13] 韩颖, 史晓辉, 雷云, 等. 液态 CO_2 相变致裂增透预抽瓦斯技术试验研究[J]. 煤矿安全, 2017, 48(10): 17-20.

[14] 陈萍, 唐修义. 低温氮吸附法与煤中微孔隙特征的研究[J]. 煤炭学报, 2001, 4(5): 552-556.

[15] Fu H J , Tang D Z, Xu, et al. Characteristics of pore structure and fractal dimension of low-rank coal: A case study of Lower Jurassic Xishanyao coal in the southern Junggar Basin, NW China[J]. Fuel, 2017, 193: 254-264.

[16] Yu S, Jiang B, Liu J G. Nanopore structural characteristics and their impact on methane adsorption and diffusion in low to medium tectonically deformed coals: case study in the Huaibei coal field[J]. Energy & Fuels, 2017, 31(7): 6711-6723.

[17] 邵龙义, 李佳旭, 王帅, 等. 海拉尔盆地褐煤液氮吸附孔的孔隙结构及分形特征[J]. 天然气工业, 2020, 40(5): 21-31.

[18] 彭鑫, 江泽标, 谢雄刚, 等. CO_2 致裂对煤孔隙吸解特性与分形特征影响研究[J]. 中国安全科学学报, 2019, 29(7): 110-116.

[19] 孙可明, 王金彧, 辛利伟. 不同应力差条件下超临界 CO_2 气爆煤岩体气楔作用次生裂纹扩展规律研究[J]. 应用力学学报, 2019, 36(2): 466-472, 516.

[20] Cai Y D , Liu D M, Pan Z J, et al. Investigating the effects of seepage-pores and fractures on coal permeability by fractal analysis[J]. Transport in Porous Media, 2016, 111(2): 479-497.

沁水煤层气田煤层气水平井双管柱筛管完井技术应用研究

鲜保安[1,2,3]，张 龙[1,2,3]，哈尔恒·吐尔松[4]，李红岩[5]，王鹏涛[5]，王德桂[6]，王一兵[4]

（1. 河南理工大学，焦作 454000；2. 中原经济区煤层（页岩）气河南省协同创新中心，焦作 454000；3. 河南省非常规能源地质与开发国际联合实验室，焦作 454000；4. 新疆科林思德新能源有限责任公司，阜康 831046；5. 中石化绿源地热能开发有限公司，咸阳 712021；6. 中联煤层气有限责任公司，北京 100016）

摘要：针对煤储层具有高吸附性、低渗透性、易受压缩、易破碎的特征，煤层气水平井钻完井过程中常常造成煤储层伤害，从而导致渗透率降低和单井产量低的技术难题。通过煤粉膨胀评价实验，钻井液伤害实验揭示煤储层伤害机理。煤粉膨胀实验结果表明，蒸馏水对煤粉的膨胀率为 2%～17.62%，平均为 9.81%。1%的 KCl 溶液对煤粉的膨胀率为 0.36%～1.7%，平均为 1.03%。钻井液储层伤害实验结果表明，煤样在 1.5h 内渗透率下降较快，主要以动滤失为主，滤失过程中形成泥饼；2.0h 后煤样渗透率基本保持稳定状态，煤样表面泥饼已形成，钻井液静滤失量明显低于动滤失量。揭示了水平井钻完井液中的固相颗粒、流体流动诱导产生的固相成分对煤储层微裂隙堵塞成因，阐明了煤层气水平井钻完井储层伤害机理。在此基础上，针对性地提出了水平井双层管柱筛管完井消除钻井液伤害的机理及技术，该技术已在沁水盆地南部得到推广应用，相对于常规的多分支水平井及分段压裂水平井，水平井筛管完井的煤储层气稳定日产量、稳产周期均大幅提升，15 号煤层气井平均稳定日产量达到 10000m^3 以上，实现了突破。本文的研究成果对降低煤层气水平井钻完井过程中的储层伤害，提高煤层气井产量具有重要的理论和实践意义。

关键词：煤层气水平井；钻完井液；伤害机理；实验研究；双层管柱筛管；完井技术

Study and application of horizontal well completion technology of double-string screen pipes in Qinshui Coal Gas Field

Xian Baoan[1,2,3], Zhang Long[1,2,3], Ha Erheng·Tuersong[4], Li Hongyan[5], Wang Pengtao[5], Wang Degui[6], Wang Yibing[4]

（1. Henan Polytechnic University, Jiaozuo 454000；2. Collaborative Innovation Center of Coalbed Methane and Shale Gas for Central Plains Economic Region, Jiaozuo 454000；3. Henan International Joint Laboratory for Unconventional Energy Geology and Development, Jiaozuo 454000；4. Cleanseed Energy Limited Liability Company Co. Ltd., Fukang 831046；5. Sinopec Lvyuan Geothermal Energy Development Co., Ltd., Xianyang 712021；6. China United Coalbed Methane Co., Ltd., Beijing 100016）

Abstract: Due to the characteristics of high absorption, low permeability, easy compression, and breakage of coal reservoir, the coal reservoir is damaged during the drilling and completion of CBM horizontal Wells, which leads to the technical problems of low permeability and low production of a single well. The damage mechanism of the coal reservoir is revealed through the evaluation experiment of pulverized coal expansion and the damage experiment of drilling fluid. The results of pulverized coal expansion experiment show that the expansion rate of pulverized coal by distilled water is 2%-17.62%, with an average of 9.81%. The expansion rate of 1% KCl solution for pulverized coal is 0.36%-1.7%, with an average of 1.03%. The experimental results of drilling fluid reservoir damage show that the permeability of the coal sample decreases rapidly within 1.5h, mainly due to dynamic filtration, and mud cake is formed in the filtration process. After 2.0h, the permeability of the coal sample remained stable, mud

基金项目：联合基金重点支持项目页岩和致密油气田高效开发建井基础研究（项目编号：U1762214）；河南省高等学校重点科研项目（项目编号：20A440006）；河南理工大学博士基金资助项目（项目编号：B2017-63）。

作者简介：鲜保安（1966—），教授，研究方向为煤储层气钻完井技术研究与应用。电话：13608633851，邮箱：759267753@qq.com。

cake was formed on the surface of the coal sample, and the static filtration loss of drilling fluid was lower than the dynamic filtration vector. This paper reveals the causes of the plugging of micro-cracks in coal reservoirs caused by solid particles in horizontal well drilling and completion fluid and solid components induced by fluid flow and clarifies the damage mechanism of the coal bed methane reservoir horizontal well drilling and completion. On this basis, pointed proposed the double horizontal well screen completion tubing string to eliminate drilling fluid damage mechanism and technology. The technology has been widely used in the southern Qinshui basin, relative to the conventional multi-branch horizontal wells and the staged fracturing of horizontal wells, horizontal well screen completion of the stable production cycle. The average stable daily output of No. 15 CBM well reached more than 10000m^3, achieving a breakthrough. The research results of this paper have important theoretical and practical significance for reducing the reservoir damage in the process of drilling and completion of CBM horizontal wells and improving the production of CBM wells.

Keywords: CBM horizontal well; drilling and completion fluid; injury mechanism; experimental research; double-string screen pipes; completion technology

煤储层保护是煤层气开发过程中的关键环节，直接关系煤层气开发效益，消除水平井钻完井过程中钻井液对煤储层的伤害是释放储层产能、提高单井产量的核心措施之一。煤储层作为煤层气的储集层与产出层，具有高吸附性、低渗透性的特点。由于煤岩相对于围岩具有强度低、易破碎和微裂隙发育的特点，在水平井钻完井过程中更容易受到伤害。井身结构多元化水平井技术作为一种煤层气开采的主体技术越来越受到行业的重视[1]，而煤储层保护是水平井技术的一项关键控制因素[2]。因此，揭示煤层气水平井钻完井过程中煤储层伤害机理以及减轻煤储层伤害技术是一个重要研究内容[3-6]。本文针对煤层气水平井钻完井过程中的煤储层伤害机理进行分析研究，采用煤粉膨胀评价实验、钻井液伤害实验揭示煤储层伤害机理，并针对性地提出了水平井双层管柱筛管完井消除钻井液伤害的机理及技术，现场实践证明该项技术对消除钻井液伤害、提高单井产量具有重要意义。

1 钻井液对煤储层的伤害

煤层气水平井能够增加井筒与煤储层接触面积，沟通煤储层天然裂缝，增加泄压面积，提高天然裂缝的导流能力，释放煤储层产能。相比直井与定向井钻完井技术，水平井技术在钻完井过程中钻井液与煤储层接触时间更长，接触面积更大，造成的煤储层伤害也越大。

钻井液对煤储层的伤害主要包括固相颗粒侵入储层造成煤岩孔隙堵塞、钻井液滤液侵入储层造成的伤害，其中造成煤储层伤害的固相颗粒包含钻井液中不可溶解的固相物质与钻完井过程中形成的煤粉颗粒。

1.1 钻井液中固相颗粒与煤储层孔-裂隙类型

钻井过程中固相颗粒对煤储层裂隙系统的充填堵塞是不可避免的现象，在井底压差作用下钻井液向煤储层滤失，固相颗粒会在流动通道变窄或流速减慢的情况下堵塞裂隙通道，并在井壁形成稳定的泥饼，阻挡固相颗粒继续侵入煤储层。室内研究表明，在煤岩渗透率超过 0.01mD 时，滤饼的渗透率比储层渗透率低一个数量级。侵入到煤储层颗粒会堵塞地层流体的运移通道，降低储层的渗透率，造成储层伤害。

钻井液中的固相颗粒种类划分可以粒径为标准，具体可分为粗颗粒、中粗颗粒、细颗粒、超细颗粒、微颗粒及胶体颗粒。煤的基质孔隙包括裂隙、大孔、中孔和微孔四种类型（表 1）。当钻井液固相颗粒粒径与煤储层裂隙或孔隙宽度相近时，会在孔喉处发生堵塞现象。

表 1　钻井液固相粒径与煤储层孔隙直径对照表

钻井液颗粒		煤储层孔隙	
类型	直径/μm	类型	直径/nm
粗颗粒	＞2000	裂隙	＞250
中粗颗粒	2000～250		
细颗粒	250～74	大孔	250～50
超细颗粒	74～44	中孔	50～2
微颗粒	44～2		
胶体颗粒	＜2	微孔	＜2

1.2　煤粉膨胀评价实验

研究表明，与砂岩相比之，煤岩是由高度交联的大分子网和其他互不交联的大分子链组成，从而导致了煤的吸附能力比较强。煤岩基质的孔隙度很低且连通性较差使煤储层呈现低渗透率特征。煤基质中的黏土矿物与侵入的外来流体接触后出现微膨胀现象，进一步降低煤岩的孔隙与渗透性。本文选取山西沁水盆地煤储层的天然煤样作为实验样品，开展了煤粉膨胀的静态实验，评价钻井液滤液造成的储层伤害。

1.2.1　实验方法

实验选用 NP-01A 型常温常压膨胀量测定仪，测定煤粉膨胀率。

(1)测定膨胀仪空筒的高度 h_1。

(2)利用电热鼓风干燥箱将煤粉作干燥处理，并将其冷却到室温，然后称取 10g 煤粉放入空筒中，垫上一层滤纸后，在一定压力条件下，将煤粉压实(实验过程中设置压力为 5MPa，时间为 3min)。待煤粉压实好后，再次测量筒体高度 h_2。

(3)将仪器按照操作规程安装好，用注射器将已配制好的待测溶液缓慢地推入杯体中。与此同时，实验人员开始计数。煤粉膨胀的高度 Δh 需在前 8h 内每隔 1h 读取一次，煤粉的最终膨胀高度仅需 24h 后测定一次即可。煤粉膨胀率的表达式为

$$P = \Delta h / \left(h_2 - h_1\right) \times 100\%$$

1.2.2　实验结果及分析

通过静态实验分别用不同溶液(蒸馏水、煤储层水和 1%KCl 盐水)测定山西沁水盆地不同矿区煤样(寿阳、潘庄区块天然煤样)，记录煤样发生膨胀的过程及线性膨胀率。煤粉膨胀率实验结果见表 2。

表 2　煤粉膨胀率实验结果

区块	煤样号	煤储层序号	水样类型	干煤样高 h_2–h_1/mm	膨胀高度Δh/mm	膨胀率/%
山西阳泉寿阳区块	QY1-1	15 号	蒸馏水	10.5	0.211	2
山西阳泉寿阳区块	QY1-2	15 号	1%KCl	10.5	0.038	0.36
山西晋城潘庄区块	SH1-1	3 号	蒸馏水	17.34	3.055	17.62
山西晋城潘庄区块	SH1-2	3 号	煤层水	17.57	0.925	5.26
山西晋城潘庄区块	SH1-3	3 号	1%KCl	16	0.275	1.70

(1)由表 2 数据可见，在所选不同溶液中蒸馏水对 SH1-1 号样煤粉中膨胀率的影响较为明显，膨胀率达到 17.62%，该实验结果表明 SH 矿的煤岩具有较强的遇水膨胀特性，寿阳 QY 矿的煤岩遇水膨胀不敏感，蒸馏水的膨胀率仅为 2%。

(2)在 1%KCl 盐水溶液中 SH1-1 号样煤粉膨胀率仅为 1.70%，对比选取蒸馏水的结果，煤粉的膨胀率下降了 90.35%，与煤层水相比下降了 67.68%，通过实验结果验证了 KCl 溶液能明显降低煤岩的遇水膨胀性。

从以上煤粉膨胀的静态实验结果来看，当煤粉与液体接触后，煤储层会吸收液体，从而导致煤基质膨胀，造成煤岩渗透率降低，造成煤储层严重伤害，但 KCl 溶液具有明显抑制煤基质膨胀的作用。

1.3 钻井液储层伤害实验

钻井液对煤储层的伤害主要有三个方面：一是钻井液滤液侵入储层后与煤储层中的水敏性矿物发生反应，产生黏土矿物的水化膨胀、颗粒运移等伤害，进而造成地层孔喉堵塞；二是钻井液滤液侵入储层后形成束缚水，进入孔隙后附着在介质表面，造成附加的毛细管压力，形成水锁现象，造成储层相对渗透率的降低；三是工作液中的固相颗粒进入储层，堵塞孔隙和喉道，降低储层有效渗透率。

评价钻井液对煤层的伤害，主要对煤样受到钻井液污染前后渗透率的测定，用伤害率表示，通过渗透率对和伤害率的变化分析研究，评价钻井液对煤层的伤害程度。伤害率表达式为

$$K_s = (K_o - K_d) / K_o \times 100\%$$

式中，K_o为伤害前的渗透率，mD；K_d为伤害后的渗透率，mD；K_s为储层伤害率，%。

1.3.1 样品制备

煤样制备：利用 CH5640 数控金刚石线切割机床，制备圆柱状岩样(直径 2.5cm，长 5cm)，60℃下烘干。制备煤样四组，每组 5 个样，再将钻取的煤样端面磨平。

钻井液制备：3000mL 水+150g 土粉+47.25g 磺化沥青粉+4.725g 增黏降失水剂，比重 1.02g/cm^3，马氏漏斗黏度 54s，API 失水 9mL，泥饼厚度小于 1.0mm。

1.3.2 实验方法

依据《钻井液完井液损害油层室内评价方法：SY/T 6540—2002》，建立了钻井液对煤储层伤害评价实验方法。测试仪器为河南省非常规能源地质与开发国际联合实验室的 TCQT-Ⅲ型低渗煤层气相驱替增产实验装置。

(1)在模拟地层压力条件下进行煤储层岩心气相渗透率测定，测试介质为氦气。

(2)在模拟地层压力条件下进行煤储层岩心钻井液伤害实验，钻井液浸泡时间不低于 72h。

(3)去除外泥饼，在模拟地层压力条件下再一次测定气相渗透率，测试介质为氦气。

1.3.3 实验结果及分析

通过实验室完成了 4 件样品的钻井液伤害实验，以伤害时间 0.5h、1.0h、1.5h、2.0h 和 12.0h 为单位分别测试煤岩样品渗透率，测试结果见表 3。

表 3 煤岩样品钻井液伤害后渗透率表

编号	渗透率初始值/mD	伤害 0.5h 后渗透率/mD	伤害 1.0h 后渗透率/mD	伤害 1.5h 后渗透率/mD	伤害 2.0h 后渗透率/mD	伤害 12.0h 后渗透率/mD	伤害率/%	伤害率平均值/%
C-1#	0.023000	0.002736	0.002130	0.001042	0.001254	0.001126	95.10	95.85
C-2#	0.038257	0.003200	0.002300	0.001078	0.001078	0.001305	96.59	
C-3#	0.007695	0.003000	0.001263	0.001045	0.001038	0.001307	83.01	81.02
C-4#	0.006156	0.001411	0.00116	0.001109	0.001121	0.001290	79.04	

通过表 3 和图 1 可知，煤样在 1.5h 内受到钻井液伤害后渗透率下降较快，主要以动滤失为主，滤失过程中形成泥饼；2.0h 后煤样渗透率基本保持稳定状态，煤样表面泥饼已形成，钻井液静滤失量明显低于动滤失量。在钻井液侵入煤样过程中，煤样初始渗透率值越高，钻井液动滤失量越大，渗透率下降速

度越快，形成泥饼所需时间较短，钻井液伤害率相对较高；煤样初始渗透率降低一个数量级后，钻井液动滤失速度明显降低，渗透率下降速度较低，形成泥饼所需时间较长，钻井液伤害率相对较低。

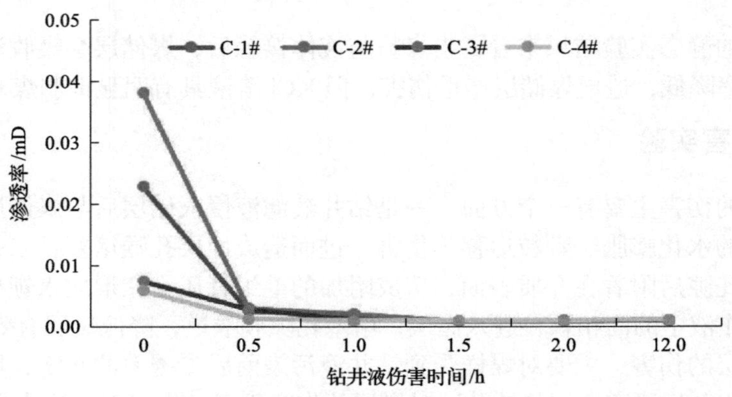

图 1　煤岩样品钻井液伤害后渗透率变化曲线

1.4　钻井液侵入对煤储层伤害机理

煤在吸收液体的过程中所引起的煤体膨胀和渗透率降低是不可逆的。因此开采煤层气的整个钻井过程中，钻井液侵入对煤储层造成一定程度的伤害。当位于毛细管中非润湿相取代润湿相时，两者之间产生一个毛细阻力，这个过程即为水锁效应。储层中的原有流体被外来流体推到储层深部，在两相流体形成的弯液面处会产生毛细管阻力。在实际生产过程中，如若不能有效地排出侵入储层的外来流体，储层流体渗透率会因含水饱和度的增加而降低。

2　煤粉颗粒对煤储层的伤害

2.1　煤粉产出成因

煤储层本身为一种胶结较弱的固相颗粒，与其他常规岩石相比，抗压和抗拉能力都较弱，煤储层具有弹性模量小、泊松比大等特点，使得煤比其他岩石更易受压缩变形，在相同的应力条件下煤更易受应力发生破坏。从大量的矿井煤储层剖面观测表明，煤粉根据主要来源可以分为原生煤粉和次生煤粉。原生煤粉指主要赋存于断层面以及层间滑动面内粒径小于 1mm 的煤粒，经紧密挤压而成的集合体。近竖直方向主要发育在断层的断裂带内，赋存在断层面的煤粉整体被挤压成层状或薄片，部位煤粉集合体构成褶皱形态，可清晰地看到层面间有因摩擦挤压产生的镜面。次生煤粉是由钻井完井、储层改造工艺或排采抽吸作用引起煤层内部裂缝表面之间的煤岩研磨形成的煤粉颗粒。钻具研磨及压裂支撑剂打磨是次生煤粉产生的重要原因。

2.2　煤粉对煤储层的伤害

钻井过程中的起下钻速度过快与泥浆泵压力波动都会引进井底的压力激动，促进了煤储层微裂隙表面基质破碎与运移，形成堆积堵塞微裂隙，降低煤储层渗透率和导流能力，降低煤层气单井产量。

为研究煤粉对储层的伤害，将煤粉的生成和运移过程在室内进行了模拟和再现。对煤粉在储层原生裂隙与人造裂隙导流能力的负面影响进行了进一步分析。通过实验研究发现，煤粉在储层裂隙内的赋存大幅降低压裂支撑剂充填层的导流能力。

煤粉颗粒聚集在一起形成的流体运移通道阻塞的现象，造成了两个方面的负面影响：其一，使压裂过程中施工压力增高；其二，大量煤粉容易出现悬浮、沉降聚集的负面效果。通常所说的煤粉堵塞就是指煤储层流体运移过程中，前端液体由于某种原因速度变缓，后端液体依然以原来的速度向前涌进，使得运移通道被煤粉堵塞。

3 水平井双层管柱筛管完井消除煤储层伤害机理

3.1 水平井双层管柱筛管完井技术原理

水平井双层管柱筛管完井工艺采用内外双层管柱组成[12]：外部管柱主要由筛管组成，筛管与悬挂器下端连接，井底连接筛管引鞋；内部管柱由冲管组成，冲管与悬挂器下端中心总成连接(图 2)。钻杆通过旋转接头与悬挂器上端连接，并将悬挂器、筛管及冲管送至设计悬挂点(图 3)，然后通过投球实现悬挂器悬挂于技术套管内壁，继续使用液压或机械丢手实现悬挂器悬挂装置与中心总成脱离，悬挂器悬挂装置及筛管固定于井筒内，钻杆拖动悬挂器中心总成及冲管进行洗井作业(图 4)，洗井液通过筛管孔眼冲刷井壁，上下拖动钻具进行分段动态洗井冲刷(每段为 20～30m)，并在侧钻点及钻井过程中煤储层垮塌严重处进行定点洗井，以连通无效进尺井段，促使易垮塌段进一步垮塌，解放自然产能。

3.2 水平井双层管柱筛管完井技术消除储层伤害机理

本文提出的水平井分段洗井技术，消除井壁泥饼，快速暴露煤岩裂隙，连通煤储层内部裂隙，消除钻完井液伤害；利用煤岩弱面体结构模型与断裂力学原理，使应力变化起到增渗与增产的作用。水平井双层管柱筛管完井消除储层伤害的主要手段，依靠冲管内完井液形成高压水射流清洗井壁泥饼及近井

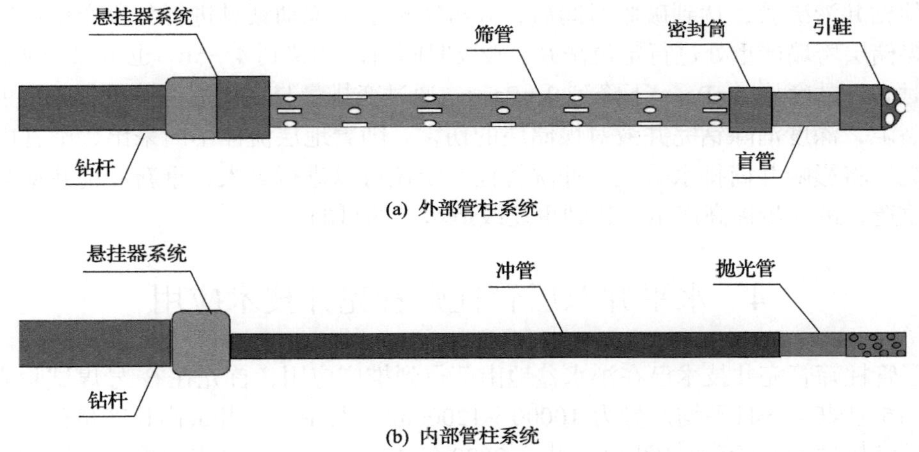

图 2 双层管柱结构示意图

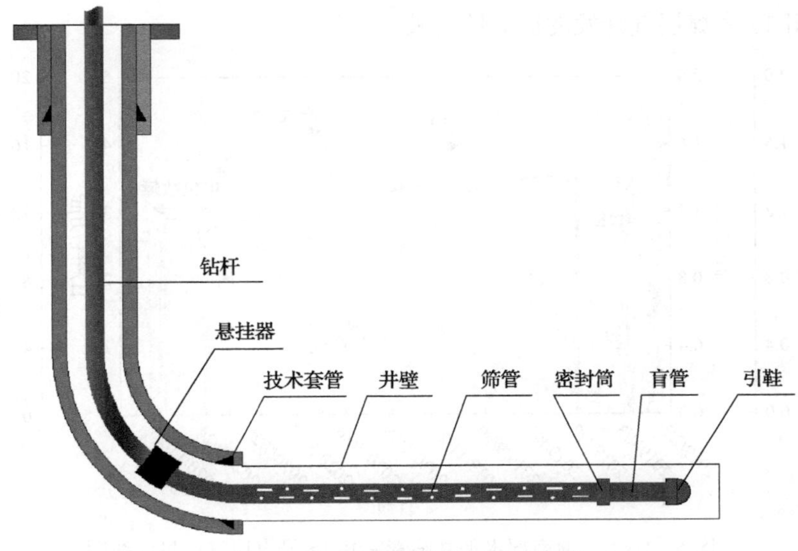

图 3 水平井筛管完井结构示意图

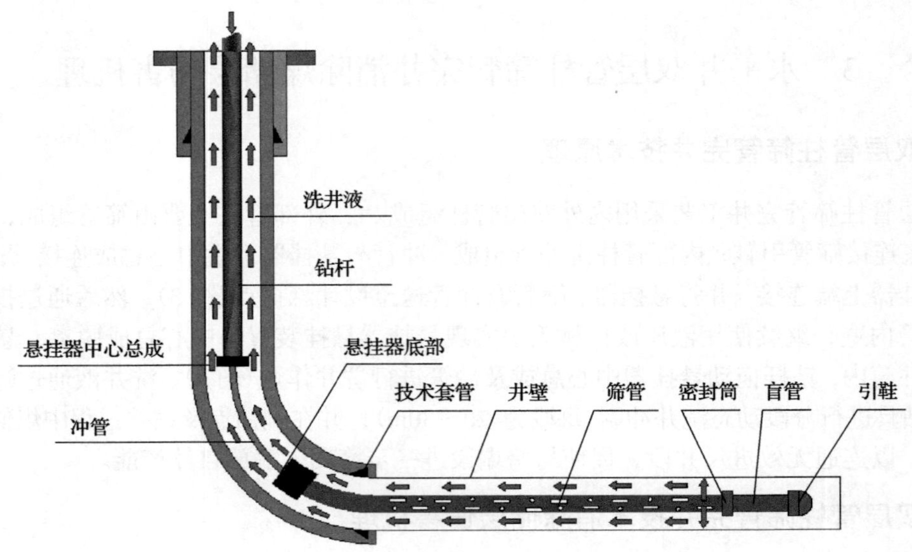

图 4　拖动洗井示意图

地带裂隙的煤粉。该工艺采洗井方法是：外部筛管与悬挂器上总成脱离，冲管与悬挂器下总成连接，再与上部钻杆连接，洗井液通过钻杆、悬挂器下总成、冲管与喷射头，将破胶完井液输送到指定的水平井段，定点定时使钻井液破胶，达到破胶时间后，并可实现上下拖动钻具进行分段变排量洗井，在侧钻点及钻井过程中煤储层垮塌严重处进行定位洗井。破胶时间可以调整到 4～5h，也可以增加破胶剂加量，进一步缩短破胶时间，黏度从 6mPa·s 下降到 1mPa·s。通过变排量与变压力洗井过程，还可进一步疏通近井地带原始微裂隙，深度消除钻完井液对煤储层的伤害。随着地层流体不断采出，筛管内部会沉积一定量的煤粉、煤泥，将影响井筒排水采气，冲洗管柱系统还可以进行重入，重新冲洗井壁与井筒，也可以进行二次完井改造，进一步提高产量，达到重复改造增产的目的。

4　水平井双层管柱筛管完井技术应用

水平井双层管柱筛管完井技术已在沁水盆地南部得到推广应用，首先在 3 号煤试验成功，逐步推广到 15 号煤层，15 号煤层气日平均产量为 10000～12000m^3，其中一口井最高日产量已经超过 40000m^3，近两年累计产量已超过 1600 万 m^3(图 5)。截至 2020 年 12 月 31 日，已先后推广应用 400 余口，相对于常规的多分支水平井及分段压裂水平井，水平井筛管完井的煤储层气稳定日产量、稳产周期均大幅提升，实现了沁水煤层气田 15 号煤层气开发的历史性突破。

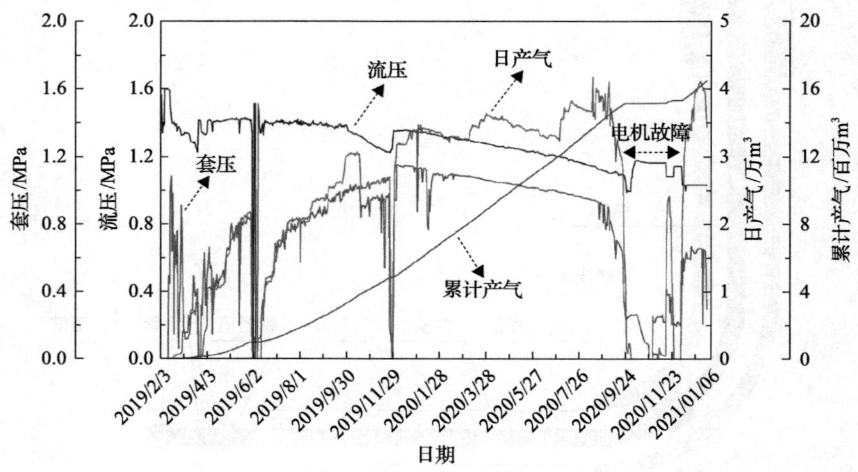

图 5　沁水盆地南部水平井筛管完井 15 号煤层气产量曲线图

5 结 论

针对煤层气水平井钻完井过程中煤储层伤害机理进行分析研究，采用煤粉膨胀评价实验，钻井液伤害实验揭示煤储层伤害机理。提出了水平井双层管柱筛管完井消除钻井液伤害的机理及技术，现场实践证明该项技术对消除钻井液伤害，提高单井产量具有重要意义。获得的主要结论如下：

(1)煤粉膨胀实验结果表明，蒸馏水对煤粉的膨胀率为2%～17.62%，平均为9.81%。1%的KCl溶液对煤粉的膨胀率为0.36%～1.7%，平均为1.03%。钻井液中加入1%的KCl会显著降低煤粉膨胀率。钻井液储层伤害实验结果表明，煤样在1.5h内渗透率下降较快，主要以动滤失为主，滤失过程中形成泥饼；2.0h后煤样渗透率基本保持稳定状态，煤样表面泥饼已形成，钻井液静滤失量明显低于动滤量。

(2)煤储层的原生煤粉与钻完井、增产改造产生的次生煤粉，会积堵塞煤岩内部微裂隙，降低煤储层渗透率与导流能力，影响煤储层气单井产量。

(3)煤储层气水平井双层管柱完井技术为煤储层气产出提供稳定通道，洗井技术能够有效消除钻井液对煤储层的伤害，有利于恢复煤储层的产能，提高单井产量。

(4)水平井双层管柱筛管完井技术已在沁水盆地南部得到推广应用，在15号煤层试验成功，相对于常规的多分支水平井及分段压裂水平井，水平井筛管完井的煤储层气稳定日产量、稳产周期均大幅提升，实现了历史性突破。

参 考 文 献

[1] 鲜保安, 高德利, 李安启, 等. 煤层气定向羽状水平井开采机理与应用分析[J]. 天然气工业, 2005, 25(1): 114-116.

[2] 张振华. 辽河盆地小龙湾地区煤储层气井钻井液技术探讨[J]. 特种油气藏, 2005, (5): 68-71, 108.

[3] 王兴隆. 煤储层气开发钻完井技术[C]//2008年煤储层气学术研讨会论文集. 北京: 地质出版社, 2008: 253-257.

[4] 秦建强, 刘小康. 煤储层气钻井中煤储层的保护措施[J]. 中国煤炭地质, 2008, (3): 67-68, 76.

[5] 许卫. 煤储层甲烷气勘探开发工艺技术进展[M]. 北京: 石油工业出版社, 2001.

[6] 孙斌, 赵庆波, 李五忠. 中国煤储层气资源及勘探策略[J]. 天然气地球科学, 1998, (6): 1-10.

[7] 周一帆, 王德利, 刘力. 煤储层气钻井对储层的伤害机理分析[J]. 煤, 2010, 19(7): 87-88, 92.

[8] 丛连铸, 汪永利, 梁利, 等. 水基压裂液对煤储层储气层伤害的室内研究[J]. 油田化学, 2002, (4): 334-336.

[9] Puri R, King G E, Palmer I D. Damage to coal permeability during hydraulic fracturing[C]//Low Permeability Reservoirs Symposium, Denver, 1991.

[10] 郑力会, 魏攀峰, 楼宣庆, 等. 氯化钾溶液浓度影响页岩气储层解吸能力室内实验[J]. 钻井液与完井液, 2016, 33(3): 117-122.

[11] 陈江峰. 储层伤害—煤储层气钻井应注意的问题[J]. 煤炭技术, 1998, (2): 18-19.

[12] 毕延森, 鲜保安, 张晓斌. 煤储层气水平井玻璃钢筛管完井工艺技术[J]. 煤炭科学技术, 2016, 44(5): 107-111.

沁水盆地东南部15#煤井排采产水来源分析

刘广景，陈彦丽，孔　鹏，胡　皓，魏康强，段　静，王小东，马歆宁

（中联煤层气有限责任公司煤层气研发中心，太原 030000）

摘要：生产过程中产水量高、液面下降困难、投产后上产慢、污水处理成本高是制约沁水盆地东南部 15#煤中煤层气资源大规模开发的重要因素。为了查明 15#煤井高产水的原因、找到高产水井的产水来源，笔者以中联煤层气有限责任公司柿庄北、柿庄南和潘河 3 个区块的 15#煤井为研究对象，收集、整理分析其生产数据、抽水实验资料、产水同位素资料、钻井取心和测井资料，对沁水盆地东南部 15#煤井的产水来源进行了分析研究，研究结果表明，15#煤井产水最初来源为大气降水，直接来源为其顶板 K_2 灰岩中的裂隙水。

关键词：沁水盆地；15#煤；水源分析

The water source identification of coal No.15 CBM wells in southeast Qinshui Basin

Liu Guangjing，Chen Yanli，Kong Peng，Hu Hao，Wei Kangqiang，Duan Jing，Wang Xiaodong，Ma Xinning

（The Reaserch Center，China United Coalbed Methane Coporation，Taiyuan 030000）

Abstract: The high water yield, the slow rate of liquid level decrease and production increase, the high cost of waste water treatment restrict the CBM development scale of coal No.15 in southeast Qinshui Basin. In order to find out the cause of high water yield of coal No.15 CBM wells and find the water source of high water yield wells, we take coal No.15 CBM wells of Shizhuang south block, Shizhuang north block and Panhe block as the study object, collect production data, isotope data, pumping experiment data, core drilling data, production data and conventional logging data resarch the water source of high-yield water wells. The study results show that the original source of CBM wells of coal No.15 is atmospheric precipitation, and its direct water source is the fissure water in the K2 limestone.

Keywords: Qinshui Basin；coal No.15；identification of water source

沁水盆地东南部 15#煤中煤层气资源储量丰富，而该煤层开发规模非常小，调查研究表明，排采过程中产水大、产气低、排采水处理成本高是导致该煤层煤层气资源难以大规模开发的主要原因。开发沁东南地区 15#煤中的煤层气资源必须找到治理 15#煤井高产水的措施，制订治理 15#煤井高产水的措施首先查明 15#煤井的产水来源已成为行业共识。

目前常见的判定煤层气水源的方法主要有两种[1-6]：一为运用构造分析、水文地质分析、煤层上下围岩岩性组合特征分析等手段，结合钻井资料、测井数据和排采资料，初步查明煤层气井排采过程中的供水层位；二为运用水地球化学的手段，通过分析煤层气井排采产水的矿化度、矿物组分、地层水类型及同位素特征研究煤层气井产水的最初来源和直接供水地层的岩性。第一种方法主要研究煤层附近地层的

基金项目：国家科技重大专项项目(2017ZX05064)“沁水盆地高煤阶煤层气高效开发示范工程”。

作者简介：刘广景(1987—)，工程师，目前从事煤层气地质研究工作。地址：山西省太原市综改示范区化北街中海油(山西)三气共采研发中心主楼，电话：18335698723，邮箱：liugj25@cnooc.com.cn。

含水性，不能排除大气降水及距煤层较远的含水层对煤层气井产水的影响，第二种方法主要分析排采产水的地球化学特征，不能确定煤层气井产水的直接供水层位。为了填补行业空白，弥补研究的不足，本次研究过程中笔者运用两种技术手段相结合的方式，通过生产数据及煤岩测试资料分析、抽水试验数据研究、测井解释、同位素鉴定、岩心鉴定等方法确定了15#煤煤层气井产水的最初来源和直接来源，实现了煤层气井产水来源从定性原因分析到定量供水层位确定之间的跨越。

1　研究区区域地质特征

沁水盆地为一发育在古生代克拉通基底上的复向斜构造(图1)，盆地东以太行山隆起为界，西至霍山隆起，南起中条山隆起，北到五台山隆起[7]。该盆地内部整体构造简单，地层产状较为平缓；石炭系和二叠系煤层较为发育，横向展布稳定，热演化程度高，含气性好，煤层气资源储量丰富。本次研究区位于沁水盆地东南部，是我国煤层气勘探开发的最早地区之一，也是我国目前煤层气勘探开发投入最大、最早实现商业性开发、研究程度最高的地区，该地区煤层气开采主要煤层为二叠系山西组3#煤和石炭系太原组15#煤。

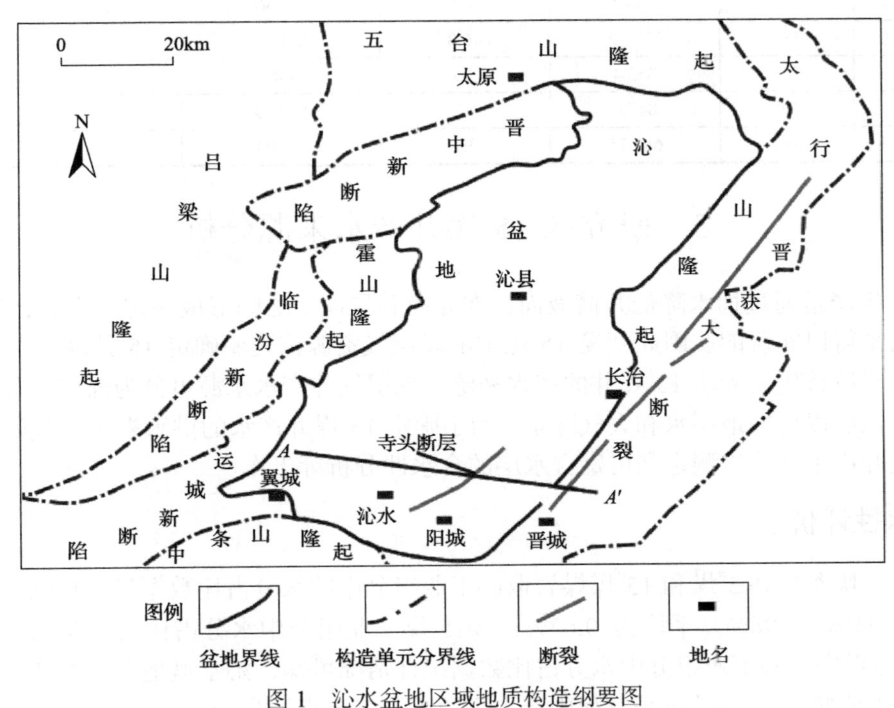

图1　沁水盆地区域地质构造纲要图

2　研究区15#煤井生产情况

研究区煤层气主采煤层是3#煤和15#煤，测试两个煤层的含气性表明同一口参数井15#煤含气量不低于3#煤，甚至部分参数井15#煤含气量高于3#煤(图2)。目前，3#煤的煤层气已经实现大规模商业性开发，而15#煤的煤层气开发规模非常小，15#煤煤层气开发井数不到3#煤井数的5%。

收集、整理沁水盆地东南部15#煤井的生产数据，表明15#煤井生产过程中产水普遍比较高、液面下降速度也较为缓慢；部分投产近9年的井目前日产水量仍然高达46.8m^3/d，其液柱高度高达100m以上，日产气量普遍较低(表1)。产水大、液面下降速度慢，制约了15#煤井的上产，且高产水井污水治理成本也相对较高，增加了煤层气开发成本。

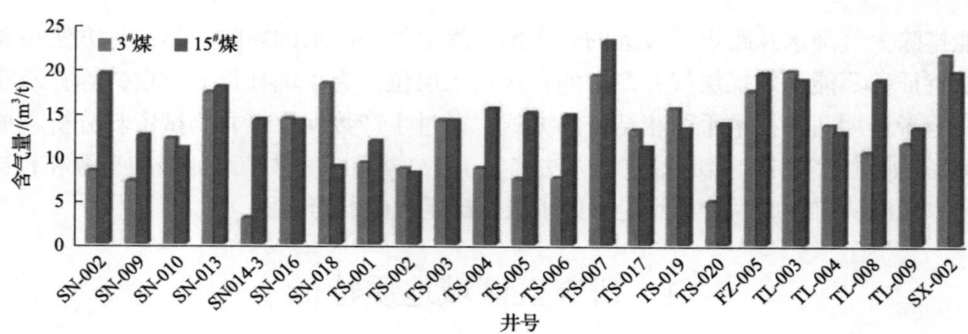

图 2　沁东南地区参数井主力煤层含气性对比图

表 1　沁东南地区柿庄南区块 15#煤井生产信息表

井号	投产日期	动液面/m	15#煤顶板/m	日产水量/m3	累计产水量/m3	日产气量/m3	累计产气量/m3
TS-07	2010.7.28	570	660	25.2	23828.26	528	1151354
TS-10	2011.5.25	460	646.1	17.1	26863.61	0	0
TS-62	2010.7.28	634	681.6	21.2	22239.4	0	79245
TS-63	2011.3.24	529	686.2	4.8	27936	264	10754
TS-03	2010.6.10	780	877.75	46.8	8213.5	0	149075
TS-04	2010.6.10	762	852.4	7.3	4448.4	96	53522
TS-18	2011.6.21	706	847.6	4.3	8104.4	600	1118136
TS-24	2010.6.25	542	687.75	3.1	13104	96	225719

3　研究区 15#煤井产水来源分析

煤层气井的生产是通过抽水降低井筒液面，在井筒和煤储层之间形成一定压力差，使甲烷气体逐渐从煤层中解吸出来得以实现的。因此开发 15#煤中的煤层气资源首先要确定 15#井高产水的治理对策，确定高产水的治理对策首先要弄清 15#煤井的产水来源。煤层气井产水来源可分为煤层水和外源水两大类，外源水又可分为煤层以外的地层水和大气降水。为了确定 15#煤井产水的供水来源，本文开展了煤层含水性分析、煤层气井产水同位素测定和可疑含水层的含水性分析等工作。

3.1　煤层含水性评价

统计柿庄北区块参数井 3#煤和 15#煤煤岩取心工业组分中的水分占比数据显示(图 3)：①研究区 3#煤工业组分比为 0.31%～0.98%，平均为 0.67%；②15#煤工业组分中水分占比为 0.36%～1.17%，平均为 0.70%。由参数井煤岩取心工业组分中水分占比数据统计情况可知，沁水盆地东南部 15#煤含水性略高于 3#煤，属于微含水范畴，15#煤井排采过程中产水来源不是来自煤层自身。

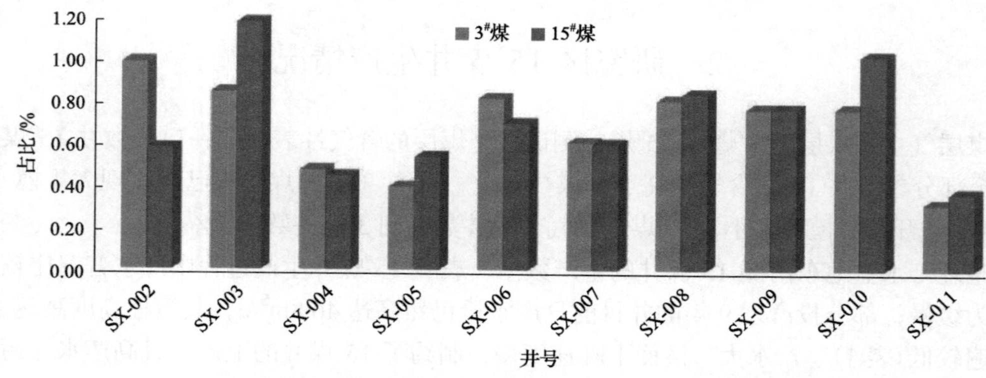

图 3　沁东南地区柿庄北区块煤层工业组分中水分占比柱状图

3.2 排采产水同位素分析

3.2.1 氢氧同位素特征分析

水文地质研究中水的同位素通常被称作水的"DNA"或"指纹"，研究地下水的同位素不仅可以探索地下水的成因，还可以判定地下水的来源、补给区的高程及地下水年龄[8,9]。$\delta^{18}O$-δD 同位素是水分子组成部分，在探索地层水来源过程中应用最为广泛[10]。

本次研究过程中收集 3#煤井排采产水 $\delta^{18}O$-δD 同位素数据 57 组，15#煤井排采产水 $\delta^{18}O$-δD 同位素数据 26 组。统计 $\delta^{18}O$-δD 同位素数据显示：①3#煤井产水中 $\delta^{18}O$ 值介于−11.4‰～−10.5‰，平均为−10.98‰；②15#煤井产水中 $\delta^{18}O$ 值介于−11.23‰～−10.20‰，平均−11.22‰；③3#煤井产水中 δD 值介于−82.9‰～−67.7‰，平均为−80.31‰；④15#煤井产水中 δD 值介于−85.5‰～−80.00‰，平均为−82.81‰。运用煤层气井排采产水中的 $\delta^{18}O$ 值和 δD 值做交会图(图 4)，发现研究区煤层气井排采产水中的 $\delta^{18}O$～δD 散点平行均匀地分布在晋城地区大气降水线下，表明研究区煤层气井产水最初来源于大气降水，煤层气井产水和大气降水之间有一定差距表明大气降水不能直接对煤层进行补给，其进入煤层之前经历了均匀的分馏作用。

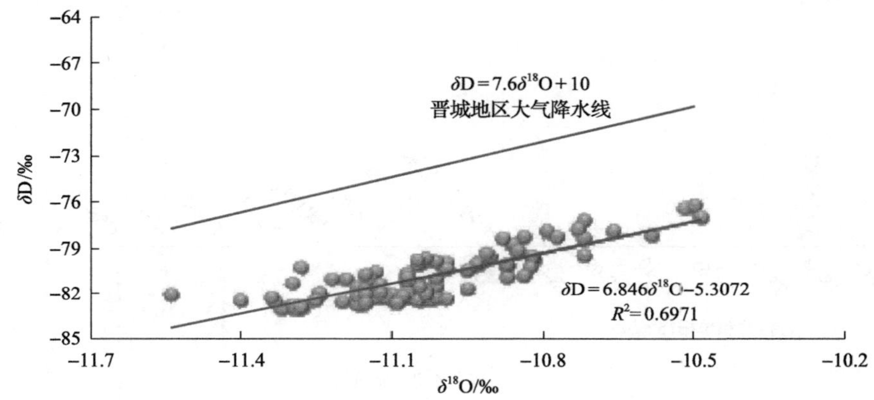

图 4 沁东南地区煤层气井排采产出水 δD-$\delta^{18}O$ 关系散点图

分别统计 3#煤井排采产水、15#煤井排采产水和地表水 $\delta^{18}O$-δD 值，将其投点至交会图(图 5)显示，3#煤井排采产水和地表水同位素性质更加接近，两者之间有着更好的同源性，即 3#煤比 15#煤开放性更好，更先接受大气降水的补给，大气降水的补给不能导致 15#煤井普遍高产水。因此，15#煤井排采产水主要来源于地层水。

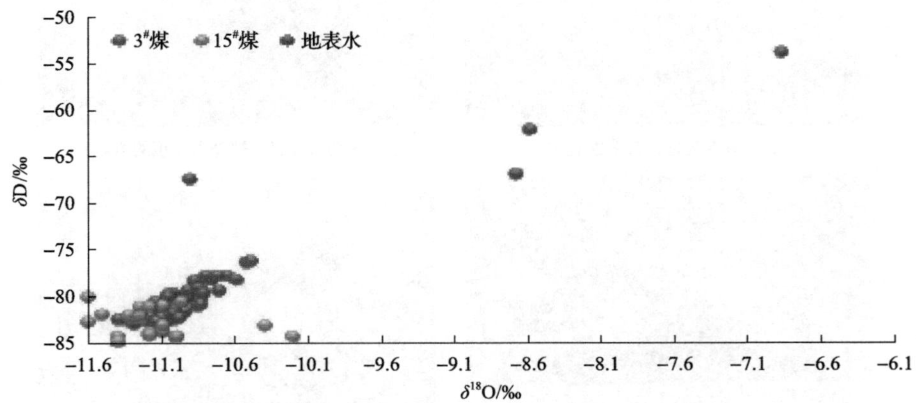

图 5 沁东南地区煤层气井排采产水及地表水 $\delta^{18}O$-δD 值散点图

3.2.2　碳同位素特征分析

为了判定 15#煤井直接供水层的岩性，本次研究引进了地层水碳的稳定同位素测定的手段。碳(C)是生命的基本组成元素，也是地球上分布最为广泛的元素之一；自然界中 C 有 ^{12}C、^{13}C、^{14}C 三种同位素，其中 ^{14}C 为放射性同位素，^{12}C、^{13}C 为稳定同位素[11]。地球上的水可分为海水和淡水两大类，海水中 99% 的 C 元素以 HCO_3^-，淡水中含碳组分主要为 HCO_3^-和 $H_2CO_3^-$。由于海水和淡水中 C 元素存在形式不同，两者和大气中 CO_2 的 C 同位素分馏情况也不同，分馏形式的不同造成海水比淡水更富集 ^{13}C。

碳酸盐岩中的 C 元素主要来源于原始海洋，相对富集 ^{13}C，地层水与碳酸盐岩发生水岩反应，会造成地层水中 ^{13}C 同位素相对富集；碎屑岩主要形成于陆相和海陆过渡相的淡水或半咸水沉积环境，其中 ^{13}C 同位素含量相对较低。研究区地表水、3#煤顶板水、上石盒子组含水层水、3#煤层气井排采产水、奥陶系灰岩水、15#煤层气井排采产水和合排井排采产水测试结果(图 6)：地表水、3#煤顶板水、上石盒子组含水层水、奥陶系灰岩水和 3#煤层气井排采产水 $\delta^{13}C$ 多为负值，15#煤层气井排采产水和合排井排采产水 $\delta^{13}C$ 均为正值。同位素测试特征表明，该区煤层气井产水主要源于封闭环境比较好的灰岩中，其来源和 3#煤井排采产水不同，该区 1 个奥陶系灰岩水样品 $\delta^{13}C$ 显负值可能与其遭受强烈溶蚀、开放性较好和大气降水联系较为密切有关[图 7(a)、(b)]。

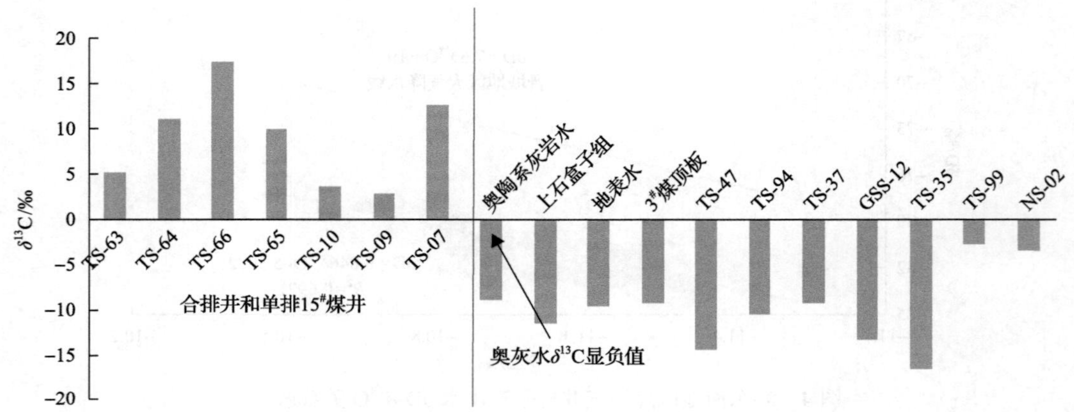

图 6　沁东南地区地层水 $\delta^{13}C$ 测试数据直方图

(a) 奥陶系灰岩，含溶蚀孔洞

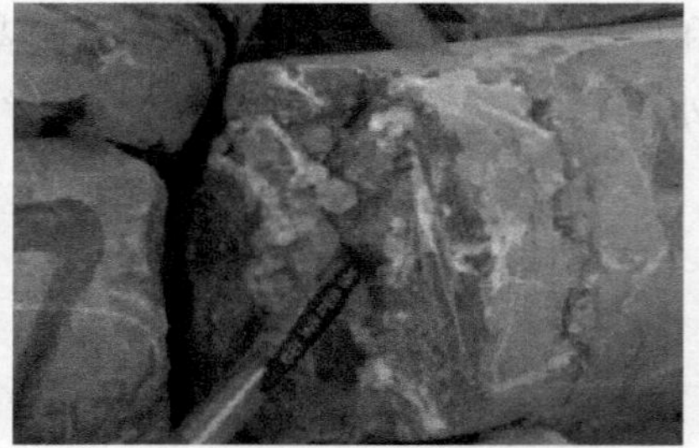

(b) 奥陶系灰岩，裂缝内充填的方解石

(c) 本溪组铝土质泥岩，含黄铁矿

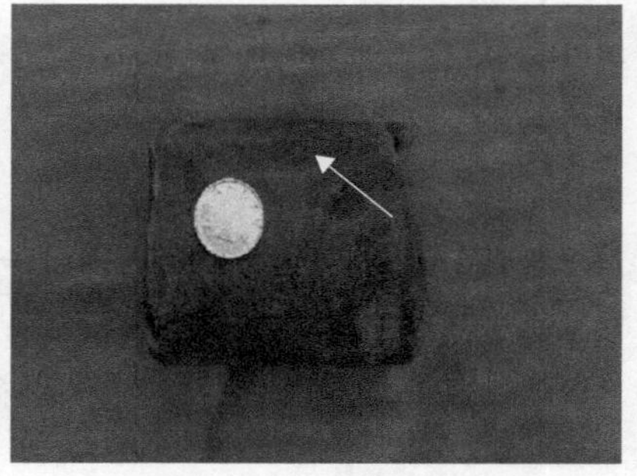

(d) 本溪组铝土质泥岩，含铁质结核(箭头处)

(e) K_2灰岩，高角度裂缝被方解石充填

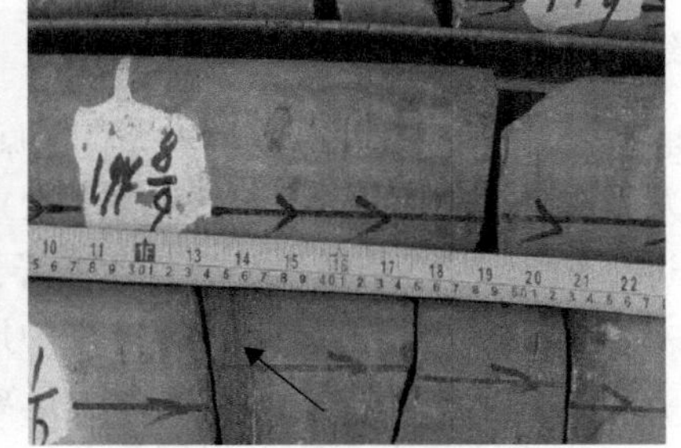

(f) K_2灰岩，含溶蚀性孔缝(箭头处)

图 7　沁东南地区煤层气井钻井取心照片

3.3　煤系地层含水性分析

同位素测定结果表明，15#煤井排采产水主要源于封闭性比较好的灰岩水，研究区与煤层气井钻井过程中揭露灰岩层主要有石炭系太原组的灰岩层和奥陶系的灰岩层。取心结果表明，该区奥陶系灰岩层和15#煤之间的层间距普遍在 30m 以上，且在太原组和奥陶系灰岩之间还发育一套本溪组，该套本溪组地层岩性主要为含黄铁矿的铝土质泥岩[图 7(c)、(d)]。本溪组泥岩在研究区内发育稳定、厚度大，是太原组地层和奥灰水之间良好的隔水层。即研究区内部奥陶系灰岩水一般不能对太原组进行垂向补给，不是 15#煤井排采过程中的产水来源，该结论与排采产水 ^{13}C 同位素测试结果一致。

3.3.1　煤系地层抽水试验

同位素测试结果显示，沁水盆地东南部 15#煤井产水来源于封闭条件比较好的灰岩水，而钻井取心资料表明，奥陶系灰岩水开放性较好、与大气降水连通性强、奥陶系与太原组之间发育有致密的泥岩隔水层；即奥陶系灰岩水不是 15#煤井排采过程中的产水来源，其产水来源应为太原组灰岩层中的地层水。收集研究区范围内水文钻孔 12 组抽水试验数据(表 2)，该区山西组抽水试验单位涌水量为 0.00007～0.0064L/(s·m)，平均为 0.016L/(s·m)；太原组抽水试验单位涌水量为 0.00026～1.29L/(s·m)，平均为 0.243L/(s·m)。即太原组单位涌水量是山西组的 15 倍，太原组含水性强，完全能够导致 15#煤井持续高产水。

表 2　沁东南地区煤系地层抽水试验数据统计表

孔号	抽水层位	连续/稳定时间/h	水位降深/m	涌水量/(L/s)	单位涌水量/[L/(s·m)]	渗透系数/(m/d)	影响半径/m
SX-01S	山西组	37/21	157.31	0.0109	0.00007	0.00042	32.09
SY-03	山西组	—	147.3	2.396	0.0163	1.81	—
1804	山西组	—	43.08	0.321	0.0075	0.0741	—
712	山西组	—	60.87	0.461	0.0076	0.0629	—
1109	山西组	—	165.35	0.09	0.0006	0.0019	—
SX-01S	太原组	36/29.5	22.15	0.0058	0.00026	0.00056	5.26
JS-1	太原组	—	5.72	2.03	0.35	—	—
JS-3	太原组	—	67.13	0.054	0.0008	—	—
JS-6	太原组	—	3.45	4.459	1.29	—	—
JS-7	太原组	—	61.22	0.577	0.009	—	—
JS-8	太原组	—	32.74	1.243	0.04	—	—
2001	太原组	—	20.52	0.027	0.013	—	—

3.3.2　太原组灰岩含水性分析

综上可知，沁水盆地东南部15#煤井产水主要源于太原组灰岩水，区域地质资料表明研究区内太原组发育5套灰岩。为判定煤层气井生产过程中的产水来源，本次研究中考虑了地层水进入煤层的通道条件，即地层水需要通过“快速通道”进入煤层，才能导致煤层气井生产过程中高产水。前人研究表明地层水进入煤层的通道主要有断层、陷落柱及压裂过程中形成的垂向压裂缝等[12-14]。

本次研究为了排除特殊构造的影响，选取了远离断层和陷落柱的30口井，运用微地震监测手段，监测压裂过程中缝高，监测结果表明该区煤层气井压裂施工过程中最大缝高为56m；若56m缝高均在煤层之上延伸，最多可沟通K_2、K_3和K_4三层灰岩，因此研究3层灰岩的含水性便可判定15#煤井生产过程中的产水来源。

K_2灰岩在沁水盆地东南部全区发育，该灰岩厚度为8～13m，平均为10m；K_2灰岩和15#煤距离最近，通常为15#煤直接顶板或与15#煤之间隔一层薄泥岩。钻井取心发现K_2灰岩裂缝和裂隙比较发育，部分岩心可见造溶蚀形成城的孔洞[图7(e)、(f)]。常规测井曲线上K_2灰岩表现为低伽马、高密度、高电阻率的特征，电阻率曲线有明显的锯齿状，表明该套灰岩含水性较强(图8)。

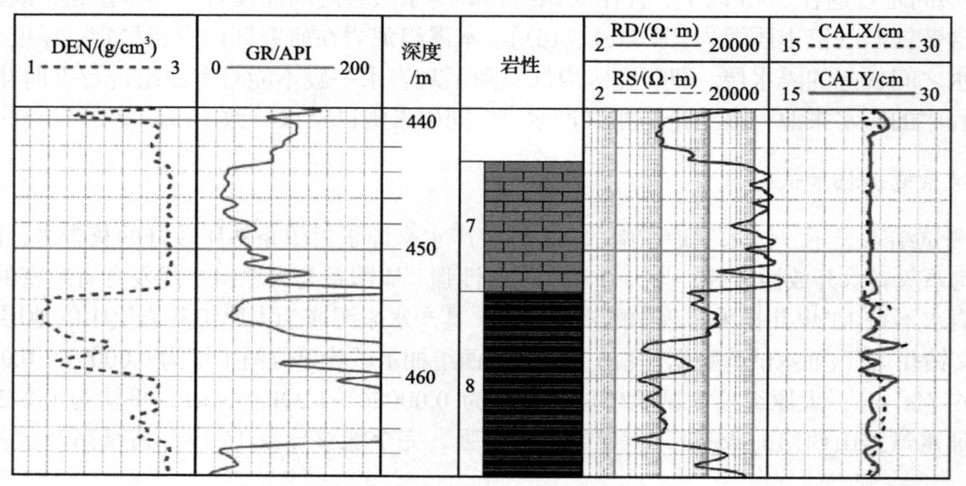

图8　沁东南地区某井K_2灰岩测井响应图

K_3灰岩在全区发育，厚度为3.6～7.55m，平均为5.68m；K_4灰岩在研究区内发育不稳定，其厚度为0～3.6m。测井曲线上这两层灰岩表现为低伽马、高电阻、高密度，K_3灰岩电阻率曲线偶见锯齿状，表明该灰岩微含水；K_4灰岩电阻率曲线平滑，表明其不含水或含水性较弱(图9)。

综上可知，K_2灰岩距15#煤最近、裂隙发育、含水性强是15#煤井排采过程中最主要的供水层；研究过程中选取的30口井中K_2灰岩裂隙较发育的井位24口，占比80%；K_3灰岩较裂隙发育的井为3口，占比10%；研究区56%的井中缺失K_4灰岩(图10)。

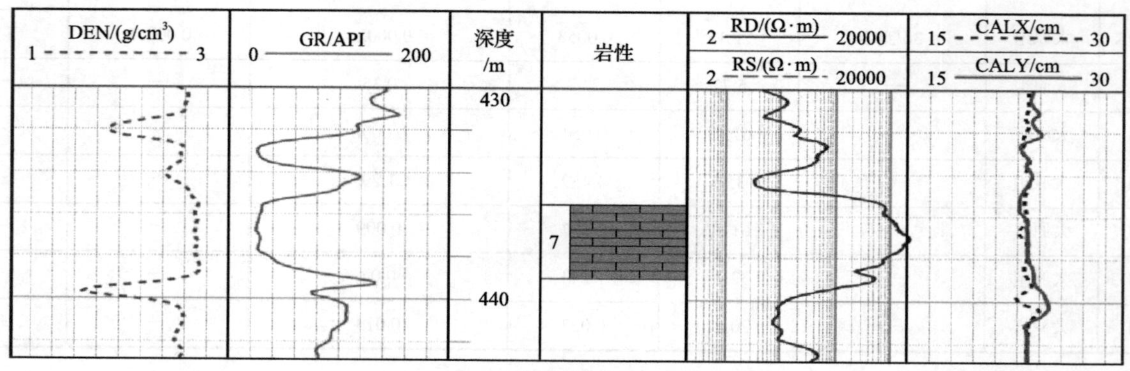

(a) K_3灰岩测井响应特征

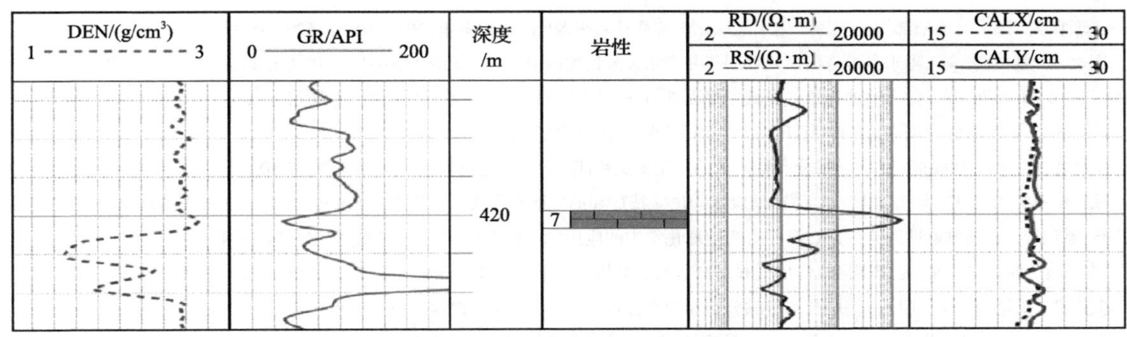

(b) K_4灰岩测井响应特征

图 9 沁东南地区某井 K_3 灰岩和 K_4 灰岩测井响应图

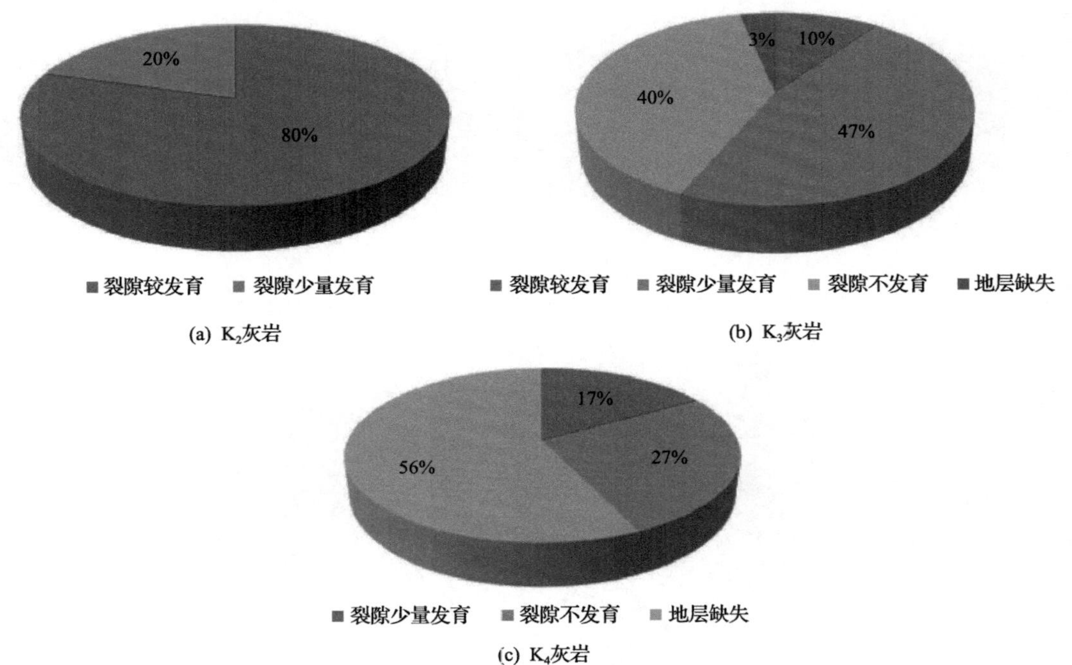

(a) K_2灰岩

(b) K_3灰岩

(c) K_4灰岩

图 10 沁东南地区 K_2 灰岩、K_3 灰岩及 K_4 灰岩裂隙发育情况统计

4 结 论

(1)沁水盆地东南部 15#煤井排采过程中产水量较大，工业组分显示该煤层含水量较低，煤层气井产水主要为煤层以外的外源水。

(2)$\delta^{18}O$-δD 同位素测试结果表明，15#煤井产水最初来源为大气降水，但大气降水没有直接对煤层进行补给，其进入煤层之前经历了较强的分馏作用。

(3)$\delta^{13}C$ 同位素测试结果表明，15#煤井产水直接来源为灰岩水，通过奥陶系灰岩水 $\delta^{13}C$ 测试、抽水试验、岩心鉴定、微地震监测、测井解释等手段最终判定 15#煤井产水直接来源为 K_2 灰岩中的裂隙水。

参考文献

[1] 朱学申, 梁建设, 柳迎红, 等. 煤层气井产水影响因素及类型研究——以沁水盆地柿庄南区块为例[J]. 天然气地球科学, 2017, 28(5): 755-760.

[2] 张兵. 寿阳地区煤层气井产水来源识别及有利区块预测[J]. 中国煤炭地质, 2016, 28(11): 67-73.

[3] 汤小燕, 李盼, 王成申. 煤层顶板出水量测井预测方法研究[J]. 煤炭技术, 2016, 35(12): 147-149.

[4] 郭晨, 秦勇, 夏玉成, 等. 基于氢、氧同位素的煤层气合排井产出水源判识——以黔西地区比德—三塘盆地上二叠统为例[J]. 石油学报, 2017, 38(5): 493-501.

[5] 卫明明, 琚宜文. 沁水盆地南部煤层气田产出水地球化学特征及其来源[J]. 煤炭学报, 2015, 40(3): 629-635.
[6] 王金, 康永尚, 姜杉钰, 等. 沁水盆地寿阳区块煤层气井产水差异性原因分析及有利区预测[J]. 天然气工业, 2016, 36(8): 52-59.
[7] 黄孝波, 赵佩, 董泽亮, 等. 沁水盆地煤层气成藏主控因素与成藏模式分析[J]. 天然气工业, 2014, 26(4): 12-17.
[8] 刘俊廷. 鄂尔多斯盆地地下水同位素特征[D]. 北京：中国地质大学(北京), 2015.
[9] 沈照理, 陈萍丽. 惠民凹陷油田水化学场分布特征与油气聚集关系[J]. 天然气地球科学, 2000, 11(6): 7-10.
[10] 蔡一国, 钱一雄, 刘光祥. 阿克库勒及其邻区地层水同位素特征和油气地质意义[J]. 天然气地球科学, 2005, 16(4): 503-506.
[11] 王旭晨, 戴民汉. 天然放射性碳同位素在海洋有机地球化学中的应用[J]. 地球科学进展, 2002, 17(3): 348-354.
[12] 李清, 赵兴龙, 谢先平, 等. 延川南区块煤层气井高产水成因分析及排采对策[J]. 石油钻探技术, 2013, 41(6): 95-99.
[13] 谢诗章,许浩, 汤达祯, 等. 煤层气储层产水量的分类和成因分析[J]. 煤田地质与勘探, 2016, 44(1): 47-50.
[14] 郭盛强. 成庄区块煤层气井产气特征及控制因素研究[J]. 煤田地质与勘探, 2013, 41(12): 100-104.

沁水盆地柿庄南区块煤层气藏储层动态评价研究

邓志宇[1]，闫欣璐[2]，刘羽欣[1]，张　杰[1]，张　迁[3]

（1. 中联煤层气有限责任公司研发中心，太原 030000；2. 太原理工大学，太原 030024；3. 中国地质大学（北京），北京 100083）

摘要：柿庄南区块长期以来受制于前期开发建产影响，低产低效问题突出，严重制约了储量动用及产量转化。目前研究区主力煤层已进入动态调整部署阶段，因此厘清储层关键参数动态变化规律是合理制定调整开发设计、提高单井产量，为区块的高效开发打下基础。本次研究在煤层气经典物质平衡方程的基础上，考虑了实际排采面积以及储层孔渗性的动态变化，建立了一种新的煤储层压降计算模型。以柿庄南区块典型煤层气井为研究对象，对煤层气井产能特征进行分类评价，并应用所建模型定量表征不同类型煤层气井的生产动态特征。研究成果对掌握研究区煤储层动态变化规律、优先突破选区及开展低效井治理选井等方面具有重要的指导意义。

关键词：柿庄南区块；煤储层；动态评价；调整开发

Research on dynamic evaluation of coalbed gas reservoir in Shizhuang south block, Qinshui Basin

Deng Zhiyu[1], Yan Xinlu[2], Liu Yuxin[1], Zhang Jie[1], Zhang Qian[3]

（1. Research and Development Center, China United Coalbed Methane Corporation Ltd., Taiyuan 030000; 2. Taiyuan University of Technology, Taiyuan 030024; 3. China University of Geosciences（Beijing）, Beijing 100083）

Abstract: Shizhuang south block is affected by the early development and production construction, thus the problem of low production and low efficiency has been prominent during the past decade, which seriously restricts the resource utilization and production transformation. At present, the main coal reservoir in the study area has entered the stage of dynamic adjustment and deployment. Therefore, clarifying the dynamic change law of key reservoir parameters is the basis for making reasonable development design, improving single well production, and promoting efficient development in the block. Based on the classical material balance equation of coalbed methane（CBM）, by considering the dynamic change of actual drainage area and reservoir permeability, a new calculation model of coal reservoir pressure drop is established. In this paper, taking the typical CBM wells as the research object, the productivity characteristics are classified and evaluated, and the established model is applied to quantitatively characterize the dynamic production characteristics of CBM wells in different types. The research results have important guiding significance for mastering the dynamic change law of coal reservoir in the study area, optimizing “sweet area” and carrying out low efficiency well selection and treatment.

Keywords: Shizhuang south block; coal reservoir; dynamic evaluation; optimization development

柿庄南区块作为沁水盆地重点区块，当前主力产层为山西组 3 号煤，地质及煤层气资源条件较好，但受制于前期开发建产影响，目前整体开发效果不佳，低产低效井普遍分布。该区 3 号煤为欠饱和储层，

基金项目：中国海洋石油集团有限公司重大科研专项“煤层气增储上产技术研究”（CNOOC-KJ135ZDXM40ZL01）。

作者简介：邓志宇（1988—），工程师，主要从事煤层气勘探开发方面的工作。地址：山西省太原市综改示范区科技创新城化章北街 5 号，电话：0351-2415355，邮箱：dengzhy4@cnooc.com.cn。

只有在储层压力降至临界解吸压力以下时煤层气才会逐渐解吸，煤层气生产井需经历长一定时间的排水降压阶段，因此开发过程中储层有效降压是煤层气上产的关键，开展储层动态特征评价对生产井调整部署、指导优化排采十分必要。

根据前人研究，储层平均压力的计算通常可以通过构建物质平衡方程，King(1993)依据煤层气特殊的产出机理，首先建立了煤层气物质平衡方程。近几十年来，国内外许多专家学者对煤储层物质平衡方程进行优化改进，比如胡素明和李相方(2010)在物质平衡方程中考虑了煤储层的自调节效应；Shi 等(2018)将地层水压缩性、溶解气和游离气等多种因素加以讨论，并与煤层气物质平衡方程相结合，可以实现预测单井控制储量等功能。前人通过增加物质平衡方程的考虑因素，大大提升了煤层气储层压力预测的准确度。然而，当前对储层压力的预测并没有和其他动态参数如排采半径、孔渗性等进行充分结合，并且也缺乏对柿庄南区块煤层气井产能特征进行精细地划分和评价。因此，为了准确分析不同类型煤层气井产能情况，厘定相应的生产动态特征，本文构建了一套适合柿庄南区块高煤阶煤层气井的生产动态预测模型，并选择典型井进行综合评价。

1　模型建立

由于煤层气特殊的富集和开发机理，其在孔隙中的渗流过程通常包括气相和水相两种相态，因此本文在建立压力预测模型时，首先需要建立不同相态的物质平衡方程。

煤层气在储层中的赋存形式主要包括吸附态、溶解态和游离态，由于溶解气所占比例较小，在计算过程中一般不考虑其对产气的贡献(Dan et al., 1993；孟召平等，2010)。基于此，地面状态下煤层气井的累计产气量可表示为(Ahmed et al., 2006)：

$$G_{\mathrm{p}} = Ah\rho\frac{V_{\mathrm{L}}P_{\mathrm{i}}}{P_{\mathrm{i}}+P_{\mathrm{L}}} - Ah\rho\frac{V_{\mathrm{L}}P}{P+P_{\mathrm{L}}} + \frac{Ah\phi_{\mathrm{fi}}(1-S_{\mathrm{wi}})}{B_{\mathrm{gi}}} - \frac{Ah\phi_{\mathrm{f}}(1-S_{\mathrm{w}})}{B_{\mathrm{g}}} \tag{1}$$

若不考虑顶底板含水层对煤层气井开发的影响，储层是一个相对封闭的保存条件，煤层水主要存在于煤层裂隙和孔隙中。在煤层气开发过程中储层条件发生动态变化，储层降压使地层压缩以及地层水弹性膨胀，因此水相的物质平衡方程可以表示为(Zhao et al., 2014)：

$$W_{\mathrm{p}}B_{\mathrm{w}} = Ah\phi_{\mathrm{fi}}S_{\mathrm{wi}} - Ah\phi_{\mathrm{f}}S_{\mathrm{w}} + Ah\phi_{\mathrm{fi}}S_{\mathrm{wi}}C_{\mathrm{w}}(P_{\mathrm{i}}-P) \tag{2}$$

在煤层气井生产过程中由于排水降压，压降漏斗逐渐向外扩展。如果将压降漏斗视为以井筒为轴心的圆柱，那么其范围逐渐向外扩展，则气体的解吸范围也随之增加(Tao et al., 2014)。因此可以将表征降压范围的圆柱底面范围定义为等效排采面积，计算公式可进一步表示为

$$\frac{G_{\mathrm{p}}}{W_{\mathrm{p}}B_{\mathrm{w}}} = \frac{\dfrac{\rho V_{\mathrm{L}}P_{\mathrm{i}}(P_{\mathrm{i}}P_{\mathrm{L}}-P_{\mathrm{L}}P)}{(P_{\mathrm{i}}+P_{\mathrm{L}})(P_{\mathrm{i}}P_{\mathrm{L}}+P_{\mathrm{i}}P)} + \dfrac{\phi_{\mathrm{fi}}(1-S_{\mathrm{wi}})}{B_{\mathrm{gi}}} - \dfrac{\phi_{\mathrm{f}}(1-S_{\mathrm{w}})}{B_{\mathrm{g}}}}{\phi_{\mathrm{fi}}S_{\mathrm{wi}}\left[1+C_{\mathrm{w}}(P_{\mathrm{i}}-P)\right]-\phi_{\mathrm{f}}S_{\mathrm{w}}} \tag{3}$$

式(1)～式(3)中，A 为等效排采面积，m^2；B_{gi} 为初始压力条件下气体体积系数，无量纲；B_{g} 为目前地层压力条件下气体体积系数，无量纲 B_{w} 为地层水体积系数，近似等于 1，无量纲；C_{w} 为地层水压缩系数，MPa^{-1}；G_{p} 为地表状态下的累计产气量，亿 m^3；W_{p} 为地表状态下的累计产水量，亿 m^3；h 为煤层厚度，m；P_{i} 为初始储层压力，MPa；P 为储层压力，MPa；P_{L} 为朗缪尔压力，MPa；ρ 为煤储层密度，$\mathrm{g/cm}^3$；S_{wi} 为初始含水饱和度，无量纲；S_{w} 为束缚水饱和度，无量纲；V_{L} 为朗缪尔体积，m^3/t；ϕ_{fi} 为地层初始孔隙度，无量纲；ϕ_{f} 为动态孔隙度，无量纲。

煤层气生产过程中储层孔隙是动态变化的。当煤层气尚未解吸时，煤储层只受有效应力效应的控制，煤层被压实，孔隙度减小；当储层压力降低至临界解吸压力以下时，气体从煤基质表面解吸，基质收缩效应会使孔隙度增加。基于此，煤储层动态孔隙度可以表示为(Shi and Durucan, 2004, 2005)：

$$\phi_{\mathrm{f}}=\begin{cases}\phi_{\mathrm{fi}}\left[1-C_{\mathrm{f}}(P_{\mathrm{i}}-P)\right], & G_{\mathrm{p}}=0\\ \phi_{\mathrm{fi}}\left[1-C_{\mathrm{f}}(P_{\mathrm{i}}-P)+\varepsilon_{\max}\left(\dfrac{P_{\mathrm{cd}}}{P_{\mathrm{L}}+P_{\mathrm{cd}}}-\dfrac{P}{P_{\mathrm{L}}+P}\right)\right], & G_{\mathrm{p}}\neq 0\end{cases} \tag{4}$$

式中，C_{f}为地层压缩系数，MPa^{-1}；$\varepsilon_{\max}$为朗缪尔最大体积应变，无量纲；P_{cd}为临界解吸压力，MPa。

综上所述，构建了煤层气开发过程中储层压力计算模型。该模型考虑了等效排采面积的动态变化，使储层压力计算结果为动态排采范围内的计算值。

2 地质概况

柿庄南区块位于沁水盆地南部，南侧为中条山隆起，东为太行山隆起。整体构造简单，为一向西北倾的斜坡，东南高、西北低，构造上以褶皱为主(图 1)。最大断层是其西北边界处呈北东向展布的寺头正断层，同时还伴生少量小型断层集中于北部地区，形成了以 NE 向和近 SN 向为主的多组断裂体系。

柿庄南区块地层自下而上主要有下古生界中奥陶统峰峰组、上古生界中石炭统本溪组、上石炭统太原组，下二叠统山西组和下石盒子组、上二叠统上石盒子组、石千峰组和新生界第四系。主力煤层为山西组 3 号和太原组 15 号煤层，全区分布且发育稳定，其中 3 号煤层是当前开发的主要产层。与条件相似邻区相比，当前整体开发效果欠佳，低产低效问题突出。根据整体生产实际，定义平均日产气量大于 $1000\mathrm{m}^3$ 的井为高产井，小于 $500\mathrm{m}^3$ 的井为低产井，介于两者之间的井为中产井。

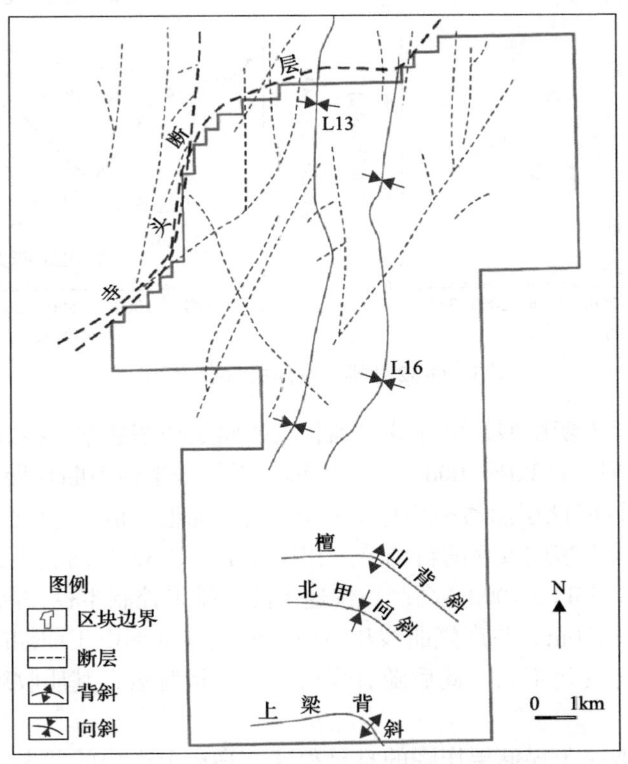

图 1 柿庄南区块位置构造纲要图

3 动态分析

选择不同产能特征的煤层气井为例，对其进行分类研究，并将排采数据代入所建立的生产动态模型中，评价产能特征与生产动态之间的耦合关系。

3.1 高产井

依据煤层气井的产能特征，高产井可以分为两种类型：一类是高产上产快的井如G-28井，其生产曲线如图2所示，排采一年内即可达到高产，之后保持较长时间的稳产期；另一类是达到高产慢，即前期保持中低产，当排采2～3年时间后才逐渐达到高产稳产的井，如G-32井，其排采曲线如图3所示。这两类井有着共同的产水特征，整体产水低且呈单峰形态。

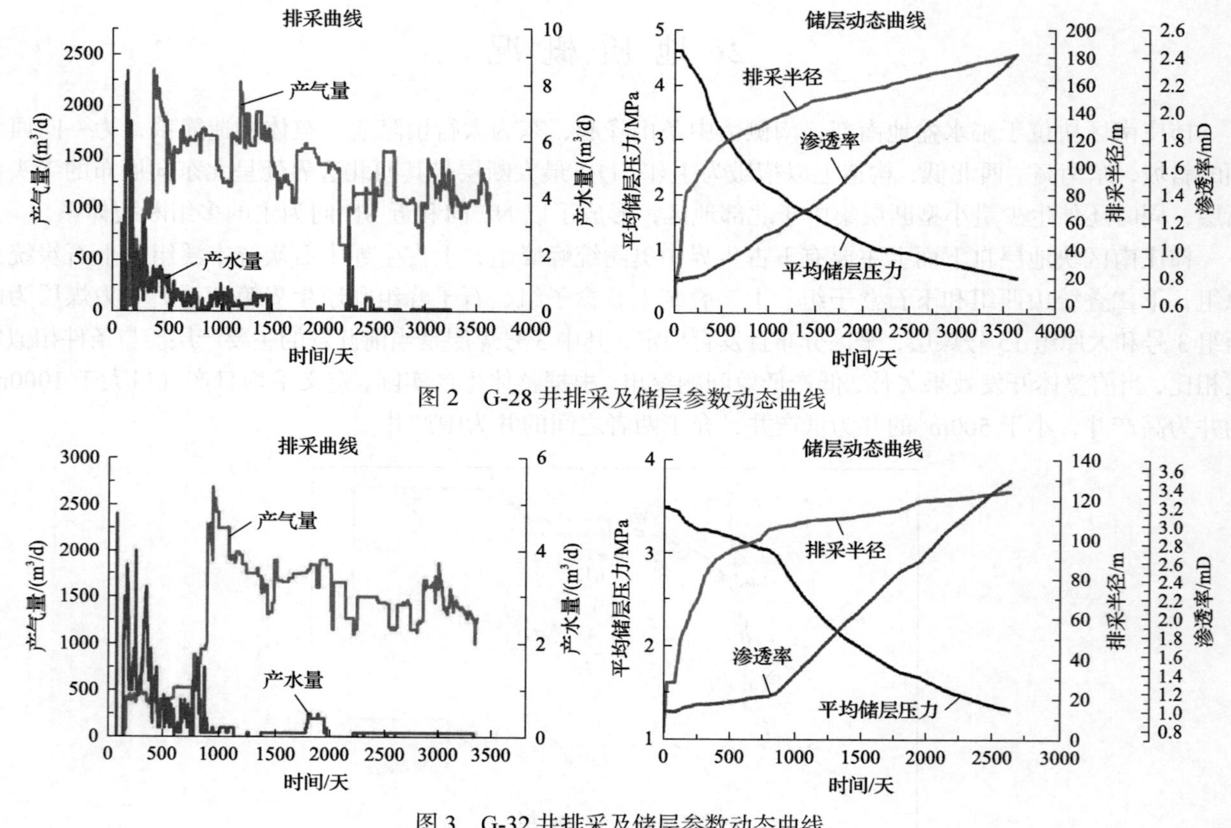

图2　G-28井排采及储层参数动态曲线

图3　G-32井排采及储层参数动态曲线

将两口井的生产数据代入新模型，可计算得到相应的储层动态数据。G-28井投产后储层压力平稳下降，压降幅度89%，平均压降118kPa/100d。产水持续使得排采半径不断延展，500天内即扩展至120m，此后继续平稳增至180m，同时储层渗透率趋势不断上升，增加近一倍。这是由于煤层气及早地大量解吸，有效应力对储层的伤害要弱于基质收缩的自调节。相比之下，G-32井储层压力曲线初期下降幅度较小，压降幅度为63%，平均压降75kPa/100d，高产后快速下降。排采控制半径在高产之前已扩展到100m，后期扩展受限，稳定至110～120m。与产气曲线相对应，储层渗透率由于前期的低产，受有效应力和基质收缩效应的共同影响，动态变化不大。此后随着煤层气的大量解吸，基质收缩效应对渗透率的影响远大于有效应力。

造成两者差异的关键取决于煤储层压降的难易程度。高产上产快的井由于改造效果较好，或本身储层渗透性好，因此在前期降压阶段地层水较易渗流到井筒并产出，而储层渗透性较差的井需要更经历更长时间排水降压期，因此达高产的时间要较长。

3.2　中产井

柿庄南区块的中产井大致可分为三种类型：第一类在经历较长时间的排采后可以达到中产，稳产期较长，如Z-24井(图4)；第二类井达到中产后产能下降迅速，稳产时间较短，如Z-29井(图5)；第三类井在生产周期内产气始终保持中低产，如Z-30井(图6)。第三类井主要于前期产水，但后期仍有间歇性产出。

同样代入模型分析三类中产井的生产动态特征。Z-24井储层压力可分为三个变化阶段，即产气前迅速下降，见气后至达到较高产气前压力稳定，稳产后压力持续下降。排采半径前期扩展迅速，稳产后扩展缓慢、持续，最远距离为115m。储层渗透率呈现先降后升的趋势，最低点时恢复到初始值的1.13倍。Z-29井储层压力曲线同样分为三个阶段，即生产初期和后期平均下降，400～1300天时为稳定阶段。排采半径扩展受限，最远至110m。渗透率呈现出先降低后上升的动态变化趋势，最低降至初始值的80%，后恢复至94%。Z-30井压降曲线平稳，排采半径前期迅速扩展至50m后缓慢延伸，最大为115m。储层渗透率同样为先降低后上升，最终恢复至初始值的96%。

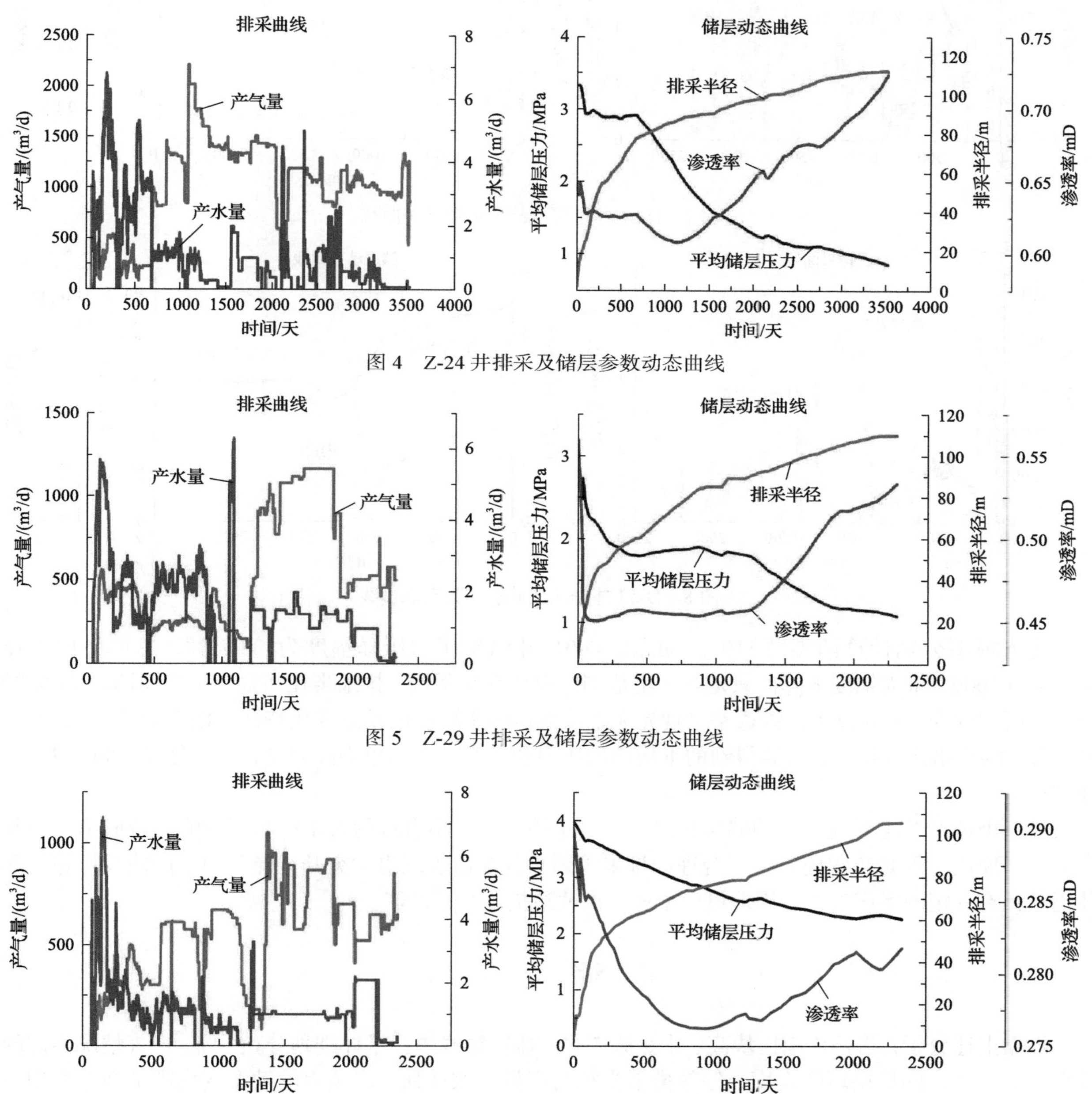

图4　Z-24井排采及储层参数动态曲线

图5　Z-29井排采及储层参数动态曲线

图6　Z-30井排采及储层参数动态曲线

对比分析这三类井的产能差异及生产动态特征，中产井的排采半径比高产井的明显减小，表明有限的排采范围是造成产能低的原因之一。渗透率都呈反弹型，表明前期渗透率下降阶段应当合理调控排采制度，防止发生气锁、水锁等抑制煤层气井产能释放。

3.3 低产井

依据产能特征柿庄南低产井可划分两种类型：第一类产气量低，生产周期内未达到高产，整体产水高且为多峰形态(图 7)；第二类低产井，可达高产但高产期很短，产气波动幅度大，总体产水也不规律，呈多峰形态(图 8)。

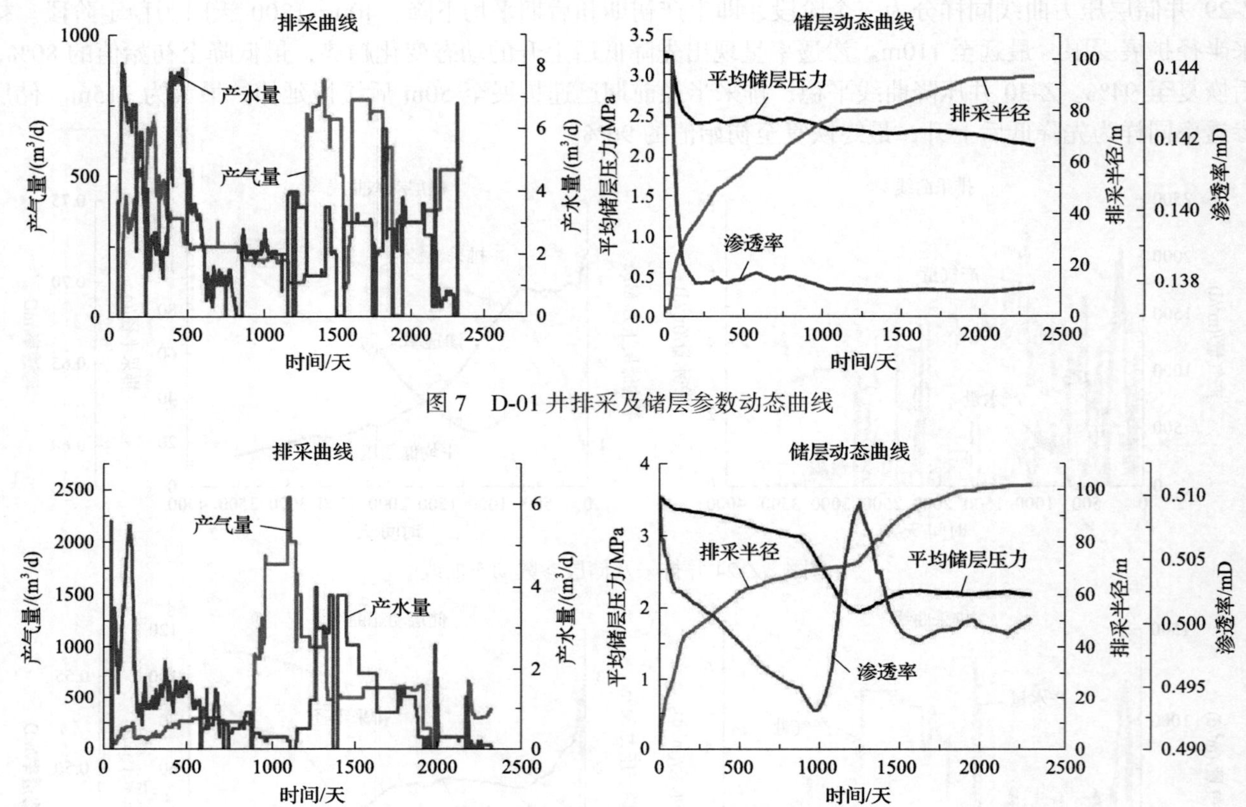

图 7　D-01 井排采及储层参数动态曲线

图 8　D-57 井排采及储层参数动态曲线

代入模型分别计算两类井的生产动态。D-01 井储层压力压降幅度为 33.75%，总体平均压降为 46.16kPa/100d，未大幅度下降而只是在一定范围内保持平稳降低。排采半径在整个生产周期内持续增加，但扩展范围仅在 100m 以内，渗透率呈现先大幅降低后缓慢降低的动态变化特征。由于 D-57 井具有“突增突降”的产水产气特点，计算得到的平均储层压力和动态渗透率也为波动型，排采范围 100m 以内，同样较小。

第一类低产井主要受较差的储层物性、外来水的入侵或不合理的人工影响等影响。造成第二类井低产的主要原因主要是工程施工、不合理的排采等因素，多数表现出“突升突降”的生产曲线形态。此类井仍然具有一定的增产潜力，因此可以采取二次改造措施盘活产能。

4　综 合 评 价

根据上述分析，将柿庄南区块高、中、低产井产能特征峰进行了详细划分(表 1)。产气情况不同的各类型井，反演出的储层压降程度、等效排采半径与产量一致性强，渗透率的动态变化则呈现上升型—反弹型—下降型—波动型的转变特征(Chen et al., 2015)。具体来讲，高产井的平均储层压力呈快速下降型，渗透率呈上升的趋势，此类定义为Ⅰ类井；中产井由于上产较慢，在等效排采面积不断向远方延伸的阶段，平均储层压降幅度小，当传播至生产边界时压力将再次持续下降，因此压力属中期稳定型，渗透率为反弹型，此类定义为Ⅱ类井；对于低产井，排采范围较小，产气量低，储层压力属缓慢下降型，占据主导的为有效应力效应，因此渗透率呈下降型，此类定义为Ⅲ类井；另外，还有一部分低产井因受工程等因素影响，使渗透率和储层压力均呈波动型特征，此类定义为Ⅳ类井。

表 1 煤层气井产能类型划分

生产井类型		产气特征	排水特征	分析	典型井
高产井	Ⅰ	上产时间快(500 天内)，后期持续高产	整体产水低，呈单峰形态，即前期产水高，后期基本不产水	储层物性及初次改造效果好，是当前主要产气井	G-28 井
	Ⅱ	上产时间慢(500～1000 天)，上产后高产稳产	整体产水较低，呈单峰形态，前期产水下降相对较慢	初次改造效果好但储层含水较高，经过长期排水可达高产，潜力大	G-32 井
中产井	Ⅰ	上产时间慢(500～1000 天)，后期达到高产	整体产水较低，呈单峰形态，但前期产水下降较慢	初次改造效果好但储层含水较高，经过长期排水可达高产，潜力大	Z-24 井
	Ⅱ	上产时间慢，高产稳产期短，后期产气下降	总体产水低，后期仍存在间歇性产水	工程等因素导致产能降低，二次改造有潜力井	Z-29 井
	Ⅲ	生产周期内未达到高产，保持中产稳定	整体产水偏高，呈多峰形态或生产周期内产水稳定偏高	储层物性或改造效果较差，导致多峰型产水，抑制产气	Z-30 井
低产井	Ⅰ	生产周期内产气量较低，未达到高产	整体产水较高，产水呈多峰形态	较差的煤储层物性、不合理的人工措施或外来水侵入	D-01 井
	Ⅱ	产气偶尔达到高产，但不稳定，具有波动性	整体产水低，呈多峰形态，不规律	工程等因素造成生产存在问题，需进行二次改造	D-57 井

对柿庄南区块煤层气生产井按照上述原则划分动态类型(图 9)：Ⅲ型井为低产井，在全区分布最广；Ⅰ、Ⅱ型井是当前的主产气井，主要位于区块中部；Ⅳ型井主要为问题井，后期需进一步改造。

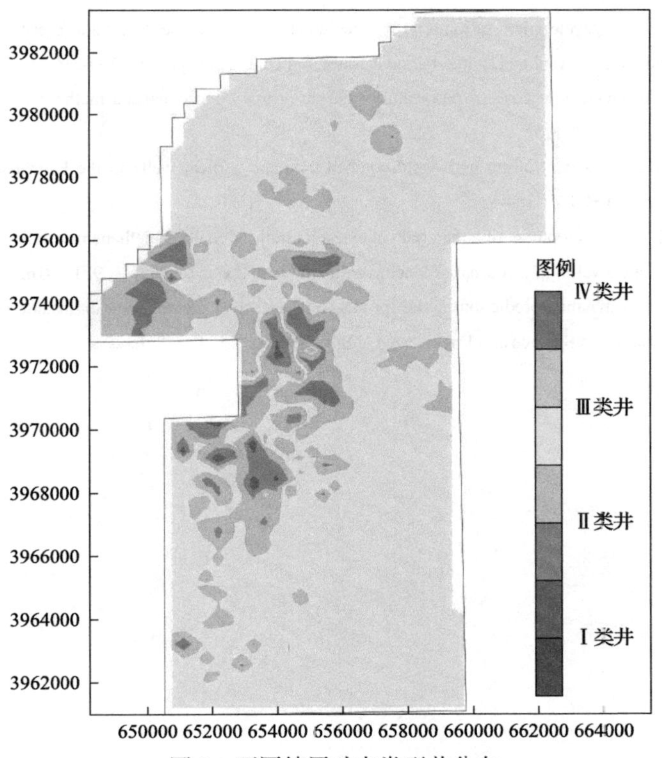

图 9 不同储层动态类型井分布

5 结　论

本文以柿庄南区块煤层气井为研究对象，以储层压力、储层渗透率、排采半径等动态特征为研究基础，通过进行定量表征和归类分析，取得如下研究成果：

(1)基于对煤层气井生产过程中气相、水相物质平衡方程的优化，建立了考虑等效排采面积的煤储层压力计算模型，并结合动态渗透率公式，进一步预测生产井动态特征。

(2)依据煤层气井产能特征，将柿庄南区块的高、中、低产气井进行详细划分，将其排采数据代入所建的模型中预测生产动态特征，计算结果表明产能特征与生产动态具有良好的对应关系。

(3)将不同产能类型的煤层气井依据生产动态特征进一步归类，按照储层压力动态类型可分为快速下降型、中期稳定型、缓慢下降型和波动型四类，分别对应渗透率的上升型、反弹型、下降型和波动型。这对下一步调整井区的优选具有指导意义。

参 考 文 献

胡素明, 李相方. 2010. 考虑煤自调节效应的煤层气藏物质平衡方程[J]. 天然气勘探与开发, 33(1): 38-41, 95.

孟召平, 田永东, 李国富. 2010. 煤层气开发地质学理论与方法. 北京: 科学出版社.

Ahmed T H, Centilmen A, Roux B P. 2006. A Generalized material balance equation for coalbed methane reservoirs[C]//SPE Annual Technical Conference and Exhibition, San Antonio, 2006.

Chen Y X, Liu D M, Yao Y B, et al. 2015. Dynamic permeability change during coalbed methane production and its controlling factors[J]. Journal of Natural Gas Science and Engineering, 25: 335-346.

Dan Y, Seidle J P, Hanson W B. 1993. Gas sorption on coal and measurement of gas content[J]. AAPG Studies in Geology, 38: 203-218.

King G R. 1993. Material balance techniques for coal seam and Devonian shale gas reservoir with limited water influx[J]. SPE Reservoir Engineering, 2: 67-72.

Shi J Q, Durucan S. 2004. Drawdown induced changes in permeability of coalbeds: A new interpretation of the reservoir response to primary recovery[J]. Transport in Porous Media, 56(1): 1-16.

Shi J T, Chang Y C, Wu S G, et al. 2018. Development of material balance equations for coalbed methane reservoirs considering dewatering process, gas solubility, pore compressibility and matrix shrinkage[J]. International Journal of Coal Geology, 195: 200-216.

Shi J Q, Durucan S. 2005. A model for changes in coalbed permeability during primary and enhanced methane recovery[J]. SPE Reservoir Evaluation & Engineering, 8 (4): 291-299.

Tao S, Tang D Z, Xu H, et al. 2014. Factors controlling high-yield coalbed methane vertical wells in the Fanzhuang Block, Southern Qinshui Basin[J]. International Journal of Coal Geology, 134-135: 38-45.

Thararoop P, Karpyn Z T, Ertekin T. 2015. Development of a material balance equation for coalbed methane reservoirs accounting for the presence of water in the coal matrix and coal shrinkage and swelling[J]. Journal of Unconventional Oil and Gas Resources, 9: 153-162.

Zhao J L, Tang D Z, Xu H, et al. 2014. A dynamic prediction model for gas-water effective permeability in unsaturated coalbed methane reservoir based on production data[J]. Journal of Natural Gas Science and Engineering, 21: 496-506.

沁水盆地高煤阶煤气井压降扩展规律研究及应用

吴浩宇[1]，张先敏[2]，董美君[3]，樊　彬[4]，杨爱英[1]

（1. 中石油华北油田公司勘探开发研究院，任丘 062550；2. 非常规油气开发教育部重点实验室(中国石油大学(华东))，青岛 266580；3. 中石油华北油田公司苏里格勘探开发分公司，鄂尔多斯 017000；4. 中石油华北油田公司山西煤层气勘探开发分公司，晋城 048000）

摘要：我国沁水盆地高煤阶煤层气井普遍存在单井产能低、开发效益差等问题，主要原因有两点：一是现阶段绝大部分煤岩渗透率实验以及数学模型中并未充分考虑到因排采制度的不同导致的煤储层渗透率动态变化的差异；二是对于排采过程中煤储层压力扩展规律主要还停留在定性认识上，缺乏定量化研究。为了更加直观地剖析沁水盆地高煤阶煤层气井压降扩展规律，选取沁水盆地郑庄、樊庄等区块高煤阶储层为研究对象，综合考虑因排采降压差异导致的储层渗透率动态变化这一特征，构建了适用于高煤阶煤储层的气-水两相流动数学模型，结合现场实际排采资料，分别对单相产水阶段、气水同产阶段的压降扩展规律进行了定量化分析，从而厘清了沁水盆地高煤阶煤层气井实际压降扩展规律，并对现场实际单井排采制度进行了优化。结果表明：在压降扩展规律定量化研究上，定量指标直观地反映出各阶段压降扩展的变化过程，存在最优排采管控制度，并基于定量化压降扩展规律确定了影响储层压降扩展的六大主控因素，拟合得到了最优产气降速预测公式，从而对沁水盆地实际井的排采制度进行了指导与规划。

关键词：沁水盆地；高煤阶煤储层；渗透率动态变化差异；定量化压降规律；最优产气降压速度

Research on pressure drop expansion law and application of high rank coalbed methane wells in Qinshui Basin

Wu Haoyu[1], Zhang Xianmin[2], Dong Meijun[3], Fan Bin[4], Yang Aiying[1]

（1. Research Institute of Petroleum Exploration and Development, PetroChina Huabei Oilfield Company, Renqiu 062550; 2. Key Laboratory of Unconventional Oil & Gas Development（China University of Petroleum（East China）), Ministry of Education, Qingdao 266580; 3. Sulige Exploration and Development Branch, PetroChina Huabei Oilfield Company, Ordos 017000; 4. Shanxi CBM Exploration and Development Branch, PetroChina Huabei Oilfield Company, Jincheng 048000）

Abstract: There are many problems in high-rank coalbed methane wells in Qinshui Basin, such as low productivity of single well and poor development benefit. There are two main reasons. Firstly, the dynamic changes of coal reservoir permeability caused by different drainage systems are not fully considered in most coal permeability experiments and mathematical models at this stage. Secondly, most of the coal permeability experiments and mathematical models do not fully consider the difference of dynamic variation of coal reservoir permeability caused by different drainage systems. In order to more intuitively analyze the pressure drop expansion law of high rank coalbed methane wells in Qinshui Basin, the high rank coal samples of Zhengzhuang and Fanzhuang blocks in Qinshui Basin are selected as the research objects. Considering the permeability dynamic change characteristics of high-rang coal, a comprehensive mathematical model describing gas-water two-phase flow in high-rank coal reservoir is established. Combined with the field drainage data, the pressure drop expansion law of single-phase water production stage and

---

基金项目：NSFC-山西煤基低碳联合基金培育项目(U1810105)；国家自然科学基金青年科学基金项目(11302265)；中央高校基本科研业务费专项(18CX02105A)。

作者简介：吴浩宇(1993—)，助理工程师，从事煤层气开发地质研究。地址：河北省任丘市建设中路1号，邮箱：13396428165@163.com。

通讯作者：张先敏(1980—)，副教授，研究方向为非常规油气藏工程理论与高效开发技术。地址：山东省青岛市黄岛区长江西路66号，邮箱：spemin@126.com。

gas-water production stage is quantitatively analyzed, thus the actual pressure drop expension law of high-rank coalbed methane wells in Qinshui Basin is clarified, and the actual single well drainage system is optimized. In the quantitative research on the law of pressure drop expansion, the quantitative index intuitively reflects the change process of pressure drop expansion in each stage, and there is the optimal control degree of drainage and production pipe. Based on the quantitative analysis of pressure drop expansion law, six main controlling factors affecting reservoir pressure drop expansion are determined, and the optimal gas production deceleration prediction formula is fitted, which guides and plans the drainage and production system of actual wells in Qinshui Basin.

Keywords: Qinshui Basin; high-rank coal reservoir; permeability dynamic variation difference; quantitative pressure drop law; maximum gas depressurization rate

我国沁水盆地高煤阶煤储层具有微孔发育、吸附能力强、含气量高等特点[1]，但由于排采过程中，大量地层水产出引起煤层应力持续变化[2,3]，煤体结构发生塑性形变，伴随着基质收缩、气体滑脱效应的综合影响，使得储层渗透率变化极为复杂。而储层渗透率很大程度上决定了煤层气的运移及产出，特别是当排采制度控制不合理时[4-6]，煤储层往往会产生严重的应力敏感效应，导致储层渗透率大幅度降低，最终严重影响气体的产出，因此，对沁水盆地高煤阶煤层气井的压降扩展规律进行定量分析，从而制定出一套合理的排采制度，是降低排采风险、提高产量的有效途径。

目前，国内外学者对煤储层压降规律开展了大量的研究。刘保民[7]结合沁水盆地南部的煤储层特征，分析了影响储层压降扩展的主控因素，并综合描述了不同地质条件下煤储层压降扩展规律。李瑞[8]分析了煤层气排采过程中储层裂隙系统及煤基质内压降传递过程，并总结得出储层压降在时间与空间上的变化规律。杜严飞等[9]分析了开放式、封闭式控制边界条件下，煤层气井定压、定产排采过程中压降扩展规律。Karacan[10]、倪小明等[11]、冯其红等[12]利用连续流动方程、物质平衡方程构建了排采各阶段的数学模型，结合现场数据，模拟得到了煤层气井不同阶段的排采制度。许小凯[13]开展了高煤阶储层压降扩展模拟工作，认为当井底压力降至某一水平时，排采方式改为定流压生产有利于增大压降漏斗的波及范围，从而提高产量。张晓阳[14]等结合非稳态气水相渗实验，构建了不同围压条件下的气水相渗曲线分形拟合模型，提出了各阶段的排采制度制定方法。但上述研究均未再考虑实际排采过程中不同排采制度导致的煤储层渗透率动态变化差异。

因此，结合不同降压梯度下的高煤阶煤岩渗透率动态变化规律，构建了沁水盆地高煤阶储层气水两相流动数学模型，定量表征了高煤阶煤层气井的压降扩展规律，从而确定了影响其压降扩展规律的六大主控因素，对指导现场煤层气生产具有一定的指导意义。

1 气-水流动数学模型构建及求解

1.1 模型假设

(1)煤储层为基质、裂缝系统组成的双孔单渗介质，具有各向异性。

(2)煤储层在原始状态下被水完全饱和，不含溶解气、游离气，且气体在基质内以吸附态赋存[15]。

(3)游离气为真实气体，水为微可压缩介质。

(4)气体在裂缝中的运移方式包括渗流、扩散，水则以渗流的方式在裂缝中运移，流体的渗流、扩散分别遵从达西定律和菲克第一定律，并考虑重力及毛细管力的影响。

(5)煤层气的解吸、渗流及扩散过程均为等温过程。

1.2 模型建立

根据连续性方程、达西定律等，构建煤储层裂隙系统中气相、水相渗流方程如下：

$$\nabla \cdot \left[\frac{K_f K_{rg}}{B_g \mu_g} \nabla (P_{fg} - \gamma_g H) + D_f \nabla \left(\frac{S_{fg}}{B_g} \right) \right] + q_m - q_g = \frac{\partial}{\partial t} \left(\frac{\phi_f S_{fg}}{B_g} \right) \tag{1}$$

$$\nabla \cdot \left[\frac{K_f K_{rw}}{B_w \mu_w} \nabla (P_{fw} - \gamma_w H) \right] - q_w = \frac{\partial}{\partial t} \left(\frac{\phi_f S_{fw}}{B_w} \right) \tag{2}$$

式中，K_{rg}、K_{rw}分别为气相、水相相对渗透率；K_f为裂缝渗透率，$10^{-3}\mu m^2$；B_g、B_w分别为气相、水相体积系数；P_{fg}、P_{fw}为裂隙系统中气相、水相压力，MPa；μ_g、μ_w分别为气相、水相黏度，mPa·s；γ_g、γ_w分别为气相和水相的重度，N/m^3；D_f为裂隙气体扩散系数；q_m为单位体积基质表面解吸气扩散入裂隙系统的速率，$m^3/(m^3 \cdot d)$；q_g、q_w分别为井点位置处网格单位体积的产气量和产水量；S_{fg}、S_{fw}分别为裂隙含气饱和度和含水饱和度。

由于煤层气解吸与吸附过程可视为互逆过程，因此，利用朗缪尔等温吸附方程进行描述。

$$V_e(P) = \frac{V_L P}{P_L + P} \tag{3}$$

式中，V_e为单位体积煤的气体吸附量，m^3/t；V_L为朗缪尔体积，m^3/t；P为气体压力，MPa；P_L为朗缪尔压力，MPa。

在煤储层中，气体从基质向裂隙扩散符合菲克定律，气体解吸速度与基质内表面气体浓度及平均浓度差成正比[16]，可表示为

$$\frac{\partial V_m}{\partial t} = -\frac{1}{\tau} \left[V_m - V_e(P_{fg}) \right] \tag{4}$$

$$q_m = -F_G \frac{\partial V_m}{\partial t} \tag{5}$$

式中，V_m为基质中吸附气平均含量，m^3/t；τ为吸附时间，$\tau = 1/(\delta \cdot D_m)$，其中$\delta$为形状因子，主要与基质单元形状和尺寸相关；$F_G$为几何相关因子。

在描述气相、水相在煤岩裂缝系统运移过程中，除了流动方程外，考虑裂缝系统中的气、水毛细管力、饱和度方程来完善数学模型：

$$P_c = P_{fg} - P_{fw} \tag{6}$$

$$S_w + S_g = 1 \tag{7}$$

式中，P_c为毛细管压力，MPa；S_g、S_w分别为含气饱和度和含水饱和度。

给定初始时刻储层内压力分布、饱和度分布及气体含量分布：

$$P_{fg}|_{t=t_0} = P_I \tag{8}$$

$$S_w|_{t=t_0} = S_{Iw} \tag{9}$$

$$V_m|_{t=t_0} = V_{Iq} \tag{10}$$

式中，P_I为裂隙系统的初始压力，MPa；S_{Iw}为裂隙系统的初始含水饱和度；V_{Iq}为初始含气量，m^3/t。

对于储层外边界条件，一般取定压边界或封闭边界：

$$P_{fg}|_{\Gamma} = P_I \text{ 或 } \frac{\partial P_{fg}}{\partial n}|_{\Gamma} = 0 \tag{11}$$

对于储层内边界条件，一般为定井底流压条件：

$$P_{\mathrm{fg}}\big|_{x=x_{\mathrm{w}},y=y_{\mathrm{w}},z=z_{\mathrm{w}}}=P_{\mathrm{wf}}(t) \tag{12}$$

将井筒中流体的流动近似等同于拟稳态流动，井的产量计算式为

$$Q_{\mathrm{l}}=\mathrm{PID}\left(\frac{\lambda_{\mathrm{l}}}{B_{\mathrm{l}}}\right)(P-P_{\mathrm{wf}}) \tag{13}$$

式中，PID 为井的生产指数；λ_{l}为流度，$10^{-3}\mu\mathrm{m}^2/(\mathrm{Pa\cdot s})$；$P$–$P_{\mathrm{wf}}$为井所在网格块的生产压差，MPa。

模型中井的生产指数为

$$\mathrm{PID}=2\pi K_{\mathrm{f}}h\Big/\left(\ln\frac{r_{\mathrm{e}}}{r_{\mathrm{w}}}+S\right) \tag{14}$$

式中，r_{w}为气井半径，m；S为表皮系数，无因次；r_{e}为网格供给半径，m；K_{f}为裂缝渗透率，$10^{-3}\mu\mathrm{m}^2$；h为煤层厚度，m。

对于煤层气直井，为了提高产能，一般采用水力压裂方式进行处理。但在排采过程中，因储层压力的降低，导致水力压裂裂缝趋向闭合状态，采用指数递减[17]对近井地带渗透率进行处理：

$$K=K_0\mathrm{e}^{-\lambda\Delta\sigma} \tag{15}$$

式中，K 为煤层渗透率，$10^{-3}\mu\mathrm{m}^2$；K_0为煤层初始渗透率，$10^{-3}\mu\mathrm{m}^2$；λ 为敏感系数，无量纲；$\Delta\sigma$ 为有效应力增加值，MPa^{-1}。

考虑实际生产中排采制度差异导致的煤储层渗透率动态变化，根据不同降压梯度下高煤阶煤岩渗透率动态变化规律，对煤储层渗透率动态随有效应力变化特征进行描述：

$$K=K_0\mathrm{e}^{-3\Delta\sigma\left[\frac{C_0}{\gamma\Delta\sigma}\left(1-\mathrm{e}^{-\gamma\Delta\sigma}\right)\right]} \tag{16}$$

式中，C_0为初始孔隙压缩系数，MPa^{-1}；γ为孔隙中流体压力随有效应力变化的衰减系数。

根据室内实验测得沁水盆地高煤阶煤的平均初始孔隙压缩系数 C_0 为 $0.13\mathrm{MPa}^{-1}$，平均孔隙流体压力衰减系数 γ 为 1.01。

1.3　模型求解

利用有限差分方法建立描述煤储层中气水两相运移规律的数值模型。在不均匀网格的条件下，采取块中心差分格式，分别对气相及水相偏微分方程的右端项进行时间差分，再对左端项进行空间差分。

差分代数方程组与初始条件、边界条件结合，会形成全部网格点在 n+1 时刻，以饱和度和压力为未知变量的线性方程组，从而可对其进行求解。

1.3.1　裂隙系统

气相差分方程为

$$\begin{aligned}
&A^1{}_{\mathrm{T}gi,j,k}\overline{\delta}P_{\mathrm{fg}i-1,j,k}+A^2{}_{\mathrm{T}gi,j,k}\overline{\delta}S_{\mathrm{fw}i-1,j,k}+A^1{}_{\mathrm{S}gi,j,k}\overline{\delta}P_{\mathrm{fg}i,j-1,k}\\
&+A^2{}_{\mathrm{S}gi,j,k}\overline{\delta}S_{\mathrm{fw}i,j-1,k}+A^1{}_{\mathrm{W}gi,j,k}\overline{\delta}P_{\mathrm{fg}i,j,k-1}+A^2{}_{\mathrm{W}gi,j,k}\overline{\delta}S_{\mathrm{fw}i,j,k-1}\\
&+E^1{}_{\mathrm{fg}i,j,k}\overline{\delta}P_{\mathrm{fg}i,j,k}+E^2{}_{\mathrm{fg}i,j,k}\overline{\delta}S_{\mathrm{fw}i,j,k}+A^1{}_{\mathrm{E}gi,j,k}\overline{\delta}P_{\mathrm{fg}i+1,j,k}\\
&+A^2{}_{\mathrm{E}gi,j,k}\overline{\delta}S_{\mathrm{fw}i+1,j,k}+A^1{}_{\mathrm{N}gi,j,k}\overline{\delta}P_{\mathrm{fg}i,j+1,k}+A^2{}_{\mathrm{N}gi,j,k}\overline{\delta}S_{\mathrm{fw}i,j+1,k}\\
&+A^1{}_{\mathrm{B}gi,j,k}\overline{\delta}P_{\mathrm{fg}i,j,k+1}+A^2{}_{\mathrm{B}gi,j,k}\overline{\delta}S_{\mathrm{fw}i,j,k+1}+E^1{}_{\mathrm{mg}i,j,k}\overline{\delta}P_{\mathrm{mg}i,j,k}\\
&+E^2{}_{\mathrm{mg}i,j,k}\overline{\delta}S_{\mathrm{mw}i,j,k}=B_{\mathrm{fg}i,j,k}
\end{aligned} \tag{17}$$

水相差分方程为

$$
\begin{aligned}
&A^1{}_{\mathrm{Tw}i,j,k}\overline{\delta}P_{\mathrm{fg}i-1,j,k}+A^2{}_{\mathrm{Tw}i,j,k}\overline{\delta}S_{\mathrm{fw}i-1,j,k}+A^1{}_{\mathrm{Sw}i,j,k}\overline{\delta}P_{\mathrm{fg}i,j-1,k}\\
&+A^2{}_{\mathrm{Sw}i,j,k}\overline{\delta}S_{\mathrm{fw}i,j-1,k}+A^1{}_{\mathrm{Ww}i,j,k}\overline{\delta}P_{\mathrm{fg}i,j,k-1}+A^2{}_{\mathrm{Ww}i,j,k}\overline{\delta}S_{\mathrm{fw}i,j,k-1}\\
&+E^1{}_{\mathrm{fw}i,j,k}\overline{\delta}P_{\mathrm{fg}i,j,k}+E^2{}_{\mathrm{fw}i,j,k}\overline{\delta}S_{\mathrm{fw}i,j,k}+A^1{}_{\mathrm{Ew}i,j,k}\overline{\delta}P_{\mathrm{fg}i+1,j,k}\\
&+A^2{}_{\mathrm{Ew}i,j,k}\overline{\delta}S_{\mathrm{fw}i+1,j,k}+A^1{}_{\mathrm{Nw}i,j,k}\overline{\delta}P_{\mathrm{fg}i,j+1,k}+A^2{}_{\mathrm{Nw}i,j,k}\overline{\delta}S_{\mathrm{fw}i,j+1,k}\\
&+A^1{}_{\mathrm{Bw}i,j,k}\overline{\delta}P_{\mathrm{fg}i,j,k+1}+A^2{}_{\mathrm{Bw}i,j,k}\overline{\delta}S_{\mathrm{fw}i,j,k+1}+E^1{}_{\mathrm{mw}i,j,k}\overline{\delta}P_{\mathrm{mg}i,j,k}\\
&+E^2{}_{\mathrm{mw}i,j,k}\overline{\delta}S_{\mathrm{mw}i,j,k}=B_{\mathrm{fw}i,j,k}
\end{aligned}
\tag{18}
$$

式(17)和式(18)中，A_{T}、A_{W}、A_{S}、A_{E}、A_{B}、A_{N}、E 为裂隙流动方程中变量的系数；σ_{Pmg}、σ_{Pfg}、σ_{Pfw}、σ_{Pmw} 为基质、裂隙中气相、水相的压力增量，MPa；σ_{Smg}、σ_{Sfg}、σ_{Smw}、σ_{Sfw} 为基质、裂隙中气相、水相的饱和度增量；B_{fg}、B_{fw} 为裂隙中气相、水相体积系数；i、j、k 分别为空间向量，无量纲。

1.3.2 基质孔隙系统

气相差分方程为

$$
\overline{E}^1{}_{\mathrm{mg}i,j,k}\overline{\delta}P_{\mathrm{mg}i,j,k}+\overline{E}^2{}_{\mathrm{mg}i,j,k}\overline{\delta}S_{\mathrm{mw}i,j,k}+\overline{E}^1{}_{\mathrm{fg}i,j,k}\overline{\delta}P_{\mathrm{fg}i,j,k}=\overline{B}_{\mathrm{fg}i,j,k}
\tag{19}
$$

水相差分方程为

$$
\overline{E}^1{}_{\mathrm{mw}i,j,k}\overline{\delta}P_{\mathrm{mg}i,j,k}+\overline{E}^2{}_{\mathrm{mw}i,j,k}\overline{\delta}S_{\mathrm{mw}i,j,k}+\overline{E}^1{}_{\mathrm{fw}i,j,k}\overline{\delta}P_{\mathrm{fg}i,j,k}+\overline{E}^2{}_{\mathrm{fw}i,j,k}\overline{\delta}S_{\mathrm{fw}i,j,k}=\overline{B}_{\mathrm{fw}i,j,k}
\tag{20}
$$

式中，$\overline{E}$ 为基质孔隙流动方程中变量的系数；下脚 m、f 分别为基质孔隙系统和裂隙系统。

采用全隐式方法求解低煤阶煤储层中气-水两相流动微分方程组。

2 煤储层压降扩展规律研究

结合沁水盆地典型高煤阶煤层气井的地质及开发数据，建立了单井开发概念模型，模型参数如表 1 所示。

表 1 单井概念模型参数设置

地质及开发参数	参数取值	地质及开发参数	参数取值
单井控制面积/m^2	310×310	临界解吸压力/kPa	4000
埋深/m	700	朗缪尔体积/(m^3/t)	30
地层厚度/m	6.8	朗缪尔压力/kPa	2200
渗透率/$10^{-3}\mu m^2$	0.1	初始孔隙压缩系数/kPa^{-1}	1.3×10^{-4}
孔隙度	0.03	孔隙流体压力衰减系数	−1.04
地层压力/kPa	6500	裂缝半长/m	100

2.1 煤储层压降扩展规律定量分析

在煤层气井排采过程中，在平面上，由于水平方向压裂缝的存在，水平方向上的压力传递速度较垂直方向快，整体表现为在平面上压力扩展呈椭圆形分布[18]；在纵向剖面上，水平方向压力扩展呈“两阶式”变化，垂直方向压力则均匀变化，如图 1、图 2 所示。

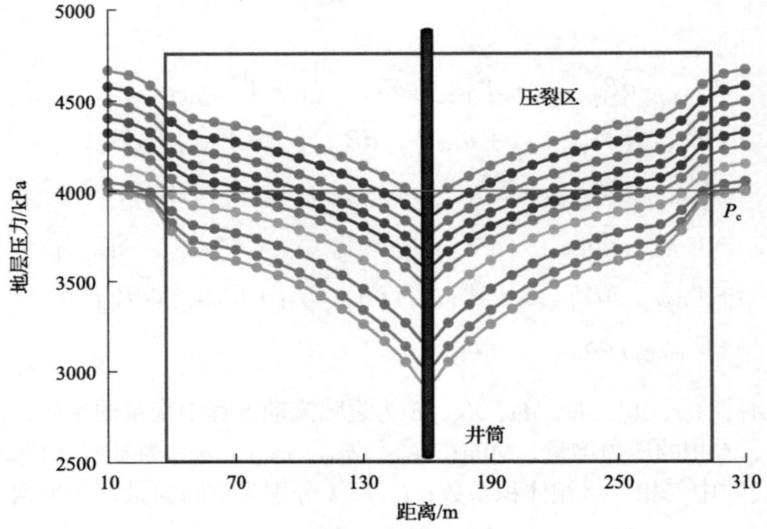

图 1　水平方向压降漏斗剖面图

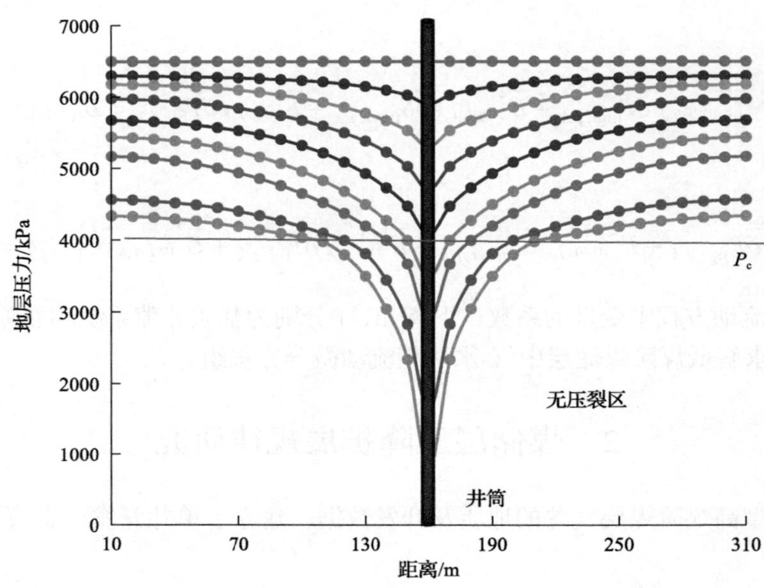

图 2　垂直方向压降漏斗剖面图

将煤层气井排采全过程分为两大阶段，即单相产水阶段、气水同产阶段，并对各阶段的压力扩展分别提出了相应的定量化分析指标。

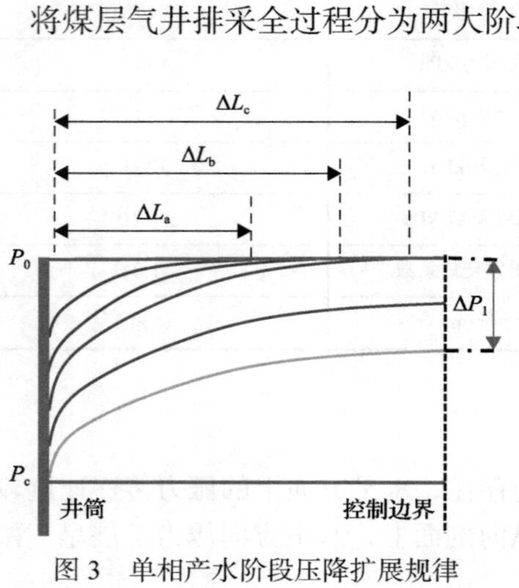

在单相产水阶段，井底流压高于临界解吸压力，如图 3 所示，为描述该阶段的储层压力扩展规律，分别提出了描述压力在平面上传递的压降半径扩展速度 V_1 及描述压力在控制边界上发展的边界压降速率 V_2。

图 3　单相产水阶段压降扩展规律

压降半径扩展速度 V_1：

$$V_1 = \frac{\Delta L}{\Delta t_1} \tag{21}$$

式中，V_1 为压降半径扩展速度，m/d；ΔL 为压力在平面上传递的距离，m；Δt_1 为压力在平面上传递相应距离所用的时间，天。

边界压降速率 V_2：

$$V_2 = \frac{\Delta P_1}{\Delta t_2} \tag{22}$$

式中，V_2 为边界压降速率，kPa/d；ΔP_1 为初始地层压力与控制边界上各点压力的差值，kPa；Δt_2 为压力在纵向上传递所用的时间，天。

通过对单相产水阶段的边界压降扩展规律进行分析，如图 4 所示，随排采时间的增加，大量地层水排出，导致储层能量大量释放，纵向压降速率逐渐增大，曲线整体呈对数形式变化，而且平行裂缝方向的边界压降速率明显高于垂直裂缝方向。

当储层近井地带压力降至临界解吸压力后，进入气水同产阶段。在气水同产阶段，如图 5 所示，分别提出了描述压力在水平方向上传递的解吸半径扩展速度 V_3 及压力传递至控制边界后描述压降在纵向上发展的解吸边界压降速率 V_4。

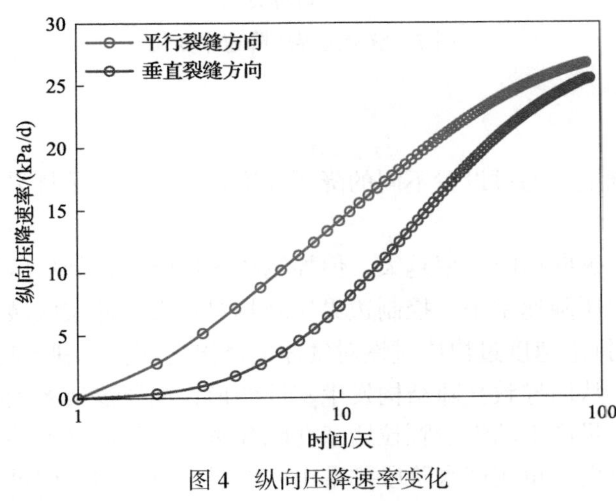

图 4　纵向压降速率变化

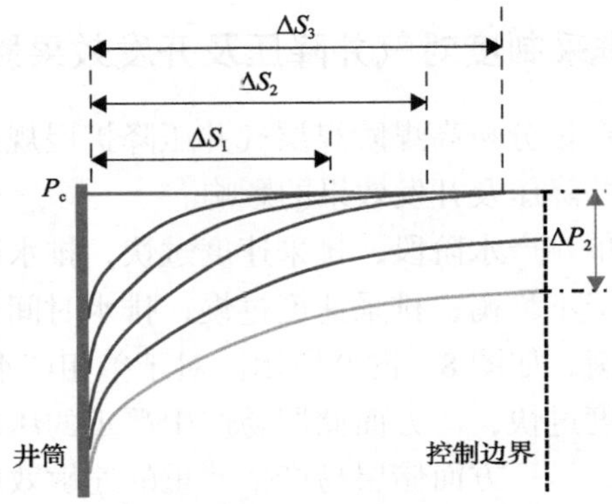

图 5　气水同产阶段压降扩展规律

解吸半径扩展速度 V_3：

$$V_3 = \frac{\Delta S}{\Delta t_3} \tag{23}$$

式中，V_3 为压降半径扩展速度，m/d；ΔS 为压力在解吸平面上传递的距离．m；Δt_3 为压力在平面上传递相应距离所用的时间，天。

解吸边界压降速率 V_4：

$$V_4 = \frac{\Delta P_2}{\Delta t_4} \tag{24}$$

式中，V_4 为纵向压降速率，kPa/d；ΔP_2 为临界解吸压力与控制边界上各点压力的差值，kPa；Δt_4 为压力在纵向上传递所用的时间，天。

图 6 给出了解吸半径扩展速度随时间变化的关系曲线。从图 6 中可以看出，降压解吸初期，解吸半径扩展速度较高，随着大量气体解吸产出，地层能量得到有效补充，储层压降变缓，导致解吸半径扩展速度快速降低，随后维持在一个相对稳定的水平，而且平行裂缝方向的解吸半径扩展速度始终高于垂直裂缝方向。

当储层压力完全降至临界解吸压力以下，煤储层整体解吸，煤层气大量产出，受煤基质收缩和气体滑脱效应的叠加影响，储层解吸边界压降速率有所增加，直至各影响效应减弱，地层能量减小，气体解吸量逐渐下降，解吸边界压降速率也随之降低，如图 7 所示，同样，前期平行裂缝方向的解吸边界压降速率明显高于垂直裂缝方向的，后期二者变化几乎一致。

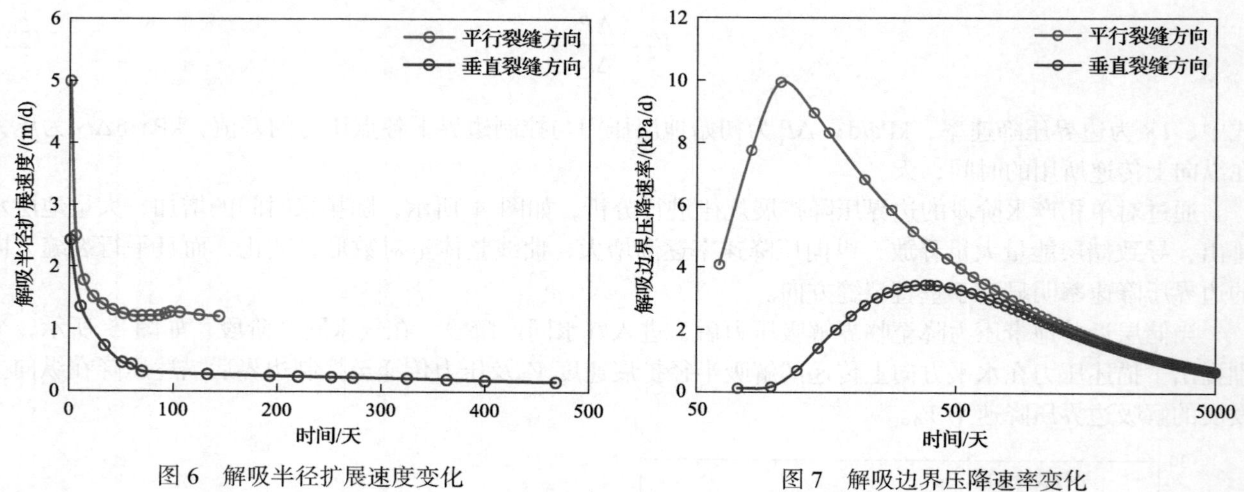

图 6　解吸半径扩展速度变化　　　　图 7　解吸边界压降速率变化

2.2　排采制度对气井降压及开发效果影响

在定量分析高煤阶煤层气井压降扩展规律的基础上，通过设置不同的降压速度，从而研究了排采制度对气井降压及开发效果的影响。

在单相产水阶段，排采速度过快，排水时间短，纵向压降速率越大，但控制边界压降小，储层区域整体压降不均衡；排采速度过慢，排水时间长，纵向压降速率小，控制边界压降相对越大，储层区域压降越均衡，如图 8、图 9 所示。对于单相产水阶段，排采速度过快或过慢对气体的产出均存在不利影响。排采速度过快，一方面储层易产生严重的压敏效应，从而导致孔隙结构发生塑性变形，储层渗透率大幅度减小；另一方面储层易产生严重的速敏效应，使大量产出的煤粉颗粒堵塞孔隙和裂缝，从而导致储层渗透率降低，对产气阶段造成负面影响。排采速度过慢，单相产水阶段排采出的地层水量较多，但见气时间过晚，不利于气体的产出，且排水时间过长，加大了排采的经济成本，不符合实际生产中煤层气开发的高效要求。因此，对于单相产水阶段，存在最佳的合理排采降压区间。

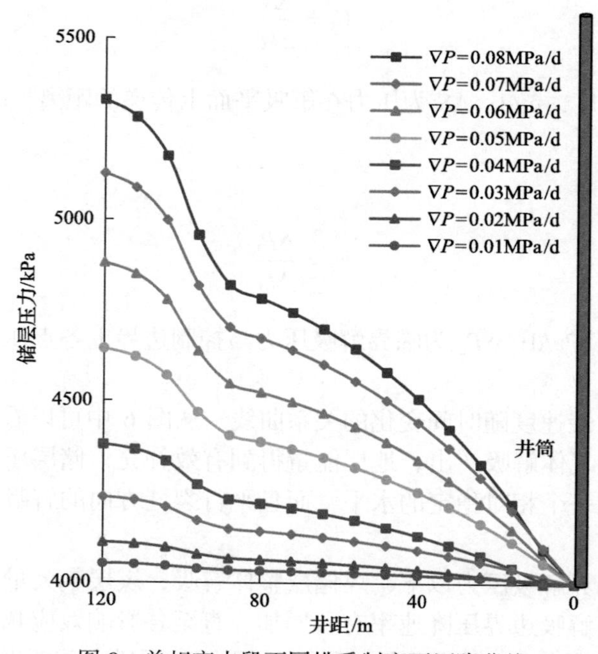

图 8　单相产水段不同排采制度下压降曲线

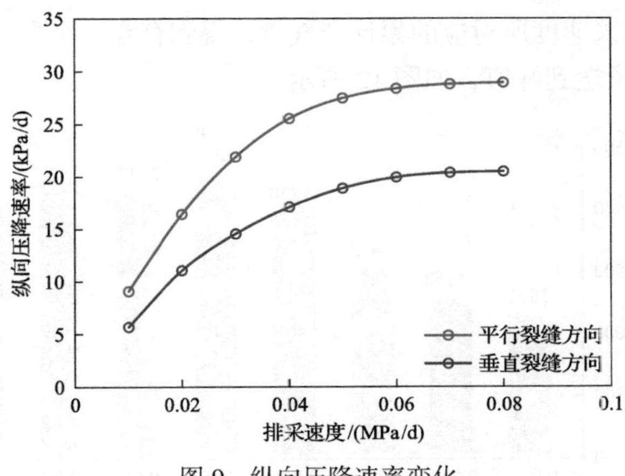

图 9 纵向压降速率变化

在气水同产阶段，以不同排采降压速度生产时，当井筒压力降至同一压力水平时，排采速度过大或过小，边界压降均越小，解吸压降不均衡；当排采速度适宜时，解吸边界压降相对较大，解吸边界压降速率越大，解吸压降越均衡，产气量较高。在合理降压范围内，慢排对储层产气存在的负面影响大于快排，如图 10、图 11 所示。

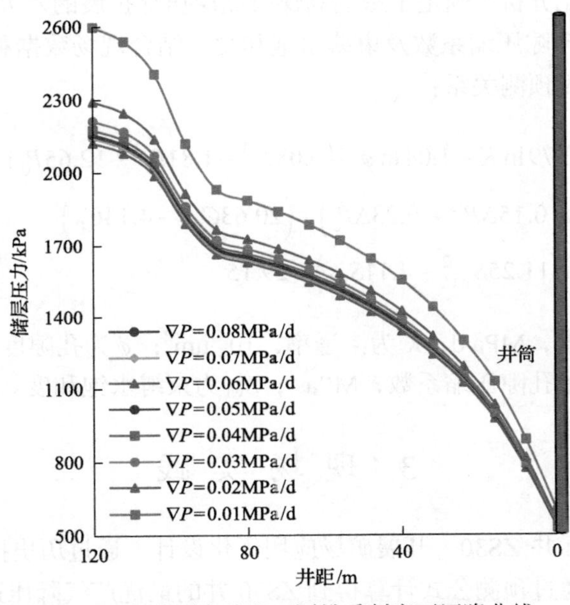

图 10 气水同产阶段不同排采制度下压降曲线

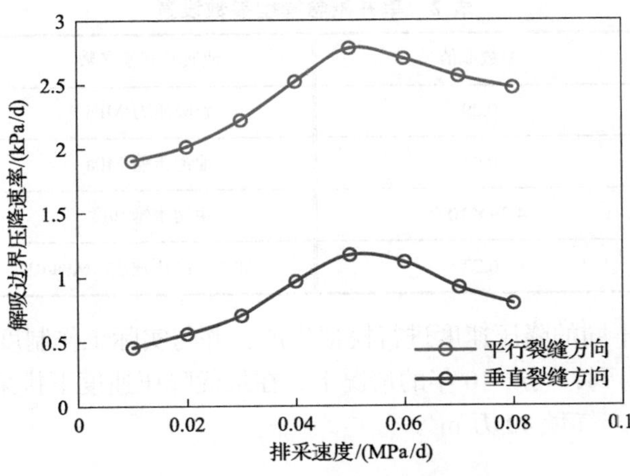

图 11 解吸边界压降速率变化

选取排采 15 年后，各排采速度所对应的累计产气量，得到存在一个最佳的排采速度，使得在该速度下排采相同时间，累计产气量达到峰值，如图 12 所示。

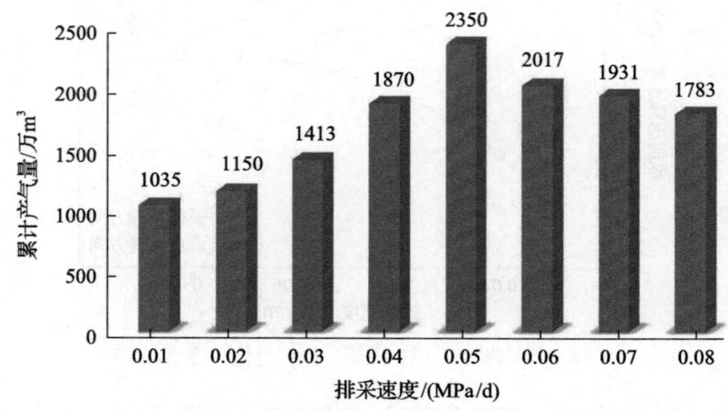

图 12　不同排采制度同产 15 年累计产气量

2.3　最优降压速度预测拟合

基于压降扩展规律定量化分析，确定了影响高煤阶储层压降扩展的六大主要因素：渗透率、孔隙度、初始压力、解吸压力、初始孔隙压缩系数及束缚水饱和度。结合现场数据和模拟结果，利用非线性回归拟合得到了最优产气降压速度预测关系：

$$V_o = \begin{bmatrix} 0.79\ln K - 1.04\ln\phi - \left(0.08P_0^{\ 3} - 1.81P_0^{\ 2} + 12.65P_0\right) \\ +\left(0.15\Delta P_c^{\ 2} - 0.23\Delta P_c\right) - \left(20.63C_0^{\ 2} - 4.14C_0\right) \\ -\left(11.25S_{wi}^{\ 2} - 4.11S_{wi}\right) + 29.15 \end{bmatrix} \times 10^{-2} \tag{25}$$

式中，V_o 为最优产气降压速度，MPa/d；K 为渗透率，$10^{-3}\mu m^2$；ϕ 为孔隙度；P_0 为初始压力，MPa；ΔP_c 为地饱压差，MPa；C_0 为初始孔隙压缩系数，MPa^{-1}；S_{wi} 为束缚水饱和度。

3　现 场 实 践

选取沁水盆地某区块实际井 ZS30，开展矿场应用优化设计。通过历史拟合，得到了 ZS30 井，主要地质参数取值如表 2 所示。通过预测公式计算得到 ZS30 井的最优产气降压速度为 3.26×10^{-2}MPa/d。

表 2　单井概念模型参数设置

地质及开发参数	参数取值	地质及开发参数	参数取值
渗透率/$10^{-3}\mu m^2$	0.29	解吸压力/MPa	5.1
孔隙度	0.03	地饱压差/MPa	1.17
初始孔隙压缩系数/MPa^{-1}	4.39×10^{-2}	束缚水饱和度	0.6
初始压力/MPa	6.27	最优产气降压速度/(MPa/d)	3.26×10^{-2}

分别对 ZS30 井设置了不同的降压速度进行模拟生产，并与实际工作制度下的生产情况进行了对比，如图 13 所示，从图中可以得到，同产 10 年的情况下，在最优降压速度下排采可以获得最大累计产气量，且与实际工作制度相比，增产气量 40 万 m^3。

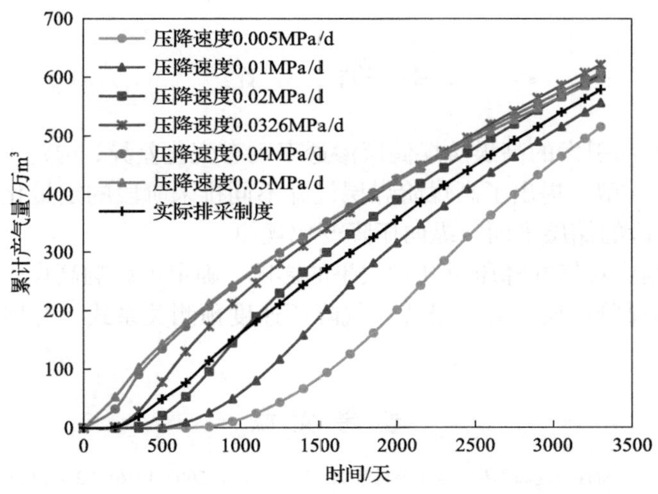

图 13 ZS30 井不同排采制度下 10 年累计产气量对比

其次，对比了最优产气降压速度与实际工作制度排采 10 年后，压力与含气量分布情况，如图 14、图 15 所示。从图中可以看出，在最大产气降压速度下生产 10 年，储层整体降压效果最优，压力扩展波及面积最大，储层气体解吸效果显著。

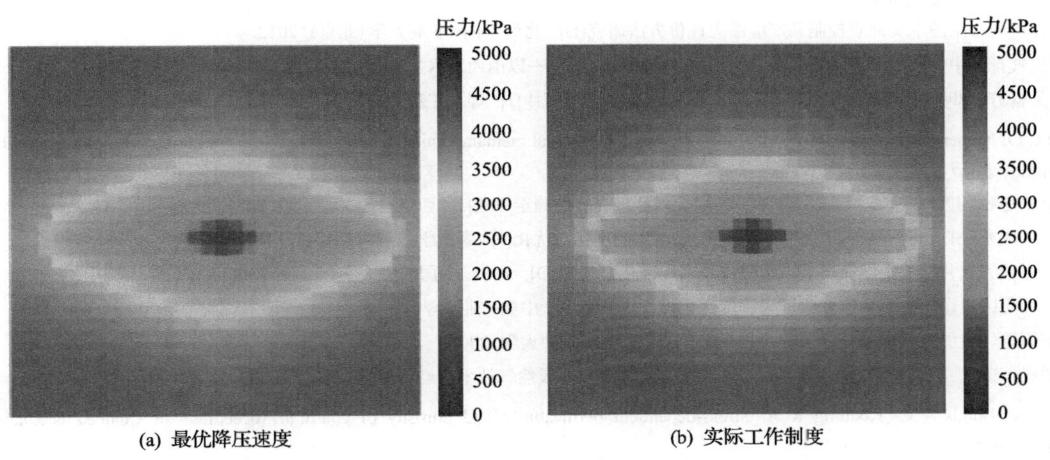

图 14 ZS30 井排采 10 年压力分布

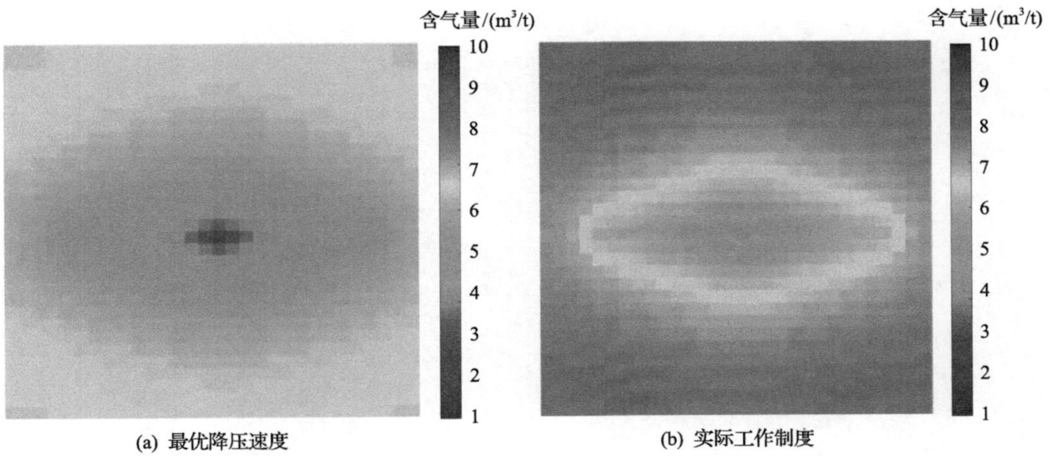

图 15 ZS30 井排采 10 年含气量分布

4 结 论

(1)考虑因排采制度不同引发的高煤阶煤储层渗透率动态变化差异，构建了适用于沁水盆地高煤阶煤储层的气水两相流动数学模型，提出了高煤阶煤层气井不同排采阶段的定量化评价指标，量化分析了单相产水阶段、气水同产阶段的储层平面、纵向压降变化规律。

(2)分析了不同排采制度对气井降压及开发效果的影响，确定了影响高煤阶储层压降扩展的六大主要因素，提出了沁水盆地高煤阶煤层气井的最优产气降压速度预测关系式，开展了沁水盆地某区块实际井的矿场优化设计。

参 考 文 献

[1] 刘贻军. 中国中阶煤和高阶煤的储层特性及提高单井产量主要对策[J]. 天然气工业, 2005, 10(6): 72-74, 174, 175.

[2] 陈振宏, 王一兵, 郭凯, 等. 高煤阶煤层气藏储层应力敏感性研究[J]. 地质学报, 2008, 11(10): 1390-1395.

[3] 田永东, 武杰. 沁水盆地南部高煤阶煤储层敏感性[J]. 煤炭学报, 2014, 39(9): 1835-1839.

[4] 孟艳军, 汤达祯, 李治平, 等. 高煤阶煤层气井不同阶段渗透率动态变化特征与控制机理[J]. 油气地质与采收率, 2015, 22(2): 66-71.

[5] 白建平. 高煤阶煤储层敏感性对煤层气井排采的影响[J]. 煤炭科学技术, 2014, 42(12): 54-57.

[6] Wang B Y,Qin Y,Shen J,et al. Study on stress sensitivity of lignite reservoir under salinity and pH composite system[J]. Energy Exploration & Exploitation, 2018, 36(3): 464-487.

[7] 刘保民. 煤层气开采的水文地质控制和产能潜力评价方法研究[D]. 北京: 中国矿业大学(北京), 2012.

[8] 李瑞. 煤层气排采中储层压降传递特征及其对煤层气产出的影响——以山西沁水盆地为例[D]. 武汉: 中国地质大学, 2017.

[9] 杜严飞, 吴财芳, 邹明俊, 等. 煤层气排采过程中煤储层压力传播规律[J]. 煤炭工程, 2011, 10(7): 87-89.

[10] Karacan C O. Numerical analysis of the influence of in-seam horizontal methane drainage boreholes on longwall face emission rates[J]. International of Coal Geology, 2007, 72(1): 15-32.

[11] 倪小明, 王延赋, 接铭训, 等. 煤层气井排采初期合理排采强度的确定方法[J]. 西南石油大学学报, 2007, 29(6): 101-104.

[12] 冯其红, 舒成龙, 张先敏, 等. 煤层气井两相流阶段排采制度实时优化[J]. 煤炭学报, 2015, 40(1): 142-148.

[13] 许小凯. 煤层气直井排采中煤储层应力敏感性及其压降传播规律[D]. 北京: 中国矿业大学(北京), 2016.

[14] 张晓阳. 郑庄区块煤层气直井定量化排采制度优化模型[D]. 徐州: 中国矿业大学, 2018.

[15] 张先敏. 煤层气储层数值模拟及开采方式研究[D]. 青岛: 中国石油大学, 2007.

[16] 陈林, 潘毅, 苏静, 等. 煤层气数值模拟的二维交替隐式求解[J]. 天然气技术与经济, 2014, 8(1): 30-33, 78.

[17] Mckee C K, Bumb A C, Koening R A. Stress-dependent permeability and porosity of coal[C]//Proceedings of Coalbed Methane Symposium, Tuscaloosa, 1987.

[18] 胡秋嘉, 毛崇昊, 樊彬, 等. 高煤阶煤层气井储层压降扩展规律及其在井网优化中的应用[J]. 煤炭学报, 2021, 46(8): 2524-2533.

三交北气田泡沫排水采气技术应用

裴向兵，冯建秋，蒋 轲，张 谭，王霄男
（中石油煤层气有限责任公司，北京 100000）

摘要：泡沫排水采气工艺技术，具有成本低、施工操作方便、不影响气井日常生产等优点，在出水气井中得到广泛应用。本文根据泡沫剂排水采气机理、适应条件，结合三交北气田现场地质状况和生产特点，有针对性地对泡排药剂类型进行了优选，对现场的加注工艺进行了论证后，通过在现场开展技术应用取得较好的增产效果，减少了产气井井筒积液，气井油套压差明显减小，产气量递减得到减缓，对保证气井的长期平稳生产起到了积极作用。同时，本文分析了典型井的泡排采气实例，总结了该技术应用过程中的经验和认识，为下一步应用提供了一定的指导。

关键词：三交北气田；泡沫；排水采气；应用

Sanjiao north project water drainage and gas production by foaming method

Pei Xiangbing，Feng Jianqiu，Jiang Ke，Zhang Tan，Wang Xiaonan
（PetroChina Coalbed Methane Co., Ltd，Beijing 100000）

Abstract: Water drainage and gas production by foaming method technology has been widely used in the gas wells which produce excessive water for the advantages like low cost, convenient to operate, and no impact on daily production of gas wells. Consider the geological conditions and production characteristics of the Sanjiao north gas field, based on the mechanism of drainage and gas recovery of foam agent and its adaptation conditions, this paper optimized the technology by choose the correct type of foam agent, provided the right filling process in the field. Through the application of technology in the field, we have achieved a very good effect of increasing production, reduced the wellbore fluid, and reduced pressure-differential. The decline of gas production is slowed down, which plays a positive role in ensuring the long-term stable production of gas wells. At the same time, this paper analyzes examples of this technology in typical wells, summarizes the experience and understanding in the application of this technology, and provides a certain guiding significance for the next application.

Keywords: Sanjiao north gas field; foam; drainage and gas production; application

泡沫排水采气是针对产水气田开发而研究的一项助采工艺技术，具有施工简单、收效快、成本低、不影响日常生产等优点，在出水气井中得到广泛应用。

所谓泡沫排水采气，就是向井底注入某种能够遇水产生泡沫的表面活性剂，当井底积水与化学药剂接触后，大大降低了水的表面张力，借助于天然气流的搅动，把井底积水分散并生成大量低密度的含水泡沫，从而改变了井筒内气水流态，这样在地层能量不变的情况下，提高了气井在生产过程中的带水能力，把地层水举升到地面。同时，加入起泡剂还可以提高气泡流态的鼓泡高度，减少气体滑脱损失[1-3]。

作者简介：裴向兵(1987—)，工程师，从事致密气地质勘探、生产运行管理与动态研究工作。邮箱：170225139.qq.com。

1 泡沫排水采气机理

天然气的开采同其他一切流动矿藏的开采一样，要经过三个过程：一是从产层至井底，在多孔介质中流动；二是从井底至井口，在垂直管道中流动；三是从井口至集气站，在水平集输管道中流动。对产水气田来说，在天然气流动过程中，都不同程度地伴有产层水进入井底，如果气流有足够的能量，它将随时把产层水带出井口；如果气流能量不足，产层水将逐渐在井筒里及井底附近区域聚积。

气井出水产生的两个直接后果：一是气井携液能力不足的情况下，井底逐渐积液，积液严重的情况下近井带孔隙气相渗透率受到极大伤害，可能会造成 “水侵”“水锁”等现象，这将严重地影响气田最终采收率；二是井筒积液、气井产量逐渐降低、携液能力进一步降低、形成恶性循环，最终会导致气井水淹停产，生产能力无法发挥[4,5]。

泡沫排水采气就是针对该问题而提出的一项减少井底积液，疏导气水通道，改善或恢复气井、气田生产能力的助采措施。它是通过化学药剂的介入，解除气水流通道堵塞，减少“滑脱”损失，提高气流垂直举液能力。

采用的泡沫助采剂主要是一些具有特殊分子结构的表面活性剂和高分子聚合物，其分子上含有亲水和亲油基团，具有双亲性，它的助采作用是通过下述效应来实现的。

1.1 起泡剂的性能

为满足工区产出水配伍性要求，泡沫排水所用起泡剂需具备以下特点：

1. 起泡能力强

在井底矿化水中，只要加入微量起泡剂(100mL 以下)就能在天然气流的搅动下形成大量的含水泡沫，使气、液两相流空间分布发生显著变化，水柱变成泡沫，密度下降几十倍。因此，原来无力携水的气流，就可以将低密度的含水泡沫带到地面，从而实现排水采气的目的。

2. 泡沫携液量大

起泡剂遇到水后，立即在每个气泡的气水界面定向排列。当气泡周围吸附的起泡剂分子达到一定浓度时，气泡壁就形成一层牢固的水膜。泡沫的水膜越厚，单位体积泡沫含水量就越高，表明泡沫的携水能力越大。

3. 泡沫的稳定性适中

通常采用泡沫排水的生产井，从井底到井口行程大于 2000m 以上，如果泡沫的稳定性差，有可能中途破裂而使水分失落，达不到将水携带到地面的目的，但是如果泡沫的稳定性过强，则泡沫进入地面分离器后又会给消泡及气水分离带来困难。

4. 在含凝析油和高矿化度水中有较强的起泡能力

起泡剂应该具有一定的抗油性能和抗高矿化度性能，以保证一定的起泡能力和泡沫携液量。此外，由于生产井的复杂性，要求下井的起泡剂满足不同井况对起泡剂的特殊要求。

1.2 起泡剂的类型

三交北气田根据实际生产要求，对各种起泡剂进行室内性能实验评价，优选了 UT-6 型泡排棒(磺酸盐复合表面活性剂)，又根据气田的实际生产情况，研制了新型抗油泡排剂 UT-11C(植物皂甙复合表面活性剂)，以解决含凝析油生产井的泡沫助采效果问题。

UT-6 型泡排棒规格：Φ38mm×350mm，重量 0.5kg，最大排水量 10m^3/d，适用于最大井深 3500m 的井。

UT-11C 型泡排剂：适用温度 90℃，矿化度 20 万 mg/L，凝析油含量 20%以下。

2 起泡剂的加注工艺

2.1 井筒积液量的确定

油套压差估算井筒积液量公式如下：

$$V = \left[(P_c - P_t)\pi D^2\right] / (4\rho g) \tag{1}$$

式中，V为积液体积，m^3；P_c为套压，MPa；P_t为流压，MPa；D为油管直径，mm；ρ=1000kg/m^3；g=9.8m/s^2。

2.2 注入量的确定

根据 UT-6C 型泡排剂室内评价结果，泡排剂在加注时均要求用水稀释，稀释浓度由气井凝析油含量确定。

三交北区块一般按低含凝析油气井：凝析油含量10%以下，泡排剂的稀释比例 1∶4，泡排剂加注量：积液量×0.02×4，其中系数 0.02 为加注量与产出液量比[6,7]。

2.3 加注方式

泡排棒投放从井口测试闸门直接投入，利用其自身重力下落与液体充分接触。

泡排剂从井口人工加注，采用车载撬装式泡排剂加注装置，如图 1 所示。

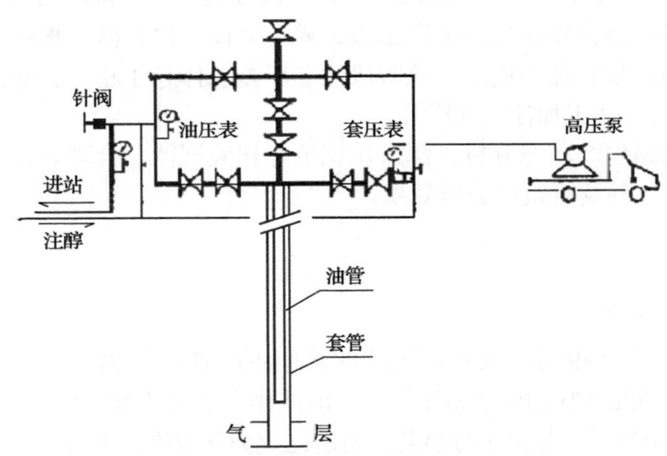

图 1 井口撬装泵加注工艺装置图

3 现场应用效果分析

3.1 气藏开发特点

三交北气田处于山西省吕梁市临县境内，构造上位于鄂尔多斯盆地晋西挠褶带中部与伊陕斜坡东缘，2016 年 10 月投入全面开发，含气面积 137.74km^2，动用地质储量 144.91 亿 m^3。目前总井数 144 口，开井 129 口。开发过程中主要表现为以下特征：

1. 单井产气量低，管理难度大

三交北区块属于典型的低渗致密气藏特征，储层物性差，单井产气量相对较低，平均单井日产气量只有 0.46 万 m^3。其中，日产气量低于 0.50 万 m^3 的井 85 口，占比 65.9%，由于产气量较低，生产过程中自主携液能力差。

2. 生产井普遍存在积液现象，影响气井正常生产

2020 年，三交北区块共完成 42 口井 49 井次的动液面监测工作，其中 14 口井气液混相高度大于 500m，根据 RTA 软件快速判断气井积液情况分析，目前 109 口井普遍存在积液现象，部分气井投产即出现积液现象，造成井筒生产压差较大。

3. 两套层系合采，下部主力层受到一定抑制

SJB7-45、SJB14-45 等井的产气剖面测试资料表明：石盒子组产气贡献率大于 80%，山西组产气贡献率低于 20%，和静态地质资料解释结果出入较大，分析认为返排、生产过程中，井筒积液对下部产层有抑制作用。

3.2 泡排井的选择

初期，优选投产半年以上，生产状况相对稳定、产能相对较低、油套压差大于 2MPa 的气井采取泡沫排水采气措施，先后采用投放泡排棒、井口加密加注、井口周期加注等工艺，对生产井进行泡沫排水采气施工，取得了很好的成果。

3.3 加注周期

一般来说，在有条件的情况下，泡沫剂的注入周期越短越好，努力做到积液速度和加药频率同步。但在不同的情况下，应采取不同的方式，要根据生产井产水量、井筒积液程度等特点，将气井的泡排阶段分成强排阶段和稳排阶段：①强排阶段，通过投棒、连续加注和加大起泡剂用量来提高气井携液能力，减少井底积液，降低生产压差，间隔 1～3 天加注，该阶段油套压差下降较为明显，单井日产气量逐渐回升；②稳排阶段，通过持续泡排作业排出地层出液，避免井筒再次积液。根据产气量高低、携液能力和油套压差大小确定药剂加注量和加注周期。该阶段油套压差总体趋于稳定，起泡剂用量适当减少，加注周期一般分为每 3 天、5 天、7 天加注一次[8,9]。

同时，通过进一步加强生产动态分析，深入认识单井积液规律，合理调整单井泡排周期，按照短周期小剂量的原则采取加注，并及时跟踪分析效果。

3.4 泡排井效果分析

1. 泡沫排水采气综合效果

措施效果评价：2021 年 1～9 月，三交北气田共实施泡排 67 口井 381 井次，月均施工 42 口井，措施有效率 87.14%，累计增产气量 1711.19 万 m^3(表 1)。泡沫排水采气技术取得了很好的效果，现场施工技术逐渐得到优化，泡沫排水采气增产效果十分显著，目前已成为气田维持正常生产不可缺少的技术手段。

表 1 2021 年 1～9 月三交北气田泡排效果统计表

月份	实施井数/口	注剂次数	注剂量/L	标定日产/万 m^3	实际日产/万 m^3	月增气量/万 m^3	达标井数/口	达标率/%
1月	37	237	16575	11.7835	17.1906	162.0493	29	78.38
2月	49	277	19235	15.5270	23.0329	197.1529	37	75.51
3月	48	269	18935	13.4565	20.3661	195.1188	35	72.92
4月	43	141	10430	14.0801	24.5365	173.8837	43	100.00
5月	46	120	8955	13.5573	30.6959	208.3532	46	100.00
6月	44	242	18035	12.2338	24.7283	199.3937	40	90.91
7月	36	198	14935	10.5068	19.9000	176.8451	32	88.89
8月	39	233	17855	11.4741	23.3468	221.5339	37	94.87
9月	39	215	16120	10.7116	18.1686	176.8579	33	84.62
合计	381	1932	141075			1711.19	332	87.14

经济性评价：2021 年 1～9 月三交北井筒泡排累计增产气量 1711.19 万 m^3，井筒泡排费用为 327.38 万元，平均增产成本为 0.19 元/m^3；措施整体经济性较好，良好的经济效益来源于不断优化的气井泡排标定原则和认证结算方式(表 2、表 3)。

表 2 气井泡排标定原则

生产井类型		标定原则
新泡排井	连续产气井	措施前 10 天平均产气量
	间开井	措施前 15 天平均产气量
	常关井	关井前 15 天平均产气量
已实施泡排井		标定产量=上月标定产量值×(100%–月递减率)

表 3 气井泡排结算方式

泡排井类型	增产量 (平均日增产)	结算金额
全月施工泡排井	日均产气量≥1000m^3	月施工费用
	1000m^3>日均产气量≥500m^3	月施工费用/2
	日均产气量<500m^3	不结算
非全月施工泡排井	日均产气量≥1000m^3	月施工费用×施工天数/月日历天数
	1000m^3>日均产气量≥500m^3	月施工费用×施工天数/月日历天数/2
	日均产气量<500m^3	不结算

管理模式优点：①通过措施效果结算的方法有效调动作业方参与气井生产动态分析和现场泡排作业加注制度优化(加注量和加注频率)，有效利用作业方动态分析能力弥补甲方人员不足；②措施效果结算的方法还能有效减少工作量结算模式下甲方作业监督的工作量。

2. 泡沫排水采气典型井分析

1) SJB3-13 井

该井 2018 年 1 月 17 日投产，生产层位本溪组、山西组山 2 段、石盒子组盒 2 段，初期日产气量 4.59 万 m^3，日产水 6.2m^3；随着开采时间的延长，该井油套压差持续增大、产气量迅速下降，分析认为气井出液量大、携液能力不足，造成井筒逐渐积液。2020 年 10 月开始实施井筒泡排措施，气井产气量明显恢复，两个月后油套压差由 3.1MPa 下降到 1.0MPa，此后该井持续泡排。

目前，该井油套压和产气量一直保持稳定，油压 1.21MPa，套压 2.44MPa，日均产气量 1.28 万 m^3，日均产水量 2.6m^3，泡排加注周期 70L/3d(图 2)。

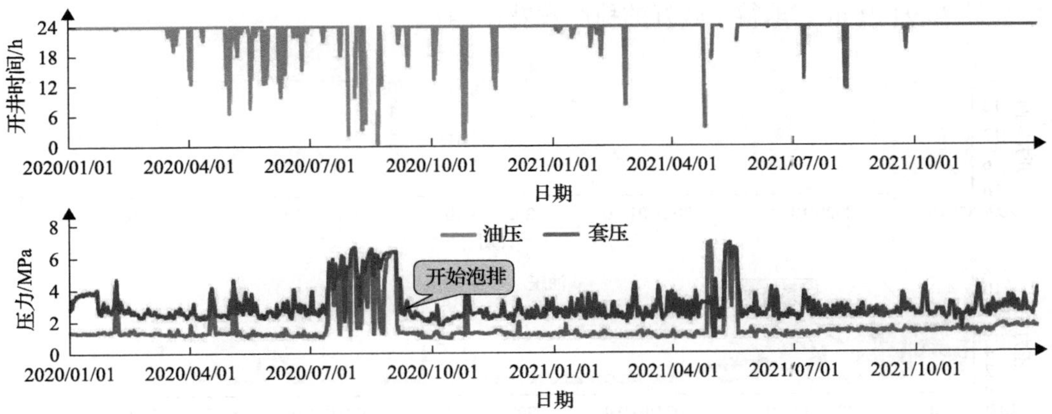

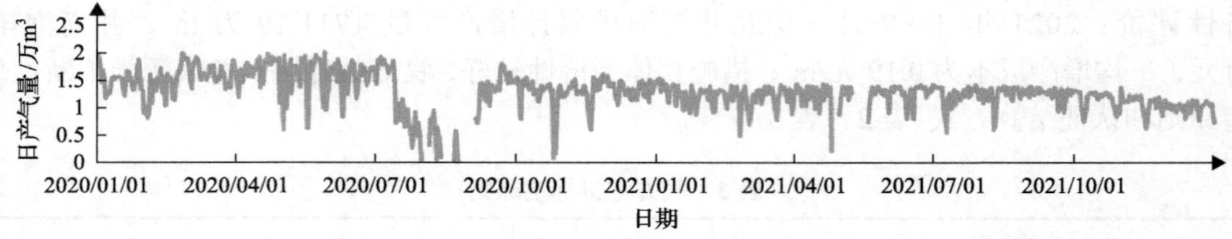

图 2　SJB3-13 井生产曲线

2) SJB11-45 井

该井 2020 年 7 月 11 日投产，井场安装分离器 4 口井按比例分产，油套压差相对稳定；10 月 2 日导地面流程单独计量，开始采用套管泡排生产，取得一定的效果，由于投产时间较短，产气量递减幅度较大，12 月底停止泡排施工后，该井产量下降明显，油套压差逐渐增大，2021 年 2 月重新泡排施工，油套压差由 0.70MPa 减小到 0.26MPa，日产气量明显提高，阶段累计增气量 62.67 万 m^3(图 3)。

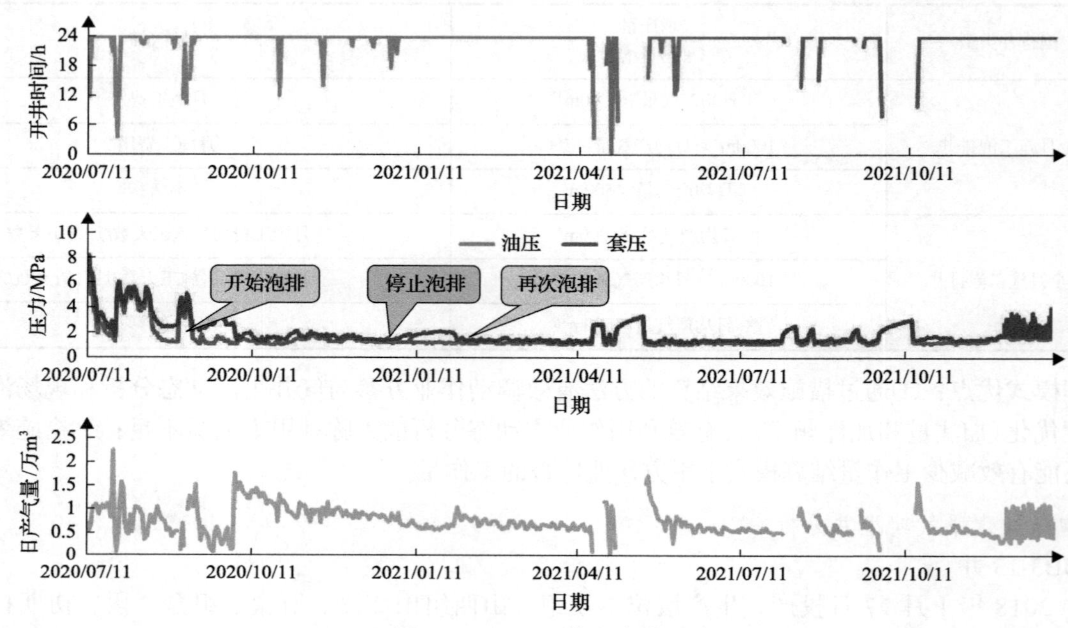

图 3　SJB11-45 井生产曲线

3) SJB12-47 井

该井 2020 年 7 月 10 日投产，初期平台 5 口井合并计量按比例分产，9 月 16 日导地面流程单独计量生产，生产状况不稳定，油套压差较大，10 月 2 日开始采用套管泡排生产，油套压差逐渐下降、产气量递减明显减缓增加，到 2021 年 9 月份，油压 1.94MPa，套压 2.14MPa，日产气量稳定在 0.26 万 m^3 左右，阶段累计增气量 36.94 万 m^3，取得了较好的稳产效果(图 4)。

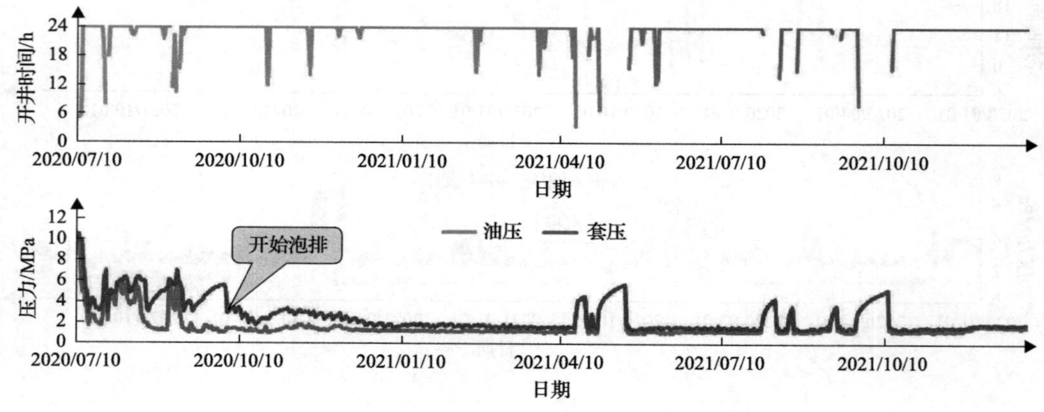

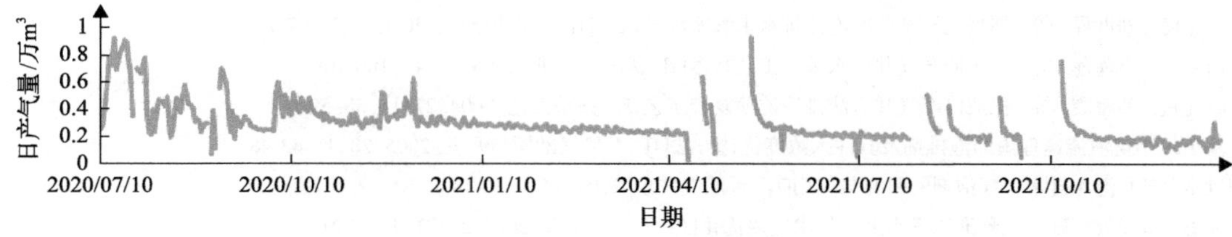

图 4 SJB12-47 井生产曲线

4) SJB13-44 井

SJB13-44 井 2021 年 2 月 1 日再次泡排，生产状况明显好转，油套压差由 1.66MPa 减小到 0.23MPa，4、5 月对生产时率影响较大，6、7 月份生产时率得到恢复，油套压、产气量也逐渐回落到正常水平，8、9 月份生产时率下降，能量恢复，油压为 2.66MPa，套压为 2.80MPa，日产气量上升到 0.3446 万 m^3(图 5)。

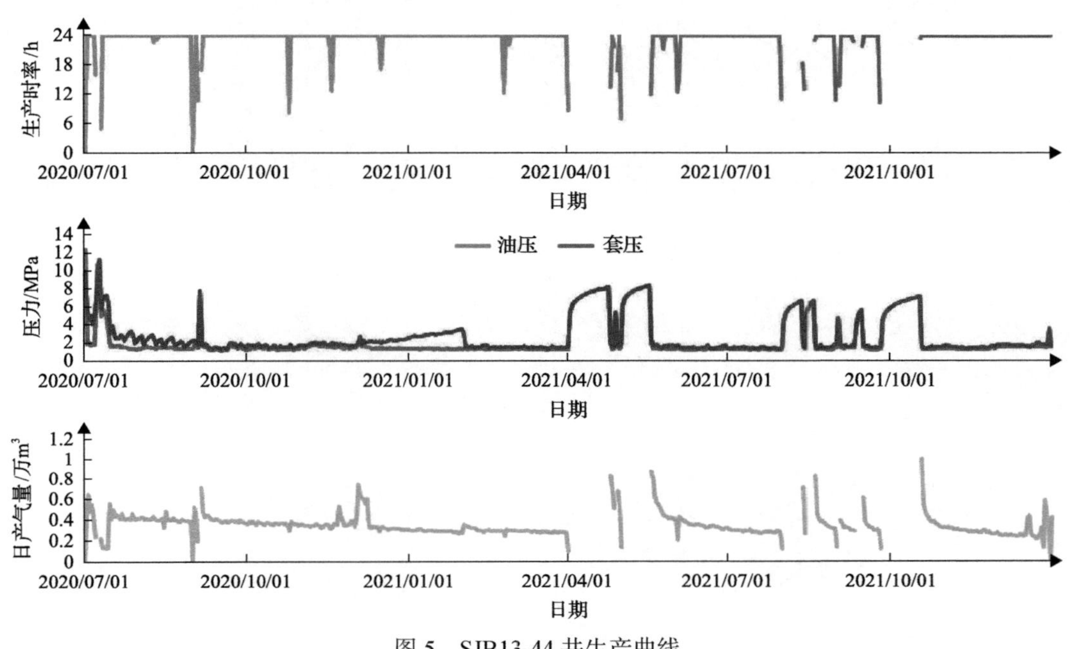

图 5 SJB13-44 井生产曲线

4 结论与认识

通过对三交北气田泡沫排水采气工艺技术应用分析，总结以下几点认识：

(1) 三交北区块气井平均产能较低，投产时返排率较低，造成气井普遍出液且携液能力不足逐渐积液，在气井生产的早期即需要排水采气措施介入。

(2) 通过实验优化药剂选型，使用匹配三交北地层水配伍的药剂既减少了对地层的伤害，又保证了泡排剂性能的稳定发挥。

(3) 通过生产动态分析结合施工中生产反馈，摸索气井出液规律和井筒积液程度，不断优化泡排作业中药剂的加注量和加注频率，从而保证有效排液。

(4) 三交北目前需要措施排液井较多，但是其中低产能气井的措施经济性相对较差，仍需调研考察其他性价比更好的措施，实现低产气井排水采气措施挖潜和降本增效之间的平衡。

参考文献

[1] 田发国, 冯鹏鑫, 徐文龙, 等. 泡沫排水采气工艺在苏里格气田的应用[J]. 天然气勘探与开发, 2014, 37(3): 57-60.

[2] 李积风, 孙龙飞, 祁炜, 等. 大宁-吉县区块致密砂岩气井排水采气工艺技术探讨[J]. 石油化工应用, 2016, 35(9): 69-73.

[3] 丁万贵, 刘金海, 刘世界, 等. 临兴先导试验区泡沫排水采气实践及认识[J]. 非常规油气, 2020, 7 (2): 67-74.

[4] 张书平, 白晓弘, 樊莲莲, 等. 低压低产气井排水采气工艺技术[J]. 天然气工业, 2005, 25 (4): 106-109.

[5] 耿新中, 赵先进, 郭海霞, 等. 积液停产气井泡沫排液诱喷复产工艺[J]. 钻采工艺, 2004, 27 (1): 58, 59.

[6] 马文海. 基于最小携液流速理论的泡排剂及其注入浓度优选方法[J]. 天然气勘探与开发, 2005, 28 (4): 43-48.

[7] 巫扬, 刘世常. 气井泡沫排水中起泡剂的研究与应用[J]. 天然气技术, 2007, 1 (2): 46-48.

[8] 张百灵, 周静. 新场致密砂岩气藏泡沫排水采气技术应用优化[J]. 天然气工业, 2003, 23 (3): 126-129.

[9] 张伟, 王阁. 泡沫排水采气技术研究[J]. 辽宁化工, 2021, 50 (6): 895-897.

三交区块煤层气水平井注水解堵工艺应用研究

张士钊，杨 连，石 贺，裴向兵，王 凯

（中石油煤层气有限责任公司北京项目管理分公司，北京 100028）

摘要：三交区块山西组煤层为中低渗、中等强度中阶煤储层，主力开发井型为多分支水平井。部分水平井在排采过程中出现因制度管控不当、停电或设备故障等原因造成储层压力波动，致使煤层大量吐粉或坍塌，造成井眼堵塞，进而导致产量断崖式下降，产能无法有效释放，制约了区块的效益开发。本文结合地质、工程、排采三方面进行动态研究分析，针对井眼堵塞情况，创新开展注水解堵工艺和技术研究，利用水力压裂原理对堵塞部位进行疏通，并在现场施工时加以应用，效果显著。同时，总结出该项工艺操作性强、效率高、成本低，且解堵后产量回升较快，可应用于实际生产过程，为煤层气多分支水平井稳产上产提供技术支撑。

关键词：三交区块；煤层气；多分支水平井；堵塞；注水解堵

Application research on removing blockage by water injection in coalbed methane multi-branch horizontal wells in Sanjiao Block

Zhang Shizhao，Yang Lian，Shi He，Pei Xiangbing，Wang Kai

（PetroChina Coalbed Methane Co., Ltd. Beijing Project Management Branch，Beijing 100028）

Abstract: The coal seam of Shanxi formation in Sanjiao Block is medium rank coal reservoir characterizes medium-low permeability and medium strength. The main development well type in this block is the multi-branch horizontal well. Due to inappropriate production management, power cutting, equipment failure, and other reasons, reservoir pressure fluctuation occurs in some wells during the drainage process, resulting in a large amount of coal fines, collapses in coal seam and then borehole blockage, which leads to a precipitous drop in output. The productivity cannot be released effectively, and the efficient development in Sanjiao Block is restricted. Aiming at removing the borehole blockage, combined with three aspects of geology, engineering, and production, the process and technology of removing blockage by water injection was studied innovatively in this paper. It was found that the blockage in borehole could be removed by using the principles of hydraulic fracturing. Then this study was applied in real site operations and significant effect was achieved. Meanwhile, it is concluded that this technology has the advantages of strong operability, high efficiency, low cost, and faster yield rebound after the blockage is removed so that it could be widely used in actual production to offer technological support for the stability and increase of production in multi-branch horizontal wells.

Keywords: Sanjiao Block; coalbed methane; multi-branch horizontal wells; blockage; removing blockage by water injection

三交区块共有多种类型的煤层气井，其中多分支水平井井数最多，产气贡献占比超区块总产量七成以上，是产能贡献的主力军。多分支水平井具有实现割理和裂隙更有效连通，使气、水快速产出，降低储层伤害，控制面积大等优点，但由于特殊的井身结构，以及煤储层应力敏感性强、水平井工程因素等

作者简介：张士钊(1986—)，工程师，从事煤层气生产运行管理与动态研究工作。地址：北京市朝阳区太阳宫南路 23 号丰和大厦，电话：18618297913，邮箱：zhangshizhao@petrochina.com.cn。

原因影响[1]，在排采过程中随着液体和气体向井筒中流动会不断把煤粉携带至近井地带[2,3]，因水平段通道局部起伏，易引起煤粉堆积，从而堵塞近井地带，导致产量断崖式下降，产能无法有效释放。由于水平井钻完井方式大多采用裸眼或主支下筛管完井，无法实现每个分支及侧钻点的有效支护，井眼重入困难，堵塞段难以清理，解堵施工周期长，难度大，成本高，这也是制约煤层气水平井长期高产稳产的一大难题。本文分析了造成多分支水平井近井带堵塞的原因，并通过创新开展注水解堵工艺研究及现场试验，为同类型水平井解堵、增产稳产提供一定的借鉴。

1　近井带堵塞原因分析

近井带堵塞的根本原因是煤粉运移过程中的局部聚集造成的堵塞现象，而煤粉产出量的多少受多种因素的综合影响，包括煤岩储层等地质因素以及钻井、排采等工程因素等[4]。

1.1　地质的影响

三交区块位于鄂尔多斯盆地东缘晋西挠褶带中部，总体表现为向西倾斜的单斜构造，地层倾角为3°～6°，断层不发育，构造比较简单。当前主力开发层系为山西组的$3^{\#}$+$4^{\#}$+$5^{\#}$煤层，广泛发育，整体西厚东薄，分布稳定，中南部煤层埋深一般为500～600m，埋深适中，演化程度属于肥煤，中等强度。水平井排采中出现的煤粉按照产生机理可分为储层演化过程中出现的原生煤粉和开发过程中出现的次生煤粉[5]。在煤层气排水采气过程中，由于水动力剥蚀、煤体破坏、岩石力学差异等因素均会产生煤粉，剪切破坏产生的煤粉易随流体参与运移。结合三交区块煤层气生产的特点，随着煤层气解吸，产水量逐步递减，通道内水层厚度会比较薄，固体床层会呈增厚趋势，根据流体迁移的规律[6,7]，煤粉由于水动力不足而发生沉降，由煤粉形成的固体床层激剧增高，易在近井地带形成堵塞点。

1.2　钻井的影响

水平井在水平段钻进过程中会对局部煤层进行破碎，产生大量煤粉，由于三交区块水平井水平段钻井过程中采用清水钻进，携带能力有限，会有一部分煤粉停留在水平段通道的某些拐点位置[8]，随着钻具在井壁上移动，重力作用使钻具躺在下井壁上，提钻后水平井下井壁将残留部分煤粉[9]，如图1所示。三交的水平井钻井工艺主要采用先钻分支、最后钻主支的“前进式”钻井方式，在分支与主支和分支与分支的侧钻点部位井壁稳定性差，存在垮塌等风险。同时，在水平井与生产直井偏心连通的过程中，多次划眼也会造成洞穴附近沉积大量煤粉，多次连通也同样存在垮塌等风险。

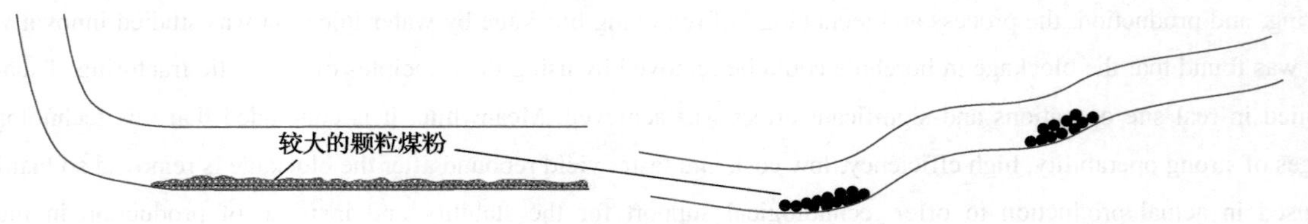

图1　水平井分支通道内残留煤粉示意图

1.3　排采的影响

煤层气排采是一个排水—降压—解吸—产气的过程，也是煤粉从煤储层向井筒中逐步运移至地面的过程，排采的全过程均伴有煤粉的产出：①随着排采的逐步深入，单井产气量逐渐升高，由于气、水两相流的影响，气相相对渗透率逐渐升高，水相相对渗透率逐渐降低，产水量逐渐变小，煤粉在向生产井筒运移的过程中逐渐在通道低洼处堆积，无法有效携带至地面[10]；②生产制度控制不合理，过大的生产压差增速，引起压敏效应，产生大量煤粉[11-13]；③生产不连续，恢复排采后，过高的产气增速，引起贾敏和速敏效应，产生大量煤粉[14,15]，见图2。

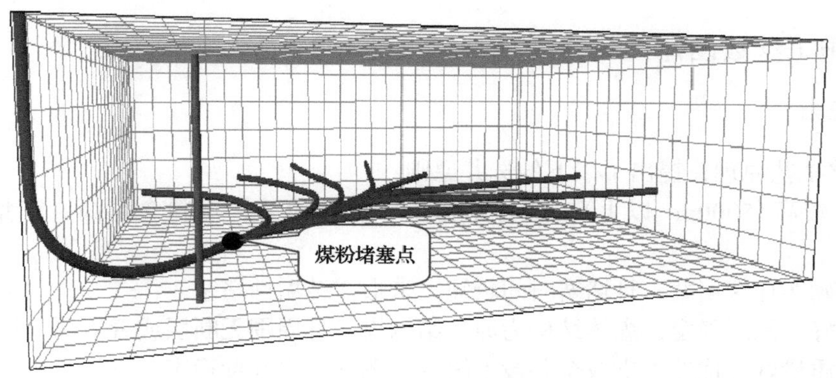

图 2　煤粉堵塞水平井近井带示意图

2　解堵方案分析

经过调研，目前多分支水平井解堵工艺主要有三种，分别是水平井眼重入钻井（工程井通井）、压差解堵和氮气泡沫解堵。由于井眼重入、氮气解堵费用较高，压差解堵在低产水井中应用效果不理想，无法推广应用。我们通过将氮气泡沫解堵与水动力压裂原理相结合，创新研究出第四种工艺，即注水解堵工艺。该工艺具有施工周期短、见效快、成本低等优点。因此，优先开展注水解堵工艺研究及现场试验，具体施工周期、成本和工艺利弊分析，详见表 1。

表 1　解堵工艺施工对比表

工艺名称	井眼重入钻井	压差解堵	氮气泡沫解堵	注水解堵
施工周期/天	10～15	3～5	7	0.5
施工费用/万元	37.5	3.58	45	0.5
工艺优点	解堵效果好	施工周期短，费用低	施工周期短，解堵成功率高	施工周期短，费用低
工艺缺点	井眼重入难度大，施工周期长	对于低产水量井解堵成功率不高	施工费用高	对于高产水量井解堵成功率不高

2.1　注水解堵工艺原理

通过泵车将清水加压后，从水平井的生产直井井口套管闸阀进入，经过油套环空注入地层，增加水平井眼内的压能。通过静水柱压力+泵压将近井地带主井眼堵塞的煤粉冲开，随后启动抽采设备再逐步把近井筒地带储层裂隙、裂缝中的煤粉带出至地面，较大地改善了进井地带附近的渗透率，达到恢复产能的目的，见图 3。

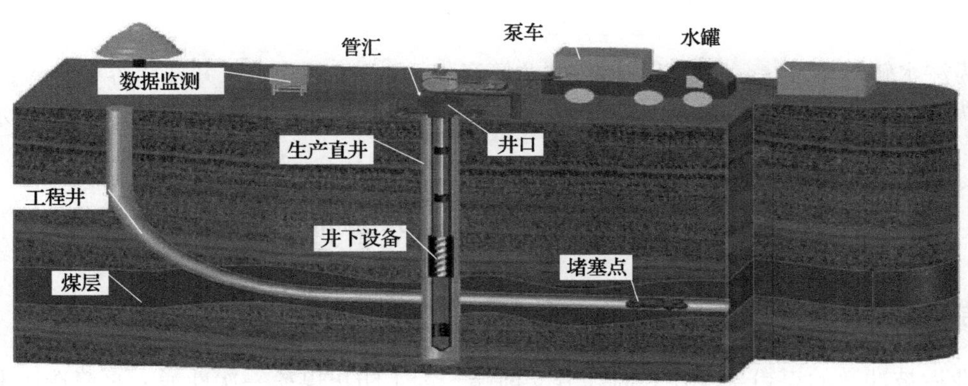

图 3　注水解堵工艺示意图

2.2　注水解堵施工参数设计

2.2.1　选井原则

根据注水解堵工艺原理，提出了以下的选井原则：

(1)历史产量较高($5000m^3$ 以上)，且日常排采中水质较差，煤粉含量高，产量短期呈现断崖式下降[16,17]。

(2)近井地带确实存在堵塞，且堵塞时间较短，未形成结垢性堵塞。

(3)地质条件好，储层稳定，煤体结构为原生结构煤，且周围无断层或者溶洞等构造。

(4)钻井工程质量好，优选主支或全井段下筛管、侧钻点少井壁稳定。

(5)井底流压尽可能降至最低(与注水解堵施工压力形成对比压差大，解堵效果好)。

2.2.2　施工压力

注水解堵主要目的在保障不破坏储层的条件下，疏通井眼堵塞点，恢复产量。施工压力的选择上，需要注重保护储层不被破坏，要注意施工压力低于破裂压力[18]，因此在现场施工中，施工压力先控制原始地层压力下保持，若无法疏通再提供施工压力，严禁高于破裂压力，在控压范围内要求曲线平稳，没有明显的压力突降，说明煤层保持稳定，没有出现破裂、坍塌的现象。

注液阶段，施工压力一般控制为两档：第一档最大值为满井筒静液柱压力 P_h

$$P_h = \rho_w g h \tag{1}$$

第二档最大值为煤岩破裂压力 P_c，施工压力可根据公式(2)计算：

$$P_h - P_r \leqslant \Delta P \leqslant P_c - P_r \tag{2}$$

式(1)和式(2)中，P_h为满井筒静液柱压力，MPa；h为满井筒静液柱高度，m；P_c为目标井煤岩破裂压力，MPa；ρ_w为注入液体密度，kg/m^3；P_r为储层流体压力，MPa；ΔP为注水井底压差，MPa，一般控制在5～10MPa。

2.2.3　备液量

备液量需根据目标井的井筒容积推导，可根据式(3)进行计算。

$$Q_W = (V_V + V_H - V_P)\varepsilon \tag{3}$$

$$V_V = \frac{\pi D_V^2}{4} \tag{4}$$

$$V_H = \frac{\pi(D_{H_1}^2 + D_{H_2}^2)}{4} \tag{5}$$

式中，Q_W为注水解堵备液量，m^3；V_V为直井井筒容积，m^3；V_H为水平井井筒容积，m^3；V_P为管柱体积，m^3；ε为注液量富裕系数，一般取1.5～2；D_V为生产直井井筒套管内径，m；D_{H_1}为水平井井筒套管内径，m；D_{H_2}为水平井三开钻头外径，m。

3　施工后续生产管理

3.1　排采制度管理

解堵作业后被冲散的煤粉悬浮在井筒和分支前端，为了防止煤粉一次性涌入泵筒造成卡泵现象，施工后需要静置 24h 后再启泵。恢复排采后要注意煤粉的控制，保持一定的排采强度以使近井地带悬浮的煤粉缓慢连续地产出，对煤粉的把控做到“大颗粒不出，小颗粒慢出”，切勿排采强度过大，致使大量煤粉再次聚集发生卡泵或近井带堵塞现象。

3.2 现场生产管理

恢复排采初期，要加强排采巡检频次，每天观察水质、水色和煤粉含量的变化，结合井底流压、套压、电流和扭矩的变化情况，及时判断储层产出情况。生产数据全天监测，排采过程中出现生产参数的异常波动，应首先保持地面设备稳定工作，同时观察出液口的水质是否变化，排查排采地面设备及井下设备，尽可能快地找到异常波动的原因，并及时处理。

4 施工实例分析

4.1 筛管完井水平井实施效果分析

SJ*03-V1 井位于区块西北部单斜构造带，3#+4#煤煤层埋深为 659.5m，煤层厚度为 6.3m，煤层进尺 4546m，钻遇率 97.16%，主支下入 PE 筛管 1441m。该井于 2017 年 2 月 15 日投产，2019 年 5 月 27 日达到最高日产气量 11253m^3，2020 年 4 月产量断崖式下降，井底流压下降至 0.66MPa，日产气量下降至 360m^3。2020 年 6 月 4 日组织实施注水解堵作业，清水注入量 44m^3，最高施工压力 6.63MPa，压降幅度最大 1.23MPa。该井注水解堵施工完毕后，井底流压扩散速度由快至缓，最终稳定在 2.89MPa，施工压力曲线见图 4。

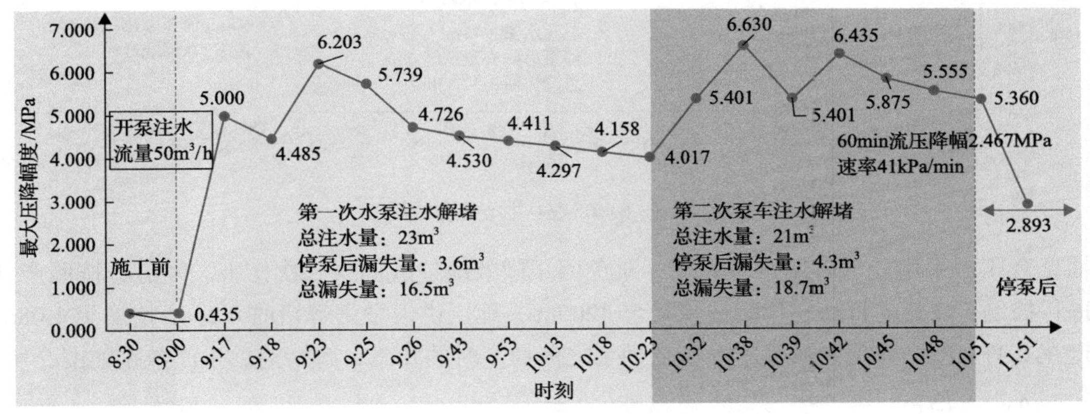

图 4　SJ*03-V1 井施工曲线图

启抽后，通过控制井底流压降幅来控制产气的增长速率，避免因排采强度控制不合理造成储层二次伤害。解堵后，该井的日产气量由 360m^3 逐渐恢复至 6500m^3，地层供液量由解堵前 0.5m^3 增加至 4.9m^3，井底流压稳定在 1.2MPa，各项参数基本上恢复到了之前稳产时的状态，解堵前后生产数据如图 5 所示，表明此次注水解堵再次恢复了通道的导流能力。

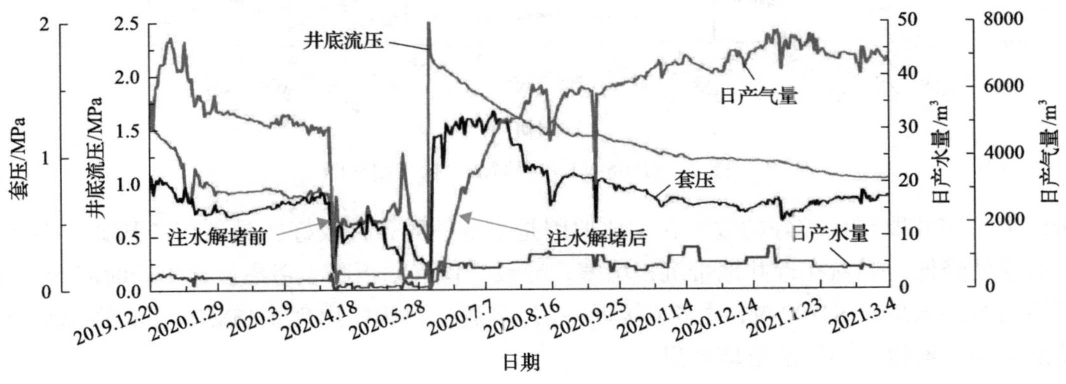

图 5　SJ*03-V1 井解堵前后排采曲线图

分析认为，该井见效的主要原因如下：一是该井地质条件好，在排采初期就表现出较高的上产潜力；二是该井产量下降的主要原因为修井后产气增速过快，速敏效应导致储层大量吐粉，堵塞通道，致使产能无法有效释放；三是该井主支下入 PE 筛管，井眼总体稳定性好，有利于煤粉的返排及疏通清理，较低的施工压力即可清除堵塞。

4.2 裸眼完井水平井实施效果分析

SJ*05-V1 井位于区块东南部单斜构造带，4#+5#煤煤层埋深为 403.8m，煤层厚度为 4.1m，煤层进尺为 4789m，钻遇率为 97.14%，裸眼完井。2011 年 4 月 1 日投产，2013 年 4 月 14 日达到最高日产气量 12700m^3，2016 年 10 月份修井后，日产气量 2400m^3，井底流压 0.444MPa，截至 2020 年 5 月，日产量仅为 60m^3。2020 年 6 月份实施注水解堵作业，清水注入量 71m^3，最高施工压力 3.212MPa，压降幅度最大 1.45MPa，施工压力曲线见图 6。

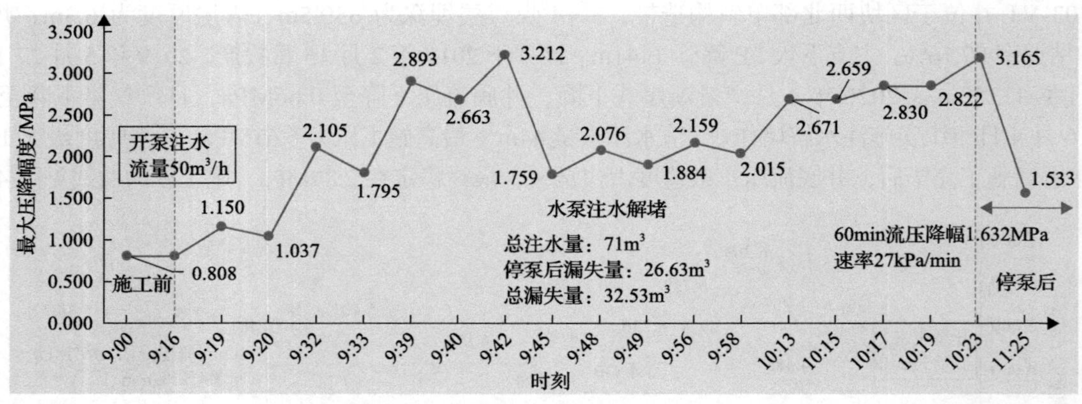

图 6　SJ*05-V1 井施工曲线图

启抽见套压，采用最低转速运行一周，避免因压敏效应造成储层二次伤害。随后，按照产气上升阶段制度进行控制，该井的日产气量缓慢恢复至 4200m^3，地层供液量由解堵前 0.24m^3 增加至 1.08m^3，井底流压稳定在 0.37MPa，各项参数基本上恢复到了之前稳产时的状态，解堵前后生产数据如图 7 所示。

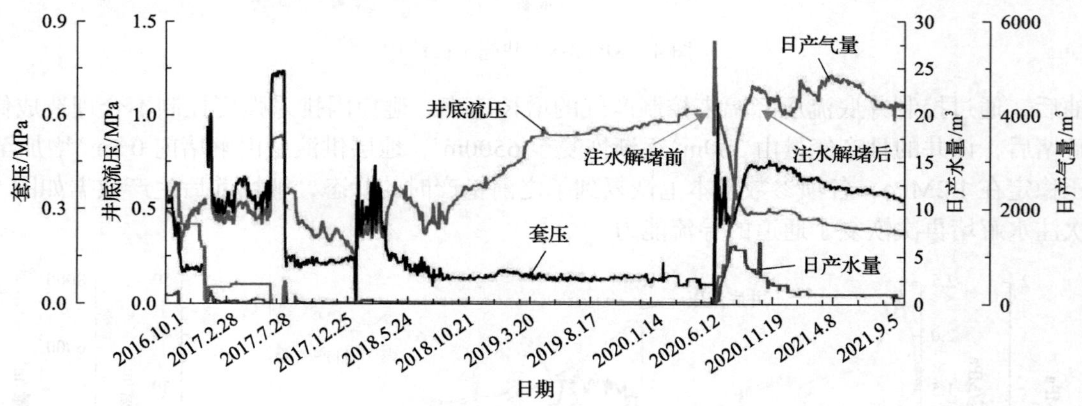

图 7　SJ*05-V1 井解堵前后排采曲线图

分析认为，该井取得比较好的效果，主要原因是本身地质条件较好，具备高产基础，因在排采过程中随着产液量的降低，煤粉在近井地带沉积堵塞，导致产量大幅下降。考虑该井生产时间接近 10 年，本次注水解堵清水注入量较 SJ*03-V1 井多了接近一倍，从施工过程中出现 1.45MPa 压力降幅结合后期产气量恢复情况判断，取得了不错的解堵效果。

截至 2021 年 9 月，三交区块共实施了 6 口井注水解堵，其中 5 口井见到明显效果，措施成功率为 83.33%，平均单井恢复产量 3000m^3 以上，按照气价 1.6 元/m^3 进行计算，平均投入产出比 1∶245，详见表 2。

表 2 注水解堵情况统计表

序号	井号	投产时间	解堵时间	解堵前产气量/(m^3/d)	解堵前产水量/(m^3/d)	解堵后产气量/(m^3/d)	解堵后产水量/(m^3/d)	投入/万元	产出/万元
1	SJ*01-V1	2015.07.16	2020.05.04	120	0.12	4424	1.92	0.10	282.61
2	SJ*03-V1	2017.02.15	2020.06.04	360	0.5	6552	4.9	0.55	44.91
3	SJ*05-V1	2011.04.11	2020.06.16	60	0.24	4224	1.08	0.25	313.89
4	SJ*06-V1	2011.05.06	2020.09.20	720	4.8	2040	7.8	0.97	2.77
5	SJ*02-V1	2009.10.23	2021.03.30	1440	1.27	840	0.72	0.52	0
6	SJ*07-V1	2017.07.01	2021.04.25	1421	0.22	8469	0.74	1.01	188.66

5 结论与建议

(1) 利用水动力压裂原理对堵塞部位进行冲击解堵的注水解堵工艺技术，在三交区块已实施了 6 口井试验，其中 5 口井效果明显，平均单井恢复产量 3000m^3 以上，平均投入产出比 1∶245，产量及经济效益显著。

(2) 截至目前施工的注水解堵作业，都是针对原本储层条件较好、产量高，由于井眼被煤粉堵塞导致的产量下降等情况进行解堵，对于因地质、工程原因导致产量较低的井未做实验，均是采用的清水进行施工，下一步可尝试采用煤层采出水或增加解堵剂等药剂，同时进一步优化施工压力以及注入液量等参数，提高配伍性和解堵效果。

参 考 文 献

[1] 张建国, 苗耀, 李梦溪. 沁水盆地煤层气水平井产能影响因素分析[J].中国石油勘探, 2010, 15(2): 49-54.

[2] 史玉胜, 张红星, 房克栋, 等. 某区块煤层气多分支水平井氮气措施探索[J]. 天然气与石油, 2017, 35(1): 74-77.

[3] 刘升贵, 王振彪, 秦利峰, 等. 三交区块煤层气井产液规律及排采强度[J]. 辽宁工程技术大学学报:自然科学版, 2014, 33(1): 1-4.

[4] 刘升贵, 涂坤, 彭智高, 等. 三交区块煤层气井煤粉产出动态规律及管控措施[J]. 辽宁工程技术大学学报:自然科学版, 2016, 35(8): 785-790.

[5] 王旱祥, 兰文剑. 煤层气井煤粉产生机理探讨[J]. 中国煤炭, 2012, 38(2): 95-97.

[6] 柳迎红, 房茂军, 廖夏. 煤层气排采阶段划分及排采制度制定[J]. 洁净煤技术, 2015, 21(3): 121-124.

[7] Bai T, Chen Z, Aminossadati S M, et al. Experimental investigation on the impact of coal fines generation and migration on coal permeability[J]. Journal of Petroleum Science and Engineering, 2017, 159: 257-266.

[8] 曹立虎, 张遂安, 石惠宁, 等. 沁水盆地煤层气水平井井筒煤粉迁移及控制[J]. 石油钻采工艺, 2012, 34(4): 93-95.

[9] 刘长雄, 唐锋, 廖军, 等. 利用氮气泡沫解除煤层气水平井堵塞的研究和应用[J]. 长江大学学报(自科版), 2018, 15(1): 50-54.

[10] 杨娟, 欧发甫, 樊文娟. 沁水樊庄区块煤层气储层评价及增产技术分析[J]. 内蒙古石油化工, 2015, (16): 92, 93.

[11] 马飞英, 刘全稳, 王林, 等. 单相水流阶段煤层裂缝中沉积煤粉的起动[J]. 煤炭学报, 2016, 41(4): 917-920.

[12] 傅雪海. 我国煤层气勘探开发现存问题及发展趋势[J]. 黑龙江科技学院学报, 2012, 22(1): 1-5.

[13] 张遂安, 曹立虎, 杜彩霞. 煤层气井产气机理及排采控压控粉研究[J]. 煤炭学报, 2014, 39(9): 1927-1931.

[14] 赵武鹏, 张惠南, 纪彦波. 浅谈生产管理因素对煤层气多分支水平井产气量的影响——以沁水郑庄区块某作业区为例[J]. 化工管理, 2016, (30): 8.

[15] 吴昊镪, 彭小龙, 朱苏阳, 等. 煤层气井煤粉成因、运移和防控研究进展[J].油气藏评价与开发, 2020, 10(4): 70-80.

[16] 朱炎琛, 刘刚, 姜艳. 氮气泡沫混排解堵+酸化技术在联浅 9—2 井中的应用[J]. 工程技术, 2015, (3): 79.

[17] 李军军, 郝春生, 王维, 等. 氮气震动压裂解堵工艺在煤层气井储层改造中的应用[J]. 煤矿安全, 2018, 49(10): 147-151.

[18] 赵东, 冯增朝, 赵阳升. 高压注水对煤体瓦斯解吸特性影响的试验研究[J]. 岩石力学与工程学报, 2011, 30(3): 547- 555.

鄂尔多斯盆地东缘煤系天然气勘探历程与启示

杨秀春[1,2]，林文姬[2]，赵龙梅[2]，时小松[2]，莫司琪[2]

（1. 中石油煤层气有限责任公司，北京 100028；2. 中联煤层气国家工程研究中心有限责任公司，北京 100095）

摘要：依据勘探理论为引领、地质认识深化为基础、勘探技术为支持、勘探工作量为依据、勘探发现为结果的原则，系统梳理了鄂尔多斯盆地东缘煤系天然气地质认识、勘探方向、勘探技术及勘探成果，结合钻井、地震、储量、产量等数据分析，将勘探历程划分为浅层煤层气勘探、浅-中、深层煤层气规模勘探、煤系地层综合勘探三个阶段。重点剖析各勘探阶段勘探认识、战略思路转变及勘探成果，总结了鄂尔多斯盆地东缘煤系勘探理论和配套工艺技术、“甜点”区评价指标体系、煤系地层立体勘探模式等对于勘探突破的重要启示，以期对其他地区煤系地层天然气勘探提供借鉴。

关键词：鄂尔多斯盆地东缘；立体勘探模式；勘探启示；勘探历程

Exploration history and enlightenment of coal-derived gas exploration in the eastern margin of Ordos Basin

Yang Xiuchun[1,2]，Lin Wenji[2]，Zhao Longmei[2]，Shi Xiaosong[2]，Mo Siqi[2]

（1. PetroChina Coalbed Methane Co., Ltd., Beijing 100028；2. China United Coalbed Methane National Engineering Research Center Co.,Ltd., Beijing 100095）

Abstract: According to the principles of exploration theory as the guidance, deepening geological understanding as the foundation, exploration technology as the support, exploration workload as the basis, and exploration discovery as the result, systematically sorted out geological understanding, exploration direction, exploration technology and exploration results of coal-derived gas in the eastern margin of Ordos Basin, combined with analysis data of drilling, seismic, reserves and production, divided exploration course into three stages: the stage of shallow CBM exploration, the stage of shallow-medium-deep CBM exploration, and the stage of comprehensive exploration of coal-derived gas of coal measure strata. This paper analyzes the exploration stage, strategic idea transformation and exploration results, summarizes the eastern margin of Ordos Basin coal exploration theory and supporting technology, “dessert” area evaluation index system, the stereoscopic exploration strata for the exploration and so on important revelations of the breakthrough, hope coal-derived gas exploration to provide reference for other regions.

Keywords: eastern margin of Ordos Basin；three-dimensional exploration model；exploration enlightenment；exploration history

1 工 区 概 况

鄂尔多斯盆地东缘（以下简称“鄂东缘”）地跨山西、陕西、内蒙古三省（区），主体沿黄河流域呈南北分布，呈狭长弧形带状，南北长约 450km，东西宽 50～100km，总面积约 4.5 万 km^2。区域构造位置属于华北板块鄂尔多斯盆地晋西挠褶带、渭北隆起和伊盟隆起的东段，构造特征总体相对简单，整体形态

作者简介：杨秀春（1970—），高级工程师，主要从事油气地质研究。地址：北京市朝阳区太阳宫南街 23 号丰和大厦，电话：010-63593797，邮箱：yangxicuhun2009@petrochina.com.cn。

呈西倾单斜。本次研究范围主要是中石油煤层气公司矿权范围，面积约 1.215 万 km^2。上古生界煤系气资源丰富。具有储层非均质性强、含气层组多、存在多个压力系统的特征[1-3]，煤层气和致密砂岩气已实现勘探突破和商业开发。

煤层气勘探目的层为山西组 4#+5#煤、太原组 8#+9#煤层。特点是煤阶变化范围大、埋藏深度变化范围大。4#+5#煤层厚度 1～15m，一般大于 2.5m；8#+9#煤层厚度 2～20m，一般大于 3.5m。煤层埋深在区域上呈“三浅两深”分布格局，保德、三交、韩城区块埋藏较浅，深度为 300～1200m；大宁-吉县、石楼西区块埋藏较深，深度为 800～2600m。煤变质程度随埋深变大逐渐变高，区域上呈南高北低、西高东低变化趋势，北部以低变质程度的气、肥煤为主，中部及南部为中、高变质程度的瘦煤、贫煤为主，煤岩镜质组反射率 R_o 范围为 0.6%～2.78%，煤层含气量变化较大，为 2～30m^3/t。

致密砂岩气勘探目的层为山西组山 2 段、山 1 段、石盒子组盒 8 段砂岩，有效砂体厚度为 5.5～7.9m，岩性以岩屑石英砂岩、石英砂岩为主，孔隙度为 6.6%～7.4%，渗透率为 0.12～0.25mD，平均含气饱和度 58.8%～61.9%，属于特低孔渗储层，山 2 段为主力开发层系。

20 世纪 90 年代鄂东缘开始进行煤层气勘探、煤系地层综合勘探，截至 2020 年底，累计探明煤层气、致密砂岩气地质储量为 4474.22 亿 m^3，发现了韩城、保德、三交、临汾煤层气田以及大宁-吉县、石楼西、三交北致密砂岩气田等，2020 年产气量超过 25 亿 m^3。

2　勘探历程

鄂东缘上古生界石炭系—二叠系煤成气种类丰富，主要指生成于煤系地层并分别储集于煤岩、致密砂岩、页岩储层中的天然气，包括煤层气、致密砂岩气及页岩气三类气种。区内煤成气勘探始于 20 世纪从 90 年代，随着勘探程度提高、地质认识深化及技术水平提升，勘探对象、勘探领域及勘探思路先后发生了三次较大变化：1990～2007 年，主要是在“浅层富煤区构造高点富集”理论指导下，在煤田详查/精查区内，寻找“埋深小于 800m、煤层厚度大、高含气量、构造高点煤层气富集区”，勘探对象为浅层煤层气。2008～2012 年，在“水动力控气-构造调整-单斜缓坡成藏”理论指导下，形成“甜点”富集区评价指标体系，勘探深度扩展到 1500m，煤阶扩展到低、中、高等多个煤阶，勘探浅层-中深层、低-中高煤阶煤层气。2013～2020 年，在“煤系广覆式生烃”理论指导下，构建“煤系地层立体勘探”模式，勘探范围扩展到 2000m 以深地区。

按照勘探理论为引领、地质认识深化为基础、勘探技术为支持、勘探工作量为依据、勘探发现为结果的原则，系统梳理了鄂尔多斯盆地东缘石炭系—二叠系煤系地层地质认识、勘探方向、勘探技术及勘探成果，结合钻井、地震、储量、产量等数据分析，将勘探历程划分为成三个阶段：浅层煤层气勘探阶段（1990～2007 年）、浅—中—深层煤层气规模勘探阶段（2008～2012 年）、煤系地层天然气综合勘探三个阶段（2013～2020 年）（图 1）。

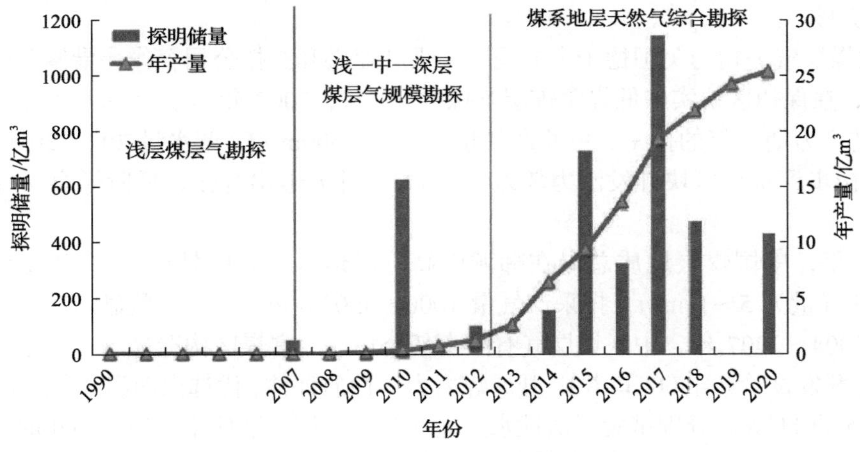

图 1　鄂尔多斯盆地东缘煤系地层勘探阶段划分

2.1 浅层煤层气勘探阶段（1990～2007 年）

1. 煤层气早期勘探评价阶段（1990～1996 年）

鄂东缘煤炭资源丰富，煤炭勘探始于 20 世纪 50 年代，区内煤田勘探程度相对较高，共有煤田钻孔 1000 余口，为浅层煤层气勘探开发提供了重要基础资料。煤层气勘探始于 20 世纪 90 年代开始，依托河东煤田勘探基础，借鉴美国圣胡安盆地“中高煤阶煤层气成藏”经验，在埋深 800m 以浅开展中高阶煤层气资源评价[4]。1990～1996 年，地矿部华北石油勘探局和美国 Arco 公司在河东煤田中段离石鼻状构造南翼柳林地区实施 6 口小井组排采，煤层埋深为 343～409m，R_o 为 1.4%～1.72%，煤层含气量 10～20m^3/t。单井日产气量 1500～3000m^3。受当时技术水平限制，产气量递减较快，煤层气勘探进展较慢。

2. 煤层气重点勘探突破阶段（1996～2007 年）

1996 年中联煤层气有限责任公司成立后，联合外资企业，开展煤层气重点区块评价。该阶段按照“区域富煤区构造高点”中高煤阶煤层气成藏理论，优选出韩城、大宁-吉县、石楼南、石楼北、石楼北等区块。煤层气勘探技术以引进、消化、吸收美国直井-水力压裂-排采技术为主[5-7]，并逐步探索适用于该区的技术。截至 2007 年底，累计实施二维地震 1510.91km，煤层气探井 30 口（图 2）。在韩城区块取得了煤层气勘探突破，在大宁-吉县、保德区块实施煤层气井组排采试验，未能达到预期效果。

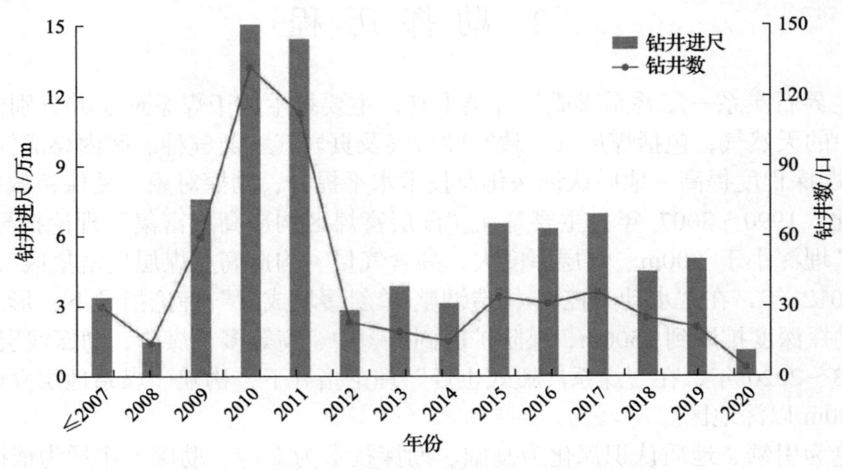

图 2 鄂尔多斯盆地东缘勘探钻井工作量统计

2001～2007 年，中国石油天然气集团公司煤层气项目经理部在大宁-吉县地区 1000m 以浅地区，对吉试 18 井高煤阶煤层气井压裂排采，产气量 1300^3/d；中石油长庆油田分公司对回宫井组的宫 1 井、宫 1-2、宫 1-4 井压裂后排采，初期单井产气量 1000～3000m^3/d，但气井产量递减较快。大宁吉县区块高煤阶勘探未能取得突破。

2000 年中联煤层气公司与美国德士古公司、澳大利亚必和必拓公司合作，借鉴美国粉河盆地“低煤阶煤层气”技术，在保德区块实施低煤阶煤层气探井 13 口，2007 年 5 月，采用水平井完井技术，对 4 口井 8$^\#$+9$^\#$煤层进行为期一年的排采，单井产气量 1500～3600m^3/d，产水量 20～320m^3/d。由于产气量较低、水量较大，初步评价该区块开发潜力较差，2009 年外方退出合作，低阶煤煤层气勘探未取得实质性突破。

1996～1997 年，中国煤炭地质总局在韩城中高阶煤地区实施的韩试 1 井煤层渗透率为 1.956～16.17mD，煤层含气量为 5～11m^3/t，排采产气量 1000～3500m^3/d。储层参数显示较好，为下一步井组评价提供了基础。2004～2007 年，中联煤层气有限责任公司以“富煤区构造高点”为指导，在板桥鼻隆区实施 WL1 先导性开发试验井组（11 口井）。开展煤岩力学性质评估，优选山西组 3$^\#$煤、5$^\#$煤进行分层压裂，暂不压裂构造破碎的 11$^\#$煤，分别试验了活性水、盐水及清洁压裂液体系。经过两年时间排水降压，井组获得稳定产气量 8000～10000m^3/d，鄂东缘中高阶煤层气勘探获得突破。韩试 1、WL1 井区提交了鄂东缘第一个煤层气新增探明储量 50.78 亿 m^3，探明含气面积 41.7km^2。

2.2　浅-中、深层煤层气规模勘探阶段(2008～2012 年)

中石油煤层气有限责任公司自 2008 年成立以来，加大勘探力度，全面开展鄂东缘全区煤层气地质条件分析与对比，确定主力煤层划分对比方案，突破“构造高点”选区理论，提出煤层气“水动力控气-构造调整-缓坡单斜”成藏[8-12]，在“缓坡单斜以及鼻隆构造”理论指导下，建立煤层气低煤阶、中高煤阶煤层气“甜点”选区评价指标体系，有效指导优选出保德、大宁-吉县、三交等重点区块的煤层气“甜点”富集区。以勘探理论为引领、地质认识深化为基础，转变勘探思路，开展多煤阶(低-中-中高煤阶)、浅层-中深层(埋深 500～1500m)规模勘探，探索形成配套的储层改造及排采工艺技术，指导实现了煤层气勘探工作量、储量、产量快速增长。

2008～2012 年，累计实施二维地震 3649.015km，钻井 203 口，新增煤层气探明储量 908.3 亿 m^3，年产气量稳步上升。其中保德区块中浅层中低阶煤层气勘探取得突破，建成国内第一个商业化开发的中低煤阶煤层气藏；大宁-吉县区块采取针对性的勘探技术后，中深层高煤阶煤层气勘探取得突破；韩城区块中高煤阶煤层气采取优化勘探层段后，取得多层系勘探突破。

1. 保德区块中浅层中低阶煤层气勘探突破

针对前期水平井单采太原组 $8^{\#}+9^{\#}$煤层，产气量不稳定、产水量大、减压排液难的困境，深入研究中低阶煤层气富集主控因素，提出“水动力控气-缓坡单斜成藏”理论，建立了中低阶煤层气“甜点”指标体系，指导区块快速取得勘探突破。2009～2012 年，实施二维地震 352.9km，三维地震 181km^2，煤层气探井/评价井 13 口。系统评价影响煤层气保存的顶底板岩性、含水性及区域水动力条件，改变了前期太原组 $8^{\#}+9^{\#}$煤单一目的层认识，确认山西组 $4^{\#}+5^{\#}$煤层和太原组 $8^{\#}+9^{\#}$煤均可作为主力层系，在区块北部弱水动力区，优选出一类“甜点”区面积 160km^2：煤层埋深 400～1200m，煤层镜质组反射率 R_o 为 0.71%～1.22%，属于低变质程度的气煤、肥煤，煤层含气量一般为 2～10m^3/t。两套煤层累计厚度为 10～30m，间距为 50～90m，压力系数相当。随后在一类“甜点”区杨家湾鼻隆部署丛式大井组(23 口井组)，改变了以前水平井单排 $8^{\#}+9^{\#}$煤技术的思路，采用丛式井合层压裂排采 $4^{\#}+5^{\#}$煤与 $8^{\#}+9^{\#}$煤。

该阶段实施的保 1-3 向 2 井获得稳定高产，日产量突破 6000m^3。井组取得良好动态显示。以“煤层气面积降压排采”为指导，快速部署 150 口井先导试验工程。处于排水降压初期阶段的 18 口井，平均单井产量 1844m^3/d，最高日产气量 7029m^3/d。气量随排采时间延长呈稳定增长趋势。排采时间 1 年以上的 11 口井，单井平均产气 2400m^3/d，先导试验大井组取得稳定高产，鄂东缘低阶煤层气勘探取得历史性重大突破。新增探明储煤层气储量共 343.54 亿 m^3。2012 年开展规模开发及滚动产能建设，至 2015 年底日产气量突破 150 万 m^3，至今年产量持续稳定 5 亿 m^3 以上。

2. 大宁-吉县区块中深层煤层气勘探突破

大宁斜坡、窑渠背斜西翼山西组 $5^{\#}$煤、太原组 $8^{\#}$煤层煤镜反射率 R_o 为 1.69%～2.30%，属于中高煤阶的瘦、贫煤阶段，煤层含气量为 10～20.11m^3/t，埋藏深度为 900～1500m，由于埋藏较深，地应力变化复杂、渗透率变低。单井产量低、递减快、稳产周期短、成本高等问题一直未能解决，主要原因是工艺技术不适用。2009～2012 年，加大勘探评价力度，实施二维地震 1745.95km，探井 54 口，评价井组 4 个，先后探索试验多种井型[13-15](L 型水平井、U 型井、丛式井)、多种井网(菱形井网、正方形井网)、多种井距(250m×300m～350m×330m)、不同层系组合(合采 $5^{\#}+8^{\#}$煤、单采 $5^{\#}$煤、单采 $8^{\#}$煤)；优化试验多种压裂液体系(活性水、清洁液、瓜尔胶、液氮拌注)及完井工艺，解决高应力煤层压裂过程施工压力高及砂堵、加砂困难等问题。

直井和水平井型分别取得了一定产气效果。其中直井吉 4 井 $5^{\#}$、$8^{\#}$煤层埋深分别为 1101.3m、1161.1m，产气量稳定 1000m^3/d 以上近 5 年时间，最高产气量 1750m^3/d。水平井桃-平 03 井 $5^{\#}$煤采用套管固井完井+定向射孔+分段压裂水平井工艺，产气量稳产 6000m^3/d 以上，获得中深煤层水平井高产突破。2016 年大宁-吉县区块吉 4-吉 10 井区完成新增煤层气探明储量 222.31 亿 m^3。

2.3　煤系地层综合勘探阶段（2013～2020 年）

2013 年以来，根据“广覆式生烃、大面积成藏”理论，开展鄂东缘致密砂岩气勘探，石炭系—二叠系具有煤层气、致密砂岩气纵向叠置、大面积成藏特征。构建煤系地层立体勘探模式[16,17]，快速取得致密砂岩气、深层煤层气勘探突破。

1. 石楼西等区块致密砂岩气勘探突破

2009 年以前由于主力层系认识不清及采用的勘探技术适用性不强，致密砂岩气试气产量偏低。2010 年开始加大勘探评价力度，实施非纵二维地震 1023.9km，预探井 32 口。建立“致密砂岩气富集区筛选评价标准”，转变以盒 8 段为主力层系的勘探思路，确定山 2 段为主力试气层系，同时加强钻完井与储层改造技术攻关。水平井 YH18-1H 井采用套管完井无级限分段压裂新技术，试气日产气 24.4028 万 m^3/d。石楼西区块致密砂岩气勘探取得重大突破。2014～2017 年累计探明致密天然气储量 1275.71 亿 m^3，2014 年开始产能建设，2019 年气田年产量达 10 亿 m^3。

2013 年以来，整体评价鄂东缘石炭系—二叠系致密气砂岩气勘探潜力，先后在大宁-吉县、三交北、紫金山等区块实现勘探开发突破，截至 2020 年底累计探明致密砂岩气储量 2270.22 亿 m^3。

2. 大宁-吉县区块深层煤层气勘探突破

前期受限于储层低渗、钻井成本高、储层改造技术不适用等因素，埋藏 2000m 以深煤层气被认为勘探禁区。2018 年以来，系统研究深部与浅部煤层气的差异，在煤岩吸附、解吸特征、煤岩割理充填矿物组分、顶板岩性及含水性等方面取得突破性进展和新认识，提出“压力控气-高饱和吸附成藏”新认识[18,19]，针对深部煤低孔、低渗、高饱和度的特征，强化煤层及顶板组合的工程可改造性，建立深煤层高阶煤“甜点”评价指标体系，指导优选出地质及工程“甜点”富集区。针对煤岩割理充填脆性矿物含量高的特征，改变传统的“煤层段”射孔思路，创新“顶板跨层”射孔压裂理念，实施 13 的口井均获工业气流，直井与水平井两种井型均获高产，其中 DJ37X2 井 $8^{\#}$煤层埋深 2217～2225m，采用活性水+清洁液复合压裂液，投产即见气，稳产 3500m^3/d。深层煤层气勘探获得高产突破。

3　勘探启示

3.1　建立不同深度“甜点”评价指标体系，扩展了煤层气勘探领域

系统研究不同埋深、不同煤阶煤层气赋存、储层特征及排采动态特征，总结煤层气富集成藏主控因素：浅层-中深层“水动力控气-单斜缓坡及正向构造单元”成藏，深层“温度、压力控气-高吸附饱和成藏”，以此建立煤层气“甜点”评价指标体系，指标体系分四大类主控因素、十一项指标，评价标准按照两类深度、三类煤阶设置，评价等级分Ⅰ类、Ⅱ类。该指标指导优选了鄂东缘煤层气有利区带。

1. 浅层-中深层“甜点”评价指标特征

保德区块中低煤阶煤层气水动力-构造控气为主，Ⅰ类“甜点”区关键指标：地层水矿化度为 2000～5000mg/L，水动力条件有效封堵煤层气，含气量大于 4m^3/t，在单斜构造及鼻隆区部位形成煤层气“甜点”富集区。

韩城区块中高煤阶煤层气构造调整控气为主，开放性断层切割煤层，破坏顶、底板的封存条件，断层附近煤层含气量降低至小于 6m^3/t。在无断裂发育的缓坡单斜和鼻隆区，保存条件较好，Ⅰ类“甜点”区含气量大于 10m^3/t，Ⅱ类“甜点”区含气量大于 6m^3/t。

2. 深层煤层气“甜点”评价指标特征

大宁-吉县深层煤层气以压力控气为主。Ⅰ类“甜点”区特征指标为吸附与储层可改造性：吸附含气饱和度高，大于 90%，吸附气含气饱和度随着深度加大而增加，达到最大吸附能力后，原地游离形成“超饱和”煤层气。煤岩割理物以充填脆性矿物易改造为主，顶板为隔层应力差大于 6MPa。

3.2 基于相控的地球物理储层预测技术，指导探明致密砂岩气千亿立方米储量

在煤层气井钻探过程中，发现鄂东缘下古生界煤层上下发育多套含气砂岩，石炭系—二叠系煤层和暗色泥岩广泛分布，具有广覆式生烃特征；本溪组、太原组主要为海相三角洲-障壁海岸沉积环境，发育障壁砂坝，砂体呈“点状”不连续分布，山西组为海陆过渡相沉积环境，发育多期水下分流河道，纵向上砂体多层叠置，累计厚度大。致密储集砂体与煤系气源岩相匹配，形成近距离运聚、大面积分布的岩性致密气藏。盒 8 段、山 1 段、山 2 段、本溪组是主力目的层，山 2 段、本溪组发育石英砂岩，储层物性好、单井产量高，盒 8、山 1 段发育岩屑砂岩，储层物性较差，敏感性强，单井产量较低。

山 2^3 亚段砂岩厚度与地层厚度具有明显的正相关关系，与下伏太原组地层厚度具有负相关关系，山西组早期水下分流河道沿古地貌低部位延展，在古地貌坡折和低洼处地层厚度大，河道发育期次多。太原组古地貌对山 2^3 期沉积相及砂体展布起到宏观控制作用。

大平台水平井开发模式：针对鄂东缘砂体规模小、横向不连续分布、有效储层识别及井位优选困难等问题，采用二维地震数据进行 90°相移转换，凸显薄储层和地层的反射界面，结合沉积微相研究、90°相移转换技术，有效识别山 2^3 亚段河道的下切、透镜状反射特征。河道刻画与地层吸收系数属性技术含气性检测结合，逐级刻画河道展布，和合—大吉—平 37—延川井区砂体呈北西-南东向展布，砂岩 5 厚度为 15m，分布稳定。提高大平台水平井部署质量，指导水平井随钻导向，有效提高了砂体钻遇率和单井产量，形成了以水平井为主体的建产开发开发模式，累计探明天然气储量超过 2000 亿 m^3，实现了鄂东缘多层系储层有效动用。

3.3 构建煤系立体勘探模式，实现多层系勘探突破

构建煤系地层立体勘探模式，具有两个方面内涵：①构建“煤层与顶底板统一含气系统”，提出间接压裂技术，在塑性煤层和脆性顶板（低泊松比、高弹性模量）同时射孔压裂，使裂缝在顶板和煤层中同时延伸，减少煤粉产出，形成“高速通道”，增大压降面积，解决了煤层压裂难以形成长效缝、煤粉堵塞的问题。韩城区块 H1 井 $5^{\#}$煤层深度为 578.2～583.8m，层顶板为 11m 砂岩，射孔段 577～582m，射开顶板 1.2m，取得煤稳定产气量突破 4000m^3/d。②构建“多气共采、一井多用”的概念，针对煤层气、致密砂岩气空间叠置分布特点，根据其不同的赋存和产出机理，一种方法是采用一套生产管柱系统时开采两类气体；另一种方法是利用低产的致密砂岩气井，后期开采深部煤层气，形成“一井多用，层间接替”的多层系勘探开发模式。

4 结论与认识

(1) 鄂尔多斯盆地东缘天然气勘探可分为三个阶段：1990～2007 年浅层煤层气勘探评价与技术探索阶段，勘探对象主要为埋藏深度小于 1000m 的浅层煤层气；2008～2012 年浅-中深层煤层气规模勘探阶段，勘探对象主要为埋深小于 1500m 浅层、中深层煤层气；2013～2020 年深层煤成气综合勘探阶段，勘探对象主要为埋深 2000m 以深的致密砂岩气、深煤层气。

(2) 深化研究煤层气生成、保存、富集与高产的主控因素，提出浅层-中深层煤层气“水动力控气-单斜缓坡及正向构造单元”成藏，深层煤层气“温度、压力控气-高吸附饱和成藏”，综合考虑资源可采性、储集层可改造性，建立了煤层气富集“甜点”评价指标体系，指导鄂东缘多个区块低-中高阶煤、浅层-中、深层煤层气勘探开发突破。

(3) 基于煤成气“同源共生、纵向叠置”理论认识，创建“煤系地层立体勘探”模式。利用顶板压裂技术解决构造煤储层改造渗流难题，利用“两气共采、一井多用”，实现煤系地层的多层系、多气种的有效勘探开发。

参 考 文 献

[1] 戴金星. 煤成气涵义及其划分[J]. 地质评论, 1982, 28(4): 84-86.

[2] 戴金星. 中国煤成气研究 20 年的重大进展[J]. 石油勘探与开发, 1999, 26(3): 1-10.

[3] 张义纲. 多种天然气资源的勘探[J]. 石油实验地质, 1982, 4(2): 10, 15-18.

[4] 接铭训. 鄂尔多斯盆地东缘煤层气勘探开发前景[J]. 天然气工业, 2010, 30(6): 1-6.

[5] 接铭训, 葛晓丹, 彭朝阳, 等. 中国煤层气勘探开发工程技术进展与发展方向[J]. 天然气工业, 2011, 31(12): 63-65.

[6] 张用德, 唐书恒, 张淑霞. 国外煤层气开发对我国的启示[J]. 中国矿业, 2013, 22(S): 4.

[7] 曹艳, 龙胜祥, 李辛子, 等. 国内外煤层气开发状况对比研究的启示[J]. 新疆石油地质, 2014, 35(1): 109-113.

[8] 秦勇, 袁亮, 胡千庭, 等. 我国煤层气勘探与开发技术现状及发展方向[J]. 煤炭科学技术, 2012, 40(10): 1-6.

[9] 刘大锰, 李俊乾. 我国煤层气分布赋存主控地质因素与富集模式[J]. 煤炭科学技术, 2014, 42(6): 19-23.

[10] 李勇, 孟尚志, 吴鹏, 等. 煤层气成藏机理及气藏类型划分——以鄂尔多斯盆地东缘为例[J]. 天然气工业, 2017, 37(8): 22-30.

[11] 伊伟. 鄂尔多斯盆地韩城矿区中煤阶煤层气成藏模式[J]. 新疆石油地质, 2017, 38(2): 165-170.

[12] 陈跃, 马东民, 方世跃, 等. 构造和水文地质条件耦合作用下煤层气富集高产模式[J]. 西安科技大学学报, 2019, 39(4): 644-655.

[13] 聂志宏, 巢海燕, 刘莹, 等. 鄂尔多斯盆地东缘深部煤层气生产特征及开发对策——以大宁—吉县区块为例[J]. 煤炭学报, 2018, 43(6): 1738-1746.

[14] 吴聿元, 陈贞龙. 延川南深部煤层气勘探开发面临的挑战和对策[J]. 油气藏评价与开发, 2020, 10(4): 1-11.

[15] 秦勇, 申建. 论深部煤层气基本地质问题[J]. 石油学报, 2016, 37(1): 125-136.

[16] 梁冰, 石迎爽, 孙维吉, 等. 中国煤系“三气”成藏特征及共采可能性[J]. 煤炭学报, 2016, 41(1): 167-173.

[17] 秦勇, 申建, 沈玉林. 叠置含气系统共采兼容性——煤系“三气”及深部煤层气开采中的共性地质问题[J]. 煤炭学报, 2016, 41(1): 14-23.

[18] 康永尚, 皇甫玉慧, 张兵, 等. 含煤盆地深层“超饱和”煤层气形成条件[J]. 石油学报, 2019, 40(12): 1426-1438.

[19] 李辛子, 王运海, 姜昭琛, 等. 深部煤层气勘探开发进展与研究[J]. 煤炭学报, 2016, 41(1): 24-31.

鄂东缘中低阶煤层气微构造控藏理论与实践

闫 霞[1,2]，徐凤银[1,2]，聂志宏[1,2]，刘 莹[1,2]，赵增平[1,2]，冯延青[1,2]

（1. 中联煤层气国家工程研究中心有限责任公司，北京 100095；2. 中石油煤层气有限责任公司，北京 100028）

摘要：资源落实的前提下煤层气井产量差异仍较大。基于鄂东缘中低阶煤层气保德区块十年的开发实践与认识，提出煤层气微构造控藏理论，从地质上明确了中低阶煤层气资源需要与特定有利的微构造条件相配合才能高产。研究剖析了微构造对煤层含气性、煤层地应力、渗透率和煤层气解吸后的气水分布等方面的直接作用，以及对煤层气井产气效果、压裂改造效果、见气或见水时间产生的间接影响；明确了煤层气高产井与低产井所在位置的煤层微构造特征，煤层气井抽采解吸后，打破了煤层原始平衡状态，不同微构造部位的气、水分布发生动态调整，不断解吸出来的煤层气将顺着渗流通道向上运移至封盖性好的正向微构造部位，从而形成持续不断、汇聚于此处的“动态气藏”。与常规天然气原始“静态”圈闭气藏不同，它是后期生产中不断降压解吸、运移至局部高部位聚集、新生的“动态”气藏。在煤层气资源落实条件下，形成基于微构造的中低阶煤层气“正向微构造+围岩封盖条件好”高产井培育模式，“平缓斜坡构造+围岩封闭条件好”中产井模式，避免部署“断层构造/煤矿采动区/径流区”低产低效井模式，为煤层气勘探开发与“甜点”优选提供重要指导和理论依据。

关键词：煤层气；微构造；控藏机理；渗透率；地应力；高产主控因素

Reservoir control theory and production practice of middle and low rank coalbed methane microstructure in the eastern Ordos Basin

Yan Xia[1,2], Xu Fengyin[1,2], Nie Zhihong[1,2], Liu Ying[1,2], Zhao Zengping[1,2], Feng Yanqing[1,2]

(1. China United Coalbed Methane National Engineering Research Center Co., Ltd., Beijing 100095;
2. PetroChina Coalbed Methane Company Limited, Beijing 100028)

Abstract: On the premise of resource implementation, the production difference of coalbed methane wells is still large. Based on the ten-year development practice and understanding of Baode block of middle and low rank coalbed methane in the eastern Ordos Basin, the theory of coalbed methane microstructure reservoir control is put forward, and it is geologically clear that the middle and low rank coalbed resources need to be matched with specific favorable microstructure conditions in order to produce high yield. The direct effect of microstructure on coal seam gas content, coal seam in-situ stress, permeability and gas water distribution after coalbed methane desorption, as well as the indirect effect on gas production effect, fracturing effect and gas or water breakthrough time of coalbed methane wells are studied and analyzed. The microstructure characteristics of the coal seam where the high-yield and low-yield wells of coalbed methane are located are defined. After the extraction and descrption of coalbed methane wells, the original equilibrium state of the coal seam is broken, and the gas and water distribution in different microstructure parts are dynamically adjusted. The continuously desorbed coalbed methane will migrate upward along the seepage channel to the positive microstructure part with good sealing performance, so as to form a continuous “dynamic gas reservoir” converging here. Different from the original “static” closed gas reservoir of conventional natural gas, it is a new “dynamic” gas reservoir that continuously depressurizes, desorbs, migrates to local high parts and accumulates in later production. Under the condition of the implementation

---

基金项目：国家科技重大专项课题“煤层气高效增产及排采关键技术研究”（2016ZX05042-002），中国石油天然气股份有限公司重大科技专项“煤层气藏生产规律与技术政策研究”（2017E-1405）。

作者简介：闫霞（1984—），高级工程师，主要从事煤层气及非常规油气开发地质研究工作。地址：北京市朝阳区太阳宫南街23号丰和大厦，电话：010-63593791、13811345352，邮箱：yanxia_cbm@petrochina.com.cn。

of CBM resources, the high-yield well cultivation mode of “positive microstructure + good surrounding rock sealing conditions” and “gentle slope structure + good surrounding rock sealing conditions” of medium and low-grade CBM based on microstructure shall be formed to avoid the deployment of the low-yield and low-efficiency well mode of “fault structure / coal mining area / runoff area”. It provides important guidance and theoretical basis for coalbed methane exploration and development and dessert optimization.

Keywords: coalbed methane; microstructure; reservoir control mechanism; permeability; in-situ stress; main controlling factors of high production

由于煤层气“自生自储”的特点[1]，通常认为只要煤层厚度足够大、含气量高、面积广，煤层气区块规模建产后期就会有较高的产量，故诸多研究把关注点放在了煤层静态富集资源研究[2-6]，对煤层气前期勘探投入力度(三维地震)严重不足。针对中低煤阶煤层气开发地质研究，王涛等[7]对比了国内外低阶煤储层特征，指出国内低阶煤盆地在埋深相同条件下含气量低，渗透率比美国、澳大利亚低阶煤盆地低了1～2个数量级，是导致国内低阶煤盆地比美国和澳大利亚低价煤盆地产气效果差的主要地质原因。文献[8]～[11]指出，对于中低阶煤煤层气产气效果而言，除了含气量之外，认识到渗透率对中低阶煤层气开发效果的重要性。文献[12]～[18]指出，澳大利亚Bowen盆地、鄂尔多斯盆地如神府和保德地区、准噶尔盆地南缘和东南缘如彩南等地区，出现了中低阶煤构造高部位高产的现象，例如澳大利亚 Bowen盆地[12]含气量不到7m^3/t、埋深浅的构造高部位，由于渗透性好，产气效果也好。李金平等[18]发现，鄂尔多斯盆地西南缘彬长矿区，在排采初期构造高点的低阶煤煤层气井抽采效果好于构造低点的井。此外，以上研究或者仅局限于排采初期或者仅局限于当时短期统计规律和气水分异原理的讨论，未对煤层气井稳产后效果分析，也未能上升到“气藏”的高度来理解微构造对煤层气的控藏机理。

文献调研中发现，煤层气井采出程度超过100%现象并非个例，这种现象也在鄂尔多斯盆地东缘保德区块出现。以鄂东缘中低阶煤层气保德区块为例，发现了微构造[19,20]对煤层气开发效果的重要性，相继提出微构造控藏理论，从地质上明确了煤层资源需要与特定有利的微构造条件相配合才能高产。

1 鄂东缘中低阶煤煤层气生产特征规律

1.1 区块地质特征

鄂东缘保德区块整体构造为一简单的西倾单斜，但单斜发育多个次生褶皱。之前研究存在问题：①仅考虑东西向埋深差异；②低产区域划分粗糙，单元粗略平分为东、中、西部，平均值掩盖诸多问题；③从未细致研究过高产、低产井相关地质微构造特征。 本次研究将区块划分出4个低产条带，四周外推1.5个井距定义为邻区。通过开展低产条带与邻区地质参数比对研究，筛选出最大差异因素共同为构造特征。根据构造线走向和形态，细致勾画出次生褶皱条带：5个背斜褶皱(鼻隆)、4个向斜褶皱(沟槽)。这里的煤层微构造/煤次生褶皱是基于小于10m(1～10m)的构造线刻画得到精细的构造形态。

1.2 生产特征规律

(1)高、低产井分布与次生褶皱背斜、向斜相关性高达到93%，且高产井所在的微构造主要位于顶板为泥岩的宽缓背斜。

①产量与微构造相关性：在126口高产井中，有117口位于次生褶皱背斜中，符合率高达93%；在74口低产井中有60口位于次生褶皱向斜中，符合率高达81%。

②高产井微构造特征：第一，所在背斜的构造线变化较缓的宽缓背斜；第二，顶板以泥岩为主，顶板封盖性较好。

③低产井微构造特征：低产井主要分布在构造线变化较陡的沟槽单元。只要是沟槽，顶板封盖性好

差与否相关性不大。另外，除了埋深因素，向斜轴部剩余含气量最高，但见气最慢。鼻隆井具有上产快、日产量和累计产气均高、产水量较少的特点；沟槽井具有产水大、产气低、上产缓慢特点。

根据不同微构造单元平均排采曲线特征(图 1)，排采效果最好的为鼻隆单元井，29.85%的井数贡献了55%的累计产量，2015 年底进入稳产阶段，稳产平均 4500m^3/d；其次是斜坡单元井，稳产平均 1800m^3/d；沟槽单元产气量最低，累产气占比 1%。

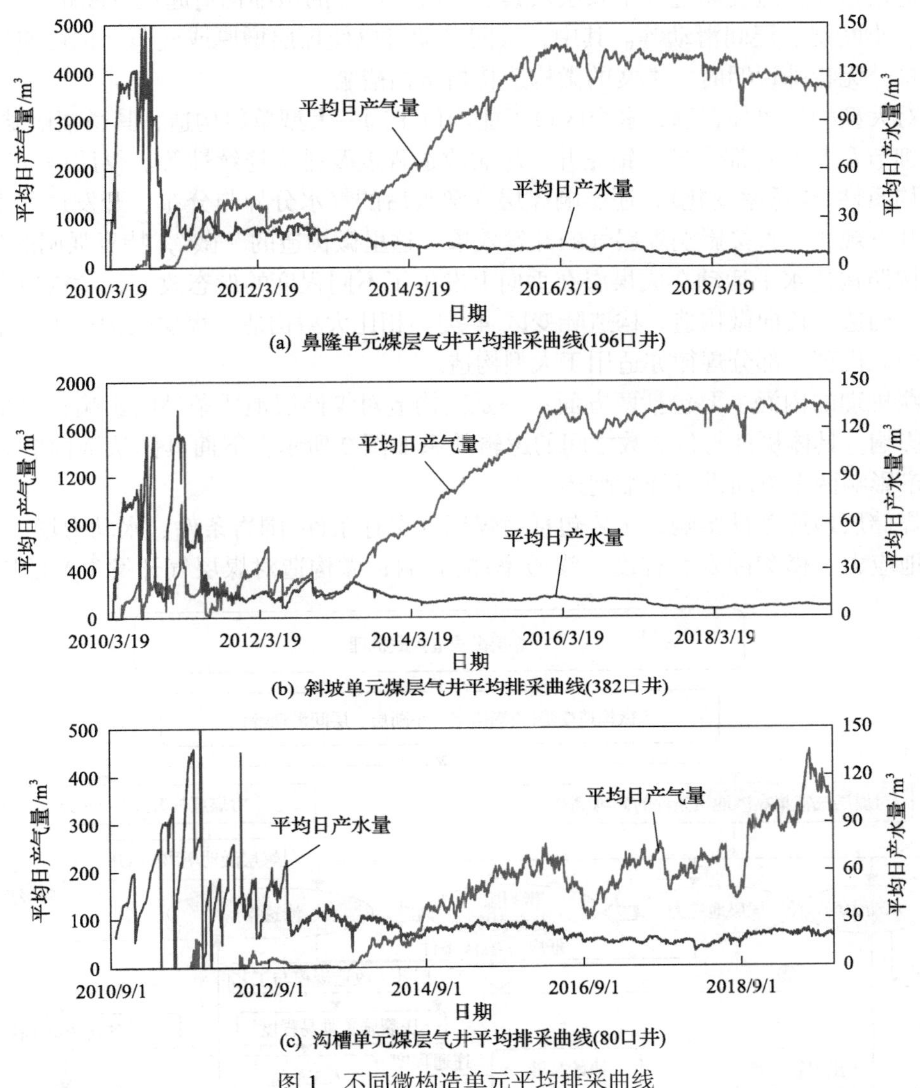

图 1 不同微构造单元平均排采曲线

(2)同井台产量差异与微构造形态相关性明显。研究发现：同一井台产量差异表现为位于向斜条带的轴部井产量最低，外延产量依次增加。例如，B3-16 井台，同井台沿构造条带划分，产量分带明显。沟槽条带外有两口，平均产量为 1200～2800m^3；沟槽条带边界 1 口，平均产量为 500～1000m^3；沟槽条带内有 1 口，平均产量为 100～250m^3；沟槽轴线 1 口(最洼线)，平均产量为 0m^3。

(3)向斜轴部距离与稳定日产气量正相关、与见气时间负相关，且陡侧变化更快；大于向斜曲率半径73.5%范围为主力产气区，小于 40%范围为产水主力区。

排采井按照向斜轴部划分为缓侧、陡侧井。研究规律：排采井到向斜轴部的距离，与稳定日产气关系均表现出明显的正相关关系、与见气时间关系均表现出明显的负相关关系。向斜翼部的边缘地带为向斜的主力产气区；从构造形态来看，向斜陡侧井稳产气量沿距离增加变化越快、见气也快，大部分陡侧翼部井 500 天左右可以见气；而缓侧井离向斜轴部距离相对更平缓，稳产气量沿距离增加变化趋势相对要慢、见气时间也相对慢。

2　中低阶煤煤层气微构造控藏理论

2.1 微构造控藏机理

煤层微构造是指在构造变动过程中煤层及其顶、底板产生的微细构造起伏及断距小于 5.0m 的断层，包括微幅褶皱、小断层、层间滑动等。其中，层间滑动可以使煤层增厚或变薄，也可使煤层的间距发生变化。限于篇幅，无特殊说明时，本文的微构造特指微幅褶皱。

微构造相对大型构造更加普遍，多个区块可能均位于同一大型单斜构造，其微幅褶皱是极其发育的，这些局部构造细节及其变化都会导致钻完井、压裂改造程度及排采连续性等。煤层微构造控藏机理，不仅影响储层非均质性(渗透率变化)，还影响煤层气解吸后的气水分异与分布、开发过程中煤层气“动态高产甜点”等开发规律，直接影响煤层气的开发效果。这里微构造的“微”，特意强调的是更为“精细”的构造刻画。按照构造水平运动造成煤层在垂向上发生了不同程度的形态改变，微构造大致划分为正向微构造、平缓微构造、负向微构造、构造陡变区 4 类。相比大型构造，煤层微构造更为常见，本次重点研究微构造的控藏机理，部分规律亦适用于大型构造。

微构造控藏机理的内涵主要包括两方面：一是微构造对煤储层地质条件的影响；二是微构造对煤层气开发生产的影响。具体机理与各参数之间的逻辑关系如图 2 所示。下面具体从微构造对煤储层地质条件和对开发生产影响两个方面进行详细阐述。

微构造对煤储层地质条件影响，主要包括对煤层气保存条件(围岩条件、水动力场、含气量)和低应力-高渗条件(地应力、微裂隙发育程度、渗透率)的影响；微构造对煤层气开发生产的影响，主要包括

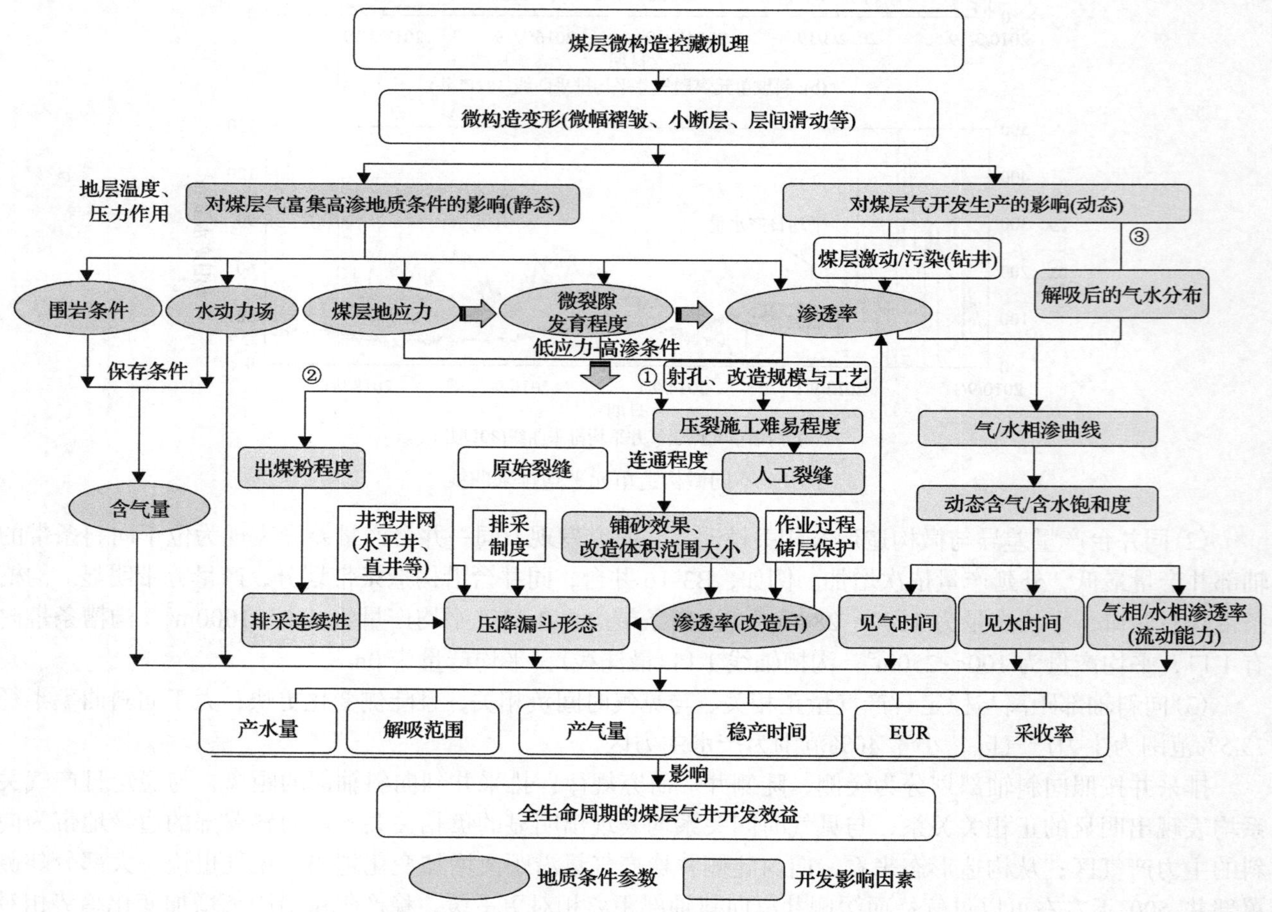

图 2　中低阶煤煤层气微构造控藏机理及参数之间作用关系

①压裂改造效果及压降漏斗形态；②出煤粉程度；③解吸后气水动态变化规律及对“动态气藏”形成的影响等(见图2标注序号)。二者相互耦合作用，最终影响了全生命周期的煤层气开发效益。从图2可见，渗透率是衔接煤层气地质条件与开发条件的共同关键参数，其大小值在开发过程中极易受影响，它不仅是影响压降漏斗形态的关键参数，还与解吸后气水变化规律有关，进而会影响气水流动能力、见气或见水时间等产气效果。

2.2 微构造对煤层气富集高渗地质条件的影响

主要包括微构造对保存条件的影响和对低应力-高渗条件的影响。

2.2.1 对煤层气保存条件(围岩条件、水动力场、含气量)的影响

当构造变动强时，即构造陡变区或微构造曲率较大情况，小断层发育、层间滑动、裂隙沟通了围岩上下顶底板，会造成围岩封闭性变差。特别是顶板的封盖性，直接影响煤层气是否发生逸散，煤层解吸气会发生逸散或运移至上覆岩层，导致含气性变差。通常把围岩定性划分为封闭、半封闭和开放型三种类型，其中封闭型和半封闭型区受微构造影响相对较小，有利于煤层气保存。上覆地层厚度也通过控制煤层的压力影响煤层气的吸附量，还控制着游离气和解吸出来煤层气的散失。另外，当小断层或裂隙等沟通了围岩含水层，水型与矿化度将发生剧烈变化，导致水动力条件增强，造成煤层气逸散。煤层采出水的水质类型与矿化度大小可反映水动力条件活跃程度。当煤层出露地表，存在地下水的补给，或位于径流区，也会导致煤层含气性变差。

2.2.2 对低应力-高渗条件(地应力、微裂隙、渗透率)的影响

古构造应力场控制煤层裂隙的产生，而现代构造应力场控制着裂隙的开合。地应力随着埋深而发生变化。Hoek根据全球不同地区现代地应力测量结果，拟合了侧压系数与煤层埋深的关系：临界深度以浅，最大水平主应力大于垂直主应力，趋于水平缝；临界深度以深，垂直应力大于最大水平主应力，主应力方向转换为垂直应力方向，趋于垂直缝；临界深度附近，趋于过渡缝。垂向应力相对较小或水平应力差相对较小时，易形成复杂和水平裂缝。应力场性质包括压性、张性、剪切性。用于表征构造形态的构造曲率绝对值越大，表明煤层弯曲幅度较大，地应力往往较高。煤层渗透性受到煤岩变质程度、构造变形、地应力和微裂隙的发育程度等多因素的共同控制，一般而言，地应力低、煤层割理和微裂隙发育、构造变形适中或较大的宽缓构造区域渗透率较高，当构造变形越剧烈，破坏过于强烈时，达到糜棱结构时，裂隙连通性变差，渗透率反而会降低。煤层试井渗透率与现代构造应力场主应力差呈指数正相关，受控于构造应力场主应力方向、裂隙优势发育方向、顶板节理优势发育方向的耦合机制。

(1)正向微构造轴部主要受张应力作用，发育大量张性裂隙，渗透性增加；上覆地层如果具有好的封盖性(如顶板泥岩)，有利于气体保存形成高产。正向微构造(特别是背斜部位)形态越宽缓，煤储层的渗透性相比其他部位大幅改善，高渗区范围就越大；正向微构造形态越陡(构造曲率绝对值越大)，高渗区的范围就越小，这些部位的顶板封盖性往往也会差、气体易发生逸散。故一般而言，宽缓正向微构造，顶板的封盖性不易被破坏、封盖性好，产气效果较好。

(2)负向微构造一般受挤压应力影响，地层压力高，裂隙闭合，渗透性降低，地层压力较高，封闭条件好，由于气、水密度差异，负向微构造容易汇聚煤层水，除受构造位置导致的地下水滞留外，因此煤层气普遍解吸慢、见气也慢。

2.3 微构造对煤层气开发生产的影响

主要包括微构造对压裂改造效果及压降漏斗形态、出煤粉程度、解吸后气水动态变化规律及对“动态气藏”形成的影响等。开发过程中压裂工程及工程作业对渗透率的影响，也会影响解吸后气水动态变化规律。

2.3.1 对工程压裂改造效果及压降漏斗形态的影响

低应力-高渗的煤层微构造部位有利于工程压裂改造，通常易完成压裂规模设计要求；高应力-低渗的煤层微构造进行压裂改造时，相比低应力-高渗微构造部位，其压裂改造效果相对较差。故在同一压裂规模设计情况下，不同微构造部位的压裂改造效果会有差异，造成产气效果也会有差异。地应力和渗透率是表征煤层微幅构造差异的两个参数，对工程压裂改造有较大影响。压裂改造目的就是为了将人工裂缝尽可能沟通原始裂隙，提高煤储层渗透率。压裂裂缝扩展，除了受到现今最大主应力影响外，与构造控制的原始裂隙发育程度也有很大关系，不同构造类型对裂缝延伸方向和裂缝网络形状起到控制作用。地应力大小值影响压裂改造效果，例如加砂完成率及施工压力大小，间接反映人工裂缝改造效果。煤层地应力、射孔及改造规模和工艺，决定压裂难易程度，压裂形成人工裂缝与原始裂缝的连通程度，将影响压裂铺砂效果，进而影响改造后的渗透率大小，从而影响后期煤层气压降漏斗能否实现面积降压和扩展。

(1)正向微构造的原始裂缝本身就发育，为应力相对低值区，通常为低应力-高渗区，该部位井的测井曲线通常表现为侧向电阻率曲线分散，压裂施工曲线也表现为施工压力低、排量高、易于加砂。这些部位井压裂后，通过微地震裂缝监测也容易造长缝。该部位改造后的人工裂缝容易延伸并连通原始裂缝，易形成体积缝网，从而打通了“高速”渗流通道，在未沟通含水层条件下，水头的压降漏斗更易扩展、连片，从而这些部位易较早形成“多井干扰、整体面积降压”，产气效果整体表现为单井产量高、稳产能力好。

(2)负向微构造通常应力值较高应力高部位，渗透性也差，原始裂缝不发育。该部位压裂改造也较为困难，通常在压裂施工曲线上表现为施工压力高、加砂困难、加砂完成率相对低的特点，裂缝监测在井筒附近形成短缝，压裂改造效果较差，人工裂缝仅限于近井筒，易形成“独立狭长漏斗”，整体表现为单井产量低、稳产能力差。针对这种情况，通常需要水平井这种扩大接触面积式或采取间接顶板压裂等开发方式。

关于压降漏斗形态影响因素，除了通过压裂或作业过程储层保护改变渗透率大小会影响漏斗扩展范围之外，钻井的井型(水平井、直井、鱼骨井等)与井网、排采连续性与排采制度等也会影响到压降漏斗形态。排采速度过快，易在井筒附近形成压降幅度过快的狭长漏斗。

2.3.2 对生产过程中出煤粉的影响

煤层气开发过程中，煤粉沉降会导致裂隙堵塞和卡泵故障，是造成煤层气井非连续生产、减产，甚至不产气的重要原因。煤粉的产出也给理想的气水两相流动增加煤粉固相，从而形成气-水-煤三相介质流动的难题，造成煤层渗透率损伤和运移通道阻碍，增加煤层气开发中更多的风险性和不确定性，影响排采的连续性，使得低产井的出现概率增加。

煤粉主要包括因煤体结构破坏产出的原生煤粉和工程作业实施中形成的次生煤粉，煤粉产生与煤岩性质和煤体结构密切相关。原生结构煤和碎裂煤力学强度大，产出煤粉的浓度较低，粒径分布呈现双峰形；碎粒煤和糜棱煤不但有原生煤粉，也更容易产生次生煤粉，产出煤粉的浓度较高，粒径分布多呈现单峰形。由于煤岩强度低、泊松比低、弹性模量小，在相同应力条件下，与砂岩相比更容易受应力破坏。

作业施工(包括钻井、射孔、压裂、排采)过程的钻井研磨、射孔、压裂支撑剂和压裂液注入、施工压力与排量、高排采强度和采气速度、关井、修井等，都会产生次生煤粉。

断层、陷落柱、节理、层间滑动面附近、褶皱构造陡变部位、构造曲率较大的部位都容易出现构造煤，这些也是煤粉高产区，特别是构造转折带或陡变区的井，开发过程中极易产生煤粉。保德区块容易出煤粉卡泵停机的井，主要位于构造线密集、产状较陡的微构造陡变部位。平面分布和单井纵向煤层剖面中，煤体结构为碎粒煤和糜棱煤的部位，在工程作业过程中尽量避免对煤层发生高强度的激动，或考虑采用表面活性剂等煤层保护措施的施工作业。

2.3.3　对解吸后气、水动态变化规律的影响

开发之前，煤层处于一种平衡的状态。煤层气井抽采之后，打破了这种平衡状态，随着气体不断解吸出来，煤层中不同部位的动态含气、含水饱和度也将发生变化。微构造影响了煤层气解吸产出后的气水分布，因气体密度轻、重力分异作用，解吸出的气体容易沿着优势降压方向，不断向上运移至张性裂隙相对发育的局部构造高部位，水容易沿下倾方向汇聚于构造低部位。在煤层气解吸后，由于受煤层褶皱影响，高、低构造部位的气水占比不一样，进而影响煤层中的气水分布，根据气水相渗曲线特征，将进一步影响不同部位气、水的流动能力，从而影响煤层气井的见气、见水时间以及产气、产水量。

(1)正向微构造：由于构造相对高部位一般水较少，含水饱和度低，随着煤层气不断解吸，气体更易汇聚至构造高部位，随着该部位含气饱和度迅速上升，根据气水相渗曲线，对应的气相渗透率也迅速升高，因此气体更容易流动，表现为正向微构造部位的井见气早、产气为主。

(2)负向微构造：煤层微幅褶皱构造对水的流动活跃作用不容忽视。在煤层气井排采过程中，随着煤层气的不断解吸，由于重力分异作用，负向微构造部位具有煤层水的向心流动机制，重力分异作用与地应力等因素会对负向微构造的含水层水源给予补给，成为局部汇水中心，容易形成“局部的水动力场”，因此，从径流区到弱径流区再到滞留区的整体水动力场流动的方向上，局部的负向微构造部位，容易造成煤层水流动方向发生局部变化，易汇聚至这些局部构造低部位。煤层高部位的部分水受到重力作用也易沿下倾方向汇聚于低部位，造成低部位含水饱和度持续较高，根据气水相渗曲线，对应的水相渗透率就会更高，因此水更容易流动，表现为产水为主，从而影响这些部位煤层气井的产水量，表现为煤层气井较低的产能，影响煤层气井见气时间的快慢、产水和产气大小。

当煤层渗透率越低时，束缚水饱和度会越大、残余气饱和度越高，两相流动范围会变得更小，可动水流动范围变小，含水或含气饱和度的轻微变化对气相、水相渗透率变化程度的影响更为明显。深部煤层即属于这种情况，相比浅煤层，由于深部渗透率更低，两相流动范围小，开发过程中在不同微幅构造部位气、水饱和度的轻微变化，会对开发效果有明显影响，故需要对深部煤层开展更为精细构造的刻画研究。

2.3.4　对形成煤层气“动态小气藏”的影响

煤储层的分布连续稳定，属于连续性“甜点”区非常规油气，然而目前煤层气高产井部位主要是以微幅构造高点为主，这说明开发方式(如规则井网部署)和当前工程技术，可能不完全适用于所有部位的煤层，主要适用于正向微构造部位。相比其他部位，正向微构造最大的优势在于应力低、微裂隙发育、渗透性好，可见应力低、保持煤层良好渗透性是煤层气高产的关键。对于其他微构造高应力、渗透性较差部位的工程技术还需要加大力量攻关。

除了正向微构造易于工程压裂改造之外，其对解吸后气、水动态规律的影响，对煤层气开发也发挥着非常重要的作用，该小节对其进一步强调并引申对形成煤层气“动态小气藏”的影响。当正向微构造变化不剧烈且上覆地层具有较好封盖性时，这种部位既利于气体保存，构造微裂隙发育也提供了相对较大的气体储集空间，不断解吸出来的煤层气顺着优势降压方向向上运移至相对构造高部位。随着排采降压、煤层气不断解吸，这个“运移”过程是持续的，只要解吸气的“源”不断，解吸出来的气体就会不断地向高部位“运移”，从而在正向微构造高部位，煤层气井易呈现为“早期高产、持续高产”(图3)。由此提示在评价煤层气“甜点”区时，不能单纯看煤层含气量、厚度等静态资源参数，有利微构造的

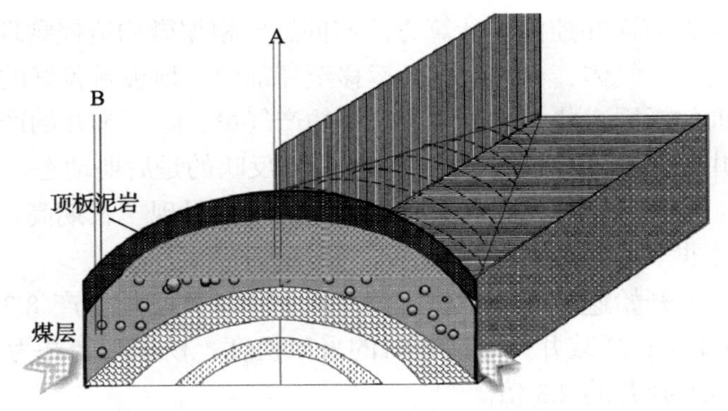

图3　正向微构造高部位煤层气“动态气藏”形成过程示意图

评价也非常重要。

2.3.5 与常规天然气控藏机理的差异性

与常规天然气控藏机理的差异性主要体现在以下两点:

1. 表象相似但有着本质不同

(1)常规天然气大型背斜圈闭控藏的气体是“游离气”,它在储层开发之前已存在的。

(2)煤层通常为低饱和度储层需要排水降压至解吸压力以下,使煤层气解吸出来。开发之前,煤层气主要以吸附态赋存于含水煤层中,开发之前气藏基本上是不存在的(或者说未形成“气藏”)。开发后,由于煤层的微幅褶皱复杂且较多,煤层气不只是在背斜,更普遍地在诸多的正向微构造部位,持续聚集,形成“动态小气藏”),气体性质是煤层不断解吸出来的“解吸气”。故煤层微构造控藏与常规天然气“原始”圈闭气藏有本质不同。要形成高产聚气“小气藏”,要满足正向微构造部位(含背斜)和围岩好的封盖性两个条件。

2. 生产特征表现出较大差异性

常规天然气背斜圈闭部位的井,通常表现为投产初期产量高,之后呈现逐渐递减的趋势。煤层气背斜圈闭或顶板封盖性好的正向微构造部位井,当排水到一定程度降至解吸压力后开始产气,且见气时间相比斜坡和负向微构造等部位井的见气时间短,能够更快达到高产;同时,翼部煤层也在同步、缓慢地解吸,部分解吸气不断地运移至顶板封盖性好的正向微构造,故正向微构造井达到高产后并非快速递减,而是能够保持持续高产,稳产时间相对较长。故在煤层气长期、稳定、缓慢的开发过程中,正向微构造不只是短暂高产,而是能够持续较长时间高产的。该机理可解释为何有些煤层气区块内的一些部位即使埋深较浅、含气量不高,但产气效果较好的现象。位于煤层正向微构造有利部位时,地应力低、裂隙多、渗透率高,生产过程中周边井不断解吸后的气体沿着优势降压方向运移至这些部位,形成相对稳定的“气藏”,这些部位单井产量通常要比该井的井控储量高得多,呈现采出程度超过 100%的现象。沁水盆地东南部潘庄区块 SHX-139、SHX-115、SH-079 井的累计产量远大于地质探明储量,分别为 1.27 倍、2.11 倍和 3.05 倍,且这一现象在潘庄区块比较普遍。鄂尔多斯盆地东缘保德区块也出现这一现象。另外,中联煤层气国家工程研究中心有限责任公司的潘河和潘庄项目同样呈现高产。美国、澳大利亚的低煤阶煤层气井产量一般 1000~6000m^3/d,鼻隆、微背斜部位煤层气井产量可达 40000~80000m^3/d,远高于其他部位产量。国内低煤阶煤层气井产量一般为 500~2356m^3/d,但断块、背斜部位单井产量可达 2500~28000m^3/d。

2.4 微构造控藏理论实践验证

实践证据 1:采出程度整体相当、但高部位井采出程度更高,甚至大于 100%,表明(开发过程解吸)气体向上运移至高部位聚集。

杨家湾位于鼻隆 1 单元的最高部位,二者整体的采出程度相似,平均为 41%左右(鼻隆 1 单元的采出程度为 37%、杨家湾为 45%),但发现有位于最高点的保 1-3 向 2 井采出程度为 106%且仍高稳产的井。是否前期井控储量计算方法有问题?根据微构造控藏理论与前期井间干扰研究,在煤层干扰范围内不断解吸出来气体,不断地向上运移至高部位,顶板封盖好的情况下,造就了构造高部位高产,由于面积降压范围包括周边井,因此高部位井的产气量,除了本井的产量,还包括周边井在开发动态过程中的解吸气量。井控储量反映前期静态,采出程度反映的是后期动态。

实践证据 2:构造高部位煤层气井呈现“长期高产”“延迟递减”“采出程度高” 的特征,表明鼻隆并非“暂时高产”,而是能“长期高产”。

开始递减时间:杨家湾井组的递减井平均生产 8.3 年开始递减,鼻隆 1 单元是 5 年,平均延迟递减 3.3 年;递减井开始递减时的采出程度:杨家湾老井为 52%,鼻隆 1 单元为 22.8%,杨家湾采出程度是其他递减井的 2.3 倍。

实践证据 3:根据保德井生产曲线特征,开始时刻和整个过程产量没有明显的产量突包现象(修井排外），产水渐降—产气渐升—压力下降平稳，说明整个过程为解吸气，排除原始游离气补给。既然没有原始游离气，鼻隆井之所以采出程度特别高(超 100%)还能持续稳产，表明除了该井解吸范围气外，唯一稳定气源就是在开发过程中形成的、翼部周边井不断缓慢解吸出来气体向上运移至高部位聚集形成的“动态小气藏”。

3　基于微构造的中低阶煤煤层气中高产井部署技术

在煤层气资源落实条件下，创建了一套基于微构造的中低阶煤煤层气高效精准部署和中高产井培育模式：①中低阶煤煤层气“次生褶皱鼻隆构造+顶板泥岩封盖”高产井模式；②中低阶煤煤层气“平缓斜坡构造+顶板泥岩封盖”中产井模式；③避免部署“断层构造-煤矿采动区-径流区”低产低效井模式。需要强调的是，独立沟槽部位一般难有效益产量，但针对位于大鼻隆上的局部沟槽的煤层气井，可以加强排采强度，有可能在后期获得较高产量。

以上取得的微构造特征与稳定产气量之间规律、不同微构造部位井见气时间规律、微构造特征与剩余含气量之间关系、不同微构造煤层气井开始递减时采出程度规律等，对指导煤层气藏勘探开发实践具有重要意义。

在煤层资源条件评价的基础上，同时开展微构造的有利区评价，将煤层资源有利区与微构造有利区叠合，获得开发有利区，再利用微构造高产井、中产井模式部署，最终形成一套基于微构造控藏理论的井位优化部署技术。

4　基于微构造特征的老井递减分级分类评价技术

针对每个构造单元所有老井抽丝剥茧剖析，摸清了递减类型占比，明确了潜在具备治理潜力的井名、井数和分布，为更细致、更有针对性地开展下一步综合治理提供研究基础。

明确了不同构造单元各种递减类型井整体平面趋势规律。构造单元变化情况：从鼻隆—斜坡—沟槽—采空区—断层附近，整体上好井比例减小，差井比例增大。鼻隆与斜坡单元以高稳产和缓慢递减 A 型为主，占比近 60%，递减主要由于压力因素影响产量的井占比为 41%，目前液面已降至煤层附近，主要是因为降压幅度有限而导致的递减；其次是工程影响产量的井、具备治理潜力的老井递减类型(卡泵停机 B 型、修井影响 C 型)占三分之一。此外，构造沟槽部位、边界条件、排采制度这三种因素类型，影响低产或产量递减的井数均各占 10%左右。沟槽以持续水大低产 D 型井为主；采空区附近、断层附近以间断产气 E 型和低产稳产型为主。

有针对性地提出了延缓老井递减具体的分级应对措施建议，研究明确了各类递减井情况，同时提出了具体措施，建议按照 B 类、C 类、D 类优先级进行治理，从整体稳产角度以降低管网压力方法等为主。

5　结　　论

(1)理论的提出为全面开始重视对各个煤层气区块煤层微构造研究发挥了重要影响。长期以来“有煤就有气”观念，把注意力放在煤层资源参数(煤厚和含气量)上，而各井产气效果差异大的背后地质原因一直没有彻底搞清，相对其他油气资源，煤层气勘探三维地震和精细构造研究投入严重不足。成果揭示了微构造对煤层气的控藏机理，明确了微构造对中低阶煤煤层气高产主控作用，被纳入煤层气开发方案部署的重要依据；2019 年后公司开始重视微构造研究，各区块基于三维地震资料或钻井资料，开展新区/老区微构造地质再认识研究，为 2019 年后煤层气新井部署、不同微构造单元老井综合治理等生产决策发挥了重要作用。

(2)建立中低阶煤煤层气微构造控藏理论，为煤层气开发方案选区与井位部署提供重要指导和技术依据。应用于目标区潜力挖潜和“甜点”区优选，提出基于微构造控藏理论的井位优化部署技术，部署新井 217 口。技术直接指导了 2019～2020 年保北井网完善及滚动扩边一期和二期项目、保 8 井区等项目的井位部署研究，优选鼻隆或斜坡构造、尚未形成干扰的“甜点”部位，累计优化部署煤层气新井 217 口。已投产保德Ⅰ期 94 口井具有“上产快、稳得住”的特点，9 个月全见套压，日产气突破 13 万 m^3，其中位于“鼻隆部位”产气效果最好(单井日产超 $7000m^3$)，再次印证理论可靠性，应用效果显著。

(3)理论和技术指导煤层气开发方案、先导试验方案编制 6 项。经过 2019 年、2020 年两年的推广应用，已在中低阶煤煤层气田保德区块取得明显成效，目前推广至公司煤层气大宁-吉县区块、石楼北区块等区块，甚至深层煤层气先导试验方案，为煤层气产能建设及后续资源有效动用、高效开发奠定了坚实基础。

(4)提出基于微构造特征老井递减分级分类评价技术，获得影响老井递减的地质气藏主控因素，为延缓老井递减提供一套新方法。技术为老井延缓递减、分级治理提供了新思路，为其他煤层气区块老井递减研究提供模板和借鉴参考。技术划定五类构造单元，取得保德 408 口 A、B、C、D、E 类型不同程度递减井的分布规律，给出分级治理措施建议，为综合治理提供了前期研究基础。通过技术应用，B2 类井当前修井 54 口，相比修井前日增产约 2 万 m^3；C1 类井 59 口，结合解堵试验，产量增幅 20%，日产量约增幅 2 万 m^3。

(5)研究成果为设备选型、生产管理、开发调整、老井治理等提供指导建议，煤层气优化部署和设备选型方面，根据向斜轴部距离与产气量的关系，优化井网井距和优选排采设备。在向斜曲率半径 40%范围内，按照较大井距部署井位，排采设备优选大型泵。煤层气井生产管理方面，在开发初中期，不论顶板封盖性如何，独立向斜或背斜的局部沟槽部位普遍低产，但到了开发后期，其中针对位于“大型背斜上的局部沟槽部位”的煤层气井，可加大排采强度，后期有望会有相对较高产量。煤层气开发调整方面，优选位于微构造有利区，采取井网加密井、滚动扩边的方式，提高煤层气资源动用程度。

参 考 文 献

[1] 徐凤银，肖芝华，陈东，等. 我国煤层气开发技术现状与发展方向[J]. 煤炭科学技术，2019, 47(10): 205-215.

[2] 张鹏豹，李凡异，杨童，等. AVO 技术在二连盆地吉尔嘎朗图凹陷低煤阶煤层气预测中的应用[J]. 大庆石油地质与开发，2021, 40(1): 129-136.

[3] 罗忠琴，刘鹏，孟凡彬. 低阶煤煤层气富集区预测方法研究与应用[J]. 煤田地质与勘探，2021, 49(6): 251-257.

[4] 姚海鹏，吕伟波，王凯峰，等. 巨厚低阶煤煤层气储层关键成藏地质要素及评价方法——以二连盆地巴彦花凹陷为例[J]. 煤田地质与勘探，2020, 48(1): 85-95.

[5] 杨敏芳，孙斌，鲁静，等. 准噶尔盆地深、浅层煤层气富集模式对比分析[J]. 煤炭学报，2019, 44(S2): 601-609.

[6] 王博洋，秦勇，申建，等. 我国低煤阶煤煤层气地质研究综述[J]. 煤炭科学技术，2017, 45(1): 170-179.

[7] 王涛，邓泽，胡海燕，等. 国内外低阶煤煤层气储层特征对比研究[J]. 煤炭科学技术，2019, 47(9): 41-50.

[8] 孙华超，夏朝辉，李陈，等. 澳大利亚中煤阶煤层气水平井产气峰值特征及影响因素研究[J]. 中国煤炭，2015, 41(3): 132-135.

[9] 张奔，谭成仟，张铭，等. 低阶煤层气产能影响因素分析及开采方式优化——以 Surat 盆地 D 气田为例[J]. 重庆科技学院学报(自然科学版)，2021, 23(2): 55-58, 77.

[10] 申小龙，蔺亚兵，刘军，等. 黄陇煤田低阶煤层气高渗富集区优选预测及开发建议[J]. 中国煤炭地质，2020, 32(11): 21-25.

[11] 房娜，姚约东，夏朝辉，等. 中煤阶煤层气水平对接井开发效果与优化[J]. 新疆石油地质，2013, 34(4): 473-476.

[12] 丁伟，夏朝辉，韩学婷，等. 澳大利亚 Bowen 盆地 M 气田中煤阶煤层气水平井开发优化[J]. 新疆石油地质，2014, 35(5): 614-617.

[13] 刘大锰，王颖晋，蔡益栋. 低阶煤层气富集主控地质因素与成藏模式分析[J]. 煤炭科学技术，2018, 46(6): 1-8.

[14] 潘新志，叶建平，孙新阳，等. 鄂尔多斯盆地神府地区中低阶煤层气勘探潜力分析[J]. 煤炭科学技术，2015, 43(9): 65-70.

[15] 陈振宏，孟召平，曾良君. 准噶尔东南缘中低煤阶煤层气富集规律及成藏模式[J]. 煤炭学报，2017, 42(12): 3203-3211.

[16] 李勇，曹代勇，魏迎春，等. 准噶尔盆地南缘中低煤阶煤层气富集成藏规律[J]. 石油学报，2016, 37(12): 1472-1482.

[17] 闫霞，肖芝华，吴仕贵，等. 鄂尔多斯盆地保德区块煤层气富集区高产水井排采效果剖析[J]. 天然气工业，2018, 38(S1): 86-93.

[18] 李金平，汤达祯，许浩，等. 低煤阶煤层气井抽采特征及影响因素分析[J]. 煤炭科学技术，2013, 41(12): 53-56.

[19] 闫霞，温声明，聂志宏，等. 影响煤层气开发效果的地质因素再认识[J]. 断块油气田，2020, 27(3): 375-380.

[20] 闫霞，徐凤银，聂志宏，等. 深部微构造特征及其对煤层气高产“甜点区”的控制——以鄂尔多斯盆地东缘大吉地区为例[J]. 煤炭学报，2021, 46(8): 2426-2439.

鄂尔多斯东缘煤系地层天然气两气合采工艺研究与应用

刘印华[1,2]，郭智栋[1,2]，吴建军[1,2]，王云飞[1,2]，张海峰[3]，马文涛[1,2]，李焕文[1,2]

（1. 中石油煤层气有限责任公司工程技术研究院，西安 710082；2. 中联煤层气国家工程研究中心有限责任公司，北京 100095；3. 中石油煤层气有限责任公司临汾分公司，大宁 042300）

摘要：煤系地层天然气包括煤层气、致密气、页岩气等，鄂尔多斯盆地东缘煤系地层天然气资源丰富，具有纵向上多储层叠置发育，横向上连续成藏的地质特征，是天然气勘探开发有利区域。为进一步加强煤系地层天然气综合开发力度，基于鄂尔多斯盆地东缘大宁-吉县区块深层煤层气、致密气、海陆过渡相页岩气勘探开发工作成果，通过工艺研究与设备配套，探索形成高压高产致密气对低压煤层气气举排水采气工艺和低产致密气与低压煤层有杆泵合层排水采气两套煤系地层两气合采工艺，并开展现场试验 4 井次，成功实现工艺设计的应用，有助于提高气田综合开发效益。

关键词：煤系地层；两气合采；气举；有杆泵；现场试验

Research and application of combined production technology of natural gas in coal measure strata in the eastern edge of Ordos

Liu Yinhua[1,2], Guo Zhidong[1,2], Wu Jianjun[1,2], Wang Yunfei[1,2], Zhang Haifeng[3], Ma Wentao[1,2], Li Huanwen[1,2]

(1. Engineering Technology Research Institute of PetroChina Coalbed Methane Co., Ltd., Xi'an 710082; 2. China United Coalbed Methane National Engineering Research Center Co., Ltd., Beijing 100095; 3. Linfen Branch of PetroChina Coalbed Methane Co., Ltd., Daning 042300)

Abstract: The natural gas in coal measure strata includes coalbed methane, tight gas and shale gas. The natural gas resources in coal measure strata in the eastern margin of Ordos Basin are rich, with the geological characteristics of vertical multi reservoir superposition and horizontal continuous reservoir formation. It is a favorable area for natural gas exploration and development. In order to further strengthen the comprehensive development of natural gas in coal measures, based on the exploration and development results of deep coalbed methane, tight gas and sea land transitional facies shale gas in Daning-Jixian block on the eastern edge of Ordos Basin, through process research and equipment matching, explore the formation of two sets of combined production processes of high-pressure and high-yield tight gas to low-pressure coalbed methane gas lift, and two sets of combined production processes of low-yield tight gas and low-pressure coalbed rod pump combined layer, and carry out field test for 4 wells. The application of process design is successfully realized, which is helpful to improve the comprehensive development efficiency of gas field.

Keywords: coal measure strata; combined production of two gases; gas lift; rod pump; field test

鄂尔多斯盆地是我国重要的大型含煤和含油气盆地，煤系地层天然气资源丰富，是天然气勘探开发有利区域。煤系地层天然气包括煤层气、致密气、页岩气等。目前，煤层气公司在鄂尔多斯盆地东缘大宁-吉县区块正在进行中深层、深层煤层气、致密气、海陆过渡相页岩气勘探开发工作，开展“两气合采”

作者简介：刘印华(1986—)，工程师，主要从事煤层气、致密气采气工艺技术研究。地址：陕西省西安市莲湖区劳动路 115 号，电话：029-68300162，手机：15771757506，邮件：442063054@qq.com。

工艺研究，有助于提高气田综合开发效益[1]。

本文基于鄂尔多斯东缘煤系地层纵向上多储层叠置发育、横向上连续成藏的地质特征，通过工艺研究与设备配套，探索形成煤系地层两气合采工艺。

1 技术研究背景

鄂尔多斯东缘大宁-吉县区块位于鄂东缘中段，区内稳定发育二叠系太原组 8#煤和山西组 5#煤两套煤层，煤层埋深 1000～2400m，具有典型的煤层气和煤系地层天然气（致密砂岩气、页岩气）多气赋存特征[1]，在该地区实施示范工程具有典型的示范意义。

1.1 致密气层、深部煤层纵向为合采提供地质基础

鄂尔多斯东缘大宁-吉县区块煤系地层纵向分布包括本溪、8#煤层、太原组、山 2 段、5#煤层、山 1 段、盒 8 段等储层，从区域连井剖面上，5#煤和 8#煤区域性分布较广，且 8#和 5#煤上下发育多套含气地层，具有煤层气和煤系地层天然气多层叠置发育特征，将煤层与致密砂岩、页岩层段作为一个整体目标，开展多气立体综合勘探开发，提高资源利用率，进一步提升低品位资源开发效益，实现综合效益最大化[1,2]。

1.2 深层煤层气储量大、分布广泛，为合采提供物质基础

全区深层 5#、8#煤发育，层埋深在 1500～2500m，5#煤层平均厚度约为 3.1m，平均含气量为 $8.9m^3/t$；8#煤层厚度变化不大，平均厚度为 4.8m，平均含气量值为 $14.4m^3/t$。深层煤层气资源丰富，煤层与山 1 段、盒 8 段纵向分布，为致密气低产井与深层煤层合采提供可能。

1.3 致密气山 2^3 亚段高压高产储层能量合理利用的需要

大宁-吉县区块煤系地层纵向分布多套储层：本溪组、8#煤层、太原组、山 2^3 亚段、5#煤层、山 1 段、盒 8 段，其中山 2^3 亚段属于高压、高产气藏，为气的主要贡献层。

高压气藏天然气到井口后需节流降压外输，存在能量损失，需探索“两气合采”工艺，以高压高产气对低压煤层气举排液，实现综合开发，提高经济效益。

1.4 致密气山 1 段、盒 8 段低产气层资源有效动用的需要

山 1 段、盒 8 段属低产气层，气层产气量低，区块内有部分井因单井产能低，平均日产气量 $1000m^3$ 左右，气井受积液影响严重，常规泡排、柱塞气举等排液采气措施无法保障气井的正常生产。

目前区块气井山 1 段、盒 8 段打开程度较低，但该部分气藏资源储量与开发潜力较大，研究有效动用山 1 段、盒 8 段储层资源，释放气井产能意义重大。

2 两气合采工艺设计

根据示范区深层煤层气、致密气、页岩气等不同气藏的气体产出机理和气井生产特征，煤层气属低压气藏，需要先进行排水降压，而后煤层解吸产气；致密气属于高压气藏，其中山 2^3 亚段属高压高产气层，可自喷产气携液，山 1 段、盒 8 段为低产气层，无法自喷，需要外来能量实现排水采气，由此形成两套合采工艺：高压高产山 2^3 亚段对低压深层煤层气气举排水采气，低产气山 1 段、盒 8 段与低压深层煤层有杆泵合层排水采气。

2.1 高压高产致密气对低压煤层气气举排水采气工艺

实现同一井筒多气合采需要解决的关键问题是高压致密气的弹性开采和低压煤层气的排水降压开采的矛盾问题。根据需要解决的关键问题和技术思路，从井下分采工具、管柱材料特性、井口通道分离密

封、气举流态模拟计算等多方面进行研究，设计制造了相应的采气装置和工具，创新形成集束管两气合采工艺和同心管两气合采工艺。

2.1.1　集束管气举合采工艺

该技术集束采气管柱主要是由两根 Φ25.4mm(1″)连续油管作为内管和 Φ60.3mm 连续油管作为外管提前预置完成的一种连续油管。通过创新集束管工艺设计，在井筒内构建集束管生产通道，形成以油套环空、两个连续油管、一个油油环空为生产通道的四通道“集束管两气合采工艺”技术。具有一次性带压完井、增加测试通道、可交替生产(防止煤粉堵塞通道)等技术优势，属前沿储备技术[3-6]。

工艺原理主要为[3-6]：煤系地层天然气通过油套环空生产，在井口节流控制后回注，注入气从一根内管注入，从另一根内管(或油油环空)产出。生产后期，深层煤与煤系地层天然气压力接近后，封隔器解封，两气通过内管(或油油环空)生产，进入气体携液的稳定生产阶段[7]。

2.1.2　同心管气举合采工艺

根据气举工艺和生产特征需求，基于常用生产管材，以 Φ73mm 油管为外管，油管下部安装封隔器实现致密气与煤层气层分隔，内部下入连续油管，形成同心气举管柱，在井筒内重构三个独立生产通道，分别为中心连续管内通道、外层管与中心管环空通道、外层管与油层套管的环空通道。

工艺原理是通过合采管柱将煤系地层天然气、煤层气在井下进行分隔，煤系地层天然气通过油套环空生产，在井口节流控制后回注，气举排水，注入气、煤层气、煤层水经中心管产出，在生产后期，深层煤层气与煤系地层天然气压力接近后，封隔器解封，两气通过中心管生产，进入气体携液的稳定生产阶段[7]。

2.2　低产致密气与低压煤层有杆泵合层排水采气

2.2.1　排采工艺设计

低产致密气井地层能量低、深层煤层产水量大，均无法依靠自身能力携液，需要采取强排工艺排液。结合不同排采方式的适应性综合考虑，选取有杆泵排水、套管产气的方式生产，该工艺排采强度易控制，结构简单，成本低，适用范围广，可满足合采气井排采要求。

2.2.2　有杆泵排采面临的挑战

致密气井使用抽油机+抽油泵的方式进行排液，需要解决井控问题。致密气井产层、煤层多在 2000m，以该区块地层压力系数 0.85 计算，预测地层压力为 17.0MPa，压力较高，要做好井控措施。同时生产中，当气层以产气为主，气体进入油管易形成低密度气液混合液体，导致井口压力较高，存在井喷隐患，一旦气体通过油管随着产出液量至地面，需要解决地面油管产气的问题[8-10]。

2.2.3　有杆泵排采措施优化

1)井下高效分离器系统

与浅层煤层气相比，致密气、深层煤层气游离气含量高，通过加深管柱，依靠单一的重力作用分离效果较差。在井下管柱进液口优化设计井下高效气液分离系统，该系统包含螺旋离心分离、重力沉降分离、碰撞消泡分离工艺，有效提高气液分离效率，不但解决了泵气锁的问题，而且减少了进入油管内的气体量，避免在油管内形成密度较小的气液混合液柱，导致井口压力升得过高而发生井喷。

2)井下防喷式杆式泵

在井下管柱抽油泵设计使用防喷杆式泵，当油压较高时，井控风险较大时，可以起出杆式泵后，实现油管的封闭。

3)井口高压安全控制系统

井口防喷盒与高压三通中间设计增加一个手动双闸板防喷器，额定工作压力 21MPa，盘根盒可实现抽油机运作过程中动密封 2～5MPa；一旦有井控风险，停抽油机，手动双闸板光杆防喷器可实现密封 21MPa，确保油管关闭，套管正常采气。

4)地面控制流程设计

井口高压三通连接出水管线，设计分成两支，一条连接污水罐，排液；另一支连接至气液分离器，一旦生产过程中油管出气时，气液进入分离器，防止在井场逸散。同时，当抽油机排液诱喷成功后，可通过油管生产。同时在套管阀门预先连接一条放喷管线，并连接至火炬；并预留一条压井管线接口，一旦井口无法控制时，及时采取放喷、压井措施。

5)抽油机远程控制自动停机系统设计

通过对井口油压和套压进行监测，当油压、套压超过设置压力值(如 5MPa)时，由控制模块操作停机控制，通过对变频柜中的继电器进行抽油机停井操作，防止压力过快增加，造成井控风险。

3　现场试验效果

为检验工艺设计效果，在鄂尔多斯东缘大宁-吉县区块开展两气合采试验 5 井次，其中高压高产致密气对低压煤层气气举排采气试验 2 井次，低产致密气与低压煤层有杆泵合层排采试验 2 井次。

3.1　高压高产致密气对低压煤层气气举排采效果

2020 年 11 月，在大宁-吉县区块实施高压高产致密气对低压煤层气气举排水采气 2 井次。在 DJ5-1X6 井下入集束管柱进行两气合采气举排液投入生产，通过控制注入压力和出口压力、流量，实现稳定排水，已平稳排采 335 天，该井最高注气压力 18.6MPa，稳定注入压力 12.5MPa～10MPa～5.0MPa，注入气量 800～1500m^3/d，产液量 20～1.5m^3/d，日产煤层气 2500～3500m^3，累计产气 88.65 万 m^3，累计排液 678.36m^3。在 DJ5-1X2 井进行同心管两气合采气举排液，通过控制注入压力和出口压力、流量，实现稳定排液，已平稳排采 335 天。该井最高注气压力 17.2MPa，稳定注入压力 8.2～5.5MPa，初始注入气量 3000m^3/d，目前注气量 500～1500m^3/d，产液量 0.2～1.0m^3/d，日产煤层气量 2500～4000m^3，累计产气 96.08 万 m^3，累计产液 50.93m^3。

3.2　低产致密气井与深层煤层气两气合采试验效果

2020 年 6～7 月，在大宁-吉县区块实施低产致密气井与深层煤层气两气合采 2 井次，分别为 DJ6-10X2 井、DJ6-10X4 井。DJ6-10X2 井完成致密气盒 8 段压裂施工后，返排时排液罐中泡沫点火可燃，未见明显气流；未测试产气量，致密气产能较低。打开 5$^\#$煤层，2020 年 6 月 18 日使用“抽油机+杆式泵”生产方式合层排采 496 天，日产气 2200～3500m^3，日产水 0.2～5m^3，累计产水 347.68m^3，累计产气 110.43 万 m^3。DJ6-10X4 井对致密层盒 8 段、盒 7 段、盒 2 段试气求产，求得无阻流量 3735m^3/d，气井产气量较低，未投产；打开深层 8$^\#$煤，2020 年 7 月 5 日使用“抽油机+杆式泵”的生产方式排采 479 天，日产气 500～3000m^3/d，日产水 0.2～1.5m^3，累计产水 391m^3，累计产气 78.76 万 m^3。

开展 DJ6-10X2 井与 DJ6-10X4 井致密气、深层煤层气两气合采试验，气井由原来不产气，经过有杆泵短期排液，实现日产气量 2000～3400m^3，目前累计产气 189.19 万 m^3，取得较好的排液增产效果。以有杆泵预估投资 50.95 万元、日产气量 0.2 万～0.3 万 m^3、气价 1.5 元/m^3、管理成本 0.5 元/m^3 进行经济评价，DJ6-10X2 井投产 193 天、DJ6-10X4 井投产 312 天均收回投资成本，累计产气 189.19 万 m^3。

4 结　论

(1)鄂尔多斯盆地东缘煤系地层纵向上多储层叠置发育、横向上连续成藏的地质特征和致密气、深层煤层气的生产特征，为两气合采工艺提供了地质基础和物质基础，是合采工艺优化的前提。

(2)针对高压高产致密气的生产特征，结合低压煤层排水需要，研发形成了集束管、同心管气举排水采气工艺，并现场应用2井次，目前已实现稳定排水采气335天，分别实现产气88.65万m^3、96.08万m^3，达到两气合采设计目的。下一步将继续进行工艺优化，以进一步降低工艺应用成本。

(3)针对低产致密气排液需要，与低压煤层相结合，优化形成有杆泵合层排水采气工艺，现场试验2井次，实现日产气量0.2万～0.3万m^3，其中DJ6-10X2井、DJ6-10X4井分别累计产气110.43万m^3、78.76万m^3，在投产193天、312天均收回投资成本，取得较好的排液增产效果。

(4)鄂尔多斯东缘煤系地层天然气两气合采工艺的探索，为提高煤系地层天然气综合开发和效益开发提供一项工艺措施，下一步要进一步结合煤系地层地质特征，加强工艺优化与配套，提高工艺的适应性。

参 考 文 献

[1] 梁冰, 石迎爽, 孙维吉, 等. 中国煤系“三气”成藏特征及共采可能性[J]. 石油勘探与开发, 2016, 41(1): 167-173.

[2] 魏虎超, 封蓉, 张亮, 等. 煤系多气合采层间干扰特征数值模拟研究[C]// 2020油气田勘探与开发国际会议论文集, 成都, 2020.

[3] 吕维平, 朱峰, 辛永安, 等. 集束管井口多通道分流装置: CN111946289A[P]. 2020.

[4] 吕维平, 朱峰, 张正, 等. 集束管穿越式井口悬挂装置及地面悬挂装置: CN111963093A[P]. 2020.

[5] 朱峰, 吕维平, 辛永安, 等. 集束管井口割管对接内通道连接装置: CN111946291A[P]. 2020.

[6] 胡强法, 吕维平, 谭多鸿, 等. 集束管两气共采生产管柱: CN111963094A[P]. 2020.

[7] 陈欢, 李紫晗, 曹砚锋, 等. 临兴致密气井井筒积液动态模拟分析[J]. 岩性油气藏, 2018, 30(2): 154-160.

[8] 周芳芳, 林亮, 刘峰, 等. 排采连续性对煤层气开采的影响[J]. 辽宁石油化工大学学报, 2021, 41(4): 46-51.

[9] 张越, 于姣姣, 吴晓丹, 等. 高产煤层气井合理自喷阶段划分方法研究[J]. 中国石油和化工标准与质量, 2021, 41(12): 144, 145.

[10] 陈刚, 李五忠. 鄂尔多斯盆地深部煤层气吸附能力的影响因素及规律[J]. 天然气工业, 2011, 31(10): 47-49.

宏观煤岩类型空间展布及其对煤层气井产量的控制作用——以韩城区块为例

赵天天，许　浩，汤达祯，刘玉龙
（中国地质大学(北京)，北京 100083）

摘要：本文探究了韩城板桥北区块煤岩物质组成空间展布特征对煤层气井产量的控制作用。基于大量测井资料(216 口)，反演提取了 3 号、5 号、11 号三套主产煤层的宏观煤岩类型展布信息，在此基础上分别提取反映储层横向和纵向非均质性的参数，并分析非均质参数和气井产量的相关关系。结果发现，煤岩组成非均质性对产量有重要影响。具体表现在：在平面上，物质组成主要为光亮煤的井产量潜力最高(平均 771m³/d)，半暗煤产量潜力最低(平均 436m³/d)，这是由于光亮煤储渗空间最为发育；在垂向上，煤岩组成频繁变化对井产量有显著的不利影响，组成稳定的井产量潜力最高，平均可达 1049m³/d，而组成频繁变化的不稳定型井平均产量仅为 405m³/d，这是由于不同物质组成的分层频繁交互，不利于储层形成统一的流体压力系统，使得压降困难。基于以上研究方法和规律，开发者可根据测井信息明确井区范围内的煤岩非均质展布特征，以及各井的产量潜力，针对性地设计压裂和排采方案，为精细化开发提供支撑。

关键词：煤层气；储层非均质性；测井数据；单井产量

Spatial distribution of macrolithotypes and its controlling effect on coalbed methane well production in Hancheng Block

Zhao Tiantian，Xu Hao，Tang Dazhen，Liu Yulong
（China University of Geosciences（Beijing），Beijing 100083）

Abstract: In this paper, the controlling effect of spatial distribution characteristics of material composition on CBM well production in Banqiao North area in Hancheng Block was studied. Based on a large number of logging data（216 wells）, the distribution information of macrolithotypes of no.3, 5 and no.11 main coal seams was obtained. On this basis, the parameters reflecting horizontal and vertical heterogeneity of reservoir were obtained respectively, and the correlation between heterogeneity and well production was analyzed. The results show that the heterogeneity of coal composition has an important effect on production. Specifically, on the plane, bright coal has the highest productivity potential（771m³/d on average）, while dull coal has the lowest productivity potential（436m³/d on average）, because bright coal has the most abilities of storage and permeability. In vertical, frequent change will have significant negative effects on well production, stable composition yield potential is the highest, the average is 1049m³/d, but the type of frequent changes of the unstable well average yield is 405m³/d, this is due to frequent interaction between different layers of compositions, which is not conducive to unity pressure system, and makes pressure drop difficult. Based on the above research methods and rules, the logging information can be used to determine the distribution characteristics of macrolithotypes heterogeneity in field areas and the production potential of each well, and to design fracturing and drainage solutions to support the refined development.

Keywords: coalbed methane; reservoir heterogeneity; well log data; well yield

---

基金项目：国家科技重大专项(No. 2016ZX05042-002)；国家自然科学基金项目(No. 2016ZX05042-002)；中央高校基本科研业务费专项资金资助。

作者简介：赵天天(1994—)，博士研究生，主要从事煤层气开发地质研究。地址：北京市海淀区学院路 29 号，电话：13137939108，邮箱：tiantianzhao24@qq.com。

中国煤储层普遍具有低渗透、低地层压力等地质特征[1]，井产量普遍较低，在单个开发区块范围内，构造和水文环境往往不会有太大的变化。但由于煤储层物质组成的非均质性，各井控制储层的临界解吸压力和含气量是不确定的，精细开发是提高单井产量的重要手段。盆地范围和盆地间的产量控制机制的研究不能满足当下的需要。

不同煤岩组成的宏观煤岩类型在割理特征、渗透率[2,3]、吸附能力[4,5]和气体含量[6]方面存在显著差异。煤岩组成在储层孔隙度和裂缝非均质性中也起着重要作用[7]。此外，水力压裂效果也与宏观煤岩类型密切相关[8]。因此，宏观煤岩类型与产量之间可能存在显著的关系，这需要结合地质数据与生产数据进行系统的分析。

本文利用测井方法确定了韩城区块 216 口井的宏观煤岩类型的分布(可忽略构造背景和水文地质变化[9])，采用亮层厚度比(PBLT)和每米层数(NLPM)两个参数，研究了宏观煤岩类型非均质特征对煤层气井产量的控制。此外，本文还研究了多煤层合采中宏观煤岩类型的控制作用。本文研究成果可以在钻井后预测每口井的产量潜力，从而指导制定开发策略，以满足精细开发的需求。

1 地质背景

韩城矿区主要含煤地层为二叠系山西组和石炭系太原组。山西组厚度为 35～115m，主要为浅水三角洲沉积，主采煤层为 3 号煤层，煤层厚度为 1～2m，深度为 300～1200m。太原组厚度为 26～87m，主要沿海平原沉积，5 号煤层和 11 号煤层是主要可开采煤层，5 号煤层厚度为 1～6m，深度为 600～1100m。11 号煤层厚度为 2～6m，深度为 600～1100m[9]。探井资料显示，含气量一般为 6.89～13.60m^3/t，其中 83%为不饱和储层。煤阶从低挥发性烟煤到半无烟煤皆有分布[10]。在该非饱和煤层气生产区块，多煤层合采方式普遍，大多数生产井都需经历长期抽采阶段，产气量不稳定[9]。

2 方法与数据

2.1 宏观煤岩类型测井评价方法

传统的宏观煤岩类型测定方法依赖于煤心观察，但煤心的获取价格昂贵，可用性有限，而地球物理测井资料方便获取。Xu 等[11]创建了一种利用 DEN、GR、AC 和 LLD 测井信号之间的关系来确定宏观煤岩类型的评价方法，本次研究将使用这一方法。韩城区块宏观煤岩类型及划分的判别标准如表 1 所示。密度测井被用来区分泥岩(夹矸)(DEN＞1.87g/cm^3)，暗淡煤(1.87g/cm^3＞DEN＞1.56g/cm^3)，光亮煤(DEN＜1.29g/cm^3)，部分半亮煤(1.40g/cm^3＞DEN＞1.29g/cm^3)和半暗煤(1.56g/cm^3＞DEN＞1.49g/cm^3)。在1.49g/cm^3＞DEN＞1.40g/cm^3时，煤岩可能是半暗煤或半亮煤，所以需要进一步用伽马信号来区分半暗煤(GR＞60API)和半亮煤(GR＜60API)。本研究中判别过程利用 Excel 软件实现，可快速准确地得到结果。

表 1 韩城区块宏观煤岩类型测井信号判别标准[11]

宏观煤岩类型		DEN/(g/cm^3)	AC/(μs/ft)	GR/API	LLD/(Ω·m)
泥岩		＞1.87	＜390	＞70	＜460
煤	暗淡煤	1.56～1.87	＜400	＞80	＜1300
	半暗煤	1.49～1.56	400～450	55～80	150～1700
		1.40～1.49	360～420	60～120	50～1700
	半亮煤	1.40～1.49	400～460	20～60	400～4800
		1.29～1.40	400～460	20～80	400～2200
	光亮煤	＜1.29	＞400	＜35	＞500

2.2 储层宏观煤岩类型特征定量表征

本研究采用 PBLT 和 NLPM 两个参数表征煤层宏观煤岩类型非均质特征。PBLT 由式(1)表示，表征光亮层与半亮层厚度占煤层总厚度的比例。PBLT 可以定量反映沉积环境中有机输入类型和数量。当 PBLT＜0.2 时，可将煤层视为暗淡型；当 0.2＜PBLT＜0.5 时，煤层可视为半暗淡型；当 0.5＜PBLT＜0.8，可视为半亮型；当 0.8＜PBLT＜1，煤层可视为光亮型。

$$\mathrm{PBLT}=\frac{H_{\mathrm{b}}}{H} \tag{1}$$

式中，H_{b} 为煤层中光亮煤和半亮煤的总厚度，m；H 为煤层总厚度，m。

NLPM 通过式(2)表示，它表征每米煤层中宏观煤岩类型分层数，可以反映沉积环境的波动程度。在本研究中，当 0＜NLPM＜1 时，煤层为稳定型；当 1＜NLPM＜2 时，煤层为相对稳定型；当 2＜NLPM 时，煤层为不稳定型。

$$\mathrm{NLPM}=\frac{N}{H} \tag{2}$$

式中，N 为宏观煤岩类型分层数。

对于合采井，PBLT 和 NLPM 分别采用式(3)和式(4)计算：

$$\mathrm{PBLT}=\frac{\sum_{i=3,5,11} H_{\mathrm{b}}^{i}}{\sum_{i=3,5,11} H^{i}} \tag{3}$$

式中，H_{b}^{i} 为 i 号煤层中光亮煤和半亮煤的总厚度，m；H^{i} 为 i 号煤层的厚度，m。

$$\mathrm{NLPM}=\frac{\sum_{i=3,5,11} N^{i}}{\sum_{i=3,5,11} N^{i}} \tag{4}$$

式中，N^{i} 为 i 号煤层中宏观煤岩类型的分层数。

3　结果和讨论

3.1　研究区储层宏观煤岩类型特征

本研究共计获得了 216 口井的宏观煤岩类型垂向分布，并获得了每口井的 PBLT。得到各储层类型分布图(图 1)。

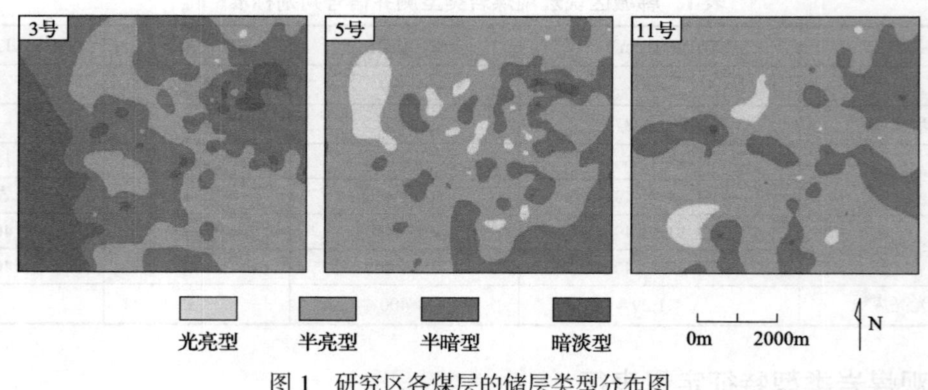

图 1　研究区各煤层的储层类型分布图

从 3 号煤层到 11 号煤层，半亮型和光亮型比例逐渐增加(分别为 37.5%、74.4%和 77.4%)，表明煤层整体光亮程度呈上升趋势。由于光亮煤和部分半亮煤通常形成于森林泥炭沼泽相，暗淡煤通常来自干泥炭沼泽相，而半暗煤和其他半亮煤则来自活水泥炭沼泽相[12]。因此，在 11 号到 3 号煤层的沉积过程中，森林泥炭沼泽相逐渐失去优势地位，活水泥炭沼泽相逐渐变为主导沉积环境。

3.2 储层 PBLT 值对产量的影响

1. 单层开采

储层 PBLT 值与平均产气量呈现显著的正相关关系[图 2(a)]。PBLT 值越高，煤层气生产潜力越大。从半暗型到光亮型，平均产气量有明显提升，从最低的 436m^3/d 增加到最高的 771m^3/d。半亮型为 681m^3/d[图 2(b)]。

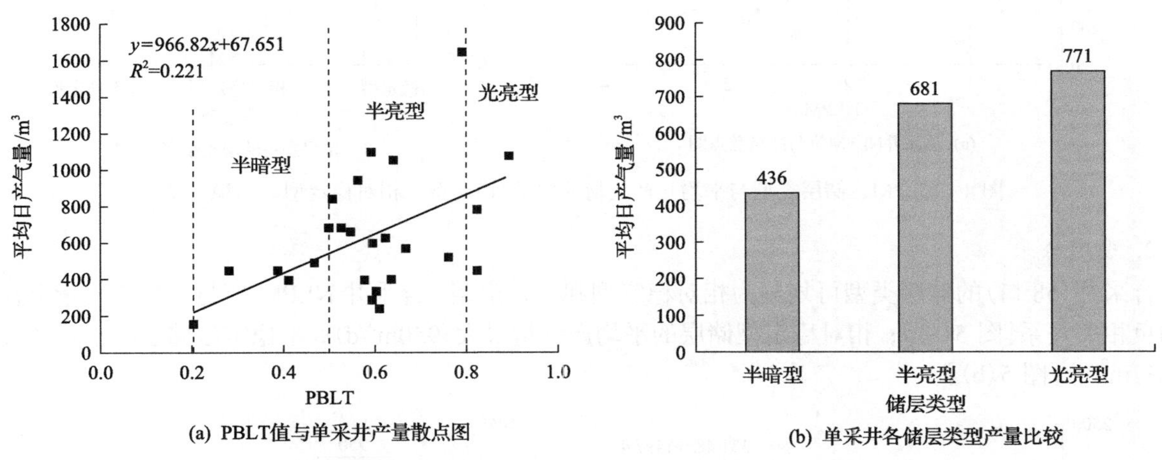

图 2 PBLT、储层类型与平均日产气量的关系(半暗型、半亮型、光亮型)

2. 多层合采

合采井(共计 68 口)的储层类型仅包括半亮型和半暗型两种[图 3(a)]，因为光亮型储层零星分布，当三套煤层作为整体来统计时，PBLT 相对于单层有所减少，所以不存在光亮型储层。半亮型储层产气量明显高于半暗型，分别为 775m^3/d 和 496m^3/d。因此，在多煤层合采中，PBLT 值与产量也存在明显的正相关关系[图 3(b)]。

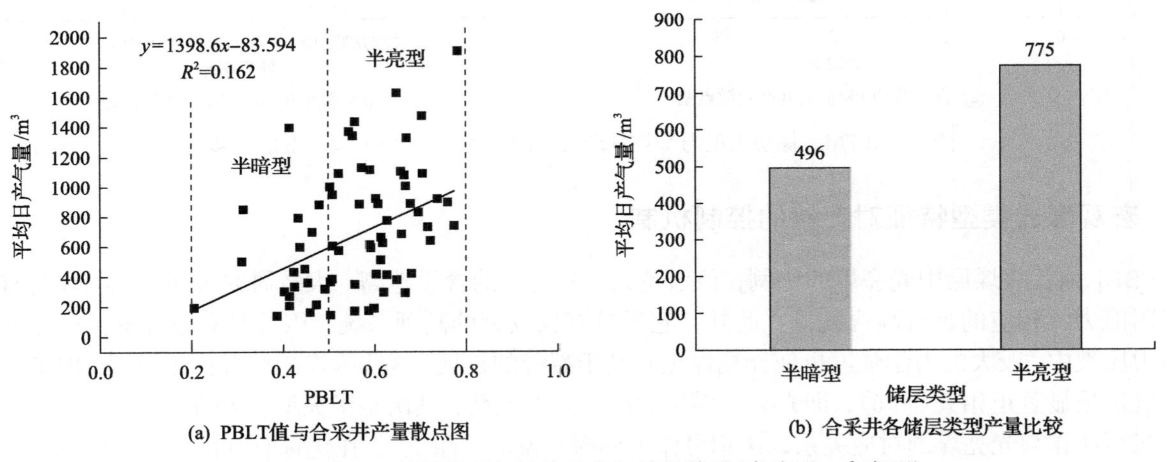

图 3 PBLT、储层类型与平均日产气量的关系(半暗型、半亮型)

3.3 储层 NLPM 值对产量的影响

1. 单层开采

储层 NLPM 值与产气量存在显著的负相关关系[图 4(a)]。稳定型井平均产气量最大，为 1049m^3/d；

相对稳定的井为 719m³/d；不稳定型井平均产气量最小，为 405m³/d。它们之间的差异显著，最高可达 644m³/d[图 4(b)]。

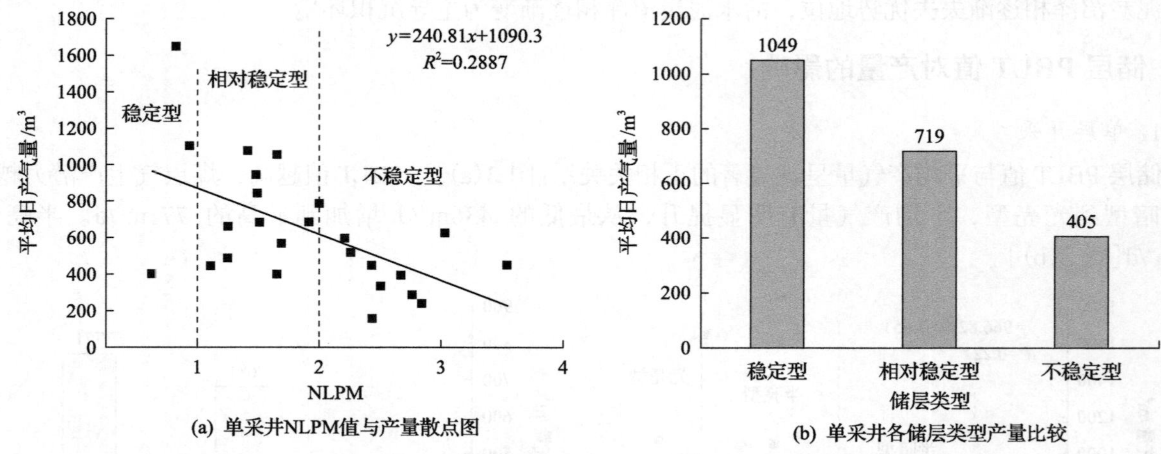

图 4　NLPM、储层类型与平均日产气量的关系(稳定型、相对稳定型、不稳定型)

2. 多层合采

合采井(68 口)的储层类型可划分为相对稳定型和不稳定型，合采井 NLPM 值与平均产气量也存在明显的负相关关系[图 5(a)]；相对稳定型储层的平均产气量最大(950m³/d)，不稳定型储层的平均产气量最小(631m³/d)[图 5(b)]。

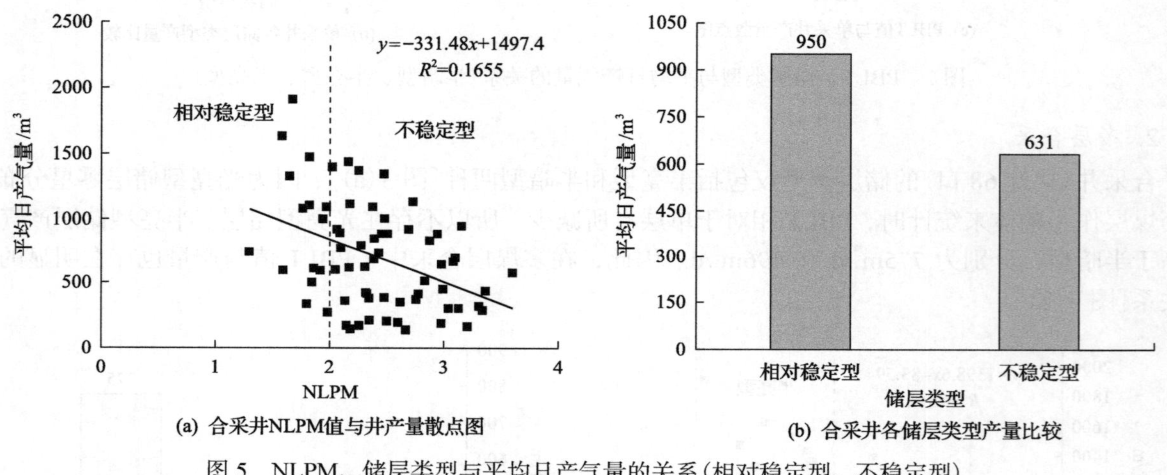

图 5　NLPM、储层类型与平均日产气量的关系(相对稳定型、不稳定型)

3.4　宏观煤岩类型特征对产量的控制机制

PBLT 值代表煤层中光亮煤的比例，该值越大，光亮煤的含量越高。大量研究表明，光亮煤具有较强的吸附能力，相应的具有高含气量。此外，它还具有较发育的割理系统，因此具有较好的渗透型。在储层水力压裂中，较大的力学强度也使光亮煤更有利于裂缝的扩展。这些因素的综合作用使得 PBLT 值与平均产气量呈显著正相关(图 6)，即光亮型煤层的产量潜力最高，其次是半亮型、半暗型和暗淡型。由于森林泥炭沼泽相与光亮煤的对应关系，该相可作为勘探开发的“甜点”，在优选有利区带时，以森林泥炭沼泽相为主的区域应该受到重视。

NLPM 值反映宏观煤岩类型的垂向波动程度，在相同煤层厚度下，NLPM 值越大，煤岩类型分层数越多(图 7 中的煤层 1、煤层 2)。高 NLPM 值会导致煤岩类型在垂向分布更加分散，从而使得优质分层(即光亮煤分层)之间连通性减弱，进而使煤层内部的流体压力系统变得复杂。因此，高 NLPM 值煤层可视为“多层”模型，在生产中同样存在“层间干扰”效应，不利于煤层气的生产。因此，NLPM 值越高，井产量越低(图 4)。

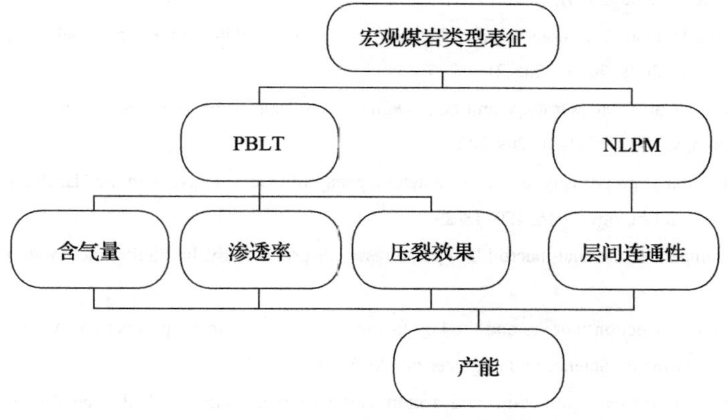

图 6 宏观煤岩特征对产量的控制机理示意图

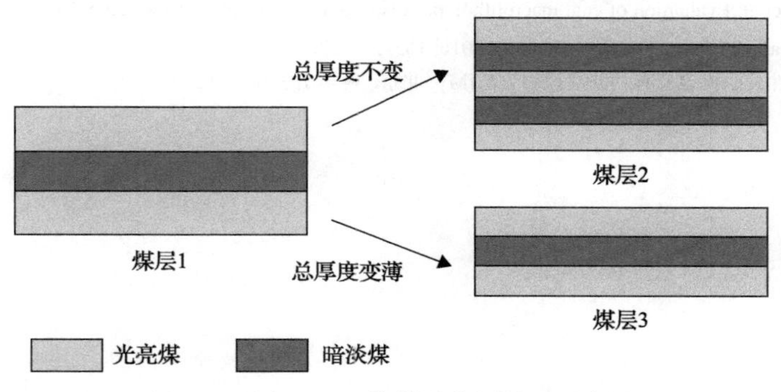

图 7 不同 NLPM 值煤层分层对比示意图

4 结 论

3 号煤层主要为暗淡型和半暗型储层，5 号和 11 号煤层主要为半亮型和光亮型储层。从 11 号层到 3 号煤层，半亮型和光亮型的比例逐渐减小(分别为 77.4%、74.4%和 37.5%)，活水泥炭沼泽相逐渐失去优势，而以森林泥炭沼泽相为主。

PBLT 值与产量呈显著正相关，光亮型储层产量潜力最大($771m^3/d$)，其次是半亮型($681m^3/d$)，半暗型($436m^3/d$)。无论是优选有利区还是优选有利层，森林泥炭沼泽相都是勘探开发的“甜点”。NLPM 值与产量呈负相关关系。稳定型产量潜力最高($1049m^3/d$)，其次为相对稳定型($719m^3/d$)，不稳定型($405m^3/d$)。如果一个厚煤层在垂直方向上煤岩类型波动性强，它可能没有更大的生产潜力。NLPM 值可作为判断层间干扰的关键指标。无论在单层开采还是在多层合采条件下，应选择 PBLT 值高而 NLPM 值低的煤层。

本次研究工作可以在预测每口井的产量潜力，从而指导每口井的开发策略，以满足当今精细开发的需求。

参 考 文 献

[1] 叶建平, 史保生, 张春才. 中国煤储层渗透性及其主要影响因素[J]. 煤炭学报, 1999, (2): 8-12.

[2] Bustin R M. Importance of fabric and composition on the stress sensitivity of permeability in some coals, northern Sydney Basin, Australia; relevance to coalbed methane exploitation[J]. AAPG Bulletin, 1997, 81 (11): 1894-1908.

[3] Zhou S, Liu D, Cai Y, et al. Gas sorption and flow capabilities of lignite, subbituminous and high-volatile bituminous coals in the Southern Junggar Basin, NW China[J]. Journal of Natural Gas Science and Engineering, 2016, 34: 6-21.

[4] Karacan C O, Mitchell G D. Behavior and effect of different coal microlithotypes during gas transport for carbon dioxide sequestration into coal seams[J]. International Journal of Coal Geology, 2003, 53(4): 201-217.

[5] Mastalerz M, Drobniak A, Strapoc D, et al. Variations in pore characteristics in high volatile bituminous coals: Implications for coal bed gas content[J]. International Journal of Coal Geology, 2008, 76(3): 205-216.

[6] Scott S, Anderson B, Crosdale P, et al. Coal petrology and coal seam gas contents of the walloon subgroup-Surat Basin, Queensland, Australia[J]. International Journal of Coal Geology, 2007, 70(1-3): 209-222.

[7] Zhao J L, Xu H, Tang D Z, et al. Coal seam porosity and fracture heterogeneity of macrolithotypes in the Hancheng Block, eastern margin, Ordos Basin, China[J]. International Journal of Coal Geology, 2016, 159: 18-29.

[8] Liu Y, Xu H, Tang D, et al. The impact of the coal macrolithotype on reservoir productivity, hydraulic fracture initiation and propagation[J]. Fuel, 2019, 239: 471-483.

[9] Zhao J, Tang D, Xu H, et al. High production indexes and the key factors in coalbed methane production: A case in the Hancheng block, southeastern Ordos Basin, China[J]. Journal of Petroleum Science and Engineering, 2015, 130: 55-67.

[10] Yao Y, Liu D, Qiu Y. Variable gas content, saturation, and accumulation characteristics of Weibei coalbed methane pilot-production field in the southeastern Ordos Basin, China[J]. AAPG Bulletin, 2013, 97(8): 1371-1393.

[11] Xu H, Tang D, Mathews J P, et al. Evaluation of coal macrolithotypes distribution by geophysical logging data in the Hancheng Block, Eastern Margin, Ordos Basin, China[J]. International Journal of Coal Geology, 2016, 165: 265-277.

[12] 汤达祯，王生维. 煤储层物性控制机理及有利储层预测方法[M]. 北京：科学出版社, 2010.

韩城区块开发老区煤层气井增产挖潜技术

黄红星[1,2]，孙　伟[1,2]，时小松[1,2]，季　亮[3]，聂志宏[1,2]，王　伟[3]，赵增平[1,2]

（1. 中联煤层气国家工程研究中心有限责任公司，北京 100095；2. 中石油煤层气有限责任公司，北京 100028；
3. 中石油煤层气有限责任公司韩城分公司，韩城 715400）

摘要：韩城区块煤层气井单井产量低，规模开发十多年之后，动用储量采出程度低。针对不同的低产原因，开展了补层、重复压裂、间接压裂、解堵及顶板压裂水平井等增产挖潜技术试验。为了明确区块的主要增产挖潜技术，对所开展的各项技术试验进行了评价，结合对区块储层评价的研究，分析了不同增产挖潜技术成功或失败的原因。结果表明，韩城区块地质构造复杂、煤体结构破碎、煤层直接压裂裂缝，是前期开发效果差的主要原因，重复压裂无法保证能造出新缝，因此无法保证增产效果；各种解堵措施也无法保证解堵的效果，因此措施有效率也不高；间接压裂技术可以有效增加裂缝长度，在裂缝与煤层有效沟通的情况下，可以增加煤层气井供气范围，提高单井产量，是针对韩城区块煤储层特点最有效的增产挖潜技术；补层可以增加单井的资源动用量，只要压裂改造充分，是提高单井产量的有效技术措施之一；顶板压裂水平井结合了间接压裂和水平井技术的优势，能更大范围增加井的泄流面积和供气范围，是韩城区块低产区增产的有效技术措施。

关键词：韩城区块；增产；挖潜；煤体结构；间接压裂

Stimulation and potential tapping technology of CBM wells in development area of Hancheng Block

Huang Hongxing[1,2], Sun Wei[1,2], Shi Xiaosong[1,2], Ji Liang[3], Nie Zhihong[1,2], Wang Wei[3], Zhao Zengping[1,2]

(1. China United Coalbed Methane National Engineering Research Center Co., Ltd., Beijing 100095; 2. PetroChina Coalbed Methane Co., Ltd., Beijing 100028; 3. Hancheng Branch, PetroChina Coalbed Methane Co., Ltd., Hancheng 715400)

Abstract: Production of CBM wells in Hancheng Block is low, and the production degree of produced reserves is low after more than ten years of scale development. In view of different low production reasons, the production and potential tapping tests such as layer supplement, repeated fracturing, indirect fracturing, plugging removal and roof fracturing horizontal wells were carried out. In order to clarify the main technology of increasing production and tapping potential, the technical tests carried out were evaluated, and the reasons for the success or failure of different techniques were analyzed. The results show that the main reason for the poor development effect is complex geological structure, broken coal structure and short fracture in coal seam direct fracturing in Hancheng block; refracturing can not ensure to generate new fractures, so the effect of increasing production cannot be guaranteed; all kinds of plugging removal measures can not guarantee the effect of plugging removal, so the effective measures are not high; indirect fracturing technology can effectively increase the fracture length, under the condition of effective communication between fractures and coal seams, it can increase the gas supply range and increase the production of CBM wells, it is the most effective technology for increasing production and tapping potential for the characteristics of block coal reservoirs in Hancheng block; the reservoir filling can increase the resource dynamic consumption of a single well, and it is one of the effective technical measures to improve the production of a single well as the fracturing transformation is sufficient; the horizontal well of roof fracturing combines the advantages of indirect fracturing and horizontal well technology, which can increase the discharge area and gas supply range of

---

作者简介：黄红星(1980—)，高级工程师，主要从事煤层气开发、生产动态分析等方面研究工作。地址：北京市朝阳区太阳宫南街 13 号院 6 层，电话：010-63593784，邮箱：huanghx3210@petrochina.com.cn。

the well in a larger range, which is an effective technical measure for the production increase in the low production area of Hancheng block.

Keywords: Hancheng Block; increase production; tap the potential; coal structure; indirect fracturing

目前，我国已建成沁水盆地和鄂尔多斯盆地东缘两大煤层气产业化基地，但不同区块地质条件不同，生产效果差异大，除了潘庄、樊庄、保德等少数区块外，大部分区块的煤层气开发效果均不甚理想，单井产量普遍较低、效益差[1]。老区挖潜和低产低效井的治理是这些已开发区块可持续发展必须要解决的问题。韩城区块是鄂尔多斯盆地东缘最早开始规模开发的区块之一，投入开发至今已有十年的时间，目前面临着低产井比例高、开发老区采出程度低、开发效果差的问题。

对于低产井的挖潜方面，针对沁水盆地的不同区块，已经开展了大量的研究和试验，分析了低产井的原因和机理，提出了增产技术对策和措施试验，主要包括老井老层的二次压裂、高压氮气焖井增产改造、间接压裂、煤层解堵等技术[2-7]。针对鄂尔多斯盆地东缘的延川南区块，开展了氮气泡沫压裂、强脉冲解堵、裂缝转向压裂等技术的研究和试验[8,9]，针对韩城区块的低产井治理与挖潜，邵先杰等[10]、王成旺等[11]针对低产井的不同原因提出了优化排采制度、重复压裂、间接压裂、酸化解堵等技术，熊先钺等[12]重点针对间接压裂的地质主控因素进行了研究，并指出顶板岩性为砂岩时，间接压裂效果最好。但是，最近两年，韩城区块老区老井增产挖潜的一些新实践，结果与前期认识出现了一些差别，另外，前期对韩城区块增产挖潜技术缺乏系统全面的梳理和分析，有必要通过系统全面的研究，并明确区块的增产挖潜主体技术，指导区块的生产。

1 区块地质与开发概况

1.1 地质特征

韩城区块位于鄂尔多斯盆地东南缘，渭北隆起东北部，区内断层较发育，构造较复杂。主要开发目的层位为二叠系山西组 3 号煤层、5 号煤层和太原组 11 号煤层。3 号煤层厚度为 1～2m，5 号煤层厚度为 3～6m，11 号煤层厚度为 4～6m，区内煤层由于受区块构造的影响，煤体结构以构造煤为主；顶底板岩性方面，5 号煤的顶底板以砂岩和泥质砂岩为主，局部为砂质泥岩和泥岩，11 号煤顶板以泥岩和砂质泥岩为主，局部为泥质砂岩。

1.2 开发概况

韩城区块自 2009 年开始规模开发，共实施了两个产能建设项目，动用地质储量 115.9 亿 m^3，累计产气 12.23 亿 m^3，目前采出程度 10.55%；开发井中产气量 500m^3/d 以下的低产井占比 48.7%。低产井多，急需有效的增产挖潜技术，是韩城区块面临的主要问题。

2 增产挖潜技术试验及效果

韩城区块低产井的主要影响因素包括断层影响含气量低、压裂改造不充分、存在越流补给降压困难、排采方面导致的渗流通道堵塞等[10]，还包括资源未完全动用。针对这些低产原因，避开断裂带影响区，优选剩余资源较大的低产井和低产区，开展了重复压裂、暂堵转向压裂、间接压裂、煤层解堵、老井补层和顶板压裂水平井等增产挖潜技术研究与试验。

2.1　重复压裂

通过压裂施工曲线及参数的分析，认为部分井前期的压裂工艺适应性差，导致压裂裂缝短，裂缝控制的区域小，井筒远端的供给困难，造成井的产量低。通过优化压裂施工参数，在原射孔段进行重复压裂，扩大裂缝控制面积，就能提高单井产量。为此，实施 5 口井的重复压裂，从试验前后的产量对比结果看(图 1)，仅 1 口井取得了较好的增产效果，措施有效率 20%。

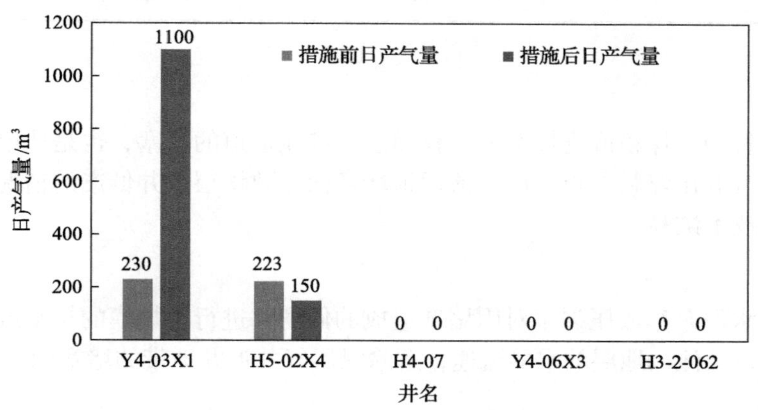

图 1　重复压裂井措施前后产气量对比图

2.2　暂堵转向压裂

由于重复压裂的措施有效率低，分析认为重复压裂时，压裂液在原裂缝中大量消耗，无法造出新的裂缝，导致效果差。针对这种情况，采用暂堵转向压裂，即在二次压裂时，利用暂堵剂将原裂缝通道进行堵塞，继续压裂使裂缝发生转向，在原状煤层中产生新的裂缝，即“堵老缝、造新缝”[7]，解放原裂缝无法释放的资源(图 2)。

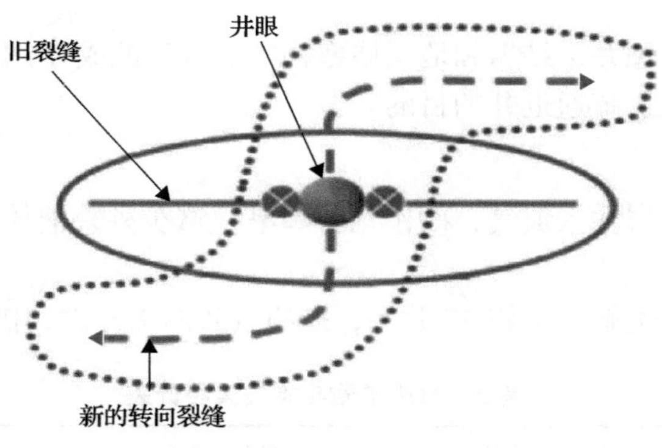

图 2　暂堵转向压裂示意图

该工艺在韩城区块实施了 1 口井。试验后，该井的产水量由 $1m^3/d$ 提高到 $3.4m^3/d$，产气量由 $400m^3/d$ 提高到 $1200m^3/d$。

2.3　间接压裂

对于煤层气间接压裂技术，主要用于碎软煤层的改造中，国内外都有相关研究[13-21]。该技术通过对煤层顶板射孔压裂，或同时射开煤层与顶板再压裂，使得裂缝在顶板中延伸，并沟通煤层，相比于直接压裂煤层，能有效提高裂缝长度和延伸范围，扩大煤层气井的解吸范围，从而提高单井产气量。

近年来，韩城区块共实施间接压裂 39 井次，措施后产气量较措施前增加的井数 38 口，措施有效率 97.44%(表 1)。

表 1　间接压裂实施效果统计表

分类	措施井数/口	措施有效井数/口	措施有效率/%
5 号煤间接压裂（顶板砂岩）	20	19	95
11 号煤间接压裂（顶板泥岩）	14	14	100
5 号+11 号煤间接压裂	5	5	100
合计	39	38	97.44

2.4　煤层解堵

煤层气井排采过程中，煤粉或支撑剂的运移而造成渗流通道的堵塞，也是造成煤层气井低产的重要原因。韩城区块煤层气井出煤粉严重，因渗流通道堵塞而导致煤层气井低产的情况也比较多。针对该问题，开展了多种解堵技术试验。

1. 挤水解堵

该技术主要采用水泥泵车或压裂车对因堵塞造成的低产井进行小规模的挤水或注水，依靠注入压力与地层压力的压差，以及注入地层的水的流速，解除煤层气井近井地带的堵塞问题。

2. 高能气体解堵

该技术用固体火箭推进剂或液体的火药，在井下储层部位引火爆燃，产生大量的高温高压气体，在几毫秒到几十毫秒之内将油层压开多条长达 2～5m 辐射状的裂缝，爆燃冲击波消失后裂缝并不能完全闭合，可以对近井地带由于各种因素所造成的堵塞进行有效解堵。

3. 电脉冲解堵

该技术主要是在射孔段每 0.5m 设 1 个脉冲点，利用瞬间脉动能量在煤岩产生微裂缝，提高渗透性水，改善煤层堵塞的问题。

4. 酸化解堵

该技术主要是利用酸液溶蚀井下结垢和地层堵塞物中的可溶蚀成分，同时分散剂和起泡剂分散煤粉，将其携出地面，达到清洗井筒、疏通近井的目的。

5. 注氮解堵

该技术是利用制氮车向煤层注入氮气，采用气体解堵[9]，减少外来液体进入地层，降低对储层的伤害，减少水锁对储层的影响。

韩城区块共计实施上述各类解堵措施 37 井次，措施有效的 2 井次，措施有效率 5.41%（表 2）。

表 2　解堵措施实施效果统计表

解堵措施	措施井数/口	措施有效井数/口	措施有效率/%
挤水解堵	14	0	0
高能气体解堵	10	1	10
电脉冲解堵	7	1	14.29
酸化解堵	5	0	0
注氮解堵	1	0	0
合计	37	2	5.41

2.5　老井补层

韩城区块主要的开发目的煤层有三层，但是有些井在前期开发的过程中只开采了部分主力煤层，井控范围内其他主力煤层的资源未得到有效动用。老井补层就是针对这些井，通过测井评价，对于资源和物性条件较好的未动用主力煤层进行压裂再投产，提高井控资源的利用率，从而提高单井产量，分上返补层和下返补层两种。上返补层即对目前生产层位上部的煤层进行补层压裂投产，可采用填砂或下入封隔器的压裂工艺；下返补层是对目前生产层位下部的煤层进行补层压裂，需采用封隔器+油管压裂的工艺。

补层压裂根据对煤储层的评价情况来确定采用直接压裂还是间接压裂的方式。从一个同井台的三口井的实施情况对比看，间接压裂的井效果要明显好于直接压裂的井(表 3)。

表 3 同井台补层井间接压裂与直接压裂参数对比表

井号	措施后产气量/(m^3/d)	措施前产气量/(m^3/d)	目前套压/MPa	措施前套压/MPa	压裂层位	压裂液体系	压裂方式	压裂液量/m^3	排量/(m^3/min)	煤层厚度/m	射孔厚度/m
Y3-14X3	1476	132	0.86	0.19	5 号煤	活性水+超低浓度瓜尔胶压裂液	间接压裂	393.8	3	4.3	3.5
Y3-14X1	152	305	0.33	0.05			直接压裂	280.2	3.3	3.3	2
Y3-14X4	98	566	0.28	0.06			直接压裂	388.0	2.5	4.3	1.5

韩城区块共实施了 92 口井的老井补层措施，这些井的稳定产气量较补层的产气量增加了 5 万 m^3/d，单井平均增加 543m^3/d。

2.6 顶板压裂水平井

基于间接压裂所取得的比较好的增产效果，韩城区块又进一步开展了顶板压裂水平井技术的试验。该技术已经有了较多的研究和应用实例[22]，在针对碎软煤层开发方面效果显著。

韩城区块通过评价，优选了开发区内剩余资源量较多的两个井区，分别实施 5 号煤顶板砂岩分段压裂水平井和 11 号煤顶板泥岩分段压裂水平井的实验。水平段控制在顶板中距离煤层顶面 0～3m 范围内，采用向下定向射孔+分段压裂的改造方式(表 4)。

表 4 两口顶板压裂水平井主要参数对比表

井号	目的煤层	水平段长度/m	与煤顶距离/m	射孔方式	压裂方式	压裂液体系	压裂段数	段间距/m	压裂液量/m^3	加砂量/m^3
X-P02	5 号煤	999	0～3	定向射孔(向下)	分段压裂	活性水+清洁压裂液	6	40～50	6677	410.3
X-P16	11 号煤	566	0～6				6	46～60	8256	475.2

X-P02 井 2020 年 9 月 22 日投产，目前处于上产阶段，套压 0.75MPa，井底流压 1.14MPa，产气量 3992m^3/d，产水量 6.3m^3/d，累计产气量 45.5 万 m^3，累计产水量 2230m^3(图 3)。

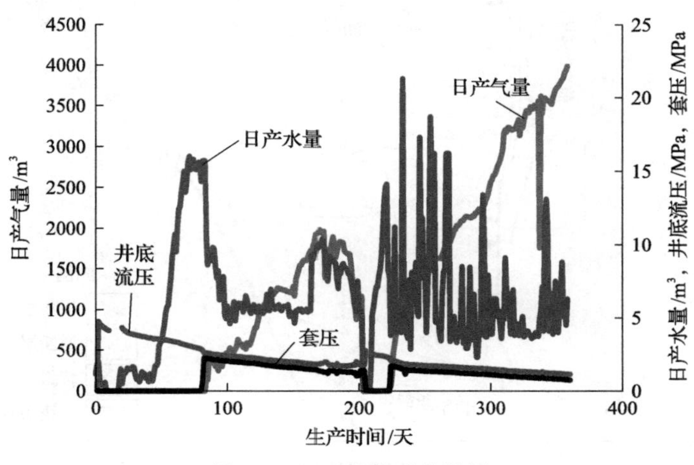

图 3 X-P02 井排采曲线图

X-P16 井 2020 年 10 月 21 日投产，目前处于稳产阶段，套压 0.87MPa，井底流压 1.92MPa，产气量 4437m^3/d，产水量 4.62m^3/d，累计产气量 89.6 万 m^3，累计产水量 2066m^3(图 4)。

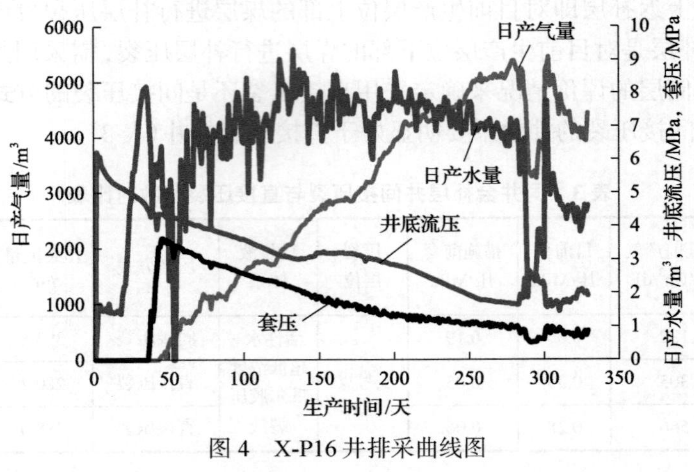

图 4　X-P16 井排采曲线图

3　增产挖潜技术分析与评价

3.1　增产挖潜技术分析

根据韩城区块所开展的增产挖潜技术实施效果看，差异比较大，造成这种差异的原因主要是韩城区块的地质条件。

韩城区块位于渭北隆起东部边缘断褶带的北端，东部紧邻韩城大断裂，区内发育薛峰北断裂带、东泽村断裂带和前高断裂带，构造条件复杂(图 5)。

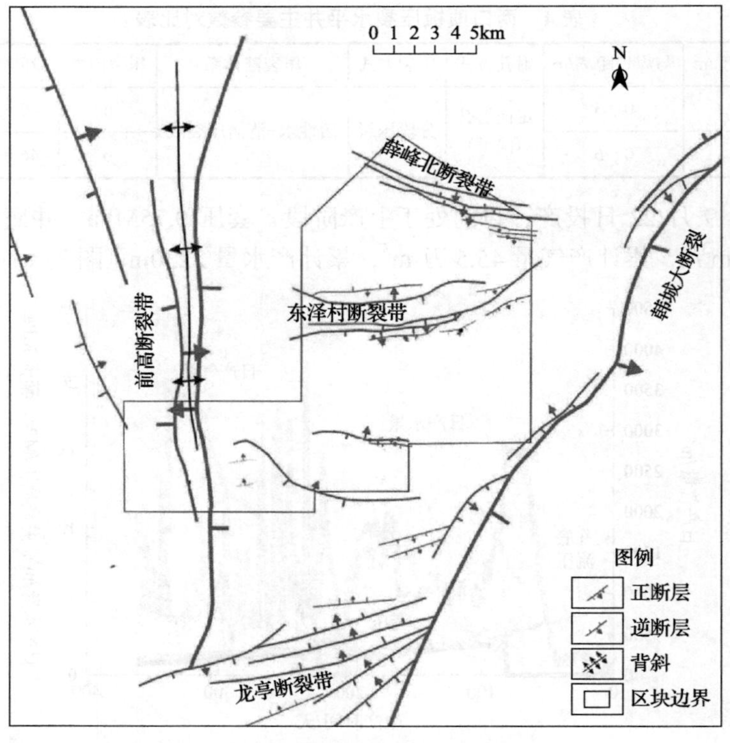

图 5　韩城区块构造纲要图

受构造条件的影响，区内煤层煤体结构破碎，以碎粒煤为主，碎裂煤次之，原生结构煤仅局部发育(图6、图7)。因此，韩城区块的煤层主要是碎软煤层。

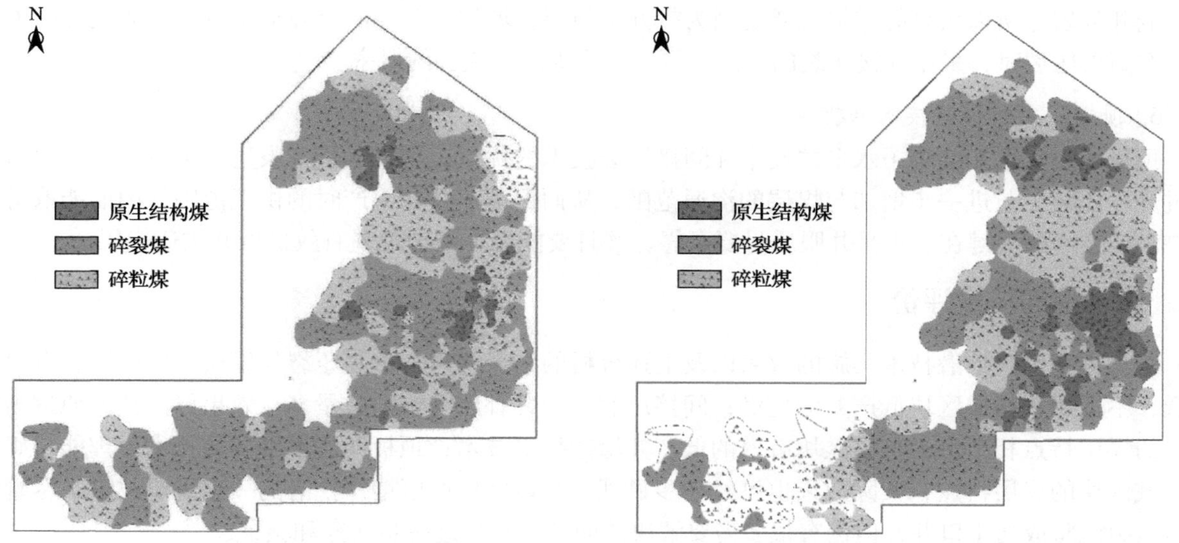

图6 韩城区块5号煤煤体结构平面分布图　　图7 韩城区块11号煤煤体结构平面分布图

1. 重复压裂技术分析

碎软煤层直接压裂，裂缝很难延伸，所形成的裂缝往往都是较短的复杂缝，而且还会在压裂过程中造成大量的煤粉堆积，并由于煤粉和压裂砂的镶嵌作用使支撑剂堆积在井筒周围不能形成长效缝，因此压裂改造效果差。

重复压裂时，一方面是压裂液在经过原裂缝范围时就需要消耗大量的能量，甚至不一定能突破原裂缝范围，即使突破了原裂缝范围，在远端仍然要面临对碎软煤层直接压裂的相同问题，裂缝在远端也仍然很难延伸。因此，重复压裂在韩城区块的实施效果差。

2. 暂堵转向压裂技术分析

该技术能否成功的关键在于老裂缝能否堵住，新裂缝能否开启。一旦暂堵失败，则该技术很大可能就会失败。尽管在韩城区块试验了1口井，并取得了成功，但是在暂堵剂选择、施工参数优化等方面仍然需要开展深入的研究，才能保证该技术实施的成功率和效果。

3. 间接压裂技术分析

间接压裂的关键在于利用了碎软煤层顶板相对易于压裂造缝的优点，使得裂缝在顶板或顶板与煤层的界面有效延伸形成长缝，并沟通煤层，从而建立气、水产出的优势通道，并且尽可能减小或避免煤粉问题的影响，因而，该技术能很好满足碎软煤层增产改造的需要，所以能取得较好的效果。尽管该技术的措施有效率很高，但是仍然有失败的情况。分析认为失败的原因在于：一是碎软煤层的煤层气井其近井地带本身就是复杂裂缝区，间接压裂时近井地带裂缝延展时易沟通老裂缝；二是煤层气老井在经过长时间的排采后，会在近井地带形成一个亏空的低压带，间接压裂时的射孔位置距离原射孔位置太近，或是同时射开煤层和顶板，压裂时的裂缝就会向低压处延伸，进而沟通老裂缝，而无法在远端产生新裂缝，导致间接压裂失败。

4. 煤层解堵技术分析

煤层解堵技术之所以效果差，主要原因有两个：一是该技术与重复压裂技术存在类似的问题，所产生的能量在原裂缝范围内就会大量消耗，剩余能量无法保证能解除堵塞；二是煤层气老井由于近井附近亏空低压带的存在，解堵时使用的流体在压差的作用下，会向低压带渗流，主要的能量不一定能施加到堵塞的通道处。因此，导致煤层解堵实施的效果很差。

5. 老井补层技术分析

老井补层之所以效果好，最主要是因为打开了新层，增加了单井的资源动用量，因而能提高单井产量。在新层压裂时，采用间接压裂的方式，更进一步提高了成功的概率。

6. 顶板压裂水平井技术分析

顶板压裂水平井结合了水平井技术和间接压裂技术的优点，利用水平井眼建立了可靠的长通道，再通过分段压裂工艺进一步增加与煤层的沟通范围，从而保证了井在生产时的供气范围，因而能取得好的效果。该技术的关键在于水平井眼质量要可靠，并且要能保证压裂裂缝有效扩展并沟通煤层。

3.2 增产挖潜技术评价

综合各种增产挖潜技术实施的效果以及上述分析的结果认为：重复压裂与煤层解堵的措施有效率均较低，不适用于韩城区块低产井的挖潜；间接压裂、老井补层实施的数量多，效果好，技术原理与韩城区块的煤层特点相适应，是该区块有效的低产井增产挖潜技术；顶板压裂水平井的技术原理能很好适用于韩城区块的煤层特点，实际效果也已经初步显现，是该区低产区增产挖潜的一项重要技术；尽管暂堵转向压裂试验成功 1 口井，但仍有很多需要解决的问题，有待进一步研究和验证。

4　结论与建议

(1)韩城区块煤层受构造条件的影响，煤体结构破碎，以碎粒煤为主，对压裂改造技术的选择及老区老井增产挖潜技术的确定有直接的影响。

(2)研究结果及韩城区块的实践表明，间接压裂、老井补层是该区有效的老井增产挖潜技术，顶板压裂水平井是低产区增产挖潜的有效技术；而重复压裂和煤层解堵不适合作为该区的增产挖潜技术。

(3)建议加强对暂堵转向压裂技术的研究和攻关，进一步验证该技术的可靠性。

参 考 文 献

[1] 曹运兴, 石玢, 周丹, 等. 煤层气低产井高压氮气闷井增产改造技术与应用[J]. 煤炭学报, 2019, 44(8): 2556-2565.

[2] 倪小明, 赵政, 刘度, 等. 柿庄南区块煤层气低产井原因分析及增产技术对策研究[J]. 煤炭科学技术, 2020, 48(2): 176-184.

[3] 张建国, 刘忠, 姚红星, 等. 沁水煤层气田郑庄区块二次压裂增产技术研究[J]. 煤炭科学技术, 2016, 44(5): 59-63.

[4] 贾慧敏, 胡秋嘉, 祁空军, 等. 高阶煤煤层气直井低产原因分析及增产措施[J]. 煤田地质与勘探, 2019, 47(5): 104-110.

[5] 王涛. 樊庄区块煤层气直井低产的关键影响因素及二次压裂改造[D]. 徐州: 中国矿业大学, 2020.

[6] 张永平, 杨延辉, 邵国良, 等. 沁水盆地樊庄—郑庄区块高煤阶煤层气水平井开采中的问题及对策[J]. 天然气工业, 2017, 37(6): 46-54.

[7] 杜建波, 郭布民, 黄洪伟, 等. 柿庄南区块低效煤层气井产能释放技术研究[J]. 石油化工应用, 2020, 39(4): 17-22.

[8] 崔彬, 刘晓, 汪方武, 等. 泡沫压裂在延川南气田深煤层气井增产中的应用[J]. 煤矿安全, 2019, 50(4): 142-144.

[9] 李鑫, 肖翠, 陈贞龙, 等. 延川南煤层气田低效井原因分析与措施优选[J]. 油气藏评价与开发, 2020, 10(4): 32-38.

[10] 邵先杰, 董新秀, 汤达祯, 等. 韩城矿区煤层气中低产井治理技术与方法[J]. 天然气地球科学, 2014, 25(3): 435-443.

[11] 王成旺, 冯延青, 杨海星, 等. 鄂尔多斯盆地韩城区块煤层气老井挖潜技术及应用[J]. 煤田地质与勘探, 2018, 46(5): 212-218.

[12] 熊先钺, 边利恒, 王伟, 等. 韩城区块煤储层间接压裂地质主控因素研究[J]. 煤炭科学技术, 2017, 45(6): 189-195.

[13] Jeffrey R G, Hinkel J J, Nimerick K H, et al. Hydraulic fracturing to enhance production of methane from coalseams[C]//Coalbed Methane Symposium, Tuscaloose, 1989.

[14] Olsen T N, Bratton T R, Donald A, et al. Application of indirect fracturing for efficient stimulation of coalbed methane[C]//Rocky Mountain Oil & Gas Technology Symposium, Denver, 2007.

[15] 李浩, 梁卫国, 李国富, 等. 碎软煤层韧性破坏－渗流耦合本构关系及其间接压裂工程验证[J]. 煤炭学报, 2021, 46(3): 924-936.

[16] 王战锋. 低渗松软煤层地面煤层气开发试验及评价——以淮北矿区芦岭煤矿为例[J]. 中国煤炭地质, 2013, 25(6): 20-23.

[17] Li D Q, Zhang S C, Zhang S A. Experimental and numerical simulation study on fracturing through interlayer to coal seam[J]. Journal of Natural Gas Science & Engineering, 2014, 21: 386-396.

[18] 杨宇, 林璠, 曹煜, 等. 煤层气直井间接压裂施工的先导地质分析[J]. 煤田地质与勘探, 2016, 44(3): 45-50.
[19] 边利恒, 熊先钺, 王炜彬. 低渗透软煤储层压裂改造研究[J]. 煤炭技术, 2017, 36(2): 185, 186.
[20] 周加佳. 碎软低渗煤层煤层气直井间接压裂技术及应用实践[J]. 煤田地质与勘探, 2019, 47(4): 6-11.
[21] 曲靖宇. 临兴区煤层气间接压裂技术应用研究[D]. 北京: 中国石油大学(北京), 2019.
[22] 巫修平. 碎软低渗煤层顶板水平井分段压裂裂缝扩展规律及机制研究[D]. 北京: 煤炭科学研究总院, 2017.

吐哈盆地煤层气储层物性区域及层域上变化特征

肖　萌，陶　树，杨　强，王　琦，张　彬

（中国地质大学（北京），北京 100083）

摘要：煤层气储层物性精细表征对煤层气勘探和开发选区具有重要意义。新疆作为继沁水盆地后又一煤层气勘探开发重点区而备受关注，但目前工作集中在准噶尔盆地南缘，亟须探寻其他勘探开发推进区。吐哈盆地作为低阶煤发育区，煤层气储层物性具有其自身特殊性。本文利用扫描电镜进行煤岩孔裂隙及矿物镜下描述；借助压汞、低温液氮、核磁共振等手段分析煤储层渗流孔及吸附孔发育特征，并利用 X-CT 技术进行了孔裂隙系统的三维重构；基于等温吸附实验分析储层吸附解吸能力及其非均质性特征。结果表明：吐哈盆地煤储层发育原生孔隙及各种成因的次生孔裂隙，矿物充填现象明显，煤样孔裂隙发育非均质性极强，八道湾组煤岩朗缪尔体积高于西山窑组；孔径结构可细分为五类，沙尔湖、大南湖地区煤样以渗流孔为主，艾维尔沟、三道岭样品以吸附孔为主体，沿艾维尔沟向东至沙尔湖、大南湖凹陷，煤岩样品大孔比例逐渐升高。CT 扫描实验结果显示，样品连通孔隙度平均为 2%，煤样孔裂隙发育非均质性极强。

关键词：物性表征；孔裂隙系统；吸附能力；X-CT 扫描；吐哈盆地

The transverse and longitudinal variation characteristics of CBM reservoir physical properties in Turpan-Hami Basin

Xiao Meng，Tao Shu，Yang Qiang，Wang Qi，Zhang Bin

（China University of Geosciences（Beijing），Beijing 100083）

Abstract: The fine characterization of CBM reservoir physical properties is of great significance to the selection of CBM exploration and development. Xinjiang has attracted much attention as an important area for the development of CBM industry after the Qinshui Basin. However, the current work is concentrated on the southern margin of the Junggar Basin, and there is an urgent need to explore some other key areas. Turpan-Hami Basin as a low coal rank development area, the physical property of CBM reservoir has its own particularity. In this paper, scanning electron microscopy is used to describe the pore and fissure of coal-rock and ore under objective lens. Analyze the development characteristics of seepage pores and adsorption pores in coal reservoirs by means of Mercury Injection, Cryogenic Liquid Nitrogen, NMR, etc. The three-dimensional reconstruction of the pore and fracture system was carried out by using X-CT technology. Analyze the adsorption and desorption capacity of the reservoir and its heterogeneity based on the Isothermal Adsorption experiment. The results show that primary pores and various secondary pores and fractures are developed in the coal reservoirs of Turpan-Hami Basin, and the phenomenon of mineral filling is also obvious, the pore-fracture of the coal samples had extremely heterogeneity characteristics, the coal's Langmuir's volume of the Badaowan Formation is higher than that of the Xishanyao Formation; aperture structure can be subdivided into 5 categories, the pore type in the Shaerhu and Dananhu samples are mainly seepage pores, while the Aiweiergou and Sandaoling samples are composed of adsorption pores, the proportion of large pores in coal is gradually increasing from Aiweiergou area to the southern depression. The results of CT scan experiments shows that the average connected porosity of the samples was 2%, and the pore-fracture of the coal

---

基金项目：国家自然科学基金（41772132, 41502157, 41530314），国家科技重大专项（2016ZX05043-001），中央高校基本科研业务费（2652019095）。

作者简介：肖萌（1998—），就读于中国地质大学（北京）能源学院。地址：北京市海淀区学院路 29 号中国地质大学（北京），电话：13811534116，邮箱：xiaom1998@163.com。

samples had obvious heterogeneity characteristics.

Keywords: physical property characterization; pore-fracture system; adsorption capacity; X-CT scan; Turpan-Hami Basin

煤层气在我国天然气资源中具有重要的战略地位，继沁南、鄂东以及黔西南地区煤层气勘探开发取得关键突破后，新疆成为我国煤层气产业发展的又一重点推进区。吐哈盆地煤炭资源丰富，根据全国煤层气资源评价可知，其煤层气资源总量达 2.63 万亿 m^3 以上[1]，被认为是与新疆准噶尔盆地具有相当开发前景的内陆盆地。目前，学者针对吐哈盆地含油气砂岩储层研究较多[2-4]，但对吐哈盆地煤岩物性特征的精细研究较为缺乏。为此笔者通过多种实验，分析煤储层煤岩煤质特征、孔隙结构、吸附解吸能力及其非均质性特征，利用软件构建煤岩孔裂隙系统三维空间分布模型，探讨储层物性区域及层域上变化特征，为煤层气开发有利目标区优选、储层压裂改造等提供参考。

1　区域地质背景

吐哈盆地位于准噶尔盆地东南部[5]，为一近东西向延展长条形山间盆地。区域构造格局划分为吐鲁番坳陷、哈密坳陷、了敦隆起、沙尔湖凹陷、大南湖浅凹陷。以侏罗纪区域构造为主，总体上盆地西部挤压型逆冲-逆掩断层发育；盆地中部属于构造隆起区，抬升剥蚀现象常见；盆地东部主要发育早期基底卷入式背斜(图 1)。

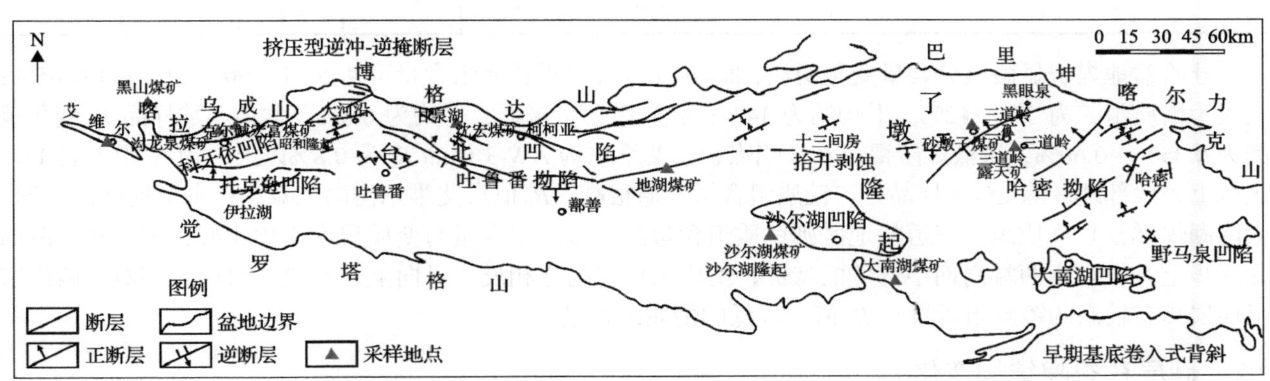

图 1　吐哈盆地构造纲要及采样点位置图[6]

吐哈盆地煤层主要发育于中下侏罗统西山窑组和八道湾组，具有明显区域性分布特征。以了墩隆起—艾丁湖斜坡为界，西北部台北凹陷、托克逊凹陷主要发育八道湾组煤层，称为西部八道湾组发育地区，以下简称西部地区。南部沙尔湖、大南湖凹陷为西山窑期聚煤中心，发育巨厚煤层，哈密地区及台北凹陷也见西山窑组煤层发育，共称为东部西山窑组发育地区，以下简称东部地区。

2　煤层气储层物性区域及层域变化特征

为系统研究吐哈盆地煤储层物性特征，采样涉及吐鲁番坳陷、了墩隆起、哈密坳陷共 11 个含煤矿区 13 块煤样(八道湾组 6 块，西山窑组 7 块)，采样范围广、煤样代表性强(图 1、表 1)。

2.1　储层岩石学变化

吐哈盆地宏观煤岩类型以半亮煤及半暗煤为主，其中艾维尔沟煤岩多为半暗煤；克尔碱地区以光亮煤为主，仅地湖煤矿采集煤样为半暗煤；了墩隆起沙尔湖凹陷、大南湖凹陷采集煤样均为暗淡煤；三道岭地区煤岩光亮煤、暗淡煤均有发育(表 1)。

表 1 显微组分及镜质体反射率数据

编号	含煤矿区	层位	镜质组反射率平均值 R_o/%	煤岩类型	有机组分含量/%		
					壳质组	镜质组	惰质组
AW-1	艾维尔沟	J_1b	0.61	半暗煤	0	91.6	8.4
AW-2	艾维尔沟		0.59	暗淡煤	0.2	93.2	6.6
AW-3	艾维尔沟		0.82	半暗煤	0	95.3	4.7
HS-1	克尔碱黑山		0.47	半亮煤	2.2	90.6	7.2
LQ-1	克尔碱龙泉		0.56	半亮煤	1.7	67.4	30.9
HF-1	克尔碱宏富		0.47	光亮煤	1.5	89.1	9.4
SH-1	七泉湖沈宏	J_2x	0.52	光亮煤	0.3	96.1	3.6
DH-1	克尔碱地湖		0.35	半暗煤	1.4	82.5	16.1
SEH-1	沙尔湖		0.41	暗淡煤	0.6	80.3	19.1
DNH-1	大南湖		0.43	暗淡煤	0.2	58.3	41.5
SD-1	三道岭砂墩子		0.49	光亮煤	0.5	94.2	5.3
SD-2	三道岭		0.38	半亮煤	1.2	90.7	8.1
SD-3	三道岭露天矿		0.54	暗淡煤	1.1	81	17.9
平均			0.50	—	0.8	85.4	13.8

吐哈盆地煤岩显微组分含量变化明显，非均质性强，测得镜质组含量可达50%～90%，平均约为85%；其次为惰质组，为3%～42%，平均约为14%；壳质组含量极低，平均为0.8%。盆地多数样品 R_o 变化范围为0.35%～0.60%，属低煤阶褐煤及长焰煤，仅艾维尔沟AW-3样品 R_o 为0.8%以上，为气煤[7]（表1）。区域上，西部地区除LQ-1样品外，镜质组含量普遍很高，R_o 值自艾维尔沟向东减小；东部地区沙尔湖、大南湖煤样富含惰质组，三道岭地区则镜质组含量高。镜质组含量与变质程度变化相似，都呈现自南向北逐步上升，东西两端高而中部低的特征，惰质组规律与之相反。纵向上，八道湾组煤岩相对于西山窑组煤岩具有较高的镜质组含量与 R_o 值，较低的惰质组含量。

2.2 储层孔裂隙结构变化

吐哈盆地煤岩发育原生孔隙及各种次生孔隙。原生孔隙以丝质体胞腔孔为主，矿物充填现象明显，次生孔隙见气孔、挤压变形孔、铸模孔（图2）。

(a) 纤维状丝质体中胞腔孔及其充填物(AW-3)

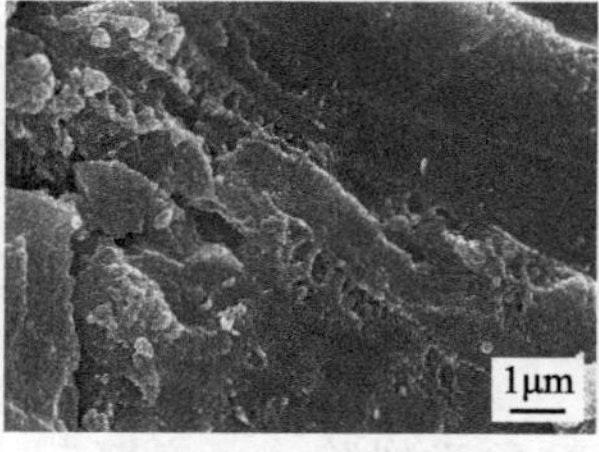

(b) 均质镜质体中显示的原生孔(HS-1)

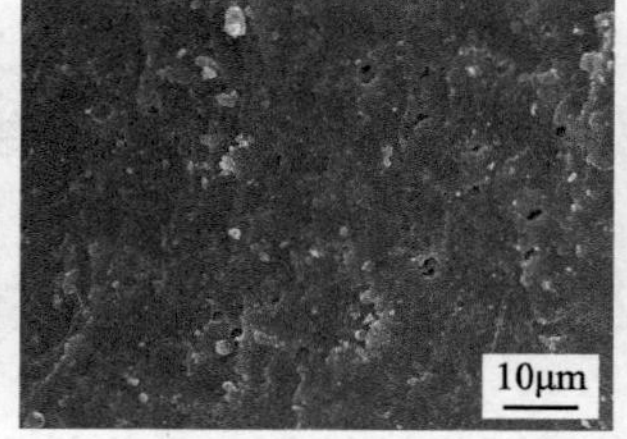

(c) 镜质体中的孔隙，有气孔、残留胞腔孔和铸模孔(DH-1)

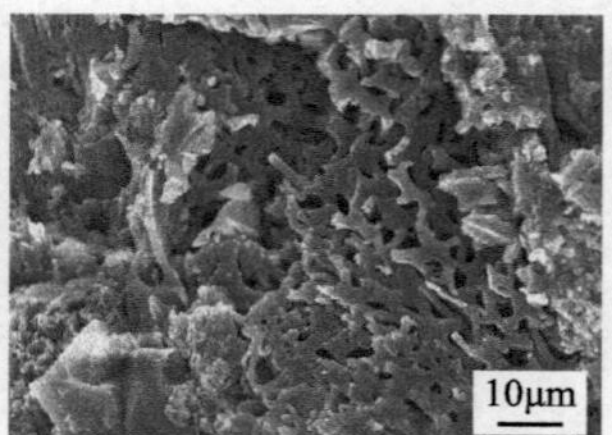

(d) 丝质体及其变形胞腔孔，碎裂(DNH-1)

图2 扫描电镜下煤样孔隙发育特征

煤岩样品裂隙发育，包括各种形状的静压裂隙、层间裂隙、微裂隙。如AW-3、DH-1等样品中均见裂隙，但高岭石充填现象明显，孔裂隙连通性差。了墩隆起地区SEH-1、DNH-1样品见明显层间裂隙，裂隙发育使得南部凹陷地区煤样具有较强渗流能力（图3）。

(a) 垂直层理的静压裂隙，丝质体夹层(AW-3)

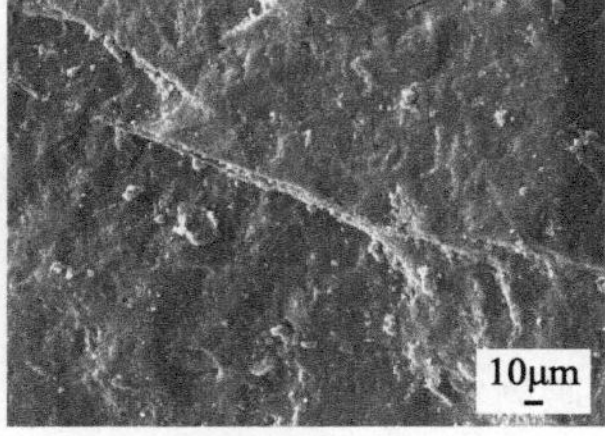

(b) 挤压磨擦面，碎粒，裂隙及其充填物(DH-1)

(c) 疏松，裂隙多，层间裂隙(SEH-1)

(d) 疏松，不同组分间层，丝质体较多，层间裂隙(DNH-1)

图 3　扫描电镜下煤样裂隙发育特征

吐哈盆地孔裂隙发育情况差异明显，通过统计单位孔隙体积进汞量可以得出不同孔径区间的占比情况，整体来看，吐哈盆地整体渗流孔百分比远低于吸附孔(图 4)[8]。东部地区大南湖、沙尔湖样品孔径曲线呈明显单峰形态，煤样大、中孔发育为主体；七泉湖样品(SH-1)各种孔径孔隙均有发育；三道岭样品中孔、微孔发育。西部地区艾维尔沟样品以小、微孔发育为主体；克尔碱样品中孔、微孔发育，但以微孔为主体。

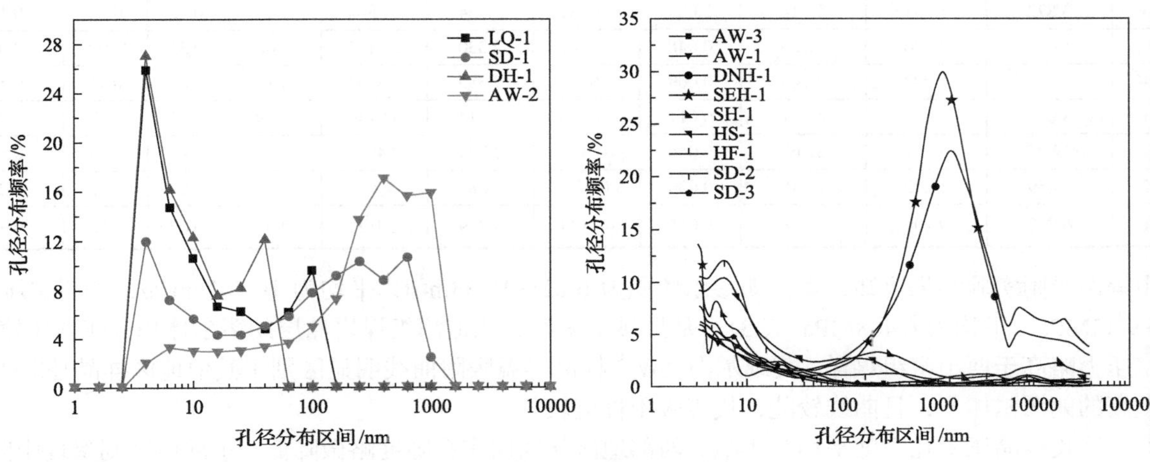

图 4　煤岩压汞实验孔径分布

由压汞实验中、大孔比例可知(图 5)，了墩地区大孔最为发育，艾维尔沟中孔比例最高。西部地区由艾维尔沟向东，煤岩样品中、大孔比例逐渐降低；东部地区中部中、大孔比例较高，原因可能是构造抬升使得了墩地区煤岩遭受构造破坏，产生较多次生大孔。纵向上，西山窑组中、大孔比例大部分高于八道湾组。综合分析认为了墩隆起地区煤样储层孔渗条件优于其他地区样品。

由微、小孔比例可知(图 6)，吐哈盆地煤体小孔比例占优，艾维尔沟样品小孔比例最高，沙尔湖样品以微孔最为发育。由西部地区艾维尔沟向东，东部地区七泉湖至沙尔湖，大南湖至三道岭，煤储层小孔比例逐渐降低，微孔反之。层域上看，西山窑组微孔占比高于八道湾组，小孔反之。

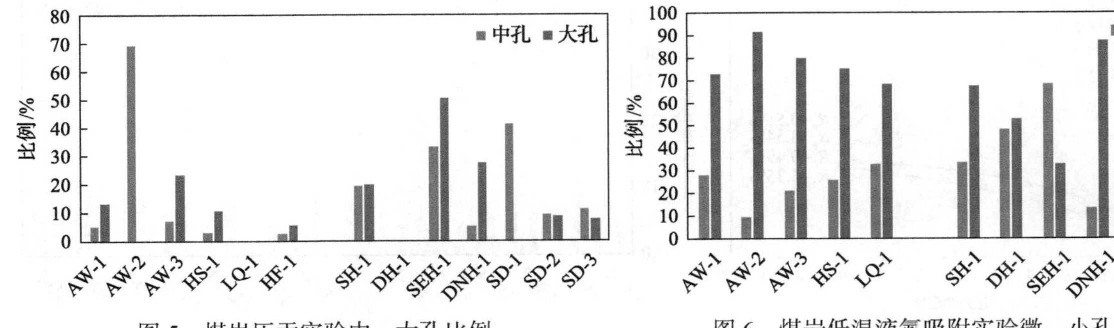

图 5　煤岩压汞实验中、大孔比例

图 6　煤岩低温液氮吸附实验微、小孔比例

低温液氮吸附实验结果显示(表 2)，煤样 BET 比表面积平均为 6.913m^2/g，仅沙尔湖 SEH-1 及三道岭

SD-3、SD-2 样品大于 10m²/g，明显大于其他地区样品。低温液氮 BJH 比表面积测试结果变化规律基本上与 BET 比表面积一致，且 BJH 孔容测试结果显示，三道岭及沙尔湖地区煤岩样品孔容较其他地区样品大 1 个数量级，平均为 0.03325cm³/g，表明三道岭地区及沙尔湖地区煤岩孔体积较大。综合分析可知，三道岭地区煤层微孔、小孔连通性最好，吸附能力最强。

表 2　低温液氮吸附实验数据

编号	BET 比表面积/(m²/g)	BJH 比表面积/(m²/g)		BJH 孔容/(cm³/g)		BJH 平均孔径/nm		各孔径段体积比		各孔径段比表面积比	
		吸附累积总孔内表面积	脱附累积总孔内表面积	吸附累积总孔容	脱附累积总孔容	吸附平均孔径	脱附平均孔径	＜10nm	10～100nm	＜10nm	10～100nm
AW-1	1.009	1.572	1.666	0.007	0.0039	4.978	4.6893	0.28	0.72	0.72	0.28
AW-2	1.303	1.458	1.672	0.008	0.0094	11.27	10.026	0.09	0.91	0.35	0.65
AW-3	0.645	0.834	0.877	0.003	0.0026	6.248	5.9894	0.21	0.79	0.6	0.4
HS-1	1.584	2.142	2.312	0.006	0.0062	5.702	5.373	0.25	0.75	0.67	0.33
LQ-1	0.937	1.392	1.577	0.003	0.0029	4.013	3.6465	0.32	0.68	0.77	0.23
SH-1	1.425	1.458	1.655	0.003	0.0033	4.579	3.9213	0.33	0.67	0.72	0.28
DH-1	3.872	5.231	5.618	0.008	0.0081	3.134	2.8864	0.48	0.52	0.84	0.16
SEH-1	17.02	41.06	41.60	0.048	0.0481	2.330	2.3132	0.68	0.32	0.92	0.08
DNH-1	2.199	1.997	2.149	0.009	0.0095	9.389	8.8192	0.13	0.87	0.43	0.57
SD-1	3.022	4.028	4.551	0.011	0.0115	5.614	5.0448	0.29	0.71	0.7	0.3
SD-2	32.35	31.61	32.60	0.044	0.0406	2.763	2.4877	0.55	0.45	0.88	0.12
SD-3	17.59	16.42	14.46	0.030	0.027	3.683	3.765	0.31	0.69	0.75	0.25
均值	6.913	9.100	9.228	0.015	0.0144	5.309	4.9135	0.33	0.67	0.70	0.30

由等温吸附实验结果可知，煤样朗缪尔体积为 6.22～17.33m³/t，平均为 10.562cm³/g，朗缪尔压力为 3.48～9.43MPa，平均为 6.468MPa(表 3)。从层域上来看，八道湾组煤岩储层朗缪尔体积高于西山窑组，朗缪尔压力略高于西山窑组煤样，艾维尔沟 AW-3 样品等温吸附曲线明显区别于其他地区样品(图 7)，其具有较高的朗缪尔体积，且曲线较陡，代表吸附性能较好。

盆地采集样品压汞孔隙度平均为 14%，西部地区从西向东孔隙度略微降低，东部地区则呈现中间高、两边低的态势(图 8)，应与大南湖、沙尔湖样品发育大、中孔有关；层域上，八道湾组孔隙度低于西山窑

表 3　等温吸附实验数据

基质类型	参数	样品编号				
		AW-3	DH-1	LQ-1	SD-1	SD-3
平衡水分基	V_L/(cm³/g)	17.33	10.85	6.22	10.85	7.56
	P_L /MPa	4.12	9.43	3.48	7.25	8.06

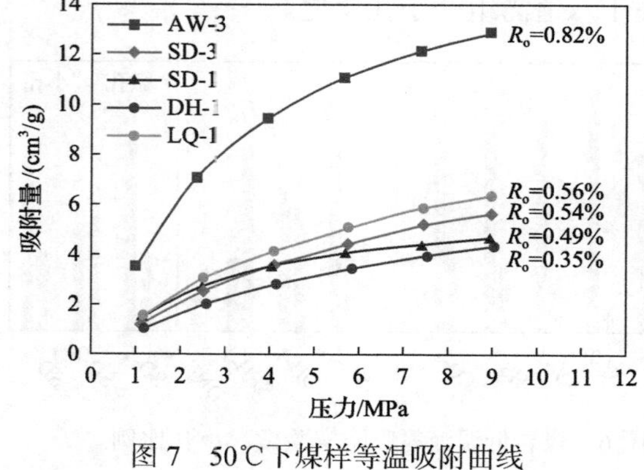

图 7　50℃下煤样等温吸附曲线

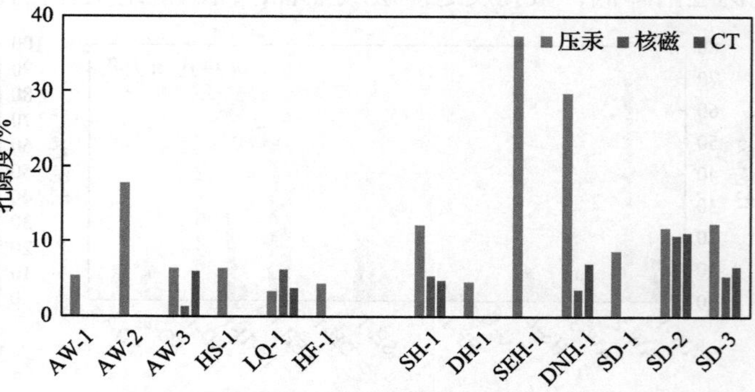

图 8　煤样核磁共振、CT、压汞孔隙度对比

组。核磁共振、CT 数据显示三道岭地区样品孔隙度为所测样品中最大，核磁渗透率最高(表 4)，符合压汞、液氮测试的孔径发育结果(表 2)。CT 孔裂隙三维空间显示，样品孔隙系统具各向异性，煤柱样上、中、下三段连通孔隙度差异明显，说明煤岩样品孔裂隙非均质性极强(表 4)。

表 4 吐哈盆地部分煤样连通特征

参数	AW-3			LQ-1			DH-1			SD-1			SD-3		
核磁渗透率/mD	0.002026			0.022599			0.178202			0.374314			0.039178		
总连通孔隙度/%	2.37			0			2.22			2.52			1.5		
切片范围/张	1～1000	1001～2000	2001～3171	1～1000	1001～2001	2002～3218	1～1000	1001～2001	2002～3181	1～1000	1001～2001	2002～3186	1～1000	1001～2001	2002～3172
分段连通孔隙度/%	5.06	8.01	8.27	0	0	0	6.68	0	0	1.52	4.04	2.01	3.12	1.48	0
CT 三维孔裂隙结构模型	Z:1 AW-3 5.06%			Z:1 LQ-1			Z:1 DH-1 6.68%			Z:1 SD-1 1.52%			Z:1 SD-3 5.12%		

2.3 储层非均质性变化特征

目前，储层物性非均质性研究内容多集中于孔隙结构[9,10]，研究方法以分形理论为主，基于低温液氮实验数据运用分形维数计算模型，结合截距法计算微、小孔分形维数，相对压力为 0～0.5 时分形维数 D_1 是表征孔隙比表面积的参数，相对压力为 0.5～1 时分形维数 D_2 是表征孔隙结构的参数[7]。盆地分形维数范围为 2.09～2.84，D_1 基本上低于 2.5，平均为 2.30；D_2 均大于 2.5，平均为 2.69。不同区域煤层吸附孔发育具明显非均质性特征；纵向上，八道湾组煤样分形维数普遍低于西山窑组(表 5)。

表 5 低温液氮 FHH 吸附孔分形维数

编号	AW-1	AW-2	AW-3	HS-1	LQ-1	SH-1	DH-1	SEH-1	DNH-1	SD-1	SD-2	SD-3
层位	J_1b					J_2x						
相对压力为 0～0.5 时的分形维数 D_1	2.27	2.14	2.23	2.09	2.27	2.22	2.43	2.44	2.25	2.28	2.48	2.51
相对压力为 0.5～1 时的分形维数 D_2	2.48	2.66	2.61	2.72	2.78	2.64	2.71	2.56	2.82	2.66	2.84	2.78

3 结 语

吐哈盆地煤层气储层物性的变化特征主要表现于构造作用控制下煤储层孔裂隙系统发育特征。

(1)煤层气储层物性在区域上的变化规律是：西部地区 R_o 值自艾维尔沟向东减小，煤岩光泽强度逐渐增加；东部地区镜质组含量与变质程度变化相似，都呈现自南向北逐步上升，东西两端高而中部低的特征，惰质组规律与之相反。大南湖、沙尔湖煤岩孔隙结构优于其他含煤储层，渗流孔更为发育，孔隙度最高，形成中部隆起地区向东、西两个方向煤储层孔隙度逐渐降低的变化规律。

(2)结合煤岩形成年代，煤层气储层物性在层域上的变化规律是：西山窑组至八道湾组光泽强度降低，镜质组含量增多，惰质组含量减少，变质程度 R_o 值增大；孔隙结构变小，渗流能力减小，吸附能力增大；分形维数减小。同一煤层采集的样品煤柱上、中、下三段连通孔隙度差异明显，具各向异性。

参考文献

[1] 陶小晚, 王俊民, 胡国艺, 等. 新疆煤层气勘探开发现状及展望[J]. 天然气地球科学, 2009, 20(3): 454-459.

[2] 王国亭, 何东博, 李易隆, 等. 吐哈盆地巴喀气田八道湾组致密砂岩储层分析及孔隙度演化定量模拟[J]. 地质学报, 2012, 86(11): 1847-1856.

[3] 崔立伟, 汤达祯, 夏浩东, 等. 吐哈盆地巴喀地区八道湾组致密砂岩储层孔隙特征及影响因素[J]. 中南大学学报(自然科学版), 2012, 43(11): 4404-4411.

[4] 王伟明, 卢双舫, 李杰, 等. 致密砂岩储层微观孔隙特征评价——以中国吐哈盆地为例[J]. 天然气地球科学, 2016, 27(10): 1828-1836.

[5] 国土资源部油气资源战略研究中心. 全国煤层气资源评价[M]. 北京: 中国大地出版社, 2009: 71-83.

[6] 李建武, 白公正, 雷宝林, 等. 吐哈盆地煤层的吸附性及其影响因素[J]. 煤田地质与勘探, 2001, 29(2): 30-32.

[7] 邵龙义, 高迪, 罗忠, 等. 新疆吐哈盆地中、下侏罗统含煤岩系层序地层及古地理[J]. 古地理学报, 2009, 11(2): 215-224.

[8] Wang M F, Wang J J, Tao S, et al. Quantitative characterization of void and demineralization effect in coal based on dual-resolution X-ray computed tomography[J]. Fuel, 2020, 267(1-4): 116836.

[9] 李松, 汤达祯, 许浩, 等. 不同煤阶煤岩物性的核磁共振表征[C]//中国地质学会学术年会, 昆明, 2013.

[10] 姚艳斌, 刘大锰. 基于核磁共振弛豫谱的煤储层岩石物理与流体表征[J]. 煤炭科学技术, 2016, 44(6): 14-22.

海拉尔盆地煤层气富集规律和勘探策略研究

高 庚[1,2]，马文娟[1,2]，陈春瑞[1,2]，云建兵[3]，高吉峰[1,2]，周 玥[1,2]

（1. 大庆油田有限责任公司勘探开发研究院，大庆 163712；2. 黑龙江省致密油和泥页岩油成藏研究重点实验室，大庆 163712；3. 大庆油田有限责任公司勘探事业部，大庆 163453）

摘要：海拉尔盆地中—低煤阶煤炭和煤层气资源丰富，但勘探和认识程度较低，煤层分布、煤岩煤质、煤层物性、含气性和煤层气富集规律认识不足，制约了勘探实践。以呼和湖凹陷为重点，对凹陷煤层分布、煤岩煤质、煤层物性、含气量特征研究，总结了呼和湖凹陷煤层气富集规律。研究结果表明：①呼和湖凹陷主要含煤地层为白垩系南二段和大二段，煤层分布稳定，煤层层数多，单层厚度大，镜质组含量较高，煤变质程度较低，煤储层以较低孔隙度、较高总孔比表面积为特征，以微小孔、“细瓶颈”孔为主，内表面积大，连通性好；②煤层甲烷含量高，大二段含气量、饱和度低，南二段含气量、饱和度较高，影响含气量的主控因素为埋深、构造、水文地质、镜质组反射率、灰分含量、显微组分及盖层条件；③中—低阶煤煤层气主要是次生生物成因气，构造控制富集带，向斜构造有利于煤层气的富集高产，水文地质条件控制煤层气成藏，向斜核部缓流区成藏条件好；④初步厘定了呼和湖凹陷煤层气资源基础、富集因素和高产因素三级有利区评价指标体系。基于呼和湖凹陷煤炭和煤层气资源规模，大二段以煤炭地下气化、南二段以煤层气和煤炭地下气化兼探的勘探策略。

关键词：煤层气；呼和湖凹陷；中低煤阶；富集规律；含气量；煤炭地下气化；勘探策略

Study of enrichment rules and exploration strategy of coalbed methane in Hailar Basin

Gao Geng[1,2]，Ma Wenjuan[1,2]，Chen Chunrui[1,2]，Yun Jianbing[3]，Gao Jifeng[1,2]，Zhou Yue[1,2]

（1. Exploration and Development Research Institute of Daqing Oilfield Co., Ltd., Daqing 163712；2. Heilongjiang Key Laboratory of Tight Oil and Shale Oil Accumulation Research, Daqing 163712；3. Exploration Enterprise Department of Daqing Oilfield Co., Ltd., Daqing 163453）

Abstract: In order to study of middle-low coal rank CBM reservoiring conditions and enrichment rules in the Hailar Basin, As the object of study in order to Huhehu depression of the Hailar Basin, by studying coalbed distribution, coal & rock quality and physical properties of coalbed and gas content, analysis of the middle-low coal rank CBM reservoiring conditions of the Huhehu depression, summarizes the coalbed methane enrichment rules and the three-level evaluation standard of favorable CBM area in Huhehu depression is established and the exploration strategy is put forward. The results show that the major coal-bearing strata of the cretaceous in the two parts of the Nantun Formation and the two parts of the Damoguaihe Formation, stable coalbed distribution, many coalbed layers and single layer thickness is big, the vitrinite content is higher, the degree of coal metamorphism is low, mainly in middle-low coal rank, coal reservoirs with low porosity, high total pore specific surface area of characteristics, is given priority to with tiny holes, fine “bottleneck” hole, large surface area, good connectivity. The methane content of coalbed is high, the gas content and saturation of the two parts of the Damoguaihe Formation is low, and the gas content and saturation of the two parts of the Nantun Formation is high. The main controlling factors affecting the gas content are burial depth, structure,

基金项目：国家科技重大专项(2016ZX0504)、中国石油天然气股份有限公司重大科技专项项目(2017E-14 和 2019E-25)和大庆油田有限责任公司科研项目[海拉尔盆地煤炭地下气化资源潜力及有利区优选研究(202121KT002)]。

作者简介：高庚(1979—)，高级工程师，主要从事新能源及煤炭地下气化地质综合评价与选址研究工作。邮箱：ggao_njucsu@petrochina.com.cn。

hydrogeology, vitrinite reflectance, ash content, maceral and cap conditions. The coalbed methane of middle-low coal rank is mainly secondary biogenic gas, and the structure controls the enrichment zone. Synclinal structure is favorable for the enrichment and high yield of coalbed methane, hydrogeological conditions control coalbed methane accumulation, and the synclinal core slow-flow zone has good accumulation conditions. The evaluation index system of three favorable areas of CBM resource base, enrichment factor and high yield factor in Huhehu depression is established. Based on the scale of coal resource and coalbed methane resource in Huhehu depression, the exploration strategy of Underground Coal Gasification (UCG) in the two parts of the Damoguaihe Formation and coalbed methane and Underground Coal Gasification (UCG) in the two parts of the Nantun Formation is adopted.

Keywords: coalbed methane; Huhehu depression; middle-low coal rank; enrichment rules; gas content; UCG; exploration strategy

中国低煤阶地区煤层气资源量为 10.30 万亿 m^3，约占全国煤层气资源总量的 1/3[1-4]，但整体的勘探开发程度较低。近年来，中国煤层气勘探工作不断拓展，先后在准噶尔盆地南缘、二连盆地吉尔嘎朗图凹陷等低煤阶区取得了重大突破[5-8]。

海拉尔盆地位于内蒙古自治区东北部，是重要的低煤阶区。李恒等[9]研究表明，海拉尔盆地的煤炭资源约为 1688 亿 t。李恒等[9]、卢双舫等[10]研究表明，海拉尔盆地的煤层气资源量约为 1.6344 万亿 m^3 和 1.079 万亿 m^3，说明海拉尔盆地煤层气具有相当大的增长空间。孙斌等[11]研究认为，海拉尔盆地呼和湖凹陷煤层厚度大、孔隙发育，煤层气成藏地质条件优越。多位学者[12-18]对该凹陷的煤层气地质条件和资源潜力进行了分析。然而，海拉尔盆地构造复杂，不同凹陷具有不同的煤层气地质条件，资源分布极不均匀[10]，大多数含煤凹陷缺乏相关的煤层气地质研究，煤层气勘探工作刚刚起步。

呼和湖凹陷是海拉尔盆地东南部呼和湖拗陷的二级构造单元，目前完钻两口煤层气预探井，并完成了煤岩含气性、气组分、工业分析、等温吸附等分析测试工作，具备了分析煤层气富集规律研究的基础。本文以呼和湖凹陷地质和实验测试资料为基础，对凹陷煤层分布、煤岩煤质和煤层物性特征进行对比分析，落实煤层含气量特征及含气量控制因素，开展煤层气成因、煤层气富集规律及主控因素研究，进而优选有利的煤层气勘探区，并初步落实呼和湖凹陷下一步勘探策略，为后续呼和湖凹陷的煤层气资源潜力评价和勘探开发提出建议。

1 地 质 背 景

中国低煤阶含煤盆地分布广泛，主要集中于西部地区准噶尔盆地、吐哈盆地，东北地区海拉尔盆地、二连盆地、三江盆地，以及阜新盆地、滇东盆地等。内蒙古地区煤炭资源丰富，含煤区分布广泛。内蒙古西部是高阶煤发育的主要区域，东部主要发育褐煤、长焰煤等中—低阶煤。

海拉尔盆地呼和湖凹陷早白垩世煤层气主要发育于断陷湖盆沼泽长期稳定发育的滨湖地带、湖泊沼泽长期发育的滨湖地带和浅水洼地，以南屯组二段(简称南二段)煤系地层和大磨拐河组二段(简称大二段)煤系地层最为典型。

1.1 区域地质背景

海拉尔盆地位于内蒙古自治区北部的呼伦贝尔市境内，是叠置于内蒙古—大兴安岭古生代褶皱基底上的中生代、新生代陆相沉积盆地，面积为 7.048 万 km^2，其中中国境内的面积为 4.421 万 km^2[11]。海拉尔盆地可划分为“三拗两隆”5 个一级构造单元，由西向东依次为扎赉诺尔拗陷、嵯岗隆起、贝尔湖拗陷、巴彦山隆起和呼和湖拗陷[10,11](图 1)。

海拉尔盆地具有西部断裂活动强、东部断裂活动弱的特点。这种构造上的差异导致位于西部的凹陷沉降幅度较大，泥岩较为发育；而东部各个凹陷下降幅度较小且后期经历了一定的抬升作用，发育大量的沼泽相煤系地层，这也决定了海拉尔盆地东部各凹陷为煤层气富集区的现状。

南二段湖相泥岩有机质丰度高，中等—好烃源岩，有机地球化学测试资料表明，残余有机碳含量主要分布于0.818%～7.035%，平均TOC为3.003%，R_o为0.57%～1.16%，已达生油高峰阶段，绝大部分已发生了强烈的生、排烃作用。南二段煤系烃源岩有机质丰度最高，好—最好烃源岩，有机地球化学测试资料表明，残余有机碳含量主要分布于1.787%～72.57%，平均TOC为37.749%，R_o为0.53%～1.0%，已进入生油高峰阶段，已发生了大量的生、排烃作用，主要分布在呼南次凹。南二段湖相泥岩和煤系烃源岩条件优越，是煤层气和致密气成藏的重要资源基础。

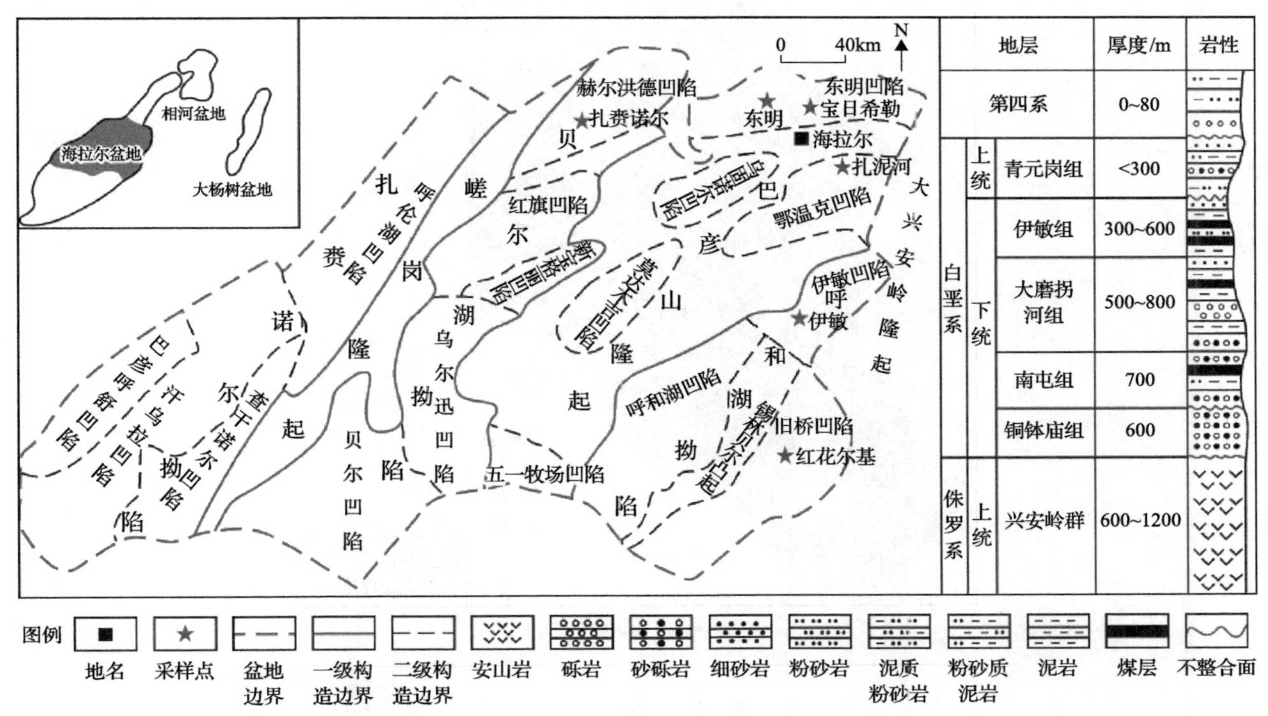

图1　海拉尔盆地构造纲要图及地层柱状图

1.2　煤层分布特征

呼和湖凹陷的主要含煤地层为白垩系南二段和大二段，其次为伊敏组。

对海拉尔盆地呼和湖凹陷22口井煤层厚度的统计表明，煤层累计厚度为52.39～232.4m，平均为124.1m，总层数12～99层，平均单层厚度1.66～4.46m，平均2.49m，其中大2段划分为6套煤层组，南2段划分为4套煤层组，主力煤层主要分布在大2段大2^4亚段、大2^5亚段、大2^1亚段和南二段南2^3亚段、南2^2亚段。从全区煤层发育情况来看(图2)，受成煤时期沉积环境的影响，总体上洼槽区、斜坡下断阶最厚，向四周减薄。其中南二段主要分布在洼槽区、陡坡带和斜坡下断阶，中、上断阶煤层厚度较薄，一般为50～100m，最厚可达200m。大二段主要分布在洼槽区和斜坡下断阶，陡坡带和中、上断阶煤层厚度较薄，一般为30～50m，最厚可达80m。伊一段主要分布在洼槽区，一般为10～20m，最厚可达30m。

1.3　煤岩煤质特征

海拉尔盆地呼和湖凹陷煤岩显微组分包括镜质组、惰质组、壳质组和矿物质四部分，其中矿物质以黏土矿物为主。主力煤层煤岩显微组分以镜质组为主，含量为3.1%～86.7%，平均为49.25%；其次为惰质组，含量为2.0%～83.5%，平均为26.12%；壳质组最少，含量为2.0%～50.0%，平均为22.9%。从垂向上看，镜质组随煤层埋深的增加有减小的趋势；而惰质组含量随煤层埋深增大呈现先减小后增大的趋势；壳质组随煤层埋深的增加有减小的趋势。

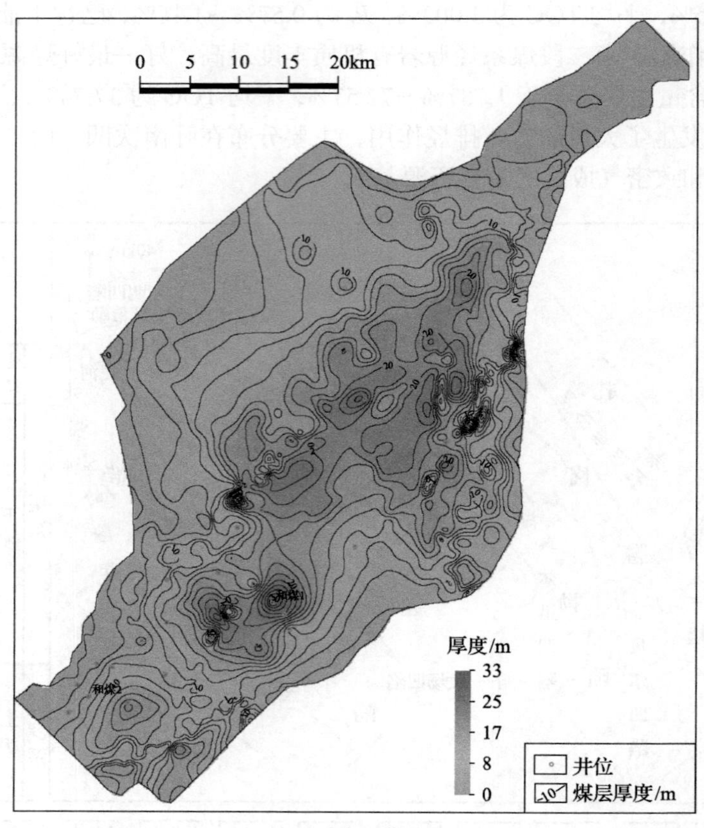

0 5 10 15 20km
厚度/m
33
25
17
8
0
井位
煤层厚度/m

0 5 10 15 20km
厚度/m
85
64
43
21
0
井位
煤层厚度/m

(a) 伊一段

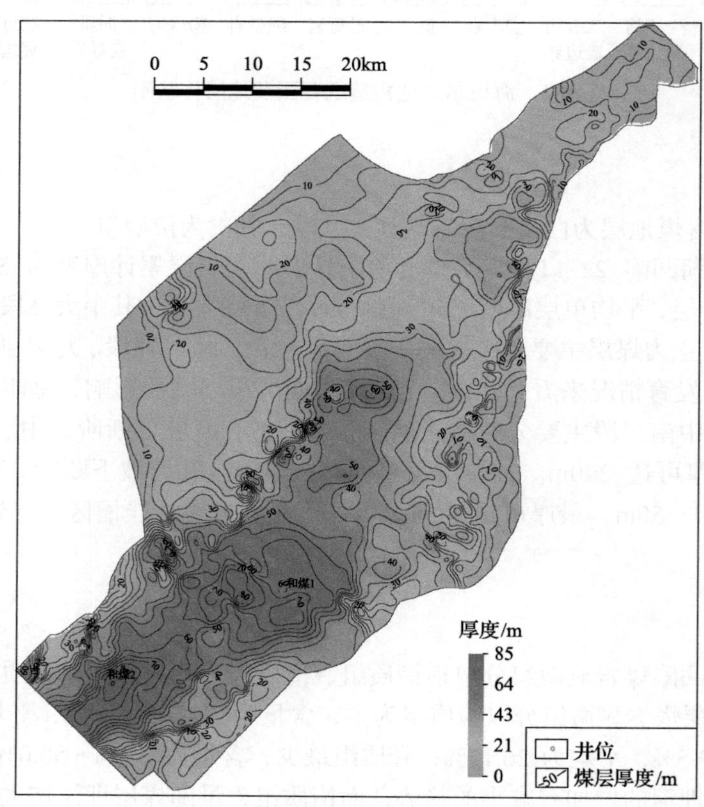

(b) 大二段

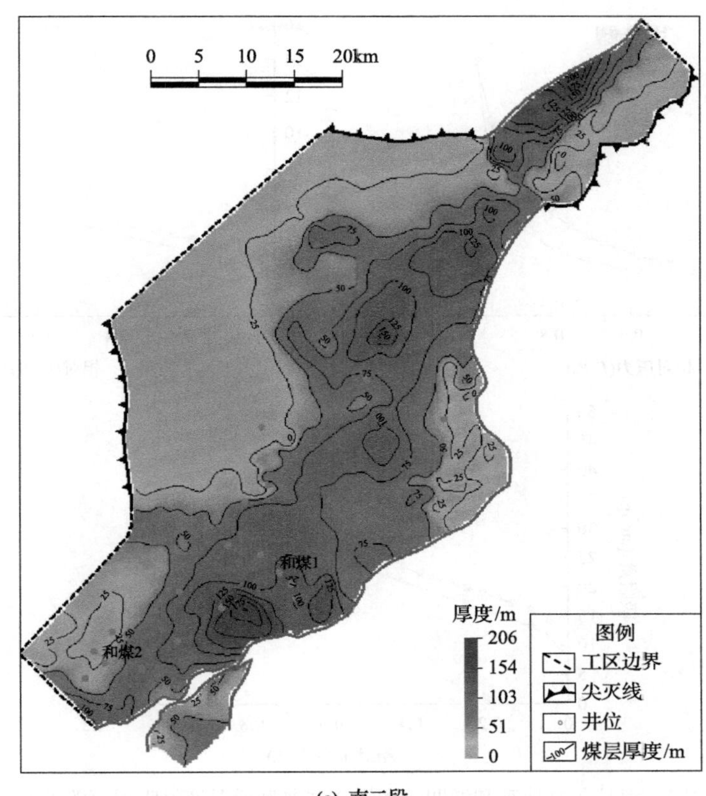

(c) 南二段

图 2　海拉尔盆地呼和湖凹陷伊一段、大二段、南二段煤层厚度图

对海拉尔盆地呼和湖凹陷煤层气井煤质测试数据统计分析表明：各煤层的水分含量主要分布在 9.72%～23.94%，平均为 16.67%；各煤层的灰分主要分布在 3.13%～27.6%，平均为 8.58%；各煤层的挥发分含量主要分布在 22.77%～45.76%，平均为 33%。纵向上，挥发分含量和固定碳含量随煤层埋深增加呈现先下降后上升的趋势，水分含量和灰分含量呈现先上升后下降的趋势。由此可以看出，呼和湖凹陷的煤主要为低—中含水低—中挥发分的低—中灰煤。煤岩镜质组反射率介于 0.31%～1.3%，煤阶变化较大，全区分布有褐煤、长焰煤和气煤，主要以褐煤为主。从煤层的镜质组反射率来看，呼和湖凹陷主要分布中—低煤阶煤，煤层累计厚度大，有利于煤层气的生成。

1.4　煤层物性特征

煤储层孔隙由基质孔隙和割理孔隙组成。基质孔隙占有较高的比例，发育于煤的基质块体之中，是煤层气吸附存在的场所；割理孔隙度较低，但为流体产出提供了运移通道[19]。储层的连通性一般用渗透率来表征，渗透率指孔隙-裂隙介质传导流体的能力，是煤层气开发的关键参数[20-22]。较高的渗透率不仅有利于富集煤层气的产出，同时也影响着煤层气的生成，因为低煤阶煤层气成藏的主要影响因素在于其生成上，较大的渗透率有利于淡水的入渗补给，为产生次生生物气提供条件。

呼和湖凹陷主要发育原生结构煤和碎裂煤，基质孔隙较发育，以粒间微孔、粒间微缝、碳纤维内微孔、晶间孔缝、溶蚀微孔为主，以大、中孔为主，裂隙发育，多被颗粒充填。根据低温液氮实验测试结果显示，煤岩比表面积(BET)为 2.085～93.711m^2/g，平均为 19.32m^2/g，表明煤岩 BET 比表面积较大，有利于煤层气的吸附。平均孔直径为 4.405～18.071nm，平均为 10.677nm，属于中小孔范围，表明中小孔占绝对优势，大孔次之，微孔含量少，孔隙类型以“细瓶颈”孔、开放性及连通性较好的平行板孔和尖劈形孔为主，有利于煤层气的扩散运移(图 3)。总孔体积(BJH)为 0.0079～0.093mL/g，平均为 0.029mL/g。

海拉尔盆地呼和湖凹陷煤岩孔隙度为 0.68%～9.73%，平均为 4.70%；渗透率为 0.01×10^{-3}～1.46×10^{-3}μm^2，平均为 0.273×10^{-3}μm^2。

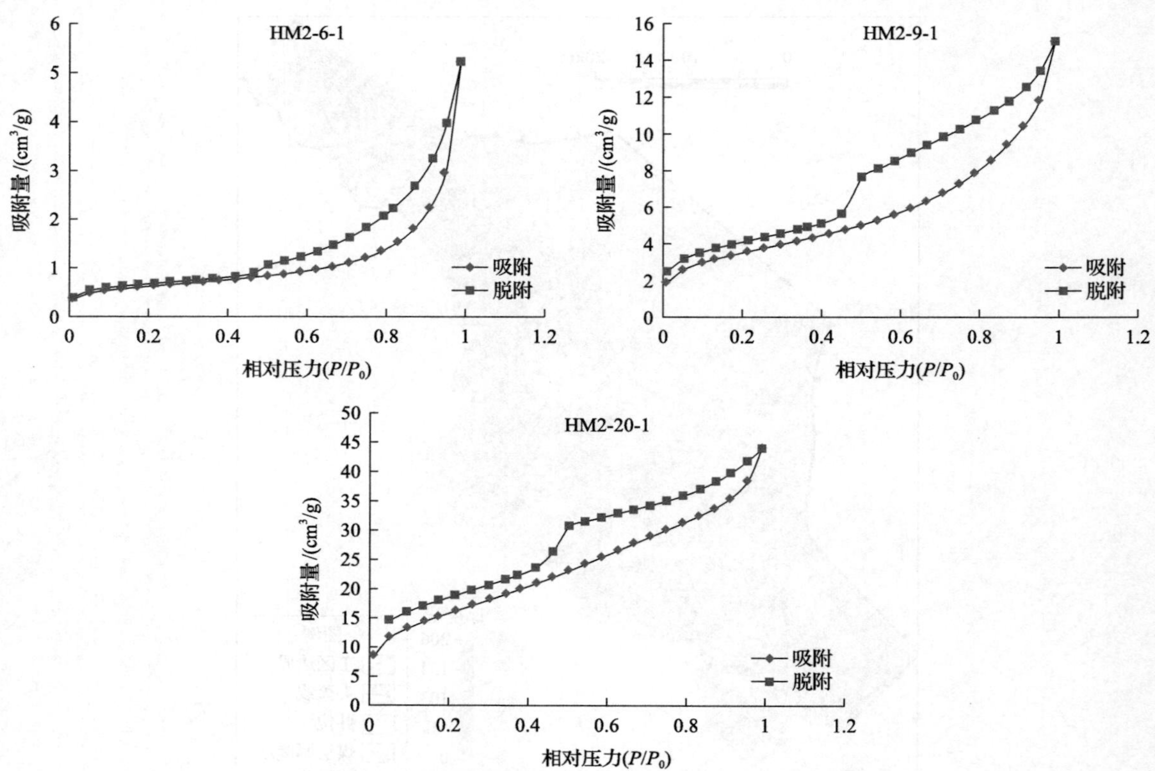

图 3　海拉尔盆地呼和湖凹陷和煤 2 井典型低温液氮吸附/脱附曲线

2　煤层含气性特征

2.1　含气量特征

据煤心现场解吸数据统计，呼和湖凹陷煤层含气量介于 0.68%～4.79m^3/t，平均为 2.0m^3/t，主要分布在 1～3m^3/t。纵向上，随埋深增加含气量变大，与埋深呈正相关关系，煤层含气量受埋深影响明显。

煤层气实测气体组分分析结果显示，和煤 1 井煤层甲烷含量介于 0.08%～99.96%，平均为 43.79%，氮气含量介于 0%～97.8%，平均为 54.63%，乙烷和二氧化碳含量较少；和煤 2 井煤层甲烷含量介于 42.19%～99.96%，平均为 96.74%，几乎不含氮气、二氧化碳，乙烷含量较少。初步分析认为，和煤 1 井氮气高是由于本身封盖条件差，煤的含气量低，空气有吸附。

2.2　等温吸附特征

煤具有较强的吸附性。煤吸附能力的大小不仅取决于煤的显微组分、变质程度及孔隙特征等内在因素，还受控于储层压力、储层温度及含水饱和度等外在条件。煤的等温吸附曲线反映了在一定温度(通常为煤储层温度)、不同压力下煤层通过吸附存储甲烷的能力。因此，煤层对甲烷气体的吸附能力决定了煤层瓦斯在煤储层中的赋存状态、储集能力和煤层瓦斯产出过程。

等温吸附实验结果显示，呼和湖凹陷煤层朗缪尔体积为 3.65～9.54m^3/t，平均为 6.59m^3/t，朗缪尔压力为 3.09～7.64MPa，煤岩朗缪尔体积普遍较大，反映其吸附能力较强。

呼和湖凹陷煤层气含气饱和度介于 25.22%～80.12%，平均为 43.51%；临界解吸压力为 0.92～4.75MPa，平均为 2.08MPa(表 1)。

表 1　海拉尔盆地呼和湖凹陷煤层气吸附特征表

井号	煤层号	煤层厚度/m	干燥无灰基含气量/(m³/t)	朗缪尔体积/(m³/t)	朗缪尔压力/MPa	含气饱和度/%	临界解吸压力/MPa
和煤 1	68	7.6	1.41	6.4	7.41	31.87	1.42
	71	6.2	1.35	4.06	5	37.11	1.46
	72	2.6	0.91	3.65	5.09	25.22	0.92
	78	6.6	1.23	5.06	5.97	25.71	1.07
	84	5.0	1.85～2.01/1.93	5.54～7.53/6.54	4.5～5.61/5.06	31.01～39.73/35.37	1.19～1.86/1.53
	88	2.8	1.74	7.06	6.17	30.17	1.39
	91Ⅱ	7.0	2.3～2.38/2.34	6.18～7.93/7.06	5.52～7.64/6.58	39.85～45.66/42.76	2.23～2.3/2.265
	94	6.8	2.36～2.87/2.615	4.77～5.26/5.015	3.09～3.36/3.225	46.8～58.19/52.495	1.84～2.51/2.175
	99	9.6	2.6～4.01/3.15	6.43～7.66/7.177	4.31～5.2/4.627	44.8～57.75/49.433	2.05～3.09/2.493
	102	1.8	2.68～3.09/2.885	8.86～9.3/9.08	5.53～5.97/5.75	33.22～38.34/35.78	1.67～1.93/1.80
和煤 2	40	7.4	1.09	5.2	7.23	41.99	1.92
	41	4.8	1.0～2.07/1.535	3.68～4.64/4.16	3.17～6.57/4.87	40.56～80.12/60.34	1.8～4.08/2.94
	61	6.2	1.78～2.56/2.087	5.19～8.91/7.513	3.9～5.5/4.813	34.98～48.6/43.077	1.48～2.22/1.913
	62	3.8	1.78～1.79/1.785	5.17～7.48/6.325	3.9～5.16/4.53	36.82～48.45/42.635	1.62～2.05/1.835
	69	8.8	2.62～2.79/2.693	7.41～9.54/8.653	4.53～5.74/5.20	44.96～50.85/47.127	2.24～2.48/2.363
	75	3.0	2.94	6.8	6.24	68.66	4.75

注：“/”之前为范围值，“/”之后为平均值。

2.3　含气量控制因素

煤层含气量不但是评价煤层含气性的主要地质依据，而且是煤层气资源量计算的重要参数。影响煤层含气量的因素很多，包括构造形态、围岩条件和水动力强弱等因素，以及煤层埋深、灰分含量、煤岩镜质组反射率、水分含量、镜质组含量、储层压力、储层温度、储层渗透率等参数[23-37]。为了保证分析结果的客观性，通过分析它们的相关性关系，选择煤层埋深、灰分含量、镜质组含量和镜质组反射率相关性较好的四个参数作为自变量，逐步回归分析煤层含气量的控制因素。

2.3.1　煤层埋深

煤层埋深在一定程度上影响煤层的含气量，通过呼和湖凹陷煤层的含气量与埋深关系图[图 4(a)]可以看出，煤层含气量与埋深呈良好的正相关变化关系。理论上，一方面，随着煤层埋深的增加，储层压力会增加，煤岩的吸附能力变强，吸附量有所增加；另一方面，随着埋深的增加，煤岩的内部结构会被压实得更厉害，所以到一定埋深时，煤岩基质的吸附量达到饱和后不会再增加，相反随着煤岩的进一步压实，煤岩孔隙会变小，孔隙中的游离气会被挤出。

2.3.2　灰分含量

灰分作为煤岩的一种重要组成成分，其含量必然会影响煤岩的含气量。由煤层含气量与灰分含量关系图[图 4(b)]可以发现，含气量与灰分含量具有线性关系，煤层含气量随着灰分含量的增加呈下降趋势。灰分含量影响煤层的吸附性能，灰分含量越低，煤质越好。

2.3.3　镜质组含量

煤岩镜质组既是生成煤层气的物质，又可以吸附煤层气，所以其含量的高低直接决定了煤岩含气量的能力。呼和湖凹陷大 2 段煤岩镜质组含量变化较大，所以煤岩的吸附能力差别也比较大，煤岩镜质组含量介于 3.1%～86.7%。由煤层含气量与镜质组含量关系图[图 4(c)]可以发现，含气量与镜质组含量也具有线性关系，煤层含气量随着镜质组含量的增高呈上升趋势。

2.3.4 镜质组反射率

镜质组反射率可以反映出煤岩的变质程度，镜质组反射率不同，煤的吸附量也不同。根据呼和湖凹陷大 2 段煤岩特征分析数据可以看出镜质组反射率介于 0.31%～0.47%。由煤层含气量与镜质组反射率关系图[图 4(d)]可以看出，煤层含气量与镜质组反射率呈正相关线性关系。煤岩随变质程度的增加，一方面，煤岩的温度升高，煤化作用加强，生气能力增强；另一方面，变质程度越高，煤岩中的原生孔隙数量越多，增加对煤层气的吸附能力。

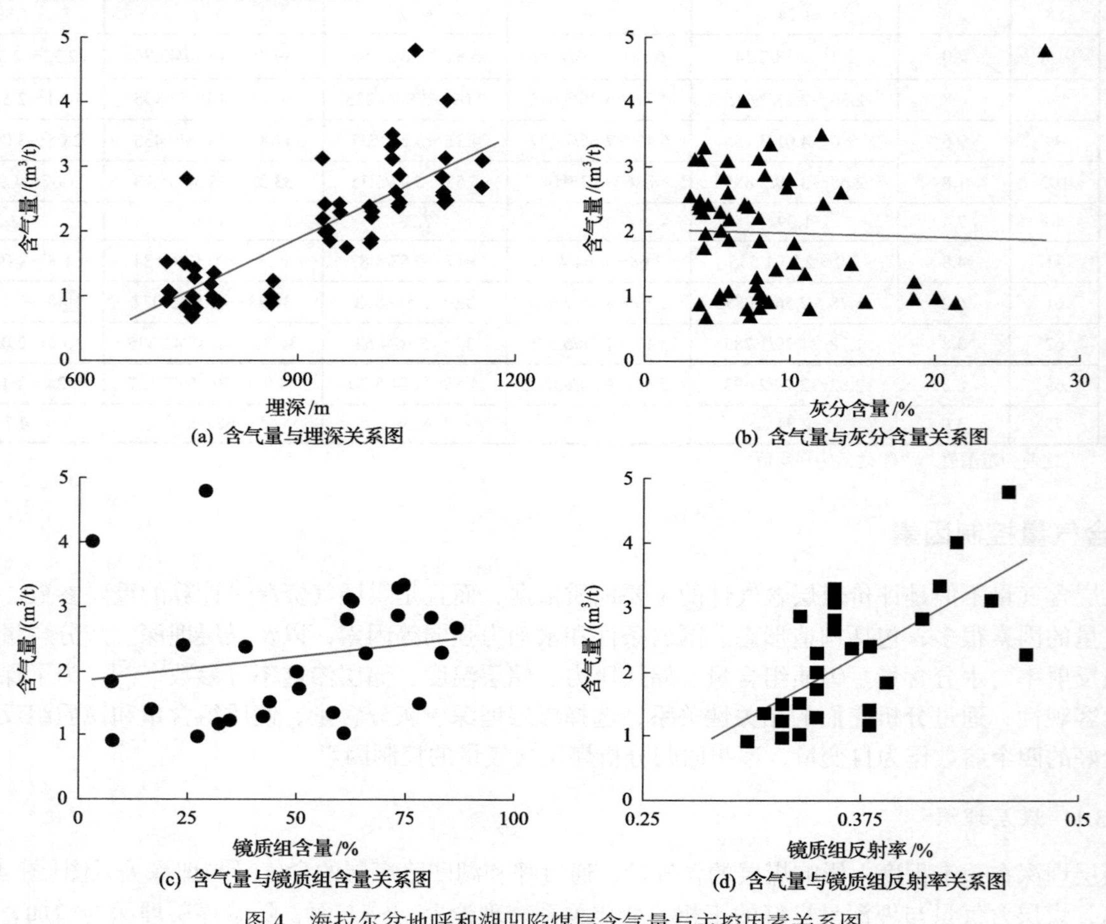

图 4 海拉尔盆地呼和湖凹陷煤层含气量与主控因素关系图

3 煤层气成因、富集成藏规律及主控因素

3.1 煤层气成因

煤层气有两种成因类型，即生物成因和热成因。生物成因煤层气是由各类微生物的一系列复杂作用过程导致有机质发生降解而形成的；热成因煤层气是指随着煤化作用的进行，伴随温度升高、煤分子结构与成分的变化而形成的烃类气体。生物成因煤层气可形成于煤化作用早期阶段(泥炭—褐煤)以及煤层形成以后的构造抬升阶段，因此又可分为早期(原生)生物成因煤层气与晚期(次生)生物成因煤层气。

参考前人的研究结果[38-40]，以甲烷碳同位素 $\delta^{13}C_1$ 值为−55‰作为划分生物成因气与热成因气的界限($\delta^{13}C_1 \leqslant -55‰$为生物气，$\delta^{13}C_1 > -55‰$为热成因气）和甲烷氢同位素 $\delta^{13}D_1$ 值一般介于−400‰～−170‰[4]作为生物成因气，并对海拉尔盆地呼和湖凹陷的煤层气成因进行了判别，煤层气甲烷碳同位

素 $\delta^{13}C_1$ 介于–70.3‰～–36.1‰，平均为–60.02‰，可以看出，海拉尔盆地呼和湖凹陷煤层气表现为以生物气为主的成因特征，同时伴随着次生热成因。

3.2 煤层气富集成藏规律及主控因素

3.2.1 构造控制煤层含气量及富集带

向斜构造轴部水位高度较两翼低，常具有地层水的向心流动机制，因此在向斜构造核部能维持较高的地层压力，地层压力越大，往往煤层吸附量越大，进而促使煤层气富集。通常情况下，向斜构造轴部海拔低于两翼，其地层水水位高于两翼，储层压力高，煤层吸附能力强，因此向斜构造轴部有利于煤层气吸附成藏。

局部构造高部位高产富集主要是因为储层含气性和渗透性好。构造抬升使低部位煤层气解吸扩散至局部构造高部位再吸附或游离成藏。应力场数值模拟表明，煤岩力学性质弱，构造高部位受力后易形成应力集中，导致煤岩破碎，产生大量裂缝，改善煤层渗透性[41,42]。

3.2.2 水文地质条件控制煤层气聚集

低煤阶煤层中的煤层气以次生生物气为主，因此，淡水补给是低煤阶煤层气成藏的先决条件[39]。低煤阶煤层气含气量既与生物气生成量有关，又与地层压力有关。

不同的水文地质单元对煤层气富集成藏的影响存在差异性。通常，滞流区由于地下水的循环交替较弱，首先，水溶解带走煤层气甲烷的数量较少，对煤层气保存非常有利；其次，滞流区储层压力较高，煤层吸附能力较强，有利于煤层气保存。当地表径流方向与地层倾向一致时，地层超压或水动力封堵，成藏条件有利，且该水流方向有利于产甲烷菌群携入煤层从而产生生物气，增大含气量；当地表径流方向与地层倾向相反时，地层欠压或水动力冲刷导致煤层气散失，成藏条件不利，且不利于产甲烷菌群携入，无生物气补给。

3.2.3 储层特征是控制煤层气成藏的重要条件

适宜的现今水文地质条件或古水文地质条件是低煤阶煤层气成藏的前提，在具备成藏条件的前提下，不同成藏地区的含气量存在差异，这些差异除受水文地质条件影响外，还受储层特征影响。储层特征(如煤岩组分、煤层厚度、煤岩顶底岩性及煤岩物性等)是控制煤层气成藏的重要条件[43,44]。

显微煤组分含量是影响煤层含气量的一个重要因素。在产气能力上，壳质组最强，镜质组次之，惰质组最差；在吸附能力上，镜质组最强，惰质组次之，壳质组最低[44,45]。由于壳质组生气能力最强，高含量的壳质组在一定程度上对低煤阶煤层气的富集较为有利。在低煤阶煤岩中，镜质组通常占绝大部分，因此镜质组含量的多少对煤层气的生成及富集具有重要作用。从图 4(c)可以看出，煤层含气量具有随镜质组含量增大而增大的趋势，因此，镜质组含量高是低煤阶煤层气生成与富集的积极贡献因素。

3.2.4 呼和湖凹陷低煤阶煤层气富集成藏模式

结合凹陷的构造、水文和煤层含气量发育特征，以及煤层气成因，初步总结了呼和湖凹陷的煤层气富集成藏模式。在地质条件上，凹陷地层倾角平缓，构造格局相对稳定，地层封闭性好；在储层条件上，煤层厚度大，孔裂隙系统相对发育；在保存条件上，由于上部地层水的渗透，形成水力封堵作用，在弱滞留区形成煤层气的富集。下部煤层含气量相对较高，加上地层水的补给，易于产甲烷菌的富集和生成，产生次生生物气，可能对该区形成非常好的气源补给。综合来看，其富集成藏受水力封堵作用，同时可能存在次生生物气的补给，是斜坡区正向构造带富集模式，含气量与渗透率优势叠合，控制煤层气“甜点”区深度区间，利于高产。总体来看，相对高压的封闭区是煤层气富集和成藏的有利部位。综上所述，呼和湖凹陷煤层气主要集中在洼槽区和斜坡区下断阶正向构造带内，易于富集高产。

4　有利区评价和勘探策略研究

4.1　有利区评价

煤层气藏与常规油气藏不同，常规油气成藏需要烃源岩、储层、盖层、圈闭等条件，通常具有一到两个主控因素，但各成藏条件均有一票否决权；而煤层气藏具有连续性特征，很难说哪一个或两个成藏条件起控制作用[46]。煤层气有利区评价参数复杂，应选用综合评价法进行评价。通过科学的指标评价[47]，可以确定有利区分级级别，针对不同有利区分级级别，优化勘探部署和勘探策略[48,49]。综合前人煤层气勘探开发实践，结合海拉尔盆地呼和湖凹陷煤层气地质条件、水文条件、构造条件等，初步确定了资源基础、富集因素、高产因素3级有利区评价指标(表2)。综合以上指标，呼和湖凹陷“甜点”区主要分布在洼槽区构造简单区，主要分布在呼南次凹南洼槽、中洼槽和北洼槽；有利区主要分布在缓坡带中下断阶、陡坡带，断裂较发育，主要分布在呼南次凹缓坡带中下断阶、呼南次凹陡坡带鼻状构造带；不利区主要分布在缓坡带上断阶，断裂发育区主要分布在呼北次凹。“甜点”区和有利区是下一步呼和湖凹陷煤层气勘探突破的首选区域。

表2　海拉尔盆地呼和湖凹陷煤层气有利区评价标准

有利区评价指标		“甜点”区	有利区	不利区
资源基础	煤层单层厚度/m	＞10	5～10	＜5
	含气量/(m^3/t)	＞4	1～4	＜1
	吸附饱和度/%	＞80	40～80	＜40
	资源丰度/($10^8m^3/km^2$)	＞1.0	0.25～1.0	＜0.25
富集因素	构造发育情况	构造简单，煤体结构保存完整	少量断层，煤体结构轻度破坏	断层发育，煤体结构严重破坏
	沉积环境	冲积平原、泥炭沼泽	三角洲平原沼泽	滨浅湖沼泽
	有效应力/MPa	＜15	15～25	＞25
	水文地质条件	承压区，简单易降压	弱径流—承压区	补给区，含水层富水性变化大
高产因素	渗透率/ mD	＞10	0.1～10	＜0.1
	临储压力比	＞0.5	0.2～0.5	＜0.2

4.2　勘探策略研究

海拉尔盆地煤炭资源和煤层气资源丰富，估算远景煤炭资源储量为1688亿t[9]，煤层气资源量为1.6344万亿m^3[9]，中深层煤炭未动用资源储量巨大。首先，具备良好的煤层气勘探开发条件；其次，煤岩条件适合地下气化，煤层厚度大，累计厚度44～110m，单层最厚30.0m，埋深适中，一般在500～2000m、构造稳定、煤热演化程度适中，总体上属于中—低煤阶的褐煤—气煤。

4.2.1　深化中—低煤阶煤层气资源潜力及有利区优选研究

海拉尔盆地具备较大的煤层气勘探潜力，但是勘探起步晚，目前煤层气资源潜力、富集高产规律及主控因素、有利区不落实，制约海拉尔盆地中低煤阶煤层气勘探开发，亟须深化海拉尔盆地中—低煤阶煤层气资源潜力、富集高产规律及有利区优选研究，为大庆油田天然气上产提供资源保障。

4.2.2　开展煤炭地下气化资源潜力与选址研究

煤炭地下气化是多学科、跨行业的颠覆性、战略性、前沿性技术，基础理论薄弱，工艺技术难度大。煤炭地下气化地质与选址评价、气化动态描述均具有特殊性，难以套用常规油气地质理论与评价方法，煤炭地下气化实验技术与方法尚处空白阶段。

通过开展海拉尔盆地煤炭地下气化资源潜力评价与选址研究，落实主力煤层分布，建立资源评价标准，明确资源潜力、气化层段和目标区，优选煤炭地下气化先导试验区，为下一步气化试验区、气化炉建造、气化运行控制、地面集输处理和下游业务发展创造有利条件。

4.2.3 开展煤炭地下气化工艺及配套技术储备研究

煤炭地下气化腔燃烧区温度高达1000℃，井筒温度为300～800℃，且井筒内存在氢气、二氧化碳、水蒸气等多组分气体，面临套管变形、腐蚀穿孔、井口抬升、环空带压等问题。气化腔几何形态动态变化，气化腔温度、压力监测困难，粗煤气产量和品质难以得到控制；国内外提高制气率的工艺方法尚为空白。气化剂和粗煤气流量、温度、压力等变化范围广，组分复杂且动态变化，目标产品多元化，生产适应性要求高，无法套用常规天然气、煤制气处理及合成工艺。

通过开展气化炉建造、气化运行控制及地面集输处理等技术储备研究，建立适合海拉尔盆地煤层地质条件的气化炉建造模型、气化运行控制规范及地面集输处理流程和下游化工路线，为先导试验区建设和规模开发奠定基础。

4.2.4 建立中—低煤阶煤层气与煤炭地下气化双结合的勘探策略

针对海拉尔盆地中—低煤阶煤岩煤质特点，必须坚持“两条腿走路”[50]：一是针对大2段含气量低和构造简单，以煤炭地下气化为主，攻关煤炭地下气化资源潜力及有利区优选，落实可气化主力煤层段，优选先导试验区；二是针对南2段含气量较高、煤层顶底板条件好、构造简单地区，以煤层气和煤炭地下气化兼探的勘探策略，开展煤层气有利区和煤炭地下气化主力煤层段、先导试验区优选。煤炭地下气化和煤层气综合利用是煤炭清洁利用的有效途径，也是大庆油田转型发展的资源保障。煤炭气化和煤层气资源规模大，这些非常规资源对于建设百年油田起到重要的作用。按照大庆油田有限责任公司关于新能源领域的重要指示精神，紧密围绕推动化石能源与新能源全面融合发展的“低碳能源生态圈”建设要求，按照《大庆油田振兴发展纲要》(2020版)将煤炭地下气化作为稳步有序发展的新兴接替业务，加强煤层气、煤炭地下气化领域勘探开发力度及对外交流与合作，为大庆油田加快天然气上产提供强力支撑，探索热电联产、集中供热、化工、二氧化碳驱油与埋藏、燃油替代、煤气田和储气库等下游产业链，建设下游能源化工综合开发利用示范区，助推大庆油田高质量振兴发展。

5 结 论

(1)呼和湖凹陷主要以褐煤、长焰煤为主，气煤次之，受成煤环境的影响，煤受到不同程度的变质，由洼槽区向四周煤阶逐渐变低，主要为低—中含水低—中挥发分的低—中灰煤，有利于煤层气的生成和赋存；煤岩分析表明，该区主要煤层镜质组含量高，煤层含气量大、含气饱和度高、吸附能力较强，但煤储层渗透率较低，属于低渗透储层。

(2)呼和湖凹陷煤层含气量偏低，甲烷含量高，煤岩朗缪尔体积普遍较大，吸附能力较强。煤层含气量整体受煤层埋深、灰分含量、镜质组含量和镜质组反射率控制，煤层含气量与埋深呈良好的正相关变化关系，煤层含气量随着灰分含量的增高呈下降趋势，煤层含气量随着镜质组含量的增高呈上升趋势，煤层含气量与镜质组反射率呈正相关线性关系，整体上大2段和南2段煤层的生气能力和吸附能力最强。

(3)呼和湖凹陷煤岩以中—低煤阶的褐煤—气煤为主，中—低煤阶煤层气多富集于凹陷洼槽区、缓坡带的中—下断阶，以次生生物气为主，有次生热成因生物气混入，深部以热成因生物气为主，适宜的现今水文地质条件或古水文地质条件是中—低煤阶煤层气成藏的前提条件，构造控制煤层含气量及富集带。煤岩组分、煤层厚度、煤岩顶底板岩性以及煤岩物性等储层特征，是中—低煤阶煤层气含气量的重要影响因素。

(4) 基于呼和湖凹陷煤层气富集规律，确定了资源基础、富集因素、高产因素的综合评价体系，并初步厘定了定量评价指标。开展了呼和湖凹陷的有利区划分，确定"甜点"区主要位于呼南次凹洼槽区，有利区主要位于呼南次凹中、下断阶和呼南次凹陡坡带鼻状构造带，不利区主要处于呼北次凹。基于呼和湖凹陷勘探实际，提出了下一步大 2 段以煤炭地下气化、南 2 段以煤层气和煤炭地下气化兼探的勘探策略。

参 考 文 献

[1] 李勇, 曹代勇, 魏迎春, 等. 准噶尔盆地南缘中低煤阶煤层气富集成藏规律[J]. 石油学报, 2016, 37 (12) : 1472-1482.

[2] 王单华, 姜杉钰, 贾宏伟. 海拉尔盆地旧桥凹陷低煤阶煤层气资源潜力分析[J]. 特种油气藏, 2019, 26 (2) : 65-70.

[3] 穆福元, 王红岩, 吴京桐, 等. 中国煤层气开发实践与建议[J]. 天然气工业, 2018, 38 (9) : 55-60.

[4] 王涛, 邓泽, 胡海燕, 等. 国内外低阶煤煤层气储层特征对比研究[J]. 煤炭科学技术, 2019, 47 (9) : 41-50.

[5] 李五忠, 田文广, 孙斌, 等. 低煤阶煤层气成藏特点与勘探技术[J]. 天然气工业, 2008, 28 (3) : 23, 24.

[6] 叶建平, 陆小霞. 我国煤层气产业发展现状和技术进展[J]. 煤炭科学技术, 2016, 44 (1) : 24-28.

[7] 许婷, 伏海蛟, 马英哲, 等. 准噶尔盆地东南缘煤层气勘探目标优选[J]. 特种油气藏, 2017, 24 (2) : 18-23.

[8] 孙粉锦, 李五忠, 孙钦平, 等. 二连盆地吉尔嘎朗图凹陷低煤阶煤层气勘探[J]. 石油学报, 2017, 38 (5) : 485-492.

[9] 李恒, 姚海鹏, 李凤春. 内蒙古自治区煤层气资源分布[J]. 中国煤炭地质, 2016, 28 (12) : 43-48.

[10] 卢双舫, 申家年, 王振平, 等. 海拉尔盆地煤层气资源评价及潜力分析[J]. 煤田地质与勘探, 2003, 31 (6) : 28-31.

[11] 孙斌, 邵龙义, 赵庆波, 等. 海拉尔盆地煤层气成藏机理及勘探方向[J]. 天然气工业, 2007, 27 (7) : 12-15, 130.

[12] 杨子荣, 张艳飞, 姚远. . 海拉尔盆地呼和湖凹陷煤层气资源潜力分析[J]. 煤田地质与勘探, 2008, 36 (2) : 15-18.

[13] 谢春临, 关晓巍, 张广颖, 等. 海拉尔盆地呼和湖凹陷煤层气预测方法[J]. 石油地球物理勘探, 2013, 48 (S1) : 58-63.

[14] 王培俊, 钟建华, 牛永斌. 海拉尔盆地呼和湖凹陷构造特征与演化[J]. 特种油气藏, 2009, 16 (5) : 25-27, 105.

[15] 李松, 毛小平, 汤达祯, 等. 海拉尔盆地呼和湖凹陷煤成气资源潜力评价[J]. 中国地质, 2009, 36 (6) : 1350-1358.

[16] 曲国娜. 海拉尔盆地呼和湖凹陷煤层气有利目标评价研究[D]. 沈阳: 辽宁工程技术大学, 2005.

[17] 曲国娜, 腾玉洪. 呼和湖凹陷煤层气储量及有利勘探区预测[J]. 辽宁工程技术大学学报 (自然科学版), 2009, 28 (S2) : 68, 69.

[18] 刘秋宏. 海拉尔盆地呼和湖凹陷下白垩统成煤环境[J]. 煤田地质与勘探, 2017, 45 (4) : 38-43.

[19] 孟召平, 田永东, 李国富, 等. 煤层气开发地质学理论与方法[M]. 北京: 科学出版社, 2010.

[20] 雷怀玉, 孙钦平, 孙斌, 等. 二连盆地霍林河地区低阶煤煤层气成藏条件及主控因素[J]. 天然气工业, 2010, 30 (6) : 26-30.

[21] 陈振宏. 高、低阶煤煤层气藏主控因素差异性对比研究[M]. 广州: 中国科学院研究生院 (广州地球化学研究所), 2007.

[22] 韩兵, 张明, 刘旺博. 二连盆地群低煤阶煤层气成藏模式: 以霍林河盆地为例[J]. 煤田地质与勘探, 2012, 40 (1) : 24-28.

[23] 伊伟, 熊先钺, 王伟, 等. 鄂尔多斯盆地合阳地区煤层气赋存特征研究[J]. 岩性油气藏, 2015, 27 (2) : 38-45.

[24] 杨起, 刘大锰, 黄文辉. 中国西北煤层气地质与资源综合评价[M]. 北京: 地质出版社, 2005.

[25] 冯三利, 叶建平, 张遂安. 鄂尔多斯盆地煤层气资源及开发潜力分析[J]. 地质通报, 2002, 21 (10) : 658-662.

[26] 刘大锰, 李俊乾. 我国煤层气分布赋存主控地质因素与富集模式[J]. 煤炭科学技术, 2014, 42 (6) : 19-23.

[27] 白振瑞, 张抗. 中国煤层气现状分析及对策探讨[J]. 中国石油勘探, 2015, 20 (5) : 73-80.

[28] 马行陟, 宋岩, 柳少波, 等. 鄂尔多斯盆地东缘韩城地区煤层气地球化学特征及其成因[J]. 天然气工业, 2011, 31 (4) : 17-20.

[29] 叶建平, 武强, 王子和. 水文地质条件对煤层气赋存的控制作用[J]. 煤炭学报, 2001, 26 (5) : 459-462.

[30] 刘新社, 席胜利, 周焕顺. 鄂尔多斯盆地东部上古生界煤层气储层特征[J]. 煤田地质与勘探, 2007, 35 (1) : 37-40.

[31] 王屿涛, 刘如, 汪飞, 等. 准噶尔盆地煤层气产业化对策[J]. 中国石油勘探, 2015, 20 (5) : 81-88.

[32] 张松航, 汤达祯, 唐书恒, 等. 鄂尔多斯盆地东缘煤层气储集与产出条件[J]. 煤炭学报, 2009, 34 (10) : 1297-1304.

[33] 薛光武, 刘鸿福, 要惠芳, 等. 渭北盆地韩城开发区煤层气储层特征分析[J]. 太原理工大学学报, 2012, 42 (3) : 185-189.

[34] 伊伟, 熊先钺, 涂志民, 等. 基于常规测井资料的煤储层综合评价技术研究[J]. 煤炭技术, 2016, 35 (4) : 26-129.

[35] 王琳琳, 姜波, 屈争辉. 鄂尔多斯盆地东缘煤层含气量的构造控制作用[J]. 煤田地质与勘探, 2013, 41 (1) : 14-24.

[36] 王亚, 冯小英, 秦琛. 子波分解与重构技术在山西郑庄煤层含气性识别中的应用[J]. 中国石油勘探, 2015, 20 (1) : 78-83.

[37] 赵丽娟, 秦勇, 林玉成. 煤层含气量与埋深关系异常及其地质控制因素[J]. 煤炭学报, 2010, 35 (7) : 1165-1168.

[38] 孙钦平, 王生维, 田文广, 等. 二连盆地吉尔嘎朗图凹陷低煤阶煤层气富集模式[J]. 天然气工业, 2018, 38 (4) : 59-66.

[39] 孙粉锦, 田文广, 陈振宏, 等. 中国低煤阶煤层气多元成藏特征及勘探方向[J]. 天然气工业, 2018, 38 (6) : 10-18.

[40] 宋岩, 柳少波, 洪峰, 等. 中国煤层气地球化学特征及成因[J]. 石油学报, 2012, 33 (S1) : 99-106.

[41] 孙粉锦, 王勃, 李梦溪, 等. 沁水盆地南部煤层气富集高产主控地质因素[J]. 石油学报, 2014, 35 (6) : 1070-1079.

[42] 赵贤正, 杨延辉, 孙粉锦, 等. 沁水盆地南部高阶煤层气成藏规律与勘探开发技术[J]. 石油勘探与开发, 2016, 43 (2) : 303-309.

[43] 王勃, 李景明, 张义, 等. 中国低煤阶煤层气地质特征[J]. 石油勘探与开发, 2009, 36 (1) : 30-34.

[44] 侯海海, 邵龙义, 唐跃, 等. 我国低煤阶煤层气成因类型及成藏模式研究[J]. 中国矿业, 2014, 23(7): 66-69.
[45] 刘大锰, 王颖晋, 蔡益栋. 低阶煤层气富集主控地质因素与成藏模式分析[J]. 煤炭科学技术, 2018, 46(5): 1-8.
[46] 戴金星, 龚剑明. 中国煤成气理论形成过程及对天然气工业发展的战略意义[J]. 中国石油勘探, 2018, 23(4): 1-10.
[47] 李五忠, 田文广, 陈刚, 等. 不同煤阶煤层气选区评价参数的研究与应用[J]. 天然气工业, 2010, 30(6): 45-47, 63.
[48] 温声明, 文桂华, 李星涛, 等. 地质工程一体化在保德煤层气田勘探开发中的实践与成效[J]. 中国石油勘探, 2018, 23(2): 69-75.
[49] 李剑, 车延前, 熊先钺, 等. 韩城煤层气田 11 号煤层水化学场特征及其对煤层气的控制作用[J]. 中国石油勘探, 2018, 23(3): 74-80.
[50] 徐凤银, 云箭, 孟复印. 低碳经济促进天然气与煤层气产业快速发展[J]. 中国石油勘探, 2011, 16(2): 6-11.

吉尔嘎朗图地区低阶煤储层精细预测技术

韩 晟[1]，刘 忠[1]，纪 涛[2]，冯小英[1]，王小玄[1]，董 晴[1]

（1. 中石油华北油田勘探开发研究院，任丘 062552；2. 中石油华北油田合作开发项目部，任丘 062552）

摘要：吉尔嘎朗图凹陷发育多套低阶煤，其中下白垩统赛罕塔拉组的煤层厚度最大，是该区块煤层气开发的主力层系，但该煤层的变质程度低且含气性较低。为了精细预测巨厚煤层的厚度、含气性及地应力的空间变化规律，故在该地区对煤储层开展储层精细预测技术研究。以地质观念为指导，首先使用实验和测井资料研究煤层厚度、孔隙发育及地应力在纵向上的变化规律，其次利用测井标定地震数据综合沉积特征以及煤层气成藏规律，研究以上参数在横向上的变化规律；煤层分布及厚度预测通过测井约束的地震反演进行，预测厚度与测井解释成果相对误差小于 2%；含气情况通过储层参数反演结合长短期记忆网络（LSTM）学习方法预测；地应力采用应力成长因子方法预测，使用压裂资料检验预测结果，预测与实测结果吻合率高。综合利用动静态资料精准预测有利区带，为吉尔嘎朗图地区低阶煤高效勘探开发提供可靠保障。

关键词：低阶煤；煤层厚度；含气量；地应力；地球物理方法

Reservoir characterization techniques for low rank coal in Gilgalantu area

Han Sheng[1], Liu Zhong[1], Ji Tao[2], Feng Xiaoying[1], Wang Xiaoxuan[1], Dong Qing[1]

（1. Exploration and Development Research Institute of Huabei Oilfield Company, PetroChina, Renqiu 062552; 2. Cooperative Development Project Department of Huabei Oilfield Company, PetroChina, Renqiu 062552）

Abstract: There are several low rank coalbeds in Gilgalantu sag. The coalbed in Cretaceous Saihanla formation is the thickest among all coalbeds, but it is in low metamorphic degree and contains a small amount of gas. In order to increase the accuracy of prediction for coal thickness, gas-bearing ability and in-situ stress, reservoir characterization is conducted in the area. This paper uses geological conception as guide. Firstly, laboratorial and logging data are used to study the vertical changing for coal thickness, porosity and in-situ stress of coal reservoir. Secondly, seismic data are calibrated with logging data to study the parameters' changing pattern in lateral. The distribution and thickness of coalbed are predicted by seismic inversion, the misfit of which is lower than 2%. Gas-bearing ability prediction is conducted by long and short term neural network, which uses logging data and parameter inversion. In-situ stress is calculated by stess changing factor, and verified by hydraulic fracturing data. The agreement of prediction and field data is high. This paper uses static and dynamic data as a whole to predict the sweet zone, and offers solid evidence for Gilgalantu sag's exploration and development.

Keywords: low rank coal; coalbed thickness; gas-bearing ability; in-situ stress; geophysical method

吉尔嘎朗图凹陷位于二连盆地，属于断陷盆地，因基底沉降作用[1]，发育多套低阶特厚煤层[2]。前人研究发现[3]，下白垩统赛罕塔拉组的Ⅳ煤组厚度最大，分布较为稳定，且资源丰度相对较高，是适合开采的有利层。Ⅳ煤组平均厚度为 109m，但气测录井显示煤层含气量并不均匀，前期压裂、排采效果显示即

作者简介：韩晟（1992—），工程师，主要从事煤层气储层预测工作。地址：河北省任丘市华北油田勘探开发研究院，电话：0317-2700787，邮箱：yjy_hans@petrochina.com.cn。

使煤层厚度相近，不同层段的产气量并不相同。如何选择最有利的层段进行压裂以达到最好的排采效果，是制约该区块产能建设的重要问题。本文通过地球物理手段，利用地震、测井、录井以及生产资料，从煤层厚度、含气性和地应力三个方面预测有利压裂层段，支撑吉尔嘎朗图区块的高效建产。

1 煤层厚度

1.1 煤的测井响应特征

煤作为一种有机岩，具有高声波时差、低密度、低自然伽马的测井响应特征，如图 1 所示。

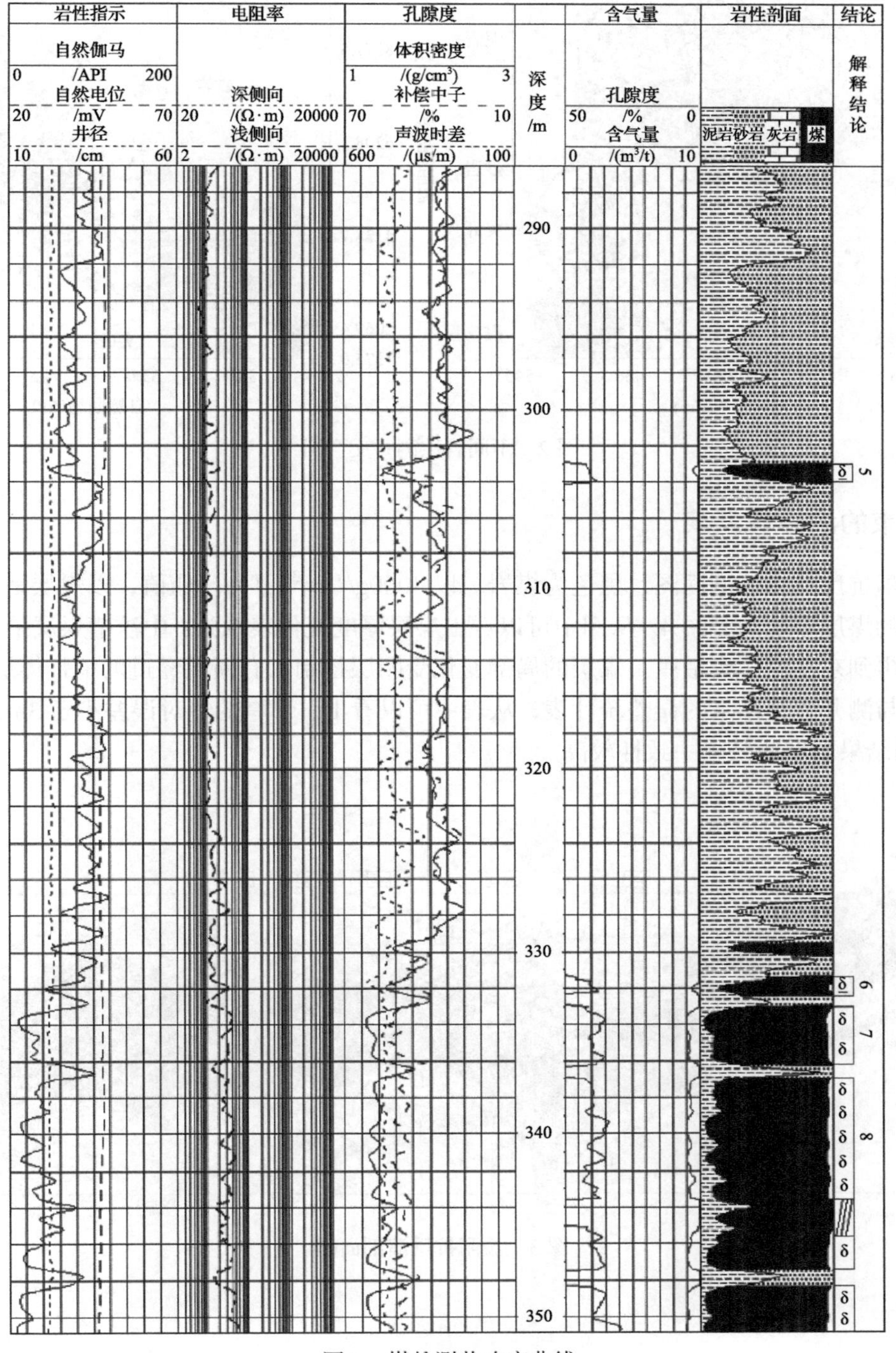

图 1 煤的测井响应曲线

从不同岩性的测井曲线图 2 中可以看出，利用声波时差和自然伽马曲线可以有效区分岩性：煤岩的声波时差值最高、自然伽马最低，夹矸的自然伽马值略高于煤岩，砂岩的声波时差较低，泥岩的自然伽马值最高。通过声波时差和密度测井可以计算波阻抗曲线，从图 2 中可以看出，以 4000g/(cm^3·s)为门槛值可以有效区分煤岩与非煤岩。因此，可以通过测井曲线约束的波阻抗反演来对全区的煤岩分布开展预测。

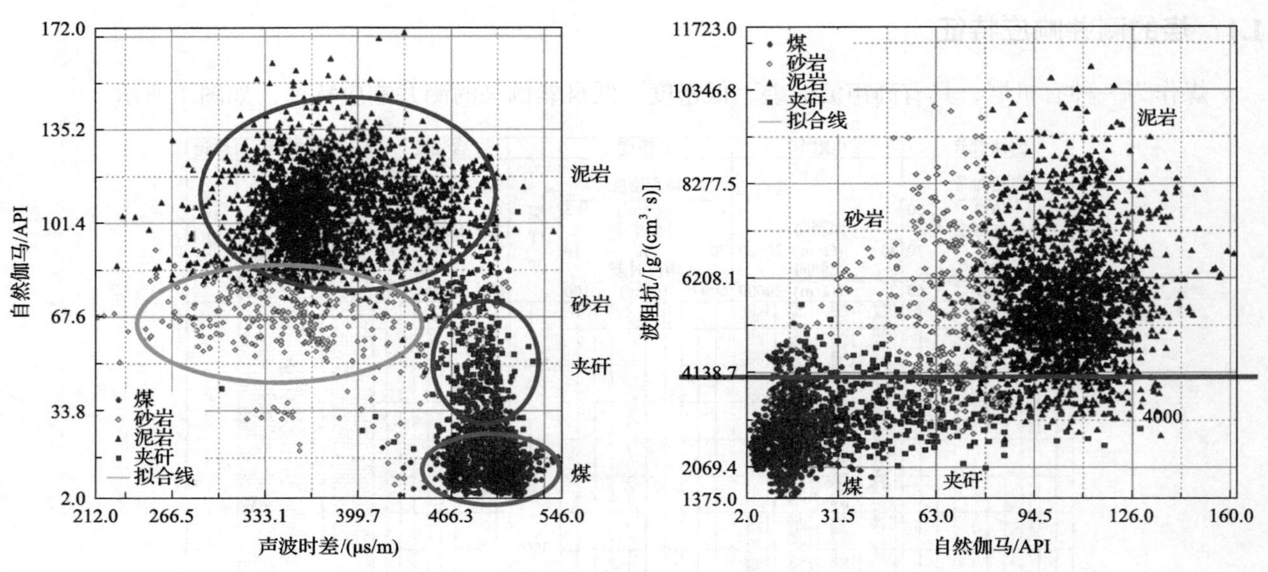

图 2　不同岩性测井交会图

1.2　测井约束的波阻抗反演

图 3 为波阻抗反演体的剖面图，黑色为煤岩。以 4000g/(cm^3·s)为门槛值，以煤层地震层位为约束，即可得到全区的煤层厚度预测图 4。从图中可以看出煤层厚度变化表现为：中洼槽煤层最薄，到中央构造带逐渐变厚，再到东洼槽达到最厚。煤层的局部变化受断层控制，有断层经过的地带煤层变薄。表 1 为反演预测结果与测井解释结果的误差统计表，从表中可以看出，煤厚的绝对误差小于 3m，相对误差小于 2%，说明预测结果与实测结果一致性较高。

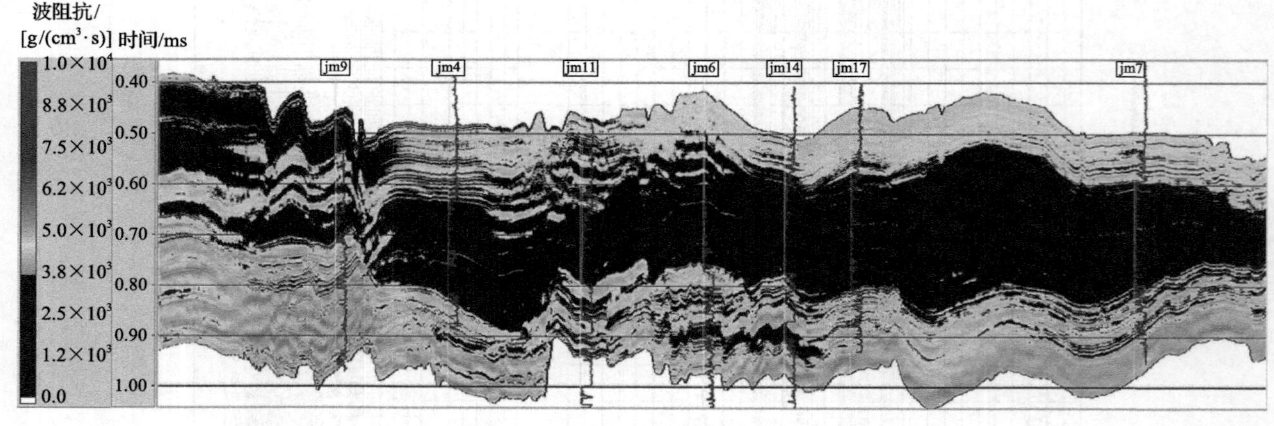

图 3　波阻抗反演剖面图

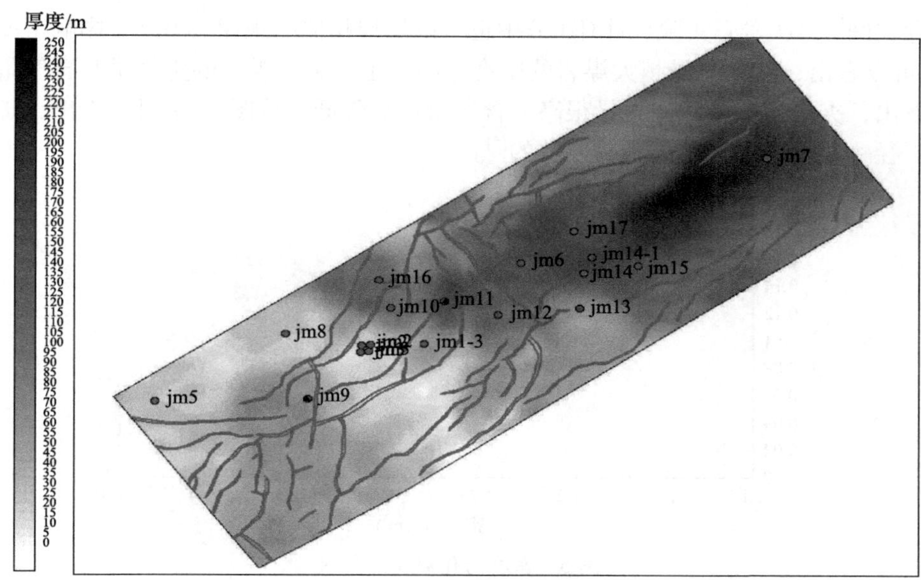

图4 煤层厚度平面图

表1 预测误差统计表

井名	测井厚度/m	预测厚度/m	绝对误差/m	相对误差/%
jm10	93.9	94.0	0.1	0.1
jm11	153.8	150.9	–2.9	–1.9
jm12	109.9	109.9	0.0	0.0
jm13	52.4	53.4	1.0	1.9
jm14	154.1	154.3	0.2	0.1
jm15	137.8	137.9	0.1	0.0
jm16	105.2	105.2	0.0	0.0
jm17	142.1	141.8	–0.3	–0.2
jm2	72.3	72.7	0.4	0.0
jm3	65.6	64.8	–0.8	0.0
jm4	108.4	107.9	0.5	0.0
jm5	30.5	30.5	0.0	0.0
jm6	133.5	133.3	–0.2	–0.1
jm7	198.0	198.0	0.0	0.0
jm8	29.6	29.6	0.0	0.0
jm9	73.8	73.8	0.0	0.0
jm1-3	54.8	54.7	–0.1	–0.1

2 含气性预测

2.1 含气量影响因素分析

通过气测录井和测井曲线的相关性研究，发现Ⅳ煤组的含气量与密度、自然伽马和井径的相关程度较高。这可能与煤岩的孔隙度、灰分含量、夹矸及煤体结构有关。实验室中煤岩孔隙度的计算方法如下：

$$孔隙度 = \frac{真密度 - 视密度}{真密度} \tag{1}$$

从式(1)中可以看出，孔隙度与密度是负相关的，即密度越小，孔隙度越大；而孔隙度越大，煤层气会有更多的储存空间[4]，从岩心实验统计(图 5)中也可以发现相似的规律。另外，影响密度大小的因素是灰分，从图 6 可以看出，灰分含量越大煤岩的密度越高，也会影响煤层的生气量与含气量。从自然伽马曲线中也可以看出，夹矸部分的泥质含量很高，含气量也会降低。从图 7 中可以看出，扩径部位的含气量也会降低，扩径一般是由煤体结构破碎导致的[5]。

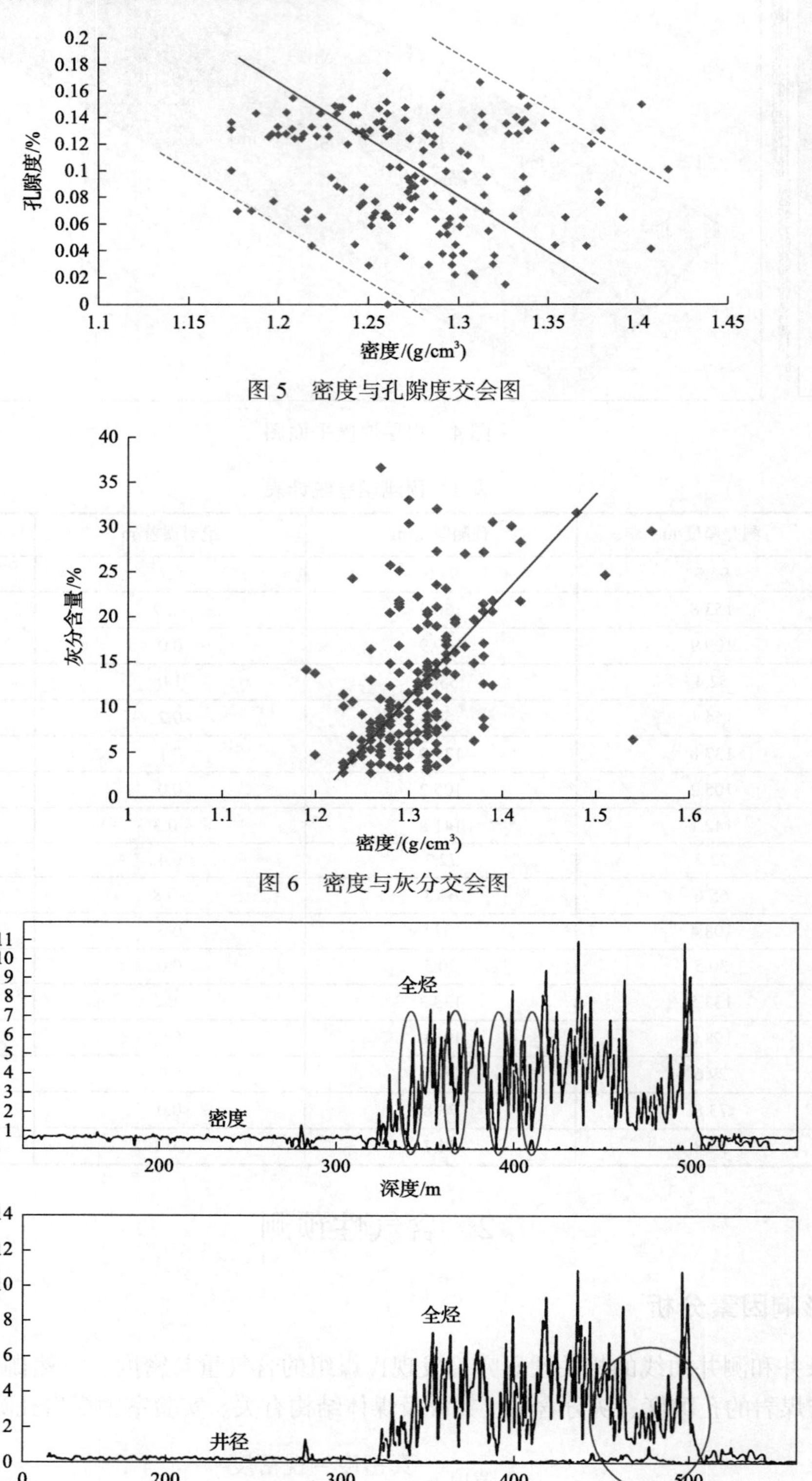

图 5　密度与孔隙度交会图

图 6　密度与灰分交会图

图 7　气测曲线与测井曲线相关性

综上所述，密度、自然伽马和井径测井曲线和气测录井曲线存在相关性，故可以综合上述三条曲线预测Ⅳ煤组的不同层段的含气量。

由于含气性的影响因素比较复杂，有些影响因素可能是非线性的，使用传统的线性回归方法不能较精确地反映含气性的变化规律。为了提高预测结果的精度，使用长短期记忆网络(LSTM)方法对气测录井曲线进行回归。

2.2 含气量的 LSTM 方法拟合

LSTM 是一种改进后的循环神经网络(RNN)方法[6]，相比传统神经网络方法(前馈神经网络)，其优点在于可以发掘数据的时效性信息，并且适用范围广[7]。测井曲线来源于不同地球物理属性在不同深度上的测量值，而不同深度的地层形成于不同的地质年代，所以使用 LSTM 方法回归测井(录井)曲线有助于发掘测井数据中的时效性信息，得到准确率更高的回归结果。LSTM 在神经网络的隐藏层中添加了记忆单元与门机制[8]，用门机制控制添加或删除具有不同时期记忆的单元，由此实现长期或短期时效性信息的学习功能。

实验工区内存在 15 口测井，分别取各口井煤层段的密度、自然伽马及井径测井数据为样本集，气测录井数据为需要预测的标签集。本次实验采用多点对应的采样方法，根据于宝利[9]的研究，多点对应数据训练的模型准确率更高。一个气测数据对应不同深度上的 11 个样本，采样间隔根据实际数据情况决定。样本集的数据格式图 8 所示，每个样本集包含 3 组数据分别为密度数据组、自然伽马数据组及井径数据组，每组数据包含 11 个样点(不同深度偏移值)。标签集为样本集所对应气测录井数据。

首先将样本集的数据依据其特征属性分组进行标准化，再将标签集数据标准化，以提高回归效率与准确率。经反复实验发现，当测井曲线的采样间隔为 4m 时，模型在测试集上的准确率更高，并且在神经网络中增加 Dropout 层，可以提升模型的范化程度，降低模型的过拟合程度。图 9 中分别显示了 LSTM 回归气测数据、使用线性回归方法得出的气测录井数据，以及真实观测气测录井数据。经比较可知，LSTM 回归方法比较准确。

密度数据组											电阻率数据组											井径数据组											深度
−25	−20	−15	−10	−5	0	5	10	15	20	25	−25	−20	−15	−10	−5	0	5	10	15	20	25	−25	−20	−15	−10	−5	0	5	10	15	20	25	深度值1
−25	−20	−15	−10	−5	0	5	10	15	20	25	−25	−20	−15	−10	−5	0	5	10	15	20	25	−25	−20	−15	−10	−5	0	5	10	15	20	25	深度值2
⋮											⋮											⋮											⋮
−25	−20	−15	−10	−5	0	5	10	15	20	25	−25	−20	−15	−10	−5	0	5	10	15	20	25	−25	−20	−15	−10	−5	0	5	10	15	20	25	深度值n

图 8 样本集数据格式

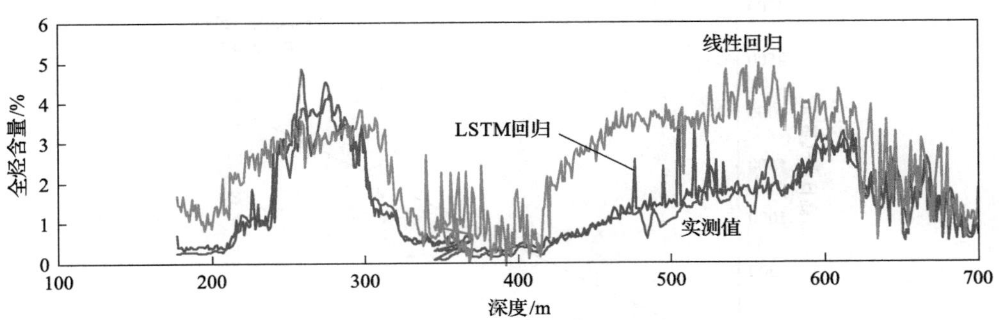

图 9 气测录井预测结果对比

2.3　含气量的地震数据预测

使用 EPS 软件中的储层参数反演，可以将地震数据反演为测井参数。将地震数据重采样为 1ms 后，首先进行测井曲线约束的波阻抗模型反演，再将波阻抗反演体进一步反演为密度、自然伽马和井径参数反演体。将上述密度、自然伽马和井径反演体利用速度场转换为深度域数据，再适当抽稀后，按训练好的 LSTM 回归模型的输入数据格式输入，即可得到全区的含气量预测结果，图 10 为全烃含量预测剖面图，图 11 为全烃含量预测平面图(深色黄色为高值，浅色为低值)。通过预测含气与实际最高产气量的交会图可以发现(图 12)，预测含气量与实际最高产气量呈正相关趋势，说明预测结果比较准确。

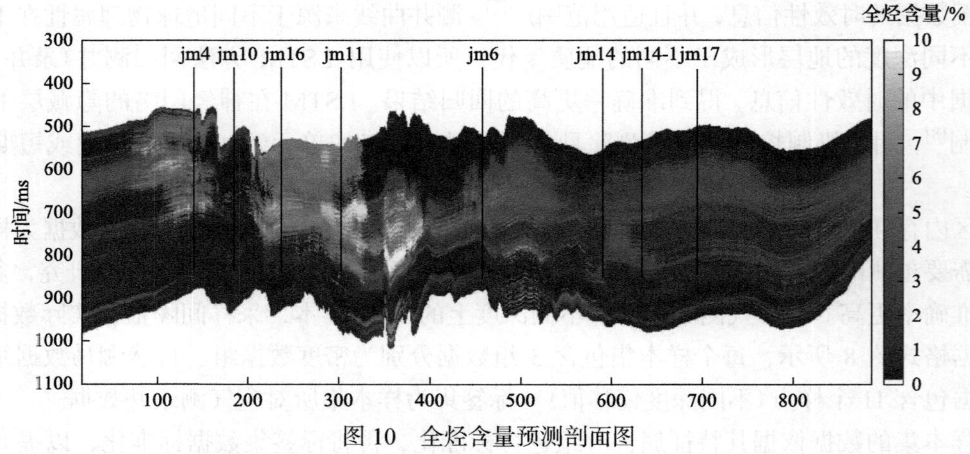

图 10　全烃含量预测剖面图

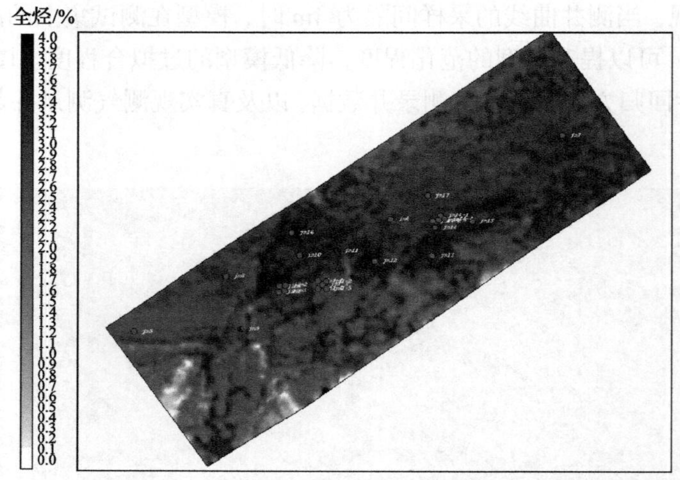

图 11　全烃含量预测平面图

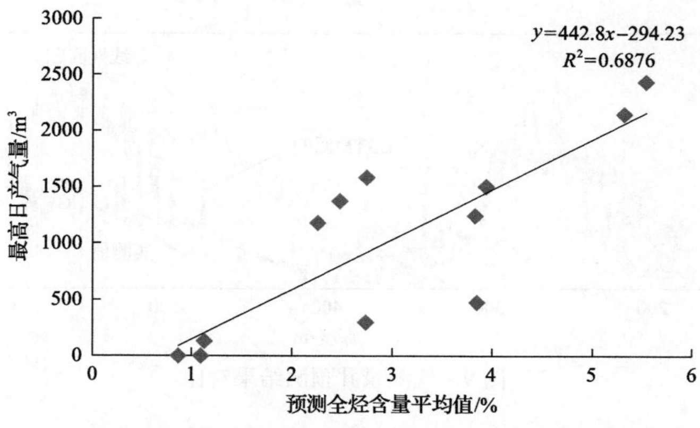

图 12　预测全烃含量平均值与最高日产气量交会图

3　地应力预测

3.1　应力成长因子

应力成长因子是煤层埋藏深度变化量的一种表征量，计算方法为煤层的地震解释层位减去层位的趋势面(图 13)。正成长因子表示煤层隆升，负成长因子表示煤层下陷。

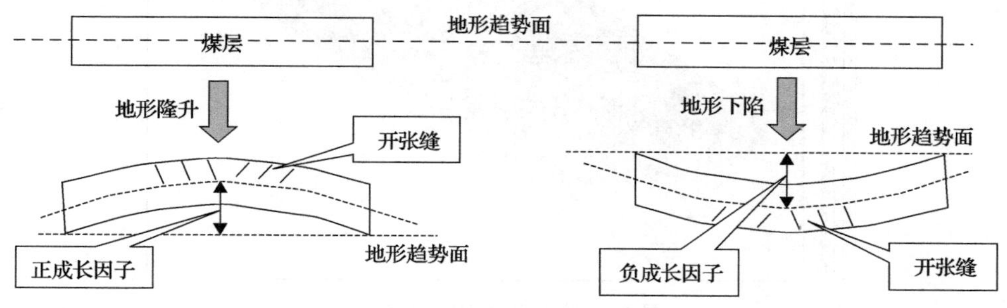

图 13　应力成长因子示意图

3.2　最小水平应力-埋深拟合关系

地应力一般认为与埋深存在线性的相关性[10]，所以要预测最小水平主应力，可以首先建立该地区最小水平主应力与埋深的拟合关系，再使用煤层的深度层位计算煤层所受的地应力。井点上的最小水平主应力可以从注入压降测试数据得到。埋深和最小水平主应力的拟合关系如图 14 所示，虽然 R^2 值较大，但样点数量较少。图 15 为最小水平主应力平面预测图。

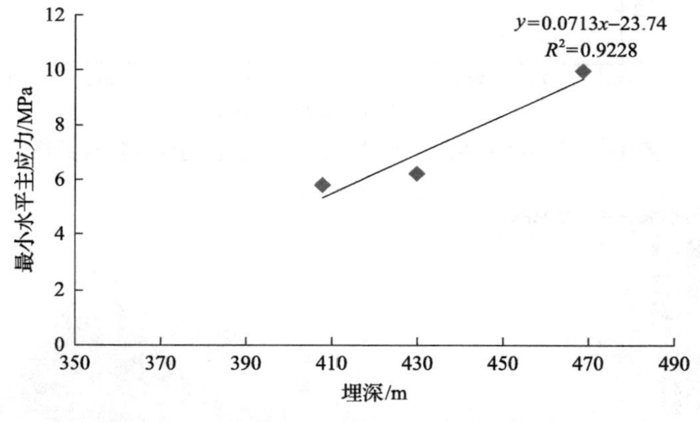

图 14　最小水平主应力与埋深拟合关系

3.3　应力成长因子改进的最小水平应力-埋深拟合关系

研究发现在超过某一深度段后，水平应力值会超过垂直应力值[11]，这说明水平应力并非只受上覆地层厚度和岩石泊松比的影响。而常规的水平地应力深度拟合方式显然只考虑了岩层埋深这一个因素。根据胡克定律应力与应变存在线性关系，而应力成长因子正是应变的一种表征形式。所以可以将成长因子也引入到水平主应力的拟合公式中，即计算最小水平主应力对埋深和应力成长因子的多元回归函数，新的拟合关系如图 16 所示，对比图 14，拟合程度得到了很大的提升。图 17 为改进后的最小水平主应力平面预测图。

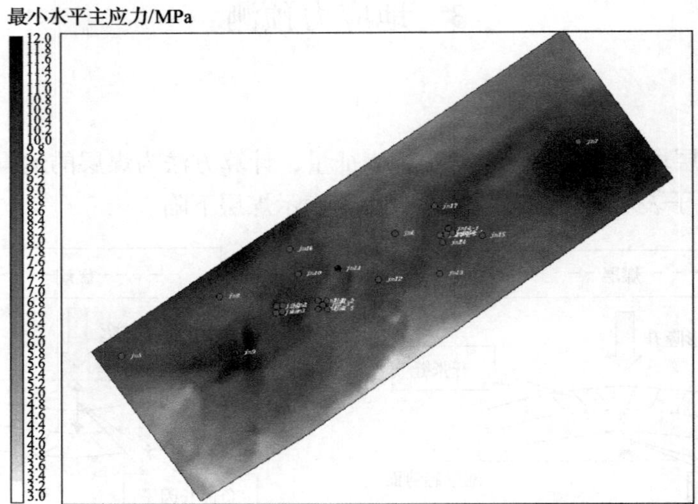

图 15　最小水平主应力预测图

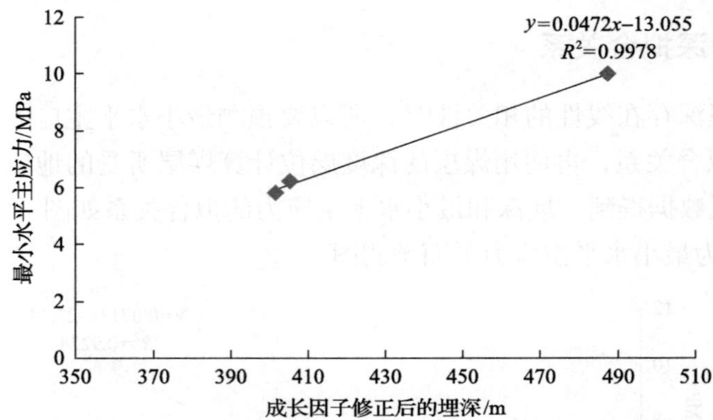

图 16　最小水平主应力与成长因子修正后的埋深拟合关系

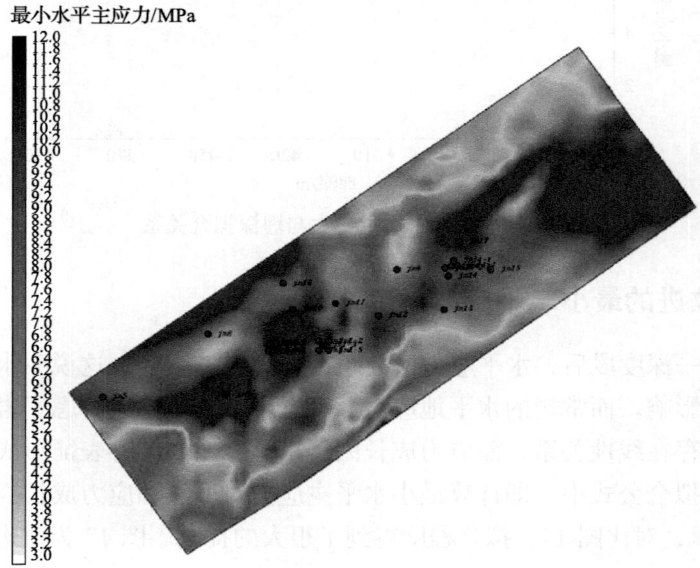

图 17　改进后的最小水平主应力预测图

4 结　论

(1)吉尔嘎朗图的低阶煤的含气量主要受孔隙度、灰分和煤体结构的影响，灰分增多、煤体结构破碎都会使煤层的含气量下降。

(2)测井曲线是地球物理属性在不同深度(地质年代)上的测量值，有一定的时间规律性。故使用长短期记忆记忆网络回归方法，可以更好地回归数据中的时效性信息，使回归结果更加准确。利用在测井上训练好的 LSTM 回归模型，输入对应的储层参数反演数据体，可以对未打井地区的含气性进行预测，有助于厚煤层地区的有利层位选区。

(3)使用表征煤层埋深变化量的应力成长因子可以使最小水平主应力的拟合更加精确，有助于指导工程压裂。

参 考 文 献

[1] 王帅, 邵龙义, 闫志明, 等. 二连盆地吉尔嘎朗图凹陷下白垩统赛汉塔拉组层序地层及聚煤特征[J]. 古地理学报, 2015, 17(3): 393-403.

[2] 王帅, 邵龙义, 孙钦平, 等. 内蒙古二连盆地巴彦宝力格煤田下白垩统赛汉塔拉组层序—古地理与聚煤作用[J]. 古地理学报, 2018, 20(2): 325-336.

[3] 孙斌, 邵龙义, 赵庆波, 等. 二连盆地煤层气勘探目标评价[J]. 煤田地质与勘探, 2008, 36(1): 22-26.

[4] 刘金森, 陈健, 马俊强, 等. 不同煤阶煤孔隙特征及其吸附能力响应[J]. 能源与环保, 2020, 42(6): 58-62.

[5] 康志勤, 李翔, 李伟, 等. 煤体结构与甲烷吸附/解吸规律相关性实验研究及启示[J]. 煤炭学报, 2018, 43(5): 1400-1407.

[6] 唐赛, 何荇兮, 张家悦, 等. 基于长短期记忆网络的轴承故障识别[J]. 汽车工程学报, 2018, 8(4): 297-303.

[7] 赵淑芳, 董小雨. 基于改进的 LSTM 深度神经网络语音识别研究[J]. 郑州大学学报(工学版), 2018, 39(5): 63-67.

[8] 张晋霞. 基于 LSTM 网络的短期风力发电功率预测模型研究[D]. 北京: 北京工业大学, 2019.

[9] 于宝利. 用多属性变换由地震数据预测测井特性[J]. 勘探地球物理进展, 2002, 25(3): 65-78.

[10] Hast N. The state of stress in the upper part of the earth's crust [J]. Tectonophysics, 1969, 8(3): 169-211.

[11] Gay N C. In-situ stress measurements in Southern Africa[J]. Tectonophysics, 1975, 29(1): 447-459.

基于地震反射特征的煤系储层分级定量表征技术

张 昊，张军林，邢文军，逄建东，石雪峰，杨铁梅，何玉梅，杜 贤

（中海油能源发展股份有限公司工程技术分公司，天津 300452）

摘要：太原组是鄂尔多斯盆地的主要勘探层系之一，且广泛发育煤层。由于煤层强反射的干涉作用，导致无法完全识别地震资料上煤系储层的有效储层信息，前人通过剥离或者弱化煤层强反射进行储层研究，但很难确定剩余反射地震资料的有效性。本文通过建立煤系地层二维正演模型，分析煤系地层不同反射类型对应地球物理特征，进而对储层发育有利沉积相带进行预测。在此基础之上，结合地震属性，利用地震反演等手段对煤系储层进行分级定量表征。以上研究表明，鄂尔多斯盆地 LS 区块太原组受煤层影响在不同位置形成三峰或双峰的不同反射特征，通过地震反射结构对储层平面沉积相带进行有效表征；基于沉积相带特征，在岩石物理分析基础上，通过属性分析、波形指示等方法进行储层半定量刻画，通过叠前地质统计学反演对储层进行定量表征。该技术基于煤系地层正演分析，通过地震反射特征进行储层相带的表征，逐步分级定量的刻画煤系储层，有效指导鄂尔多斯盆地 LS 区块的勘探，取得了良好的实践应用效果。

关键词：煤系储层；地震反射特征；波形指示反演；地质统计学反演

Graded and quantitative technology of coal bearing reservoir based on seismic reflection

Zhang Hao，Zhang Junlin，Xing Wenjun，Pang Jiandong，Shi Xuefeng，Yang Tiemei，He Yumei，Du Xian

（CNOOC Energy Tech-Drilling & Production Co., Tianjin 300452）

Abstract: Taiyuan formation is the main exploration strata in Ordos Basin, and coals are widely developed. Due to the interference of strong reflection of coals, it is impossible to identify the reservoir of coal-bearing reservoir on seismic data. Previous researchers have studied the reservoir by stripping or weakening the strong reflection, but it is difficult to determine the effectiveness of the remaining reflection seismic data. In this paper, through the establishment of 2D forward model of coal-bearing strata, the corresponding geophysical characteristics of different reflection types of coal-bearing strata are analyzed, and then the favorable sedimentary facies zones for reservoir development are predicted. On this basis, combined with seismic properties, the coal-bearing reservoir is quantitatively characterized by seismic inversion. The above research shows that the Taiyuan formation in LS block of Ordos Basin is affected by coals and forms three or two peaks in different locations. The reservoir plane sedimentary facies zone is effectively characterized by seismic reflection structure. Based on the characteristics of sedimentary facies belt and petrophysical analysis, the reservoir is semi quantitatively characterized by attribute analysis and waveform indication, and quantitatively characterized by pre stack geostatistical inversion. Based on the forward analysis of coal measure strata, this technology characterizes the reservoir facies belt through seismic reflection characteristics, and describes coal measure reservoirs step by step. It effectively guides the exploration of LS block in Ordos Basin, and has achieved good practical application effect.

Keywords: coal-bearing reservoir; seismic reflection characteristics; waveform indication inversion; geostatistics inversion

---

作者简介：张昊(1988—)，中级工程师，主要从事非常规油气勘探研究方向的工作。地址：天津市滨海新区滨海新村西区研究院主楼，电话：17622811747，邮箱：zhanghao71@cnooc.com.cn。

强振幅特征在地震资料中比较常见。分布较广泛的盖层、浊积体发育区、含灰质地层、煤层稳定发育带等地区都会在地震资料上体现强振幅的特征，受强反射的屏蔽特征的影响，储层预测的难度非常大[1-3]。一般而言，与其他碎屑岩相比，煤层是一个具备低速、低密度特征的夹层，其波阻抗与围岩波阻抗差异明显，所形成的反射波波形稳定、能量很强、连续性很好，在地震资料上易追踪[4-6]。单煤层顶底界面都会形成强反射界面，受煤层厚度和地震纵向分辨率的限制，单煤层顶底波一般不能分辨，最终形成复合反射特征[6,7]。由于煤层的屏蔽作用，导致煤层中间、煤层下部地震资料能量弱、连续性差，煤下、煤间的储层预测等地质问题很难得到解决。

关于煤层的地震反射特征及有效性，前人进行了大量的研究。Gochioco[8]定义了煤层反射属于强的薄层反射。Widess[9]从地震资料的纵向分辨率进行研究，将薄层定义从定性转化为定量，将薄层定义为介质厚度小于 1/4 主波长。Koefoed 和 de Voogd[10]利用正演模型分析薄层与复合波之间的关系。Farr[11]定义了煤层地震的可检测性。唐文榜等[12]认为，薄层(单煤层)能否被检测的关键是其反射波能否从背景反射中区分出来。国内外很多学者通过削弱煤层反射振幅来进行煤层强反射下的砂体刻画研究。Mallat 和 Zhang[13]应用匹配追踪算法自适应分解地震信号，匹配出煤层反射信号，保留其有效反射，国内很多学者[14-19]利用子波分解与重构法、匹配追踪法、小波变换法、广义 S 变换法、基于压缩感知信号分解重构等方法来进行煤层强反射的剥离和弱化。同时，前人利用不同方法尝试剥离弱化强煤层，但基本都以数学算法为主，很难证明剩余反射振幅的地球物理可靠性[1]，因此限制了很多方法的应用和推广。

本文根据鄂尔多斯 LS 区块煤层发育特征和储层分布情况，通过建立不同含煤地层纵向组合的正演模型，分析煤系地层不同反射类型空间分布特征，进而对储层空间展布类型进行预测。在此基础之上，结合地震反演及地震属性分析对煤系储层进行分级定量表征。本成果形成的基于煤层地震反射的储层预测方法，指导了鄂尔多斯盆地 LS 区块有利区优选和目标评价工作，为井位部署和调整提供大量佐证。

1　区域地质概况

鄂尔多斯盆地有“满盆气、半盆油”的美誉，是中国重要的大型含油气盆地，在盆地内已发现多个大型气田，如苏里格、大牛地、榆林、乌审旗等，在致密气、致密油等非常规油气勘探领域方面取得了很大的突破和进展，且仍具有很大的勘探潜力[20]。鄂尔多斯盆地是一个古生代地台及地缘拗陷与中新生代台内拗陷叠合的克拉通盆地，面积约 24 万 km^2，盆地内部可以进一步划分出伊盟隆起、伊陕斜坡、晋西挠褶带、西缘冲断带、天环凹陷和渭北隆起六个构造单元[21](图 1)。LS 区块位于伊陕斜坡与晋西挠褶带结合位置，地层由老到新主要发育有奥陶系、石炭系、二叠系、三叠系、侏罗系、白垩系、新近系和第四系[22]。其中太原组全盆地均有分布，岩性以灰白色中-粗粒石英砂岩、深灰色粗粒岩屑石英砂岩为主，底部发育一套厚度 3～10m 的稳定、连续性强的厚煤层，中间发育几套厚度不均、连续性不强的薄煤层，本文主要针对二叠系的太原组，进行煤层影响下的储层分级定量表征。结合 LS 区的地质和沉积认识，完善合理的煤系储层地球物理预测方法和思路。

太原组是 LS 区块致密气的重点产出层系，其煤系储层的定量刻画是该区勘探开发中必须重视的问题。太原组主要发育两套煤层，地震上存在煤层引起的强反射特征，掩盖了煤间、煤下的储层相关信息，地球物理的储层预测、地质解释等研究也需要进一步完善。LS 区块的太原组反射振幅能量和连续性都很强，地震同向轴具有横向分岔与合并的现象，反射个数也有不同，表现为双峰或三峰的不同反射特征(图 2)。在不进行振幅分解与弱化的情况下，统计测井解释成果的砂岩、煤层厚度及两套煤层之间的间距，找出地震同向轴分岔、合并典型反射特征的地质原因，利用不同反射特征的砂煤组合关系，通过地震结构分析预测有利沉积相带。基于沉积相带特征，在岩石物理分析基础上，通过地震反演等手段对煤系储层进行分级定量表征。

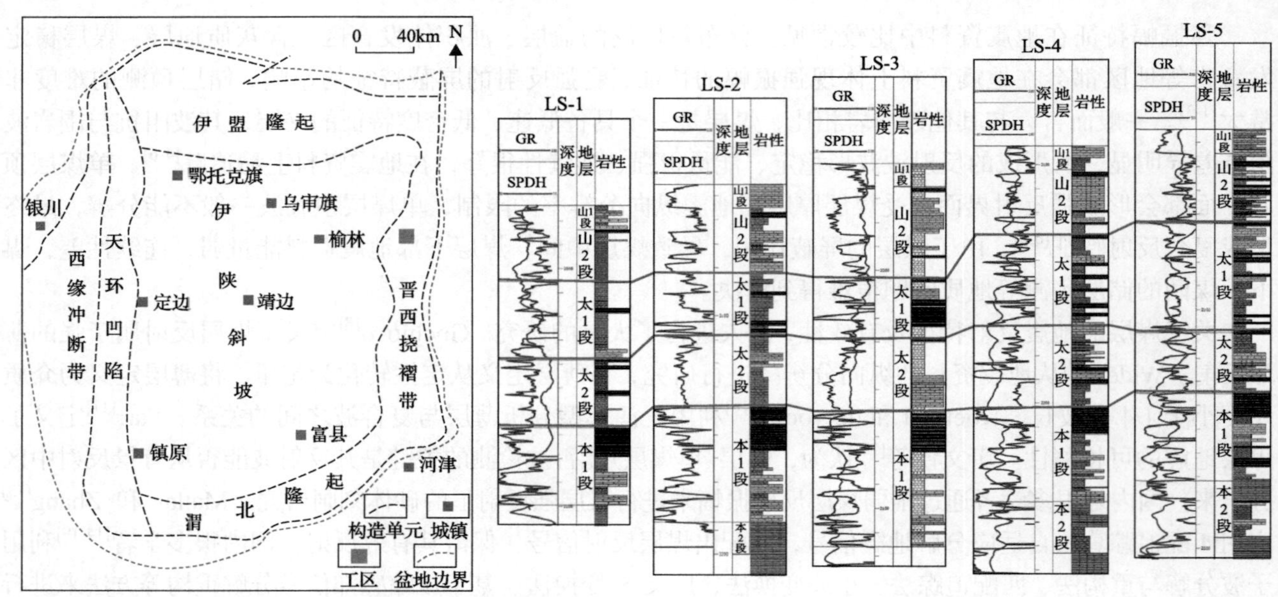

图 1　鄂尔多斯盆地构造区划与 LS 区块太原组地层对比图

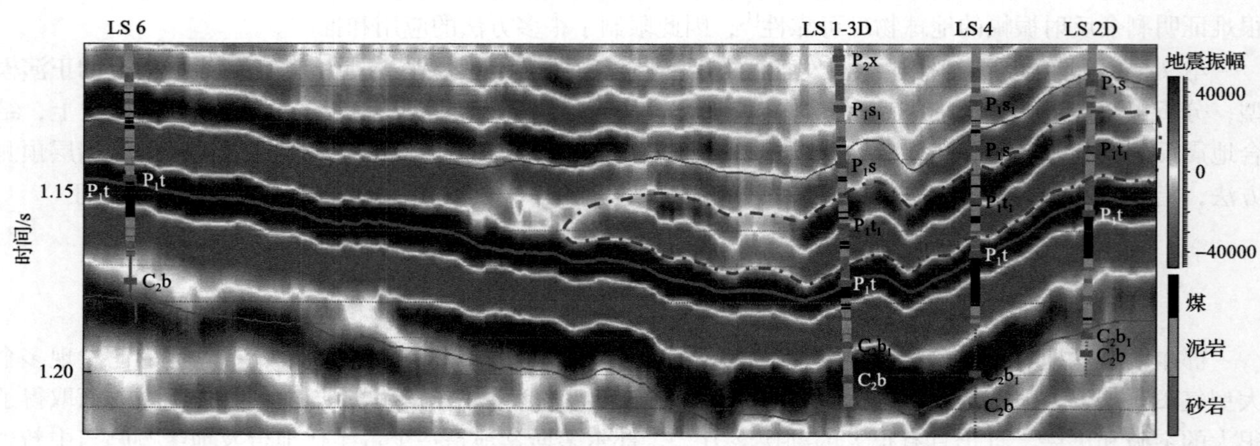

图 2　鄂尔多斯盆地 LS 区块地震剖面

2　煤系储层的正演模拟

构造运动、特殊岩性体反射、岩性的变化等都可以引起地震同相轴分岔、合并的变化[3]。鄂尔多斯盆地 LS 区块石炭系和二叠系地层产状稳定，地层倾角变化较小，构造运动和特殊岩性体不是引起地震反射特征变化的主要因素。LS 区块致密砂岩与泥岩波阻抗差异小，相对于煤层而言可视为统一围岩背景，太原组底部的连续发育煤层与太原组内部煤层之间的调谐作用可以引起地震同相轴的变化，这种波阻特征在地震剖面上表现为三峰或双峰的特征(图 2)。为了研究煤系储层地震响应特征和煤层发育之间的关系，本次研究将选取太原组底部煤层厚度、太原组中间煤层厚度及这两套煤层之间的距离进行交会，分析发现双峰和三峰地震反射特征与煤层间距有着密切关系。

为了研究煤系储层反射特征与煤层的关系，结合前人研究成果[1]，根据测井数据和地震资料建立正演模型(图 3)。正演模型包括以下参数：太原组整体地层厚度为 90～110m，太原组内部分两套煤层，太原组底部一套稳定、厚度大的煤层，为 6～14m；根据实际情况，设置太原组中部第二套煤层，厚度为 3～11m，两套煤层间距有所变化，为 5～20m；煤层波速设为 2375m/s，密度为 1.35g/cm^3；根据选取典型井计算的地层平均弹性参数，本溪组地层波速为 4900m/s，密度为 2.589g/cm^3；太原组地层波速为 4424m/s，密度为 2.576g/cm³，山西组地层波速为 4293m/s，密度为 2.478g/cm³。根据地震资料频谱分析，子波设为 27Hz 的正极性里克子波。从正演模型对应的地震响应上(图 3)可以看出，当太原组内部煤层与底部煤层的间距较大时会出现三峰的反射特征，而煤层间距较小的时出现二峰的特点，同时可以看出，地震反射特征与该区煤层厚度关系较小，总体上受煤层间距影响较大。

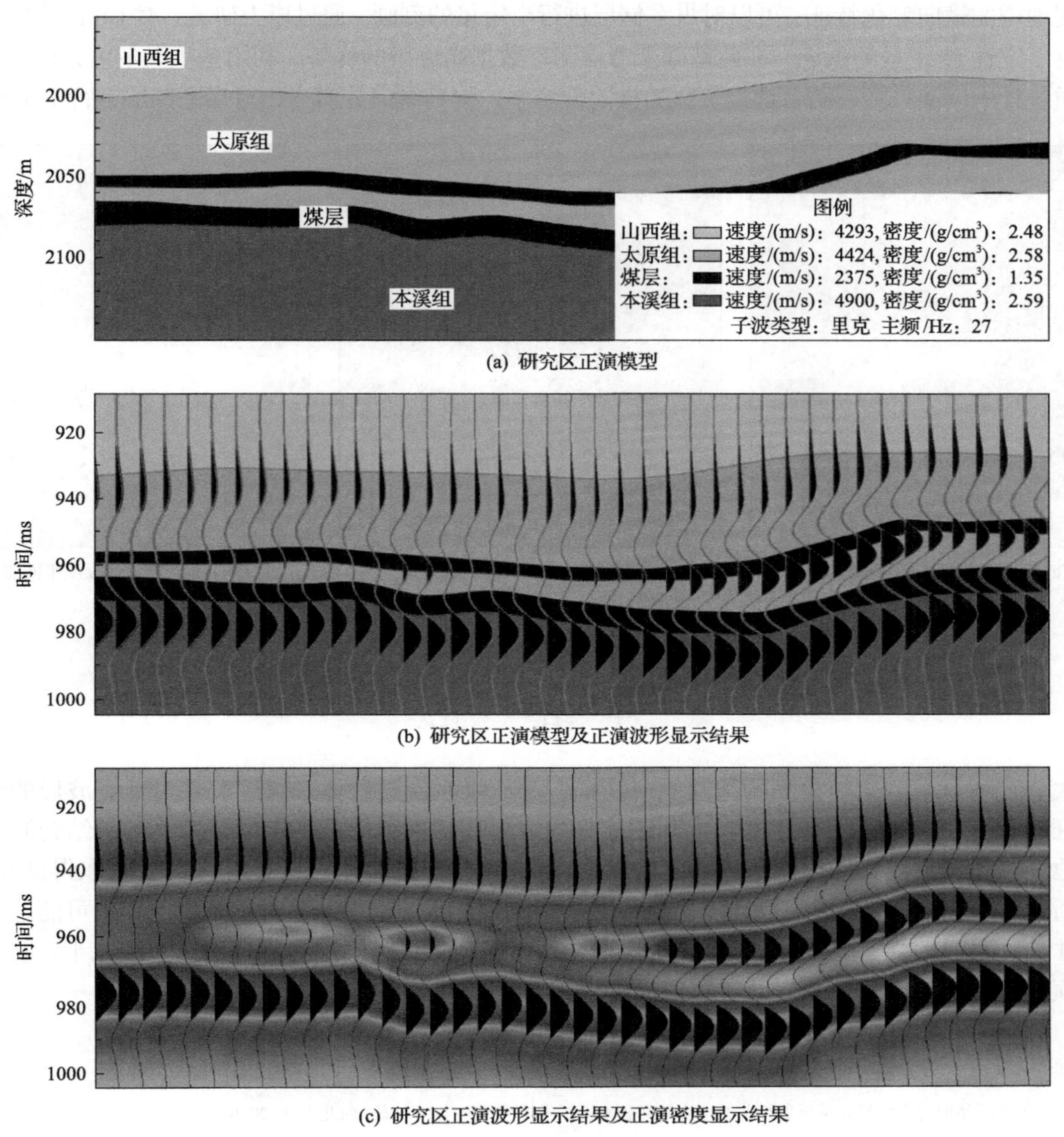

(a) 研究区正演模型

(b) 研究区正演模型及正演波形显示结果

(c) 研究区正演波形显示结果及正演密度显示结果

图 3 LS 区块正演模型及正演结果

3 煤系储层分级定量表征

根据以上模型正演结果，地震波形特征与煤层间距有关，三峰区煤层间距比较大。成煤沼泽一般地形平缓，两套主力煤层间距增大，表明在下部煤层沉积后有地层沉降过程，更易形成潮汐水道、河道等砂体发育的沉积微相，据此统计地震反射波数量表征鄂尔多斯盆地 LS 区块的沉积特征。根据图 4 可以看出，基于地震反射结构的储层分类方法对研究区中部发育的砂体具有良好的适用性，可以对煤系储层展布进行初步的描述。在此基础上，以储层厚度地震响应-测井正演与岩石物理分析为基础，论证储层反演的可行性，表明纵横波速度比、纵波阻抗等弹性参数对该区致密储层有一定的分辨能力。针对煤系致密储层集成不同储层预测手段的各自优势，对储层空间分布特征进行分级定量的综合判定。

地震波形特征往往可以反映储层的变化。在煤层的强反射影响下，煤间及煤下的储层变化也会引起波形的不可直接识别的微弱变化，特别是在地层稳定、煤层发育相对比较稳定的地区，这种微弱的波形变化也可以指示储层的变化[23-26]。LS 区块地层倾角较小，太原组下部煤层发育比较稳定，通过波形反演，充分利用地震的横向变化特征，可以对煤系储层进行半定量的刻画。通过以上研究，对 LS 区块储层发育特点已经有了定性-半定量的认识，在此基础上考虑测井数据高分辨的优势，利用基于马尔可夫链蒙特卡罗算法的地质统计学反演[27-29]，结合地震资料的横向分辨率，提高纵向分辨率，对煤系储层进行定量预测。

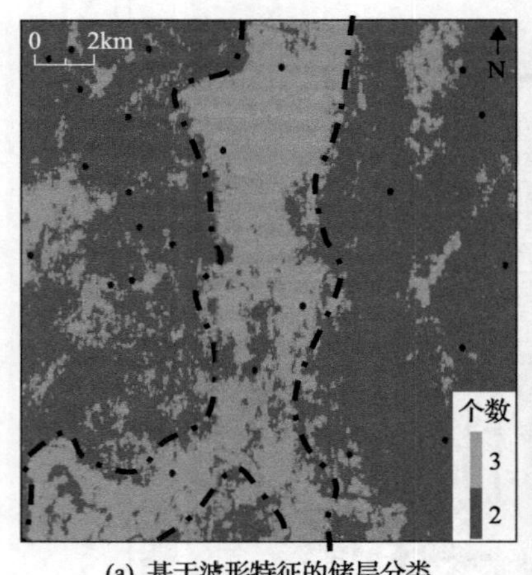

(a) 基于波形特征的储层分类

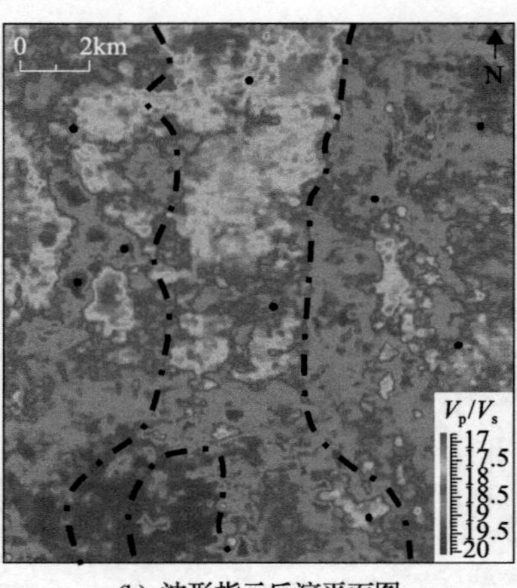

(b) 波形指示反演平面图

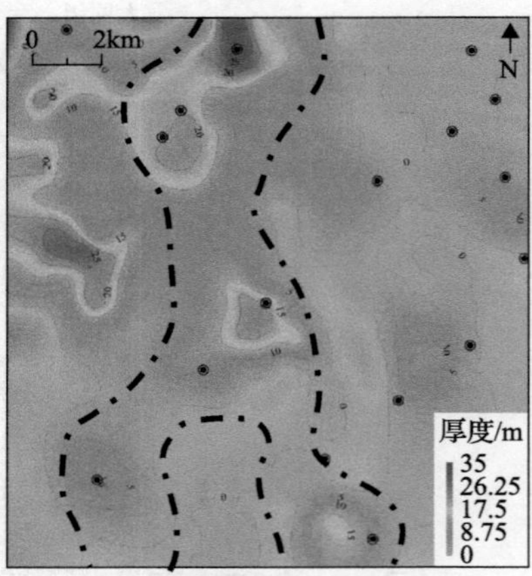

(c) 地质统计学反演平面图

图 4　LS 区块煤系储层平面刻画

4　结　论

本次研究通过建立正演模型的地震响应特征，分析煤系储层砂体和煤层关系对地震波形的建设性作用，表征有利沉积相带，并在此基础上利用地震的波形特征进行储层半定量预测，进而结合测井高分辨率利用地质统计学反演方法对储层进行定量刻画，并在鄂尔多斯盆地 LS 区块进行应用，取得良好的效果。鄂尔多斯盆地 LS 区块受煤层强反射的影响，煤系储层预测难度较大，在井位部署过程中可能达不到预期效果。对 LS 区块煤系致密储层进行分级定量表征技术的应用，储层预测符合率达 80%以上，明显提高煤系储层预测准确性的同时，部署井位日产气量较好，大大提高了煤系储层的产能效益。

参 考 文 献

[1] 吴晓川. 鄂尔多斯盆地与古生界煤系反射相关的地质解释和地震烃类检测研究[D]. 西安: 西北大学, 2019.

[2] 赖生华, 梁全胜, 曾洪流, 等. 煤层对砂岩地震反射特征的影响及其地震岩性学意义——以鄂尔多斯盆地山 2 段为例[J]. 石油地球物理勘探, 2015, 50(1): 18, 136-143.

[3] 陈彦虎, 陈佳. 波形指示反演在煤层屏蔽薄砂岩分布预测中的应用[J]. 物探与化探, 2019, 43(6): 1254-1261.

[4] 高远, 张清华, 陈昌武, 等. 强反射层屏蔽下薄煤层三维地震勘探应用研究[J]. 山东科技大学学报(自然科学版), 2002, (1): 54-58.

[5] 张在金, 张军华, 李军, 等. 煤系地层地震强反射剥离方法研究及低频伴影分析[J]. 石油地球物理勘探, 2016, 51(2): 376-383.

[6] 杜玉山, 范腾腾, 张军华, 等. 深层煤上储层地震描述技术——以永进油田西山窑组为例[J]. 地球物理学进展, 2016, 31(4): 1562-1568.

[7] 张在金. 含强屏蔽层的储层地震预测方法研究与应用[D]. 青岛: 中国石油大学(华东), 2016.

[8] Gochioco L M. Modeling studies of interference reflections in thin - layered media bounded by coal seams[J]. Society of Exploration Geophysicists, 2012, 57(9): 1209-1216.

[9] Widess M B. How thin is a thin bed[J]. Society of Exploration Geophysicists, 1973, 38(6): 1176-1180.

[10] Koefoed O, de Voogd N. The linear properties of thin layers, with an application to synthetic seismograms over coal seams[J]. Geophysics, 1980, 45(8): 1254-1268.

[11] Farr J. High-resolution seismic methods improve stratigraphic exploration[J]. Oil & Gas Journal, 1977, 75(48): 182-188.

[12] 唐文榜, 刘来祥, 樊佳方, 等. 地震可检测性分辨率研究[J]. 石油物探, 2012, 51(2): 103, 107-118.

[13] Mallat S, Zhang Z. Matching pursuits with time-frequency dictionaries[J]. IEEE Transactions on Signal Processing, 1993, 41(12): 3397-3415.

[14] 李宗杰, 刘群, 李海英, 等. 塔河油田缝洞储集体油水识别的谐频特征分析技术应用研究[J]. 石油物探, 2014, 53(4): 484-490.

[15] 赵爽, 李仲东, 许红梅, 等. 多子波分解技术检测含煤砂岩储层[J]. 天然气工业, 2007, 27(9): 44-47.

[16] 张军华, 刘振, 刘炳杨, 等. 强屏蔽层下弱反射储层特征分析及识别方法[J]. 特种油气藏, 2012, 19(1): 23-26, 135.

[17] 李海山, 杨午阳, 田军, 等. 匹配追踪煤层强反射分离方法[J]. 石油地球物理勘探, 2014, 49(5): 818, 866-870.

[18] 何峰, 翁斌, 韩刚, 等. 一种基于地震约束的井控匹配追踪煤层强反射消除技术[J]. 中国海上油气, 2019, 31(1): 61-66.

[19] 陈志刚, 刘雷颂, 刘雅琴, 等. 煤系地层中薄砂岩储层预测[J]. 石油地球物理勘探, 2016, 51(S1): 6, 52-57.

[20] 米立军, 朱光辉. 鄂尔多斯盆地东北缘临兴—神府致密气田成藏地质特征及勘探突破[J]. 中国石油勘探, 2021, 26(3): 53-67.

[21] 杜佳, 朱光辉, 吴洛菲, 等. 临兴地区致密气"多层系准连续"成藏模式与大气田勘探实践[J]. 天然气工业, 2021, 41(3): 58-71.

[22] 曹代勇, 聂敬, 王安民, 等. 鄂尔多斯盆地东缘临兴地区煤系气富集的构造-热作用控制[J]. 煤炭学报, 2018, 43(6): 1526-1532.

[23] 陈彦虎, 毕建军, 邱小斌, 等. 地震波形指示反演方法及其应用[J]. 石油勘探与开发, 2020, 47(6): 1149-1158.

[24] 岳丽君, 钱艳苓. 基于地震波形指示反演技术的窄薄储层预测[J]. 大庆石油地质与开发, 2020, 39(5): 135-140.

[25] Wang Y J. Application of Seismic Motion Inversion in the Third Member of the Shahejie Formation in the Northeastern Kenli[J]. Journal of Physics: Conference Series, 2019, 1176(4): 2078.

[26] 梁杰, 陈维涛, 罗明, 等. 地震波形指示反演在珠江口盆地A油田薄层预测中的应用[J]. 物探化探计算技术, 2019, 41(3): 327-333.

[27] 袁春艳, 贾家磊, 张红. 地质统计反演在鄂尔多斯盆地南部彬长区块储层预测中的应用[J]. 工程地球物理学报, 2016, 13(1): 77-81.

[28] Haas A, Dubrule O. Geostatistical inversion: A sequential method of stochastic reservoir modeling constrained by seismic data[J]. First Break, 1994, 12(11): 561-569.

[29] 李炳颖, 黄鑫, 王伟, 等. 基于叠前地质统计学反演的高分辨河道识别及薄层预测——以东海B气田为例[J]. 工程地球物理学报, 2020, 17(2): 236-241.

煤层气井动压调节技术应用性研究——以沁水盆地南部PH区煤层气井为例

刘羽欣，邓志宇，张守仁，陶 羽，马歆宁，常风琛

（中联煤层气有限责任公司煤层气研发中心，太原 030000）

摘要：当前沁水盆地南部煤层气井产量差异大、低产井占比高等问题日益凸显，且其中不少井难以通过排水降压提产，稳产形势严峻。因此，以沁水盆地南部 PH 区块为例，基于平面径向渗流理论、煤层气解吸吸附理论以及压降叠加原理，建立了煤储层压力与采收率变化率耦合关系，同时跟踪 36 井次动压调节技术的现场应用情况，开展该技术的气藏及生产特征匹配性分析，提出了动压调节技术的适用条件及设备安装有利时机建议。研究表明：在煤层气井产量上升期需充分排水，尽量扩大单井压降漏斗半径，可作为获取单井更高累产的基础；上产期不适合应用动压调节技术，其形成的生产压差极易造成煤储层激动，导致煤粉脱落，堵塞通道；而在煤层气井产量递减期应用该技术，可正向促进排水采气，台阶式提高日产气量且递减率不变，目前应用在递减期 36 口井的平均增产率达 125%；具有历史高峰值日产量、当前低日产量的煤层气井，应用效果更好，增产率更高。本文研究试验不仅实现了 PH 区块单井提产，还可为其他区煤层气井提产、稳产及生产资源配置提供借鉴。

关键词：动压调节；产气量；煤层气；沁水盆地南部

The application research of dynamic pressure regulation technology in coalbed methane wells ——A case study of coalbed methane wells of PH block in south of Qinshui Basin

Liu Yuxin，Deng Zhiyu，Zhang Shouren，Tao Yu，Ma Xinning，Chang Fengchen

（Research and Development Center, China United Coalbed Methane Corporation Ltd., Taiyuan 030000）

Abstract: At present, the problems of large difference of CBM well production and high proportion of low production wells in southern Qinshui Basin are becoming increasingly prominent. Many wells are difficult to improve production through drainage and depressurization, so the situation of stable production is severe. Therefore, taking the PH block in southern Qinshui Basin as an example, based on the theory of plane radial seepage, the theory of coalbed methane desorption and adsorption, and the principle of pressure drop superposition, we establish the coupling relationship between the coal reservoir pressure and the change rate of recovery, and track 36 wells at the same time. Through the on-site application of the dynamic pressure regulation technology, the analysis of the matching of the gas reservoir and production characteristics of the technology, and the application conditions of the dynamic pressure regulation technology and suggestions on the favorable timing of equipment installation are put forward. Studies have shown that: during the rising period of CBM well production, sufficient drainage is required, and the radius of the single well pressure drop funnel should be as large as possible, which can be used as the basis for obtaining higher cumulative production of

作者简介：刘羽欣(1988—)，工程师，主要从事煤层气勘探开发工作。地址：山西省太原市综改示范区科技创新城化章北街 5 号，电话：0351-2415351，邮箱：liuyx52@cnooc.com.cn。

single well. Applying the dynamic pressure regulation technology to the rising production wells is prone to cause the vibration of coal reservoirs, which will cause the drop of pulverized coal and block the channel. While the application of this technology in the production decline period of CBM wells can positively promote drainage and gas production and increase daily gas production step by step with constant decline rate. The average rate of growth reaches 125% on 36 wells in the decline period. The application has even better effect on the CBM wells with high peak daily production and low current daily production. This research test not only realizes the increasement of single well production in the PH block, but also provides a reference for the coalbed methane wells in other areas to increase and stabilize the production as well as allocate the production resource allocation.

Keywords: dynamic pressure regulating; gas production; coalbed methane; south of Qinshui Basin

近年来，随着煤层气产业的快速发展，沁水盆地已成为我国煤层气的主力产区，但是当前区块内煤层气井仍然存在单井产量差异大的问题，具体表现为低产井占比高、产能增长缓慢、高产稳产时间短、衰减速度快等问题，针对低产低效治理，当前现场实施相对效果较好的为动压调节增产技术。该技术是指在生产井安装螺杆压缩机、涡旋压缩机、活塞压缩机等设备，将井口压力降低，动态调节煤储层与井底的生产压差，进一步驱替储层内流体流动，促进煤层气进一步解吸，以达到增产目的。然而，进行动压调节的煤层气井增产效果差异极大，增产率分布在 20%～730%，鲜有学者提出此类措施的增产差异原因以及单井应用此增产技术的最佳适用时间的问题。因此，通过利用等温吸附理论和不断深化的煤层气降压排采理论认识[1-4]，提出了动压调节增产技术的适用条件及单井动压调节的优选建议。

1 动压调节增产机理

近年来，动压调节技术是通过人工动态调节井口压力进一步降低井底流压，增大生产压差，提高产气、产水速率，达到增产的目的。然而这产气、产水及压差的变化会影响煤粉的产出，进一步影响储层的渗透率[5,6]。一方面表现在排采初期，即动液面初次降至煤层附近时期和产量快速上升期，是煤粉产出的高峰期[7]，该阶段以两相流为主，煤储层对周围变化极为敏感，储层中气水界面的移动诱发大量细粒滑脱，在压力梯度、流体冲刷力流体中浮力及煤粉自身重力的综合作用[8]下导致了产气通道内煤粉颗粒运移。因此在上产期应用动压调节技术，易造成煤储层激动，煤粉大量脱落，堵塞渗流通道[9]，流入井筒内的大量煤粉聚集，导致卡泵等排采设备故障。另一方面表现在处于递减阶段的煤层气井，产气产水速率明显降低，携带煤粉能力明显减弱，固相颗粒会在面割理与端割理中沉降，降低裂缝系统的导流能力。当生产压差提高后，形成正向促进作用，增强了储层流体携带煤粉的能力，增加了局部区域的渗透率，增强了裂缝导流能力[10]。

2 动态储层压力与 PH 区采收率关系

煤层气的主要成分是甲烷，其赋存状态主要分为溶解态、游离态和吸附态，其中 80%～90%呈吸附态[11]。煤的内表面积相对于外表面积要大得多，因此对于甲烷的吸附不仅仅依靠外表面积，不符合朗缪尔单分子层吸附理论模型[12]。然而在研究煤的吸附特性时，对于吸附甲烷的实验数据显示等温曲线几乎都为数据 I 型[13]，此类曲线包括了在固体中发生单层吸附、多层吸附、微孔充填等。因此，在计算煤对甲烷的吸附量时可用朗缪尔方程来描述：

$$Q = \frac{V_L P}{P_L + P} \tag{1}$$

式中，Q 为吸附量，m^3/t；V_L 为朗缪尔体积，m^3/t；P_L 为朗缪尔压力，MPa；P 为原始储层压力，MPa。

沁水盆地南部区域的煤层属欠压储层，煤气井在排采初期都经历了单相水流阶段，通过排水降压使得储层压力不断下降至解吸压力 P_d 后才开始产气，说明区域煤层属于欠饱和煤层气藏。因此，忽略少量的溶解气和游离气，煤储层中原始含气量吸附气体量为

$$G = 0.01Ah\rho_c S_g Q \tag{2}$$

式中，G 为原始吸附气体量，亿 m^3；A 为气藏面积，m^2；h 为煤层厚度，m；ρ_c 为煤层密度，g/cm^3；S_g 为原始含气饱和度。

将式(1)代入式(2)，可得原始吸附气量方程：

$$G = 0.01Ah\rho_c S_g \frac{V_L P}{P_L + P} \tag{3}$$

当储层压力下降至 $P_i(P_i < P_d)$ 时，煤储层累计产气量为

$$G_p = 0.01Ah\rho_c V_L \left(S_g \frac{P}{P + P_L} - \frac{P_i}{P_i + P_L} \right) \tag{4}$$

式中，G_p 为累计产气量，亿 m^3；P_i 为当前储层压力，MPa。

采收率为

$$\mathrm{RF} = \frac{G_p}{G} = 1 - \frac{P_i(P + P_L)}{S_g P(P_i + P_L)} \tag{5}$$

对采收率求导，获得采收率变化率：

$$\eta = \left| \frac{\mathrm{dRF}}{\mathrm{d}P_i} \right| = \frac{P_L(P + P_L)}{PS_g(P_i + P_L)^2} \tag{6}$$

采收率的变化率反映了储层单位压降下采收率的变化速率，对于沁水盆地南部的未饱和煤层气藏来说，随着储层压力 P_i 的不断降低，采收率的变化率将会越来越大。然而，煤层气井在排采过程中压降漏斗不断扩展，压降半径不断延伸，解吸范围不断扩大，整个煤储层内流体的流动符合气体平面径向稳定渗流定律，储层压降半径内任何一点的压力 P_i 的表达式为

$$P_i = \sqrt{{P_d}^2 - \frac{{P_d}^2 - {P_w}^2}{\ln \frac{R_1}{r_w}} \ln \frac{R_1}{r_i}} \tag{7}$$

式中，P_d 为解吸压力，MPa；P_i 为解吸半径内任一点压力，MPa；P_w 为井底流压，MPa；R_1 为压降漏斗半径，m；r_w 为井筒半径，m；r_i 为解吸半径内任一点到井筒中心距离，m。

从式(7)可知，等压线是以井筒为中心的同心圆，压力随着与井筒距离的减小而下降越快，此时水压扩散传递速度大于气压解吸速度，日产水量基本维持稳定；当产水量明显变小时，说明压力扩散过渡为以气压为主，而原始区域即原始压力未扰动区域压降仍然依靠水相渗流，因此，当水相渗流基本停止时，压降漏斗半径平面上几近扩散边界。为获得更高的累计产气量 G_p，从式(4)可知，在朗缪尔体积、朗缪尔压力、储层压力、含气量、密度、煤层厚度等参数一定的情况下，可通过单井控制面积的扩大来提高累产，即在排前期尽可能多地产水，使压降漏斗平面半径尽可能大。从理论而言，要获得更高的累产、更高的采收率，一方面需要排采前期尽可能多地产水，另一方面是进入递减阶段尽可能地降低储层压力。

沁水盆地南部的 PH 区 3#煤层全区稳定发育，埋深介于 300～500m，平均厚度为 6.3m，空气干燥基

朗缪尔体积平均 39.78m^3/t，朗缪尔压力平均为 2.80MPa，含气饱和度平均为 90%，平均解吸压力为 2.5MPa。对于 PH 区这种未饱和煤层气藏，当储层压力下降至解吸压力(P_d=2.5MPa)后开始解吸，随着储层压力的不断降低，单位压降的采收率变化速率逐渐增大(图 1)。随着开采程度的加深，煤储层含气饱和度与储层压力不断降低，煤层气的采收率变化速率随着含气量的降低而增大(图 2)。

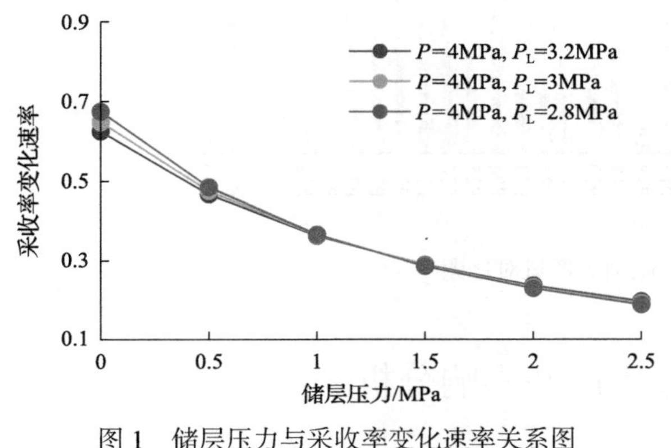

图 1 储层压力与采收率变化速率关系图

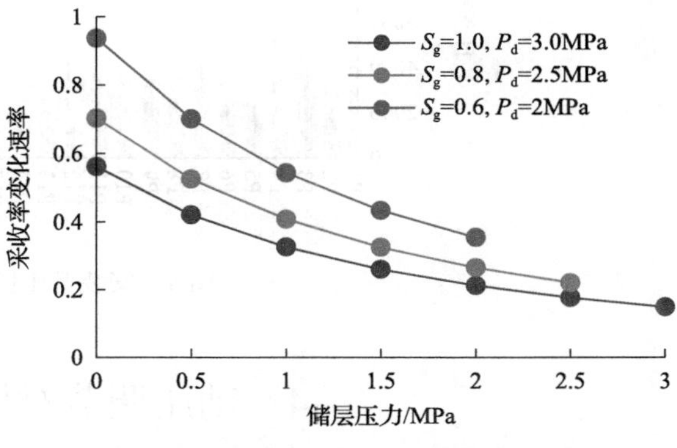

图 2 储层压力与采收率变化速率关系图

3 动压调节应用效果分析

沁水盆地南部 PH 区的 3#煤自 2005 年进入开发，于 2013 年进入递减阶段，2020 年自然递减率达 11.24%，为提高单井产量、提高区块采收率、降减递减率，该区目前应用单井负压抽采增产效果最好。从 P26 井产气曲线(图 3)中可见，负压抽采设备安装后，日产量会台阶式提升，日增产达到 2180m^3/d，且安装了负压抽采设备后，产量递减的趋势与未安装时基本一致。当前区内安装单井增压机的井共 36 口，日增产效果为 216～3816m^3/d，平均为 1810m^3/d；增产率分布在 20%～730%，平均达 150%，增产效果差异较大(图 4)。36 口井的安装时间，均为进入递减期后安装，平均安装时间为峰值到安装时间约为投产至峰值时间的 1/3，且安装时均已不产液。将 36 口井以增产率达到一倍进行划分，增产量不足原产量一倍的井与增产量超过原产量一倍的井各为 18 口。增产量超过原产量一倍的井即 P19 至 P36 井的平均增产率达到 216%，其措施前的平均产量仅为 1237m^3/d，措施后的最高日产量为 3706m^3/d，峰值产量的平均值 7893m^3/d；增产量不足原产量一倍的井即 P1 至 P18 井的平均增产率仅为 58%，其措施前的平均产量为 1689m^3/d，措施后的最高日产量为 2593m^3/d，峰值产量的平均值 5566m^3/d。从图中可见，增产效果较好的 P19 至 P36 井在措施实施前具有更低的日产量、更高的峰值产量，措施后具有更高的最高日产气量特征。这也同时验证了，当煤层气井真正进入递减之后，产量递减至越低时，安装增压机的增产率越高。

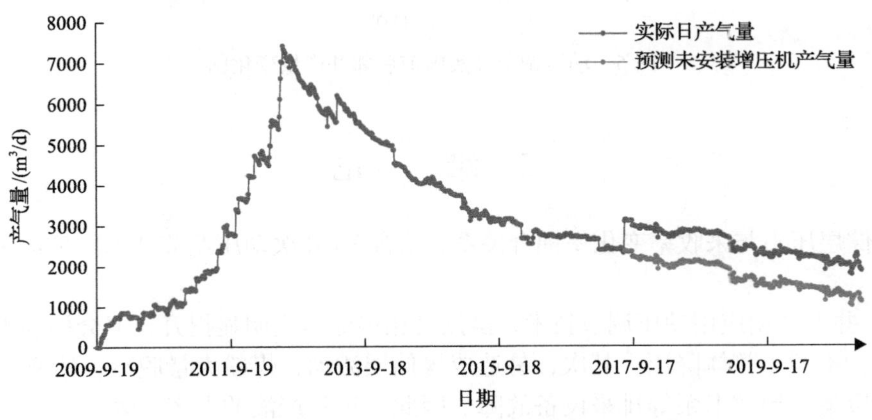

图 3 P26 井产气曲线及未安装增压机预测产量图

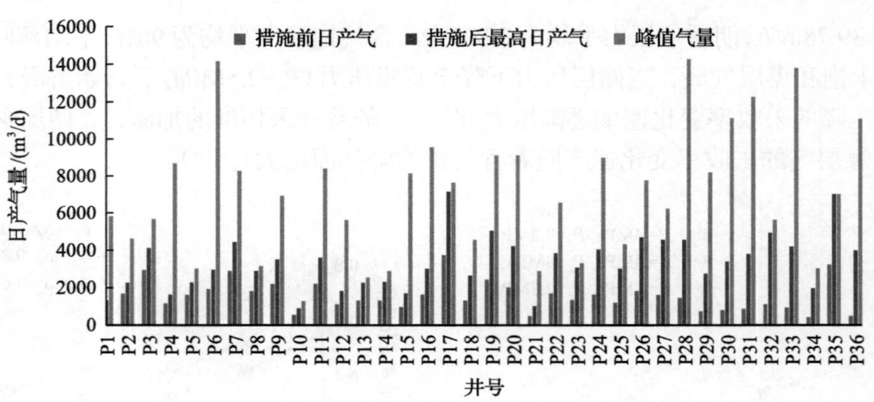

图 4　安装增压机井措施前后产量对比图

4　动压调节对周边生产井影响分析

当前 PH 区受周边煤矿采掘影响，矿区附近煤层气井会出现产量递减加速、产量突降为零或井口倒吸等现象。为减缓 PH 区产量递减速率，动压调节设备多安装于煤矿影响区域，仅 3 台安装于非煤矿影响区内。例如，P34 井为非煤矿影响区井，于 2019 年 12 月安装动压调节设备，产气量由 $480m^3/d$ 升至 $1920m^3/d$，产量提高 $1440m^3/d$，而周边三口邻井产量仅略微变化，属于正常调控变化，且实施后实施井与邻井之间产量并无“此消彼长”气源争夺特征。从三口邻井产气曲线知，其中 P87-01 与 P77-10 井的当前日产量高于 P34 井安装动压调节设备时产量。从当前三口非煤矿影响区井及周边井产气曲线知，安装动压调节设备，并不会对周边在产井造成产气争夺影响(图 5)。

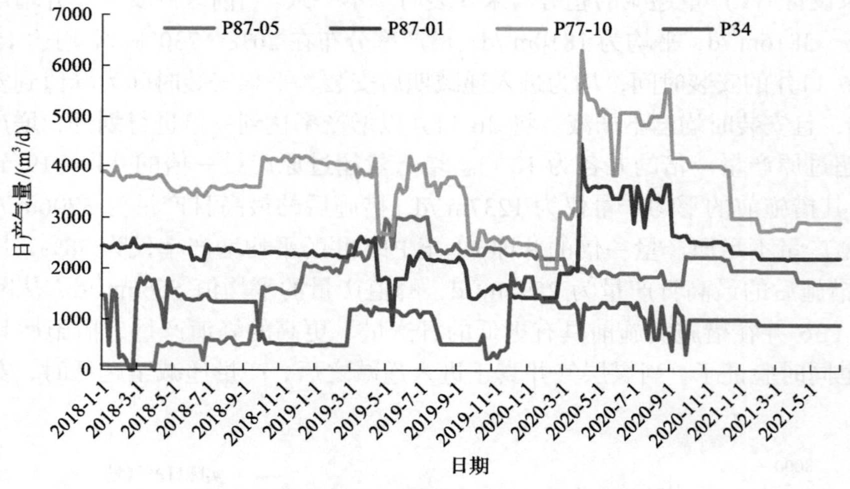

图 5　动压调节井实施前后邻井产量变化图

5　结　　论

通过建立煤储层压力与采收率变化率耦合关系，结合 36 井次动压调节技术的现场调整试验，得到以下认识：

(1) 在煤层气井上产期应用动压调节技术，虽然气相渗流速度明显提升，但会抑制水相渗流，制约了压降漏斗的扩散，不利于整体降压。其次，易造成煤储层激动，煤粉大量脱落，堵塞渗流通道，流入井筒内的大量煤粉聚集，导致卡泵等排采设备故障。因此，正常产液的上产期煤层气井，不适合应用动压调节技术。

(2)随着开采程度的加深，储层压力不断降低，单位压降的采收率变化速率随着储层压力降低而增大；煤储层含气饱度进一步降低，单井采收率随着含气量的降低而增大。当煤储层降至更低的储层压力、更低的含气量时，应用动压调节技术增产效果更显著。

(3)应用动压调节技术后，煤层气井产气曲线会形成台阶式提升，原递减趋势基本不变。

(4)结合当前生产井实际情况，动态调节技术的应用使得储层压力进一步降低，压降漏斗进一步扩展，更好地实现区域整体降压，提高单井产气量，提高区域采收率，且并不会与周边在产井形成“产量争夺”的负效应。

参考文献

[1] 陈刚, 李五忠. 鄂尔多斯盆地深部煤层气吸附能力的影响因素及规律[J]. 天然气工业, 2011, 31(10): 47-49.

[2] 刘俊刚, 刘大锰, 姚艳斌, 等. 韩城示范区煤层气解吸规律及其地质影响因素[J]. 高校地质学报, 2012, 18(3): 490-494.

[3] 李腾, 吴财芳. 黔西织纳煤田华乐勘探区煤层气吸附性研究[J]. 煤炭科学技术, 2013, 41(4): 100-103.

[4] 岳高伟, 王兆丰, 康博. 基于吸附热理论的煤—甲烷高低温等温吸附线预测[J]. 天然气地球科学, 2015, 26(1): 148-153.

[5] 刘升贵, 张新亮, 袁文峰, 等. 煤层气井煤粉产出规律及排采管控实践[J]. 煤炭学报, 2012, 37(S2): 412-415.

[6] 曹代勇, 姚征, 李小明, 等. 单相流驱替物理模拟实验的煤粉产出规律研究[J]. 煤炭学报, 2013, 38(4): 624-628.

[7] 魏迎春, 张傲翔, 姚征, 等. 韩城区块煤层气排采中煤粉产出规律研究[J]. 煤炭科学技术, 2014, 42(2): 85-89.

[8] 曹立虎, 张遂安, 张亚丽, 等. 煤层气水平井煤粉产出机运移特征[J]. 煤田地质与勘探, 2014, 42(3): 31-35.

[9] 刘岩, 苏雪峰, 张遂安. 煤粉对支撑裂缝导流能力的影响特征及其防控[J]. 煤炭学报, 2017, 42(3): 687-693.

[10] 彭川, 张遂安, 王凤林, 等. 煤层气井负压排采技术潜在增产因素分析[J]. 科学技术与工程, 2019, 19(14): 166-171.

[11] 俞启香. 矿井瓦斯防治[M]. 徐州: 中国矿业大学出版社, 1992: 1-19.

[12] 赵志根, 唐修义. 对煤吸附甲烷的 Langmuir 方程的讨论[J]. 焦作工学院学报(自然科学版), 2002, 21(1): 1-4.

[13] 张群, 杨锡禄. 平衡水分条件下煤对甲烷的等温吸附特性研究[J]. 煤炭学报, 1999, 24(6): 566-570.

煤层气腔式气举排采工艺技术研究与应用

马纪翔[1]，贾　巍[1]，高　宇[2]，郝　丽[1]，董建秋[2]，谢唯一[1]，马文峰[1]，
张光波[1]，樊　彬[2]，金国辉[2]

（1. 中国石油华北油田公司工程技术研究院，任丘 062552；2. 中国石油华北油田公司山西煤层气勘探开发分公司，晋城 048000）

摘要：煤层气开采须进行排水降压，排采工艺尤为重要。针对常规排采工艺因杆管偏磨、卡泵、稳定性差等检泵频繁的问题，开展了以"气体循环-自平衡排液"为核心的腔式气举排采工艺研究，解决了常规气举无法直接应用于煤层气井的难题。通过腔式排液泵和加长固定阀等的研制，彻底解决了杆管偏磨、固体颗粒卡泵问题，降低灰埋凡尔风险，延长检泵周期。现场试验表明，该排采工艺系统能耗低、稳定性高，有效避免了制约常规排采工艺的问题，应用前景广阔。

关键词：煤层气；排采工艺；腔式气举；加长固定阀

Research and application of CBM cavity gas lift drainage technology

Ma Jixiang[1], Jia Wei[1], Gao Yu[2], Hao Li[1], Dong Jianqiu[2], Xie Weiyi[1], Ma Wenfeng[1], Zhang Guangbo[1], Fan Bin[2], Jin Guohui[2]

(1. Engineering Technology Research Institute of Huabei Oilfield Company, Renqiu 062552; 2. Shanxi CBM Exploration and Development Branch, PetroChina Huabei Oilfield Company, Jincheng 048000)

Abstract: CBM mining must go through the process of drainage and pressure reduction, and the drainage technology is particularly important. Aiming at the problem of frequent pump inspections caused by the eccentric abrasion of rod or tube, and pump sticking and poor stability in the conventional drainage process, the research on cavity gas lift drainage technology with the core of gas circulation self-balanced drainage is carried out, which solves the problem that conventional gas lift cannot be directly applied to CBM wells. Through the development of cavity discharge pump and lengthened fixed valve, the problems of eccentric abrasion of rod and pipe and solid particles sticking on pump are completely solved, the risk of ash burying is reduced, and the pump inspection period is prolonged. Field experiments show that the system has low energy consumption and high stability, which effectively avoids the problem of restricting the conventional drainage process, and has a broad application prospect.

Keywords: coalbed methane; drainage technology; cavity gas lift; lengthened fixed valve

随着非常规清洁能源煤层气的发展，煤层气井型逐渐发展为定向丛式井开发模式，大斜度和水平井已成为煤层气发展的新趋势[1]。煤层气排采工艺的选择与设计是煤层气开发的关键环节，是保证煤层气产量的重要因素[2]。目前华北油田煤层气经过多年的研究和发展，建立了直井和井斜小于35°的定向井采用有杆设备(抽油机+管式泵)和地面驱动螺杆泵排采，水平井及大斜度井采用无杆设备(水力管式泵、射流泵和电潜螺杆泵)排采的人工举升体系[3]。现场实践应用表明，以上工艺均存在自身局限性，有杆泵普遍存在杆管偏磨、携灰能力比较差、容易卡泵等问题；无杆泵存在设备排采不稳定、能耗高、地面与井下故障频发等问题，需要频繁停井、修井，进而发生井液倒灌、煤粉沉淀降低裂缝的导流能力等，对储层造成不可逆转的伤害，造成一定的经济损失[4,5]。现有设备不能满足煤层气稳定连续长期排采的需要。

基金项目：中国石油天然气股份有限公司课题"煤层气大斜度井腔式气举排采工艺技术研究"（编号：2017ZX05064-001）。

作者简介：马纪翔(1989—)，工程师，从事常规、非常规天然气采气工程研究。地址：河北省任丘市会战道41号，电话：0317-2727684、18631779502，邮箱：cyy_mjx@petrochina.com.cn。

为了降低煤粉和压裂砂对排采泵的影响、提高工艺在煤层气的适用性，国内外学者使用气举方式作为煤层气井排采工艺做了很多研究。Johnson 等[6]介绍了黑勇士盆地煤层气通过挠性油管给偏心工作油管注气的气举方式，井下完井结构复杂。崔金榜等[7]研究了煤层气井中应用同心管进行气举作业，同心管环空作为注气通道，空心抽油杆作为产气通道。该方法因气液流动截面积小，流动能量损失过大。钟子尧等[8]通过井下设计同心管，依靠安装气举阀的方式进行气举排水采气，但存在煤灰和压裂砂堵塞气举阀的问题。

为缩短煤层气排采周期，提升煤层气产出，煤层气在开发过程中的降压制度会与煤层储藏条件相匹配[9,10]。因此依据煤层气排采的特点，创新设计了“气体循环-自平衡排液”为核心的腔式气举排采工艺，旨在解决煤层气排采过程中偏磨、卡泵和灰埋凡尔等问题，为煤层气排采上产提供了一种新的技术支持。

1 腔式气举排采设备

常规气举是油套环空注入高压气流，通过气举阀进入油管降低混合液的密度进而举升液体的工艺，这与煤层气油管产水、套管产气的机制相矛盾。而腔式气举不同于常规气举，是将高压气体通过输气管线输入井下集液泵腔，腔内压力升高将泵腔内液体压入中心管，进而举升至地面，气体从油套环空排出的强制性气举。腔式气举排采工艺由井下工具和地面装置两部分组成。图 1 为腔式气举工艺系统组成图。

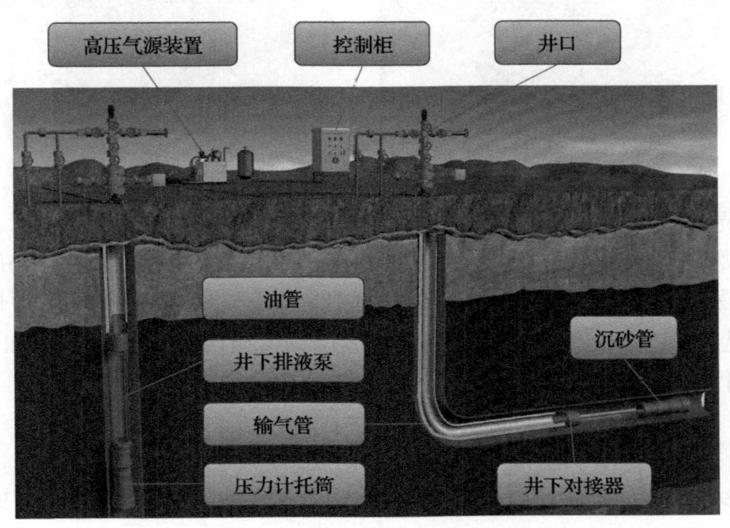

图 1 腔式气举工艺系统组成

1.1 工作原理

腔式气举排采工艺流程分为压力自平衡、注气排液和返排进液三个过程，地面控制气动三通阀调整高压储气罐通过输气管与井下腔式泵连通，高压气体经输气管线进入井下腔式泵，实现两者气体自平衡过程；后通过增压装置对储气罐内氮气增压，调节气动三通阀，将高压气体逐级输入井下腔式泵，泵内液体压力升高进入中心管排出井口，实现注气排液过程；调节气动三通阀使井下腔式泵与储气罐连通，实现气体回流，待压力平衡后将泵内气体经过增压装置返排入储气罐中，泵腔内随着压力的降低，液体通过固定阀进入泵腔内，实现返排进液的过程。通过三个过程的不断循环实现煤层气单井周期性人工举升。

1.2 管柱结构

井下管柱结构主要由油管悬挂器、中心管、偏心对接器、井下腔式泵、输气管和压力计等组成。腔式气举井下管柱总成如图 2 所示。井下泵体是一种双管腔式结构，液体和气体进入泵内以后充满泵腔的环空。为保证气密性，防止气体源泄漏以及排液泵能够安全作业，选用外径 73mm 气密材质油管，中心管为 38mm。

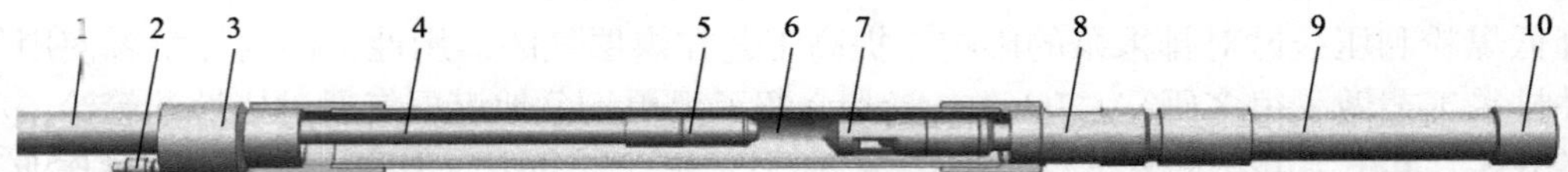

图 2　腔式气举井下管柱总成结构示意图

1-悬挂管；2-注气接头；3-井下偏心对接器；4-中心管；5-固定阀；
6-井下腔式泵；7-加长固定阀；8-双通芯；9-沉砂管；10-丝堵

在常规采气树的基础上，优化设计了专用油管悬挂器（图 3），实现输气管和压力计线缆过通过井口与密封，密封压力 5MPa。同时设计井下偏心对接器，与井下腔式泵形成密闭集液腔，上部连接油管和悬挂管，偏心一端作为注气通道与输气管连接，对接器下方分别与井下排液泵的外筒连接。

图 3　油管悬挂器

为减少煤灰和压裂砂对固定凡尔的影响，设计加长固定阀和旁通式固定阀罩，而井下腔式泵与沉砂管通过双通芯结构连接。混合液体经过双通芯从中心管进入泵筒，回落的煤灰和压裂砂顺着固定阀罩上部斜面旁落入环空，最终进入沉砂管，有效避免灰埋凡尔的问题。陶瓷阀耐腐蚀性和耐磨性都优于传统不锈钢阀[11]，固定阀选用陶瓷阀。输气管选用 316L 不锈钢材质以减少井下氧化和化学腐蚀，基于输气管敏感性分析输气管尺寸选择要大于 5/8″，额定压力为 25MPa。

1.3　地面配套设备

地面设备集成撬装（图 4），其中包括控制柜和高压气源装置。其中高压气源装置主要由液压增压缸、电机、柱塞泵、风机、储气罐、二位三通气动阀和三位四通电磁换向阀等组成。

图 4　地面设备集成撬装图

柱塞泵推动液压增压缸往返运行实现气体的逐级增压，液压油的持续压缩膨胀会导致液压油的温度升高，影响设备正常运转，因此在油箱的回路中安装了风冷装置用以冷却液压油。整个系统气体源采用高纯度、不溶于水的 N_2。在运行过程中，水中的溶解气、游离气不可避免地混入气体源，进入整个循环系统作为气体源使用，因此为安全考虑使用气动阀代替电磁阀。

1.4 工艺参数

井下管柱最大通径偏心接头107mm、长175mm，适应井斜大。与常规工艺相比，腔式气举工艺适应性强，优势明显。腔式气举排采工艺参数见表1。

表1 腔式气举排采工艺参数

参数	参数值
工作压力	0～15MPa
排量	0～30m^3
下泵深度	＜1500m
井斜适应性	0°～90°
全角变化率	16°/30m

2 现场试验及效果

为验证腔式气举排采工艺在实际运用的可行性，选取沁水盆地樊庄作业区两口井进行现场试验，转抽前两口井均采用抽油机+管式泵排采工艺。表2给出了两口煤层气井腔式气举的试验数据。两口试验井的沉没度不同，试验高沉没度和低沉没度下该工艺的稳定性。图5和图6为设备装抽后两口井排采曲线。

表2 煤层气井腔式气举试验参数

参数	井号	
	HP3-25	DS-230
煤层埋深/m	655.35～660.25	531.5～537.5
下泵深度/m	689	554
最大注气压力/MPa	6	5
注排周期/m	12	30
排液量/(m^3/d)	0.5～6.4	0.1～0.2
流压/MPa	2.2	0.1
日产气量/m^3	0	1119

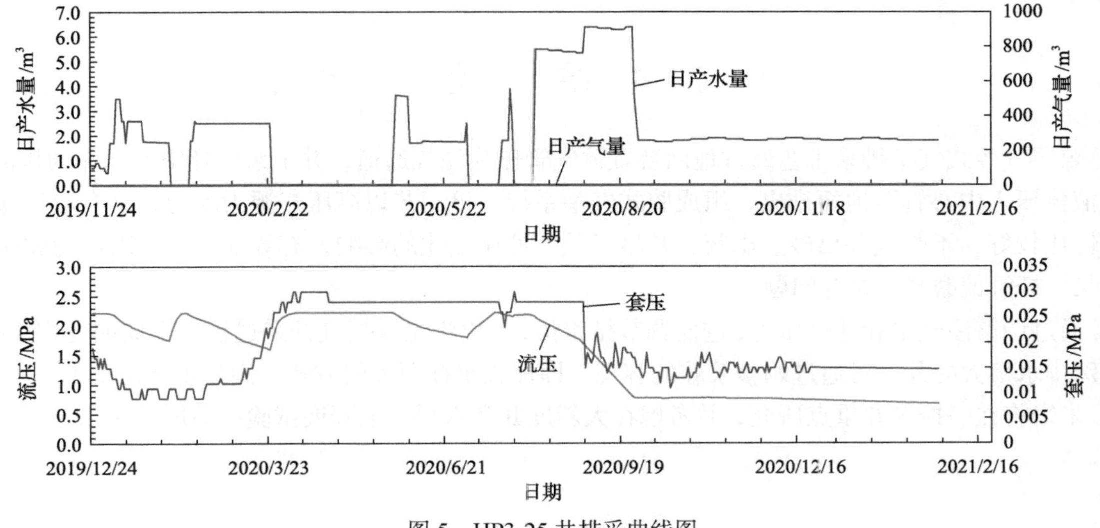

图5 HP3-25井排采曲线图

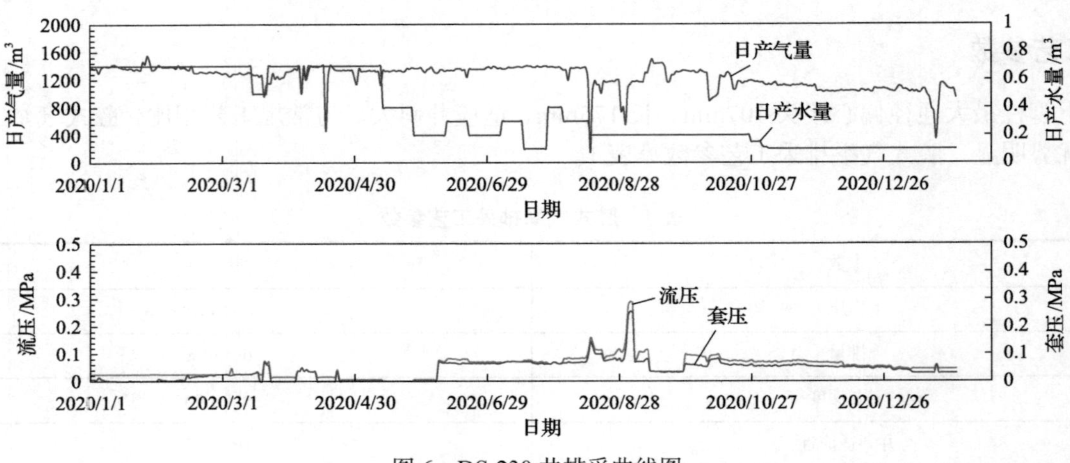

图 6　DS-230 井排采曲线图

在 HP3-25 井进行了首次试验，检验各部分可靠性及输气管、排液泵密封性，并对关键工艺参数（最大排量、吨液提升百米耗电等）进行了标定。排采过程中停机两次，增加了软起装置和更换了阀块、气管。该井流压由 2.2MPa 稳定下降至 0.51MPa，日降液液柱高度 1.0～4.0m，日降液柱可达到 1m 的控制精度。试验后产水量 0.5～6.4m^3/d，未见解吸产气。

DS-230 井流压由 0.1MPa 缓慢下降至 0.08MPa，2020 年 9 月开始试验，产水量 0.1～0.2m^3/d，产气量为 1100m^3/d，表明腔式气举工艺可在低沉没度、低液量条件下，稳定排采。

3　工艺评价

(1) 现场应用表明，排量与沉没度自适应，符合煤层气排采规律，排采时率达到 95%，在高沉没度和低沉没度井均具有良好的稳定性和适应性。

(2) 腔式气举排采工艺的核心是“气体循环-自平衡排液”，压力自平衡过程是基于储气罐和井下的压力差进行的，自平衡 20s 时间内不需要外部条件做工干预，因此在相比于常规排采工艺的运行能耗较低。经测定，吨液提升百米耗电为 3.14kW·h。

(3) 与其他气举工艺相比工作原理不同，井下无气举阀，工作气源可循环利用，不需要地面气液分离器进行分离，投资和运行成本比较低。

(4) 撬装式结构，运输、安装方便：设备占地小于 4m^3，质量 1.5t，安装运输无需大型设备，不需要水泥基础。

4　结　论

(1) 煤层气腔式气举排采工艺通过地面装置输气管作为注气通道，井下泵腔环空空间作为排液通道，气体将液体压入中心管至地面排出，组成腔式气举系统。该工艺以高压气源为动力，没有运动部件，井斜适应性比较好，不受气井出砂、出灰、井型以及气液比变化的影响，有效地避免了因煤粉和压裂砂造成的卡泵、杆管偏磨及烧泵等问题。

(2) 通过调整注气量和注气压力，进而调节排水量，可以满足煤层气开采过程中全周期变排量的需要。对于特殊排水量大的井，可通过调整泵腔的容积，即加长泵挂深度的方式，满足生产需求。

(3) 未来将在一控多井重点研究，并考虑在大斜度井和水平井上开展试验，满足丛式井以及特殊井型的需要。

参 考 文 献

[1] 王衍, 赵美成, 白枫桐, 等. 环空射流泵在煤层气大斜度井和多分支水平井中的应用[J]. 能源与环保, 2017, 39(9): 160-163.

[2] 徐春成. 煤层气井排采设备选型与优化设计[D]. 上海: 中国石油大学(华东), 2013.

[3] 梅永贵, 郭简, 苏雷, 等. 无杆泵排采技术在沁水煤层气田的应用[J]. 煤炭科学技术, 2016, 44(5): 64-67.

[4] 刘国强, 王辰龙, 曹毅, 等. 复杂煤层气井修井原因分析及检杆工艺试验[J]. 石油钻采工艺, 2016, 38(4): 540-543.

[5] 张芬娜, 綦耀光, 徐春成, 等. 煤粉对煤层气井产气通道的影响分析[J]. 中国矿业大学学报, 2013, 42(3): 430-437.

[6] Johnson K J, Coats A, Marinello S A. Gas-lift technology applied to dewatering of coalbed methane wells in the black warrior basin[J]. SPE Production Engineering, 1992, 48(5): 306-317.

[7] 崔金榜, 段宝玉, 白建梅, 等. 煤层气同心管气举排水工艺技术研究[J]. 中国煤层气, 2010, 7(6): 31-34.

[8] 钟子尧, 吴晓东, 韩国庆, 等. 煤层气同心管气举排水工艺参数的确定方法[J]. 科学技术与工程, 2018, 18(8): 55-60.

[9] 张鹏, 孟召平. 煤层气井初期排水速率模型及其应用分析[J]. 煤炭技术, 2016, 35(10): 184-186.

[10] 刘晓燕, 李治平, 马洪泽, 等. 多因素影响下煤层气井生产初期合理排水量确定[J]. 科学技术与工程, 2015, 15(18): 170-175.

[11] 谢文成. PSZ 陶瓷材料及其在石油与化工设备中的应用[J]. 石油机械, 1997, (12): 50-53.

基于AHP-TOPSIS法的煤层气田井场采出水三通管材排序

莫司琪[1,2]，王予新[1]，林文姬[1,2]，梁 为[1,2]，岳宁远[1,2]，郭亚波[1]，孟文辉[1]，李炜静[1,2]

（1. 中国石油煤层气有限责任公司，北京 100028；2. 中联煤层气国家工程研究中心有限责任公司，北京 100095）

摘要：煤层气田的开发，伴随着采出水的产生，井场采出水三通用于连接采出水管线，随着使用年限的增加，井场钢制采出水三通频繁刺漏。为优选采出水三通管材，本文以三通管材性能参数为评价指标，提出了层次分析法（AHP）与逼近理想解排序法（TOPSIS）结合，建立了AHP-TOPSIS法评价模型，并利用了Matlab计算求解，探索解决实际生产中采出水三通管材选择问题。以山西某区块为例，选取三通管材的七类因素作为评价指标，建模求解得到三通管材推荐使用排序，并分析了现场采出水三通非金属管材应用效果。研究结果表明，基于AHP-TOPSIS法评价得到的三通管材优选与现场实际使用情况较为吻合。

关键词：山西某煤层气田；采出水三通管材；AHP-TOPSIS法模型；应用效果分析

Sorting of tri-branch tube for produced water in coalbed methane field based on AHP-TOPSIS method

Mo Siqi[1,2], Wang Yuxin[1], Lin Wenji[1,2], Liang Wei[1,2], Yue Ningyuan[1,2], Guo Yabo[1], Meng Wenhui[1], Li Weijing[1,2]

（1. PetroChina Coalbed Methane Company Limited, Beijing 100028; 2. China United Coalbed Methane National Engineering Research Center Co., Ltd., Beijing 100095）

Abstract: The development of coalbed methane field is accompanied by the production of produced water. The tri-branch tube for produced water is generally used to connect the produced water pipeline. With the increase of service life, the steel tri-branch tube for produced water is frequently punctured and leaked. In order to optimize produced water tri-branch tube, this paper takes the performance parameters of tee pipes as the evaluation index, proposes the combination of analytic hierarchy process（AHP）and technique for order preference by similarity to ideal solution（TOPSIS）, establishes the evaluation model of AHP-TOPSIS method, and uses Matlab to calculate and selects produced water tri-branch tube in actual production.Taking a block in Shanxi Province as an example, seven parameters of tri-branch tube are selected as evaluation indexes, the recommended order of tri-branch tube is obtained by modeling and solving, and the application effect of tee non-metallic pipe for produced water in field is analyzed. The results show that the optimum selection of tri-branch tube for produced water based on AHP-TOPSIS evaluation is consistent with the actual situation in the field.

Keywords: a coalbed methane field in Shanxi province; tri-branch tube for produced water; evaluation model of AHP-TOPSIS method; application effect analysis

在煤层气田开发过程中，煤层气通过排水降压解吸[1]，因此煤层气井的开采通常伴有大量地下采出水生成。煤层气采出水的典型特点为不含烃类、苯酚，矿化度较高，含盐度较高[2]。井场采出水三通用于连接采出水管线（一般露出地面1m，埋地1.5～1.8m），金属管材及非金属管材都能在采出水三通中应用[3]，

作者简介：莫司琪（1993—），工程师，主要从事地质勘探研究。地址：北京太阳宫南街13号楼，电话：15010069859，邮箱：msq_cbm@petrochina.com.cn。

考虑到水管网承压、井场施工便利性等，现场常用金属管材采出水三通。

以山西某区块煤层气田采出水三通为研究对象，该区块煤层气田采出水三通管材选用 Q235A 碳素钢管材质。自 2014 年开始排采至今，采出水三通频繁刺漏，为适应输送介质要求、减少后续费用，优选采出水三通管材[4]，现场应用了衬塑钢管、PE 管、玻璃钢管三种非金属管材。

我国较少进行煤层气采出水三通管材综合评价分析，且管材性能指标较多，评价多为定性分析，少有建立煤层气田采出水三通管材的评价指标模型。本文以山西某区块井场采出水三通管材为研究背景，利用层次分析法(analytic hierarchy process, AHP)[5]计算指标权重，结合逼近理想解排序法(technique for order preference by similarity to ideal solution, TOPSIS)[6-8]建立了 AHP-TOPSIS 法综合评价模型，该模型可应用于井场采出水三通管材的选择。

1 建立煤层气田井场采出水三通管材评价模型

逼近 TOPSIS 法能够对多指标的相对优劣作出排序，但考虑多因素分析时，TOPSIS 法一维定性的方式较难确定指标权重[9]。考虑到 AHP 法可确定指标重要度，在一定程度上克服了 TOPSIS 法的不足[10]。鉴于此，构建了 AHP-TOPSIS 法评价模型，AHP-TOPSIS 法模型的建立步骤如下：

1.1 AHP 法确定权重[11]

(1) 确定标度：反映了决策者对同层指标间重要度的评判。

(2) 构造判断矩阵 $\boldsymbol{A}$：各层结构中，每一层指标按照重要度两者比较。

(3) 一致性检验：为判断分配的合理性，需对判断矩阵的一致性进行检验。根据 Alexander 和 Saaty[12] 提出的一致性方法，可定义一致性的检验公式如下：

$$\mathrm{CR}=\frac{\mathrm{CI}}{\mathrm{RI}}=\frac{\lambda_{\max}-m}{\mathrm{RI}(m-1)} \tag{1}$$

式中，CI 为一致性指标；RI 为平均随机一致性指标；$\lambda_{\max}$ 为判断矩阵 $\boldsymbol{A}$ 的最大特征值；m 为判断矩阵的阶数。一般认为，当 CR＜0.1 时，判断矩阵一致性满足要求，否则需要对判断矩阵进行修正[13]。

(4) 用特征向量法确定权重 w_j：

$$(\boldsymbol{A}-\lambda\boldsymbol{E})\cdot\boldsymbol{W}=0 \tag{2}$$

式中，λ 为矩阵 $\boldsymbol{A}$ 的特征值，与特征值对应的 w_j 称为特征向量；$\lambda_{\max}$ 对应的解向量 $\boldsymbol{W}=(w_1,w_2,\cdots,w_n)$，即为各个因素的权重。

1.2 TOPSIS 评价模型

TOPSIS 法通过检测评价对象与正、负理想解的距离进行排序，评价对象最靠近正理想解同时又远离负理想解为最优，反之则为最差[8]。该方法直观性较强且使用灵活简便[11]。

TOPSIS 法具有普适性，可以直观地对各方案进行综合评价，能够客观真实地反映实际情况[14]。

(1) 构造矩阵：得到 n 个评价对象，m 个评价指标的标准化矩阵 $\boldsymbol{Z}$。

(2) 确定正理想解 Z^+ 与负理想解 Z^-。

(3) 计算第 i 个评价对象与正、负理想解的距离 S^+、S^-。

(4) 计算第 i 个评价对象与理想解的相对接近程度：根据接近程度大小 C_i 的大小进行排序，明显可得 $0\leqslant C_i\leqslant 1$，$C_i$ 值越大，表明评价单元越接近理想状态，评价结果越好。

1.3 AHP-TOPSIS 评价模型

基于 AHP 法得到的指标权重 w_j，结合 TOPSIS 法，计算第 i 个评价对象与正、负理想解的距离 D_i^+、D_i^-：

$$D_i^+ = \sqrt{\sum_{j=1}^{m} w_j \left(Z_j^+ - Z_{ij}\right)^2}\ ,\quad D_i^- = \sqrt{\sum_{j=1}^{m} w_j \left(Z_j^- - Z_{ij}\right)^2} \tag{3}$$

式中，Z^+ 为正理想解；Z^- 为负理想解；D_i^+ 为第 i 个评价对象与正理想解的距离；D_i^- 为第 i 个评价对象与负理想解的距离。

此时得到考虑指标权重后的评价结果 C_i'：

$$C_i' = \frac{D_i^-}{D_i^- + D_i^+},\qquad i = 1, 2, \cdots, n \tag{4}$$

2　运算模型求解优选管材

2.1 特征值权重确定

山西某区块煤层气田采出水三通管材自 2014 年开始应用了碳素钢管、PE 管、玻璃钢管、衬塑钢管四种管材，现将四种管材性能进行对比分析，见表 1。

表 1　山西某区块煤层气田使用的管材性能对比

参数	碳素钢管	PE 管	玻璃钢管	衬塑钢管
管型	Q235A	PE100 级	高压玻璃纤维管线管	UHMW-PE
密度/(g/cm^3)	8～10	0.92～0.96	1.6～2.0	0.940～0.976
耐腐蚀性	不耐腐蚀	可以耐除强氧化性酸液、茶溶剂以外的侵蚀	可耐 15%～26%HCl，一定浓度的 H_2SO_4、NaOH	在酸性井液中加热到 80℃浸渍 30 天，物理性能几乎无变化
结垢程度	结垢	不结	不结	不结
公称压力/MPa	2.4	1.6	3.5～34.5	3～5
摩擦系数	0.61	0.015～0.021	0.016	0.07～0.11
使用寿命/年	10～20	50	50～70	50
费用/元	6783	3939	15354	12020
连接方式	电焊机和焊条进行焊接	热熔，电熔套将两端管线连接并热熔	法兰连接、承插连接、螺纹连接，内外螺纹均应涂抹螺纹密封脂	法兰连接、丝扣连接
维修	焊条补漏	切断后采用热熔连接或钢塑法兰连接	更换单段新管	更换单段新管

分析表 1 四种三通管材的性能参数，建立评价指标体系。

评价指标体系的选择主要包括：①结合区块特征，从持续性、经济性和适应性的角度选择对管材有明显影响的指标；②尽量选择较准确、可进行计量或估量的指标，便于定量分析；③尽量选择相对独立的指标。

考虑山西区块的地质特征、生产条件，选取了使用寿命、摩擦系数、结垢程度、密度、费用、耐腐蚀性、公称压力七项评价指标。通过 AHP 特征值法求权重，运用 Matlab 求解得到矩阵最大特征值

$\lambda_{max} = 7.6038$，由一致性检验得到 CR=0.0740，由式(1)知，CR＜0.10，判断矩阵的一致性可以接受。

得到指标权重矩阵为[0.0802，0.2746，0.0369，0.0436，0.0204，0.3375，0.2068]，如表 2 所示，因此指标权重从大到小排序为费用(0.3375)、使用寿命(0.2746)、耐腐蚀性(0.2068)、公称压力(0.0802)、结垢程度(0.0436)、摩擦系数(0.0369)、密度(0.0204)。

表 2　评价指标评判和权重值

参数	公称压力	使用寿命	摩擦系数	结垢	密度	费用	耐腐蚀性	特征值权重
公称压力	1	1/5	3	4	4	1/6	1/4	0.0802
使用寿命	5	1	6	5	9	1/2	3	0.2746
摩擦系数	1/3	1/6	1	1/2	4	1/8	1/8	0.0369
结垢程度	1/4	1/5	2	1	3	1/7	1/7	0.0436
密度	1/4	1/9	1/4	1/3	1	1/9	1/9	0.0204
费用	6	2	8	7	9	1	2	0.3375
耐腐蚀性	4	1/3	8	7	9	1/2	1	0.2068

2.2　评价指标综合评价

根据 TOPSIS 法，依据实例构建判断矩阵，存在 4 个评价对象，分别为碳素钢管、PE 管、玻璃钢管、衬塑钢管；7 个评价指标，分别为使用寿命、摩擦系数、结垢程度、密度、费用、耐腐蚀性、公称压力，7 项指标按极大型指标(数值越大越好)、极小型指标(数值越小越好)、中间型指标(中间值越好)进行归类，再通过对判断矩阵进行正向化和标准化处理，形成标准化判断矩阵。本例中公称压力、使用寿命、耐腐蚀性为极大型指标，摩擦系数、结垢程度、费用为极小型指标，密度为中间型指标。

根据表 1 信息，选取各项指标对应数据，建立原始矩阵，得到表 3。

表 3　Matlab 代入计算数值

评价指标	公称压力/MPa	使用寿命/年	摩擦系数	结垢程度	密度/(g/cm^3)	费用/元	耐腐蚀性
碳素钢管	2.2	15	0.61	1	9000	6783	0.2
PE 管	1.5	40	0.018	0.2	950	3901	0.8
玻璃钢管	3.5	60	0.016	0.1	1800	15354	5
衬塑钢管	3	50	0.07	0.1	960	12020	5

经过正向化和标准化处理，计算得到矩阵为

$$\begin{bmatrix} 0.4414 & 0.1685 & 0 & 0 & 0 & 0.5833 & 0.0281 \\ 0.2942 & 0.4493 & 0.5935 & 0.5322 & 0.5969 & 0.7797 & 0.1124 \\ 0.6436 & 0.6740 & 0.5955 & 0.5987 & 0.5352 & 0 & 0.7023 \\ 0.5517 & 0.5617 & 0.5414 & 0.5987 & 0.5977 & 0.2270 & 0.7023 \end{bmatrix}$$

与理想解的接近程度：

$$C_1^+ = 0.1344,\quad C_2^+ = 0.2817,\quad C_3^+ = 0.2782,\quad C_4^+ = 0.3057$$

因此，未加权重时得到四种管材优先排序为：$\boldsymbol{C} = [4, 2, 3, 1]^{\mathrm{T}}$

衬塑钢管＞PE 管＞玻璃钢管＞碳素钢管

结合 AHP 法得到的特征值权重，考虑权重后得到 4 种管材优先排序为：$\boldsymbol{C}'=[2,4,3,1]^{\mathrm{T}}$。

PE 管＞衬塑钢管＞玻璃钢管＞碳素钢管

针对权重相对影响较大的评价指标设计对照组，分别设计第二组公称压力，第三组使用寿命，第四组耐腐蚀性，按表 3 调整运算参数，保持其余参数不变，修改第二组公称压力数值为[2.4,1.6,5,5]、修改第三组使用寿命数值为[20,50,70,80]、修改第四组耐腐蚀性数值为[0.5,2,10,10]。

第二组计算得到与理想解的接近程度：

$$C_1'^{+}=0.1977,\quad C_2'^{+}=0.2903,\quad C_3'^{+}=0.2385,\quad C_4'^{+}=0.2736$$

第三组计算得到与理想解的接近程度：

$$C_1'^{+}=0.1998,\quad C_2'^{+}=0.2908,\quad C_3'^{+}=0.2297,\quad C_4'^{+}=0.2796$$

第四组计算得到与理想解的接近程度：

$$C_1'^{+}=0.1996,\quad C_2'^{+}=0.2970,\quad C_3'^{+}=0.2351,\quad C_4'^{+}=0.2683$$

由此，对照计算结果得到四种管材优先排序为：$\boldsymbol{C}'=[2,4,3,1]^{\mathrm{T}}$。

PE 管＞衬塑钢管＞玻璃钢管＞碳素钢管

2.3 运算结果分析

由运算结果可知，不考虑评价指标权重时，该地区管材优先排序表明，衬塑钢管具有最好的使用效果。考虑各评价指标的影响程度，费用、耐腐蚀性、使用寿命对三通管材的使用具有显著影响，运用 AHP 法求特征值权重表明，较为突出地表现了经济特征、适应特征、持续特征。设计对照组，调整公称压力、使用寿命、耐腐蚀性关键参数，计算结果仍表明，PE 管在该区块使用效果最好，同时表明碳素钢管的使用效果最差。

3 四种采出水三通管材的现场应用情况

据统计，山西某区块煤层气田自 2014 年起井场采出水碳素钢管三通频繁刺漏，随着使用年限的增加，刺漏达到每年上百余次，多表现为严重的内壁腐蚀和由局部腐蚀引起的腐蚀穿孔。考虑碳素钢管的刺漏情况，2016 年起陆续应用三种三通管材进行现场试验和适应性分析，39 个井台更换为 PE 管、10 个井台更换为衬塑钢管、4 个井台更换为玻璃钢管。以下对三种管材的现场使用效果进行对比分析。

1. 高压玻璃纤维管线管(玻璃钢管)[15]

2015 年起进行井场钢制采出水三通更换玻璃钢管试验工程，截至 2018 年底，共完成玻璃钢管改造 4 处，改造后仅 W1-03 井场采出水三通于 2017 年、2018 年分别出现刺漏。

现场分析改造后刺漏的部位为钢塑转换接头和法兰盘，分析刺漏产生的原因为钢制部分腐蚀、垫片老化磨损。

2. PE 管

PE 管[16]以聚乙烯树脂为主要原料，经挤出成型的给水用聚乙烯管材。2014 年至 2018 年 9 月，共改换 PE 管水三通 39 个井台，更换前后刺漏次数对比见图 1。

由统计结果可知，碳素钢管更换为 PE 管后，刺漏次数明显减少，2018 年 PE 管刺漏次数未达二十次，管线刺漏情况得到明显改善，PE 管现场使用情况较好。分析 PE 管产生刺漏的原因，仅两处出现管体刺漏，多发生在热熔连接处、弯头处及钢塑转换处，表现为施工质量问题，以及管线内存有煤泥、碎片，反映 PE 管刚性较低、本身承压有限。

3. 衬塑钢管[17]

普通碳素钢管作为基体，在一定温度下，将超高分子量聚乙烯(UHMW-PE)内衬在钢管内壁。衬塑钢管水三通改造于 2017 年 6 月，共改换 10 个井台，应用后的刺漏频次变化，见图 2。

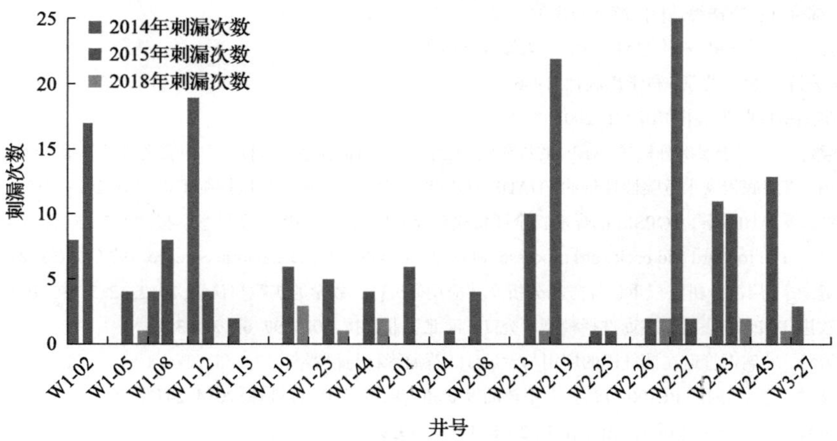

图 1 PE 管改造试验效果对比

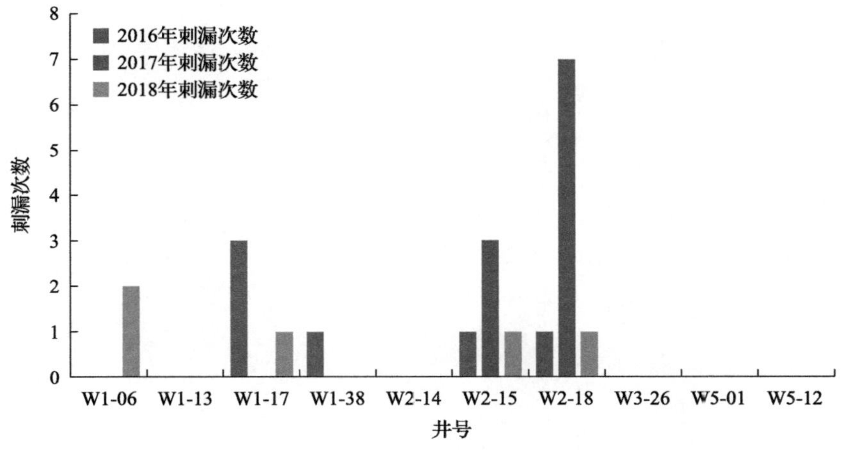

图 2 衬塑钢管改造试验效果对比

由统计结果可知，衬塑钢管的应用有效减少了刺漏发生次数，分析衬塑钢管产生刺漏的原因为钢塑转换接头处的腐蚀和衬塑钢管管体内衬变形脱落。

4 结论与建议

(1)本文基于 AHP 法构建了评价指标的权重体系，确定了各评价指标的重要程度，得出了指标权重矩阵，对采出水三通管材的七项评价指标寿命、摩擦系数、结垢程度、密度、费用、耐腐蚀性、公称压力进行分析，得出费用、耐腐蚀性、使用寿命对管材使用有显著影响。

(2)基于 TOPSIS 法计算得到了采出水三通管材优先排序，通过现场应用，得出 AHP-TOPSIS 法的评价模型与实际情况基本吻合，表明该方法具有良好的适用性，实现了 AHP-TOPSIS 法有效评价管材。研究区四种采出水三通管材优先排序为 PE 管、衬塑钢管、玻璃钢管、碳素钢管。

(3)鉴于评价指标的选取受地质特征、生产环境影响，应用于不同煤层气田时建议根据实际生产情况调整权重体系和评价指标。

参考文献

[1] 李传亮, 彭朝阳. 煤层气的开发机理研究[J]. 岩性油气藏, 2011, 23(4): 9-11.

[2] 毛建设, 綦晓东, 王予新. 山西某煤层气田采出水水质分析[J]. 中国煤层气, 2014, 11(5): 44-46.

[3] 杜邵先. 非金属管材在煤层气采出水集输管网中的应用[J]. 中国煤层气, 2013, 10(4): 44-47.

[4] 惠熙祥, 巴玺立, 郭峰, 等. 澳大利亚煤层气田地面工程技术对我国煤层气田开发的启示[J]. 石油规划设计, 2013, 24(3): 11-14, 48.

[5] 虞晓芬, 傅玳. 多指标综合评价方法综述[J]. 统计与决策, 2004, (11): 119-121.

[6] 许树柏. 实用决策方法——层次分析法原理[M]. 天津: 天津大学出版社, 1988.

[7] 赵换巨, 许树柏. 层次分析法[M]. 北京: 科学出版社, 1986.

[8] 岳超源. 决策理论与方法[M] 北京: 科学出版社, 2003.

[9] 荆全忠, 姜秀慧, 砀鉴淞, 等. 基于层次分析法(AHP)的煤矿安全生产能力指标体系研究[J]. 中国安全科学学报, 2006, (9):74-79, 145.

[10] 王静雪, 刘海松, 邱梅. 煤层底板突水危险性评价的 FDAHP-TOPSIS 模型[J]. 采矿与岩层控制工程学报, 2021, 3(2): 104-115.

[11] 贾宝山, 尹彬, 王翰钊, 等. AHP 耦合 TOPSIS 的煤矿安全评价模型及其应用[J]. 中国安全科学学报, 2015, 25(8): 99-105.

[12] Alexander J M, Saaty T L. The forward and backward processes of conflict analysis[J]. Behavioral Science, 1977, 22(2): 87-98.

[13] 邓雪, 李家铭, 曾浩健, 等. 层次分析法权重计算方法分析及其应用研究[J]. 数学的实践与认识, 2012, 42(7): 93-100.

[14] 高倩, 李国栋. 基于改进 TOPSIS 法的供应商选择模型研究[J]. 河北工业科技, 2020, 37(6): 388-393.

[15] 陶佳栋, 卢明昌, 曾万蓉. 玻璃钢管道在油气田的应用与发展[J]. 石油管材与仪器, 2017, 3(5): 1-4, 8.

[16] 毕家林, 李连鹏, 胡建洪, 等. 国内外 PE100 级管材专用料的发展和应用概况[J]. 弹性体, 2014, 24(2): 73-79.

[17] 汤玉敏, 杨涛. 衬塑钢管设计及施工探讨[J]. 山东化工, 2018, 47(4): 89, 90.

第二篇　页岩油气篇

我国页岩油气资源非常丰富，近年来页岩油气产业虽然发展较快，但是受地质条件复杂、勘探开发难度大、风险高、技术装备投入及运营费用高等因素影响，与发达国家相比仍然存在较大差距。本篇从页岩油气地质理论与工程技术研究入手，依次介绍了页岩地层评价方法、地质工程一体化评价、原位改质技术、地质特征潜力分析、水平井重复压裂、“甜点”评价、储层评价、含气饱和度模型、水平井套变、优质页岩分布等。

基于元素分析的页岩地层评价方法与应用

魏 斌

（中国石油集团长城钻探工程有限公司，北京 100101）

摘要：威远页岩气区位于古隆起边缘，非均质性较强，本文提出了基于元素分析的页岩气多尺度耦合页岩气评价技术，有效实现了威远页岩气高效开发。以川南地区龙马溪组页岩的取心井分析资料、测井资料为基础，采用灰色关联技术，利用元素分析划分页岩岩相，将龙马溪组页岩划分为三大类型：碳硅质页岩、云灰质页岩、粉砂质页岩，其中碳硅质页岩为优质页岩。经场发射扫描电镜多种功能分析测试结果综合研究，碳硅质页岩的有机显微组分有沥青质体、化石碎片、后生菌藻体。沥青质体是低等生物软体部分原地沉积、自身降解产物，具有强生烃能力，与自生矿物交互共生，发育纳米级孔隙。光学显微镜下的泥质、硅质、碳质等，在场发射扫描电镜下显示为沥青质体与自生纳米级矿物的团聚，呈凝块状，凝块之间普遍发育微纳米组分间隙。组分间隙为碳硅质页岩的主要孔隙类型，对页岩储层物性有积极影响；通过元素分析进行地质与地球物理测井综合研究，把扫描电镜认识结果(纳米级)与常规测井资料(厘米级)相结合，构建了测井数据与岩性、物性、含气性、电性、地化特性和脆性等的定量表征关系；评价龙一$_1$小层中下部的硅质页岩含气性、物性、脆性均为最佳，是最优“甜点”层段，解决了页岩“甜点”定量评价的难题。为准确确定开发目标层段提供了新的技术方法，选对“甜点”为页岩气高效开发奠定了基础。探索形成了多要素测井参数与笔石带划分的关系图版。建立了快速准确识别小层划分对比的方法，解决了未取心井的小层划分与对比问题，提高了效率和精度，将单井认识与多井评价(千米级)耦合，解决了优选高产平台和井位的难题。方法自 2018 年应用以来，有效提高了单井产量。两年建成了七个日产天然气 100 万 m^3 的平台，其中，威 202H40 平台测试产量高达 233 万 m^3/d，H40-3 井最高日产量 60 万 m^3，创威远地区平台及单井测试产量之最。

关键词：元素分析；“甜点”评价；开发优化；龙马溪组；笔石带

The evaluation method and its application for shale formation based on element analysis

Wei Bin

(Great Wall Drilling Company, CNPC, Beijing 100101)

Abstract: The Weiyuan shale gas field is located at the edge of the paleo-uplift and has strong heterogeneity. This article has developed a multi-scale coupled shale gas evaluation technology for shale gas based on elemental analysis, which has effectively realized the efficient development of Weiyuan shale gas. Based on the analysis data of core wells and logging data of Longmaxi Formation shale in southern Sichuan, grey correlation technology is used and elemental analysis is used to classify shale facies. The Longmaxi Formation shale is divided into three types: carbon and silicon shale, dolomite shale, silty shale, of which carbon and siliceous shale is high-quality shale. After comprehensive research on the results of field emission scanning electron microscopy, various functional analysis and test results, the organic microscopic components of carbon siliceous shale include asphaltenes, fossil fragments, and metaphyte algae. Asphaltene is a product of in situ deposition and self-degradation of lower biological soft

项目基金：国家科技重大专项“四川盆地及周缘页岩气形成富集条件与选区评价技术与应用”(2017ZX05035)。

作者简介：魏斌(1967—)，教授级高级工程师，主要从事页岩气、致密气等非常规天然气开发技术及管理工作。地址：北京市朝阳区安立路 101 号，电话：13842756028，邮箱：wb_0905@126.com。

parts. It has strongly hydrocarbon-generating ability and interacts with authigenic minerals at the nanometer level to develop nano-pores. Comprehensive geological and geophysical logging studies are conducted through elemental analysis, and the SEM recognition results (nano-level) are combined with conventional logging data (centimeter-level) to construct logging data and lithology, physical properties, gas-bearing properties, electrical quantitative characterization relationship of shale, geochemical characteristics and brittleness; evaluate the gas-bearing properties, physical properties, and brittleness of the siliceous shale in the middle and lower part of Longyi 1-1 layer. The problem of quantitative evaluation. It provides a new technical method for accurately determining the development target interval, and selecting the right "sweet spot" lays the foundation for the efficient development of shale gas. The exploration has formed a chart of the relationship between the multi-element logging parameters and the division of graptolite zones. Established a method to quickly and accurately identify the division and comparison of small layers, solve the problem of sub-layer division and comparison of uncorked wells, improve efficiency and accuracy, and couple single well recognition with multi-well evaluation (kilometer level) to solve the optimization problem. Difficulties in high-yield platforms and well positions. Since the method was applied in 2018, it has effectively increased the production of a single well. Seven platforms with a daily output of 1 million cubic meters of natural gas have been built in the past two years. Among them, the Wei 202H40 platform has a test output of 2.33 million cubic meters per day, and the H40-3 well has a maximum daily output of 600000 cubic meters, creating a best goal of platform and single well test production in the Weiyuan area.

Keywords: element analysis; "sweat point" evaluation; development optimization; Longmaxi formation; graptolite zone

1 岩性特征

1.1 页岩岩性划分

以龙马溪组岩心的全岩矿物 X 射线衍射定量分析结果为基础资料，结合薄片鉴定和扫描电镜观测结果，可将龙马溪组页岩划分为碳硅质页岩、云灰质页岩和粉砂质页岩(表 1)，进一步依据陆源碎屑含量将云灰质页岩细分为含碳质云灰质页岩和含粉砂云灰质页岩。

表 1 龙马溪组岩性分类表(以全岩矿物 X 射线衍射定量分析结果为依据)

岩性类别	黏土矿物/%	脆性矿物/%			脆性矿物总量/%	TOC/%	其他
		石英	碳酸盐矿物	其他矿物			
碳硅质页岩	＜20	＞55	15±	5	＞75	＞3	以脆性矿物为主
云灰质页岩	20～30	20～30	25～40	10±	70±	2～3	
粉砂质页岩	＞40	30±	10±	10±	＜60	＜2	以黏土矿物为主

注："碳酸盐矿物"包括方解石、白云石、铁白云石、磷灰石；"其他矿物"包括黄铁矿、菱铁矿、长石类等。

1.2 扫描电镜观察结果

(1)碳硅质页岩的有机质显微组分有化石碎片、后生菌藻体、沥青质体。其中沥青质体含量多，且为主要生烃组分，发育纳米级孔隙，与自生矿物交互共生，交互共生最多的是自生纳米石英。碳硅质页岩的主要脆性矿物是自生石英，其次有碳酸盐矿物、黄铁矿、磷灰石等，黏土矿物含量少，且主要为自生成因。微纳米级自生矿物与沥青质体团聚在一起，呈凝块状。

(2)含碳质云灰质页岩有机质显微组分有沥青质体、化石碎片、后生菌藻体。其中沥青质体含量多，且为主要生烃组分，发育纳米级孔隙，与自生矿物交互共生，交互共生最多的是纳米级自生伊蒙混层和石英，其次是黄铁矿和磷灰石。主要矿物成分为碳酸盐矿物、黏土矿物和石英，三者大体各占三分之一，脆性矿物占优势，储层脆性好。碳酸盐矿物主要为白云石和方解石，粉晶级大小为主，一般不直接与沥青质体接触或交互。黏土矿物和石英均有碎屑成因和自生成因，以自生成因为主。自生纳米石英、伊蒙混层与沥青质体团聚成凝块状，为泥质的主要组成。此外，有热液成因矿物，指示沉积、成岩过程中有热液、热气参与活动。孔隙的形貌-成因类型有层间裂隙、缝隙、裂隙、晶间孔缝、组分间隙、溶蚀孔缝、有机质纳米孔隙等，孔隙类型多，尺度小，相互之间连通性较差，岩性致密。

(3)含粉砂云灰质页岩中的有机显微组分有沥青质体、化石、后生菌藻体。生烃显微组分沥青质体含量少，并多以充填原生孔缝的形式赋存于顺层缝隙和泥粒孔之间，部分与黄铁矿、磷灰石交互共生。碎屑颗粒含量较多，分散分布于泥质中，相互之间不接触，没有粒间孔。泥质主要由泥粒级黏土矿物和石英组成。碳酸盐矿物为主要化学成因的自生矿物，粉晶级大小为主，富含气液包体孔，有的呈碎裂状，具有阴极发光特性，与沥青质体成因关系不明显。主要孔隙类型为层间裂隙、缝隙、顺层缝隙、泥粒孔、晶间孔缝等，微纳米尺度为主，连通性差，总体来看，岩性致密。

(4)粉砂质页岩中的生烃组分沥青质体含量少，多以填隙状的形式赋存于原生矿物质孔隙。层面上笔石化石的完整性和清晰度均比较好，笔石生烃能力弱，但对TOC有贡献。碎屑颗粒特征明显，含量较多，分散分布于泥质中，相互之间不接触，没有粒间孔。泥质主要由黏土矿物和泥粒级石英组成，自生矿物含量少，黏土矿物含量多。碎屑成因的片状伊利石和伊蒙混层在层面上定向叠置，在垂直层理的面上形成顺层缝隙。层间裂隙、顺层缝隙、泥粒孔为主要微纳米孔隙，岩性致密，韧性好。

2　评价方法与评价结果

2.1　评价方法的建立

碳硅质页岩以石英含量(>55%)占绝对优势和TOC含量高(>3%)为基本特征；云灰质页岩(混合页岩)以碳酸盐矿物(方解石、白云石)含量高(25%～40%)和TOC含量中等(2%～3%)为基本特征；粉砂质页岩(黏土页岩)以黏土矿物含量高(>40%)和TOC含量低(<2%)为基本特征。其中主要矿物为石英、方解石、白云石及泥质(主要是伊蒙混层)。岩性与元素测井资料间具有良好的对应关系(表2)，可以利用元素测井资料划分页岩岩性。

表2　不同页岩岩相元素测井响应特征

岩相类别	硅	钙	镁	铝
碳硅质页岩	高	低	低	低
含碳质云灰质页岩	低	低	高	中
含粉砂云灰质页岩	中	低	高—中	中
粉砂质页岩	中	低	低	高—中

据此，按照岩相分析的思路，建立了基于元素分析评价页岩的方法。岩相识别，对于划分页岩气有利储集段，利用测井资料评价岩石力学、地应力及脆性等参数，对指导压裂具有重要意义[1,2]。首先利用元素俘获曲线准确计算矿物含量，然后以页岩主要矿物的相对含量为基础，划分页岩岩相[3]，把扫描电镜认识结果(纳米级)与常规测井资料(厘米级)相结合，最后对岩相进行物性、电性、烃源岩特性、含气性、脆性综合评价。该方法获得了国家发明专利授权。

2.2　评价结果

2.2.1　纵向“甜点”特征

评价结果表明：不同岩性，其物性(密度DEN、中子CN)、含气性(电阻率RT、TOC、含气量TGS)、脆性(泊松比 ν、杨氏模量 E)等存在较大差异。碳硅质页岩物性(低密度)、含气性(高 TOC、TGS)、电性(高电阻)、地化特性(高 TOC)、脆性(低泊松比、杨氏模量)等特征，均为最佳。含碳质云灰质页岩次之，含粉砂云灰质页岩再次之，粉砂质最差，而泥质页岩不含有机质。宝塔组灰岩和观音桥介壳灰岩电性特征相似，均为非储层。综合评价结果用雷达图表征更为直观(图 1)，图中，选用密度 DEN、中子 CN 表征物性，电阻率 RT、含气量 TGS 表征含气性，TOC 表征烃源岩特性，泊松比 ν、杨氏模量 E 表征脆性。测井响应低值、中值、高值分别用 0.2、0.6、0.9 三个数值代替。

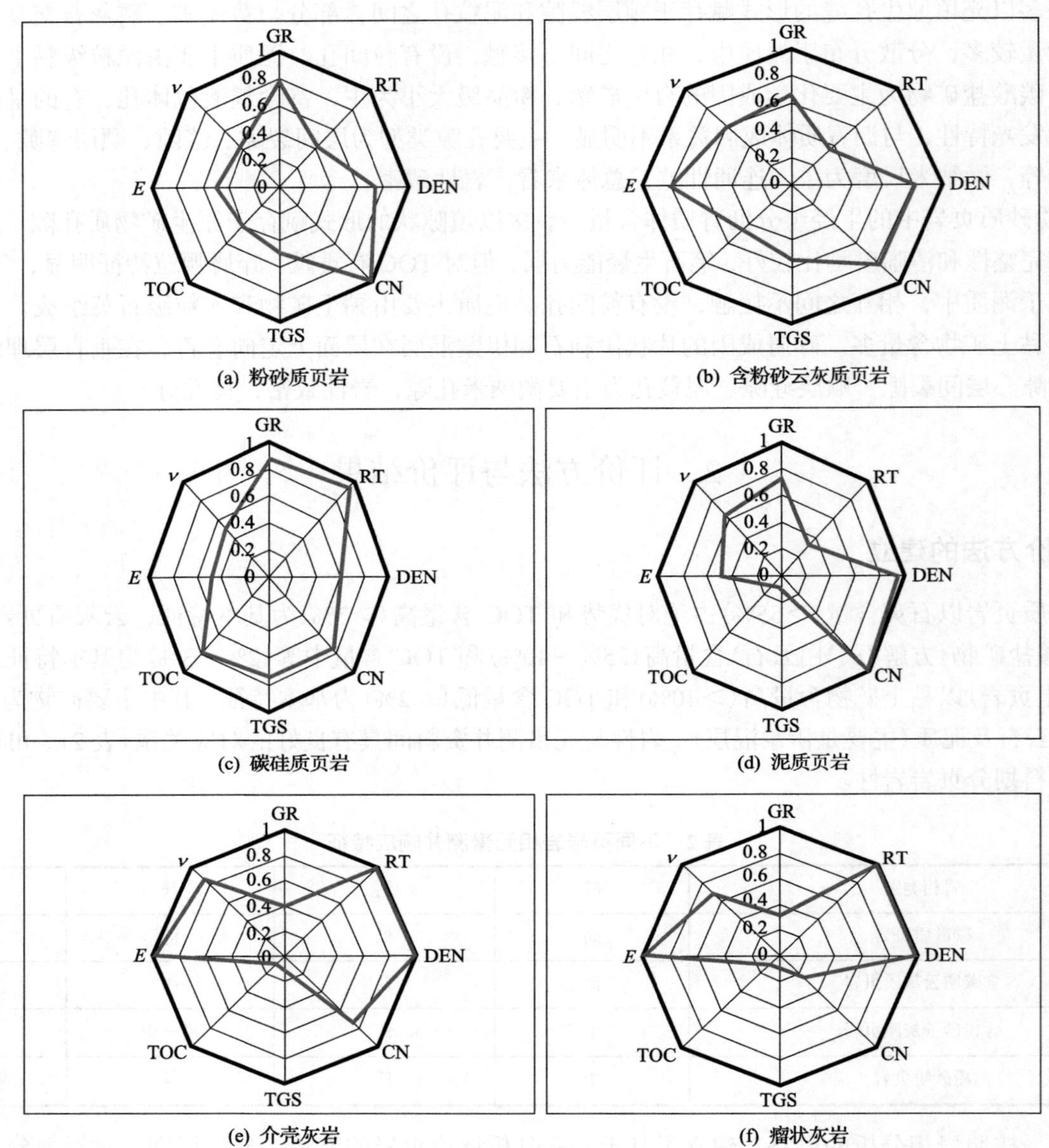

图 1 某井龙马溪组地层雷达图

2.2.2 平面分布特征

威远风险作业区构造为半向斜，短轴方向(北西-南东)窄、陡，向两侧变宽、缓。此构造格局控制了“甜点”分布特征，这也符合页岩气成藏规律[4]。主要表现特征为大型断层不发育，构造较为单一，平面上“甜点”分布不均匀。

探索形成了多要素测井参数与笔石带划分的关系图版。建立了快速准确识别小层划分对比的方法，解决了未取心井的小层划分与对比问题，提高了效率和精度，将单井认识与多井评价(千米级)耦合，解决了优选高产平台和井位的难题。该方法获得了国家发明专利授权。

等时地层格架条件约束下的地层对比结果表明，沿向斜短轴方向自翼部(北西)向核部(南东)，有以下几个特点(图 2)：①五峰组顶部的观音桥灰岩厚度由厚(5～6m)减薄，在核部变为灰质泥岩(W40-4D井)，且厚度仅为 10cm；②龙一 $_1$ 小层厚度由薄变厚；③地层压力系数由小(1.0)变大(2.0)。表明向斜核部页岩气最为富集，保存条件也最佳。有利区主要分布在压力系数大于 1.2 的区域。核部附近五峰组含气性变好，表现为电阻率增高，挖掘效应比较明显，而且五峰组顶的观音桥灰岩相变为厚度只有 10cm 左右的灰质泥岩。这个区域可以把五峰组和龙马溪组底部碳硅质页岩作为一个“甜点”来开发。

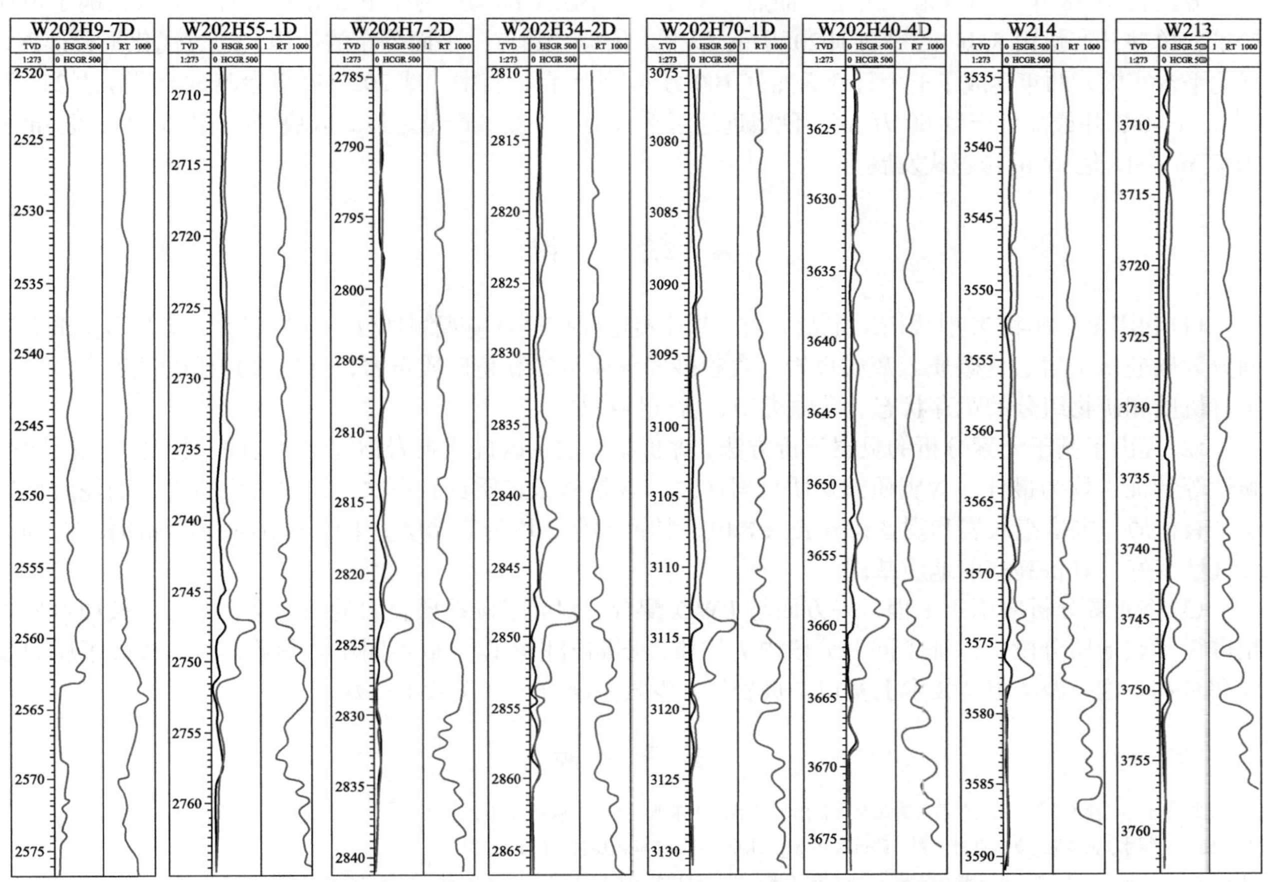

图 2　W202H9-7D 井—W213 井连井剖面图(自左向右为向斜翼部至核部)

TVD 单位为 m；HSGR 和 HCGR 单位为 API；RT 单位为Ω·m

3　以元素分析为纽带，有效实现页岩气开发技术融合

页岩气“甜点”开发有三大关键技术：地质、钻井和压裂，概括起来就是“选对”“钻准”“压好”。

将元素分析作为桥梁和纽带，贯穿于页岩气开发始终，使得地质认识与工程实践紧密结合，实现了地质、钻井和压裂技术的有效融合。

3.1　地质导向

首次将元素分析应用于水平井地质导向，与 LWD 共同配合，结合“甜点”高硅低钙和高伽马值的特点，有效提高了“甜点”钻遇率。该方法应用后，碳硅质页岩钻遇率由 75%提高到了 96%以上。

3.2 压裂地质分段优化

首次提出并建立了页岩气水平井压裂分段优化的方法。通过元素分析，实现了同一地质分段内为单一岩相。针对不同岩相，设计不同的压裂参数和策略(避射、不压等)，真正实现了“一井一策、一段一法”。该方法应用后的第一年，压裂时效同比节约了 19.46 天，增加产气量 5113 万 m^3。

3.3 开发效果

方法自 2018 年应用以来，由于“甜点”从龙一 $_1$ 小层上部调整为中下部硅质页岩，有效提高了单井产量，单井日产量由 8 万 m^3 提高到 20 万 m^3 以上。依据“甜点”平面分布的认识，通过优化平台部署，优化平台实施，两年建成了七个日产天然气 100 万 m^3 的平台，其中，威 202H40 平台测试产量高达 233 万 m^3/d，H40-3 井最高日产量 60 万 m^3，创威远地区平台及单井测试产量之最。区块年产量实现了 5 亿 m^3—10 亿 m^3—15 亿 m^3 的跨越式发展。

4 结　论

(1)利用全岩矿物 X 射线衍射定量分析、薄片鉴定和扫描电镜观测划分了页岩岩性，将龙马溪组页岩划分为碳硅质页岩、含碳质云灰质页岩、含粉砂云灰质页岩和粉砂质页岩，并通过扫描电镜观察，研究了有机质和矿物组分的赋存状态、孔隙类型、含气性特征等。

(2)提出了基于元素分析的页岩评价方法，评价结果表明碳硅质页岩物性、含气性、电性、地化特性、脆性等特征，均为最佳。含碳质云灰质页岩次之，含粉砂云灰质页岩再次之，粉砂质最差，而泥质页岩不含有机质。宝塔组灰岩和观音桥介壳灰岩电性特征相似，均为非储层。平面上由向斜翼部向核部方向，含气性变好，具备高产的地质基础。

(3)将元素分析应用于工程，一方面与 LWD 配合，提高了碳硅质页岩的钻遇率；一方面按照页岩岩相进行压裂地质分段，保证了同一分段内为均质，不同岩相可以采取不同压裂参数，从而提高了压裂效果和时效。这一做法也从技术上实现了页岩气开发技术融合，开发效果良好。

参 考 文 献

[1] 魏斌, 邹长春, 李军, 等. 页岩气测井方法与评价[M]. 上海: 华东理工大学出版社, 2016.

[2] 魏斌, 王绿水, 傅永强, 等. 页岩气测井评价综述[M]. 北京: 石油工业出版社, 2014.

[3] 韩超, 吴明昊, 吝文, 等. 川南地区五峰组-龙马溪组黑色页岩储层特征[J]. 中国石油大学学报(自然科学版), 2017, 41(3): 14-22.

[4] 张金川, 霍志鹏, 唐玄, 等. 中国页岩气地质[M]. 上海: 华东理工大学出版社, 2016.

陆相页岩油有利区“七性三品质”地质工程一体化评价方法

徐　杰, 高　潮, 刘　超, 杨　潇

（陕西延长石油（集团）有限责任公司研究院，西安 710075）

摘要：页岩油已经成为保障国家能源安全的战略性资源，陆相页岩油地质选区评价方法是勘探开发的前提和基础，鄂尔多斯盆地东南部长 7 段泥页岩是鄂尔多斯盆地内的主力烃源岩，泥页岩段常见油气显示，展示了良好的勘探前景。围绕页岩油识别评价和钻完井工程应用需求，本文通过对长 7 段烃源岩参数的优选，在常规储层“四性”评价基础上，建立了储层、烃源岩、工程力学 3 类品质 19 项参数的电性、页岩岩相、地球化学参数、物性、含油性、脆性特征、地应力参数“七性特征”定量解释模型，对页岩油储层进行综合评价，确定陆相页岩含油性、储集性、可动性、可压性等关键参数，建立储层评价参数体系，分类分级评级页岩油储层，为页岩油地质“甜点”和工程“甜点”的预测提供了依据。

关键词：页岩油；孔隙类型；地质评价；“甜点”优选

Integrated geological engineering evaluation method of “seven properties and three qualities” in favorable areas of continental shale oil

Xu Jie，Gao Chao, Liu Chao, Yang Xiao

（Research Institute, Shanxi Yanchang Petroleum（Group）Co., Ltd., Xi’an 710075）

Abstract: Shale oil has become a strategic resource to ensure national energy security. The geological selection evaluation method of continental shale oil is the premise and foundation of exploration and development. Chang 7 shale is the main source rock in the southeastern Ordos Basin, oil and gas shows are common in shale section, showing good exploration prospects. Around the identification and evaluation of shale oil and the application requirements of drilling and completion engineering, based on the optimization of Chang 7 source rock parameters and conventional reservoir “four properties” evaluation, this paper establishes a quantitative interpretation model of “seven properties” of electrical properties, shale facies, geochemical parameters, physical properties, oil-bearing properties, brittleness characteristics and in-situ stress parameters of 19 parameters of reservoir, source rock and engineering mechanics, through comprehensive evaluation of shale oil reservoir, key parameters such as oil-bearing property, reservoir property, mobility and compressibility of continental shale are determined, reservoir evaluation parameter system is established, and shale oil reservoir is classified and graded, which provides basis for prediction of geological and engineering desserts of shale oil.

Keywords: shale oil; pore type; geological evaluation; desserts optimization

随着开采技术越发成熟完善，页岩油将成为中国石油原油产量稳产乃至上产的重要战略性接替资源。鄂尔多斯盆地非常规油气资源丰富，其中中生界三叠系延长组长 7 段烃源岩层系内发育页岩油资源[1,2]。与北美海相页岩油相比，中国页岩油以陆相为主，普遍具有储集层非均质性强、厚度不稳定、异常压力不明显、油质重、气油比低的特点[3,4]。但常规的石油勘探方法对页岩油不奏效，常规的石油勘探方法注

基金项目：陕西延长石油集团 2020 年科技计划（ycsy2020-ky-b-10）。

作者简介：徐杰（1985—），工程师，主要从事非常规油气研究工作。地址：陕西省西安市雁塔区唐延路 61 号，电话：18309266298，邮箱：357843072@qq.com。

重砂岩的研究，而页岩油和烃源岩有着密切的关系，对烃源岩的研究至关重要，对烃源岩的研究必须对泥页岩的地球化学指标、生烃特征、富集规律进行深入研究，但是目前已有的资料不足以支撑这些方面的研究，因此必须建立一套以常规测井为依托的解释模型对烃源岩进行细致评价，建立页岩油的“甜点”识别标准，为页岩油的勘探部署提供理论依据。

1 研究区概况

鄂尔多斯盆地地处华北板块，是一个经历多期构造运动叠合形成的陆相大型含油气盆地构造呈西倾单斜(图 1)。盆地在晚三叠世受构造运动，形成了大型的内陆淡水湖泊，发育了中生界延长组长 7 段、长 9 段深湖、半深湖相页岩沉积，页岩展布主要集中在鄂尔多斯盆地东南部。富县地区构造上位于伊陕斜坡东南部，构造面貌与区域构造面貌一致，东高西低，在平缓的西倾单斜背景上，发育差异压实作用形成的近东西向低缓鼻褶，未见明显断裂发育[5]。富县地区位于长 7 沉积期的沉积中心，主要发育半深湖-深湖相泥页岩，这套泥页岩层系为页岩油的生烃成藏奠定了物质基础。中生界长 7 段泥页岩母质类型以腐殖-腐泥型为主，有机质类型主要为Ⅰ-$Ⅱ_1$型为主，厚度为 30～160m；总有机碳含量为 1.0%～5.28%，R_o 多为 0.5%～1.3%，处在成熟生油及伴生气阶段；矿物组成上具有较强的非均一性，主要矿物为黏土矿物，含量变化较大，主要分布在 21.0%～64.08%，平均为 40.0%；石英含量次之，主要分布在 20%～42%，平均含量约为 32.3%；还有少量的长石、碳酸盐和黄铁矿[6]。

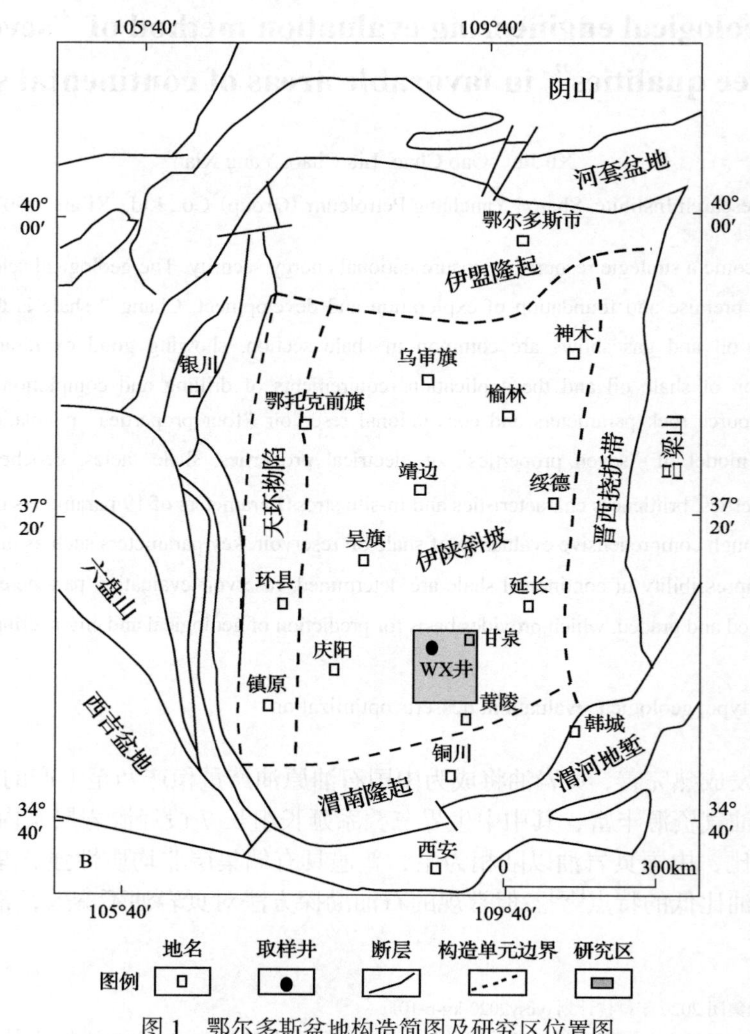

图 1　鄂尔多斯盆地构造简图及研究区位置图

2　长 7 段页岩油基本特征

鄂尔多斯盆地长 7 段页岩油，目前工业产层主要是夹在泥页岩层内的粉-细砂岩和泥质砂岩，受不同地区沉积差异、供烃条件、砂质发育程度而形成不同的页岩油类型，不同类型页岩油的岩石特征、储集物性、含油性、工程力学性质及原油性质等存在一定差异。

2.1　烃源岩特征

富县地区位于长 7 期的沉积中心，长 7 段页岩分布广泛、稳定。通过单井录井、岩心、测井等资料相结合，对富县地区延长组长 7 段页岩发育特征进行解剖。结果表明，富县地区延长组长 7 段页岩大规模发育，最厚可达 100m，纵向上主要发育在长 7_3 小层，厚度主要为 50～60m，这套页岩在测井曲线上表现出低自然电位、高声波时差、高自然伽马、高电阻率和低密度等显著特点(图 2)[7]。这套页岩的规模展布为页岩油的成藏提供了基本的物质条件(图 3)。热解参数和显微组分分析结果表明，研究区长 7 段页岩有机质类

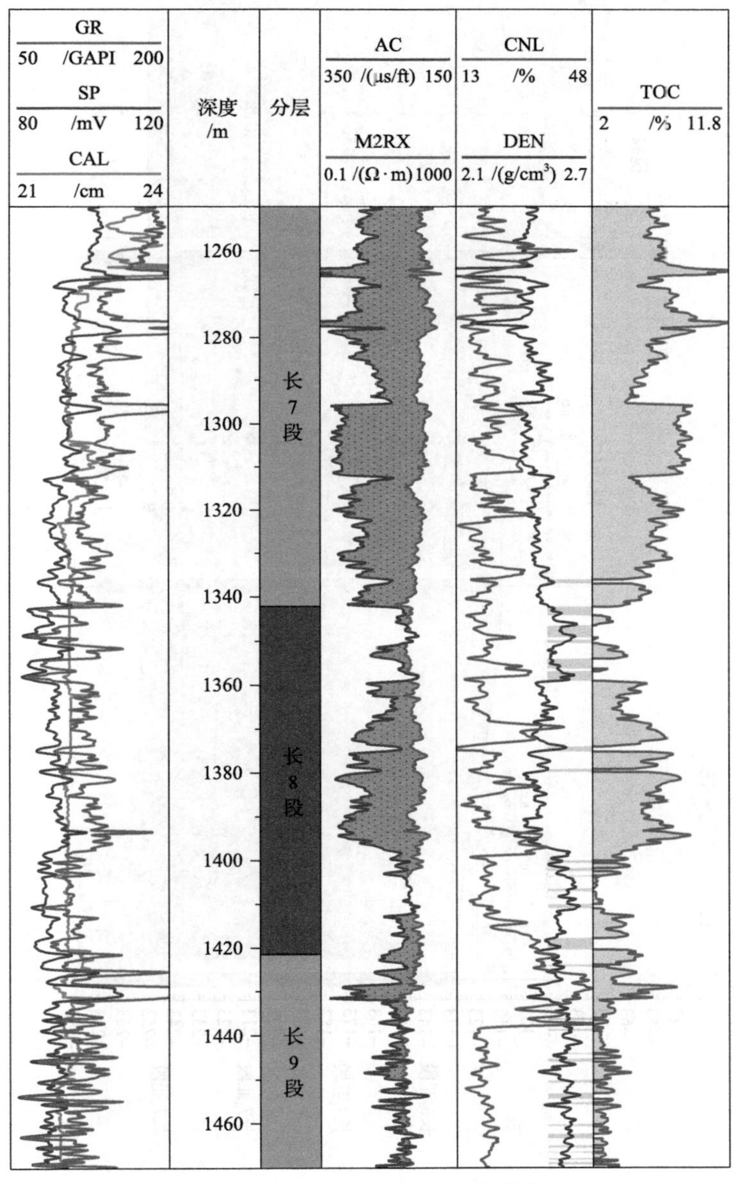

图 2　FY3 井长 7 段页岩电性特征

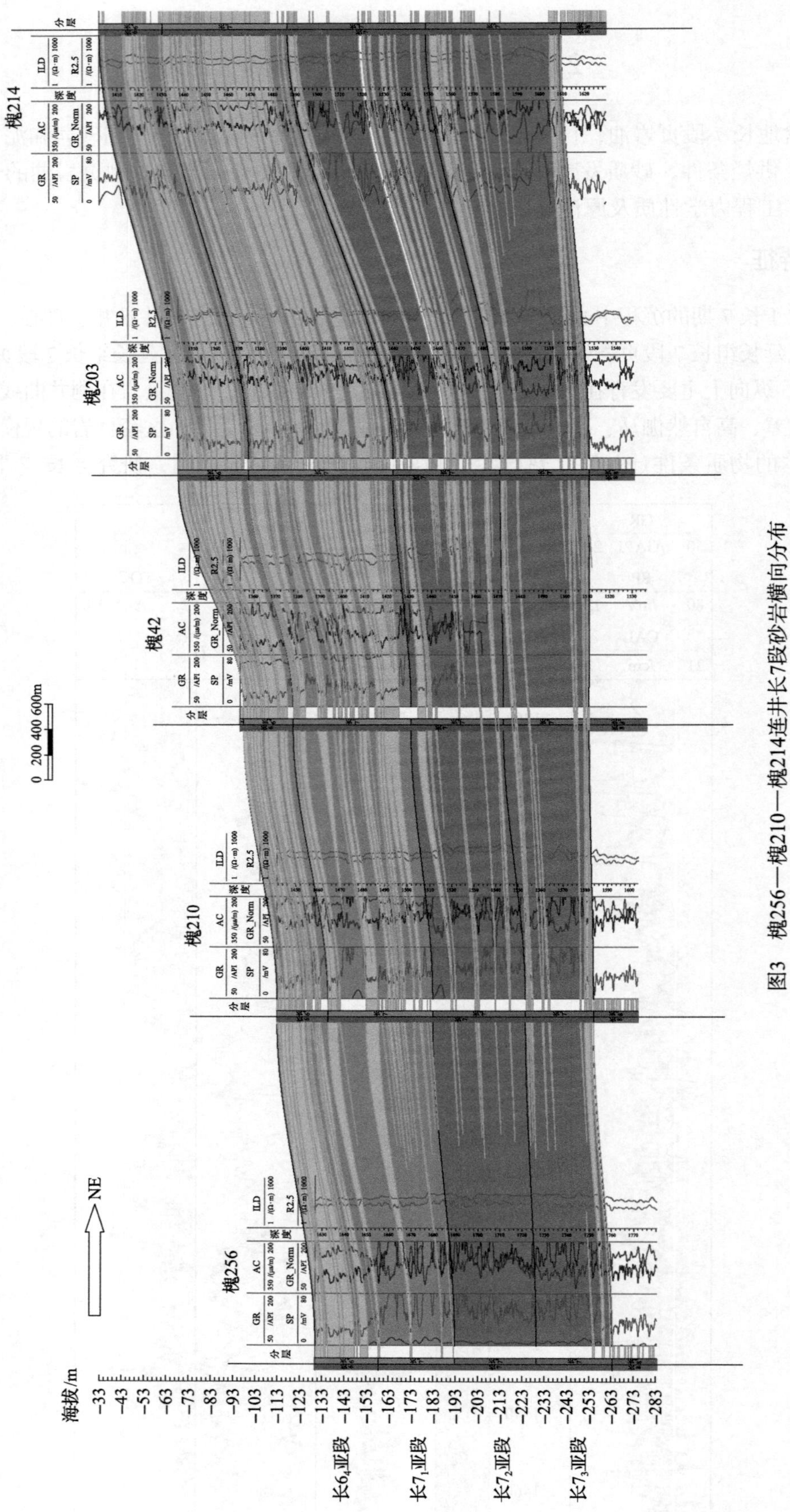

图3　槐256—槐210—槐214连井长7段砂岩横向分布

型主要以Ⅰ-Ⅱ$_1$型为主，还有部分Ⅱ$_2$型有机质。TOC 值一般为 2.0%～8.0%，平均为 4.7%。实测页岩有机质成熟度表明，长 7 段页岩镜质组反射率为 0.51%～1.39%，最高热解峰温 T_{max} 主要分布在 440～460℃。

2.2　储层特征

长 7 段细粒沉积发育细砂岩、粉砂岩、黑色页岩、暗色泥岩、凝灰岩共 5 类岩性。泥页岩占主体，夹多层薄粉-细砂岩，页岩油储集层岩石类型主要为砂岩和泥页岩两大类，岩心常见粉砂岩和泥页岩(饱含油)(图 4)。利用氩离子场发射扫描电镜对长 7 段页岩开展微观结构观察分析。长 7 段页岩结构十分致密，主要发育粒间孔、溶蚀孔、有机质孔、微裂隙等多种储集空间类型。其中，粒间孔主要孔隙形态呈不规则多边形，孔隙直径从几纳米至几十微米不等，多数在十几纳米至十几微米之间，孔隙连通性较差[8]。研究区长 7 段页岩局部发育的有机质孔和广泛发育的粉砂质纹层是页岩油的主要储集空间类型。采用氦气膨胀法和脉冲衰减法对研究区 50 块页岩样品进行了孔隙度和渗透率测试，结果表明，页岩层系孔隙度分布范围较大，最小值为 0.4%，最大值为 5.2%，主要分布在 0.8%～2.8%，平均为 1.82%；渗透率最小值为 0.00007mD，最大值为 0.9mD。

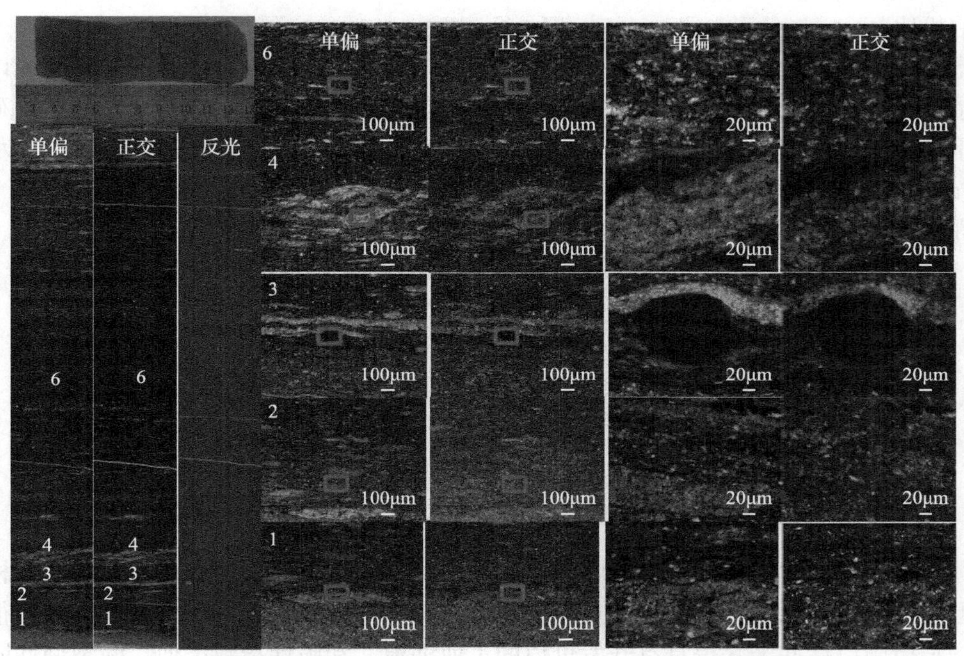

图 4　灰黑色泥页岩岩石矿物学特征(YY28 井，1165.81m，TOC：4.98%，氯仿沥青“A”：0.76%)

2.3　含油饱和度特征

近年钻井过程中，长 7 段页岩含油性较好。滞留烃特征结果显示研究区页岩热解 S_1 和氯仿沥青“A”含量较高，此外，镜下观察页岩和纹层中的孔隙、裂缝均发育一定数量的页岩油。总体来看，研究区长 7 段页岩油气在垂向上存在多套含油层，平面上分布不均一。油气主要分布在研究区东部，但具有含油砂体分布面积小、连片性差的特点。砂体条带上的含油饱和度一般大于 45%。

2.4　页岩可压性评价

可压性是指页岩油储层岩石经过水力压裂时所具有的能够被有效压裂的能力，影响储层的这种能力的因素有很多，影响页岩可压性评价的两个重要参数：一是选择在脆性矿物含量丰富的储层进行压裂；二是要储层本身应该具有良好的裂缝扩展能力。若页岩具备了这两个条件，采取压裂增长措施后可获得更大的改造体积，获得工业油流的概率更大，即脆性指数和断裂韧性指数[9]。储层可压性可由脆性指数来进行表征，页岩岩石泊松比越小，杨氏模量越大，脆性越强，可压性越好。

2.4.1　脆性指数

脆性指数是评价页岩可压性的一项重要指标，该区测井资料比较丰富，可以用来计算脆性参数。根据Rickman的研究成果，页岩脆性指数是对杨氏模量和泊松比分别取0.5的权重再求和，计算公式如下所示：

$$E_{\text{brit}} = \frac{E_{\text{j}} - E_{\min}}{E_{\max} - E_{\min}} \times 100\% \tag{1}$$

$$\mu_{\text{brit}} = \frac{\mu_{\max} - \mu_{\text{j}}}{\mu_{\max} - \mu_{\min}} \times 100\% \tag{2}$$

$$B_{\text{brit}} = 0.5E_{\text{brit}} + 0.5\mu_{\text{brit}} \tag{3}$$

式(1)～式(3)中，B_{brit}为脆性指数；E_{j}为杨氏模量；μ_{j}为泊松比；$E_{\max}$、$E_{\min}$分别为区内得到的杨氏模量的最大值、最小值；$\mu_{\max}$和$\mu_{\min}$分别为区内得到的泊松比的最大值和最小值；E_{brit}和μ_{brit}分别是归一化杨氏模量和泊松比。

杨氏模量及泊松比最大、最小值要对研究地区杨氏模量和泊松比进行统计得出，经统计得出研究区静态杨氏模量分布在11.25～44.1GPa，静态泊松比分布在0.118～0.311，为了保证计算的准确性，分别对静态杨氏模量和泊松比的上下限值在原有基础上进行一定的扩展，取静态杨氏模量最大值为45GPa，最小值为10GPa；泊松比最大值为0.32，最小值为0.1。

因而，鄂尔多斯盆地长7段页岩油储层脆性指数表达式为

$$B_{\text{brit}} = 0.5\frac{E_{\text{j}} - E_{\min}}{E_{\max} - E_{\min}} + 0.5\frac{\mu_{\max} - \mu_{\text{j}}}{\mu_{\max} - \mu_{\min}} \tag{4}$$

$$B_{\text{brit}} = 0.5\frac{E_{\text{j}} - 10}{45 - 10} + 0.5\frac{0.32 - \mu_{\text{j}}}{0.32 - 0.1} \tag{5}$$

2.4.2　断裂韧性指数

脆性是页岩储层可压性最重要的影响因素，通常情况下，页岩储层的脆性指数越大，相应的储层可压性越好，但这种对应关系并不是全部适用的，在本次研究中就发现有部分井的脆性指数很高，但对储层采取压裂增长措施以后并未获得具有开发价值的工业油流。和脆性指数类似，断裂韧性同样采用归一化的断裂韧性指数K_{n}来表示，计算公式如下所示：

$$K_{\text{n}} = 0.5\frac{K_{\text{I Cmax}} - K_{\text{I C}}}{K_{\text{I Cmax}} - K_{\text{I Cmin}}} + 0.5\frac{K_{\text{II Cmax}} - K_{\text{II C}}}{K_{\text{II Cmax}} - K_{\text{II Cmin}}} \tag{6}$$

式中，$K_{\text{I Cmax}}$、$K_{\text{I Cmin}}$分别表示研究区域内的最大、最小Ⅰ型断裂韧性值，$\text{MPa}\cdot\text{m}^{0.5}$；$K_{\text{II Cmax}}$、$K_{\text{II Cmin}}$分别为区域内最大、最小Ⅱ型断裂韧性值，$\text{MPa}\cdot\text{m}^{0.5}$；$K_{\text{I C}}$为Ⅰ型断裂韧性值，$\text{MPa}\cdot\text{m}^{0.5}$；$K_{\text{II C}}$为Ⅱ型断裂韧性值，$\text{MPa}\cdot\text{m}^{0.5}$；$K_{\text{n}}$为断裂韧性归一化的指数，无量纲。

2.4.3　可压性指数评价模型

通过上述分析可知，储层可压性除了受到储层岩石脆性的影响以外，还受断裂韧性及储层岩石天然裂缝发育情况的影响。脆性和断裂韧性共同影响储层岩石经过水力压裂后形成的裂缝网络的复杂程度，水力裂缝有效沟通天然裂缝的面积越大，形成的裂缝与天然裂缝沟通形成的裂缝网络复杂程度就越高，压裂改造获得工业油流的概率就越大。储层岩石的断裂韧性影响压裂改造获得的有效改造体积的大小，断裂韧性越小，储层改造获得较大有效改造体积的概率就越大，对应的储层可压裂性越强，对储层采取

压裂增产措施后能获得工业产能的概率越大。

综上所述，对页岩油储层可压裂性的评价应综合考虑脆性和断裂韧性，分别对脆性和断裂韧性取一定的权重并进行加和得到 F_{frc}，将这个参数定义为页岩油储层可压裂性指数。

$$F_{\text{frc}} = (1-\omega)B_{\text{brit}} + \omega K_{\text{n}} \tag{7}$$

式中，ω 为页岩储层断裂韧性参数的权重系数，无量纲，在该模型中 ω 取 0.4；K_{n} 为归一化以后的断裂韧性指数，无量纲。

综合考虑页岩脆性指数和断裂韧性指数建立页岩油储层可压裂性评价模型，表达式如下：

$$F_{\text{frc}} = 0.6B_{\text{rit}} + 0.4K_{\text{n}} \tag{8}$$

通过页岩油储层可压裂性评价模型计算长 7 段可压性指数，从长 7_1 亚段至长 7_3 亚段，可压性指数依次降低，长 7_1 亚段和长 7_2 亚段存在大于 0.5 的高值区。

3　页岩油地质工程一体化评价关键参数优选

常规砂岩储层物性评价主要包括孔隙度、渗透率、饱和度等，由于页岩的特殊性，一般的评价方法无法满足其评价，在研究储层地质参数的基础上，采用地质工程一体化的评价方法识别和评价页岩“甜点”[10,11]。笔者围绕页岩油识别评价和钻完井工程应用需求，在常规储层“四性”评价基础上，优选出烃源岩的 TOC、S_1、氯仿沥青“A”、含油饱和度指数、砂岩的孔隙度、渗透率、含油饱和度，以及砂泥岩的可压性指数和地层压力的评价参数，建立了储层、烃源岩、工程力学 3 类品质 19 项参数的定量解释模型，为页岩油地质“甜点”和工程“甜点”的预测提供了依据。

参考研究区陆相页岩油的评价依据，结合实际地质条件和目前开发情况，初步优选了该地区陆相泥页岩地质-工程指数评价标准，将研究区长 7 段泥页岩储层划分为三类（表 1）：其中，Ⅰ类评价标准：$R_{\text{o}}>1.1\%$，有机碳含量大于 4.0%，页岩热解 $S_1>3\text{mg/g}$，孔隙度大于 8.0%，渗透率为 0.1～1.0mD，可压指数大于 0.3，脆性矿物含量大于 60%，砂质纹层/夹层发育；Ⅱ类评价标准：R_{o} 在 0.9%～1.1%，有机碳含量在 2.0%～4.0%，页岩热解 S_1 在 2～3mg/g，孔隙度在 5%～8.0%，渗透率较低，可压指数为 0.2～0.3，砂质纹层/夹层较发育；Ⅲ类评价标准：R_{o} 在 0.7%～0.9%，有机碳含量在 1.0%～2.0%，孔隙度和渗透率较低，可压指数也较低，基本不发育砂质纹层/夹层。

表 1　页岩油地质-工程指数评价参数表

评价要素	评价参数	类型		
		Ⅰ类	Ⅱ类	Ⅲ类
烃源岩	R_{o}/%	＞1.1	0.9～1.1	0.7～0.9
	S_1/(mg/g)	＞3.0	2.0～3.0	1.0～2.0
	TOC/%	＞4.0	2.0～4.0	1.0～2.0
	OSI	＞100	50～100	＜50
储层	岩相	纹层状	层状	块状
	基质孔隙度/%	＞8	5～8	＜5
	夹层孔隙度/%	＞8	5～8	＜5
	TOC＞1.0%储层的累计厚度/m	＞20	10～20	＜10
	渗透率/mD	0.1～1.0	0.04～0.1	＜0.04
	气油比	＞100	50～100	＜50
	夹层发育程度	发育	较发育	不发育
	裂缝发育程度	发育	较发育	不发育

续表

评价要素	评价参数	类型		
		Ⅰ类	Ⅱ类	Ⅲ类
工程力学	杨氏模量/MPa	30	25～30	＜25
	泊松比	0.1～1.0	0.04～0.1	＜0.04
	脆性指数	0.6～0.8	0.3～0.6	0.1～0.3
	脆性矿物含量/%	＞60	50～60	40～50
	应力各向异性	1.1	1.3	1.5
	可压指数	＞0.3	0.2～0.3	＜0.2
	压力系数	＞1.4	1.2～1.4	1.0～1.2
	抗压强度/MPa	＞120	100～120	＜100

注：OSI 为含油饱和度指数。

综合泥页岩厚度、S_1 含量、R_o 值、砂岩夹层孔隙度、渗透率和含油饱和度、脆性指数等参数，优选有利目标区 6 个，在富县地区部署页岩油水平两口。

4 结 论

(1) 本文探讨了页岩可压性评价系统，认为脆性指数和断裂韧性指数是影响页岩可压裂性最重要的因素。

(2) 在常规储层“四性”评价基础上，优选出烃源岩的 TOC、S_1、氯仿沥青“*A*”、含油饱和度指数、砂岩的孔隙度、渗透率、含油饱和度，以及砂泥岩的可压指数和地层压力的评价参数，可以快速准确地划分出页岩油优质储层并进行井位部署。

参 考 文 献

[1] 杨华，李士祥，刘显阳. 鄂尔多斯盆地致密油、页岩油特征及资源潜力[J]. 石油学报, 2013, 34 (1): 1-11.
[2] 杨华，梁晓伟，牛小兵，等. 陆相致密油形成地质条件及富集主控因素：以鄂尔多斯盆地三叠系延长组长 7 段为例[J]. 石油勘探与开发, 2017, 44 (1): 12-20.
[3] 赵贤正，周立宏，赵敏，等. 陆相页岩油工业化开发突破与实践：以渤海湾盆地沧东凹陷孔二段为例[J]. 中国石油勘探, 2019, 24 (5): 589-600.
[4] 杨智，邹才能. “进源找油”：源岩油气内涵与前景[J]. 石油勘探与开发, 2019, 46 (1): 173-184.
[5] 孙建博，孙兵华，赵谦平，等. 鄂尔多斯盆地富县地区延长组长 7 湖相页岩油地质特征及勘探潜力评价[J]. 中国石油勘探, 2018, 23 (6): 29-37.
[6] 杨俊杰. 鄂尔多斯盆地构造演化与油气分布规律[M]. 北京：石油工业出版社, 2002: 130-181.
[7] 王香增，刘国恒，黄志龙，等. 鄂尔多斯盆地东南部延长组长 7 段泥页岩储层特征[J]. 天然气地球科学, 2015, 26 (7): 1385-1394.
[8] 徐杰，高潮，刘刚. 鄂尔多斯盆地陆相页岩储层微观孔隙结构特征及发育控制因素[J]. 科技通报, 2020, 36 (2): 18-23.
[9] 窦亮彬，杨浩杰，Xiao Y J，等. 页岩储层脆性评价分析及可压裂性定量评价新方法研究[J]. 地球物理进展, 2021, 36 (2): 576-583.
[10] 周德华，焦方正. 页岩气“甜点”评价与预测：以四川盆地建南地区侏罗系为例[J]. 石油实验地质, 2012, 34 (2): 109-114.
[11] 陈颖杰，刘阳，徐婧源，等. 页岩气地质工程一体化导向钻井技术[J]. 石油钻探技术, 2015, 43 (5): 56-62.

页岩油原位改质技术现状对吉木萨尔页岩油开发的启示

孙江河，张莉伟，苏日古，向　红，坎尼扎提，刘　利

（中石油新疆油田分公司工程技术研究院，克拉玛依 834000）

摘要：我国页岩油资源十分丰富，新疆油田吉木萨尔页岩油已落实井控储量 11.12 亿 t，吉木萨尔国家级页岩油开发示范区已正式批复，页岩油将成为新疆油田公司“十四五”增产的主战场之一。但吉木萨尔页岩油作为一种中低成熟度的陆相页岩油与国外的海相页岩油区别较大，有机质未完全转化为页岩油气且已转化部分原油度高、气体生成量少，地层驱动能量不足，页岩油流动困难，亟须探索出一种适合于中低成熟度页岩油的有效开发方式。页岩油原位改质技术借鉴于传统油页岩的原位转化技术，通过地下人工加热方式使页岩层段内的各类有机物发生裂解与轻质化转化成油气，可以作为中低成熟度页岩油有效开发的技术之一。按地下加热方式可以将这些技术分为燃烧加热、传导加热、对流加热和辐射加热四类，各类技术有各自的优缺点，但大部分尚处于实验室与理论研究阶段，仅有少量技术开展了现场试验。本文通过对国内外页岩油原位改质技术的现状与发展进行调研，根据吉木萨尔页岩油的特性给出适当的开发建议与意见。

关键词：中低成熟度；页岩油；原位改质；加热方式

The current situation of in-situ shale oil modification technology and its inspiration to Jimusaer shale oil development

Sun Jianghe，Zhang Liwei，Su Rigu，Xiang Hong，Kannizhati，Liu Li

（Engineering Technology Research Institute of Xinjiang Oilfield Company，PetroChina，Karamay 834000）

Abstract: Our country's shale oil resources are very abundant. The Xinjiang Oilfield's Jimusaer shale oil has confirmed well-controlled reserves of 1.112 billion tons. The Jimusaer National Shale Oil Development Demonstration Zone has been officially approved. Shale oil will become one of the main battlefields for Xinjiang Oilfield Company's "14th Five-Year Plan" to increase production. However, Jimusaer shale oil, as a medium-to-low maturity continental shale oil, is quite different from foreign marine shale oil. Organic matter is not completely converted into shale oil and gas, and some of the converted crude oil has a high degree of crude oil, low gas production, insufficient formation driving energy, and difficulty in shale oil flow. There is an urgent need to explore an effective development method suitable for medium and low maturity shale oil. Shale oil in-situ modification technology is borrowed from traditional oil shale in-situ conversion technology. Using underground artificial heating to crack and lighten the various organic matter in the shale interval into oil and gas, it can be used as one of the technologies for the effective development of medium and low maturity shale oil. According to the underground heating method, these technologies can be divided into four categories: combustion heating, conduction heating, convection heating and radiant heating. Each type of technology has its own advantages and disadvantages. But most of them are still in the laboratory and theoretical research stage, and only a few technologies have carried out field trials. This paper investigates the current situation and development of in-situ shale oil modification technology at home and abroad, and gives appropriate development suggestions and opinions based on the characteristics of Jimusaer shale oil.

Keywords: low to medium maturity; oil shale; in-situ modification; heating method

---

作者简介：孙江河（1995—），助理工程师，主要从事油气田开发技术研究。地址：新疆克拉玛依市胜利路 87 号，电话：18700897544，邮箱：sunjianghe@petrochina.com.cn。

狭义来讲，页岩油是指液态为主的烃类以游离、吸附剂溶解态等方式赋存于有效生烃泥页岩层系中的具有勘探开发意义的石油资源，其显著特点为源储同层[1-4]。近年来，美国实现了页岩油的商业开发，这不仅仅大幅提高了美国原油的供应能力、降低其原油的对外依存度，同时带动了整个页岩油商业模式的转变，对世界石油市场的格局产生了巨大冲击。随着全球应对气候变化和碳中和目标的提出，页岩油原位改质技术成了未来页岩油大规模商业化开发的必然选择。然而与美国海相页岩油资源相比，我国页岩油资源大部分为中、低成熟度页岩油，依靠水平井和压裂技术难以获得经济产量，亟须开展适用于中国页岩油资源开发的技术研究，为我国页岩油资源未来发展提供指导。

1　国内外油页岩原位转化技术发展历史

油页岩地下原位转化技术已有半个多世纪的发展历史。世界多家石油公司与研究机构先后投入大量经费积极开发各种经济、高效与环保的原位开采技术。油页岩地下原位转化技术的发展大体分为三个阶段：萌芽阶段、快速发展阶段和新技术稳步发展阶段。

油页岩原位转化技术的萌芽阶段可追溯到 20 世纪 40 年代，瑞典最早提出油页岩原位开采技术，并于 1940 年发明了“电热法”原位开采方法[5,6]。1953 年，美国辛克莱油气公司研发了利用地层天然裂缝并采用井间燃烧的原位开采技术，并在美国科罗拉多州皮申斯盆地开展野外试验，获得了少量油页岩油[7,8]。

油页岩原位转化技术的快速发展阶段主要集中在 20 世纪 70～80 年代，由于 20 世纪 60 年代末世界原油价格的快速上涨，多家能源公司纷纷投入巨资，大力发展油页岩的地下原位转化技术，研发了众多原位转化方法。最具代表的是美国矿业局的拉勒米能源技术中心发明的 TIS 技术和美国劳伦斯利福摩尔国家实验室发明的 MIS 技术，均开展了先导试验和野外示范工程建设，油页岩油总产量累计超过万吨[9-11]。此后，由于欧佩克原油价格于 20 世纪 80 年代开始大幅降低，导致在很长一段时间内，原位转化技术的研发彻底停滞。

直至 20 世纪 90 年代开始，随着技术的不断进步，以壳牌为主的国际石油公司再次开始研究油页岩原位开采技术，掀起了美国油页岩原位技术研究的第二次热潮，可以看作是油页岩原位转化新技术稳步发展阶段。发展至今已提出的油页岩原位转化技术已多达十余种，部分技术已成功开展了现场先导性试验，比如壳牌的 ICP 技术、埃克森美孚公司的 Electrofrac™ 技术和美国页岩油公司提出的 CCR 流体加热技术等。但在 2010 年左右，随着国际原油价格的下降以及页岩油气技术的发展，美国油页岩原位技术的研究又一次进入了冰河期[12]。

我国油页岩地下原位转化开采技术起步较晚。太原理工大学在 2005 年提出了注蒸汽原位开采油页岩技术。此后，吉林大学自 2011 年起相继研发了近临界水法（SCW 法）、高压-工频电加热法（HVF 法）和局部化学反应法（TSA 法）油页岩地下原位转化开采技术，中石油在与壳牌合作的基础上提出了中低成熟度页岩油水平井电加热轻质化技术[13-15]。经过十余年的研究攻关，我国不仅在油页岩及页岩油原位转化技术基础理论方面取得了大量成果，并在现场试验方面取得了显著进展[16]，页岩油开采前景值得期待。

2　吉木萨尔页岩油特性

我国页岩油资源十分丰富，技术可采资源量 43.52 亿 t，位居世界第三。其中，中低成熟度陆相页岩油虽然在中国陆上主要含油气盆地均有分布，但资源主体分布在鄂尔多斯盆地、松辽盆地和准噶尔盆地三大盆地。新疆准噶尔盆地吉木萨尔凹陷芦草沟组是前陆咸化湖盆页岩油典型代表，已落实井控储量 11.12 亿 t，规模开发全面展开，高效勘探与有效动用主体技术初步形成。

1. 吉木萨尔页岩油地质特征

吉木萨尔凹陷芦草沟组岩性复杂，总体为一套细粒沉积，储层岩性主要为粉细砂岩、泥岩、碳酸盐岩的混积岩，储层物性差，非常致密[17]。矿物成分复杂、岩性纵向变化快，岩层厚度薄且具有韵律性，富含有机质，是优质的生油层[18]。储层孔隙以粒间溶孔与晶间微孔为主，裂缝量少，也是优质储集层，具有典型的“源储一体”特征[19]。

2. 含油特征

研究表明，芦草沟组优质成熟烃源岩与致密储层呈互层状直接接触，含油性受烃源岩与云质岩分布控制，具有纵向上整体含油、平面上大面积连续分布的特点[20]。实钻证实，芦草沟组岩性为黑灰色泥岩与细粒沉积物互层，油气显示极其丰富，岩屑见大段连续荧光，取心普遍见原油外渗。这表明吉木萨尔凹陷芦草沟组页岩油储层具有良好的含油性，为该地区页岩油的勘探与开发奠定了良好的基础[21]。

3. “甜点”特征

芦草沟组具有整体含油连片分布特征，纵向上发育上、下两套页岩油富集“甜点”体，全区分布稳定、含油饱和度高。上“甜点”体主要分布在凹陷的中部，厚度约为 41m，面积为 640km^2，其优势岩性为云屑粉细砂岩，其次为颗粒云岩、粉细砂岩与泥微晶云岩。下“甜点”体全凹陷都有分布，面积达 1096km^2，凹陷南部厚度相对较大，其优势岩性为粉细砂岩、云屑粉细砂岩，其次为泥微晶云岩，砂质泥岩与云质泥岩。平面上芦草沟组原油性质从凹陷中部向边缘变差，下“甜点”体原油黏度大于上“甜点”体[22]。

3　页岩油原位改质技术

中低成熟度页岩油原位改质开采技术最早由是中石油勘探开发研究院于 2015 年提出[23]。由于中低成熟度页岩油储层中含有较高比例的重油、沥青及干酪根有机质，如何将这一部分有机质转化成轻质油气采出是技术的关键。因此，中低成熟度页岩油原位改质开采的内涵与油页岩的原位转化技术相同，是通过人工加热，使页岩层段内的各类有机物发生裂解与轻质化转化成油气，通过“地下炼厂”实现页岩油的开发。目前国内外直接针对中低成熟度页岩油原位改质的研究很少，相关研究主要借鉴传统的油页岩原位转化技术。根据加热方式的不同，油页岩原位转化技术通常可以分成燃烧加热、传导加热、对流加热和辐射加热四种。

3.1　燃烧加热

1. 真原位转化技术(true in-situ，TIS)

TIS 工艺指通过钻井并压裂油页岩地层以增加渗透性。地层裂隙形成后，向地层注入高温惰性气体、高温燃烧气或者过热蒸汽等流体对油页岩地层进行加热。当地层达到一定温度后，将高压空气一类的氧化剂注入井中进行点火。点燃后，形成的火焰前沿逐渐沿储层向前推进，直至生产井后采出地表[24]。

TIS 技术的关键点包括：①加热效率，由于页岩较低的导热能力，地层加热过程会非常缓慢，另外，比较厚的上覆盖层也会导致较大的热损失；②点火成功性，由于地层温度升高很慢，矿层埋藏深，并且地层比较潮湿，成功点火比较困难；③足够的地层裂隙(碎石化)，通过压裂或碎石化的方法来提高地层渗透性比较困难，而且预测较难。渗透性的问题，还产生于在油页岩裂解过程中所引起的地层结构变形及地层膨胀所导致的裂隙闭合，在压力作用下地层失去强度导致的干馏体坍塌。

2. 改性原位转化技术(modified in-situ，MIS)

MIS 技术是通过采矿技术在开采区采出油页岩目标层位底部 10%～25%的油页岩矿石，形成的采空区为下一步提高地层渗透性提供预空间，进而通过爆破可形成尺寸均匀的油页岩碎块区，并采用 TIS 工艺原位转化油页岩。相对于 TIS 技术，MIS 工艺形成具有一定孔隙度和渗透率的原位转化区，从而达到大幅度提高油收率和产量的目的。

MIS 技术的关键点是碎石化技术，将采矿技术与爆破技术相结合，通过井工采矿方法形成采空区，通过爆破形成孔隙区，从而提高地层的渗透性。

3.2 传导加热

1. in-situ conversion process（ICP）技术

壳牌公司的 ICP 技术是目前最成熟的油页岩原位转化加热技术[25]，ICP 技术首先在油页岩地层钻进加热井和生产井，然后采用小间距井下电加热器循序均匀地将地层通过传导方式加热到油页岩裂解温度，加快干酪根自然成熟进度，使其中的有机质干酪根热解生成油气。然后利用电加热器加热油页岩层，再通过加 H_2 得到清洁的轻质油和天然气，然后用常规采油工艺将产出的油气输送到地面加工装置提取至地面[26]。同时，壳牌为 ICP 技术开发了地下冷冻技术，在地下开采区的周围形成“冷冻墙”屏障，通过向开采区周围的钻孔内泵入冷冻液实现。冷冻墙能够阻止地下水进入开采区，保证碳氢产物和其他的产品能够在原位干馏中产生，并保证在整个开采过程中不污染地下水和土壤[27]。

2. Electrofrac^{TM} 技术

Electrofrac^{TM} 技术由埃克森美孚公司于 1990 年提出，该技术首先采用水力压裂方式压裂油页岩，然后向裂缝中填充能导电的支撑剂，从而形成一个电加热体。采用电加热的方式，热量经加热井通过能导电的支撑剂传递给油页岩后，使其中的干酪根受热转化成油气，再通过常规方法采出。

Electrofrac^{TM} 技术通过平面裂缝加热的方式，增大了储层的传热面积，相比 ICP 技术的线性热源，提高了加热效率[28]，同时还能减少对地面环境的干扰。但是，该技术同样也具有一定的缺陷：对油页岩层的加热速度缓慢，需要消耗大量的电能，能量利用率较低[29]。

3.3 对流加热

1. CRUSH 技术

CRUSH 技术是在地下原位开采技术中，率先采用地下碎石化技术将目的层的油页岩地层破碎成不连续的区块，通过向井内注入高温流体介质，破碎区油页岩层通过对流以及传导加热方式裂解得到油页岩油气，如产生的油气资源再通过常规油气提取方式提取至地表。

2. CCR^{TM} 技术

美国油页岩油公司（AMSO）采用 CCR（conduction、convection and reflux）传导、对流和回流工艺开采油页岩油。CCR^{TM} 工艺（前身为 EGL 工艺）是一种利用沸腾油作为加热方式，并综合利用热传导、热对流和流体回流相结合的一种地下原位转化技术[30]。CCR^{TM} 工艺的原理是钻两口水平井[31]：一口加热井和一口生产井，加热井在生产井下面。热量通过一个井下燃烧器供给，该燃烧器最终利用产出气运转。随着干酪根的分解，轻质组分（蒸气）上升，冷凝，然后流回地层。热量通过回流油被分散到地层中。地层通过热机械压裂方式形成了一定的渗透能力，从而使对流热传递成为可能。这一工艺体系加热效率高，使油页岩在升温热解生成油气时，其机械强度大大降低，既节约能源又降低成本，经济效益显著。但是，这种工艺只限于纵向间的对流，而横向间的对流效应没有得到充分利用[32]。

3.4 辐射加热

1. Pyrophase 的射频加热技术（RF）

RF 目标是通过将风能作为热能储存在地下非常规重油资源中，将这些资源转化为液体风能清洁燃料，从而实现大规模利用风能的可行性。该工艺将电极成排放置于开采层，通过电极对空间进行体积加热，产生的油通过重力作用进入集油池，然后被抽送至地面。加热周期短，几个月时间内产生油。原位开采过程中不需要水，环境污染小。其与风电储存相结合可广泛应用，可获得二氧化碳排放量少的风净燃料，取代国外石油进口。消除燃烧作为提取能量的来源，可将与汽车燃料使用相关的二氧化碳减少三分之一。

2. Raytheon 公司的 RF/CF 技术

射频/临界流体（radio frequency/critical fluids，RF/CF）技术是由 Raytheon 公司提出，是射频加热和临

界液体驱动相结合的专利技术。RF/CF 技术工艺[33]使用射频(RF)将油页岩加热至热解温度，并使用临界流体(CF)将产出的油气扫至生产井。该技术的实施需要先把可调频的射频天线或发射器下放到油页岩地层中，然后传输射频能量来加热油页岩。一旦加热和热解发生，超临界二氧化碳被泵入油页岩地层中，从岩石中提取出石油，并将石油输送到生产井，进而被抽到地面进行回收处理。在地面上，二氧化碳被分离并泵回注入井，而石油和天然气则被提炼成燃料和其他附属产品[34]。

RF/CF 技术加热效率高，对地下环境无污染，RF/CF 技术采用封闭-注入系统，开采过程不会释放任何 CO_2；RF/CF 技术需要消耗大量能量，费用昂贵。目前，RF/CF 技术仍处于实验室阶段，尚未进行油页岩原位开采工程试验。

3.5　我国油页岩原位转化技术

我国对油页岩的原位开发也非常重视。国内的专家学者结合我国油页岩资源特点，先后提出了注蒸汽开采油气新技术(MTI 技术)、局部化学反应法油页岩原位转化技术(TSA 法)、高压-工频电加热法(HVF 法)、近临界水法油页岩原位转化技术(SCW 法)和中石油水平井电加热轻质化高效转化技术等多种油页岩原位转化技术。

1. 注蒸汽开采油气新技术(MTI 技术)

MTI 技术[35]采用群井调控压裂油页岩层，将 550℃过热水蒸气沿注热井注入并对流加热油页岩矿层，产出大量油页岩油和烃类气体与低温蒸汽在压力驱动下沿生产井排至地面。该技术采用过热水蒸气加热油页岩矿层，在高温作用下，油页岩内部形成了大量的孔隙和裂隙，使原来基本不渗透的油页岩变成了一种孔隙和裂隙相当发育的多孔介质，为油气的产出提供了天然的渗流通道；同时，高温过热水蒸气作为热量的载体，可以把热能直接输入到油页岩的孔隙、裂隙当中，扩大了加热面积，高效率地加热了油页岩，并迅速携带走生成的页岩油和热解气体，使油气具有了很强的迁移能力，达到了非常高的油气采收率。但是，该技术需要耗费大量的水资源，且在输送过程中水蒸气热量散失巨大，导致加热效率低、成本偏高。

2. 局部化学反应法油页岩原位转化技术(TSA 法)

TSA 法是一种改进型局部化学反应法油页岩原位转化技术，以注入高温气体并利用油页岩的化学反应热来裂解与开发油页岩资源[14]。TSA 法首先实施注热井和开采井，并通过水力压裂实现贯通。然后向注热井内通入高温混合气体，以对流的方式对油页岩层进行加热，同时利用油页岩半焦及固定碳的自生热量，在油页岩地层形成局部化学堆式反应，实现油页岩层的原位转化[36]。

3. 近临界水法油页岩原位转化技术(SCW 法)

SCW 法是针对深层、低渗透油页岩资源的原位开采技术[15]，通过井下加热器在地下将注入的水加热至近临界或超临界状态，再以近临界水作为传热传质介质和提取剂，向地下油页岩层进行渗透、浸润和溶胀，同时使油页岩内部的干酪根有机质发生裂解，并将生成的油气产物携带出井底[37]。

4. 中石油水平井电加热高效转化技术原位改质技术

2013 年以来，中石油勘探开发研究院与壳牌公司合作，对准噶尔盆地二叠系芦草沟组页岩[38]和鄂尔多斯盆地延长组长 7 段富有机质页岩[39]开展基础研究，经过近 6 年攻关，在原有技术基础上，针对中国陆相中低成熟度富有机质页岩特点，研究提出利用地下“水平井电加热轻质化”高效转化技术，开发利用油页岩油资源[40]，该技术是利用水平井电加热轻质化技术，持续对埋深 300～3000m 的富有机质页岩层段加热，使多类有机质发生轻质化转化的物理化学过程，其中重油、沥青等有机质会大规模向轻质油和天然气转化，并将焦炭和 CO_2 等留在地下，对环境保护是有利的，有望大大拓展油页岩油资源的开发利用空间。中石化石油勘探开发研究院是我国较早开展油页岩原位转化开采技术研究的单位，在原位开采选区评价、原位开采钻完井技术研究、原位开采机理及实验等方面均已取得显著的进展[41]。

4 结论与启示

(1)我国页岩油资源丰富，技术可采储量大，主要以陆相中低成熟度页岩油类型为主，具有地质资源量大、开发技术难度大和开发潜力大三大特点，地下原位转化技术是未来页岩油开发的主要发展方向，但距离商业化开发应用还有一定距离，页岩油原位转化技术对实现石油稳产上产、技术升级等具有革命性战略意义。

(2)中低成熟度页岩油原位改质开采技术的实质与传统的油页岩原位转化技术是一样的，相较而言，传导加热技术具有加热方式灵活、设备相对简单、加热速度快、易于控制等优点，但同时具有热量传递慢、加热时间长、受地下水干扰大、加热距离短等缺点；对流加热技术具有加热效率高、油气产品易产出、裂解气可循环利用等优点，但同时具有输送过程热量损失大、产出气需要分离等缺点；辐射加热技术具有加热区域可以选择、能量利用率高等优点，但该技术处于研发阶段，技术不成熟，且辐射能量传递范围有限；燃烧加热技术具有加热速度快、能量利用率高等优点，但同时其控制工艺复杂，技术不成熟。

参考文献

[1] 邹才能，陶士振，侯连华，等. 非常规油气地质学[M]. 北京：地质出版社, 2014: 30, 42-44.

[2] 张君峰，毕海滨，许浩，等. 国外致密油勘探开发新进展及借鉴意义[J]. 石油学报, 2015, 36(2): 127-137.

[3] 武晓玲，高波，叶欣，等. 中国东部断陷盆地页岩油成藏条件与勘探潜力[J]. 石油与天然气地质, 2013, 34(4): 455-462.

[4] 张金川，林腊梅，李玉喜，等. 页岩油分类与评价[J]. 地学前缘, 2012, 19(5): 322-331.

[5] Ryan R C, Fowler T D, Beer G L, et al. Shell's in situ conversion process-From laboratory to field pilots [J]. ACS Symposium, 2010, 1032: 161-183.

[6] Salomonsson G. Ljungstroem in situ method for shale-oil recovery. [Recovery of fuel oil, kerosene, gasoline, liquefied propane and butane, fuel gas, S, and ammonia][J]. Oil Shale Cannel Coal Conference, 1951, (2).

[7] Gordijn B. An Assessment of Oil Shale Technologies[M]. Office of Technology Assessment, 1980.

[8] Lee S, Speight J G, Loyalka S K. Handbook of Alternative Fuel Technologies[M]. Boca Raton: CRC Press, 2014.

[9] Smith M W, Shadle L J, Hill D L. Oil shale development from the perspective of NETL's unconventional oil resource repository[R]. National Energy Technology Laboratory (NETL), 2007.

[10] Burwell E L, Sterner T E, Carpenter H C. Shale oil recovery by in-situ retorting-A pilot study[J]. Journal of Petroleum Technology, 1970, 22(12): 1520-1524.

[11] Hutchinson D L. Investigation of the Geokinetics horizontal in situ oil-shale-retorting process. Fourth annual report, 1980[R]. Geokinetics, Inc., Concord, CA (USA), 1981.

[12] 刘德勋，王红岩，郑德温，等. 世界油页岩原位开采技术进展[J]. 天然气工业, 2009, 29(5): 128-132, 148.

[13] 孙友宏，拉帕金. 菲拉基米尔，等. 一种油页岩地下原位加热的方法: CN103174406A [P]. 2013-06-26.

[14] 孙友宏，白奉田，阿龙，等. 一种油页岩原位局部化学法提取页岩油气的方法: CN103790563A[P]. 2014-05-14.

[15] 王洪艳，邓孙华，李俊锋，等. 一种地下原位提取油页岩中烃类化合物的方法: CN101871339A[P]. 2010-10-27.

[16] 李隽，汤达祯，薛华庆，等. 中国油页岩原位开采可行性初探[J]. 西南石油大学学报(自然科学版), 2014, 36(1): 58-64.

[17] 霍进，何吉祥，高阳，等. 吉木萨尔凹陷芦草沟组页岩油开发难点及对策[J]. 新疆石油地质, 2019, 40(4): 379-388.

[18] 王子强，李春涛，张代燕，等. 吉木萨尔凹陷页岩油储集层渗流机理[J]. 新疆石油地质, 2019, 40(6): 695-700.

[19] 王小军，杨智峰，郭旭光，等. 准噶尔盆地吉木萨尔凹陷页岩油勘探实践与展望[J]. 新疆石油地质, 2019, 40(4): 402-413.

[20] 方世虎，宋岩，徐怀民，等. 构造演化与含油气系统的形成——以准噶尔盆地东部吉木萨尔凹陷为例[J]. 石油实验地质, 2007, 29(2): 149-153.

[21] 许琳，常秋生，杨成克，等. 吉木萨尔凹陷二叠系芦草沟组页岩油储层特征及含油性[J]. 石油与天然气地质, 2019, 40(3): 535-549.

[22] 支东明，唐勇，杨智峰，等. 准噶尔盆地吉木萨尔凹陷陆相页岩油地质特征与聚集机理[J]. 石油与天然气地质, 2019, 40(3): 524-534.

[23] 赵文智，胡素云，侯连华，等. 中国陆相页岩油类型、资源潜力及与致密油的边界[J]. 石油勘探与开发, 2020, 47(1): 1-10.

[24] Melton N M, Cross T S. Fracturing oil shale with electricity[J]. Journal of Petroleum Technology, 1968, 20(1): 37-41.

[25] 方朝合，郑德温，葛稚新. 壳牌 ICP 技术现场试验[J]. 科技创新导报, 2010, (36): 110, 111.

[26] Kang Z Q, Zhao Y S, Yang D. Review of oil shale in-situ conversion technology[J]. Applied Energy, 2020, 269: 115121.

[27] 刘胜英，王世辉，陈春瑞，等. 壳牌公司页岩油开采技术与进展[J]. 大庆石油学院学报, 2007, (3): 53-55, 91, 153.

[28] Symington W, Kaminsky R, Meurer W, et al. ExxonMobil's Electrofrac™ process for in situ oil shale conversion[J]. Oil Shale: A Solution to the Liquid Fuel Dilemma, ACS Symposium, 2010, 1032: 185-216.

[29] McKee. Shale Oil[M]. New York: The Chemical Catalog Company, 1925.

[30] 孙友宏, 邓孙华, 王洪艳. 国际油页岩开发技术与研究进展记第 33 届国际油页岩会议[J]. 吉林大学学报(地球科学). 2015, 45(4): 1052-1059.

[31] Allix P, Burnham A, Fowler T, et al. Coaxing oil from shale[J]. Oilfield Review, 2010, 22(4): 4-15.

[32] 汪友平, 王益维, 孟祥龙, 等. 流体加热方式原位开采油页岩新思路[J]. 石油钻采工艺, 2014, 36(4): 71-74.

[33] Pan Y, Xiao L, Chen C, et al. Development of radio frequency heating technology for shale oil extraction[J]. Open Journal of Applied Sciences, 2012, 2(2): 66-69.

[34] Mutyala S, Fairbridge C, Par é J J, et al. Microwave applications to oil sands and petroleum: A review[J]. Fuel Process Technol, 2010, 91(2): 127-135.

[35] 赵阳升, 冯增朝, 杨栋, 等. 对流加热开采油页岩油气的方法: CN1676870A[P]. 2005-10-05.

[36] 白奉田. 局部化学法热解油页岩的理论与室内试验研究[D]. 长春: 吉林大学, 2015.

[37] 邓孙华. 近临界水对块状油页岩中有机质的提取研究[D]. 长春: 吉林大学, 2013.

[38] 郭旭光, 何文军, 杨森, 等. 准噶尔盆地页岩油"甜点区"评价与关键技术应用——以吉木萨尔凹陷二叠系芦草沟组为例[J]. 天然气地球科学, 2019, 30(08): 1168-1179.

[39] 张婷, 王克, 罗安湘, 等. 鄂尔多斯盆地三叠系延长组长 7 致密油成藏组合与模式[J]. 矿产勘查, 2021, 12(2): 295-302.

[40] 王盛鹏, 刘德勋, 王红岩, 等. 原位开采油页岩电加热技术现状及发展方向[J]. 天然气工业, 2011, 31(2): 114-118, 134.

[41] 李婧婧, 汤达祯, 许浩, 等. 准噶尔盆地东南缘油页岩干馏的 PY-GC 模拟[J]. 吉林大学学报(地球科学), 2011, 41(S1): 85-90.

南堡凹陷页岩油地质特征及潜力分析

庄东志，王建伟，程丹华，魏亚琼

（中国石油冀东油田勘探开发研究院，唐山 063004）

摘要：依据岩心、分析化验、测井资料和录井资料，对南堡凹陷沙一段页岩油地质特征、分布规律、成藏模式以及油气勘探前景等进行了深入的综合研究。南堡凹陷林雀次凹和曹妃甸次凹沙一段湖泛期广泛发育细粒混合沉积岩类和细粒长英沉积岩类以及黏土岩类三类岩相，烃源岩品质优越，储集空间主要包括粒间孔、晶间孔、构造（微）缝等，储层脆性指数普遍大于 60%，页岩油成藏条件好，"甜点"富集且原油成熟度高。基于地质条件建立了相应的"甜点"地球物理表征方法，预测了南堡凹陷沙一段页岩油有利目标区。

关键词：陆相页岩油；细粒沉积；页岩地质特征；页岩油"甜点"表征；南堡凹陷

Geological characteristics and potential of shale oil in Nanpu Sag

Zhuang Dongzhi，Wang Jianwei，Cheng Danhua，Wei Yaqiong

（Research Institute for Exploration and Development, PetroChina Jidong Oilfield Company, Tangshan 063004）

Abstract: Based on core, analysis and logging data, further research on geological characteristics, distribution, accumulation model and potential for petroleum exploration of Es_1 shale oil in Nanpu Sag. Fine-grained mixed-sediments, fine-grained felsic-sediments and lutite are developed widely in flooding period of Es_1, where in Linque and Caofeidian sub-depression contained in Nanpu Sag. The source rock is high quality, the reservoir space mainly includes intergranular pores, intergranular pores, structural（micro）fractures, etc. The reservoir brittleness index is generally greater than 60%, condition of hydrocarbon accumulation is well. The "sweet section" is rich and crude oil maturity is high.

Keywords: continental shale oil; fine-grained sedimentary; geological characteristics of shale; characterization of shale oil "sweet section"; Nanpu Sag

目前国内多个油田已开始深入研究陆相页岩油形成的地质条件、富集要素和资源潜力等[1]。研究成果表明，陆相页岩油具有分布面积大、资源潜力大的特点，采取大规模工厂化作业模式可取得良好的开发效果，已经逐渐成为国内油气资源重要的接替领域。

自 2012 年以来，南堡凹陷针对页岩油系统性基础研究做了大量工作，其中林雀次凹和曹妃甸次凹沙一段页岩油资源量较大，是页岩油领域突破的有利目标区。2020 年在页岩油"甜点"精细评价基础上，深浅兼顾，部署 NP 2-46 井，在沙一段页岩油"甜点"试油获工业油流，勘探获得重要苗头，确立了有利的页岩油勘探目标。本文以南堡凹陷页岩油勘探为例，在对林雀次凹和曹妃甸次凹沙一段研究的基础上，分析总结了陆相页岩油富集条件，初步建立了页岩油评级技术体系，对南堡凹陷乃至渤海湾页岩油勘探开发有积极的推动作用。

作者简介：庄东志（1977—），高级工程师，现主要从事页岩油评价研究。地址：河北省唐山市路北区新华西道光明西里 51 号，电话：0315-8766191，邮箱：zdz_jd@petrochina.com.cn。

1　研究区地质背景

南堡凹陷地理上位于河北省秦皇岛市和唐山市之间，东部和南部与渤海相接，西部以涧河为边，北部与燕山相连，海域部分以渤海海域 5m 水深线与中海油天津分公司探区相邻(图 1)。对油气藏有贡献的烃源岩主要发育在沙河街组的沙一段和沙三段。两套烃源岩在空间上的分布具有纵向叠置、平面分区的特征。在高柳断层以南地区两套烃源岩发育齐全且叠置明显，主要集中分布在林雀次凹和曹妃甸次凹，构成三个生油中心。

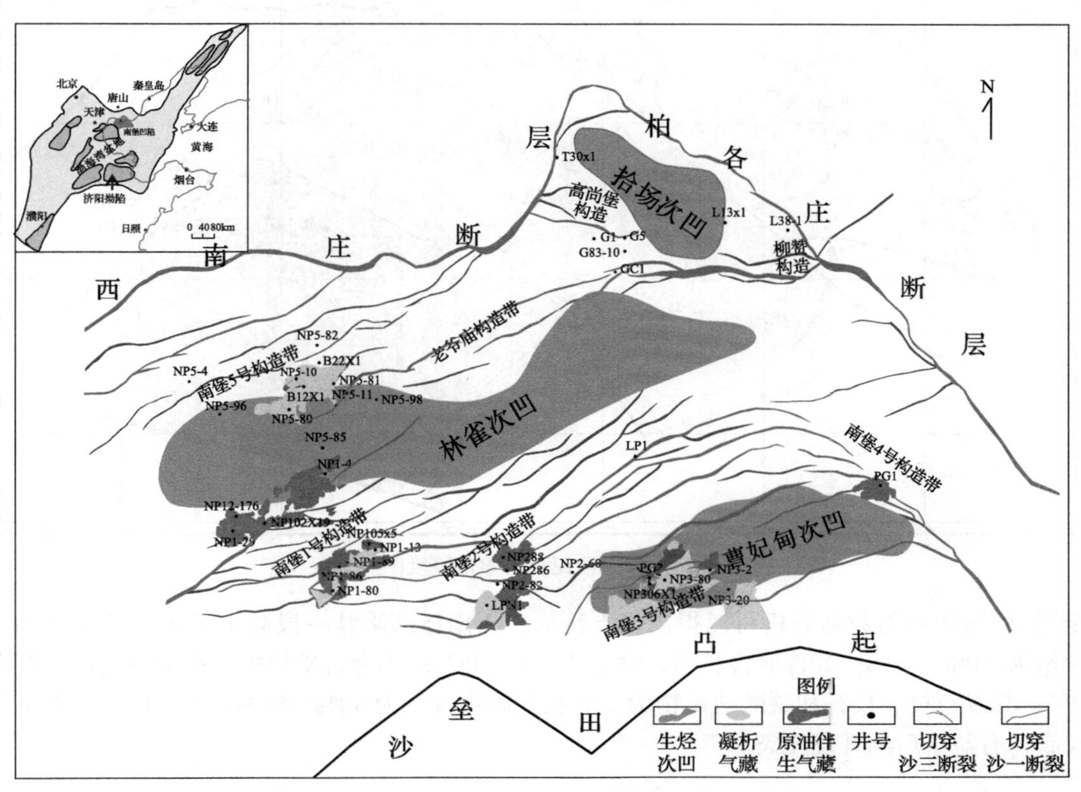

图 1　研究区位置及区域地质简图

2　页岩油地质特征

南堡凹陷古近系的沙一段和泥页岩是页岩油发育的主要层系。通过岩心观察、采样、分析测试等技术手段，对目的层段的泥页岩进行储层评价。

2.1　南堡凹陷泥页岩分布特征

南堡凹陷沙一段泥页岩在全区均有分布，是南堡凹陷主力烃源岩的发育层段。沙一段泥页岩总体上以林雀次凹北部为中心向四周变薄。老爷庙地区发育相对较厚，400～600m；滩海地区 1 号～5 号构造带泥页岩厚度发育在 100～400m；高柳地区泥页岩厚度在 100～300m(图 2)。

2.2　泥页岩矿物岩石学特征

2.2.1　*矿物学特征*

通过薄片、扫描电镜观察，全岩矿物 X 射线衍射分析测试结果，表明沙一段泥页岩非黏土矿物组成分有石英、长石、方解石、白云石、和黄铁矿等黏土成分为伊利石。

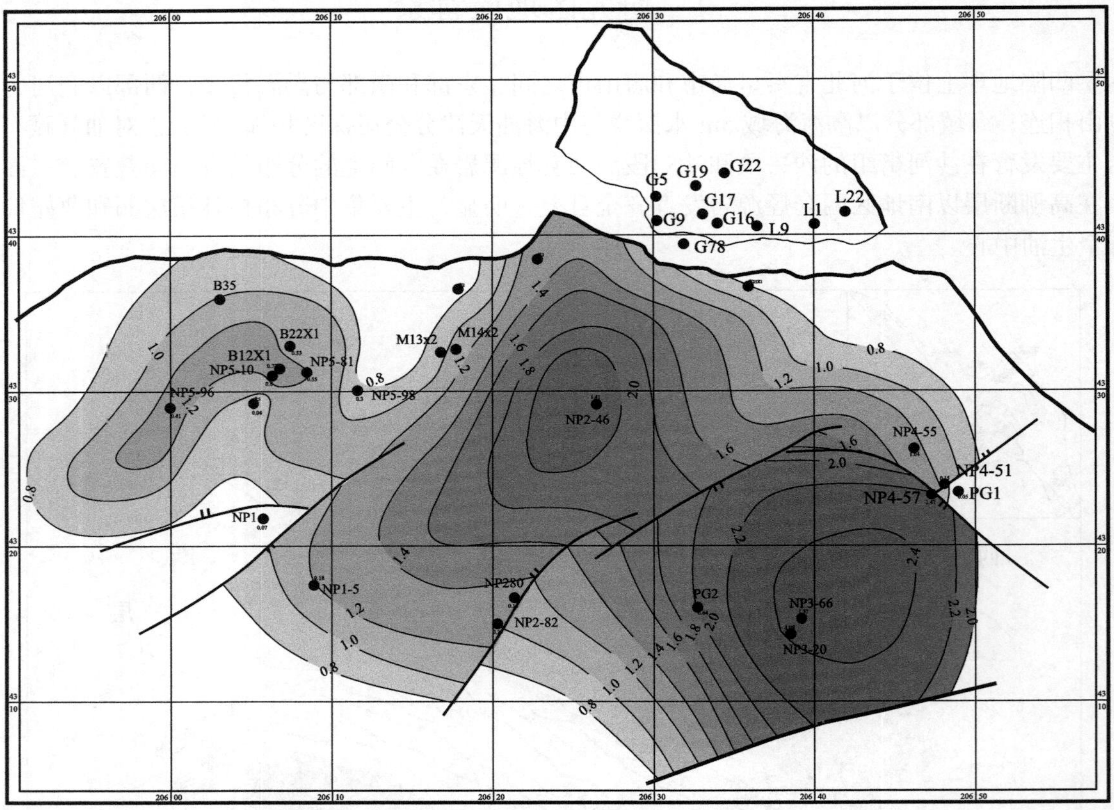

图 2　南堡凹陷沙一段泥页岩累计厚度图(单位：m)

从全岩 X 射线衍射数据分析可以得出以下特征：①南堡凹陷沙一段黏土矿物含量为 20%～40%；②石英含量为 31%～45%；③普遍含长石，含量为 8%～35%；④全岩矿物中几乎均有黄铁矿存在，含量基本在 1%；⑤以石英、长石和碳酸盐矿物为主的脆性矿物含量为 40%～80%；⑥总体上，泥页岩脆性矿物含量较高，有益于后期开发压裂。

2.2.2　岩相特征

依据碳酸盐矿物、黏土矿物、长英质矿物三类矿物的相对百分含量，采用传统的“三级命名法”命名(以含量 10%、25%、50%为界)[2]。南堡凹陷沙一段划分出夹层状粉砂岩类、细粒长英沉积岩类和细粒混合沉积岩类、黏土岩四类岩相。夹层状粉砂岩类和黏土岩是传统意义的沉积岩，所以这里主要阐述细粒长英沉积岩类和细粒混合沉积岩类两类岩相。

细粒长英沉积岩中长石和石英矿物含量大于 50%，沙一段细粒长英沉积岩中长石矿物平均含量为 52.38%，石英矿物平均含量为 40%，长石矿物平均含量 9.2%，黏土矿物平均含量为 32%，方解石和白云石矿物平均含量分别为 15%和 5%，镜下纹层发育，成层性较好，但纹层厚度不一，纵向上主要由泥质纹层、细-粉砂混合层叠置构成，可见泥晶方解石与长英质颗粒以及泥质混杂[图 3(a)]。

细粒混合沉积岩类按长英质灰质黏土质所占比例细分为长英质细粒混合沉积岩、黏土质细粒混合沉积岩和灰质细粒混合沉积岩三种岩性。沙一段的细粒混合沉积岩以长英质细粒混合沉积岩为主，黏土质细粒混合沉积岩次之，偶尔能见到灰质细粒混合沉积岩。

长英质细粒混合沉积岩颜色多为灰色、深灰色、灰黑色、灰褐色及褐色，纹层不发育，总体呈层状。长英质细粒混合沉积岩亮暗纹理特征显著，泥质条带(暗色纹层)与富钙质的粉砂条带(浅色纹层)频繁互层，厚度不一，分散状有机质与黏土矿物混杂分布，局部伴生半自形黄铁矿。粉砂条带产状水平，延伸长度短，被有机质充填[图 3(b)]。黏土质细粒混合沉积多以岩相组合方式出现，作为单一岩相出现时厚度较小[图 3(c)]。灰质细粒混合沉积岩无成层性，钙质含量比较高，含粉砂级的石英、长石等陆源碎屑矿物[图 3(d)]。

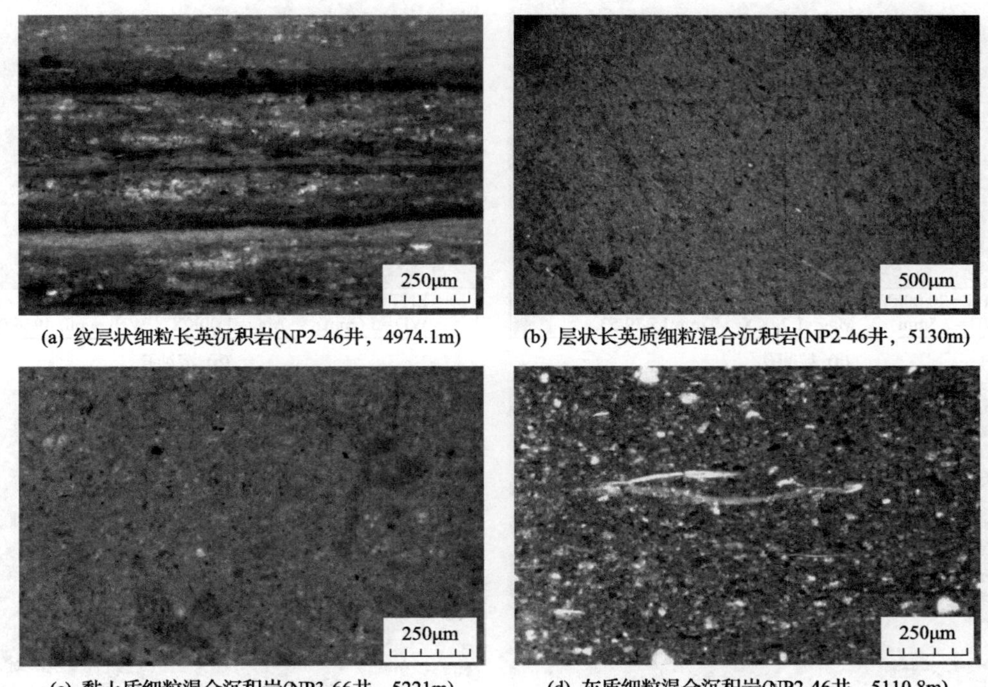

(a) 纹层状细粒长英沉积岩(NP2-46井，4974.1m)　(b) 层状长英质细粒混合沉积岩(NP2-46井，5130m)

(c) 黏土质细粒混合沉积岩(NP3-66井，5221m)　(d) 灰质细粒混合沉积岩(NP2-46井，5110.8m)

图 3　沙一段不同岩相镜下特征

2.3　生烃特征

沙一段细粒沉积岩发育段有机质丰度为 0.48%～6.54%，平均值为 2.0%，参考国内陆相泥岩烃源岩有机质丰度评价标准[3]，属于优质烃源岩，其成熟度为 0.8%～1.2%，有机质类型主要为Ⅱ$_1$型，其次Ⅱ$_2$型，处于成熟阶段，整体以生油为主。

生烃潜量包括生成并残留的烃量和尚未转化的剩余生烃潜量两部分，常规泥岩好烃源岩下限值为 10mg/g[3]。沙一段生烃潜量为 3.5%～7.6%，平均为 5.6%，生烃潜量达到好烃源岩标准。

岩石中游离烃的热蒸发量 S_1 是细粒岩油藏的可动用成分，一般大于 1mg/g 被认为是好烃源岩[3]，细粒长英沉积岩 S_1 值分布在 0.8～1.38mg/g，平均为 1.38mg/g，好烃源岩样品占 60%以上，细粒混合沉积岩 S_1 值分布在 0.7～2.46mg/g，平均为 1.35mg/g，好烃源岩样品占 40%。两类岩性均具有较高的游离烃含量，可动油含量高。

细粒沉积岩中，细粒长英沉积岩有机质丰度高，生烃潜量高，优质烃源岩所占比例高，细粒混合沉积岩次之。林雀次凹和曹妃甸次凹：沙一段整体有机质丰度高，有机质类型好，为细粒沉积岩成藏提供了油源基础。

2.4　储集特征

通过对岩心的观察、描述及 CT 薄片、扫描电镜的微观分析，发现该区古近系沙一段泥页岩中储集空间类型包括原生孔隙系统和次生孔隙系统。原生孔隙系统包括微孔隙等，而次生孔隙系统则包括溶蚀孔洞以及各类型的裂缝，如构造裂缝、层间微裂缝等(图 4)。

细粒长英沉积岩主要由石英和长石矿物组成。储集类型多样，铸体薄片下局部发育成岩粒间孔，扫描电镜下见有柱状长石颗粒周缘发育孔隙，孔隙内自生石英、长石矿物和颗粒晶间孔隙[图 4(a)]。储集物性主体表现为致密储层特征，孔隙度分布在 4.09%～15.27%(平均为 9.95%)，渗透率受裂缝影响，总体分布在 0.046×10^{-3}～$15.937\times10^{-3}\mu m^2$(平均为 $3.885\times10^{-3}\mu m^2$)。

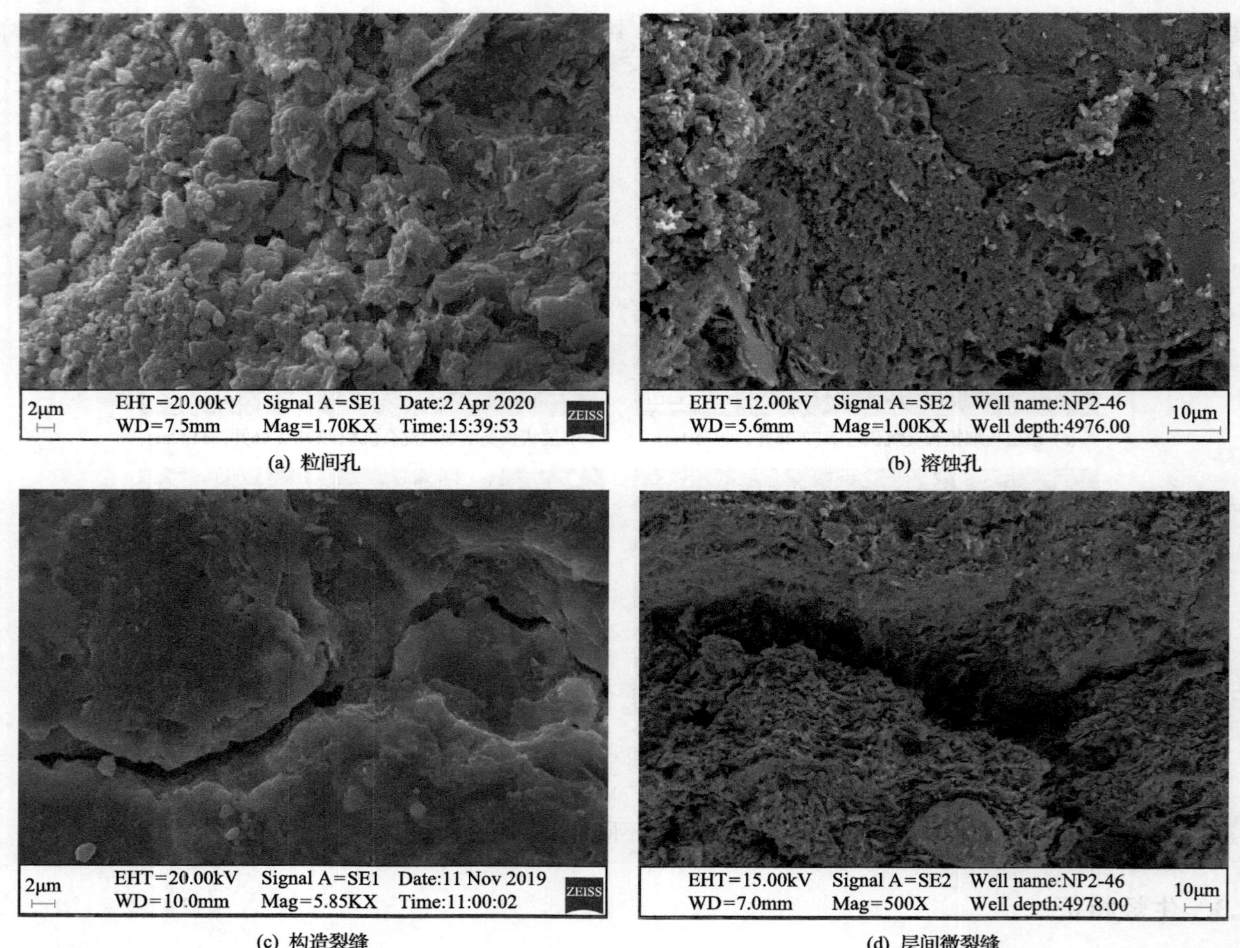

(a) 粒间孔 (b) 溶蚀孔

(c) 构造裂缝 (d) 层间微裂缝

图 4 沙一段细粒沉积岩储集空间特征(扫描电镜)

细粒混合沉积岩矿物成分复杂，长英质、碳酸盐和黏土矿物各占 33%左右，无优势矿物，复杂的矿物成分改变了储层结构。在普通薄片下仍可以观察到少量裂缝，扫描电镜下见有粒间孔、自生黏土矿物晶间孔，少见粒内溶蚀孔隙。相比较于细粒长英沉积岩，细粒混合沉积岩储集物性更低，孔隙度分布在 5.6%～8.9%(平均为 6.6%)，渗透率受裂缝影响，总体分布在 0.02×10^{-3}～$0.08\times10^{-3}\mu m^2$(平均为 $0.05\times10^{-3}\mu m^2$)。混合沉积岩具有更宽的喉道分布范围，纳米级孔隙仍是其主要孔隙类型，但由于其成分复杂，裂缝发育相对减少，孔隙之间连通性变差。

2.5 含油气性

沙一段具有整体含油连片分布特征，气测异常十分明显，纵向上发育多套页岩油富集“甜点”体，全区分布稳定、含油饱和度高。NP 2-46 井沙一段游离烃 S_1 在 1～2.7mg/g，平均值为 1.695mg/g，可动烃指数(S_1/TOC)为 40%～132%，平均值为 83%，对 5050～5160m 井段进行“甜点”体试油，平均地面原油密度为 0.83g/cm^3，50℃时黏度为 2.89mPa·s。NP 3-66 井 5080～5280m 井段进行游离烃 S_1 在 1～2.46mg/g，平均值为 1.41mg/g，可动烃指数(S_1/TOC)为 42%～102%，平均值为 72%。NP 3-20 井沙一段 5120～5160m 井段进行“甜点”体试油，地面原油密度为 0.814g/cm^3，50℃时黏度为 1.81mPa·s。

2.6 脆性特征

细粒沉积岩具有岩性致密、低孔低渗和储集空间规模小等特征，其内部存储的油气有相当一部分以吸附态存在，采用常规开采技术难以获得工业产能，因此必须对其进行压裂改造[4]。研究结果表明：石英对脆性贡献最大，白云石、长石次之，方解石、黄铁矿、方沸石影响较弱，黏土对脆性贡献最小[5]。南堡凹陷沙一段细粒长英沉积岩优势脆性矿物高，脆性指数较高，细粒混合沉积岩次之。细粒长英沉积岩为主要工程“甜点”，在压裂过程中，可把细粒长英沉积岩作为优势岩相，用来优化压裂方案。

3　页岩“甜点”区的分布与预测

借鉴相邻探区页岩油“甜点”分布特征，对南堡凹陷沙一段的页岩油气的勘探开发具有重要的借鉴意义。页岩油“甜点”形成的物质基础取决于泥页岩中有机质的含量和质量，而油气生成取决于有机质成熟度的大小[6]。因此，可以从泥页岩的发育特征及有机质成熟度和有机质性质角度，根据各沉积微相下泥页岩有机质地球化学特征及不同干酪根类型生油气特征(图 5)，分析不同沉积环境下单井泥页岩生烃特征(图 6)，在林雀-曹妃甸次凹垂向剖面上预测出泥页岩油气分布类型和特征。

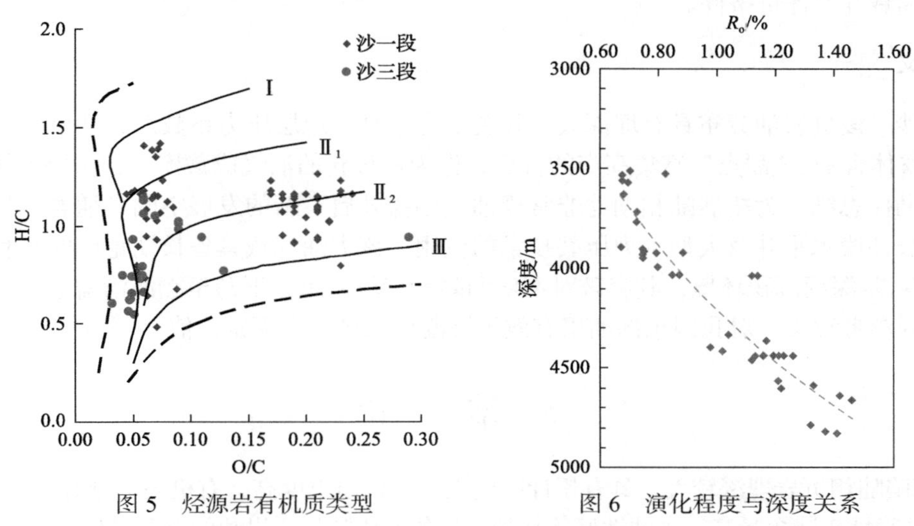

图 5　烃源岩有机质类型　　图 6　演化程度与深度关系

成藏为源内超压充注藏，当烃源岩剩余压力大于紧邻细粒沉积岩的驱替压力后，一次生烃的油气直接进入紧邻细粒沉积岩或与源岩互层的砂体聚集成藏，源-储特性共同控制油藏边界。构造、烃源岩、地层压力、沉积微相等要素控制页岩油的富集。

南堡凹陷林雀次凹和曹妃甸次凹沙一段在 4400m 以下烃源岩已达成熟-高成熟阶段，以生高气油比轻质油为主。钻探表明在 4400m 以下，气测显示活跃，“甜点”段集中，页岩油富集，是主要的钻探目标(图 7)。

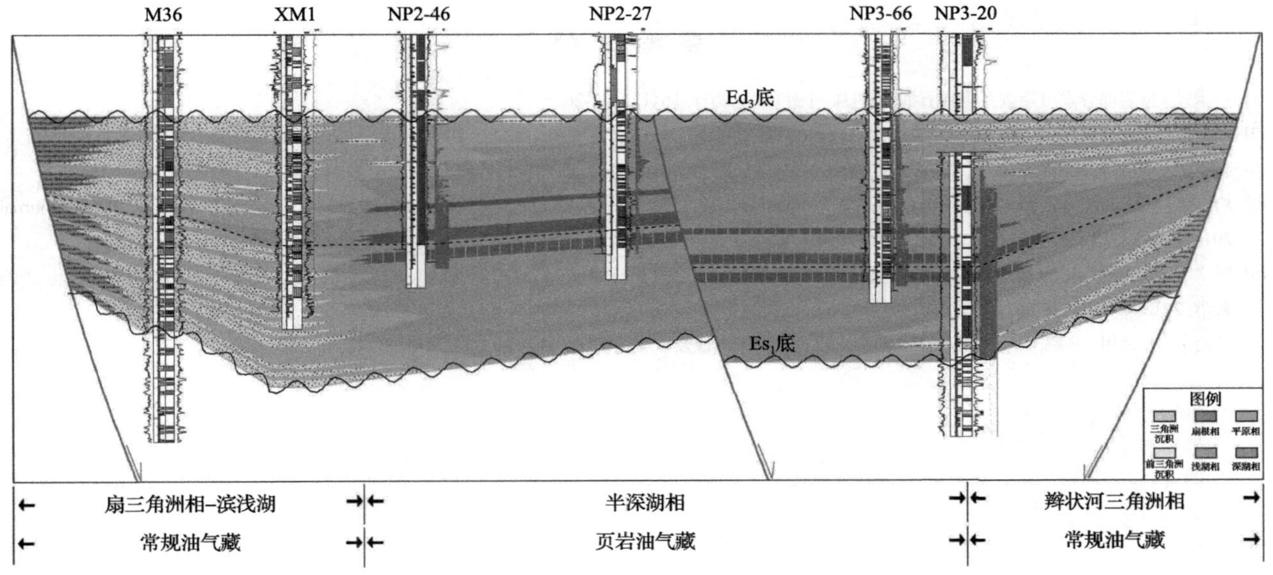

图 7　林雀-曹妃甸次凹垂向剖面页油气分布预测

4 勘探成效与地质意义

4.1 勘探成效

针对沙一段段细粒沉积岩油藏，设计实施 NP 2-46、NP 3-66 预探井两口钻井，在沙一段均获得良好油气显示，压裂后在不同层段均获得工业油流，充分表明该区具有整体含油的特点。将有机质丰度（TOC）大于 2%、生烃潜量（S_1+S_2）大于 6mg/g、孔隙度大于 5%、气测全烃大于 50%、脆性指数大于 50%作为细粒岩油藏“甜点”，优选出沙一段底部 4 个“甜点”段。其中 NP 2-46 井沙一段获得日产 21t 的高产工业油流，后期稳产 5t/d。勘探实践表明，沙一段段细粒岩油藏具有整体含油、“甜点”段局部富集的特点，初步形成整装油藏开发评价条件。

4.2 地质意义

南堡凹陷沙一段页岩油分布具有埋深大、长英质含量高、地层压力系数高、油质轻、纵向上分段、横向上连片、整体含油、“甜点”富集高产的特点，作为一种新的油气成藏模式，拓展了低渗透油气藏的概念，转变了勘探思维，为拓展陆相湖盆非常规油气勘探开启了新的发展空间。随着“甜点”评价水平的不断提升，长井段水平井及大型水力压裂技术的应用，该类油气藏具备长期稳产的有利条件。细粒岩油气形成于半深湖-深湖沉积环境，其突破对南堡凹陷沙三段、东三下乃至渤海湾盆地开展细粒沉积岩研究也具有一定的参考意义，对我国东部油田有效扩展勘探领域具有探索价值。

5 结　　论

（1）南堡凹陷陆相页岩埋深较大，具有累计厚度大、有机质丰度高、有机质类型好、热演化程度适中、储集空间发育、脆性矿物含量高、含油性好等特征，具备形成陆相页岩油的有利条件，勘探开发潜力较大。

（2）通过深入研究，有利于“甜点”段和甜点区识别与预测。其中，基于沙一段埋深及烃演化程度最有利于形成页岩油藏经济价值巨大。

（3）南堡凹陷陆相页岩油勘探取得了突破，表明我国陆相页岩油具有良好的勘探开发前景，但是也存在着埋深较大、开发成本较高、工程技术复杂的难题。随着工程技术的发展，难题将被逐一攻克，南堡凹陷页岩油将会迎来商业规模开采的局面。

参 考 文 献

[1] 罗承先. 页岩油开发可能改变世界石油形势[J]. 中外能源, 2011, 16(12): 22-26.

[2] 鄢继华, 邓远, 蒲秀刚, 等. 基于 X 射线衍射数据的细粒沉积岩岩石定名方法与应用[J]. 中国石油勘探, 2015, 20(1): 48-54.

[3] 秦建中, 申宝剑, 陶国亮, 等. 优质烃源岩成烃生物与生烃能力动态评价[J]. 石油实验地质, 2014, 36(4): 465-472.

[4] Jin X C, Shah S N, Roegiers J C, et al. Fracability evaluation in shale reservoirs: An integrated petrophysics and geomechanics approach[J]. SPE Journal, 2014, 20(3): 518-526.

[5] 周立宏, 蒲秀刚, 陈长伟, 等. 陆相湖盆细粒岩油气的概念、特征及勘探意义: 以渤海湾盆地沧东凹陷孔二段为例[J]. 中国地质大学学报: 地球科学, 2018, 4310: 3625-3639.

[6] 吕艳南, 张金川, 张鹏, 等. 东濮凹陷北部沙三段页岩油气形成及分布预测[J]. 特种油气藏, 2014, 21(4): 48-52.

安 83 页岩油水平井重复压裂技术研究与应用

李凯凯, 安　然, 杨凯澜, 陈世栋

（中国石油长庆油田分公司，西安 710018）

摘要：安 83 区页岩油藏位于鄂尔多斯盆地，投产水平井 229 口，动用地质储量 7533 万 t，由于储层致密，无有效能量补充，存在产量递减大、单井产能快速降低等问题，早期提高单井产量措施未能获得预期效果。基于前期注水补能探索及重复压裂试验认识，应用大规模蓄能体积压裂技术，在注水补充地层能量和升级压裂工具的基础上，结合极限分簇射孔、储层差异化改造和多级动态暂堵等工艺，提高裂缝复杂程度，同时优化焖井时间，使油水相充分渗吸置换，最终达到大幅提高水平井单井产量和长期高产稳产目的。现场试验 3 口井，应用大规模蓄能体积压裂技术后，水平井产量大幅提高，最高单井日产油达到邻井的 7 倍，措施后生产满一年，单井累计增油达到 2160t，效果效益显著提升。该技术能同时补充地层能量并有效改造储层，对安 83 区页岩油水平井重复压裂改造具有较好的适应性，并对同类油藏的开发具有一定参考意义。

关键词：页岩油藏；水平井；重复压裂；渗吸置换

Research and application of refracturing technology in the An 83 shale oil horizontal well

Li Kaikai , An Ran , Yang Kailan , Chen Shidong

(PetroChina Changqing Oilfield Company, Xi'an 710018)

Abstract: The shale oil reservoir in An 83 block is located in Ordos Basin, and 229 horizontal wells have been put into production, with 75.33 million tons of geological reserves. Due to the tight reservoir and lack of effective energy supplement, there are problems such as large production decline and fast decrease of single well productivity, and early single-well stimulation attempts failed to achieve the expected effect. According to the previous attempts at energy storage by water injection and refracturing experiments, using large-scale energy storage volumetric fracturing technology, formation energy was replenished through water injection and the fracturing tools were upgraded. On this basis, extreme clustered perforation, differential reservoir stimulation and multistage dynamic temporary plugging were studied to improve the complexity of fractures, and the well shut-in time was optimized, make the oil-water phase imbibition replacement fully. Finally, it achieves the goal of greatly improving single well production and long-term high and stable production of horizontal wells. Three wells were tested in the field. After the application of large-scale energy storage volume fracturing technology, the production of horizontal wells was greatly improved, with the daily oil production of the highest single well reaching 7 times that of the adjacent well. After one year of production, the cumulative oil of single well reached 2160t, and the effect and benefit were significantly improved. This technology can simultaneously supplement formation energy and effectively transform the reservoir, which has a good adaptability to the re-fracturing of shale oil horizontal wells in An 83 area, and has a certain reference significance for the development of similar reservoirs.

Keywords: shale oil reservoir; horizontal well; refracturing; imbibition replacement

作者简介：李凯凯(1987—)，油气田开发工程师，现主要从事低渗透油藏开发，压裂酸化等增产增注工艺研究与应用工作。地址：陕西省西安市高陵区长庆产业园基地，电话：0951-6950908、13289707556，邮箱：likk02_cq@petrochina.com.cn。

安 83 区沉积环境主要为湖泊-三角洲前缘亚相，自生自储、分布稳定、储量大，主力含油层系为三叠系长 7_2 亚段，平均油层厚度为 14.8m，控制含油面积为 480km^2，地质储量为 2.2 亿 t。储层孔隙度平均为 8.9%，渗透率平均为 $0.17\times10^{-3}\mu m^2$，属低孔-特低孔、致密储层，层间非均质性强。油藏平均埋深 2223m，原始地层压力为 18.2MPa，储层压力梯度为 0.75～0.85MPa/100m，自然能量严重不足，储层岩石类型以岩屑长石砂岩为主，脆性成分比例高，脆性指数为 35%～45%。

该区 2010 年开始投入大规模开发，是长庆油区第一个大规模开发的页岩油藏[1]，早期经历定向井开发、注水开发，水平井自然能量开发等阶段，但存在递减快、单井产量低、见水矛盾突出、开发效益较差等问题，最终形成以长水平井自然能量开发为主的开发模式。该区共投产水平井 229 口，开井 206 口，平均水平段长 855m，主体采用水力喷射+环空加砂或水力泵送桥塞压裂，单井改造 9.5 段，单井加砂 570m^3，单井入地液量 6647m^3，施工排量 2～10m^3/min，初期单井日产油 11.7t，但第一年递减达 50%～60%，第二年递减达到 40%～50%，目前地层压力保持水平仅为 34.1%，单井日产油 1.4t，累计产油 5830t，采油速度 0.22%，采出程度 1.90%，长期处于低产低效状态。

1　早期提高单井产量探索

1.1　补充地层能量试验

该区地层能量低，水平井投产后液量迅速下降，由于该区存在较复杂的人工缝网和储层具有较好的亲水性，基质和裂缝存在一定的深吸置换作用，2014～2015 年对该区 12 口水平井探索实施注水吞吐措施，补充地层能量。平均单井日注水 60～150m^3，累计注水 5320m^3，注水后焖井一个月开抽，整体效果较差，有效期短，平均单井累增油 75t 即失效(图 1)。

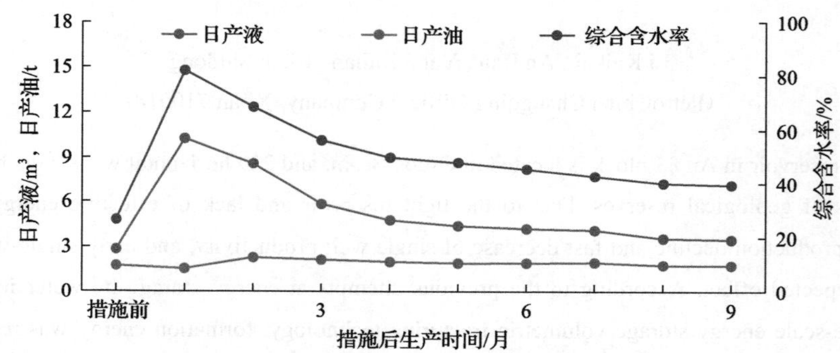

图 1　水平井注水吞吐后月度生产曲线

注水吞吐排量低，对储层起不到改造作用，在一定程度上可以提高地层能量，提高油井日产液量，但裂缝周边剩余油分布相对较少，油水渗吸置换有效作用距离短，基质中原油难以被置换出来，注水吞吐后含水一直较高，增油效果弱。同时与邻井裂缝性储层窜通严重，注水也难以起到有效驱替作用，反而导致邻井见水比例达到 30%，产能损失较大。

在该区也试验了二氧化碳吞吐，同样由于缝网发育，气窜严重，起不到有效补充地层能量的作用。单纯地注水吞吐或注入非水介质难以成为该区补充地层能量的主体技术。

1.2　重复改造规模小、效果差

2017 年对 7 口水平井实施重复压裂[2,3]措施，整体采用直井段 3 1/2″ 油管+水平段 2 7/8″ 油管+K344 封隔器+喷砂器+K344 封隔器管柱组合，受制于压裂工具限制，改造规模较小，平均单井改造 4.7 段，单段加砂 55m^3，单段入地液 652m^3，平均施工排量 4.7m^3/min，措施后初期单井日增油 2.7t，但液量下降快，增油效果迅速减弱，单井累计增油 510t 即失效，有效期内单井日增油 0.74t，效果一般。重复压裂后，两个月内油井含水率即可恢复至措施前水平，但改造规模小，入地液量低，措施后液量迅速下降，效果减弱快(图 2)。

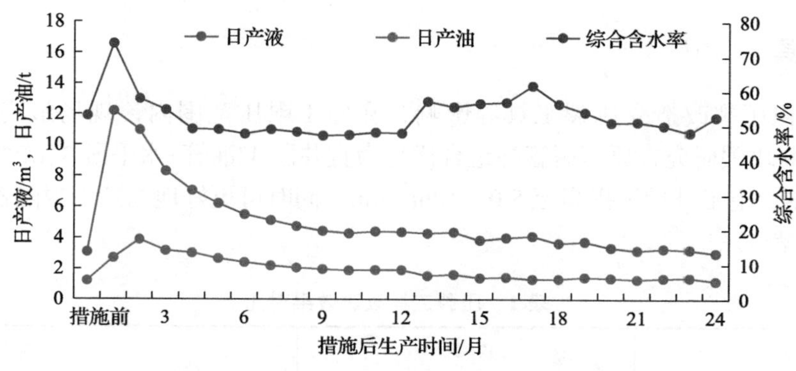

图 2　2017 年水平井重复压裂后月度生产曲线

1.3　前期措施经验认识

注水补能，虽然在一定程度上可以提高地层能量，但由于未能对储层进行有效改造，无法形成新裂缝，而原裂缝周边剩余油相对较少，注入水不能有效进行油水置换，措施后含水率较高，效果差。

重复压裂可以提高油井产能，但如果措施规模小，入地液量低，储层无充足的地层能量，措施后液量下降快，无法将新动用区域原油有效带出，造成效果减弱快，累计增油量较少，效益差。

大规模重复改造页岩油储层，形成新的裂缝区域，使基质中原油可动，近距离流向裂缝区域，同时加大入地液量，提高地层能量，能顺利地将可动油带出，吉林油田对低渗透油藏实施蓄能整体压裂[4]，吐哈油田对致密油水平井实施缝网增能压裂[5]，措施后油井高产稳产水平均得到大幅提高。结合注水补能、大规模体积压裂造新缝及其他油田措施经验[4,5]，2019 年提出了蓄能体积压裂理念，持续探索水平井重复改造提高单井产量技术。

2　重复改造优化思路

2.1　压前注水补能

安 83 区原始地层压力 18.2MPa，目前压力仅 6.2MPa，压力保持水平 34.1%，依据目前压力情况，结合注入液量与局部压力变化公式(1)：

$$\Delta V=C_t V\Delta P \tag{1}$$

式中，ΔV 为地层需增加液量，m^3；C_t 为岩石综合压缩系数，取值为 $5.04\times10^{-5}MPa^{-1}$；$V$ 为裂缝改造体积，m^3；ΔP 为增加的地层压力，MPa。

为恢复至原始地层压力水平，在压裂前对单井注水 3000～6000m^3(图 3)：一是可以提高目前地层能量，有助于长期稳产；二是改变地层应力状态，使原低应力区人工缝网恢复地层压力，有助于造新缝，提高压裂过程储层有效改造体积。

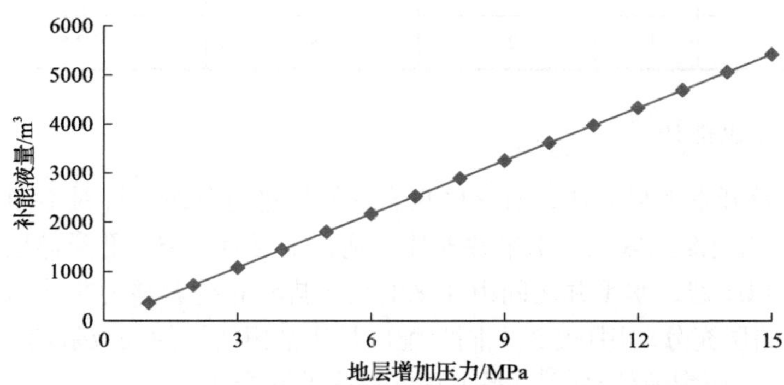

图 3　补能液量与地层局部压力增加值关系曲线

2.2　改进压裂工具

早期水平井体积压裂改造受压裂工具等影响，在施工限压范围内，现场最高施工排量仅能达到5.5m^3/min，通过不断攻关研究，原压裂管柱组合优化为直井段4″油管+水平段3 1/2″油管+K344封隔器+喷砂器+TDY封隔器，施工排量可提高至8.0～10m^3/min，同时可更好地判断下封隔器坐封情况，大大提高了压裂作业能力(表1)。

表1　压裂工具改进效果对比

攻关点	攻关前	攻关后	提升效果
井口承压	70MPa	105MPa	最高承压提高50%
直井段油管	3 1/2″(74mm)	4″(86mm)	直井段摩阻降低26%，最大排量5.5m^3/min提高到8.0m^3/min
水平段油管	2 7/8″(62mm)	3 1/2″(74mm)	水平段摩阻降低31%
压裂工具组合	K344封隔器+节流喷砂器+K344封隔器	K344封隔器+节流嘴+无节流喷砂器+TDY封隔器	工具内径由55mm增加到62mm，节流降低3～5MPa

2.3　多工艺组合，提高裂缝复杂程度

2.3.1　极限射孔

原井复压前对每簇射孔段试挤，通过吸水指数判断初期改造效果，确定复压潜力段簇，试挤结果显示25%的簇不吸水，常规火力射孔存在起裂不均现象。对新补孔段采用极限射孔技术，单簇射孔长度0.4m，射孔炮眼两个，初期形成高压，提高孔眼起裂概率，根据阶梯排量测试分析孔眼有效率达到80%，较常规射孔提高20%～30%(表2)。

常规火力射孔孔眼直径8mm，压后放喷时反溅严重，高流速携砂液冲击油管，造成正对射孔段油管刺漏严重，甚至部分油管断裂落井，是限制单趟管柱实现多次压裂的重要原因。极限射孔孔眼直径达到20mm，孔眼面积是火力射孔的6.25倍，在放喷流量一定的条件下，流速大幅下降，对油管冲击力显著降低，提高了油管使用寿命，同时将射孔段正对管柱优化为高强度合金抗冲蚀油管，实现了大规模压裂改造条件下单趟管柱压裂3段的突破。

表2　极限射孔与常规火力射孔多簇起裂有效性对比

井号	段序	射孔技术	簇数	孔眼总数	有效孔眼数	孔眼有效率/%	有效进液簇数
H1	*X*	常规	6	54	25.8	47.8	3
	X+1	极限	10	20	16.7	83.5	8
H2	*Y*	常规	4	36	25.7	71.4	3
	Y+1	极限	10	20	18.5	92.5	9

2.3.2　储层改造差异化设计

通过精细储层解释及开发效果对比，对该区页岩油储层进行分级，针对不同的储层品质，实施储层改造差异化设计[6,7]，优选边部区域三口水平井连片实施，主要对Ⅰ类、Ⅱ类储层原射孔段进行重复压裂或未动用段进行补孔体积压裂，水平井之间由原来的均匀排状布缝调整为非均匀交错布缝，压裂过程加大缝间干扰，确保优质储层充分动用(表3)，同时配以长庆油田研发的以减阻剂、高效助排剂、长效防膨剂为核心的EM30S滑溜水压裂液体系[8,9]，最大程度提高油井产能。

表 3 储层改造差异化设计

储层分类	物性参数	加砂强度/(t/m)	进液强度/(m^3/m)
Ⅰ类	电阻率≥40Ω·m，油层厚度≥12m，渗透率≥0.15mD	5～6	20～25
Ⅱ类	电阻率 30～40Ω·m，油层厚度 9～12m，渗透率 0.1～0.15mD	4～5	17～22
Ⅲ类	电阻率 25～30Ω·m，油层厚度 6～9m，渗透率 0.01～0.1mD	3～4	15～20

2.3.3 多级动态暂堵

在压裂过程中加入多粒径组合的 DA 系列可降解暂堵转向剂(表 4)，通过暂堵转向效果评价方法，现场实时调整，实现缝口+缝端暂堵，抑制缝长，提升缝内净压力，形成侧向新缝，使人工裂缝更加复杂[2,10-12]，最大程度提高储层改造体积，提高改造效果。现场统计 75%以上的压裂段数实现了大排量下施工压力上升 3～6MPa，且压裂后含水稳定，比不加暂堵剂压裂油井含水率低 14.4%，充分证明暂堵效果显著，提升了裂缝复杂程度。

表 4 DA 系列暂堵剂性能指标

项目类型	粒径	粒径最优配比	真密度/(g/cm^3)	堆密度/(g/cm^3)	热稳定性/℃	弹性模量/GPa	抗压强度/MPa	溶解性能/%
指标	0.1～0.3mm、1～2mm、3～4mm	1∶1∶1.5	1.32	>0.9	>250	>1.6	>70	50～70℃，48h 溶解率 100%

2.4 优化焖井时间

数值模拟及岩心渗吸试验显示，焖井时间超过 40 天以后，渗吸置换作用大幅减弱(图 4)；矿场实践也显示，相近压裂规模和压裂液体系的新投水平井压后焖井时间在 30～60 天，初期产能较高。焖井时间太短，不利于油水渗吸置换，排液时间长，造成能量浪费；但焖井时间过长可能存在入地液向外围驱替的情况，影响本井产量提高，综合考虑，闷井时间优化为 30～60 天。

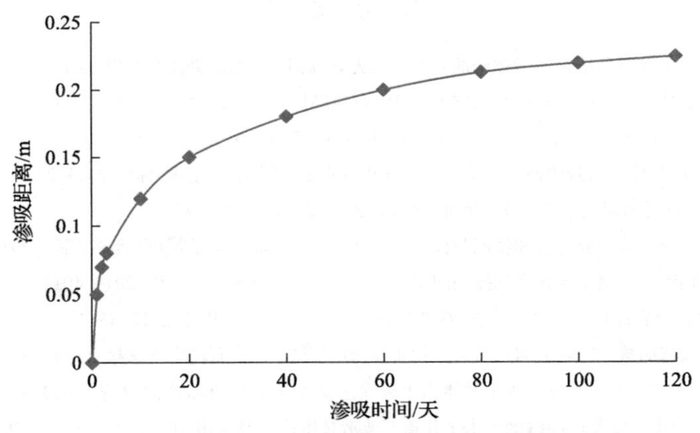

图 4 静态岩心渗吸距离与渗吸时间关系曲线

3 现场应用

2019 年对井网边部 3 口连片水平井实施大规模蓄能体积压裂重复改造措施，单井滞留液量超过 2 万 m^3，与 2017 年实施井对比，单段施工排量、加砂量、单段入地液量提升 2 倍以上。压裂完焖井两个月，井口压力 2MPa，局部地层压力系数提高至 1.35，于 2020 年 3 月开抽，平均泵挂 1500m，确保井底流压高于泡点压力，措施后单井产量由 1.2t 提高至 10.2t，措施后生产满一年，单井累计增油 2160t，有效期内单井日增油 5.5t，是 2017 年措施井同期增油量的 7.5 倍，是周边水平井产量的 4.0 倍，采油速度提高至 1.33%，油井增产效果显著(图 5)。结合目前增油递减情况，预计有效期内单井累计增油可以达到 4500～6000t，投入产出比达到 1∶1.1，实现效益开发。

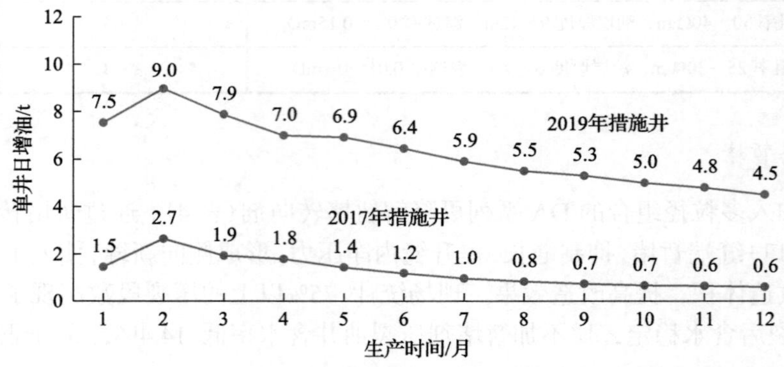

图 5　2017 年与 2019 年水平井体积压裂后日增油曲线对比

4　结　　论

(1)大规模体积压裂及注水补能是页岩油水平井维持长期高产的必要条件，单纯的注水补能和体积压裂都不能达到预期效果，造新缝和补充地层能量需同步实施。

(2)优化管柱组合，提升压裂工具性能，可以大幅提升压裂施工规模，提高水平井重复压裂施工效率。

(3)集成应用极限射孔、储层差异化改造设计和多级动态暂堵等技术，能够使裂缝复杂程度大幅提高，辅以合理焖井时间及工作制度，可以显著改善压裂效果。

(4)安 83 区页岩油水平井单井产量普遍较低，大规模蓄能体积压裂能同时起到补充地层能量和有效改造储层的目的，根据目前递减及增油情况预测，可以实现效益开发，具有较好的应用前景。

参 考 文 献

[1] 李忠兴, 屈雪峰, 刘万涛, 等. 鄂尔多斯盆地长 7 段致密油合理开发方式探讨[J]. 石油勘探与开发, 2015, 42(2): 217-221.

[2] 胥云, 雷群, 陈铭, 等. 体积改造技术理论研究进展与发展方向[J]. 石油勘探与开发, 2018, 45(5): 874-887.

[3] 张春辉. 连续油管结合双封单卡压裂技术应用[J]. 石油矿场机械, 2014, 43(5): 60-61.

[4] 张红妮, 陈井亭. 低渗透油田蓄能整体压裂技术研究: 以吉林油田外围井区为例[J]. 非常规油气, 2015, 2(5): 55-60.

[5] 何海波. 致密油水平井缝网增能重复压裂技术实践[J]. 特种油气藏, 2018, 25(4): 170-174.

[6] 闫林, 冉启全, 高阳, 等. 陆相致密油藏差异化含油特征与控制因素[J]. 西南石油大学学报(自然科学版), 2017, 39(6): 45-54.

[7] 闫林, 袁大伟, 陈福利, 等. 陆相致密油藏差异化含油控制因素及分布模式[J]. 新疆石油地质, 2019, 40(3): 262-268.

[8] 郭建春, 李杨, 王世彬. 滑溜水在页岩储集层的吸附伤害及控制措施[J]. 石油勘探与开发, 2018, 45(2): 320-325.

[9] 郭钢, 薛小佳, 吴江, 等. 新型致密油藏可回收滑溜水压裂液的研发与应用[J]. 西安石油大学学报(自然科学版), 2017, 32(2): 98-104.

[10] 白晓虎, 齐银, 陆红军, 等. 鄂尔多斯盆地致密油水平井体积压裂优化设计研究[J]. 石油钻采工艺, 2015, 37(4): 83-86.

[11] 苏良银, 白晓虎, 陆红军, 等. 长庆超低渗透油藏低产水平井重复改造技术研究及应用[J]. 石油钻采工艺, 2017, 39(4): 521-527.

[12] 白晓虎, 张翔, 杜现飞, 等. 一种提高致密油藏低产水平井产量的重复改造方法[J]. 钻采工艺, 2016, 39(6): 34-37.

利津洼陷利 886 块沙四上油页岩“甜点”评价

管倩倩

（中石化胜利油田分公司勘探开发研究院，东营 257000）

摘要：目前，页岩油已成为国内寻找非常规油气的重要领域，准确识别页岩油“甜点”，明确区域特征，确定测井评价关键参数，是页岩油勘探开发的重要难题。从油页岩“甜点”富集因素入手，提出了阿奇公式计算含油饱和度和$\Delta \lg R$ 法解释有机碳含量判断油页岩的含油性，依据拟合的统计模型评价油页岩可动性，建立油页岩含油性和可动性模型及利津洼陷油页岩“甜点”评价标准。用该方法对胜利油田利津洼陷利 886 块沙四上亚段油页岩“甜点”进行定性-半定量评价，取得了较好的应用成果。

关键词：页岩油；“四性”评价；含油性；可动性；“甜点”评价

Lijin depression Li-886 pieces of sand four oil shale dessert evaluation

Guan Qianqian

(Shengli oil field exploration and Development Research Institute, Dongying 257000)

Abstract: At present, shale oil has become an important field to search for unconventional oil and gas in China. It is a difficult problem to accurately identify shale oil desserts, define regional characteristics and determine key parameters of well logging evaluation. Previous studies have shown that the classification of oil shale reservoirs is generally based on the “Four characteristics” evaluation, and the existing core, logging and logging data are insufficient to support the study, therefore, a set of evaluation methods for oil shale dessert is urgently needed. Starting with the enrichment factors of oil shale desserts, this paper puts forward Arichie equation to calculate oil saturation and $\Delta \lg R$ method to explain the organic carbon content in oil shale and to evaluate the mobility of oil shale according to the fitted statistical model, the oil-shale model of oil-bearing and mobility and the evaluation standard of oil-shale dessert in Lijin county sag are established. This method is applied to the qualitative-semi-quantitative evaluation of oil shale desserts in the upper Es_4 of Li-886 block in Lijin Sag, Shengli Oil Field, China.

Keywords: shale oil; “four properties”evaluation; oil-bearing; mobility; dessert evaluation

随着中国经济快速发展，对油气的需求量逐年攀升，在保障常规油气量的同时，寻找非常规油气资源成为必然。目前，美国已实现页岩油成功开发，2018 年产油量达到 3.3 亿 t，占年产油量的 59%，页岩油作为重要资源，已成为世界常规油气的接替领域和长期稳定发展的战略阵地[1]。

基于页岩油岩性复杂、储存方式多样、特低孔渗、非均质性强等特征，一般利用“四性”关系研究（储集性、含油性、可压性和可动性），优选储层厚度大、渗流能力强、有机质含量高、脆性矿物含量高、可压性强等特征的页岩油“甜点”，分析影响页岩油储集质量和控制因素[2]。但目前很多老区除钻井、录井、测井资料外，很少在油页岩层段取心，缺乏岩心分析化验资料。因此，“四性”关系研究缺乏数据支撑，需要一套利用现有的测井、录井资料，快速对研究区块油页岩进行“甜点”评价，提质提速，降本增效，

作者简介：管倩倩(1994—)，中石化胜利油田公司勘探开发研究院油藏评价室责任师，从事测井数据处理与解释方面的研究工作。地址：山东省东营市胜利油田勘探开发研究院，电话：13589976838，邮箱：1594759813@qq.com。

实现产量和效益的最优化。本文针对胜利油田利津洼陷利 886 块沙四上油页岩层段开展“甜点”评价研究，在缺少取心资料条件下，通过测井资料明确沙四上油页岩层段的有利岩相及测井响应特征；结合录井分析化验资料，明晰油页岩的有机质类型和成熟度，确定有利层段；利用测井数据，评价油页岩段的可动性和可压性，实现对纵向油页岩“甜点”段的定性判别，对缺乏研究资料支撑的油页岩储层的“甜点”评价技术具有指导意义。

1　区域地质概况

利 886 块地理位置位于东营市利津县，构造位置位于滨县凸起东北部陡坡带，沉积环境为滨浅湖到半深湖相，地层自上而下发育第四系平原组，新近系的明化镇组、馆陶组，古近系东营组、沙河街组，其中沙四上纯上亚段发育一套暗色泥岩，油页岩段埋深为 2600～2960m，地层厚度为 50～350m，为一套咸化环境的细粒沉积物。古近系沙河街组三段和沙四上亚段是胜利油田主要烃源岩发育层段，特别是沙四上亚段，依据资源评价胜利油田已发现油藏约 70%来自沙四上烃源岩[3]。

本次研究目的层为沙四上纯上页岩油层段，主要发育油页岩夹薄层砂岩及灰岩条带，整体电性高。沙四上纯下发育砂泥岩薄互层，砂地比明显增高，电性与纯上底部有明显“跳水”特征。根据测井和录井特征，确定并划分出利 886 块的目的层。研究区前期勘探开发目标为古近系沙四上纯下亚段滩坝砂常规油藏，完钻井均钻过沙四上纯上亚段，但无取心和针对性录井。针对利 886 块沙四上油页岩层段岩相复杂、孔隙结构多样、原油赋存流动形式不清，且缺少岩心、数据资料支撑等问题，亟须找到一套适用该情况的对油页岩进行“甜点”评价的方法，以满足老区油页岩层段的再开发。

2　利 886 块油页岩“甜点”富集因素分析

2.1　页岩油有利岩相

与北美海相页岩油不同，济阳坳陷沙四上纯上层段页岩油为陆相断陷湖盆半深湖-深湖沉积，存在岩相分布不稳定、平面变化快及储层非均质性强等特征，利 886 块油页岩层段为沙四上纯上，烃源岩较为发育[4]。依据前人关于济阳坳陷油页岩的岩相划分，基于三端元划分方法细分岩相，即基于“岩石组分-沉积构造-有机质”岩相划分方案，共划分出 12 种岩相类型(图 1)，其中以富有机质纹层状泥质灰-灰质泥互层、富有机质纹层状灰质泥岩、富有机质层状灰质泥岩、层状泥岩、块状泥岩、灰质夹层和砂质夹层 6 种岩相最为常见，依据区域研究成果确定有利岩相类型为富有机质纹层状泥质灰-灰质泥岩。研究区有利岩相层理结构纹层发育，提高了油气储集能力。

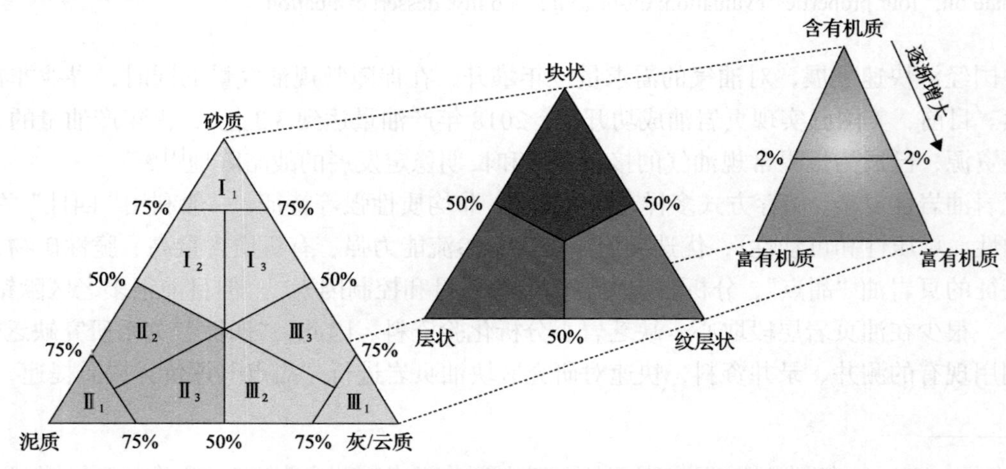

图 1　三端元“岩石组分-沉积构造-有机质”的岩相划分方法[7]

通过测井资料，分析不同岩相测井响应特征，选取 GR、DEN、RT、AC、CNL 五条曲线作为利 886 块页岩油储层敏感曲线。

根据测井数据分析可知，纹层状泥质灰-灰质泥互层的测井响应特征为电阻率高(3～40Ω·m)，自然伽马在 55API 左右，三孔隙度重合性较好；层状灰质泥岩的测井响应特征为电阻率(3～5Ω·m)，自然伽马大于 55API，三孔隙度方向一致往右；层状泥质灰岩的测井响应特征为电阻率(大于 5Ω·m)，自然伽马小于 55API 左右，三孔隙度方向一致往右；块状泥岩的测井响应特征为高自然伽马(大于 70API)，自然伽马-声波交会无填充；块状灰岩的测井响应特征为电阻率(大于 40Ω·m)，自然伽马在小于 45API 左右，三孔隙度方向一致往右。

砂岩夹层的测井响应特征为自然伽马中等或低值(50～70API)，三孔隙度曲线呈现“靠拢”特征，储层电阻率变大时，三孔隙度变化不明显；灰质、云质夹层的测井响应特征为自然伽马低值(小于 50API)，三孔隙度曲线变小(向右)，电阻率与三孔隙度同向。

2.2 有机质类型和成熟度

烃源岩的热成熟度是进行页岩油综合地质评价的基础，对油页岩成岩、含油性和可压性都有影响。有效烃源岩可通过有机质类型、热演化程度、成熟度等综合分析，依据不同油页岩有机质类型、成熟度可判断烃源岩的品质[5]。而油页岩有机质类型可依靠生烃潜力(Pg)、氢指数(HI)、降解潜率(D)和热解峰温(T_{max})等参数划分。在现场可利用钻井岩屑分析快速获得这些数据[6]。

根据利 886 块 A 井钻井样品的生烃潜量 Pg 和实测有机质含量 TOC 数据，样品数据普遍分布在好烃源岩附近(图 2)。

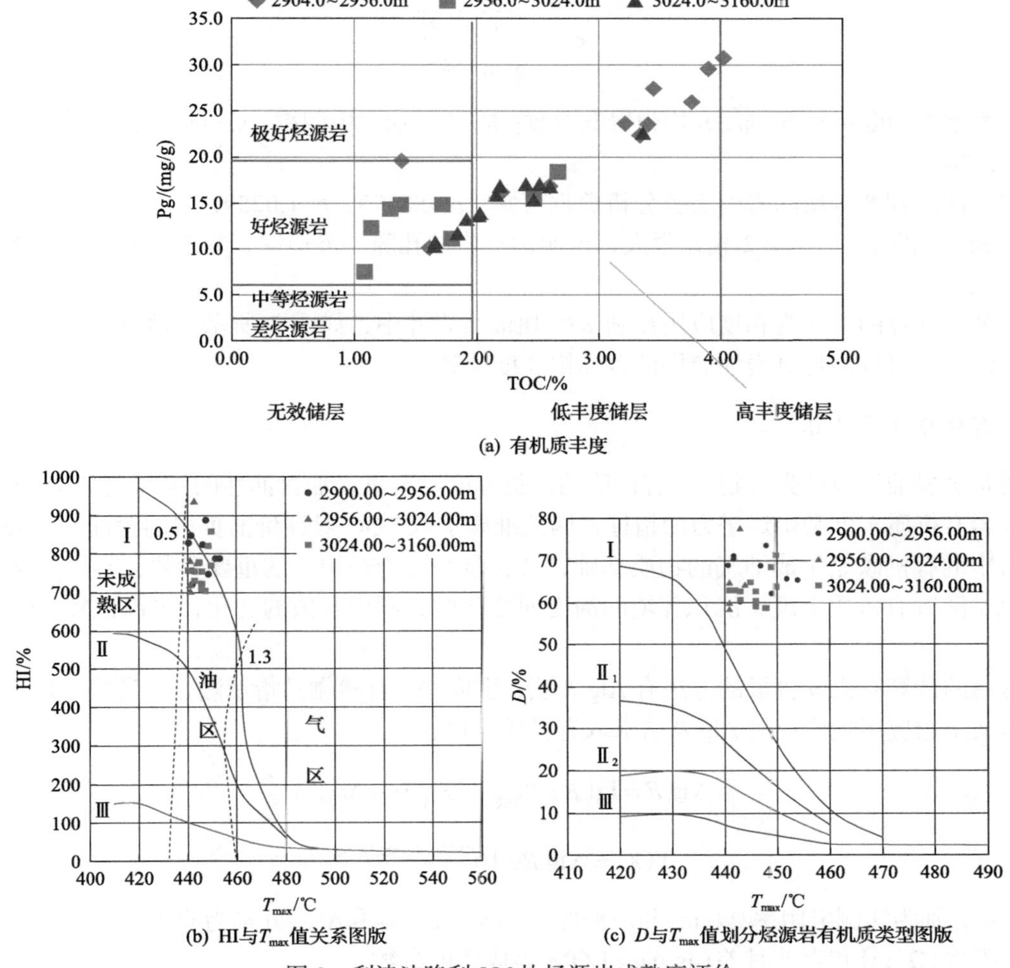

(a) 有机质丰度

(b) HI与T_{max}值关系图版

(c) D与T_{max}值划分烃源岩有机质类型图版

图 2 利津洼陷利 886 块烃源岩成熟度评价

依据有机质类型划分标准，成熟度指标 T_{max} 均大于 437℃，氢指数 HI 大于 700，降解潜率 D 大于 70%，可判定有机质类型为Ⅰ型。东营凹陷沙四上烃源岩生烃门限 2600m，利 886 块油页岩井都处于生油高峰期，通过实测数据显示，利 886 块烃源岩有机质类型为Ⅰ型，以成熟的好—极好烃源岩为主（表 1），具有产出页岩油的物质基础。

表 1　利 886 块烃源岩成熟度指标

序号	井段/m	厚度	T_{max}/℃		HI	D/%	成熟度	有机质类型
1	2900.0～2956.0	56.0	441～454	446	844	70	成熟	Ⅰ
2	2956.0～3024.0	68.0	441～446	443	844	73	成熟	Ⅰ
3	3024.0～3160.0	136.0	441～450	445	756	63	成熟	Ⅰ

2.3　页岩油含油性

利津洼陷的沙四纯上亚段的油页岩作为烃源岩的发育段，其内部油气的富集能力必然成为研究页岩油的关键问题[7]。针对页岩油非常规储层，与油页岩含油性相关的参数求解是十分重要的。

2.3.1　含油饱和度计算

含油饱和度作为评价油页岩含油性的重要参数，可利用阿奇公式，其值通过 100%减去含水饱和度求得。阿奇公式一般适用于含水的砂泥岩或纯砂岩地层，将该公式应用在低渗的油页岩中缺乏一定的理论依据。本文基于实验分析化验资料，在页岩油中应用阿奇公式，探讨其适用性，公式如下：

$$S_w = \sqrt[n]{\frac{a \cdot b \cdot R_w}{R_t \cdot \phi^m}} \tag{1}$$

式中，S_w 为含水饱和度；a、b、m、n 均为岩电参数；R_w 为地层水电阻率，Ω· m；R_t 为地层电阻率，Ω· m；ϕ 为孔隙度，%。

通过利津洼陷利 886 块的岩电实验分析数据可知，a=0.8473，b=1.0259，m=1.3173，n=1.3382，与默认值 a、b、m、n 的 1、1、2、2 相差很大，说明油页岩的孔隙、渗透率、裂缝、岩石的润湿性等都与砂泥岩相差很大。

将阿奇公式计算的含油饱和度应用在利 886 块油页岩井中，如图 3 所示，预测含油饱和度与实测值基本匹配，该方法可以满足页岩油储层的含油饱和度计算。

2.3.2　有机质含量计算

有机质是页岩油形成的先天物质，有机质的富集程度决定页岩油含油性的能力，总有机质含量（TOC）是评价烃源岩有机质丰度和生烃潜力的指标，因此准确求取 TOC 对评价油页岩的含油性十分重要[8]。

沉积岩中的有机碳是生成油气的物质基础，其含量是评价烃源岩的重要参数，有机碳含量在地质剖面上的变化是随着有机质丰度、沉积环境的演变而变化的，利用其值的变化，可以比较出烃源岩的有利生油层段。

目前常用的计算有机碳含量的方法有 $\Delta \lg R$ 法、密度法、自然伽马指示法、元素测井指示法、多元回归法等。本文采用应用最广泛的 $\Delta \lg R$ 法求取有机质含量：

$$\Delta \lg R = \lg\left(R / R_{基线}\right) + K\left(\Delta t - \Delta t_{基线}\right) \tag{2}$$

$$\mathrm{TOC} = \Delta \lg R \times 10^{(2.279 - 0.1688\mathrm{LOM})} \tag{3}$$

式中，R 和 Δt 分别为实测电阻率（Ω· m）和声波时差（μs/ft）；$R_{基线}$ 和 $\Delta t_{基线}$ 分别为非生油的黏土岩中基线对应基线值的电阻率（Ω· m）和声波时差（μs/ft）；LOM 为成熟度参数。

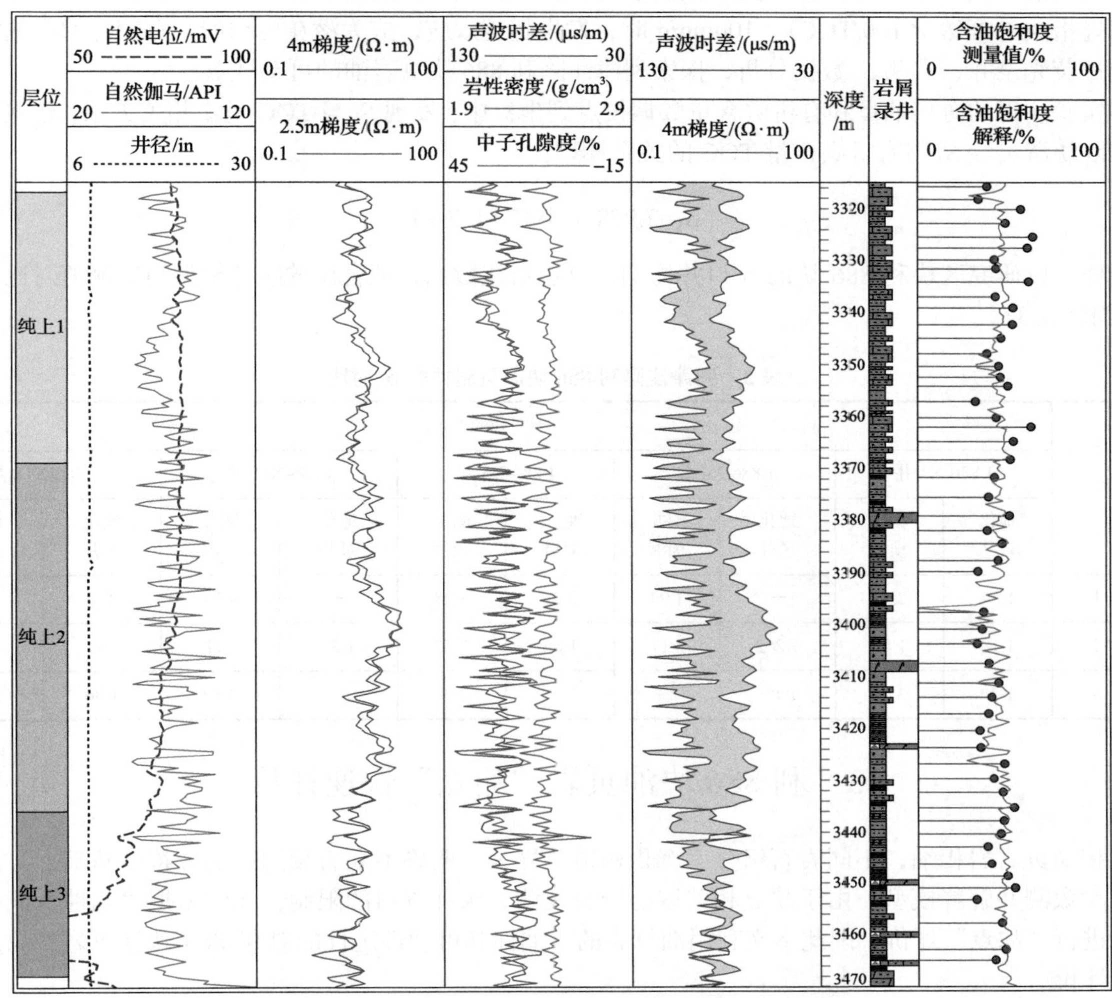

图 3　利用阿奇公式计算得到的利 886 块饱和度模型

以研究区块利 886 块的 5 口井 L886-X1、L886-X4、L886-X5、L886-X15、L886-X18 井为例，分析对比地化录井的实测数据与 ΔlgR 测井方法解释的 TOC 预测数据。通过实例处理结果发现，ΔlgR 法预测 TOC 应用在利津洼陷利 886 块油页岩井中，其精度可以满足需求，与实测结果差异不大(表 2)。

表 2　利津洼陷利 886 块油页岩井的 TOC 对比

层位	不同井的 TOC/%									
	L886-X1 井		L886-X4 井		L886-X5 井		L886-X15 井		L886-X18 井	
	地化录井	测井预测	地化录井	测井预测	地化录井	测井预测	地化录井	测井预测	地化录井	测井预测
纯上 1	2.99	2.86	2.12	3.78	1.85	2.13	3.68	3.82	2.53	2.14
纯上 2	1.69	1.78	1.26	1.88	2.28	1.67	2.10	2.02	3.36	3.53
纯上 3	2.22	2.19	2.11	2.83	2.79	2.81	2.62	2.91	2.96	2.82

2.4　页岩油可动性

通常，页岩油中的游离油和吸附油是可动且可采的，有机质互溶的溶解态页岩油是难以开采的。目前技术情况下，游离油含量是页岩油的最大可动量，是泥页岩孔隙和裂缝中以游离状态存在的烃，主要是指可动的油和气，且游离烃 S_1 的大小直接影响储层产能[9]。页岩油的可动性，主要受有机质吸附控制，当游离烃指数 OSI（S_1×100/TOC）＞100mg/g 时，发生超越效应，成为潜在可动油，有较好的产油潜力。本次通过荧光录井、实测 S_1 数据分析，探索利津洼陷利 886 块页岩油的可动性。

将实验测得的游离油量和有机碳含量数据投点到坐标中，发现 S_1 与 TOC 呈正相关关系，建立利津洼陷利 886 块游离烃 S_1 与有机碳含量 TOC 的关系模型：

$$S_1=2.9785\ln TOC+1.2013 \tag{4}$$

同样，以研究区块利 886 块的 5 口井为例，分析对比数据，拟合出的统计模型与实测值对比，精度满足需求（表 3）。

表 3 利津洼陷利 886 块油页岩井的 S_1 对比

层位	不同井的 S_1/%									
	L886-X1 井		L886-X4 井		L886-X5 井		L886-X15 井		L886-X18 井	
	地化录井	测井预测	地化录井	测井预测	地化录井	测井预测	地化录井	测井预测	地化录井	测井预测
纯上 1	1.54	2.91	—	1.93	2.21	3.28	—	4.23	0.56	2.76
纯上 2	1.18	1.87	1.202	2.17	1.66	2.75	1.36	2.28	1.11	2.2
纯上 3	1.70	3.01	0.89	2.9	—	2.98	—	4.12	1.36	2.11

3 利 886 块油页岩“甜点”快速评价

陆相油页岩岩相细，不同岩石组分、沉积构造差异大，明确不同岩相测井响应特征基础上，需要建立相关参数测井解释模型，由于缺乏相关取心资料及测、录井资料的限制，无法依据“四性”流程对页岩油井进行“甜点”评价，因此本文利用油页岩的含油性和可动性定性的对利 886 块油页岩“甜点”进行快速评价。

分析证明，利津洼陷利 886 块沙四上纯上亚段油页岩具有较好的含油性，从录井、测井分析其沙四上纯上亚段，有利岩相为富有机质纹层状灰质泥-泥质灰互层，烃源岩有机质类型为Ⅰ型，以成熟的好—极好烃源岩为主，有机质含量 TOC 分布在 1.1%～5.2%，平均为 2.8%，游离烃 S_1 分布在 1.2%～2.5%，平均为 1.52%。依据有机质含量和游离烃含量评价，沙四上纯上亚段的烃源岩属于优质烃源岩。但测井、录井受资料限制其结果有一定局限性，但可在页岩油“甜点”评价中缺乏岩心等条件下，依据页岩油的含油性和可动性进行定性-半定量判识。

结合前述建立的页岩油的有机质含量和游离烃含量模型，以有机质含量和游离烃含量为主要参数，有机质含量越高，含油性越好，游离烃含量越高，可动性越高。基于该原理，建立定性-半定量利津洼陷油页岩甜点评价标准（表 4）。

表 4 油页岩“甜点”快速评价标准 （单位：%）

类型	TOC	游离烃含量
一类层	＞4	＞4
二类层	2～4	2～4

4 实例分析及处理

利津洼陷利 886 块开发采用井工厂模式，一个平台 6～7 口井，未设计取心任务。开发方要求利用钻井、测井、录井数据快速评价，及时提供评价成果，保障钻井和后续投产的快速衔接，减少钻井、作业等待时间，提高开发效率。

以利津洼陷利 886 块 L886-X1 为例，按照表 4 建立的评价标准，在纵向上将“甜点”定为两个标准(一类层、二类层)，如图 4 所示。其“甜点”段集中在层位纯上 3(一类层和二类层集中发育)。

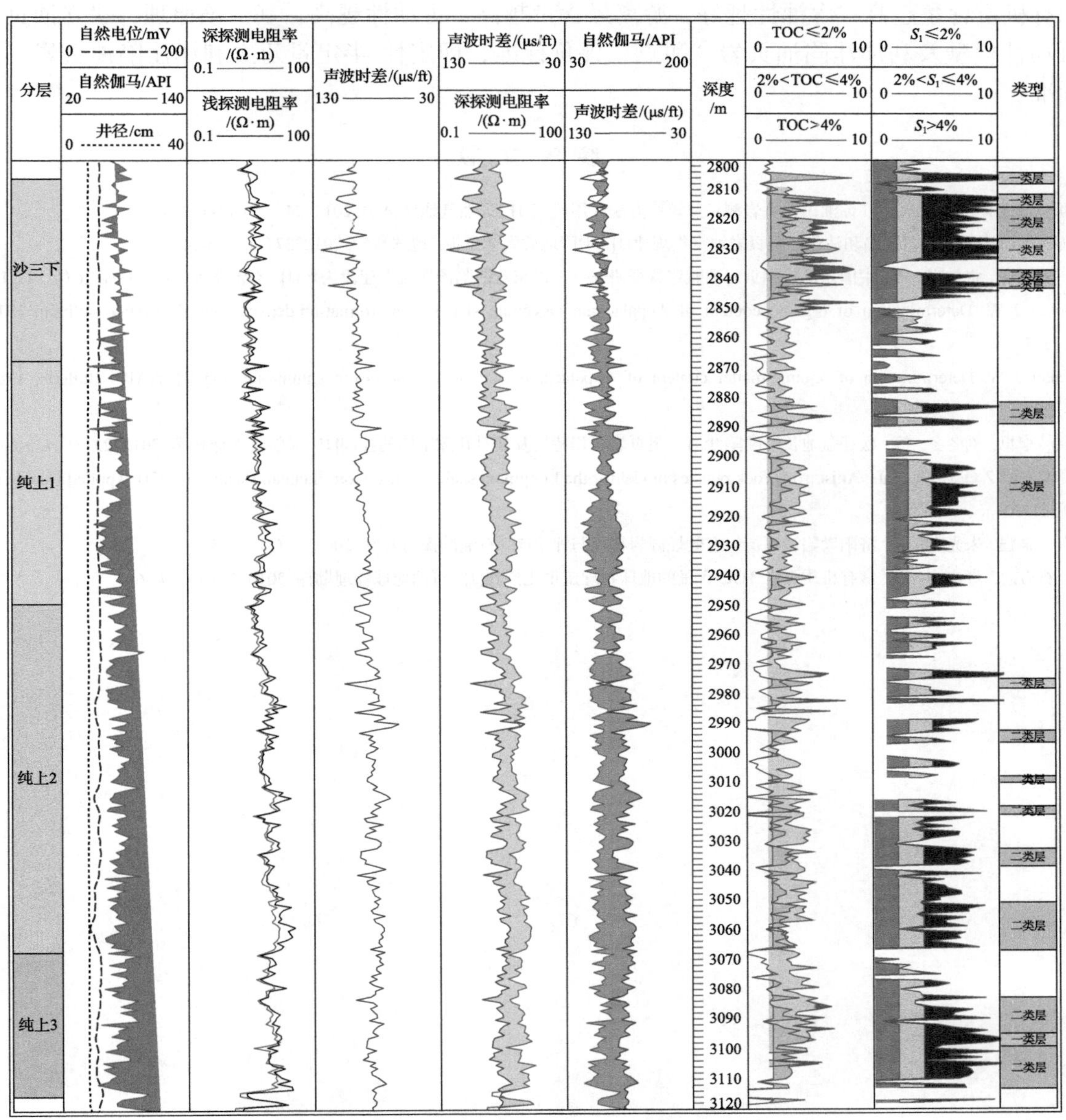

图 4　利 886 块 L886-X1 油页岩层段甜点分类

目前该井已顺利完钻，并在沙四纯上 3 获得了较好的效果。实钻情况为：纯上亚段发现荧光级显 31.00m/19 层，油迹级显示 3.00m/3 层；试油资料显示，累计产油 1549t，累计产水 2206t，峰值日产油 18.8t，有力地辅证了本文提出的定性-半定量建立利津洼陷油页岩“甜点”评价思路。

5 结　论

(1)基于“三端元”划分方法细分岩相，即“岩石组分-沉积构造-有机质”的岩相划分方案，共划分出 12 种岩相类型。其中，有利岩相类型为富有机质纹层状泥质灰-灰质泥岩。研究区块沙四上烃源岩生烃门限 2600m，处于生油高峰期，有机质类型为Ⅰ型，以成熟的好—极好烃源岩为主，具有产出页岩油的物质基础。

(2)通过井实例的处理和分析，依据阿奇公式计算含油饱和度和 ΔlgR 法解释有机碳含量判断油页岩的含油性，依据拟合的统计模型评价油页岩的可动性，将该方法应用在研究区中，效果较好。

(3)结合本文建立的页岩油的有机质含量和游离烃含量模型，以有机质含量和游离烃含量为主要参数，有机质含量越高，含油性越好，游离烃含量越高，可动性越高。基于该原理，建立油页岩含油性和可动性模型及利津洼陷油页岩“甜点”评价标准，即定性-半定量建立利津洼陷油页岩“甜点”评价标准。

参 考 文 献

[1] 曹书坡, 黄光辉, 罗辉, 等. 江苏油田泥页岩测录井评价方法应用研究[J]. 天然气地球科学, 2013, 24(2): 414-422.

[2] 朱德顺. 渤海湾盆地东营凹陷和沾化凹陷页岩油富集规律[J]. 中国地质大学学报: 地球科学, 2012, 37(3): 535-544.

[3] 李政, 朱日房, 张林晔, 等. 中国东部陆相页岩油赋存特征研究——以东营凹陷沙四段上亚段为例[J]. 石油学院学报, 2004, 26(1): 17-19.

[4] Schmoker J W. Determination of organic content of Appalachian Devonian shales from formation-density logs[J]. AAPG Bulletin, 1979, 63(9): 1504-1537.

[5] Schomker J W. Determination of organic-matter content of Appalachian Devonian shales from gamma-ray logs[J]. AAPG Bulletin, 1981, 65(7): 1285-1298.

[6] 张瀛涵, 李卓, 刘冬冬, 等. 松辽盆地长岭断陷沙河子组页岩岩相特征及其对孔隙结构的控制[J]. 天然气地球科学, 2012, 23(3): 430-437.

[7] Liu X W, Guo Z Q, Li C, et al. Anisotropy rock physics model for the Longmaxi shale gas reservoir, Sichuan Basin, China[J]. Applied Geophysics, 2017, 14(1): 21-30.

[8] 王永诗, 金强, 朱光有, 等. 济阳坳陷沙河街组有效烃源岩特征与评价[J]. 石油勘探与开发, 2003, 30(3): 53-55.

[9] 王健, 石万忠, 舒志国, 等. 富有机质页岩 TOC 含量的地球物理定量化预测[J]. 石油地球物理勘探, 2016, 51(3): 596-604.

川中大安寨纯页岩油藏储层综合评价及出油潜力分析

高武彬，杨宗恒，张敏知，李　明，杨　阳

（中国石油西南油气田分公司川中油气矿，遂宁 629000）

摘要：川中地区大安寨段页岩储层埋藏浅、品质较优，估算资源量达 94 亿 t，资源潜力巨大，是原油勘探开发的潜力领域。目前在大安寨大二段已实施 6 口纯页岩开发井，均采用国内外主流的体积压裂改造模式，实施效果较差，仅三口井见低产油流。本文在岩心观察、测试分析、测录资料、压裂改造效果评价等基础上，综合利用已实施井出油层段的 TOC、成熟度、岩相、排烃效率、孔隙度、脆性指数等，从页岩储集和发育特征、地球化学特征、脆性等方面，采用多参数评价方法系统分析页岩储层含油性，并形成储层综合评价标准。同时，结合地层压裂测试、示踪剂分析和储层改造微地震成果，综合判断页岩油储层的出油潜力。研究认为：①大二段富有机质页岩发育，生烃能力较强，成熟度较高，独立的微孔隙为主要储集空间，具一定的储集条件；②页岩段普遍含油，岩性致密，页理较发育，岩石矿物脆性指数较高，可压裂改造条件好；③出油潜力段与该页岩段高丰度有机质、页理发育、适中的成熟度、异常高压力等因素密切相关。上述研究的理论认识，可为后续的页岩油勘探开发提供科学的指导。

关键词：页岩油；成熟度；生烃能力；评价标准；出油潜力

Comprehensive evaluation and oil production potential analysis of Daanzhai shale reservoir in Central Sichuan

Gao Wubin，Yang Zongheng，Zhang Minzhi，Li Ming，Yang Yang

（Central Sichuan Oil & Gas District PetroChina Southwest Oil & Gas Field Company, CNPC, Suining 629000）

Abstract: The Daanzhai oil shale reservoir in Central Sichuan has shallow burial and good quality. The estimated resource is 9.4 billion tons. It is a great oil resource potential field for shale oil exploration and development. At present, 6 wells have been implemented in Da 2 section of Daanzhai, all of which adopt the volumetric-fracturing mode, the implementation effect is poor. Only 3 wells have low oil production. On the basis of core observation, test analysis, logging data and fracturing effect evaluation, this paper systematically analyzes the oil shale reservoir by using multi-parameter evaluation method from the aspects of shale reservoir and development characteristics, geochemical characteristics and brittleness, and form a comprehensive reservoir evaluation standard. At the same time, combined with formation fracturing test, tracer analysis and reservoir reconstruction micro-seismic results, the oil production potential of shale oil reservoir is comprehensively suggested. The research shows that: Firstly, the organic rich shale in Da 2 formation is developed, with strong hydrocarbon generation capacity and high maturity. The independent micro-pores are the main reservoir space and have certain reservoir conditions. Secondly, the shale is generally oil-bearing, dense lithology, relatively developed foliation, high rock mineral brittleness index and good fracturing conditions. Thirdly, the oil production potential is closely related to the high abundance of organic matter, foliation development, moderate maturity, abnormal high pressure and other factors of the shale section. The theoretical understanding of the above research can provide scientific guidance for the subsequent shale oil exploration and development.

Keywords: shale oil; crude oil maturity; hydrocarbon generation capacity; evaluation criteria; oil production potential

---

作者简介：高武彬（1985—），油气田开发工程师，主要从事油气田开发及页岩油开发技术攻关等研究。地址：四川省遂宁市船山区香林南路川中油气矿大厦 810 室，电话：0825-2516626，邮箱：gaowb1_cq@petrochina.com.cn。

四川盆地侏罗系页岩油资源丰富，主要储集层以大安寨大二段页岩为主，页岩大面积发育，且埋藏浅、品质较优[1,2]。据四川盆地第四次资源评价累计生油达 188 亿 t，按高峰期排烃效率 50%计算页岩油资源量达 94 亿 t，资源潜力巨大。

四川盆地侏罗系大安寨段页岩的基本地质特征表明：川中地区为大安寨段沉积时的湖盆中心，大安寨段页岩为川中地区侏罗系致密油最重要的烃源岩，以黑色、灰黑色页岩与生物介壳灰岩不等厚互层为主。储层平均埋深为 2000～3000m，地层压力系数为 0.8～1.72，地层温度为 50～86℃，地温梯度为 2.07℃/100m，属常压-异常高压、常温油藏；储层岩性为生物介屑灰岩和页岩，一般单层厚度为 3～20m，累厚度为 5～40m 不等。大安寨段有机碳含量介于 0.10%～4.27%，平均为 1.15%，镜质组反射率(R_o)主要介于 0.9%～1.5%，普遍处于成熟—高成熟阶段，属于烃源岩条件好、有机质类型较优、页岩成熟度较高的页岩层段，具有较强的生油气能力。

川中地区大安寨段页岩储层，相比于国内其他油田区块的页岩油开发，储层物性更差、脆性指数偏低、裂缝发育程度较低。在目前页岩油储层改造中，以复杂网状裂缝为理念开展“水平井+体积压裂”试验攻关，已实施 6 口页岩油井(3 口直井、3 口水平井)，单井改造强度、加砂规模等均达到甚至超过了主流的压裂水平，但渗析排液困难、增产效果暂未获得突破。本文结合储层特征、烃源岩特性、“甜点”段分布及改造排液效果等分析，综合评价页岩油储层的出油潜力。

1　研究区概况

川中地区东以华蓥山、西以龙泉山为界，北抵平昌、仪陇，南到资中—大足一线，面积约 6 万 km^2，是我国的老油区之一，从 20 世纪 30～60 年代，曾先后对研究区开展地面地质调查和构造细测工作，于 1979～1980 年、1989 年、1997 年、2002 年、2005 年及 2007 年进行过多轮地震概查、详查和加密详查，发现了税家槽、仪陇、天池等背斜构造，自 1954 年开始勘探至今已有近 60 年历史，截至目前，已累计发现二十余个油田及含油构造，本次研究的井主要为南充及仪陇地区(图 1)。

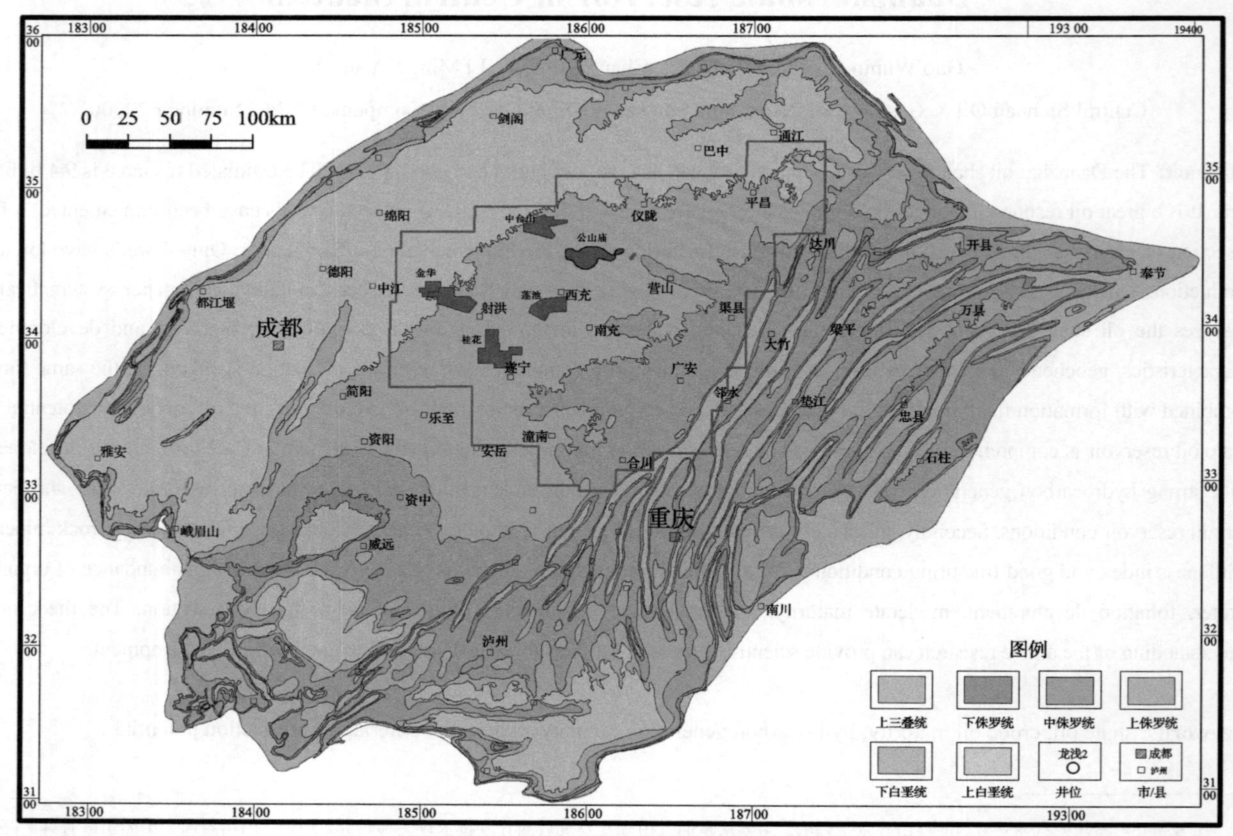

图 1　四川盆地川中地区地理位置图

川中地区大安寨二段页岩埋藏浅，品质较优，页岩厚度为 28～69m，该层主要为黑色、灰黑色页岩夹中—薄层状、透镜状灰色介壳灰岩，页岩单层厚度为 2.5～8.5m，占亚段厚度的 85%～95%，质纯、页理较发育，该层是大安寨最大湖侵期沉积产物，水体能量较低，是大安寨段主要烃源层，为此次研究的目的层。其测井曲线主要显示高伽马、低电阻率、高声波时差特征(图 2)。

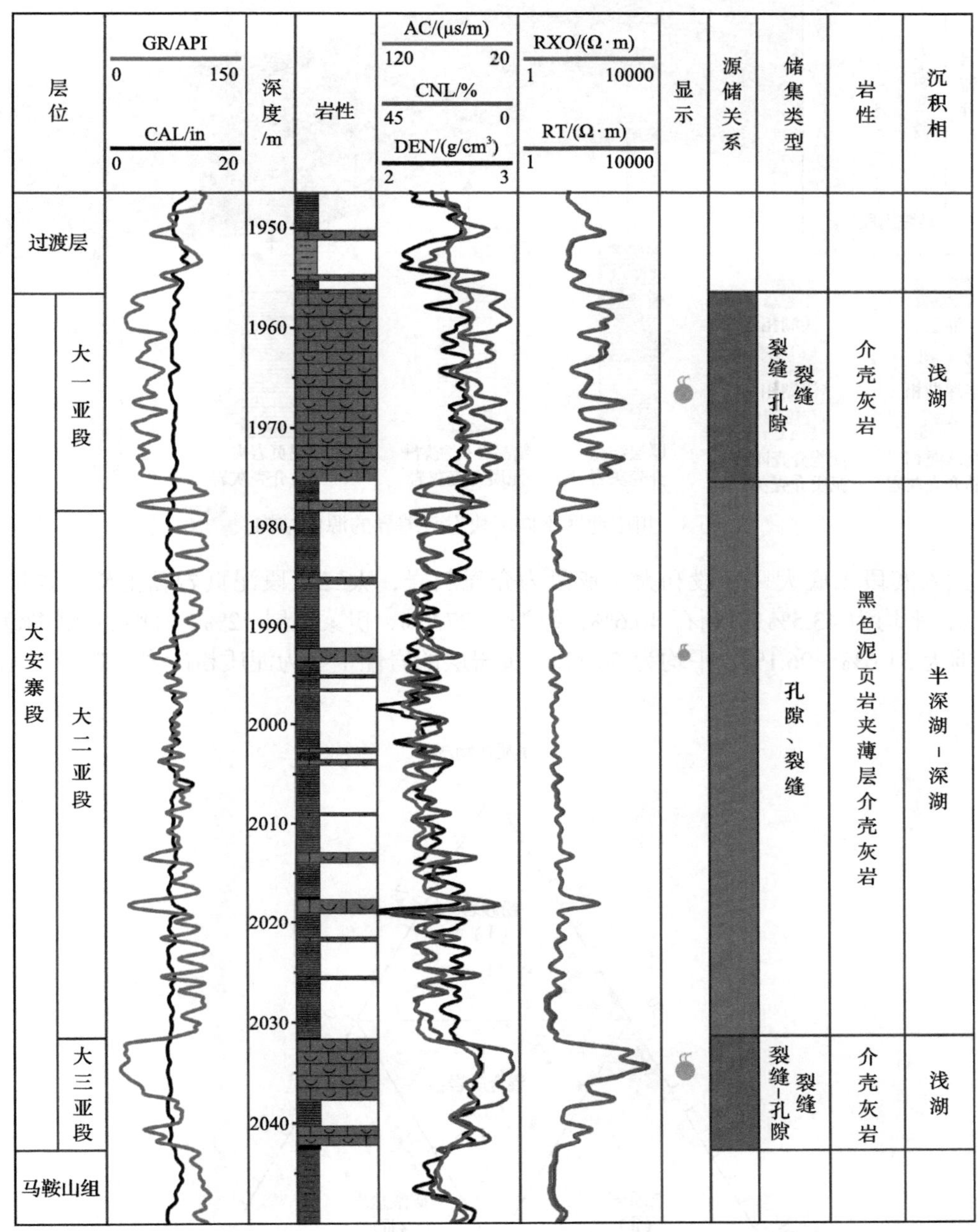

图 2　侏罗系大安寨地层段综合柱状图

2　页岩油储集特征

2.1　岩相及岩性特征

川中地区大安寨为陆相湖盆沉积体系，岩相复杂，见工业油气流的泥页岩段岩性就多达 10 多种，结合川中地区不同区域源储结果特征差异可以看出(图 3)，区域内相变快，非均质性强，且不同岩相储集性能和生烃能力差异较大。

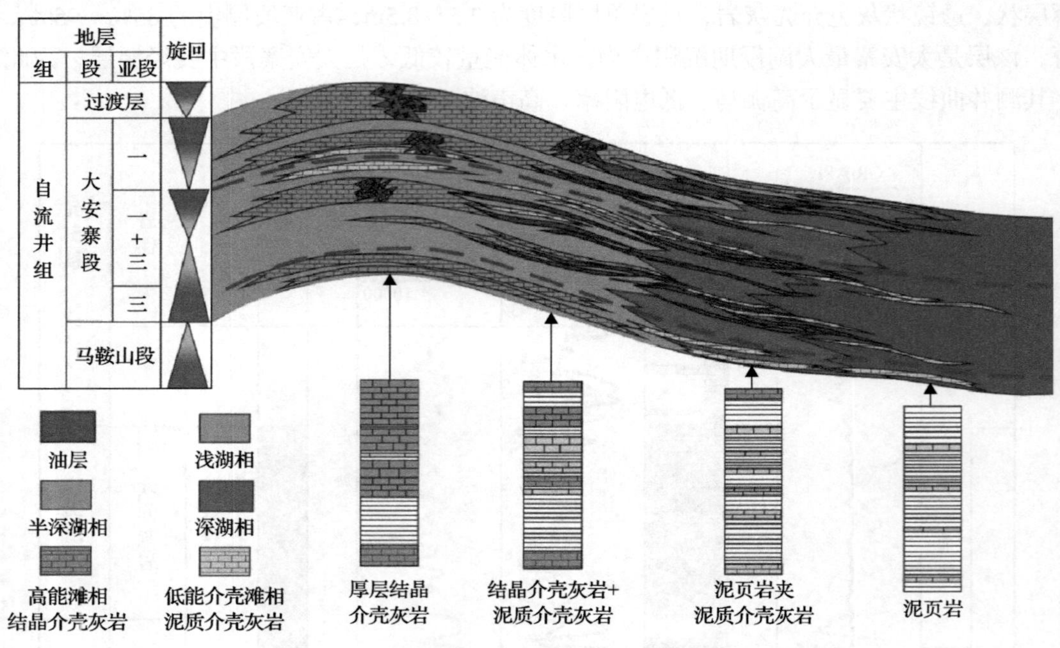

图 3　川中地区不同区块发育差异的源储结构

侏罗系大安寨段顶底大一亚段和大三亚段为介壳灰岩，大二亚段泥页岩黏土矿物含量分布范围为 3.9%～68.4%，平均为 43.5%(伊利石 46.6%，绿泥石 27.7%，伊蒙混层 12%，高岭石 13.4%)；脆性矿物含量分布范围为 31.6%～96.1%，平均为 56.3%。页岩层的岩性主要为泥质粉砂岩、粉砂质泥页岩、混合质岩(图 4)。

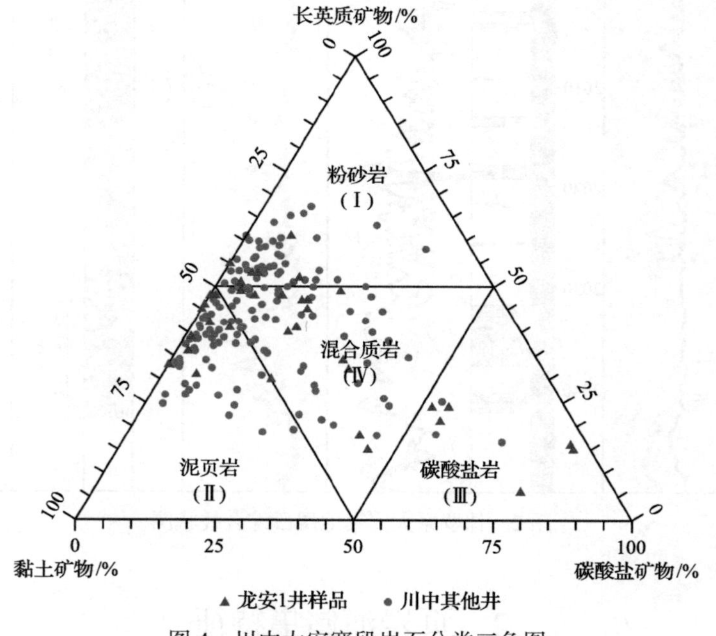

图 4　川中大安寨段岩石分类三角图

2.2　储集空间及类型

侏罗系大安寨段顶底介壳灰岩总体致密，孔隙度主要分布在 0.5%～1.5%，平均为 1.06%；泥页岩岩心样品实测孔隙度分布为 0.42%～13.65%，主要分布在 4%～8%，平均为 5.90%(图 5)。

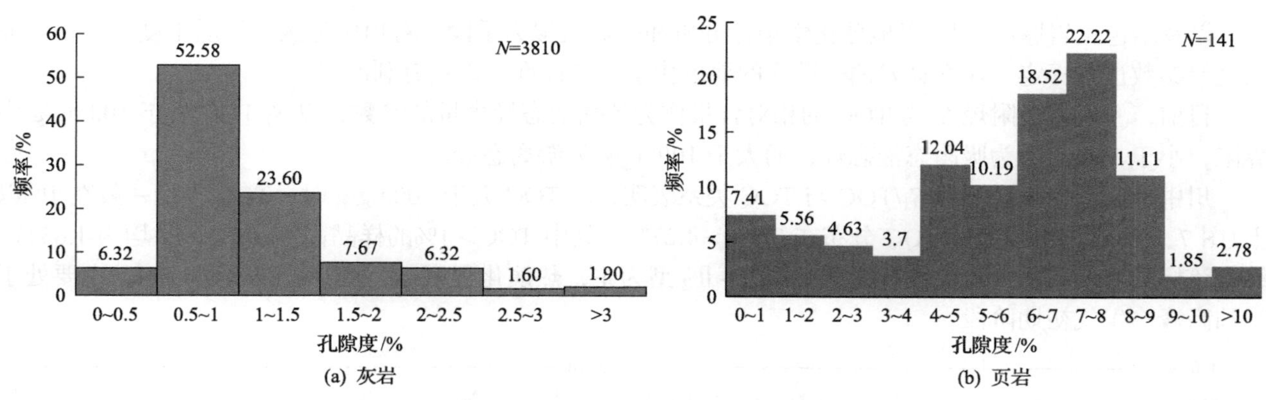

图 5 川中地区大安寨段不同岩性储集岩物性统计表

结合孔喉特征分析，页岩层段孔径分布范围较广，主要分布在 2～100nm，以纳米孔为主，同时发育微米级孔隙不同岩性孔径分布有差异，其中含油介壳灰岩孔喉半径分布双峰特征，少量较大的孔隙贡献主要的孔隙度；互层状介壳灰质页岩整体单峰，孔喉分布相对集中，小孔为主，存在大孔；含介壳页岩单峰，孔喉分布集中，以小于 30nm 为主，大量小孔贡献了主要的孔隙度。

根据岩心观察、铸体薄片鉴定和扫描电镜观察等分析资料，结合孔隙的大小、形态、成因及与岩石结构的关系，研究认为研究区大安寨段储层的主要储集空间为溶蚀孔隙、溶洞和裂缝三大类，其中裂缝控制孔、洞的发育，并以此为基础形成孔、洞、缝网络系统。储集空间类型主要有溶蚀孔、晶间孔、介屑铸模孔、壳间孔、孔隙性溶洞、裂缝性溶洞、构造缝、方解石解理缝、成岩缝等(图 6)。

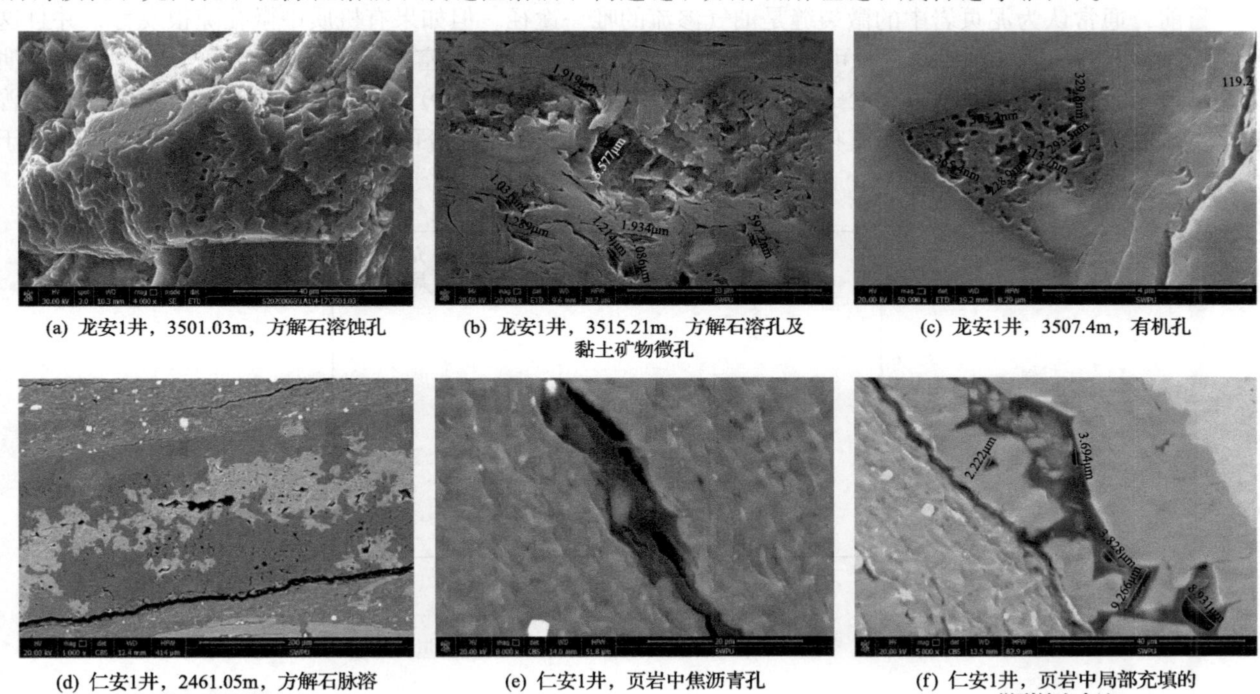

图 6 大安寨大二段储集空间特征

溶蚀孔主要为方解石溶蚀孔；粒间孔主要发育在脆性颗粒之间、脆性颗粒与黏土间、黏土矿物间；有机孔整体含量较少，常见有机质边缘微裂隙、焦沥青孔，多呈分散、孤立状分布；微裂缝多以层理缝为主，裂缝局部充填方解石、沥青等，并常见方解石重结晶的晶间孔。

2.3 烃源特征

参照北美地区页岩油气商业开采区的各项烃源岩评价参数，主要包括总有机碳(TOC)含量、成熟度

(R_o)以及暗色页岩厚度[3-6]，以地球化学指标分析和生烃模拟为手段，对川中地区有机质丰度、类型、成熟度等参数进行标定，建立页岩油气勘探的地球化学参数标准，确定有利源岩。

目前，一般将吸附烃 S_1 与 TOC 的相对含量作为评估液态烃含量的参数，以 S_1/TOC 大于 100mg/g 为界限，小于 100mg/g 为吸附态液态烃，而大于 100mg/g 为游离态烃。

川中地区大二段烃源岩 S_1/TOC 与 TOC 关系表明，S_1/TOC 大于 100mg/g 时，TOC 含量一般在 1%以上(图 7、图 8)。川中地区 TOC 分布在 0.5%～4.27%，其中 TOC＞1%的样品占 61.03%，平均为 1.63%，结合该标准可以看出，大二段有机质类型 Ⅱ$_1$-Ⅱ$_2$ 型为主，热演化程度 R_o 主要为 0.9%～1.5%，主要处于生油高峰—生气初期阶段。

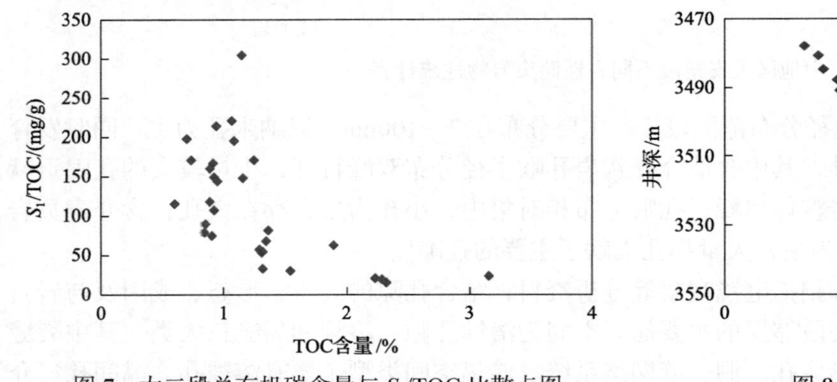

图 7　大二段总有机碳含量与 S_1/TOC 比散点图　　图 8　大二段总有机碳含量分布

目前，通常认为泥页岩中的微裂缝是油气渗流的唯一途径，但如果有机质中微孔隙很发育，并且这些微孔隙相互连通，有机质本身就可以成为油气运移的通道[7-10]。在富含有机质的暗色纹层中，有机质演化孔是最为主要的孔隙类型，TOC 含量同孔隙度呈正相关关系(图 9)。有机质演化孔在页岩油储层中普遍存在，但不同岩性的有机质含量和赋存方式有较大差异，介壳灰岩孔隙度较低，TOC 含量也普遍低于页岩。

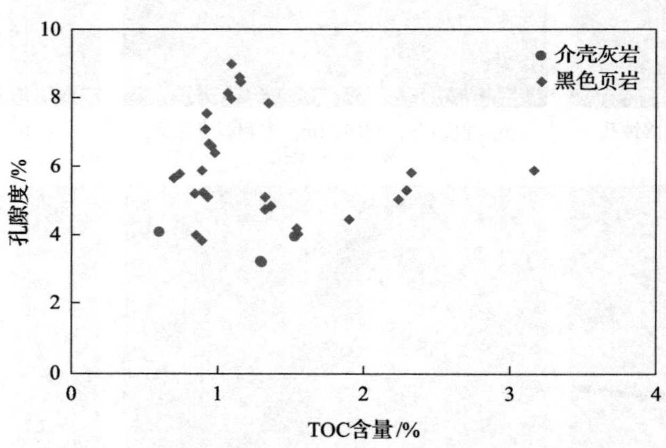

图 9　龙安 1 井大二段储层孔隙度与 TOC 含量关系

2.4　储层物性

页岩层系岩性较为致密，页岩孔隙度高于块状介壳灰岩[11-15]。分析测试得出灰黑色页岩孔隙度为 4.89%～7.13%；含介壳灰黑色页岩孔隙度为 2.37%～6.13%，互层状介壳灰质页岩/泥质灰岩孔隙度为 3.57%～4.7%，介壳灰岩孔隙度为 1.19%～2.65%。因此可以看出，灰黑色页岩是主要的储集岩性类型，平均孔隙度达 5.54%(图 10)。

大二段储层渗透率为 0.0026～0.13mD，平均为 0.03mD。其中，灰黑色页岩渗透率为 0.00843～0.0861mD，含介壳灰黑色页岩渗透率为 0.00198～0.13mD，层状介壳灰质页岩/泥质灰岩渗透率为

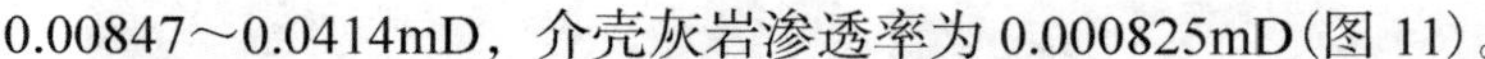

0.00847～0.0414mD，介壳灰岩渗透率为 0.000825mD(图 11)。

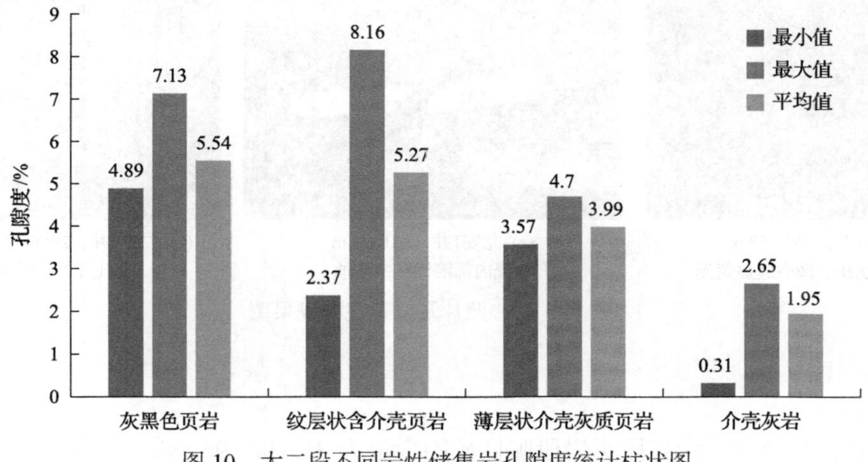

图 10　大二段不同岩性储集岩孔隙度统计柱状图

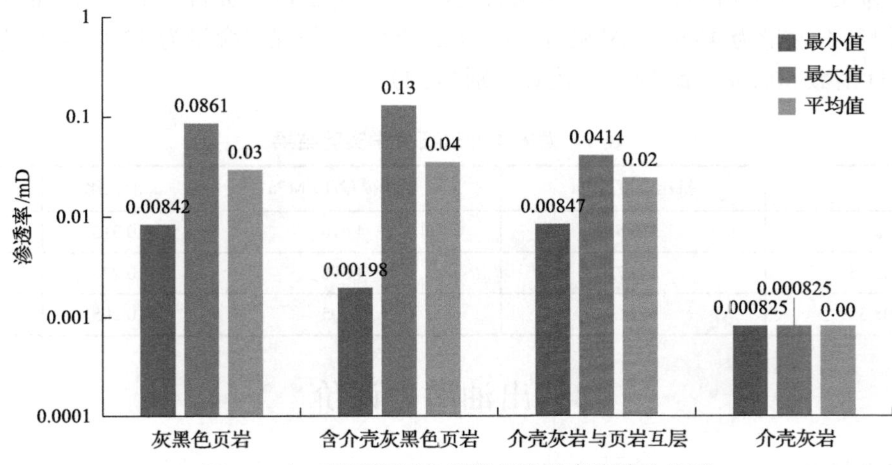

图 11　大二段不同岩性储集岩渗透率统计柱状图

2.5　含油气性

以岩心资料为基础，可以看出，页岩层系含油性较好，各类岩性中均可见含油现象，岩心可见油斑、油迹、荧光。镜下荧光显示良好，基质孔中分散分布，溶蚀孔、微裂缝(层理缝、贴粒缝等)中荧光相对聚集(图 12)。

泥页岩物性较好，但相比互层状或夹层状灰质泥页岩和泥质灰岩，纯泥页岩中流体的可动性略差。根据核磁分析结果，泥页岩含油饱和度为 35.52%，可动油饱和度仅为 15.01%；介壳灰岩含油饱和度为 44.36%，可动油饱和度仅为 20.21%。

(a) 仁安1井，2455.65m，灰岩夹层含油

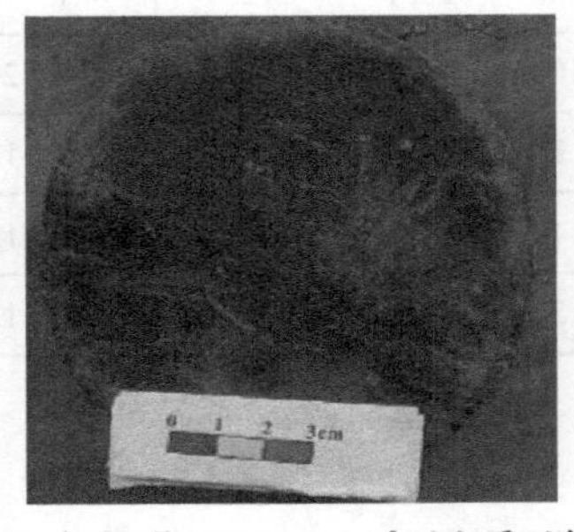

(b) 仁安1井，2461.5m，含油灰质页岩

(c) 仁安1井，2461.62m，含油灰质泥页岩

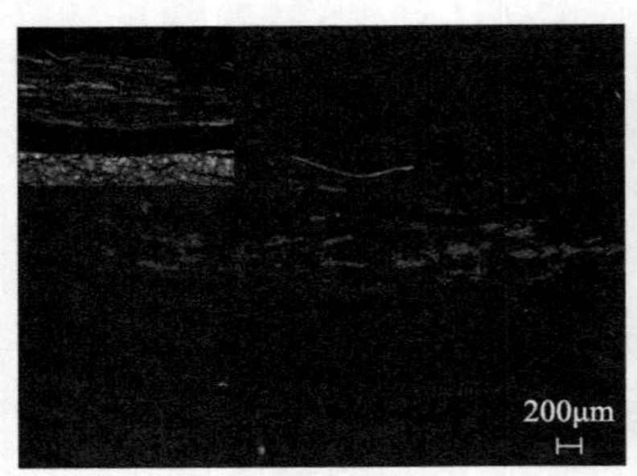

(d) 龙安1井，3517.57m
介壳边缘溶蚀孔、微裂缝显荧光

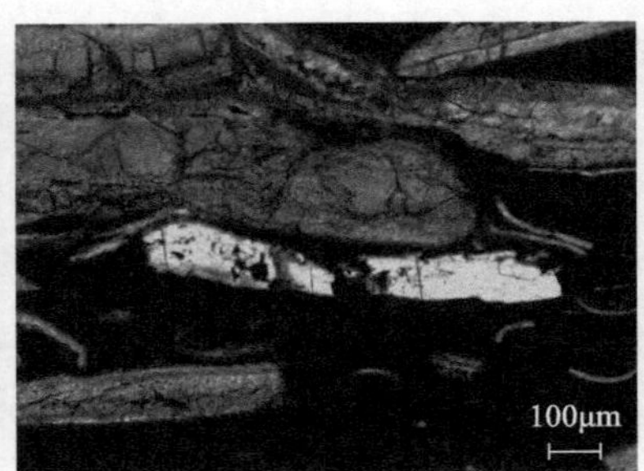

(e) 龙安1井，3510.94m
介壳内部溶蚀孔中含油

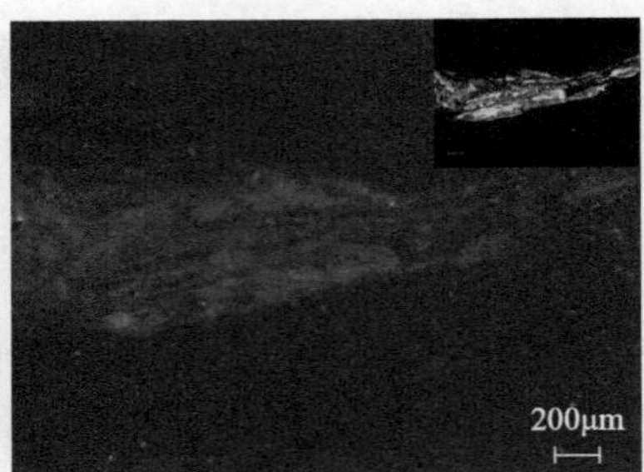

(f) 仁安1井，2456.34m，介壳边缘及
黏土基质中均显示荧光

图 12 岩心照片及镜下观察成果图

2.6 岩石脆性

结合岩石矿物含量分析，大二段页岩段脆性矿物含量为 31.6%～96.1%，平均为 56.3%；石英含量为 32.8%，长石含量为 5.61%，方解石含量为 19.39%，白云石含量为 2%；泥页岩黏土矿物含量为 3.9%～68.4%，平均为 43.5%；伊利石含量为 46.6%，绿泥石含量为 27.7%，伊蒙混层含量为 12%，高岭石含量为 13.4%。岩石力学平均脆性指数 50.1%，属于中等-较好级别（表 1）。

表 1 龙安 1 井岩石力学实验结果

深度/m	抗压强度/MPa	杨氏模量/10^4MPa	泊松比	脆性指数/%
3485.72～3485.95	319.55	4.616	0.313	43.2
3485.72～3485.95	330.71	4.398	0.277	48.9
3508.17～3508.33	152.19	3.705	0.205	58.3

3 出油潜力评价

3.1 实施井基本情况

川中地区先后部署大二段页岩油井 6 口，其中部署新井 3 口（南充 2H、龙安 1、仁安 1），上试旧井 3 口（西充 1、龙岗 47、莲深 3），其中针对薄灰岩与页岩互层段酸压，页岩段采用体积压裂改造方式，目前均完成试油（表 2）。

表 2 川中地区大二段页岩油井实施情况表

井号	压裂方式	压裂水平段长/m	压裂段数	簇数	总砂量/t	总液量/m^3	施工排量/(m^3/min)	排液周期/天	返排率/%	改造后情况
南充 2H	体积压裂	995	19	100	4063	31781	16.0～17.2	167	32	见油花
龙安 1	酸压+体积压裂	952	11	88	2581	21253	14.1～16.1	174	38	低产油流，累计产油 159t
仁安 1	体积压裂	1033	19	104	4139	29746	18.2～20.2	85	33	低产油流，累计产油 49t
西充 1	体积压裂	25	1	3	167	1501	12.5～12.6	119	21	排液见油，累计约 5m^3
龙岗 47	体积压裂	44	1	4	356	1812	12.0～12.5	156	27	排液见油，焰高 0.5～4m
莲深 3	体积压裂	29	1	3	222	1068	11.9～12.4	113	54	低产油流，累计产油 25.8t

3.2 出油层段特征

在资料录取和分析方面，由于龙安 1 井资料较为完善，且通过分段压裂示踪剂分析，可有效判别出油层段特征，从而得出综合出油潜力储层特征。

龙安 1 井于 2020 年 8 月完钻，目的层位为大安寨大二段，首先进行了导眼井钻井，完钻导眼深度 3573m，此后通过水平井钻进，完钻井深 4700m，水平段长 1000m，解释油气层钻遇率为 72.5%(图 13)。

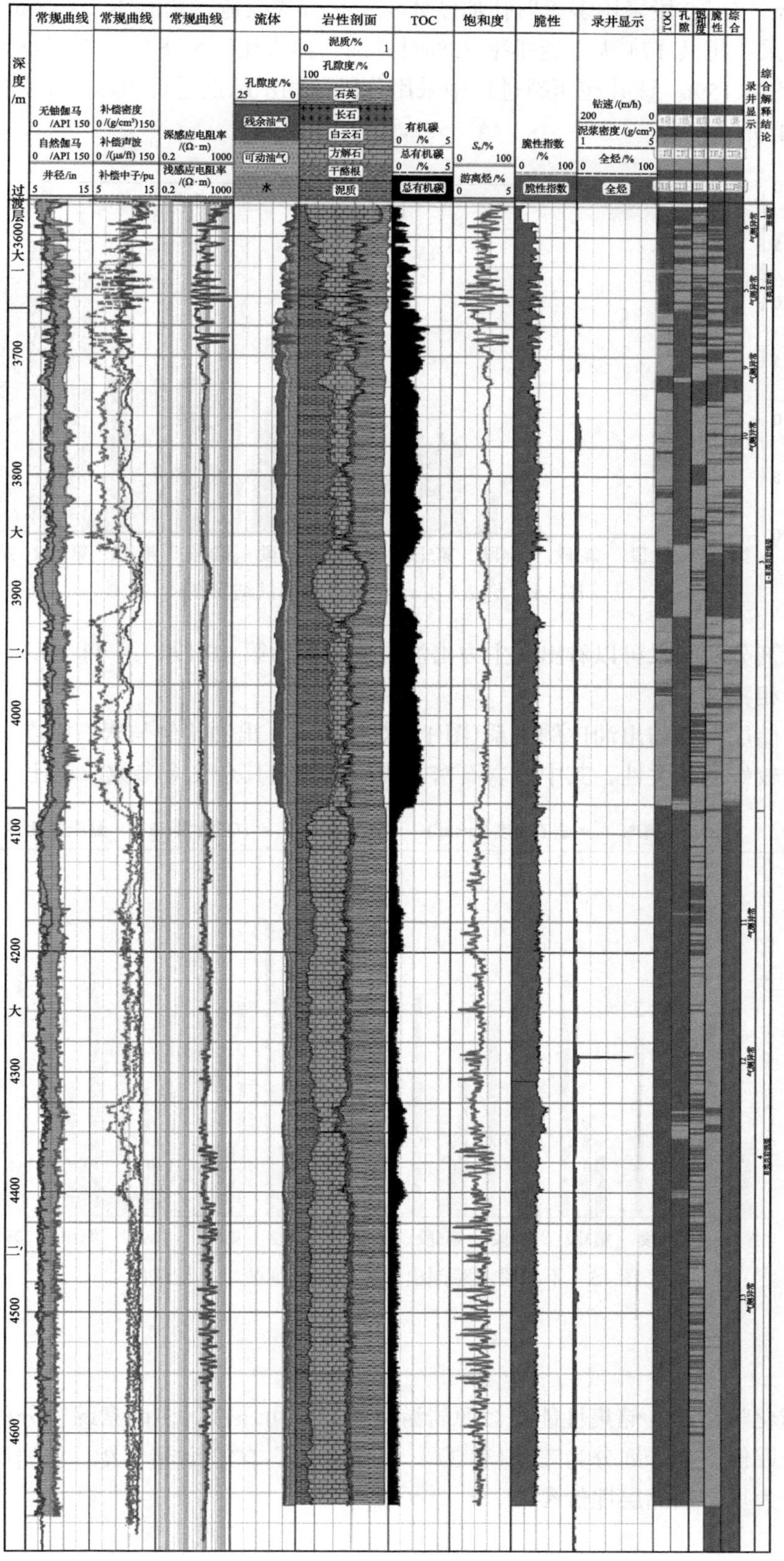

图 13 龙安 1 井水平段综合解释成果图

2020 年 12 月开始试油，采用分段试油方式，针对井底段灰岩储层，水平段长度 202m，采用油管传输射孔压裂酸化，累计排液 208.2m^3，余液 486.41m^3，返排率为 30%，未见油气；此后针对页岩及互层为主储层，水平段长 760m，分 10 段采用多簇射孔加砂体积压裂方式改造，总液体 22012m^3，加砂量 2581t。排液阶段采用控压排采，排液 174 天，返排率 33%时见油，油水比 1.5∶8.5，估算日产油 2～3m^3，日产气约 3000m^3，累计产油 159t。该井在压裂过程中采用分段油相示踪剂进行跟踪，示踪剂连续监测 10 样次的分析结果如图 14 所示。

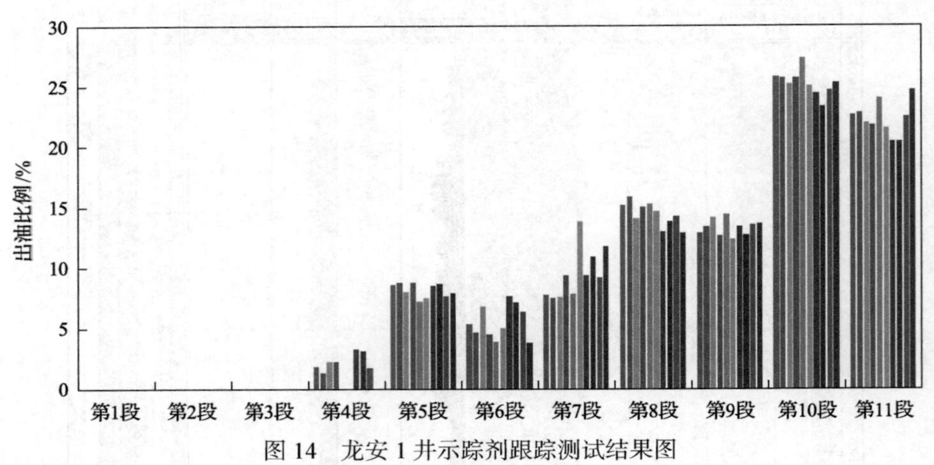

图 14　龙安 1 井示踪剂跟踪测试结果图

结合油相示踪剂分析结果可以看出：主力出油层段主要为第 10 段、第 11 段，结合该段的储层参数特征，可以分析出相关性。

根据出油井段储层特征与出油比例关系（图 15）对比得出：出油比例与岩石密度、孔隙度、TOC 含量以及黏土含量具有较好的相关性，其中与岩石密度成反比，与其余几个参数成正比。

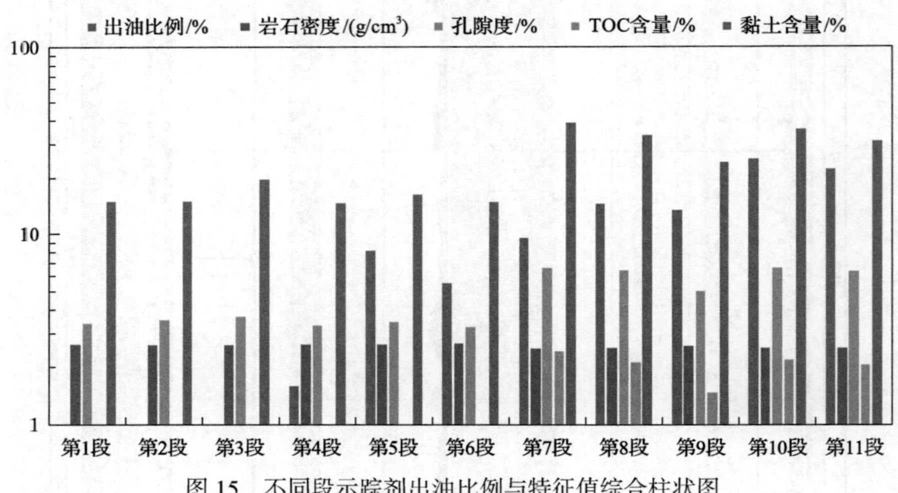

图 15　不同段示踪剂出油比例与特征值综合柱状图

3.3　综合评价

通过有机地球化学指标、储集性能、烃源岩游离组分和可压性等多因素综合分析，对川中地区大二亚段页岩进行综合评价，初步划分为三类（表 3）。重点选取了 TOC 含量、R_o、页岩厚度、孔隙度、压力系数等八个参数作为页岩油储层评价参数。

表 3　川中地区大安寨页岩油储层评价参数及标准

评价指标	评价参数	Ⅰ类 目标储层	Ⅱ类 有利储层	Ⅲ类 无效储层
有机地球化学指标	TOC 含量/%	>1.5	1.0～1.5	<1.0
	R_o/%	0.7～1.3	0.5～0.7	<0.5
	页岩厚度/m	>15	10～15	<10
储集性能	孔隙度/%	>6	4～6	<4
游离组分	压力系数	>1.2	1.0～1.2	<1.0
	S_1/(mg/g)	>2.0	1.0～2.0	<1.0
可压性	脆性矿物含量/%	>60	40～60	<40
	天然裂缝	发育	较发育	不发育

4　结　论

通过有机地球化学指标、储集性能、烃源岩游离组分和可压性等方面的综合评价，将川中地区页岩油储层划分为三种类型。结合前面对页岩油储层的认识，主要有以下结论：

(1)川中地区为大安寨段沉积时的湖盆中心，大安寨段页岩为川中地区侏罗系致密油最重要的烃源岩，以黑色、灰黑色页岩与生物介壳灰岩不等厚互层为主。其中大二段富有机质页岩发育，生烃能力较强，成熟度较高，独立的微孔隙为主要储集空间，具一定的储集条件。

(2)页岩段普遍含油，岩性致密，平均孔隙度为 5.54%，平均渗透率为 0.03mD，页理较发育，岩石矿物脆性指数较高，大二段页岩脆性矿物含量为 31.6%～96.1%，平均为 56.3%，可压裂改造条件好。

(3)根据出油井的监测分析得出，水平井单段的出油比例与岩石密度、孔隙度、TOC 含量以及黏土含量具有较好的相关性，出油潜力段与该页岩段高丰度有机质、页理发育、适中的成熟度、异常高压力等因素密切相关。

不同地区的泥页岩地层受沉积环境、演化程度、构造运动等多因素的影响，富集层系、岩相、烃源岩、储集性、含油气性和产能等特征不尽相同，所以泥页岩的评价标准具有区域性，不能一概而论，但这种评价方法在陆相湖盆页岩勘探中应具有一定的适应性，值得推广应用。

参 考 文 献

[1] 李登华, 李建忠, 张斌, 等. 四川盆地侏罗系致密油形成条件、资源潜力与甜点区预测[J]. 石油学报, 2017, 38(7): 740-752.

[2] 贾承造, 郑民, 张永峰. 中国非常规油气资源与勘探开发前景[J]. 石油勘探与开发, 2012, 39(2): 129-135.

[3] Aplin A C, Macquaker J H S. Mudstone diversity: Origin and implications for source, seal, and reservoir properties in petroleum systems[J]. AAPG Bulletin, 2011, 95(12): 2031-2059.

[4] Chalmers G R, Bustin R M, Power I M. Characterization of gas shale pore systems by porosimetry, pycnometry, surface area, and field emission scanning electron microscopy/transmission electron microscopy image analyses: Examples from the Barnett, Woodford, Haynesville, Marcellus, and Doig units[J]. AAPG Bulletin, 2012, 96(6): 1099-1119.

[5] Hickey J J, Henk B. Lithofacies summary of the Mississippian Barnett Shale, Mitchell 2 T.P. Sims well, Wise County, Texas[J]. AAPG Bulletin, 2007, 91(4): 437-443.

[6] Montgomery S L, Jarvie D M, Bowker K A, et al. Mississippian Barnett shale, Fort Worth Basin, North-central Texas: Gas-shale play with multi-trillion cubic foot potential[J]. AAPG Bulletin, 2005, 89(2): 155-175.

[7] Bowker K A. Barnett shale gas production, Fort Worth Basin: Is sue sand discussion[J]. AAPG Bulletin, 2007, 91(4): 523-533.

[8] Slatt R M, O'Brien N R. Pore type sin the Barnett and Wood ford gas shales: Contribution to understanding gas storage and migration path way sin fine-grained rocks[J]. AAPG Bulletin, 2011, 95(12): 2017-2030.

[9] 蒋裕强, 董大忠, 漆麟, 等. 页岩气储层的基本特征及其评价[J]. 天然气工业, 2010, 30(10): 7-12.

[10] 王永诗, 李政, 巩建强, 等. 济阳坳陷页岩油气评价方法——以沾化凹陷罗家地区为例[J]. 石油学报, 2013, 34(1): 83-91.

[11] 栾锡武. 中国页岩气开发的实质性突破[J]. 中国地质调查, 2016, 3(1): 7-13.

[12] 姜在兴, 张文昭, 梁超, 等. 页岩油储层基本特征及评价要素[J]. 石油学报, 2014, 35(1): 184-196.

[13] 邹才能, 杨智, 崔景伟, 等. 页岩油形成机制、地质特征及发展对策[J]. 石油勘探与开发, 2013, 40(1): 14-26.

[14] 李斌, 郭庆勇, 罗群, 等. 四川盆地东部龙马溪组页岩气成藏地质条件对比分析[J]. 中国地质调查, 2018, 5(4): 25-32.

[15] 张林晔. “富集有机质”成烃作用再认识: 以东营凹陷为例[J]. 地球化学, 2005, 34(6): 619-625.

基于电阻率法的含气饱和度模型在涪陵低阻页岩气层应用

金力钻[1]，刘　畅[1]，盖少华[1]，孙玉红[2]，李松林[2]

（1. 中海油研究总院有限责任公司，北京 100083；2. 中海油能源发展股份有限公司工程技术分公司，天津 300450）

摘要：涪陵地区焦石坝页岩气田目的层五峰组—龙马溪组，发育含气饱和度和有机碳含量较高的优质页岩储层，由于该层段存在部分低的电阻率，导致利用电阻率法公式计算的含气饱和度远低于实验分析值，为此许多测井解释人员利用非电法测井资料进行含水饱和度计算。为解决电法饱和度模型在低阻页岩气应用上的缺陷，通过分析页岩气低阻成因，认为少量导电体如束缚水或金属矿物网状分布如裂缝产生的高导性，泥页岩薄互层也可构成网状导电网络导致储层低阻，依据低阻油气层的高导电性理论，建立了低阻层高导电性校正即等效水导电性校正因子，解决了电阻率法计算低阻页岩气层段含气饱和度偏低的难题，扩展了传统电法饱和度模型的适应性，可显著提高页岩气计算储量规模。

关键词：页岩气；低电阻率；含气饱和度；电阻率法

Application of gas saturation model based on resistivity method in Fuling low resistivity shale gas reservoir

Jin Lizuan[1]，Liu Chang[1]，Gai Shaohua[1]，Sun Yuhong[2]，Li Songlin[2]

（1. CNOOC Research Institute Ltd.，Beijing 100083；2. CNOOC Energy Technology & Services Engineering Technology Co., Tianjin 300450）

Abstract: The Jiaoshiba shale gas field is located in the Fuling area, Wufeng-Longmaxi formation develop high quality shale gas reservoir with high organic carbon content and gas saturation, there are some low resistivity in this gas reservoirs, the gas saturation calculated by the resistivity formula is much lower than the experimental value, for this reason, many logging interpreters use non electrical logging data to calculate water saturation. To solve the defects of the electrical saturation model in the application of low-resistivity shale gas, by analyzing the cause of low resistivity of shale gas, it is considered that a small amount of conductors, such as bound water or metallic minerals are distributed in a network, such as cracks, produce high conductivity, the thin shale interbedding can also form a network of conducting network, which leads to low resistivity of the reservoir, based on the high conductivity theory of low resistivity gas/oil, the high conductivity correction factor of low resistivity layer is established, that is, the equivalent water conductivity correction factor, it solves the problem of low gas saturation value of low resistivity shale gas calculated by resistivity method, expands the adaptability of traditional electrical saturation model, and can significantly improve the calculated reserve scale of shale gas.

Keywords: shale gas;low resistivity; gas saturation;resistivity method

涪陵地区焦石坝页岩气田奥陶系五峰组—志留系龙马溪组页岩气发育层段，页岩气层以游离气为主，地层电阻率从上至下由 18Ω·m 逐渐增高至 62Ω·m，与页岩含气性吻合，但在五峰组—龙马溪组下部的页岩气优质层段，深电阻率反而呈现局部电阻率数值降低的特征（9～80Ω·m）。在黏土含量逐渐降低而地层物性相对稳定的条件下，部分层段低电阻率导致利用传统电法饱和度模型计算含气饱和度不高，与实验室岩心分析高含气饱和度及高产气量相矛盾，导致采用电法模型计算低阻页岩饱和度不适用。因此，

作者简介：金力钻（1968—），高级工程师，主要从事测井解释工作。地址：北京市朝阳区太阳宫海油大厦，电话：010-89913702，邮箱：jinlzh@cnooc.com.cn。

分析页岩气层低阻产生原因，针对传统电阻率方法计算饱和度模型进行改进，准确计算页岩气低阻层段的含气饱和度，为储量计算提供准确依据。

1　页岩气层低电阻率成因

页岩气储层低电阻率的成因较多，油气层或页岩低阻成因如何判别，总结了以下四点：①成因的变化与油气层低阻变化规律是否吻合？②成因是否满足传统饱和度模型如阿奇公式的规律？③成因是否导致传统饱和度模型计算含烃饱和度结果偏低？④成因是否符合地区的储层特征或地质规律？就可知道该成因是否是油气层或页岩气层低阻主要成因。下面就该区页岩气层段低电阻率成因进行分析。

1.1　微裂缝发育[1,2]

研究区页岩目的层电成像资料可观察到页岩薄互层发育，存在大量的层间缝，下部五峰组还存在高角度缝(图 1)，通过取心也可观察到层间缝、垂直缝及斜交缝构成网络缝(图 2)。页岩中的层间缝一般平行于层间面，后期可被黄铁矿、黏土、自生矿物等充填。微裂缝能引起气层低阻，还是微裂缝中少量束缚水(水膜)或导电矿物形成的网状导电网络引起的高导电性，局部高角度缝发育与层间缝也构成了网状导电网络增强了储层导电性。此外，水基钻井液的侵入使微裂缝发育的层段电阻率降低更加明显，而该区页岩段深、浅电阻率曲线重叠，显示侵入不是页岩产生低阻的主要原因。

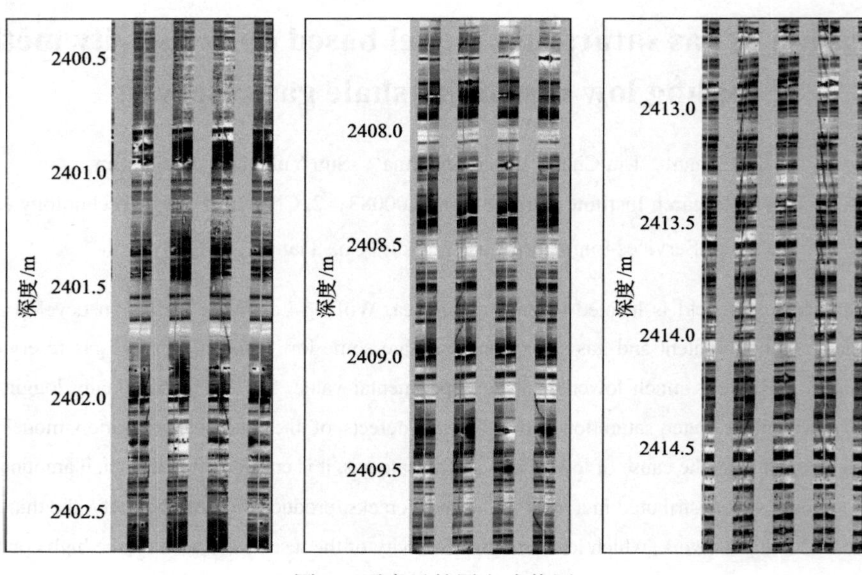

图 1　页岩目的层电成像图

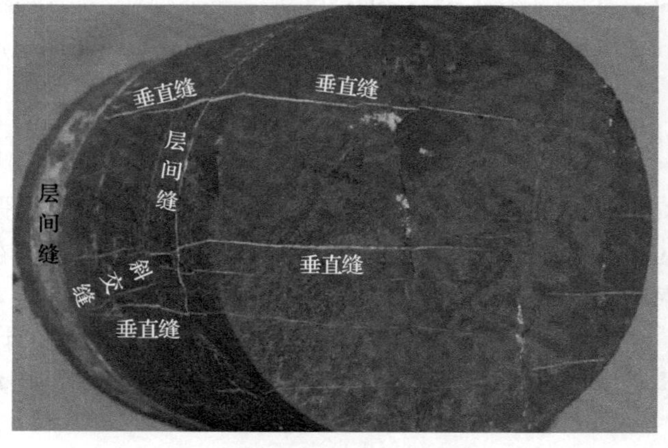

图 2　页岩取心段裂缝描述图

1.2 石墨化

烃源岩热演化进程中，热成熟度升高，有机质降解为干酪根，干酪根在随后变化过程中产生甲烷气，最终转化为石墨(即石墨化)，发生由离子向电子导电转化，从而可能导致页岩电阻率降低。而镜质组反射率是重要的有机质成熟度指标，当镜质组反射率增大到一定程度时，可造成岩石石墨化[3]。对于焦石坝五峰组—龙马溪组优质页岩层段，沉积环境一致，石墨化显然不会如电阻率那样局部低电阻率形态变化，而且最优页岩气层段 R_o 为 2.2%～3.8%，也未达到石墨化的过成熟阶段，因此石墨化不是该区低阻页岩气层主要原因。

1.3 黏土矿物附加导电

该区页岩气目的层段黏土矿物含量平均为 25.8%，黏土矿物成分以伊蒙混层为主，伊蒙混层含量较高，较高的伊蒙混层附加导电性较强，可引起页岩储层电阻率降低[4-6]。而对于该区同一页岩储层，黏土含量虽然比较高，导致页岩储层低阻，但这种影响是一种整体背景影响。对焦石坝五峰组—龙马溪组优质页岩层段，沉积环境一致，黏土矿物及含量相对稳定，同一层中黏土附加导电性显然不会如电阻率那样局部低电阻率形态变化，特别是下部优质页岩储层，自然伽马数值降低，黏土含量明显降低，无法用较低黏土含量或黏土附加导电性来表达这种高导电性，因此黏土附加导电性也不是该区优质页岩气局部低阻的主要原因，而泥页岩薄互层构成网状导电网络可导致储层低阻。

1.4 导电矿物影响

该区黄铁矿含量较低，一般小于 5%，连通性差，对页岩气储层低阻影响不大。即使沿着页岩层理面分布可能存在连通状态，导致储层低阻，一样可用裂缝中网状导电形成的高导电性来描述。

综上所述，页岩气低阻成因主要是微裂缝中少量束缚水(水膜)或导电矿物网状分布产生的高导电性引起的，泥页岩薄互层也可构成网状导电网络导致储层低阻，如实验中少量同体积导电体铝分网络状和团块分布，在原油中产生的导电性不一样，少量团块状铝对原油导电性影响较小，而少量网络状分布铝的原油导电性等效全部或部分原油体积都是铝的导电性，这个现象说明少量导电体网状分布(如微裂缝)就可产生高导电性[7]，这种少量束缚水网状分布产生的高导电性等效全部或部分有效孔隙体积都是水的导电性；如果部分页岩气层低阻成因是泥浆侵入影响造成，侵入的孔隙体积即等效水孔隙体积；而黏土的导电性在 W-S、Simandoux 等泥质校正模型中已经考虑；石墨化产生的电子增加的导电性无法用黏土导电性描述，但可以用有效孔隙中的等效水导电性描述。综上所述，无论哪种成因或多种成因共同作用引起的页岩气层低阻，其结果还是影响储层电阻率，影响有效孔隙中含烃饱和度计算，低阻页岩气层饱和度计算需要进行有效孔隙中高导电性即等效水导电性校正。

2 低阻页岩气层饱和度模型

传统电法饱和度模型包括阿奇模型以及进行泥质校正的 W-S 模型、西门杜模型等，各种传统饱和度模型无法解决该区低阻页岩气饱和度准确计算问题，这也是许多研究人员开展非电法低阻储层饱和度计算的原因[8]，主要原因在于传统饱和度模型以储层中水是连通为条件，建立以孔隙体积模型为基础的饱和度模型，即孔隙度越小，导电性越小，而储层中水是连通的，可以是网状连通如裂缝或薄互层一样，因此传统饱和度模型不能反映裂缝中少量孔隙体积束缚水(水膜)或导电矿物网状分布时产生的高导电性，为此需要补充一个等效水导电性来加以描述，这种等效水导电性就为新的模型奠定了基础。

2.1 新饱和度模型

针对常用的阿奇模型，页岩气层低阻时，传统电法饱和度模型计算含气饱和度较低，无法表达低阻页岩气层中少量微裂缝束缚水网状分布状态下的高导电性。根据传统阿奇模型，地层水作为独立部分影响储层电阻率，如果同样低阻页岩气层条件充满水时，地层一样为低电阻率，也就是说低含水饱和度（如2585.3m 处实验分析含水饱和度 23%）的气层与高含水饱和度（如传统阿奇公式计算含水饱和度 77%，西门杜模型计算含水饱和度为 63%，W-S 模型计算含水饱和度为 64%）的水层导电性相近，说明在低阻页岩气层有效孔隙中存在未描述的等效水导电性。即使有泥质因素影响，由于是同一条件页岩储层，泥质导电性影响结果是一样的，差别还是有效孔隙中的气和水的导电性差异。在页岩气层裂缝中少量束缚水（水膜）或页岩薄互层产生的高导电性才是影响页岩层电阻率降低的主要因素，与前面低阻成因分析微裂缝中少量导电体网状分布状态下产生高导电性也是一致的。少量水网状分布产生的高导电性可当作单独一部分考虑，这种裂缝及泥页岩薄互层分布状态引起的导电性等效全部或部分有效孔隙体积都是水的导电性，等效水孔隙度用ϕ_{ew}表示，因此等效水导电性大小可表示为$\frac{{\phi_{ew}}^m}{abR_w}$，由于等效水导电性校正项是针对低阻油气层的校正，在识别为低阻油气层时，该校正项才起作用，在正常油气层段，等效水导电性校正项为 0，因此等效水导电性需要根据气层是否低阻加上判别参数 d，即低阻气层段 d=1，正常电阻率气层段 d=0，这样形成了新的阿奇公式[9]：

$$\frac{1}{R_t}=\frac{\phi^m S_w^n}{abR_w}+d\times\frac{{\phi_{ew}}^m}{abR_w} \tag{1}$$

式中，R_t为储层电阻率，Ω·m；ϕ为有效孔隙度；m 为胶结指数；a 为岩性系数；b 为岩性饱和度系数；n 为饱和度指数；R_w 为地层水电阻率，Ω·m；S_w 为含水饱和度；d 为低阻气层判别常数，d=0 时为正常电阻率气层段，d=1 时为低阻气层段；ϕ_{ew}为等效水孔隙度，与网状导电网络分布有关。

针对 W-S 模型，考虑了黏土附加导电性，而这种影响还是属于泥质影响范畴，无法表达微裂缝中这种少量导电体网状分布状态下产生的高导电性。针对泥质影响以外的低阻成因如石墨化，传统泥质校正模型也没有增加对有效孔隙中流体导电性的影响因素，因此考虑少量导电体网状分布时的产生的高导电性即等效水导电性后改进的模型可表示为

$$\frac{1}{R_t}=\frac{\phi^{m^*} S_w^{n^*}}{R_w}+B\times Q_v\times\frac{\phi^{m^*} S_w^{n^*}}{S_w}+d\times\frac{{\phi_{ew}}^m}{R_w} \tag{2}$$

式中，m^*为 W-S 胶结指数；n^*为 W-S 饱和度指数；B 为交换阳离子的当量电导率，S·cm³/(mmol·m)；Q_v 为泥质砂岩的阳离子交换容量，mmol/cm³。

针对双水模型，进行等效水导电性校正后的模型可修改为

$$\frac{1}{R_t}=\frac{\phi^m S_w^n}{abR_w}+Q_v\left(\frac{1}{\phi_{tsh}^2\times R_{sh}}-\frac{1}{R_w}\right)\times\frac{\phi^m S_w^{(n-1)}}{ab}+d\times\frac{{\phi_{ew}}^m}{abR_w} \tag{3}$$

$$Q_v=\frac{\phi_{tsh}\times V_{sh}}{\phi_t} \tag{4}$$

式中，ϕ_{tsh} 为 100%泥岩孔隙度；ϕ_t为总孔隙度；V_{sh}为泥质含量。

针对西门杜模型，进行等效水导电性校正后的模型可修改为

$$\frac{1}{R_t}=\frac{\phi^m}{abR_w}\times S_w^n+\frac{V_{sh}}{R_{sh}}\times S_w+d\times\frac{{\phi_{ew}}^m}{abR_w} \tag{5}$$

以上模型进行了等效水导电性校正后，气层真实电阻率 R_{tg} 可以反算出来，而原来模型没有等效水导电性校正，无法恢复气层真实电阻率，R_{tg} 计算公式如下：

$$\frac{1}{R_{tg}}=\frac{1}{R_t}-\frac{{\phi_{ew}}^m}{abR_w} \tag{6}$$

式中，R_{tg}为反算低阻页岩气层电阻率，Ω·m。

2.2　等效水孔隙度的确定

用等效水孔隙度来表示裂缝中少量水或导电矿物网状分布状态对储层导电性影响体积大小，如果有岩心实验分析饱和度数据，利用已经认识的模型[式(1)]可以反算等效水孔隙度，然后建立等效水孔隙度与低阻页岩气层孔隙度及电阻率的关系。由于页岩气低阻主要是微裂缝及泥页岩薄互层引起的，低阻层段厚度较小，实验确定的等效水孔隙度回归公式不具有普遍应用性，因此．可以利用邻近页岩气层正常高电阻率来计算等效水孔隙度。

同一页岩气层电阻率应该是近似的，由于孔隙度和孔隙结构差异，以及微裂缝中少量束缚水或导电矿物连通状况差别，影响测量电阻率差异，据此可以确定等效水孔隙度ϕ_{ew}，即页岩气层电阻率越高，ϕ_{ew}越小，低阻页岩气层电阻率越低，ϕ_{ew}越大，因此可用c来表示等效水孔隙度的相对大小，c计算公式如下：

$$c=\frac{\lg R_{max}-\lg R_t}{\lg R_{max}-\lg R_{min}} \tag{7}$$

式中，c为ϕ_{ew}的相对大小值；R_{max}为非低电阻率页岩气层的最大电阻率，Ω·m；R_{min}为低阻页岩气层最小电阻率，Ω·m。

采用电阻率法计算ϕ_{ew}时，其参考值为传统模型如西门杜公式计算的含水孔隙体积，如采用新模型计算含水孔隙体积将导致等效水导电性校正结果受限制。传统模型计算含水饱和度S_w'与有效孔隙度的乘积就是含水孔隙体积，因此ϕ_{ew}可表示为

$$\phi_{ew}=c\times S_w'\times\phi \tag{8}$$

式中，S_w'为传统饱和度模型如西门杜模型的含水饱和度。

由于采用电阻率法来确定ϕ_{ew}，除了泥质砂岩饱和度模型已考虑泥质及黏土附加导电性影响外，任何因素引起的页岩气低阻，新模型都能进行高导电性即等效水导电性校正，因此新模型也适合砂岩、碳酸盐岩储层低阻油气层饱和度的处理。

3　应用实例

如图3所示，2566m以下页岩段，有机碳含量明显增高，密度较小，中子较小，气层处中子-密度交会“镜像”明显增大，说明该层含气性好，解释为Ⅰ类页岩气层。该优质页岩气部分层段电阻率不高，采用原来电法饱和度模型计算含气饱和度偏低，与高孔、高有机碳含量的优质页岩分析含气饱和度不吻合。即使没有岩电实验参数，只要正常电阻率层所用饱和度参数计算饱和度与实验分析饱和度结果一致就可。因此，在饱和度参数a、m、b、n、R_w一致的条件下，采用改进W-S模型、改进西门杜模型，进行高导电性即等效水导电性校正后，处理页岩低阻层段含水饱和度S_w明显降低，且与实验分析含气饱和度结果一致。新模型与传统模型的饱和度相关计算参数是一致的，而低电阻率页岩气层的电阻率对含水饱和度影响很小，这是该校正因子在低电阻率页岩气层与原模型的主要差别，也是许多专家采用非电法如孔隙度资料计算低阻油气饱和度的基础(如参考文献[1]和[3])。页岩气低阻段通过改进模型反算的气层电阻率比深侧向电阻率高许多，孔隙度高的层段，反算页岩层电阻率变化更大，计算含气饱和度相应更高，与页气层中物性及有机碳决定含气性规律一致。图中优质页岩段计算泥质含量相对较低，无论用哪种传统泥质校正饱和度模型，都不能说明少量泥质引起页岩气层电阻率下降。该段页岩气层深、浅侧向电阻率几乎一致，说明没有侵入影响。传统及改进的阿奇模型没有进行泥质校正，计算含气饱和度还是较低，因此改进的阿奇仍然不适合黏土含量较高的储层。

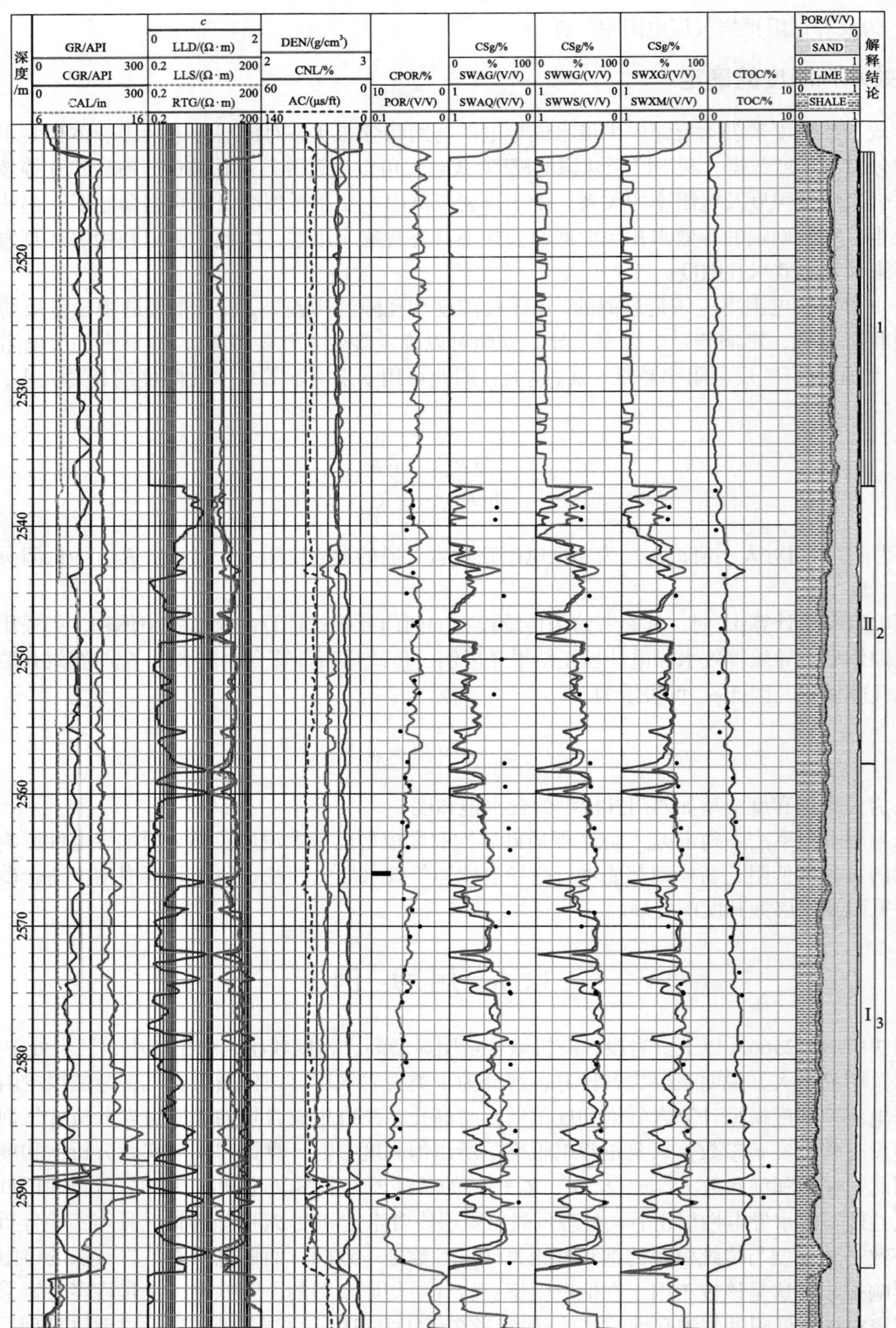

图 3　改进饱和度模型与原模型计算含气饱和度对比图

GR-自然伽马；CGR-去铀伽马；CAL-井径；c-等效水孔隙度相对大小值；LLD-深侧向；LLS-浅侧向；RTG-反算深电阻率；DEN-密度；CNL-中子；AC-声波时差；CPOR-岩心分析孔隙度；POR-有效孔隙度；CSg-岩心分析含气饱和度；SWAG-改进阿奇计算含水饱和度；SWAQ-阿奇计算含水饱和度；SWWG-改进 W-S 计算含水饱和度；SWWS-W-S 计算含水饱和度；SWXG-改进西门杜计算含水饱和度；SWXM-西门杜计算含水饱和度；CTOC-岩心分析有机碳含量；TOC-有机碳含量；SAND-硅酸盐矿物；LIME-碳酸盐矿物；SHALE-黏土矿物

4 结　论

(1)页岩气低阻成因主要是导电体网状分布产生的高导电性，低阻页岩气层利用电法计算饱和度时都要进行高导电性校正。

(2)采用等效水导电性可以较好地描述少量导电体的高导电性，等效水孔隙度可表示少量导电体的分布状态对等效水导电性影响程度。

(3)改进后的泥质校正模型可提高页岩游离气计算含气饱和度，增加页岩储层计算储量规模。

(4)新模型扩展了常规电法饱和度模型在低阻页岩气层的应用，也适合砂岩、碳酸盐岩储层中低阻油气层饱和度的处理。

参 考 文 献

[1] 张晋言, 李淑荣, 王利滨, 等. 低阻页岩气层含气饱和度计算新方法[J]. 天然气工业, 2017, 37(4): 34-41.

[2] 杨小兵, 张树东, 张志刚, 等. 低阻页岩气储层的测井解释评价[J]. 成都理工大学学报(自然科学版), 2015, 42(6): 692-699.

[3] 谢慧卓, 李会银, 袁卫国, 等. 龙马溪低电阻率页岩含气饱和度计算研究[J]. 测井技术, 2019, 43(2): 161-166.

[4] 王道富, 王玉满, 董大忠, 等. 川南下寒武统筇竹寺组页岩储集空间定量表征[J]. 天然气工业, 2013, 33(7): 1-10.

[5] 潘仁芳, 龚琴, 鄢杰, 等. 页岩气藏 “甜点” 构成要素及富气特征分析——以四川盆地长宁地区龙马溪组为例[J]. 天然气工业, 2016, 36(3): 7-13.

[6] 魏志红, 魏祥峰. 页岩不同类型孔隙的含气性差异——以四川盆地焦石坝地区五峰组—龙马溪组为例[J]. 天然气工业, 2014, 34(6): 37-41.

[7] 金力钻, 孙玉红, 周文革, 等. 低电阻率砂岩油气层的测井饱和度计算新模型[J]. 测井技术, 2020, 44(1): 55-60.

[8] 胡胜福, 周灿灿, 李霞, 等. 测井饱和度解释模型的演化历程分析与思考[J]. 地球物理学进展, 2017, 32(5): 1992-1998.

[9] 金力钻, 周文革, 谢岚, 等. 一种基于电阻率法的页岩气饱和度计算方法: CN111624233A [P]. 2020-09-04.

页岩气水平井套变地质影响因素分析

周　杨[1]，陈　浩[2]

（1. 中国石油长城钻探工程有限公司地质研究院，盘锦 124010；2. 中国石油长城钻探工程有限公司页岩气项目部，威远 642450）

摘要：近年来威远页岩气开发受水平井压裂套变影响，丢段、合压等现象频发，制约气井产量，亟须开展套变风险预测及防治，以提高开发效果。本文对长城威远页岩气主要建产区的 16 个套变点进行整理，应用钻井、测井、录井、地震解释资料，对套变井井筒及周边的天然裂缝、应力差异、岩性变化、弹性属性变化、套变空间位置、井间压裂影响等方面开展分析，应用数据统计方法，造成威远区块页岩气水平井套变地质影响因素主要为裂缝发育、小层界面和压裂累积效应。通过进一步分析套变位置裂缝与井筒的接触关系，排除部分对套变影响较小的天然裂缝，以提高套变预测精度，为压裂地质、工程设计优化提供指导。

关键词：页岩气；水平井；压裂；套变

Analysis on the causes of casing deformation in fractured shale-gas horizontal wells

Zhou Yang[1]，Chen Hao[2]

（1. CNPC Great Wall Drilling Company Geology Research Institute，Panjin 124010；2. CNPC Great Wall Drilling Company Shale Gas Project Department，Weiyuan 642450）

Abstract: In recent years, the development of Weiyuan shale gas is affected by the casing deformation, and the phenomena of section loss and pressure combination occur frequently, which restrict the gas well production. Therefore, it is urgent to carry out the risk prediction and prevention of casing deformation, so as to improve the development effect. In this paper, 16 casing change points in Weiyuan shale gas well area of the GWDC are sorted out. According to the guidance on prevention and treatment of casing damage and casing change in Sichuan shale gas wells, the natural fractures, stress differences, rock property changes, elastic property changes, casing change spatial location, and the influence of cross well fracturing in and around the casing change well are analyzed by using drilling, logging, mud logging and seismic interpretation data. By using data statistics method, it is considered that the main geological influencing factors of casing deformation of shale gas horizontal wells in Weiyuan block are fracture development and cumulative fracturing effect. By further analyzing the contact relationship between fractures and wellbore in casing deformation location, some natural fractures which have little influence on casing deformation are excluded, so as to improve the prediction accuracy of casing deformation and provide guidance for fracturing geology and engineering design optimization.

Keywords: shale gas; horizontal well; fracturing; casing deformation

天然气作为清洁的化石能源，页岩气则是其主要存在形式之一，北美“页岩气革命”革命成功，使

基金项目：①国家重大科技专项“大型油气田及煤层气开发——页岩气工业化建产区评价与高产主控因素研究”（编号：2017ZX05035-004）；②中油油服统筹科技项目“川渝页岩气综合提速提效压缩工期综合配套技术研究——页岩气水平井安全效益开发综合配套技术研究”（编号：2019T-003-001-1）。

作者简介：周杨（1987—），工程师，主要从事综合地质研究、地质设计和地质导向工作。地址：辽宁盘锦长城钻探地质研究院，邮箱：zhy001.gwdc@cnpc.com.cn。

美国由天然气进口大国转变为出口大国，深刻改变了世界天然气供给格局[1,2]。作为北美之外最大的页岩气生产国，通过十余年勘探开发攻关，中国以四川盆地及其邻区为重点，实现了海相页岩气资源的有效开发[3]。2020年全年实现页岩气产量200亿m^3，其中中石油在蜀南长宁、威远、昭通等区块实现页岩气产量116亿m^3[4]。长城钻探公司自参与威远页岩气开发以来，形成了相对完备的水平井钻井和压裂技术体系，但也伴随着页岩气水平井套管变形频发的问题，影响气井开发效率和效益。针对页岩气水平井压裂过程中出现的套管变形问题，许多学者开展了不同方面的研究。童享茂等[5]开展基于"广义剪切活动准则"这一构造地质和地质力学的基础理论，明确了套变机理为流体压力传递到断-裂面上诱发地层滑移并作用到套管上使其变形的结果。张平等[6]基于套管内抗压交变试验/MIT24 井径测井的地面模拟实验等物理和数值模拟实验，表明断层和大裂缝发生剪切滑移是导致页岩气水平井套变的主要原因，通过采取措施降低活动性可达到预防套变目的。

笔者在借鉴前人研究成果基础上，从地质工程一体化角度出发，开展长城威远页岩气开发主要建产区威204井区的套变地质影响因素分析，为套变预防与防治提供依据，力求降低套变概率。

1　套变特点

威204井区作为长城公司目前主要产建井区，其大部分目的层埋深超过3500m，储层非均质性强、地层应力变化大，目前完成施工25口井中累计发生16处套变。本文综合地震、测井、录井和钻井资料，通过对裂缝、岩性、狗腿度等地质工程参数分析，确定威204井区主要套变影响因素。

1.1　套变位置与天然裂缝关系

天然裂缝既是油气资源良好的储渗空间，也是影响水力压裂扩展的重要因素。因此，研究天然裂缝对压裂套变的影响，具有重要意义。天然裂缝是结构弱面，压裂过程中压裂液可能与天然裂缝沟通并沿天然裂缝扩展，发生压裂事件异位聚集，造成聚集段的地层活动，引发套变。

根据威204井区曲率体、蚂蚁体成果进行分析(图1、图2)，16处套变位置中有11处与天然裂缝发育相关，占比73.7%，认为套变位置与天然裂缝发育位置相关性较强。为了进一步分析天然裂缝与套变的关系，重点分析了裂缝与井筒的接触关系，其中威204井区套变位置天然裂缝与井筒呈斜交关系。同时对威202井区套变位置的天然裂缝发育情况进行分析，垂直井筒裂缝位置一般未发生套变，因此斜交井筒的天然裂缝发育位置套变风险较高。

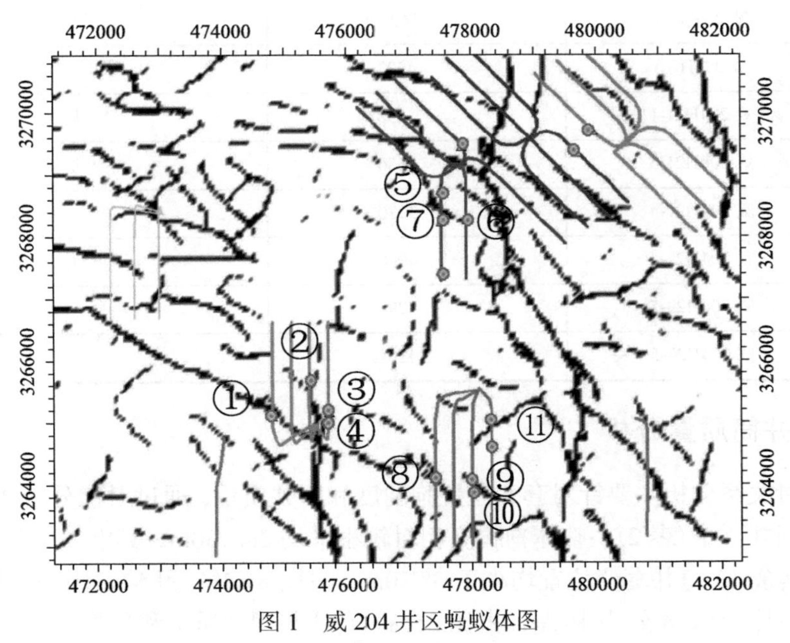

图1　威204井区蚂蚁体图

①～⑪表示套变位置

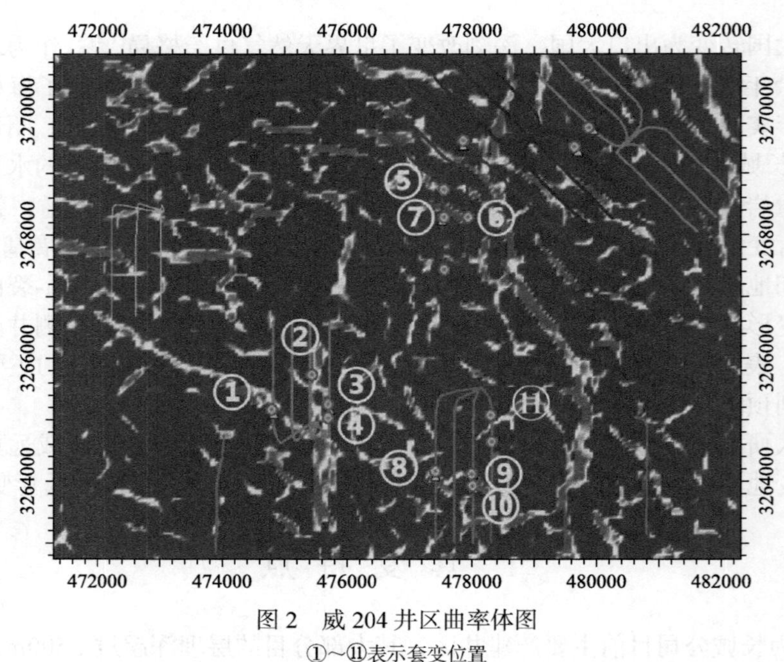

图 2　威 204 井区曲率体图

①～⑪表示套变位置

1.2　套变位置与小层界面关系

页岩储层具有较强的非均质性，纵向上根据岩性差异可划分多个小层，岩性差异导致可压性在纵向上存在不同，在压裂过程中，由于水平井段中容易破碎的页岩储层相对不易破碎井段，更有易于能量释放，造成套变。本次研究应用随钻测井伽马数据、元素录井数据和测井数据，对威 204 井区完钻井钻遇小层情况进行复核，分析套变位置的钻遇小层情况，16 处套变点中有 8 处与小层界面相关(表 1，图 3)，套变位置与小层界面相关性较高。从评价井柱状图可看出，发生套变的小层界面处伽马曲线和元素曲线有较大变化(图 4)。

表 1　威 204 井区套变情况统计表

序号	井号	套变位置/m	岩性界面
1	威 204H3-4	4162.15	龙一$_1^1$上—龙一$_1^1$中
2	威 204H7-5	4322	龙一$_1^1$—五峰组
3	威 204H21-1	4138	龙一$_1^1$中—龙一$_1^1$下
4	威 204H21-3	4586	龙一$_1^1$上—龙一$_1^1$中
5	威 204H21-4	3920	龙一$_1^1$—龙一$_1^2$
6	威 204H21-4	4008	龙一$_1^1$中—龙一$_1^1$下
7	威 204H23-5	3793	龙一$_1^1$—龙一$_1^2$
8	威 204H23-5	4204	龙一$_1^1$中—龙一$_1^1$下

1.3　套变位置与井筒质量分析

套变与井筒质量关系分析主要针对套变位置狗腿度和固井质量，通过对比分析 204 井区 16 处套变位置的狗腿度大小和固井质量(表 2)。整体狗腿度相对较小平均 2.4°/30m，其中 2 口井大于 5°/30m，1 口井为(3°～5°)/30m，其余 13 口井套变位置均小于 3°/30m，占比 81.3%(图 5)。固井质量分析结果显示，12 处固井质量为优，占比 5%，4 处为中-差，占比 25%。套变与固井质量和狗腿度关联不大。

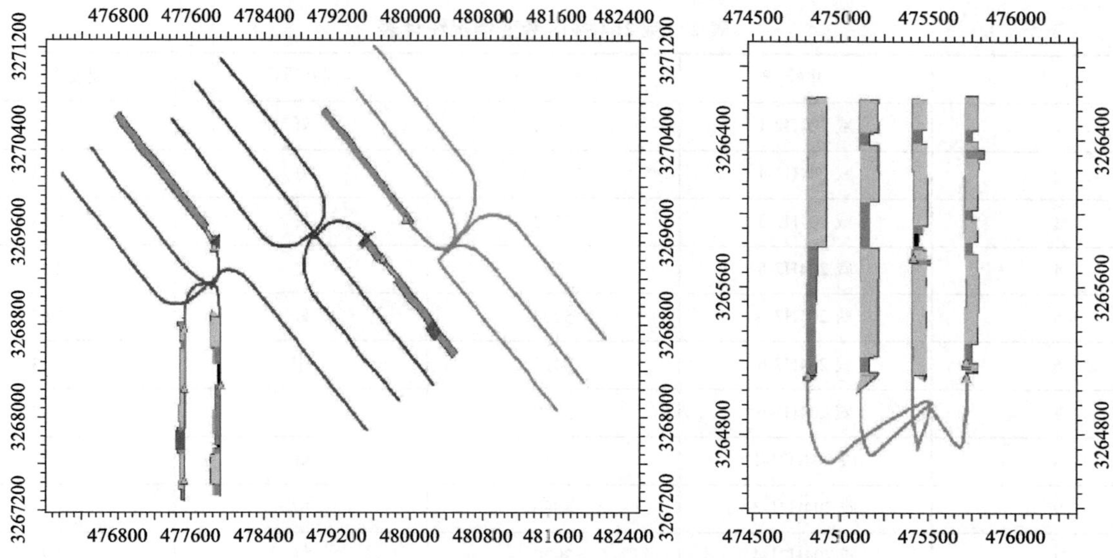

图 3　威 204 井区套变位置小层钻遇情况平面图

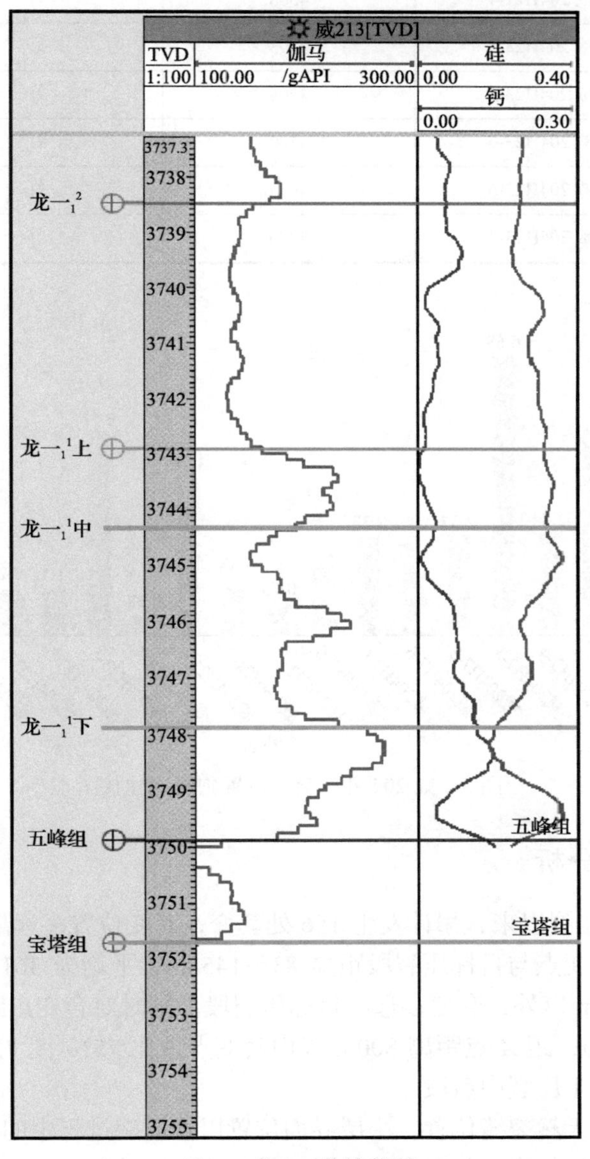

图 4　威 213 井柱状图

表 2　威 204 井区套变情况统计表

序号	井号	套变位置/m	固井质量	狗腿度/[(°)/30m]
1	威 204H2-1	3900	好	5
2	威 204H3-4	4162.15	好	2.44
3	威 204H7-3	3682	好	6.68
4	威 204H7-5	4322	差	2.37
5	威 204H7-6	5205	好	1.67
6	威 204H7-6	4415	中	2.33
7	威 204H7-6	3899	中	2.97
8	威 204H21-1	4138	好	0.75
9	威 204H21-3	4586	中	1.13
10	威 204H21-4	3920	好	3.76
11	威 204H21-4	4008	好	0.48
12	威 204H23-5	3793	好	4.82
13	威 204H23-5	4204	好	1.1
14	威 204H23-6	4730	好	1.12
15	威 204H23-6	4953	好	1.37
16	威 204H23-8	4870	好	0.45

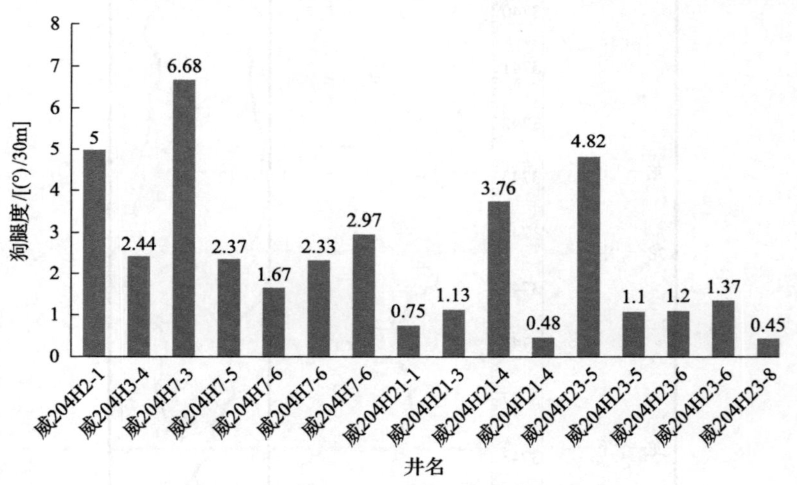

图 5　威 204 井区套变位置狗腿度柱状图

1.4　套变位置空间位置分析

自 2014 年开展页岩气压裂以来，累计发生 156 处套变，套变位置多远离目标压裂段。通过对威 204 井区套变点的统计分析，套变点与目标压裂段距离 83～1458m，平均为 361.6m(图 6)，其中 78.6%的套变点位于距目标压裂段 100m 以外，套变多远离目标压裂段。同时对套变点距入靶点距离进行统计分析，距入靶点距离平均为 442.9m，距 A 点距离 800m 以内套变点占比 75%(图 7)。综合分析认为套变位置受压裂累积效应影响，多发生于压裂中后段。

综上分析，斜交井筒的天然裂缝位置、小层界面位置以及压裂过程中的累计效应，是威 204 井区套变发生的主要位置和因素，如何降低其对套管的影响是首要解决的问题。

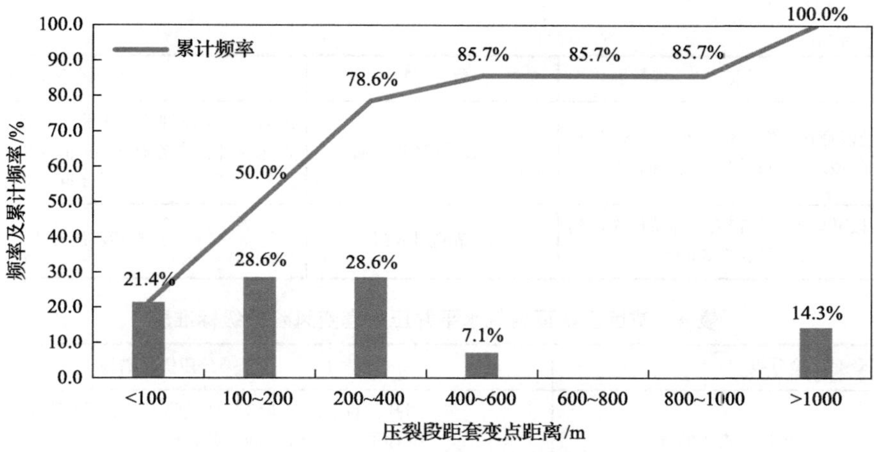

图 6　威 204 井区套变位置距目标压裂段距离柱状图

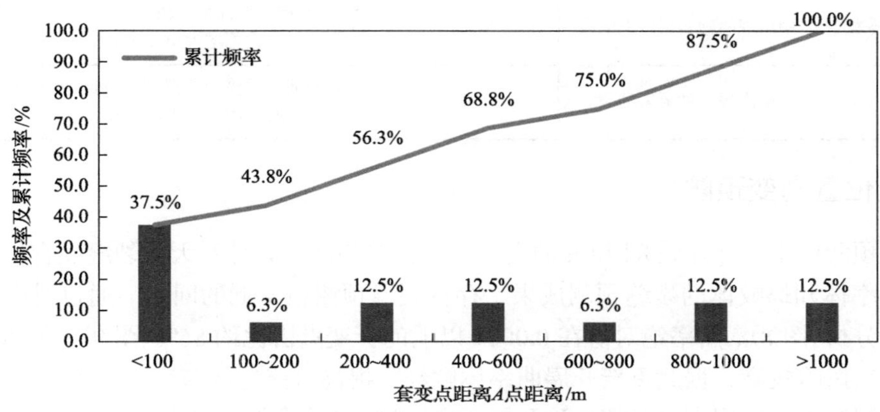

图 7　威 204 井区套变位置距 *A* 点距离柱状图

2　套变风险识别与预防

根据已发生套变位置的套变影响因素分析，完善套变风险识别参数，并开展针对性的套变风险预测。在开展套变风险预测初期，根据川南《页岩气井压裂套管变形防治手册》中的七要素（待压裂段穿过或在断层边缘、穿过裂缝、应力异常、弹性属性异常、GR 异常、岩性变化、轨迹变化大）开展套变风险识别（表 3），并根据识别要素种类开展套变风险定级与防治（表 4）。但在实际工作中存在识别要素多、识别出的套变风险多，套变预防针对性不强等问题。依据前文对比分析成果，着重针对造成套变概率较高的天然裂缝发育位置和钻遇小层界面处开展套变预防。

表 3　威远区块页岩气水平井压裂段套变风险识别要素表

要素序号	要素	参考资料	套变风险识别标准
1	待压裂段穿过或在断层边缘	地球物理、随钻数据	压裂段钻遇断层或距断层 20m 以内
2	待压裂段穿过裂缝	曲率、蚂蚁体（测井）	压裂段穿过裂缝或距裂缝 10m 以内
3	待压裂段存在应力异常，即待压裂段与相邻段之间的应力差值大	地震反演成果（测井）	待压裂段与相邻段之间的应力差值大于 10MPa
4	待压裂段存在弹性属性异常，即待压裂段与相邻段之间的弹性属性差值大	地震反演成果（测井）	待压裂段与相邻段之间的杨氏模量差值大于 5GPa，泊松比差值大于 0.1
5	待压裂段的测井 GR 存在异常，即待压裂段与相邻段之间的 GR 值差异大	随钻数据（测井）	待压裂段与相邻段之间的 GR 差值大于 50API

续表

要素序号	要素	参考资料	套变风险识别标准
6	待压裂段存在岩性变化，即待压裂段与相邻段之间的矿物组分差异较大	随钻数据(测井数据)	①测井：待压裂段与相邻段之间的泥质含量差值大于50 ②未测井：参考随钻GR值变化，待压裂段与相邻段未处于同一小层
7	待压裂段井轨迹变化较大，即待压裂段狗腿度大于5°/30m	随钻测斜数据	压裂段狗腿度大于5°/30m

表 4　威远区块页岩气水平井压裂套变风险分级标准表

套变风险分级		压裂分段优化措施
Ⅰ级套变风险段	出现要素1的段	射孔位置应避开Ⅰ级套变风险点，断层断距不小于2m，推荐不小于15m；断层断距小于2m，推荐不小于10m；Ⅰ级套变风险段适当增大分段长度，推荐增大15m以上
Ⅱ级套变风险段	要素2～7中出现两种要素以上的段	Ⅱ级套变风险点改造段及前1段，应适当增大分段长度，推荐增大10～15m
Ⅲ级套变风险段	要素2～7中出现一种要素的段	裂缝发育Ⅲ级套变风险段增大段长5m以上，其余因素适当增大段长

2.1　天然裂缝位置套变预防

自开展套变预防以来，已开展84口井的套变风险预测与防治，针对天然裂缝发育位置的套变预防主要是依靠地震曲率体和蚂蚁体的裂缝预测成果，存在裂缝预测精度低的问题。通过对所有由裂缝影响的套变点的曲率体分析(图8)，曲率绝对值在0.0001以上的套变点占比约86%(图9)，可初步认定该数值以上预测的裂缝套变风险较高，据此重新开展曲率体解释，提高可能造成套变的裂缝预测精度。

根据裂缝预测结果，应用广义剪切理论开展套变风险定级与预防[5](图10)，其中针对Ⅰ/Ⅱ级风险段采取加大段长5～10m处理，射孔簇避开裂缝发育位置，同时提示工艺该段套变风险较高，注意优化设计。

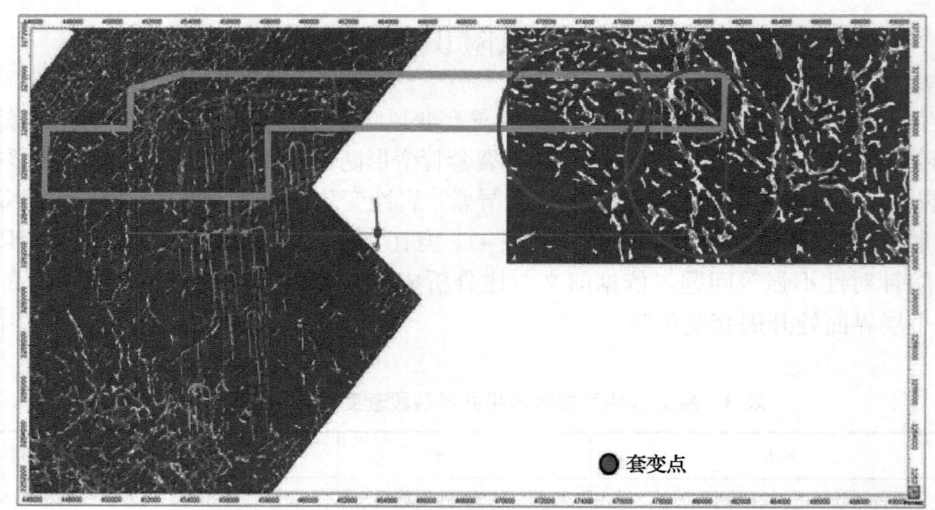

图8　威远作业区套变点与曲率体平面叠合图

2.2　小层界面套变预防

根据前文分析结果，小层界面需精细到1小层内的界面。套变预防根据钻遇长度采取单独分段，优化工艺设计或避射设计(图11)。为防止小层界面在对压裂造成影响，在前期导向过程中，加强轨迹控制，优化轨迹钻进层位，尽量减少在小层界线处钻进。

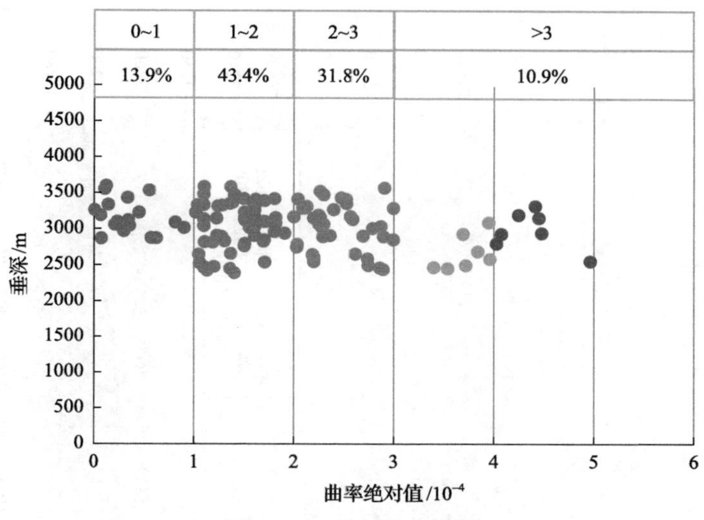

图 9　套变点曲率散点图

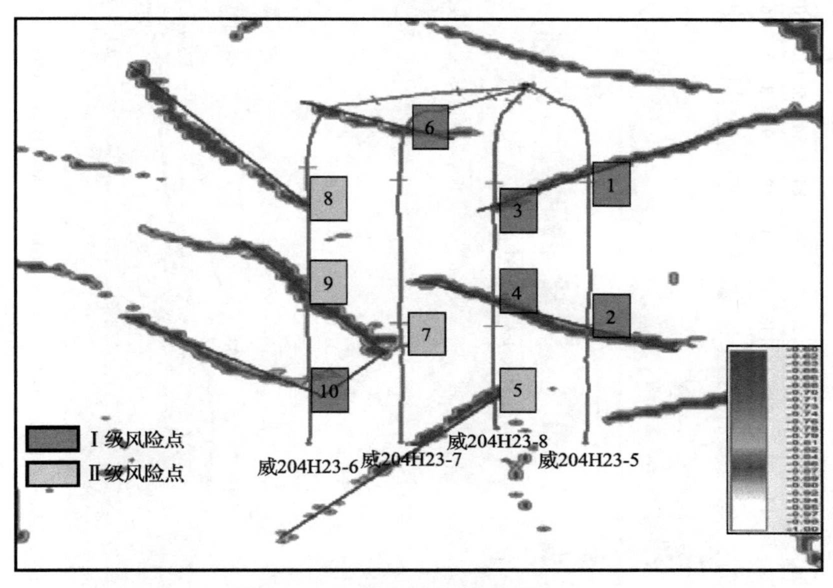

图 10　H23 平台蚂蚁体平面图

套变的预防还需开展地质工程一体化参数优化，在以上根据地质研究成果开展套变预测和预防之外，工艺设计中需优化套变风险段的施工参数。同时亦需开展设计施工一体化，在施工过程中通过微地震监测等手段，通过监测数据进行参数优化，目前较为常用的方法是主动采取风险段的合压、降低施工规模和多次暂堵等方法，以提高施工时效，降低压裂累积效应的影响。

3 结　论

研究成果在威远区块进行推广应用，2021 年度压裂投产井套变率较 2020 年降低 8%，并建厂百万平台威 204H21 平台，取得了一定的应用效果。

本文对威远页岩气水平井套变地质因素展开分析，并提出了套变风险预测与定级方案：①综合分析认为井筒及周边的天然裂缝位置、小层界面位置以及压裂累积效应套变发生的主要位置和因素；②地质工程一体化、设计施工一体化对提高压裂改造效果及降低套变发生概率具有一定作用，本文的研究可为威远区块套变分析与防治提供一定的思路与方法。

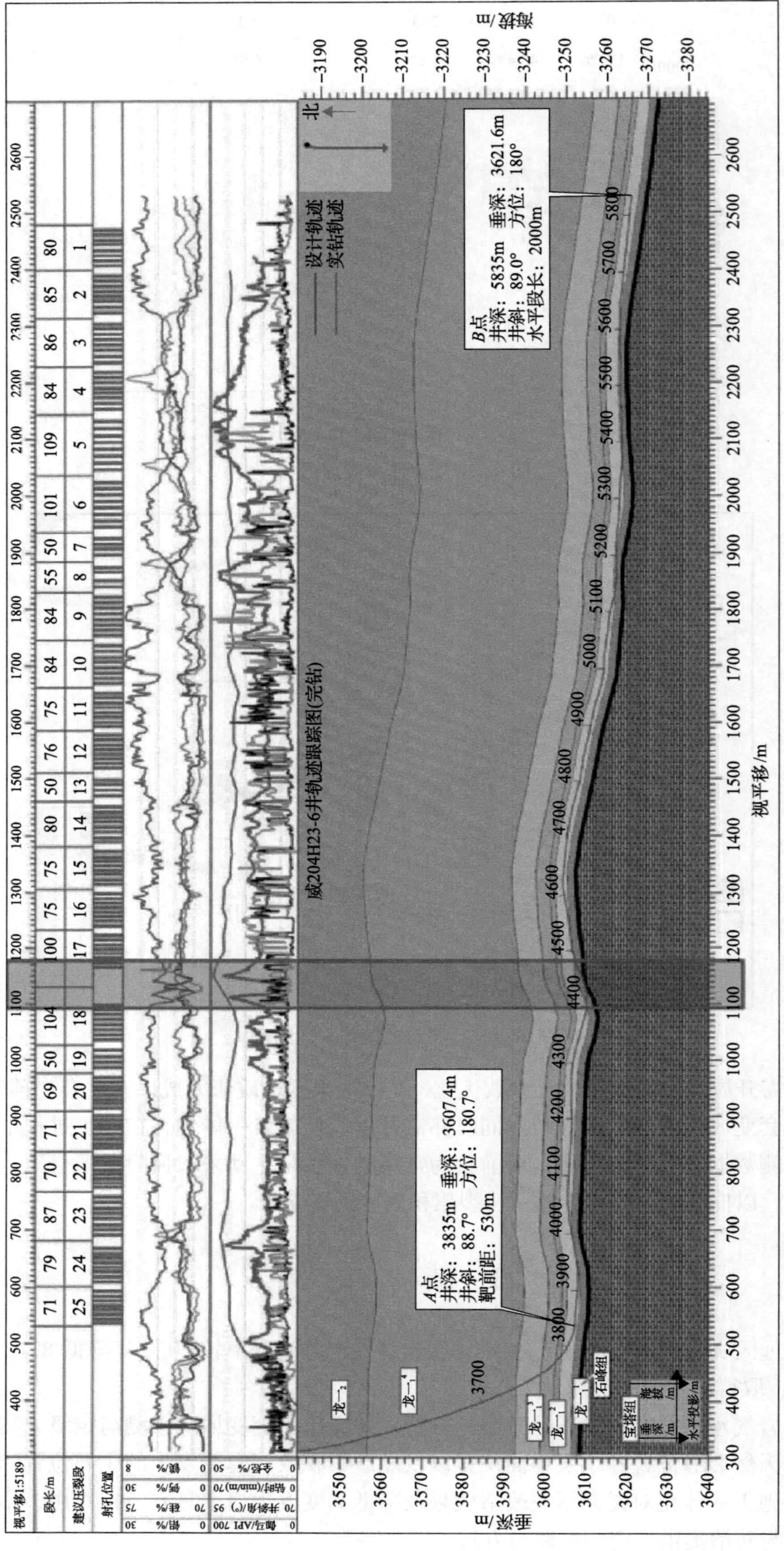

图11　威204H23-6井压裂地质设计剖面

参 考 文 献

[1] 邹才能, 赵群, 张国生, 等. 能源革命: 从化石能源到新能源[J]. 天然气工业, 2016, 36(1): 1-10.

[2] 贾承造. 论非常规油气藏对经典石油天然气地质学理论的突破及意义[J]. 石油勘探与开发, 2017, 44(1) 1-11.

[3] 邹才能. 非常规油气地质学[M]. 北京: 地质出版社, 2014.

[4] 邹才能, 赵群, 丛连铸, 等, 中国页岩气开发进展、潜力及前景[J]. 天然气工业, 2021, 41(1): 1-14.

[5] 童享茂, 张平, 张宏祥, 等. 页岩气水平井开发套管变形的地质力学机理及其防治对策[J]. 天然气工业, 2021, 41(1): 189-197.

[6] 张平, 何昀宾, 刘子平, 等. 页岩气水平井套管的剪压变形实验与套变预防实践[J]. 天然气工业, 2021, 41(1): 84-91.

江苏宁镇地区五峰组—高家边组优质页岩分布及其与笔石带对应关系——来自苏页1井的启示

岑　超[1,2]，阮　娟[2]，刘理湘[1,2]，李世臻[3]，韩红庆[1,2]，何委徽[1,2]

（1. 江苏华东八一四地球物理勘查有限公司，南京 210007；2. 江苏省有色金属华东地质勘查局，南京 210000；3. 中国地质调查局油气资源调查中心，北京 100029）

摘要：为准确掌握江苏五峰组—高家边组页岩气基础地质条件，在江苏宁镇地区汤山-仑山复背斜南翼“高家边组”命名地实施页岩气参数井苏页1井，井深1203.37m，全孔取心。苏页1井钻遇高家边组中下部、五峰组、汤头组，为完整揭露五峰组—高家边组底部富有机质页岩的典型钻孔。基于243个厘米至分米级采样间隔的TOC数据，建立了五峰组—高家边组下部TOC标准柱状图。依据TOC划分的页岩分段与笔石带对应良好，共分7个页岩段，含4个优质/富有机质页岩段，其中WF4—LM3优质页岩段品质最好，代表了宁镇地区典型情况。苏页1井R_o介于2.47%～2.91%，平均值2.62%，总体处于过成熟早—中期生干气阶段。干酪根类型为Ⅰ型。五峰组—高家边组优质/富有机质页岩呈两层式，真厚度约22.4m。页岩气勘探潜力最好的WF4—LM3优质页岩段真厚度8.6m，应视为主力产气页岩小层和未来水平井钻进层段。不同页岩段的沉积速率不同，说明有机质含量与物源输入作用关系密切。

关键词：页岩气；五峰组—高家边组；优质页岩；富有机质页岩；笔石带

Distribution of high quality shale in Wufeng-Gaojiabian Formation and its correspondence with graptolite biozones in Jiangsu Nanjing-Zhenjiang area: Inspiration from well SY-1

Cen Chao[1,2], Ruan Juan[2], Liu Lixiang[1,2], Li Shizhen[3], Han Hongqing[1,2], He Weihui[1,2]

（1. Team 814, East China Mineral Exploration and Development Bureau, Nanjing 210007; 2. East China Mineral Exploration and Development Bureau, Nanjing 210000; 3. Oil & Gas Survey, China Geological Survey, Beijing 100029）

Abstract: In order to accurately grasp the shale gas geological conditions of Wufeng-Gaojiabian Formation, well SY-1 has been drilled in the south limb of the Tangshan-Lunshan anticlinorium in the Nanjing-Zhenjiang area of Jiangsu where “Gaojiabian Formation” is named. Well SY-1 is a full-hole coring parameter well with depth of 1203.37 meters. Well SY-1 encountered the middle and lower parts of Gaojiabian Formation, Wufeng Formation, and Tangtou Formation, which is a typical well to completely expose the organic-rich shale sections at the base of Wufeng-Gaojiabian Formation. Based on TOC content data of 243 samples with centimeter-decimeter-level sampling intervals, the standard histogram of TOC content in the lower part of Wufeng-Gaojiabian Formation has been established. The shale sections classified according to TOC content correspond well to the graptolite biozones. There are seven shale sections, including four high-quality/organic-rich shale sections. Among them, the prominent high-quality shale section is WF4-LM3, which represents the typical situation in the Nanjing- Zhenjiang area. The R_o of well SY-1 is between 2.47% and 2.91%, with an average of 2.62%, and is generally over maturity, in early to mid stage of dry gas generation. Its kerogen type is type Ⅰ. The high-quality/organic-rich shale of Wufeng-Gaojiabian Formation is composed of two layers, with a true

作者简介：岑超（1987—），高级工程师，研究方向为页岩气勘探。地址：江苏省南京市秦淮区光华路石门坎102号华鑫大厦604，电话：15261863799，邮箱：327143627@qq.com。

thickness of about 22.4 meters. The real thickness of WF4-LM3 high-quality shale section with the best shale gas exploration potential is 8.6 meters, which should be considered as the main gas producing shale thin layer and the horizontal well drilling section in the future. The sedimentation rate is changed with different shale sections, indicating that the organic matter content is closely related to the source input.

Keywords: shale gas; Wufeng-Gaojiabian formation; high-quality shale; organic-rich shale; graptolite biozones

下扬子地区五峰组—高家边组的页岩气勘探潜力越来越受到重视(贾东等，2016；方少之等，2018；方朝刚等，2020；黄正清等，2020；郑红军等，2020)。前人给出的南京及周边的五峰组—高家边组黑色页岩的厚度为 40～80m，如方朝刚等(2020)认为江苏中部的南京—句容一线五峰组—高家边组底部的黑色硅质页岩和碳质页岩厚度均在 40～60m；贾东等(2016)认为，宁镇地区五峰组—高家边组黑色笔石页岩厚度在汤山地区大于 80.5m，仑山地区至少 39.5m，有机质丰度较高，多数 TOC 含量为 1.2%～4%，显示了较强的生烃能力；方少之等(2018)认为，钻井资料显示高家边组页岩厚度超过 40m，总有机碳含量一般为 2%～4%，镜质组反射率为 1.5%～2.3%。

然而黑色页岩并非都富含有机质，富含有机质页岩段中常含夹有机碳含量低的层段，整体 TOC 含量常表现为高低值互层或夹层。岩石中有足够数量的有机质既是能够形成丰富油气的物质基础，又是决定岩石生烃能力大小的主要因素。五峰组—高家边组黑色页岩中有机质含量变化特征、富含有机质页岩段的准确厚度和分布特征尚不明确，对客观认识五峰组—高家边组页岩气地质特征带来了困难。

关于“富有机质页岩”和“优质页岩”，前人的定义有所不同。中国地质调查局 2015 年 8 月发布的《页岩气基础地质调查工作指南(试行)》中规定，富有机质泥页岩层段(organic-rich shale section)是指有机碳含量、镜质组反射率均在 0.5%以上的富有机质泥页岩层系，可夹少量的砂岩、碳酸盐岩、硅质岩等其他岩性，富有机质泥页岩累计厚度占层段厚度的比例不小于 60%(中国地质调查局，2015)。郭旭升等(2016)对涪陵页岩气田的研究中，给出了“优质页岩气层段”和“深水陆棚(相带)优质页岩”两个名词，均以 TOC≥2%为标志。熊强青等(2019)对安徽省境内巢湖地区页岩气地质调查井 WHD1 井的研究工作中，认为五峰组—高家边组下段富有机质页岩(ω_{TOC}＞1%)厚度为 43.90m，优质页岩(ω_{TOC}＞2%)厚度为 17.95m。

关于有机碳含量，部分文献用 ω_{TOC} 表示，但绝大部分文献用 TOC 表示。为保证统一，下文用 TOC 表示有机碳含量或有机碳质量分数。

综上所述，TOC＞2%是较通用的优质页岩划分标志，富有机质页岩的定义则差别较大。本文参考 WHD1 井的划分方法，将 TOC＞1%页岩段定为富有机质页岩，TOC＞2%页岩段定为优质页岩。

此外，五峰组—高家边组岩性较纯，偶夹粉砂质条带或条纹，肉眼区分度较小，野外现场难以进行小层精细划分，而借助笔石生物带的精细划分进行黑色页岩小层划分对比，不失为一种经济便捷的方法，同时对确定主力产气页岩小层和指导水平井钻进层段具有重要意义(陈旭等，2015)。

本文基于江苏省页岩气参数井苏页 1 井(1203.37m，全井取心)钻探成果，研究了笔石页岩的 TOC 含量变化特征和笔石生物学特征，查明了优质页岩和富有机质页岩厚度及分布特征，对比了页岩分布与笔石带对应关系。

1　地质背景

研究区位于宁镇山脉，其整体构造为一褶皱冲断带，由震旦系—三叠系地层为主构成的三个背斜和两个向斜构造组成(江苏省地质矿产局，1989)。最南侧的青龙山-汤山-仑山复式背斜绵延约 40km，由南京淳化镇青龙山、大连山经汤山，抵仑山。由西向东，该复式背斜的枢纽走向由北东向转至北东东向，又趋北东向，呈反“S”形，核部出露的最老地层为寒武系，可见于仑山和南京湖山地区之南的汤山团子尖。

苏页 1 井位于句容仑山湖东北侧、高家边村南侧，构造部位为青龙山-汤山-仑山复式背斜南翼，为高家边组命名地(图 1)。

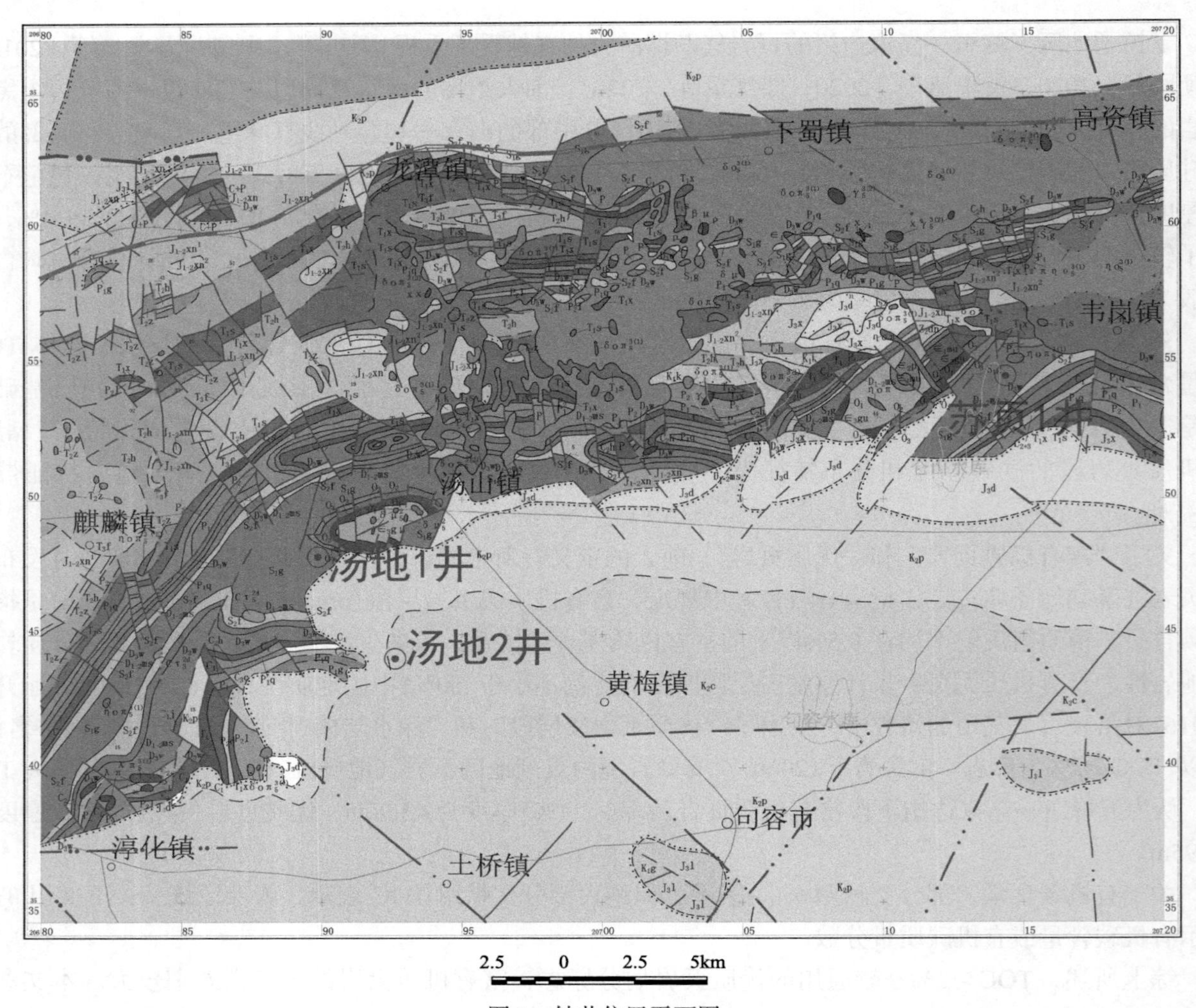

图 1　钻井位置平面图

2　揭露地层特征

苏页 1 井在高家边组露头上开钻，钻遇高家边组中下部、五峰组、汤头组、宝塔组，未钻遇大规模破碎带，为完整揭露五峰组—高家边组底部富有机质页岩层段的典型钻孔(图 2)。

高家边组主要为黑色厚层状泥岩，深灰色薄层状含泥粉砂岩夹灰黑色薄层状粉砂质泥岩，深灰色中厚层状含粉砂泥岩、泥质粉砂岩等。五峰组主要为黑色层状泥岩、硅质页岩，致密、滴酸不起泡、轻微污手。汤头组为灰白色泥岩夹瘤状泥质灰岩。宝塔组为灰白色中厚层状瘤状灰岩、含泥质灰岩。宝塔组至高家边组底部夹数十层凝灰岩，厚度不一，厚者可达 10cm。

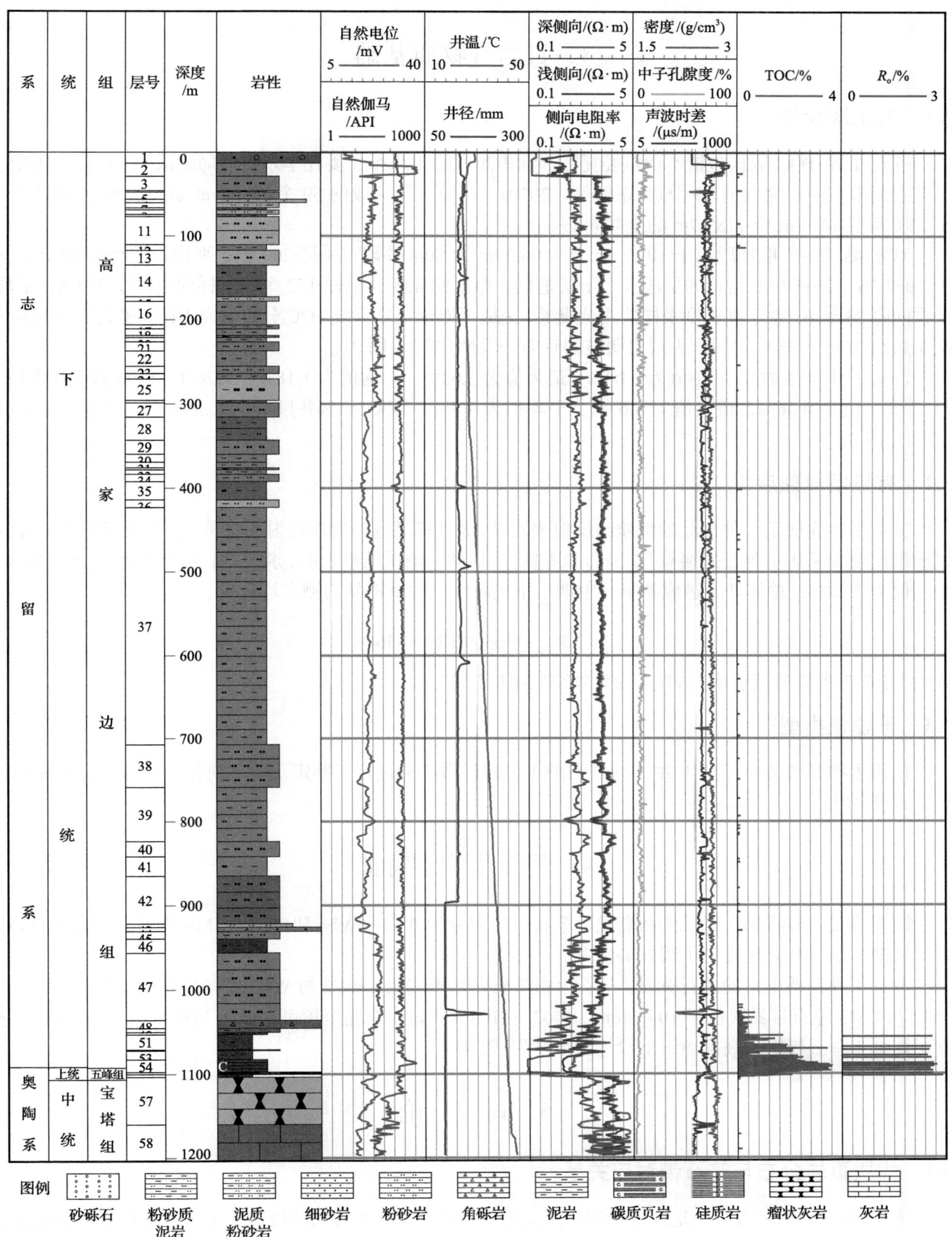

图2　苏页1井综合柱状图

3　页岩气物质基础

3.1　有机碳含量

苏页 1 井 TOC 数据包括本单位委托江苏油田测试的 104 个、委托华东石油局测试的 53 个，中国地质调查局南京中心完成的 30 个(黄正清等，2020)，南京大学完成的 59 个(Yang et al., 2020)，共计 243 个，覆盖了 24.88m 至 1189.7m 的全井岩心。

TOC 测试主要取样段位于 1026.4m 至 1106.39m 约 80m 井段；采样 200 个，平均采样间隔 40cm；其中 1063.26～1106.39m 为目的层段及上下伏地层，厚度约 43m，采样 152 个，采样间隔均小于 1m，平均采样间隔 28.4cm。基于高密度采样的测试成果，完成了厘米至分米级 TOC 分析研究工作，建立了五峰组—高家边组 TOC 标准柱状图，表现出明显的垂向分段性(图 2、图 3)。

苏页 1 井全井 TOC 最小值为 0.04%，最大值为 3.63%，平均值为 1.18%。1026.4～1106.39m 深度段，TOC 最小值为 0.06%，最大值为 3.63%，平均值为 1.4%。TOC＞1%井段集中于五峰组—高家边组底部(图 2、图 3)。

3.2　有机质成熟度

苏页 1 井完成了 5 件样品的镜质组反射率测试，8 件样品的沥青质反射率测试，沥青质反射率与等效镜质组反射率采用下列公式换算(丰国秀和陈盛吉，1988)。测试结果表明，苏页 1 井 R_o 介于 2.47%～2.91%，平均值为 2.62%，总体处于过成熟早—中期生干气阶段。两批样品均测点均较少。

$$VR_{equ}=0.6569BR+0.3364$$

式中，BR 为沥青质反射率；VR_{equ} 为等效镜质组反射率。

3.3　干酪根类型

使用生物显微镜对苏页 1 井 5 块岩石的干酪根显微组分进行了鉴定及类型划分。显示均为 I 型干酪根，且高氧化。

4　笔石生物学特征

陈旭等(2015)将扬子区域的两套黑色笔石页岩划分为 WF1—WF4 和 LM1—LM9 共 13 个笔石生物带，为区域地层划分和对比提供了很好的参考。

苏页 1 井钻遇丰富的笔石页岩，笔石生物学研究结果表明，WF2 与 WF3 笔石带界线位于 1099.26m，LM2 与 LM3 笔石带界线位于 1090.46m。1063～1104m 井段，自底至顶可划分出 WF2—LM5 笔石带，建立了苏页 1 井五峰组—高家边组下段笔石带序列(图 4)。

5　讨　　论

5.1　优质页岩分布与笔石带对应关系

贾东等(2016)认为，宁镇地区五峰组—高家边组页岩气赋存的有利层段大致相当于笔石 *P. acuminatus* 和 *Cy. vesiculosus* 带，即 LM3、LM4 笔石带。Yang 等(2020)认为，WF4—LM3 为主要的富有机质页岩层段。

通过苏页 1 井 TOC 标准柱状图与笔石带对比可发现，五峰组—高家边组底部页岩因 TOC 含量不同，表现出明显的分段性，且和笔石带表现出良好的耦合关系。

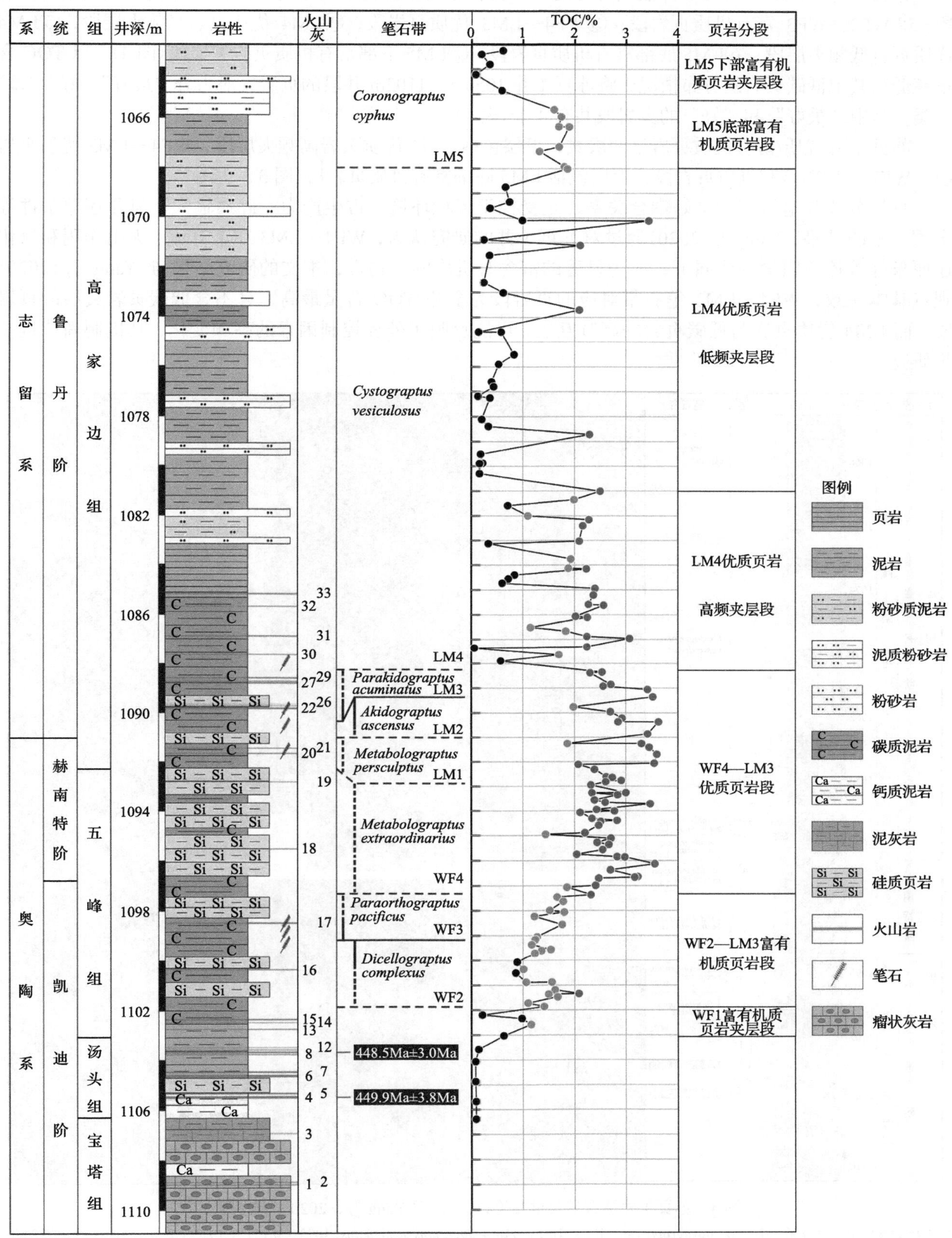

图 3 苏页 1 井笔石带与页岩分段对应关系

苏页 1 井 1054.5～1102m 井段共可分出 7 个页岩分段，自底至顶分别为：①WF1 富有机质页岩夹层段；②WF2—WF3 富有机质页岩段；③WF4—LM3 优质页岩段；④LM4 优质页岩高频夹层段；⑤LM4 优质页岩低频夹层段；⑥LM5 底部富有机质页岩段；⑦LM5 下部富有机质页岩夹层段(图 4)。以 TOC 含量高低和其中低碳页岩的分布情况，将苏页 1 井 1054.5～1102m 井段的页岩气潜力分“最好”“好”“差”三类，其中“最好”和“好”的页岩段共有 4 个(表 1)。

苏页 1 井优质/富有机质页岩呈两层式，下层包括 LM4 优质页岩高频夹层段、WF4—LM3 优质页岩段、WF2—WF3 富有机质页岩段，上层包括 LM5 底部富有机质页岩段(图 3、表 1)。

页岩分段与笔石带的良好耦合关系，是受控于沉积环境、古生产力、碎屑输入、氧化还原条件等多重因素的结果。Yang 等(2020)通过对苏页 1 井的研究认为，WF4—LM3 在上升流、火山作用和氧化还原条件等控制因素的协同下，成为显著的富含有机质的生物带，本文的研究结果与 Yang 等(2020)观点基本一致. WF4—LM3 笔石带对应的页岩段为全井 TOC 含量最高，且不含低碳页岩夹层的页岩段。而 LM4 优质页岩与低碳页岩的高频互层，可能反映了外界控制因素的高频变化，其机制尚待进一步研究。

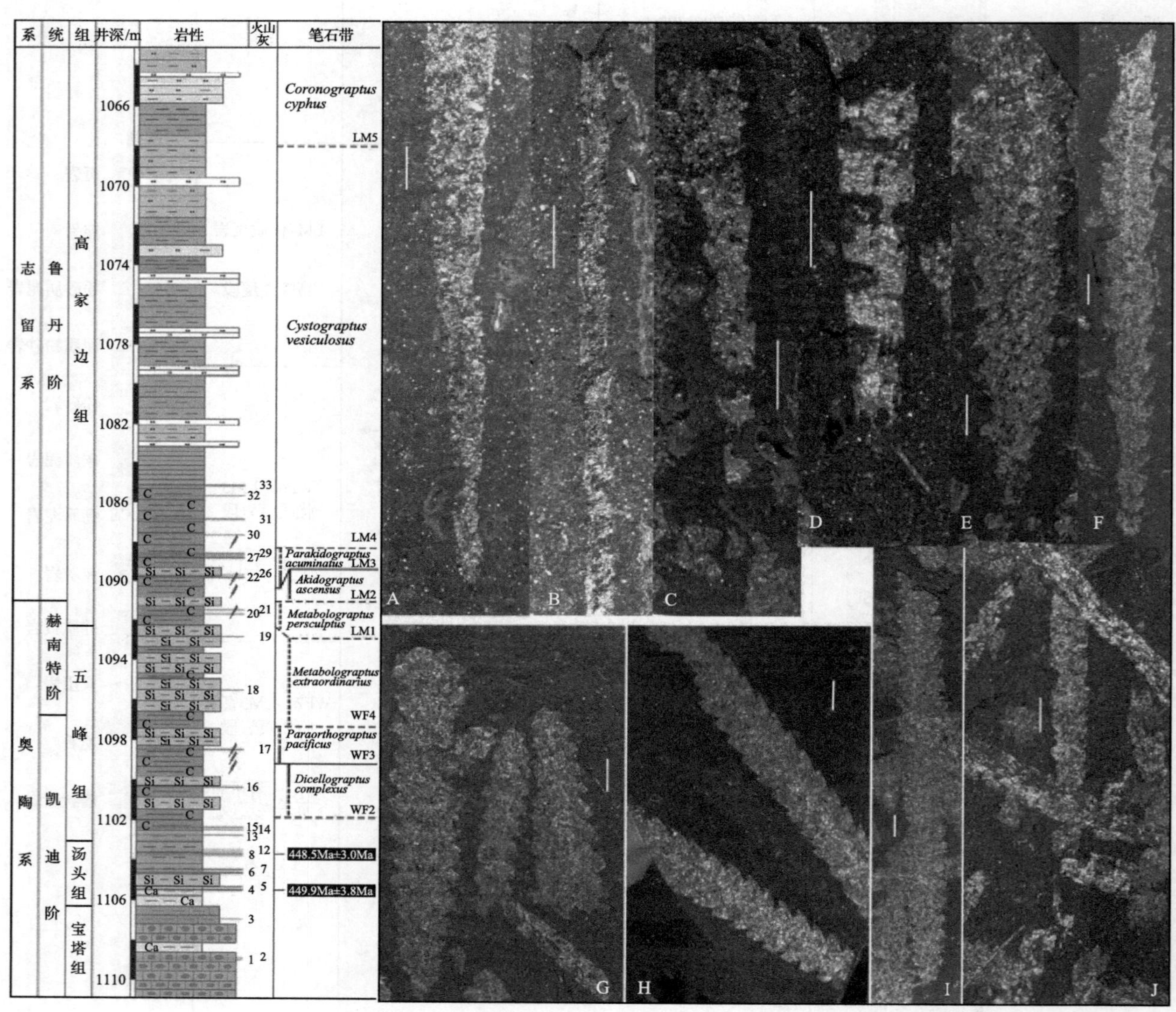

图 4　苏页 1 井笔石带及重要笔石图版(据 Yang 等，2020，有修改)

A. *Avitograptus avitus*，1068.01m；B. *Atavagraptus* sp.，1068.01m；C. *Parakidograptus acuminatus*，1090.06m；D. *Normalograptus anjiensis*，1090.26m；E. *Agetograptus* sp.，1090.26m；F. *Normalograptus laciniosus*，1090.26m；G. *Neodiplograptus modestus*，1090.26m；H. *Neodiplograptus* sp.，1087m；I. *Neodiplograptus modestus*，1090.06m；J. *Normalograptus minor*，1090.26m。图中比例尺长为 1mm

表 1　苏页 1 井页岩分段特征

分段号	页岩分段	顶深/m	底深/m	视厚度/m	富有机质页岩分布特征	TOC/%			页岩气勘探潜力
						最小值	最大值	平均值	
7	LM5下部富有机质页岩夹层段	1054.5	1065.4	10.9	偶见富有机质页岩夹层	0.08	1.73	0.57	差
6	LM5 底部富有机质页岩段	1065.4	1068.2	2.8	富有机质页岩连续发育，无低碳页岩夹层	1.32	1.89	1.70	好
5	LM4 优质页岩低频夹层段	1068.2	1081.0	12.8	偶见优质页岩夹层	0.13	3.44	0.72	差
4	LM4 优质页岩高频夹层段	1081.0	1088.3	7.3	以优质页岩、富有机质页岩为主，其中见低碳页岩高频夹层	0.06	3.07	1.72	好
3	WF4—LM3 优质页岩段	1088.3	1097.4	9.1	整段优质页岩，无低碳页岩夹层	1.44	3.63	2.70	最好
2	WF2—WF3 富有机质页岩段	1097.4	1102.0	4.6	整段富有机质页岩	0.86	2.08	1.40	好
1	WF1 富有机质页岩夹层段	1102	1103.5	1.5	低碳页岩中夹富有机质页岩	0.21	1.16	0.75	差

5.2　优质页岩厚度

苏页 1 井完整钻获五峰组—高家边组岩心，且未见大规模破碎带，地层稳定，因此认为苏页 1 井优质/富有机质页岩厚度代表了宁镇地区的典型情况。依据苏页 1 井岩心层面倾角，取地层倾角 20°计算各层的真厚度见表 2。

根据计算结果认为，宁镇地区五峰组—高家边组优质/富有机质页岩成两层式，下层真厚度 19.8m，上层真厚度 2.6m，累计厚度为 22.4m，其中页岩气勘探潜力最好的 WF4—LM3 优质页岩段真厚度 8.6m。该优质页岩段是未来页岩气勘查的主要目标层位，也是未来开展水平井钻进的首选目的层段。

表 2　苏页 1 井优质页岩及富有机质页岩厚度

页岩分段	视厚度/m	地层倾角/(°)	真厚度/m	备注
LM5 底部富有机质页岩段	2.8	20	2.6	
LM4 优质页岩高频夹层段	7.3	20	6.9	
WF4-LM3 优质页岩段	9.1	20	8.6	主要目标层位
WF2-WF3 富有机质页岩段	4.6	20	4.3	
累计			22.4	

5.3　沉积速率

苏页 1 井各笔石带页岩真厚度除以持续时间，即可得到各笔石带页岩沉积速率(表 3)。对比沉积速率及 TOC 发现：WF2—LM3 笔石带，对应优质/富有机质页岩段，沉积速率均小于 6.33m/Ma；LM4 笔石带，为富有机质页岩与低碳页岩互层，沉积速率显著增大至 21.09m/Ma，说明沉积环境发生改变，物源输入作用变强，沉积速率变快的同时，页岩中的 TOC 含量降低。

表 3　苏页 1 井各笔石带沉积速率及 TOC

笔石带	底界年龄/Ma	持续时间/Ma	页岩视厚度/m	页岩真厚度/m	沉积速率/(m/Ma)	TOC/%		
						最小值	最大值	平均值
LM5	441.57							
LM4	442.47	0.9	20.20	18.98	21.09	0.06	3.44	1.24
LM3	443.4	0.93	2.05	1.93	2.08	1.98	3.63	2.83
LM2	443.83	0.43	0.68	0.64	1.50	1.86	3.42	2.86
LM1	444.43	0.6	1.33	1.25	2.09	2.07	3.60	3.01
WF4	445.16	0.73	4.92	4.62	6.33	1.44	3.56	2.60
WF3	447.02	1.86	1.86	1.74	0.94	1.22	1.80	1.53
WF2	447.62	0.6	2.69	2.53	4.22	0.86	2.08	1.34

注：笔石带底界年龄据陈旭等(2015)。

6 结　论

(1)苏页 1 井为完整揭露五峰组—高家边组底部富有机质页岩层段的典型钻孔，基于 243 个厘米至分米级间隔的岩心 TOC 数据结合笔石带研究成果，建立了五峰组—高家边组 TOC 分段与笔石带对应标准。将五峰组—高家边组划分为 7 个与笔石带耦合的页岩分段，包含 4 个优质/富有机质页岩段，其中品质最好的为 WF4-LM3 优质页岩段，代表了宁镇地区典型情况。

(2)苏页 1 井五峰组—高家边组干酪根类型为Ⅰ型，且高氧化；R_o 为 2.47%～2.91%，平均值为 2.62%，总体处于过成熟早—中期生干气阶段。

(3)五峰组—高家边组优质/富有机质页岩成两层式，真厚度约 22.4m。其中页岩气勘探潜力最好的 WF4—LM3 优质页岩段真厚度 8.6m，应作为主力产气页岩小层和未来水平井钻进层段。

(4)WF2—LM3 页岩段沉积速率均小于 6.33m/Ma，页岩有机质含量较高。LM4 页岩段沉积速率显著增大至 21.09m/Ma，表现为富有机质页岩与低碳页岩互层，且上部几乎全为低碳页岩，说明有机质含量与物源输入作用关系密切。

参 考 文 献

陈旭，樊隽轩，张元动，等. 2015. 五峰组及龙马溪组黑色页岩在扬子覆盖区内的划分与圈定[J]. 地层学杂志, 39(4)：351-358.

方朝刚，黄正清，滕龙，等. 2020. 下扬子地区晚奥陶世凯迪期—早志留世鲁丹期岩相古地理及其油气地质意义[J]. 中国地质, 47(1)：144-160.

方少之，贾东，苑京文. 2018. 下扬子地区志留系高家边组沉积时代及页岩气潜力[J]. 地球科学与环境学报, 40(1)：24-35.

丰国秀，陈盛吉. 1988. 岩石中沥青反射率与镜质体反射率之间的关系[J]. 天然气工业，(3)：7, 20-25.

郭旭升，胡东风，魏志红，等. 2016. 涪陵页岩气田的发现与勘探认识[J]. 中国石油勘探, 21(3)：24-37.

黄正清，方朝刚，李建青，等. 2020. 宁镇地区五峰组-高家边组页岩 U-Mo 协变模式与古海盆水体滞留程度[J]. 成都理工大学学报(自然科学版), 47(4)：443-450, 471.

贾东，胡文瑄，姚素平，等. 2016. 江苏省下志留统黑色页岩浅井钻探及其页岩气潜力分析[J]. 高校地质学报, 22(1)：127-137.

江苏省地质矿产局. 1989. 宁镇山脉地质志. 南京：江苏科学技术出版社.

熊强青，孙晓峰，王中鹏. 2019. WHD1 井五峰组-高家边组页岩气地质条件初析[J]. 合肥工业大学学报(自然科学版)，42(5)：687-695.

郑红军，周道容，殷启春，等. 2020. 下扬子页岩气地质调查新进展及突破难点思考[J]. 地质力学学报, 26(6)：852-871.

中国地质调查局. 2015. 页岩气基础地质调查工作指南(试行)[A]. https://www.cgs.gov.cn/upload/201508/20150813/20150813091139801.pdf.

Yang S C, Hu W X, Yao S P, et al. 2020. Constraints on the accumulation of organic matter in Upper Ordovician-Lower Silurian black shales from the Lower Yangtze region, South China[J]. Marine and Petroleum Geology, 120: 104544.

第三篇　致密油气篇

致密油气是指储集在覆压基质渗透率小于或等于 $0.1\times10^{-3}\mu m^2$(空气渗透率小于 $1\times10^{-3}\mu m^2$)的致密砂岩、致密碳酸盐岩等储集层中的油气。近年来，依靠勘探开发实践和科技、管理创新，我国致密油气取得重大突破，探索了致密油气形成与分布等成藏规律，形成了“多级降压”“人工油气藏”等开发理论认识，创新集成了富集区优选与井网部署、提高单井产量及采收率、低成本开发等技术系列，推动了致密油气的储量与产量的快速上升。本篇分别介绍了致密油气产能评价预测、动态模拟分析、开发部署优化、钻井压裂工程、开发影响因素分析等。

勘探评价阶段致密砂岩区资源量与产能规模评价

宣　涛，朱建英，蔡振华，姜　康，李建荣

（中海油能源发展股份有限公司工程技术分公司，天津　300452）

摘要：鄂尔多斯盆地东缘致密气区块本身具有纵向发育气层多、横向连续性差、产水积液、产能差异大等特性，在勘探评价阶段，如何评估致密气区资源潜力及产能规模难度大。本文采用蒙特卡罗概率分布法评价新区资源潜力，并根据邻区典型开发区块地质条件及生产动态特征，提出深入类比评价方法，确定新区产能规模。以鄂尔多斯盆地东缘 ZJS 新区块为例，首先分析邻区与新区开发地质条件，分析参数的可对比性，利用概率法与容积法对 ZJS 新区资源量计算；其次利用邻区大量典型井生产动态数据，采用不稳定分析等方法确定典型层压裂缝长、单井泄气半径、有效渗透率、经济可采储量及采收率等动态参数。在此基础上，结合 ZJS 气层厚度、孔隙度等静态参数，考虑气水比对产能的影响，数值模拟预测 ZJS 区块典型层单井产能剖面及经济累产，进而评价全区产能规模。计算结果表明 ZJS 区块 P50 资源量约为 1080.7 亿 m^3，若按 50%资源量由正常井采出，需投产 1416 口井，高峰期最高产能为 24.5 亿 m^3，经济累产 310.1 亿 m^3，采收率 48.0%。

关键词：致密气区块快速评价；RTA；单井经济可采储量；产能规模

Evaluation of resource and productivity scale in tight sandstone area in exploration and evaluation stage

Xuan Tao，Zhu Jianying，Cai Zhenhua，Jiang Kang，Li Jianrong

（CNOOC EnerTech-Drilling & Production Co, Tianjin 300452）

Abstract: Tight gas blocks in the eastern margin of Ordos Basin are characterized by many vertically developed gas layers, poor horizontal continuity, water and fluid production, and large productivity difference. In the exploration and evaluation stage, it is difficult to evaluate the resource potential and productivity scale of tight gas areas. In this paper, the Monte Carlo probability distribution method is used to evaluate the resource potential of the new area, and according to the geological conditions and production dynamic characteristics of the typical development blocks in the adjacent area, an in-depth analogy evaluation method is proposed to determine the capacity scale of the new area. Taking ZJS new area block in the eastern margin of Ordos Basin as an example, firstly, the development geological conditions of adjacent area and new area are analyzed, and the comparability of parameters is analyzed. The resource quantity of ZJS new area is calculated by using probability method and volume method. Secondly, a large number of typical well production performance data in adjacent area are used to determine the fracture length, single well gas release radius, effective permeability, permeability of typical formation by using instability analysis method. Based on the dynamic parameters such as economic recoverable reserves and recovery factor, combined with static parameters such as ZJS gas layer thickness and porosity, and considering the influence of gas water ratio on productivity, the single well productivity profile and economic cumulative production of typical layers in ZJS block are predicted by numerical simulation, and then the productivity scale of the whole area is evaluated. The calculation results show that the P50 resource of ZJS block is about 108.07 billion m^3. If 50% of the resources are recovered from normal wells, 1416 wells will be put into production, with the maximum production capacity of 2.45 billion m^3 in peak period, the cumulative economic output is 31.01 billion m^3, the recovery rate is 48.0%.

作者简介：宣涛(1987—)，工程师，主要从事非常规油气田开发研究。地址：天津市滨海新区塘沽区滨海新村西区研究院主楼 601 室，电话：13820718731、022-66907356，邮箱：xuantao@cnooc.com.cn。

Keywords: fast evaluation of tight gas block; RTA; single well economic recoverable reserves; productivity scale

鄂尔多斯盆地东源致密气藏气层以薄层为主，纵向叠置，横向变化大，且位于盆地边缘，埋深浅，地层压力低，地层普遍含可动水，产能变化大[1-4]。以上特点造成该区域致密气开发具有成本高，开发难度大，受储量及产能规模不确定影响，前期投资风险大[5-8]。目前致密气开发评价主要是在井网基本形成条件下，主要采用井震结合的方式，加大地质的认识精度，结合气井测试产能，优化井网，评价全区的产能规模[9,10]。

但对于尚处于勘探评价阶段的区块，井网不完善，测试资料少，区块地质认识、单井产量指标预测精度不确定性很大。本文以鄂尔多斯盆地东缘致密气 ZJS 区块为例，采用蒙特卡罗法对致密气砂岩气进行资源量估算[11-13]，通过深入类比邻近开发区与 ZJS 区块的地质条件，挖掘致密气可类比的动态特征参数，评估产能规模，为勘探评价阶段的致密气区规划设计提供思路与一套可行性方法。

1 区 块 概 况

ZJS 新区块位于山西省临县县城北，区域构造上位于鄂尔多斯盆地东缘晋西挠褶带的中部，自东向西呈现西部褶皱带、中部凹陷带和东部断褶带，见图 1 和图 2。主要气区位于中部平缓凹陷带，整体地质特

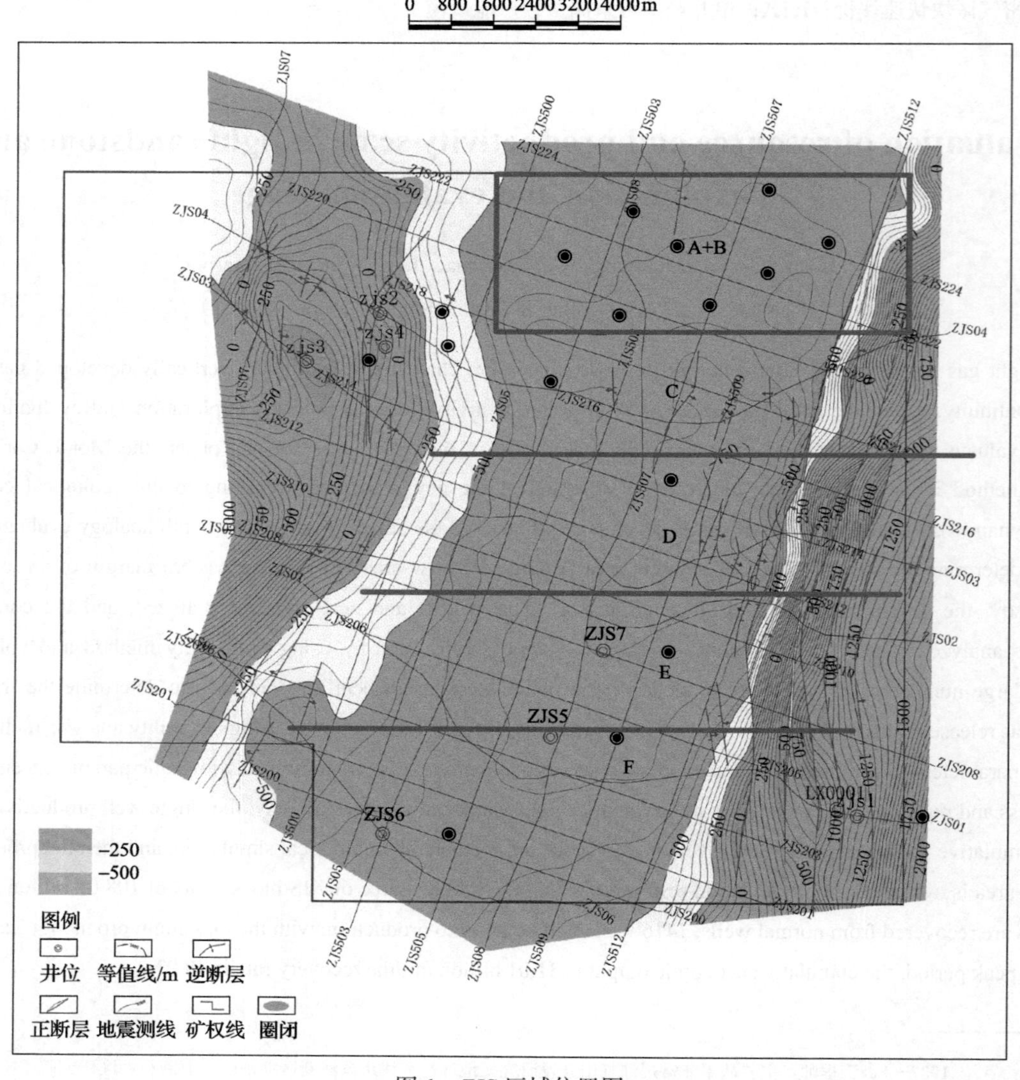

图 1 ZJS 区域位置图

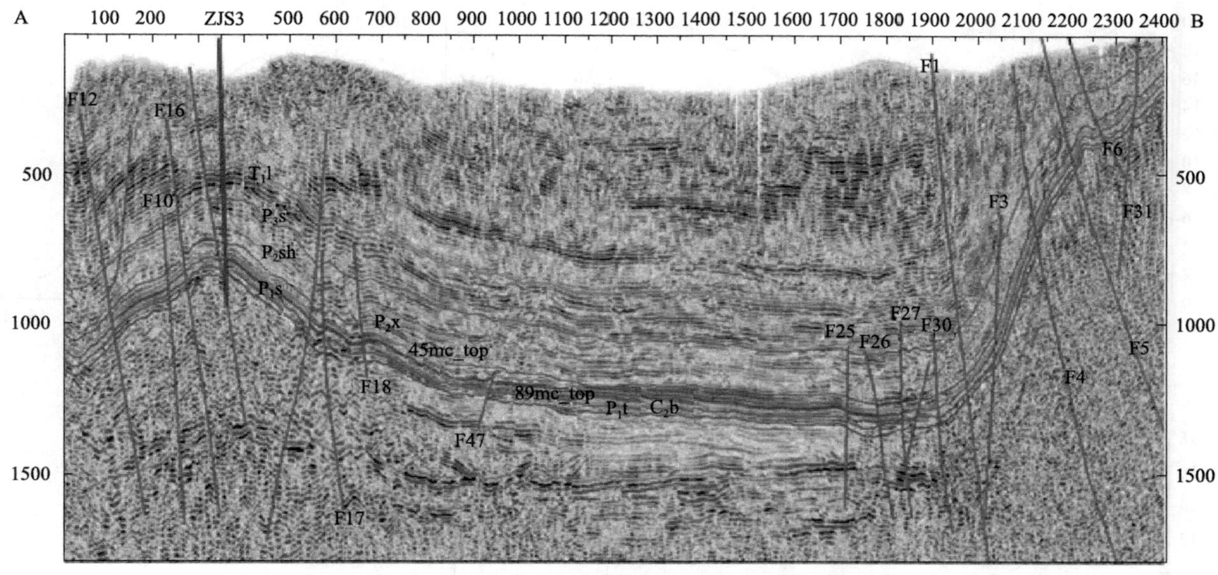

图 2　ZJS 横向剖面图

征与邻区地质条件类似，为辫状河三角洲沉积，优质储层为河道叠置砂体，自上而下发育多套砂体，储层连续性差，储层孔隙度平均为 8%，渗透率平均为 2.6mD，属于低孔低渗储层。中部气区又分为 A+B、C、D、E、F 共 6 区块，目前该区块尚处于勘探评价阶段，对多口探井的不同层位进行了压裂测试，均获得工业气流，基本落实本区块主力测试气层为千 5 段、盒 1 段、盒 2 段、盒 3 段、盒 4 段、盒 6 段、盒 7 段、盒 8 段，测试日产气量为 0.3 万～4.5 万 m^3，平均约为 1.2 万 m^3。

2　资源量估算

A+B 区域井数多，测试数据多，采用容积法计算地质储量约 139.58 亿 m^3，而 C、D、E、F 评价井少，资源量计算受地质参数的不确定性影响，很难算出确定储量，而基于概率统计理论的蒙特卡罗法能够考虑气藏气层厚度、物性、含气饱和度非均质性的影响，随机模拟资源量的分布。厚度、孔隙度、含气饱和度参数采用区块实际钻井数据，选定合理的概率分布曲线，每个参数经过 5000 次的随机抽样模拟计算，采用容积法公式，计算资源量概率分布曲线。加上 A+B 区块的储量，最终采用蒙特卡罗法计算 ZJS 全区 P50 资源量为 645.5 亿 m^3，保守资源量（P90）为 427.9 亿 m^3，乐观资源量为 1080.7 亿 m^3，见图 3～图 6。

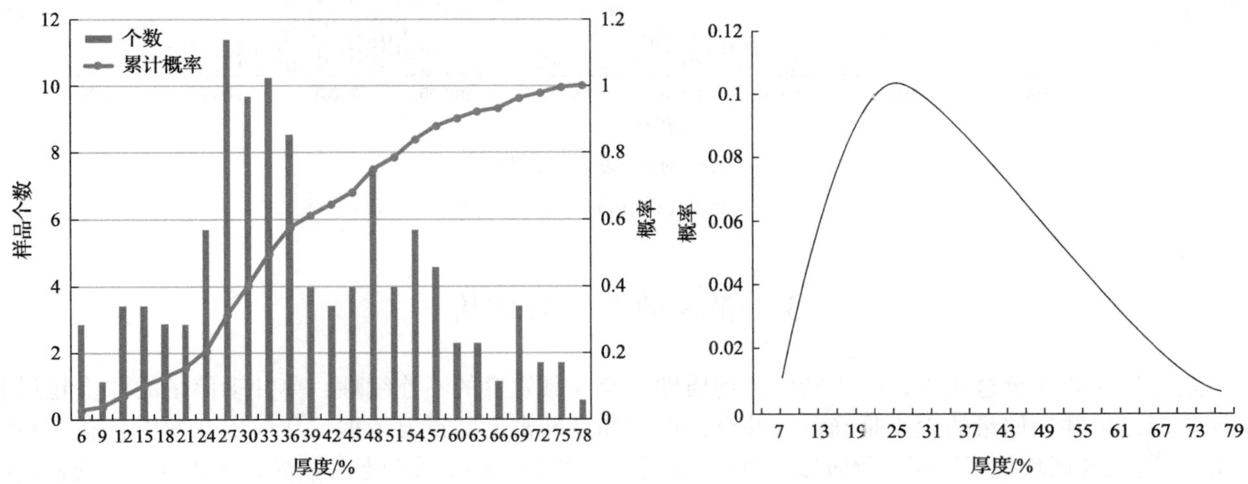

图 3　ZJS 区块气层厚度参数统计及概率分布

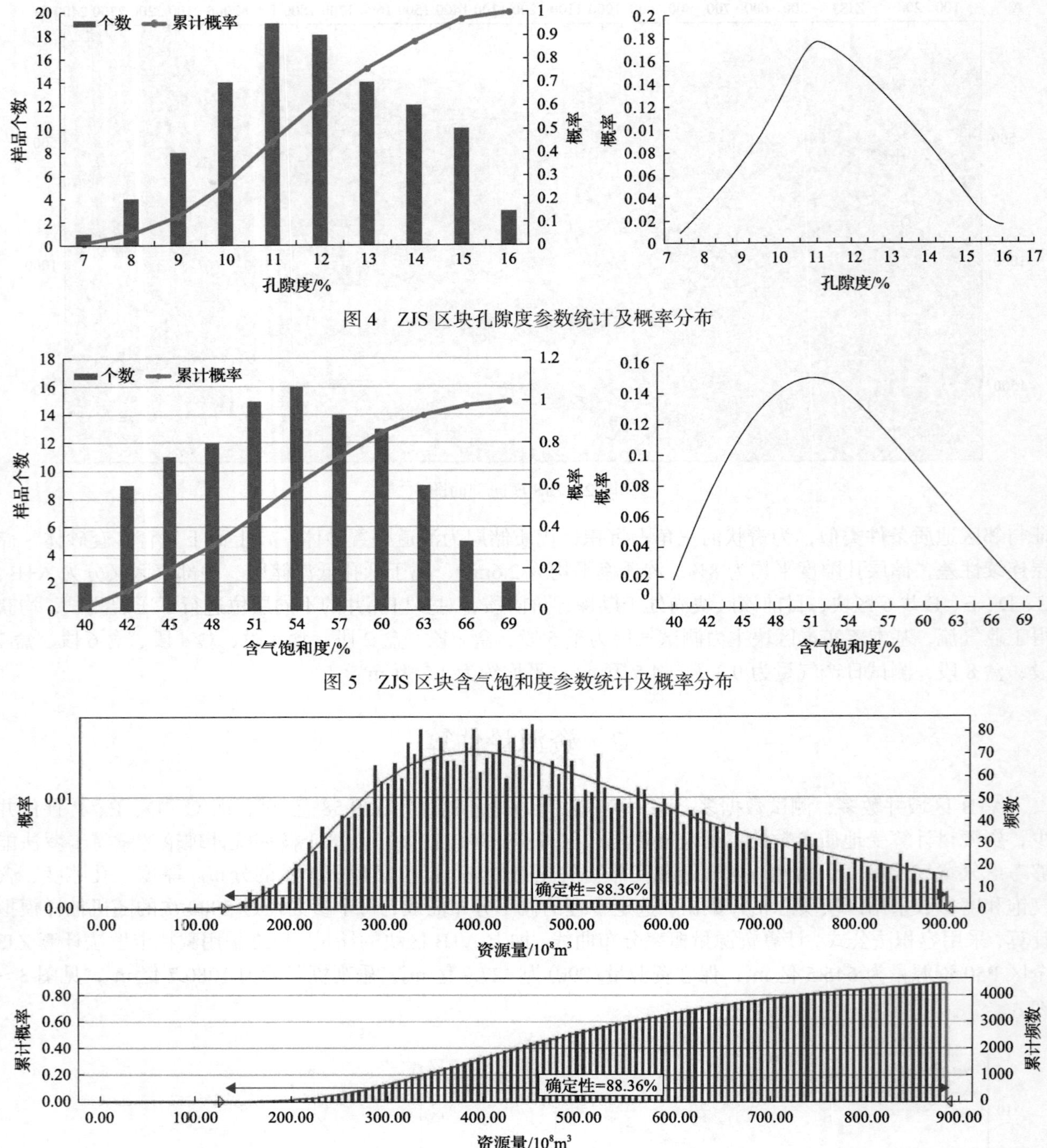

图 6　ZJS 致密气区资源量概率分布

3　邻区动态参数评价

致密气区块评价过程中，由于储层非均质性，及气藏发育的不连续性，单井动储量的评价起到重要性作用，单井动储量的大小是确定气井合理产能和井网密度的重要依据，在气田开发中具有重要的意义[14,15]。ZJS 区块处于勘探评价阶段，动态渗透率、单井控制储量等动态参数尚无法通过动态资料直接获得。邻区的临兴区块与 ZJS 区块属于同一物源，同一沉积体系，都属于典型透镜体多层叠置型致密气气藏，气层埋深、压力、厚度及物性参数等相当，见表1。临兴区块部分产区井网进入生产阶段多年，井网完善，从临兴区块中优选出与ZJS区块主力层静态参数相似的层位且已投入开发的典型井，包括单采与合采井，优选条件要求压裂作业成功且已经稳产一年以上的井。

表1 邻区各层段储层参数及物性参数

类比参数	临兴区块	ZJS区块
气藏类型	透镜体多层叠置型致密气气藏	透镜体多层叠置型致密气气藏
埋深/m	1400～1900	1500～2000
压力系数/(MPa/100m)	0.94	0.93
孔隙度/%	10.58	12.13
渗透率/mD	1.8	1.24
含气饱和度/%	51.4	50.2
气层厚度/m	4.8	5.8

通过RTA法利用单井的生产动态历史数据，采用产量不稳定分析方法，拟合典型图版，计算泄气面积、裂缝半长、动态渗透率、单井控制动储量等动态参数，结合区块废弃产气量，得到经济可采储量，计算典型层采收率，见表2。从表2可以看出，单井经济可采储量与渗透率呈正相关的关系，上部层系单井控制储量明显大于下部层系，多层合采单井控制储量要明显好于单层开发，邻区各层实际动态裂缝半长要明显小于压裂设计裂缝半长，裂缝半长为43～151m，平均约92m。该动态数据将作为ZJS新区数值模拟输入的重要参数。

表2 邻区各层段RTA法经济可采储量计算

层位	代表井号	渗透率/mD	泄气宽度/m	泄气长度/m	裂缝半长/m	地质储量/万 m^3	经济可采储量/万 m^3	采收率/%
千5段	YD-1	1.27				3284.82	2016.83	61.4
盒2段	YD-3	2.35	364	694	87	4124.5	2653.47	64.31
盒3段	YD-4	1.58	470	600	93	3824.89	2316.52	60.56
盒6段	YD-5	0.094	270	509	83	1669.11	1067.84	49.51
盒7段	YD-8	0.102	351	411	43	1235.73	787.06	45.61
盒8段	YD-12	0.045	181	246	89	878.95	512.11	58.65
上石盒子合采	YD-13					5576.14	3391.33	60.83
下石盒子合采	YD-14	0.18				3494.35	1444.74	45.88
上下石盒子合采	YD-15					6205.97	2988.37	48.15

4 ZJS区块产能评价

笔者基于上述动态渗透率、单井控制储量及压裂缝半长，结合ZJS区块气层厚度、孔隙度、体积系数等参数，建立典型单层及层系的数值模拟工区，见图7。

为了模拟实际区块部分井产水，井底流压升高，导致生产特征的变化。通过分析邻区各井实测的井筒积液特征与生产气水比关系发现，往往水气比大于2.0m^3/万 m^3的井的井筒积液特征明显，数值模拟预测过程中，对于生产控制条件的选取方法如下：对于水气比相对较小的井，井底流压基本设置为管网压力，为2.5MPa；而对于平均水气比大于2.0m^3/万 m^3的气井，控制条件考虑产水积液的影响，井底流压具有缓慢上升变化趋势，设置流压附加值为 2.4MPa，并逐渐增到 4.9MPa。

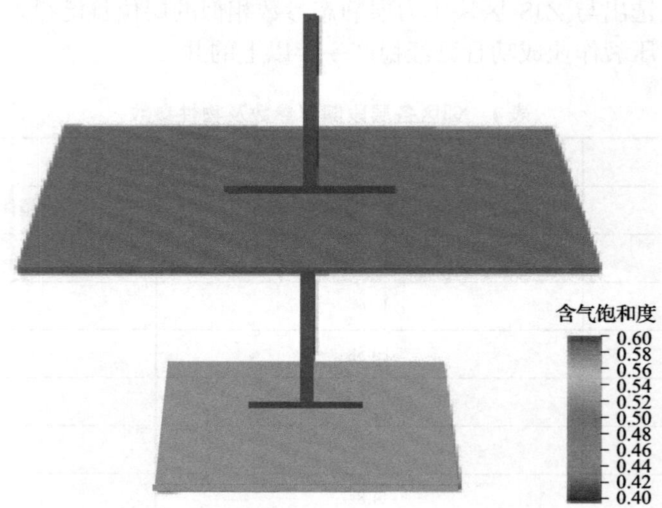

图 7　盒 2 段与盒 7 段合采数值模型

以 ZJS 区块盒 2 段+H7 段合采层为例在不同气水比情况下，预测单井生产曲线，结果表明积液的井递减速度明显高于不积液的气井，而采收率明显低于后者，见图 8。

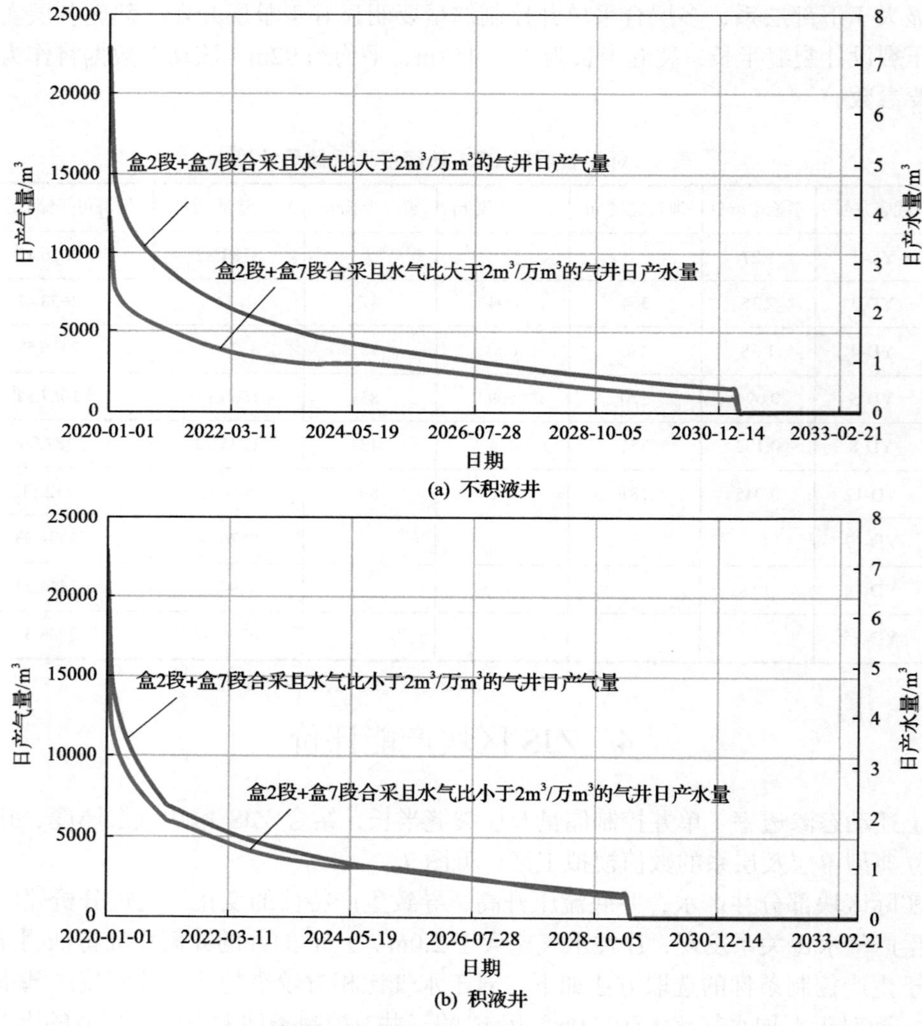

图 8　不同气水比单井采气曲线预测

依据上述过程，对 ZJS 区块不同开发组合层位，建立单井数模模型，并预测积液井与不积液井的经济累计产气量。从预测结果看(表 3)，不积液单井的经济累计产气量为 1827.5 万～3028.5 万 m^3，积液井的经济累计产气量为 1395.4 万～2416.1 万 m^3，模拟结果来看，气井的积液与否对单井产能具有一定影响。

表 3　各开发层位两种情况下经济累计产气量

开发层位	经济累计产气量/万 m^3	
	不积液井	积液井
盒 2 段+盒 7 段	1827.5	1395.4
盒 2 段+盒 7 段+盒 8 段	2003.9	1531.2
千 5 段+盒 2 段+盒 7 段	2169.1	1703.2
千 5 段+盒 2 段+盒 6 段+盒 7 段+盒 8 段	2490.5	1956.4
千 5 段+盒 2 段+盒 3 段+盒 7 段+盒 8 段	2706.2	2148.9
千 5 段+盒 1 段+盒 2 段+盒 6 段+盒 7 段+盒 8 段	2815.6	2154.4
千 5 段+盒 2 段+盒 3 段+盒 6 段+盒 7 段+盒 8 段	2883.7	2279.2
千 5 段+盒 1 段+盒 2 段+盒 3 段+盒 7 段+盒 8 段	3028.5	2416.1
平均	2490.6	1948.1

5　ZJS 区块产能规模快速评价

ZJS 区产能规模快速评价方法主要包括如下几个步骤：①利用 ZJS 区块 A+B、C、D、E、F 区块资源量，类比邻区采收率，确定 ZJS 经济可采储量规模；②结合不同气水比情况下单井的平均经济可采储量，可计算出 ZJS 区块开发生产所需部署的总井数；③结合数值模拟预测典型合采层单井生产曲线，确定 ZJS 区块产能规模。

以区块内积液井的气井占总井数 50%，通过地质研究，资源量约为 645.45 亿 m^3，类比邻区合采采收率约为 48.15%，确定合采经济可采储量为 310.8 亿 m^3。若可采储量的 50%比例(约 155.4 亿 m^3)是通过积液气井采出的，结合数值模拟得出合采在积液与不积液情况下平均单井经济累产分别为 2490 万 m^3 与 1948 万 m^3，则可得到积液井需要 793 口，不积液井需要 623 口。

以积液井采出资源量比例做敏感性分析，分别占 0%、30%、50%、70%、100%，资源量按照 P10、P50、P100，计算不同方案下所需井数，见表 4。

表 4　不同方案下所需投产井数

方案	不同积液井采出资源量比例下需投产井数									
	0%		30%		50%		70%		100%	
	积液井数	非积液井数	积液井数	非积液井数	积液井数	非积液井数	积液井数	非积液井数	积液井数	非积液井数
P10	0	826	316	578	526	413	736	248	1052	0
P50	0	1247	476	873	793	623	1111	374	1587	0
P90	0	2087	797	1461	1328	1044	1860	626	2657	0

将资源量 P50 下，积液井采出资源量比例约 50%下的中间方案计算井数按 5 年建产周期，按照气井产能高低分批实施方案井数，结合数值模拟预测的各典型层单井产能剖面，则可得到中间方案 15 的产气规模。图 9 为 ZJS 区块中间方案 15 产能剖面。

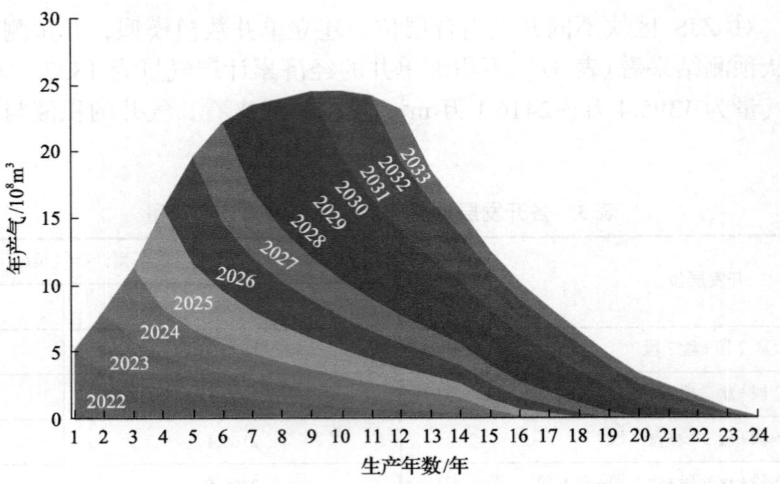

图 9　ZJS 区块中间方案 15 产气剖面

6 结　　论

(1) 对于勘探评价阶段致密气区块，本文采用蒙特卡罗法预测资源量分布情况，充分挖掘周边已开发区块的动态特征参数，考虑井筒积液对产能的敏感性，计算研究区的单井产能剖面，分析关于资源量及井筒积液敏感性的开发井数，评价不同敏感性下的区块产能规模。

(2) 该方法符合鄂尔多斯盆地致密气储层非均质性强、产水等因素对产能应，能将成熟区块经验融入至新区块快速评价中，相对常规评价方法，具有灵活性强、效率高、准确性强特点，但也同时发现，类比区块间要求地质条件相似度高，最好在一个沉积体系下的周边区块。

参 考 文 献

[1] 米立军, 朱光辉. 鄂尔多斯盆地东北缘临兴—神府致密气田成藏地质特征及勘探突破[J]. 中国石油勘探, 2021, 26(3): 55-67.

[2] 杜佳, 朱光辉, 吴洛菲, 等. 临兴地区致密气“多层系准连续”成藏模式与大气田勘探实践[J]. 天然气工业, 2021, 41(3): 58-69.

[3] 王华, 崔越华, 刘雪玲, 等. 致密砂岩气藏多层系水平井立体开发技术——以鄂尔多斯盆地致密气示范区为例[J]. 天然气地球科学, 2021, 32(4): 473-479.

[4] 冀光, 贾爱林, 孟德伟, 等. 大型致密砂岩气田有效开发与提高采收率技术对策——以鄂尔多斯盆地苏里格气田为例[J]. 石油勘探与开发, 2019, 46(3): 602-612.

[5] 李雪晴. 大牛地气田盒 3 段气藏开发调整对策分析[J]. 石油地质与工程, 2020, 34(4): 75-77.

[6] 孙龙德, 邹才能, 贾爱林, 等. 中国致密油气发展特征与方向[J]. 石油勘探与开发, 2019, 46(6): 1017-1025.

[7] 段永明, 曾焱, 刘成川等. 窄河道致密砂岩气藏高效开发技术——以川西地区中江气田中侏罗统沙溪庙组气藏为例[J]. 天然气工业, 2020, 40(5): 58-64.

[8] 马新华, 贾爱林, 谭健, 等. 中国致密砂岩气开发工程技术与实践[J]. 石油勘探与开发, 2012, 9(5): 572-579.

[9] 朱亚军, 李进步, 陈龙等. 苏里格气田大井组立体开发关键技术[J]. 石油学报, 2018, 39(2): 209-214.

[10] 侯科锋, 李进步, 张吉, 等. 苏里格致密砂岩气藏未动用储量评价及开发对策[J]. 岩性油气藏, 2020, 32(4): 117-123.

[11] 鲁雪松, 柳少波, 李伟, 等. 低勘探程度致密砂岩气区地质和资源潜力评价——以库车东部侏罗系致密砂岩气为例[J]. 天然气地球科学, 2014, 25(2): 179-183.

[12] 卢玉红, 钱玲, 鲁雪松, 等. 迪北地区致密气藏地质条件及资源潜力[J]. 大庆石油地质与开发, 2015, 34(4): 9-14.

[13] 张静平, 王亚莉, 关春晓. 基于 crystal ball 的低渗致密气藏开发经济风险评价[J]. 石油化工应用, 2016, 35(9): 6-8.

[14] 王浩男. 基于天然气物性变化的低渗透气藏动态储量计算方法——以靖边气田 S 区为例[J]. 天然气勘探与开发, 2019, 42(1): 68-72.

[15] 张明禄. 长庆气区低渗透非均质气藏可动储量评价技术[J]. 天然气工业, 2010, 30(4): 50-53, 141, 142.

致密砂岩气产能预测方法研究与应用

王　伟[1]，陶自强[2,3]，胡　刚[4]，李忠百[2,3]，张丽娜[4]，常进宇[4]

（1. 中国石油集团测井有限公司天津分公司，天津 300280；2. 中石油煤层气有限责任公司，北京 100028；3. 中联煤层气国家工程研究中心有限责任公司，北京 100095；4. 中国石油集团测井有限公司测井应用研究院，西安 710070）

摘要：大宁-吉县区块为低孔、低渗、低丰度多套煤系发育地层，随着勘探开发的不断深入，遇到越来越多的低品质储层，开展以测井资料进行产能预测方法研究显得尤为重要。本文以大宁-吉县区块致密砂岩气为研究对象，结合立体空间地质状况，建立了一套基于地质因素、地层孔隙、孔隙结构、含气饱和度、地层压力系数的静态储能系数评价方法，结合工程因素及后期排采工艺，并根据平面径向流法、产能指数法、神经网络等多种产能预测模型，力图做到这种由"静态"到"动态"的转变，并将该方法应用于实际生产取得很好的应用效果。

关键词：致密砂岩气；储能系数；产能预测

Research and application of tight sandstone gas productivity prediction method

Wang Wei[1], Tao Ziqiang[2,3], Hu Gang[4], Li Zhongbai[2,3], Zhang Lina[4], Chang Jinyu[4]

(1. Interpretation and Evaluation Center of Tianjin Branch, China Petroleum Logging Co., Ltd., Tianjin 300280; 2. PetroChina Coalbed Methane Co., Ltd., Beijing 100028; 3. China United Coalbed Methane National Engineering Research Center Co., Ltd., Beijing 100095; 4. Logging Application Research Institute, China Petroleum Logging Co., Ltd., Xi'an 710070)

Abstract: Daning-Jixian block is a series of coal measures with low porosity, low permeability and low abundance. With the deepening of exploration and development, more and more low quality reservoirs are encountered, so it is particularly important to carry out the research on productivity prediction method based on logging data. Taking the tight sandstone gas in Daning-Jixian block as the research object and combining with the geological conditions of three-dimensional space, this paper established a set of static energy storage coefficient evaluation method based on geological factors, formation pores, pore structure, gas saturation and formation pressure coefficient, and combined with engineering factors and later drainage and production process. And according to the plane radial flow method, productivity index method, neural network and other productivity forecasting models, we try to achieve this "static" to "dynamic" transformation. The method is applied to practical production and a good effect is obtained.

Keywords: tight sandstone gas; energy storage coefficient; productivity prediction

油气层产能预测对油气田的勘探与开发有着非常重要的意义，作为储层评价的重要指标，它既是提高勘探效果的关键环节之一，又可为开发部署的决策与优化提供重要的基础数据。依据测井资料进行产能预测是测井资料综合解释的一个新的拓展领域，是延伸测井服务短板，是向质量效益型发展的新方向。通常所说的测井产能预测，是指以储层岩心实验、渗流特殊实验为基础，依据测井资料计算油气层的各种静态参数，这里称之为静态储能系数。而实际生产产量往往受诸多因素的影响，应与油藏工程结合，充分考虑

作者简介：王伟(1984—)，工程师，主要从事测井资料解释评价工作。地址：大港油田红旗路中油测井天津分公司，电话：(022)25965037，邮箱：wangwei068@cnpc.com.cn。

储层伤害、储层敏感性、流体性质、压裂射孔工程因素等对产能的影响。利用测井资料得到的数据，基于产能预测模型，建立对应关系，从而定量地计算储层产能。气井产能因素多种多样，本文从低渗透气藏[1]压裂井的基本渗流理论出发，分析了大宁-吉县区块气井产能影响因素，建立了一套基于地质因素、地层孔隙度、孔隙结构、含气饱和度、地层压力系数的静态储能系数评价方法，并考虑压裂射孔、后期排采等工程因素，建立基于神经网络的产能预测模型，力图做到这种由“静态”到“动态”的转变。

1. 静态储能模型分析

在静态未钻井状态下，地层处于平衡状态，单元体积空间内储层的储集能力受孔隙空间、孔隙结构、流体性质、含油气饱和度、地层压力等主要因素影响，而气体体积的可压缩性相对于油层、水层异常大，因此，地层压力在气井产量预测中至关重要。具有边界限制的压裂直井(图 1)，当压力变化波及边界以后，即地层压力变化进入拟稳态以后，压差与产量的关系表达为

$$q_{\mathrm{g}}=\frac{2.714\times10^{-5}KhT_{\mathrm{sc}}(p_{\mathrm{R}}^2-p_{\mathrm{wf}}^2)}{ZTp_{\mathrm{sc}}\mu_{\mathrm{g}}\left(\ln\dfrac{0.472r_{\mathrm{e}}}{r_{\mathrm{w}}}+S_{\mathrm{a}}\right)} \tag{1}$$

$$S_{\mathrm{a}}=S+Dq_{\mathrm{g}} \tag{2}$$

式(1)和式(2)中，q_{g}为气井产能，万 m^3；K为气层渗透率，mD；h为气层有效厚度，m；T_{sc}为气体在标准状态下的温度，293.15 K；p_{R}为供气边界地层压力，MPa；p_{wf}为井底流动压力，MPa；Z为地层真实气体偏差因子；S为井壁机械表皮系数(压裂井 $S=\ln(2r_{\mathrm{w}}/X_{\mathrm{f}})$)$X_{\mathrm{f}}$为压裂施工压力系数；$p_{\mathrm{sc}}$为气体在标准状态下的压力，0.101352MPa；T为气层温度，K；μ_{g}为地层天然气黏度，mPa·s；r_{e}为供气半径，m；r_{w}为井底半径，m；S_{a}为视表皮系数或拟表皮系数；D为非达西流系数。

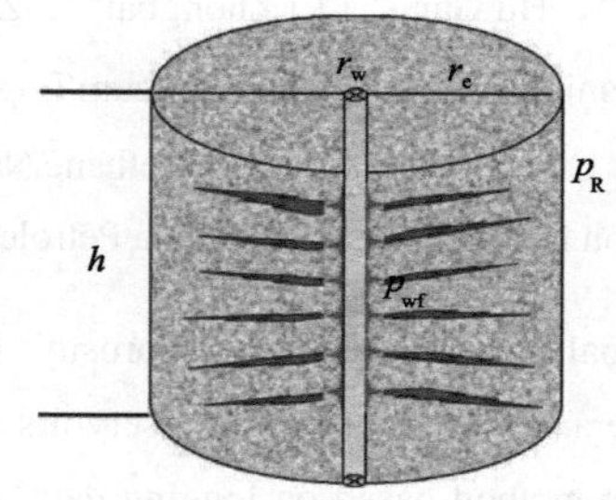

图 1　有边界限制的压裂直井体积模型

气井产能[2]的大小主要与气层厚度 h、气层渗透率 K(压裂后渗透率)、供气半径 r_{e}、视表皮系数 S 等参数有关，进而可以得出压裂气井产能的影响因素主要为两方面：一是内因，即储层地质因素，二是外因，即工程因素。

2. 产能控制因素分析

产能控制因素主要有地质因素和工程因素。地质因素包括储层基本地质条件，孔隙空间、孔隙结构、流体性质、含气饱和度、地层压力等本质物性条件，另外储层横向展布规模、砂体体量规模也是区域产能的关键因素。工程因素如压裂工艺、排采工艺、排采制度则是产能采收状况的决定因素。

2.1　地质因素

在地质因素中，气井试气产量主要与砂体厚度、地层孔隙度、孔隙结构、渗透率、地层压力等因素相关，这里引入静态压力下地层储能系数 N，它是单元井周体积 V_{d}、地层孔隙度 ϕ、孔隙结构系数 X_{R35}、含气饱和度 S_{g}、地层压力系数 X_{P} 的函数。通过大宁-吉县区域内 107 口井试气无阻流量 Q_{AOF} 与储能系数 N 之间相关关系，拟合出两者之间的对数关系：

$$Q_{\mathrm{AOF}}=8789.2\ln N-73705,\qquad R^2=0.7994$$

从图 2 可以看出，地层储能系数与气井绝对无阻流的相关关系较好，无阻流量随储能系数的增大明显增加，与之呈正相关关系，即地层储能系数越大，气井的含气性和储集性能越好，对应的产气能力越大。

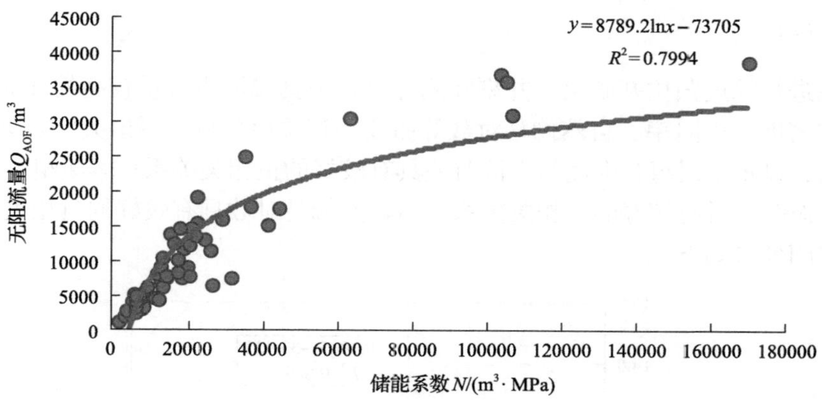

图 2　储能系数与无阻流量关系曲线

储能系数：

$$N = V_{\mathrm{d}}\phi S_{\mathrm{g}} X_{\mathrm{R35}} p_{\mathrm{sc}} X_{\mathrm{p}} \tag{3}$$

$$V_{\mathrm{d}} = \pi H R^2 \tag{4}$$

$$X_{\mathrm{p}} = p_{\mathrm{t}} / p_0 \tag{5}$$

式(3)～式(5)中，N 为储能系数，$\mathrm{m^3 \cdot MPa}$；ϕ 为孔隙度，%；X_{R35} 为孔喉结构系数；V_{d} 为单位体积空间，$\mathrm{m^3}$；H 为气层有效厚度，m；R 为含气半径，m；S_{g} 为含气饱和度，%；X_{p} 为地层压力系数；p_{t} 为地层压力；p_0 为储层正常地层压力，MPa；p_{sc} 为气体在标准状态下的压力，0.101325MPa。

式(3)中储能系数 N 反映了某一井点的含气富集程度，为气层有效厚度 H、含气半径 R、含气饱和度 S_{g}、孔隙度 ϕ 、孔隙结构系数 X_{R35}、地层压力系数 X_{p} 的乘积，是气藏开发初期优选富集区和预测气井产能的良好参数。储能系数能更好地适用于低渗透气藏的产能评价，因为低渗透条件下的气井投产前都需要压裂，气井生产时流体流动能力的大小不再是由储层本身的渗透率决定的，更主要取决于压裂裂缝所提供的渗透率大小，而储能系数则准确反映了某一井点处含气量的多少，只要含气量多，即使渗透率低，经过压裂后仍能获得较高产能。

2.2　工程因素

对于低孔低渗的致密砂岩气藏，地层在不经过压裂时无法取得工业气流，大宁-吉县区块内的井均需要通过压裂改造，有的还需要经过气举排采等一系列工艺才能得到工业产能，因此，压裂规模、压裂工艺、排采工艺等一系列工程因素都会对气井的产能产生较大的影响。其中最主要的压裂形成的裂缝长度，这里是指裂缝半长，它决定了可动用储量和采收率，裂缝半长越长，气井与地层的连通性越好，总产量、动用储量和采收率就越高。裂缝导流能力是指裂缝渗透率和裂缝宽度的乘积，而这些工程因素的影响在无相应的工程测量技术检验条件下，无法很好地评价。一般采用压裂加砂量和压裂液量预测裂缝长度，还有后期开采情况评价工程因素[3]。

3　综合评价方法研究

3.1　储能系数测井评价方法

储能系数为单位体积空间单元内储集油气能力的大小 ，根据系数推导式(1)，认为储层单元内各向异性差异很小，近似认为其各向同性，体积单元为1，那么只要评价单元内孔隙度大小、含油气饱和度、孔隙结构系数和压力系数即可确定储层的储集系数。

3.1.1　孔隙度评价

在对岩心样品进行深度归位基础上，并剔除测井资料失真或泥质含量较高的样品，分别进行孔隙度与声波时差、体积密度、电阻率、自然伽马对数等曲线的相关性分析，得出大宁吉县区块各个层组孔隙度和曲线相关关系，显示本溪组孔隙度与声波时差具有较好的正相关关系；本溪组、山2段、山1段和盒8段孔隙度与声波时差具有较好的正相关关系，与自然伽马对数具有较好的负相关关系(图3～图6)。其各层组孔隙度回归公式如下：

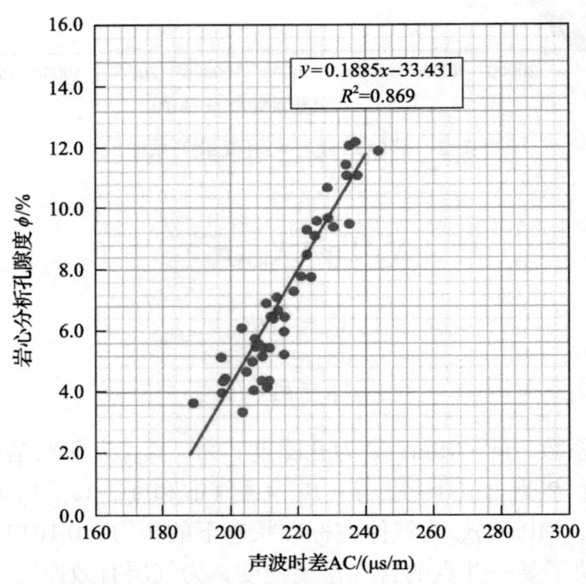

图3　本溪组声波时差与岩心分析孔隙度交会图

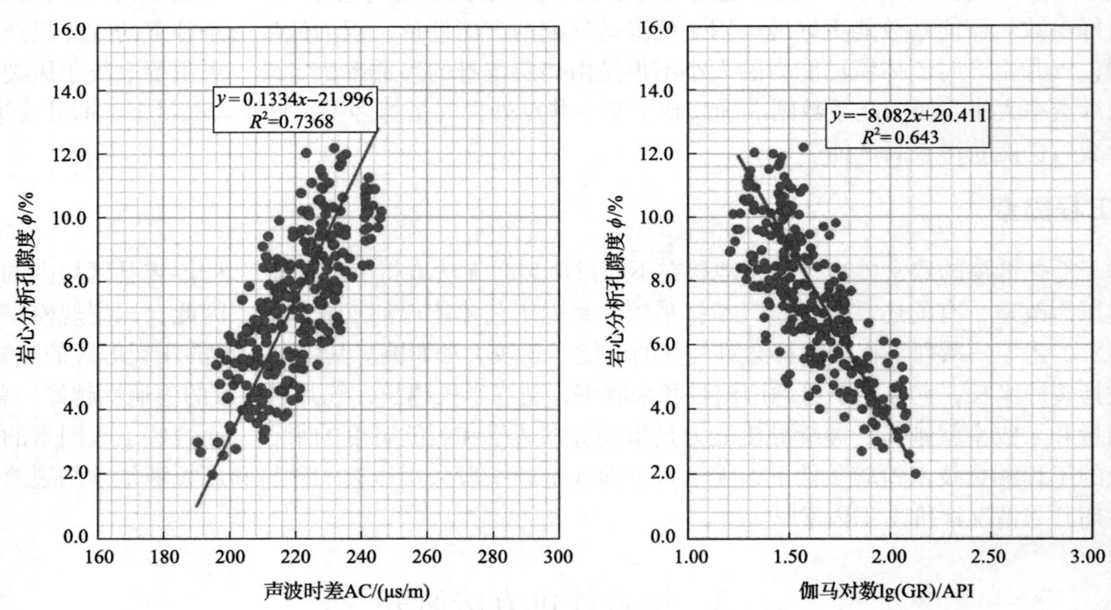

图4　山2段声波时差、伽马对数与岩心分析孔隙度交会图

(1)本溪组：

$$\phi = 0.1885\text{AC} - 33.431, \quad R^2 = 0.869 \tag{6}$$

(2)山2段：

$$\phi = 0.0914\text{AC} - 6.1328\lg(\text{GR}) - 2.8166, \quad R^2 = 0.804 \tag{7}$$

(3)山1段：

$$\phi = 0.1018\text{AC} - 6.3869\lg(\text{GR}) - 4.5953, \quad R^2 = 0.788 \tag{8}$$

(4)盒8段：

$$\phi = 0.1174\text{AC} - 4.2669\lg(\text{GR}) - 11.9372, \quad R^2 = 0.725 \tag{9}$$

式(6)～式(9)中，ϕ为测井解释孔隙度，%；AC为声波时差值，μs/m；GR为自然伽马，API。

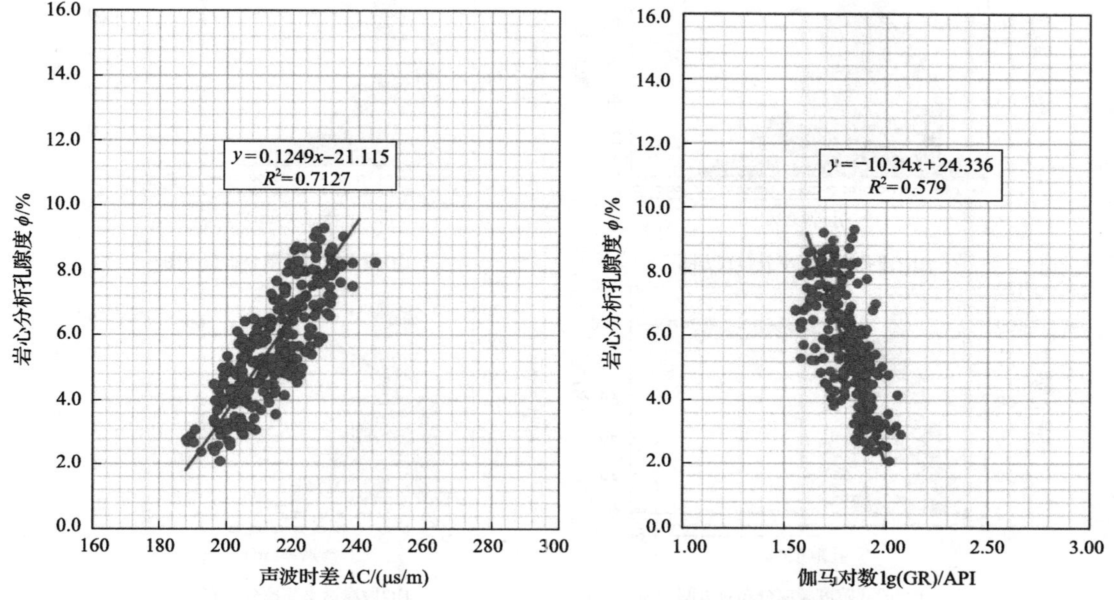

图5　山1段声波时差、伽马对数与岩心分析孔隙度交会图

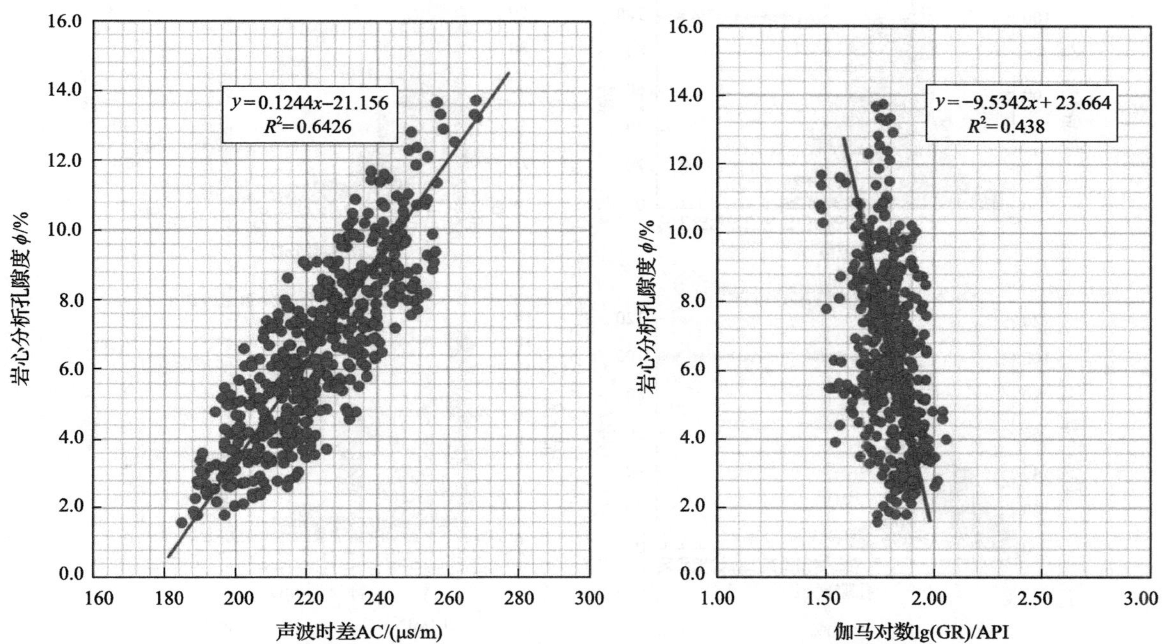

图6　盒8段声波时差、伽马对数与岩心分析孔隙度交会图

3.1.2　孔隙结构评价

通过统计 121 个薄片发现：自下而上(从本溪组到盒 8 段)，致密砂岩储层石英含量逐渐降低，岩屑含量逐渐增加。山 2^3 亚段储层以岩屑石英砂岩、岩屑砂岩为主，山 1 段、盒 8 段以岩屑砂岩为主。由物性数据发现：自下而上(从本溪组到盒 8 段)，致密砂岩储层的孔隙度有逐渐增大的趋势，而孔隙结构有逐渐减变差的趋势。总体表现为石英含量越高，孔隙度越小，但是结构越好，说明山 1 段、盒 8 段虽然岩心孔隙度大，但岩屑含量增加使得孔隙结构变差，本溪组、山 2^3 亚段石英含量越高，孔隙结构越好，渗透率越高(图 7)。

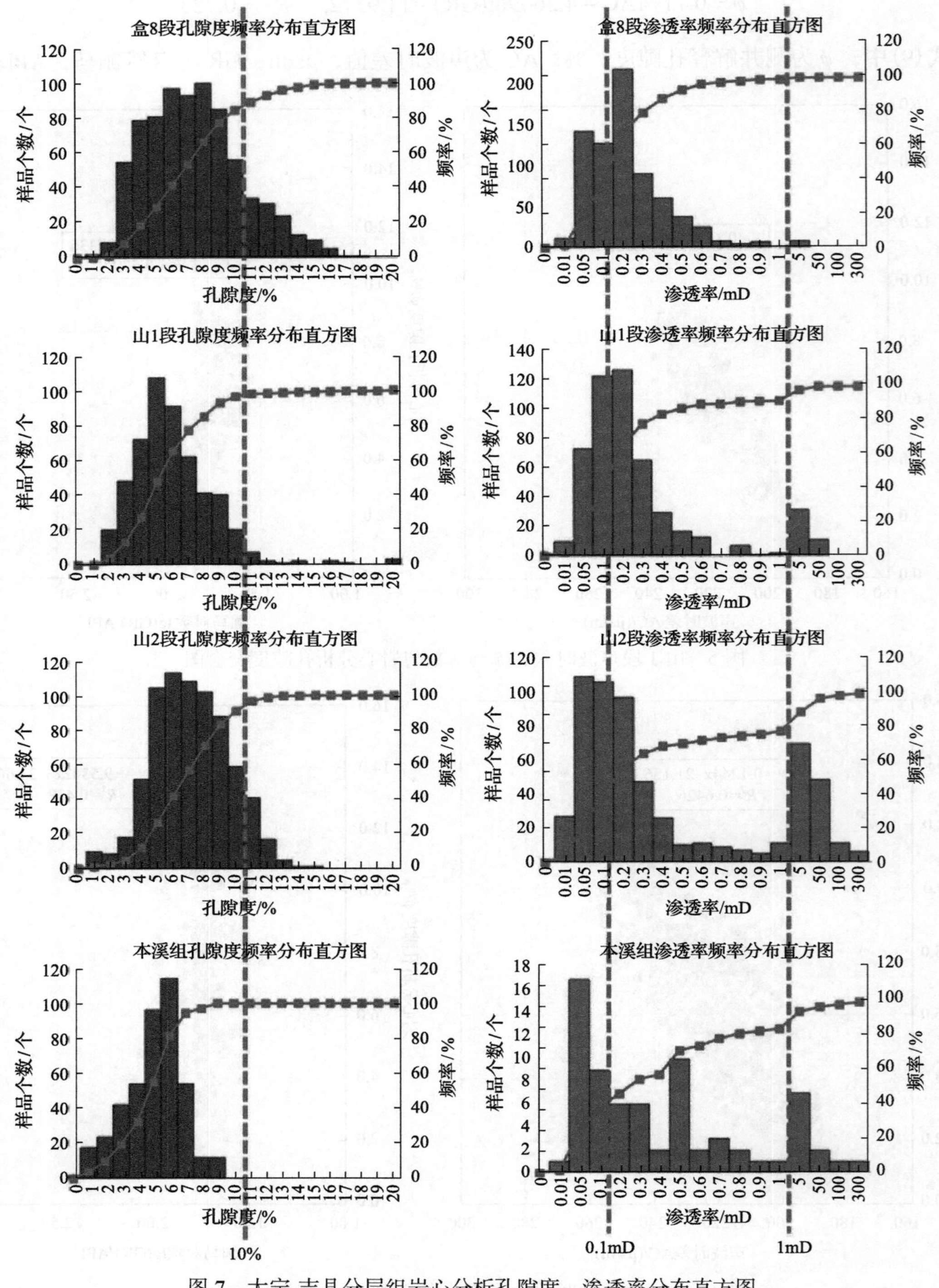

图 7　大宁-吉县分层组岩心分析孔隙度、渗透率分布直方图

从岩心分析孔隙度和渗透率关系可以看出，对于低孔隙度致密砂岩储层，孔隙度不再是渗透率大小的单一决定因素，孔隙结构很大程度上影响原始渗透率的大小，这里引入孔隙结构系数 X_{R35}，即进汞饱和度达到35%时对应的孔喉半径称 R_{35}，它反映了储层中的孔隙结构特征。国内外研究表明，R_{35}参数(孔喉大小)能够有效反映储层孔径变化、储层岩石品质；R_{35}值相近的储层具有相似的孔隙结构和储层品质。不同品质的储层 R_{35}存在明显的不同。图 8 大宁-吉县区块高压压汞测试致密砂岩储层毛细管压力曲线，本溪组、部分山 2 段储层的水平段明显、宽泛且位置较低，表明喉道相对粗大，分选较好。大部分山 2 段、山 1 段、盒 8 段储层没有明显的水平段，表明喉道相对细小，分选较差。

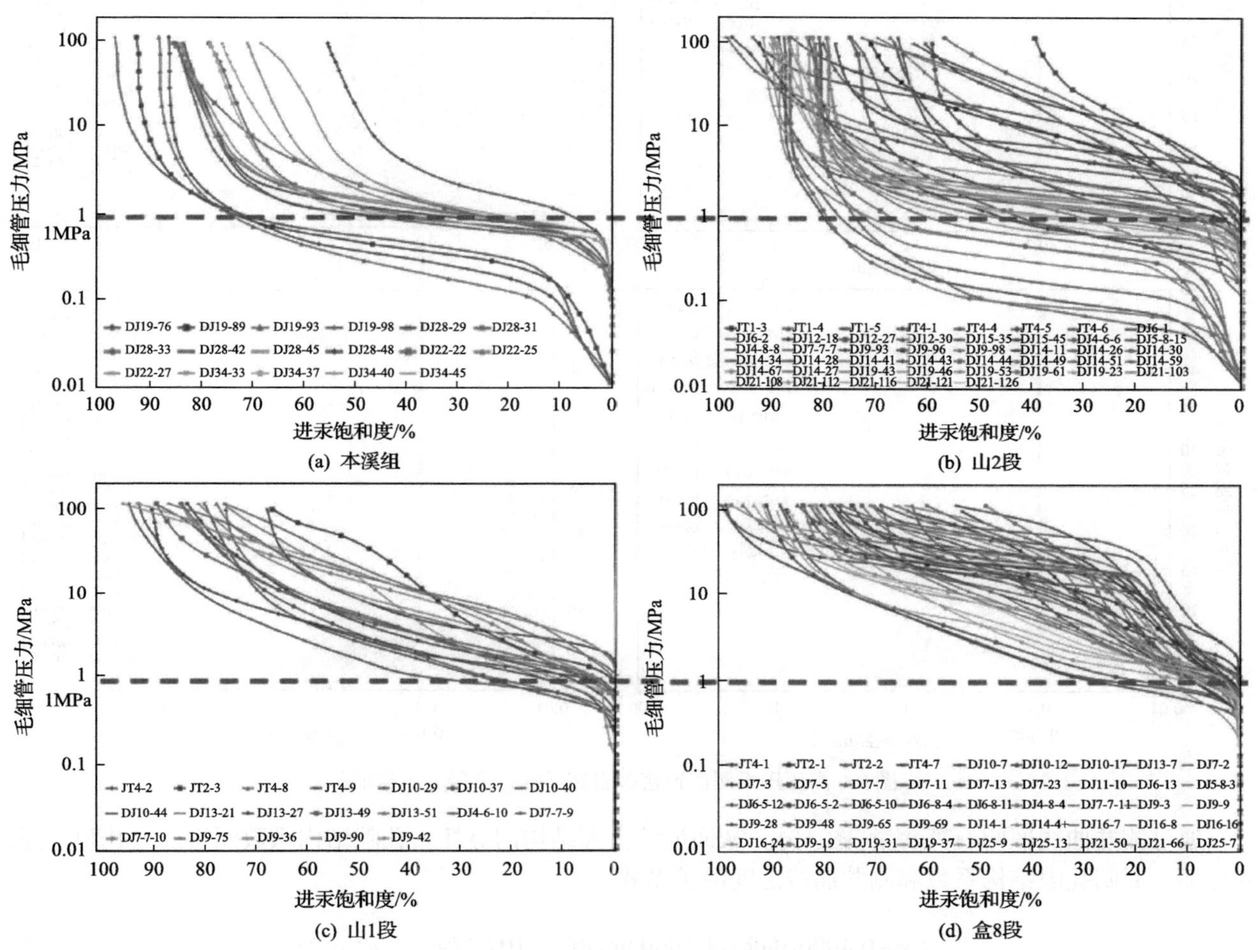

图 8　大宁-吉县区块高压压汞测试致密砂岩储层毛细管压力曲线

统计 132 个样品的高压压汞结构特征参数，将毛细管压力曲线转换为喉道半径曲线，定量描述喉道的大小和分布(图 9)。一类喉道半径较大(＞10μm)，为宏孔；二类喉道半径较稍小(1.0～10μm)，为中孔；三类喉道半径较小(0.1～1.0μm)，主要为微孔；四类喉道半径更小(＜0.1μm)，为纳米孔。并根据峰值的分布范围对本溪组、山 2 段、山 1 段、盒 8 段进行分类，结果表明：本溪组以中孔、微孔为主；山 2 段既存在一定的宏孔、中孔，也有大量微孔和部分纳米孔；山 1 段则以微孔为主，部分纳米孔；盒 8 段以纳米孔居多，部分三类微孔。

在实际应用中并不是每口井都有岩心做压汞实验，实际应用中发现石英含量和孔隙结构有一定对应关系，石英含量越高，孔隙结构越好，石英含量越低，孔隙结构越差，因此利用石英含量和孔隙结构建立相关关系，再利用测井岩性响应曲线计算石英含量，从而可以计算出孔隙结构系数。

石英含量越高，伽马相对值越低，岩性测井光电吸收截面系数(PE)曲线数值越低，之间有很好的负相关关系，其回归公式如下：

$$\mathrm{SiO_2} = -43.449\Delta\mathrm{GR} - 101.88, \quad R^2 = 0.6921 \tag{10}$$

$$\mathrm{SiO_2} = -13.33\ln(\mathrm{PE}) - 98.552, \quad R^2 = 0.2491 \tag{11}$$

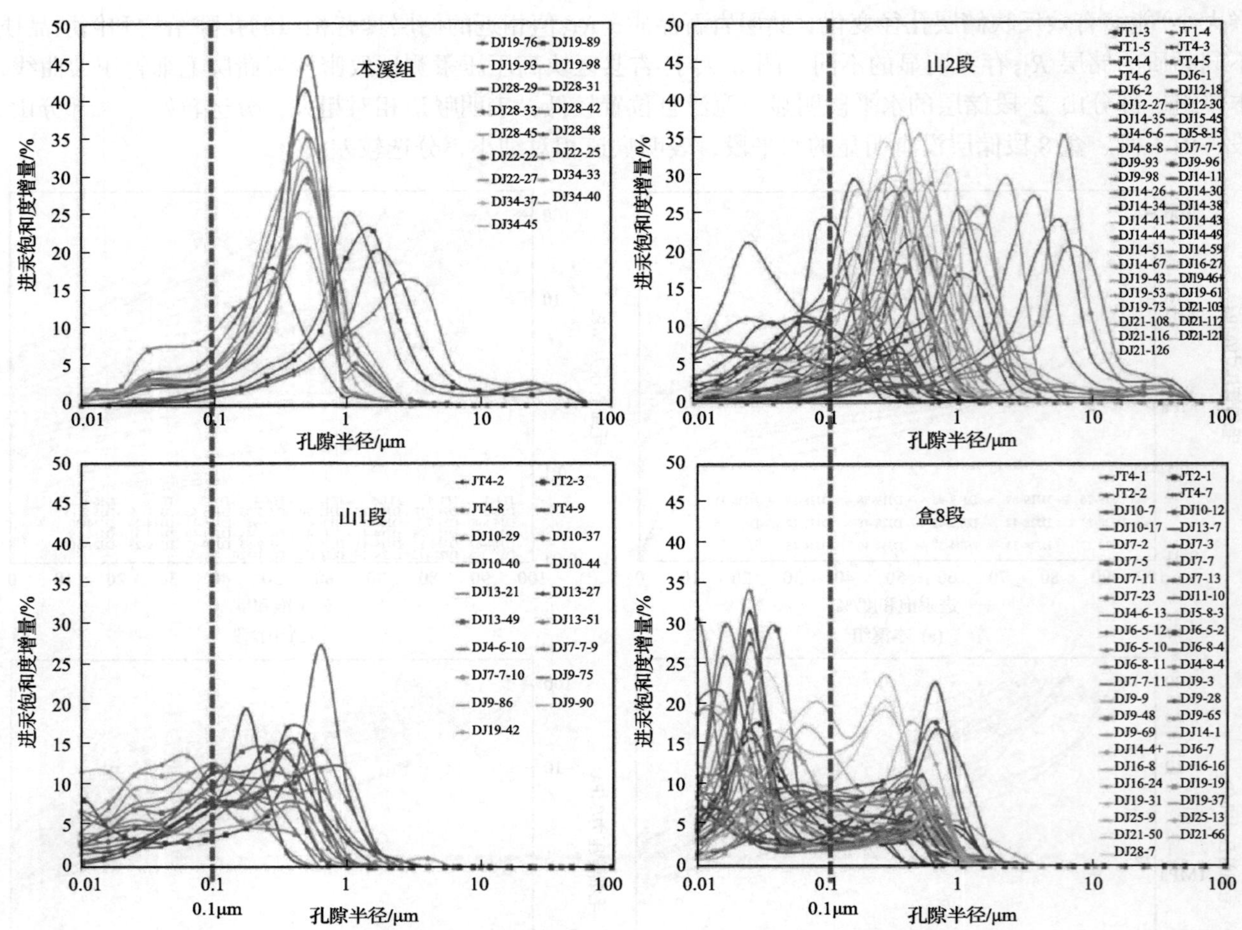

图 9　高压压汞测试致密砂岩储层喉道半径分布特征

通过测井曲线回归石英含量(图 10)，从而反映孔隙结构的好坏，孔隙结构系数间接反映孔隙连通性的好坏。回归孔隙结构系数和测井曲线之间的关系式：

$$X_{\mathrm{R35}} = -0.4006\Delta\mathrm{GR} - 1.10003\ln(\mathrm{PE}) + 107.2793, \quad R^2 = 0.68 \tag{12}$$

3.1.3　含气饱和度评价

含气饱和度测井计算法是以阿奇公式为基础，利用取心样品的岩电实验数据回归求得阿奇公式中的常数项，根据该区确定的地层水电阻率，计算出含水饱和度。

阿奇计算公式为

$$S_{\mathrm{w}} = \sqrt[n]{\frac{a \cdot b \cdot R_{\mathrm{w}}}{R_{\mathrm{t}} \cdot \phi^m}} \tag{13}$$

$$S_{\mathrm{g}} = 1 - S_{\mathrm{w}} \tag{14}$$

$$F = \frac{a}{\phi^m} \tag{15}$$

$$I=\frac{b}{S_{\mathrm{w}}^{n}} \tag{16}$$

式(13)～式(16)中，S_g为含气饱和度，%；S_w为含水饱和度，%；ϕ为孔隙度，%；R_t为地层真电阻率，Ω·m；R_w为地层水电阻率，Ω·m；a、b均为与岩性有关的系数；F为地层因子，是与孔隙度有关的常数；I为电阻率增大指数，是与含水饱和度S_w有关的常数；m为胶结系数；n为饱和度指数。

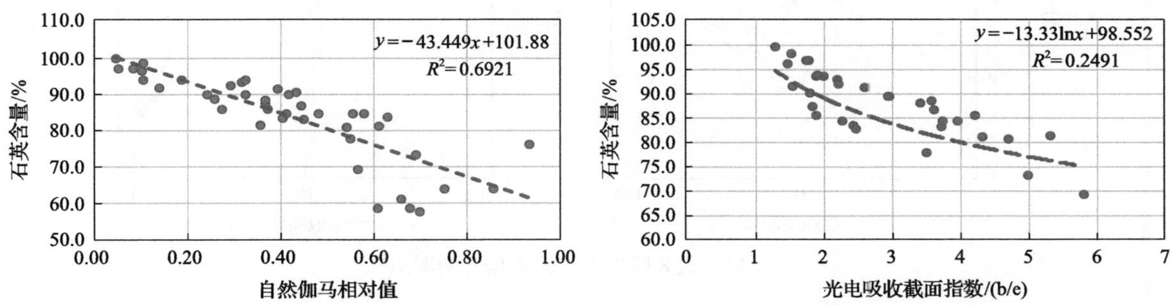

图10　自然伽马、光电吸收截面指数和石英含量关系图

根据岩电实验数据回归分析(图11～图13)，通过地层因子F和孔隙度ϕ之间关系，得到岩性系数a和

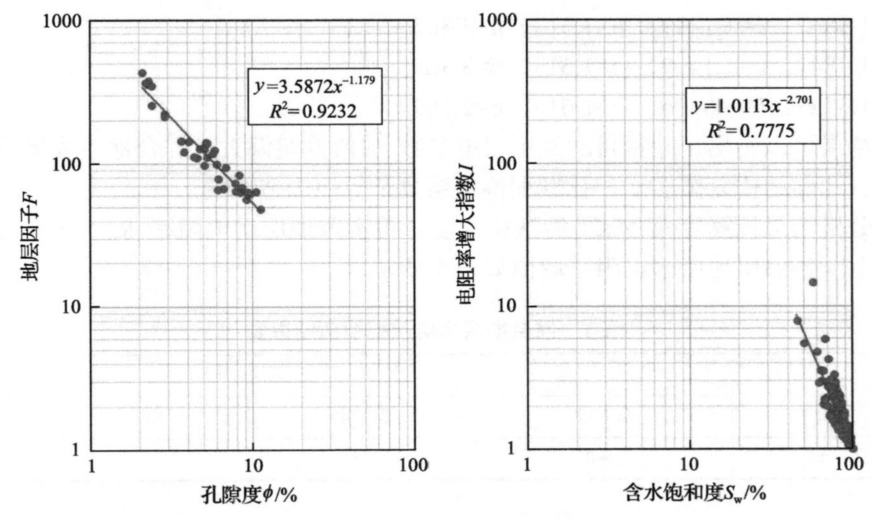

图11　本溪组岩电实验数据交会图版

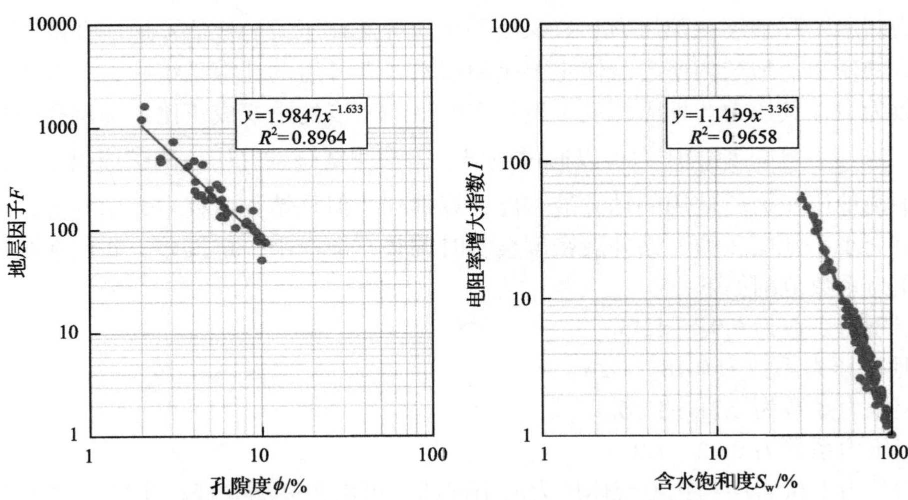

图12　山西组岩电实验数据交会图版(山2段、山1段)

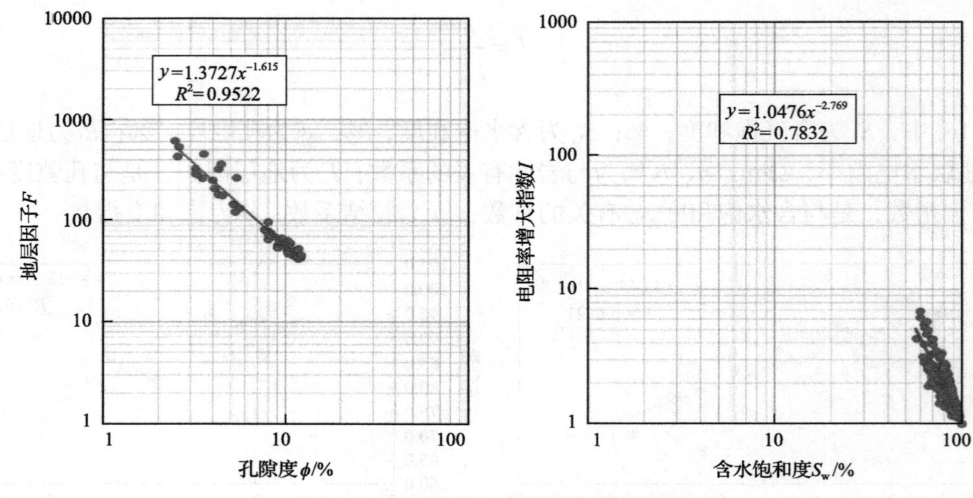

图 13　盒 8 段岩电实验数据交会图版

交结系的数 m，电阻率增大指数 I 和含水饱和度 S_w 之间的关系得到岩性系数 b 和饱和度指数 n。获得各地层的岩电参数如下：

本溪组：a=3.5872，b=1.0113，m=1.179，n=2.701。

山 2 段：a=1.9847，b=1.1499，m=1.613，n=3.365。

山 1 段：a=1.9847，b=1.1499，m=1.613，n=3.365。

盒 8 段：a=1.3727，b=1.0476，m=1.615，n=2.769。

由岩电分析结果可以看出，储量目的储层岩电参数 n 值普遍偏大，综合地质成果分析认为：主要是该区岩性较致密、孔隙结构复杂多变、孔喉配位关系复杂等原因造成的。

利用地层水分析结果计算等效 NaCl 溶液矿化度，可求取地层水电阻率 R_w。在考虑区域地层水纵横向变化规律基础上，各储层地层水电阻率取值如表 1 所示。

表 1　储层地层水电阻率取值结果表

参数	地层			
	盒 8 段	山 1 段	山 2 段	本溪组
地层水电阻率/(Ω · m)	0.061	0.055	0.050	0.047

3.1.4　压力系数评价

压力系数为储层实际地层孔隙压力和该深度处垂向静液柱压力的比值，地层孔隙压力是指地层孔隙中的流体所具有的压力。地层内所含流体主要是地层水，在开启的孔隙系统中，一般属于正常静水压力系统，压力系数为 1，其压力与埋藏深度及地层水的平均密度的乘积成正比。地层孔隙压力计算公式：$p_p=10^{-3}\times\rho_{水}\times h\times g$，实际地层压力可以通过地层压力预测结合试气压力测试成果得到，也可通过钻井过程中钻井液平衡地层压力所使用的钻井液密度计算得到，但是钻井过程中，钻井液密度一般都略大于地层压力，有时会小于地层压力，钻井液密度会实时调整，会产生一定误差，我们在统计区域试气成果得出各个层组压力系数范围如下：

本溪组地层压力系数为 0.95～1.45。

山 2^3 亚段地层压力系数为 0.78～1.26。

山 1 段地层压力系数为 0.71～1.06。

盒 8 段地层压力系数为 0.62～1.02。

垂向主应力是由上伏岩层和孔隙流体压力所引起的，可由密度测井资料获得。式(5)中，p_t 可以通过压力预测结合钻井液密度计算得到，p_0 为静液柱压力，二者比值为压力系数 X_p。

3.2　工程因素评价方法

首先，储能系数是评价储层有没有产气的能力，决定孔隙空间存在油气多少的因素，至于存在的油气能不能高效地开采，还与射孔压裂工艺、压裂液使用、加砂量大小等一系列工程因素有关，而这些因素的评价已超出测井评价的范围，且针对压裂工艺评价的测量手段较少，交叉多级阵列声波测井可通过压裂前后对比定性判别压裂效果，但是该测井方法很少使用，且前后对比也只能定性判断压裂效果。那么压裂效果的评价主要通过压裂施工中记录的破裂压力大小、施工排量、入液量、加砂比等记录预测裂缝长，裂缝长度由压裂施工预测得到。

裂缝导流能力[4]是指裂缝渗透率 K_f 和裂缝宽度 W 的乘积，即 K_fW，它与气井无阻流量对应关系如图 14 所示，气井产能随着裂缝导流能力的增加而不断增大，但增加的幅度在不断减少。导流能力在 100D·cm 左右有利于控制成本和稳产增产。

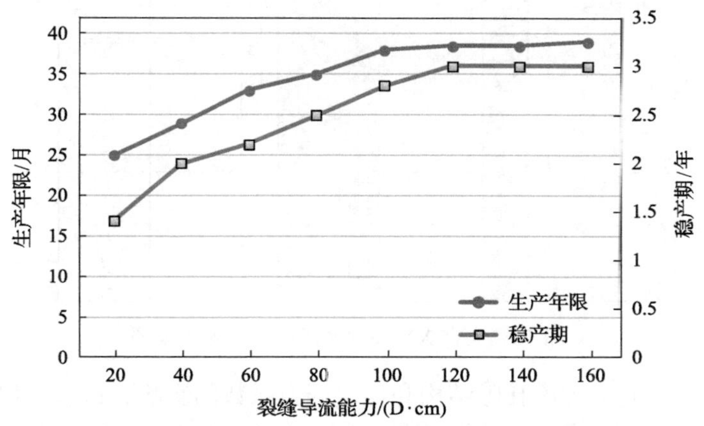

图 14　裂缝导流能力与生产年限、稳产期关系图

4　应用效果分析

通过已经压裂试气井大吉 XX 井经过再处理验证，储能系数计算方法可以很好匹配试气无阻流量，预测数值和试气成果数值相差不大，如图 15 和图 16 所示。经过重新处理，测井计算的总孔隙中除去束

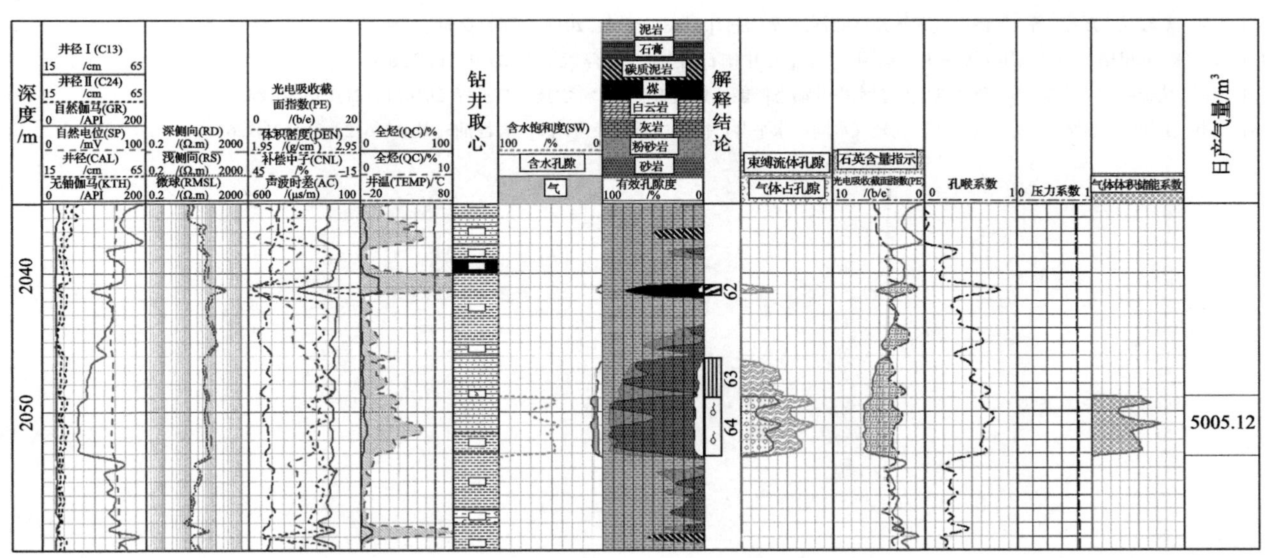

图 15　大吉 XX 井山 2^3 亚段产能预测成果图

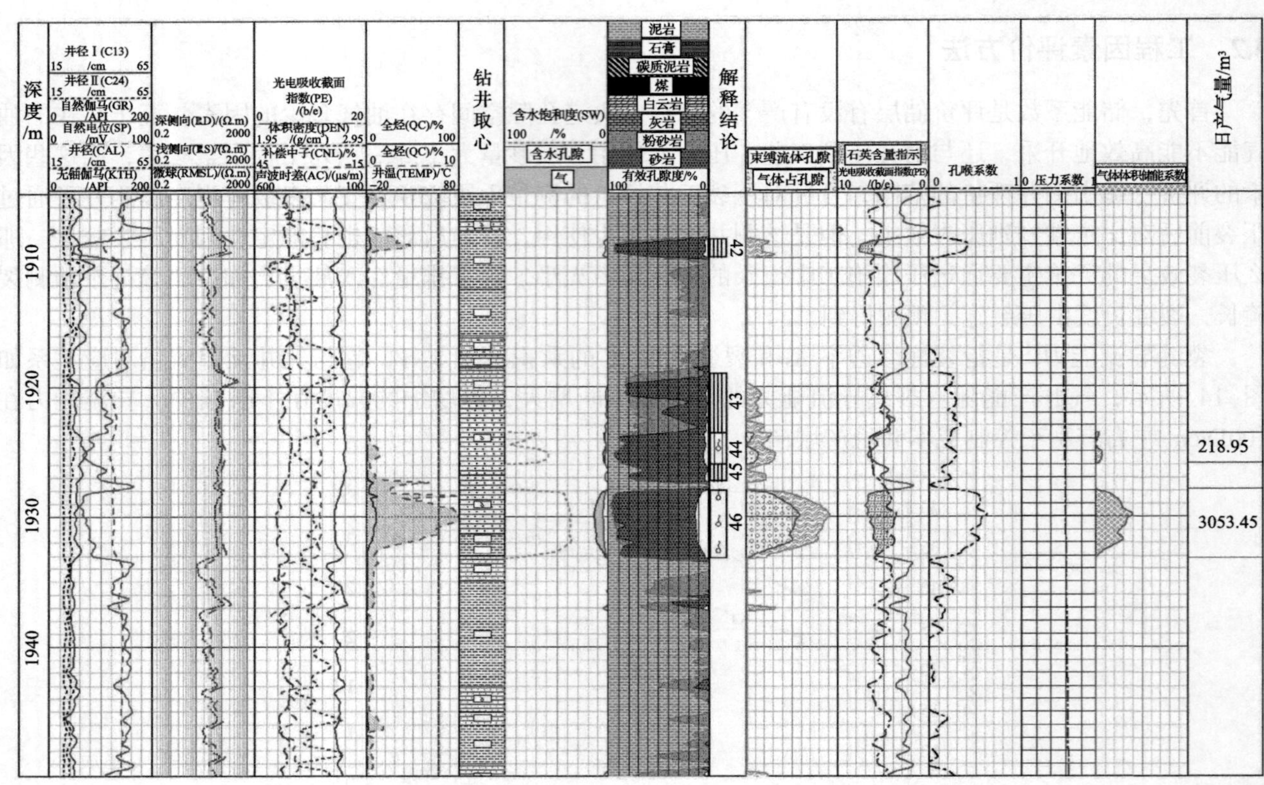

图 16　大吉 XX 井盒 8 段产能预测成果图

缚流体体积，在有效孔隙空间，考虑孔隙结构和地层压力系数的影响，最后算出储能系数，并分层累计储层储能系数，预测出正常施工条件下无阻流量。图 15 中 2049～2053m 解释为气层，预测日产气量 5005.12m^3，试气成果显示日产气量 5013m^3。图 16 中 1928～1933m 解释为气层，预测日产气量 3053.45m^3，试气成果显示日产气量 3022m^3。二者相差不大。这两口井为预测结果和实际符合度较高实例，实际预测中有些井会存在一定的误差，在后期生产中会结合更多的试气结果不断地修正模型参数，力求做到预测模型符合动态生产的实际情况。

参考文献

[1] 孟琦, 刘红兵, 万鹤, 等. 低渗透气藏气井产能预测新方法[J]. 非常规油气, 2018, 5(2): 50-54.

[2] 朱新佳. 苏里格气田多级压裂水平井产能预测方法[J]. 中国石油大学胜利学院学报, 2010, 24(4): 5-7.

[3] 张楠, 魏金兰, 宋祖勇, 等. 致密气藏压裂水平井动态产能评价新方法[J]. 科学技术与工程, 2014, 14(21): 76-80, 88.

[4] 袁淋, 王朝明, 李晓平, 等. 致密砂岩气藏气水同产水平井产能公式推导及应用[J]. 岩性油气藏, 2016, 28(3): 121-126.

非均质致密储层油气水三相瞬态流动模拟与动态分析新方法

李锦昌[1]，袁　彬[1,2,3]，田建泉[1]

（1. 中国石油大学（华东）石油工程学院，青岛 266580；2. 非常规油气开发教育部重点实验室（中国石油大学（华东）），青岛 266580；3. 山东省油田化学重点实验室，青岛 266580）

摘要：致密储层物性差，非均质性强，压裂改造区域与未改造区域共存及多相流的共同存在，导致渗流机理复杂，常规的产量动态分析方法难以有效评价储层参数。本文基于分形理论描述储层非均质，提出一种新的玻尔兹曼变换形式，进而使用龙格-库塔方法求解变换后的非均质致密储层三相瞬态流动模型。建立非均质储层多相产量动态分析方法，基于改进的产量与幂律时间关系曲线精确反演基质裂缝参数。研究表明：本文提出的非均质致密储层三相瞬态线性流动模型能够高效表征压力和饱和度的变化规律（与数值模拟结果的误差在 7%以内）。利用改进的产量与幂律时间关系曲线分析反演基质裂缝参数与真实值的误差在 5%以内。本方法弥补传统产量动态分析方法对非均质致密储层瞬态线性三相流分析的不足，耦合多相渗流与储层非均质，高效准确获取致密储层基质裂缝参数。

关键词：产量动态分析；相似变换；非均质致密储层；多相流

An analytical approach for analysis of transient three phase flow in tight and heterogenous reservoirs

Li Jinchang[1]，Yuan Bin[1,2,3]，Tian Jianquan[1]

（1. School of Petroleum Engineering, China University of Petroleum (East China)，Qingdao 266580; 2.Key Laboratory of Unconventional Oil & Gas Development (China University of Petroleum (East China)), Ministry of Education, Qingdao 266580; 3.Shandong Key Laboratory of Oilfield Chemistry, Qingdao 266580）

Abstract: Tight reservoirs exhibit low permeability, heterogeneity, stimulated reservoir volume coexisting with matrix and multiphase flow. Conventional rate transient analysis methods may misdiagnosis the reservoir parameters. A new, general, analytical model is proposed that explicitly accounts for multiphase flow and fractal-based reservoir heterogeneity. This is achieved by introducing a novel Boltzmann-type transformation, the exponent of which includes reservoir geometric heterogeneity and anomalous diffusion（AD）. The improved Boltzmann variable allows the conversion of three highly nonlinear partial differential equations（PDE's）（i.e., oil, gas and water diffusivity equations）into ordinary differential equations（ODE's）that are easily solved using the Runge-Kutta method. A modified specialized time-power-law plot is also proposed to estimate the reservoir and fracture properties. Result shows that the three-phase transient linear flow model for heterogeneous tight reservoirs proposed in this paper can efficiently characterize the changes in pressure-saturation（the error from the numerical simulation results < 7%）. The error between the inversion linear flow parameters and the true value is within 5% using the improved rate and power law time relationship curve analysis. This method compensates for the inability of the current RTA techniques to simultaneously capture the spatial and temporal variations of reservoir and multiphase fluid properties. The individual effects of multiphase flow and reservoir heterogeneity are decoupled.

作者简介：李锦昌（1999—），中国石油大学（华东）油气田开发在读硕士，主要研究方向是非常规油藏动态监测技术研究。地址：青岛市黄岛区中国石油大学（华东）工科楼 E2123，电话：19506101837，邮箱：jincgli@163.com。

Keywords: rate transient analysis；similarity transformation；tight and heterogenous reservoirs；multiphase flow

产量动态分析方法(RTA)是油田生产优化的核心工作，基于经典扩散方程的典型解，分析反演储层及裂缝参数(基质渗透率、裂缝半长及动态动用储量等)。产量动态分析方法简化了岩石流体物性、裂缝扩展性质、油藏边界条件等，引入叠加变量、拟变量以及产量归一化压力提高常规油藏分析精度。非常规油藏中多相渗流、储层非均质及应力敏感等复杂因素共存，导致流动阶段识别困难，常规产量动态分析方法误差较大。

现有研究主要基于迭代积分、改进拟变量方法[1,2]及玻尔兹曼变换[3-5]等方法耦合多相渗流。改进拟变量方法通过拟变量耦合压力敏感的流态/储层物性，降低多相渗流方程非线性。但是，拟变量的计算需要输入压力-饱和度关系。基于玻尔兹曼变换建立的解析/半解析解可以直接获得压力-饱和度关系，但是该模型仅适用于均质油藏。

同时，一些学者使用分形几何理论表征储层非均质，建立分形油藏单相流动模型[6-14]。随后，Yuan等[15]基于改进的拟变量建立非均质储层多相渗流半解析模型，然而该模型仍需通过数值模拟方法获得压力-饱和度作为输入参数。综上，现有模型中仍没有建立直接分析压力-饱和度关系的非均质油藏多相瞬态流动模型。该方法基于改进的玻尔兹曼变量，耦合油藏非均质及多相渗流，通过龙格-库塔数值计算方法直接获得压力-饱和度关系。通过绘制产量-幂律时间图像，精确反演基质裂缝参数。

1 非均质致密储层油气水三相瞬态流动模型

1.1 模型建立

利用分形理论描述低渗油藏渗透率和孔隙度非均质分布，笛卡儿坐标系下分形孔隙度和渗透率的表达形式[16]如式(1)和式(2)所示：

$$\phi(x)=\phi_{\mathrm{i}}\left(\frac{x}{x_{\mathrm{i}}}\right)^{D-2} \tag{1}$$

$$k(x)=k_{\mathrm{i}}\left(\frac{x}{x_{\mathrm{i}}}\right)^{D-2-\theta} \tag{2}$$

式(1)和式(2)中，x_{i} 为参考位置距离主裂缝的距离，cm；x 为相对于参考位置的距离，cm；ϕ_{i} 为参考位置处的孔隙度，无量纲；k_{i} 为参考位置处的基质渗透率，mD；ϕ 为孔隙度，无量纲；k 为基质渗透率，mD；D 为分形维数，无量纲；θ 为反常扩散指数，无量纲。对于均质油藏，$D=2$，$\theta=0$，粒子的均方位移与时间呈线性关系；对于非均质油藏，$D\neq2$，$\theta\neq0$，粒子的均方位移与幂律时间呈线性关系。

本文提出了一种新的玻尔兹曼变量(Boltzmann variable)将复杂的非线性偏微分方程(PDE's)简化为常微分方程(ODE's)，使用龙格-库塔(Runge-Kutta)方法直接求解。新的玻尔兹曼变量耦合了时间、空间和分形非均质参数，在保证简化的同时，能够精确刻画非均质对渗流的影响。玻尔兹曼变量形式和简化后的常微分方程如式(3)～式(6)所示。

玻尔兹曼变量：

$$\eta=\sqrt{\frac{\phi_{\mathrm{i}}}{k_{\mathrm{i}}}}x_{\mathrm{i}}^{D-2-\theta}x^{3+\theta-D}t^{\frac{D-3-\theta}{2+\theta}} \tag{3}$$

气相：

$$\frac{\mathrm{d}}{\mathrm{d}\eta}\left(a\frac{\mathrm{d}p}{\mathrm{d}\eta}\right)=w\eta^{c}\frac{\mathrm{d}b}{\mathrm{d}\eta} \tag{4}$$

油相：

$$\frac{\mathrm{d}}{\mathrm{d}\eta}\left(\alpha\frac{\mathrm{d}p}{\mathrm{d}\eta}\right)=w\eta^{c}\frac{\mathrm{d}\beta}{\mathrm{d}\eta} \tag{5}$$

水相：

$$\frac{\mathrm{d}}{\mathrm{d}\eta}\left(\gamma\frac{\mathrm{d}p}{\mathrm{d}\eta}\right)=w\eta^{c}\frac{\mathrm{d}\xi}{\mathrm{d}\eta} \tag{6}$$

w 和 c 可以简化方程的表达形式，其定义如公式(7)和式(8)所示：

$$w=-\frac{1}{c(2+\theta)}\left(\frac{\phi_{\mathrm{i}}}{k_{\mathrm{i}}}\right)^{\frac{1-c}{2}}x_{\mathrm{i}}^{-(c+1)(D-2)+c\theta} \tag{7}$$

$$c=\frac{D-1}{3+\theta-D} \tag{8}$$

$$a=\frac{k_{\mathrm{rg}}}{\mu_{\mathrm{g}}B_{\mathrm{g}}}+\frac{R_{\mathrm{s}}k_{\mathrm{ro}}}{\mu_{\mathrm{o}}B_{\mathrm{o}}},\ b=\frac{S_{\mathrm{g}}}{B_{\mathrm{g}}}+\frac{R_{\mathrm{s}}S_{\mathrm{o}}}{B_{\mathrm{o}}},\ \alpha=\frac{k_{\mathrm{ro}}}{\mu_{\mathrm{o}}B_{\mathrm{o}}}+\frac{R_{\mathrm{v}}k_{\mathrm{rg}}}{\mu_{\mathrm{g}}B_{\mathrm{g}}},\ \beta=\frac{S_{\mathrm{o}}}{B_{\mathrm{o}}}+\frac{R_{\mathrm{v}}S_{\mathrm{g}}}{B_{\mathrm{g}}},\ \gamma=\frac{k_{\mathrm{rw}}}{\mu_{\mathrm{w}}B_{\mathrm{w}}},\ \xi=\frac{S_{\mathrm{w}}}{B_{\mathrm{w}}} \tag{9}$$

式(3)～式(9)中，k_{rg}、k_{ro}、k_{rw} 分别为气、油、水的相对渗透率，无量纲；μ_{g}、μ_{o}、μ_{w} 分别为气、油、水的黏度，mPa·s；B_{g}、B_{o}、B_{w} 分别为气、油、水的体积系数，$\mathrm{m^3/Sm^3}$；R_{s} 为溶解气油比，$\mathrm{m^3/m^3}$；R_{v} 为凝析油气比，$\mathrm{m^3/m^3}$；S_{g}、S_{o}、S_{w} 分别为气、油、水的饱和度。所有变量的单位都遵循 Darcy 定律。本文提出的模型忽略了岩石和流体的压缩性以及毛细管力。另外岩石和流体参数遵从以下假设：

(1) $B_{\mathrm{g}}(p)$、$B_{\mathrm{o}}(p)$、$B_{\mathrm{w}}(p)$、$\mu_{\mathrm{g}}(p)$、$\mu_{\mathrm{o}}(p)$、$\mu_{\mathrm{w}}(p)$ 仅是压力的函数。

(2) $k_{\mathrm{rw}}(S_{\mathrm{w}})$、$k_{\mathrm{rg}}(S_{\mathrm{g}})$ 分别是 S_{w} 和 S_{g} 的函数，而油相对渗透率 $k_{\mathrm{ro}}(S_{\mathrm{w}},\ S_{\mathrm{g}})$ 使用 Stone 第一模型利用 S_{w} 和 S_{g} 进行计算[17]。

1.2　模型求解

瞬态线性三相流动模型中 a、α、b、β、γ、ξ 都是压力和饱和度的函数。根据 $S_{\mathrm{g}}+S_{\mathrm{o}}+S_{\mathrm{w}}=1$，已知任意两相饱和度可求第三相饱和度，本文中选择 S_{w}、S_{g} 为输入参数。以油相流动方程中的 α 为例，可以用函数 f 计算，$\alpha=f(p,\ S_{\mathrm{w}},\ S_{\mathrm{g}})$。$\alpha$ 的全微分如式(10)所示：

$$\mathrm{d}\alpha=\left(\frac{\partial\alpha}{\partial p}\right)_{S_{\mathrm{w}},S_{\mathrm{g}}}\mathrm{d}p+\left(\frac{\partial\alpha}{\partial S_{\mathrm{w}}}\right)_{p,S_{\mathrm{g}}}\mathrm{d}S_{\mathrm{w}}+\left(\frac{\partial\alpha}{\partial S_{\mathrm{g}}}\right)_{p,S_{\mathrm{w}}}\mathrm{d}S_{\mathrm{g}} \tag{10}$$

使用 α_1、α_2、α_3 分别表示 α 关于 p、S_{w}、S_{g} 的偏导，式(10)可以简化为式(11)的形式：

$$\mathrm{d}\alpha=\alpha_1\mathrm{d}p+\alpha_2\mathrm{d}S_{\mathrm{w}}+\alpha_3\mathrm{d}S_{\mathrm{g}} \tag{11}$$

其他变量的全微分的形式与式(11)类似。引入 N、K、L 三个辅助变量简化方程的求解，如式(12)所示：

$$N=\frac{\mathrm{d}p}{\mathrm{d}\eta},\ K=\frac{\mathrm{d}S_{\mathrm{w}}}{\mathrm{d}\eta},\ L=\frac{\mathrm{d}S_{\mathrm{g}}}{\mathrm{d}\eta},\ \frac{K}{N}=\frac{\mathrm{d}S_{\mathrm{w}}}{\mathrm{d}p},\ \frac{L}{N}=\frac{\mathrm{d}S_{\mathrm{g}}}{\mathrm{d}p} \tag{12}$$

经过一系列数学变化，得到含水及含气饱和度导数的表达式：

$$\frac{\mathrm{d}S_{\mathrm{w}}}{\mathrm{d}\eta}=-\frac{\mathrm{d}S_{\mathrm{g}}}{\mathrm{d}\eta}\left[\frac{\frac{\mathrm{d}p}{\mathrm{d}\eta}(\alpha a_3-a\alpha_3)-w\eta^c(\alpha b_3-a\beta_3)}{\frac{\mathrm{d}p}{\mathrm{d}\eta}(\alpha a_2-a\alpha_2)-w\eta^c(\alpha b_2-a\beta_2)}\right]-\frac{\mathrm{d}p}{\mathrm{d}\eta}\left[\frac{\frac{\mathrm{d}p}{\mathrm{d}\eta}(\alpha a_1-a\alpha_1)-w\eta^c(\alpha b_1-a\beta_1)}{\frac{\mathrm{d}p}{\mathrm{d}\eta}(\alpha a_2-a\alpha_2)-w\eta^c(\alpha b_2-a\beta_2)}\right] \tag{13}$$

$$\frac{\mathrm{d}S_{\mathrm{g}}}{\mathrm{d}\eta}=\frac{\mathrm{d}p}{\mathrm{d}\eta}\frac{\dfrac{\frac{\mathrm{d}p}{\mathrm{d}\eta}(\alpha\gamma_1-\gamma\alpha_1)-w\eta^c(\alpha\xi_1-\gamma\beta_1)}{\frac{\mathrm{d}p}{\mathrm{d}\eta}(\alpha\gamma_2-\gamma\alpha_2)-w\eta^c(\alpha\xi_2-\gamma\beta_2)}-\dfrac{\frac{\mathrm{d}p}{\mathrm{d}\eta}(\alpha a_1-a\alpha_1)-w\eta^c(\alpha b_1-a\beta_1)}{\frac{\mathrm{d}p}{\mathrm{d}\eta}(\alpha a_2-a\alpha_2)-w\eta^c(\alpha b_2-a\beta_2)}}{\dfrac{\frac{\mathrm{d}p}{\mathrm{d}\eta}(\alpha\gamma_3-\gamma\alpha_3)-w\eta^c(\alpha\xi_3-\gamma\beta_3)}{\frac{\mathrm{d}p}{\mathrm{d}\eta}(\alpha\gamma_2-\gamma\alpha_2)-w\eta^c(\alpha\xi_2-\gamma\beta_2)}-\dfrac{\frac{\mathrm{d}p}{\mathrm{d}\eta}(\alpha a_3-a\alpha_3)-w\eta^c(\alpha b_3-a\beta_3)}{\frac{\mathrm{d}p}{\mathrm{d}\eta}(\alpha a_2-a\alpha_2)-w\eta^c(\alpha b_2-a\beta_2)}} \tag{14}$$

求解流动方程还需要压力关于玻尔兹曼变量的导数，式(5)是关于压力的二阶导数。使用有限差分方法等可以求解出压力和饱和度随玻尔兹曼变量的变化，但是计算过程比较复杂。本文采用了计算更为简单的龙格-库塔方法进行求解，需要引入一个辅助方程 $p_{\mathrm{d}}=\alpha\mathrm{d}p/\mathrm{d}\eta$，降低方程组的复杂性，最终构建的方程组如式(15)所示：

$$\begin{cases}\dfrac{\mathrm{d}p}{\mathrm{d}\eta}=\dfrac{1}{\alpha}p_{\mathrm{d}}, \quad p|_{\eta=0}=p_{\mathrm{wf}},\ p|_{\eta=\infty}=p_{\mathrm{i}}\\ \dfrac{\mathrm{d}S_{\mathrm{w}}}{\mathrm{d}\eta}=\text{式(13)}, \quad S_{\mathrm{w}}|_{\eta=\infty}=S_{\mathrm{wi}}\\ \dfrac{\mathrm{d}S_{\mathrm{g}}}{\mathrm{d}\eta}=\text{式(14)}, \quad S_{\mathrm{g}}|_{\eta=\infty}=S_{\mathrm{gi}}\\ \dfrac{\mathrm{d}p_{\mathrm{d}}}{\mathrm{d}\eta}=w\eta^c\dfrac{\mathrm{d}\beta}{\mathrm{d}\eta}\end{cases} \tag{15}$$

油藏的初始条件即为求解方程组的边界条件（$\eta=\infty$），并且需要增加内边界条件 $p|_{\eta}=0=p_{\mathrm{wf}}$ 满足定井底流压生产条件。使用龙格-库塔方法求解前需要整理原始输入数据，包括油藏物性参数，原始含水/含气饱和度等，确定井底流压等，但是 p_{d} 需要通过打靶法确定合适大小，使井底流压满足 $p|_{\eta}=0=p_{\mathrm{wf}}$。

2 非均质致密油藏三相瞬态线性流产量动态分析

式(16)是单相线性流产量方程，忽略毛细管力的影响。k_{i} 是参考位置处的基质渗透率，mD；A 是渗流截面积，cm^2。利用相似变换得到玻尔兹曼空间产量解，如式(17)所示：

$$q_{\mathrm{o}}=k_{\mathrm{i}}\alpha(p,S_{\mathrm{w}},S_{\mathrm{g}})A\left(\frac{\mathrm{d}p}{\mathrm{d}x}\right)_{x=0} \tag{16}$$

$$q_{\mathrm{o}}=2x_{\mathrm{f}}h\sqrt{k_{\mathrm{i}}\phi_{\mathrm{i}}}(3+\theta-D)t^{\frac{D-3-\theta}{2+\theta}}p_{\mathrm{d}}|_{\eta=0} \tag{17}$$

式中，x_{f} 为单簇裂缝半长，m；h 为油藏厚度，m。

使用龙格-库塔方法求解公式(15)可以得到在任意不同 η 值下的 p_{d}。ϕ_{i}、h、D 和 θ 均可以通过矿场数据分析得到。式(17)证明 q_{o} 和 $t^{(D-3-\theta)/(2+\theta)}$ 是线性关系，其斜率是 $2x_{\mathrm{f}}h\sqrt{k_{\mathrm{i}}\phi_{\mathrm{i}}}(3+\theta-D)p_{\mathrm{d}}|_{\eta=0}$。因此通过 $1/q_{\mathrm{o}}$-$t^{(3+\theta-D)/(2+\theta)}$ 的斜率可以反求裂缝和储层基质物性参数 $x_{\mathrm{f}}\sqrt{k_{\mathrm{i}}}$。图 1 总结了反演裂缝基质参数的基

本步骤。

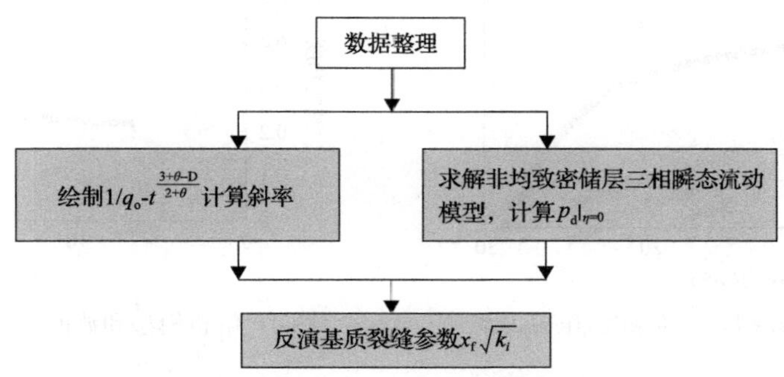

图 1　反演非均质致密储层基质裂缝参数的基本步骤

(1) 整理基础数据，包括产量、井底流压、相对渗透率曲线、流体黏度及体积系数和参考位置处的渗透率、孔隙度等。

(2) 使用龙格-库塔方法求解非均质致密储层油气水三相瞬态流动模型，得到 $p_d|_\eta=0$。

(3) 绘制 $1/q_o$-$t^{(3+\theta-D)/(2+\theta)}$图像，确定直线斜率。

(4) 根据式(17)反演非均质致密储层基质裂缝参数。

3　非均质致密储层数值模拟验证

为简化运算，致密低渗储层油气水三相流动瞬态线性流通常模型假设水力压裂裂缝具有无限导流能力且每段裂缝性质完全相同，即不考虑裂缝内的渗流。该方法适用于分析致密低渗储层中的分段压裂水平井模型。为提高计算和模拟效率，验证模型节选单翼裂缝线性渗流单元(图 2)。通过数值模拟验证模型有效性。使用数值模拟软件模拟一维低渗油藏定井底流压(6.7MPa)生产。表征油藏非均质的分形维数 D 为 1.7，反常扩散指数 θ 为 0.5；参考位置处的基质渗透率为 0.01mD，孔隙度为 0.1，油藏中深 1500m，油藏温度 50℃，原始压力 28.6MPa；原始含水饱和度 0.45，原始含气饱和度为 0，泡点压力等于原始地层压力；束缚水饱和度 S_{wc}=0.2。

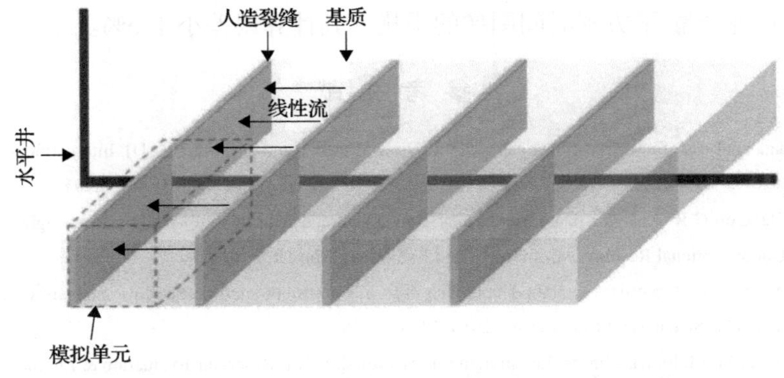

图 2　分段压裂水平井瞬态线性流最小模拟单元示意图

解析模型中 η 的外边界为 300，通过打靶法确定 p_d 的初值为 6.453×10^{-8}，计算得到压力-饱和度关系(图 3，图 4)，与数值模拟的计算结果误差在 7%以内。该方法可以作为常规产量动态分析的补充，利用解析计算的压力-饱和度关系反求拟压力和拟时间，提高分析精度与效率。图 5 是改进的 $1/q_o$-$t^{(3+\theta-D)/(2+\theta)}$图像(在本案例中为 $1/q_o$-$t^{0.72}$)，消除储层非均质带来的干扰，最终计算得到的基质裂缝参数 $x_f\sqrt{k_i}=46.1$ (误差 4%)。

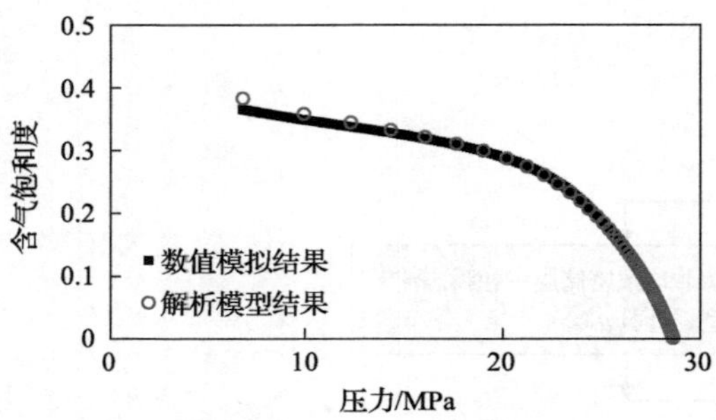

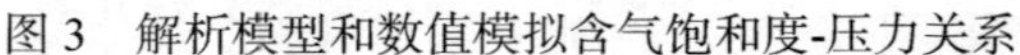

图 3 解析模型和数值模拟含气饱和度-压力关系

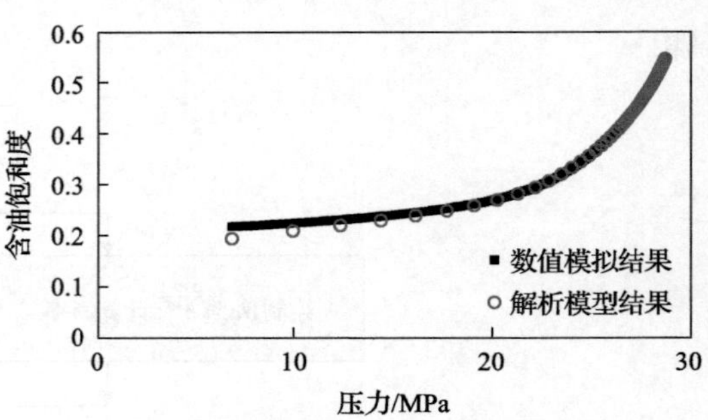

图 4 解析模型和数值模拟含油饱和度-压力关系

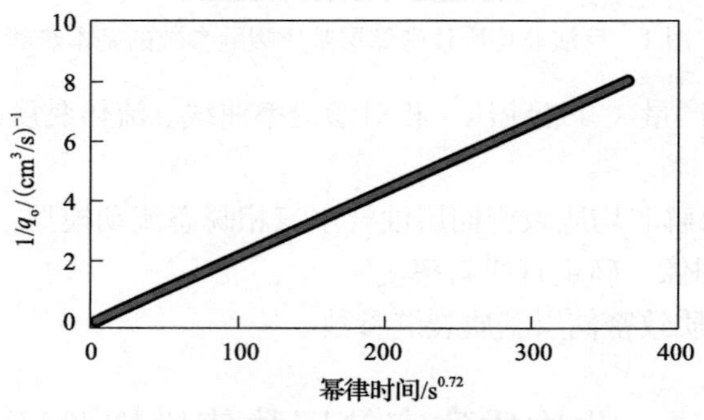

图 5 改进的产量与幂律时间图像

4 结 论

(1)本文创新提出考虑油藏非均质的玻尔兹曼变量，将复杂的三相瞬态线性流动模型由偏微分方程简化为常微分方程组，使用龙格-库塔方法求解，最终得到压力-饱和度关系。

(2)利用数值模拟验证了模型的准确性。本模型结果与数值模拟计算结果的误差在 7%以内，并且计算速度显著提高。

(3)根据产量公式提出改进的产量-幂律时间图版，根据曲线的斜率可以高效准确计算基质裂缝参数，消除了储层非均质对常规产量-平方根时间图像的干扰，其计算误差小于 5%。

参 考 文 献

[1] Clarkson C R. Production data analysis of unconventional gas wells: Review of theory and best practices[J]. International Journal of Coal Geology, 2013, 109-110: 101-146.

[2] Behmanesh H, Hamdi H, Clarkson C R. Analysis of transient linear flow associated with hydraulically-fractured tight oil wells exhibiting multi-phase flow[C]//SPE Middle East Unconventional Resources Conference and Exhibition, Muscat, 2015.

[3] Zhang M, Becker M D, Ayala L F. A similarity method approach for early-transient multiphase flow analysis of liquid-rich unconventional gas reservoirs[J]. Journal of Natural Gas Science and Engineering, 2016, 28: 572-586.

[4] Tabatabaie S H, Pooladi-Darvish M. Multiphase linear flow in tight oil reservoirs[J]. SPE Reservoir Evaluation & Engineering, 2016, 20(1): 184-196.

[5] Hamdi H, Behmanesh H, Clarkson C R. A semi-analytical approach for analysis of the transient linear flow regime in tight reservoirs under three-phase flow conditions[J]. Journal of Natural Gas Science and Engineering, 2018, 54: 283-296.

[6] Chang J, Yortsos Y C. Pressure Transient Analysis of Fractal Reservoirs[J]. SPE Formation Evaluation, 1990, 5(1): 31-38.

[7] 同登科, 葛家理. 分形油藏不稳定渗流问题的精确解[J]. 力学学报, 1998, 42(5): 110-116.

[8] Cossio M, Moridis G J J, Blasingame T A A. A semianalytic solution for flow in finite-conductivity vertical fractures by use of fractal theory[J]. SPE Journal, 2013, 18(1): 83-96.

[9] 孔祥言, 李道伦, 卢德唐. 分形渗流基本公式及分形油藏样板曲线[J]. 西安石油大学学报(自然科学版), 2007, 49(2): 1-5, 10, 174.

[10] Zhang L, Zhang J, Zhao Y. Analysis of a finite element numerical solution for a nonlinear seepage flow model in a deformable dual media fractal reservoir[J]. Journal of Petroleum Science and Engineering, 2011, 76(3): 77-84.

[11] Yang F, Ning Z, Liu H. Fractal characteristics of shales from a shale gas reservoir in the Sichuan Basin, China[J]. Fuel, 2014, 115: 378-384.

[12] 陶军. 页岩气分形渗流模型研究[D]. 西安: 西南石油大学, 2014.

[13] Ozcan O, Sarak H, Ozkan E, et al. A trilinear flow model for a fractured horizontal well in a fractal unconventional reservoir[C]//SPE Annual Technical Conference and Exhibition, Amsterdam, 2014.

[14] Sherilyn W S. Using microseismic events to constrain fracture network models and implications for generating fracture flow properties for reservoir simulation[C]//SPE Shale Gas Production Conference, Fort Worth, 2008.

[15] Yuan B, Clarkson C R, Zhang Z, et al. Deviations from transient linear flow behavior: A systematic investigation of possible controls on abnormal reservoir signatures[J]. Journal of Petroleum Science and Engineering, 2021, 205: 108910.

[16] 王文东. 体积压裂水平井复杂缝网分形表征与流动模拟[D]. 青岛: 中国石油大学(华东), 2015.

[17] Stone H L. Estimation of three-phase relative permeability and residual oil data[J]. Journal of Canadian Petroleum Technology, 1973, 12(4): PETSOC-73-04-06.

致密砂岩气藏井间剩余气挖潜研究与应用

李　爽

（中国石油集团长城钻探工程有限公司地质研究院，盘锦 104020）

摘要：为提高苏里格致密低渗砂岩气田储量动用程度，改善气田开发效果，针对苏S区块老区各小层剩余储量丰度分布情况不明确的问题，应用储量法与数值模法，对区块的剩余储量分布状况开展定性定量研究。根据剩余气的平面和纵向分布特点，提出剩余气挖潜措施：一是开展合理井网井距研究，部署加密井；二是逐步完善侧钻水平井选井选层技术，优化部署侧钻水平井。现场试验结果表明，储层纵向上集中发育的区域，实施的侧钻水平井初期日产气达到周围直井产量的5倍以上，挖潜剩余气具有较好开发效果。含气井段长、纵向上隔夹层发育的区域，井网由600m×1200m加密到600m×600m后，井区的最终采收率将提高18.5%。本次研究表明，气田剩余气挖潜开发调整时，局部主力层发育集中的区域可以发挥侧钻水平井储层动用程度高的优势，而其他区域则采取加密直井开发，能有效挖潜苏里格致密低渗气藏井间剩余气、提高储量动用程度。本次研究对提高苏里格气田老区储量动用程度、改善气田开发效果、降低开发成本具有指导意义。

关键词：剩余气；致密气；侧钻水平井；井网加密；数值模拟

Research and application of interwell residual gas potential exploitation in tight sandstone gas reservoir

Li Shuang

（CNPC, Great Wall Drilling Company Geology Research Institute, Panjin 104020）

Abstract: In order to improve the reserve production degree of Sulige tight low permeability sandstone gas field and improve the development effect of the gas field, according to Su S block remaining reserves abundance distribution of each small layer in old ambiguous problem, the distribution of the remaining reserves in the block is studied qualitatively and quantitatively by using the reserves method and numerical model method. According to the residual gas of vertical and plane distribution characteristics, the residual gas exploration are put forward. The first is to carry out reasonable well spacing research and deploy infill wells. The second is to gradually improve the well and layer selection technology, optimizing the deployment of sidetracking horizontal well. Field test results show that, in areas where the reservoir is concentrated vertically, the initial daily production of sidetrack horizontal wells is more than 5 times that of surrounding vertical wells. Lateral drilling of horizontal wells to tap potential residual gas has good development effect. In the containing gas well long area and longitudinal interlining development area, by encrypting the well pattern from 600m×1200m to 600m×600m, the final recovery of the well area increased by 18.5%. This study shows that when the remaining gas in the gas field is exploited and adjusted, sidetracking horizontal wells can take advantage of high reservoir production in areas where the main stratum is concentrated. In other areas, infill vertical wells are being developed. It can effectively tap the residual gas between wells in Sulige tight low permeability gas reservoir and improve the degree of reserve production. This study has guiding significance for improving the reserve utilization degree, improving the development effect and reducing the development cost of Sulige gas field.

基金项目：中国石油天然气集团公司工程技术统筹项目“油气合作区块建产与稳产技术综合研究”（编号2018T-004-001）。

作者简介：李爽（1975—），高级工程师，从事苏里格致密气开发。地址：辽宁省盘锦市大洼区田家镇总部生态城总部花园A3-1，电话：0427-2982765，邮箱：729331880@qq.com。

Keywords: residual gas；tight gas；sidetrack horizontal well；well pattern infilling；numerical modeling

苏 S 区块位于鄂尔多斯盆地陕北斜坡北部中带，目的层为上古生界二叠系山西组和石盒子组砂岩，气藏埋深 3200～3500m，沉积类型为河流相，储层砂体非均质性强，连续性较差，裂缝不发育。气藏于2006 年投入开发，采用 600m×1200m 不规则菱形井网，一套层系开发山 1 段和盒 8 段。目前已进入开发中后期，储层动用程度差异大、剩余气分布复杂；大部分气井投产时间较长，间开井、停产井逐年增多；直井平均单井日产气水平逐年降低。

随着近几年挖潜工作的逐步深入，调层等增储挖潜措施效果不明显，无法满足气田开发后期的产量需求。针对上述问题，本文从剩余气分布规律入手，提出剩余气挖潜措施：①开展加密调整试验研究，从气藏工程、数值模拟及经济因素等多方面对加密调整可行性进行了充分论证，确定了合理井距和井网密度，优选了加密调整方案；②应用数值模拟技术开展侧钻水平井部署与水平段参数优化设计，确定最佳水平段方位、长度、纵向位置及初期合理产能，并陆续开展现场试验。依据近年来试验成果不断总结、提高，提出适合苏里格气田开发中后期提高储量动用程度、提高采收率的技术对策。该研究结果为提高苏里格气田开发中后期老井利用率、改善气田开发效果、降本增效中的推广应用提供了技术支持与指导。

1　剩余气分布规律研究

1.1　测试资料分析法

该区块开展了十余口气井的压力恢复测试，根据测试资料[1]，气井压力恢复时间为 180～912h，压力恢复至 10.1～24.7MPa，测试影响范围内的探测半径为 107～247m。

根据各类气井动态控制储量计算结果，结合射孔厚度、孔隙度含气饱和度等参数，应用容积法公式反推泄气半径，结果见表 1。Ⅰ、Ⅱ、Ⅲ类气井泄气半径分别为 308m、259m、198m。

依据测试资料及单井泄气半径计算结果，平面上井间仍有剩余气。

表 1　苏 S 区块气井泄气半径计算结果

气井类别	井数/口	比例/%	动态储量/万 m^3	动态控制面积/km^2	泄气半径/m
Ⅰ	6	12.8	5662	0.298	308
Ⅱ	32	68.1	2746	0.211	259
Ⅲ	9	19.1	1154	0.123	198

1.2　物质平衡法

物质平衡法公式：

$$N_s = N_p - \sum Q_g$$

式中，N_p为地质储量，亿 m^3；Q_g为产气量，亿 m^3；N_s为剩余地质储量，亿 m^3。

区块 4～7 小层原始储量相对较多，属于主力富集层，平均每层储量 128 亿 m^3；其采出气量也相对较多，合计采出 56 亿 m^3；对于剩余储量，4～7 小层相对较多，平均每层 114 亿 m^3，具有较大的开发潜力，3、8、9 小层次之，平均 58 亿 m^3，具有一定的开发潜力，1、2 小层剩余储量最少(图 1)，合计仅有 68 亿 m^3，开发潜力较小[2]。

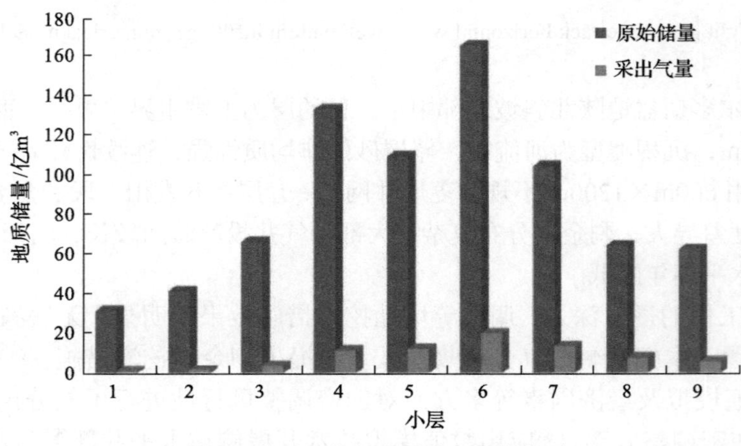

图 1 苏 S 区块各小层采出量柱状图

1.3 数值模拟法

利用动、静分析及 Eclipse 数值模拟软件对各小层剩余气进行了定性、半定量分析[3]。通过分析可以看出，原始状态下地层压力主要分布在 28～29.5MPa。目前地层压力分布与井网的完善程度和生产时间呈反比关系，即北部压力最低，中部次之，南部最高，西南区域基本还保持原始压力状态。由于区块目前的采出程度仅有 10%左右，且气体具有易流动特性，因此，目前含气饱和度整体上比原始只有一定程度地减小，同样也是以中北部井网完善区域降低程度稍微显著。

2 剩余气挖潜对策优选

选取不同地质条件的区域，开展加密直井、侧钻水平井生产效果数值模拟研究：一是选取东部碱湖地区；二是选取西部直井骨架井网完善区。东部碱湖区纵向上单层厚度大、气层集中发育；西部井网完善区纵向上单层薄，发育储层较多，含气井段较长[4]。

2.1 东部碱湖区

基于地质油藏一体化理念，建立碱湖区区域模型。对碱湖区域开展两种方案模拟研究：方案 1 全部采用直井开发，方案 2 采用直井+水平井组合开发(图 2)。研究结果表明：纵向上储层集中发育区域，直井+水平井组合开发效果优于直井开发效果(图 3)[5]。

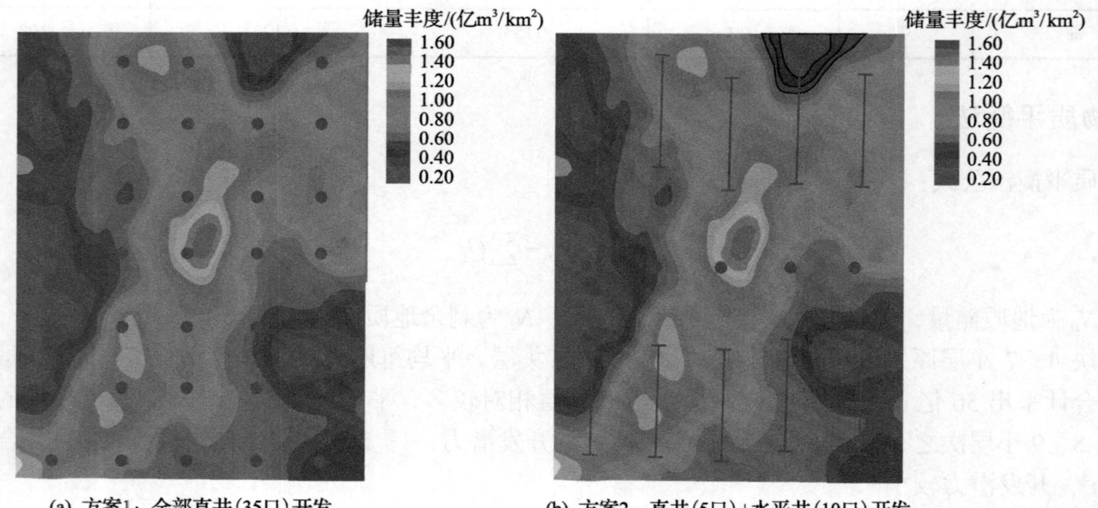

(a) 方案1：全部直井(35口)开发　(b) 方案2：直井(5口)+水平井(10口)开发

图 2 苏 S 区块东部碱湖区模拟井位示意图(方案 1 和方案 2)

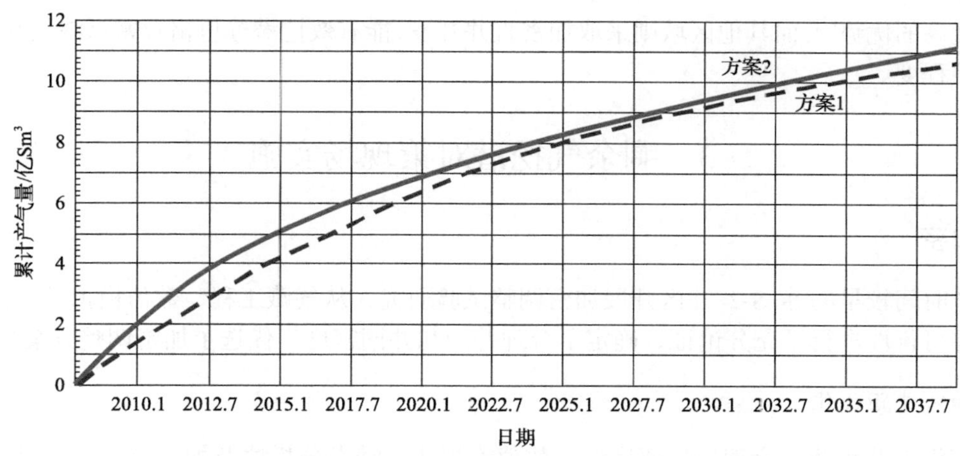

图 3　方案 1 和方案 2 最终累计产气量对比曲线

2.2　西部直井区

基于地质油藏一体化理念，优选西部直井骨架井网完善区建立区域模型。在该区开展两种方案模拟研究：方案 3 全部采用直井开发，方案 4 全部采用水平井开发(图 4)[6]。研究结果表明：纵向上含气井段长、储层发育不集中集中区域，直井开发效果明显优于水平井开发效果(图 5)。

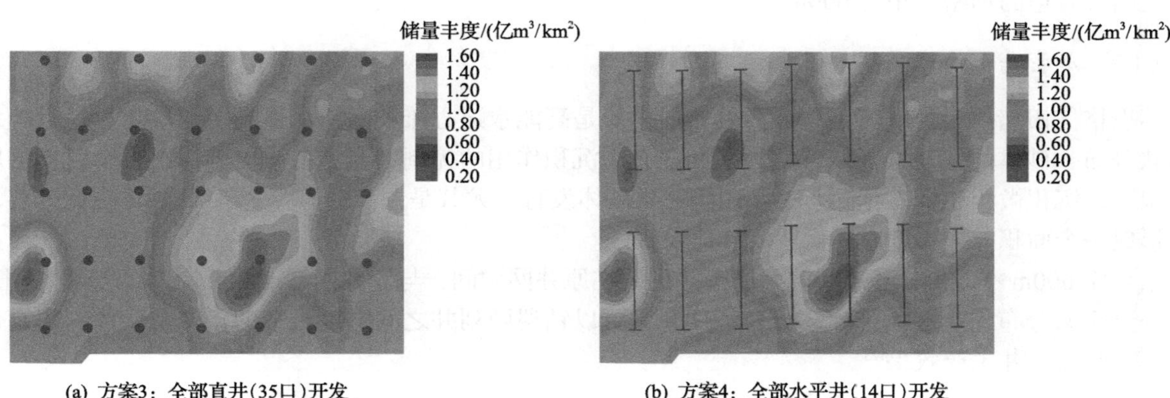

(a) 方案3：全部直井(35口)开发　　(b) 方案4：全部水平井(14口)开发

图 4　苏 S 区块东部碱湖区模拟井位示意图(方案 3 和方案 4)

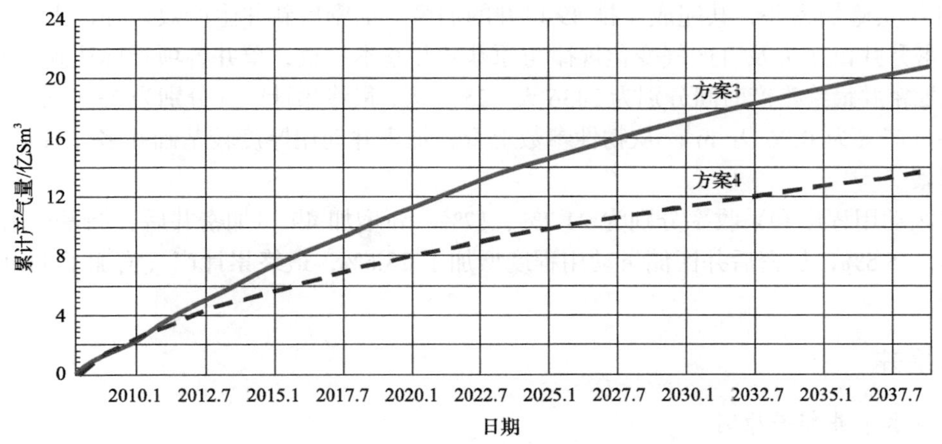

图 5　方案 3 和方案 4 最终累计产气量对比曲线

2.3　模拟结果

数值模拟结果表明，气田剩余气挖潜开发调整时，局部主力层发育集中的区域可以发挥侧钻水平井储层动用程度高的优势[7]，而其他区域则采取加密直井开发，能有效挖潜苏里格致密低渗气藏井间剩余气、提高储量动用程度。

3　剩余气挖潜对策现场实施

3.1　井网加密

选取投产时间较早的苏 S-2 井区开展加密调整试验研究，从气藏工程、数值模拟及经济因素等多方面对加密调整可行性进行了充分论证，确定了合理井距和井网密度，优选了加密调整方案[8]。

3.1.1　加密井距优化

运用经济极限井距法、合理采气速度法、数值模拟法、动态分析法及加三分差法，对合理井距进行研究。综合考虑工区经济效益、储量动用程度及采气速度，认为工区的合理井距为 600～800m。实际井网部署时应以地震解释及地质研究成果为基础，首先在储层有效厚度大、含气饱和度高的区域部署新井，同时考虑河道方向储层发育稳定、连续性较好、垂直于河道方向连通性变差的情况，垂直于河道方向可适当缩小井距。

苏 S-2 井区已形成 600m×1200m 南北向排距大于东西向井距的菱形基础井网，因此在南北向还有加密的空间，合适的加密井距为 600m。

3.1.2　加密井平面位置

苏里格气田储层为辫状河沉积，有效储层主要是高能水道心滩和高能水道底部粗砂岩，呈近南北向条带状分布，砂体的摆动性强，气层的平面分布受沉积作用的控制明显。各小层砂体在各个时期的厚度变化很大，沉积微相也极不相同。工区两侧河道砂体发育，尤其是盒 8 下段，辫状河砂体在此处连片叠置，形成一个面积大、厚度厚的辫状河砂体发育区。

结合原 600m×1200m 菱形井网，加密井部署在原井网中间，与原井网形成相互交叉的菱形井网，井排间井点交叉分布，既能满足砂体分布特征，又可以钻遇两列井之间宽度较窄的条带状砂体，提高砂体钻遇率，确保气井生产效果[9]。

3.1.3　加密井实施效果

2008 年开始实施加密井，共完成 4 排 49 口井的加密。加密后新井生产效果好，Ⅰ+Ⅱ类气井比例达到 85.7%，加密井井口压力及日产气变化规律与原基础井基本一致，单井各项指标达到骨架井开发指标。预测骨架井与加密井最终生产时间分别为 2436 天、2532 天，最终累计产气分别为 2330 万 m^3、2434 万 m^3，预测平均单井日产气为 0.96 万 m^3。从物性参数上看，加密井动用厚度较基础井多 1.1m，是影响最终累产气的主要因素。

加密前井区动用程度和采收率分别为 21.7%、17%，新增加 49 口加密井后，储量动用程度和采收率分别是 45.3%、35.5%，加密后井区储量动用程度增加了 23.6%，最终累计产气增加了 11.93 亿 m^3，采收率提高 18.5%。

3.2　侧钻水平井

3.2.1　侧钻水平井部署原则

侧钻水平井部署原则如下[10]：

(1)利用井为低产低效井、工程事故井或问题井，目前关井或间开。

(2)开窗点以上固井质量合格。

(3)平面上，有效气层发育，厚度大于 8m，且分布稳定。

(4)纵向上，有效气层连续发育，横向展布稳定。

(5)主要含气层段泥岩夹层厚度小于 2m。

(6)周围直井生产相对稳定。

(7)剩余气储量较大，具有侧钻水平井挖潜的潜力。

依据部署原则，筛选苏 S34-46、苏 S32-45 等 4 口老井为侧钻水平井试验井位[11]。

3.2.2 水平段方位

依据气层分布特征，苏 S 区块为辫状河沉积，有效储层主要是高能水道心滩和高能水道底部粗砂岩，呈近南北向条带状分布，东西向连续性差，砂体的摆动性强。气层平面分布受沉积作用控制明显，沿河道砂体方向展布。考虑到苏 S 区块沉积相特点和地层的非均质性，在方案设计中水平井方位采用南北向以适应有效气层分布特征，提高钻遇基础井网间条带状砂体钻遇率[12]。

3.2.3 水平段长度

对于含气面积大、连通性好的砂体，随着水平井长度的增加，增大了井筒与气层的接触面积，从而增大了气井的泄气体积。理论认为，水平段越长，产量也就越高。然而在实际生产中，由于受地质条件和钻井等一系列因素的影响，水平井产量与水平段的长度并非呈线性关系，随着水平段的增加，产量增加幅度会越来越小；此外，随着水平段的增加，钻井成本会大幅度增加。因此，应该综合考虑区块地质特征、钻井成本等相关因素，确定合理的水平段长度，控制在 600～800m。

3.2.4 水平段在气层中纵向上的位置

考虑到水平段钻遇率对气井生产效果的影响，设计时尽量使水平段能在储层中钻遇到多套储层。研究结果表明，当水平段钻遇多套气层时开发效果最好。对气藏而言不存在重力泄油，裂缝起到了很好的沟通储层垂向砂体的作用。因此，纵向上以集中发育的砂层组为目的层，水平段位于目的层中部较好的储层，经压裂改造后沟通上下储层，水平段控制的单井储量就大，累计产气量大。

3.2.5 侧钻水平井实施效果

2011～2015 年，苏 S 区块先后分两批开展了 4 口侧钻水平井现场试验，随着参数优化设计及钻井工艺技术的进步，完钻侧钻水平井水平段长度、砂岩钻遇率、钻井周期、单井产量等逐步提高。完钻井水平段方位由初期的北东—南西逐步调整至北西—南东向；钻井工艺改进后降低了井漏及坍塌事故的发生概率，完钻水平段长度由 320m 增加到 600m 以上；设计目的层由初期的单一一层砂岩改进到多层集中发育的砂岩组。如第二批实施的 2 口试验井，方位均调整为北西—南东向，与地应力方向角度更近于 90°；平均水平段长度 627m，较第一批试验井平均水平段长 117m；砂岩钻遇率均为 100%，提高了 23.5%；目的层为集中发育的多层砂岩组，平均厚度为 21.5m，比第一批 2 口试验井厚 6.8m，投产后初期日产气分别为 6.30 万 m^3、5.14 万 m^3，生产效果明显优于第一批试验井。与原直井相比，侧钻后初期日产气是原直井产量的 5 倍以上，取得了明显的开发效果。

4 结 论

(1)侧钻水平井井能够增加井眼在气藏中的长度，扩大泄气面积，改善了气体流动动态剖面，提高致密砂岩储量动用程度，提高老井利用率、降低开发成本，提高了经济效益。因此，侧钻水平井井技术是开发低渗透油气藏、难采难动用储量和挖掘剩余油气行之有效的手段。

(2)气田剩余气挖潜开发调整时，局部主力层发育集中的区域可以发挥侧钻水平井储层动用程度高的优势，而其他区域则采取加密直井开发，能有效挖潜致密低渗气藏井间剩余气、提高储量动用程度。

(3)苏 S 区块直井加密、侧钻水平井优化部署挖潜井间剩余气的成功经验对苏里格气田其他区块的增储挖潜工作具有指导及借鉴意义。

参 考 文 献

[1] 冯延状, 毛振强, 生如岩. 花土沟气田提高采收率技术研究[J]. 石油勘探与开发, 2002, 29(6): 75-77.
[2] 廖家汉, 杜锦旗, 谭国华, 等. 户部寨复杂断块气藏剩余气分布及挖潜研究[J]. 吐哈油气, 2005, 10(2): 127-132.
[3] 陈军斌, 吴作, 韩兴刚, 等. 苏里格气田苏 6 井区开发方案数值模拟优化研究[J]. 油气地质与采收率, 2005, 12(6): 58-60.
[4] 唐俊伟, 贾爱林, 何东, 等. 苏里格低渗强非均质性气田开发技术对策探讨[J]. 石油勘探与开发, 2006, 33(1): 107-110.
[5] 李芳, 马浩, 孙永平, 等. 胡尖山长 7 致密油藏开发方案优化[J]. 非常规油气, 2016, 3(5): 92-99.
[6] 李建奇, 杨志伦, 陈启文, 等. 苏里格气田水平井开发技术[J]. 天然气工业, 2011, 31(8): 60-64.
[7] 王国勇. 苏里格气田水平井整体开发技术优势与条件制约——以苏 53 区块为例[J]. 特种油气藏, 2012, 19(1): 62-65.
[8] 郭平, 顾蒙, 彭松, 等. 召 10 区块开发井网优化及加密调整分析[J]. 石油钻采工艺, 2017, 39(1): 14-18.
[9] 殷代印, 张强. 朝阳沟油田朝 55 区块井网加密研究[J]. 断块油气田, 2009, 16(2): 70-72.
[10] 韦孝忠. 浅谈苏里格气田老井开窗侧钻水平井技术[J]. 钻采工艺, 2016, 39(1): 23-25.
[11] 池建萍, 贾建华, 刘顺生, 等. 砾岩油藏侧钻水平井井位筛选——以克拉玛依百口泉油田为例[J]. 新疆石油地质, 2000, 21(3): 230-232.
[12] 王艳, 李伟峰, 贾自力, 等. 水平井水平段方位与最大主应力夹角对产能影响分析[J]. 非常规油气, 2016, 3(5): 88-91.

基于模型正演指导下相控反演薄储层预测技术与应用

张　枫[1]，孙雄伟[2,3]，赵龙梅[2,3]，姜宏宇[1]，张晓敏[1]，刘翠风[1]

（1. 中国石油集团东方地球物理勘探有限责任公司，涿州 072750；2. 中石油煤层气有限责任公司，北京 100028；3. 中联煤层气国家工程研究中心有限责任公司，北京 100095）

摘要：大宁-吉县区块位于鄂东缘，C—P 发育煤系地层，岩性复杂、储层致密且薄、横向变化快，造成砂岩储层地震反射特征多样，定量预测难度大。为此，本文从储层地震响应特征分析及相控储层反演两方面入手，首先采用理论模型及二维正演分析技术，通过理论模型正演明确上覆煤层、下伏灰岩变化引起的砂岩储层地震反射特征的变化；在此基础上围绕目的层发育程度，结合上、下地层发育特征，采用研究区完钻井二维正演方法，明确该区厚砂体、中厚砂体和薄砂体三种地震响应识别模式。然后采用地震波形指示反演方法开展相控反演，实现研究区山 2^3 亚段致密薄储层的定量预测。预测结果表明，该区厚砂体主要分布在工区南部，呈两个北东向展布的条带，纵向上储层叠置发育，厚度较大，是下一步开发有利区。该研究成果有效地提升了大宁-吉县区致密薄储层的预测精度，为寻找高产气井提供了有力的技术支撑，也可为同类气藏的开发提供有益的参考和借鉴。

关键词：煤系地层；复杂岩性；薄储层；正演；相控反演

Thin reservoir prediction technology and application based on forward modeling

Zhang Feng[1], Sun Xiongwei[2,3], Zhao Longmei[2,3], Jiang Hongyu[1], Zhang Xiaomin[1], Liu Cuifeng[3]

(1. Bureau of Geophysical Prospecting INC., China National Petroleum Corporation, Zhuozhou 072750; 2. PetroChina Coalbed Methane Company Limited, Beijing 100028; 3. China United Coalbed Methane National Engineering Research Center Co., Ltd., Beijing 100095)

Abstract: Daning-Jixian block is located in the eastern margin of Ordos Basin. The coal reservoir in this area has the following characteristics : Tight and thin reservoir, fast lateral variation, diverse longitudinal lithologic assemblages. Due to the above reasons, the seismic reflection characteristics of reservoir are diverse and so it's difficult for quantitative prediction. Therefore, seismic response characteristics of reservoir and inversion of phase controlled reservoir are studied in the paper. Firstly, by using theoretical model and forward modeling technique, the change of seismic reflection characteristics of sandstone reservoir caused by changes of overlying coal seam and underlying limestone is determined. On this basis, three seismic response modes of thick, medium-thick and thin sand bodies in this area are defined in combination with the development degree of target layer and the development characteristics of upper and lower strata. Then, the targeted seismic waveform indicating inversion method is used to carry out reservoir inversion. The inversion results show that the medium-thick sand bodies are mainly distributed in the southern part of the area which presents two north-south belt on the plane and is large and overlapped in the vertical direction. These areas of thick sandstone are favorable areas for further development. In addition, the research results effectively improve the accuracy of tight gas thin reservoir in coal measure strata of Daning-Jixian block, and provide strong technical support for the deployment of high-yield wells. The research method also provides useful reference for the development of similar gas reservoirs.

作者简介：张枫(1974—)，高级工程师，主要从事油藏地球物理及剩余油气分布研究。地址：河北省涿州市开发区东方公司科技园，电话：0312-3737165，邮箱：zhangfeng08@cnpc.com.cn。

Keywords: coal measure strata; complex lithology; thin reservoir; even well forward modelling; phase-controlled inversion

大宁-吉县区块位于鄂尔多斯盆地东南部，地层结构与盆地内基本一致，主要发育石炭系本溪组、二叠系太原组、山西组、石盒子组和石千峰组，缺失中新生界。主要储集层为二叠系太原组—石盒子组砂岩，主要含煤地层为石炭系太原组和二叠系山西组。太原组为陆表海清水及混水混合沉积，由碳酸盐岩、陆源碎屑岩夹煤层组成；山西组为陆源碎屑沉积，其中山西组 5#煤和太原组 8#煤之间的山 2^3 亚段底砂岩是该区煤系地层致密气开发的主要层系，以辫状河三角洲前缘亚相沉积为主，单层厚度为 4～8m。

该区储层预测存在三个难点：①2019 年该区采集了三维地震，但由于地表巨厚黄土覆盖，纵向分辨率较低，目的层附近地震资料主频仅为 32Hz，有效频宽为 5～80Hz，常规方法能够分辨最大厚度为 33m，目的层山 2^3 亚段底砂岩砂体厚度远低于地震资料分辨下限；②煤层的强反射掩盖了山 2^3 亚段砂岩反射信息，造成地震响应特征不明显；③砂岩和泥岩波阻抗差异小，常规阻抗反演无法有效预测砂体空间展布。储层预测难度大成为制约该区开发的主要因素之一。

针对鄂尔多斯盆地东缘山 2^3 亚段储层预测，前人从 3 个方面做了很多工作：一是通过解释性处理技术提高地震资料分辨率。应用压制煤层强反射储层预测技术[1,2]、子波分解重构技术[3]等，对地震资料进行解释性处理，削弱了煤层强反射影响，突出了薄层砂体响应。二是属性分析技术[4-9]。通过统计建立已知井揭示的地质特征与某种地震属性之间的对应关系，对地震数据体进行单一属性的提取与分析，或多种属性融合分析，从而实现储层宏观预测。三是反演技术。通过叠后叠前[10]反演获得反映储层性质的地层岩石弹性参数，从而实现对储层分布及含气性的预测。但上述无论属性分析还是反演预测多基于稳定沉积环境下古构造控制河道发育，河道充填砂质沉积的“假设”，该区沉积环境变化较快，没有充分考虑同样的地震反射特征可能对应不同的岩性组合，这严重影响了储层预测的精度，制约了研究区的进一步开发。为此，笔者针对研究区煤系地层薄储层预测的地震地质难点，借鉴前人的成功经验，首先对研究区三维地震资料采用子波分解重构技术进行解释性处理的基础上，采用正演落实砂岩储层反射特征，反演预测砂岩储层分布的正演+反演联合预测方法，预测致密砂岩发育区，以期为大宁-吉县区块高效勘探开发提供有力支撑。

1　模型设计与正演分析

1.1　上下围岩变化的影响

地震正演模拟是对特定的地质、地球物理问题做适当的简化，形成一个简化的数学模型，采用数值计算的方法获取地震响应的过程，是理解地震波在地下介质中的传播特点，帮助解释观察数据的有效手段[11]。研究区目的层山 2^3 亚段介于两套厚煤层之间，煤层屏蔽作用强，山 2^3 亚段下砂岩厚度变化较大，整体较薄且通常与下二叠统太原组顶部石灰岩伴生。根据实际地质情况简化建立了上覆 5#煤，下伏灰岩及 8#煤厚度变化的“岩性+厚度”三种模型，进行正演模拟分析(图 1)。

模式Ⅰ：5#煤由厚变薄(5～0m)，8#煤、灰岩厚度不变，山 2^3 亚段底砂岩对应地震波峰反射，振幅由强变弱，波峰可能出现复波。

模式Ⅱ：8#煤由厚变薄(5～0m)，5#煤、灰岩厚度不变，山 2^3 亚段底砂岩对应地震波峰反射，振幅强弱变化较小。

模式Ⅲ：顶灰岩由厚变薄(3～0m)，5#煤、8#煤厚度不变，山 2^3 亚段底砂岩对应地震波峰反射，振幅减弱，同相轴上拉。

1.2　目的层段岩性组合的影响

上述理论模型的模拟结果分析认为，5#煤和灰岩厚度变化影响山 2^3 亚段底砂岩的反射特征，8#煤厚度变化对山 2^3 亚段底砂岩的反射特征影响较小。因此根据山 2^3 亚段底砂岩发育程度，5#煤、灰岩厚度，对研究区完钻井进行统计，划分为 3 大项 15 类岩性组合(表 1)。根据 15 类岩性组合特征，采用完钻井速度、密度、地层厚度、砂体发育位置、砂体厚度等资料，进行正演模型创建并开展二维正演模拟[图 2(a)]，正演模拟采用褶积模型算法。

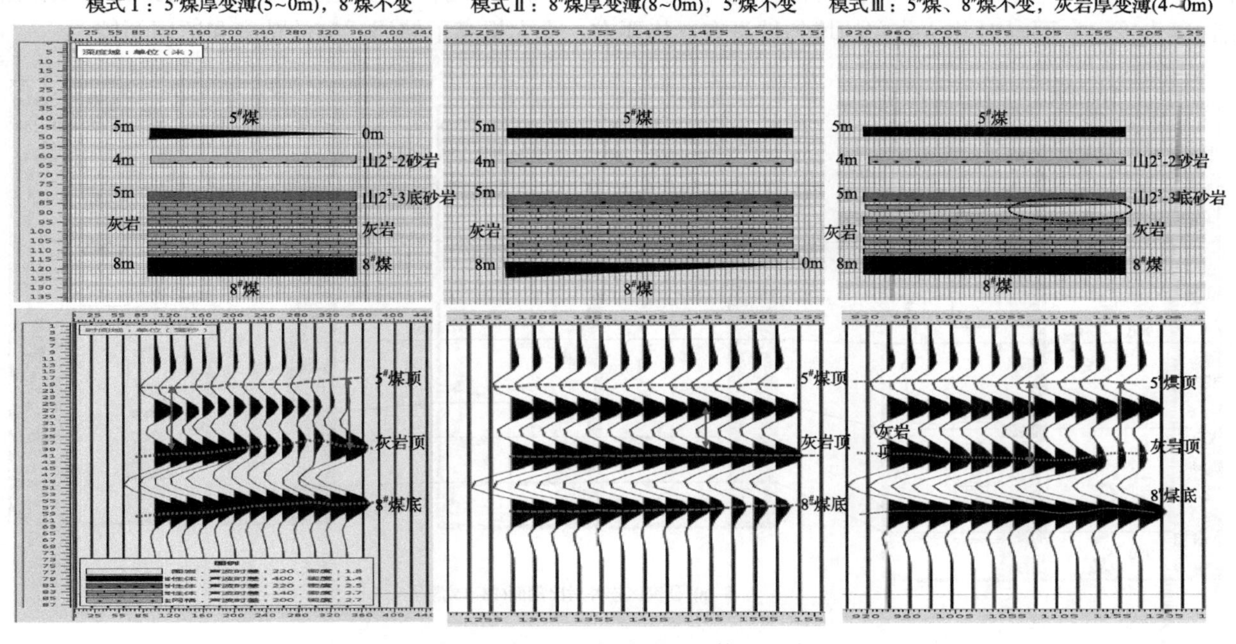

图 1　研究区不同模式理论模型正演

表 1　研究区目的层段岩性组合类型表

砂岩厚度	顶灰岩发育稳定		顶灰岩不发育		顶灰地层缺失
	5#煤厚	5#煤薄	5#煤厚	5#煤薄	(5#煤稳定)
厚砂(＞10m)	1	4	7	10	13
中砂(3～7m)	2	5	8	11	14
薄(无)砂(＜2m)	3	6	9	12	15

二维正演模拟结果显示，山 2^3 亚段底砂岩不同发育程度有三种响应特征[图 2(b)]：山 2^3 亚段底砂岩厚度大(11.8m)，与下伏灰岩高速带形成较强阻抗界面，地震剖面上表现为短轴透镜状反射特征；山 2^3 亚段底砂岩厚度较大(4.4m)，地震主频较低时呈中弱复波状反射特征，随着频率增加，表现为透镜或三相位反射特征；无底砂，泥岩达到一定厚度时，与灰岩高速带形成强阻抗界面，地震剖面上也表现为长轴透镜状反射特征。

从地震响应特征来看，透镜状反射同时对应水下分流河道(厚砂)和分流间湾(无砂)两种沉积相，响应特征对应地质模型存在多解性。但注意到，虽然同为透镜反射，不同沉积环境下的地层厚度差异较大，河道发育区相较于河道间地区的地层厚度更厚，因此仍然可以用典型完钻井作为不同沉积相的样本井，指导后续该区波形特征以及地震相的地质意义的认识，优选敏感地震属性结合地层厚度对不同沉积相进行识别。

2　地震波形相控反演

储层预测的最终目的是岩性的直接识别，这就需要能从地震资料中准确地反演出它所含的岩性参数。近几年发展起来的地震波形指示反演(SMI)是在传统地质统计学反演基础上发展起来的一种新的高精度反演方法。其主要思想是，将地震波形的薄层调谐特征作为判别、优化反射系数结构的控制条件，模拟砂体纵向分布，真正将地震的横向高分辨率和井的纵向高分辨率结合起来，实现井震联合反演[12]。地震波形相控反演利用地震沉积学基本原理，充分利用地震波形的横向变化来反映储层空间的相变特征，分析储层垂向岩性组合的高频结构特征，对地震波形样本及井样本映射关系按照不同频带特征进行筛选，进而建立合理的空间模型，更好地体现了相控的思想[13]，是一种真正的井震结合高频模拟方法，使反演结果从完全随机到逐步确定，同时对井位分布的均匀性没有严格要求，大大提高了储层反演的精度和适用领域。

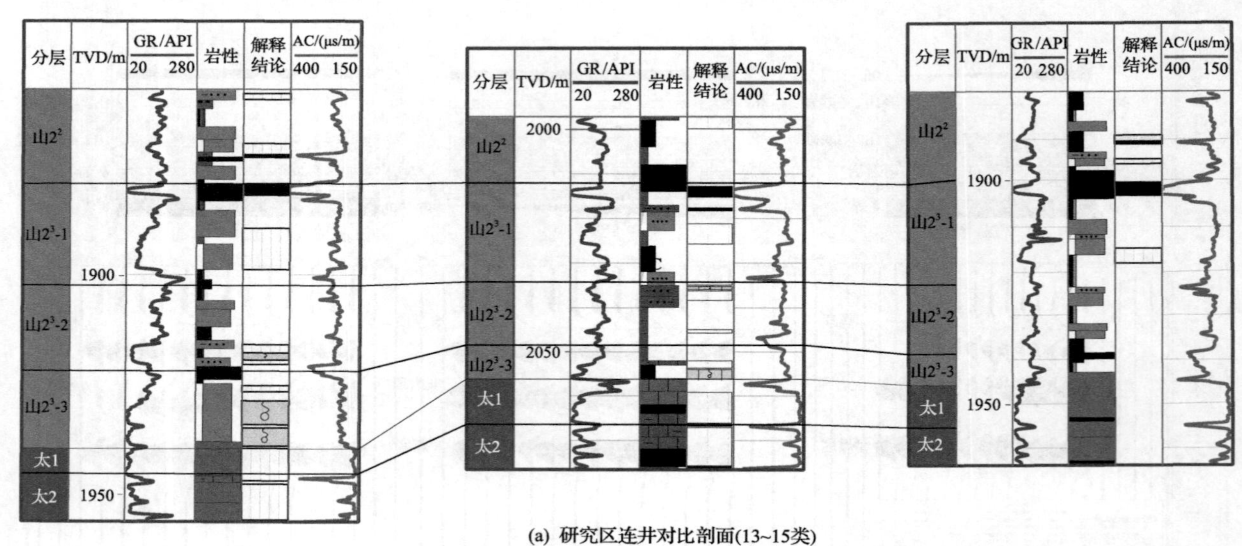

(a) 研究区连井对比剖面(13~15类)

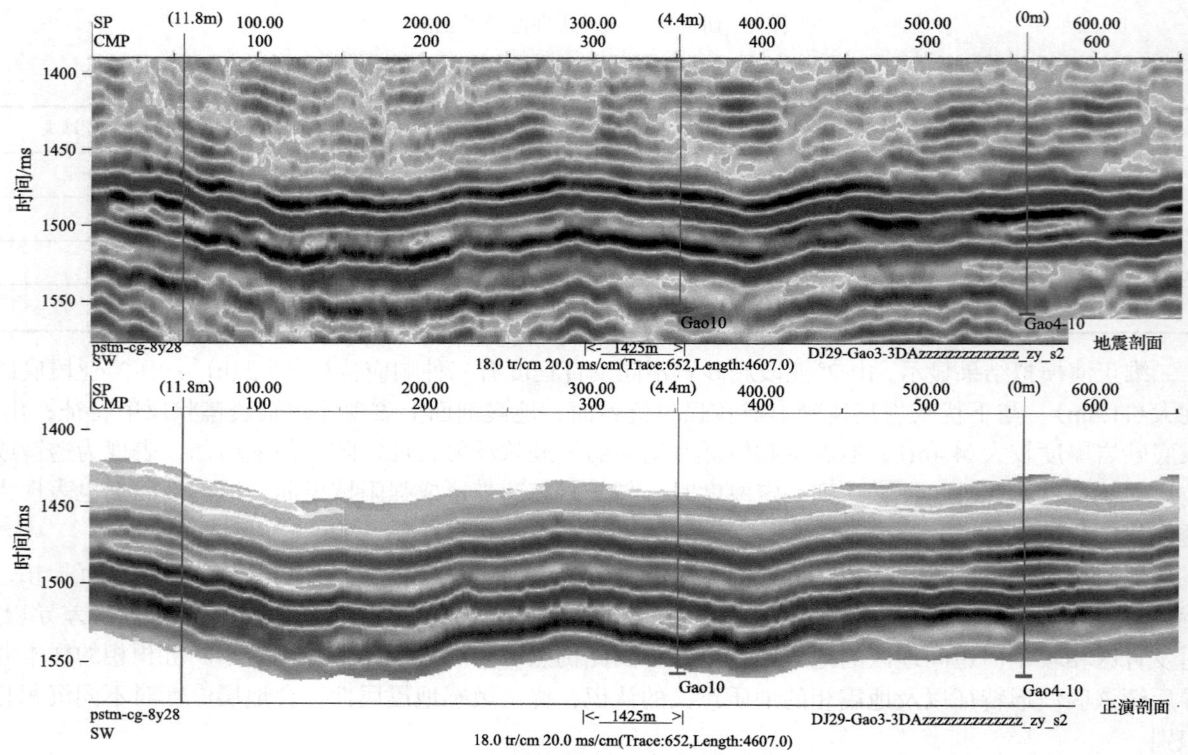

(b) 研究区连井及正演对比剖面(13~15类)

图 2　研究区连井及正演对比剖面

2.1　地震相-沉积相分析

地震的横向变化反映了沉积环境的变化，不同沉积相具有不同的地震相和地震波形特征，相似的沉积环境具有可类比的沉积组合结构，这些组合结构的变化和波形密切相关[14]。但上述正演分析表明，不同沉积环境下的不同岩性组合也可以形成相似的地震反射特征。因此，首先通过单井沉积相分析，充分考虑测井曲线组合特征、测井相横向变化规律、录井岩性和颜色、标志岩相的取心资料等确定测井相以及不同沉积微相对应的地震反射特征。其次通过地震波形的横向变化开展地震道波形形状的有效识别和准确分类，进而明确地震相的地质意义。

研究区目的层山 2^3 亚段发育曲流河三角洲前缘亚相沉积。由图 3 可知：①水下分流河道微相，在 GR 曲线上主要表现为箱形-钟形，顶部渐变底部突变，呈中-高幅锯齿状；地震反射特征为上强下弱透镜反射。②前缘河口坝、远砂坝微相，GR 曲线以漏斗形为主，中高幅，顶、底部均为渐变接触；地震反射特征为中弱振幅复波反射。③席状砂、水下分流间湾微相，席状砂微相 GR 曲线为指形，低幅、微齿，顶、底部与泥岩呈突变接触，砂岩厚度较薄；水下分流间湾微相 GR 曲线值在泥岩基线附近，低幅、微齿，相对较为平滑；这两种微相的地震反射特征难以区分，总体表现出两种模式：地层厚度较薄时，为强振幅波峰反射；地层厚度较大时，为透镜反射。井震结合，建立了沉积相-地震响应特征-地震相之间的关系，赋予了地震波形丰富的地质含义，为地震波形相控反演奠定了理论基础。

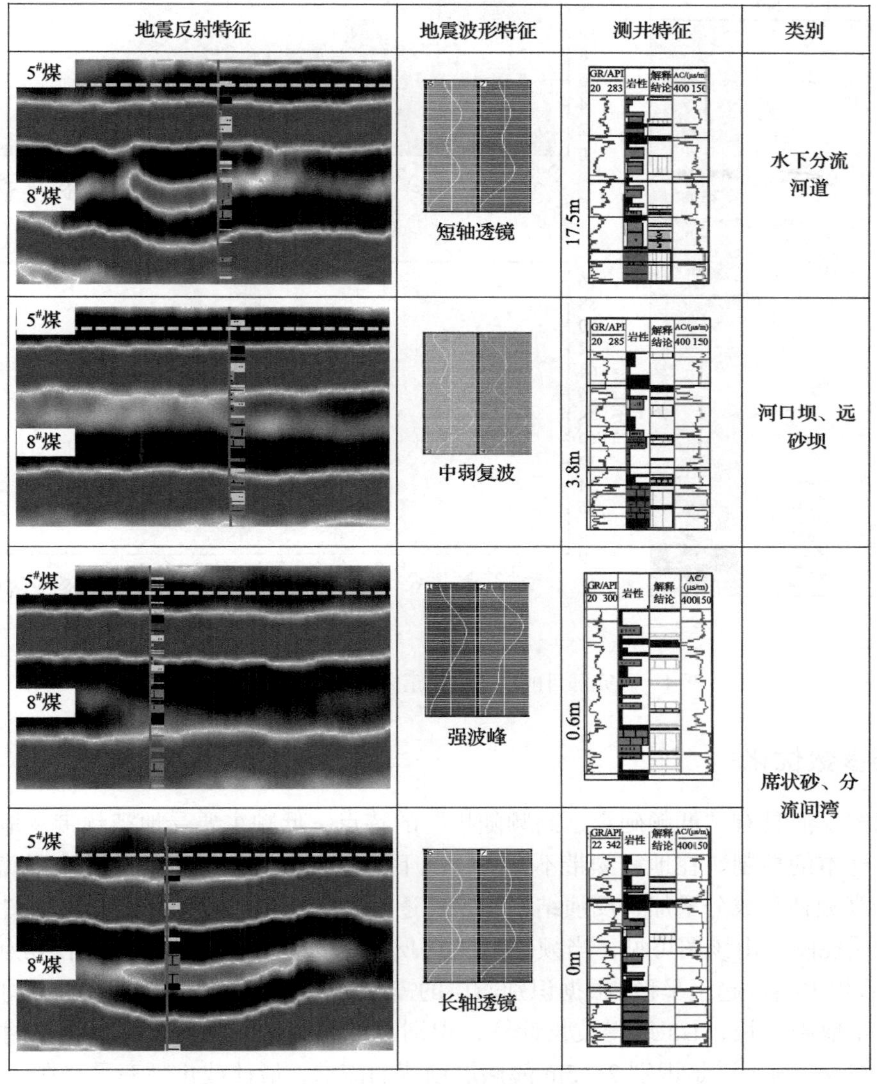

图 3　研究区山 2^3 亚段地震波形-测井相响应特征

2.2　敏感测井曲线修正

关于测井曲线重构提高岩性识别和储层预测精度的方法很多，如曲线校正、经验公式统计拟合、小波变换重构、多曲线重构等[15,16]，也取得了一定的效果。本次反演采用的地震数据为子波分解重构去煤层强反射数据体，考虑井震资料的一致性，尝试在测井曲线上把煤层的声波值修正到泥岩的声波值，通过标定证实：地震去煤层强反射，测井曲线也需相应修正，井震合成记录波阻特征的一致性更好。研究区岩性组合复杂，通过对研究区已钻井分析，该区声波曲线可以区分灰岩和煤，但无法有效区分泥岩和砂岩。自然伽马曲线可以区分泥岩和砂岩，但无法有效区分灰岩和煤层。本文仅将致密砂岩作为储层进行预测，因此尝试通过直接在测井曲线上消除煤层、灰岩干扰的思路构建砂岩敏感岩性曲线。其思路：合并干扰层突出储层。其实现步骤[图 4(a)]：①统计区内泥岩段对应的 GR 值；②把灰岩和煤层对应的 GR 值改为泥岩 GR 值。该方法获得的新岩性曲线既消除灰、煤的干扰，又保留了原 GR 曲线对砂、泥的区分度(图 4(b)、(c))。

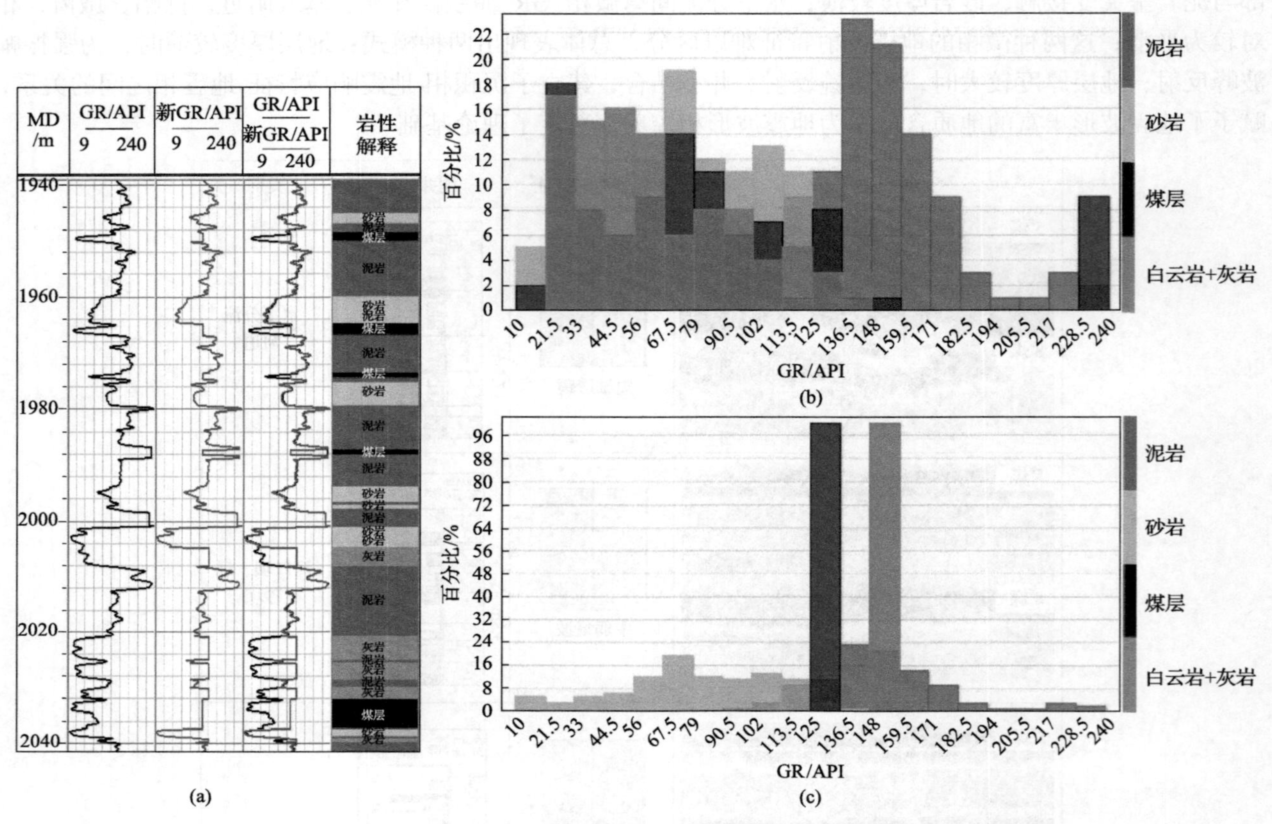

图 4　研究区目的层 GR 修正曲线及岩性对比直方图

2.3　关键反演参数优化

地震波形相控反演具有“低频确定、高频随机”的特点，低频主要受地震频带及地震波形的影响，高频则主要受井样本的控制。在地震频带不变的情况下，提高反演分辨率的关键在于确定可靠的高频补充成分[17]。随着高频补充成分增加，反演结果确定性逐渐减少，随机成分逐渐增加。图 5 为波形指示模拟最佳截止频率质控图。由该图可见，当频率为 170Hz 时大部分曲线出现拐点，在拐点之前相关指数逐渐变小，拐点之后相关指数趋于平稳。根据识别薄层的需求，目的层山 2^3 亚段的地层平均速度为 4200m/s，分辨率分别按 1/4 地震波长、1/8 地震波长计算，识别厚度为 2～5m 的砂层，对应的主频分别为 515～210Hz、263～105Hz，为了满足识别 2～5m 薄储层预测的需求，最佳截止频率需要在 210～262Hz。而图 5 中，当频率大于 230Hz 后部分样本的相关指数仍在缓慢减小，说明该频率仍在可控频率范围之内，但有一定的随机性，选择高截频率为 230Hz 是一种基于地质需求的折中选择。

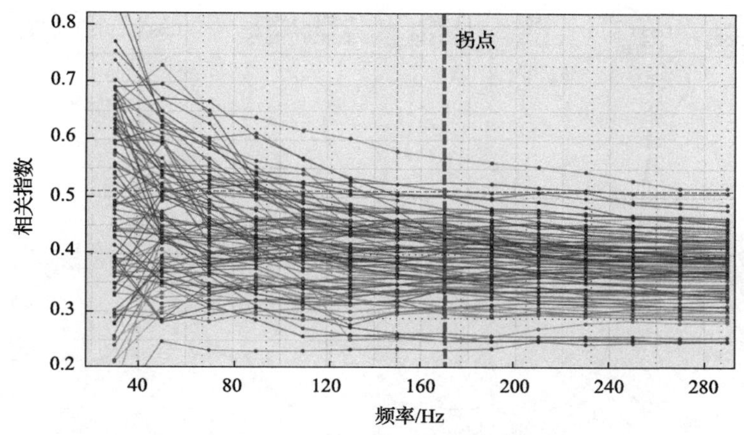

图 5　波形指示最佳截止频率质控图

3　反演效果分析

为了评价波形指示反演技术的可靠性，采用三种方法进行评价：①反演结果正演与实际地震对比。图 6 可见，反演体正演得到地震波形与实际地震波形特征基本一致，说明反演方法、反演参数的选取以及反演结果均较合理。②选择研究区内未参与反演的 26 口水平井作为后验井。本次参与反演的主要是研究区内的探井和定向井，研究区内共 26 口水平井，22 口钻探结果与预测吻合，吻合率为 83%。以 XX1H 井为例(图 7)，该井南北两侧的两口直井钻遇山 2^3 亚段底砂岩分别为 3m、6m，波形指示反演结果显示这两口直井之间山 2^3 亚段底砂岩发育，且与已钻直井揭示的底砂岩在纵向上可对比，XX1H 水平井钻探证实这套砂体存在，测试日产气 $68235m^3/d$。③反演剖面、地震波形叠合剖面对比分析。图 8 显示，东部的 XX2 井钻遇山 2^3 亚段水下分流河道，钻遇砂体厚度 6m，垂直河道的地震剖面表现为上强下弱的透镜状反射，反演剖面砂体呈短轴、不连续特征。XX3 井钻遇河口坝，砂体厚度 4m，地震剖面呈上弱下强的复

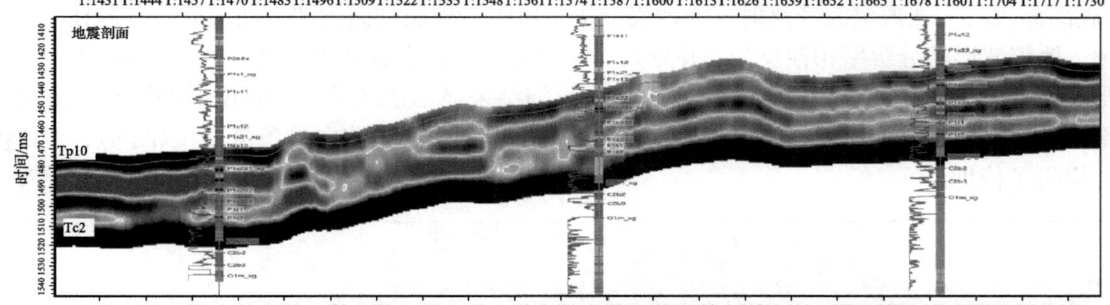

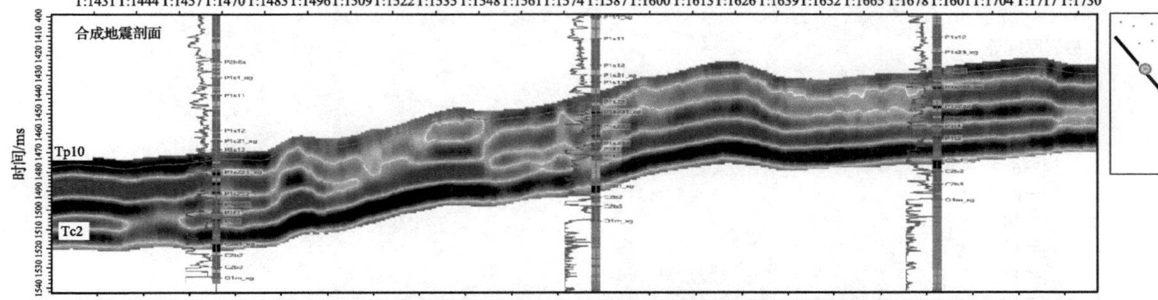

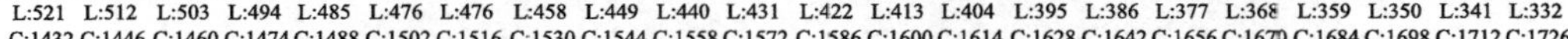

图 6　研究区反演合成地震与实际地震对比剖面

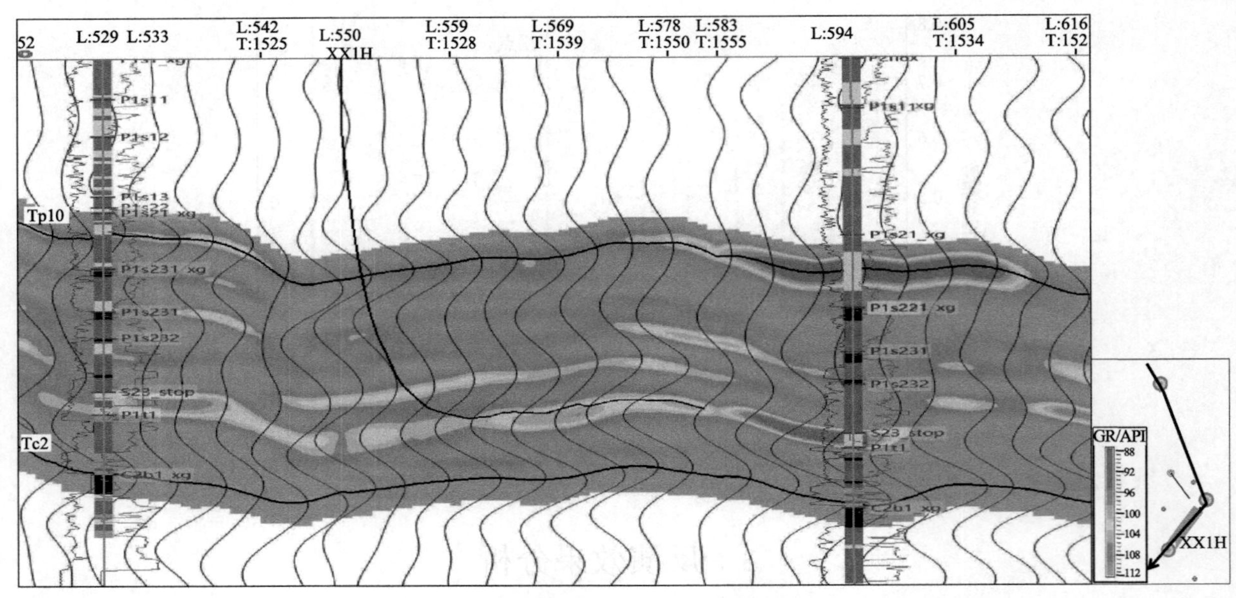

图 7　研究区后验水平井反演剖面

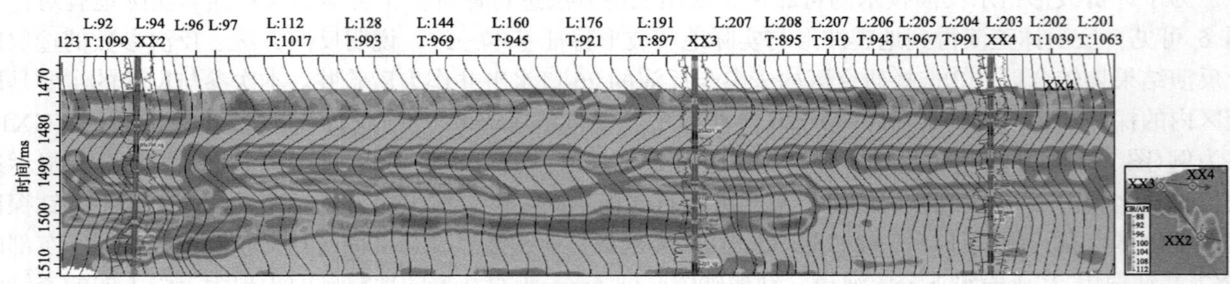

图 8　研究区连井反演地震波形叠合剖面

波波峰反射，反演剖面砂体顺河道具有一定的延续性。XX4 井钻遇分流间湾席状砂，砂体不发育，厚度小于 1m，地震剖面表现为强振幅波峰反射，受地震分辨率所限，反演剖面无法反演出此厚度砂体。

综上所述，地震波形高分辨率相控反演，井点处对井符合率高，能够有效反映 1m 以上薄砂岩，且反演剖面砂体形态自然、边界清晰，反演结果合理可靠。反演结果显示该区呈透镜状反射的厚砂体主要分布在工区南部，纵向上储层厚度较大，叠置连片发育，平面上呈两个近南北向的条带分布（图 9），为评价开发井位部署提供了依据。

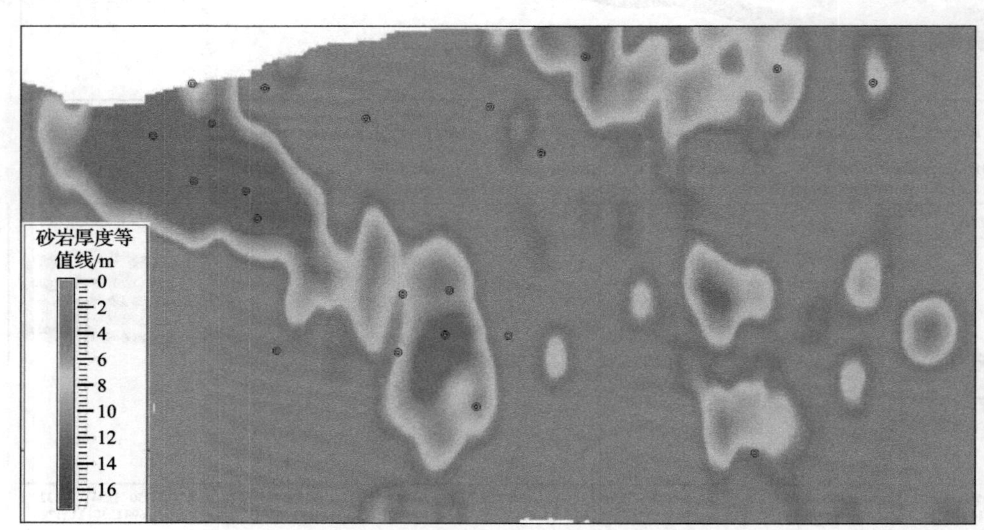

图 9　研究区山 2^3 亚段底砂岩厚度预测平面图

4　结论与认识

海陆过渡相、陆相薄砂层的地震分辨、预测本身就是一个难题，受煤系地层地震分辨率低及海陆过渡相复杂地质条件的限制，致密薄储层的预测，需要多种方法综合应用。本文在对地震资料进行解释性处理以减弱煤层强干涉的基础上，通过模型正演建立沉积相-地震响应特征-地震相识别模板；井震结合，采用波形指示反演方法，开展敏感曲线的相控波形指示反演，获得了符合沉积规律的自然伽马数据体，可以识别并刻画研究区山 2^3 亚段底砂岩分布，有效支撑了评价开发井位部属，并得到以下两点认识。

(1)正演是反演的基础。对于地质条件、沉积环境复杂复杂区域，可以根据研究区实际地质条件，结合完钻井地震反射特征，以正演模拟结果为指导，建立沉积相-地震响应特征-地震相识别“模板”是减少地震储层预测多解性的有效方法。

(2)地震波形是地下地质的综合响应，与沉积环境相关，波形指示反演方法充分利用波形空间特征变化反映储层相变规律，更好地体现了相控的思想，预测结果更符合地质规律，对鄂尔多斯盆地山 2^3 亚段致密砂岩气勘探开发有借鉴作用。

参 考 文 献

[1] 秦雪霏, 李巍. 大牛地气田煤系地层去煤影响储层预测技术[J]. 吉林大学学报(地球科学版), 2014, 44(3): 1048-1054.

[2] 赖生华, 梁全胜, 袁通路. 鄂尔多斯盆地山西组二段煤层对下伏砂岩地震反射特征影响的数值模拟分析[J]. 石油物探, 2014, 53(3): 351-359.

[3] 徐天吉, 沈忠民, 文雪康. 多子波分解与重构技术应用研究[J]. 成都理工大学学报(自然科学版), 2010, 37(6): 660-665.

[4] 李永洲, 文桂华, 李星涛, 等. 沉积微相控制下的煤系地层致密砂岩气储层预测方法——以鄂尔多斯盆地大宁-吉县区块下二叠统山西组为例[J]. 天然气工业, 2018, 38(S1): 11-17.

[5] 李芳, 蒋加钰, 杨彩娥. 鄂尔多斯盆地上古生界山二3亚段储层预测方法及效果[J]. 石油天然气学报(江汉石油学院学报), 2005, 27(6): 859-862.

[6] 张卫华, 刘忠群. 沉积背景控制下的储层预测方法——以大牛地气TGM地区的应用为例[J]. 石油物探, 2009, 48(4): 377-382.

[7] 杜丽筠, 吴志强. 多地震属性优化的神经网络技术在鄂尔多斯盆地高阻抗砂岩储层预测中的应用[J]. 海洋地质动态, 2010, 26(10): 45-49.

[8] 高改, 李连霞, 雒文杰, 等. 纹理属性分析在鄂尔多斯盆地本溪组储层预测中的应用[C]//油气田勘探开发国际会议, 西安, 2019.

[9] 王世成, 郭亚斌, 游佩林, 等. 鄂尔多斯盆地东部山23储层地震预测技术及效果[C]//中国地球科学联合学术年会, 重庆, 2020.

[10] 杜广宏, 赵玉华, 刘峰, 等. 致密薄储层地震预测技术——以鄂尔多斯盆地东南部YC地区为例[C]//中国石油学会2019年物探技术研讨会, 成都, 2019.

[11] 黎枫佶, 李小娟, 彭才, 等. 基于模型正演的滩体识别技术在太和含气区的应用[C]//中国石油学会2021年物探技术研讨会, 成都, 2021.

[12] 刘喜武, 年静波, 吴海波. 几种地震波阻抗反演方法的比较分析与综合应用[J]. 世界地质, 2005, (3): 270-275.

[13] 高君, 毕建军, 赵海山, 等. 地震波形指示反演薄储层预测技术及其应用[J]. 地球物理学进展, 2017, 32(1): 142-145.

[14] 胡乔治, 张雪纯, 邓儒炳, 等. 地震相分析技术在页岩油甜点预测中的应用[C]//中国地球科学联合学术年会2020, 重庆, 2020.

[15] 秦童, 蔡纪琰, 李德郁, 等. 曲线重构技术在渤海Q油田储层精细预测中的应用[J]. 物探化探计算技术, 2018, 40(3): 330-336.

[16] 余瀚熠, 李瑞, 蒋涔, 等. 测井曲线重构技术在储层反演中的应用[J]. 物探化探计算技术, 2009, 31(6): 603-610.

[17] 王贤, 唐建华, 毕建军, 等. 地震波形指示反演在石南地区薄储层预测中的应用[J]. 新疆石油天然气, 2017, 13(3): 1-6.

准噶尔盆地莫索湾地区八道湾组致密气类型及勘探潜力分析

李　啸，宋明星，曾德龙，贾开富，吴　涛

（中国石油新疆油田分公司勘探开发研究院，克拉玛依 834000）

摘要：准噶尔盆地侏罗系致密气资源潜力巨大，是未来重要的勘探领域。莫索湾地区位于盆地腹部，是四面邻凹的凹中隆构造，下侏罗统八道湾组是莫索湾凸起致密气的主要勘探层系。气源主要来自周缘四个生烃凹陷的二叠系风城组和下乌尔禾组，同时也发育侏罗系八道湾组煤系烃源岩，是下生上储和自生自储相结合的有利勘探领域。莫索湾地区八道湾组致密气表现为储层物性差、油气水关系复杂、产量较低、横向连续性差、普遍异常高压等特点。通过八道湾组储层成岩演化、测井"四性"关系、低饱和度储层原因及识别方法、优质"甜点"区识别能落实了八道湾组致密气的勘探潜力和方向。八道湾组致密气储层由于物性差、束缚水饱和度高以及构造幅度低等原因，造成八道湾组普遍获油气显示，但存在普遍含水、气产量低等结果。通过八道湾组油气产量与储层物性、塑性岩性含量与储层物性、储层粒度与塑性岩屑含量等关系的分析得出，八道湾组致密气"甜点"区受粗粒碎屑岩的控制。八道湾组一段一砂组是粒度最粗、储盖组合最好的有利勘探层系，八道湾组一段一砂组发育的曲流河边滩是最有利的"甜点"发育区。

关键词：准噶尔盆地；八道湾组；致密气；低饱和度；塑性岩屑

Tight gas types and exploration potential of Badaowan Formation in Mosuowan area, Junggar Basin

Li Xiao, Song Mingxing, Zeng Delong, Jia Kaifu, Wu Tao

(Research Institute of Exploration and Development, Xinjiang Oilfield Company, PetroChina, Karamay 834000)

Abstract: Jurassic tight gas in Junggar Basin has great potential and is an important exploration field in the future. Mosuowan area is located in the hinterland of the basin and is a concave uplift structure adjacent to concave on all sides. Badaowan Formation of Lower Jurassic is the main exploration layer system of tight gas in Mosuowan uplift. The gas source mainly comes from the Permian Fengcheng Formation and lower Wuerhe Formation in the four surrounding hydrocarbon generating depressions. At the same time, the coal measure source rocks of Jurassic Badaowan Formation are also developed, which is a favorable exploration field combining lower generation, upper reservoir and self generation and self reservoir. The tight gas of Badaowan Formation in Mosuowan area is characterized by poor reservoir physical properties, complex oil, gas and water relationship, low production, poor transverse continuity, general abnormal high pressure and so on. The exploration potential and direction of tight gas in Badaowan Formation can be realized through diagenetic evolution of Badaowan Formation reservoir, logging "four property" relationship, causes and identification methods of low saturation reservoir and identification of high-quality dessert area. In the tight gas field of Badaowan Formation, due to poor reservoir physical properties, high irreducible water saturation and low structural amplitude, Badaowan Formation generally obtains oil and gas display, but there are common results of water cut and low gas production. Through the analysis of the relationship between Badaowan Formation oil and gas production and reservoir physical properties, plastic lithology content and reservoir physical properties, reservoir particle size and plastic cuttings content, it is concluded that Badaowan Formation tight gas dessert area is controlled by coarse-grained clastic rocks. The first sand formation of

作者简介：李啸(1988—)，高级工程师，现主要从事石油地质勘探研究工作。地址：新疆克拉玛依市准噶尔路 29 号，电话：0990-6891082，邮箱：lixiao2@petrochina.com.cn。

the first member of Badaowan Formation is the favorable exploration layer series with the coarsest grain size and the best reservoir cap combination. The meandering riverside beach developed by the first sand formation of the first member of Badaowan Formation is the most favorable dessert development area.

Keywords: Junggar Basin; Badaowan Formation; tight gas; low saturation; plastic cuttings

致密砂岩气是指覆压基质渗透率小于或等于 0.1mD 的砂岩气层，单井一般无自然产能，或自然产能低于工业气流下限，但在一定经济条件和技术措施下，可以获得工业天然气产量[1]。我国先后在四川盆地川中须家河组、鄂尔多斯盆地苏里格等地发现了一批大型致密砂岩气田，致密砂岩气年增探明储量和产量呈现出快速增长态势。我国致密砂岩气大气田以煤系烃源岩为主，具有持续充注的气源条件，以广泛分布的三角洲前缘、前三角洲和湖相致密砂体为储集层，砂岩致密化主要受沉积作用和成岩作用控制[2]。准噶尔盆地莫索湾地区八道湾组埋深大于 4000m，储集层具有成分成熟度低、填隙物含量低和塑性岩屑含量高的特征，经历强压实、强胶结和溶蚀作用后，属典型的三角洲前缘斜坡型致密气藏，具有储层厚度大物性差、垂向上发育多套叠置油气层、单井气产量低、普遍产水的特点，已钻井普遍见良好显示或获油气流，勘探程度低，具备研究及开发价值[3-9]。

1　区域地质背景

研究区位于准噶尔盆地腹部，构造单元位于莫索湾凸起(图 1)。莫索湾凸起为大型继承性古凸起，西翼临近生烃中心，是腹部地区近源勘探的重点领域。研究区侏罗系发育规模优质储层，是重点拓展勘探区。

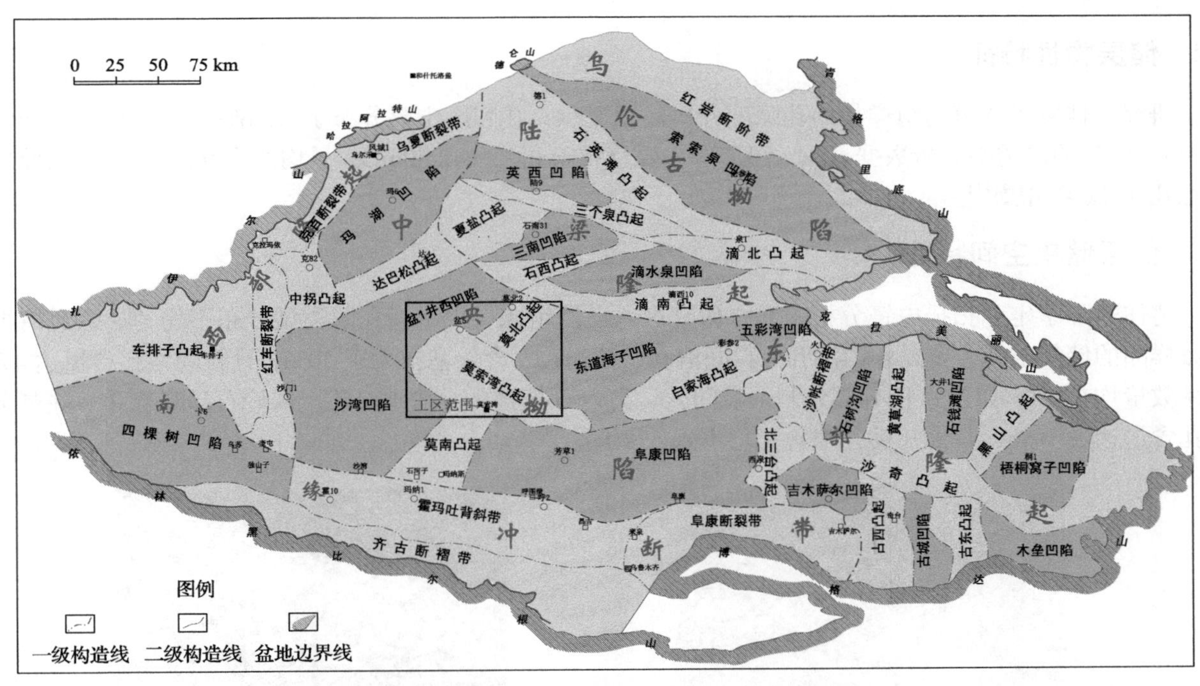

图 1　准噶尔盆地腹部地区莫索湾-莫北凸起工区位置图

2　储层基本特征

2.1　储层岩石类型

莫索湾地区侏罗系八道湾组储层岩性比较复杂，其中八道湾组一段、八道湾组三段总体以中细粒砂岩为主，八道湾组二段以泥岩等细粒沉积为主，储层欠发育[10]。八道湾组一段样品的分析化验数据统计表明，该组岩性主要是细砂岩(48.5%)，另外还有少量中砂岩(20.7%)、中细砂岩(15.9%)、粗砂岩(9.3%)，其他粒度的岩石含量均很低，岩石类型以砂岩长石岩屑砂岩为主[图 2(a)]。八道湾组三段储层岩性类型较多，以中砂岩(27.0%)、细砂岩(23.9%)、中细砂岩(14.5%)、粗砂岩(12.0%)为主，另外还有含量不到5%的各种粒度的砂(砾)岩，如砂砾岩、不等粒砂岩、含砾粗砂岩、中粗砂岩、细中砂岩、粉细砂岩等，岩石类型以长石岩屑砂岩为主[图 2(b)]。研究区储层总体以中砂岩、细砂岩为主，发育于辫状河三角洲前缘，以水下分流河道末端为主，水下分流河道为辅，还有少量属于河口坝、席状砂沉积。由于沉积时的水动力条件相对较弱，砂岩大多分选性中等、磨圆度中等。

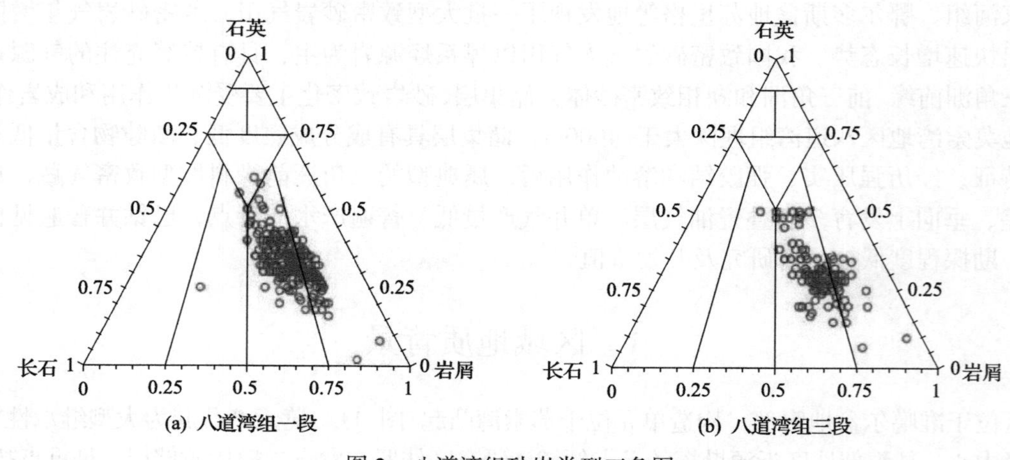

(a) 八道湾组一段　　(b) 八道湾组三段

图 2　八道湾组砂岩类型三角图

2.2　储层物性特征

研究区侏罗系八道湾组样品的孔隙度分析数据显示，孔隙度主要分布于 1.46%～12.60%，平均值为9.18%；样品的渗透率分析数据显示，渗透率主要分布于 0.02～48.50mD，平均值为 0.25mD，该段储层属于低孔-特低渗储层[11]。

2.3　储层储集空间特征

铸体薄片鉴定和扫描电镜分析表明，研究区八道湾组储层中不同孔隙类型分布不均匀，八道湾组大多数样品的储集空间主要是粒内溶孔、粒间溶孔、粒间孔，含量基本大于 20%，且粒间溶孔含量达 47%，样品数量均在 20%以上，还有部分剩余粒间孔、高岭石晶间孔、基质溶孔、高岭石晶间溶孔，除剩余粒间孔含量达 30%外，其他三类孔隙含量均不到 5%(图 3)。

(a) 4905.36m，长石颗粒及火山岩岩屑强烈溶蚀，粒内溶孔

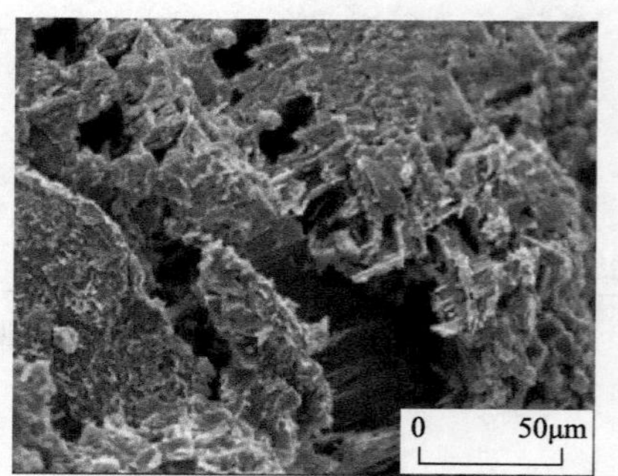

(b) 4908.81m，砂岩中长石颗粒发生强烈溶蚀，扫描电镜

图 3　莫 13 井八道湾组储层粒内溶孔微观特征

八道湾组砂岩储层的孔隙喉道总体上具有细歪度、细孔径、喉道半径小、排驱压力高、退汞效率差

的特点，说明该组储层的孔喉结构较差，孔隙和喉道的匹配性较差，储层物性相对较差(图 4)。

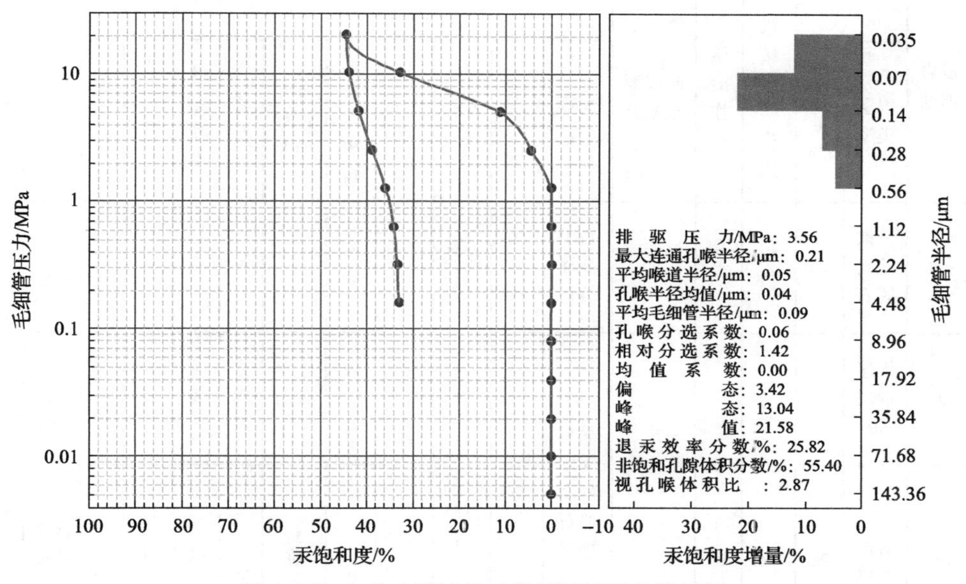

图 4　莫 23 井八道湾组三段储层压汞曲线特征

3　成岩作用及成岩相

3.1　成岩作用特征

研究区侏罗系八道湾组砂岩及砂砾岩储层埋藏较深，经历了强烈的压实作用，研究区八道湾组的砂岩和砂砾岩中，常常含有较多的火山岩岩屑、塑性泥岩岩屑及千枚岩岩屑，其中塑性岩屑、半塑性火山碎屑岩岩屑在埋藏深度达到 4000m 的强压实作用下，就会发生较强烈的塑性变形，与周围碎屑颗粒呈凹凸接触，使砂岩和砂砾岩中的粒间孔隙遭到进一步破坏，导致储层物性急剧变差，进一步加大了压实作用对储层物性的破坏力，这时砾岩和砂砾岩的孔隙度一般小于 10%，渗透率一般小于 1mD，造成了储层物性的普遍降低。同时大量发育的碳酸盐类胶结物和硅质胶结物堵塞了储层的原生孔隙，成岩作用过程中，孔隙流体流动困难，溶蚀作用变差，导致储层物性进一步降低。在有些层段，溶蚀作用较强，研究区碎屑岩物源来自火山物质，其颗粒成分和碎屑组分中含有大量的火山岩屑，火山玻璃质在浅埋藏条件下发生水解作用，生成碱性的流体环境，并导致了蒙脱石、方沸石、浊沸石、方解石等在碱性环境下稳定矿物的出现，之后随着有机流体的注入，成岩环境偏碱性转换成酸性，导致一些碱性矿物的溶蚀和酸性矿物的形成。在整个埋藏成岩史中，酸性流体和碱性流体的反复出现，导致了对应矿物的反复溶解和沉淀，造成溶蚀孔隙的发育和充填，很大程度上改善了储层的物性。研究区成岩作用中压实作用和溶蚀作用最为发育。

3.2　成岩阶段划分

根据对研究区侏罗系八道湾组砂岩和砾岩微观特征的详细观察、统计，并使用扫描电镜和电子探针对砂岩和砾岩的各类成岩特征和自生矿物的分析，并结合前人研究成果，制定出了适合该区碎屑岩的成岩阶段综合划分方案(表 1)。

准噶尔盆地莫索湾地区侏罗系八道湾组碎屑岩的成岩阶段可划分为早成岩(A、B)、中成岩(A、B)和晚成岩(仅见 A 期)三个阶段，具体特征如下：

1. 早成岩阶段

早成岩阶段 A 期：处于该阶段的沉积物，颗粒呈未接触状-点接触状，粒间体积大，压实作用较弱，

表 1　准噶尔盆地莫索湾地区侏罗系八道湾组碎屑岩成岩阶段划分表

成岩阶段		R_o/%	成岩温度/℃	混质岩		机械压实作用	压溶作用	碎屑颗粒变形	自生矿物							溶蚀作用			孔隙类型	颗粒接触类型	次生孔隙生成	油气生成
				混层类型	含量/%				高岭石	绿泥石	方解石	白云石	硫酸盐矿物	石英长石加大	沸石	碳酸盐类	长石及岩屑	沸石类				
早成岩阶段	A	0.4	<70	分散状蒙脱石	<70	较强	—	塑性碎屑变形	自生高岭石	栉壳状	泥晶方解石	—	石膏	—	—	—	—	—	原生孔隙	点状为主	—	甲烷生成
	B	0.7	90	无序混层带	50	较弱	—	—	晶型完好的高岭石增多	绒球状	亮晶方解石	泥晶白云石	硬石膏	较弱	方沸石	弱	弱	—	原生孔隙为主		次生孔隙为主	初期生油
中成岩阶段	A	1.3	130	有序混层带	20	弱	弱					自形亮晶白云石	片钠铝石	较强(自生钠长石发育)	片沸石	强	强	较弱	次生孔隙发育	片状-针状	次生孔隙大量发育	大量油气生成
	B	2.0	170	伊利石-绿泥石带	<20	较弱	较弱	半塑性火山岩岩屑发生塑性变形	高岭石向伊利石转化	片状	亮晶含铁方解石	亮晶含铁白云石			浊沸石	较弱	较弱	较强	次生孔隙较发育		裂隙裂缝发育	湿气
晚成岩阶段	A	>2.0	>170		0	较强	较强			片状-针状			重晶石	—		—	—	—	偶见裂缝	线状凹凸状		干气

颗粒间多被早期泥晶碳酸盐矿物充填（主要为泥晶方解石、泥晶菱铁矿等）。岩石疏松，呈未固结-半固结状，以原生粒间孔为主。黏土矿物中蒙脱石含量高，蒙脱石层在伊蒙混层中含量大于 70%，埋藏温度为 14～70℃。孔隙水与底水或大气降水相通，孔隙水中 CO_2 分压（P_{CO_2}）高，加之有机质很快腐烂分解，可生成腐殖酸，成岩环境以酸性特征为主。

早成岩阶段 B 期：颗粒间仍以点接触为主，出现部分线接触，压实作用逐渐增强。岩石呈半固结状，粒间被部分泥晶方解石或泥晶白云石充填，并出现溶蚀现象。该期原生粒间孔受压实作用和胶结作用影响，孔隙体积减小，向下次生溶蚀孔隙增加。成岩环境为酸性，开始出现混层黏土矿物，蒙脱石层含量 70%～50%，属无序混层带。

2. 中成岩阶段

中成岩阶段 A 期：颗粒间以线接触为主，压实作用较强，岩石多已固结，开始出现少量粉晶铁白云石。石英和长石自生加大普遍，多围绕碎屑颗粒形成单一晶面，砂砾岩粒间孔隙中常出现自生方沸石、片沸石等矿物。原生孔隙基本定型，次生孔隙大量出现。伊蒙混层矿物普遍出现，蒙脱石层含量为 20%～50%，为有序混层带。处于晚成岩 A 期上部的地层的 R_o 值达 0.7%～1.3%，有机质处于低成熟阶段，开始生成热解烃，大量有机酸生成，并与黏土矿物演化过程中析出的层间水混合，进入孔隙水体中，对岩石中化学性质不稳定的长石、沸石类、火山岩屑和碳酸盐矿物等易溶组分进行溶蚀，并生成大量次生溶蚀孔隙。

中成岩阶段 B 期：该期典型标志为刚性颗粒间普遍呈线接触，甚至出现凸凹接触类型，粒间体积较小，R_o 值在 1.3%～2.0%。成岩自生矿物中开始大量出现晚期铁方解石、铁白云石。该阶段中常出现自生钙沸石和浊沸石等矿物，这类沸石矿物的稳定较差，当孔隙水地球化学环境（特别是 pH）发生变化时，极易发生溶蚀。

3. 成岩阶段 A 期

该期的成岩环境完全为碱性环境，$R_o>2.0\%$，自生黏土矿物几乎不含蒙脱石、砂岩颗粒间以凹凸状-缝合线状接触，油气形成阶段为干气阶段。

在上述研究基础上，编绘了研究区侏罗系八道湾组的成岩阶段及成岩序列图（图 5）。研究区八道湾组储层早成岩阶段的孔隙水受湖泊水及富火山灰沉积的影响，为碱性-弱碱性，主要发育火山灰蒙脱石化、火山玻璃沸石化及绿泥石和硅质胶结等水化化学反应；中成岩阶段随着富含有机酸孔隙水侵入，孔隙水变为酸性-弱酸性，主要发育沸石矿物的钠长石化、长石矿物的溶蚀及方解石和白云石的沉淀等脱水化学反应。研究区侏罗系砂砾岩储层的成岩序列可以描述为：早期压实作用—早期方解石胶结—蒙脱石形成—伊蒙混层矿物—早期硅质胶结—沸石类矿物胶结—自生绿泥石形成—早期油气充注—方沸石溶蚀—长石溶蚀作用—方解石胶结物溶蚀—晚期硅质胶结—晚期方解石胶结物—大量油气充注—自生伊利石形成—晚期含铁方解石胶结—白云石胶结—铁白云石胶结—菱铁矿胶结。

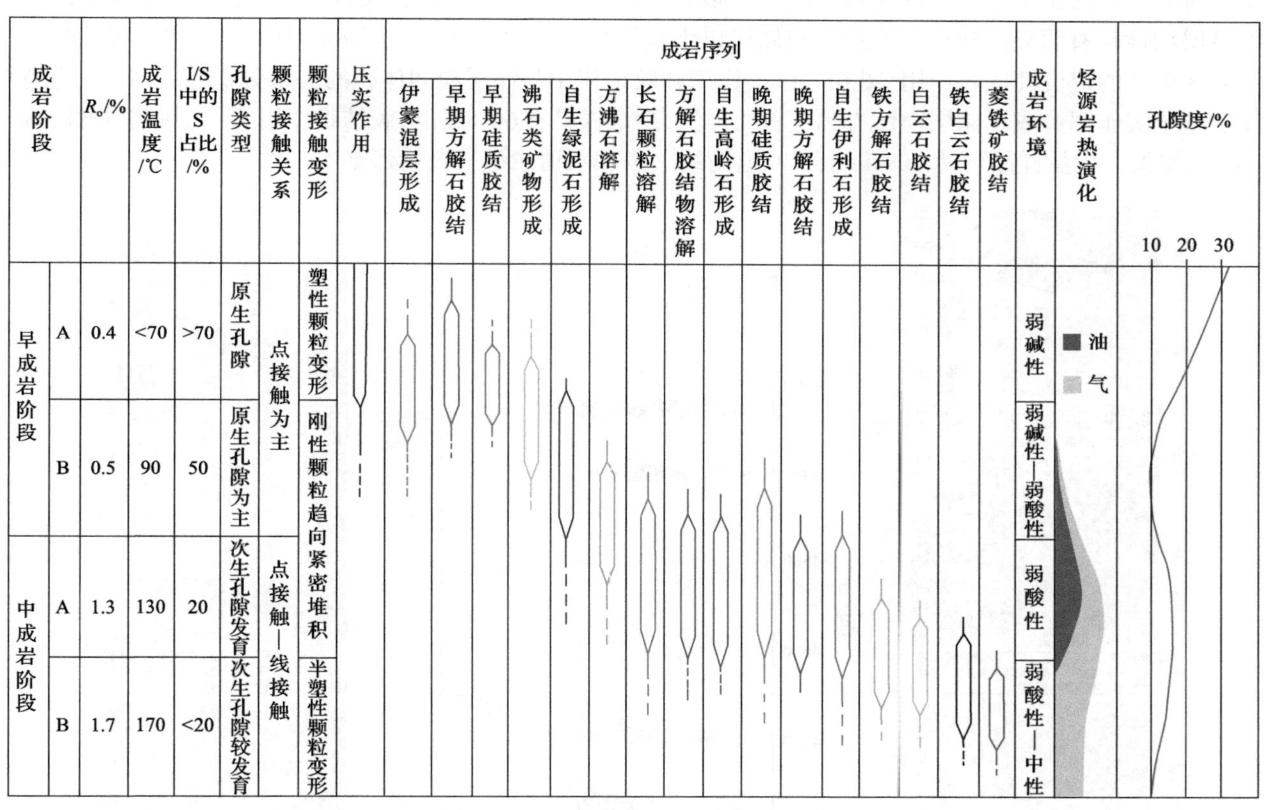

图 5　研究区侏罗系八道湾组一段成岩演化模式图

4　低渗储层受控因素及成因机制

整个莫索湾侏罗系八道湾组砂岩储层物性的优劣由砂岩的沉积环境（相）、成岩作用、砂岩岩石学特征等因素决定。

4.1　岩石组构的控制

莫索湾地区八道湾组埋藏深度为 4500～4900m。随着埋藏深度的增加，孔隙度和渗透率逐渐减小。试验分析获得塑性岩屑含量、面孔率、粒间孔含量、粒间溶孔含量、粒内溶孔含量、微孔含量、粒度 7 种岩石组构参数均与储层的孔隙度和渗透率有一定的相关性。整体上，储层物性与粒度呈正相关，粒度越粗，储层物性越好；同时，储层物性与塑性岩屑含量呈负相关，塑性岩屑含量越多，储层物性越差。

4.2 沉积作用的控制

研究区侏罗系八道湾组总体上主要为辫状河三角洲前缘水下分流河道沉积、席状砂沉积、滨浅湖沉积。发育于辫状河三角洲前缘水下分流河道沉积环境中的砂体呈厚层块状分布，沉积物粒度较粗，沉积时的水动力较强，碎屑岩受较强烈的水体不间断地淘洗，泥质杂基含量较低，塑性岩屑含量也较低，粒内溶孔、粒间溶孔、粒间孔等储集空间较发育，压实作用对储层物性的影响相对较小，因而储层物性最好；而发育于辫状河三角洲前缘水下分流河道及水下分流河道末端的粒度较细的砂岩，沉积时的水动力条件较弱，泥质杂基含量较高，塑性岩屑含量也较高，储层物性相对较差。

4.3 成岩作用的控制

不同的成岩作用对研究区储层物性的影响不同，胶结物在研究区主要是破坏性的成岩作用；溶蚀作用是研究区非常重要的建设性成岩作用[12]，成岩作用后期火山岩岩屑、长石等碎屑颗粒的溶蚀作用对改善储层物性具有明显的作用。八道湾组储层以大量发育的粒内溶孔、粒间溶孔为主也说明了溶蚀作用是研究区重要的建设性成岩作用(图 6)。压实作用和胶结作用与储层粒间体积的关系分析也表明，八道湾组储层中压实作用造成了储层物性 75%左右的损失，少量样品在 60%以下，胶结物作用造成了储层物性 5%～10%的损失，少量样品可达 20%以上。八道湾组一段和八道湾组三段情形基本一致。

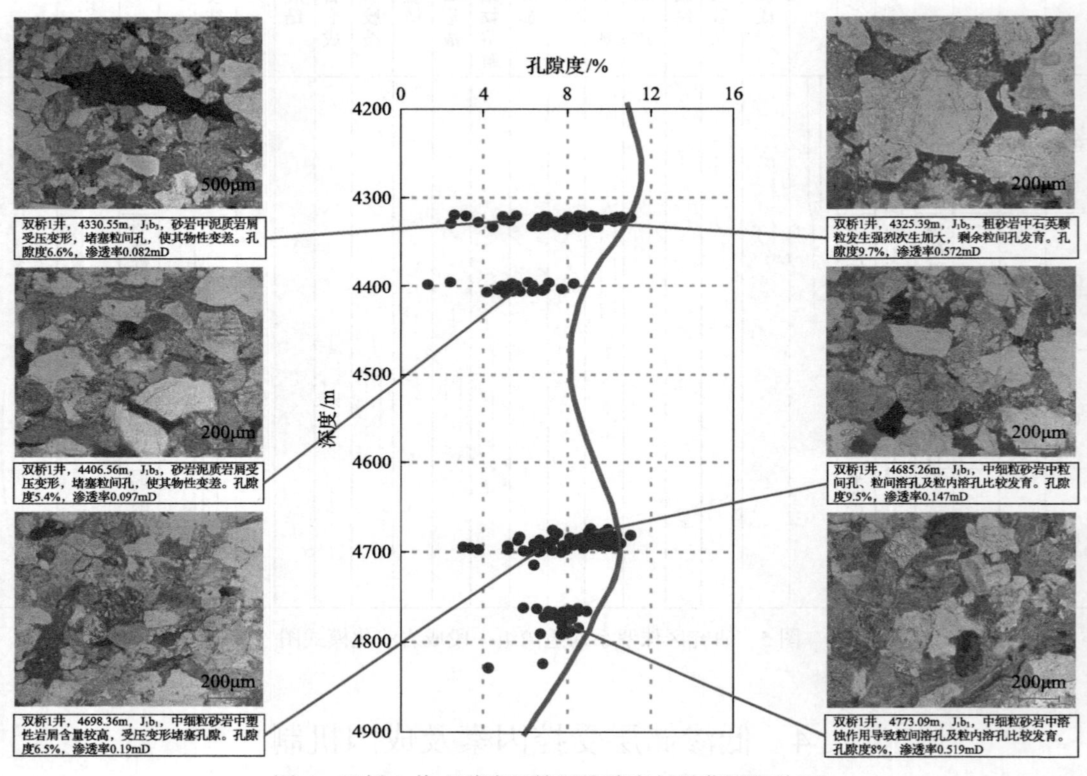

图 6 双桥 1 井八道湾组储层孔隙度与埋藏深度关系

5 致密储层低饱和度特征及影响因素

通过莫索湾凸起侏罗系八道湾组岩心的含油气性与物性交会图分析，孔隙度越高，储层的含油气性越好。在储层孔隙度变化不大的情况下，储层的渗透性决定了储层的含油气性，渗透性越高，储层的含油气性越好[13]。渗透性取决于储层岩性的分选、孔隙结构、孔喉大小，储层孔隙结构主要因素是大孔隙占的体积比，因此，大孔隙是油气富集的主要空间(图 7)。

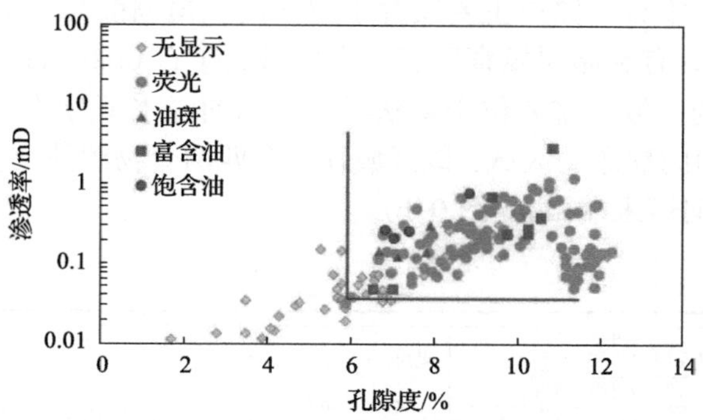

图 7　莫索湾八道湾组渗透率-孔隙度交会图

对八道湾组储层物性的进一步研究表明，岩石学特征对储层物性影响的主要因素为结构成熟度和成分成熟度，特别是塑性岩屑易受到压实作用影响而变形，对储层物性的影响较大。从岩性的分类统计来看，除砂砾岩外，不同岩性的孔隙度和渗透率变化趋势非常明显，从粗砂岩、中砂岩、细砂岩到粉细砂岩，孔隙度有明显减小趋势，渗透率减小的趋势则更加明显(图 8)。

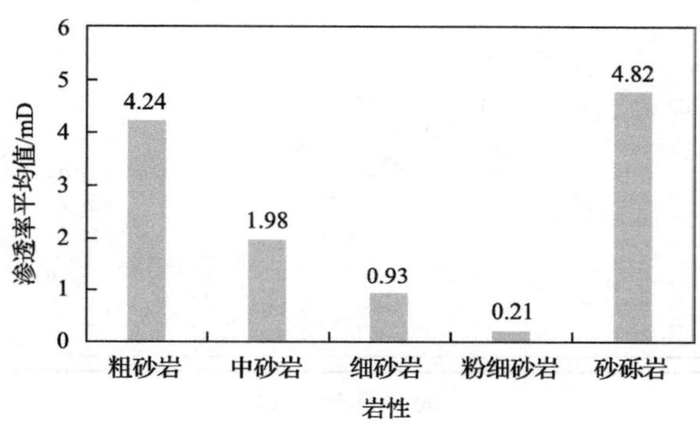

图 8　八道湾组各类岩性储层渗透率分布图

莫索湾地区八道湾组普遍具有含油气饱和度低特征，属于低饱和度储层范畴，通过对比国内低饱和油气藏，莫索湾地区低饱和的成因主要由以下几个方面：①圈闭构造幅度低、原油性质差，八道湾组储层总体地层倾角为 1°～2°，油藏构造幅度低，导致油水带宽、大范围的油水同层及油藏驱动力不足，储层孔隙填充大量束缚水，最终形成低饱和度油藏；②隔夹层的存在导致油水分异不充分，砂层纵向非均质性较强，纵向上多套泥岩、煤层、致密砂岩均能形成隔夹层，导致油水分异不充分，是形成低含油饱和度油藏的主要原因；③低孔特低渗、微细孔喉发育，造成束缚水饱和度高，当储层在油源供给充足时，如果孔隙结构越好，那么油气充注孔隙就越充分；反之，如果孔隙结构越差，则油气会选择性地填充相对较大的孔隙，那么剩下的毛细管、微细毛管等细微孔隙则仍然被润湿相流体占住，导致束缚水含量高，进而导致含油气饱和程度不高，最终导致储层产液性质(油水同层)区分不明[14]。每个区域大多受以上一个或多个因素的影响。

通过上述侏罗系八道湾组砂岩储层主控因素分析及含油气性与储层关系的研究认为，优质“甜点”储层是致密气藏的勘探方向，优质储层主要发育于辫状河三角洲前缘水下分流河道及水下分流河道主河道中，岩性相以中粗粒砂岩为主，细砂岩为辅，成岩相以高成熟强溶蚀成岩相为主，高成熟中胶结中溶蚀成岩相为辅。在考虑了这些因素的基础上，对八道湾组一段和八道湾组三段两个层段的有利储层发育区带进行了预测。

八道湾组一段有利储层主要发育于辫状河三角洲前缘水下分流河道微相中，部分发育于水下分流河道末端微相中，有利储层发育区有三个区域：①石 002—石 006 井一带向西北的区域；②莫 002 井东、西一带的区域，主要位于辫状河三角洲前缘水下分流河道微相中；③盆 4—盆 8 井一带的北西西向展布的区域，该区域处于东西两套物源的交会地带，位于辫状河三角洲前缘水下分流河道及水下分流河道末端微相［图 9(a)］。而八道湾组三段有利储层主要发育于辫状河三角洲前缘水下分流河道微相中，部分发育于水下分流河道末端微相中，有利储层发育区有三个区域：①石 002—石 006 一带向西北的区域；②莫 002—莫北 2 井一带向西北的区域，主要位于辫状河三角洲前缘水下分流河道及水下分流河道末端微相中；③盆 4—盆 8 井一带北西向展布的区域，该区域处于东西两套物源的交会地带，位于辫状河三角洲前缘水下分流河道及水下分流河道末端微相［图 9(b)］。

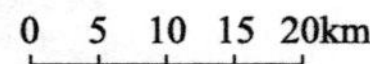

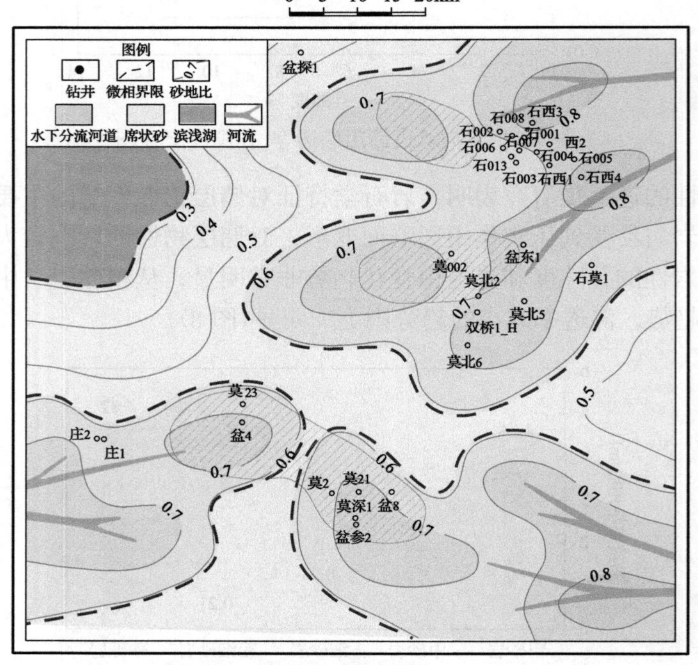

(a) 八道湾组一段

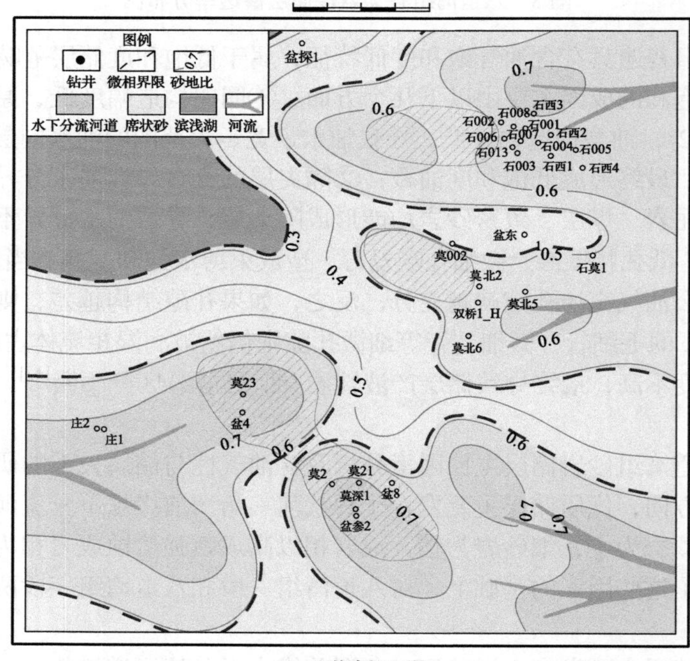

(b) 八道湾组三段

图 9　研究区八道湾组一段、三段有利储层发育区带预测图

6 结　论

(1)莫索湾地区八道湾组储层属于低孔特低渗储层，储集空间以次生孔隙为主，主要是粒内溶孔、粒间溶孔、粒间孔。储层物性主要受成岩作用的影响，其中压实作用和胶结作用是研究区最重要的破坏性成岩作用，溶蚀作用为研究区储层物性的提高起到了明显的作用。在有利的沉积相带中发育相对优质储层，主要位于辫状河三角洲前缘水下分流河道微相和水下分流河道末端微相中。

(2)研究区储层非均质性强，孔隙结构复杂，储层储集性能的差异，其产出与注水受效程度均存在差异，对应的测井响应特征也会不同。八道湾组主要发育低孔、特低渗储层，岩性控制物性、物性控制含油性的特征明显，电性受岩性和地层水矿化度双重影响。

(3)研究区低饱和度油藏的主要成因是油藏构造幅度低，储层非均质性强，孔隙结构复杂，束缚水饱和度高。物性受岩性、粒度和塑性岩屑含量影响明显。

(4)莫索湾凸起八道湾组一段、三段的辫状河三角洲前缘水下分流河道微相发育粗粒砂岩，塑性岩屑含量低、成分成熟度和结构成熟度均较高，具备形成致密油气藏“甜点”的有利条件。

(5)莫索湾地区八道湾组一段可能发育曲流河点砂坝优质砂体，曲流河在平面上呈网状分布，随着曲流河河道的迁移，河道凹岸形成了优质的点砂坝，是致密气有利“甜点”区。

参 考 文 献

[1] 国家能源局. 致密砂岩气地质评价方法: SY/T 6832—2011[S]. 北京：石油工业出版社, 2011.

[2] 张国生, 赵文智, 杨涛, 等. 我国致密砂岩气资源潜力、分布与未来发展地位[J]. 中国工程科学, 2012, 14(6): 87-93.

[3] 刘柏林, 王友启. 低含油饱和度油藏开发特征[J]. 石油勘探与开发, 2011, 38(3): 341-344.

[4] 任书莲. 蠡县斜坡低饱和度油藏测井评价方法研究[D]. 大庆: 东北石油大学, 2017.

[5] 王宜林, 王英民, 齐雪峰, 等. 准噶尔盆地侏罗系层序地层划分[J]. 新疆石油地质, 2001, 10(5): 382-385.

[6] 朱筱敏, 张义娜, 杨俊生, 等. 准噶尔盆地侏罗系辫状河三角洲沉积特征[J]. 石油与天然气地质, 2008, 29(2) :244-251.

[7] 邹才能, 张国生, 杨智, 等. 非常规油气概念、特征、潜力及技术：兼论非常规油气地质学[J]. 石油勘探与开发, 2013, 40(4): 385-399.

[8] 邹才能, 陶士振, 张响响, 等. 中国低孔渗大气区地质特征、控制因素和成藏机制[J]. 中国科学 D 辑: 地球科学, 2009, 39(11): 1607-1624.

[9] 张水昌, 米敬奎, 刘柳红, 等. 中国致密砂岩煤成气藏地质特征及成藏过程: 以鄂尔多斯盆地上古生界与四川盆地须家河组气藏为例[J]. 石油勘探与开发, 2009, 36(3): 320-330.

[10] 孙靖, 宋永, 王仕莉, 等. 准噶尔盆地深层致密油储层特征及致密化成因: 以莫索湾—莫北地区侏罗系八道湾组为例[J]. 吉林大学学报(地球科学版), 2017, 47(1): 25-33.

[11] 单祥, 徐洋, 唐勇, 等. 莫北—莫索湾地区八道湾组储集层成岩作用及其对储集层物性的影响[J]. 新疆石油地质, 2015, 36(4): 401-408.

[12] 王凤娇, 刘义坤, 于苏浩. 苏里格气田东区致密砂岩储层特征[J]. 油气地质与采收率, 2017, 24(6): 43-47.

[13] 曹喆, 柳广弟, 柳庄小雪, 等. 致密油地质研究现状及展望[J]. 天然气地球科学, 2014, 25(10): 1499-1508.

[14] 赵丁丁, 孙卫, 雒斌, 等. 致密砂岩气藏孔渗结构下限及对气水分布的影响——以苏里格气田苏 48 和苏 120 区块储层为例[J]. 石油地质与工程, 2019, 33(3): 76-81.

致密气储层地震预测技术在DH地区的研究应用

甄风军，王加海，杨丹丹，吴　琳

（吉林油田公司地球物理勘探研究院，松原 138000）

摘要：DH断陷储层因盆地填充机制、物源及堆积方式不同，存在岩性、岩相组合复杂，储层识别难度大等特征，利用精细井震标定和沉积演化分析，明确研究区两类代表岩性及成藏类型。针对两种类型的致密储层攻关不同技术思路下的储层预测技术，结合洼槽优质烃源岩下的源储配置关系，寻求并评价主力层系，预测描述效益“甜点”。本文建立起DH地区两类致密储层的地震预测技术系列，达到了定量描述有利储层分布的目的，为深层油气勘探及评价提供了技术支撑，对类似的复杂断陷盆地的致密气藏勘探具有指导意义。

关键词：致密储层；扇三角洲沉积；扇体描述；凝灰岩；有效储层①

The research and application of seismic prediction technology for tight gas reservoir in DH area

Zhen Fengjun, Wang Jiahai, Yang Dandan, Wu Lin

(Geophysical Exploration Research Institute, Jilin Oilfield Company, Songyuan 138000)

Abstract: DH fault depression reservoir is characterized by complex lithology and lithofacies combination and difficult reservoir identification due to different filling mechanism, provenance and accumulation mode of the basin. Fine well seismic calibration and sedimentary evolution analysis were used to identify two types of lithology and accumulation types in the study area. For the two types of tight reservoirs, the reservoirs under different technical ideas are studied. The prediction technology combines the source-reservoir configuration relationship under the high quality source rocks in the trough to seek and evaluate the main reservoirs and predict and describe the "sweet spot" of benefits. This paper establishes DH region. The seismic prediction technology series of two types of tight reservoirs achieve the purpose of quantitatively describing the distribution of favorable reservoirs, and provide technical support for deep oil and gas exploration and evaluation. The exploration of tight gas reservoirs in similar complex faulted basins is of guiding significance.

Keywords: tight reservoir; fan delta deposit; fan body description; tuff; effective reservoir

近年来，随着DH断陷深层DS80井、DS101井的成功实践，致密气藏获得了重要发现，展现了一定的规模动用前景，初步形成了致密气藏源内勘探的技术系列。针对断陷源内致密气藏“源体控藏、‘甜点’富集、动态补给”等特征，其烃源岩刻画、储层预测及源储配置模式就成为决定气藏能否富集的三大核心问题。

通过整体研究DH深层盆地的烃源岩的品质与赋存情况，确立了DH作为一个富烃洼槽的存在。在油源相对富集的前提下，储层的展布规模和有效程度以及源储配置关系就成了致密气藏“甜点”的富集决定因素。

作者简介：甄风军（1983—），高级工程师，现从事地震资料综合解释工作。地址：吉林油田公司地球物理勘探研究院地震解释所，电话：0438-6225129，邮箱：187251092@qq.com。

1　研究概况

作为晚侏罗世至早白垩世(J_3—K_1)发育的早断晚拗的复合双断式结构的含气构造单元，DH断陷具有两拗夹一隆，东西分带、南北分断的特点。盆地主要发育断陷期和拗陷期两套沉积地层。其中营城组(K_1yc)、沙河子组(K_1sh)和火石岭组(J_3hs)构成断陷期地层，厚度最大达4250m。营城组火山岩、沙河子组砂砾岩及火石岭组火山碎屑岩是主要含气层段，是今后勘探开发阶段的重点突破入口。

DH断陷勘探面积达3553km^2，具备生烃能力的洼槽面积约1200km^2，新三维地震采集面积1349km^2。截至目前，断陷期探井55口，工业气流井18口，少量气流井20口。油气显示普遍，满洼含气、连片分布，但气藏压力偏低、丰度低、普遍含水、单井产能弱等特点，制约着DH致密气的效益发现与有效动用的良好潜力。

本文通过前期生产总结，将断陷内致密气藏的典型代表岩性与成藏类型分为两大类，通过不同的技术思路和地震预测方法持续攻关研究，明确了区内“甜点”的展布，为勘探开发提供了有力的技术支持。

2　致密气储层预测技术研究

目前针对DH致密气藏我们总结归纳为：一类是致密砂砾岩代表的溶蚀孔为主要储集空间的源内夹层、邻源型气藏；另一类是火山碎屑岩(以敏感性凝灰岩为典型)的原生孔隙和裂缝为主储集空间的岩性-构造型气藏。本文通过DH断陷的次级构造鲍家洼槽和华家构造带阐述两类气藏不同的技术思路和研究成果应用。

2.1　扇三角洲沉积体系下的储层地震预测技术

鲍家洼槽位于DH断陷东北部，整体上呈长轴展布，沉积中心由南到北逐渐迁移，在断陷期火石岭组—沙河子组为双断式的不对称地堑，营城组为箕状结构。其湖盆边缘陡坡带(湖盆短轴)陆上和水下地形坡度大，河流从附近的物源区冲积而出，会直接入湖快速堆积形成扇三角洲的沉积体系。扇三角洲携砂能力较强，沉积粒度偏粗，成熟度较低，分选差至中等，其扇中、扇前缘是较有利油气聚集相带。

首先，利用精细井震分析，优选敏感属性定量分析地震相，建立扇三角洲沉积体系下的地质地震响应模板，来确定宏观物源的方向、期次及规模；其次，在地震沉积思想指导下，细化扇体内幕层序解释，应用等时切片综合描述扇体；最后，结合反演技术，综合构造、成藏认识，划分有利相带。

2.1.1　明确宏观物源

对研究区开展井震分析，利用“相面法”加优选属性定量分析地震相。根据地震相六参数：反射振幅、频率、连续性、层速度、外部几何形态和内部反射机构，定义地震相单元间的关系，明确地质物理因素来确定沉积过程及环境、沉积物源方向、地质历史等地质背景。

利用岩心、测井等资料，多井对比，赋予地震属性以岩性和沉积体系的含义，分地区分层序建立地质地震响应模板。如图1所示，鲍家DS80井区扇体沉积在地震上主要表现为中弱振幅较连续前积反射结构席状、中强(中弱)振幅较连续乱岗反射结构席状等地震相，少量表现为中弱振幅连续乱反射结构楔状、平行反射结构席状地震相等。营城组沉积时期，湖盆向北部和东北部扩张，断陷内沉积中心位于中部的DS16井区。综合单井相、地震相等分析，营城组沉积期内有多个方向的物源供给，主要为北部、西北部和东南部，沿控盆断裂向断陷中心形成多个扇三角洲沉积。

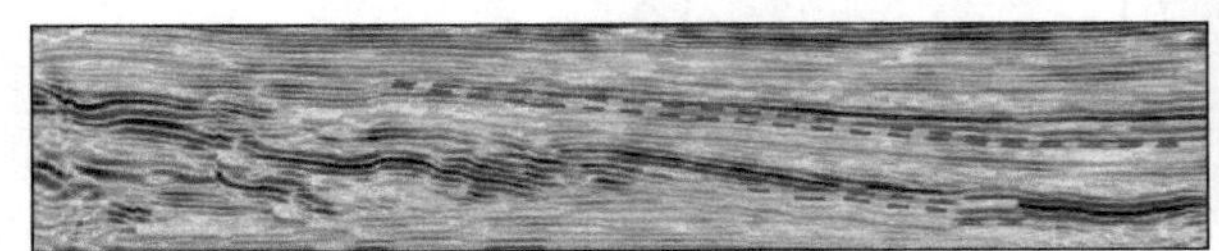
(a) 缓坡扇：弱振幅，较连续性反射，楔状形态

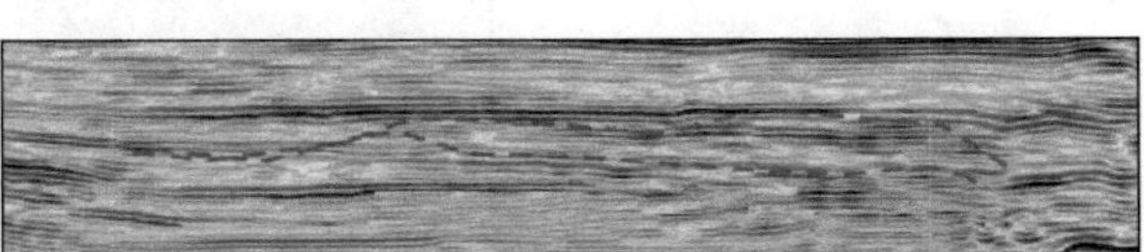
(b) 分流河道：中强振幅，透镜状，局部复波

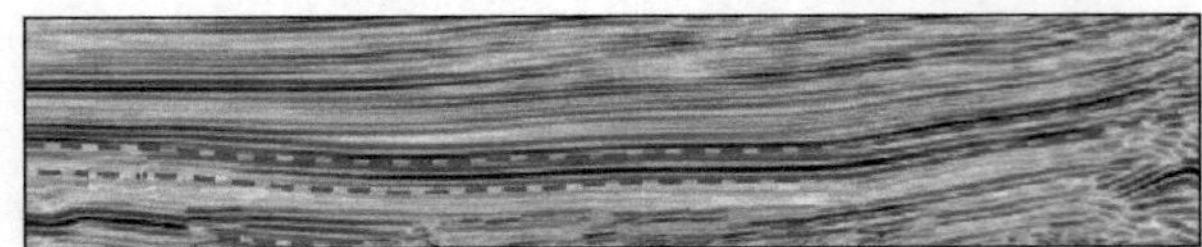

(c) 扇前缘、半深湖：强振幅，层状反射，平行结构

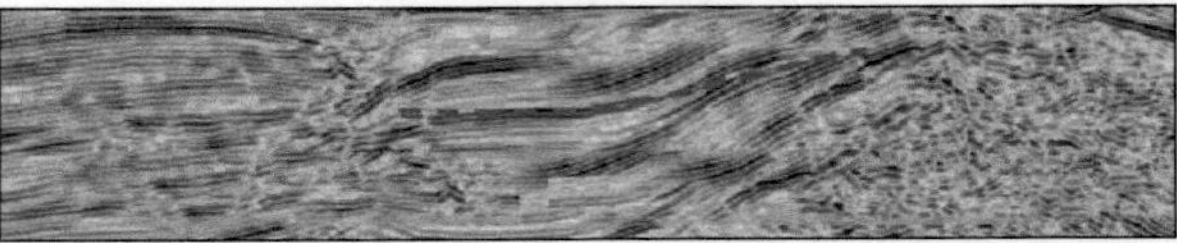

(d) 陡坡扇：中弱振幅，杂乱–亚平行反射，快速尖灭

图 1　鲍家 DS80 井区地震响应模板

2.1.2　细化内幕层序

以层序地层格架为基础，根据地层产状，选用等时地层切片，沿着两个等时界面内插出一系列层面来研究非水平、非等厚地层内沉积相带的展布规律，建立沉积体系内砂体演化模式，恢复沉积体系和沉积砂体演化历史。

在构造样式与地震层序的认知基础上，对 BJ 地区 DS80 井区营城组准层状介质，利用时频分析方法，进行细化内幕层序，整体上可分为分三个层序体(图 2)、五个含气单元。

2.1.3　精细刻画扇体

以往主要根据扇体存在的三分结构特征，采用地震包络属性方法来识别扇体，但是由于该区目的层内侵入岩的搅混填充，导致沉积岩层序中夹杂大量的强振幅反射的层状侵入岩，包络属性反映的实际上是侵入岩的特征。为了精准识别扇体，通过改进方法，优选基于地震波形正相关属性刻画扇体，排除侵入岩的影响。

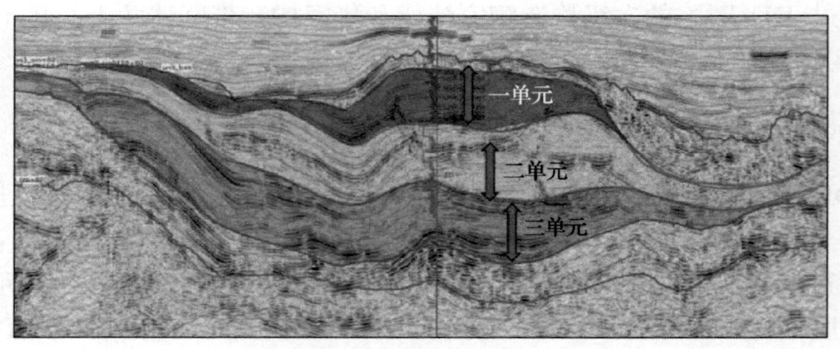

图 2　地震沉积学指导下的层序解释

如图 3 所示，在从下向上切的过程中，东西两支物源特征逐渐体现，东边是从陡坡延伸的扇三角洲，

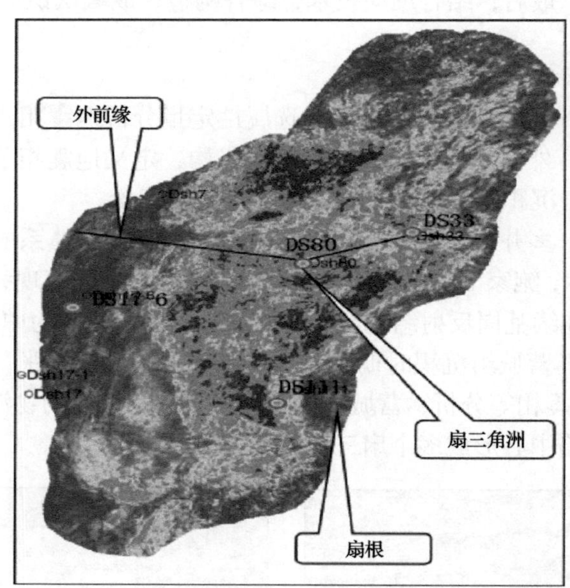

图 3　DS80 区块波形正相关属性扇体预测图

西边则是从外前缘过来的水下分流河道。图 3 中明显可以看出有两个朵叶状的扇体伸入湖中，西部物源扫把状特征逐渐显现；继续向北，扇体逐渐消失，深湖的沉积体系越来越清楚。

2.1.4 划分有利相带

结合构造、属性和砂体厚度，综合划分储层有利相带。利用营城组第二个砂组构造图，落实层间构造、确定圈闭范围；通过属性分析，判断物源方向、划分优势沉积相带；结合砂体厚度预测图，落实砂体厚度、确定储层厚值区。

应用基于扇三角洲沉积模式下的扇体刻画技术较好解决了内幕相带描述问题。在明确物源期次、落实层间构造的基础上，应用地震沉积学，细化内幕砂组，改进扇体刻画方法，剔除侵入岩的影响，划分出有利相带，结合成藏认识，预测“甜点”展布。

2.2 敏感性凝灰岩储层地震预测技术

HJ 构造带位于 DH 断陷中部，属于断陷湖盆沉积，断陷期同时构造运动强烈，火山活动频繁，地层厚度变化大，剥蚀缺失现象严重。其主要目的层为一套灰、深灰色泥岩与碎屑岩不等厚沉积。区内良好的生储盖配置组合，具备较好的成藏条件。

HJ 火石岭气藏为断块控藏，成藏整体连片但各断块差异富集，另外气水分异性差，均表现为上部气层下部含水。岩性、岩相影响储层的物性，需要深化储层及富集规律认识，优选出“甜点”区，才能整体实现效益动用。

2.2.1 明确优质储层敏感参数

近几年，通过精细的井震分析，发现火石岭组凝灰岩具有纵向厚度大、物性条件有利、气层厚度也较大等特点，具备效益勘探的条件。这套凝灰岩储层厚度为 31～86m，地震特征为两个波峰夹波谷一套中弱平行反射结构单元。

利用已知的地质模型(岩性组合、厚度及分布区间)求取对应的地震响应特征，这种基于正演模拟推导得到优质储层(或气层)的不同地震响应特征，明确了广覆式分布的两种岩性：沉凝灰岩和晶屑凝灰岩为储层的主要岩性。统计研究区内 6 口探井测井数据，并结合优质储层段的地震响应特征进行多属性分析，应用测井数据分析软件，多种测井参数两两交会，优选出反映有利储层的敏感参数。其中储层良好物性区间内晶屑凝灰岩的样本较多，确立晶屑凝灰岩为优势岩性。

2.2.2 有效储层及“甜点”预测

地震波在固体的岩石骨架和流动的孔隙流体组成的多相体呈现复杂性和多样性，其中岩石的弹性分量：基质模量、干骨架模量、孔隙流体模量和环境因素(包括压力、温度等)是互相影响、综合作用的。可以通过合理的岩石物理模型建立起上述模量之间的联系来识别岩石状态(成岩类型、矿物、孔隙、应力等)和流体性质(孔隙流体性质、压力、饱和度等)。

此次应用多井地层评价的岩石物理建模，重新建立 35 口井的正演模型，提高横波估算精度，使得岩石物理交会图版精准度增加，岩性、物性识别界限更加清晰。其中优质储层的叠前参数较为敏感，纵横波速比 V_p/V_s 下降，含气饱和度 S_g 上升，$\lambda\rho$-$\mu\rho$ 等参数均有响应(图 4)。

然后通过多种反演方法试验，寻求符合敏感性凝灰岩储层客观规律的最优化参数反演体。结合钻井分析，叠前资料 V_p/V_s 反演能够较好地揭示这套凝灰岩储层的纵横向的变化规律，预测了“甜点”的分布范围(图 5)。

2.2.3 实践应用成果

针对致密气藏储层的特点，在精细构造解释和工业化制图的质控基础上，采用针对不同沉积环境储层的地质特点和地震特征，利用地震属性分析技术和地震反演技术，从纵横向上定量描述储层，结合构造成藏认识，优选有利断块配置，针对火石岭组敏感性凝灰岩部署 BS 井。

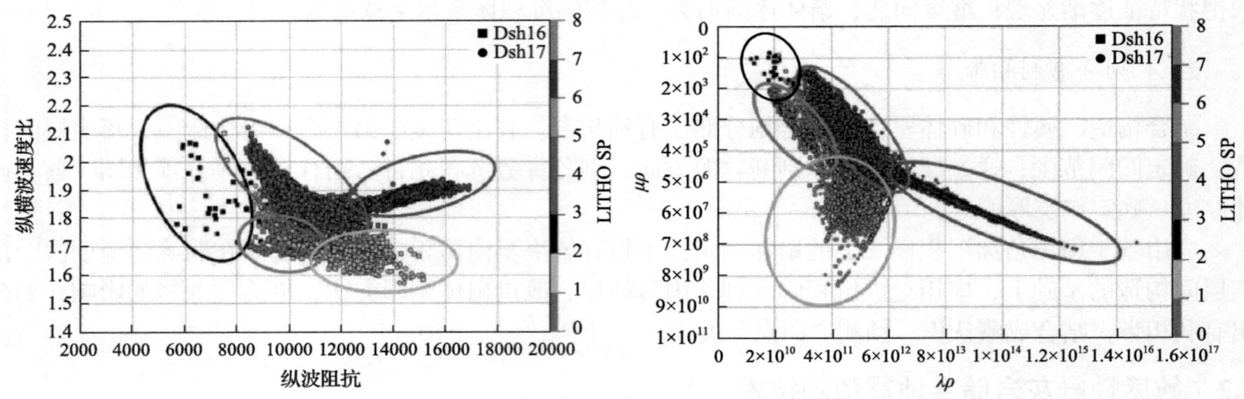

图 4　华家地区岩石物理模板

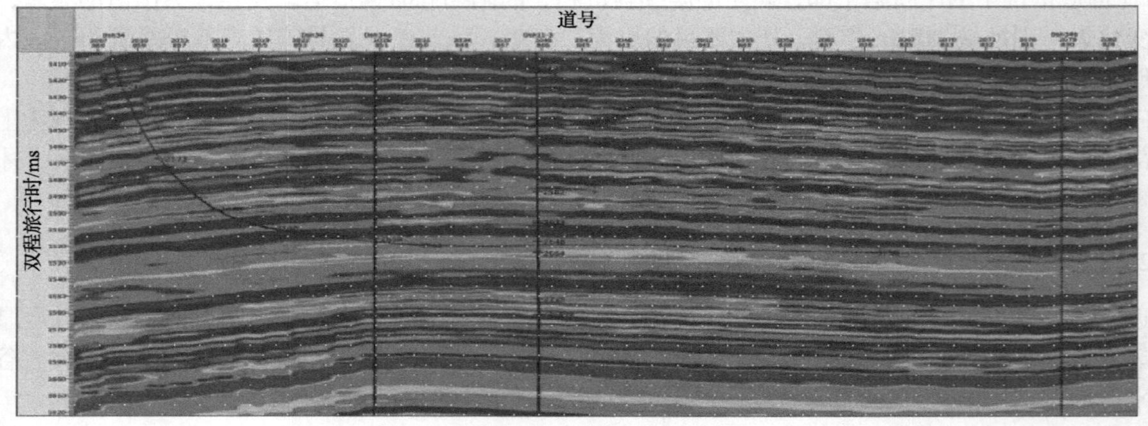

图 5　多种反演方法优选

通过严谨精准的钻前设计、实钻调整及钻后评价工作，BS 井钻遇凝灰岩符合率 100%，气层钻遇率 91%，试气获得 7.02 万 m^3/d。作为断陷深层第一口水平井，BS 井的成功实践，标志致密气藏取得重要发现，展现良好的动用潜力前景。

3　结　　论

致密气藏作为松南盆地剩余资源量中的重要组成部分，其有效经济动用是“加快资源评价，确保天然气稳定上产”的基础。而 DH 断陷致密气在勘探实践中研究了适用于致密气储层的地震预测技术，实现了资源的快速发现与效益动用，保障深层天然气发展战略的顺利实施。

(1) 本文研究形成了一套针对 DH 复杂断陷两大类致密储层的地震预测技术，并实现断陷致密气的有效动用，可推广在 CL、WF 等低信噪比低成熟度盆地。

(2) 对于源内勘探而言，有效烃源岩规模及品质是前提，有利相带及储层物性是基础，源储配置及保存是关键。

(3) 持续攻关储层预测技术，提高预测精度，加强裂缝、应力等工程参数预测方法，形成地质工程“甜点”综合评价技术。

参 考 文 献

高瑞祺，蔡希源. 1997. 松辽盆地油气田形成条件与分布规律[M]. 北京：石油工业出版社.

李勇根. 2009. 致密砂岩气藏叠前地震预测[D]. 北京：中国地质大学(北京).

王泽明. 2010. 致密砂岩气藏储层特征及有效储层识别研究[D]. 武汉：中国地质大学(武汉).

鄂尔多斯盆地大宁-吉县地区太原组致密砂岩气储层评价

姜亚南[1,2]，赵培华[2]，侯 伟[1,2]，董 瑞[1,2]，李永洲[1,2]，李星涛[1,2]，毛德雷[1,2]

（1. 中联煤层气国家工程研究中心有限责任公司，北京 100095；2. 中石油煤层气有限责任公司，北京 100028）

摘要：太原组稳定存在于鄂尔多斯盆地上古生界地层中，岩性主要碳质页岩、泥岩、粉砂岩与灰岩及少量煤层组成。为进一步评价太原组勘探潜力，寻求资源挖潜，以鄂尔多斯盆地大宁-吉县太原组致密砂岩气储层为研究对象，结合区域地质背景，利用录井、测井、压裂试气、生产动态资料和分析测试资料对大宁-吉县地区太原组致密砂岩气储层进行系统分析，进而指导储层评价。太原组致密砂岩气储层特征的确定，对储层评价及致密气开发具有重要指导意义。

关键词：鄂尔多斯盆地；大宁-吉县；太原组；致密砂岩气储层；低电阻率气层

Tight gas sandstone reservoir evaluation of Taiyuan Formation in Daning-Jixian area, Ordos Basin

Jiang Ya'nan[1,2], Zhao Peihua[2], Hou Wei[1,2], Dong Rui[1,2], Li Yongzhou[1,2], Li Xingtao[1,2], Mao Delei[1,2]

（1. China United Coalbed Methane National Engineering Research Center Co., Ltd., Beijing 100095; 2. PetroChina Coalbed Methane Company Limited, Beijing 100028）

Abstract: Taiyuan Formation distributes stably in the Upper Paleozoic strata of Ordos Basin, which mainly composed of carbonaceous shale, mudstone, siltstone, limestone and a small amount of coal. This paper is aimed to explorates potential evaluation of Taiyuan Formation, seek tight gas sandstone reservoir resources exploration in Taiyuan Formation of Daning-Jixian area. The research detailedly analyzes district geological material, mud logging, well logging, fracturing testing, production dynamic data analysis and test data of Daning-Jixian area of Taiyuan Formation of tight gas sandstone reservoir, and intends to guide the reservoir evaluation. The tight gas sandstone reservoir characteristics of Taiyuan Formation provides a strong theoretical basis for the tight gas exploration and development.

Keywords: Ordos Basin; Daning-Jixian area; Taiyuan Formation; tight gas sandstone reservoir; low resistivity gas layer

鄂尔多斯盆地主要资源潜力集中在上古生界，其中广泛分布低孔低渗大中型气藏（邓澄世，2017）。大宁-吉县区块位于鄂尔多斯盆地东缘晋西挠褶带南端与伊陕斜坡东南缘（聂志宏等，2018），主要目的层位为中二叠统石盒子组致密砂岩储层、下二叠统山西组致密砂岩储层和 5 号煤层与上石炭统本溪组 8 号煤层，对这些地层做了很多相关的研究，但目前对下二叠统太原组研究相对薄弱。

目前在鄂尔多斯盆地东北部神木气田（赵小会等，2019）、鄂尔多斯盆地东缘康宁区（向念，2020）和临兴气田（刘玲等，2019；王鹏等，2021）、鄂尔多斯盆地东部缘宜川地区（王涛等，2021）等在太原组致密气勘探取得显著进展，太原组致密气储层成为勘探开发的重点层位，成为致密砂岩气的主要产层之一，因此在大宁-吉县区块开展太原组致密气储层评价十分必要。

本文在鄂尔多斯盆地大宁-吉县地区太原组致密砂岩气结合岩心描述、薄片鉴定，基于常规测井资料

作者简介：姜亚南（1985—），高级工程师，主要从事油气田测井解释研究工作。地址：北京市朝阳区太阳宫南街23号丰和大厦，电话：13734590740，邮箱：jiangyanan@petrochina.com.cn。

对太原组致密砂岩气进行储层评价，为该地区太原组致密砂岩气储层勘探开发提供参考。

1 地质概况

鄂尔多斯盆地属于大型多旋回克拉通盆地(赵小会等，2019；王明哲，2020)。大宁-吉县地区位于鄂尔多斯盆地东南缘，属于自东向西倾斜的单斜构造。太原组在研究区均有分布，上覆下二叠统山西组、中二叠统石盒子组、上二叠统石千峰组，下伏上石炭统本溪组、中奥陶统马家沟组。研究区太原组岩性以灰岩、白云质灰岩、砂岩为主，顶部为东大窑灰岩，底部为晋祠砂岩，与上覆山西组、下伏本溪组均为整合接触(李永侦，2020)。研究区的主要砂岩岩石类型为石英砂岩，岩屑石英砂岩可见但含量较少，且在岩屑中未发现微裂隙(王明哲，2020)。

2 砂岩储层特征

本文数据来源为鄂尔多斯盆地大宁-吉县地区具有代表性的 15 口井，使用数据包括测井、录井和实验数据。实验包括铸体薄片镜下观察(由中国地质大学完成)、X 射线衍射分析(XRD)和压汞分析测试(由中国石油集团科学技术研究院完成)。

2.1 太原组电阻率值分析

阵列感应电阻率测井可以得到不同探测深度的电阻率曲线，较好地反映储层的电阻率值。钻井过程中，钻井液在一般情况下由于井内压力大于地层压力，会在渗透性地层侵入地层，阵列感应电阻率由于受到低电阻率钻井液影响导致侵入带电阻率值降低，主要体现在探测深度较浅的 M2R1、M2R2、M2R3 呈现较为明显的线性变化关系，而探测深度较深的 M2R6、M2R9、M2RX 呈现变化较小的线性关系。研究区太原组致密气砂岩储层主要呈现低侵特征，M2R2 值小于 M2RX 值(图 1)。

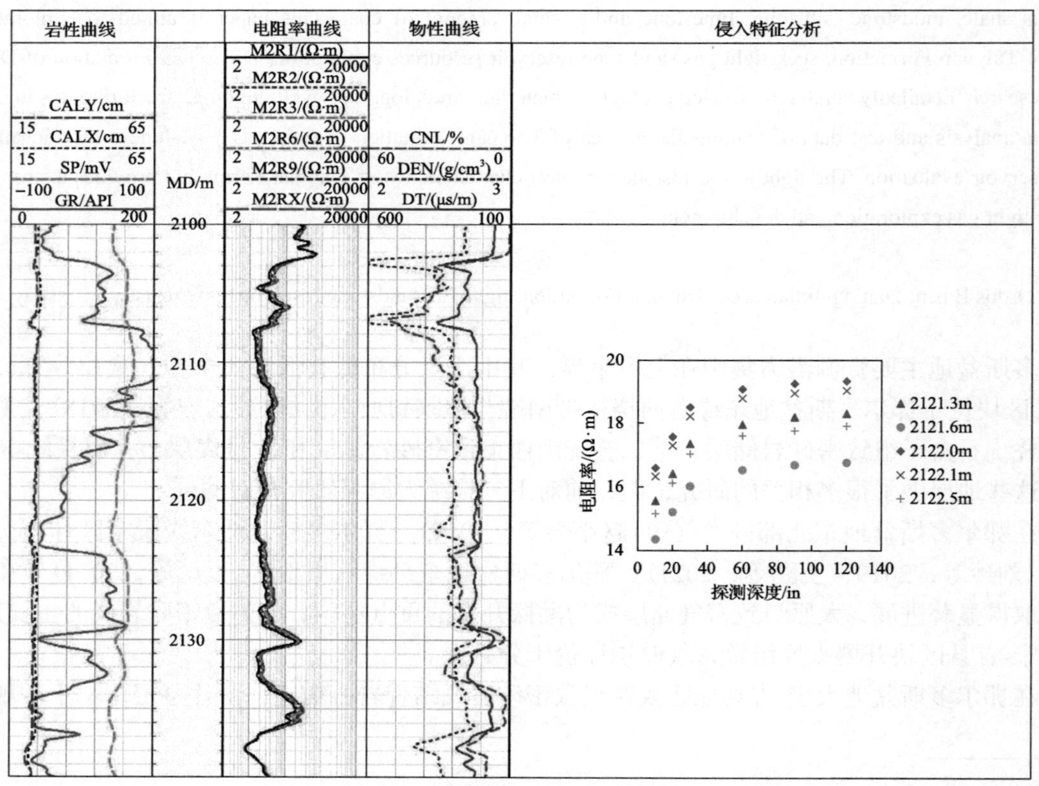

图 1 大宁-吉县地区太原组低电阻率气层阵列感应电阻率典型侵入特征

研究区石盒子组、山西组、太原组储层电阻率值纵向上差异较大。鄂尔多斯东缘大宁-吉县地区上部石盒子组储层深感应电阻率值大于 100Ω·m 的储层所占比例高达 61%，山西组储层深感应电阻率值大于 100Ω·m 的储层所占比例高达 63%，太原组储层深感应电阻率值大于 100Ω·m 的储层所占比例仅为 7%，储层电阻率值主要分布在 30Ω·m 和 100Ω·m 之间，低电阻率气层占比较高，电阻率值小于 30Ω·m 的储层高达 14%(表 1)。研究区太原组砂岩储层主要发育低电阻率气层，与上部地层石盒子组和山西组相比，电阻率值相对较低。

表 1　大宁-吉县致密砂岩气储层电阻率值分布情况表

层组	储层占比/%		
	M2RX＜30Ω·m	30Ω·m≤M2RX＜100Ω·m	M2RX≥100Ω·m
石盒子组	8	31	61
山西组	6	31	63
太原组	14	79	7

2.2　储层物性特征

鄂尔多斯盆地上古生界主要以致密砂岩储层为主。以 X 井铸体薄片为典型示例，对大宁-吉县地区太原组进行物性分析，该井石盒子组主要矿物以石英为主，岩屑次之，长石含量较少，发育粒间溶孔、岩屑溶蚀孔，见黏土矿物填充孔隙，胶结物含量约占 6%，岩心分析平均孔隙度为 8.67%，平均渗透率为 0.214mD；山西组发育岩屑溶蚀孔，见黏土矿物、方解石胶结，岩心分析平均孔隙度为 5.08%，平均渗透率为 0.065mD，胶结物含量约占 8%，X 射线衍射分析该井山西组储层黏土矿物主要为伊蒙混层，含量平均为 61%，伊利石次之，含量平均为 35%，仅含少量绿泥石和高岭石；太原组主要矿物成分以石英为主、岩屑次之，发育岩屑溶蚀孔、晶间孔，以方解石胶结为主，黏土矿物次之，部分薄片见方解石交代石英和石英次生加大边，岩心分析平均孔隙度为 6.47%，平均渗透率为 0.096mD，胶结物含量约占 11%(图 2)。

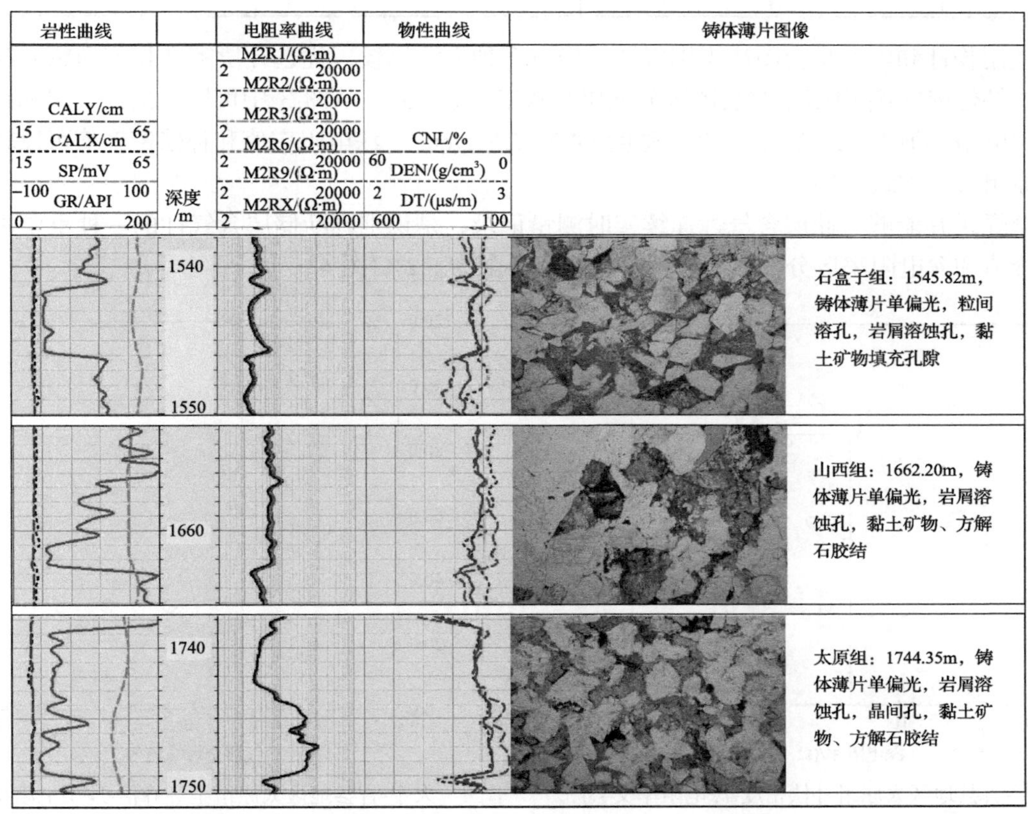

图 2　大宁-吉县地区 X 井砂岩储层测井曲线和铸体薄片图

研究区太原组砂岩储层以中粒岩屑砂岩为主，随着深度增加胶结物所占比例有所增加，储层胶结物石盒子组储层主要为黏土胶结，太原组储层主要为方解石胶结，黏土、硅质胶结次之。国内外研究表明，碳酸盐与硅质胶结物均不利于储层的发育(颜其彬等，2014；伏万军，2020)，太原组储层物性与石盒子组相比，孔隙度和渗透率均降低。国内外研究表明，碳酸盐胶结物对储层有双重影响，既会使原生孔隙减少，储层物性变差，又可阻碍压实作用进行，在适合的溶解作用下将占据的空间释放出来，铸体薄片显示，研究区太原组晶间孔较山西组发育，孔隙度较山西组高，渗透率降低。

2.3　太原组致密砂岩储层气层识别

研究区太原组致密砂岩气储层上部地层和下部地层均见致密灰岩发育，稳定沉积的灰岩成为致密盖层，因此太原组砂岩储层中天然气富集程度一般，且电阻率值相对较低，含气储层识别难。

研究区石盒子组和山西组利用物性和电性建立了致密气含气层识别图版，采用声波变密度曲线值和地层电阻率值进行含气层划分，确立了储层含气界限(表 2)，应用效果较好，已在大宁-吉县地区广泛应用。

表 2　大宁-吉县地区石盒子组、本溪组含气层识别界限表

地层		储层	地层电阻率/(Ω·m)	声波变密度/(μs/m)
石盒子组		差气层	38	210
		气层		225
山西组	山 1 段	差气层	60	210
		气层		220
	山 2 段	差气层	40	210
		气层		220

本文使用物性和电性交会图法识别气层。经过多种方法比较，优选补偿密度和阵列感应深电阻率曲线绘制储层补偿密度-深电阻率交会图区分气层和致密层(图 3)。从图 3 中可以看出：气层和致密层的大体界限为深电阻率值 Rt=24.2Ω·m，补偿密度 DEN=2.62g/cm^3。深电阻率值和补偿密度值可以较好地区分研究区太原组气层和致密层。

气测全烃录井能够对储层含气性连续实时测量记录，是识别判断储层含气性的一种重要手段。优选气测全烃峰值和深电阻率区分，目前产气全烃峰值界限为 6.2%(图 4)。

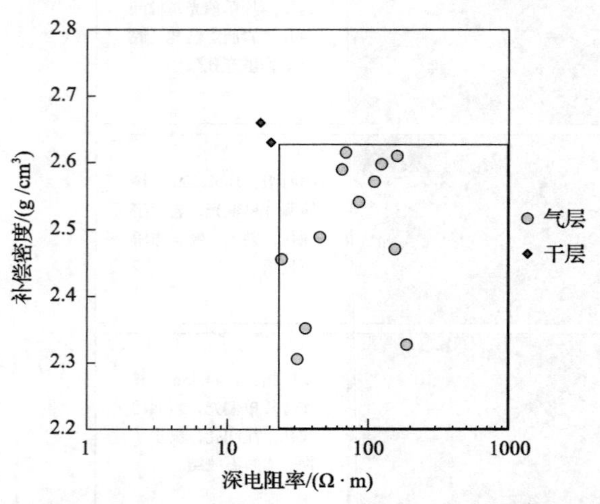

图 3　大宁-吉县地区太原组补偿密度-深电阻率交会图

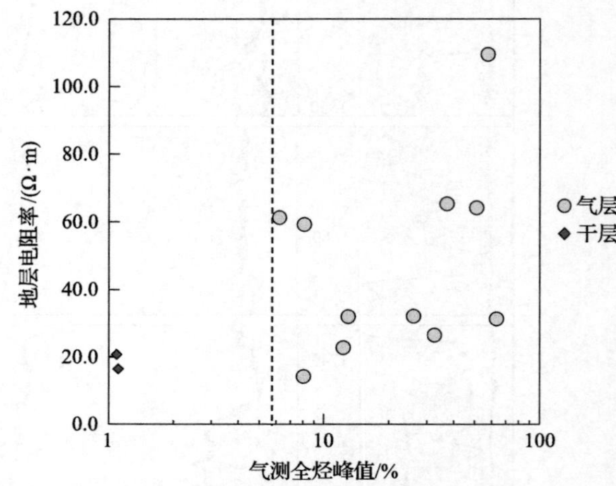

图 4　大宁-吉县地区太原组全烃峰值-地层电阻率交会图

3　太原组致密气砂岩储层物性计算

国内对鄂尔多斯盆地多个地区太原组致密砂岩气储层进行了储层特征研究，经过压汞分析，神府地区太原组储层孔隙度分布范围为0.20%～12.00%，渗透率分布范围为0.10～5.00mD，属于典型的低孔-特低孔、特低渗的致密砂岩储层(刘再振等，2017)，临兴地区太原组储层孔隙度分布范围为5.00%～12.00%，渗透率分布范围为0.10～1.00mD(葛东升等，2020)。统计研究区2口井15块样品压汞实验数据，研究区太原组储层孔隙度分布范围为1.60%～10.07%，平均值为7.13%，渗透率分布范围为0.01～0.30mD，平均值为0.09mD，均属于典型的低孔-特低孔、特低渗的致密砂岩储层。

对研究区压汞实验数据和测井曲线数据进行多元拟合，优选补偿密度、补偿中子、声波时差和自然伽马曲线得到计算孔隙度计算公式(1)，回归分析得到压汞孔隙度和计算孔隙度交会图，这两种孔隙度具有较好的相关性(图5)。

$$\rho = C_1 \times \mathrm{CNL} + C_2 \times \mathrm{DEN} + C_3 \times \mathrm{DT} + C_4 \times \mathrm{GR} + C_5 \tag{1}$$

式中，ρ 为计算孔隙度，%；CNL为补偿中子测井值，%；DEN为补偿密度测井值，g/cm^3；DT为声波时差测井值，μs/m；GR为自然伽马测井值，API；C_1、C_2、C_3、C_4、C_5均为公式参数。

通过对研究区太原组砂岩储层样品的压汞孔隙度、渗透率值的相关性进行分析(图6)，表明研究区太原组砂岩压汞孔隙度和渗透率之间具有较好的指数关系，得到孔隙度和渗透率关系式如下：

$$k = C_6 \mathrm{e}^{C_7 \rho_{汞}} \tag{2}$$

式中，k 为压汞渗透率；$\rho_{汞}$为压汞孔隙度；C_6、C_7均为公式参数。

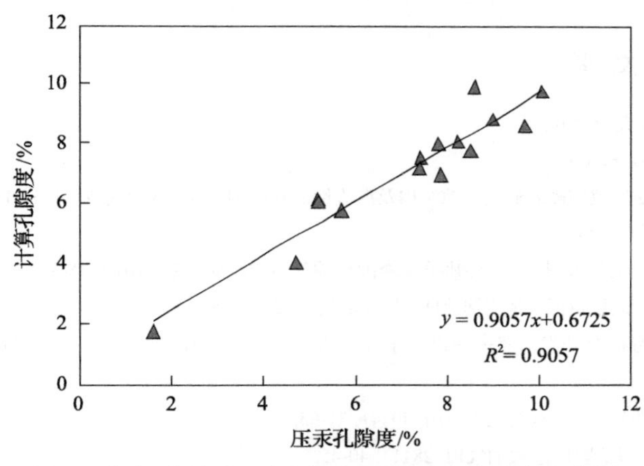

图5　大宁-吉县地区太原组压汞孔隙度渗透率交会图

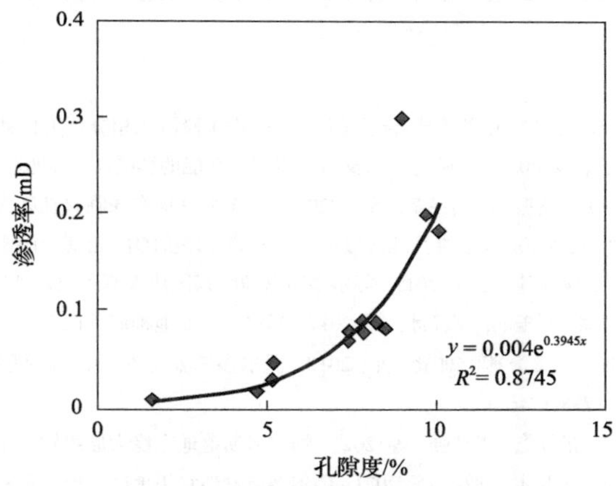

图6　大宁-吉县地区太原组压汞孔隙度渗透率交会图

利用式(1)、式(2)将压汞实验孔隙度、渗透率和测井曲线之间联系起来，可得到相对准确的孔隙度、渗透率计算值，进而更好地评价储层含气潜力。

4　图版验证

研究区XP19井导眼井太原组36号层电阻率值为29.1Ω·m，体积密度值为2.47g/cm^3，全烃气测值为43.7%，在所建图版上位于气层(图7、图8)，经过对XP19井太原组水平段压裂改造、关放排液、气举排液，累计出液2705.8m^3，入井总液量11789.8m^3，返排率22.9%。后期为间断出液，点火可燃，火焰连续，火焰颜色红黄，高度为10～15m。根据所取资料综合分析，本层试气结论为“含气层”。试气结果与图版解释吻合，从产气效果来看，太原组砂岩储层具有较好的潜力，可以作为下一步勘探开发方向。

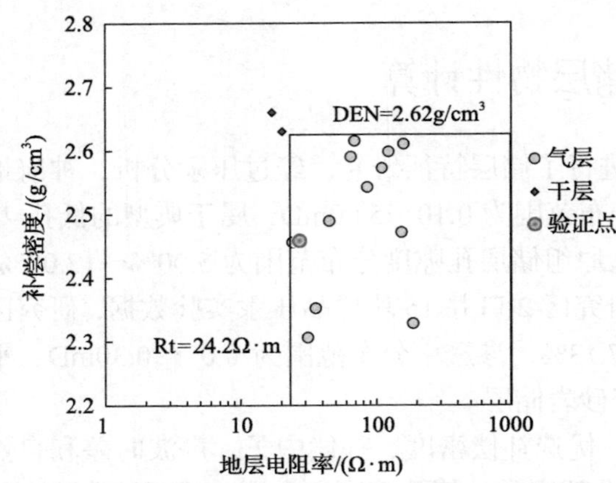

图 7　XP19 井太原组补偿密度-地层电阻率验证图

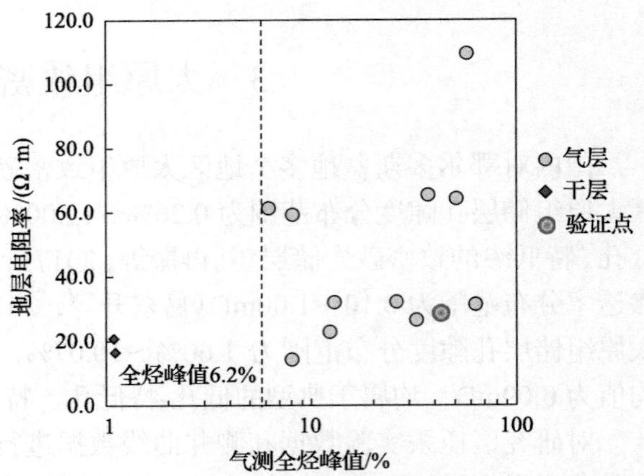

图 8　XP19 井太原组全烃峰值-地层电阻率验证图

5　结　论

(1) 太原组致密砂岩储层以中粒岩屑砂岩为主，胶结方式有方解石、黏土矿物胶结，见方解石交代石英和石英次生加大边，胶结物占比较大，导致储层孔隙度、渗透率均较低。

(2) 大宁-吉县地区太原组致密砂岩储层具有低电阻率差异大、中高电阻率差异较小的电阻率特征。

(3) 大宁-吉县地区太原组致密砂岩储层气层和致密层界限为 Rt=24.2Ω·m，补偿密度值 DEN=2.62g/cm^3。

(4) 太原组致密砂岩储层属于典型的低孔-特低孔、特低渗的致密砂岩储层，计算孔隙度与压汞实验孔隙度、渗透率之间相关性较好，可进行储层评价。

参 考 文 献

邓澄世. 2017. 山西大宁-吉县地区盒 8—山 1 段沉积相分析[D]. 武汉: 长江大学, 2017.

伏万军. 2000. 粘土矿物成因及对砂岩储集性能的影响[J]. 古地理学报, 4(3): 60-69.

葛东升, 蔡振华, 刘灵童, 等. 2020. 鄂尔多斯盆地东缘临兴地区太原组太 2 段致密砂岩储层孔隙结构及渗流特征分析[J]. 非常规油气, 7(6): 11-17.

李永侦. 2020. 大宁吉县地区煤系泥页岩储层评价[D]. 北京: 中国地质大学(北京).

刘玲, 汤达祯, 王烽. 2019. 鄂尔多斯盆地临兴区块太原组致密砂岩黏土矿物特征及其对储层物性的影响[J]. 油气地质与采收率, 26(6): 28-35.

刘再振, 刘玉明, 李洋冰, 等. 2017. 鄂尔多斯盆地神府地区太原组致密砂岩储层特征及成岩演化[J]. 岩性油气藏, 29(6): 51-59.

聂志宏, 巢海燕, 刘莹, 等. 2018. 鄂尔多斯盆地东缘深部煤层气生产特征及开发对策——以大宁-吉县区块为例[J]. 煤炭学报, 2018, 43(6): 1738-1746.

王鹏, 张红杰, 张林强, 等. 2021. 鄂尔多斯盆地东缘太原组转向压裂可行性分析[J]. 石油化工应用, 40(4): 31-35.

王涛, 聂万才, 刘军, 等. 2021. 鄂尔多斯盆地宜川地区太原组致密砂体控砂机理[J]. 断块油气田, 28(1): 40-45.

王明哲. 2020. 大宁区块本溪—太原组砂岩储层特征研究[D]. 北京: 中国地质大学(北京).

向念. 2020. 鄂尔多斯盆地东缘康宁区太原组层序地层划分方案[J]. 石化技术, 27(3): 87, 93.

颜其彬, 陈培元, 杨辉廷, 等. 2014. 普光气田须家河组黏土矿物及胶结物对致密砂岩储层的影响[J]. 中南大学学报(自然科学版), 45(5): 1574-1582.

赵小会, 刘燕, 王彦卿, 等. 2019. 鄂尔多斯盆地太原组砂体结构特征及成因分析[C]//环境与地球科学国际会议论文集, 上海.

子波分解与重构技术在煤系地层致密砂岩薄储层预测中的应用

贾学成[1]，张宝权[1]，石　石[2,3]，杨志如[1]，孙　佩[1]，黄　力[2,3]，张　稳[2,3]

（1. 中国石油集团东方地球物理勘探有限责任公司，涿州 072750；2. 中石油煤层气有限责任公司，北京 100028；3. 中联煤层气国家工程研究中心有限责任公司，北京 100095）

摘要：大宁-吉县区块位于鄂尔多斯盆地东缘南部，下二叠统山西组山 2^3 亚段是目前主要开发层系，其致密砂岩储层非均质性强，单储层厚度薄，横向变化大；受上覆 5#煤及下伏 8#煤两套煤层干扰，常规地震响应上难以有效地区分储层，砂岩储层预测难度大。针对其难点，本文采用子波分解重构技术，把一个地震道通过匹配追踪的方式分解成多个不同形状、不同主频的地震子波分量，再结合钻井和测井资料，建立不同频段子波数据波分量进行合理的选择与重构，重构出的数据体减弱了上覆 5#煤及下伏 8#煤两套强反射影响，突出了山 2^3 亚段致密砂岩地震弱反射信号的响应特征，实现了山 2^3 亚段砂岩储层快速直接有效的识别，提高了储层预测精度，为水平开发井部署提供了依据和支撑。该技术在鄂东缘煤层地层致密砂岩储层预测中进行了推广应用。

关键词：子波分解与重构；强反射；8#煤；薄储层；致密气

Application of wavelet decomposition and reconstruction technology in prediction of tight sandstone thin reservoir in coal measures

Jia Xuecheng[1], Zhang Baoquan[1], Shi Shi[2,3], Yang Zhiru[1], Sun Pei[1], Huang Li[2,3], Zhang Wen[2,3]

（1. Bureau of Geophysical Prospecting Inc., China National Petroleum Corporation, Zhuozhou 072750; 2. PetroChina Coalbed Methane Company Limited, Beijing 100028; 3. China United Coalbed Methane State Engineering Research Center Co.,Ltd., Beijing 100095）

Abstract: The Daning-Jixian block is in the south area on the eastern Ordos Basin. The main development stratum is the Shan 2^3 sub member of Shanxi formation which deposits thin sand reservoirs, changing drastically in lateral direction. Affected by adjacent 5# and 8# coal, it is difficult to effectively identify the thin reservoirs by origin seismic. In this paper, the wavelet decomposition and reconstruction technology is used to decompose a single seismic trace into different wavelets which then were reconstructed to separate coal beds strong reflection by matching tracking theory to highlight the characteristics of Shan 2^3 sand signals. This technology realizes rapid and effective reservoir identification and improves the accuracy, which has been applied in coal measures in the other blocks of the eastern Ordos Basin.

Keywords: wavelet decomposition and reconstruction；the strong reflection；8# coal；thin sand reservoirs；tight sandstone gas

致密砂岩气(以下简称致密气)是非常规油气勘探开发的重要领域之一。2014 年在鄂尔多斯盆地东缘大宁-吉县区块下二叠统山西组致密砂岩储层中的测试获得高产工业气流，揭开了大宁-吉县区块煤系地层致密气勘探开发的序幕。经过近几年的滚动勘探开发，已经明确了该区煤系地层致密气开发的主要层位

作者简介：贾学成(1987—)，现主要从事地震资料解释及非常规储层预测方面的工作。地址：河北省涿州市开发区物探科技园，电话：15732283628，邮箱：jiaxuecheng@cnpc.com.cn。

是 5#煤和 8#煤之间的山 2^3 亚段下砂岩。该套薄砂岩需要通过钻探水平井提高单井产能才能实现储量有效动用。煤层速度一般相对围岩较低，5#煤（Tp10）及 8#煤（Tc2）顶面反射层同相轴表现连续、低频的强反射特征。在强反射特征影响下，山 2^3 亚段下砂岩的响应特征在现有的地震资料下难以识别，储层预测精度不高，难以对水平井部署和实时跟踪导向提供有效支撑，满足开发阶段的需求。

子波分解与重构技术在 20 世纪 90 年代由 Mallat 和 Zhang 提出，目前已经被广泛应用于提高地震分辨率和复杂储层识别，在储层预测方法中占据了重要地位。强反射背景下的薄砂层识别问题是世界级攻关难题，煤层低频强反射降低了地震反射波纵、横向分辨率，屏蔽了揭示储层地质特征的反射异常，严重干扰储层的有效预测[1]。王亚等[2]将子波分解与重构技术用于含煤砂岩储层的油气性检测，有效排除了低频煤层干扰，在含油气性预测中取得了较好效果；佘刚等[3]将该技术应用于鄂尔多斯盆地北部大牛地气田的含气砂岩储层预测，取得了较好的应用效果。

基于目前的应用现状，结合研究区复杂的地质特征及储层预测的难点，本文对研究区原始地震数据应用子波分解与重构技术，通过匹配追踪的方式把地震道分解成多个不同形状、不同主频的地震子波，再结合钻井和测井资料，建立不同频段子波数据体与砂岩储层特征之间的关系，合理地选取对储层表征比较好的频段进行重构。重构出的数据体减弱了上覆 5#煤及下伏 8#煤两套低频强反射地震响应的影响，突出了山 2^3 亚段下砂岩地震弱反射信号的特征，提高了研究区砂岩预测精度，为该区识别强反射屏蔽背景下的薄砂体提供了新思路。

1　子波分解与重构的基本原理

在传统的地震资料处理与解释中，地震道基本模型通常是假设由单一地震子波与地层反射系数褶积形成。而在实际生产中，地震波的频率会随地层深度的增加而降低，在同一地震数据中，地震信号对不同类型的储层和非储层、含油气层和不含油气层的响应特征、形状、频率等也各不相同，因此传统地震道模型与实际情况之间存在一定程度的差异。为了提高精确度，假设一个多子波地震道模型，该模型中的地震子波形状、频率等每发生一次反射，就会发生改变，整个地震道由所有的这些反射对应叠加而成[4]。子波分解重构技术的基本原理是：基于多子波地震道模型，将地震道匹配分解为多个不同主频、不同形状的地震子波分量，再有选择性进行重构以识别有利储层或流体类型[5,6]。具体而言，把一个地震道通过匹配追踪的方式分解成多个不同形状、不同主频的地震子波，再结合钻井结果和测井资料，建立不同频段不同类型的子波分量数据体与储层特征、油气响应之间的关系，选取对储层或油气表征比较好的地震子波分量进行合理重构，这就是子波的分解与重构（图 1）。

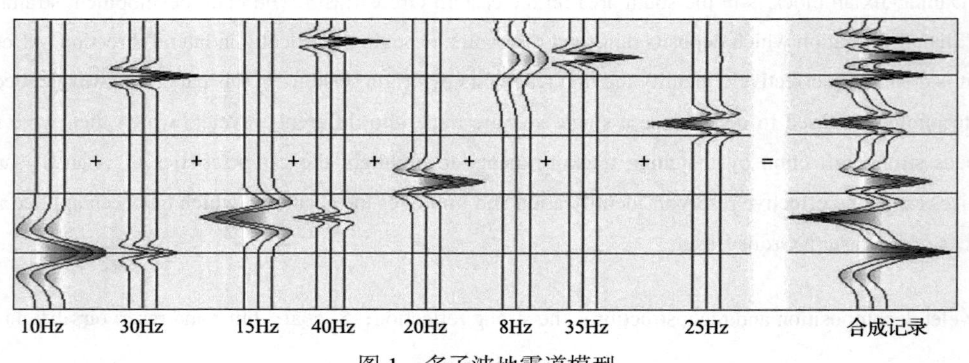

图 1　多子波地震道模型

具体而言：运用于子波分解的匹配追踪算法将信号展开为一系列地震子波，通过迭代自适应地拾取最优子波 w_{Γ_n} 经过 N 次迭代，可将地震信号 $S(t)$ 展开为[7]

$$S(t)=\sum_{n=0}^{N-1}a_n w_{\Gamma_n}(t)+R^{(N)}S \tag{1}$$

式中，a_n为第n个子波w_{Γ_n}的振幅；$R^{(N)}S$为残差。

小波(子波)振幅a_n由以下步骤求取[8]。

(1)计算目标地震道周边L道数据的平均值，得到平均地震道为

$$R^{(n)}S = \frac{1}{L}\sum_{i=1}^{L} R^{(n)}S_i \tag{2}$$

(2)计算时间延迟、瞬时频率和瞬时相位，再利用式(3)初步计算子波的尺度因子，得到小波四参数，即多道方法参数求取时，把相邻L道地震信息都加入到求取公式中来，利用式(3)对参数进行搜索后，计算优化后的子波四参数，公式为

$$w_{\Gamma_n}(t) = \arg \max_{w_{\Gamma_n} \in D} \frac{\sum_{i=1}^{L} |\langle R^{(n)}S,\ w_{\Gamma_n} \rangle|}{\| w_{\Gamma_n} \|} \tag{3}$$

(3)用式(4)估计振幅参数a_n：

$$a_n = \frac{|\langle R^{(n)}S,\ w_{\Gamma_n} \rangle|}{\| w_{\Gamma_n} \|} \tag{4}$$

多个不同形状、不同主频的子波再结合钻井结果和测井资料，建立不同频段不同类型的子波分量数据体与储层特征、油气响应之间的关系，选取对储层或者油气表征较好的地震子波分量进行合理重构，从而达到从原始地震中分离出煤层强地震反射，形成新数据体[2,9]。

根据子波分解及重构的原理，结合山2^3亚段的地震反射特征，采用以下技术思路和流程：

(1)根据原始地震资料的反射特征，结合实钻井资料进行正演分析，明确影响目的储层的响应范围，选取合适的时窗。

(2)分析原始地震资料储层段有效频带范围，对原始地震资料进行子波分解。

(3)分析过井地震剖面和频谱分布特征，优选出能突出储层优势地震子波分量进行重构。

(4)利用重构后的地震数据进行多属性综合分析，定性预测有利薄储层分布范围。

(5)利用重构后的地震数据进行波形指示反演，定量预测有利薄储层展布规律。

2　子波分解与重构的应用效果

2.1　研究区地质、地震条件

大宁-吉县区块位于鄂尔多斯盆地晋西挠褶带南端与伊陕斜坡东南缘，整体呈现为“一隆一凹两斜坡”的构造格局，分别为中部的桃园背斜带、蒲县凹陷带、东部的明珠斜坡带和西部斜坡带。西部斜坡带是致密气勘探开发主战场，构造简单，地层平缓，断层不发育。山西组为一套河流-三角洲相沉积的含煤地层，依据岩性组合自下而上划分为山2段、山1段，其中山2段又划分为三个亚段，自下而上为山2^3亚段、山2^2亚段和山2^1亚段。山2^3亚段处于三角洲前缘沉积相带的末端，山2^3亚段下砂岩厚度相对较薄(多介于2～15m，平均为5m)且相变频繁[10]。

山2^3亚段下砂岩夹持在山西组5#煤和本溪组8#煤之间，中间还发育太原组的灰岩。煤层速度较低，平均速度为2500m/s左右，5#煤与上覆泥岩(平均速度4400m/s左右)，8#煤与上覆灰岩(平均速度6100m/s左右)具有较大的速度和密度差，在地震剖面上形成强振幅、低频、连续的反射特征。在常规地震剖面上［图2(a)］，山2^3亚段下砂岩上覆的5#煤和下伏的8#煤之间波峰反射同相轴附近，表现为较强振幅、较连续反射特征。大吉47井与大吉8-6井同相轴能量横向变化不大，与砂岩厚度关系不明显。

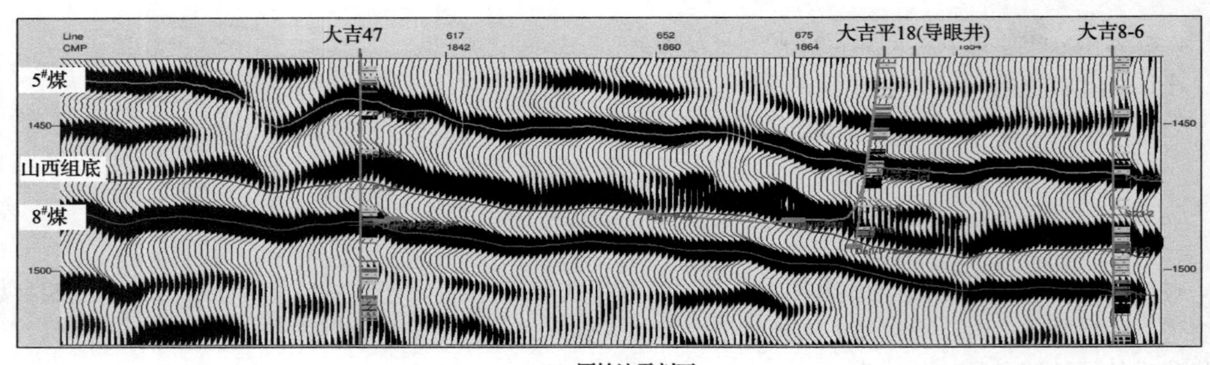

(a) 原始地震剖面

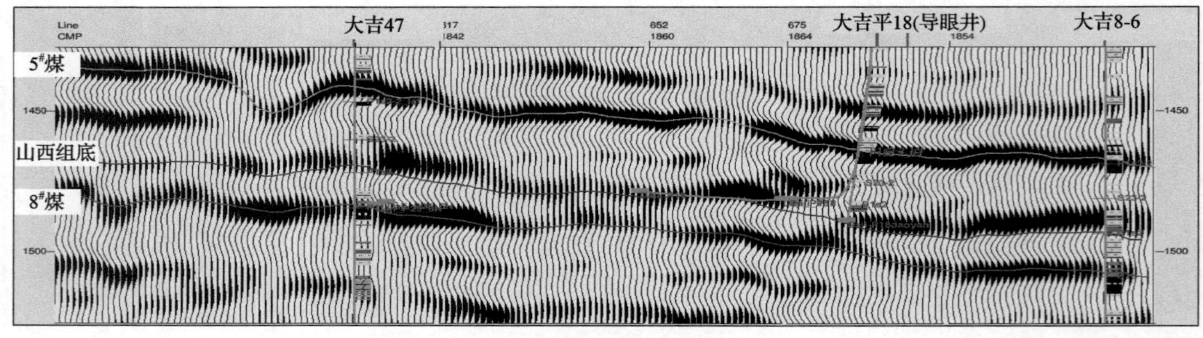

(b) 去煤层后重构体剖面

图 2　常规地震剖面(a)和重构地震剖面(b)

2.2　模型正演分析

煤层纵横波速度、密度均比正常压实砂泥岩小，形成强波阻抗界面，引起下行地震波产生强烈的投射损失，对煤下附近的储层响应易构成屏蔽影响。本文通过一维正演模型分析(图 3)，不同的岩性界面可以分解为不同的子波，因 5#煤跟 8#煤较强的地震反射系数，分解的子波可以形成较强的主峰跟旁瓣。山 2^3 亚段下砂岩的地震反射信息除了受到上覆 5#煤的屏蔽影响外，也受到了 8#煤的干扰作用。随后进行了一组二维模型正演试验(图 4)，分别对原始井资料及去掉 8#煤(8#煤地层速度替换为 4400m/s 左右)后的井重构曲线进行模型正演，发现去掉 8#煤强反射后，山 2^3 亚段下砂岩的地震反射特征得到加强，表现为较强振幅反射特征。

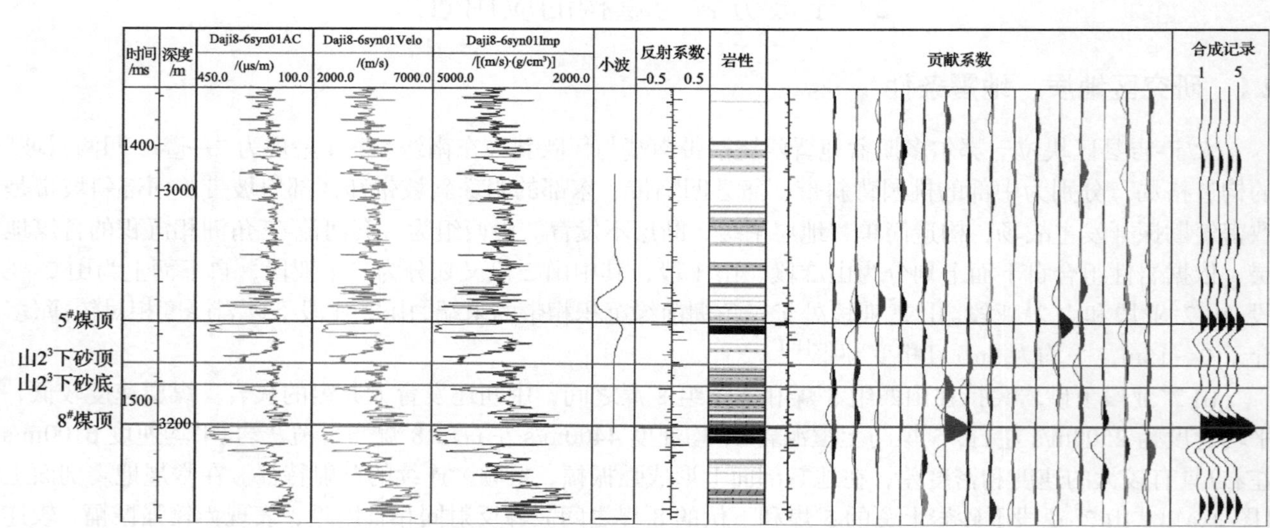

图 3　大吉 8-6 井一维正演模型

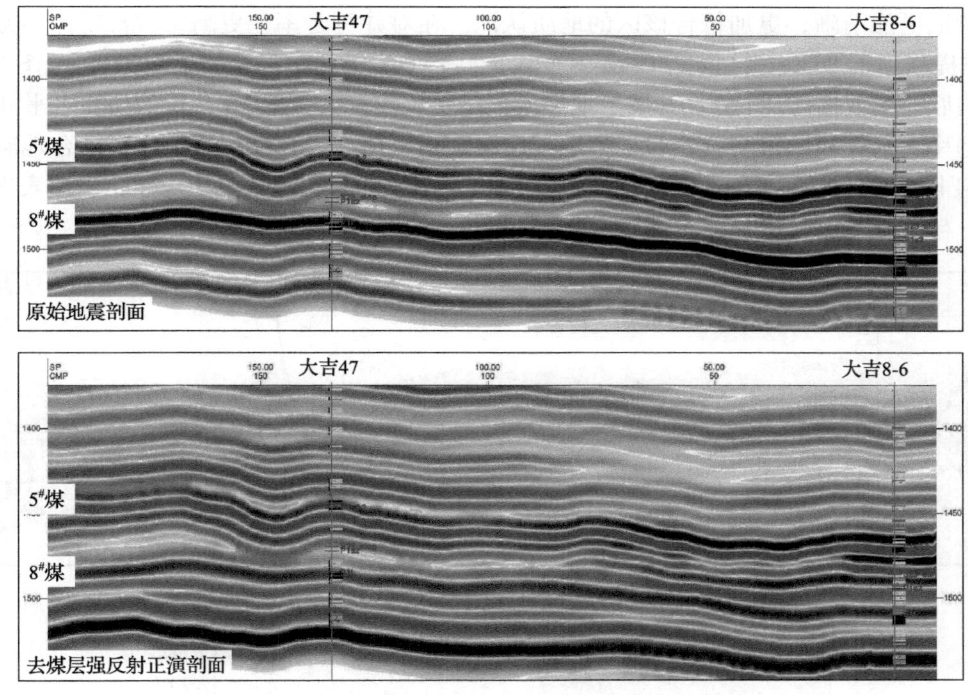

图 4　过大吉 47 井—大吉 8-6 井二维模型正演

2.3　子波分解与重构效果分析

首先选择合适的时窗范围确保能完整包含 $5^{\#}$煤、$8^{\#}$煤的地震反射特征，合理子波的地震主频率范围对地震数据进行子波分解，确保对分解后的数据进行全频段重构，可以得到原始地震数据。在子波分解的基础上，结合已钻井砂体发育特征，通过多口地震连井剖面对比，去除表征 $5^{\#}$煤、$8^{\#}$煤低频强振幅的第一、第二子波分量后，其余地震子波分量进行重构，重构后的地震体反射特征与已钻井更加吻合。大吉 47 井在山 2^3 亚段发育 0.6m 下砂岩，表现为弱振幅地震反射；大吉 8-6 井山 2^3 亚段下砂岩发育，为强振幅反射特征，大吉平 18 导眼井山 2^3 亚段下砂岩为 2.5m，位于砂体边部。大吉平 18 井 1000m 水平段砂体钻遇率为 98.5%，位于另一期河道砂体主部位（图 2）。

从重构后的山 2^3 亚段的均方根振幅属性图看（图 5），与原始地震数据的属性图对比有较大的差异，

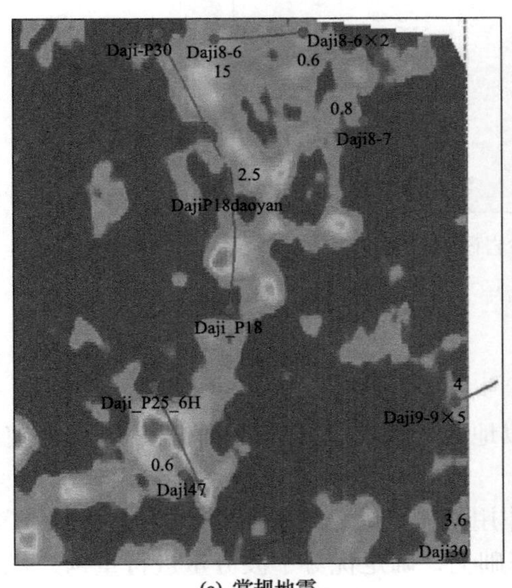

(a) 常规地震　　(b) 重构地震

图 5　山 2^3 亚段常规地震和重构地震均方根振幅属性平面图

南北向河道特征更加清晰，更加符合该区的地质认识。在对井符合率上更高，较常规体均方根振幅属性57%的符合率提高到了85%。3口水平井山2^3亚段下砂岩砂岩钻遇率都达到了90%以上(图5)。

基于重构后地震数据体(图6)，开展了地震波形指示反演，大吉平18井作为后验水平井，具有98%以上砂体钻遇率，与反演结果吻合，验证了地震反演结果可信。最终利用反演成果结合地震平面属性，编制了山2^3亚段下砂岩厚度平面图(图7)。山2^3亚段下砂岩的分布符合沉积规律，砂体表现为北偏西至南方向展布，与区域北西向物源方向更加吻合。

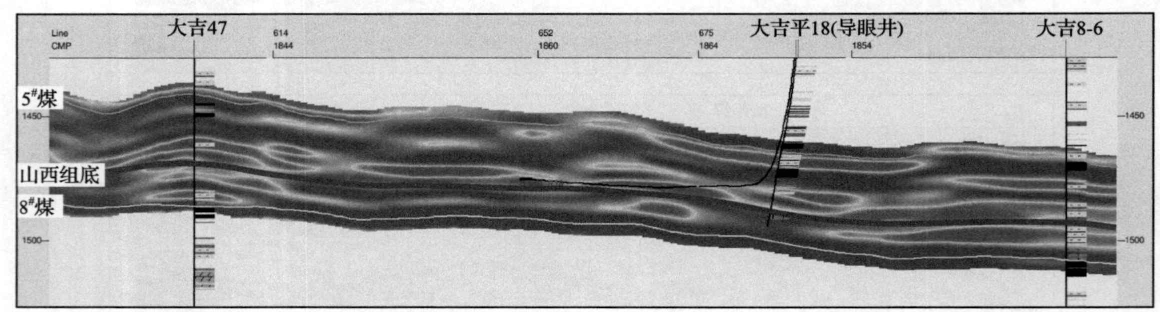

图6　重构数据体(5#煤—8#煤)地震波形指示反演剖面

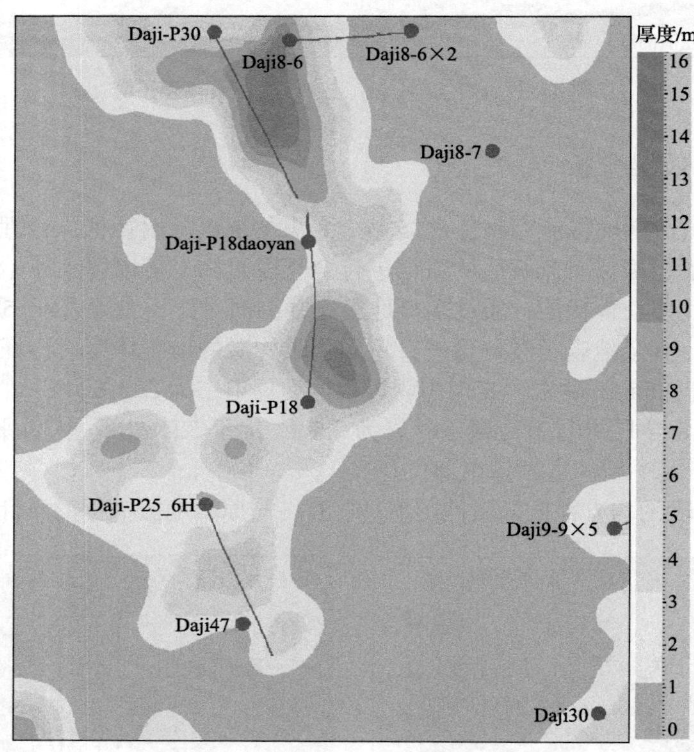

图7　山2^3亚段下砂岩砂体厚度平面图

3　结　　论

(1)子波分解与重构技术利用子波的可解析性，以地震资料信息真实性为前提，在小时窗范围内开展地震属性综合分析提供了可靠的理论基础。

(2)正演模型表明，除了上覆强反射煤层的屏蔽作用外，下伏煤层强反射子波分解后的子波分量旁瓣对附近砂岩层存在较大的干扰。需要在充分考虑的基础上，确定优势子波分量进行重构，优选能较好反映砂层的振幅属性和技术手段。

(3)实际应用结果表明，应用子波分解与重构技术得到的砂体预测结果与实钻砂岩厚度的吻合率更高，能够更好地对砂体进行识别。可见将地震子波分解与重构技术应用于大吉-吉县地区山 2^3 亚段下砂岩的储层预测工作中，能够更好地解决复杂岩性背景下薄砂体预测难题，提高砂体储层预测精度。但是我们也认识到，鄂尔多斯盆地上古界致密砂岩气地质条件的复杂性远远超过我们的想象，子波分解技术的应用仍需在实践中不断摸索。

参考文献

[1] 赵龙梅, 文桂华, 李星涛, 等. 鄂尔多斯盆地大宁-吉县区块山西组 2^3 亚段致密砂岩气储层“甜点区”评价[J]. 地质勘探, 2018, 38(S):5-10.

[2] 王亚, 冯小英, 秦琛, 等. 子波分解与重构技术在山西郑庄煤层含气性识别中的应用[J]. 中国石油勘探, 2015, 20(1):78-83.

[3] 佘刚, 周小鹰, 王箭波, 等. 多子波分解与重构法砂岩储层预测[J]. 西南石油大学学报(自然科学版), 2013, 35(1): 19-27.

[4] 陈人杰, 童思友, 刘怀山, 等. 基于子波分解与重构的储层预测技术[J]. 海洋地质前沿, 2014, 30(1): 55-61.

[5] 代双和, 陈志刚, 于京波, 等. 多子波分解与重构技术在阿尔及利亚 TKT—NGS 油田储层描述中的应用[J]. 石油地球物理勘探, 2011, 46(1): 103-109.

[6] 许翔, 巫盛洪, 梁瀚, 等. 子波分解重构技术在储层流体识别中的应用[C]//2020 年国际地球物理会议, 南京, 2020.

[7] 蔡文杰, 张宏, 汪勇, 等. 地震子波分解与重构技术在查干泡地区扶余油层储层预测中的应用研究[J]. 地球物理学进展, 2019, 34(4): 1381-1390.

[8] 龙隆, 冉崎, 陈康, 等. 强反射分离方法在茅口组储层预测中的应月[C]//中国石油学会 2019 年物探技术研讨会, 2019.

[9] 朱博华, 向雪梅, 张卫华. 匹配追踪强反射层分离方法及应用[J]. 石油物探, 2016, 55(2): 280-287.

[10] 李永洲, 文桂华, 李星涛, 等. 沉积微相控制下的煤系地层致密砂岩气储层预测方法——以鄂尔多斯盆地大宁-吉县区块下二叠统山西组为例[J]. 天然气工业, 2018, (S1): 7.

数值模拟技术在鄂东气田石楼西区块开发部署优化中的应用

翟雨阳[1,2]，石 石[1,2]，赵龙梅[1,2]，黄 力[1,2]，武 男[1,2]，张 稳[1,2]，赵浩阳[1,2]

（1. 中石油煤层气有限责任公司，北京 100028；2. 中联煤层气国家工程研究中心有限责任公司，北京 100095）

摘要：石楼西区块构造位于鄂尔多斯盆地东部晋西挠褶带与伊陕斜坡的过渡带，该区块古生界具有广覆型生烃，储集岩多层系发育，区域性封盖层广泛分布等诸多有利条件，目前已经成为储量超过千亿立方米的大型气田。为了延长该气田稳产时间、提高气藏采收率，本文总结了区块开发过程中所取得的地质与气藏工程认识，分析了影响气田稳产的难点，首次创新利用建模-数模一体化技术，研究该区块储层构造特征、储层物性、产气规律等特征，在此基础上，对区块进行产能评价、井网井距优选、开发指标预测等。研究结果表明，针对致密砂岩气藏强非均质性的特征，建议采用整体部署，富集高产区优先建产的部署原则，采用静、动态结合的储层精细描述技术和井型部署优化技术，结合老井综合治理、重复压裂改造等手段，通过地质-工程一体化研究，提高储量动用程度，以提高气藏最终采收率。

关键词：鄂尔多斯盆地；致密砂岩气藏；产能预测；井网优化；开发方案优化

Application of numerical simulation technology in the development arrange in West Shilou block of East Ordos gas field

Zhai Yuyang[1,2], Shi Shi[1,2], Zhao Longmei[1,2], Huang Li[1,2], Wu Nan[1,2], Zhang Wen[1,2], Zhao Haoyang[1,2]

(1. PetroChina Coalbed Methane Company Limited，Beijing 100028; 2. China United Coalbed Methane National Engineering Research Center Co., Ltd.，Beijing 100095)

Abstract: West Shilou block structure is located in the transitional zone between Shanxi flexure belt and Yi-Shan slope in the east of Ordos Basin. The Paleozoic of this block has many favorable conditions, such as extensive hydrocarbon generation, development of reservoir rock multilayer system, wide distribution of regional capping layer, etc. It has become the large-scale gas field with reserves exceeding 100 billion. In order to further prolong the stable production time of this gas field and improve the recovery ratio of gas reservoir, this paper summarizes the geological and gas reservoir engineering knowledge obtained during the development of tight sandstone gas in this block, analyzes the difficulties affecting the stable production of gas field, and studies the reservoir structural characteristics, reservoir physical properties, gas production law and other characteristics of this block by using geological modeling and numerical simulation technology. On this basis, the productivity evaluation, well pattern and well spacing optimization, development scheme optimization, etc. The results show that, it is suggested to adopt the deployment principle of overall deployment, through comprehensive geological research, energy storage coefficient analysis and productivity evaluation, the favorable production areas are selected, and a reasonable well pattern and spacing optimization scheme is put forward, repeated fracturing and other means to improve the utilization degree of reserves, so as to improve the gas reservoirs ultimate recovery.

Keywords: Ordos Basin；tight sandstone gas reservoir；capacity prediction；well network optimization；program deployment optimization

---

基金项目：国家科技重大专项“鄂东缘深层煤层气与煤系地层天然气整体开发示范工程”（2016ZX05065）。

作者简介：翟雨阳（1973—），高级工程师，主要从事气田开发及数值模拟研究。地址：北京市朝阳区太阳宫南街 23 号丰和大厦，邮箱：yyzhai@petrochina.com.cn。

中国陆上致密气有利勘探面积为32.46万km^2，致密气资源量丰富，主要分布在鄂尔多斯、渤海湾、四川等盆地。其中鄂尔多斯盆地致密砂岩气资源量超过12万亿m^3，约占该盆地天然气资源总量的83%[1]。

鄂东气田石楼西区块油气勘探始于2005年，永和1井盒8段试气获得了日产气4276.8m^3，揭开了石楼西区块油气勘探的序幕。自2005年至今，先后围绕深化气藏认识、有效开发、规模开发为主题开展气藏地质、工程、工艺研究，现已成为储量超过千亿立方米的大型气田。在经历了15年的勘探开发后，石楼西区块面临开发对象储层品质变差、单井累计产气量及采收率逐年降低等不利条件，如何进一步深化复杂致密砂岩气藏高效开发理论、创新开发模式，是该气田实现持续稳产亟待解决的问题。为此，笔者总结了石楼西区块致密砂岩气开发过程中取得的地质与气藏工程认识，梳理了该气田持续稳产面临的难点问题，提出了该气田致密砂岩气藏下一步的开发部署优化建议。

1　气田概况

鄂尔多斯盆地石楼西区块煤层气(油气)勘探开发项目覆盖山西省中西部的永和县、石楼县和隰县，位于我国油气资源最为丰富的鄂尔多斯盆地东缘，鄂东气田石楼西区块勘探开发历程大致可以划分为三个阶段，区块预探发现阶段(2005～2008年)、区块整体评价阶段(2009～2011年)和区块富集区优选及产能评价阶段(2012年至今)，截至2020年底，产销量持续保持快速增长的态势，年产量9.4亿m^3。

1.1　气田地质特征

石楼西区块主要目的层段为晚古生界，石炭系—二叠系地层自下而上划分为石炭系本溪组、太原组及二叠系山西组、石盒子组。区块内主要目的层为下二叠统山西组和下石盒子组盒8段。区块内目的层厚度变化不大，为80～120m。其中山2段埋藏深度在2000～2300m。主力层山2段、山1段和盒8段均为三角洲前缘沉积，三套砂体属于来自北部物源的大型三角洲前缘的一部分，以水下分流河道为主，总体呈近南北向长条形展布的特点[2,3]。

石楼西区块分布范围大，区带之间岩石成分、成分成熟度及成岩作用不同，导致储层孔隙结构和物性存在差异，主力层山2段储集砂岩以中粒、粗粒结构为主，主要粒径区间分布在0.3～1.5mm。颗粒分选中等-分选好，次圆状磨圆，颗粒间以线接触为主，胶结类型主要为再生-孔隙式和孔隙式充填。山2段储层孔隙度为3.0%～11.4%，平均为6.7%；渗透率为0.01～214.6mD，平均为10.45mD。山1段储层孔隙度为3.0%～12.0%，平均为7.18%；渗透率为0.02～48.0mD，平均为0.65mD。盒8段储层孔隙度为3.0%～12.1%，平均为6.9%；渗透率0.1～9.9mD，平均为0.33mD。山2段砂岩属于特低孔渗-低孔中渗储层；山1段、盒8段砂岩属于特低孔渗储层。

1.2　气藏工程特征

受气藏地质特征差异的影响，气井生产动态特征差异大，低产气井占比高。截至2020年底，日产气227.3m^3，累计产气35.14亿m^3；目前生产井平均油压2.85MPa，目前气田生产现状：①老井比重大、高产井数少，生产时间在两年以上的老井占比49%，高产井数量少，中低产量井占比大，能否稳产对总体产量影响较大；②平均产量和压力低，水平井平均日产气量3.0亿m^3，78%的井产量小于3万m^3，平均井口压力3.1MPa，54%的井压力小于2MPa，总体压力下降快，递减增大，稳产压力大；③老井积液严重，生产不连续，不断关井产生积液，开采效果变差，稳产压力增大。

1.3　气田稳产面临的难点

石楼西区块的开发采取优先动用富集区储量的策略，经过近10年的开发，主力产层山2段和山3段的可开发区域地质条件变差，部分投产井生产制度不合理，初期配产过高，递减率过大，开采效果变差，部分气井井筒积液不断加重，已开发区由现有井网限制，未开发区储量品质低，稳产难度逐渐增大[4]。

2　地质建模和数值模拟研究

2.1　地质模型的建立

三维地质建模是石油地质研究工作的三维可视化过程，在目前石油地质研究工作过程中起着极其重要的作用。三维地质建模主要包括两部分内容：构造建模和属性建模。构造模型可以直观呈现断层的组合关系、空间展布、构造合理性及与钻井分层的吻合程度。属性建模就是在构造建模的基础上建立储层细分网格，然后对测井曲线资料进行粗化插值，形成属性模型，要注意的是在进行属性模型插值前应根据区域沉积背景、沉积环境及沉积相给出相应合理的物源方及主次物源方向相应的参数以保证预测属性的准确性和实用性。属性模型可以直观地呈现储层物性平面、剖面及空间展布特征。

本次石楼西区块地质建模采用 Petrel 软件，利用序贯高斯随机建模的方法，基于测井解释结果，建立全区储层物性参数孔隙度、渗透率、含气量、原始地层压力等属性模型，完成石楼西区块的三维地质模型建立，最终进行储量计算(图 1～图 5)。

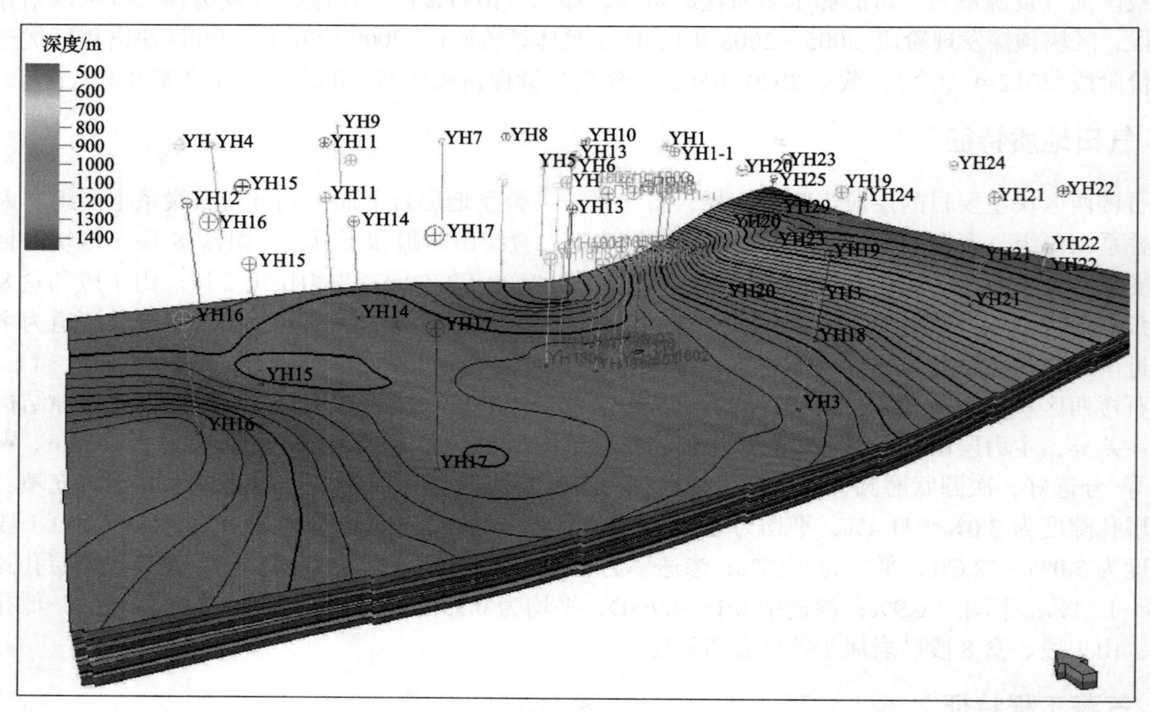

图 1　石楼西永和 X 井区三维构造模型

总的来看，本次建模采用了三维可视化技术，采集了全工区的井资料，较为准确地刻画了该区的构造模型，在属性建模中采用相控建模技术，使得物性在空间的分布更加准确，并进行了多次的模型优选，有效降低了储层参数预测的不确定性[4]。

2.2　数值模拟研究

油气田开发是一个不可逆转的过程，而数值模拟却可以多次重现油气田在不同开发状态下的开发过程。通过各种方案计算开发指标，预测开发过程中可能出现的问题，结合地质及开发动态的再认识，确定最佳开发方式、开发井网及采气速度，使该气田能够获得最佳开发效果，以较少的投资获取最大的经济效益。影响气田开发效果的因素很多，本次数值模拟主要考虑开发层系、开发方式、井网、井位、井数、单井配产指标，投产程序、采气速度等因素。通过气藏工程论证，计算单井控制储量、单井控制半径、无阻流量作为气井配产的基础，再利用数值模拟技术分别对石楼西区块直井和水平井进行了产能预测[5,6]。

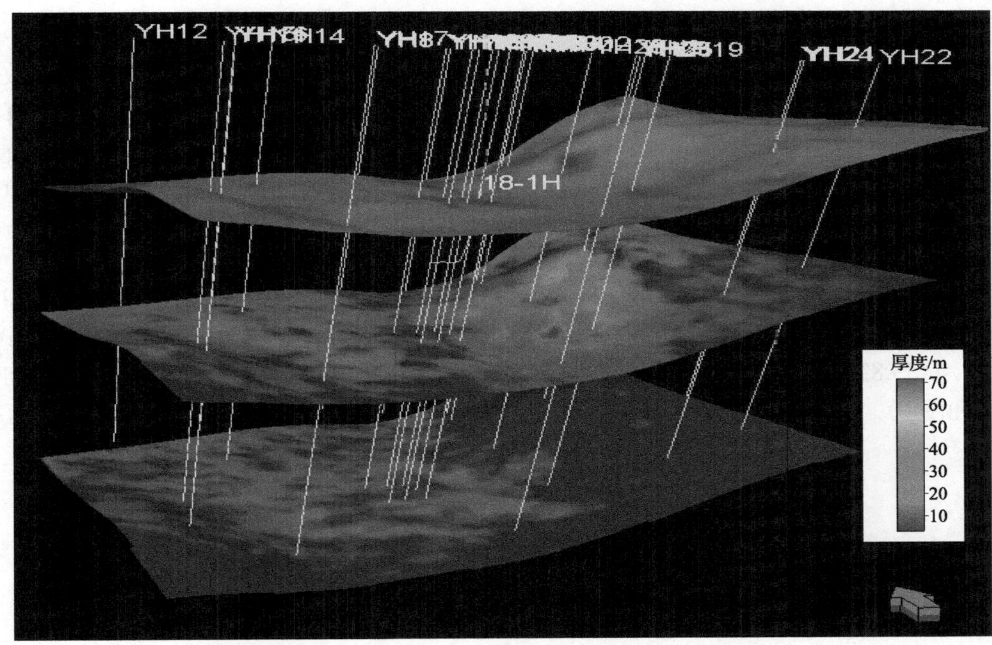

图 2　石楼西永和 X 井区河道微相厚度三维展布特征

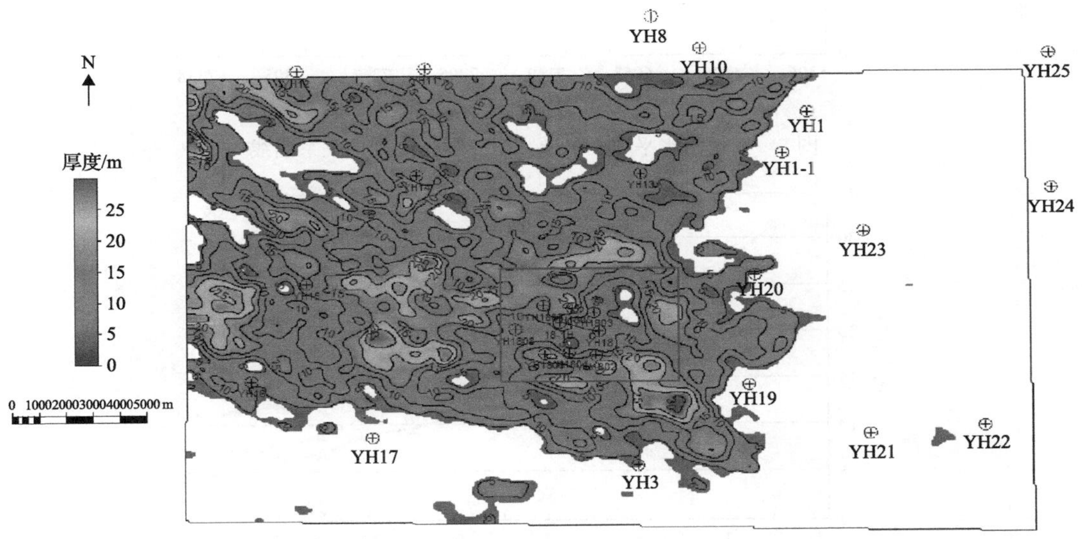

图 3　石楼西永和 X 井区山 2 河道砂体厚度分布图

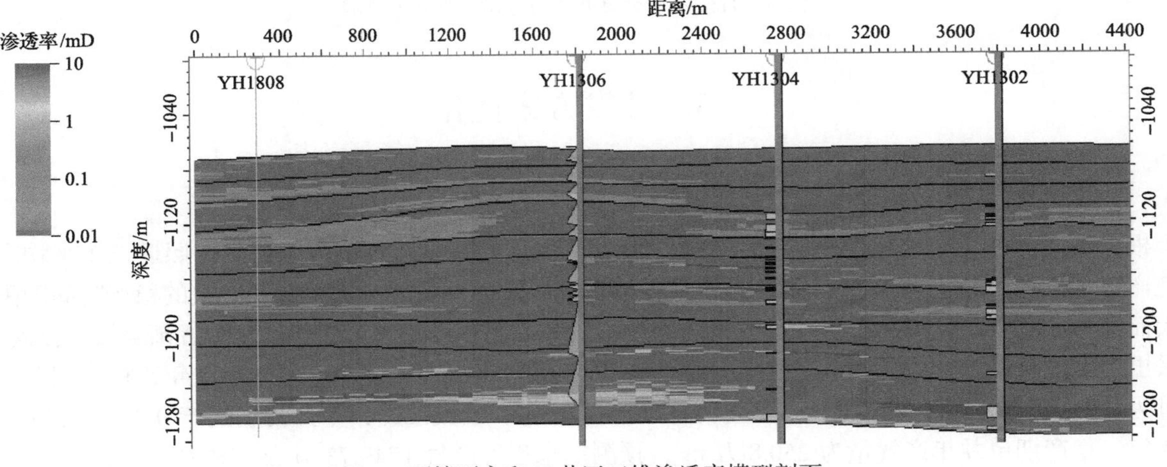

图 4　石楼西永和 X 井区三维渗透率模型剖面

1. 直井产能预测

利用测井解释成果结合生产数据，按照Ⅰ、Ⅱ类区储层参数建立数值模拟模型；采用数值模拟方法确定Ⅰ、Ⅱ类区直井在不同稳产时间条件下的合理产量；Ⅰ类区单井平均配产 2.0 万 m^3；Ⅱ类区单井平均配产 0.75 万 m^3。气井的生产实践表明，随着生产时间的延长，采气量的增加，气井产量递减变缓，综合考虑产能建设工作量、稳产期、单井生产周期、递减率等因素，预测各类井生产合理指标[7,9]。

2. 水平井产能预测

水平井方案设计参考了苏里格区块的实际水平井生产数据。采用数值模拟方法对Ⅰ类区山 2 段设计水平井进行产能预测：水平井初期配产 7 万 m^3/d，稳产两年，初期递减率 48.28%，预测期末递减率 11.43%，累计产气量为 7455.82 万 m^3，采出程度 58.21%；三类直井平均初期递减率 25.02%，平均期末递减率 10.67%(图 5 和图 6)。

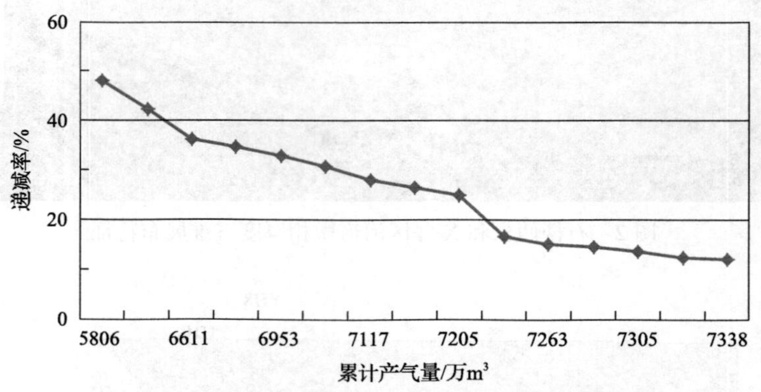

图 5　石楼西水平井产量递减率与累计产气量关系曲线

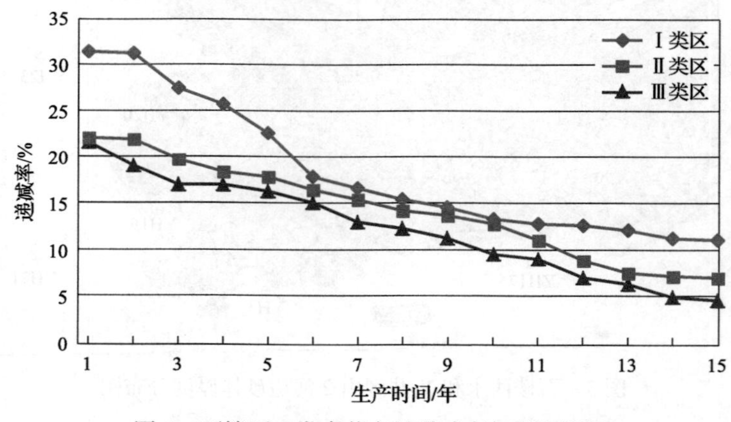

图 6　石楼西三类直井产量递减率年度预测图

3　开发方案优化

3.1　开发指标预测

根据石楼西区块某单元生产实际，提出了变井底流压控制方式预测产气量。按照近三年平均产量作为稳产水平，稳产时间为 3～4 年。通过模拟预测得到以下两点认识：①单井及井组的稳产时间随配产量增大而缩短；②配产量越高，单井及井组的累计产量和采出程度越大，但稳产年限逐渐缩短，预测 15 年后采出程度可达 36%以上。其中，Ⅰ类区井：单井初期配产 2.0 万 m^3/d，稳产期 3 年，稳产期单井年产气量为 660 万 m^3，预测期末累计产气量为 3748.07 万 m^3；Ⅱ类区井：单井初期配产 0.75 万 m^3/d，稳产期 3 年，稳产期单井年产气量为 250.8 万 m^3，预测期末累计产气 1749.73 万 m^3(图 7)。

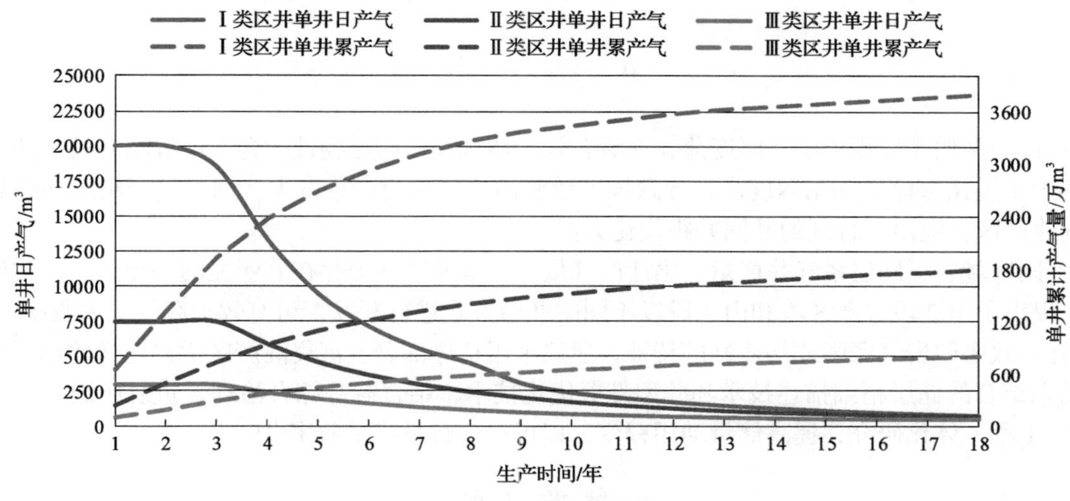

图 7　石楼西区块三类井产量预测对比图

利用数值模拟技术，根据有效砂体长度和宽度的认识，设计了 34 套井距和排距组合进行模拟计算。在不同的排距下，当井距小于 500m 时，气井的最终累计产气量随着井距的增加而增加，

在 500m 处出现拐点；井距大于 500m 时气井最终累计产气量随着井距增加的幅度明显变小。该现象表明井的控制半径约为 500m，当井距小于 500m 时，会发生较明显的井间干扰现象，导致单井最终累计产气量下降、开发效益变差[8]。当井距大大于 500m 时，部分砂体气井控制不到，造成采收率低。所以根据数值模拟评价，井距取 500m 较合适。同理，排距取 700m 较合适(图 8)[8,10-12]。

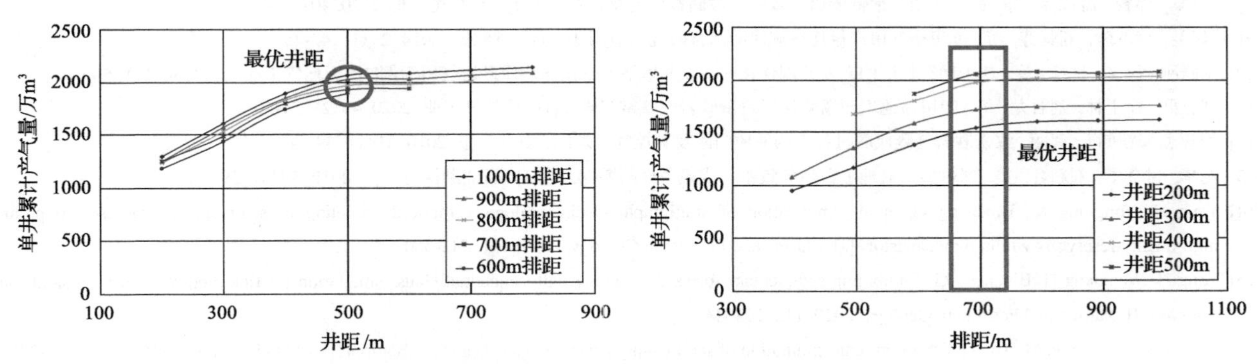

图 8　数值模拟井距排距-单井累计产气量关系图

3.2　开发建议

致密砂岩气藏合理井网部署受到储层地质特征、改造工艺、天然气价格等多种因素的影响。石楼西区块砂岩气藏含气层系多，大多数井钻遇 2～4 个气层，并且储层成因类型多，垂向上叠置复杂，叠合区域储量丰度差异较大。对于钻遇多个气层的井来说，由于储层物性和含气性存在差异，井在不同层的泄流半径也存在较大差异。采用物质平衡法计算石楼西区块单层开采井的泄流半径，其数值介于 125～700m，主要介于 150～300m。通过合理井网加密可以使致密砂岩气藏实现储量的充分动用和采收率的最大化。石楼西区块方案设计以山 2 段为重点，山 1 段、盒 8 段为补充择优建产，采取区块滚动和井间接替相结合，根据建产期直井和水平井井型的不同可形成两套部署方案，最终采收率可达到 30%以上。

针对勘探开发面临的问题，提出以下建议：①加强地质研究，优化井位部署，特别是加强主力产层山 2 段的地质认识，建立三维地质模型，对砂体预测和优化井位部署提供重要的依据；②开展接替层系开发试验，通过精细三维地质模型，提高地质导向精准度，根据钻遇情况和砂体预测情况及时进行轨迹调整；③优化气井生产制度，对递减较快的气井工作制度进行及时调整，降低递减，加强气井生产动态分析[13-15]。

4 结 论

(1)石楼西区块砂体规模小、厚度薄，气藏有效砂体规模、储层物性、含气性等具有较强的非均质性特征，其中Ⅰ类储层储量动用程度高，导致该区致密砂岩气藏稳产难度大，通过气藏精细描述研究，优选出有利建产区，提出了合理的井网井距优化方案。

(2)不同区域、不同层系气井产量、累计产气量、产量递减率等存在着明显的差异，结合数值模拟技术研究，提出了山2段、盒8段和山1段以不同的井型方式进行开发，可有效提高气藏采收率。

(3)针对致密砂岩气藏强非均质性的特征，建议采用整体部署、富集高产区优先建产的部署原则，采用静、动态结合的储层精细描述技术和井型部署优化技术，结合老井综合治理、重复压裂改造等手段，通过地质-工程一体化研究，提高储量动用程度，以提高气藏最终采收率[16]。

参 考 文 献

[1] 孙龙德, 邹才能, 贾爱林, 等. 中国致密油气发展特征与方向[J]. 石油勘探与开发, 2019, 46(6): 1015-1026.

[2] 李海燕, 彭仕宓. 苏里格气田低渗透储层成岩储集相特征[J]. 石油学报, 2007, 28(3): 100-104.

[3] 何光怀, 李进步, 王继平, 等. 苏里格气田开发技术新进展及展望[J]. 天然气工业, 2011, 31(2): 12-16.

[4] 刘占良, 王琪, 张林, 等. 苏里格气田东区气井产量递减规律[J]. 新疆石油地质, 2015, 36(1): 82-85.

[5] 翟雨阳, 温声明, 彭宏钊, 等. 数值模拟技术在鄂尔多斯盆地煤层气区块的应用[J]. 天然气工业, 2018, (S1): 4.

[6] 卢涛, 刘艳侠, 武力超, 等. 鄂尔多斯盆地苏里格气田致密砂岩气藏稳产难点与对策[J]. 天然气工业, 2015, 35(6): 43-52.

[7] 王继平, 张城伟, 李建阳, 等. 苏里格气田致密砂岩气藏开发认识与稳产建议[J]. 天然气工业, 2021, 41(2): 100-110.

[8] 程立华, 郭智, 孟德伟, 等. 鄂尔多斯盆地低渗透—致密气藏储量分类及开发对策[J]. 天然气工业, 2020, 40(3): 65-73.

[9] 徐凤兰, 李苏蓉, 刘其芬, 等. 苏里格气田产量递减规律的综合研究与应用[J]. 油气井测试, 2014, 23(1): 42-45.

[10] 李跃刚, 徐文, 肖峰, 等. 基于动态特征的开发井网优化——以苏里格致密强非均质砂岩气田为例[J]. 天然气工业, 2014, 34(11): 56-61.

[11] 刘忠群, 徐士林, 刘君龙, 等. 四川盆地川西坳陷深层致密砂岩气藏富集规律[J]. 天然气工业, 2020, 40(2): 31-40.

[12] 姜福杰, 庞雄奇, 武丽. 致密砂岩气藏成藏过程中的地质门限及其控气机理[J]. 石油学报, 2010, 31(1): 49-54.

[13] 杨华, 付金华, 刘新社, 等. 鄂尔多斯盆地上古生界致密气成藏条件与勘探开发[J]. 石油勘探与开发, 2012, 39(3): 295-303.

[14] Yong H, Yongning M, Bincheng G, et al. Application of stratigraphic-sedimentological forward modeling of sedimentary processes to predict high-quality reservoirs within tight sandstone[J]. Marine and Petroleum Geology, 2019, 101: 542-550.

[15] Yong H, Wenxiang H, Bincheng G. Combining sedimentary forward modeling with sequential Gauss simulation for fine prediction of tight sandstone reservoir[J]. Marine and Petroleum Geology, 2020, 112: 104044.

[16] Lawrence D T, Doyle M, Aigner T, Stratigraphic simulation of sedimentary basins: Concepts and calibration[J]. AAPG Bulletin, 1990, 74(3): 275-292.

新疆油田玛 131 井区大井丛水平井优快钻完井技术

李维轩[1]，熊　超[1]，路宗羽[1]，石建刚[1]，胡开利[2]，罗　亮[2]

（1. 中国石油新疆油田分公司工程技术研究院，克拉玛依 834000；2. 中国石油新疆油田分公司开发公司，克拉玛依 834000）

摘要：新疆玛湖油田砾岩致密油大井丛水平井钻井存在着钻井摩阻扭矩大、井眼轨迹控制难度大、机械钻速低、井壁易失稳、完井套管下入困难等钻井难题。本文通过玛 131 开发示范区的大井丛工厂化平台布局、井身结构优化、轨迹设计与控制、个性化 PDC 钻头优选、基于机械比能法优化钻井参数、钾钙基聚胺有机盐钻井液体系、井眼高效清洁技术、套管安全下入技术等手段，形成了玛 131 井区一体化钻完井提速技术模板，取得显著的提速效果和示范引领作用，降低了钻井费用。技术成果在玛湖油田推广应用，形成了新疆玛湖砾岩致密油大井丛水平井优快钻完井技术，也为国内其他地区大井丛水平井优快钻完井提供了借鉴。

关键词：砾岩致密油；大井丛水平井；轨迹控制；参数优化；漂浮下套管

Optimal and fast drilling and completion technology for large-cluster horizontal wells in the Ma 131 well Block of Xinjiang Oilfield

Li Weixuan[1], Xiong Chao[1], Lu Zongyu[1], Shi Jiangang[1], Hu Kaili[2], Luo Liang[2]

（1. Engineering Technology Research Institute，PetroChina Xinjiang Oilfield Company, Karamay 834000; 2. Development Company, PetroChina Xinjiang Oilfield Company, Karamay 834000）

Abstract: The drilling of conglomerate tight oil large clusters of horizontal wells in Mahu Oilfield in Xinjiang has drilling problems such as high drilling friction torque, difficult wellbore trajectory control, low ROP, easy instability of the wellbore, and difficulty in running completion casings. In this paper, the layout of the large well cluster factory platform in the Ma 131 development demonstration zone, well structure optimization, trajectory design and control, personalized PDC bit optimization, optimization of drilling parameters based on mechanical specific energy method, potassium-calcium-based polyamine organic salt drilling fluid system. Wellbore high-efficiency cleaning technology, safe casing running technology and other methods have formed an integrated drilling and completion speed-up technology template for the Ma 131 well area, which has achieved significant speed-up effects and demonstration and leading effects, and reduced drilling costs. The technical achievements were promoted and applied in the Mahu Oilfield, forming the Xinjiang Mahu conglomerate tight oil large-cluster horizontal well drilling and completion technology, which also provides a reference for the high-speed drilling and completion of large-cluster horizontal wells in other regions in China.

Keywords: conglomerate tight oil; large cluster of horizontal wells; trajectory control; parameter optimization; floating casing

新疆玛湖油田砾岩大油区位于准噶尔盆地西北部，面积约 6800km^2，已发现三级石油地质储量超过 12.4 亿 t，是目前世界上储量最大的砾岩油藏[1,2]。主要储层为下三叠统百口泉组和二叠系上、下乌尔禾组

基金项目：中国石油科技重大专项“准噶尔南缘和玛湖等重点地区优快钻完井技术集成与试验”（项目编号：2019F-33）。

作者简介：李维轩（1963—），高级工程师，主要从事钻井工程方向的研究。地址：新疆克拉玛依市克拉玛依区胜利路 87 号，电话：13999301717，邮箱：1822193297@qq.com.cn。

砾岩层，油藏埋深为1500～4500m(平均为3600m)，压力系数为1.02～1.82[3]，储层岩性以砾岩为主，为典型的低孔、低渗致密储集层。为了探索玛湖致密油高效开发模式，实现储层空间动用程度的最大化，2018年在玛131井区部署了1个12口水平井的大井丛钻井平台开发示范区，进行工厂化钻井、小间距密集切体积压裂的立体开发先导试验。该示范区应用北美非常规油气水平井一体化钻完井综合提速理念和方法，通过平台布局优化、井身结构及井眼轨道优化、高效轨迹控制工具及个性化PDC钻头优选、强化钻井参数和高效井眼清洁技术、固井工艺优化等技术研究与实践，形成了新疆油田玛湖砾岩致密油大井丛水平井优快钻完井技术。2019年5月，该平台12口水平井顺利完井，单井平均井深为4923m，水平段长度为1726m，平均钻井周期为52.4天，较同期邻井平均钻井周期缩短43.9%，固井质量合格率100%，形成了玛131井区一体化钻完井提速技术模板，取得显著的提速效果和示范引领作用。玛131井区先导试验示范区技术成果在玛湖油田、吉木萨尔页岩油推广应用107口井，提高了建井效率和非常规油气资源的开发效益。

1　地质特点及钻井技术难点

1.1　地质特点

玛131井区从上到下钻遇白垩系吐谷鲁群，侏罗系头屯河组、西山窑组、三工河组、八道湾组，三叠系白碱滩组、上克拉玛依组、下克拉玛依组、百口泉组，目的层为三叠系百口泉组。主要钻井地质特点如下：

(1)漏失复杂多。八道湾组煤夹、八道湾组底部砾岩、白碱滩组砂岩地层承压能力低，易发生孔隙性、裂缝性漏失，漏失钻井液密度为1.20～1.24g/cm^3。

(2)泥岩地层井壁易垮塌。白碱滩组及克拉玛依组泥岩发育，水敏性强，地层坍塌压力当量钻井液密度为1.23～1.30g/cm^3，易出现周期性缩径和井壁垮塌。

(3)纵向上八道湾组底部、克拉玛依组和目的层百口泉组发育多套砾石层，岩性变化大，地层可钻性差，玛湖砾岩地层抗钻特性具体参数见表1所示。八道湾组底部有250～300m厚度的底砾岩，为高抗压强度的中硬-硬难钻地层；克拉玛依组砂砾岩夹层多，地层厚度400～500m；百口泉组砾石以中砾为主，为中等高抗压强度的中硬难钻地层。

表1　玛湖砾岩地层抗钻特性表

地层岩性特征				地层抗钻特性			
地层层位	岩性	通常砾径/mm	最大砾径/mm	单轴抗压强度/MPa	硬度		可钻性级值
					数值/MPa	级别	
八道湾组	大砾岩	20～50	80～90	60～90	1600～2200	6～7	6.6～7.4
克拉玛依组	砂砾岩	6~14	35～40	40～60	1000~1400	5	5.0～6.4
百口泉组	中砾岩	8~16	30～50	50～70	1300～1600	5～6	6.0～6.8

1.2　钻井技术难点

(1)三维水平井斜井段井眼轨迹控制难度大[4,5]。玛湖致密油采用大丛式水平井组开发，普遍存在200～600m偏移距和400～500m靶前位移，三维井眼轨迹控制过程中既要考虑偏移距的变化，又要考虑靶前位移的变化，轨迹控制难度大。

(2)井壁稳定难度大[6]。克拉玛依组泥岩及百口泉组泥岩夹层易垮塌掉块，水平段钻井时间长，地层浸泡时间长，井壁失稳风险进一步加大。

(3)水平段钻头选型难度大。百口泉组水平段砾岩储层可钻性差，钻头易崩齿及磨损，优选高效钻头难度大。

(4)小间隙水平井固井难度大。Φ165.1mm 井眼下入 Φ127mm 油层套管，环空间隙小，套管居中困难，下套管摩阻大，套管安全下入难度大[7]；长水平段岩屑清洁困难，井眼清洁难度大[6,8]，影响注水泥顶替效率，固井质量难以保证。

2 工厂化平台布局及作业流程

2.1 工厂化钻井平台与井口布局

工厂化钻井可以大大提高施工效率，降低施工成本，是目前开发致密油气藏的主要趋势[9-12]。为了探索玛湖致密油高效开发模式，在玛 131 井区部署了 1 个 12 口水平井的大井丛钻井平台开发示范区，开展以下三方面探索试验：①1800m 水平段、10m 缝间距的密切割体积压裂试验；②100～150m 小井距、两套开发层系立体式开发井网试验；③12 口水平井工厂化钻井试验。本文在充分考虑开发试验要求、钻井技术现状、环境保护和经济合理性的基础上，经过反复论证，确定了玛 131 井区开发示范区大井丛工厂化钻井平台井口布局，见图 1 所示。井口布局为 3 个井组直线型排列，每个井组 4 口井，井口距离 10m，采用 3 部钻机同时作业。

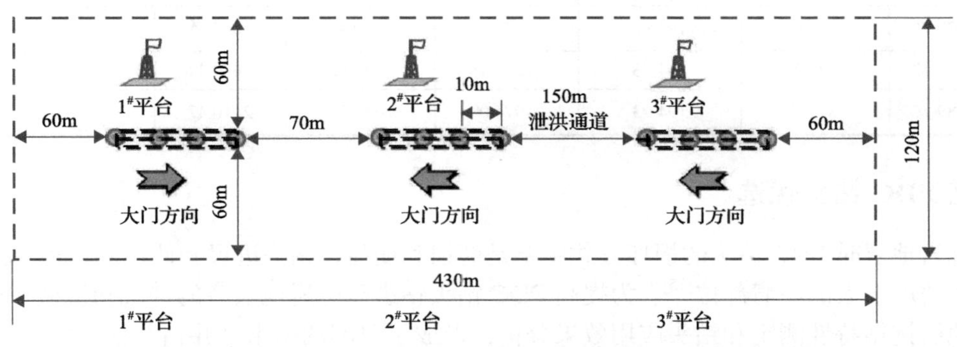

图 1 玛 131 井区开发示范区大井丛工厂化钻井平台井口布局图

2.2 工厂化钻井作业流程

采用 ZJ20 车载钻机批量完成 12 口井一开钻井，然后各井组分别采用 1 部 ZJ50D 或 ZJ70D 滑轨钻机批量进行二开及三开钻井作业。

3 优快钻完井技术

3.1 井身结构优化

采用小三开井身结构提高钻井速度和降低单井钻井成本[13]。一开采用 Φ381.0mm 钻头钻至 500m，下入 Φ273.7mm 表层套管，封隔地表疏松地层；二开采用 Φ241.3mm 钻头钻至 2680mm 左右，下入 Φ244.5mm 技术套管，封隔上克拉玛依组中部以上易漏地层；三开采用 Φ165.1mm 钻头钻至设计完钻井深，下入 Φ127.0mm 油层套管固井。

3.2 轨迹设计与控制

针对“大平台”钻井存在三维轨迹控制、井眼有效延伸及套管安全下入等难题，为了更好地控制井眼轨迹、减少井眼绕障井段，靶前位移设计 320～350m，采用“直—增—稳—扭/增—水平”五段制剖面[12-14]，如表 2 所示。考虑初始造斜及防碰需求，相邻井造斜点错开 30m；设计 20m 稳斜段，利于造斜段轨迹调整。为了保证水平段安全钻进和完井管柱顺利下入及提高钻井速度，造斜段设计井眼曲率(6°～7°)/30m，采用斯伦贝谢公司 PD Archer 475+MWD+LWD 旋转地质导向系统完成造斜段施工。水平段采用斯伦贝谢公司 PD X5 475+MWD+LWD 旋转地质导向系统，解决小井眼滑动钻井易托压和摩阻扭矩大、钻进困难的问题，以有效提高井眼轨迹控制精度和井眼质量，提高机械钻速。优化设计的井眼轨道参数，减少了造斜段进尺和三维水平井眼轨迹控制难度[12]，降低了摩阻和扭矩，确保了后期顺利完井。

表 2 玛 131 示范区典型井眼轨道设计表

斜深/m	垂深/m	井斜角/(°)	网格方位/(°)	南北坐标/m	东西坐标/m	视平移/m	井眼曲率/[(°)/30m]	备注
2680	2680	0	0	0	0	0	0	造斜点
2884.05	2861.36	47.61	258.42	–16.07	–78.38	42.75	7	
2903.36	2874.38	47.61	258.42	–18.93	–92.35	50.37	0	
3244.5	3017.26	86.44	194.93	–234.86	–282.66	319.64	6	入靶点 *A*
3469.92	3031.26	86.44	194.93	–452.26	–340.62	543.49	0	控制点 *C*
3498.38	3032.79	87.39	194.93	–479.72	–347.94	571.77	1	
3695.17	3041.76	87.39	194.93	–669.67	–398.58	767.35	0	控制点 *D*
3718.46	3042.66	88.16	194.93	–692.16	–404.58	790.51	1	
4595.63	3070.76	88.16	194.93	–1539.28	–630.43	1662.76	0	控制点 *E*
4613.45	3071.42	87.57	194.93	–1556.48	–635.02	1680.47	1	
5046.03	3089.76	87.57	194.93	–1974.09	–746.36	2110.47	0	终靶点 *B*

3.3 个性化 PDC 钻头优选

钻进砂砾岩地层时 PDC 钻头的损坏方式主要是磨损和崩齿，钻头进尺和使用寿命短。损坏的切削齿主要集中在线速度最大的胎肩部位[15]。为提高 PDC 钻头钻进砂砾岩地层时的进尺和机械钻速，根据地层岩性特点、地层抗钻特性测定和钻头应用效果分析，形成了玛湖油田水平井钻井钻头序列。

(1)二开钻进白垩系至上克拉玛依组。优选 XJ DBS 公司 Φ241.3mm SF56H3 强攻击性 PDC 钻头，配合 7LZ 197mm 单弯螺杆提速，实现 1 只 PDC 钻头钻完二开井段 2200m 进尺，并顺利钻穿八道湾组底砾岩，机械钻速可达 25m/h，较前期提高 113%。

(2)三开造斜段钻进下克拉玛依组及百口泉组。优选 Φ165.1mm 强攻击性的 MDi513 型号 PDC 钻头，有效解决下克拉玛依组砂砾岩夹层难钻问题，1 只 PDC 钻头完成造斜段施工，机械钻速 10.4m/h，较前期提高 43.4%。

(3)三开水平段钻进百口泉组砂砾岩储层，优选 Φ165.1mm 高抗冲击和强耐研磨的 MSi613 型号 PDC 钻头，单只钻头最高进尺达 1031m，平均机械钻速可达 13.1m/h。

3.4 基于机械比能法优化钻井参数

机械比能(MSE)是指钻头在钻压和扭矩作用下破碎单位体积岩石所需要的机械能量，是评价钻井效率的新方法，近年来在国内大牛地气田、庄海油田应用取得良好成效。钻头机械比能越低，表明钻头的破岩效率越高，钻头使用效果越优。钻进地层所需能量取决于岩石抗压强度，将实际钻井中消耗机械比能与岩石强度进行对比分析，确定钻头是否有效破岩。如果实际比能值超过岩石强度则破岩效率较低，需准确判断井下工况，实时调整钻井参数，提高钻头破岩效率[16,17]。

根据玛 131 井区测井资料及地层抗钻特性测定实验数据，建立了地层抗压强度剖面，通过随钻监测钻井参数，基于井底钻头实际机械比能法进行钻井参数优化，如图 2 所示。造斜段机械比能(MSE)约等于岩石三轴抗压强度(CCS)，说明钻井能耗基本用于破岩，钻井效率高；水平段由于钻头黏滑、钻具涡动、钻头泥包和地层变化等因素影响，造成水平段 MSE＞CCS，说明钻井能耗未全部用于破岩；通过实时调整钻井参数，减少井下震动、涡动和黏滑效应，提高钻头效率。优化后钻井参数取值为：造斜段钻压 60～80kN，转速 80～140r/min，排量 17L/s；水平段钻压 80～100kN，转速 120～140r/min，排量 17L/s。

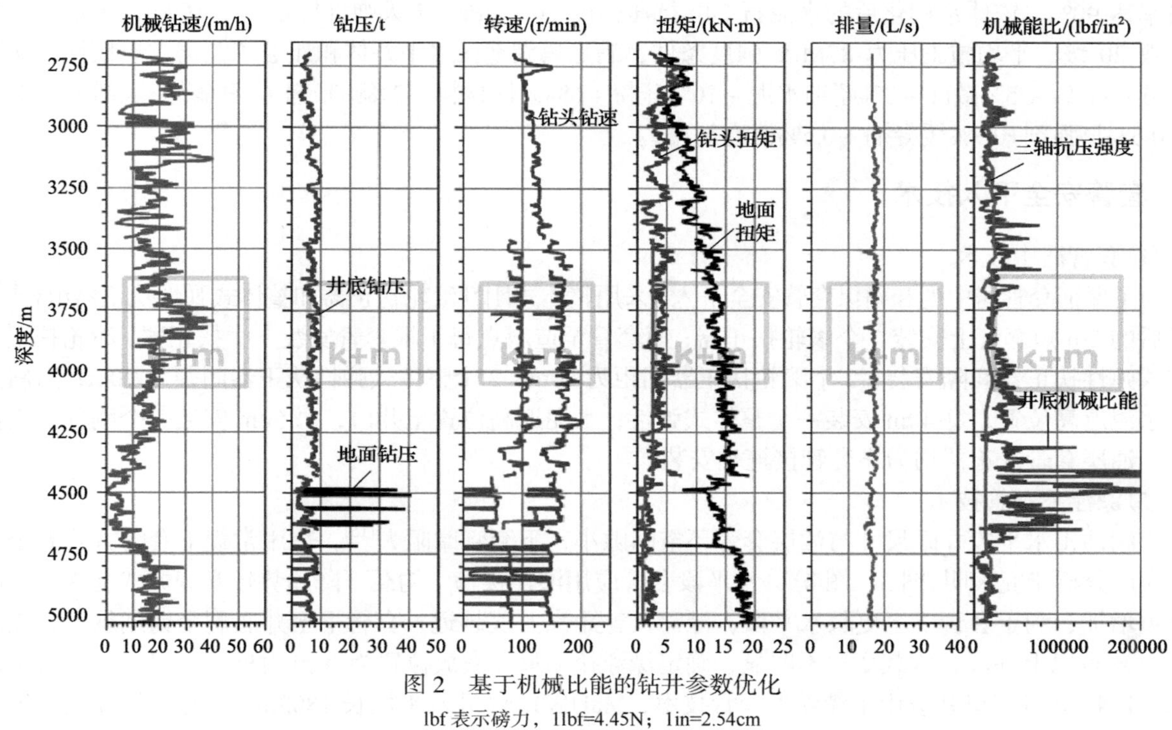

图 2 基于机械比能的钻井参数优化

lbf 表示磅力，1lbf=4.45N；1in=2.54cm

3.5 钻井液技术

三开井段采用钾钙基聚胺有机盐钻井液体系，该体系具有抑制能力强、封堵能力高、润滑性能好的特点。通过采用“7%KCl+8%～10%有机盐+1%胺基抑制剂”，增强对泥岩的抑制防塌能力；采用“2%～3%阳离子乳化沥青+天然沥青粉”，增强体系的封堵防塌能力；采用 2%环保型润滑剂，增强体系的润滑能力。完井阶段加入 2%石墨粉固体润滑剂，进一步提高钻井液的润滑性，保证电测、下套管顺利。该钻井液体系有效地解决了克拉玛依组泥岩、百口泉组泥岩夹层易垮塌失稳难题，满足了玛湖水平井安全钻完井要求。

3.6 井眼清洁技术

影响水平段携岩效率的主要因素包括钻井液性能、钻井液排量、钻柱偏心、钻柱旋转等。钻进长水平段时应重点考虑钻柱偏心影响，优选钻井液排量和钻柱转速，并适当延长循环时间[18]。基于水平井井筒清洁“传输带”理论，数值模拟及实验模拟表明[9]，Φ165.1mm 水平段有效清洁控制参数推荐值为：钻杆转速最低 60～70r/min，最佳 180r/min；0.75m/s 的环空返速是井筒清洁最低要求，环空返速 1.0m/s 是理想状态，要求洗井排量达到 17L/s；钻井液范氏黏度计 6 转读数 5～7；起钻前的循环时间应不少于 4～5 个迟到时间，直到振动筛上无返出岩屑；钻井液循环期间要上下活动钻具，禁止定点循环。

3.7 韧性水泥浆研发

新疆玛湖油田砾岩油藏为典型的低渗透致密储集层，其主要开发方式为“水平井+大型体积压裂”，体积压裂施工泵压普遍在 80MPa 以上，对水泥石抗拉伸和高抗压强度提出挑战。基于玛湖油田地层力学特征开展研究得出，水泥石在体积压裂条件下产生微环隙的临界条件为弹性模量小于 6GPa、抗压强度大于 18MPa，才能具备保障井筒完整性的力学能力。在综合考虑水泥石强度性能和经济性后，采用干湿混辅剂复配方法，以水泥干混物的堆积体积百分比 PVF≥0.8 为充填密实度标准，对韧性材料进行颗粒级配形成水泥石，通过评价脆性系数，优选出 CF180、JTS-1 韧性材料。对优选出的水泥浆外加剂进行复配实验，最终研发出了适合玛湖油田地质条件的韧性水泥浆体系配方，累计应用 200 余井次，一次固井质量合格率达 90%。该体系稠化后的水泥石 24h 抗压强度 20.5MPa，7 天弹性模量仅 3.1GPa，可承受平均压裂级数 20 级、平均施工压力 87MPa 强度条件，满足玛湖地区水平井体积压裂工艺需求。韧性水泥浆体系配方：G 级 + 5%微硅 + 3%超细水泥 + 10%硅粉 + 6%韧性材料 + 2%膨胀剂 + (4%降失水剂 + 0.5%分散剂 + 0.5%早强剂+0.7%缓凝剂 + 0.5%消泡剂)$_{湿混}$。

3.8　套管安全下入技术

(1) 套管居中技术。

为了保证套管居中度和确保套管安全下入，采用整体式刚性滚轮扶正器和整体式弹性扶正器组合[19,20]。浮鞋后的 2m 短套管上安装 1 个滚轮扶正器；短套管至造斜点每 1 根套管安装 1 个扶正器，滚轮扶正器及整体式弹性扶正器间隔安装，2 个滚轮扶正器间距为 20m，2 个整体式弹性扶正器间距为 20m；造斜点至预计水泥返高位置，每 40m 安装一个整体式弹性；水泥返高位置至井口，每 50m 安装一个刚性扶正器扶正器，油层套管扶正器均为靠套管接箍端安装。

(2) 漂浮下套管技术。

玛湖油田水平段井眼尺寸与油层套管环空间隙小，下套管摩阻大[15]，采用常规下套管方式安全下入难度大。分析研究表明(图 3、图 4)：水平段套管应用漂浮接箍，钩载下降趋势较常规方式变缓，管串有效悬重增加，利于套管下至更长水平段；漂浮接箍距离井底越远，套管下至井底剩余钩载越大，漂浮接箍置于 *A* 点以上井段，钩载变化不明显，确定漂浮接箍最佳安放位置为 *A* 点附近。在玛 131 开发示范区 MaHW1247 井等三口井应用了漂浮下套管技术，MaHW1247 井水平段长 1803m，漂浮接箍安放位置在水平段 *A* 点，完井套管下入全程无阻卡，较常规下套管方式节约下套管时间 15h，摩阻减小 150kN，套管顺利下到井底，漂浮下套管成效显著。

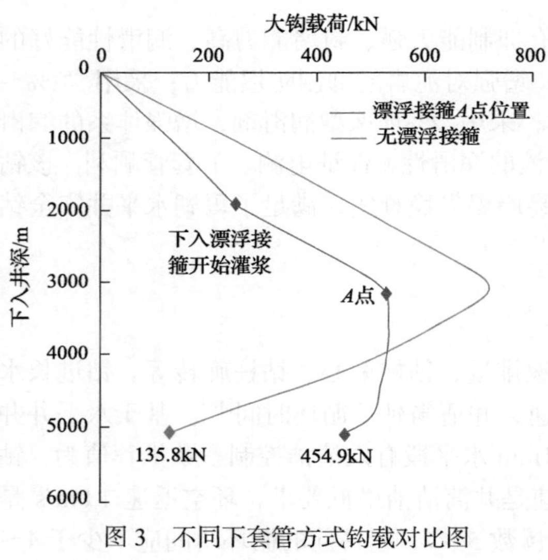

图 3　不同下套管方式钩载对比图

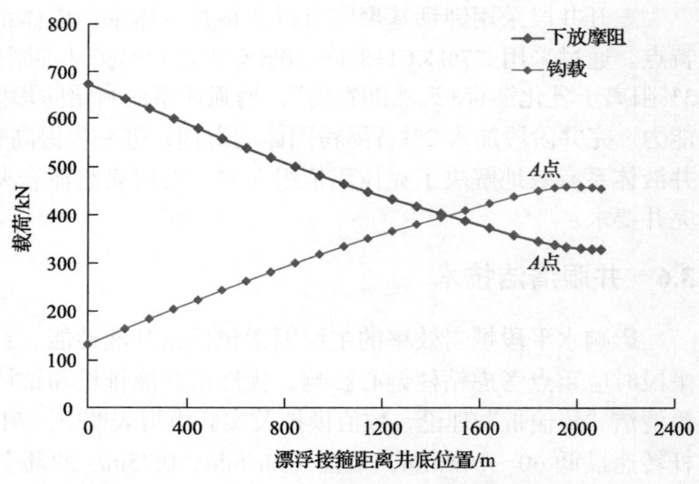

图 4　漂浮接箍位置与套管下入钩载摩阻分析图

4　实 施 效 果

(1) 玛 131 示范区 12 口井大井丛平台采用工厂化钻井作业，钻机利用效率提升 15%，节约征地面积 100 亩，钻井液重复利用率达 85%，工厂化钻井作业合计节约钻井费用 795 万元。

(2) 通过一体化提速措施应用，钻井学习曲线逐渐缩短，钻完井速度持续提升。玛 131 钻井提速示范区 12 口井的大井丛钻井平台平均井深 4923m，平均水段段长度 1726m，平均钻井周期 52.4 天，较同期邻井平均钻井周期缩短 43.9%，固井质量合格率达到 100%，形成了玛 131 井区一体化钻完井提速技术模板，如表 3 所示。示范区钻井提速合计节约钻井费用约 3200 万元，取得显著的提速效果和引领示范作用。

表 3　玛 131 井区大井丛水平井钻井提速模板表

工况	钻井提速技术措施
二开钻进	①直井段钻具组合：Φ241.3mm SF56H3+Φ197mm 弯螺杆+MWD ②钻井参数：转速 100r/min、钻压 40～80kN、排量 40～70L/s
二开中完	大排量循环模拟承压、滑轨钻机工厂化批量作业
三开钻进	①造斜段钻具组合：Φ165.1mm MDi513+475Archer+L/MWD ②钻井参数：转速 80～140r/min、钻压 60～80kN、排量 17L/s
	①水平段钻具组合：Φ165.1MSi613+475PD X6+L/MWD ②钻井参数：转速 120~140r/min、钻压 80~100kN、排量 17L/s
三开完井	平台井优化完井电测项目、简化或取消完钻通井程序、滑轨钻机工厂化批量作业

(3) 玛 131 钻井提速示范区取得的技术成果在玛湖油田得到广泛推广应用，提高了新疆油田非常规油气资源的开发效益。

5　结 论 认 识

(1) 大井丛平台采用工厂化钻井作业节约了征地面积，减少了钻机搬安次数，提高了钻井效率，是降低致密油钻井费用的有效途径。

(2) 优化的三维水平井轨道设计，降低了摩阻扭矩和钻井难度，玛 131 示范区主体采用旋转导向钻井技术提速效果显著。

(3) 钾钙基聚胺有机盐钻井液体系抑制能力强、封堵能力高、润滑性能好，有效地防止了地层缩径和垮塌，有效地保证了水平井安全钻井作业。

(4) 优选的个性化 PDC 钻头，提高了砾岩地层的钻头进尺和机械钻速。

参 考 文 献

[1] 唐勇, 郭文建, 王震田, 等. 玛湖凹陷砾岩大油区勘探新突破及启示[J]. 新疆石油地质, 2019, 40 (2): 127-137.
[2] 何云超, 张崇运. 新疆准噶尔盆地发现世界储量最大的砾岩油田[J]. 中国地质, 2017, 44 (6): 1174.
[3] 李军, 唐勇, 吴涛, 等. 准噶尔盆地玛湖凹陷砾岩大油区超压成因及其油气藏效应[J]. 石油勘探与开发, 2020, 47 (4): 679-690.
[4] 彭元超, 韦海防, 周文兵. 长庆致密油 3000m 长水平段三维水平井钻井技术[J]. 钻采工艺, 2019, 42 (5): 106-112.
[5] 沈国兵, 刘明国, 晁文学, 等. 涪陵页岩气田三维水平井井眼轨迹控制技术[J]. 石油钻探技术, 2016, 11 (2): 10-15.
[6] 于洋飞, 杨光, 陈涛, 等. 新疆玛湖区块 2000m 长水平段水平井钻井技术[J]. 断块油气田, 2017, 24 (5): 727-730.
[7] 柳伟荣, 倪华峰, 王学枫, 等. 长庆油田陇东地区页岩油超长水平井钻井技术[J]. 石油钻探技术, 2020, 48 (1): 9-14.
[8] 杨晓峰, 长庆油田薄油气层长水平段轨迹控制难点与对策[J]. 钻采工艺, 2017, 40 (2): 105, 106.
[9] 刘乃震, 柳明. 苏里格气田苏 53 区块工厂化钻井实践[J]. 石油钻采工艺, 2014, 36 (6): 16-19.
[10] 张金成, 艾军, 藏艳彬, 等. 涪陵页岩气田"井工厂"技术[J]. 石油钻探技术, 2016, 44 (3): 9-15.
[11] 秦文政, 党军, 藏传贞, 等. 玛湖油田玛 18 井区"工厂化"水平井钻井技术[J]. 石油钻探技术, 2019, 47 (2): 15-20.
[12] 文乾彬, 杨虎, 孙维国, 等. 吉木萨尔凹陷大井丛"工厂化"水平井钻井技术[J]. 新疆石油地质, 2015, 36 (3): 334-337.
[13] 李洪, 邹灵战, 汪海阁, 等. 玛湖致密砂砾岩 2000m 长水平段水平井优快钻完井技术[J]. 石油钻采工艺, 2017, 39 (1): 47-52.
[14] 高世哲. ZP24-P2 长水平段水平井轨道优化设计[J]. 西部探矿工程, 2020, 32 (8): 69, 70.
[15] 路宗羽, 赵飞, 雷鸣, 等. 新疆玛湖油田砂砾岩致密油水平井钻井关键技术[J]. 石油钻探技术, 2019, 47 (2): 9-14.
[16] 崔猛, 李佳军, 纪国栋, 等. 基于机械比能理论的复合钻井参数优选方法[J]. 石油钻探技术, 2014, 42 (1): 66-70.
[17] 陈晓华. 基于机械比能理论优化钻井效率新方法在大牛地气田的应用[J]. 钻采工艺, 2017, 40 (4): 29-31.
[18] 郭勇, 熊超, 李渊, 等. 玛 131 示范区水平井井眼清洁技术研究[J]. 新疆石油天然气, 2019, 15 (4): 43-47.
[19] 邹灵战, 邹灵雄, 蒋雪梅, 等. 玛湖砂砾岩致密油水平井钻井技术[J]. 新疆石油天然气, 2020, 16 (2): 38-42.
[20] 叶雨晨, 吴德胜, 席传明, 等. 吉木萨尔页岩油超长水平段水平井安全高效下套管技术[J]. 新疆石油天然气, 2020, 16 (2): 48-52.

川中沙溪庙组气藏大规模压裂水平井生产特征分析

淦文杰，袁　权，杨永成，汪煜昆，高晨轩
（中国石油西南油气田分公司川中油气矿地质研究所，遂宁 629000）

摘要：川中沙溪庙组气藏属于低孔、特低渗、岩性圈闭气藏。气井自然产能低，通过水平井钻井技术和大型水力压裂技术改造后获得较高工业气流。水平井通过压裂改造后，渗流机理变得更为复杂，包含线性流、径向流、复合线性流、复合径向流等多种流动特性，实际生产中也表现出不同的生产动态特征。本文通过试井解释、产量不稳定法等手段，开展储层渗流特征、产能特征、压裂液返排情况、稳产能力等生产特征研究。

关键词：川中沙溪庙组气藏；大型水力压裂；水平井；生产特征

Production characteristics of large-scale fractured horizontal wells located in Shaximiao Formation gas reservoir

Gan Wenjie，Yuan Quan，Yang Yongcheng，Wang Yukun，Gao Chenxuan
（Geology Research Institute of Central Sichuan Oil & Gas District, PetroChina Southwest Oil and Gas Field Company, Suining 629000）

Abstract: The gas reservoir of Shaximiao Formation in central Sichuan belongs to the lithologic trap gas reservoir with low porosity and ultra-low permeability. The natural productivity of the gas well is low. By using the horizontal well drilling technology and large-scale hydraulic fracturing technology, the high industrial flow is obtained. By using the fracturing technology, the seepage mechanism of the horizontal well becomes more complex, including linear flow, radial flow, Compound linear flow and Compound radial flow, by means of well test interpretation and production instability method, the production characteristics of reservoir seepage characteristics, productivity characteristics, fracturing fluid backflow situation, stable production capacity and other production characteristics are studied.

Keywords: Shaximiao Formation gas reservoir in Central Sichuan; large-scale hydraulic fracturing; horizontal well; production characteristics

川中沙溪庙组气藏属于低孔、特低渗、岩性圈闭气藏，储层非均质性较强。采用直井开发，气井自然产能低，无阻流量分布在 2 万～40 万 m^3/d，井平均无阻流量为 4.4 万 m^3/d；通过水平井钻井技术和大型水力压裂技术改造后获得较高工业气流，无阻流量为 2 万～200 万 m^3/d，井均无阻流量为 76 万 m^3/d。水力压裂主要是通过强压力往储层中注入大量滑溜水加陶粒、石英砂等压裂液（大于 1 万 m^3），在压开地层的同时支撑剂尽可能支撑住储层中的人造裂缝和天然裂缝，从而使天然气通过裂缝通道被采出地面[1,2]。川中沙溪庙组气藏初步估算资源量为 2 万亿 m^3，因此，为实现低渗致密气藏的效益开发，提高储量动用程度，有必要对气井生产特征进行分析。

作者简介：淦文杰（1991—），工程师，研究方向为油气田开发。地址：遂宁市船山区河东新区香林南路 178 号川中油气矿地质研究所，电话：0825-2516136、18782951725，邮箱：gwj2014@petrochina.com.cn。

1 气藏概况

川中沙溪庙组气藏位于川中古隆中斜平缓构造带与川北古中拗陷低缓构造带西南部交会区，整体为由南东向北西下倾的单斜构造，局部构造发育、紧邻大型烃源断裂发育区油气聚集程度高，埋深 2100～2900m；为河流-三角洲沉积，河道砂体发育，地震相刻画表明，低弯度曲流河广泛发育，多见曲流河边滩、河道宽 300～3000m，纵向划分为沙一段、沙二段，地层厚度 800～2000m，从上至下刻画出 23 期河道砂组，目前主要开采 6 号、8 号砂体(沙二段)；储层发育残余原生粒间孔和粒内溶孔，气藏孔隙度分布在 6%～14%，平均值 10.1%，渗透率 0.01～1mD，均值为 0.42mD，属于低孔、特低渗。气藏类型为受岩性圈闭和有效储层分布制约的岩性圈闭气藏。

气藏原始地层压力分布在 10～26MPa，压力系数为 0.43～1.20，属于低压-常压气藏，地层温度分布在 55～73℃，属于常温气藏。沙溪庙组气藏主要产出天然气，微量凝析油，不产地层水。天然气相对密度平均为 0.64，甲烷含量为 88%～91%，不含硫化氢；凝析油含量为 30～90g/m^3，微-低含凝析油。

沙溪庙组投入试采砂组 4 套(5 号、6 号、7 号、8 号砂组)，投产井 21 口，开井 19 口，日产气 211 万 m^3，日产液 222m^3/d，日产油 49t，生产液气比为 1.05m^3/万 m^3，累计产气 2.51 亿 m^3，累计产液 2.50 万 m^3，累计产油 0.50 万 t。投产半年以上的气井(8 口)产量基本稳定，油压呈减速递减的特征。其中 30%的井生产稳定，60%的井相对稳定，10%的井不稳定。

2 储层渗流规律

2.1 气水两相渗流特征

川中沙溪庙组气藏储层束缚水饱和度为 26%～53%，束缚水饱和度和等渗点含水饱和度较高，气水两相共渗区较窄(图 1)。对比不同类型岩心的气水两相相对渗透率曲线可发现：岩心绝对渗透率越大，束缚水饱和度越小，气水两相共渗区越大，等渗点越往左移。

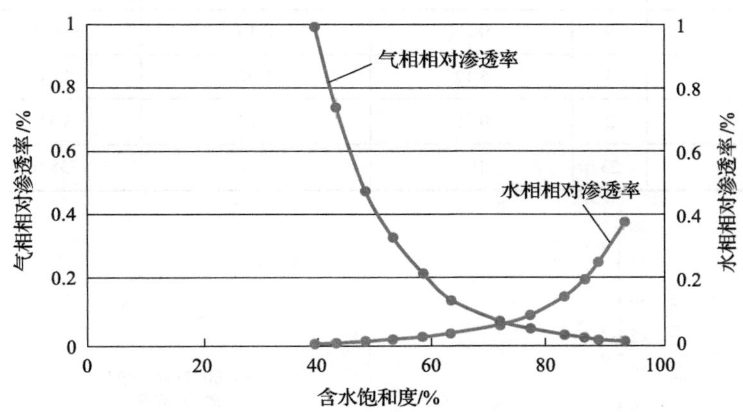

图 1　QL20H 井 8 号砂组岩样气水相对渗透率曲线

2.2 应力敏感

低渗透气藏中，渗流为低速非达西渗流，存在启动压力梯度，且低渗透气藏应力敏感性较强，因为在有效应力的作用下，孔隙喉道变窄，而对于微小孔喉直径来说，减小的相对幅度较大，从而导致储层的渗透能力大幅度下降，增大储层启动压力梯度。实验数据显示，各岩样孔隙度应力敏感曲线变化趋势基本一致，存在两段式特征，实际敏感阶段孔隙度损失率为 3.71%～9.34%(图 2)。

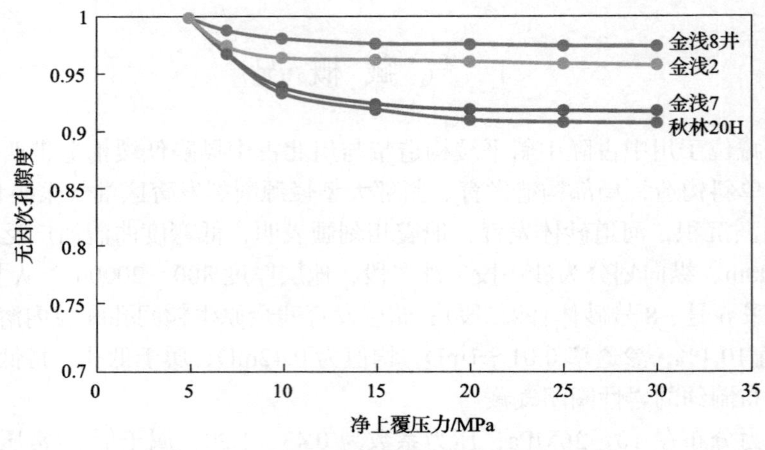

图 2　储层有效压力与无因次渗透率关系图

3　生产特征

3.1　产能特征

川中沙溪庙组气藏储层物性较差，非均质性强，导致气井产能差异大，水平井无阻流量为 1 万～254 万 m^3/d，井均无阻流量为 76 万 m^3/d，高产能气井控制大部分产能，Ⅰ类井(≥30 万 m^3/d)占比 70%，产能占比 97%(表 1)。气井产能受储层物性、工程等多方面共同控制，储层物性越好、压力系数越高、压裂规模越大，气井产能越大(图 3)。

表 1　沙溪庙组气藏产能分类统计表(参考石油天然气储量计算规范)

分类	各分类千米井深稳定产量/[万 m³/(km · d)]	井数	千米井深稳定产量/[万 m³/(km · d)]	井均千米井深稳定产量/[万 m³/(km · d)]	累计无阻流量/(万 m³/km)	井数比例/%	产能比例/%
高产	≥10	7	134.05	19.15	1174.92	30.43	66.83
中产	3～10	9	58.45	6.49	534.36	39.13	30.4
低产	0.3～3	5	5.12	1.02	45.4	21.74	2.58
特低产	<0.3	2	0.38	0.19	3.34	8.7	0.19
合计		23	198	8.61	1758.02	100	100

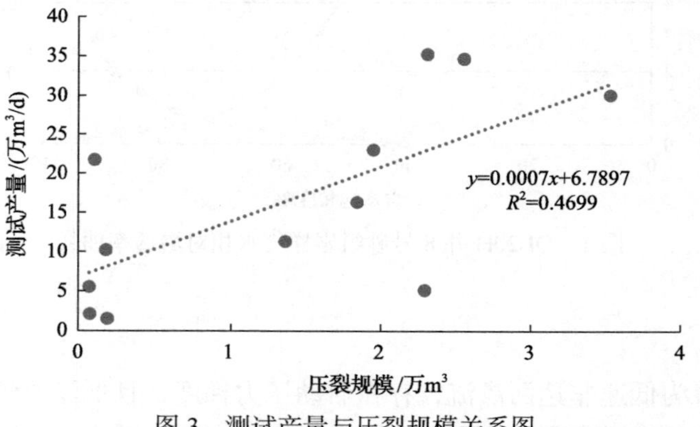

图 3　测试产量与压裂规模关系图

3.2　排液特征

气井正式投产前都会经历一个压裂返排测试阶段，在该阶段中，气井通过变换油嘴大小测试其产气和产液能力，所获得的早期返排测试数据在一定程度上表征了储层物性和压裂改造效果，可以用来快速筛选有效的压裂设计、确定关键储层物性。

3.2.1　返排率与产能关系分析

气井试油期间压裂液返排率较低，普遍低于 30%。压裂返排液与无阻流量关系表明：压裂液返排率与气井产能呈负相关性。当压裂液返排率低于 8%，气井产能在 75 万 m^3/d 以上。返排液率越低，说明压裂液被驱替得越远，形成的缝网越复杂，裂缝与储层接触面积越大，天然气产量越高(图 4)。

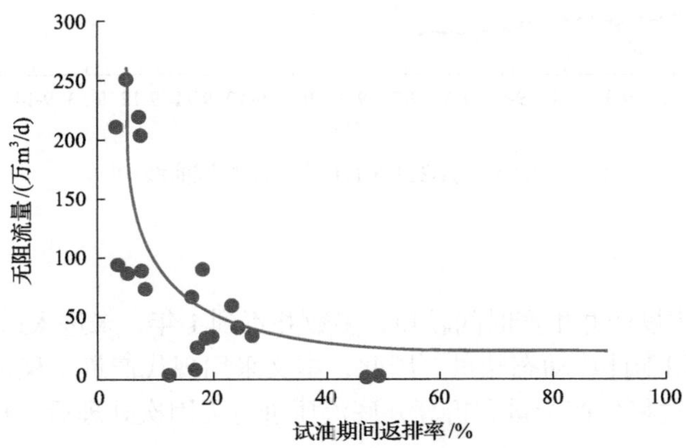

图 4　沙溪庙组气井返排率与无阻流量关系图

3.2.2　排液类型与生产效果关系分析

气井试油期间压裂液返排曲线呈“先升后降”和“逐渐减少”两种类型，“先升后降”型气井投产后生产效果优于“逐渐减少”型(表 2)。

表 2　水平井不同排液类型生产情况统计表

排液规律	序号	井号	测试情况			生产情况		
			测试时间	油压/MPa	日产气/万 m^3	油压/MPa	日产气/万 m^3	累计产气/万 m^3
逐渐减少	1	QL10-H1	2019/11/23	—	16.37	4.3	4.84	1936
	2	QL202-H1	2019/6/2	7.6	5.05	11.1	4.2	474
	3	QL202-H2	2020/5/8	15.31	30.23	10.1	2.4	326
	均值				17.22		3.81	
先升后降	4	QL16	2019/8/16	—	35.51	19	15.09	1904
	5	QL203-H1	2019/9/22	14.24	23.13	11.86	9.07	1216
	6	QL205-H1	2019/6/19	7.8	11.31	9.9	5.94	715
	7	QL205-H2	2020/4/29	17.83	34.91	15.2	10.52	1462
	8	QL207-5-H2	2020/5/1	19.68	83.88	20.7	11.4	133
	9	QL211-8-H1	2020/8/11	16.39	20.28	20.5	3.14	24
	均值				34.84		9.19	

气井排液测试工作制度逐级放大，控制排液量，避免近井筒主裂缝内支撑剂回流、井口出砂、裂缝过早闭合(图 5)。当压差过大，导致支撑剂过度回流至井筒甚至井口出砂现象，主裂缝内支撑剂随压裂液带出后形成弱支撑区域或无支撑区域，有效应力超过临界值时，裂缝逐渐闭合，导流能力大幅度降低，严重影响产能[3]。

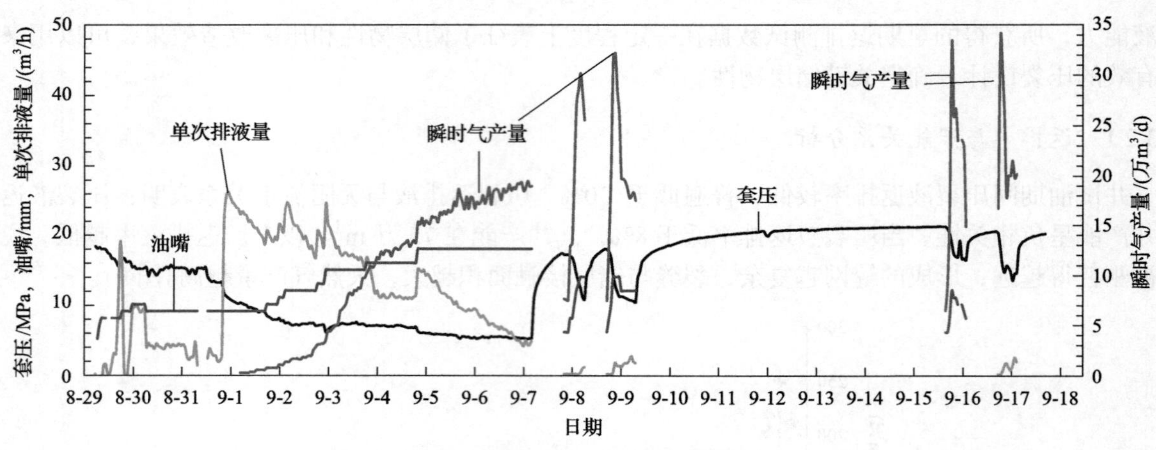

图 5　QL211-8-H1 井试油测试曲线

3.3　动态储量

目前川中沙溪庙组气藏投产井生产时间较短，多数井不到 1 年，未进入递减期，且无多次测压资料，产量递减法和压降法不适用于计算动态储量。因此，本文采用现代产量不稳定法计算动态储量，该方法是利用 Harmony 软件，通过将生产产量和折算井底流压进行无因次处理后，拟合不同图版，从而计算动态储量(图 6)。

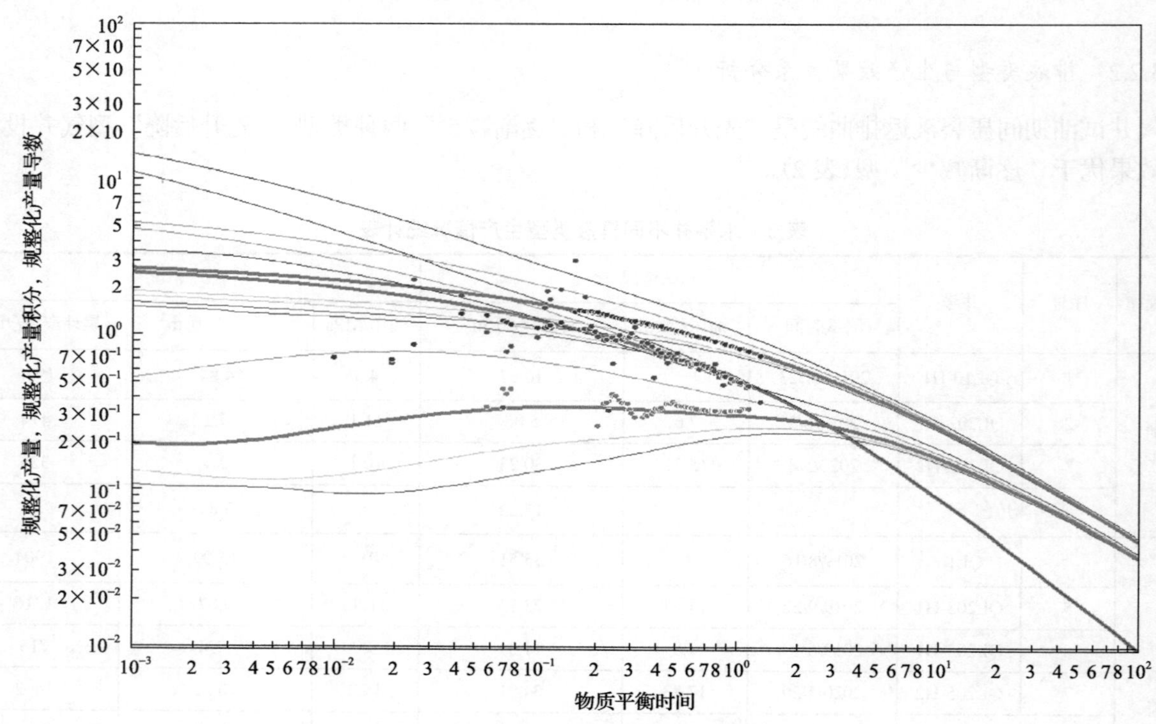

图 6　QL205-H2 井 Blasingame 图版

计算结果显示气井动态储量差异较大，整体较低，井平均动态储量为 0.93 亿 m^3。由于气井生产时间短，多数井未达到边界流阶段，动态储量偏小。

3.4　稳产能力

川中沙溪庙组气藏投产井产量基本稳定，根据投产时间半年以上的井可以看出，油压初期递减快，后期递减慢，呈减速递减的特征。投产初期，油压递减速度差异较大，主要集中在 0.4～0.9MPa/月，气井油压递减速度较大的主要原因为高配产比(1/2 以上)和高产液(压裂液)。投产 6 个月后，油压递减速度均低于 0.5MPa/月(表 3)。

表 3　沙溪庙组气藏单井不同阶段油压递减情况统计表

序号	井号	投产时间	无阻流量/(万 m^3/d)	投产 3 个月以上			投产 6 个月以上			目前		
				油压/MPa	油压递减速度/(MPa/月)	日产气与无阻流量比	油压/MPa	油压递减速度/(MPa/月)	日产气与无阻流量比	产气递减率/(%/月)	油压递减速度/(MPa/月)	类型
1	QL16	2021/2	96	19.2	0.4	1/6				稳定	0.2	稳定
2	QL205-H2	2021/2	69.3	15.8	0.9	1/7				稳定	0.4	稳定
3	QL203-H1	2021/2	50.1	12.4	0.7	1/6				稳定	0.4	稳定
4	QL10	2020/9	1.5	17.7	3.4	5/6	5.7	0.5	5/7	稳定	0.5	相对稳定
5	QL205-H1	2020/9	17.2	12	0.6	1/4				稳定	0.6	相对稳定
6	QL202-H1	2020/9	7.7	11.1	0.7	5/9				稳定	0.7	相对稳定
7	QL202-H2	2021/2	61.9	10.1	0.9	1/26				稳定	0.6	相对稳定
8	QL10-H1	2020/9	36.5	11.9	2.5	2/7	5.1	0.5	1/7	11	0.8	不稳定

气井可分为稳定型(产量、油压均稳定)、相对稳定型(产量稳定、油压递减较快)和不稳定型(产量、油压均不稳定)三种类型。其中 30%的井生产稳定，60%的井相对稳定，10%的井不稳定。

QL205-H2 井 2021 年 2 月投产，投产前地层压力 25.9MPa，投产初期油压 21.7MPa，目前油压 15.2MPa，日产气稳定在 10 万 m^3，日产液 3～5m^3，油压相对平稳，递减速度 0.4MPa/月。同井组 QL205-H1 井同时投产，投产前地层压力 24.6MPa，投产初期油压 20.5MPa，目前油压 9.9MPa，日产气 4 万～6 万 m^3，日产液 3～6m^3，油压递减速度 0.9MPa/月。对比同井组两口井，气井稳产能力主要受储层物性影响，储层物性好，Ⅰ类储层($\phi \geqslant 12\%$)厚度占比高的，且Ⅳ类储层($6\% \leqslant \phi < 8\%$)厚度占比低的，稳产能力更好(表 4)。

表 4　QL205 井区参数对比表

井号	类型	储厚/m	孔隙度/%	含气饱和度/%	Ⅰ类储厚占比/%	Ⅳ类储厚占比/%	测试产气/(万 m^3/d)	无阻流量/万 m^3	日产气/万 m^3	油压递减/(MPa/月)
QL205-H1	相对稳定	448	9.6	81.3	21	30	11.31	17.2	6	0.9
QL205-H2	稳定	898	11.5	73	41	7	34.91	69.32	10	0.4

4　结论与认识

(1)川中沙溪庙组气藏储层为低渗气藏，束缚水饱和度和等渗点含水饱和度较高，气水两相共渗区较窄；气藏孔隙度应力敏感曲线变化趋势基本一致，存在两段式特征，实际敏感阶段孔隙度损失率为 3.71%～9.34%。

(2)川中沙溪庙组气藏储层物性较差，非均质性强，气井产能差异大，高产能气井控制大部分产能；储层物性越好、压力系数越高、压裂规模越大、试油期返排率越低，气井产能越大；试油期间压裂液返排曲线呈“先升后降”型气井投产后生产效果优于“逐渐减少”型。

(3)气井生产时间较短，未进入递减期，采用现代产量不稳定法计算动态储量更为可靠，结果显示川中沙溪庙组气井动态储量差异较大，整体较低。由于气井生产时间短，多数井未达到边界流阶段，动态储量偏小。

(4)川中沙溪庙组气藏投产井产量基本稳定，油压呈减速递减的特征。投产初期气井油压递减速度主要集中在 0.4～0.9MPa/月，油压递减速度较大的主要原因为高配产比和高产液；气井稳产能力主要受储层物性影响，储层物性好，Ⅰ类储层($\phi \geqslant 12\%$)厚度占比高的，且Ⅳ类储层($6\% \leqslant \phi < 8\%$)厚度占比低的，稳产能力更好。

参考文献

[1] Guo J J, Zhang L H, Wang H T, et al. Pressure transient analysis for multi-stage fractured horizontal well in shale gas reservoirs[J]. Transport in Porous Media, 2012, 106(3): 635-653.

[2] Eric S C, James C M. Devonian shale gas production：Mechanisms and simple models[C]//SPE Eastern Regional Meeting, Morgantown, 1989.

[3] 谢维扬, 吴建发, 张鉴, 等. 页岩气井返排流动特征及效果评价[C]//第 31 届全国天然气学术研讨会, 合肥, 2019.

鄂尔多斯盆地东缘大吉气田煤系地层致密气丛式水平井开发技术

赵龙梅[1,2]，石　石[1,2]，李忠百[1,2]，黄　力[1,2]，张　稳[1,2]，武　男[1,2]，赵浩阳[1,2]，翟雨阳[1,2]，韩俊丽[1,2]

（1. 中联煤层气国家工程研究中心有限责任公司，北京 100095；2. 中石油煤层气有限责任公司，北京 100028）

摘要：大宁-吉县区块煤系地层致密气资源丰富、分布广泛，但随着开发深入，储层非均质性变强，单井产量降低，同时地表又面临环保区压覆，有效开发难度增大。为提高致密气单井产量和储量动用程度，提出了丛式水平井开发技术。首先，针对主力开发层系山西组山 2^3 亚段底砂岩，提出了其分布受太原组沉积古地貌控制的新认识；其次，针对二维地震资料识别薄储层难度大，形成了一项针对煤系地层薄储层的地质-地震逐级预测新技术，精细刻画砂体展布和评价优选有利区；再次，针对地表被环保区压覆，可利用井场面积有限，进行丛式水平井部署；最后，应用地质-地震综合水平井地质导向技术，有效提高储层钻遇率。基于该套技术，完钻水平井钻遇率较其他井区提高 15%以上，投产初期平均产量均超过 10 万 m^3/d，实现了致密气的高效开发。

关键词：煤系地层；致密砂岩气；丛式水平井；储层预测；地质导向

Development technology of tight gas cluster horizontal wells in coal measure strata of Daji gas field in the eastern margin of Ordos Basin

Zhao Longmei[1,2], Shi Shi[1,2], Li Zhongbai[1,2], Huang Li[1,2], Zhang Wen[1,2], Zhao Haoyang[1,2], Zhai Yuyang[1,2], Han Junli[1,2]

（1. China United Coalbed Methane National Engineering Research Center Co., Ltd., Beijing 100095; 2. PetroChina Coalbed Methane Company Limited, Beijing 100028）

Abstract: Tight gas resources in coal measure strata is rich and widely distributed in Daning-Jixian block. However, with the deepening of development, the heterogeneity of reservoir becomes stronger, the output of single well decreases, and the surface is facing the pressure of environmental protection area, which makes it more difficult to develop effectively. In order to improve the production and reserve production degree of single tight gas well, cluster horizontal well development technology is proposed. Firstly, aiming at the bottom sandstone of Shan 2^3 sub member of Shanxi formation, a new understanding is put forward that its distribution is controlled by the sedimentary paleogeomorphology of Taiyuan formation; Secondly, it is difficult to identify thin reservoirs with 2D seismic data, so a new geological seismic step-by-step prediction technology for thin reservoirs in coal measures is formed to finely depict sand body distribution, evaluate and optimize favorable areas; Third, as the surface is covered by the environmental protection area, the available well pad area is limited, cluster horizontal wells can be deployed. Finally, the geological guidance technology of geological seismic comprehensive horizontal well is applied to effectively improve the drilling rate of reservoir. Based on this set of technology, the drilling encounter rate of completed horizontal wells is more than 15% higher than that of other well areas, and the average production at the initial stage of production is more than 100000m^3/d, realizing the efficient development of tight gas.

Keywords: coal measure strata; tight sandstone gas; cluster horizontal well; reservoir prediction; geological guidance

---

作者简介：赵龙梅（1988—），工程师，主要从事致密气开发地质研究。地址：北京市朝阳区太阳宫南街 23 号丰和大厦，电话：13810786221，邮箱：zhaolongmei@petrochina.com.cn。

鄂尔多斯盆地东南缘的大吉气田致密气探明地质储量超 800 亿 m^3，自 2015 年开发以来，迅速建成年产天然气 5 亿 m^3 的生产能力。但随着开发的深入，面临着储层非均质性变强，单井产量降低，气井递减率大，低产井日益增多，主力优质储层开发殆尽等问题，稳产上产形势严峻。针对这些开发技术难点，煤层气公司 2020 年开始水平井开发持续攻关，在大吉气田大吉-平 37 井区实施大位移丛式水平井，逐步形成针对煤系地层薄储层的水平井开发地质技术系列。

大吉-平 37 井区地面被大面积的环保区压覆，有效开发难度十分大，通过实施丛式水平井井组开发实践证明，利用井组开发是有效解放环保压覆区储层及提高单井产量的重要手段。综合大吉气田煤系地层致密气水平井开发历程可分为两个阶段：2016～2018 年的水平井探索与试验阶段和 2019 年至今的水平井规模实施阶段。从 2020 年在大吉-平 37 井区规模实施水平井以来，水平井单井日产均超过 10 万 m^3，是同等储层条件直井产量的 5 倍，水平井开发效果显著。但同时从实施过程来看，大吉-平 37 井区稀疏 2km ×4km 二维地震测网及地表大面积的环保压覆对规模部署水平井、薄储层预测及随钻导向等要求更高，对目标层地质特征及认识要求更深，同时还涉及一系列关键技术。本文逐一介绍二维区砂体精细刻画技术、水平井规模部署技术和地质-地震一体化水平井地质导向技术。

1　气藏地质特征

大吉气田大吉-平 37 井区位于鄂尔多斯盆地东南缘，纵向上主要发育盒 8 段、山 1 段、山 2 段、本溪组多套含气层，通过储层宏观与微观对比(图 1)，优选山 2 段为主力开发层系。以沉积学、层序地层学等理论方法为指导，实现了将主力产层山 2 段地层高精度等时划分与对比，将山 2 段自下而上细分为 6 个小层，其中山 2^3 亚段底部的山 2^3-3 小层为研究区的优势储层(图 2)，发育一套石英砂岩，即“北岔沟砂岩”，属于三角洲前缘沉积，主要发育水下分流河道、河口坝及分流间湾等微相，整体属于特低孔渗常压气藏，砂体普遍呈现多期河道叠至、横向上复合连片的特征，呈北西-南东向条带状展布，河道迁移改道、分叉交会频繁，砂体厚度多为 2～14m，接触方式有孤立型、垂叠型、侧叠型和空叠型四种样式[1]，其中以侧向加积形成的侧叠型为主，河道频繁改道迁移给部署水平井带来了很大困难。

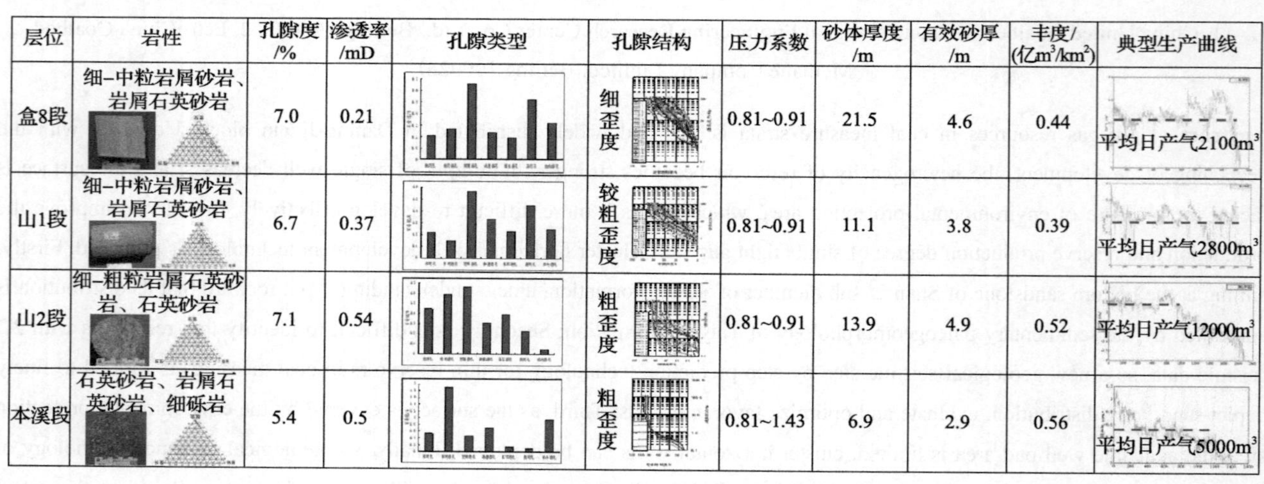

层位	岩性	孔隙度/%	渗透率/mD	孔隙类型	孔隙结构	压力系数	砂体厚度/m	有效砂厚/m	丰度/(亿m^3/km^2)	典型生产曲线
盒8段	细–中粒岩屑砂岩、岩屑石英砂岩	7.0	0.21		细歪度	0.81~0.91	21.5	4.6	0.44	平均日产气2100m^3
山1段	细–中粒岩屑砂岩、岩屑石英砂岩	6.7	0.37		较粗歪度	0.81~0.91	11.1	3.8	0.39	平均日产气2800m^3
山2段	细–粗粒岩屑石英砂岩、石英砂岩	7.1	0.54		粗歪度	0.81~0.91	13.9	4.9	0.52	平均日产气12000m^3
本溪段	石英砂岩、岩屑石英砂岩、细砾岩	5.4	0.5		粗歪度	0.81~1.43	6.9	2.9	0.56	平均日产气5000m^3

图 1　大吉气田各层段储层特征对比图

2　砂体精细刻画技术

2.1　山 2^3 亚段底砂岩受太原组沉积古地貌控制

通过研究统计，山 2^3 亚段砂岩厚度与地层厚度具有明显的正相关关系，与下伏太原组地层厚度具有负相关关系(图 3、图 4)，太原组古地貌对山 2^3 期沉积相及砂体展布起到宏观控制作用，山西早期水下分流河道沿古地貌低部位延展，在古地貌坡折和低洼处地层厚度大，河道发育期次多。

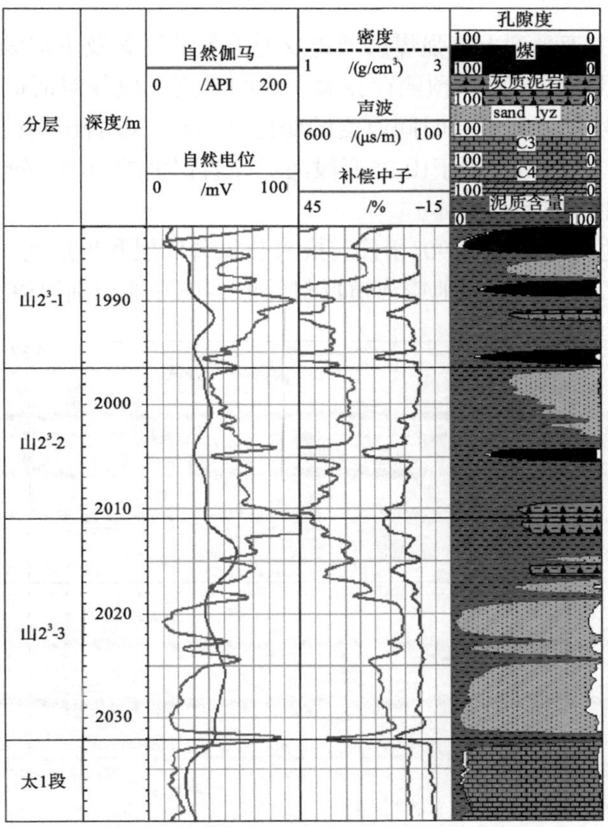

图 2　大吉气田山 2^3 亚段地层综合柱状图

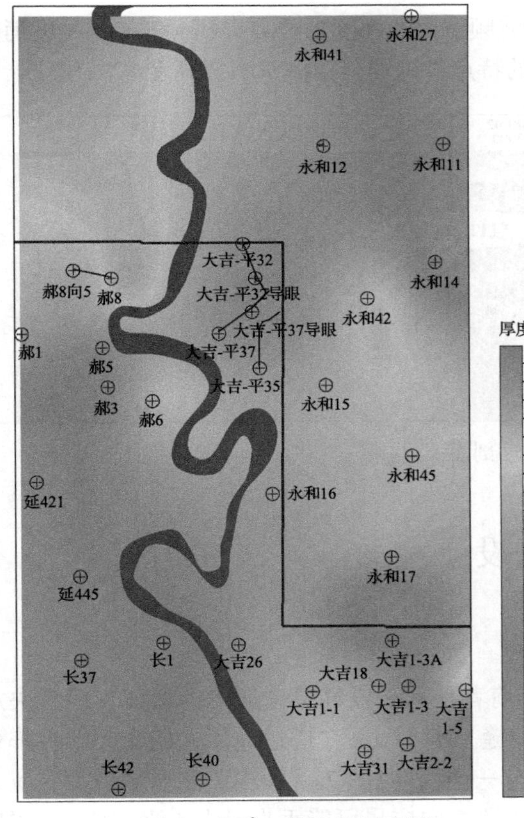

图 3　山 2^3 亚段地层厚度图

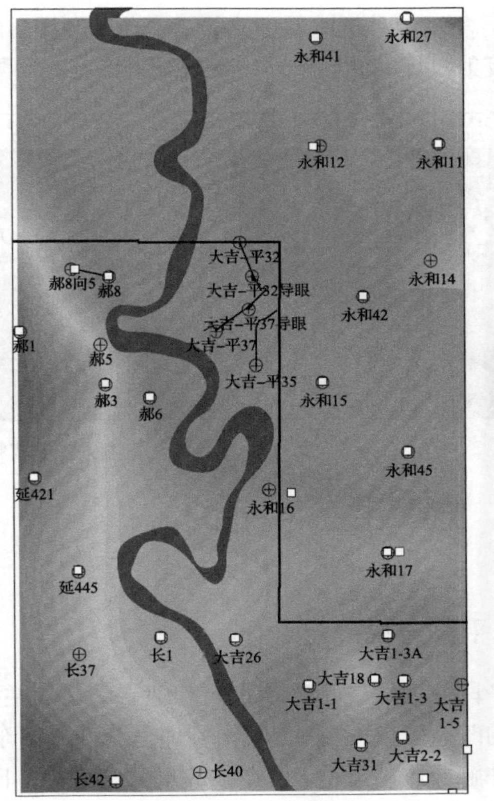

图 4　太 1 段灰岩厚度图

2.2 地震-地质逐级预测新技术

主力开发层山 2^3 亚段由于受到上覆强煤层地震反射能量的屏蔽及下部太原组石灰岩高速层干涉的影响，砂岩储层地震反射能量较弱，砂岩预测存在着一定的难度。以往对河道砂岩的预测都是基于对波形变化的识别及 5 号煤与 8 号煤之间地层时间厚度的变化来判断，砂岩识别精度低。通过精细井震标定和大量地震属性筛选和优化，总结出了用于山 2^3 亚段河道砂岩识别的两项关键技术[2]：90°相移技术识别河道外形，子波衰减梯度属性识别有利砂体。

在河道发育区通过对地震数据进行 90°相移转换来凸显薄储层和地层的反射界面，使地震反射同相轴与岩性界面或地层界面严格对应，凸显地震河道反射外形，更好地识别河道底形及河道分布（图 5）。

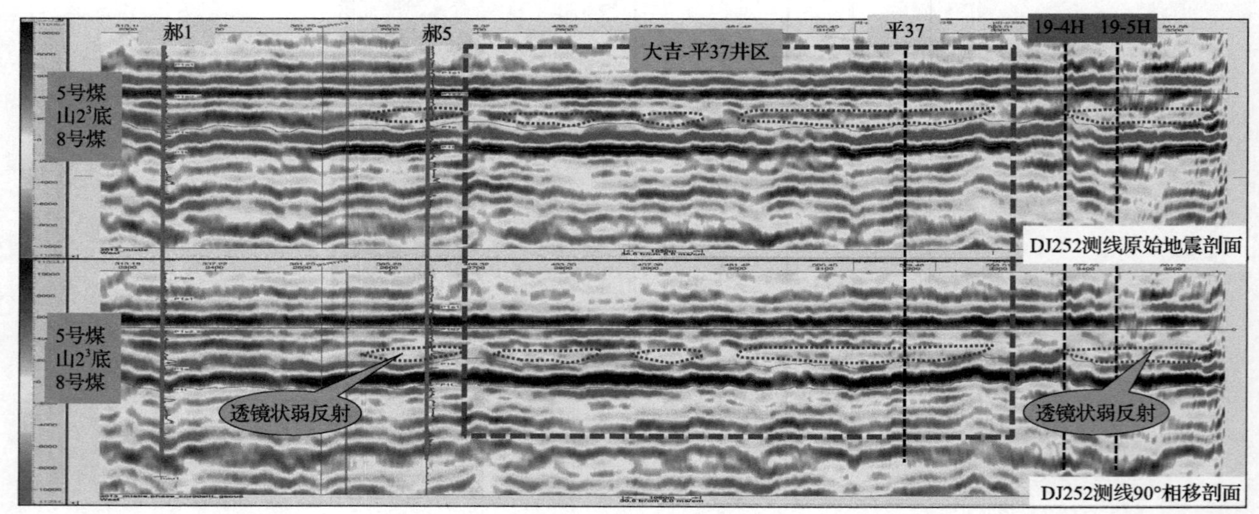

图 5 90°相移剖面

储层含气会引起地震子波频谱变化，利用目的层上下子波频谱比的梯度来预测有利含气储层，可消除强煤层反射对煤间储层干涉，具有结果稳定、预测准确度高的特点，识别精度由 70%提高至 82%（图 6）。

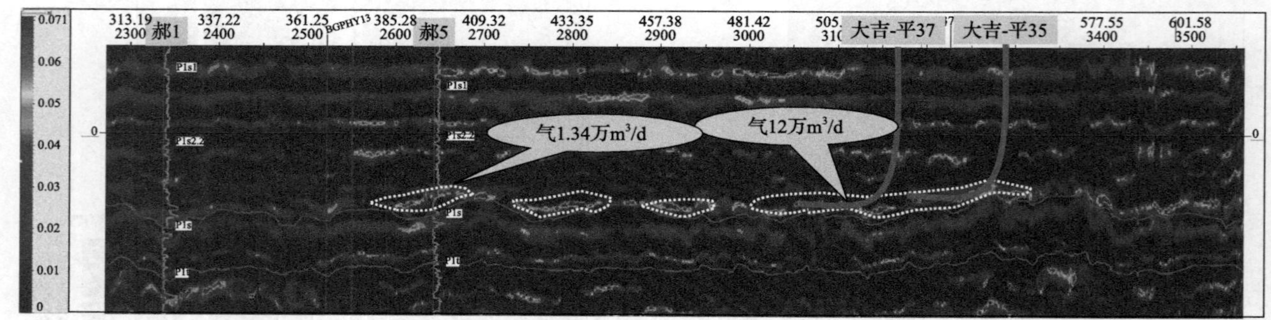

图 6 子波频谱比衰减梯度剖面

3 水平井部署与设计

3.1 水平段方位确定

水平段方向取决于砂体走向和地层的最大主应力方向：前者是水平段气层钻遇率的保证，后者决定水平井的改造效果[3]。大吉气田砂体呈北西—南东向展布，裂缝基本不发育、周边完钻井的交叉偶极阵列声波测井解释成果显示，山 2 段的最大主应力方向主要为北东—南西向（图 7），裂缝监测显示最大主应力方向为北东—南西向（图 8），从压裂改造工艺角度考虑，水平段方向应尽可能垂直最大水平主应力方向，多段多簇压裂可形成多条有效裂缝。

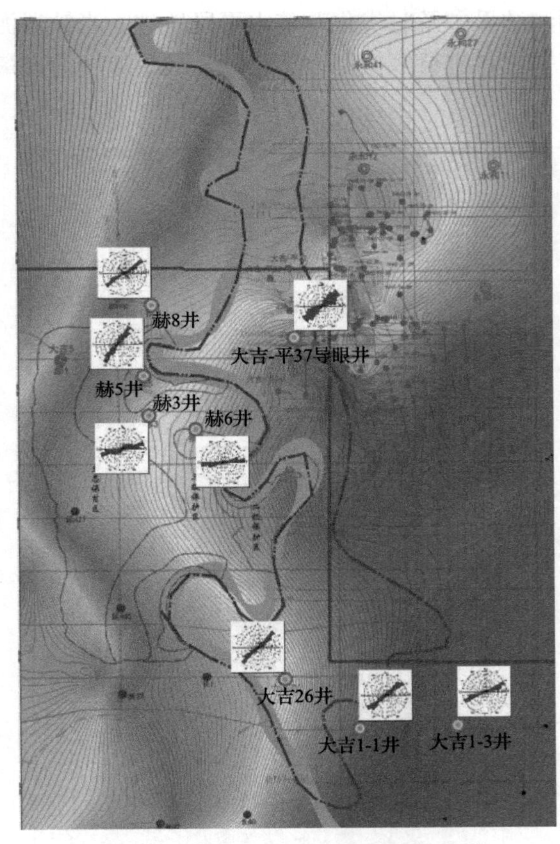

图 7　大吉-平 37 井区周边山 2 段地层最大主应力方向平面展布图

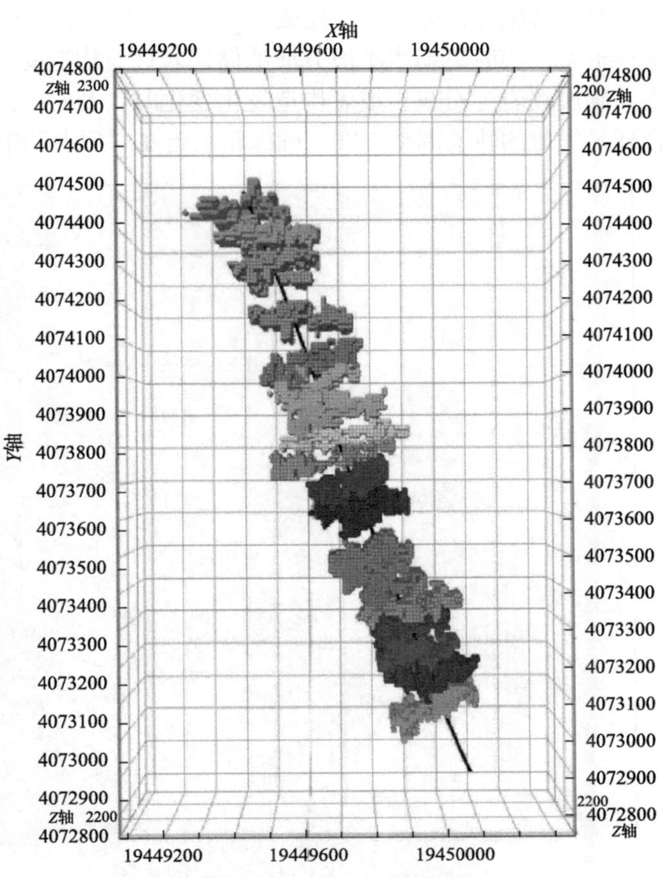

图 8　大吉-平 32 井裂缝监测图

3.2　水平段长度优选

针对大吉-平 37 井区储层地质特征，通过砂体解剖、压裂裂缝长度、单井泄气半径、经济极限井网密度法、数值模拟法等确定了合理井网设计参数，同时结合地表被大面积的环保区压覆，为有效提高储量动用程度，确定的合理井排距为 600m×800m、水平段长度为 1000～2100m。

3.3　水平井部署与设计

为保证水平井开发效果，根据砂体发育规模及叠置特征，综合考虑地质、工程、经济等因素，形成了大位移丛式水平井井组部署、差异化设计，实现部署设计与地质条件达到最优匹配，同时也大大节约了井场土地的征用。综合应用地震、地质、钻井等多专业研究成果，优选山 2^3 下砂岩有利区 118km^2，整体部署 5 个井组 37 口水平井，单个井组辖井 5～9 口，平均靶前距离为 400～1400m，水平段长度为 1000～2100m（图 9）。按照整体部署、分步实施的思路，在井控程度低的区域优先实施导眼井，落实砂体规模及展布方向后再实施水平井。

4　地震-地质综合导向技术

山 2^3 底砂岩非均质性强、变化快、泥岩夹层多，顶底缺乏稳定分布的明显标志层，长水平段实施难度大。通过地质-地震预测导向技术，是在地质建模基础上引入地震井间储层预测，综合指导水平井实时调整[4]。在水平井实施过程中首先结合地震资料、邻井测录井资料对靶点位置进行预测，基于标志层的厚度与构造对比法进行“逐层逼近”的精细地层对比逐渐逼近靶点，同时对靶点提前或滞后做出提前预警，并及时调整靶点，确保一次性成功入靶。入靶后，重构地质模型(图 10)，并根据随钻测井、录井资料、地震资料，实时更新水平段方向的储层岩性及构造变化预测结果，及时优化调整水平段轨迹，当钻遇泥岩、碳质泥岩、石灰岩或者构造发生变化时，及时根据实钻资料进行多模型方案设计，最快速度给出最合理最优化的轨迹调整方案，确保钻头走在“甜点”中。

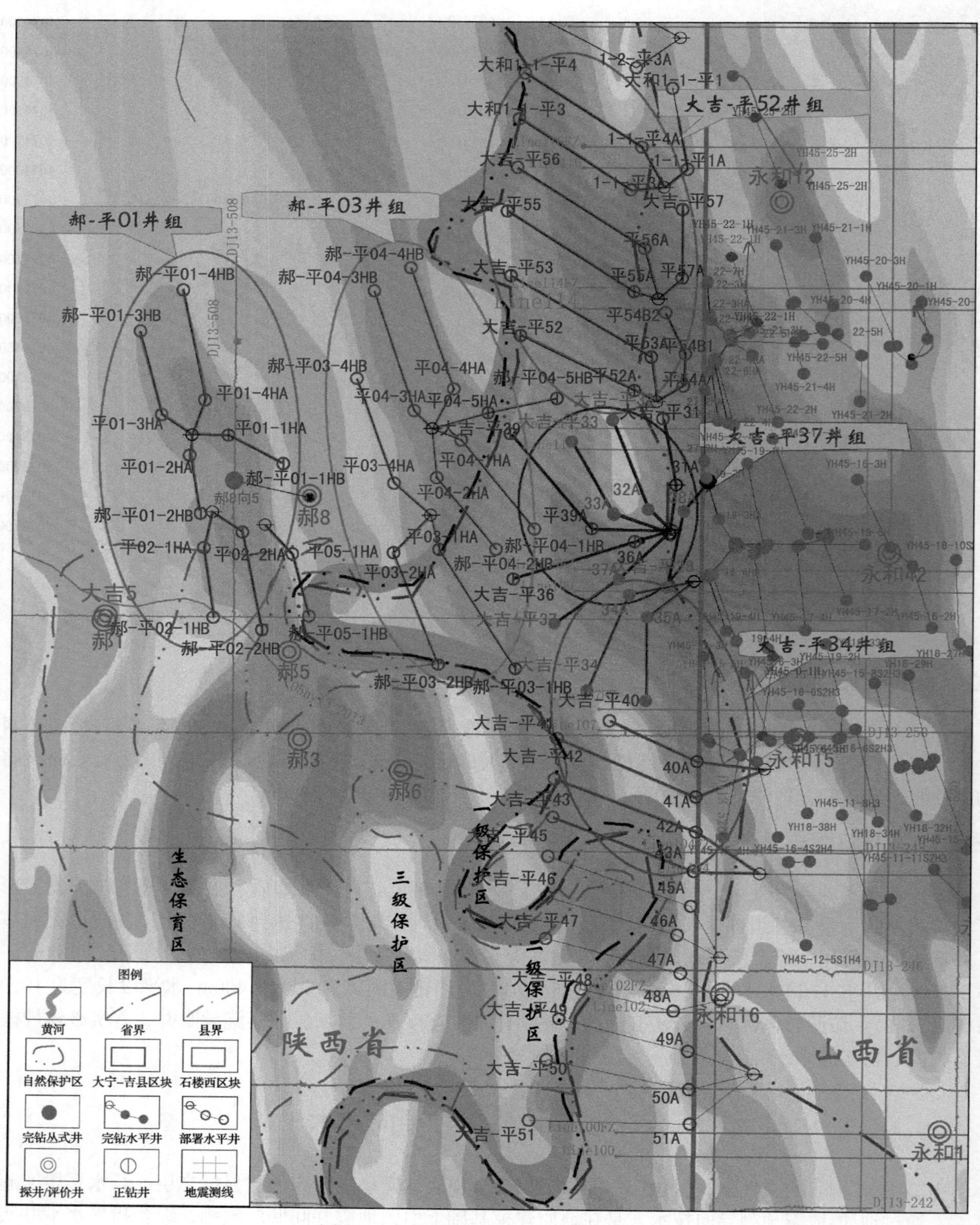

图 9　5 个井组大位移丛式水平井部署图

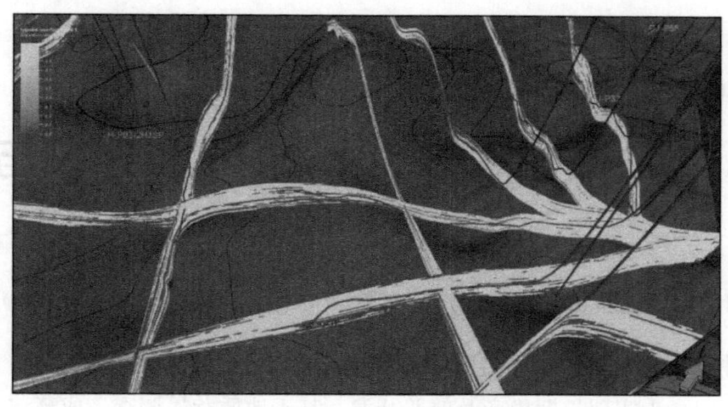

图 10　大吉-平 37 井组砂岩模型图

通过在 5 个井组区全面推广应用地震-地质综合导向技术，34 口井入靶成功率为 100%，平均水平段长度为 1199m，平均砂岩钻遇率为 78.29%，投产 21 口井初期平均产量均超过 10 万 m^3/d，是同等储层条件直井产量的 5 倍，实现了致密气水平井高效开发。

5 结　论

(1) 针对大吉气田致密气砂岩气藏主力开发层系山西组山 2^3 亚段底砂岩地质特征，提出了其分布受太原组沉积古地貌控制的新认识。

(2) 针对二维地震资料识别薄储层难度大，形成了一项针对煤系地层薄储层的地质-地震逐级预测新技术，精细刻画砂体展布和评价优选有利区。

(3) 针对开发地表被环保区压覆，可利用井场面积有限，实现了大位移丛式水平井部署，并应用地质-地震综合水平井地质导向技术，有效提高储层钻遇率。

(4) 基于该套技术，完钻水平井钻遇率较其他井区提高 15%以上，投产初期平均产量均超过 10 万 m^3/d，实现了致密气水平井高效开发。

参 考 文 献

[1] 赵龙梅, 文桂华, 李星涛, 等. 鄂尔多斯盆地大宁-吉县区块山西组 2^3 亚段致密砂岩气储层“甜点区”评价[J]. 天然气工业, 2018, 38(S1): 5-10.

[2] 李国斌, 张亚军, 谢天峰, 等. 煤系地层致密砂岩气甜点区地震逐级预测——以鄂尔多斯盆地东南缘下二叠统山西组 2^3 亚段为例[J]. 天然气工业, 2020, 319(5): 40-48.

[3] 费世详, 王东旭, 林刚, 等. 致密砂岩气藏水平井整体开发关键地质技术——以苏里格气田苏东南区为例[J]. 天然气地球科学, 2014, 25(10): 1620-1629.

[4] 王华, 崔越华, 刘雪玲, 等. 致密砂岩气藏多层系水平井立体开发技术——以鄂尔多斯盆地致密气示范区为例[J]. 天然气地球科学, 2021, 32(4): 472-480.

苏 X 区块中部高含水致密气藏气水分布与开发对策

王　颖

（中国石油集团长城钻探工程有限公司地质研究院，盘锦 124010）

摘要：苏里格气田苏 X 区块中部低饱和度致密砂岩气藏储量规模虽大，但储层非均质性强、含水饱和度高、储量动用程度低，气井生产差异大且普遍产水。为实现长期稳产及效益开发，基于地质背景调查、成藏演化解剖、综合地质分析及大量的岩心取样及实验分析等手段，对该区天然气成藏主控因素、富集规律、气水分布模式等开展了研究与开发实践，探索该类气藏开发技术对策。研究结果表明：①宏观上，造成高含水致密砂岩气藏的主控因素为烃源岩生烃强度和储层物性，其次为气藏构造幅度低；②受岩石物理性质、成岩和压实作用的影响，形成该类气藏的微观机理为储层微观孔喉半径偏小、孔隙结构复杂和高束缚水饱和度；③根据储层、构造特征及地层水赋存类型，将气水分布模式总结划分为构造低部位滞留水、致密低渗带滞留水和孤立透镜状水，同时明确不同类型的分布特征；④通过开发实践，优选井型及开发部署方式，探索形成了避水建产、配产控水、优化排水的地质工艺一体化技术思路。在新认识指导下，苏 X 区块开发效果得到显著提升，完钻井Ⅰ+Ⅱ类井比例由早期 62.5%提高到 81.3%，为实现高含水致密砂岩气藏储量和产量突破提供了有效途径。

关键词：苏里格气田；高含水；致密砂岩气藏；气水分布；开发对策

Gas water distribution pattern and development practice of high water content gas reservoir in Su X block

Wang Ying

(Geology Institute, CNPC Greatwall Drilling Company Ltd., Panjin 124010)

Abstract: Although the tight and high water-bearing gas reservoir in block Su X of Sulige gas field has a large scale of reserves, the physical properties of the reservoir are poor, the degree of reserve production is low, and the production difference of gas wells is large and water production is common. In order to achieve long-term stable production and beneficial development, based on geological background investigation, structural evolution anatomy, drilling geological analysis, and a large number of core sampling and experimental analysis, the main controlling factors, enrichment law, gas water distribution mode of natural gas accumulation in this area have been studied and exploration and development practice has been carried out. The results show that: ①macroscopically, the main controlling factors of high water-bearing gas reservoirs are hydrocarbon generation intensity of source rocks and reservoir heterogeneity, followed by low structural amplitude of gas reservoirs; ②Influenced by petrophysical properties, diagenesis and compaction, the micro mechanism of forming this kind of gas reservoir is small pore throat radius, complex pore structure and high irreducible water saturation; ③According to the reservoir, structural characteristics and formation water occurrence types, the gas water distribution patterns are summarized and divided into the stagnant water in the low part of the structure, the stagnant water in the compact lens and the isolated lens; ④According to the three main geological models, the well type and development deployment mode are optimized, and the integrated technical ideas of geological engineering, such as avoiding water to build production, controlling water fracturing and optimizing drainage, are explored and formed. Under the guidance of the new understanding, the development effect of Su X block has been significantly improved, and the proportion of

---

基金项目：中国石油天然气股份有限公司科学研究与技术开发项目“侧钻井技术示范与推广”课题（2019D-4209）。

作者简介：王颖（1982—），高级工程师，主要从事气藏描述与开发动态分析工作。地址：辽宁省盘锦市大洼区林丰路总部花园 A3-1-1，电话：15142718080，邮箱：wy2010.gwdc@cnpc.cn.com。

class Ⅰ+Ⅱ wells has increased from 62.5% to 81.3% in the exploration and evaluation stage, which provides an effective way to achieve the breakthrough of reserves and production in tight and high water-bearing gas reservoirs.

Keywords: Sulige gas field; high water content gas reservoir; gas and water distribution; development strategy

随着勘探开发不断深入，苏里格气田主产区井网已日趋完善，苏 X 区块中部作为重要产能接替区，储层物性条件差、非均质性强、连续性差，含水饱和度超过 50%，较主产区高近 10%，气水关系复杂。近几年勘探开发结果证实，无论钻遇厚储层还是薄储层，气井均出现不同程度产水，气井见水后产能快速下降，导致储量动用程度低，部分开发指标达不到方案设计要求，严重影响了气田开发效果。虽然许多学者针对苏里格气田苏 X 区块中部高含水致密气藏做了大量研究，在构造、储层、地层水识别方面取得了较大的进展[1-5]，但是截至目前尚未明确气藏成藏机理、富集规律及气水分布模式，沿用前期低渗砂岩气藏开发部署模式，布井成功率低。为此，笔者基于地质背景调查、成藏演化解剖、综合地质分析、岩心取样及实验等手段，总结出高含水气藏“源储控藏、物性控气”的成藏模式，建立 3 种气水分布模式，探索形成了有针对性的开发技术对策，为苏里格气田规模效益开发提供技术保障，也为该类气藏的高效开发奠定了基础。

1　区域地质特征

1.1　地质概况

苏里格气田是长庆油田乃至我国最大的天然气田，地处内蒙古、陕西境内，总面积 4.39 万 km^2。苏 X 区块中部位于鄂尔多斯盆地伊陕斜坡北部，区域面积 347.8km^2，构造形态为北东高、南西低的西倾单斜，平均坡降为 3～5m/km，区内断层不发育，局部发育微鼻状构造，主力含气层段为二叠系下石盒子组盒 8 段和山西组山 1 段，研究区天然气资源量丰富，已探明天然气地质储量为 357.0 亿 m^3。

1.2　储层特征

苏 X 区块中部盒 8 段、山 1 段储层为河流-三角洲沉积体系，受沉积物源和水动力条件影响，河道频繁摆动迁移，造成砂体多期复合叠置，连片性差。砂体类型主要为心滩、边滩砂体，其次为决口扇、天然堤及废弃河道砂体，复合砂体厚度在 20m 左右，宽 1.5～2.0km，近南北向展布，非均质性强。岩石类型以中-粗粒岩屑石英砂岩为主，结构成熟度偏低，填隙物以黏土为主，钙质次之。孔隙类型主要为粒间溶孔、胶结物内溶孔、高岭石晶间孔及残余原生粒间孔，裂缝罕见；面孔率主要集中在 1%～2%，普遍较低。经过长期压实、胶结等成岩作用，储层物性大大降低。根据 5 口取心井 793 个样品的物性资料统计结果，盒 8 段、山 1 段孔隙度主要分布在 6.0%～12.0%(图 1)，渗透率集中在 0.1～6.0mD，属于低孔特低

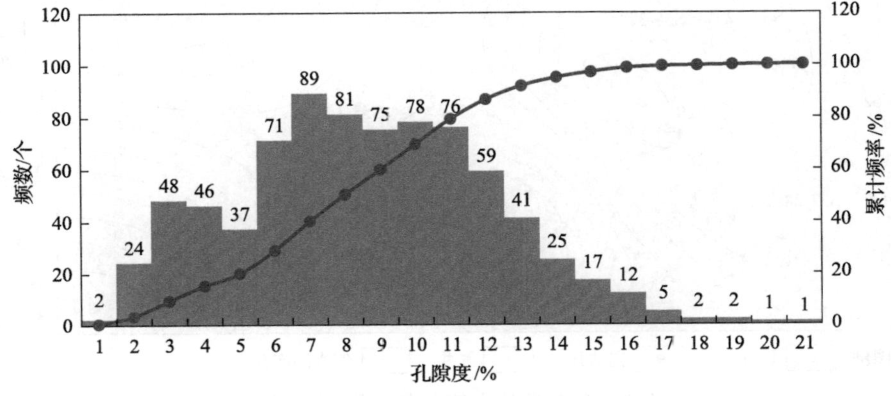

图 1　苏 X 区块中部岩心分析孔隙度分布直方图

渗储层，压汞资料分析表明储层分选性差，结构成熟度低，平均孔隙半径为 82.6μm，而喉道半径中值仅为 0.03～0.4μm，表现出小孔微喉特征，同时，结合毛细管压力曲线分析表明，退汞效率较低(小于 45%)，说明储层喉道连通性差。

1.3　地层水特征

地层水在储集层孔隙中的赋存状态主要受孔隙大小、喉道及岩石颗粒润湿性控制。区内盒 8 段、山 1 段储层无明显的气水界面与边底水，产水井在平面上分布零散，纵向上气、水关系复杂，根据储层非均质性、孔喉结构配置关系将储层地层水分为 3 类，分别为吸附水、毛细管水和自由水，其中毛细管水为主要地层水类型，占 60%以上。苏 X 区块中部试气出水井主要为气水同出，平均出水量为 1～20m^3/d；地层水分析资料显示，水型为 $CaCl_2$ 型，平均矿化度为 33.9g/L，最高达 49.6g/L，为封闭埋藏环境下的古沉积水。

2　成藏主控因素

2.1　宏观因素

2.1.1　充足烃源是天然气成藏的前提，天然气近源富集

烃源岩是气藏形成的重要物质基础，直接决定着储层天然气充注程度。苏 X 区块中部气源岩主要为本溪组—山西组煤系烃源岩，主力生气层段为本 1 段、太 2 段煤层，煤层平均厚度为 6.8m，全区均有分布，表现广覆式生烃、供烃的特点，生气强度介于 15 亿～70 亿 m^3/km^2，呈东西两侧低、中间高的分布特征，中部生烃强度普遍大于 45 亿 m^3/km^2，而东西两侧平均仅为 17.5 亿 m^3/km^2，产水气井也由区块中部向东西两侧逐渐增多(图 2)。从气藏剖面上可以看出，储集层与气源岩的距离在一定程度上控制着储层中气体的充满程度：距离烃源岩相对较近的山 1 段和盒 8 下亚段优质砂岩天然气充注程度高，气层和含气层发育；盒 8 上亚段气层含气饱和度偏低，以含气层和微含气层为主。总体表现为山 1 段—盒 8 下亚段—盒 8 上亚段含气饱和度逐渐降低。

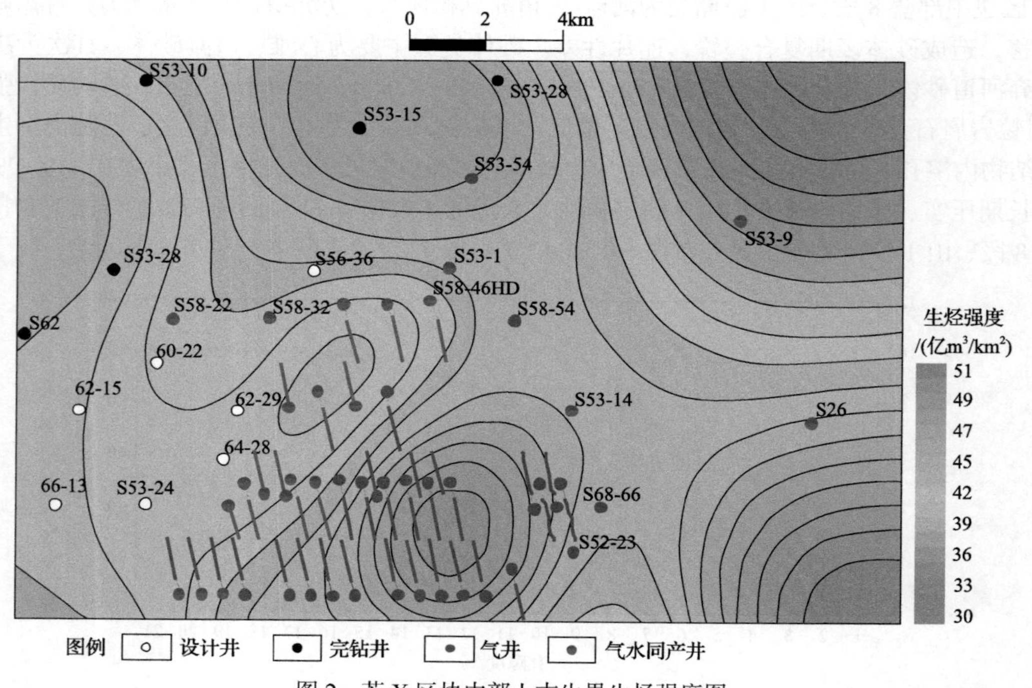

图 2　苏 X 区块中部上古生界生烃强度图

2.1.2 储层非均质性决定气藏的分布和形成规模

储层非均质性影响天然气富集程度，从而影响有效储层分布和规模。在有利的成藏条件下，受沉积和成岩作用等影响，砂岩储层内部容易形成部分强致密层，物性较好砂岩被优先充注，而致密层由于毛细管阻力较大，多出现成藏滞留水，造成其含气饱和度低。同时，河流沉积体系储层物性变化快，心滩、河道、天然堤微相储层非均质性逐渐增强，纵向上可形成多套水层-干层-气层的组合模式。气藏对比剖面上，由于储层的强非均质性，气层、干层、水层横向上多数不连续，且单个气层规模较小。综合测井解释数据分析，气层的孔隙度主要集中在 10%～15%，含气层的孔隙度分布在 6%～10%，微含气层孔隙度介于 2%～8%，说明储层物性越好，其含气饱和度越高，反之，含气饱和度越低(图 3)。

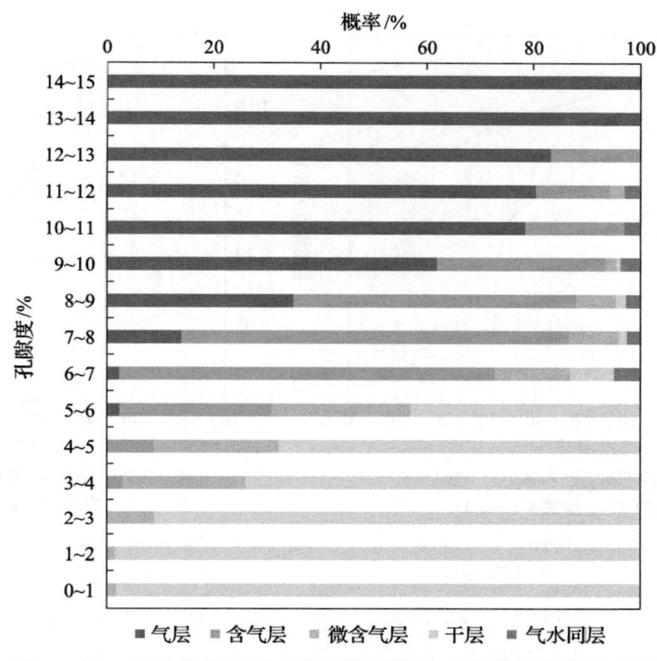

图 3 苏 X 区块中部储层含气性随孔隙度变化累积概率直方图

2.1.3 古今构造、砂体与小幅度构造配置关系控制了天然气的富集

构造运动在控制地层展布形态的同时，与盆地油气运移、聚集关系密切。苏里格地区位于鄂尔多斯盆地中部斜坡带，地层平均倾角不超过 1°。苏 X 区块中部处于盆地稳定区，构造梯度 4.5m/km，除少数鼻状构造外，大多十分平缓。在成藏的关键时期(燕山期)，天然气难以在静水环境中沿构造进行大规模运移，总体上以垂向运移为主、侧向运移为辅。开发评价证实，储层砂岩单层厚度最大为 15.5m，最小为 0.4m，单层平均砂体厚度 3.6m，明显小于细粒砂岩储层要求的垂直临界高度 12.5m[7-10]。在构造平缓、砂体规模小的致密储层中，气体的压差小，天然气的向上浮力难以克服毛细管阻力的影响，导致气、水分异作用减弱，地层水饱和度偏高。

2.2 微观因素

2.2.1 储层孔喉结构是造成气水分布高度复杂的关键因素

在气藏圈闭构造坡度平缓、石英砂岩强亲水性的成藏环境下[11,12]，毛细管力和天然气向上浮力对苏 X 区块中部气水分布具有明显控制作用。根据毛细管压力曲线形态及孔喉特征参数，将储层孔隙结构分为 3 种类型，分别为小孔-微细喉型、中孔-中喉型和大孔-粗喉型(表 1、图 4)，研究区以小孔-微细喉型和中孔-中喉型为主，喉道中值半径主要分布在 0.03～0.4μm，地层条件下的储层毛细管阻力介于 0.13～1.67MPa(图

5）。实验分析表明，横向连通、物性相对较好的气层天然气向上浮力分布在 0.07~0.29MPa（对应毛细管半径 0.25~0.8μm）。当天然气向上浮力小于毛细管力时，会导致储层气水垂向分异不明显、气水两相混储，容易形成高含水气藏。

表 1　苏 X 区块孔隙结构分类情况统计表

类型	孔隙结构	孔隙类型	中值半径/μm	孔隙度/%	渗透率/mD
Ⅰ类	大孔-粗喉型	粒间孔、粒间溶孔	＞0.7	＞10	＞1.0
Ⅱ类	中孔-中喉型	岩屑溶孔、粒间溶孔	0.2~0.7	8~10	0.35~1.0
Ⅲ类	小孔-微细喉型	杂基溶孔、晶间孔为主	＜0.2	＜8	＜0.35

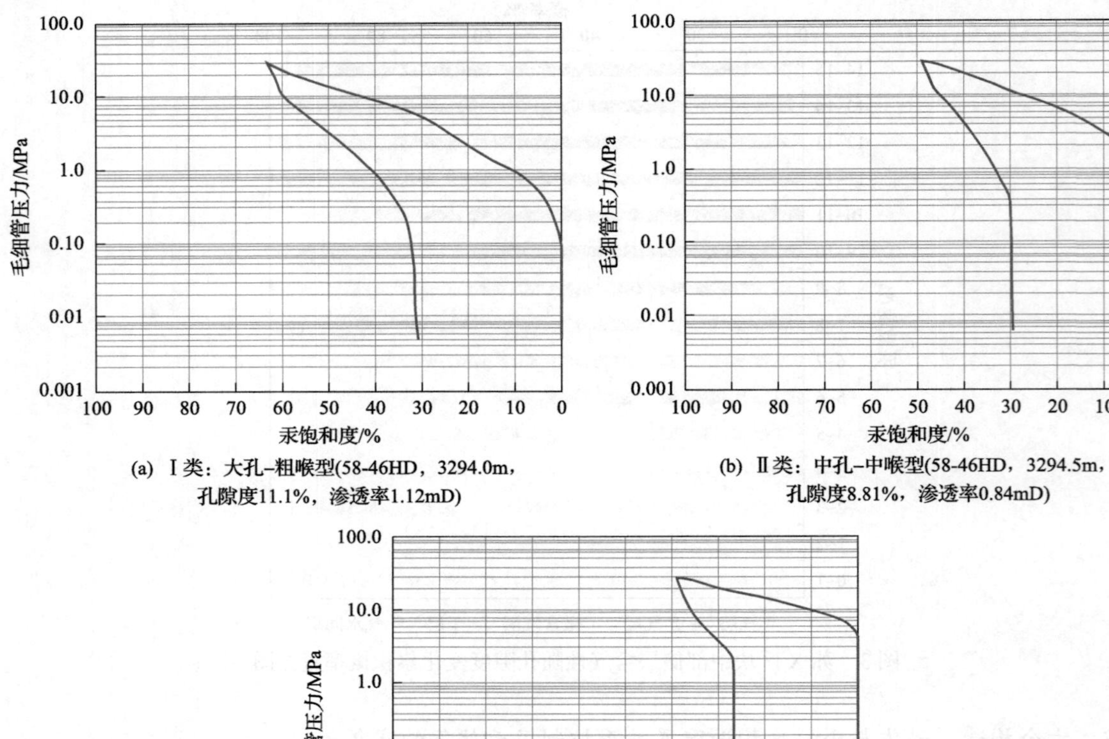

(a) Ⅰ类：大孔-粗喉型(58-46HD，3294.0m，孔隙度11.1%，渗透率1.12mD)

(b) Ⅱ类：中孔-中喉型(58-46HD，3294.5m，孔隙度8.81%，渗透率0.84mD)

(c) Ⅲ类：小孔-微细喉型(58-46HD，3384.42m，孔隙度5.0%，渗透率0.15mD)

图 4　不同类型井压汞法毛细管压力曲线

2.2.2　束缚水饱和度直接影响储集砂体的含气饱和度

束缚水饱和度的高低直接影响着气层含气饱和度的高低，束缚水的来源及其含量对低饱和度气层的成因至关重要。随着埋藏深度增加，成岩作用逐渐加强，自生黏土矿物会不断调整结构和成分，已达到新的平衡和稳定，具体表现为黏土矿物类型和成分变化，即随着埋深增加，自生黏土矿物组合类型呈现出规律性的变化：从蒙脱石—伊/蒙混层—伊利石、高岭石、绿泥石[7,13,14]。X 射线衍射数据表明，黏土矿物的类型主要为伊/蒙混层，其次为绿泥石、伊利石和高岭石（图 6）。由于弱水动力沉积条件，大量的黏土矿物沉积下来，同时在长期成岩作用中，长石溶蚀后，孔隙水中沉淀出自生黏土矿物，不仅增加孔隙迂回度和结构复杂性，同时为黏土矿物吸附大量束缚水提供了有利条件。由核磁共振实验分析数据可知：气层的束缚水饱和度分布范围为31.75%～45.31%，高含水气层束缚水饱和度分布范围为45.31%～64.62%，如表2所示。因此，高束缚水饱和度是形成含气饱和度低的主要因素之一。

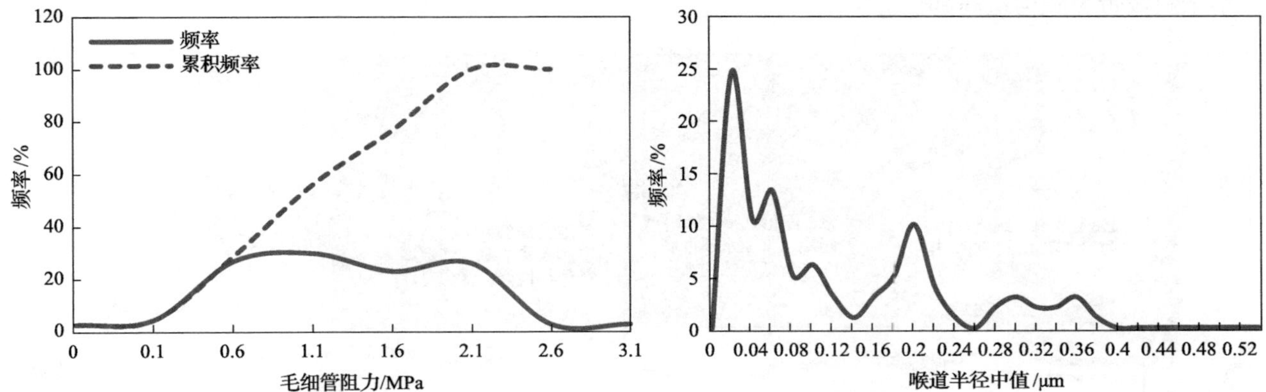

图5　苏X区块中部储层喉道半径中值分布与毛细管阻力分布图

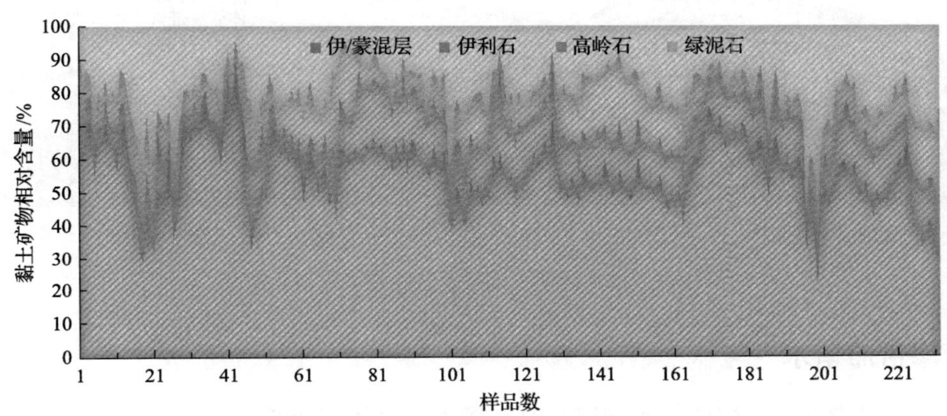

图6　苏X区块中部黏土矿物相对含量分布图

表2　苏X区块中部取心井束缚水饱和度统计表

类型	参数	井号				
		S-1	S-2	66-28	58-24HD	58-46HD
气层	含气饱和度/%	68.25	54.69	66.92	67.67	59.14
	束缚水饱和度/%	31.75	45.31	33.08	32.33	40.86
高含水气层	含气饱和度/%	45.32	38.81	36.42	37.30	35.38
	束缚水饱和度/%	45.31	60.65	56.12	53.33	64.62

3　气水分布模式

依据苏X区块中部储层、构造特征，综合地层水赋存类型及主控因素研究认识，平面与剖面、微观与宏观紧密结合，根据气水分布模式总结划分地层水类型为构造低部位滞留水、致密低渗带滞留水和孤立透镜状水(图7)。

3.1　构造低部位滞留水

这类地层水在测井解释上一般指水层或含气水层、厚度较大，主要分布在盒8段区域连通、物性相对较好的鼻隆构造底部或砂体下倾尖灭部位。苏 X 区块中部整体属于广覆式生烃特点，而盒 8 下亚段砂体厚度大，沉积物粒度粗，物性最好[15,16]，天然气垂向运移距离中等，天然气驱替地层水作用不够彻底。在沉积过程中，河道边部的水动力条件较弱，故其沉积物粒度细、泥质杂基含量高，储层物性也一般较差，天然气驱替地层水作用不彻底，使地层水多分布在盒 8 下亚段构造斜坡带的砂体边部，天然气主要富集于斜坡带鼻隆构造高部位。

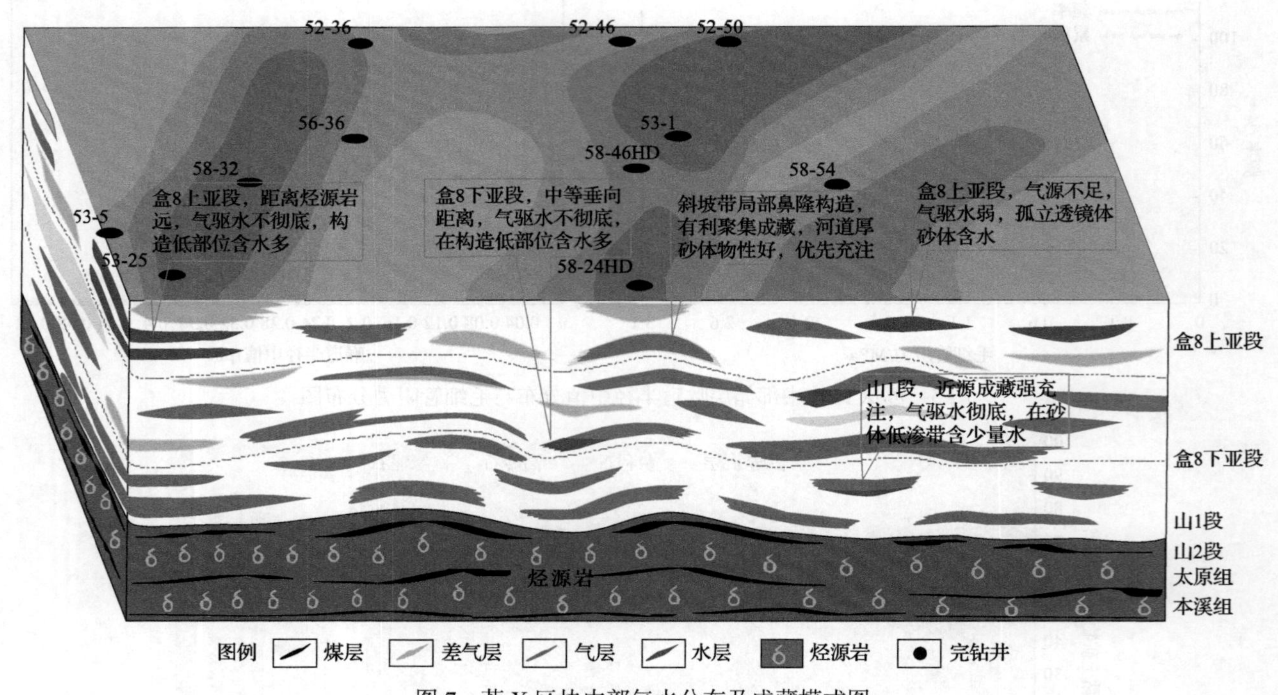

图 7 苏 X 区块中部气水分布及成藏模式图

3.2 致密低渗带滞留水

这类地层水通常指微含气层或气水同层、厚度较小，水体不活跃，主要出现在气源供给充足的山 1 段低孔、低渗和强非均质性储层内。进入生烃和排烃高峰期后，由于所处位置生烃强度相对较大，储集砂体可获得强有力的天然气补给和充注，储层中气体含量逐步增加，当充注到一定程度后，天然气将沿着已连通的有利通道运移，而其余通道就会相应地减少或停止充注，从而导致储层孔隙度逐渐变小，渗透率降低，渗流阻力增大。天然气充注到最后，物性较好的储层含气性往往较好，而物性较差的储层含气性差，一些致密储层甚至没有天然气的进入。物性较差砂体因含气饱和度低，易形成低渗带滞留水。

3.3 孤立透镜状水

这类地层水主要分布在研究区盒 8 上亚段的东北部或西南部地区，储集砂体规模较小且远离烃源岩，导致天然气充注强度不足，地层水排泄不畅，滞留于相对孤立的单砂体内。该类地层水主要分布在河道底部相对孤立的砂体中，完全为地层水，不含气。平面上分布多不连续，被不渗透或渗透性差的泥岩和粉砂质泥岩包围，地层水聚集在砂体内很难流出，因而保存了下来。该类地层水在平面的分布上多呈孤立状分布，横向连通性差，所以钻遇此类地层水的气井在平面上常分布不均。

4 开发对策

4.1 精细地质研究，优选开发“甜点”，优化井型及开发部署方式，实现避水建产

依据气水分布与天然气成藏模式，综合地震含气性检测及测井解释可动水评价技术，开展精细地质

研究，优选含气富集区两个，区域面积 77.0km²，地质储量 90.0 亿 m³；针对不同气水分布模式，结合经济效益评价结果，优选井型及开发部署方式，分区制定差异化开发技术对策：①开发“甜点”区内采用直定向井、水平井整体部署，集中建产，突出规模效益；②地层水富集区实行直井、侧钻水平井评价部署；③针对“甜点”区与地层水富集区以外区域，采用直定向井滚动开发部署，局部构造高点、高含气区域，甩开部署，适度建产。同时，基于核磁共振实验，建立可动水测井解释模型，优化压裂射孔方案，降低新井产水风险。通过开发实践，气井Ⅰ+Ⅱ类井比例由探评井阶段 62.5%提高到 81.3%，钻井成功率也由早期的 63%提高到 100%，实现了高效布井。

4.2 差异化气井配产，气藏整体降速控压控水，延长无水采气期

苏里格气田储层变化快，气水关系复杂，若配产不合理，会造成能量损失、储层伤害、井底积液甚至水淹等问题，严重影响气井产能和气藏采收率。因此，合理优化气田采气速度，控制合理压降，延缓水侵速度，实现气田均衡开发。对于苏 X 区块中部高含水气藏，不同气水分布模式下，地层水的活跃程度存在一定差异，基于多次变围压应力敏感、启动压力、滑脱效应、气水相渗及流动模拟实验建立直井和水平井产能评价模型，开展单井动储量分析及临界携液流量计算，以能量合理利用、压降均衡、采气速度均衡、有效控水、携液安全位原则，综合考虑地层压力、井底流压、生产水气比等对配产界限的动态影响，对气井配产进行优化。2020 年，苏 X 区块中部新投产 18 口井，直井初期日产气 1.2 万～2.3 万 m³/d，水平井初期日产气 3.0 万～5.0 万 m³/d，累计生产天然气 0.66 亿 m³，取得较好开发效果。

4.3 强化动态监测，优化排水采气方案，提高储量动用程度

对于高含水致密砂岩气藏，气井产水是其主要开发特征，因此，动态监测是贯穿气藏开发整个生命周期的一项重要工作[17]。加强动态监测，及早制定控排水对策，可以避免气藏大幅度水淹。国内外大量学者通过致密气渗流实验发现[18,19]：气体须在发生膨胀且占据 50%以上孔隙空间时才能流动。由此得出，气藏部分气井产水后，继续降压开采，使被水封闭的天然气不断膨胀，冲破水封，进入生产井底。因此，提高此类气藏采收率的方法是从产水井中强化排水采气，地层能量逐渐消耗后，借助压力差和水在孔隙中的渗吸驱气作用，使“死气区”的天然气逐渐“复活”释放，能够有效提高采收率。根据苏 X 中部气井不同生命周期阶段的积液规律和不同排水采气工艺的适用条件，结合气井日产气量、液面高度、产水量、油套压等参数判断，建立不同的排水采气措施流程，累计增产气量 0.43 亿 m³。通过技术应用评价，摸索出了一套适合苏里格气田开发的主动排水采气技术系列。

5 结 论

(1) 明确了高含水致密砂岩气藏成藏主控因素，宏观上，造成低饱和度气藏的主控因素为烃源岩生烃强度和储层物性，其次为气藏构造幅度低。受岩石物理性质、成岩和压实作用的影响，形成该类气藏的微观机理为储层微观孔喉偏低、孔隙结构复杂和束缚水饱和度高。

(2) 根据储层、构造特征及地层水赋存类型，将气水分布模式总结划分为构造低部位滞留水、致密低渗带滞留水和孤立透镜状水，同时明确不同类型的分布特征。

(3) 通过开发实践，优选井型及开发部署方式，探索形成了避水建产、控压控水、优化排水的地质工艺一体化技术思路。在新认识指导下，该区块开发效果得到显著提升，为实现致密高含水气藏储量和产量突破提供了有效途径。

参 考 文 献

[1] 何自新，付金华，席胜利，等. 苏里格大气田成藏地质特征[J]. 石油学报，2003，24(2)：6-12.

[2] 刘圣志，李景明，孙粉锦，等. 鄂尔多斯盆地苏里格气田成藏机理研究[J]. 天然气工业，2005，25(3)：4-6.

[3] 傅诚德. 鄂尔多斯深盆气研究[M]. 北京：石油工业出版社，2001：132-188.

[4] 李雄炎, 李洪奇, 阴平, 等. 柴达木盆地三湖地区第四系低饱和度气层的成因机理[J]. 吉林大学学报(地球科学版), 2010, 40(6): 1241-1247.

[5] 闵琪, 杨华, 付金华. 鄂尔多斯盆地的深盆气[J]. 天然气工业, 2000, 20(6): 11-15.

[6] 侯伟, 杨宇, 周文, 等. 子洲气田气水层测井识别方法[J]. 岩性油气藏, 2010, 22(2): 103-106.

[7] 谢庆宾, 谭欣雨, 高霞, 等. 苏里格气田西部主要含气层段储层特征[J]. 岩性油气藏, 2014, 26(4): 57-65.

[8] 赵林, 夏新宇, 洪峰. 鄂尔多斯盆地中部气田上古生界气藏成藏机理[J]. 天然气工业, 2000, 20(2): 17-21.

[9] 李仲东, 惠宽洋, 李良, 等. 鄂尔多斯盆地上古生界天然气运移特征及成藏过程分析[J]. 矿物岩石, 2008, 28(3): 77-83.

[10] 李贤庆, 侯读杰, 胡国艺. 鄂尔多斯盆地中部气田地层流体特征与天然气成藏[M]. 北京: 地质出版社, 2005: 39-87.

[11] 石彬, 陈芳萍, 王艳, 等. 鄂尔多斯盆地延长组下组合储层评价与有效开发技术策略[J]. 非常规油气, 2016, 3(3): 80-86.

[12] 王敏, 段景杰, 陈芳萍, 等. 鄂尔多斯盆地边底水油藏开发方案效果评价——以东仁沟延 10 油层组为例[J]. 非常规油气, 2016, 3(2): 53-58.

[13] 刘晓鹏, 赵小会, 康锐, 等. 鄂尔多斯盆地北部盒 8 段砂体形成机理分析[J]. 岩性油气藏, 2015, 27(7): 196-204.

[14] 侯加根, 唐颖, 刘钰铭, 等. 鄂尔多斯盆地苏里格气田东区致密储层分布模式[J]. 岩性油气藏, 2014, 26(3): 1-6.

[15] 王泽明, 鲁宝菊, 段传丽, 等. 苏里格气田苏 20 区块气水分布规律[J]. 天然气工业, 2010, 30(12): 37-40.

[16] 刘红岐, 彭仕宓, 唐洪, 等. 苏里格庙气田气层识别方法研究[J]. 西南石油学院学报, 2005, 27(1): 8-11.

[17] 柳娜, 周兆华, 任大忠, 等. 致密砂岩气藏可动流体分布特征及其控制因素——以苏里格气田西区盒 8 段与山 1 段为例[J]. 岩性油气藏, 2019, 31(6): 14-25.

[18] 毕明威, 陈世悦, 周兆华, 等. 鄂尔多斯盆地苏里格气田苏 6 区块盒 8 段致密砂岩储层微观孔隙结构特征及其意义[J]. 天然气地球科学, 2015, 26(10): 1851-1861.

[19] 李士祥, 邓秀芹, 庞锦莲, 等. 鄂尔多斯盆地中生界油气成藏与构造运动的关系[J]. 沉积学报, 2010, 28(4): 798-807.

煤系地层薄层致密砂岩气藏水平井开发影响因素分析

黄　力[1,2]，张　稳[1,2]，石　石[1,2]，赵龙梅[1,2]，李忠百[1,2]，王虹雅[1,2]

（1. 中石油煤层气有限责任公司勘探开发研究院，北京 100020；2. 中联煤层气国家工程研究中心有限责任公司，北京 100095）

摘要：鄂东缘煤系地层水平井开发主力层系山西组山 2^3 亚段底砂岩为浅水三角洲前缘水下分流河道复合体储层，具有纵向厚度薄、河道宽度窄、储层物性差的特点，为进一步提升致密气单井产量和储量动用程度，通过压裂水平井精细三维地质模型开展数值模拟研究不同地质条件及不同水平井参数下开发效果。研究表明：①水平井增产倍数随气层厚度增加大幅增加，随着厚度增加，水平井增产倍数有所下降；②水平井轨迹位于薄储层纵向不同位置，开发效果无明显差别；③综合地质因素及经济成本制约条件下确定合理的水平段长为 1200～1500m；④水平井部署于水下分流河道中部时稳产时间最长，单井控制地质储量最大。研究取得的新认识可为致密砂岩薄储层气田的井位优化部署、效益开发提供技术借鉴。

关键词：煤系地层；薄层致密砂岩气藏；水平井开发；三维地质建模；加密网格数值模拟

Analysis on influencing factors of horizontal well in thin tight sandstone gas reservoir of coal-bearing formation

Huang Li[1,2]，Zhang Wen[1,2]，Shi Shi[1,2]，Zhao Longmei[1,2]，Li Zhongbai[1,2]，Wang Hongya[1,2]

（1. PetroChina Coalbed Methane Co., Ltd., Exploration and Development Research Institute, Beijing 100020; 2. China United Coalbed Methane National Engineering Research Center Co., Ltd., Beijing 100095）

Abstract: The bottom sandstone of the $S2^3$ sub member of Shanxi Formation in the coal–bearing formation of Eastern Margin of Ordos Basin developed by horizontal well, which is a shallow delta front underwater distributary channel complex reservoir. It has the characteristics of thin longitudinal thickness, narrow channel width and poor reservoir physical properties. In order to further improve the production of single well and reserve employ extent, the numerical simulation is carried out through the fine 3D geological model of horizontal wells to study the development effect of fractured horizontal wells under different geological conditions and different horizontal well parameters. The research shows that: ①The production multiple of horizontal wells increases significantly with the increase of gas layer thickness, and decreases with the increase of gas layer thickness. ②Horizontal well is located in different vertical positions of thin reservoirs, and there is no significant difference in development effect. ③The reasonable horizontal length is determined to be 1200-1500m under the constraints of geological factors and economic costs. ④When horizontal wells are deployed in the middle of underwater distributary channel, the stable production time is the longest and the single well control geological reserves are the largest. The new understanding obtained in this study can provide technical reference for well location optimization deployment and benefit development of tight thin reservoir gas fields.

Keywords: coal-bearing formation; thin tight sandstone gas reservoir; horizontal well development; 3D geological modeling; encrypted grid numerical simulation

鄂尔多斯盆地东部煤系地层致密砂岩气藏储量大，但通常为致密且储层砂体分布不均的岩性气藏，常规井开发效果差，现场生产特征表明采用水平井开发是提高低渗气藏产能的主要技术手段之一[1-3]。对

作者简介：黄力(1984—)，工程师，主要从事气田开发及测井解释相关研究。地址：北京市朝阳区丰和大厦，电话：18501039098，邮箱：huangl_cbm@petrochina.com.cn。

于致密砂岩气藏开发，大多学者更多的是聚焦如何提高水平井砂岩钻遇率，利用三维地质建模技术建立三维沉积相模型及属性参数模型来刻画目的层砂体的展布规律，用于指导水平井设计与钻进，现场应用证明该方法可有效提高水平段的砂体钻遇率[4-7]。此外，利用三维地质建模技术与传统水平井随钻跟踪调整技术相结合的方法，结合随钻自然伽马数据进行模型的实时更新及水平段的随钻跟踪调整，有效提高了水平段的有效储集层钻遇率[8,9]，从而起到提高开发效果的目的。

本文重点针对煤系地层致密砂岩气藏，通过水平井随钻资料与顶底出点约束建立目的层精细三维构造模型，利用三维地质建模技术及储集层构型研究方法建立目标储集层构造模型与属性模型，精细表征最优储集层在空间上的三维展布规律。在此基础上，通过运用油藏数值模拟方法，对影响水平井产能的各项因素进行敏感性分析，并对水平井各项参数进行优化，不断提高三维地质建模技术在致密砂岩油藏水平井开发中的应用效果。

1　区域地质概况

YC 区块位于鄂尔多斯盆地东部，井区内发育多个鼻状隆起，无断层发育。主力开发层系为山西组山 2^3 亚段底砂岩，气藏平均埋深为 1450m，为三前洲前缘末端沉积，发育水下分流河道和水下分流河道间两类微相，其中水下分流河道砂体多期叠置，为最有利的储集相带。小层砂体厚度最大为 14.6m，主河道砂体厚度大于 5m，河道宽度为 1km，为特低孔、超低渗致密砂岩储集层。水下分流河道砂体自北西向南东伸展，河道两侧岩性变致密或尖灭，相变为分流间湾和滨浅海泥质沉积，形成侧向岩性遮挡，给水平井部署及随钻跟踪调整造成一定的困难。

2　水平井建模及数模研究

2.1　精细地质模型的建立

精细地质模型的关键是单井数据精细化和纵向网格精细化。结合研究区储集层地质特征，充分考虑水平井对网格系统的要求，按照平面上 50.00m×50.00m、垂向上 0.25m 进行网格化，水平井局部采用加密网格建立地层格架模型。构造模型主要反映储集层的空间立体格架及微构造特征，利用单井地质分层数据，结合研究区山 2^3 各小层顶面构造，通过水平井顶底出点约束建立目的层精细三维地质模型。通过此方法可准确描述内部的微幅构造及隔夹层。

在三维构造模型基础上，根据三角洲沉积模式，综合利用岩心、测井等资料，建立三维岩相模型(图1)[10]，水平井钻井过程中随钻自然伽马数据较为准确，是进行地层划分对比、水平井准确入靶及水平段随钻跟踪调整的重要指示参数。通过自然伽马体模型可以预测岩性在垂向及横向的变化，可及时根据自然伽马实钻数据进行模型更新。本文通过单井 GR 与孔隙度建立回归关系(图 2)，再利用相控建模思路建立孔隙度、渗透率等属性参数模型。

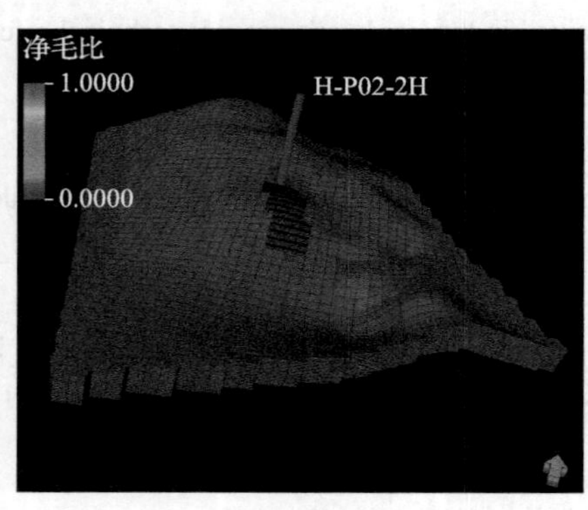

图 1　三维地质模型

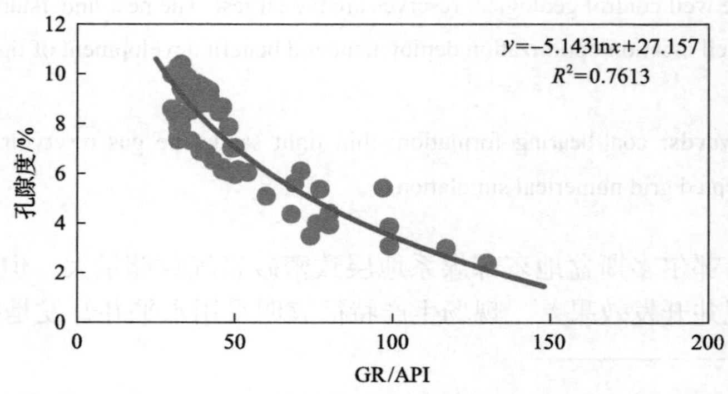

图 2　单井 GR 与孔隙度回归关系

2.2　近井模型

近井模型是为了精确模拟模型局部感兴趣区域如水平井井筒附近油水运动规律等。加密生成结构化或非结构化网格，提供流动边界条件，使模拟在小范围内进行，对处理后的局部模型，能再次嵌套回整个模型中，该方法也可推广至开发应用，提高运算速度和精度。由于水平井投产均进行压裂，近井地带的相关参数有所变化，为了提高运算精度，有必要对近井模型加密处理，水平井钻遇的每个网格加密成2个，纵向上加密1个，如图1所示。

2.3　压裂水平井参数

通过对裂缝网络的模拟，裂缝单边网络宽度约30.2m，考虑最外部裂缝已经非常弱，宽度及导流能力很低，因此允许裂缝间需存在一定的交错，裂缝间距15～30m可以满足要求。通过密切割分簇，减小基质到裂缝渗流距离，裂缝切得越密，气体渗流距离和阻力越小，产量才会越高，但由于应力阴影的存在，当簇间距过小时，中间裂缝延伸较小，需要通过模拟优化簇间距的大小，同时，分簇过密，压裂改造的成本较高。前期研究结果表明簇间距越大，缝宽不断增大，裂缝偏转角急剧降低；裂缝均匀程度随着簇间距增大而提高；簇间距优化结果为20～30m。对于山2段，裂缝半长达到120m以上便可获得经济产能，生产井裂缝监测长度为145～180m。本次研究裂缝半长取值为150m。

3　效果分析

3.1　历史拟合

气藏历史拟合过程主要是对储量、压力、产水的拟合，因气田气井不产水，所以气藏的历史拟合实际上就是储量、压力的拟合。通过校正油气藏的各项地质参数，使得油气藏地质模型能客观地反映储层地质特征和开发动态，提高方案预测结果的精度和可信度。拟合方法是在一定时间内给定气井生产制度，计算气井的井底压力，调整影响压力的主要参数，使计算的结果尽可能地接近实际生产情况，此时，即可确定气井及其周围的参数场。气田的单井指标是产气量与井底流压，参照岩心分析、试井分析、压裂施工情况及生产动态等资料进行相关参数的调节。单井日产气量与井底流压拟合曲线如图3所示。

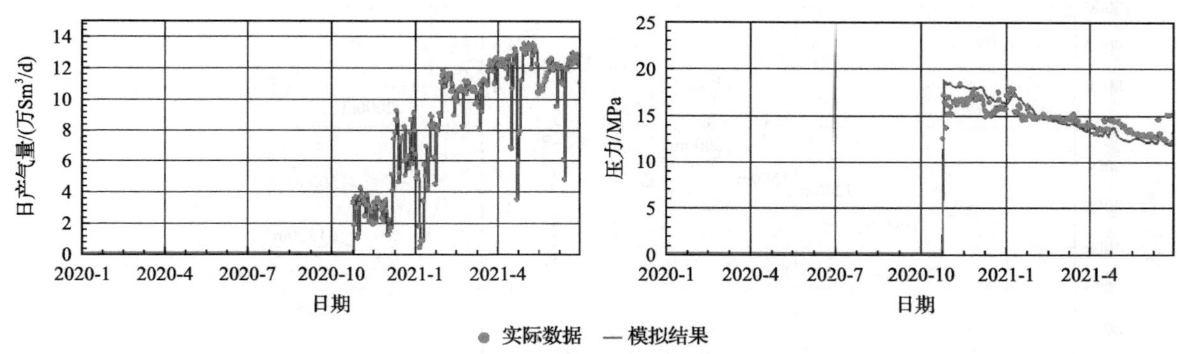

图3　单井日产气量与井底流压拟合曲线

Sm^3为标准立方米，气体可压缩性大，在不同的压力和温度条件下，其体积差异较大，通常以温度288.15K(15℃)、压力101.325kPa作为计量气体体积流量的标态

3.2　水平井产能影响因素分析

水平井开发效果受到很多因素的影响，针对不同的储层特点，各因素的敏感程度不同。运用数值模拟方法，针对单口水平井模型，研究不同储层有效厚度、不同水平井长度、储层纵向位置及平面位置对水平井开发效果的敏感性[11]。

储层有效厚度：储层有效厚度是影响水平井开发效果的重要因素。该研究区有效厚度为0.8～12m，当厚度小于水平井开发的下限值3m时(图4)，水平井开采效果不佳，在该井生命周期内累计产气量仅有5300万m^3，当厚度增到2倍(6m)、3倍(9m)、4倍(12m)时，累计产气量分别为3m的1.6倍、2.5倍、3.3倍，水平井累计产气量及稳产时间随储层有效厚度增加而增大(图4)。在气层厚度较小时，水平井增产倍数随气层厚度增加大幅增加，但随着有效厚度增加，水平井增产倍数有所下降。因此，应选择在该区域有效厚度范围内相对较厚的气层中打水平井，才能实现效益开发。

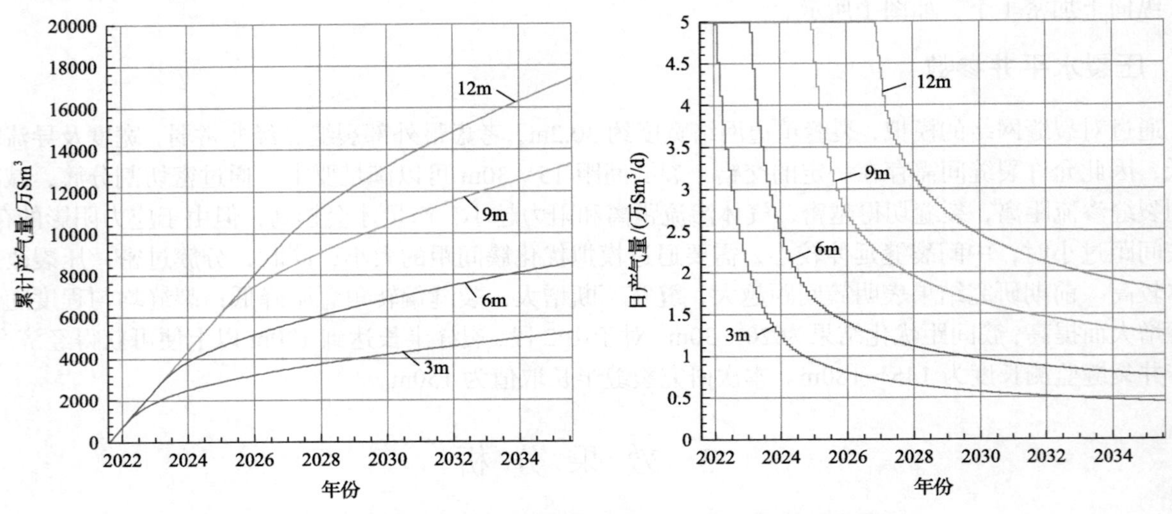

图4　不同气层厚度下累计产气量与单井日产气量曲线

水平井长度：受砂岩长度、储层强非均质性的限制，横向钻遇多套有效砂体具有一定的风险，生产初期，随着水平段长度增加，累计产气量逐渐增加，水平段控制储量与水平段长度并不呈"直线式"增长。通过数值模拟表明(图5)，随着水平段长度增加，单井初期产量逐渐增加，稳产时间增加；但当水平段长度超过1500m时，累计产气量及稳产时间增加程度较少，水平段累计产量仅增加200多万立方米，但水平段从1500m至2000m，钻井要增加500m长水平段费用，经济性较差；而且地质上对于薄层砂岩，存在极大顶底出或砂体尖灭风险。综上所述，合理水平段长不超过1500m。

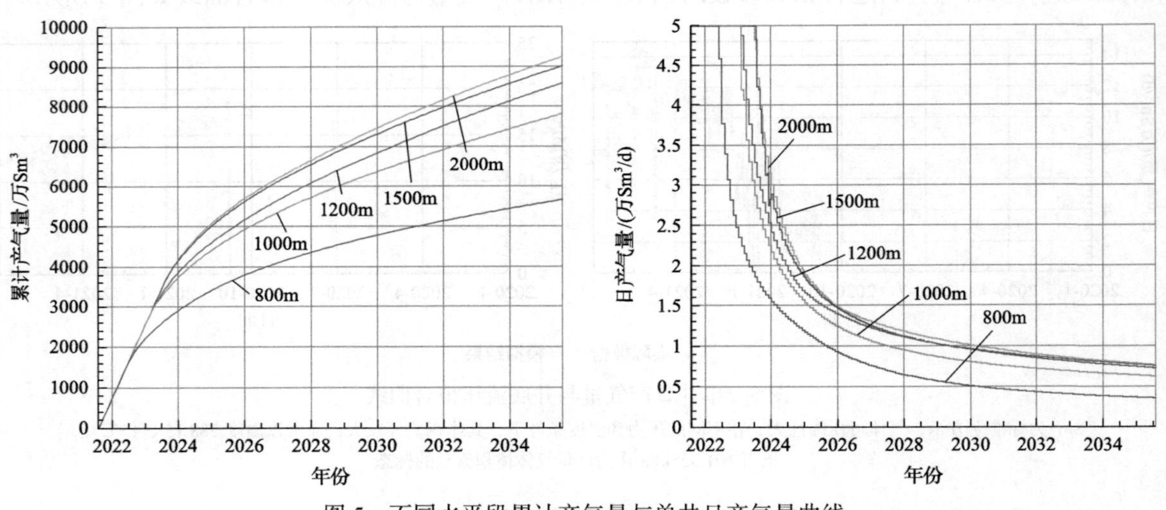

图5　不同水平段累计产气量与单井日产气量曲线

储层纵向位置：考虑薄层复合韵律下水平井在气层上部、中部及下部不同位置时产能变化，通过数值模拟分析，如图6和图7(a)所示，位于中部、上部与下部的三个方案的累计产气量完全重合，说明水平井在纵向上不同位置水平井开采效果差别不大，主要原因是薄储层条件下，通过压裂改造，水平井位于不同纵向位置动用体积相差不大，因而最终生产的效果无差别。

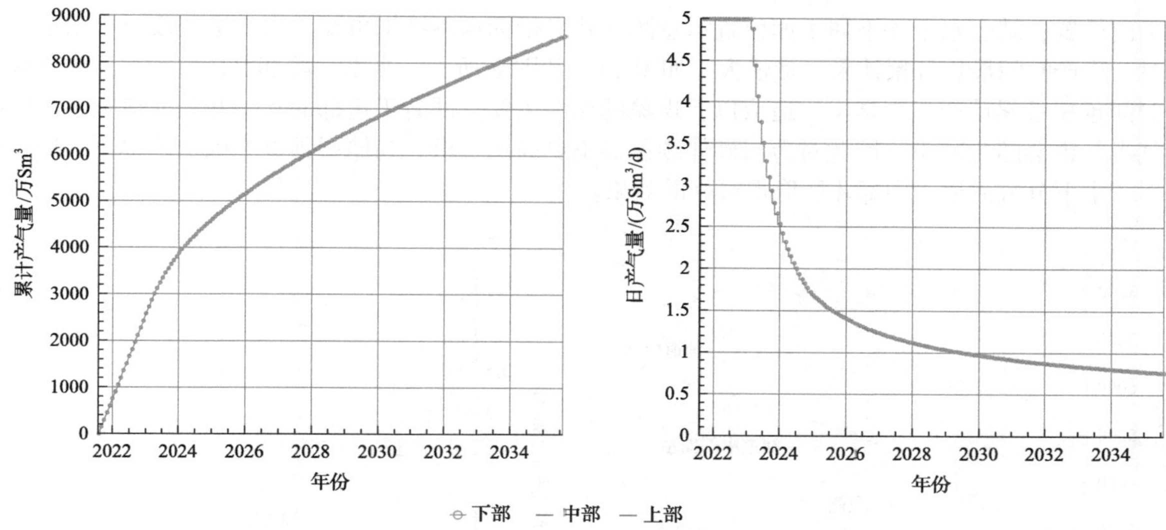

图 6　纵向上不同位置累计产气量与单井日产气量对比曲线

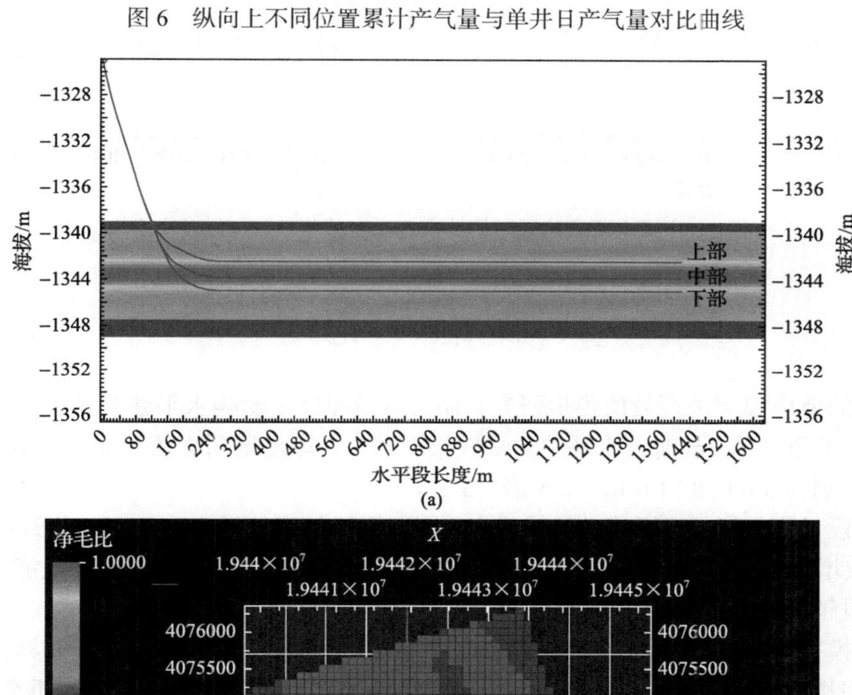

(a)

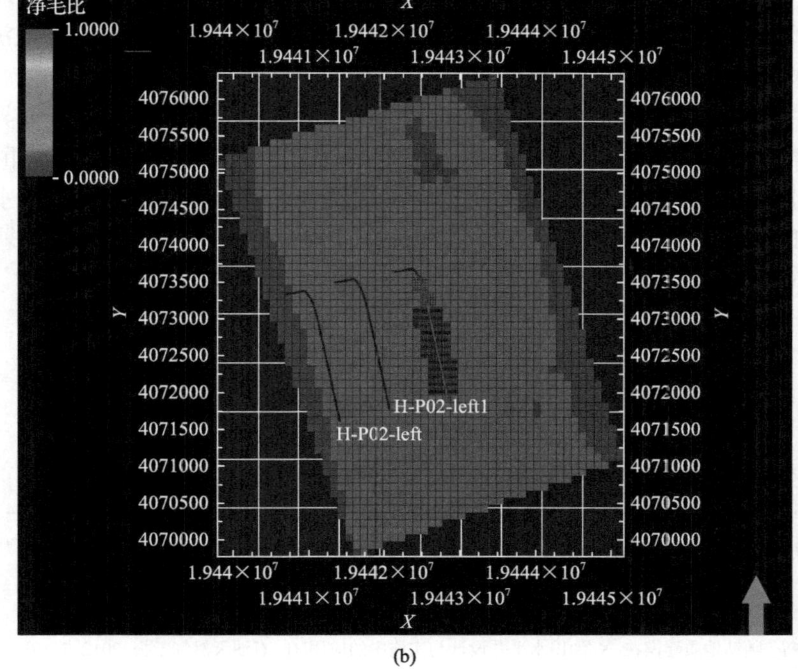

(b)

图 7　水平井不同纵向位置(a)及不同平面位置(b)部署示意图

平面位置：结合水平井不同平面位置示意图和开发指标预测结果可知，当水平井段位于水下分流道中部时，稳产时间最长且累计采气量最大，如图 7(b)和图 8 所示，当水平段部署位置距河道中部越远，稳产时间越短且累计产气量越小。造成以上现象的原因主要是部署于边部的水平井受河道宽度的影响，其泄气半径也会随之减小，因此对薄层砂体预测提出更高的要求。在储层预测准确的前提下，应将水平井部署于水下分流河道的中部才能取得最好的效果。

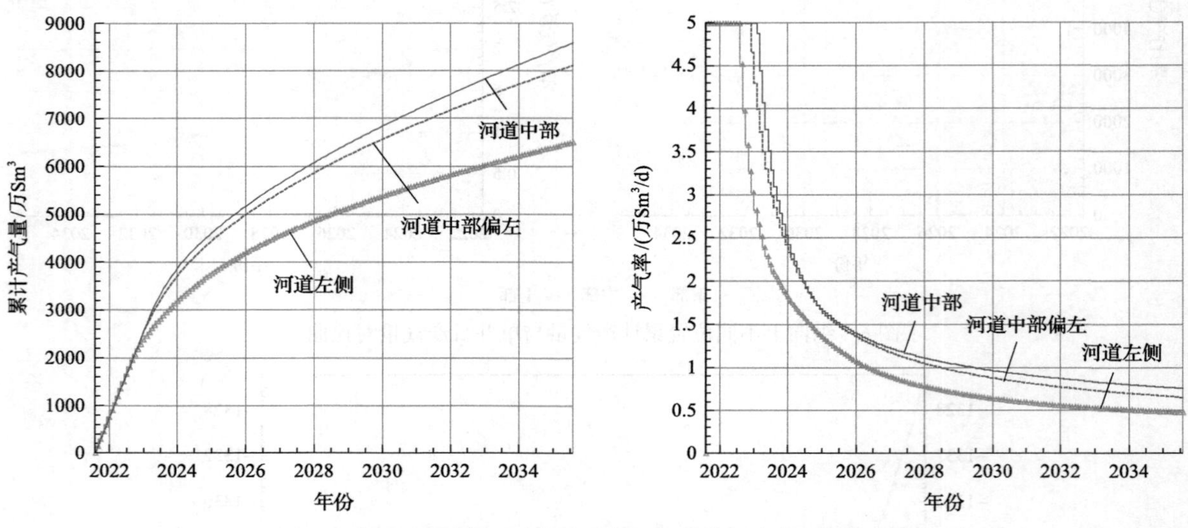

图 8　平面上不同位置时累计产气量与单井日产气量对比曲线

4　结　论

(1)根据建立的地质模型进行数值模拟研究：储层有效厚度是影响水平井开发效果的重要因素。当厚度小于水平井开发的下限值 3m 时，水平井开采效果不佳，当厚度增到 2 倍(6m)、3 倍(9m)、4 倍(12m)时，累计产气量分别为 3m 时的 1.6 倍、2.5 倍、3.3 倍。

(2)随着水平段长度的增加，累计产气量增大，当水平段长度超过 1500m 时，累计产气量及稳产时间增加程度较少，仅增加 200 多万立方米，但要增加 500m 水平段钻井及相关费用，经济效益差；同时对于薄层砂岩，水平段越长，顶底出的风险越大。

(3)通过数值模拟分析水平井位在薄层复合韵律气层的上部、中部及下部产能差异，结果表明不同纵向位置的动用体积相差不大，位于中部、上部与下部的三个方案的累计产气量完全重合。

(4)由于河道宽度较小，当顺着河道布井时，应尽量使水平段位于河道中部，当水平井段位于水下分流道中部时，有利于边部流量供给，稳产时间最长且累计采气量最大，当水平段部署越远离河道中部，稳产时间与累计产气量越低。

参 考 文 献

[1] 郭智, 孙龙德, 贾爱林, 等. 辫状河相致密砂岩气藏三维地质建模[J]. 石油勘探与开发, 2015, 42(1): 21, 22.

[2] 卢涛, 张吉, 李跃刚, 等. 苏里格气田致密砂岩气藏水平井开发技术及展望[J]. 天然气工业, 2013, 33(8): 38-43.

[3] 张景义, 魏嘉, 朱文斌, 等. 三维地质建模在大庆 T4 油田水平井开发中的应用[J]. 勘探地球物理进展, 2009, 32(2): 143-146.

[4] 王继平, 任战利, 李跃刚, 等. 基于储层精细描述的水平井优化设计方法[J]. 西北大学学报(自然科学版), 2012, 42(4): 642-648.

[5] 赵国良, 沈平平, 穆龙新, 等. 薄层碳酸岩油藏水平井开发建模策略：以阿曼 DL 油田为例[J]. 石油勘探与开发, 2009, 36(1): 91-96.

[6] 田冷, 何顺利, 顾岱鸿. 苏里格气田储层三维地质建模技术研究[J]. 天然气地球科学, 2004, 15(6): 593-596.

[7] 杨彬, 李琳艳, 孔健, 等. 随钻地质建模技术在水平井地质导向中的应用[J]. 特种油气藏, 2020, 27(2): 30-36.

[8] 李红英, 马奎前, 杨威, 等. 随钻地质建模在 X 油田水平井设计与实施中的应用[J]. 石油天然气学报, 2012, 34(9): 28-32.

[9] 庞强, 冯强汉, 马妍, 等. 三维地质建模技术在水平井地质导向中的应用：以鄂尔多斯盆地苏里格气田 X3-8 水平井整体开发区为例[J]. 天然气地球科学, 2017, 28(3): 473-478.

[10] 梁卫卫, 党海龙, 张亮, 等. 基于平面与剖面相资料建立储层三维精细地质模型：以鄂尔多斯盆地S区块为例[J]. 非常规油气, 2019, 6(2): 73-78.

[11] Ehrl E, Schueler S K. Simulation of a tight gas reservoir with horizontal multifractured wells[C]//SPE European Petroleum Conference, Paris, 2000.

临汾区块 XX 井区复合凝胶堵漏技术研究及应用

邓钧耀[1,2]，王　渊[1,2]，孙潇逸[1,2]，纪　元[1,2]，张　毅[1,2]，迟丽薇[1,2]

（1. 中联煤层气国家工程研究中心有限责任公司，北京 100095；2. 中石油煤层气有限责任公司勘探开发研究院，北京 100028）

摘要：大吉 XX 井区是临汾区块重要的建产与接替区，该井区天然裂缝发育、地层出水，二开井段存在反复严重漏失，堵漏效果差。为解决此类问题，将超分子有机凝胶的柔韧性与无机凝胶的刚性适当比例充分结合，基于此研制出复合凝胶堵漏浆体系，定量评价其流变性、抗冲稀能力、承压能力等性能。室内实验表明，复合凝胶的安全施工时间可控制在 1～1.5h；对 4.0mm×3.5mm、3.0mm×2.5mm 裂缝的承压能力分别可达 3.3MPa、4.5MPa；对岩石颗粒胶结能力强，挤入 6～8 目填沙管 14cm 的承压能力可达 5.6MPa。现场应用表明，复合凝胶最终的黏度与黏度增长规律可通过凝胶浓度与成胶调节剂调控，具有成胶时间可调、承压能力适中的优势，特别适用于存在出水的裂缝恶性漏失地层，而且具有泵注容易、施工简单等特点，可以提高大吉 XX 井区的堵漏效果。

关键词：煤层气；堵漏；复合凝胶；临汾

Research on gel plugging technology in Daji XX well area of Linfen coalbed methane

Deng Junyao[1,2]，Wang Yuan[1,2]，Sun Xiaoyi[1,2]，Ji Yuan[1,2]，Zhang Yi[1,2]，Chi Liwei[1,2]

（1. China United Coalbed Methane National Engineering Research Center Co., Ltd., Beijing 100095; 2. Research Institute of Exploration and Development, PetroChina Coalbed Methane Co., Ltd., Beijing 100028）

Abstract: Daji XX well area is an important area of producing and energy in Linfen block of coalbed gas. There are the natural leak-causing crack, water in the formation, narrow security density window, serious leakage and poor plugging in this area. In order to solve this kind of problems，this paper adopted the compound gel plugging technology，which has the advantages of both supramolecular organic gel and inorganic gel，to prevent leakage in this well area. Laboratory tests show that the safe construction time of the composite gel can be controlled within 1-1.5 hours, and the pressure bearing capacity of cracks of 4.0mm×3.5mm and 3.0mm×2.5mm can respectively reach 3.3MPa and 4.5MPa. It has strong cementing ability to rock particles, and the pressure bearing capacity of 14cm squeezed into the 6-8 mesh sand filling pipe can be 5.6MPa. Field application show that the special gel technology have the characteristics of easy pump injection and simple construction as well as improve the plugging effect of Daji XX well area.

Keywords: coalbed methane; plugging; compound gel; Linfen

中石油辖区内的临汾煤层气大吉区块位于鄂尔多斯盆地东缘，部分优质资源属于深层煤层气资源，是我国煤层气增储上产的主战场。大吉区块自上而下发育新生界第四系，中生界三叠系，古生界二叠系、石炭系及奥陶系等多套地层，复杂的地质构造导致地层存在地质破碎、层间胶结弱、裂缝发育等特性，钻井过程中井漏问题特别突出，严重影响了该区块的优快钻进[1,2]。目前，煤层气钻井与常规油气钻井所

作者简介：邓钧耀（1984—），男，工程师，现从事煤层气钻完井技术研究与应用工作。地址：北京海淀区中关村环保园地锦路 7 号院 1 号楼，电话：010-63593789，邮箱：dengjy_cbm@petrochina.com.cn。

采用的防漏堵漏技术基本相同，主要有桥塞堵漏、水泥堵漏、凝胶堵漏、高失水堵漏等堵漏技术，这些堵漏技术都有着各自的技术优势与适用条件，也都在临汾煤层气钻井的井漏处理中进行了应用。然而，由于临汾大吉煤层气井漏具有大裂缝恶性漏失兼具地层出水的特点，桥塞堵漏、水泥堵漏及高失水堵漏等不能在裂缝中形成有效的堵漏段塞导致堵漏效果不佳，而有机凝胶虽堵漏效果较好，但却存在泵注性差、承压能力低的缺点[3,5]。

基于此，为顺利推进区块深层煤层气开发，本文以临汾大吉 XX 井区为例，分析了其井漏原因及防漏堵漏难点，结合有机凝胶与无机凝胶堵漏的优缺点，形成了适用于出水性大裂缝恶性漏失的复合凝胶防漏堵漏技术，并在大吉 XX 井区进行了现场应用情况，以期为适合临汾大吉区块防漏堵漏技术的发展提供参考。

1　区块井漏特征及防漏堵漏难点

1.1　井漏特征

从漏失统计资料看，井区已钻井漏失量为 280～5046m^3/井，平均 1381m^3/井，其中大吉某井二开未完漏失量已高达 5792m^3。29 井区漏失量远超临汾区块其他井区，平均单井漏失量是相邻井区的 8.8 倍，平均钻井周期是相邻井区的 2.1 倍，平均单井成本是相邻井区的 4.6 倍，漏失已成为制约钻井施工提速增效的“绊脚石”。在所有漏失中失返性漏失占 71%，刘家沟组、石千峰组、石盒子组为漏失主要贡献层位，并且全部表现出长井段漏失、重复漏失的特征，是堵漏研究的主攻方向。

相干技术是油气勘探中的有效技术之一，由于该技术对不连续性的强敏感性，相干技术在断层、裂缝等地质体识别中见到了较好的效果[6]，本文利用相干技术对井区进行了裂缝识别，并利用蚂蚁追踪的技术方法，刻画出天然裂隙的空间分布形态(图 1)。

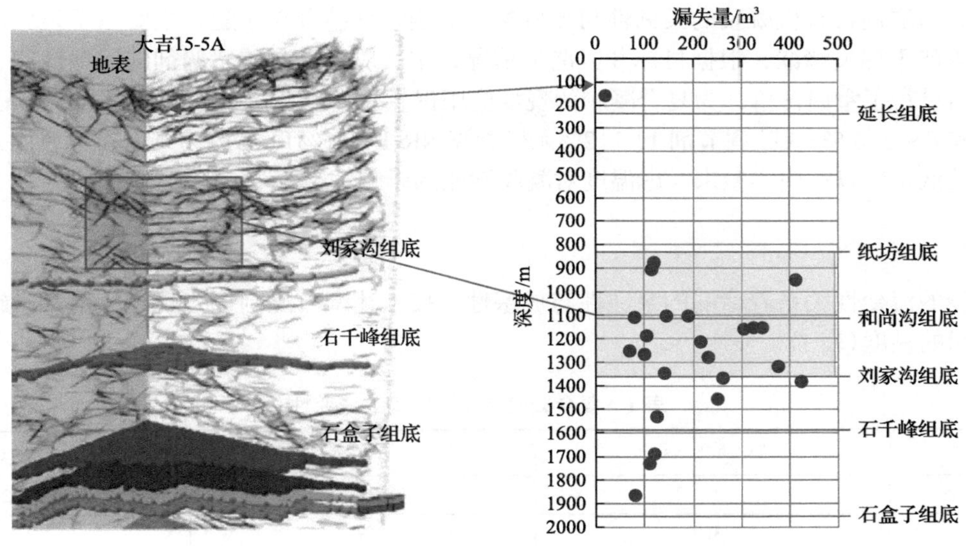

图 1　裂缝展布与漏失情况对应图

经三维覆盖区主要漏失层相干图、裂缝追踪结果解释图与实际漏失情况对比，证实了该井区天然裂缝发育，从表层的延长组到深层的石盒子组均有分布，但主要集中在刘家沟组、石千峰组、石盒子组，表明漏失与天然裂缝关系密切，天然裂缝发育是大吉 29 井区钻井漏失的最主要原因。

1.2　防漏堵漏难点

临汾大吉区块采用 Eaton 法计算得出地层压力系数曲线显示：该区块刘家沟组、石千峰组和石盒子组地层压力系数为 0.8～0.9[7]。而该区块深层煤层气钻井主要使用低固相聚合物水基钻井液，其密度为 1.03～

$1.45g/cm^3$，并且该区块坍塌压力当量密度在 $1.0\sim1.25g/cm^3$ [2]，安全密度窗口窄，甚至为负，治漏与防塌必须同时兼顾，不能通过降低密度而达到防漏堵漏的目的。同时区块裸眼井段长，二开井段长度在 2000m 左右，刘家沟组、石千峰组和石盒子组在同一裸眼井段，漏层分布多，这些都给钻井过程进行防漏堵漏带来了相当大的困难。

2　复合凝胶堵漏机理

复合凝胶 CG-1 是以疏水缔合类超分子有机凝胶 RS-2、无机凝胶 NR-1、成胶调节剂为主要成分的防漏堵漏剂。超分子有机凝胶 RS-2 由于疏水缔合作用可形成可逆三维柔性网状结构，具有“流得进、冲不稀、停得住、排得净、充得满、隔得断、抗得住”的特点[8]，为无机凝胶提供良好的成胶环境，其柔韧性可使成胶后的复合凝胶既强又韧。

无机凝胶 NR-1 与水作用后发生水化反应强度增加，并且水化形成的刚性结构可以填补柔性网络的空隙，柔性与刚性结构共同形成“刚柔并济”的互穿网络，强度进一步增大，同时互穿网络还可以与裂缝表面岩石强力胶结在一起，对缝洞性大裂缝的封堵不留死角。这样，具有互穿网络结构的复合凝胶既弥补了超分子凝胶强度较低及抗温性较差的缺陷，又克服了无机凝胶不能在含水裂缝中有效成胶的困难。而成胶调节剂 TJ-1 可以调节超分子有机凝胶的缔合时间，根据从井口到达裂缝的时间而延迟缔合，使其保持合理流态利于泵送；成胶调节剂 TJ-2 则调节无机凝胶的成胶时间，防止无机凝胶在泵送过程中稠度快速增大。复合凝胶以超分子有机为主、无机凝胶为辅，主辅结合、优化组合，可通过改变各组分间的比例，来调节缔合成胶时间、成胶强度，从而满足不同的堵漏要求。

3　复合凝胶堵漏浆性能评价

复合凝胶堵漏剂将有机凝胶的柔韧性与无机凝胶的刚强性结合在一起，主要用于裂缝性恶性漏失、出水性漏失等严重漏失堵漏，根据目标井区漏失情况，本文对复合凝胶堵漏剂的流变性能、稠化性能及承压堵漏能力进行了室内评价，为复合凝胶的现场应用提供技术准备。实验用复合凝胶的配方为：3%超分子有机凝胶 RS-2+0.5%成胶调节剂 TJ-1+2%无机凝胶 NR-1+ 0.5%TJ-2，因为本文目标应用井段在 2000m 以浅，温度较低，所以室内实验未考虑温度对凝胶性能的影响。

3.1 流变性

复合凝胶的流变性关系着堵漏的泵注性与成塞性，按上述配方配制复合凝胶，用六速旋转黏度计测试其不同时间的黏度(表 1)。

表 1　复合凝胶在不同时间的流变性

时间/h	AV/(mPa · s)	YP/Pa	YP/PV/[Pa/(mPa·s)]
0.5	21	5	0.32
1	35	9	0.38
1.5	41	13	0.47
2	超量程未测出	未测出	未测出

注：AV 为表观黏度，mPa·s；YP 为动切力，Pa；PV 为塑性黏度，mPa·s 或 cP。

从表 1 可以看出：可复合凝胶的黏度在 1.5h 内保持在较低的水平，体系具有良好的可泵注性。在 2h 时，复合凝胶的黏度大幅度增加超过六速旋转黏度计的量程，不能测出，说明此时体系具有较好的成塞性。也就是说，复合凝胶具有 1～1.5h 的安全施工时间，而目标施工漏层位置绝大多数在 2000m 以浅，按照常用的堵漏液量($10\sim30m^3$)、正常的堵漏施工排量能够满足堵漏施工要求。配制初期的低黏性使得堵复合漏凝胶可以通过泥浆泵轻松地送到目的位置，凝胶到达裂缝后，在触变性与延迟交联的双重作用下，黏度迅速增大，停止流动并快速形成段塞而充满裂缝空间[9,10]。同时，从表 1 还可以看出，复合凝胶体系具有较好的动塑比，可有效悬浮一定的加重材料，复合凝胶还可满足需要加重而防漏堵漏的要求。

3.2 抗冲稀能力

目标防漏堵漏区块某些井存在出水甚至大量出水的情况，所以要求复合凝胶具有抗冲稀能力，按上述配方配制复合凝胶，在温度为 20℃、搅拌速度为 120rad/min 的条件下，按文献[11]的方法测试评价其抗水冲稀性能，结果如表 2 所示。

表 2　筛余法所测复合凝胶抗冲稀性能

时间/min	冲稀前凝胶体积 V_1/mL	冲稀后筛余凝胶体积 V_2/mL	筛余体积变化率 ΔD/%
10	41	43	4.9
30	41	42	2.4
60	41	38	–7.3

从表 2 可以看出：复合凝胶在实验条件下筛余体积先增加后减少，但变化值比较小，搅拌 60min 后，复合凝胶的体积仅减小 7.3%，表明复合凝胶由于有机超分子凝胶的疏水缔合作用，确实具有较强的抗水冲洗能力，能够在出水裂缝中成胶而形成有效封堵段塞。

3.3 承压能力

在常温下对成胶后的堵漏段塞进行承压实验，以检验能否满足试验井区的防漏堵漏要求。将配制好的复合凝胶 CG-1 以及仅有相同浓度的有机超分子凝胶 RS-2 注入高温高压动静态堵漏仪中不同宽度的裂缝中，静置 2h，然后用 3%黏土浆在氮气作用下加压推动凝胶段塞，凝胶从裂缝段口流出时的压力即为承压能力，结果如图 2 所示。1#、2#分别对应的是宽度为 4.0mm×3.5mm、3.0mm×2.5mm 的裂缝。

图 2　复合凝胶在水中浸泡 30min 及取出情况

由图 3 可知，实验配方的复合堵漏凝胶段塞不论对宽度为 4.0mm×3.5mm 的裂缝还是宽度为 3.0mm×2.5mm 的裂缝，承压能力均大于 3MPa，能够满足 2000m 及以浅防漏堵漏要求。而不含无机凝胶仅有相同浓度有机凝胶的 RS-2 段塞在两种宽度的裂缝中的承压能力分别为 0.7MPa、0.49MPa，说明无机凝胶的存在确实大大增加了复合凝胶的承压能力，使其由不满足变为能满足防漏堵漏的承压要求。

因为钻井液裂缝性堵漏实验所用模拟裂缝是金属缝板，为体现复合凝胶与岩石的黏结作用对承压能力的贡献，本文选用粒径为 6～10 目的岩屑充填在岩心加持中进行挤入封堵实验，结果如图 4、图 5 所示。

从图 4 和图 5 可以看出：成胶后的复合凝胶可与岩石颗粒良好胶结，所形成的胶结段塞承压能力高，且随着挤入深度/段塞长度的增加而增大。

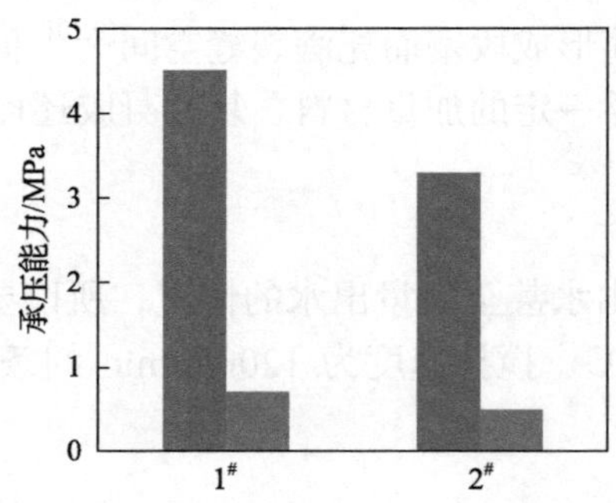

图 3　凝胶段塞在不同宽度裂缝中的承压能力

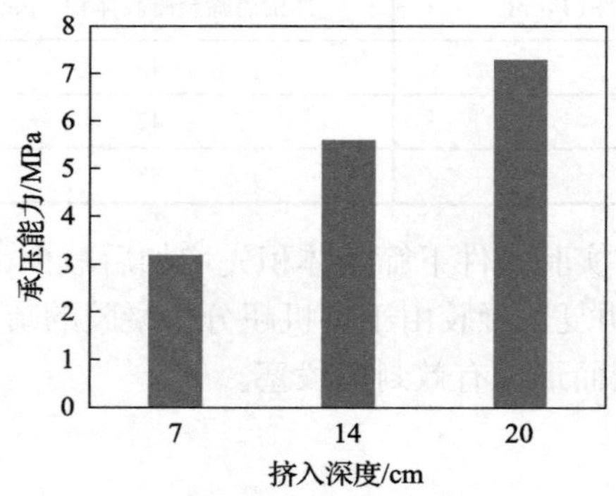

图 4　凝胶段塞在填沙管中的承压能力

图 5　复合凝胶与岩石颗粒的胶结情况

4　现 场 应 用

大吉 A 井是煤层气公司部署在 XX 井区的一口开发井。该井二开为 219.5mm 井眼，裸眼井段长度 1913m（304～2217m），裂缝发育、易漏失的刘家沟组、石千峰组、石盒子组均包含在该井段。该井前期采用常规的单封、随钻堵漏剂等材料进行防漏，使用密度为 1.12g/cm^3 的钻井液钻进至井深 1067m 时发生失返性漏失，无法继续正常钻进，决定使用复合凝胶段塞堵漏。堵漏过程为：下光钻杆至 1000m，泵入 20m^3 复合凝胶堵剂，随后替入清水 3m^3，起出钻具静置 3h，下钻至井底，开泵外返排量正常。循环 20min 后，钻进 10m，泵压排量均正常，堵漏一次成功。

邻井大吉 B 井在相同井深发生井漏，采用常规桥接堵漏技术进行堵漏，开泵后漏失严重，反复堵漏

7次，共计漏失420m^3，堵漏时间97h。分析原因是已发生的恶性漏失使得低密度钻井液充满或停留在裂缝中，导致堵漏桥浆被冲洗不能形成有效堵漏段塞。

5 结　论

(1)临汾大吉XX井区煤层气井井漏问题严重，具有随机性、多点性、严重性、复杂性四大特征，该区域的防漏堵漏难点是大量存在裂缝发育或微裂缝发育的薄弱地层、地层出水与安全密度窗口窄。

(2)复合凝胶最终的黏度与黏度增长规律可通过凝胶浓度与成胶调节剂来调控，具有成胶时间可调、承压能力适中、施工简单等特点，且凝胶能够与桥塞颗粒、膨胀颗粒配合使用，可提高凝胶段塞的启动压力梯度。因此，适用于解决裂缝性恶性漏失，特别是出水性恶性漏失问题。

(3)实验表明具备通道条件的裂缝开度下限为10μm，当裂缝开度小于10μm时，裂缝壁面的凸出点高度一般在10μm以上，因此，其平均开度上基本没有通道，通道内各种附加阻力作用很大，钻井液难以进入。

(4)将桥塞、延迟膨胀剂等与ZND凝胶配合使用，可大幅度提高凝胶ZND的承压封堵能力。现场应用表明，复合凝胶堵漏段塞配合现场施工工艺能有效解决大吉XX井区裂缝漏失问题，值得推广应用。

参考文献

[1] 李贵红. 鄂尔多斯盆地东缘煤层气有利区块优选[J]. 煤田地质与勘探, 2015, 43(2): 28-32.

[2] 邓钧耀, 张毅, 纪元, 等. 鄂尔多斯盆地东缘煤层气钻井实践与认识[J]. 煤田地质与勘探, 2017, 45(2): 157-162, 168.

[3] 王中华. 复杂漏失地层堵漏技术现状及发展方向[J]. 中外能源, 2014, 19(1): 39-48.

[4] 郑力会, 张明伟. 封堵技术基础理论回顾与展望[J]. 石油钻采工艺, 2012, 34(5): 1-9.

[5] 张希文, 李爽, 张洁, 等. 钻井液堵漏材料及防漏堵漏技术研究进展[J]. 钻井液与完井液, 2009, 26(6): 74-76, 79, 97.

[6] 杨涛涛, 王彬, 吕福亮, 等. 相干技术在油气勘探中的应用[J]. 地球物理学进展, 2013, 28(3): 1531-1540.

[7] 邓钧耀, 杨松, 曹振义, 等. 鄂尔多斯东缘深层煤层气井新型堵漏工艺研究[J]. 石油机械, 2019, 47(9): 37-43.

[8] 聂勋勇. 隔断式凝胶段塞堵漏机理及技术研究[D]. 成都: 西南石油大学, 2010.

[9] Zhu D, Bai B, Hou J. Polymer gel systems for water management in high temperature petroleum reservoirs: A chemical review[J]. Energy Fuels, 2017, 31(12): 13063-13087.

[10] Gamage P, Deville J P, Sherman J. Solids-free fuid-loss pill for high-temperature reservoirs[J]. SPE Drilling Completion, 2014, 29 (1): 125-130.

[11] 王平全, 李再钧, 聂勋勇, 等. 用于钻井堵漏和封堵的特种凝胶抗冲稀性能[J]. 石油学报, 2012, 33(4): 697-701.

大宁-吉县区块致密砂岩气田生产制度分析优化

赵浩阳[1,2]，武　男[1,2]，石　石[1,2]，赵龙梅[1,2]，翟雨阳[1,2]，李忠百[1,2]，黄　力[1,2]，张　稳[1,2]

（1. 中联煤层气国家工程研究中心有限责任公司，北京 100095；2. 中石油煤层气有限责任公司，北京 100028）

摘要：鄂尔多斯盆地东缘煤系地层是我国天然气勘探开发的重点区域，其中大宁-吉县致密砂岩气藏开发近 6 年，部分生产井已步入开发中后期，但暂未系统性地总结形成科学合理的生产制度。选取该区试气、压力测试等资料较为齐全的 28 口井进行系统分析，建立二项式产能方程或理论公式，绘制 IPR 曲线及采气指示曲线，依据物质平衡法和 Arps 递减法，标定气井合理产量及产能负荷因子，论证大宁-吉县气田经验法配产比例上限为无阻流量的 0.3，得出该区块新区新投产井的合理生产压差及压降速率控制范围，为新投产井合理配产提供依据，为开发中后期老井的合理生产提供可靠的分析方法。通过一系列分析研究，可提供兼具合理性和可操作性的生产制度优化方法指导大宁-吉县致密气田科学合理配产，为实现气田积分产量最大化的目标提供理论技术支撑。

关键词：鄂尔多斯盆地；大宁-吉县；致密气田；生产制度

Production system analysis and optimization of tight sandstone gas field in Daning-Jixian block

Zhao Haoyang[1,2], Wu Nan[1,2], Shi Shi[1,2], Zhao Longmei[1,2], Zhai Yuyang[1,2], Li Zhongbai[1,2], Huang Li[1,2], Zhang Wen[1,2]

（1. China United Coalbed Methane National Engineering Research Center Co., Ltd., Beijing 100095;
2. PetroChina Coalbed Methane Co., Ltd.， Beijing 100028）

Abstract: The coal measures strata in the eastern Ordos Basin are the key areas for natural gas exploration and development in China. The tight sandstone gas reservoir in Daning-Jixian has been developed for approximately six years, and some production wells have entered the middle and late stages of development, but the scientific and reasonable production system has not been systematically summarized. 28 wells with complete data of well test and pressure test in this area are selected for systematic analysis. 28 wells with complete data of gas test and pressure test in this area are selected for systematic analysis. The binomial productivity equation or theoretical formula is established, and the IPR curve and gas production indicating curve are drawn. According to the material balance method and Arps decline method, the reasonable production rate and productivity loading factor of gas wells are calibrated. It is demonstrated that the ceiling limit of the production ratio of the empirical method in the Daning-Jixian gas field is 0.3 of the non-resistance flow. The reasonable drawdown pressure and depressurization rate control range of new production wells in the block are obtained, which provides the basis for the reasonable production allocation of new production wells and provides a reliable analysis method for the rational production of old wells in the middle and late stages of exploitation. After a series of analysis and research, a reasonable and operable production system optimization method to guide the scientific and reasonable production allocation of tight gas field in Daning-Jixian was provided, and theoretical and technical support for realizing the goal of maximizing the cumulative production of gas fields was provided.

Keywords: Ordos Basin; Daning-Jixian; tight gas field; production system

---

作者简介：赵浩阳(1993—)，助理工程师，主要从事气藏动态分析等方面的研究工作。地址：北京市朝阳区太阳宫南街 23 号丰和大厦，电话：16603169932，邮箱：zhaohaoyang@petrochina.com.cn。

致密气储层(致密含气砂岩)是主要产干气的低渗透率砂岩储层。致密气藏是指在不开展大规模的水力压裂改造和/或钻水平井的情况下，无法以具有经济价值的速度和产量来进行开采的气藏[1]。中国陆上致密气有利勘探面积为 32.46 万 km^2、资源量为 21.85 万亿 m^3，主要分布在鄂尔多斯盆地、渤海湾盆地、四川盆地等，其中鄂尔多斯盆地致密砂岩气资源量超过 12 万亿 m^3，约占盆地天然气资源总量的 83%[2]。

大宁-吉县气田属于较为复杂的致密砂岩气藏，2013 年开展致密气勘探工作，2015 年投入规模性致密气开发，至今已有 6 年。目前气田内部各井区开发阶段并不同步，部分井区开发已步入中后期阶段，部分井区开发仍处于中前期或探索阶段，如何依据气田内已开发井区开发情况，进一步深化致密气田高效开发认识，指导老井及新区新投产井合理配产，是该气田为实现积分产量最大化的目标亟须解决的问题。为此，笔者详细梳理大宁-吉县气田气藏工程相关资料，结合各类合理产能评价方法进行开发评价，系统分析并提出了该气田合理生产制度优化认识及下一步开发建议。

1　致密气生产制度影响

大宁-吉县区块位于鄂尔多斯盆地晋西挠褶带南端与伊陕斜坡东南缘，主力开发层系处于北部阴山古麓物源供给的末端，三角洲前缘相带水下分流河道，存在区块河道窄、有效砂体发育规模小、储层砂体厚度薄、横向上井间砂体连通性较差等诸多挑战。在这种严苛的地质条件下，对于已投产井的生产制度优化显得尤为重要，气田的不同开发方式对气田采收率、动态储量、可采储量等开发指标都将产生直观的影响。

气体具有黏度小、渗流速度高的特点[3]，从地层边界流向井筒的过程中，地层压力平方与井底流动压力平方差由两部分组成：

$$p_e^2 - p_{wf}^2 = Aq_g + Bq_g^2 \tag{1}$$

式中，p_e、p_{wf} 分别为原始地层压力、井底流压，MPa；q_g 为标准条件下产气量，万 m^3/d。

公式右端第一项用来克服气流沿流程的黏滞阻力，第二项用来克服气流沿流程的惯性阻力。当生产压差较小、气井产量较小时，地层中气体流速低，主要是第一项起作用，气体流动为线性流动，即气井产量与压差之间成直线关系。当气井产量增大，随着气体流速增大，第二项逐渐起主要作用，表现为非线性流动，气井产量和压差之间呈抛物线关系。气井产量超过某一值后，气井生产部分压力降就会消耗在非线性流动上，存在压力损失。因此，为了合理利用地层能力，根据采气指示曲线，把偏离早期直线段那一点的产量作为气井的最大合理产量，这一点对应的压差即合理生产压差[4]。

以 XX5-4X4 井为例(图 1)，该井的采气指示曲线论证上限合理产量为 3.4 万 m^3/d(图 1)，2019 年 7

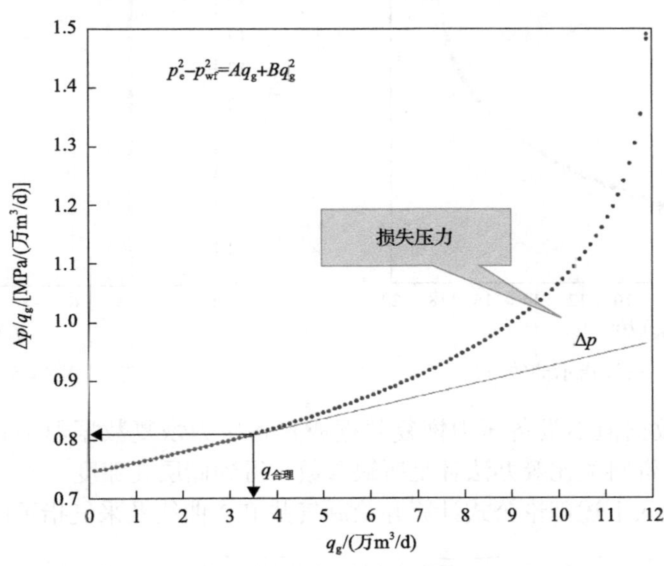

图 1　XX5-4X4 井采气指示曲线

月至 2020 年 1 月该井平均配产达 3.6 万 m^3/d，超合理配产运行 7 个月。2019 年 4 月和 2020 年 7 月，在超合理配产运行 7 个月前后，分别对该井进行压力恢复测试，测得地层压力为 7.33MPa、4.83MPa。根据测试数据采用定容气藏物质平衡法计算动态储量由 6247 万 m^3 降至 5508 万 m^3，可采储量由 5538 万 m^3 降至 4882 万 m^3，分别减少 703 万 m^3、656 万 m^3，降幅均超过 10%。由此可见，生产制度是否合理对气井最终采气量产生显著影响，对于必须开展射孔及大规模水力压裂的高投入致密砂岩气井而言，生产制度优化工作将直接决定气田开发效益，可谓极其重要。

2　大宁-吉县气田生产制度优化建议

大宁-吉县气田黄河东部地区测试资料录取情况为 60 口致密气井采用“一点法”试气测试求产，即保持一个工作制度的生产至稳定状态后，测得平均日产量及对应的地层压力和井底流动压力；共 29 口致密气井进行 45 次压力恢复测试，录取地层压力数据。本文选取资料较为齐全、数据准确无误且开发层段属区块内主力层段山 2 段的 25 口井，并根据资料齐全情况分为两类，Ⅰ类井具备试气求产数据及后期压力恢复数据，Ⅱ类井具备试气求产数据但不具备压力恢复数据或具备压力恢复数据但不具备试气求产数据。依据测试资料数据，对气田内部不同生产阶段气井的生产制度进行优化并提供建议。

2.1　投产初期气井生产制度优化

2.1.1　投产初期气井生产指标分析方法

对于具备试气求产数据及后期压力恢复数据的Ⅰ类井，以 XX4-5 井为例，该井于 2015 年 11 月采用“一点法”对山 2^3 亚段试气测试求产，2015 年 12 月投产。根据测试数据推导二项式产能方程为

$$p_e^2 - p_{wf}^2 = 16.89q_g + 0.09q_g^2 \tag{2}$$

式中，p_e、p_{wf} 分别为原始地层压力、井底流压，MPa；q_g 为标准条件下产气量，万 m^3/d。

根据产能方程绘制该井 IPR 曲线及采气指示曲线，如图 2 和图 3 所示，可得出该井合理产量上限为 5.73 万 m^3/d，无阻流量为 18.02 万 m^3/d，合理生产压差为 2.98MPa，合理产量上限与无阻流量的比值为 0.32。

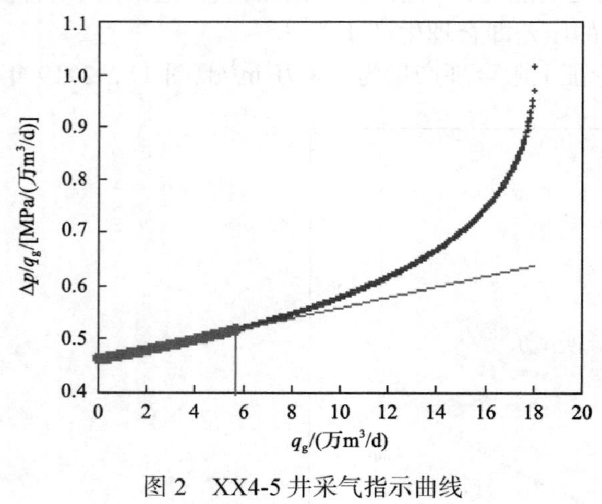

图 2　XX4-5 井采气指示曲线

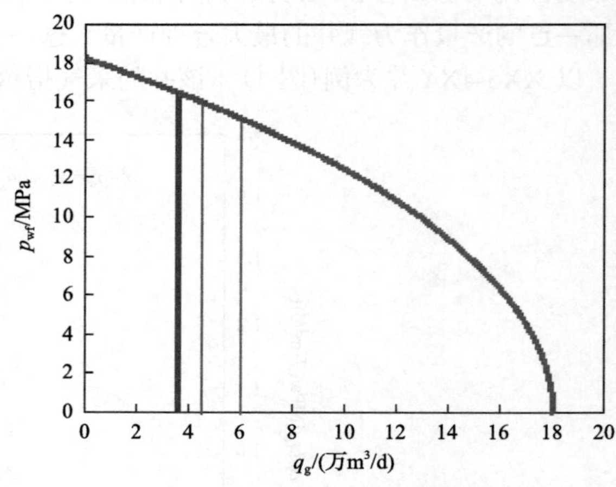

图 3　XX4-5 井 IPR 曲线

对于具备试气求产数据但不具备压力恢复数据或具备压力恢复数据但不具备试气求产数据的Ⅱ类井，根据测井数据及邻井资料类比等办法补足所缺参数，得到储层孔隙度、含气饱和度、储层有效厚度、原始地层压力等参数，代入下述理论公式计算并绘制气井 IPR 曲线及采气指示曲线：

$$p_i^2 - p_{wf}^2 = \left[42420q_g\overline{\mu}_g\overline{Z}Tp_{sc}/(KhT_{sc})\right]\left\{\lg\left[Kt/(\phi\mu_gC_tr_w^2)\right] - 2.0923\right\} \tag{3}$$

式中，p_i、p_{wf} 分别为原始地层压力、井底流压，MPa；q_g 为标准条件下产气量，万 m^3/d；p_{sc} 为标准状态压力，0.101325MPa；T_{sc} 为标准状态温度，293.15K；T 为储层温度，K；K 为储层渗透率，mD；h 为储层厚度，m；t 为时间，h；ϕ 为孔隙度，%；μ_g 为气体黏度，mPa · s；C_t 为储层总压缩系数，MPa^{-1}；r_w 为井筒半径，m；$\bar{\mu}_g$ 为平均气体黏度，取 $p=\sqrt{\dfrac{p_i^2+p_{wf}^2}{2}}$ 时的值，mPa·s；$\bar{Z}$ 为平均气体压缩因子，取 $p=\sqrt{\dfrac{p_i^2+p_{wf}^2}{2}}$ 时的值。

2.1.2　投产初期经验法配产比例

采取 2.1.1 节所述分析方法，分别绘制Ⅰ类井、Ⅱ类井共 25 口井的 IPR 曲线及采气指示曲线，得到各井的合理产量上限和无阻流量，进而得到各单井合理产量上限与无阻流量比值，Ⅰ类井、Ⅱ类井分析结果分别如图 4 和图 5 所示。

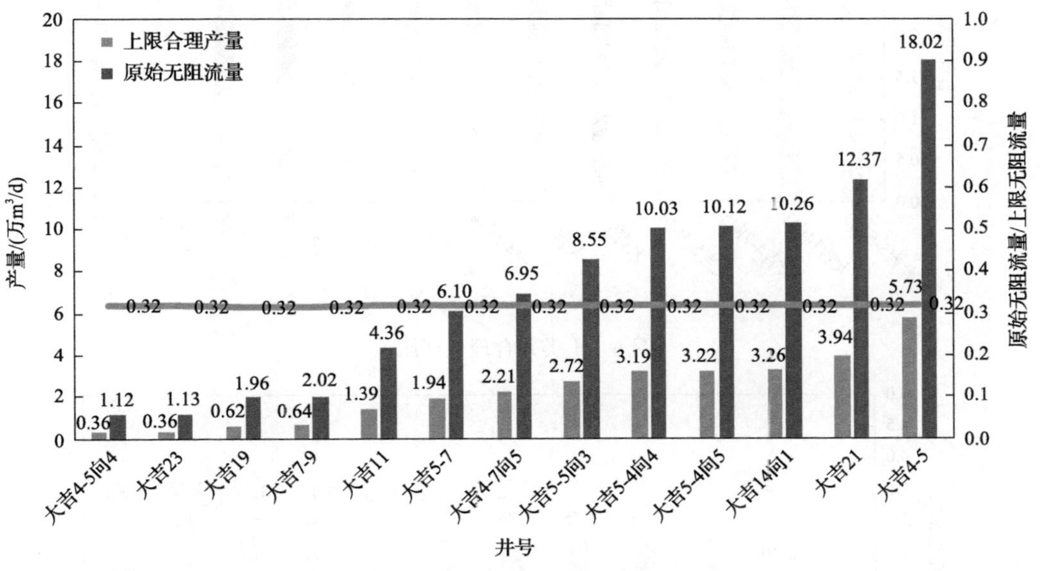

图 4　Ⅰ类井经验法配产比例上限

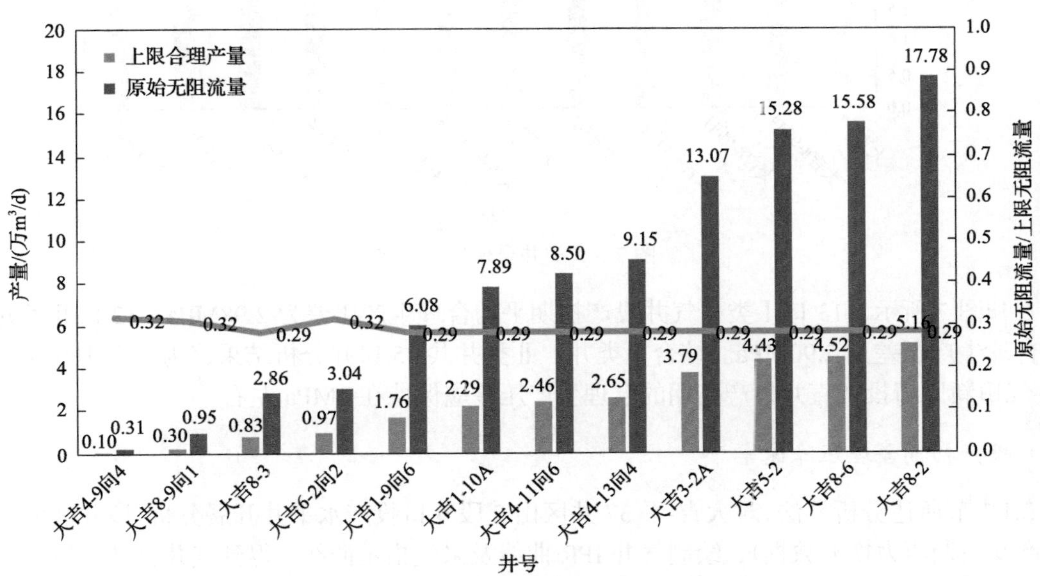

图 5　Ⅱ类井经验法配产比例上限

由图 4 和图 5 可知，13 口Ⅰ类井气井投产初期配产上限比例为无阻流量的 0.32，属于原始无阻流量的 1/4～1/3。12 口Ⅱ类井气井投产初期配产上限比例为无阻流量的 0.30，同样属于原始无阻流量的 1/4～1/3。需要说明的是，由于不具备试气资料的Ⅱ类井 IPR 曲线及采气指示曲线均通过理论公式推导，结果可能存在误差。综合Ⅰ类井、Ⅱ类井共 25 口井计算分析，结果表明大宁-吉县气田中具备测试求产资料的气井投产初期配产比例应小于无阻流量 0.3，以合理利用地层能量。

2.1.3　投产初期合理生产压差

采取 2.1.1 节所述分析方法，分别绘制Ⅰ类井、Ⅱ类井共 25 口井的采气指示曲线，得到各气井投产初期合理生产压差，Ⅰ类井、Ⅱ类井分析结果分别见图 6 和图 7 所示。

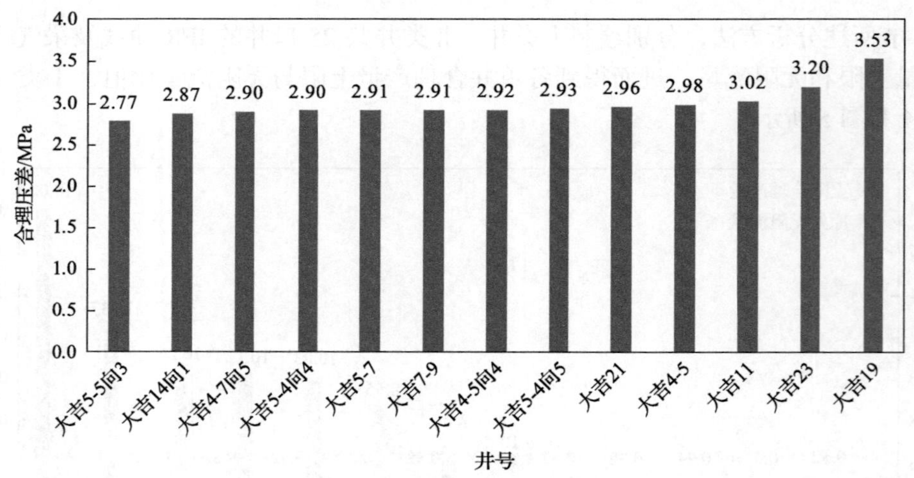

图 6　Ⅰ类井合理生产压差

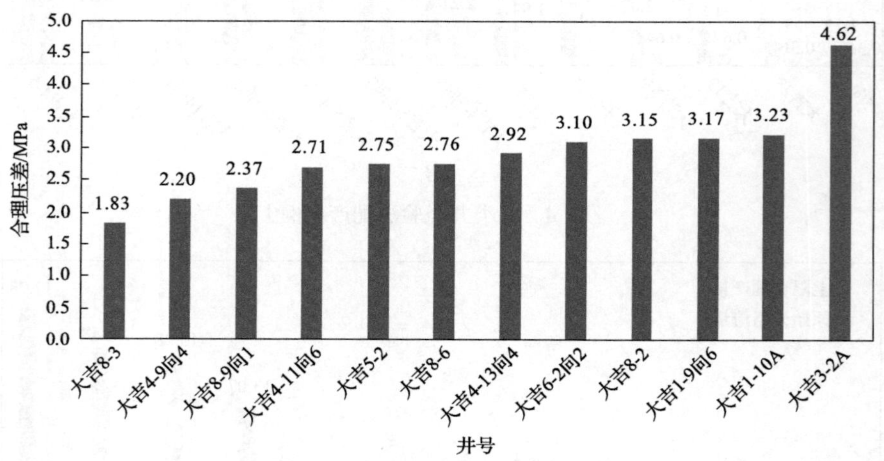

图 7　Ⅱ类井合理生产压差

由图 6 和图 7 所示，13 口Ⅰ类井气井投产初期平均合理生产压差为 2.98MPa。12 口Ⅱ类井气井投产初期平均合理生产压差为 2.90MPa。综合Ⅰ类井、Ⅱ类井共 25 口井分析结果，为了合理利用地层能量，大宁-吉县气田新区新投产直井投产初期的合理生产压差应保持在 3MPa 左右。

2.1.4　投产初期合理压降速率

采取 2.1.1 节所述分析方法，对大吉-平 37 井区山 2 段 6 口投产水平井开展分析(该井区内气井均不具备试气求产及后期压力恢复数据)，绘制气井 IPR 曲线及采气指示曲线，得到气井合理产量上限及合理生产压差。根据生产动态数据统计此 6 口井投产初期实际配产和压降速率，并与合理产量上限进行对比，见图 8。

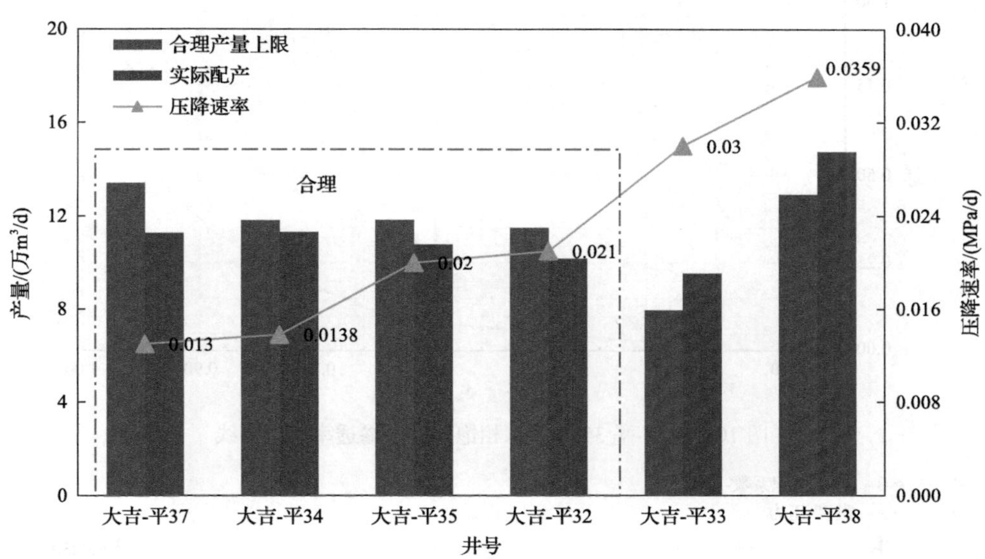

图 8　大吉-平 37 井区开发指标分析图

如图 8 所示，此 6 口水平井平投产初期均单井配产为 11.3 万 m^3/d，整体小于采气指示曲线评价平均上限产量为 11.74 万 m^3/d。从图中可以看出，大吉-平 33 井、大吉-平 38 井配产略高，相应的压降速率明显快于其他 4 口井，而配产合理的 4 口井的压降速率基本处在 0.02MPa/d 以内。因此，建议新区新投产井初期压降速率控制在 0.02MPa/d 以内，以充分合理地利用地层能量。

2.1.5　投产初期气井生产制度优化的论证

在上述投产初期气井生产制度优化研究的基础上，开展大吉-平 37 井区山 2 段 6 口投产水平井数值模拟研究，论证生产制度优化所得认识。所建数值模拟三维模型的总节点数为 73×101×10，共 73730 个网格，模型考虑了积液影响，未考虑应力敏感影响，故设置气井极限产量（最小携液流量）见图 9～图 11。

在单井历史拟合的基础上，为大吉-平 37 井区 6 口产水平井三维模型设计五种不同投产初期配产方案，方案 1 以气井历史最大产量（平均 17.28 万 m^3/d）配产，方案 2 以 15 万 m^3/d 进行配产，方案 3 以合理产量上限配产（平均 11.74 万 m^3/d），方案 4 以开发方案初期配产值（10 万 m^3/d）配产，方案 5 以保证稳产排液（7 万 m^3/d）配产，进行数值模拟研究，研究结果如表 1 和图 12 所示。

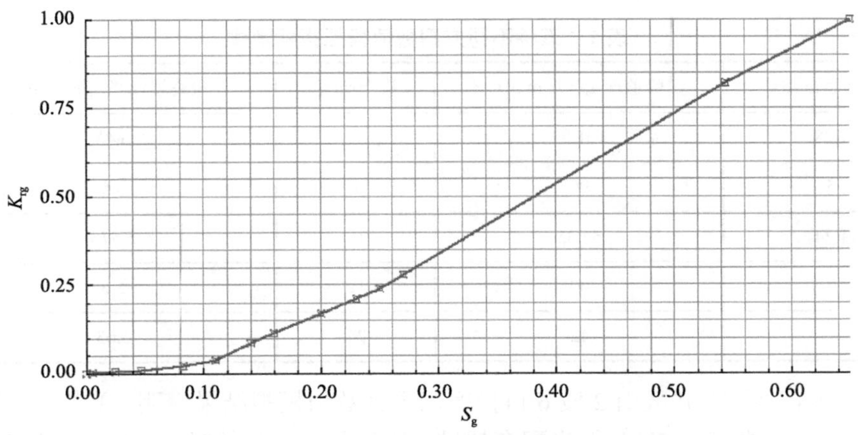

图 9　大吉-平 37 井区气相饱和度与渗透率关系曲线

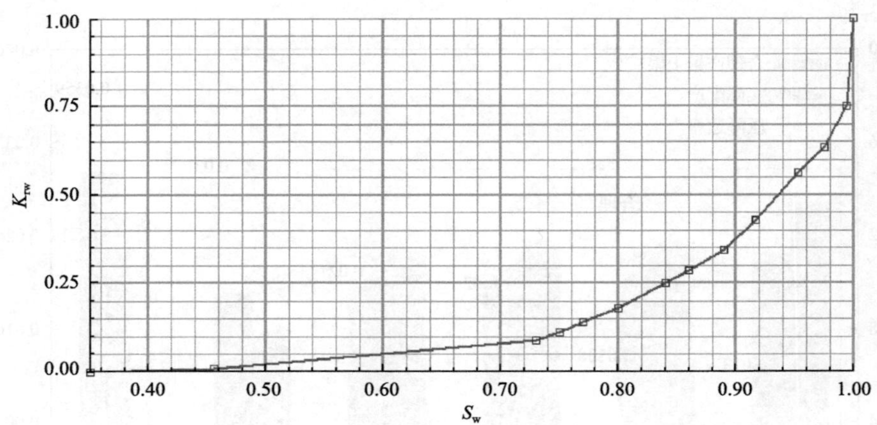

图 10 大吉-平 37 井区水相饱和度与渗透率关系曲线

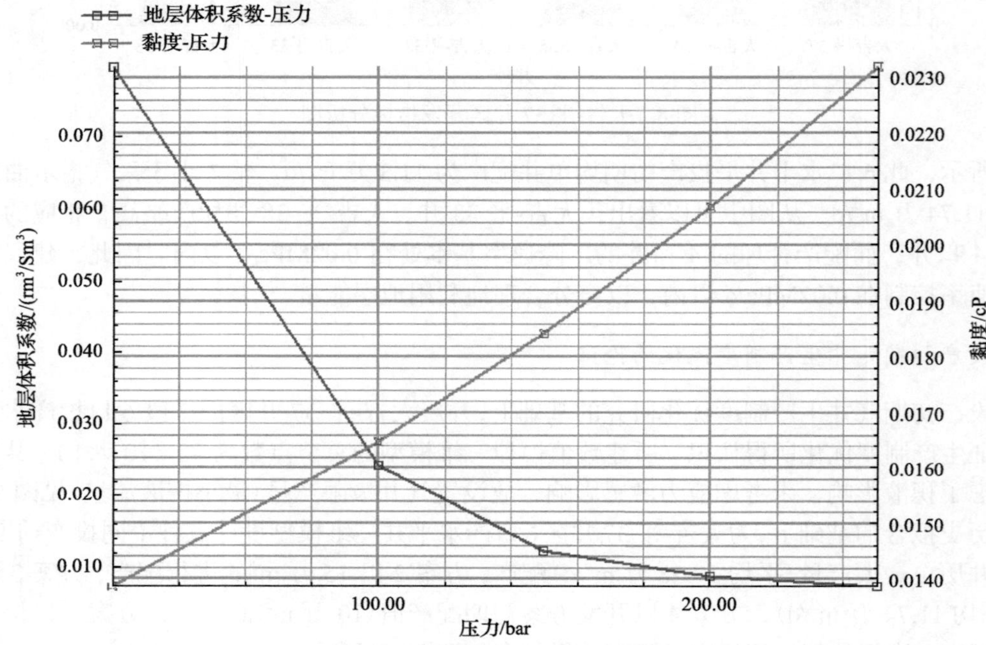

图 11 大吉-平 37 井区 PVT 曲线

表 1 五种不同方案数值模拟指标预测

方案	配产/(万 m^3/d)	峰值产量/(万 m^3/d)	稳产期/年	最终累计产气量/万 m^3	采收率/%
方案 1	17.28	101.99	0	5.44	68
方案 2	15	90	1	5.5	68.75
方案 3	11.74	64.35	10	5.576	69.7
方案 4	10	60	12	5.6	70
方案 5	7	42	24	5.63	70.38

如图 12 所示，大吉-平 37 井区山 2 段 6 口投产水平井数值模拟结果表明，单井配产越低采收率越高，气井稳产期越长，影响采收率 2.3%，但当配产超过无阻流量的 0.3 倍时，影响程度明显增强。因此，论证大宁-吉县气田气井投产初期配产比例应小于无阻流量 0.3。

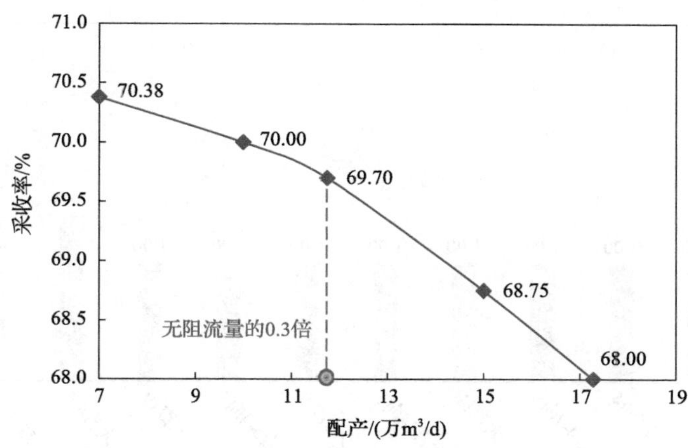

图 12　五种不同方案数值模拟预测采收率

2.2　开发中后期气井生产制度优化

2.2.1　开发中后期气井生产制度优化方法

(1) 对于具备试气求产数据及后期压力恢复数据的 I 类井，以大吉 14 向 1 井为例，基于测试求产数据，建立气井二项式产能方程，绘制 IPR 曲线及采气指示曲线，计算该井无阻流量为 10.26 万 m^3，产量上限值 3.26 万 m^3/d。同时，根据测试求产数据以及压恢数据等多个数据点，建立该井的物质平衡方程，计算目前地层压力为 4.24MPa，建立目前 IPR 曲线，求取目前无阻流量为 4.55 万 m^3，按照目前无阻流量 1/4～1/3 标定气井目前合理配产。

(2) 对于Ⅱ类井中具备试气求产数据但不具备压力恢复数据的气井，根据拟稳定流动状态下气井生产数据，拟合 Blasingame 曲线，计算气井动态储量，再通过动态储量及测压数据进行反演，建立该井物质平衡方程，根据目前的累计产气量，计算目前地层压力，建立目前 IPR 曲线，求取目前无阻流量 1/4～1/3 标定气井目前合理配产。

(3) 对于生产时间较长、套压稳定或接近管网压力以及 Blasingame 曲线上出现交点的气井，判断地层渗流已进入拟稳定流动状态。该阶段致密气井的日产气量在半对数坐标下与时间呈线性关系，按照该线性关系拟合未来一段时间的标定产气量。

2.2.2　开发中后期气井生产制度优化结论

前文提到的 I 类井、Ⅱ类井共 25 口井目前均属于气井开发中后期。本文应用 2.1.1 节所述分析方法，得出此 25 口井的标定产量，并将气井目前产量与其标定产量进行对比，得到气井产能负荷因子，见图 13～图 16 所示。

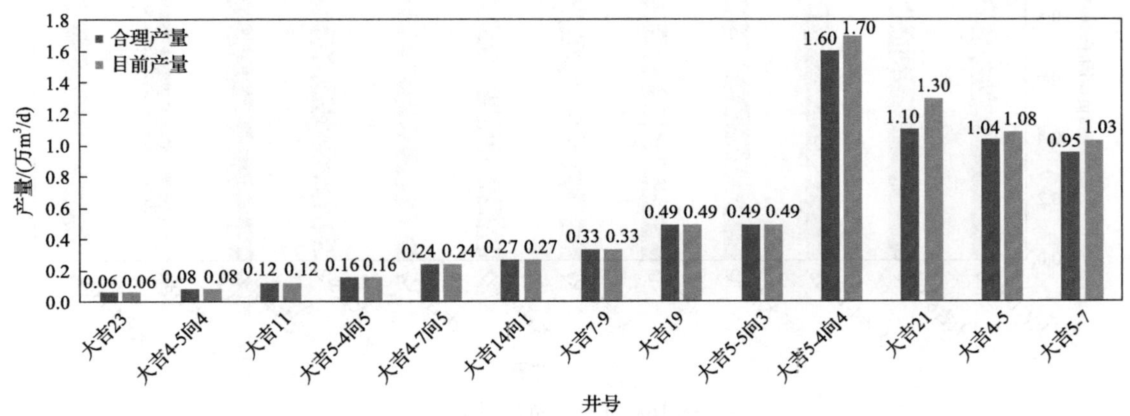

图 13　I 类井合理产量与目前产量对比图

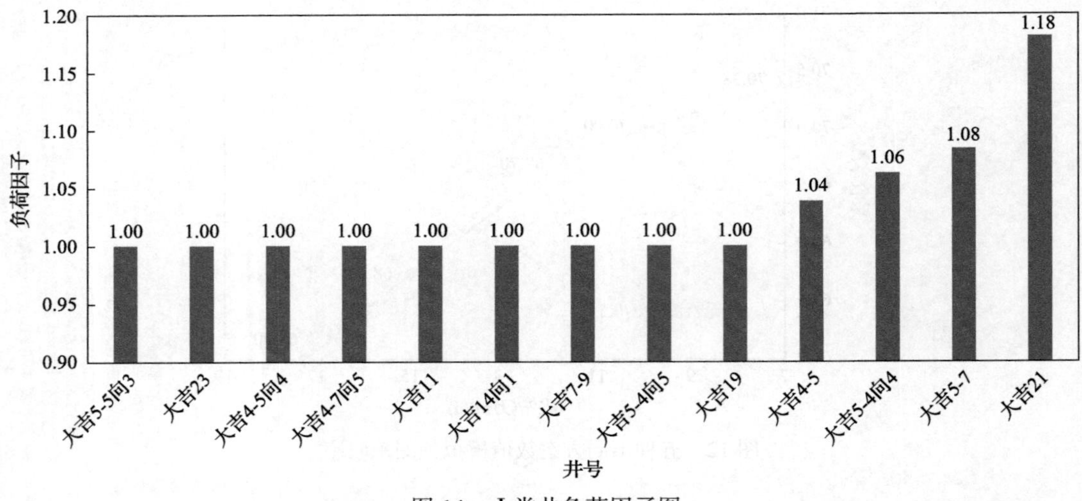

图 14　Ⅰ类井负荷因子图

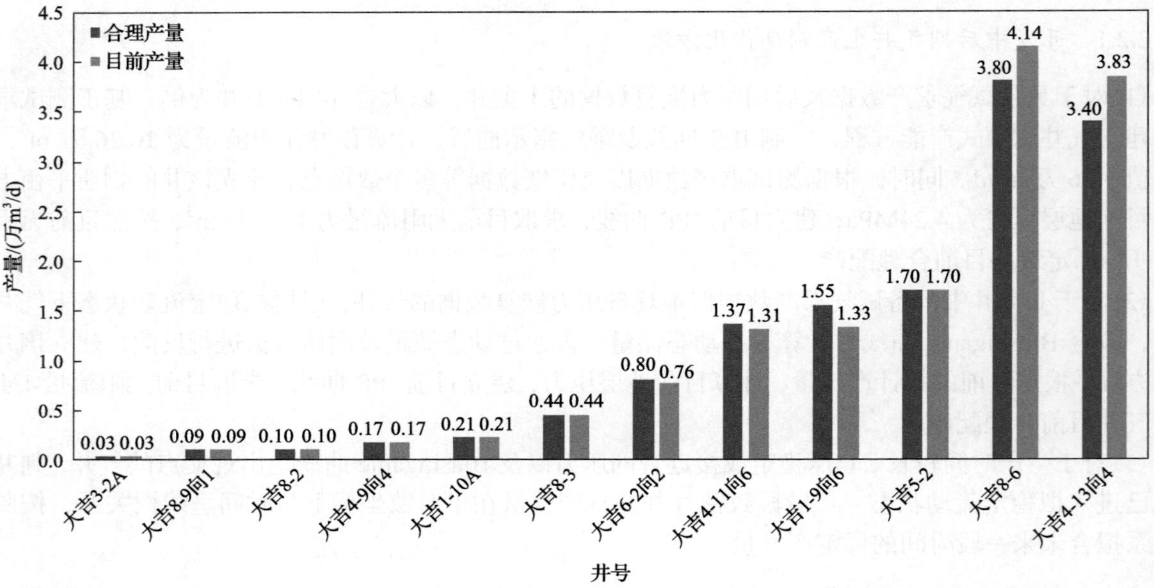

图 15　Ⅱ类井合理产量与目前产量对比图

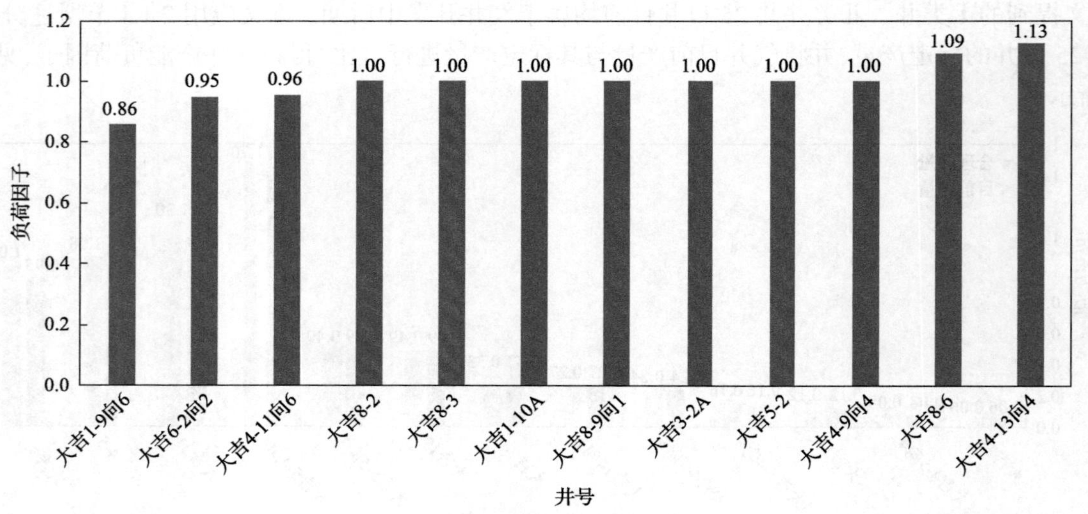

图 16　Ⅱ类井负荷因子图

由图 13～图 16 可知，大吉 5-4 向 4 井等 6 口井的目前产量大于其合理产量，负荷因子大于 1，建议下一步适当控产以求实现气井积分产量最大化的目标。

3 结　论

本文采用无阻流量法、采气指示曲线法、数值模拟法、物质平衡法和 Arps 递减法等方法，对大宁-吉县气田山 2 段层段气井的生产制度进行系统地分析，得出如下结论用以优化生产制度：

(1)大宁-吉县气田主力储层经验法配产比例上限为 0.3，为原始无阻流量的 1/4～1/3。

(2)大宁-吉县气田新区新投产井生产压差应控制在 3MPa 左右。压降速率控制在 0.02MPa/d 以内。

(3)分析发现大吉 5-4 向 4 井等 6 口井的目前产量大于其合理产量，建议在供气压力较小时对此 6 口井进行生产制度优化，保障保供期气井产能。

(4)根据本文论述的投产初期气井生产制度优化及开发中后期气井生产制度优化方法，可分析大宁-吉县区块内绝大部分致密气井，判断目前生产制度是否合理，并根据不同结果适时优化其生产制度。但是，基础数据的缺乏导致各项开发指标计算可能存在一定程度的误差，建议进一步加强如原始地层压力等基础资料录取工作。

参 考 文 献

[1] James G. Speight. 北美页岩气资源及开采[M]. 胡风涛, 白振瑞, 等译. 北京: 中国石化出版社, 2015: 200-210.

[2] 王继平. 苏里格气田致密砂岩气藏开发认识与稳产建议[J]. 天然气工业, 2021, 41(2): 100-110.

[3] 胡文瑞. 美国页岩油气发展新动向[J]. 中国石油石化, 2013, 16(24): 10-20.

[4] 傅雪海, 葛燕燕, 梁文庆, 等. 多层叠置含煤层气系统递进排采的压力控制及流体效应[J]. 天然气工业, 2013, 33(11): 20-25.

玛湖致密砾岩油藏注气提高采收率潜力评价

姚振华，覃建华，张记刚，谭　龙，秦　明，李浩楠，李晓梅

（中国石油新疆油田公司勘探开发研究院，克拉玛依 834000）

摘要：准噶尔盆地玛湖地区致密砾岩油藏前期直井开发初产高、递减快，衰竭式开发采收率低。后来采用水平井+体积压裂开发方式投产，预测采收率 8.7%～12.8%，平均仅 9.5%。鉴于玛湖致密砾岩油藏不适用常规水驱、局部脱气严重导致油藏递减快、最终采收率低等问题，需要探索补充能量进一步提高采收率技术，进而解决水平井如何提产、油藏如何长期稳产的问题。为此，通过开展注气膨胀实验、多次接触实验、最小混相压力测试、传质规律实验等气驱提高采收率介质相态、混相能力、气驱油研究，评价注 CO_2、天然气、减氧空气在玛湖地区致密砾岩油藏典型区块的适应性和驱油效果，最后结合玛湖地区典型区块的油藏特征，对照气驱驱油效率预测图版，评价玛湖致密砾岩油藏典型区块注气提高采收率的潜力，为后续提高采收率技术实施提供理论指导。

关键词：玛湖地区致密砾岩油藏；注气提高采收率；潜力评价

Evaluation of gas injection EOR potential in Mahu tight conglomerate reservoir

Yao Zhenhua，Qin Jianhua，Zhang Jigang，Tan Long，Qin Ming，Li Haonan，Li Xiaomei

（1. Research Institute of Exploration and Development, Xinjiang Oilfield Company, PetroChina, Karamay，834000）

Abstract: In the early stage of vertical well development of tight conglomerate reservoir in Mahu area, Junggar Basin, the initial production is high, the decline is fast, and the recovery factor of depletion development is low. Later, the horizontal well + volume fracturing development method was put into production, and the predicted recovery was 8.7%～12.8%, with an average of only 9.5%. In view of the problems of rapid reservoir decline and low final recovery caused by unsuitable conventional water drive and serious local degassing in Mahu tight conglomerate reservoir, it is necessary to explore the technology of supplementing energy to further improve recovery, so as to solve the problems of how to improve the production of horizontal wells and how to stabilize the production of the reservoir for a long time. Therefore, the adaptability and oil displacement effect of CO_2 injection, natural gas and oxygen reducing air in typical blocks of tight conglomerate reservoir in Mahu area are evaluated by carrying out gas injection expansion experiment, multiple contact experiment, minimum miscible pressure test and mass transfer law experiment, compared with the prediction chart of gas drive oil displacement efficiency, the potential of gas injection EOR in typical blocks of Mahu tight conglomerate reservoir is evaluated, which provides theoretical guidance for the implementation of subsequent EOR technology.

Keywords: tight conglomerate reservoir in Mahu area; gas injection enhanced oil recovery; potential evaluation

致密油是继页岩气之后全球非常规油气勘探开发的又一热点。全球致密油可采储量约 472.8 亿 t。中国的非常规资源非常丰富，在勘探开发方面取得了重要的进展，其中准噶尔盆地资源规模约 20 亿 t。

基金项目：国家科技重大专项油气开发类“准噶尔盆地致密油开发示范工程”（2017ZX05070-002）。

作者简介：姚振华（1975—），高级工程师，从事油田开发地质开发研究工作。地址：新疆克拉玛依市准噶尔路 29 号，电话：13999302263，邮箱：yzhenhua@petrochina.com.cn。

初步评估认为我国的致密油资源量为74亿～80亿t，其中可采资源量大约为13亿～14亿t。北美致密油的成功开发给我们提供一定参考价值，但因为地质特点的不同，我国致密油开发应当继续深入研究。

气驱/吞吐、重复压裂是提高致密储层采收率的主要技术方向。美国巴肯地区致密油开展了多项提高采收率技术现场试验，驱替介质为CO_2、天然气和水，取得了一定效果。Eagle Ford开展了多轮次CO_2吞吐提高采收率试验，地层渗透率为0.1mD，预计采收率可由9%左右提高至20%，现场实施效果好于方案设计。

玛湖地区衰竭式开发直井初产高、递减快。玛18井区（Ⅰ类油藏直井）直井具备连续生产能力，初期单井平均日产油14.7t，目前单井平均日产油4.7t。自喷期、转抽期递减均呈两段式，表现为初期递减快，后期递减减缓，转抽后递减较自喷期略有减小，但年递减仍在39%以上。随着井距的缩小，后期递减越大。

玛湖地区油藏不适用常规注水，需要转换开发方式提高采收率。实验条件下(30MPa)驱替困难，玛18井区41块样品水驱油不通，洗油后26块做通。2015年玛18井区Ma5424、Ma5224井组开展注水试验。未压裂井需超破裂压力注水，注水后沿最大主应力方向水窜快(7天)，油井见水后含水迅速上升80%以上，停注后含水迅速下降，表明注入水难以进入基质。裂缝吸水特征明显。目前直井均采用衰竭式开发。

玛湖地区已开发油藏一次开发采收率低，致密砾岩油藏采用水平井+体积压裂开发方式投产，预测一次采收率为8.7%～12.8%，平均仅9.5%。

针对常规水驱不适应、局部脱气严重导致油藏递减快、最终采收率低的问题，探索补充能量进一步提高采收率技术，进而解决水平井如何提产、油藏如何长期稳产的问题。

通过注气膨胀实验、多次接触实验、最小混相压力测试、传质规律实验等相态实验评价CO_2、天然气、减氧空气在玛湖地区典型区块与原油的适应性，揭示地层油注气传质机理，取得混相特征新认识，为确定油藏类型、储量计算、油藏工程和采油工艺研究、开发方案编制提供基础参数。通过气驱实验对CO_2、天然气、减氧空气在玛湖地区典型区块的驱油效果进行评价，优化注入参数，为玛湖地区气驱开发效果进行评价。

1　介质相态研究

油气两相相态在致密油注气开发过程中气到了关键作用，油气两相相行为对提高采收率幅度、开发方式都有关键作用。通过玛131、玛18、玛2原油与CO_2、烃类气、减氧空气膨胀性实验，玛18、玛131原油与烃类气多级接触相态实验对主力区块地层油与CO_2、烃类气、减氧空气的相态特征进行了研究[1-7]。

1.1　典型区块CO_2、减氧空气(N_2)、烃类气膨胀性评价及其差异性研究

注气膨胀实验是在一定压力下对地层流体进行若干次注气，升高体系压力至注入气全部溶解，测试不同注气量下体系的饱和压力、气油比、体系组分组成等的参数，研究注入气与地层流体配伍性，为油藏数值模中拟相态拟合提供基础参数。

注入溶剂与地层原油之间的相态特征是注气混相驱机理和可行性研究的关键问题之一。注入气-地层原油体系的相态研究对注气混相驱的设计和动态分析是必不可少的方法和手段。注入气驱提高原油采收率就是通过注入气在原油中的溶解而使原油体积膨胀、降低原油黏度、降低界面张力、通过注入气和地层原油的一次或多次接触混相来提高原油采收率，所有这些都是和原油相态变化密切相关的。注入气驱油时，由于注入气在原油中的大量溶解，地层原油的物理化学性质(如饱和压力、体积系数、黏度、界面张力、气液相组成等)会发生很大变化。对注入气-地层原油体系相态行为研究是研究驱替机理的重要依据，还可以为数值模拟提供必要的参数。

注入气-地层原油体系相态行为实验研究主要有两种方法：一是基于流体膨胀和饱和压力升高的加气膨胀试验；二是描述注入气和地层原油动态接触的多次接触实验。

玛 131 区块地层油干气、CO_2、减氧空气注气膨胀实验结果表明：①相同注气量下的膨胀性表现为 CO_2＞干气＞减氧空气(图 1)；饱和压力表现为 CO_2＜干气；降黏能力表现为减氧空气≈干气＞CO_2。②不同气体与地层油配伍性表现为 CO_2＞干气＞减氧空气，CO_2 和干气能够与地层油配伍，减氧空气无法与地层油配伍。

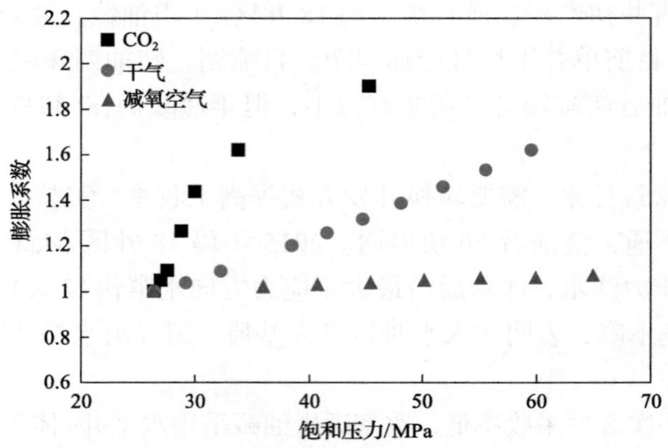

图 1　玛 131 地层油-CO_2/减氧空气/干气膨胀系数

玛 131、玛 2、玛 18 区块地层油与干气注气膨胀实验结果表明：在玛 2、玛 18、玛 131 区块中地层压力下膨胀性，低压条件下玛 2＞玛 18≈玛 131，高压条件下玛 2＜玛 18≈玛 131(图 2)，降黏能力：低压条件下玛 18＞玛 131＞玛 2，高压条件下玛 18＞玛 2＞玛 131，干气最大可使地层油黏度降低 40%~60%。玛 2、玛 18、玛 131 三个区块地层油均可与干气配伍。

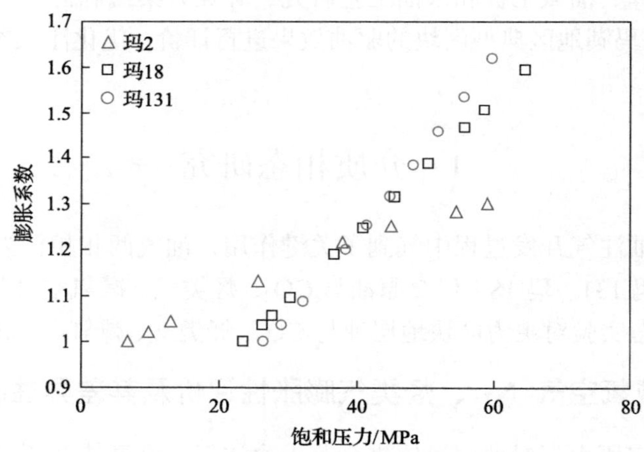

图 2　玛 2、玛 18、玛 131 地层油-烃类气膨胀系数关系

1.2　典型区块不同注气量条件下地层流体变化规律

在地层条件下，注入气与地层油能够发生混相作用，驱替过程中通常发生多次接触混相，多级接触实验通过模拟注入气与地层流体进行组分交换达到注入气富化或者地层油贫化的过程，研究多次接触混相油气变化过程，探究多次接触混相机理。

混相气驱是提高原油驱油效率非常重要的方法。在实际矿场驱油过程中，多数情况下难以实现一次接触混相，多为多次接触混相，多次接触分为向前接触向后接触，主要模拟为气驱过程中注气前缘突破到油相中不断与新的油相接触改变注气前缘气相组分和性质，同时突破后的油相又不断与新的气相接触改变原油组分和性质，两者使两相性质越来越接近，进而达到混相状态。当注入气与原油在高于混相压力的条件下混合时，毛细管压力降低至零，界面消失，从而大幅度提高洗油效率。

注气混相驱分为：一次接触混相驱和多次接触混相驱。天然气包括贫气和富气，其混相机理为多次接触混相。按不同的传质方式，多次接触混相分为蒸发混相和凝析混相。

实现蒸发混相时，注入气抽提原油中的中间烃组分，使原油中的中间烃汽化到注入气中去，经过多次接触使注入气和原油达到动态混相。蒸发混相的注入气一般为贫气，C_2～C_6 组分较少；蒸发混相的混相压力较高，如果油藏压力能够达到混相压力，注入气和原油就可以实现多次接触混相。

与蒸发混相的过程相反，凝析混相过程是注入气的中间组分通过传质作用进入原油中形成混相过渡带。虽然富含中间烃组分的注入气不能与原油发生一次接触混相，但在适当的压力下，注入气与油藏原油能进行多次接触，使注入气的中间组分不断凝析到原油中去，使原油变得越来越富气，最终与注入气达到动态混相。通常必须注入相当多的富气才能使混相前缘保持混相，一般采用的富气段塞为10%～20%的孔隙体积。

注入气加入地层油之后是否引起气相中组分变化。采用向前和向后多次接触的思路，连续接触10次，以气相性质不再明显变化为准，观察是否有溶解现象，观察天然气气相性质变化关系等。

分别开展了玛131区块地层油和玛18区块地层油30MPa、40MPa下的多级接触实验。

向前多次接触实验结果表明：第一次接触后，干气气相组分迅速变化，C_1减少、C_{2+}增多，地层油黏度密度降低。随着接触次数增多，干气组分逐渐富化，气相黏度、密度小幅升高后变化不明显；随着多级接触压力的上升，黏度密度升高，蒸发作用越来越明显；随着多级接触压力的上升，同样注入气组分富化，蒸发作用越来越明显。压力对于玛131区块气相黏度来说更加敏感(图3)。

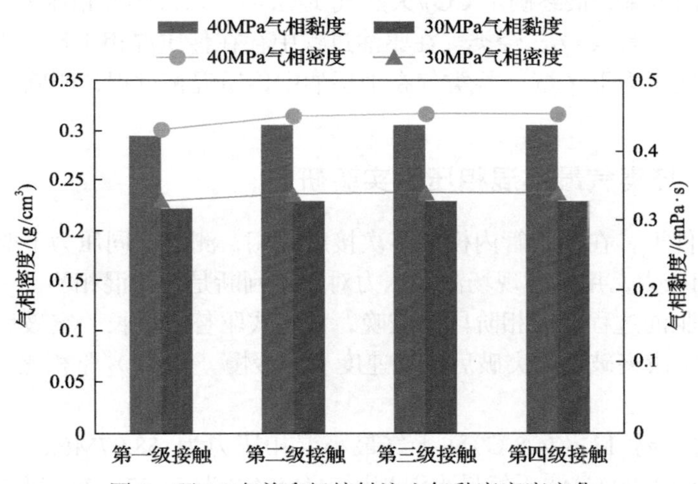

图3　玛18向前多级接触注入气黏度密度变化

向后多次接触实验是地层油不断与新的注入气接触，观察地层油被抽提、萃取后的组分、物性变化。向后多次接触实验结果表明：第一次接触后地层油黏度密度降低，随着接触次数增多，地层油黏度、密度升高，随着多级接触压力的上升，地层油黏度、密度降低。第一次接触后油组分迅速变化，C_1大量增多、C_{7+}迅速减少，随着接触次数增多，地层油组分继续贫化，随着多级接触压力的上升，同样地层油组分贫化程度更加剧烈(图4)。

对比玛18和玛131多次接触实验结果，玛131地层油向前多次接触过程中干气组分中C_{2+}组分升高7%左右，玛18地层油向前多次接触过程中干气组分中C_{2+}组分升高9%左右，说明玛18地层油中轻质组分更容易被抽提，蒸发作用在混相中更加明显。向后多级接触过程中，地层油黏度、密度变化幅度来看，玛18地层油黏度、密度下降幅度更多，说明玛18地层油更容易溶解干气，与前面注气膨胀实验结果一致。

简言之，对比注气膨胀实验和多次接触实验，可以发现玛18地层油更容易与干气配伍，蒸发作用和凝析作用都更加显著。

对比注气膨胀实验和多次接触实验，可以发现玛18地层油和玛131地层油相比更容易与干气配伍，蒸发作用和凝析作用都更加显著，多次接触传质过程更加剧烈，混相难度更低。

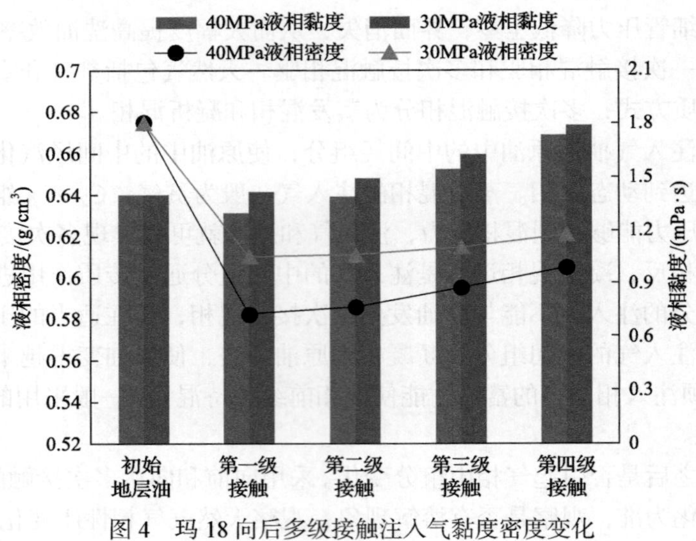

图 4　玛 18 向后多级接触注入气黏度密度变化

2　介质混相能力研究

对于注气开发，最重要的一个指标就是最小混相压力，能否实现混相驱对最终采收率具有重要的影响。测定不同压力下驱油效率，最终确定 CO_2/天然气-地层油体系最小混相压力，用以与现场注入压力对比，判断是否为混相驱。并且 CO_2、烃类气在驱油过程中存在传质混相机理，为探究这一机理，需要通过一次接触实验探究不同压力下 CO_2、烃类气在地层油中传质混相过程，明确 CO_2、烃类气混相过程中传质规律[8-13]。

2.1　典型区块 CO_2、烃类气最小混相压力实验研究

研究在地层温度条件下，在细长管内模拟多次接触混相，测定不同压力下驱油效率，最终确定天然气-地层油体系最小混相压力，用以与现场注入压力对比，判断是否为混相驱。

对比非混相和混相驱油过程，混相阶段突破晚，活塞式驱替阶段长，突破后气油比快速上升，产油速度迅速下降，非混相阶段突破早，突破后产油速度下降缓慢。和 CO_2 驱相比，干气驱非混相采出程度较低。

通过细管实验测试，玛 131(74.8℃)注干气最小混相压力为 58.97MPa，注 CO_2 最小混相压力为 26.4MPa(饱和压力)，玛 18(90℃)注干气最小混相压力(MMP)为 53.57MPa，玛 2 注 CO_2 最小混相压力为 19.58MPa，注干气最小混相压力为 51.64MPa。

结合过往研究可以得到玛 131、玛 18、玛 2 区块二氧化碳、干气、富气最小混相压力如表 1 所示。目前地层压力下，干气驱玛 18 区块可以达到混相、玛 131 不能混相；CO_2 驱三个区块均可以混相，富气驱玛 18、玛 131 可以混相(表 1)。干气混相压力较大，富气混相压力相对小，可以达到矿场开发混相驱效果。

表 1　玛 131、玛 18、玛 2 混相压力结果

序号	区块	井号	温度/℃	目前压力/MPa	饱和压力/MPa	原始压力/MPa	CO_2		干气		富气	
							MMP/MPa	是否混相	MMP/MPa	是否混相	MMP/MPa	是否混相
1	玛 18	MAHW6009	90.0	56.00	23.63	62.50	33.10	√	53.57	√	41.71	√
2	玛 131	MAHW1216	74.8	40.20	26.40	33.10	26.40	√	58.97	×	39.20	√
3	玛 2	MAHW2025	86.1	42.25	6.73	52.33	19.58	√	51.64	×		

对比玛 131、玛 18、玛 2 区块与干气、富气、CO_2的细管实验结果。CO_2的混相能力要明显好于烃气好于减氧空气，在玛 2，玛 131 地层压力下 CO_2可以实现混相驱，玛 18 区块可以实现干气混相驱，玛 131 区块目前地层压力与干气最小混相压力相差较大，玛 131 目前地层压力下的驱油效率仅为 60%左右。

2.2 典型区块 CO_2、烃类气混相过程中传质机理研究

天然气或者 CO_2 在与地层油接触后就会发生传质现象，气体会溶解到地层油中，同样地层油也会被气体抽提一部分烃进入气体中。通过传质规律实验可以得到气体抽提能力和溶解能力。

对比玛 131、玛 18、玛 2 区块与干气、CO_2的传质规律实验结果。玛 131、玛 18、玛 2 可以和干气、CO_2 发生传质，混相压力之上传质的量较大，但不能发生较大转变，这是由于一次传质实验发生混相的压力为一次混相压力，细管实验所测得压力为多次混相压力。在干气与玛 18、玛 2 地层油接触过程中，干气组分基本不变，C_{2+}组分略有上升，随着压力上升，油组分变化幅度较大，C_1 含量迅速上升，地层油贫化显著。CO_2 抽提能力要好于干气，溶解能力也要好于干气，干气与原油传质主要为溶解作用，发生凝析混相；CO_2 与原油传质主要为抽屉作用，发生蒸发混相。

3 气驱油实验研究

3.1 玛湖地区典型区块 CO_2、减氧空气(N_2)、烃类气驱油实验研究

通过前面开展研究可以发现干气混相压力过高，不适合在玛湖地区开展大规模开发富气可以满足现场混相驱的条件，因此后期实验调整为富气。开展玛湖地区典型区块不同气体驱替实验，对于评价不通气体开发效果有重要意义[14-20]。

CO_2、减氧空气、天然气在玛 131 区块驱油效果表明，混相条件下，CO_2在玛 131 区块可以达到 70%～85%的驱油效率，天然气可以达到 55%以上；减氧空气平均采收率在 48%左右。随着实验压力升高，采收率也会逐渐升高，平均产油速度和生产时间小幅度升高。富气和 CO_2 对原油中的轻质组分都有一定的抽提能力。

进一步研究发现，混相条件单相流下(CO_2、天然气 40MPa、天然气 45MPa)，注采压差升高缓慢，压力最高升至 3MPa 左右，突破后压力能降低至 2MPa 左右。非混相条件下(减氧空气、天然气 33MPa)，气液处于两相流动状态，渗流阻力大，注采压差升高迅速，压力升高至 4～5MPa，突破后压力降低，缓慢降至 3MPa。

3.2 玛湖地区烃类气驱评价及其差异性研究

天然气在玛 131、玛 18、玛 2 区块驱油效果表明，混相条件下，富气在玛 131 区块可以达到 55%的驱油效率，玛 18(50MPa 岩心渗透率较高)可以达到 60%以上；地层压力下玛 2 可以达到 50%左右驱油效率。随着实验压力升高，采收率也会逐渐升高，平均产油速度和生产时间小幅度升高。富气对三个区块原油中的轻质组分都有一定的抽提能力，突破后依然可以产油。

天然气在玛 131、玛 18 区块全直径岩心驱油效果表明，混相条件下玛 131 全直径岩心天然气驱可以达到 33%的采收率，玛 18 采收率可以达到 37%；受到造缝和模型大小的限制，波及体系开始受到影响，采收率明显比长岩心驱油效率低 25%左右。

天然气在玛 131、玛 18、玛 2 区块造缝/不造缝驱油效果表明，造缝岩心采用 200 目石英砂支撑裂缝，前端造缝后端不造缝，两组实验采用同一岩心。混相条件下玛 18 全直径造缝岩心天然气驱可以达到 35.6%的采收率，受气窜影响造缝岩心基质驱替效果差，注采压差 1.43MPa 左右；玛 18 不造缝岩心采收率可以达到 38.1%，注采压差 2.33MPa 左右。

天然气在玛 131、玛 18、玛 2 区块驱油效果表明，混相条件单相流下玛 2(45MPa)、玛 131(40MPa、45MPa)，注采压差升高缓慢，压力最高升至 3MPa 左右，突破后压力能降低至 2MPa 左右，玛 18 区块岩

心渗透率较大(5mD 左右)，渗流阻力小，注采压差低。天然气注入压力升高能够通过从两相流向单相流转变的方式一定程度降低玛湖地区渗流阻力，进一步提高注入能力。

对长岩心实验结果进行处理，通过多项式拟合和对数拟合的方式，对驱油效率和压力的关系进行拟合，形成了玛湖地区典型区块的驱油效率图版(图 5、图 6)。

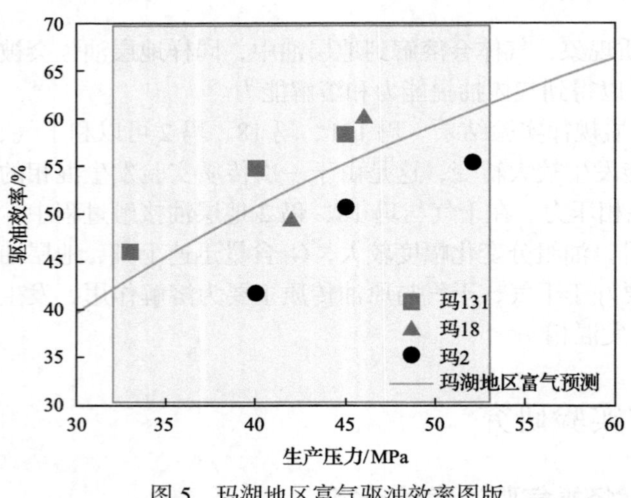

图 5　玛湖地区富气驱油效率图版

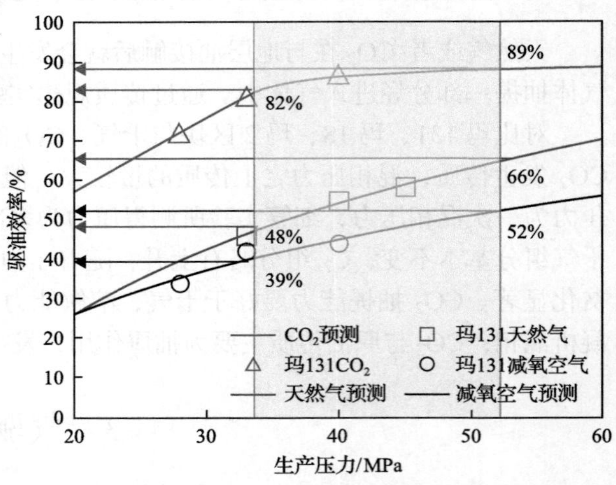

图 6　玛湖地区不同介质驱油效率图版

不同介质在玛湖地区驱油效果预测结果如下，玛湖地区平均地层压力分布在 33～53MPa 附近，富气驱油效率在 48%～66%，CO_2 平均驱油效率分布在 82%～89%，减氧空气驱油效率分布在 39%～52%。提高生产压力能够有效提升富气和减氧空气驱油效率，CO_2 在目前地层压力下受压力影响较小。

4　结　论

不同注入气中，干气与 CO_2 均可与玛湖地区地层油配伍，地层压力下降黏膨胀原油能力接近。CO_2 的混相能力要明显好于烃气好于减氧空气，在玛 2、玛 131 地层压力下 CO_2 可以实现混相驱，玛 18 区块可以实现干气混相驱，玛 131 区块目前地层压力与干气最小混相压力相差较大，目前玛 131 地层压力下的驱油效率仅为 60%左右。

干气与原油传质主要为溶解作用，发生凝析混相；CO_2 与原油传质主要为抽屉作用，发生蒸发混相，在混相条件下干气、CO_2 驱油效率都达到 95%。

玛 18 物性相对较好、平均混相驱油效率 60%以上，玛 131 混相驱油效率 55%，玛 2 混相驱油效率 50%。玛 18 混相采收率 38%，玛 131 混相采收率 33%，形成了玛湖地区不同注入气驱油效率预测图版。裂缝导致气窜影响波及效率，但能够有效降低注入压力，整体采收率下降幅度不明显。

结合玛湖地区气驱驱油效率预测图版和典型区块的油藏特征，典型区块百口泉组总地质储量为 1.32 亿 t，天然气驱提高采收率为 12.73%，相较于水平井体积压裂增加可采储量为 1682.91 万 t。

参 考 文 献

[1] 李士伦, 张正卿, 冉新权, 等. 注气提高石油采收率技术[M]. 成都: 四川科学技术出版社, 2001.
[2] 杨承志, 岳清山, 沈平平. 混相驱提高石油采收率[M]. 北京: 石油工业出版社, 1991.
[3] 邬法勇. 天然气驱技术在油田上的应用[J]. 化工设计通讯, 2017, 43(6): 79.
[4] 史小平. 天然气驱在低渗油藏中适应性研究[J].内蒙古石油化工, 2014, 40(13): 2.
[5] 马涛, 王强. 注天然气提高采收率应用现状[J]. 科技导报, 2014, 32(21): 72-75.
[6] 王琼. 深层稠油油藏注天然气/减氧空气提高采收率机理实验研究[D]. 成都: 西南石油大学, 2017.
[7] 李秀莲, 刘怡平, 毛志君, 等. 华北古潜山油藏天然气驱机理及可行性研究[J]. 特种油气藏, 2007, (1): 52-54, 107.
[8] 陈晓军, 史华, 成伟, 等. 扎尔则油田注烃气混相驱机理研究[J]. 油气地质与采收率, 2012, 19(3): 74-77, 116.

[9] 李士伦, 周守信, 杜建芬, 等. 国内外注气提高石油采收率技术回顾与展望[J]. 油气地质与采收率, 2002, (2): 1-5.
[10] 谭光天. 注烃混相驱提高石油采收率机理及其在葡北油田应用研究[D]. 成都: 西南石油学院, 2005.
[11] 李士伦, 侯大力, 孙雷. 因地制宜发展中国注气提高石油采收率技术[J]. 天然气与石油, 2013, 31(1):4, 44-47.
[12] 汤志清, 初国红. 挪威远海 Grane 稠油油藏的注气与注水优化开采技术[J]. 国外油田工程, 2004, (4): 15, 16.
[13] Jethwa D J, Rothkopf B W, Paulson C I. Successful miscible gas injection in a mature U.K. North Sea Field[C]//SPE Annual Technical Conference and Exhibition, Dallas, 2000.
[14] Jakobsson N M, Christian T M. SPE historical performance of gas injection of ekofisk[C]//Annual Technical Conference and Exhibition, New Orleans, 1994.
[15] 梁萌, 袁海云, 杨英, 等. 气体混相驱与最小混相压力测定研究进展[J]. 西南石油大学学报(自然科学版), 2017, 39(5): 101-112.
[16] 张广东, 李祖友, 刘建仪, 等. 注烃混相驱最小混相压力确定方法研究[J]. 钻采工艺, 2008, 31(3): 99-102.
[17] 史玉胜, 赵宇明, 张丽颖, 等. 泉 28 断块注天然气混相驱开发效果影响因素分析[J]. 天然气与石油, 2015, 33(1): 5.
[18] Bui L H, Tsau J S, Willhite G P. Laboratory investigations of CO_2 near miscible application in Arbuckle reservoir[J]. SPE Improved Oil Recovery Symposium, Tulsa, 2010.
[19] Alomair O, Iqbal M. CO_2 Minimum Miscible Pressure (MMP) Estimation using Multiple Linear Regression (MLR) Technique[J]. SPE Saudi Arabia Section Technical Symposium and Exhibition, Al-khobar, 2014.
[20] 王香增, 高瑞民, 江绍静, 等. 最小混相压力修正方法研究[J]. 石油化工高等学校学报, 2017, (1): 45-47.

第四篇　综　合　篇

非常规油气在赋存状态、运移方式、流动机理和含油气性等多方面存在显著差异，仅靠传统技术难以获得规模商业产量，需利用新技术改善储层渗透性或流体黏度等才能经济开采。本篇综合介绍了井下工况识别与参数优化、保压取心技术应用、砂体构型模式研究及应用、三维地震勘探井炮震源分区设计、方位伽马测井成像技术应用、连续管气体钻井技术、冲击载荷调制装置仿真模拟、采出水处理技术、支撑剂分级注入缝网梯次支撑技术等研究。

基于大数据分析的井下工况识别与参数优化方法研究与应用

孟令辉[1]，崔　猛[2]，王潘涛[1]，赵　飞[2]，丁　燕[2]

（1. 中国石油大学(北京)，北京 102249；2. 中国石油集团工程技术研究院有限公司，北京 102206）

摘要：在非常规油气钻井中，水平段托压严重，破岩效率低、井下事故频发等问题制约着非常规油气储层安全高效开发。有效识别井下工况，优化钻井参数是非常规油气钻井的重要研究方向。本文构建了基于大数据分析的井下工况识别与参数优化方法，建立了融合机械钻速和机械比能的钻头性能综合评价指数目标函数，对实时钻井参数实时计算评价指数和深度序列数据间的残差向量，判断井下工况、优化钻井参数。钻井工程是复杂的系统，以单一的机械钻速最大化为目标可能达不到预期效果，造成钻头磨损甚至损坏，起下钻更换钻头次数增加而导致钻井周期增大，因此目标函数要包含更全面的评价指标，以综合评价钻井过程。使用大数据分析方法构建评价指数与钻井参数(钻压、转速和排量)关系模型，分析钻井参数与评价指数的响应关系，进而实现钻井过程优化。在某致密油水平井进行了现场试验，机械钻速同比平均提高了 16.3%，提速效果显著。本文应用大数据分析方法，分析目标函数与钻井参数(钻压、转速和排量)关系，提出了井下工况识别与参数优化方法，应用效果显著。

关键词：井下工况识别；钻井参数优化；钻头性能综合评价指数；地层变化识别；主成分分析

Research and application of identification of downhole condition and parameter optimization method based on big data analysis

Meng Linghui[1], Cui Meng[2], Wang Pantao[1], Zhao Fei[2], Ding Yan[2]

（1. China University of Petroleum (Beijing), Beijing 102249; 2. CNPC Engineering Technology R&D Company Limited, Beijing 102206）

Abstract: In unconventional drilling, the problems of serious support pressure in the horizontal section, low rock breaking efficiency and frequent underground accidents restrict the safe and efficient development of unconventional reservoirs. Effectively identify downhole working conditions and optimize drilling parameters are important research directions for unconventional drilling. In this paper, a downhole condition identification and parameter optimization method based on big data analysis is constructed, the objective function of the drill bit performance comprehensive evaluation index that integrates mechanical drilling speed and mechanical specific energy is established, the residual vector between the evaluation index and the depth series data is calculated in real time for the real-time drilling parameters, and the downhole working conditions and optimization drilling parameters are determined. Drilling engineering is a complex system, with a single mechanical drilling speed maximization as the goal may not achieve the expected effect, resulting in drill bit wear and even damage, the number of times the drilling head is replaced from the beginning to the bottom of the drilling increases and the drilling cycle increases, so the objective function should contain more comprehensive evaluation indicators to comprehensively evaluate the drilling process. The relationship model between the evaluation index and the drilling parameters (drilling pressure, speed and displacement) is constructed using big data analysis methods, and the response relationship between the drilling parameters and the evaluation index is analyzed, so as to realize the optimization of the drilling process. Field tests were conducted in a tight oil horizontal well, and the mechanical drilling

---

作者简介：孟令辉（1998—），中国石油大学（北京）在读硕士研究生，主要研究方向为基于机器学习的钻井参数优化方法研究。地址：北京市昌平区府学路 18 号，电话：15033506102，邮箱：2508830600@qq.com。

speed increased by an average of 16.3% year-on-year, and the acceleration effect was remarkable. In this paper, the relationship between the objective function and the drilling parameters（drilling pressure, speed and displacement）is analyzed, and the downhole condition identification and parameter optimization methods are proposed, and the application effect is remarkable.

Keywords: downhole condition identification; drilling parameter optimization; drill bit performance comprehensive evaluation index; formation change identification; PCA

油气行业在勘探和开发油气资源的过程中，钻井会产生大量的运营成本。由于设备和人力费用是基于时间的，钻井成本可以被认为是与时间有关的函数。目前有两种方法可以缩短钻井时间：①最大化机械钻速(即钻头钻入地层的速度)；②减少非钻井作业时间，例如，起下钻设备、更换或维修设备、钻井过程中施工如安装套管或对井进行其他处理。过去许多学者努力试图解决这些方法，例如，钻井设备在不断改进，以提高机械钻速和设备的使用寿命。在钻井过程中，地层通常都是非均质的，随着井深的增加，待钻地层的软硬程度也在发生变化。随着钻进过程的进行，遇到不同的地层，维持不变的工作参数通常不能带来更令人满意的结果，所以要考虑钻井参数随钻井过程的优化，即钻井参数优化。目前优化机械钻速的方法按优化目标个数可分为单目标优化方法和多目标优化方法。本文提供一种优化钻井效率的单目标优化方法，虽然只有单个目标，但该目标是基于机械比能理论构建的钻头性能综合评价指标，通过收集到的数据，构建钻头性能综合评价指数目标函数，目的是探索和评估一些重要钻井参数(如钻压、转速、排量)对钻井性能的影响程度，可以通过测量这些变量来进行预测钻头性能综合评价指数变化，采用梯度寻优方法，寻求最优钻头性能综合评价指数下的重要钻井参数组合，从而降低总钻井时间，提高钻井效率，实现降本增效。

机械钻速是影响钻井作业商业成功的最重要因素之一。然而，钻速是各种钻井参数的复杂非线性函数，如钻压、转速、排量、钻头直径、钻头齿磨损、钻头水力学、地层强度和地层磨损性等。考虑到影响机械钻速的变量数量和非线性关系，很难建立一个完整的数学模型将机械钻速与这些变量联系起来。机器学习通过收集数据样本和分析输入和输出之间的关系来学习，能够通过一种隐形函数关系来描述输入与输出变量之间存在的线性或非线性的复杂关系。

1 数据收集及预处理

1.1 数据收集

在进行评估钻头性能综合评价指数之前，需要判断所述钻头工作参数数据是否满足设定参数类别要求，判断所述钻头工作参数数据是否满足设定数据量要求。在未满足所述设定类别要求或未满足所述设定数据量要求的情况下，继续调整并采集钻头工作参数。

1.2 数据预处理

数据预处理是大数据分析前的一项极其重要的数据准备工作，在大数据科学领域，数据预处理的相关工作时间占整体项目的 70%以上，通过对原始数据进行初步处理，能够极大地降低原始数据资料中不利于信息提取和数据挖掘的因素，为知识的发现及数据的挖掘，提供可靠、准确的数据源。在钻井过程中，井下情况复杂多变，对测录井仪器的耐高温及耐高压的能力要求较高。有时井下仪器需要超负荷运行，难免造成采样数据在一定程度上的失真，此外数据还会受到采集、记录及地层环境等其他方面的影响，从而导致测录井资料质量下降，数据出现异常、重复、缺失等现象。为了保证后续大数据分析结果的准确性和稳定性，有必要对海量数据中的“脏数据”进行处理，主要包括填补缺失值、离群值检测、降噪平滑处理等。

2　钻头性能综合评价指数函数的构建

钻井工程是十分复杂的过程，钻井优化目标函数也有不同。常用的目标为最小化进尺成本、最大化机械钻速、最小化机械比能、最大化钻头寿命等。考虑到以单一的目标提高可能会造成其他目标的降低，例如以最大化机械钻速为目标，可能会导致钻进过程中破岩能量利用率低，一味地提高钻速而增大钻压会加剧钻头磨损，减少钻头寿命，或引起其他井下事故，导致起下钻头次数增加，非必要钻井时间延长，钻井成本提高。

1965 年，Teale 提出了在钻进岩石过程中机械比能(MSE)的概念[1]，即钻头破碎单位体积岩石所做的功(即所需要的机械能量)，这一准则将破碎单位体积岩石所需能量与钻头的破岩效率关联起来，MSE 可视为体现机械破岩效率的指数。比能消耗越多说明钻速越低、钻头与地层的适应性越差，钻井参数有待优化。

考虑基于机械钻速和机械比能构建钻头性能综合评价指数目标函数(OBJ)，可以在其中加入其他目标如振动、钻头磨损量等，由于数据关系，本文只考虑机械钻速与机械比能，其公式如下：

$$\mathrm{OBJ}=\frac{1+\dfrac{\mathrm{ROP}}{\mathrm{ROP_{mean}}}}{1+\dfrac{\mathrm{MSE}}{\mathrm{MSE_{mean}}}} \tag{1}$$

式中，OBJ 为钻头性能综合评价指数，无量纲；ROP 为机械钻速，m/h；$\mathrm{ROP_{mean}}$ 为平均机械钻速，m/h；MSE 为机械比能，MPa；$\mathrm{MSE_{mean}}$ 为平均机械比能，MPa。

下一步拟合钻压、转速、排量与钻头性能综合评价指数目标函数(OBJ)的关系时，涉及使用排量，故MSE 计算采用包含水利能量的机械比能[2]，计算公式如下：

$$\mathrm{MSE}=\frac{4\mathrm{WOB}}{\pi d_{\mathrm{B}}^{2}}+\frac{480\mathrm{RPM}\cdot T}{d_{\mathrm{B}}^{2}\mathrm{ROP}}+\frac{4\eta\Delta P_{\mathrm{b}}Q}{\pi d_{\mathrm{B}}^{2}\mathrm{ROP}} \tag{2}$$

式中，WOB 为钻压，kN；RPM 为转速，r/min；T 为扭矩，kN·m；d_{B} 为钻头直径，m；η 为虚拟因子，无量纲；ΔP_{b} 为钻头压降，MPa；Q 为排量，L/s；ROP 为机械钻速，m/h。

3　钻头性能综合评价指数函数拟合过程

3.1　随机森林算法

随机森林算法(random forest algorithm)是一种基于集成学习的监督机器学习算法。它通过在决策树上投票来确定最终的分类或回归结果[3]。在机器学习中，决策树是一种预测模型。它表示对象属性和对象值之间的映射。随机森林算法结合了多个决策树，形成了具有多棵树树的森林。与其他算法相比，随机森林算法具有以下优点：①它在准确性方面是独一无二的；②它在处理大数据时运行高效；③由于集成了多个决策树，并且每个树都是在一个数据子集上训练的，因此随机森林算法没有偏差；④对于分类问题中的应用，可以避免过拟合问题。

3.2　拟合过程

根据式(1)和式(2)计算钻头性能综合评价指数目标函数(OBJ)，机械钻速是已收集到的数据，不需要计算，拟合钻头性能综合评价指数目标函数与钻压、转速和排量的关系，可以采用插值拟合方法，也可以使用机器学习方法拟合模型。常规拟合方式为插值拟合方法，不再赘述，本文采用随机森林算法进行拟合。

4 优化过程

在钻井过程中，由于钻井参数被很多方面的因素影响，它们的取值要根据实际的钻井工况以及固定的生产指标要求进行合理的选取，所以说每一个参数都有一个适合自己的取值范围，也就是我们所说的约束条件。但是，在满足了自身要求的同时还必须要和其他参数搭配在一起满足实际的钻井需求。因此，这里的约束条件不仅包括各个参数自身的约束条件，还应该包括和其他参数之间的配合约束条件。

钻井过程中，当钻压等于门限钻压时，钻头开始钻进切削地层，故钻压数值要大于门限钻压，还应小于钻机能提供的最大钻压。钻头在被生产出来的时，转速就被规定好了属于该型号钻头的最小转速和最大转速，应在此范围之内。与其他参数之间的配合约束条件钻压和转速的乘积应该比厂家给出的参考值要小，即 $W{\cdot}N<P_D$。其中，P_D 表示钻机的最大输出功率。排量应小于泵所能提供的最大泵排量。

作为单目标非线性优化问题，本文采用序列二次规划(SQP)算法优化。序列二次规划(sequential quadratic programming, SQP)是当前公认的处理中、小规模非线性规划问题最优秀的算法之一，该算法通过将原问题转化为一系列二次规划子问题的求解来获得原问题的最优解，对拉格朗日函数取二次近似，从而提高二次规划子问题的近似程度，对非线性较强的优化问题也能进行计算。

SQP 方法的基本思想如下：在某个近似解处将原非线性规划问题简化为处理一个二次规划问题，求取最优解，如果有，则认为是原非线性规划问题的最优解，否则，用近似解代替构成一个新的二次规划问题，继续迭代。

SQP 算法的实现如下：

(1) 更新拉格朗日函数的黑塞(Hessian)矩阵：

$$\boldsymbol{H}_{k+1}=\boldsymbol{H}_k+\frac{\boldsymbol{q}_k\boldsymbol{q}_k^{\mathrm{T}}}{\boldsymbol{q}_k^{\mathrm{T}}\boldsymbol{s}_k}-\frac{\boldsymbol{H}_k^{\mathrm{T}}\boldsymbol{H}_k}{\boldsymbol{s}_k^{\mathrm{T}}\boldsymbol{H}_k\boldsymbol{s}_k} \tag{3}$$

式中，黑塞矩阵 $\boldsymbol{H}=\begin{bmatrix}\dfrac{\partial^2 f}{\partial {x_1}^2} & \cdots & \dfrac{\partial^2 f}{\partial x_1\partial x_n}\\ \vdots & & \vdots\\ \dfrac{\partial^2 f}{\partial x_n\partial x_1} & \cdots & \dfrac{\partial^2 f}{\partial x_n^2}\end{bmatrix}$；变量 $\boldsymbol{q}_k=\nabla f(x_{k+1})+\sum_{i=1}^{m}\lambda_i\nabla g_i(x_{k+1})-\left[\nabla f(x_k)+\sum_{i=1}^{m}\lambda_i\nabla g_i(x_k)\right]$；$\nabla g_i(x_{k+1})$、$\nabla f(x_k)$ 均为矢量微分算子；变量 $\boldsymbol{s}_k=x_{k+1}-x_k$ 等于 0 时，为最优解；x_{k+1}、x_k 均为目标函数迭代点 。

在每一次的迭代中，采用 BFGS 方法计算拉格朗日函数的黑塞矩阵的正定拟牛顿近似值 $\boldsymbol{H}$。只要保证为正，并且 $\boldsymbol{H}$ 初始化为正定矩阵，则黑塞矩阵一直保持正定。

(2) 二次规划子问题的求解。

SQP 方法的每一次主迭代都需要求解如下所示的一个 QP 子问题，其目标函数：

$$\min_{d\in \boldsymbol{R}^n} q(\boldsymbol{d})=\frac{1}{2}\boldsymbol{d}^{\mathrm{T}}\boldsymbol{H}\boldsymbol{d}+\boldsymbol{c}^{\mathrm{T}}\boldsymbol{d} \tag{4}$$

约束条件：

$$\boldsymbol{A}_i\boldsymbol{d}=\boldsymbol{b}_i,\qquad i=1,\cdots,m \tag{5}$$

$$\boldsymbol{A}_i\boldsymbol{d}\leqslant\boldsymbol{b}_i,\qquad i=1,\cdots,m \tag{6}$$

式中，$q(\boldsymbol{d})$ 为目标函数；$\boldsymbol{d}$ 矩阵为最优解 d^* 下一个搜索方向；$\boldsymbol{d}^{\mathrm{T}}$ 为 $\boldsymbol{d}$ 矩阵的转置矩阵；$\boldsymbol{c}^{\mathrm{T}}$ 为常数构成

的矩阵；$\boldsymbol{A}_i$ 为条件矩阵 $\boldsymbol{A} \in \boldsymbol{R}^{m \times n}$ 的第 i 行。

计算所述钻头性能综合评价指数目标函数的值与所述钻头工作优化参数数据对应的所述钻头性能综合评价指数目标函数的最大值的比值。在所述比值小于设定值的情况下，继续调整并采集钻头工作参数数据；在所述比值大于或等于所述设定值的情况下，继续利用所述钻头工作优化参数数据进行钻井。

当钻头性能综合评价指数目标函数的求解结果偏差较大，所述钻头工作优化参数数据对应的所述钻头性能综合评价指数目标函数的最大值的比值较低不满足设定条件时，有可能是由岩层发生变化或其他原因导致的，此时需要进行地层变化识别进一步确认是否发生岩层变化。

5　地层变化识别分析

收集到的钻头工作参数数据，例如可以是选取钻进 2m 井段的钻头工作参数数据，识别地层变化时，可以考虑该钻头工作参数数据中最新采集的部分数据，例如可以是最近钻进的 0.4m 井段的钻头工作参数数据。利用最近采集的部分钻头工作参数数据进行地层变化识别：一方面，基于最新数据的识别结果更准确；另一方面，更小范围的钻头工作参数数据可以避免包含多个岩层，也使得识别结果更准确。

5.1　主成分分析

钻井工程参数种类和数量多而繁杂，利用主成分分析法去除数据冗余，主成分分析法不仅能揭示数据集的内在规律和其本质特征，也是对数据降维处理最行之有效的方法之一[4]。

5.2　残差计算

对数据进行主成分分析处理后，得到主成分数据矩阵。通过建立主成分向量空间，当最新更新的参数数据向量与主成分向量空间存在较大向量残差，可以说明地层或井眼环境有变化；反之，可以说明地层无变化。其中，残差计算模型可以为

$$\boldsymbol{R}_i = X_i - \sum_{k=1}^{m} \langle X_i \cdot \boldsymbol{v}_k \rangle \boldsymbol{v}_k^{\mathrm{T}} \tag{7}$$

式中，$\boldsymbol{R}_i$ 为残差向量，残差值越大，越可表示井下工况发生了变化；$\boldsymbol{v}_k$ 为第 k 个主成分向量；m 为主成分向量的个数；$\boldsymbol{v}_k{}^{\mathrm{T}}$ 为主成分向量 $\boldsymbol{v}_k$ 的转置向量；X_i 为检测窗口；点积 $\langle X_i \cdot \boldsymbol{v}_k \rangle$ 是检测窗口 X_i 在主成分向量 $\boldsymbol{v}_k$ 上的投影。

当残差值较大时，确认地层发生变化，在识别地层发生变化的情况下，继续调整并采集钻头工作参数数据；在识别地层未发生变化的情况下，利用梯度寻优向量和所述钻头工作参数数据中最近采集的部分数据，确定使得所述钻头性能综合评价指数目标函数的值最大的钻头工作参数组合，作为钻头工作优化参数数据；当识别地层发生变化时，对数据重新收集，当数据满足数量和质量条件时，重新计算评价指数和寻优过程。

6　实　　例

本文使用数据为某区块井一趟钻数据，采集的数据以时间序列排序，每 5s 读入一个数据，共有 14000 多条数据，井深从 5879m 到 5966m，钻头直径为 0.2413m，钻进长度为 87m，数据种类包含井深(m)、大钩高度(m)、大钩负荷(kN)、钻压(kN)、转盘转速 PRM(r/min)、扭矩(kN·m)、钻头压降 WOB(MPa)、立管压力(MPa)、钻时(min/m)、钻头直径(m)、出入口钻井液密度(g/cm^3)、入口流量 Q(L/s)和出口流量(%)等。经过数据预处理，还保留 8068 条数据。处理后的数据如图 1 所示。

通过式(2)计算 MSE，得到结果如图 2 所示。

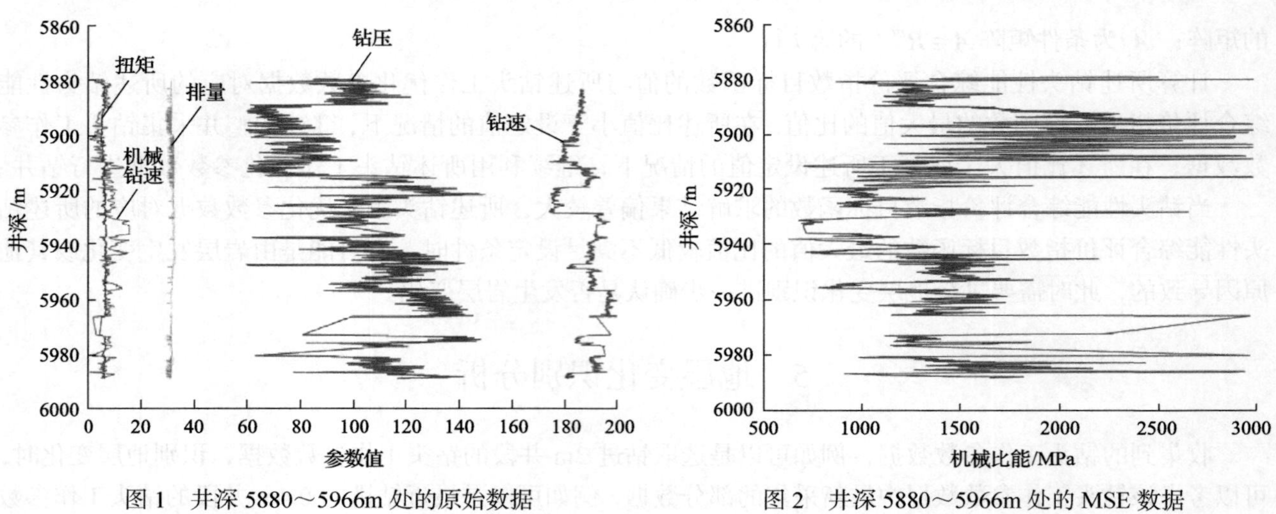

图 1　井深 5880～5966m 处的原始数据　　图 2　井深 5880～5966m 处的 MSE 数据

构建并计算钻头性能综合评价指数目标函数（OBJ）后（图 3 和图 4），采用随机森林算法对 OBJ 与钻压、转速、排量之间关系进行拟合，得到了 OBJ 关于钻压、转速、排量的响应关系模型，即 OBJ = f(WOB, RPM, Q)，响应关系是四维空间关系，预测结果与实际结果做对比，相关性 R^2 为 0.97。

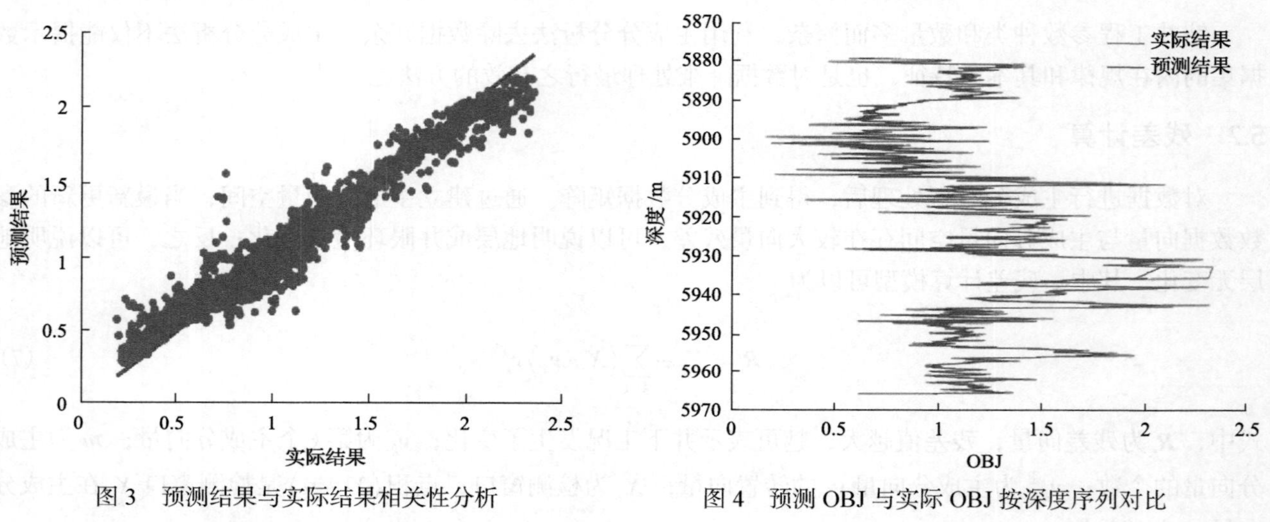

图 3　预测结果与实际结果相关性分析　　图 4　预测 OBJ 与实际 OBJ 按深度序列对比

采用序列二次规划（SQP）算法优化进行优化，得到下列优化结果（表 1）。

表 1　推荐优化参数结果

参数	当前参数值	推荐参数值	备注
井深/m	5966.00	5966.00	
钻压/kN	124.04	124.04	不变
转速/（r/min）	149.01	197.68	升高
排量/（L/s）	32.11	32.11	不变
钻速/（m/h）	4.11	4.78	钻速提升 16.3%
机械比能/MPa	2484.20	849.59	机械比能降低
OBJ	0.99	1.3148	指标优化 32.32%

利用主成分分析方法，对数据进行降维处理后，进行残差计算，判断地层是否发生变化。实时收集数据种类包含井深（m）、大钩高度（m）、大钩负荷（kN）、钻压（kN）、转盘转速（r/min）、扭矩（kN·m）等 17

列数据，使用主成分分析方法对这些数据进行降维处理，计算各成分之间相关性，如表 2 所示。计算各主成分得分，按得分由高到低排列，如表 3 所示。取前八项最高得分成分，累计得分 0.899，用 8 个主成分很大程度上代替原有 17 类数据，实现对原有数据的降维，得到前 8 项成分系数矩阵，如表 4 所示。

表 2 成分间相关性

成分	井深	迟到时间	大钩高度	大钩负荷	钻压	转盘转速	扭矩	立管压力	钻时	DC 指数	SIGMA 值	瞬时钻速	起下钻罐	入口密度	出口密度	入口流量	出口流量
井深	1.00	0.06	−0.07	0.47	0.62	0.56	0.36	−0.48	−0.01	0.30	0.30	0.31	−0.80	−0.23	0.14	−0.01	−0.52
迟到时间	0.06	1.00	−0.04	0.23	−0.09	−0.28	−0.49	−0.53	−0.08	−0.33	−0.34	−0.14	−0.03	0.03	−0.08	−0.95	−0.06
大钩高度	−0.07	−0.04	1.00	0.19	−0.15	−0.01	0.03	−0.02	0.05	−0.13	−0.15	0.00	−0.03	0.04	−0.19	0.04	−0.24
大钩负荷	0.47	0.23	0.19	1.00	−0.19	0.38	−0.11	−0.58	0.17	−0.19	−0.22	0.11	−0.52	−0.22	−0.07	−0.18	−0.46
钻压	0.62	−0.09	−0.15	−0.19	1.00	0.35	0.57	−0.12	−0.11	0.40	0.48	0.45	−0.65	0.05	0.13	0.13	−0.23
转盘转速	0.56	−0.28	−0.01	0.38	0.35	1.00	0.40	−0.21	−0.11	0.45	0.43	0.25	−0.61	−0.29	0.20	0.31	−0.29
扭矩	0.36	−0.49	0.03	−0.11	0.57	0.40	1.00	0.06	−0.17	0.34	0.41	0.55	−0.49	0.07	0.15	0.55	−0.15
立管压力	−0.48	−0.53	−0.02	−0.58	−0.12	−0.21	0.06	1.00	−0.02	0.24	0.24	−0.20	0.53	0.21	0.12	0.46	0.32
钻时	−0.01	−0.08	0.05	0.17	−0.11	−0.11	−0.17	−0.02	1.00	−0.32	−0.33	−0.08	0.03	−0.02	−0.26	0.01	−0.19
DC 指数	0.30	−0.33	−0.13	−0.19	0.40	0.45	0.34	0.24	−0.32	1.00	0.98	−0.18	−0.24	−0.08	0.38	0.31	0.07
SIGMA 值	0.30	−0.34	−0.15	−0.22	0.48	0.43	0.41	0.24	−0.33	0.98	1.00	−0.06	−0.28	−0.04	0.36	0.32	0.07
瞬时钻速	0.31	−0.14	0.00	0.11	0.45	0.25	0.55	−0.20	−0.08	−0.18	−0.06	1.00	−0.46	0.04	0.01	0.20	−0.15
启下钻罐	−0.80	−0.03	−0.03	−0.52	−0.65	−0.61	−0.49	0.53	0.0.3	−0.24	−0.28	−0.46	1.00	0.04	−0.16	−0.01	0.53
入口密度	−0.23	0.03	0.04	−0.22	0.05	−0.29	0.07	0.21	−0.02	−0.08	−0.04	0.0.4	0.04	1.00	0.00	−0.10	0.04
出口密度	0.14	−0.08	−0.19	−0.07	0.13	0.20	0.15	0.12	−0.26	0.38	0.36	0.01	−0.16	0.00	1.00	0.06	0.38
入口流量	−0.01	−0.95	0.04	−0.18	0.13	0.31	0.55	0.46	0.01	0.31	0.32	0.20	−0.01	−0.10	0.06	1.00	0.05
出口流量	−0.52	−0.06	−0.24	−0.46	−0.23	−0.29	−0.15	0.32	−0.19	0.07	0.07	−0.15	0.53	0.04	0.38	0.05	1.00

表 3 主成分得分(得分由高到低排序)

序号	得分/%	累计得分/%
1	26.92	26.92
2	20.91	47.83
3	11.77	59.61
4	9.06	68.67
5	6.70	75.36
6	6.01	81.37
7	4.88	86.25
8	3.65	89.90
9	2.49	92.39
10	2.06	94.45
11	1.66	96.11
12	1.45	97.56
13	1.09	98.65
14	0.83	99.48
15	0.27	99.75
16	0.23	99.98
17	0.02	100.00

表 4 前八项成分系数矩阵

序号	1	2	3	4	5	6	7	8
1	0.36	−0.25	−0.09	−0.04	0.04	−0.15	0.03	0.11
2	−0.17	−0.34	−0.41	0.17	0.10	0.04	−0.09	0.11
3	−0.03	−0.09	0.28	−0.13	0.34	0.67	−0.03	0.55
4	0.09	−0.39	0.06	−0.33	−0.13	0.19	0.28	−0.26
5	0.35	0.00	−0.07	0.36	0.16	−0.26	−0.13	0.31
6	0.36	−0.06	0.01	−0.29	−0.13	0.08	0.06	−0.21
7	0.34	0.12	0.22	0.26	−0.07	0.11	−0.06	0.04
8	−0.08	0.43	0.15	−0.02	0.15	−0.04	0.10	0.01
9	−0.09	−0.13	0.32	−0.14	0.08	−0.56	0.47	0.41
10	0.29	0.26	−0.29	−0.23	0.27	−0.01	−0.02	−0.01
11	0.31	0.27	−0.26	−0.13	0.26	−0.02	−0.04	0.01
12	0.21	−0.10	0.25	0.45	−0.37	0.11	−0.10	0.01
13	−0.38	0.26	0.02	−0.08	−0.03	−0.03	−0.18	0.00
14	−0.07	0.08	0.04	0.48	0.41	0.16	0.55	−0.40
15	0.13	0.16	−0.35	0.00	−0.36	0.21	0.55	0.28
16	0.19	0.31	0.41	−0.16	−0.16	0.00	0.00	−0.11
17	−0.16	0.31	−0.24	0.09	−0.42	0.08	0.09	0.21

如图 5 残差分析图，优化井深为 5966m，残差值较低，认为地层岩性变化不大。

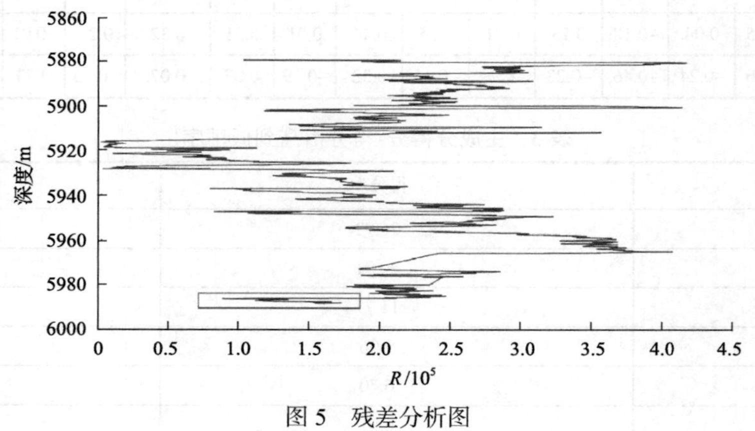

图 5 残差分析图

7 结 论

本文通过不断调整并采集钻头工作参数数据，并利用钻头性能综合评价指数目标函数分析所述钻头工作参数数据，能够实时得到优化的钻头工作参数。优化的钻头工作参数通过该钻头性能综合评价指数目标函数考虑了井下工况或地层变化，利用该优化的钻头工作参数进行钻井，有助于感知高效破岩区和潜在的破岩能效提升区，从而充分发挥钻头破岩效能。通过井下工况识别与钻头工作参数自动寻优，帮助钻井技术人员及时掌握井下工况变化，能够推荐将当前工况条件、地质条件下的优化参数组合。利用本文所述方法，在新疆玛湖致密油水平井进行了现场试验，机械钻速同比平均提高了 16.3%，提速效果显著。

参考文献

[1] Teale R. The concept of specific energy in rock drilling[J]. International Journal of Rock Mechanics & Mining Sciences & Geomechanics Abstracts, 1965, 2(2): 57-73.

[2] Hassan A, Al-Majed A, Elkatatny S, et al. Developing an efficient drilling system by coupling torque modelling with mechanical specific energy[C]//SPE Kingdom of Saudi Arabia Annual Technical Symposium and Exhibition, Dammam, 2018, doi: https://doi.org/10.2118/192251-MS.

[3] Hegde C, Wallace S, Gray K. Using trees, bagging, and random forests to predict rate of penetration during drilling[C]//SPE Middle East Intelligent Oil and Gas Conference and Exhibition, Abu Dhabi, 2015, doi:10.2118/176792-MS.

[4] 何晓群. 多元统计分析[M]. 北京: 中国人民大学出版社, 2019.

保压取心技术在非常规油气勘探开发中的应用

苏 洋[1]，王 韧[2]，闻 丽[1]，周尚文[3,4]，谢梦宇[1]，焦 杨[1]

（1. 中国石油集团长城钻探工程有限公司，盘锦 124010；2. 中国石油集团工程技术研究院有限公司，北京 102206；
3. 中国石油勘探开发研究院，北京 100083；4. 中国石油非常规油气重点实验室，廊坊 065007）

摘要：在当前保压取心技术领域，取心工具普遍存在岩心直径小，难以满足深井、水平井保压取心作业等问题，致使其应用范围和普及率较低。为此，长城钻探公司开展了保压取心技术攻关，通过采用可受控转动的大通径球阀密封装置和高强度保压内筒，所取岩心直径达到 80mm，额定保压能力 60MPa；设计研制了内提式差动总成和上下同步密封机构，解决了水平井取心作业过程中球阀关闭、保压成功率低的问题。在煤层气、页岩油气、致密砂岩气等非常规油气领域现场应用 40 口井 178 筒次，结果表明，保压取心技术能有效防止岩心油气组分的损失和孔隙结构变化，具有“保油、保气、保形”的显著特点。该技术的成功研制及应用，满足了深井、水平井保压取心作业需求，为非常规油气藏的储藏评价、开采、开发、改造提供了重要的技术支撑。

关键词：非常规油气；保压取心；地层压力；页岩气；煤层气；含气量

Application of pressure-retaining coring technique in unconventional oil and gas exploration and development

Su Yang[1]，Wang Ren[2]，Wen Li[1]，Zhou Shangwen[3,4]，Xie Mengyu[1]，Jiao Yang[1]

（1. PetroChina Great Wall Drilling Engineering Co., Ltd., Panjin 124010; 2. CNPC Engineering Research Institute Co., Ltd., Beijing 102206; 3. PetroChina Research Institute of Petroleum Exploration & Development, Beijing 100083; 4. Key Laboratory of Unconventional Oil & Gas, CNPC, Langfang 065007）

Abstract: In the current field of pressure-retaining coring technology, the core diameter of the coring tool is generally small, which is difficult to meet the pressure retaining coring operations in deep wells and horizontal wells, resulting in its application scope and low penetration rate. For this reason, Great Wall Drilling Company has carried out pressure coring technology research, through the use of controlled rotation of large diameter ball valve sealing device and high strength pressure holding inner cylinder, the diameter of the core reached 80 mm, rated pressure holding capacity of 60 MPa; The internal lifting differential assembly and up-down synchronous sealing mechanism are designed and developed to solve the problems of ball valve closing and low success rate of pressure holding in the process of coring operation of horizontal wells. The field application of 178 cylinders in 40 wells in unconventional oil and gas fields, such as coalbed methane, shale gas and tight sandstone gas, shows that the pressure-preserving coring technology can effectively prevent the loss of oil and gas components and the change of pore structure in the core, and has the remarkable characteristics of “preserving oil, preserving gas and preserving shape”. The successful development and application of this technology can meet the requirements of deep and horizontal well pressure-preserving coring operations, and provide important technical support for the storage evaluation, exploitation, development and transformation of unconventional oil and gas reservoirs.

Keywords: unconventional oil and gas; holding pressure coring; formation pressure; shale gas; coalbed methane（CBM）; air content

---

作者简介：苏洋（1985—），工程师，主要从事钻井取心技术研究和相关技术服务工作。地址：辽宁省盘锦市兴隆台区惠宾街 91 号长城钻探工程技术研究院，电话：15142765620，邮箱：suyang.gwdc@cnpc.com.cn。

非常规油气资源成藏机理、赋存形态及开发技术不同于常规油气资源，在其开发过程中，往往需要对储层物性、含油气性和储集性进行精细评价[1,2]。到目前为止，尽管探测地下地质情况的各种新技术、新方法不断出现，但是，通过钻取地层岩心来进行储层性质研究、探明资源储量仍是最直观和必不可少的手段，是各种间接探测方法所不能代替的。北美页岩革命之后，全球非常规油气产量迅猛增长，对常规油气形成接替之势，我国也随之加大了非常规油气勘探开发力度，煤层气、页岩气开发进展迅速，用于常规油气的钻井取心技术方法已经无法满足非常规油气特殊取心技术需求[3]。以页岩气为例，根据我国目前的钻井取心技术水平和页岩埋藏特点，岩心钻取和起下钻时间周期较长，不可避免地导致了损失气量的增大，损失气的比例可以占到总含气量的 40%～80%，损失气量的精确计算已成为确定页岩总含气量的重点和难点[1]。在煤层气取心过程中，煤岩经过取样操作，煤岩孔隙结构和渗透率发生重大变化，从井下提钻至地面过程中，由于压力、温度等环境变化，游离气全部逃逸，吸附气部分解吸，在实验室内进行相关数据测量时无法得到真实地层条件下煤层的孔渗数据，严重制约煤层气开采过程中的排水与采气[4-9]。因此，有必要研究一种适用于非常规油气的钻井取心新技术，用于解决非常规储层物性及资源量无法准确评价的问题。

保压取心技术是可以使取出的岩心保持在原位地层压力状态的取心技术，能最大限度地减少岩心中油气等组分的损失和孔隙结构变化，是目前油田开发设计中最为可靠、准确的地层原始资料采集利器[10-18]。相较于常规取心技术，保压取心技术具有保油、保气、保形等明显优势，获取的地层岩心资料也更加全面、真实。国外早在 20 世纪中旬开发出了 PCB、PTCS、APC 等多种保压取心工具用于海底岩心样品采集和天然气水合物取样，在全球探明了大量可燃冰赋存区，同时也证实了保压取心技术对于保持岩心地层原始状态具有显著效果，是一种可以用于非常规地层原始资料获取的有效方法[19-22]。

我国保压取心技术起源于 21 世纪 80 年代，大庆油田在 1992～2009 年间共进行了 10 口井 23 筒次常规油藏陆地现场应用[12]，但由于该技术研发难度大，操作复杂，成本高昂，较常规和密闭取心技术无明显优势，未能得到大范围推广应用。长城钻探公司自 2012 年以来开展保压取心技术研究，针对保压密封、压力补偿、带压测试等关键技术进行攻克研发，形成了成熟、完善的 GW-CP 保压取心工具及配套设备。该工具所取岩心直径达到 80mm，为国内外最大，保压能力 60～80MPa，解决了国内现有取心工具保压能力弱，保压成功率低，难以满足深井、水平井保压取心作业的技术难题，应用范围和适应能力大幅提高。2017 年以来，在煤层气、页岩气、页岩油、致密气等陆地非常规油气领域率先实现保压取心技术规模化应用，累计开展现场应用 40 口井共计 178 筒次，保压成功率达到 91.2%。

1　GW-CP 保压取心工具

GW-CP 保压取心工具主要由差动总成、测量总成、保压内筒总成、球阀密封装置、外筒和取心钻头等组成，如图 1 所示。其工作原理是：外筒与取心钻头连接，传递钻压和扭矩。保压内筒下端连接球阀密封装置，上部依次连接测量总成、差动总成。取心钻进时，球阀处于打开状态，岩心通过球阀进入保压内筒。钻取完岩心后，通过投入钢球，坐落在差动总成球座并造成压力上升，利用液压作用剪断差动总成销钉使内外筒进行差动，在此过程中，球阀密封装置被关闭，完成内筒的保压密封。测量总成可以对内筒中的温度和压力进行连续测量和存储，通过细小的趋势变化可以更加详细地了解岩心样本在起钻过程中油气成分的挥发分解过程。GW-CP 保压取心工具主要参数为：工具外径 194mm，取心钻头尺寸

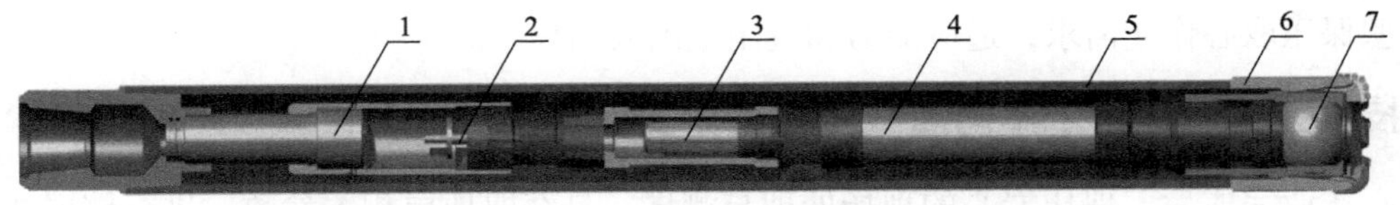

图 1　保压取心工具结构图

1. 差动总成；2. 上部密封机构；3. 测量总成；4. 保压内筒总成；5. 外筒；6. 取心钻头；7. 球阀密封装置

215.9mm；岩心直径 80mm；额定保压 80MPa；割心方式为液力加压和自锁式割心相结合，采用钻具起下作业方式[10,11]。

2　主要技术特点

2.1　密封性好，保压能力强，适用于深井高密度钻进[10,11]

保压取心工具岩心直径和保压能力互为制约关系，长城钻探公司前期研制的 GWY194-70BB 型保压取心工具采用 70mm 通径球阀，保压能力 20MPa，仅能满足浅井保压取心作业。后期设计研制了 80mm 通径可受控转动的机械式旋转大通径球阀密封装置，所取岩心直径达到 80mm，是目前国际上同类技术产品最大的保压岩心直径。该种球阀密封装置结合了主被动密封的特点，深井保压取心作业时，利用保压筒内部和外部之间压差，使密封元件紧密贴合在球阀表面，井底压力越高，密封效果越好。浅井保压取心作业时，内筒中的流体处于低压状态，起钻过程中保压筒内外之间压差不明显，为此在密封元件和球阀之间采用弹性预紧装置，主动使密封元件与球阀紧密贴合，实现了浅井和低压体系的稳定密封。

保压内筒选用高强度合金，采用加强螺纹提升其承压能力。为模拟井下作业工况，保压内筒与球阀密封装置组成的保压系统通过了室内高温高压试验，测试周期 45h，在测试周期内分别进行了增压、稳压、降压试验。其中最高试验温度 70℃，最高试验压力 86MPa，稳压 15h 无压力泄漏(图 2)，使保压系统具备了在深井高密度条件下的保压取心作业能力。

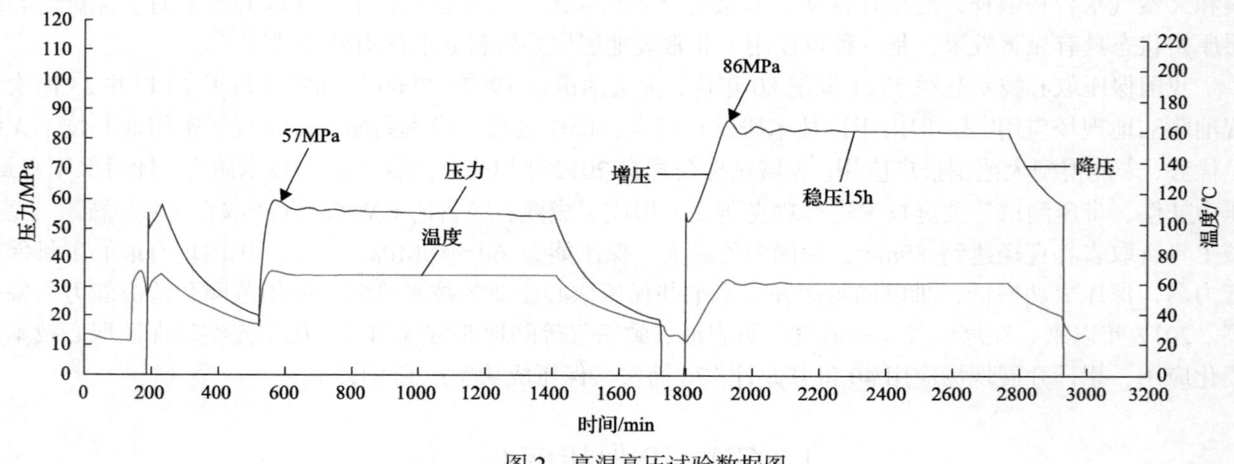

图 2　高温高压试验数据图

2.2　可靠性好，适应能力强，适用于水平井取心作业

水平井是当今页岩气、煤层气、致密气效益开发的重要技术手段，随着技术和工艺的不断进步，水平井井深不断增加、水平段不断延长，大斜度井、水平井等复杂井眼条件已成为保压取心技术规模化推广过程中必须克服的难题。国内较早开发的保压取心工具采用机械式差动总成，差动方式为内筒不动，外筒下行，因此存在外筒与井壁摩擦的问题，如果井眼不规则或摩阻较大，容易导致外筒下行困难，差动失败，球阀无法得到有效关闭。GW-CP 保压取心工具创新采用内提式差动机构，在差动过程中外筒不动，内筒在外筒内部完成提升，因而避免了井眼条件因素对差动效果的影响，可以满足大斜度井、水平井等各种井型保压取心作业需求，适应能力和应用范围大幅提高。

2.3　配套技术完善，适用于不同油气藏测试需要

保压取心作业完成后，保压岩心的现场处理与测试，是获取地层相关参数，进行储层评价与预测的关键。针对不同油气藏地质特点和测试需要，目前主要采用两种类型的处理方法：保压和非保压岩心处

理。其基本原则是：尽可能快速地完成现场保压岩心的相关操作，以避免或减少外界温压条件的变化对岩心产生影响[19]。工作过程中涉及包括压力测试、带压解吸、带压转移、对岩心进行冷冻、切割、分析化验等功能在内的一整套专用地面处理设备及工艺，如图 3 所示。

图 3　保压内筒液氮冷冻

对于煤层气和页岩气藏，含气量和临界解吸压力是地质评价的重要指标[9,23,24]。对于这类气藏，一般采用保压岩心处理方法。GW-CP 保压取心工具专门设计了可用于气体解吸的保压内筒，内筒具有多功能接口，到达地面后可不将岩心取出，直接进行带压测试、游离气收集、吸附气解吸及地层压力下临界解吸压力特征观测，以达到定量分析的目的。为使获取的测试数据更为准确，保压内筒单次取心长度最短为 1m，有利于准确获取单位体积下岩心含气量数据，同时还配套了 1.5m、3m、6m 共 4 种长度的保压内筒，可根据地质情况和取心进尺需要进行选择。

对于常规油藏和页岩油藏，尤其是高含水、长期开发的老油田，一般采用非保压岩心处理方法：利用超低温快速冷冻来消除内筒压力。保压内筒处于带压状态时，要取出岩心而不能让岩心中的油气水损失，必须将岩心流体固化在岩心中[14]。超低温快速冷冻是利用液氮(常压下温度为–196℃)对保压内筒和岩心同时进行冷冻，冷冻后内筒压力消除，岩心油气水组分完全保留，然后对岩心进行切割、取样、存储和化验分析(图 3)。

3　现场应用情况

2017 年以来，长城钻探公司在大庆、四川、延长、华北等油田和地区开展保压取心现场应用 40 口井共计 178 筒次，取心地层包括煤层气、页岩气、页岩油、致密气、凝析油气等，应用领域全部为非常规油气地层，在国内率先实现保压取心技术规模化应用，保压成功率达到 91.2%，取得了良好的应用效果。

3.1　页岩油现场应用

2018 年以来，长城钻探公司先后在大庆油田开展页岩油保压取心施工 9 口井，在渤海湾岐口凹陷开展深层页岩油保压取心 1 口井。为防止岩心被钻井液侵入和污染，获取更为准确的油水饱和度等参数，页岩油取心作业过程中均向保压内筒中加入密闭液，称为保压密闭取心(图 4)。大庆油田古龙地区保压取心现场试验及室内核磁试验证明，保压密闭取心能有效保证压力不散失、页理面不破坏、天然气不逸散[25]，获取的地层岩心资料相较于常规取心更加全面、真实，实现了页岩储层储集空间与储量评估预测，为我国陆相页岩油勘探提供了重要技术支持。

图 4　GW-CP 保压密闭取心工具

3.2　页岩气现场应用

2019 年，中国石油浙江油田、中国石油非常规油气重点实验室与中国石油长城钻探公司共同进行了国内首口海相页岩气保压取心井（YS151 井）的取心作业及含气量测试。该次主要取心层位为龙马溪组，累计取心进尺 39.23m，收获岩心 38.06m，取心收获率 97.02%。该井在进行岩心地面处理时采取了不同的工艺措施，6m 保压内筒到达地面后采用液氮冷冻处理，冷冻结束后进行了切割取样和化验分析。1m 保压内筒到达地面后直接进行了游离气收集、测试和点火（图 5），收集完毕后将岩心转移至解吸罐进行了吸附气收集和点火测试。现场实测数据显示，采用保压技术直接测试的总含气量介于 1.46～5.36m^3/t，其中游离气含量介于 2.21～3.27m^3/t，与邻井现场测试结果一致性较好。保压取心技术在该井的成功应用，实现了对页岩吸附气和游离气赋存特征的定量评价，为页岩含气性定量表征系列技术的初步建立提供了技术支持[1,10]。

图 5　页岩气点火测试

3.3 煤层气现场应用

2019 年，中国石油长城钻探公司在沁水盆地开展煤层气保压取心作业 4 口井并开展了相关科学实验。其中 A61X 井采用了最新研制的双保压取心工具，该工具设计为双层结构，内层为胶筒，外层为金属筒，胶筒和金属筒之间为围压腔，球阀关闭后，可以使煤层岩心保持地层压力和适度的围压，防止微裂缝的形成。保压内筒的多功能接口还可以直接接入后续测试流程，进行煤岩地层条件含气性、渗透性实验[4]。现场对第一筒次的保压内筒进行了降压解吸、含气量测定。

为进行煤岩地层条件渗透性和最终采收率标定等多参数联合测试，现场对后 3 次保压内筒进行了带压转移处理，携带压力运输至实验室开展了后续测试实验（图 6）。通过岩心含气量数据对比，该井保压岩心测试数据明显高于绳索取心，保气、测气效果突出，可真实再现覆压条件下煤层气临界解吸压力特征、储层物性和含气性。

图 6 双保压内筒室内含气量、渗透率测试

3.4 致密砂岩气现场应用

2020 年 7 月，为精准落实重庆地区须家河组致密砂岩气资源量，为后期建立人工气藏及开采方案的制定提供数据，中国石油长城钻探公司在 HC-001 井开展保压取心作业获取原始地层资料。该井设计取心井段为水平段，属于强研磨、极硬地层[26-28]，钻进时间过长不利于油气收集。为提高机械钻速，选用了攻击性强的十二刀翼复合式表、孕镶金刚石取心钻头，配合制定了小钻压、中低转速和中小排量的钻进参数[29-31]。

通过以上技术措施，有效克服了该井工程和地质难题，累计保压取心 3 筒次，进尺 5.35m，取心收获率 94.7%，保压成功率 100%。现场实测数据和实验室分析显示，该井保压岩心样品水浸试验过程中可见大量、持续气泡生成，显示远远好于该层位的常规取心样品。此次保压取心施工在国内开创了在水平井，在致密砂岩气和使用油基钻井液开展保压取心作业的先例，对今后保压取心技术向水平井、复杂结构井的推广应用起到了指导和借鉴作用。

3.5 深层页岩气现场应用实例

2020 年 12 月，为加速川渝地区深层页岩气勘探开发，长城钻探公司在泸 203 井区开展了 L203H 井页岩气保压取心施工。该井钻井液密度 2.35g/cm^3，保压取心井段垂深 3700m，井底温度 100℃，属于深层页岩气高温高压井。由于采用了高强度保压内筒及耐高温密封材料，经受住了井底高温高压环境的考验，未发生油气泄漏和高压变形。钢球落座后，差动机构在井下运行安全稳定，均一次性差动到位，确保了球阀成功关闭。地面利用保压内筒进行了页岩气收集和测试(图 7)，测得页岩总含气量介于 5.5～7.5m^3/t，为科学评估泸 203 井区深层页岩气资源量发挥了重要作用。

图 7 保压内筒连接集气装置

4 结论与建议

随着我国非常规油气投资规模和勘探力度的不断增加，对非常规储层地质评价工作也在不断深入[32,33]。保压取心技术已经成为油田开发设计中一种可靠、准确的地层原始资料采集利器，是科学评估非常规储层物性和资源量的有效技术措施。在此，对保压取心技术今后的研究方向和推广应用提出几点看法和建议。

(1)我国保压取心技术目前已形成了用于陆地油气勘探和海域天然气水合物勘探的两大技术类别，整体技术与国外已无明显差距，在陆地非常规油气勘探的应用规模较国外已具有一定优势，在保压能力、岩心直径等技术指标方面已达到甚至超过国际先进水平。目前基于保压取心的储层含气性测试已趋于成熟，但地层压力状态下的物性测试尚处于试验和理论研究阶段，接下来应重点关注保压岩心地面处理及后续带压测试技术的开发与完善，与地质研究部门加强合作、共同探索，形成多学科、多手段相结合的岩心物性、含气性定性观测和定量测试方法，实现保压取心技术应用价值最大化。

(2)结合大量的保压取心实践和生产应用证实，获取岩心后，起钻时温度的变化是影响压力保持的主要因素，单纯为达到“保压”效果，一般采用保温或人为加压的技术措施。笔者认为，陆地保压取心不同于天然气水合物取样，“保压”只是技术手段，而不是最终目的，应消除“保压取心”认知误区。对于60MPa 以上的高压地层保压取心作业，一味追求压力保持效果，不但极大增加了工具开发成本，还给现场作业人员带来极大的安全风险，且不利于后续测试试验的开展。随着深层、超深层油气成为我国陆上油气勘探重大接替领域，保压取心技术研究应重点突出“保油、保气”效果，在实际应用过程中弱化“保压率”考核指标。

(3)针对煤层钻取过程中失去围压后引起储层孔隙度、渗透率等参数测试误差问题，目前已初步形成了用于煤层气的双保压取心技术和样机。现场试验结果表明，该种保压取心工具可以实现岩心骨架压力与孔隙流体压力的同步保持，对于测量煤层在原位压力下的渗透率和油气赋存特征具有积极意义。随着保压取心技术的进一步发展和完善，保压的意义将从地层压力保持延伸至地层压力和围压压力的同步保持，保压的手段也将从加压转变为控压，测试内容将从含气性拓展至物性带压测试，最终将推动我国保压取心技术从借鉴走向引领，为我国常规及非常规油气藏资源规模准确评价和高效开发提供有力的技术保障。

参 考 文 献

[1] 王红岩, 周尚文, 刘德勋, 等. 页岩气地质评价关键实验技术的进展与展望[J]. 天然气工业, 2019, 40(6): 1-17.

[2] 董大忠, 王玉满, 黄旭楠, 等. 中国页岩气地质特征、资源评价方法及关键参数[J]. 天然气地球科学. 2016, 27(9): 1583-1601.

[3] 李阳, 薛兆杰, 程喆, 等. 中国深层油气勘探开发进展与发展方向[J]. 中国石油勘探, 2020, 25(1): 45-57.

[4] 朱庆忠, 苏雪峰, 杨立文, 等. GW-CP194-80M 型煤层气双保压取心工具研制及现场试验[J]. 特种油气藏, 2020, 27(5): 139-144.

[5] 朱庆忠, 杨延辉, 陈龙伟, 等. 我国高阶煤层气开发中存在的问题及解决对策[J]. 中国煤层气, 2017, 14(1): 3-6.

[6] 赵贤正, 朱庆忠, 孙粉锦, 等. 沁水盆地高阶煤层气勘探开发实践与思考[J]. 煤炭学报, 2015, 40(9): 2131-2136.

[7] 朱庆忠, 杨延辉, 左银卿, 等. 中国煤层气开发存在的问题及破解思路[J]. 天然气工业, 2018, 38(4): 96-100.

[8] 朱庆忠, 杨延辉, 王玉婷, 等. 高阶煤层气高效开发工程技术优选模式及其应用[J]. 天然气工业, 2017, 37(10): 27-34.

[9] 李相方, 蒲云超, 孙长宇, 等. 煤层气与页岩气吸附/解吸的理论再认识[J]. 石油学报, 2006, 34(4): 1113-1128.

[10] 杨立文, 苏洋, 罗军, 等. GW-CP194-80A 型保压取心工具的研制与应用[J]. 天然气工业, 2020, 40(4): 91-96.

[11] 杨立文, 孙文涛, 罗军, 等. GWY194-70BB 型保温保压取心工具的研制和应用[J]. 石油钻采工艺, 2014, 36(5): 58-61.

[12] 张洪君, 刘春来, 王晓舟, 等. 深层保压密闭取心技术在徐深 12 井的应用[J]. 石油钻探技术, 2007, 29(4): 110-114.

[13] 罗军. 保温保压取心工具球阀工作力学的有限元分析[J]. 石油机械, 2014, 42(7): 16-19.

[14] 罗军. 保压密闭取心技术在延页 27 井的应用[J]. 钻采工艺, 2015, 38(5): 113, 114.

[15] 马力宁, 李江涛, 华锐湘, 等. 保压取心储层流体饱和度分析方法——以柴达木盆地台南气田第四系生物成因气藏为例[J]. 天然气工业, 2016, 36(1): 76-80.

[16] 巢华庆, 黄福堂, 聂锐利, 等. 保压岩心油气水饱和度分析及脱气校正方法研究[J]. 石油勘探与开发, 1995, 22(6): 73-77.

[17] 袭杰, 王晓舟, 杨永祥, 等. 保压取心技术在吐哈油田陵检 14-241 井的应用[J]. 石油钻探技术, 2003, 31(3): 19-21.

[18] 张斌成, 谢治国, 刘英, 等. 吐哈保压密闭取心饱和度应用及水淹识别方法[J]. 吐哈油气, 2005, 10(2): 152-155.

[19] 王韧, 张凌, 孙慧翠, 等. 海洋天然气水合物岩心处理关键技术进展[J]. 地质科技情报, 2017, 36(2): 249-257.

[20] 白玉湖, 李清平. 天然气水合物取样技术及装置进展[J]. 石油钻探技术, 2010, 38(6): 116-123.

[21] 张伟, 梁金强, 陆敬安, 等. 中国南海北部神狐海域高饱和度天然气水合物成藏特征及机制[J]. 石油勘探与开发, 2017, 44(5): 670-680.

[22] 任红, 裴学良, 吴仲华, 等. 天然气水合物保温保压取心工具研制及现场试验[J]. 石油钻探技术, 2018, 46(3): 44-48.

[23] 张晓明, 石万忠, 徐清海, 等. 四川盆地焦石坝地区页岩气储层特征及控制因素[J]. 石油学报, 2015, 36(8): 926-953.

[24] 刘刚, 赵谦平, 高潮, 等. 提高页岩含气量测试中损失气量计算精度的解吸临界时间点法[J]. 天然气工业, 2019, 39(2): 71-75.

[25] 孙龙德, 刘合, 何文渊, 等. 大庆古龙页岩油重大科学问题与研究路径探析[J]. 石油勘探与开发, 2021, 48(3): 453-463.

[26] 徐庆龙, 何云俊, 张晔, 等. 合川须二致密砂岩气藏开发潜力评价研究[C]//2018 年全国天然气学术年会, 福州, 2018.

[27] 赵正望, 李楠, 刘敏, 等. 四川盆地须家河组致密气藏天然气富集高产成因术[J]. 天然气勘探与开发, 2020, 42(2): 39-46.

[28] 俞巨锋, 王洪辉, 段新国, 等. 合川区块须家河组二段储层微观非均质性及其成因分析[J]. 长江大学学报(自科版), 2014, 11(2): 65-68.

[39] 王骕, 刘宝昌. 表镶大颗粒人造金刚石钻头受力及水力学数值模拟研究[J]. 探矿工程(岩土钻掘工程), 2016, 43(8): 64-68.

[30] 乔领良, 胡大梁, 肖国益. 元坝陆相高压致密强研磨性地层钻井提速技术[J]. 石油钻探技术, 2015, 43(5): 44-48.

[31] 夏爽. 川西地区须家河组钻头个性化研究[D]. 成都: 西南石油大学, 2017.

[32] 郭旭升, 胡东风, 黄仁春, 等. 四川盆地深层—超深层天然气勘探进展与展望[J]. 天然气工业, 2020, 40(5): 1-14.

[33] Guo X S, Hu D F, Li Y P, et al. Theoretical progress and key technologies of onshore Ultra-deep oil/gas exploration[J]. Engineering, 2019, 5(3): 458-470.

湖泊三角洲沉积体系下单一砂体构型模式研究及应用

梁卫卫

（陕西延长石油（集团）有限责任公司研究院，西安 710075）

摘要：为精细表征湖泊三角洲沉积体系下单一砂体在垂向及侧向上的展布特征，应用岩心、录井、测井等资料对鄂尔多斯盆地富县地区长 8 油层组发育的单一砂体进行了垂向及侧向识别标志的刻画及构型模式的研究，建立了研究区储层构型模型，并对构型模型进行了实例应用。结果表明：长 8_2 小层内部河道砂体在垂向上发育两类识别标志，在侧向上发育三类识别标志；单一砂体在垂向上划分为孤立型、多期河道垂向冲刷叠置、叠置相望型三类构型模式，在侧向上划分为侧向相隔及侧向拼接型两类构型模式。应用单一砂体构型模式进行精细注水及水平井轨迹定量设计结果表明，利用该模型可有效提高单一砂体注采对应关系，水平段的有效储层钻遇率达到了 90.3%。单一砂体构型模型可以精细刻画单一砂体在三维空间的展布特征，指导油田精细注水及水平井高效开发。

关键词：湖泊三角洲；单一砂体；储层构型

The research and application of single sand body configuration model of lacustrine delta system

Liang Weiwei

(Research Institute of Shanxi Yanchang Petroleum (Group) Co., Ltd., Xi'an 710075)

Abstract: In order to accurately characterize the vertical and lateral distribution characteristics of single sand body in the lacustrine delta sedimentary system, the reservoir configuration model was established by using the vertical and lateral identification marks and the research of structural model of single sand body by using core, logging and logging data in Chang 8 oil formation in Fuxian area, Ordos Basin, and the configuration model was applied as an example. The results show that two vertical marks and three lateral marks of the boundary of single channel sand body were developed in the chang 8_2 formation. The single sand body can be classified into three types: isolated type, multi-stage channel vertical scouring superposition and overlapping opposite type, the planar combination among the individual sand bodies can be divided into two types: lateral tangential type and lateral separated type. The fine water injection and quantitative design of horizontal well trajectory results by using the model of single sand bodies architecture show that the model can effectively improve the corresponding rate of injection production of single sand body and the effective reservoir penetration rate in horizontal section reaches 90.3%. The distribution law of the single sand body configuration model in the 3D space was characterized and guiding the fine water injection and efficient development of horizontal wells by using technology of sand body recognition.

Keywords: lacustrine delta; single sand body; reservoir architecture

不同沉积环境下的单一砂体构型研究是目前油藏开发者关心的重点问题[1,2]，为精细表征不同沉积环境下的单一砂体及其构型特征，多位学者[3-6]从不同角度利用多种方法对单一砂体的识别进行了说明，并对单一砂体平面和垂向叠置模式进行了分析。黄丽莎等[7]以岩心、测井、生产动态资料为基础，分析不同

作者简介：梁卫卫（1987—），工程师，主要从事油藏地质建模及油藏数值模拟研究等工作。地址：陕西省延安市宝塔区枣园路延长石油办公基地，电话：18629217532，邮箱：510741536@qq.com。

沉积微相下储层构型单元及单一砂体的识别方法，并对单一砂体叠置模式及拼接样式进行了研究。廖春等[8]提出了基于储层构型及流动单元下的不同微相下砂体平面和垂向构型特征。高博禹等[9]借助地震解释资料建立了基于砂体单元的结构模型。王继平等[10]通过对苏里格气田上古生界盒 8 段辫状河道砂体进行了精细描述，设计水平井在砂体中的规模及走向，实践证明该方法可以获得较高的砂体及有效储层钻遇率；多位学者[11-13]通过建立研究区三维精细地质相模型及属性参数模型，精细表征目的层砂体平面和垂向展布规律，进而进行水平井的轨迹设计，得出精确的轨迹参数。李红英等[14]和庞强等[15]提出以三维地质模型作为地质导向技术指导水平井设计与实施，综合运用自然伽马测井指示储层泥质隔夹层，使用遗传反演方法建立储层相模型，并指导水平井的顺利实施，实践表明可以获得较高的砂体及有效储层钻遇率。

湖泊三角洲沉积体系下单一砂体在垂向及侧向上表现出复杂的叠置及连通关系，本文结合鄂尔多斯盆地南部富县地区 S 区块进行了单一砂体的构型研究，并利用研究结果进行了实例应用，取得了较好的应用效果。

1 工区地质概况

鄂尔多斯盆地南部富县 S 区块，目的层为三叠系延长组长 8 油层组，主要沉积背景为湖泊三角洲沉积，物源主要为北东—南西向，发育三角洲前缘和前三角洲两种亚相，细分为水下分流河道、水下分流河道间和前三角洲泥三类微相，水下分流河道砂体为主要储集砂体；长 8_2^1 小层砂体厚度为 15～30m，主河道砂体厚度在 30m 以上，砂地比最大达 0.95，平面上连片分布，呈北东—南西向展布；长 8_2^1 小层主力油层段中部砂体物性相对最好，主要指标为 SP 明显负异常，GR 为 75～85API，AC 大于 250μs/m，电阻大于 50Ω·m，平均孔隙度为 9.76%，平均渗透率为 0.35×10^{-3}μm^2，属于特低孔、超低渗透致密砂岩储层[16,17]。

2 单一砂体识别分析

本次研究主要结合取心资料、测井资料及前人研究成果，在地层精细划分对比的基础上进行复合砂体构型特征的研究，按照“层次约束、垂向分期、侧向划界”的基本思路对小层内部叠置砂体进行细化，同时结合 Miall 和封从军等对储层构型界面级次划分系统[18,19]，完成长 8_2 油层组单一砂体在垂向和侧向上的边界识别。

2.1 构型界面及构型要素分析

结合研究区储层发育状况，本次研究对象包括 3～5 级构型单元，其中重点对 4 级构型单元进行分析，包括 3 级构型界面对应的单一微相的内部增生体，4 级构型界面对应的单一微相沉积体，5 级构型界面对应的微相复合体。长 8_2 油层组在垂向上主要发育 4 级构型界面对应的泥质或钙质类夹层及 5 级构型界面对应的泥质或钙质类隔层，如图 1 所示。构型要素主要包括砂质及泥质构型要素两大类，其中砂质构型要素包括 4 级构型界面对应的水下分流河道单一砂体，5 级构型界面对应的水下分流河道复合砂体，泥质构型要素包括 4 级及 5 级构型界面对应的泥质或钙质类夹层、隔层。

2.2 取心探井分析

结合构型要素界面划分结果，对研究区取心探井进行进一步分析。L126 井为长 8_2 目的层段的取心探井，该井目的层共进尺 58.00m，获得岩心长度 52.08m。根据岩心沉积构造、岩性、韵律、颜色等数据，对长 8_2 小层进行单一砂体的垂向识别及不同单一砂体之间的垂向构型模式研究，建立了岩心对应单一砂体的垂向识别及构型数据库，同时结合测井资料进一步建立测井相与单一砂体的垂向构型模式数据库，并在此基础上通过综合分析建立未取心井测井相与单一砂体的垂向识别及构型分析模式，完成全部单井目的层单一砂体的垂向识别及构型模式分析。

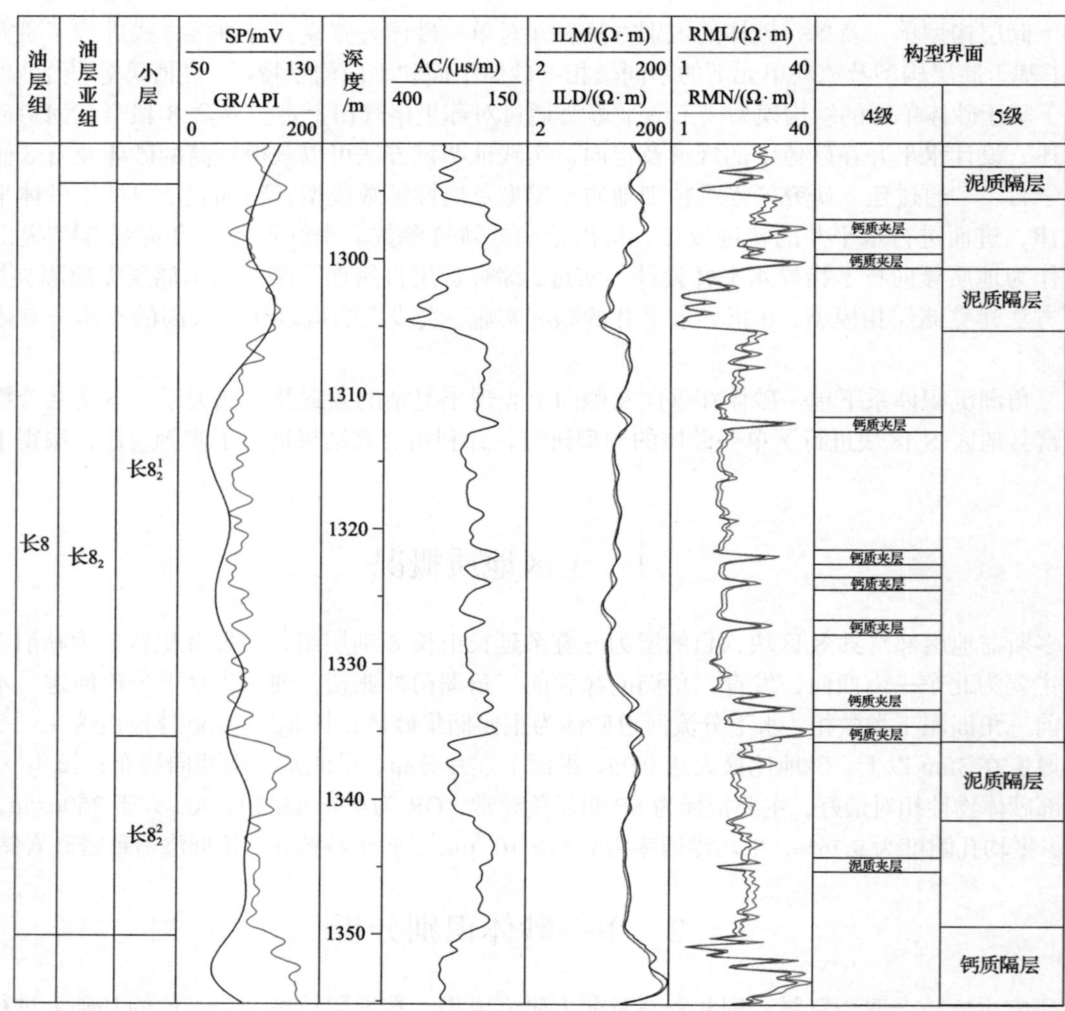

图 1　垂向边界识别标志（L110 井）

2.3　单一砂体识别

参考研究区井网特征，应用岩性、电性对比等方法对单一砂体进行识别。在垂直水流方向上同一条主河道沉积的砂体类型一致，在顺水流方向上同一条河道沉积的砂体在垂直和顺水流方向上基本一致。

1. 垂向单一砂体刻画

主要利用研究区不同级次构型界面进行单一砂体的垂向刻画，具体刻画结果见图 1 所示。

2. 侧向单一砂体刻画

1）分流间湾沉积

分流间湾沉积类型是单一河道砂体侧向边界识别最可靠的标志。当不同分流河道或者同一分流河道不同分支之间出现分流间湾沉积时，其可以作为单一砂体边界的识别标志，具体如图 2（a）所示。

2）“厚—薄—厚”沉积特征

在河道横向剖面上，砂体一般从分流河道中心到边部呈现厚度变小的情况，因此在垂直河道走向的剖面上砂体若出现“厚—薄—厚”的沉积特征，则很可能在厚度较薄的砂体附近出现河道边界，具体如图 2（b）所示。

3）砂体顶面高程差异

当拉平水下分流河道砂体上部稳定的泥岩标志层后，不同期次河道砂体的顶面与标志层的距离存在差异，当差异较大时，说明可能发育不同期次的河道沉积，具体如图 2（c）所示。

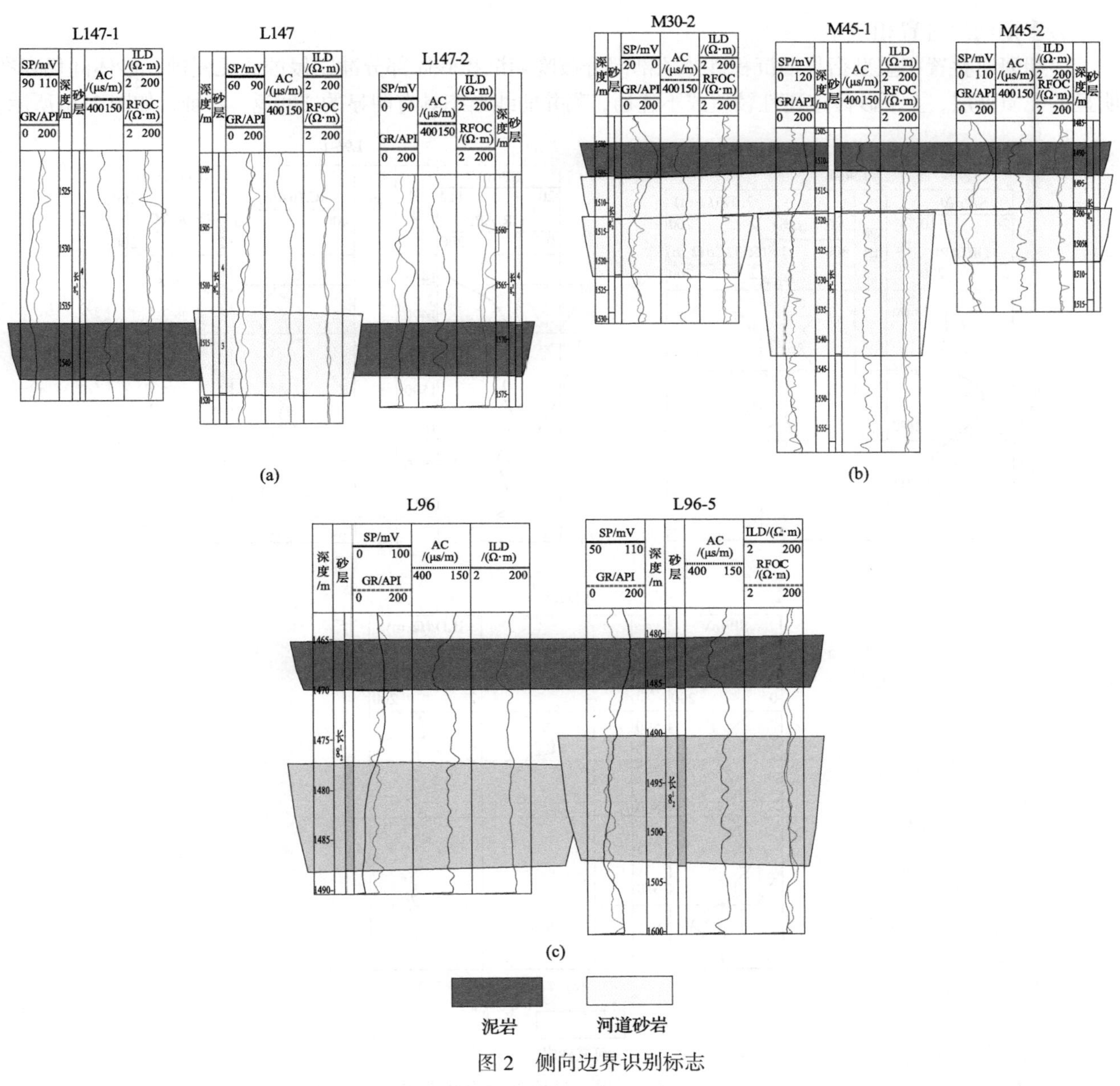

图 2 侧向边界识别标志

3 单一砂体构型模式及构型模型建立

3.1 单一砂体构型模式分析

1. 垂向构型模式

根据单一砂体的垂向边界识别标志对不同期次单一砂体的垂向构型模式进行分析，研究区长 8_2 油层亚组单一砂体可进一步细分为孤立型、多期河道垂向冲刷叠置型及多期河道叠置相望型三类。

1)孤立型

孤立型是指单一砂体在垂向上是单独沉积的，砂体上下被泥质隔层分开，垂向上不连通，如图 3(a)所示。

2)多期河道冲刷叠置型

多期河道冲刷叠置型是指早期沉积的河道砂体顶部被晚期沉积的河道砂体冲刷侵蚀而形成的砂体类型，多期河道砂体间无明显的夹层存在，上下砂体渗透性较好，测井曲线形态无明显的“回返”现象，如图 3(b)所示。

3) 多期河道叠置相望型

多期河道叠置相望型指早期沉积砂体顶部部分被晚期沉积砂体部分冲刷侵蚀或无侵蚀，砂体间仍存在明显的泥质夹层，上下砂体连通性较差或不连通，测井曲线形态具有明显的“回返”特征，如图 3 (c) 所示。

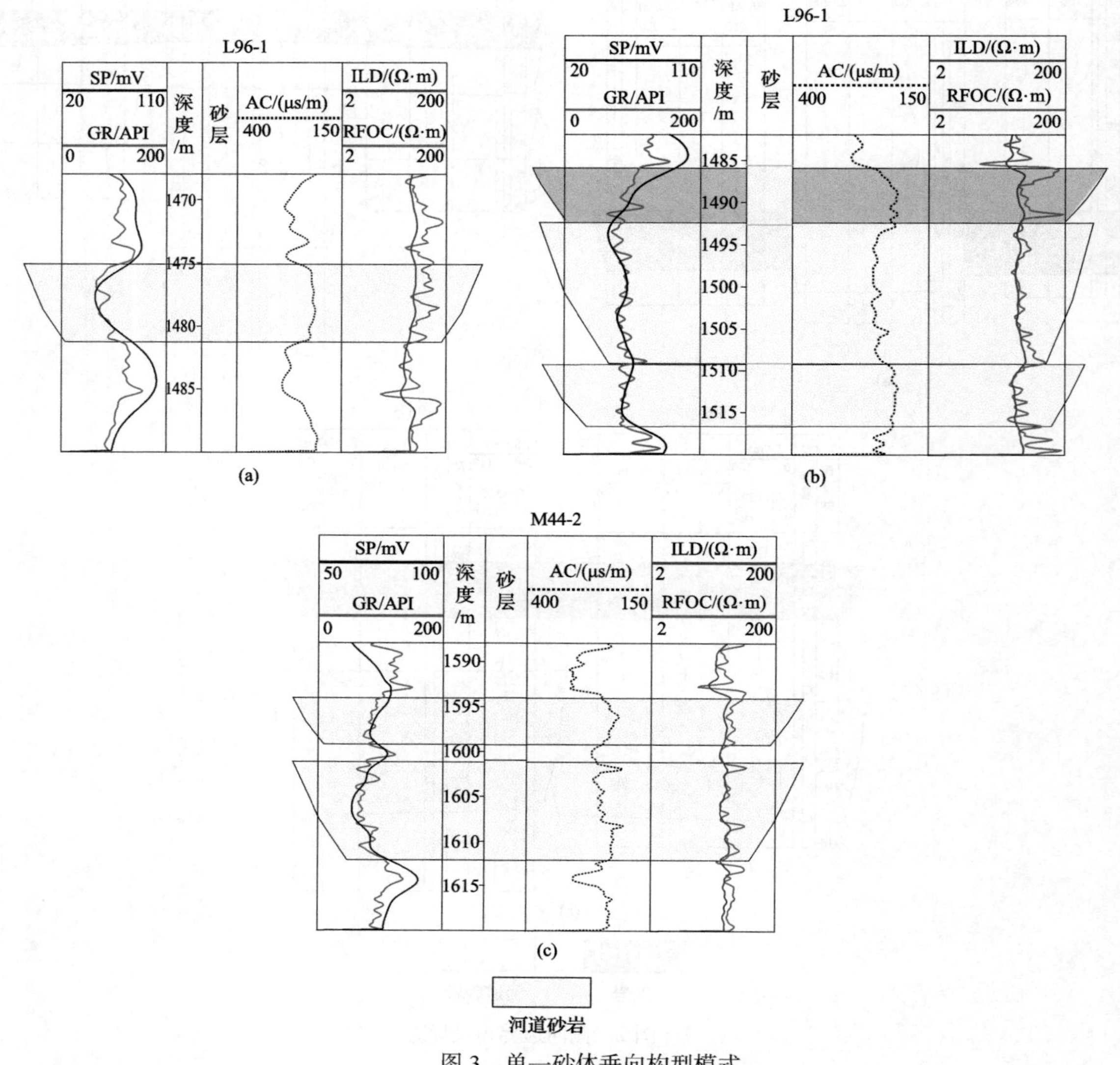

图 3　单一砂体垂向构型模式

2. 侧向构型模式

1) 侧向拼接型

侧向拼接型是指两个同期沉积的河道砂体相连，该类单一砂体一般连通性较好，如图 2 (b) 所示，其中长 $8_2{}^1$ 小层顶部发育稳定的前三角洲泥为区域标志层，其下部发育的单一砂体与相邻井同一期次沉积砂体侧向拼接。

2) 侧向相隔型

侧向相隔型是指相邻井同一期次发育单一河道砂体被泥质等非渗透性隔层相隔，相互之间不连通，如图 2 (a) 所示。

3.2　单一砂体构型模型建立

在对单一砂体精细表征的基础上，以单一砂体为研究对象建立研究区长 8_2 小层的三维地质模型，再现湖泊三角洲沉积的储层空间展布规律。按照 10m×10m×0.25m 对地质体进行网格化，建立工区构造模型，再结合单一砂体数据建立砂体构型模型，图 4 为研究区目的层单一砂体构型模型栅状图，其中编码为 3 号单一砂体为主力河道沉积的中心，储层物性也最好(SP 明显负异常，GR 为 60～85API，AC 大于 250μs/m，电阻率大于 50Ω·m)，是研究区主力水下分流河道砂体。

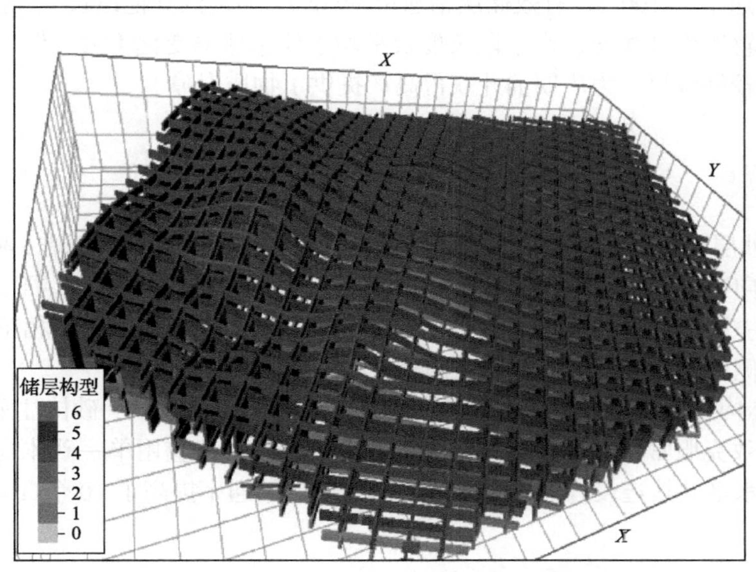

图 4　目的层单一砂体构型模式栅状图

4　实 例 应 用

4.1　精细注水方面

特低渗透油藏分层精细注水必须对复合砂体进行单一砂体的划分，进而提高注采对应率。应用单一砂体的垂向和侧向构型模式进行分层注水提高注采对应率研究，结果表明通过油水井措施作业可有效完善目的层单一砂体注采对应关系，较措施前提高 10 个百分点，一线对应油井见效率得到了明显提升，保障了特低渗透油藏注水高效开发。

4.2　水平井轨迹设计方面

合理的水平井轨迹设计是保障水平井顺利实施及发挥水平井开发特低渗透砂岩储层优势的基础，因此如何应用单一砂体构型进行水平井轨迹定量设计是当前学者研究的重点。本文首先根据构造、岩相、属性参数模型进行水平井轨迹的初步设计，再结合单一砂体构型模型进行水平井轨迹的最终设计，最终将二者轨迹进行优化处理，确保水平段位于最佳储层砂体中，具体如图 5 所示。

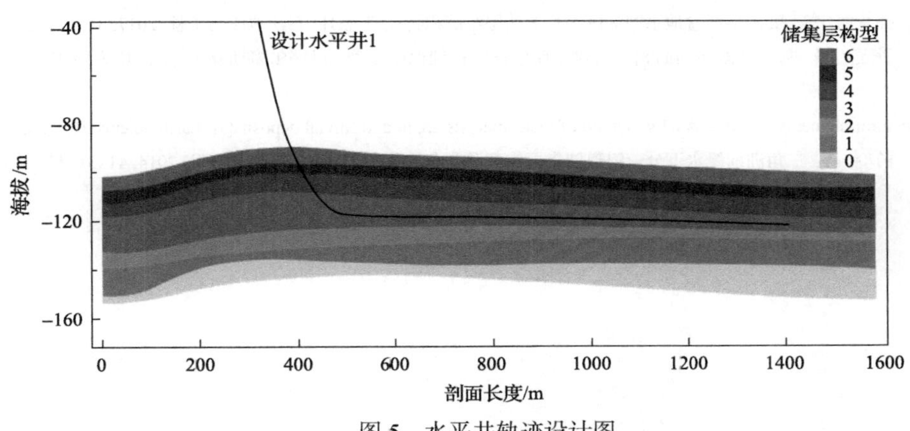

图 5　水平井轨迹设计图

以三维精细地质模型作为水平井设计基础，应用单一砂体构型模型进行水平井轨迹精细设计，共试验部署三口水平井，水平段实钻累计长度2314m，平均砂体钻遇率为98.5%，平均有效储层钻遇率90.3%，其中水平井1砂体钻遇率为100%，有效储层钻遇率99.6%。与工区其他以长8_2^1小层水下分流河道砂体为基础、二维水平井轨迹设计相比，水平段长度及平均砂体钻遇率变化不大，但平均有效储层钻遇率提高10%以上，取得了较好效果，为后期油井获得高产提供了物质保障。

5 结　论

(1)研究区长8_2油层组单一河道砂体发育两种垂向和三种侧向边界识别标志，垂向边界识别标志包括泥质层及钙质层；侧向边界识别标志包括分流间湾沉积、“厚—薄—厚”沉积特征、砂体顶面高程差异；单一砂体的垂向构型主要划分为孤立型、多期河道冲刷叠置型与多期河道叠置相望型三种，单一砂体的侧向构型主要划分为侧向拼接型及侧向相隔型两种。

(2)运用单一砂体构型模型进行特低渗透油藏精细注水可有效提高单一砂体注采对应率，进行的水平井轨迹精细设计可有效克服常规水平井设计的弊端，矿场实践得出应用单一砂体构型模型进行的水平井轨迹设计较采用常规水平井轨迹设计完钻水平段的有效储层钻遇率提高了10个百分点，取得了较好的应用效果。

参 考 文 献

[1] 郭祥, 王夕宾, 郭敏, 等. 三维地质建模技术在油藏描述中的应用: 以大庆油田T区块为例[J]. 中外能源, 2013, (10): 48-51.

[2] 张宇, 严耀祖, 尹寿鹏. 沉积相与岩相结合的三维地质模型建立[J]. 中国海上油气, 2012, 12(6): 38-40.

[3] 高敬善, 王晓强, 罗鸿成, 等. 单砂体识别及在油田开发中的应用[J]. 新疆石油天然气, 2017, 13(3): 37-42.

[4] 金振奎, 时晓章, 何苗. 单河道砂体的识别方法[J]. 新疆石油地质, 2010, 31(6): 572-575.

[5] 代婷婷, 何文祥, 车桥, 等. 三角洲前缘储层构型及对剩余油分布的影响[J]. 石油地质与工程, 2017, 31(6): 69-73.

[6] 李顺明, 宋新民, 刘日强, 等. 温米退积型与进积型浅水辫状河三角洲沉积模式[J]. 吉林大学学报(地球科学版), 2011, 41(3): 665-672.

[7] 黄丽莎, 何文祥, 陶鹏, 等. 辫状河储层构型与剩余油富集模式研究[J]. 石油地质与工程, 2017, 31(1): 96-99.

[8] 廖春, 屈信忠, 赵英, 等. 基于储层构型和流动单元的河流三角洲三维地质建模技术: 以尕斯库勒油田为例[J]. 石油天然气学报(江汉石油学院学报), 2014, 36(6): 6-10.

[9] 高博禹, 孙立春, 胡光义, 等. 基于单砂体的河流相储层地质建模方法探讨[J]. 中国海上油气, 2008, 20(1): 34-37.

[10] 王继平, 任战利, 李跃刚, 等. 基于储层精细描述的水平井优化设计方法[J]. 西北大学学报(自然科学版), 2012(4): 642-646.

[11] 项燚伟, 谢梅, 马凤春, 等. 南翼山油田三维地质建模及在水平井设计中的应用[J]. 青海石油, 2013, 31(1): 58-62.

[12] 马士磊. 马岭地区长8储层三维地质建模与优化水平井部署[D]. 西安: 西北大学, 2014.

[13] 司丽. 曲流河点坝砂体地质建模及在水平井轨迹设计中的应用[J]. 岩性油气藏, 2008, 20(3): 104-106.

[14] 李红英, 马奎前, 杨威, 等. 随钻地质建模在X油田水平井设计与实施中的应用[J]. 石油天然气学报, 2012, 34(9): 28-31.

[15] 庞强, 冯强汉, 马妍, 等. 三维地质建模技术在水平井地质导向中的应用——以鄂尔多斯盆地苏里格气田X3-8水平井整体开发区为例[J]. 天然气地球科学, 2017, 28(3): 473-478.

[16] 梁卫卫, 崔鹏兴, 孙景丽, 等. 鄂尔多斯盆地水磨沟区块长8油层组沉积特征研究[J]. 石油地质与工程, 2017, 31(6): 12-14.

[17] 梁卫卫, 党海龙, 张亮, 等. 基于平面与剖面相资料建立储层三维精细地质模型: 以鄂尔多斯盆地S区块为例[J]. 非常规油气, 2019, 6(2): 73-78.

[18] Miall A D. Architectural-elements analysis: A new method of facie analysis applied to fluvial deposits[J]. Earth Science Review, 1985, 22(4): 261-308.

[19] 封从军, 鲍志东, 杨玲, 等. 三角洲前缘水下分流河道储集层构型及剩余油分布[J]. 石油勘探与开发, 2014, 41(3): 323-329.

复杂黄土塬区三维地震勘探井炮震源分区设计技术与实现

白志宏[1]，许银坡[1]，潘英杰[1]，门　哲[1]，孙俊青[2]，赵　君[1]

（1. 中国石油集团东方地球物理公司采集技术中心，涿州 072750；2. 中国石油集团东方地球物理公司装备服务处，涿州 072750）

摘要：复杂黄土塬区三维地震勘探时，沟壑纵横，窑洞砖房分布零零散散，使用炸药激发受地物影响，可布设井炮的区域较少，如何提高地震资料质量、解决炮点均匀性分布成了复杂黄土塬区三维地震勘探的一大难题。使用高清航片数据，进行矢量化障碍物，诸如窑洞、砖房、油井、建筑物、大棚、桥梁道路等影响井炮震源施工的地物，分别确定井炮、震源的施工禁区，进行分区域设计震源井炮位置，利用井炮和震源禁区范围不一致，井炮禁区内部分区域可布设震源点。采用井炮震源分区设计技术可以解决黄土塬上障碍物密集、井炮炮点布设的难题。黄土塬结合低频可控震源激发具有能量强、频带宽、安全风险小、环保高效等优点，在建筑物井炮禁放区域内的黄土塬相对平坦区域和乡村小路上均可应用。以西部某三维工区实际数据进行井炮震源分区设计，可控震源和井炮因地制宜、精准设计灵活应用，突破了黄土塬区制约地震品质提高的技术瓶颈，大幅度提高了地震资料品质和采集的施工效率。

关键词：可控震源；高清航片；井炮震源分区；井炮禁区；震源禁区

Design and implementation of well shot source zoning for 3D seismic exploration in complex Loess Plateau

Bai Zhihong[1]，Xu Yinpo[1]，Pan Yingjie[1]，Men Zhe[1]，Sun Junqing[2]，Zhao Jun[1]

（1. BGP,Acquisition Technique Center, Zhuozhou 072750; 2. BGP, Equipment Service Department, Zhuozhou 072750）

Abstract: During the 3D seismic exploration in the complex Loess Plateau, there are vertical and horizontal gullies and scattered cave houses. The use of explosives is affected by ground objects, and there are few areas where wells and guns can be deployed. How to improve the quality of seismic data and solve the uniform distribution of gun points has become a major problem in the 3D seismic exploration in the complex Loess Plateau. Using high-definition aerial image data, vectorize obstacles, such as caves, brick houses, oil wells, buildings, greenhouses, bridges and roads, which affect the construction of well gun source, respectively determine the construction restricted areas of well gun and source, and design the location of source well gun in different regions. The range of well gun and source restricted area is inconsistent, and source points can be arranged in some areas of well gun restricted area. The problems of dense obstacles and the layout of well shot points on the Loess Plateau can be solved by using the well shot source zoning design technology. Loess Plateau combined with low-frequency vibrator excitation has the advantages of strong energy, wide frequency band, low safety risk, environmental protection and high efficiency. It can be used in relatively flat areas of Loess Plateau and rural roads in the area where well blasting is prohibited. Based on the actual data of a three-dimensional work area in the west, the well gun source zoning design is carried out. The vibrator and well gun are adjusted to local conditions, accurately designed and flexibly applied, which breaks through the technical bottleneck restricting the improvement of seismic

---

基金项目：中国石油集团公司科技项目“物探核心装备与软件研制”地震采集工程软件系统 KLSeisIII研发（2021DJ3604）、东方地球物理公司科研项目“压缩感知地震勘探技术持续研究”（编号：03-01-2021）和“地震采集作业推演与 eSeis 数据质控技术研发”（编号：03-02-2021）。

作者简介：白志宏（1971—），高级工程师，研究方向为地震资料采集软件开发。地址：河北省涿州市开发区物探科技园 1813，电话：0312-3824812，邮箱：baizhihong@cnpc.com.cn。

quality in the Loess Plateau, and greatly improves the quality of seismic data and the construction efficiency of acquisition.

Keywords: vibroseis; high-definition aerial photos; well gun source zoning; well gun forbidden area; source forbidden area

近年来，在西部的复杂黄土塬区开展了三维地震勘探，针对复杂地表和复杂地下构造的双复杂地震地质条件[1]，展开三维地震观测系统[2]、激发和接收参数系统匹配研究[3]。黄土塬地表复杂且发育巨厚、干燥、疏松的黄土层，地貌沟壑纵横，地形起伏剧烈，黄土厚度变化大(30～300m)，部分沟中出露一套巨厚、疏松、成岩性极差的砂岩。地震激发和接收条件非常差，资料分辨率及信噪比极低，利用地震勘探技术预测油气有效储层难度极大。随着近地表技术和可控震源激发技术的进步[4]，黄土塬区的井炮和低频可控震源联合激发的宽方位高覆盖三维地震采集技术，获得了高品质的三维地震数据体，为页岩油“甜点”储层预测及指导水平井轨迹设计奠定了资料基础[5]。

工区内存在窑洞、房屋、工厂、油井区、高速等地物，采用井炮或震源施工，不同类型的地物存在着不同距离的禁炮距离，也就是安全施工距离，障碍物的影响使得井炮震源联合激发，需要根据划分不同的不规则区域进行精细的设计，以满足高精度地震勘探施工作业的需要。对此研究了复杂黄土塬区三维地震勘探的井炮震源分区设计技术，以辅助勘探采集施工人员完成观测系统设计。

1 井炮震源分区设计方法

在复杂黄土塬区实施高密度三维地震项目，需要依靠精准的施工预案和精细的方案设计，才能为高效作业、控制采集成本起到保障作用，高效高质量的地震采集施工需要以下技术支持，以达到有效地规避风险、合理安排井炮震源施工位置。井炮震源分区设计流程如图 1 所示。

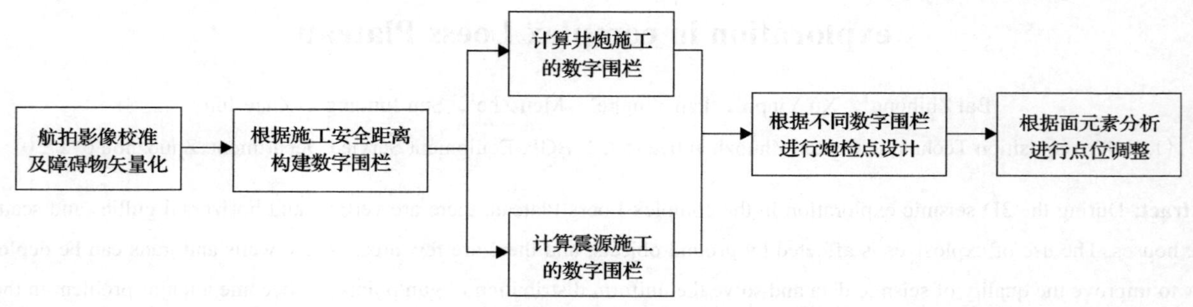

图 1 井炮震源分区设计流程图

1.1 高清影像数据航拍技术应用

近年来，随着高清卫星照片、航拍的普及，这些直观详尽的地表资料被越来越广泛地用于物探施工中。数据获取变得更加便捷、成本更加低廉，尤其在复杂黄土塬区显得尤为重要，丰富的影像信息为室内勘探、震源和井炮的施工区域设计、炮检点避障等提供基础数据保障，是自动化施工和信息化管理的基础[6]。图 2 为黄土塬区域的某工区的震源点位布设。

1.2 障碍物

使用航拍影像数据，进行障碍物的矢量化，可以通过人机交互的方法对影像中的地物进行识别和标注；也可以利用现有的深度学习方式对地物进行识别后，再做人工判别和修改；部分地物不能直接从航拍上判读，如窑洞、隧道等地物，需要现场进行实地测量，获取准确的地物形状和位置。如图 3 所示为观测系统叠加了障碍物的信息。

图 2　黄土塬区域部分震源点位布设

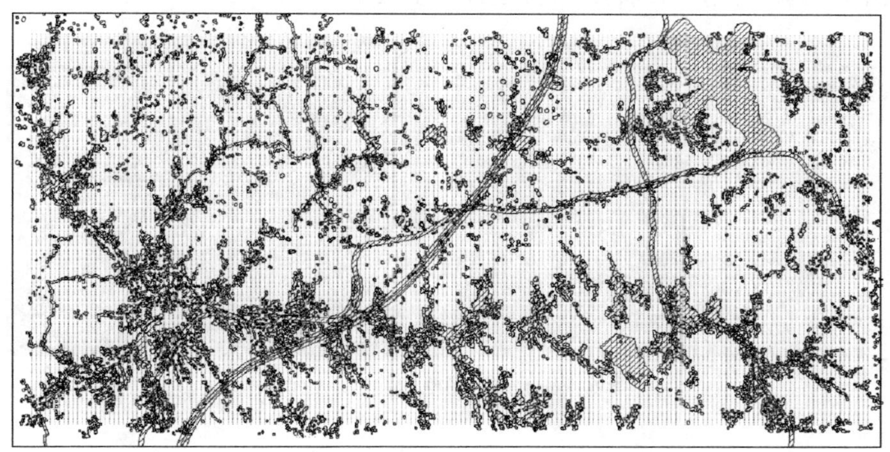

图 3　观测系统叠加障碍物

1.3　数字围栏

使用矢量化的地物信息可以建立障碍物特征库，对地物进行详细的分类，针对不同地物设定不同的井炮和可控震源的安全施工距离，通过多属性融合进行完成障碍物的数字围栏设计，数字围栏设计形成安全标准库。井炮在施工安全区域内的数字围栏中实现施工，图 4 所示的为井炮安全施工的数字围栏，图 5 所示的为可控震源在可控震源安全区域内的数字围栏中施工。现场的井炮和可控震源点位按不同的分区布设，实现井炮震源分区设计布设，满足野外施工和效率的需求，大大降低野外施工的工作量。

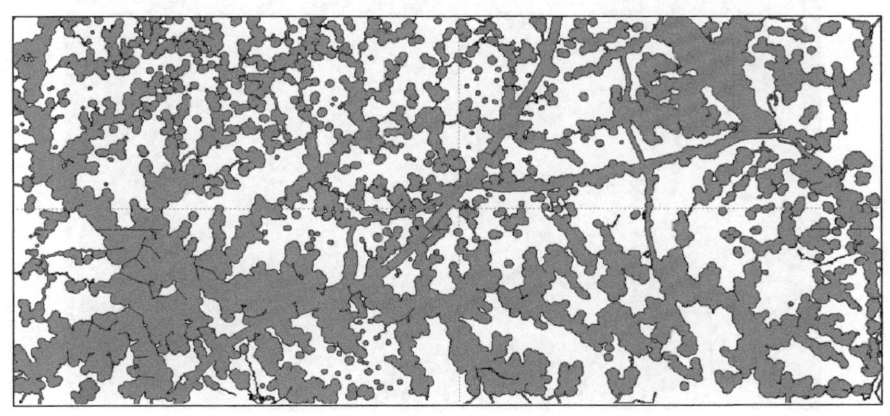

图 4　井炮安全施工的数字围栏

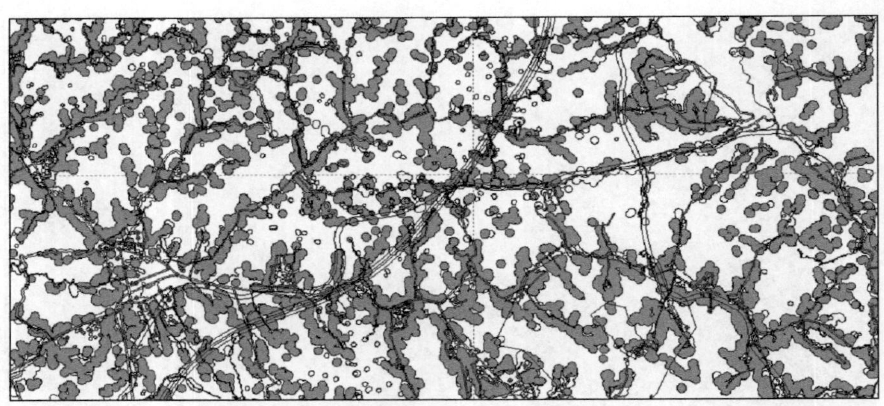

图 5　可控震源安全施工的数字围栏

如图 6 所示为基于数字围栏的井炮点位设计，虚线区域为房屋和窑洞等影响地震采集施工的障碍物，采用数字围栏技术设计激发点，可以将激发点避开禁止激发区域。

图 6　基于数字围栏的井炮点位设计

2　应 用 实 例

2.1　工区概况

以西部施工的复杂黄土塬区某三维地震勘探为例，黄土塬区有着沟壑纵横的地形地貌，工区塬高、沟深、塬川相间、坡陡、沟谷发育，基本地貌有河谷平川、黄土塬梁和沟壑三种，沟深坡陡、地形起伏大，沟底两侧阶地均为农田。勘探区塬上密集分布有村子、果树和农田等，还有废弃的窑洞，井炮施工，地表沟壑纵横，给通行带来很大困难。如图 7 所示为该工区的地形。

图 7　工区内冲沟梯田地形

2.2　分区设计

某工区复杂黄土塬区设计的井炮和可控震源施工分区如图 8 所示，浅色为井炮不能施工可控震源可以施工的区域，深灰色区域井炮和可控震源均可布设区域。

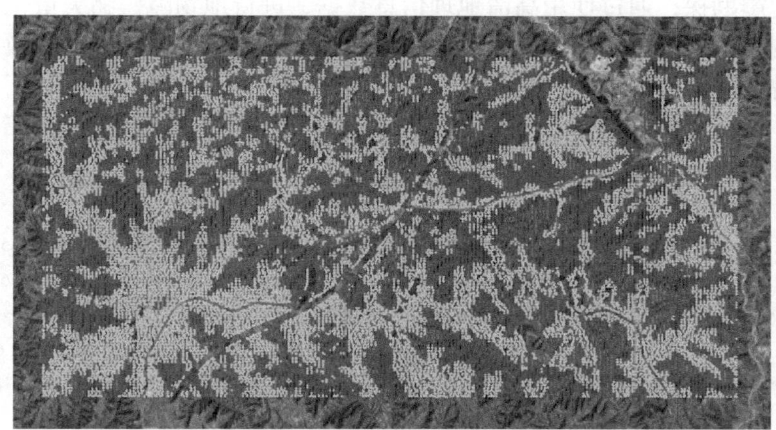

图 8　井炮震源分区设计

2.3　激发点设计

根据井炮震源分区设计的结果，分别进行可控震源和井炮点位的布设，图 9(a)为井炮点位设计的结果示意，图 9(b)为可控震源点位设计的结果示意。根据设计后点位分别进行模拟放炮，加上排列关系，完成激发点的设计工作。

2.4　属性分析

激发点位设计完成后，进行属性分析，计算设计前后的覆盖次数分布图，如图 10 所示。

(a) 井炮点位设计　　(b) 可控震源点位设计

图 9　井炮震源分区设计

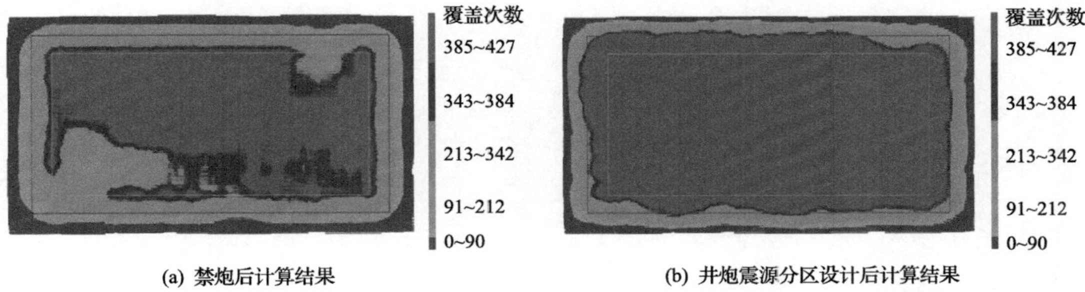

(a) 禁炮后计算结果　　(b) 井炮震源分区设计后计算结果

图 10　覆盖次数分析

3 结 论

复杂黄土塬区勘探通过多年地震采集的持续攻关，能够进行井炮和低频可控震源“井震联合激发”宽方位高覆盖三维地震勘探，通过使用高清地理信息数据，进行地物障碍物矢量化，并设计井炮震源施工安全施工的数字围栏，后续进行井炮和震源的分区设计，可以辅助黄土塬区的激发点位精准设计，为地震采集项目提质增效提供技术保障。

参 考 文 献

[1] 王树威. 黄土塬深部区煤层三维地震勘探难点及对策[J]. 西部探矿工程, 2019, 31(5): 107-110.

[2] 许银坡, 邹雪峰, 朱旭江, 等. 提高目的层阴影区成像质量的观测系统优化设计方法[J]. 石油地球物理勘探, 2015, 50(6): 1029, 1048-1053.

[3] 许银坡, 宋强功, 潘英杰, 等. 利用以往地震数据的观测系统炮点加密技术[J]. 石油地球物理勘探, 2020, 55(6): 1161, 1220-1230.

[4] 杜中东, 高强, 郭亚斌, 等. 复杂黄土山地可控震源与井炮联合激发三维勘探技术[C]//2020 年中国地球科学联合学术年会, 重庆, 2020.

[5] 付锁堂, 王大兴, 姚宗惠. 鄂尔多斯盆地黄土塬三维地震技术突破及勘探开发效果[J]. 中国石油勘探, 2020, 25(1): 67-77.

[6] 张鹏, 王学刚, 杜中东, 等. 基于致密油开发的复杂黄土塬井震联合激发宽方位三维地震采集技术[C]//2018 油气田勘探与开发国际会议(IFEDC 2018), 西安, 2018.

随钻方位伽马测井成像技术在非常规油气水平井地质导向中的应用

邵才瑞[1,2,3,4]，徐兴乾[1]，原 野[1,5]，唐海全[6]，陈国兴[5]，曹先军[5]，张福明[1,2,3,4]

(1. 中国石油大学(华东)地球科学与技术学院，青岛 266580；2. 青岛海洋科学与技术国家实验室-海洋矿产资源评价与探测技术功能实验室，青岛 266580；3. 中石油测井重点实验室中国石油大学(华东)研究室，青岛 266580；4. 深层油气重点实验室，青岛 266580；5. 中国石油集团测井有限公司，西安 710077；6. 中石化经纬公司，青岛 266001)

摘要：为提高煤层气、页岩油气以及致密油气等非常规油气的开发效率，目前普遍采用水平井技术，其关键在于正确判定地层产状并通过地质导向提高目的层钻遇率。常规测井资料难以获得井周不同方位的地层信息，因此难以准确判定地层产状，传统直井测井解释软件平台难以直观刻画地层模型。通过分析总结利用常规测井资料确定地层产状不同方法存在的问题，采用图像复原和 GPU 加速技术实现了方位测井资料的实时成像、采用多链码图像边界追踪技术给出了地层边界自动划分和地层产状计算方法，研发了基于方位测井资料成像的测、录、钻井筒信息一体化水平井评价与地质导向软件。应用实例表明，通过利用方位伽马测井成像自动划分地层界面和定量计算地层产状，可极大降低对实钻地层模型刻画的不确定性，提高地层模型的实时精细更新能力和地质导向钻遇率。

关键词：随钻测井；方位伽马；成像；地层产状；地质导向

The application of azimuthal gamma logging while drilling imaging technology in unconventional oil and gas horizontal well geo-steering

Shao Cairui[1,2,3,4], Xu Xingqian[1], Yuan Ye[1,5], Tang Haiquan[6], Chen Guoxing[5], Cao Xianjun[5], Zhang Fuming[1,2,3,4]

(1. School of Geosciences，China University of Petroleum (East China), Qingdao 266580；2. Laboratory for Marine Mineral Resources，Pilot National Laboratory for Marine Science and Technology (East China), Qingdao 266580；3. Key Laboratory of PetroChina Well Logging Research Center in China University of Petroleum (East China), Qingdao 266580；4. Key Laboratory of Deep Oil and Gas，China University of Petroleum (East China), Qingdao 266580；5. China Petroleum Logging Co.，Ltd., Xi'an 710077；6. Sinopec Matrix Corporation, Qingdao 266001)

Abstract: In order to improve the unconventional oil and gas development efficiency, such as coalbed methane, shale oil and gas, and tight oil and gas, the horizontal well is widely used at present, and the geo-steering technology is often used to improve drilling encounter rate. The key point is how to determining target layer attitude correctly. Because conventional logging data cannot obtain the target zone information in different well axial azimuthal, so it is difficult to determine the zone attitude easily. Moreover, the traditional well interpretation software platform cannot describe the zone model conveniently. This paper introduced different methods to determine zone attitude by using conventional logging data and summarized their problems. Then, this paper taken GPU acceleration imaging technology achieve real-time imaging by using azimuthal logging data, and given the automatic zone boundary recognization and target zone attitude calculation method, which using multi-chain code image boundary tracking

---

基金项目：国家自然科学基金"随钻方位伽马测井成像畸变机理与地层产状计算方法研究"(41874147)，中石油重大科技项目"深层复杂油藏精细描述及剩余油研究"(ZD2019-183-006)。

作者简介：邵才瑞(1966—)，教授，研究方向为测井理论、方法与技术。地址：山东省青岛市黄岛区长江西路 66 号，电话：18853271978，邮箱：shaocr@upc.edu.cn。

technology. Also, one horizontal well evaluation and geo-steering software platform was developed which can give bore hole image of azimuth logging data and combine the drilling and mud logging data together for zone attitude interpretation. Application examples show that using azimuthal logging while drilling gamma data imaging can divide the zone interface and calculate the attitude correctly, reduce the uncertainty of the actual formation modeling, and improve the ability of formation model updating finely in real-time and enhance the geo-steering drilling encounters rate greatly.

Keywords: logging while drilling; azimuthal gamma; imaging; zone attitude; geo-steering

随着国家油气能源需求和勘探开发技术的不断提高，隐蔽油藏及非常规油气(致密砂岩油气、页岩油气、煤层气等)占比不断增加，该类油气层具有构造复杂、物性差、薄互层性强等特征[1]，因此常采用地质导向技术提高水平井在目的层中的钻遇率来扩大泄油气面积、提高单井采收率[2]。利用地质导向提高钻遇率的关键是如何实时确定钻遇地层的产状，并及时指导调整井眼轨迹。利用随钻测井资料结合其他井筒信息是目前实时确定地层产状的最有效的方法。目前随钻测井可分为无方位(如 FEWD[3])、有方位和远探测三代技术(如 AziTrak[4])，无方位随钻测井资料不能得到井周不同扇区的岩石物理信息、方位随钻测井资料则可得到井周多扇区的岩石物理信息[5,6]、远探测则能探测钻头前的地层信息[7]。无方位随钻测井资料只能判定是否钻遇地层界面、是否在储层或非储层钻进，但难以判定地层产状及钻进方向与地层的空间位置关系；利用上下方位测井资料可以判断钻头是由地层上面还是下面钻入，并计算出钻遇地层的视倾角，但难以直接得到真倾角和方位，也难以刻画地层的真实产状。利用方位伽马测井成像不仅能准确判断钻头钻入目的层方向，还可以直接计算地层真倾角和方位、正确判定地层产状，从而极大提高对钻遇地层模型实时更新的准确性，达到及时精准调整井眼轨迹提高钻遇率的目的。

1　无方位随钻测井资料确定地层产状的局限性

利用无方位随钻测井资料确定地层产状是根据随钻测井资料判定井眼轨迹与地层界面的钻遇关系，进而根据几何关系估算地层产状，其关键是判定井眼轨迹与地层的接触关系或确定其与地层界面的相对距离。

目前，国内无方位随钻测井资料主要以伽马和电磁波电阻率为主。根据随钻电磁波电阻率变化及其犄角效应可划分地层界面并估计井眼轨迹与地层的夹角[8]，但由于电阻率测井资料径向探测深度比自然伽马测井资料深、受上下围岩影响较大，并受流体性质影响，因此在薄互层及低阻层中不利于识别地层界面[5]。一般采用随钻自然伽马测井资料划分薄砂体和隔夹层、综合其他测井资料判定地层产状。

当井眼轨迹钻遇不同岩性地层时，在地层界面附近伽马曲线会出现幅度差，可利用半幅点定性划分岩性界面，此外还可通过正演模拟或统计分析等方法判定井眼与地层界面的空间接触关系。汪忠浩等将自然伽马测井值与井眼轨迹到地层界面的距离做拟合，确定井眼轨迹与地层边界的相对距离[9]；邵才瑞等提出了复杂地层界面和井眼轨迹条件下的随钻伽马测井快速正演算法，通过正演模拟与实测数据对比可以判定井眼轨迹与地层界面的相对位置和夹角[10]。这些方法可在钻进过程得出钻头与地层界面的大致相对位置和地层可能产状，但难以定量计算地层倾角和方位，也难以精细刻画地层模型，具有较大的不确定性。

利用无方位随钻测井资料可以确定钻遇地层界面，但由于无法计算地层倾角且难以确定地层的实际俯仰姿态，常常导致井眼轨迹经过多次调整出入目的层。此时可根据井眼轨迹与地层界面的接触关系计算地层沿井眼轨迹延伸方位的视倾角、化害为利。但只有井眼轨迹穿越同一地层界面两次以上，或者穿越地层的顶底界面且地层厚度已知条件下才能根据井眼轨迹与地层界面的不同接触关系得出地层视倾角。

综上所述，利用无方位随钻测井资料计算视倾角有较大的局限性，只能为钻后地层模型的调整提供借鉴，无法实时判定地层产状。

2　用上下方位随钻测井资料确定地层产状的不确定性

与无方位随钻测井资料相比，只要井眼轨迹穿过地层界面，就可利用上下方位随钻测井资料确定井眼轨迹钻入地层的空间位置、计算出地层视倾角。

若假设井眼直径基本与钻头直径相当，根据上下方位测井资料得出的地层深度差、结合井斜数据可计算出地层视倾角。如图 1 所示，设井斜角 I、地层倾角为 θ，则有式(1)关系[11]：

$$\beta = 90° - I + \theta = \tan^{-1}\left(D_{\mathrm{e}} / \Delta D\right) \tag{1}$$

式中，I 为井斜角；θ 为地层视倾角；D_{e} 为有效钻孔直径；ΔD 为 A、B 两点间的深度差；β 为地层视倾角与井斜角的余角之和。因此在已知井斜角 I 与有效钻孔直径 D_{e} 的条件下，可计算出地层视倾角 θ 。

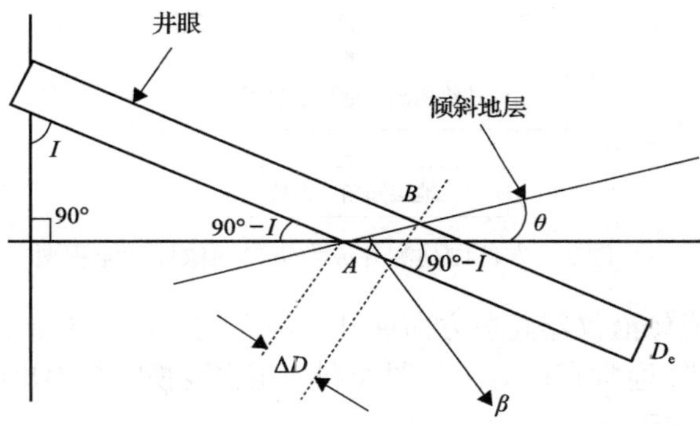

图 1　利用上下方位随钻测井资料确定地层产状[11]

对于井眼轨迹和地层界面的常见接触关系，利用上下方位随钻测井资料上式可较为方便地计算出地层视倾角，然而不能直接计算地层真倾角。若要得出地层的真倾角必须由先验知识得到地层的真倾向、然后根据视倾向与真倾向的夹角利用换算关系得出，或者得到两个正交方向的视倾角后采用三角关系得出[12]，然而这些条件一般不容易得到，因此仍具有不确定性。

3　利用方位伽马测井成像确定地层产状方法原理

随钻方位测井在钻进过程中可测得井壁不同周向扇区的岩石物理信息，通过处理可得到井壁成像结果。当随钻方位伽马测井能获得三个以上的扇区资料时，就可通过对不同扇区资料的成像处理计算出地层真倾角和方位，从而正确判定地层产状，处理流程如图 2 所示。

3.1　成像预处理

由于目前方位伽马测井资料常常仅能实时上传上、下两扇区或上、下、左、右四扇区资料，因此数据稀疏，难以直接成像。需要对原始数据进行去噪、插值复原、调色等一系列预处理，从而增加对 CPU 和内存资源的需求、导致效率降低。为此采用 GPU 加速技术大大提高了数据插值复原的计算速度、提高了绘图效率与质量，实现了对方位测井资料的实时成像。在此基础上通过二值化、形态学运算、边缘检测等处理，得到只保留地层界面信息的二值图像。

3.2　地层界面自动判识与产状计算

对二值图像通过图像分割或模式分类[13]可识别出地层边界，进而获得地层真实产状信息。模式识别可利用卷积神经网络识别图像中的不同类型地层界面，这种方法自适应性强但时空复杂度较高，常采用链表追踪边缘检测方法进行图像分割、划分地层界面。链表追踪是通过追踪边界邻接像素的链码来提取地层界面数据点集合，这种方法简单高效但容易出现断链而导致追踪失败，为此对传统链表追踪算法进行了改进，提高了算法的稳定性和对特殊地层边界的识别效果。

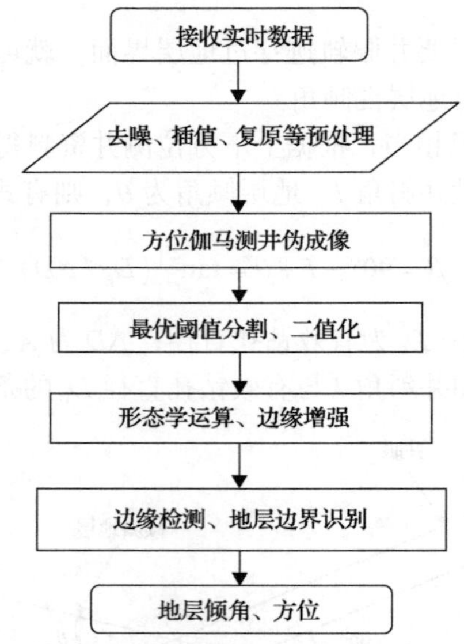

图 2　方位伽马测井成像资料图像处理流程图

若视向为井底、将井壁成像沿仪器高边方向展开，由左到右依次为上、右、底、左、上，则地层界面与井壁的交线一般为正弦状，通常直接对二值图像利用霍夫变换[14,15]得出幅度 A、基线 y_0 和初始相位 β 参数就可得到式(2)地层界面方程：

$$y = A\sin(\omega x - \beta) + y_0 \tag{2}$$

式中，ω 为角频率，$\omega=2\pi/T$，其中 T 为图像的宽度。

这种方法需要设定一定的窗长和步长，对窗内所有像素点进行遍历投票，从而得到正弦曲线的参数，因此时空复杂度较大，结果受窗长和步长的影响较大，且容易出现伪曲线、精度较差。为此对算法进行了改进，利用边界追踪后得到的地层边界数据进行变换计算，避免了窗长和步长对拾取结果的影响，减少了时空复杂度。除了采用霍夫变换提取正弦曲线外，对于拾取的地层边界点集，可采用最小二乘法拟合正弦曲线的三个参数[16,17]，拟合过程采用矩阵运算的方式能够大大提高计算效率[18]，实际应用表明这种方法可明显提高计算时效。

图 3 为地层界面链表追踪和界面方程识别结果，其中图 3(a)为直接利用二值图像数据采用窗口霍夫变换得到的界面方程，图 3(b)为对图像数据的地层界面追踪识别结果，图 3(c)和图 3(d)分别为利用改进

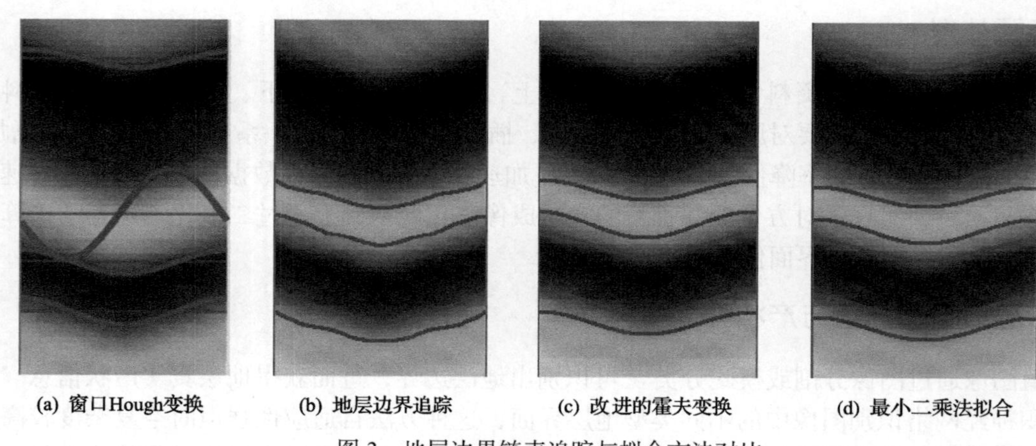

图 3　地层边界链表追踪与拟合方法对比

的霍夫变换和最小二乘法得到的地层界面方程。可以看出不仅可对地层界面进行很好地追踪，而且利用追踪出的边界数据拟合出的结果与图像中地层界面形态一致。

利用识别出的地层界面方程，选取地层面上的合适点，通过矢量计算和坐标变换就可得到地层真倾角和方位。

如图 4 所示，建立仪器坐标系 *OFDA*，其中 *O* 点为地层面与井筒相交面的中心，*OFD* 为垂直井轴的仪器面，*A* 轴指向井口方向、与仪器面垂直，*D* 轴方向垂直井轴指向仪器高边方向，*F* 轴为从 *OD* 开始在仪器面上顺时针旋转 90°的方向。在 *OFDA* 仪器坐标系中，选取地层面上的中点 $O(0,0,0)$、*OD* 方向地层与井壁的交点 $M_1(0,R,A\sin(-\beta))$、*OF* 方向地层与井壁的交点 $M_2\left(R,0,A\sin\left(\frac{\pi}{2}-\beta\right)\right)$，其中 *R* 为井眼半径。由 $\overrightarrow{OM_2}$ 与 $\overrightarrow{OM_1}$ 矢量做叉乘可得到地层面在仪器坐标系中的法矢量 $\boldsymbol{n}$，通过坐标变换转换到大地坐标系即可求出地层的真实倾角和方位，最终结合方位伽马测井成像模式正确判定地层产状。

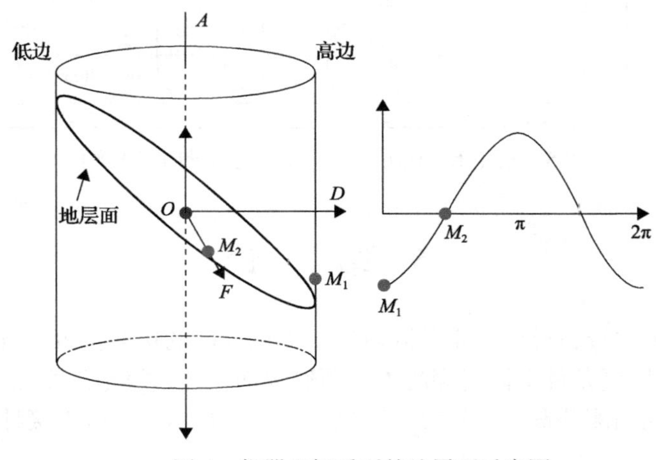

图 4　仪器坐标系下的地层面示意图

4　方位伽马测井成像地质导向应用实例

基于上述算法研究，研发了基于 GPU 加速的随钻方位伽马测井实时成像地层界面自动判识和产状计算软件模块[19]，并整合到自主开发的“井筒信息一体化二维地层评价与地质导向平台”[20,21]中，实现了对方位测井资料的实时成像和地层倾角计算。目前累计测试应用十余口，试用结果表明可实时接收井场随钻方位伽马测井数据，并实时进行成像处理和地层倾角计算，能够精细判断钻遇地层的产状、刻画地层模型，提高了对井眼轨迹调整的时效性和目的层钻遇率(在 92%以上)。

图 5 为利用本方法软件在某井致密水平段地质导向作业的试用效果。图中分为四个子窗口，右上角和左下角窗口分别为沿水平和垂直位移绘制的测井资料，右下角为地层模型和井眼轨迹。右上角窗口自上而下，第一道为电阻率、第二道为实时接收的随钻伽马、第三道为井下仪器内存中的伽马数据、第四道为钻速曲线、第五道为方位伽马成像和倾角计算结果、第六道为录井岩性；左下角由左及右与上相同。基于上述数据沿井眼轨迹视方位在地层界面处绘制地层倾角杆状图，结合成像模式[22]确定地层界面和倾斜方向，共划分出 21 个小层(右下角)，与先导水平地层模型相比有较大变化，地层总体上由东北向西南倾斜，与宏观构造背景一致。其中明显砂泥厚层界面有四处：*A*(垂直位移：1233.09m，水平位移：471.975m)，*B*(垂直位移：1250.9m，水平位移：547.426m)，*C*(垂直位移：1257.31m，水平位移：593.612m)，*D*(垂直位移：1263.11m，水平位移：687.293m)，这四处电阻率、伽马和钻速及方位伽马成像特征变化明显，地层视倾角指向明确，精细刻画后的地层模型为调整钻进方向提供了决策依据。

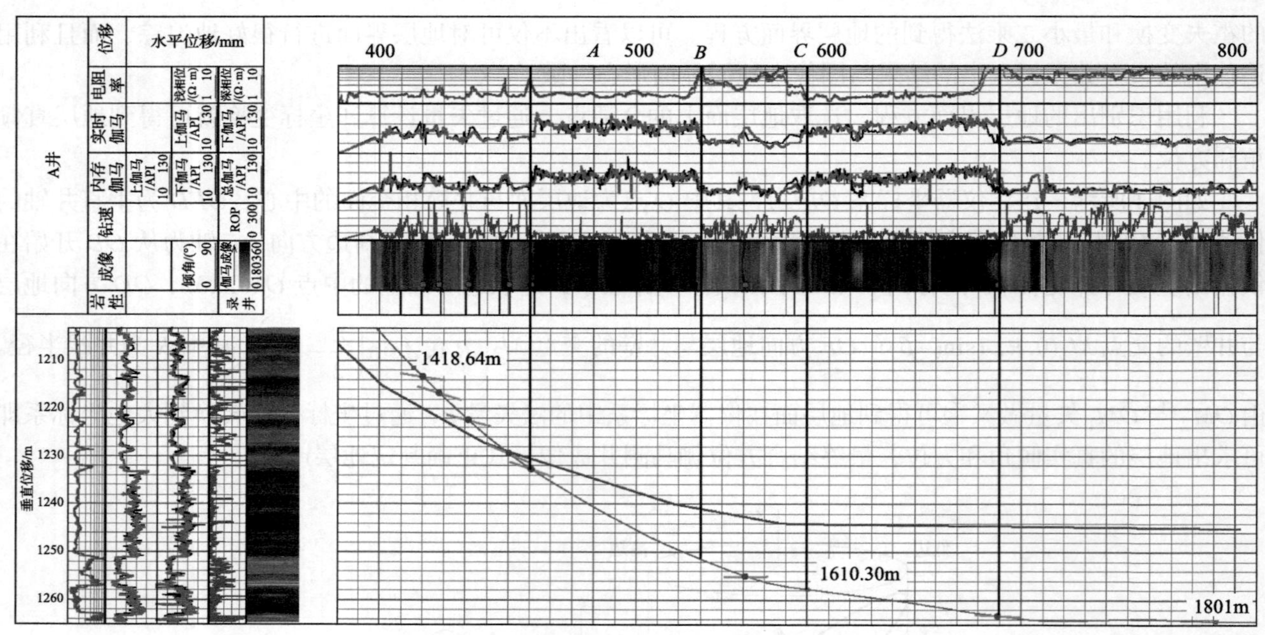

图 5　某井水平段方位伽马成像地质导向应用实例

5　结　　论

(1)利用无方位随钻测井资料可以判定井眼轨迹与地层界面的接触位置，当井眼轨迹穿越同一地层界面两次，或者在已知地层厚度条件下同时穿越地层顶底界面才能估算地层视倾角。

(2)利用上下边方位随钻测井资料，只要有明显地层界面显示，就可直接计算地层视倾角，但难以直接计算出地层真倾角和方位。

(3)利用方位伽马成像技术能正确划分地层界面，直接计算地层真倾角和方位，极大减少对地层模型刻画的不确定性。

(4)基于随钻方位测井实时成像地层界面自动判识和产状计算方法研究，开发了相应模块，并集成到自主研发随钻地质导向软件平台，取得了良好的现场测试应用效果。通过实时成像、划分地层界面和计算地层产状，可精细刻画更新地层模型，及时调整井眼轨迹，提高目的层钻遇率。

参 考 文 献

[1] 邹才能, 张国生, 杨智, 等. 非常规油气概念、特征、潜力及技术——兼论非常规油气地质学[J]. 石油勘探与开发, 2013, 40(4): 385-399, 454.

[2] 贾成业, 贾爱林, 何东博, 等. 页岩气水平井产量影响因素分析[J]. 天然气工业, 2017, 37(4): 80-88.

[3] Halliburton. Logging While Drilling[EB/OL]. [2021-07-25]. https://www.halliburton.com/en/subsurface/formation-evaluation/logging-while-drilling.

[4] Baker Hughes. Logging While Drilling Services[EB/OL]. [2021-07-25]. https://www.bakerhughes.com/evaluation/ loggingwhiledrilling-services.

[5] Viens C. Azimuthal gamma imaging and continuous inclination applications to spatial and stratigraphic wellbore placement in the Southern Midland Basin[C]//Unconventional Resources Technology Conference, Denver, 2019.

[6] Wang H J, Stockhausen E, Dennis F W, et al. Modeling of azimuthal gamma-ray tools for use in geosteering in unconventional reservoirs[J]. Petrophysics, 2019, 60(1): 93-112.

[7] Li H, Zhou J. Distance of detection for LWD deep and Ultra-deep azimuthal resistivity tools[C]//SPWLA 58th Annual Logging Symposium, Oklahoma, 2017.

[8] 邵才瑞, 张鹏飞, 王正楷. 随钻电磁波测井地层产状因素响应特征三维数值模拟[J]. 地球物理学进展, 2017, 32(1): 236-242.

[9] 汪中浩, 易觉非, 赵乾富, 等. 水平井测井资料地质解释应用[J]. 江汉石油学院学报, 2004, 4(3): 6, 70-72.

[10] 邵才瑞, 曹先军, 陈国兴, 等. 随钻伽马测井快速正演算法及地质导向应用[J]. 地球物理学报, 2013, 56(11): 3932-3942.

[11] Efnik M S, Hamawi M, Al Shamri A, et al. Using new advances in LWD technology for geosteering and geologic modeling[C]//Middle East Drilling Technology Conference, Abu Dhabi, 1999.

[12] 王曰才, 王冠贵. 地层倾角测井[M]. 北京: 石油工业出版社, 1987.

[13] Rafael C. Gonzalez, Richard E. Woods. Digital Image Processing (4th Edition) [M]. New York: Pearson Education, Inc., 2017.

[14] 彭诚, 邹长春. 检测井壁图像上平面地质特征的改进霍夫变换[J]. 计算机应用, 2015, 35(6):1726-1729.

[15] Schlumberger Technology Corporation. Automatic Dip Picking in Borehole Images: 2017372490(A1)[P]. 2017-12-28.

[16]段友祥, 闫亚男, 孙歧峰, 等. 基于随钻方位伽马测井的地层倾角自动识别[J]. 测井技术, 2018, 42(5):514-520.

[17] Shin-Ju Ye. A robust automatic dip picking technique to improve geological interpretation and post-drill formation evaluation of azimuthal wellbore image logs[C]//the Abu Dhabi International Petroleum Exhibition & Conference, Abu Dhabi, 2016.

[18] 郑奕挺, 方方, 吴金平, 等. 近钻头随钻伽马成像快速正弦曲线拟合方法[J]. 石油钻探技术, 2019, 47(6):116-122.

[19] 邵才瑞, 原野. 随钻方位测井资料成像及地层产状计算软件 V1.0: 2019SR0049222[CP/CD]. 青岛: 中国石油大学(华东).

[20] 邵才瑞, 张福明, 陈国兴, 等. 随钻测井资料实时解释及综合成图软件 V1.0: 2012SR058155[CP/CD]. 青岛: 中国石油大学(华东).

[21] 邵才瑞, 原野, 罗敬海, 等. 井筒信息一体化二维地层评价与地质导向平台 V2.0: 2020SR1506904[CP/CD]. 青岛: 中国石油大学(华东).

[22] Hui X, Dzevat O, Sushil S. Improved consistency of inversion-based interpretation of LWD density images in complex horizontal well scenarios[C]//SPWLA 55th Annual Logging Symposium, Abu Dhabi, 2014.

连续管钻井技术在国内非常规天然气开发中的应用思考

曹 川[1]，张燕萍[1]，吴千里[1]，刘立功[2]，何 坤[1]，罗 勇[1]

（1. 中国石油集团工程技术研究院有限公司，北京 102206；2. 中国石油集团渤海钻探公司，天津 300457）

摘要：近年来，我国油气开发面临的对象越来越复杂，如何高效低成本开发我国非常规天然气资源成为打开我国未来油气潜力的重要议题。连续管气体钻井将连续管钻井与气体钻井相结合，兼具两种技术优势，可为非常规天然气开发提供更有力的技术支撑，国外已有相对成熟的应用，在国内还鲜有案例。目前国内连续管侧钻井技术应用日趋成熟，特别是Φ139.7mm 套管连续管侧钻技术，研发了连续管开窗侧钻成套工具，形成了连续管开窗、定向、稳斜钻进整体侧钻井工艺，该技术已在国内应用超过 20 余口井，累计进尺超过 6000m。国内一直开展有缆式连续管钻井技术研究，中石油工程技术研究院 2019 年开发出整套连续管有缆钻具组合系统，于 2021 年完成了现场试验，验证了有缆连续管钻井的可行性和工具样机。本文旨在通过分析国外连续管气体钻井现场应用情况，结合国内目前连续管钻井技术发展现状，为当前形势下非常规天然气开发技术创新提供新思路。

关键词：非常规天然气；连续管气体钻井；有缆式连续管；侧钻井；现场应用；发展建议

Rewive of coiled tubing drilling technology application in unconventional natural gas development in China

Cao Chuan[1], Zhang Yanping[1], Wu Qianli[1], Liu Ligong[2], He Kun[2], Luo Yong[1]

(1. CNPC Engineering Technology R&D Campany Limited, Beijing 102206; 2. CNPC Bohai Drilling Engineering Company Limited, Tianjin 300457)

Abstract: In recent years, China's oil and gas development is facing more and more complex and difficult Situations. How to develop unconventional natural gas resources economically and efficiently has become an important issue to open up China's future oil and gas potential. Coiled tubing air drilling combines coiled tubing drilling with air drilling, which has both technical advantages and can bring more powerful technical support for unconventional natural gas development. There are relatively mature applications abroad and few cases in China. At present, the application of coiled tubing sidetracking technology in China is becoming more and more mature, especially in the field of drilling Φ139.7mm coiled tubing sidetracking technology, 14 kinds of coiled tubing sidetracking tools have been developed, forming an integral sidetracking technology of windowing, directional and angle holding drilling. This technology has been applied in more than 20 wells in China, with a cumulative footage of more than 6000m. From the research on wireline coiled tubing drilling technology carried out a few years ago, a complete set of coiled tubing wireline BHA system has been developed in 2019, the field test has been completed this year. This paper aims to provide new ideas for the technological innovation of unconventional natural gas development under the current situation by analyzing the field application of coiled tubing air drilling abroad combined with the current development status of coiled tubing drilling technology in China.

Keywords: unconventional natural gas; coiled tubing air drilling; wireline coiled tubing; sidetracking; field application; development suggestions

我国非常规天然气资源量庞大，美国近年来通过非常规油气资源开发改变自身能源格局有着显著效

作者简介：曹川（1985—），高级工程师，从事石油工程钻完井工具研究工作。地址：北京市昌平区黄河街 5 号，邮箱：caochuandri@cnpc.com.cn。

果。目前国内天然气开采技术的情况：①常规钻杆；②只能打直井段，定向段缺乏；③介质大多为泡沫。国外大量实践证明，连续管气体钻井是非常规天然气发现和效益开发最有效手段之一，它可最大程度避免储层水敏、水锁和固相堵塞伤害，获取地层原始产量，同时还可有效提高钻速，解决井下漏失和水化井壁失稳难题。探索连续管气体侧钻水平井，可给国内非常规天然气开发提供新思路。

近年来，连续管钻井在国内老井侧钻领域率先开展了多项研究，解决了包括连续管通径、开窗、定向钻进等技术及配套工具，中石油自主研发的连续管钻井技术已在国内侧钻定向井上成功应用 20 余口，累计进尺超过 6000m，单井最长进尺超过 1000m，现场作业效率提升明显，综合作业成本呈下降趋势。在通过老井加深或者开窗侧钻进行二次开发的老油田具有广阔的技术前景。如何将连续管钻井技术引入到气体钻井中，国外进行过各项研究，国内还未开展。

1　连续管气体钻井开发非常规天然气技术优势

1.1　避免上卸扣时压力波动造成的储层伤害

连续管气体钻井相较于常规欠平衡钻井方式，井下压力始终在闭环系统中，消除了常规欠平衡钻井时因瞬时起下而产生的井下激动压力，保持井下连续的欠平衡状态而不是间断的，持续的负压差环境避免外来物堵塞储层裂缝及裂缝网络，保持储层合适的渗透率。加拿大不列颠哥伦比亚省东北部 Jean Marie 油田，由于低压和含水饱和度低，地层对流体的侵入很敏感。在该地层用常规钻杆钻井方式钻井液作业中，随钻产气量随着水平井段的加长反而降低，采用连续管雾化钻井后，减少了之前钻杆上卸扣时井内压力波动造成的储层伤害，产量随钻井水平段增长得到提高[1]。

1.2　减少低渗致密砂岩气藏敏感性伤害

低渗致密砂岩气藏原始孔隙流体为气体，钻井液侵入气藏必引起原始平衡条件的破坏，导致黏土矿物强度降低、水化膨胀及分散脱落，严重时可使气藏丧失产能。在英国陆地用于枯竭气藏的侧钻，解决了该枯竭气藏开发最大问题，储层压力过低，对外来物入侵敏感，采用常规钻井方式打开储层会对储层通道造成伤害，这样就达不到原有目的，采用连续管气体钻井后在钻速和产量上有明显提升[2]。

1.3　降低储层水锁损害

钻井正压差驱动和亲水毛细管的自吸效应可使水基钻井液迅速侵入储层，不仅在孔隙性基块发生，还通过裂缝沿裂缝表面形成强水锁损害区域，阻止天然气由基块流向裂缝，连续管气体钻井可以有效减少水锁损害。如在澳大利亚 Surat-Bowen 盆地的西南实施了 4 口井的钻井作业中，显示连续管气体钻井在开发中可有效避免储层受到水锁伤害。该地层之前的液体钻井效果很差，采用连续管气体钻井后，所钻 4 口井的产气量得到显著提升[3]。

1.4　缩短钻井周期、节约钻井成本方面具有优势

连续管气体钻井结合了连续管钻井提升作业效率和气体钻井提高机械钻速的优势，可以有效缩短钻井周期，这里包含两个方面内容，首先是连续管气体钻井在钻进过程中不需要停泵接单根，减少了起下钻时间，从工艺上缩短钻井作业时间，同时还能避免因接单根可能引起井涌、井喷和卡钻事故的发生，相对减少非生产作业时间，提高整体作业效率；其次连续管气体钻井以气体循环介质，相对于液体循环介质，消除了“压持效应”，使岩石更容易被破碎，使其研磨性大幅度降低，同时井底清洁程度高，减少了井底钻屑的重复破碎和研磨。

在阿曼致密气田采用连续管气体钻井就产生了很好的作业效果。油田位于阿曼 Ghaba 盐盆地。2019 年 2 月，第一口井在调试和验收后正式开始作业，阿曼北部内陆的三个气田中侧钻了三口井，结果表明，

当地层强度支持与产量相关的压降时，连续油管欠平衡钻井速度能够比常规过平衡钻井速度高出 200% 以上[4]。

1.5 降低气田开发整体作业费用

连续管气体钻井在合理规划的情况下，可节省钻井材料的费用，所钻井眼属于小井眼，减少了套管材料消耗以及钻井液固相成本，还可省去相应固相循环设备的人员和费用。在马塞勒斯页岩油气田，由于没有对原始地层的岩屑清洁要求，使得整个钻井成本降低[5]，配合上工厂化钻井，该油气田整体开发成本进一步得到降低。在澳大利亚 Surat-Bowen 盆地的西南连续管气体钻井中，也因为减少了材料和常规钻井液设备相关的成本，使得整个作业经济性进一步提升[6]。连续管气体钻井通常采用裸眼完成，避免了固井、射孔完成以及后续增产作业带来的二次损害和高昂的作业费用。而在许多严重缺水的地区，连续管气体钻井同样作为低成本的解决方案之一。

2 国内连续管钻井技术现状

2.1 无缆式连续管钻井技术的发展及适用领域

目前国内连续管侧钻井技术应用日趋成熟，特别是 Φ139.7mm 套管连续管侧钻技术，开发 14 种连续管开窗侧钻成套工具，形成连续管开窗、定向、稳斜钻进整体侧钻井工艺(图 1)。

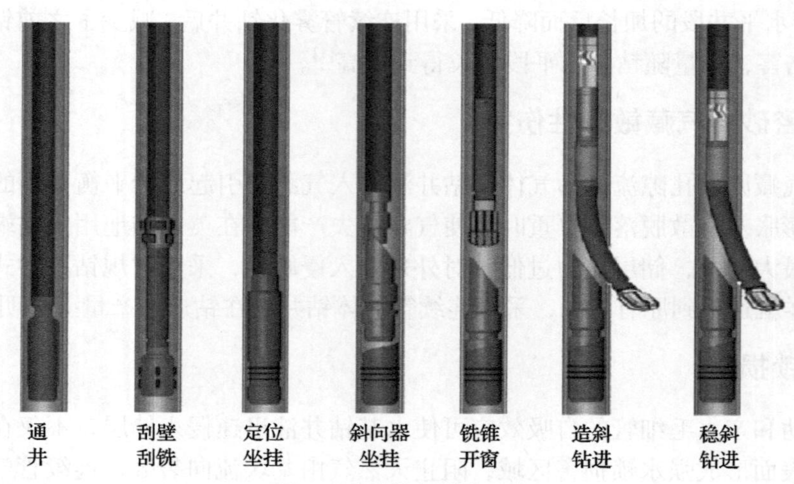

图 1 连续管侧钻井工艺

井下液力定向器(图 2)，通过在地面开启泥浆泵的方式解决了连续管定向的技术难题，通过对内外斜齿轮-轴齿轮的优化设计(图 3)，输出扭矩指标持续提升，最大输出扭矩 1360N · m(3.5MPa)。

图 2 国内自主研发的液力定向器

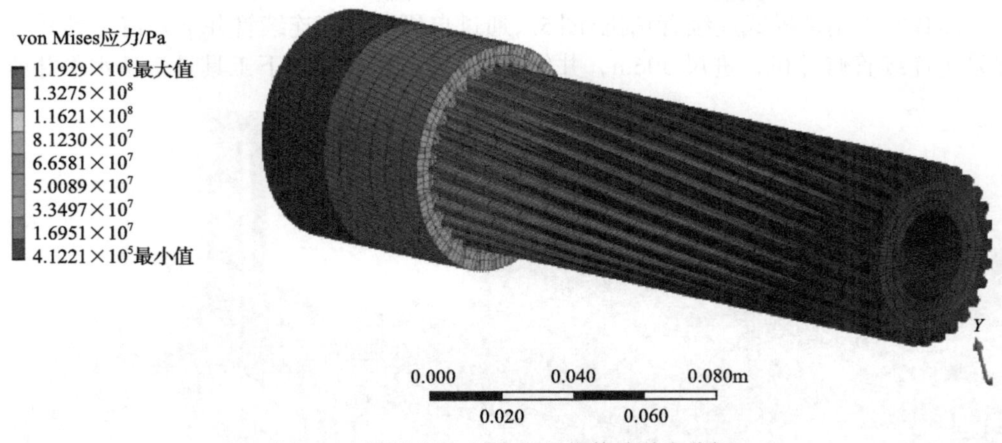

图3　内外斜齿轮-轴齿轮最优传动受力分析

连续管侧钻井在国内成功应用20余口井，累计进尺超过6000m，最大井斜87°，单井最长进尺1015m。

长庆坪X井是国内首次将2 3/8″ 连续管用于老井侧钻，管柱力学分析结果用于现场指导作业，水力学参数与理论计算吻合，平均机械钻速3.1m/h，最大日进尺98m，最大进尺421m，最大井斜65.08°。

董C井现场作业验证连续管侧钻复合钻机两套系统转换速度快，兼顾了现场作业的效率和可靠性，国内自研的井下液力定向器工作稳定，现场采用连续管侧钻复杂预测与实时优化系统分析可降低施工风险，平均机械钻速4.2m/h，最大日进尺101m，最大进尺393m，最大井斜24°。

董W井连续管复合钻机独立完成了老井井筒处理、开窗侧钻和完井全过程作业(图4)，验证了连续管侧钻复合钻机满足老井侧钻全过程的性能要求，实现了连续管侧钻复合钻机钻完井一体化能力，为该地址条件下三低致密气藏侧钻提供了更高效的作业手段，平均机械钻速6.5m/h，最大日进尺160m，最大进尺1015m。

图4　连续管侧钻井工具入井

另外辽河锦B井采用单模式连续管钻机(图5)，通过自研的全套连续管井下开窗工具开窗仅用时12h；新疆陆L井采用连续管修井机，进尺306m，井斜87°，验证了全套井下工具具备钻水平井能力。

图5　国内连续管侧钻井施工现场

目前国内无缆式连续管钻井的适用条件为液体环境，其关键工具液力式定向器为压差式，定向仪器使用泥浆脉冲。若通过无缆式连续管实现气体钻井，可开展无线电控定向器以及小尺寸电磁波随钻测量系统等工具系统，解决气体介质中定向和通信问题。

2.2　有缆式连续管钻井技术的发展及适用领域

有缆式连续管技术通过位于连续管管柱内置电缆带来了相较于泥浆式连续管技术的井下钻具组合控制、井下参数测量通信和井下动力等新方式，特别是钻具组合控制和参数测量通信方式，更有利于连续管气体钻井作业。优点包括：解决了常规气体钻井定向难题；带压作业有天然优势，无须接单根大幅降低作业风险。

国内一直进行着有缆式连续管钻井技术研究。中石油工程技术研究院2019年开发出整套连续管有缆钻具组合系统(图6)，该系统的特点是电控丢手、井下电控无极调整工具面、实时电缆井下参数测传功能。2021年初，有缆式连续管侧钻现场试验完成了首次工具下井试验。自主研制的电控定向器模块实现开泵状态下井下实时转动，定向效率高，转向精度高，定向精度反馈为1°；井下多参数测量系统模块实现了不停泵及上提下放和钻进过程成功完成了井斜、方位、工具面、井下钻压、扭矩、内外环空压等参数实时传输试验，首次为钻压加载提供了数据支撑(图7)。

图6　国内自研有缆式连续管工具系统

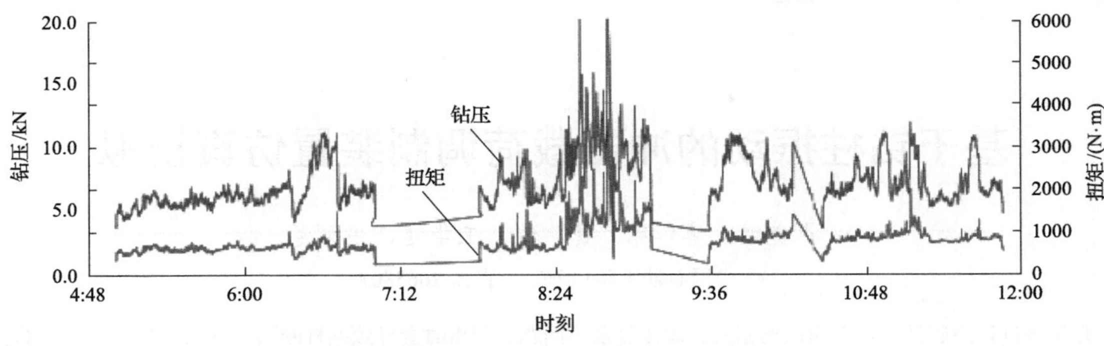

图 7　自研有缆式连续管作业井下钻压-扭矩关系

现场共下钻 23 趟，开展了通井、刮铣、下定位短接、下斜向器、套管开窗等作业。本次试验开窗点 895m，裸眼段累计进尺 247m，井深 1142 m，井斜 20.4°，最高机械钻速 10.72m/h。

3　总结与建议

随着连续管侧钻井在国内应用不断成熟，技术在不断完善，其未来发展方向值得思考，特别是针对非常规天然气资源，从国外应用情况来看，连续管气体钻井在非常规天然气储层保护、提高作业效率以及降低作业成本方面有着明显优势，特别是对于储层保护，通过连续管气体钻井维持井底持续负压，并保持气体介质环境，可有效降低储层伤害，提高产量。鉴于上述原因，该技术可成为开发我国非常规天然气资源的有效手段之一。

加大研发连续管气体钻井技术力度，特别是有缆式连续管工具组合系统。该系统可解决泥浆式连续管系统信息通信难点，在井下工具控制响应速度等方面具有明显优势，同时其具备强大的井下信息化，智能化的拓展能力，也使得该技术成为目前连续管技术主流发展方向；研发优化钻井、降低作业风险井下钻井参数测量系统；研发陀螺测量系统实现精确的套管开窗侧钻；研发井下闭环定向控制来提高井下作业效率；研发可靠的地面控制电控丢手和循环短节来降低作业风险；尽快开展针对气体的特殊设计预成型定子技术，流速和压差参数优化以及小尺寸涡轮钻具等研究工作。

参 考 文 献

[1] Dufresne T, Mcclatchie D, Leshchyshyn T. Coiled tubing, horizontal underbalanced drilling has advantages in British Columbia[J]. World Oil, 2006, 227 (1) : 51, 52.

[2] Nas S. Underbalanced drilling in a depleted gasfield onshore UK with coiled tubing and stable foam[C]//SPE/IADC Drilling Conference, OnePetro, 1999.

[3] Portman L, Lan N, MacArthur J. Cheap, directional wells drilled underbalanced with coiled tubing: An experience in the Australian Outback[C]//SPE Annual Technical Conference and Exhibition, OnePetro, 2004.

[4] Lynn S, Manoharan S, Barkat S, et al. Unlocking Oman's tight gas potential using state-of-the-art underbalanced coiled tubing drilling technologies[C]//SPE/IADC Middle East Drilling Technology Conference and Exhibition, OnePetro, 2021.

[5] Maranuk C, Rodriguez A, Trapasso J, et al. Unique system for underbalanced drilling using air in the Marcellus Shale[C]//SPE Eastern Regional Meeting, OnePetro, 2014.

[6] Al-Humood M M, Al-Khamees S A, Mehmood K, et al. Optimization of underbalanced coiled tubing drilling in hard sandstones[C]//SPE Middle East Oil & Gas Show and Conference, OnePetro, 2017.

基于钻柱振动的冲击载荷调制装置仿真模拟

卢晓鹏，廖华林，魏　俊，王华健，牛文龙

（中国石油大学(华东)，青岛 266580）

摘要：深井钻进过程中底部存在纵向振动剧烈、规律复杂等问题，严重时会导致钻杆断裂、钻头蹦齿等负面影响，最终降低钻进效率和增加钻井成本，导致巨大的经济损失和资源浪费。为了能够安全、快速地钻井，最简单有效控制钻柱振动的方法就是在底部钻具组合中加装减振装置，但是该行为指标不治本。油气井工程研究所提出一种利用深井钻柱纵向振动能量调制冲击动载的装置，将不利于钻井的井下钻柱振动能量转化为提高钻头破岩能力的机械冲击能量，该冲击载荷调制装置能够利用钻柱本身重量来施加“机械钻压”和活塞上下压差来产生波动的“液力钻压”，共同作用联合破岩。仿真结果输出载荷可调范围在 2～7t，每次调节效果在 2t 左右，探究了该装置的不同结构参数对输出载荷的影响规律，通过设计实验和仿真模拟，补充分析了调制装置的减振性能和提速效果，证明了该装置的实际减振增压效果。该调制装置为深井油气资源的减振增压工具的设计提供了一种新的思路，有助于实现更加有效地快速钻进。

关键词：纵向振动；冲击载荷调制；减振增压；仿真模拟；地面实验

Simulation of impact load modulation device based on drill string vibration

Lu Xiaopeng, Liao Hualin, Wei Jun, Wang Huajian, Niu Wenlong

(China University of Petroleum (East China), Qingdao 266580)

Abstract: In the process of deep well drilling, there are problems such as severe longitudinal vibration and complex rules at the bottom, which will lead to negative effects such as drill pipe fracture and bit jumping, and finally reduce drilling efficiency and increase drilling cost, resulting in huge economic loss and resource waste. In order to drill safely and quickly, the simplest and effective way to control drill string vibration is to install damping device in bottom hole assembly, but this behavior index does not cure the root cause. The research group proposes a device that uses the longitudinal vibration energy of deep well drill string to modulate the impact dynamic load, which converts the vibration energy of downhole drill string that is not conducive to drilling into the mechanical impact energy to improve the rock breaking capacity of the bit. The impact load modulation device can use the weight of drill string itself to apply "mechanical WOB" and the differential pressure between upper and lower pistons to produce fluctuating "hydraulic WOB", Combined rock breaking. The simulation results show that the adjustable range of output load is 2～7t, and the adjustment effect is about 2t each time. The influence law of different structural parameters of the device on the output load is explored. Through the design experiment and simulation, the damping performance and speed-up effect of the modulation device are supplemented and analyzed, and the actual damping and pressurization effect of the device is proved. The modulation device provides a new idea for the design of vibration damping and pressurization tools for deep well oil and gas resources, and is helpful to realize more effective and rapid drilling.

Keywords: longitudinal vibration; impact load modulation; shock absorption and pressurization; analogue simulation; ground experiment

---

作者简介：卢晓鹏（1996—），在读硕士研究生，油气井工程。地址：山东省青岛市黄岛区长江西路中国石油大学，电话：17806249961，邮箱：904537930@qq.com。

钻柱振动是导致钻柱失效、疲劳损坏的主要因素，它一般分为横向振动、纵向振动和扭转振动。研究表明，纵向振动对钻柱寿命影响最大，产生的纵向冲击力可高达 840kN[1]；深井钻进过程中情况复杂，底部钻柱纵向振动剧烈并伴随井底钻压大幅剧烈波动。这都是深层安全、快速钻进需要考虑的巨大难题。为了减少钻柱振动带来的危害，常规方法是在底部钻具组合中使用机械式或液压式减振器以缓冲钻柱纵向振动[2,3]。

目前国内外对钻柱振动的主要研究内容为利用数模方式对钻进过程的纵向和横向振动进行研究，或者考虑多种振动情况下的扭转和黏滑振动以及固有频率、瞬态响应和谐响应分析[4]。国外研究的主要趋势是将钻柱振动与切削岩石特性进行结合，而国内是将重点落实在钻柱振动对石油机械和钻井工程的影响以及对减振避振的分析[5]。但对井底钻柱实际振动位移的特性和研究还不完善，因此，需要分析钻柱实际纵向振动规律特性，并争取利用振动能量来帮助我们实现高效破岩的目的。

如何能够利用钻柱纵向振动，并将其转变为钻头能量破碎硬地层岩石，从而获得较高的机械钻速，减小硬地层钻井成本，提高经济效益是目前研究的一个突破点[6,7]。油气井工程研究所提出了一种冲击载荷调制装置，在现有的能量条件下，将实际存在的钻柱振动能量转变为破岩能量，本文则是基于该调制装置进行仿真模拟和实验设计，利用理论分析、模拟仿真与地面实验三种方法进行分析，互相对比补充，探究钻柱纵向振动的规律，分析调制装置的输出载荷特性，形成调制装置的优选方案，为后续减振增压的工具的设计提供参考。

1　调制装置的结构原理分析

冲击载荷调制装置结构如图 1 所示，该调制装置能够将不利于钻井的井下钻柱振动能量转变为提高钻头破岩能力的机械冲击能量。存在两种钻压联合作用：一是由钻杆和钻铤传递的钻杆本身的重量来给工具施加“机械钻压”；二是通过活塞上下运动产生的“液力钻压”。当发生纵向振动时，壳体进行轴向往复移动，承压头被动跟随壳体进行运动，进而与承压座的间隙发生改变，在承压腔内发生钻井液的体积循环往复变化，将连续射流调制为波动射流，通过承压头传递相应的“液力钻压”波动，使得钻头处于动静态联合载荷的作用下破岩，提高破岩效率[8]。

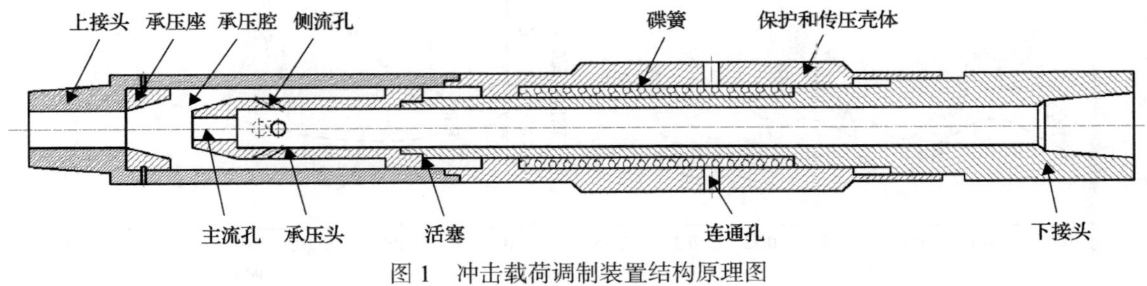

图 1　冲击载荷调制装置结构原理图

2　调制装置的仿真模拟分析

2.1　Ansys 模拟的模型构建

根据原理图设计 CAD 结构图纸，确定结构参数，其中外壳最大尺寸满足井壁要求 178mm，最小内通径 52mm，左部接上端提速工具，右端接钻头。采用液固耦合的数值分析方法，建立钻柱纵向振动冲击载荷调制装置的仿真分析模型，探究调制装置的输出压力波动特性。

钻柱机械钻压通过外壳体来实现向下传递，经过中间弹簧进行缓冲调整，使得机械钻压的加载特性由剧烈波动变为相对稳定。另一部分水力冲击能量作用于承压头，给下部钻头施加液力钻压，并且外壳体由于钻柱振动产生纵向运动，令增压腔的容积发生变化，产生流体的体积变化，进而使活塞上的冲击力发生改变，最终令液力钻压产生循环波动，令钻头在旋转同时受到波动冲击作用，提高破岩效率[9]。

根据 SolidWorks 装配体构建 Ansys 软件所需的流道模型，如图 2 所示，由于整个装置结构具有高度的对称性，可以取整体模型的 1/4，同时能够降低计算要求。根据仿真运动条件，将整个模型划分为三个部分：左侧为入口流道，右侧为出口流道，中间为过渡流道，包含主流孔和四个侧流孔。且根据相对运动原理，钻柱振动带来外壳体的移动可以体现在移动面的上下位移。也就是过渡流道移动面的拉伸和压缩运动上。

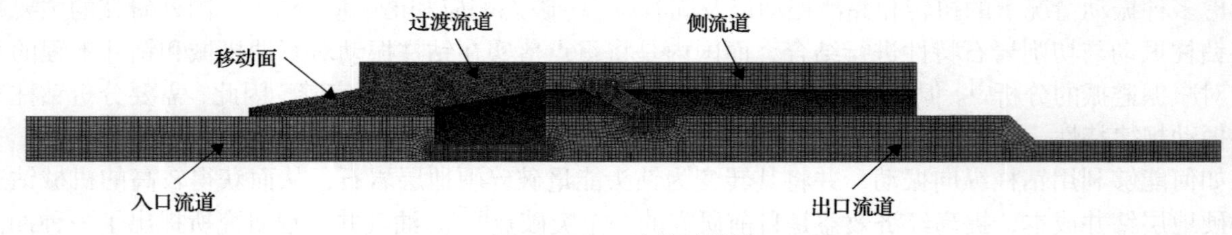

图 2　Ansys 流体计算域

2.2　Ansys 模拟的仿真分析

该模型设定两侧流道为六面体网格，过渡流道为四面体网格，其中对过渡流道采用动网格方法，该方法只能用于四面体网格，出于计算考虑设定最小尺寸为 1.5mm，网格数目为 633367；尝试进行尺寸加密，将最小尺寸减小到 1.0mm，达到 1137393 网格数目，但输出结果几乎没有变化，为了能够减少对计算机的计算性能要求，采取 1.5mm 划分网格[10]。

进行 Ansys 中 fluent 进行仿真模拟，设定状态为湍流和瞬态，通过 udf 文件设定移动面的速度，选择正弦函数，取频率为 8Hz，幅值为 10mm。仿真结果输出载荷与速度本身变化关系图如图 3 所示，可见，当输入为标准正弦速度时，钻柱振动经过调制装置调节后波形为正弦[11]。

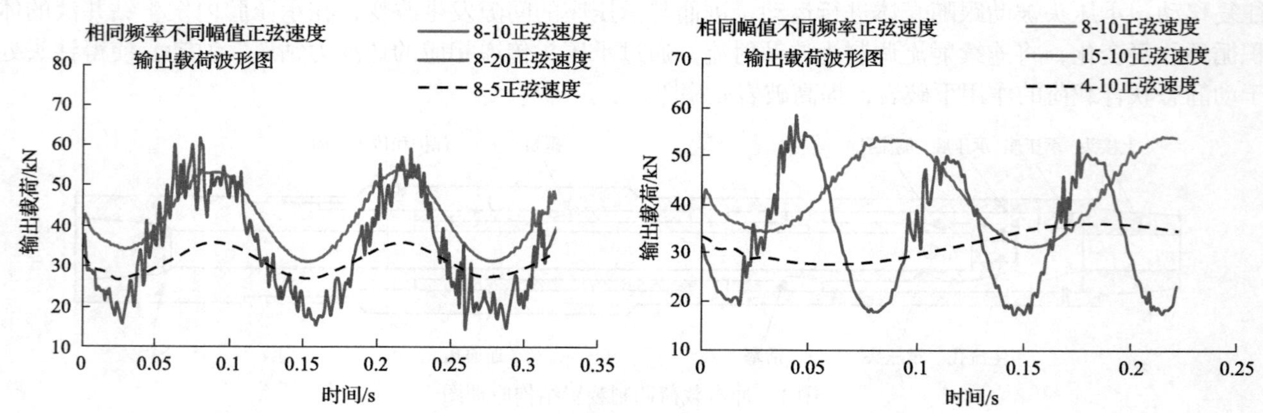

图 3　Ansys 仿真模拟不同幅值、频率输出载荷图

8-10 中，前一个数据表示正率加载的频率，后一个数据表示幅值，其他类型数据同含义

由图 3 可知，设定频率不变时，在将幅值减少一半后，可以看出整个输出载荷平行下移，并且波动压差值由 20kN 降低到 8kN，输出载荷波形较为稳定；而当幅值增加一倍时，波动程度大大增加，最高峰能够到达 60kN，上下波动差值达到 50kN，但是提高比例并不大，且波形存在扰动不稳定，可见在振动峰值较大时，输出载荷波形并不稳定。可见在振动峰值较大时，输出载荷波形并不稳定，使得钻柱振动不规则，给钻井带来风险。保持振动幅值不变时，改变速度加载频率，输出载荷频率随输入速度的频率相似变化。将频率降为一半，可见整个曲线变得缓和，使得调制装置内流体能够充分稳定，因此输出载荷波动程度大大降低，而在高频率 15Hz 时，流体交汇波动程度剧烈，令输出载荷存在较大的扰动，输出不稳定，并随着输入速度频率的增大，输出载荷也越不稳定但存在较高的输出载荷峰值。

图 4 为正弦速度同时存在一个快速、较小的随机扰动，可以看出高频小幅值干扰对原先波形影响较

大，因此分析钻柱纵向振动的高频成分存在重要意义，其中 3 倍频率的扰动可以降低输出载荷，但会存在一定的冲击突变，10 倍频率的扰动能够增大输出载荷的波动差值，并且能够形成高频、循环冲击，利于钻头破岩。十分之一幅值的速度扰动在 10 倍频率下，能够提高输出载荷的峰值 20%，可见，高频小幅振动也能够帮助我们提高破岩效率。同时输出载荷波形反映了在联合作用下仍能够保持较为稳定的冲击载荷能力，平均冲击能力能够达到 4t 作用，满足冲击设计要求[12]。

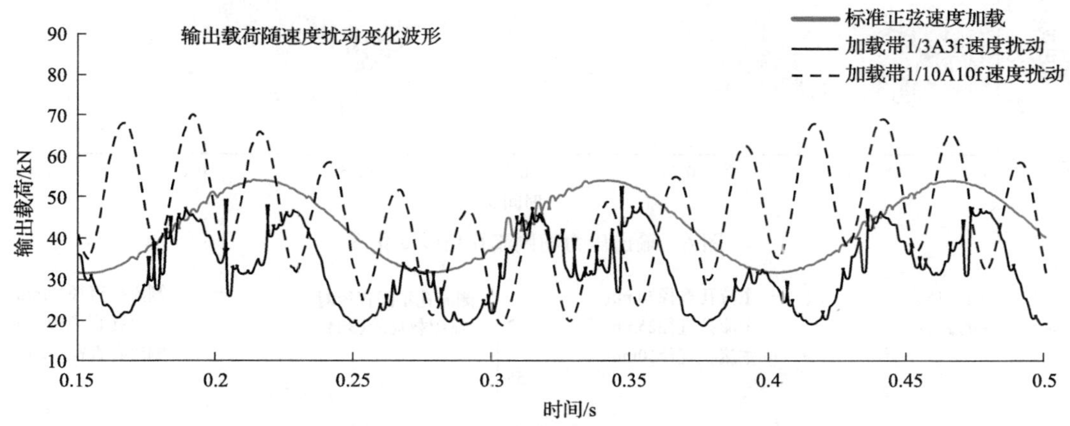

图 4 不同速度扰动调制装置载荷输出图

1/3A3f 代表 $\frac{1}{3}$ 幅值，3 倍频率，A 代表幅值，f 代表频率

图 5 分别为模拟时速度和压力云图，由图可知，流体通过主流孔后，由于过流体积的减少，令速度和流体压力升高，同时侧流孔和后方流出口也是相同作用，其中长度设计使得流体能够充分稳定后再进行汇合，可知整体压力和速度变化最剧烈的位置位于出口处，需要结构强化设计；改变侧流孔角度可以看出其角度决定了流孔的汇合位置，90°垂直交汇使得流体交汇部分提前而更加激烈，后方流体速度稳定区减小，可见在较短的距离下速度就衰减到 20m/s 左右，但最后较长的流道空间使得流体能够充分汇合，所以最后输出的速度和压力差距在 10%左右。

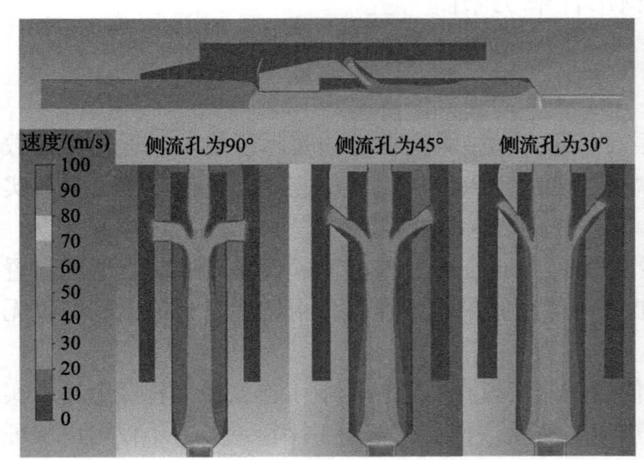

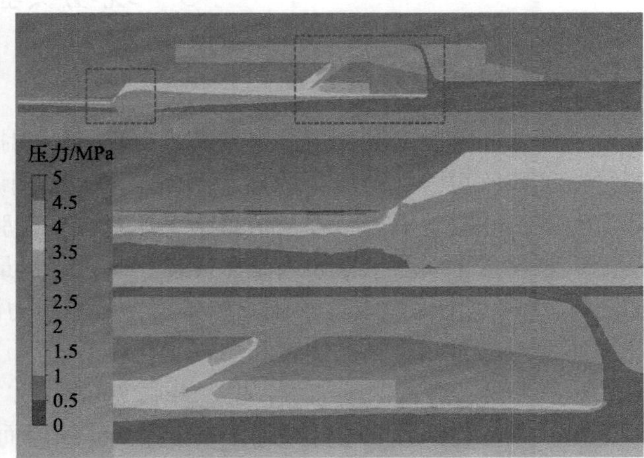

图 5 仿真模拟速度和压力输出云图

改变侧流孔角度对输出载荷的影响结果如图 6 所示，首先是随着角度的增大，流体间交汇的剧烈使得压力和速度波动也逐渐变大，开始出现不稳定的扰动。且角度的增大使得最后输出压力的幅值也有一定的降低，整体波形下移，可知改变侧流孔角度能够对输出载荷强度进行调节[13]，但是调节效果不稳定，幅值降低的同时也带来了微小的扰动，暂不考虑侧流孔角度对输出载荷的影响程度。

改变主流孔直径大小对输出载荷的影响结果如图 7 所示，随着主流孔直径的增大，调制装置的输出载荷降低，且是整体波形完整向下平移，每当增大 5mm 的主流孔直径，整体结果下降 10MPa。侧流孔不同直径对输出载荷的影响如图 7 所示，不同直径的侧流孔对结果影响程度不大，且随着直径的增大，存在扰动不稳定，在合适的范围内可以忽略侧流孔直径对输出载荷的影响程度。

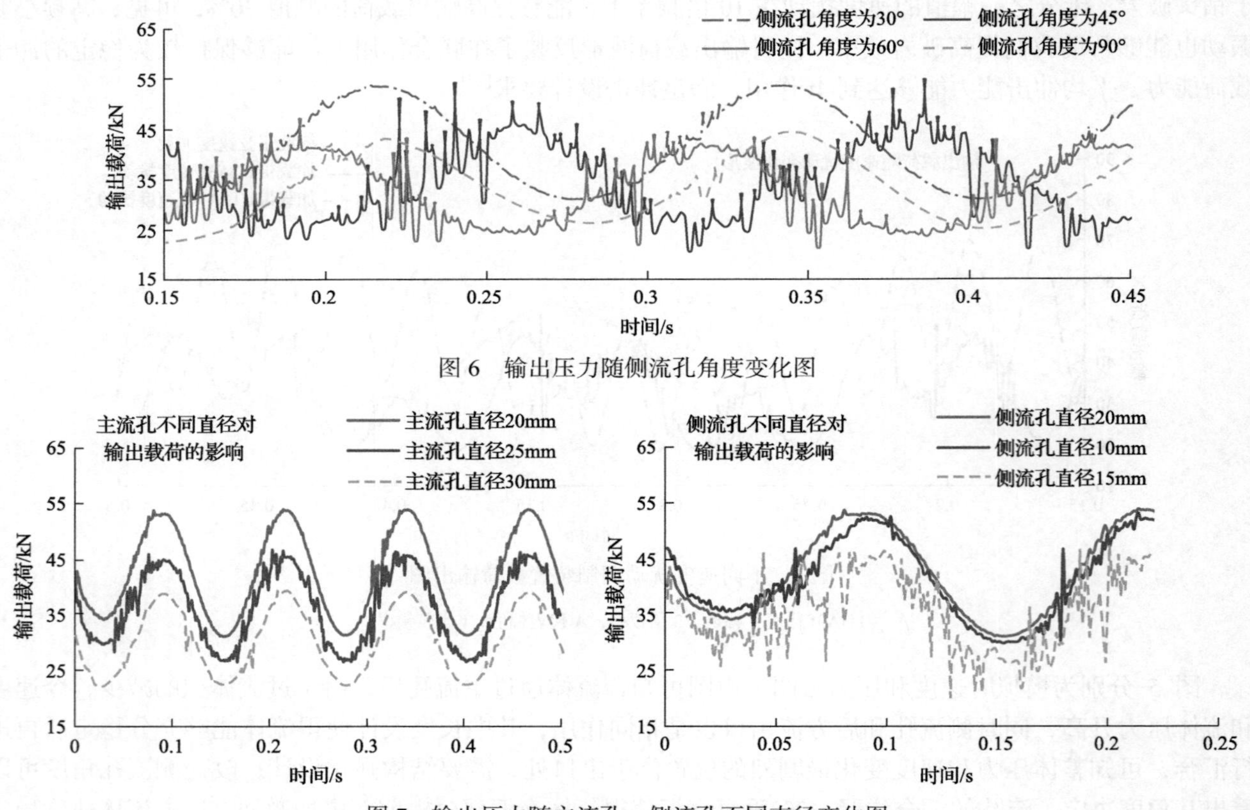

图 6　输出压力随侧流孔角度变化图

图 7　输出压力随主流孔、侧流孔不同直径变化图

3　现场实验和结果分析

3.1　实验原理与方案布置

开展地面实验，利用振荡器模拟实际钻柱纵向振动，研究钻柱纵向振动的实际规律。以近钻头参数测量短节和压力、加速度传感器为测量工具，监测调制装置的出入口压力和加速度、位移变化，分析实际实验中钻柱振动规律，并与仿真结果比对，互相验证，提高结论的可靠性[14]。

采取双泵车联合工作泵入带压流体，泵入流量最高可达 2.0m^3/min，整套实验设备和调制装置的布置如图 8 所示，出入口设计双压力传感器，监测压力波动，保证结果的可靠性，再调制工具输出端布置无线加速度传感器，监测加速度和位移变化。

对整套设备进行两端加压，模拟井底实际钻压，使得调制装置在一定钻压下工作，最大程度上还原实际工况，并在装置后端进行固定，减少因流体回流而产生的波动。整套设备用工字钢承载，不仅可以保证整套装置位于相同水平高度，还能保证各个装置的同轴情况，使得钻柱振动能够顺利传递和被监测[15]。

具体实验方案为：不断增加泵车泵入的液体流量，监测各个界面的压力和加速度的变化，探究不同排量下的钻柱实际振动特性。排量从 0.5m^3/min 开始，维持一段时间，保证压力稳定后再逐步增加排量，使调制装置在各个排量下都能稳定工作，确保监测结果的可靠和稳定。

3.2　调制装置的位移输出特性分析

图 9 为调制装置在不同排量下所测到的加速度数据，采集频率为 640Hz，可知在 0.5m^3/min 排量下，加速度最大能够达到重力加速度 g，频率在 4Hz 左右，其中扰动的峰值在 1/3g，频率在 12Hz 左右；在

1.0m^3/min 排量下，振动幅值明显提高到 4g 左右，周期几乎不变，扰动还是同等扩大，为现有峰值的 1/3，现有频率的 3 倍；在 1.5m^3/min 排量下，峰值达到 10g 左右，频率为 4.5Hz，扰动还是同样存在；在 1.8m^3/min 排量下，峰值达到 30g 左右，频率为 5Hz，扰动同样存在[16]。

图 8　实验装置现场布置图

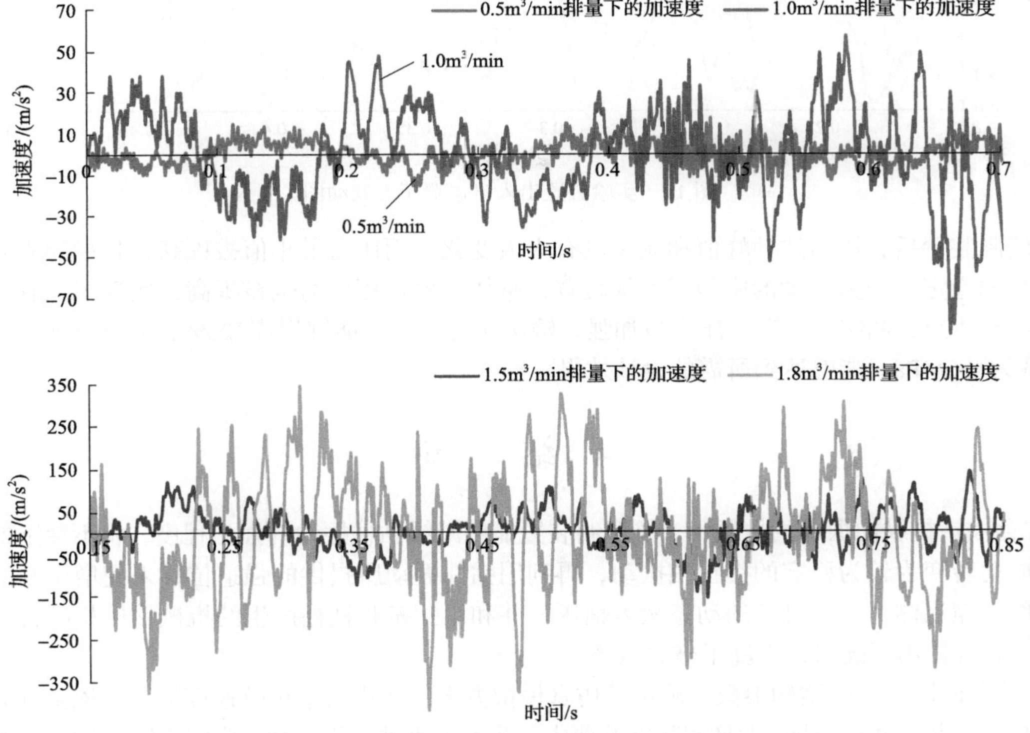

图 9　实验装置输出加速度变化图

由此可见，在实际地面实验中，随着排量的不断增加，调制装置的输出振动幅度不断增加，并且呈指数形式增加，变化趋势如图 10 所示。实线为实测数据，虚线为拟合曲线，可见在正常钻进过程中，钻柱振动的幅值较大，影响剧烈[17]，对钻柱进行振动分析是可行的且必要的，并且该实际结果也与仿真中 3 倍速度扰动相互验证。

3.3　调制装置的压力输出特性分析

图 11 展示了在 1.0m^3/min 排量下的调制装置的输出压力波动情况。流体经过装置后，存在一定的压

力损耗，整个波形下移。

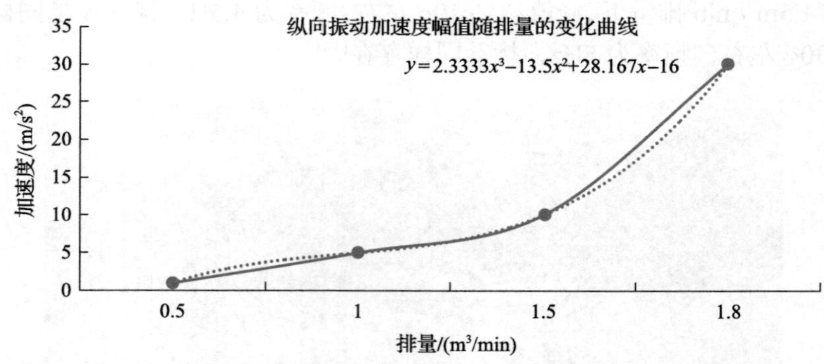

图 10　实验装置输出加速度变化趋势图

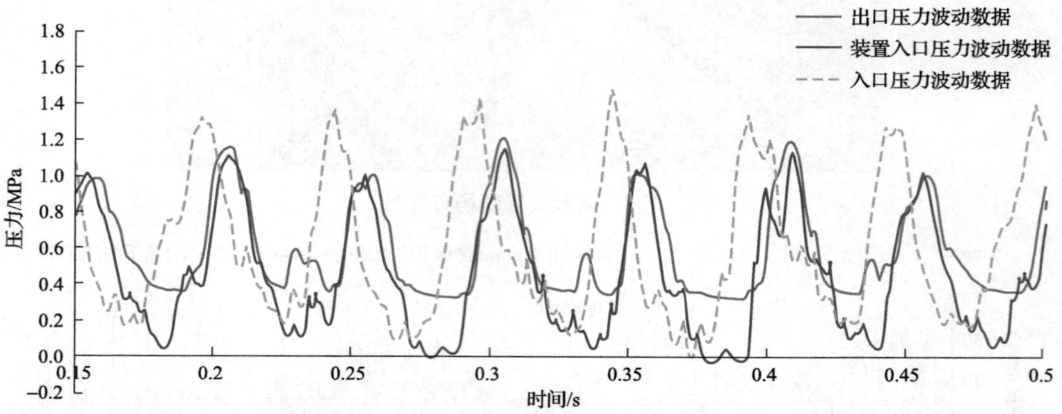

图 11　实验装置出入口位置压力波动图

经过调制装置后，压力波动峰值和频率没有太大变化，而压力最小值被提高，且更为重要的是整个波形变得更加稳定，压力波动的剧烈程度被缓解，整体有效作用压力也被提高，实现了调制装置的增压功能，使得流体经过调制装置后，压力被加强，输出压力最小值能够提高 20%，波形更加稳定，波动由 1MPa 减低为 0.6MPa，能够达到所需的设计效果。

4　结　　论

(1)在存在钻柱纵向振动的情况下，该调制装置能够减缓钻柱振动的强烈程度，将不稳定的井底无规则的钻柱振动转变为较为稳定的类正弦振动，再利用钻柱振动所提供的强迫位移来使增压腔的容积发生变化，进而压缩流体，产生可变的动态液力钻压，并和用钻铤和钻柱产生的机械钻压相配合，使得钻头处于动静态联合作用下破岩，提高了破岩效率。

(2)设计了调制装置的结构参数，确定了仿真模拟方案，初步给予正弦速度加载，该调制装置能够产生 4～5t 的输出载荷冲击，能够满足实际钻井要求；并不断改进结构参数，确定不同结构参数对输出载荷波形的影响规律；最后改变加载波形，以地面实验所收集的参数作为参考，设计了带扰动的速度加载条件，该情况下调制装置仍然能够稳定输出冲击载荷，并且随着振动情况的增强，该调制装置的输出载荷也能随之增加，证明了该装置的减振增压能力。

(3)进行了钻柱振动地面实验，采用压力传感器测量调制装置前后的压力变化，加速度传感器测量调制装置的输出位移变化。实验说明了该调制装置在有效工作情况下，能够较好地实现减振效果，钻柱振动经过调制装置后转变为较为稳定的类正弦振动情况，同时该调制装置使得出口压力波动的最小值提高了 0.3MPa，使得整体增压效果达到 20%。

(4)仿真结果和实验结果相互补充，通过仿真结构可以优化该调制装置的结构参数，使之输出更加稳定，满足所需要的输出载荷特征，并可以根据实际需求对调制装置的结构参数进行优选。仿真模拟和实验数据证明了该调制装置能够完成减振增压任务，从而为后续优化提供了一定的支持条件。

参考文献

[1] 蒋帅. 钻柱振动及信号分析方法的分类与发展[J]. 中国科技博览, 2012, (33):384, 385.

[2] 宿雪. 钻柱振动信号测量及处理技术研究[D]. 青岛: 中国石油大学(华东), 2010.

[3] 狄勤丰, 平俊超, 李宁, 等. 钻柱振动信息测量技术研究进展[J]. 力学与实践, 2015,(5): 3-17.

[4] 张鹤. 超深井钻柱振动激励机制及动力学特性分析[D]. 上海: 上海大学, 2019.

[5] 王鹏, 闫铁, 李钢, 等. 考虑钻柱振动的底部钻具载荷传递规律研究[J]. 石油天然气学报, 2014, 36(3): 154-158.

[6] 马斐, 宋淑芳. 随机载荷作用下钻柱振动响应的研究[J]. 华南理工大学学报(自然科学版), 1996, (12): 4.

[7] 崔晓华, 周学芹, 李玉海. 井下钻柱纵向振动特性分析[J]. 石油矿场机械, 2009, (11): 12-15.

[8] 肖文生, 王现锋, 裴艳丽, 等. 基于 ANSYS 的钻柱纵向振动固有频率分析[J]. 钻采工艺, 2011, 34(5): 93-95.

[9] 闫铁, 刘珊珊, 毕雪亮. 基于 ANSYS 的钻柱纵向振动固有频率影响因素分析[J]. 西部探矿工程, 2015, 27(6): 42-44.

[10] 张强, 郑伟. 基于 ANSYS 的钻柱振动规律分析[J]. 机械工程与自动化, 2011, (6): 1-3.

[11] 魏水平, 况雨春, 夏宇文. 基于 ANSYS 的钻柱纵向振动有限元分析及应用[J]. 石油地质与工程, 2006, 20(1): 66-68.

[12] 刘永旺, 管志川, 张洪宁, 等. 基于钻柱振动的井下提速技术研究现状及展望[J]. 中国海上油气, 2017, 29(4): 7.

[13] 魏文忠. 底部钻柱振动特性及减振增压装置设计研究[D]. 青岛: 中国石油大学(华东), 2007.

[14] 徐桃园, 张强, 陈灿, 等. 大位移井钻柱纵向振动理论分析与 ANSYS 计算[J]. 噪声与振动控制, 2010, 30(2): 50-53.

[15] 胡以宝, 狄勤丰, 姚建林, 等. 超深井钻柱的动力学特性分析[C]//中国力学学会学术大会 2009 论文摘要集, 郑州, 2009.

[16] 张海莉. 深井钻柱振动纵向动态响应规律研究[D]. 大庆: 东北石油大学, 2015.

[17] 董广建, 陈平, 邓元洲, 等. 钻柱振动与冲击抑制技术研究现状[J]. 西南石油大学学报(自然科学版), 2016, 38(3): 121-134.

非常规天然气开发采出水处理技术及应用

云　箭[1]，马信缘[2]，王占生[1]，刘昌升[2]，陈　曦[1]，李秀敏[1]，胡晓亮[2]，王　磊[1]

(1. 中国石油集团安全环保技术研究院有限公司，北京 102200；2. 中石油煤层气有限责任公司，北京 100028)

摘要：开发一种适用于非常规天然气开发采出水的“低成本、稳定达标排放”处理技术对有效推动非常规天然气产业的快速、可持续发展具有重要意义。以煤层气采出水为研究对象，在对其水质特征充分分析的基础上，研究开发了“固定化微生物-曝气生物滤池+活性炭吸附”采出水化学需氧量(COD)和氨氮(NH_3—N)的去除工艺和成套装置，分三个阶段在鄂东区块进行了处理现场应用，并对 COD 和 NH_3—N 的去除效果进行评价，同时采用摇瓶实验和高通量测序技术，完成生物菌剂筛选和优势菌群的多样性分析。研究结果表明，以“固定化微生物-曝气生物滤池+活性炭吸附”为主体工艺的处理技术，对采出水中的 COD、NH_3—N 和难降解有机物均具有明显的去除效果：最终出水的 COD、NH_3—N 均低于 40mg/L、2mg/L 排放指标要求，难降解有机物种类和数量大幅减少。其中，COD 去除率从 70%逐步提升至 80%，且随水力停留时间(HRT)增加而不断提升；NH_3—N 去除率可稳定达到 99%以上，远低于标准设定值 2mg/L。将 HRT 调整至 8h 时，出水仍可稳定达标，此时的直接运行费用将降至 1.37 元/m^3 以下，大幅度降低处理成本，实现了煤层气采出水的“低成本、稳定达标排放”处理。

关键词：煤层气；采出水；曝气生物滤池；处理

Treatment technology and application of produced water from inconventional natural gas development

Yun Jian[1], Ma Xinyuan[2], Wang Zhansheng[1], Liu Changsheng[2], Chen Xi[1], Li Xiumin[1], Hu Xiaoliang[2], Wang Lei[1]

(1. CNPC Safety and Environmental Technology Research Institute Co., Ltd., Beijing 102200; 2. PetroChina Coalbed Methane Co., Ltd., Beijing 100028)

Abstract: It is of great importance in developing a suitable treatment technology for “low cost, stable standardized discharge” unconventional natural gas produced water to promote the natural gas industry’s rapid and sustainable development effectively. Taking the coalbed methane (CBM) produced water as the research object, on the basis of the analysis of characteristics of water quality, put forward a kind of COD and NH_3—N from the produced water treatment process and equipment which is focus on “immobilized microorganism-biological aerated filter + activated charcoal adsorption”, carry out the treatment field test in three stages form the Ordos east edge block, verify the organic pollutant’s removal effect such as COD and NH_3—N, and explore screening of biological agents and diversity analysis of dominant bacterial with the aid of GC-MS analysis methods. Experimental data shows that the treatment technology which is as the “immobilized microorganism-biological aerated filter + activated charcoal adsorption” for the main process, has remarkable removal effect on COD, NH_3—N and refractory organic matters from the Ordos east edge block produced water: final effluent’s test values are lower than the target values (COD≤40mg/L, NH_3—N≤2mg/L), and the type and quantity of refractory organic matters are sharply reduced. Among them, COD removal ratio will rise from 70% to

基金项目：国家大型油气田及煤层气开发重大专项“煤层气采出水达标排放技术集成与工程示范”（编号 2016ZX05040-006）。

第一作者：云箭(1977—)，高级工程师，从事安全环保技术研究与应用工作。地址：北京市昌平区黄河北街 1 号院 1 号楼，电话：010-80169701，邮箱：yunjian@cnpc.com.cn。

通讯作者：王占生(1967—)，教授级高级工程师，从事安全环保技术研究与应用工作。地址：北京市昌平区黄河北街 1 号院 1 号楼，电话：010-80169966，邮箱：wangzs@cnpc.com.cn。

80% above with the increasing of HRT; NH_3—N removal ratio is above 99%, far below the target values. If HRT is set for 8h, the direct operation cost will drop below 1.37 yuan per cubic meter, significantly reduce the treating costs, so the goal that "low cost, stable standardized discharge" of produced water treatment will be achieved.

Keywords: CBM; produced water; biological aerated filter; treatment

世界油气工业的勘探开发领域，正持续从占油气资源总量20%的常规油气，向占油气资源总量80%的非常规油气延伸[1]，非常规油气在全球油气产量中的作用和地位不断加强，继致密气和煤层气等资源规模有效开发之后，页岩气、致密油产量也呈现快速增长的趋势。我国天然气历经三个阶段的跨越式发展，发展起步期、缓慢增长期和快速增长期，建成以鄂尔多斯、塔里木、四川和南海四大生产基地为代表的工业格局[2]，加大非常规油气开发是保障国家能源安全的一项重要任务。

与油田采出水相比，气田采出水的主要化学组分包括碳酸氢盐、硫酸盐、氯化物、钙、镁和钠等，其次还有少量的铁、硫化物等[3]。虽然石油类和有机物含量低，但由于开发区多处于低山丘陵和黄土高原，环境因素敏感，且处理后大部分外排进入环境，对COD、NH_3—N等物质的去除具有较高的要求，若不能得到有效处理而直接排入环境，易导致土壤盐碱化、农作物减产、地表和地下水污染，给工农业生产和居民生活造成严重的负面影响[4]。如何根据采出水的水质特征选择有效的、经济的处理技术进行采出水的达标排放处理已成为非常规天然气清洁开采的一大重要课题。近些年来，国内一些学者针对非常规天然气采出水的达标排放处理开发了多效电催化氧化、好氧生化+微滤膜、电混凝-电催化氧化耦合、混凝沉淀与曝气生物滤池等多个采出水处理工艺[5,6]，但普遍存在工艺流程长、运行费用高和稳定达标难等问题。

本文以我国鄂东区块煤层气采出水的达标排放处理为研究对象，在充分掌握水质特征的基础上，研究提出一种适用的采出水COD和NH_3—N去除工艺，筛选了一种高效的生物菌剂，确定了优势菌群，并开展现场应用验证，为实现鄂东区块煤层气采出水“低成本、稳定达标排放”处理提供技术支持。

1 采出水特征分析

煤层气形成于煤化过程中，主要有吸附态赋存于煤层孔隙表面、分布在煤孔隙及裂隙、溶解在煤层水中三种赋存形式，构造演化和水动力条件是煤层气赋存的两大地质控制因素[7]。缺乏明显的从烃源岩到圈闭的二次运移过程[8]，只有当储层压力低于解吸压力时，煤层气才能解吸出来[9]。

鄂东区块煤层气具有单井日产水量低和产水量逐年降低两个明显特点[10]，为煤层气井同层的水系，属于氯化钙型和碳酸氢钠型混合类。通过对100口左右采气井的采出水进行连续水质检测，结果表明：与《地表水环境质量标准：GB 3838—2002》Ⅴ类水质指标对比，明显的特征是COD、NH_3—N指标超标，磷酸盐仅个别井超标，其余指标全部达标。

为进一步确定采出水中COD的组成，采用气相色谱-质谱(GC-MS)对其中的有机相进行分析，结果显示采出水中有机物的主要成分为磷酸三乙酯、2, 4-双(1, 1-二甲基乙基)苯酚、4-氯-2, 5-二甲氧基-苯胺，以及少量的酰胺类和苯类化合物，由于这些物质均属于难降解物质，难以通过自然氧化和沉降等措施有效去除。由此可见，鄂东区块采出水达标排放处理的关键是COD和氨氮的去除。

2 采出水COD和氨氮去除工艺设计

2.1 生化处理工艺对比分析

针对鄂东区块采出水水质特征和达标排放处理需求，研究提出采用以生化为主体的COD和NH_3—N的去除工艺路线。并与常用的厌氧好氧法(A/O)、序批式活性污泥法(SBR)和曝气生物滤池法(BAF)技术进行比较。结果表明，BAF 工艺不管从工艺效果、投资费用，还是处理成本都具有明显的优势。针对鄂东区块煤层气的采出水水质特征和“低成本、稳定达标排放”处理工艺要求，拟选择 BAF 工艺。

2.2　工艺流程设计

以曝气生物滤池为基础，设计了一种“固定化微生物-曝气生物滤池”(immobilized microorganism-biological aerated filter, IM-BAF)系统。所述的固定化微生物是指开发了大孔网状亲水性高分子载体填料(载体孔径为 0.5～5.0mm，比表面积为 10 万 m^2/g，生物量为 25～56g/L)，将微生物和酶制剂固定在这种大孔网状亲水性高分子载体上，作为填料添加至曝气生物滤池中，大孔径载体结合固定化微生物菌群可以更高效地降低水中 COD、NH_3—N 等污染指标浓度，并且投加的菌剂不同会导致污染物去除情况不同。

在该系统运行过程中，优选的微生物会大量附着并固定于载体上，较普通生物膜法微生物生长量提高了 1.5～2.0 倍，是传统活性污泥法的 10～20 倍，并且微生物与载体结合牢固，不易脱落，不易流失，高负载的生物量实现了 COD、NH_3—N 的高效去除。空气上升时与载体中的大孔反复多次碰撞、切割，并被好氧微生物快速吸收反应，从而提高了空气的利用率。随着氧气的碰撞、切割和吸收反应，进入载体内部的氧气逐渐减少直至氧气消耗完毕，通过控制各级反应器的运行参数，有利于聚磷菌的释磷和过度摄磷，保证了磷的去除，这样使每一个载体内部生成良好的缺氧区、兼性厌氧区和好氧区，使得载体的内部形成无数个微型的硝化和反硝化反应器，因而可在同一个反应器中同时发生氨氧化、硝化和反硝化联合作用，提高微生物的繁殖代谢能力和抗冲击性能。

同时，为降低由于水质波动对系统出水水质带来的冲击，在 BAF 工艺后端增加活性炭吸附工艺，在 BAF 出水不达标的情况下使用。设计活性炭为一次性使用，达到饱和时更换。设计的 COD 和 NH_3—N 去除工艺为“固定化微生物-曝气生物滤池+活性炭吸附”。

3　采出水达标排放处理应用及效果评价

3.1　指标设计与分析方法

现场用水为鄂东区块某一调节池的采出水，进水水质指标设定取自调节池高位值，出水水质指标按照《地表水环境质量标准：GB 3838—2002》Ⅴ类标准实施，如表 1 所示。

表 1　采出水水质指标

指标	COD/(mg/L)	总氮(TN)/(mg/L)	NH_3—N/(mg/L)
进水	500.0	300.0	20.0
出水	40.0	2.0	2.0

采用现场快速测试与实验室分析测试相结合的方法对《地表水环境质量标准：GB 3838—2002》标准中规定的溶解氧、COD、BOD_5、NH_3—N 等 15 项指标进行分析。其中，对 COD、氨氮使用快速检测仪进行逐批快速测定；对总氮、总磷、硫化物、挥发酚、石油类、总有机碳、氟化物、氯离子、亚硝酸盐氮、亚铁离子、总无机碳等指标采用《地表水环境质量标准：GB 3838—2002》标准规定的方法进行定期分析；对有机物的组成和含量采用 GC-MS 进行分析。

3.2　采出水处理现场应用

依托国家科技重大专项“大型油气田及煤层气开发”，上述采出水处理工艺在示范工程中得到应用(图 1)。设计装置处理能力为 $50m^3/h$，分为三个阶段进行：

阶段 1：采出水的生化处理。将调节池内采出水提升至 IM-BAF 系统进行生化反应，在设备稳定运行且出水水质指标持续达标的条件下，通过逐渐增大流量将 HRT 从 28h 不断降至 8h。

阶段 2：混合水的生化处理。先将调节池内生活污水与采出水按 1∶4 混合后进入 IM-BAF 系统进行生化反应，HRT 从 28h 逐渐降低至 8h；在出水稳定达标的情况下，继续调低生活污水与采出水比例至 1∶12，在保证出水稳定达标的情况下，HRT 将从 8h 继续降至 6.7h。

阶段 3：混合水生化+过滤处理。根据生化处理出水水质情况引入活性炭吸附工序，将调节池内生活污水与采出水按 1∶4 混合后进入 IM-BAF 系统进行生化反应，通过活性炭的吸附作用降低出水 COD、NH_3—N 等指标，进一步将 HRT 从 28h 降低至 8h。

图 1　采出水达标排放处理装置图

3.3　应用效果评价

3.3.1　COD 去除效果分析

通过采用生化处理工艺在不同应用阶段中 COD 的进水、出水和去除效果应用，结果表明，三个阶段的出水 COD 值均低于 40mg/L，达到指标限值。由图 2 可知，在相同的 HRT 中，COD 去除率总是呈现阶段 3、阶段 2、阶段 1 逐级递减规律；在不同的 HRT 中，COD 去除率均随 HRT 的增加而增加，阶段 2 和阶段 3 最为明显。与 HRT=8h 时相比，当 HRT=28h 时，阶段 1、阶段 2 和阶段 3 的 COD 去除率分别增加了 7%、13%和 13%。对鄂东区块的采出水而言，往采出水中添加一定比例的生活污水有助于 COD 去除率的进一步提高，对相同配比的混合水而言，其 COD 去除率与 HRT 呈正相关；对只有采出水作为处理对象时，调整 HRT 对其 COD 去除率不敏感。

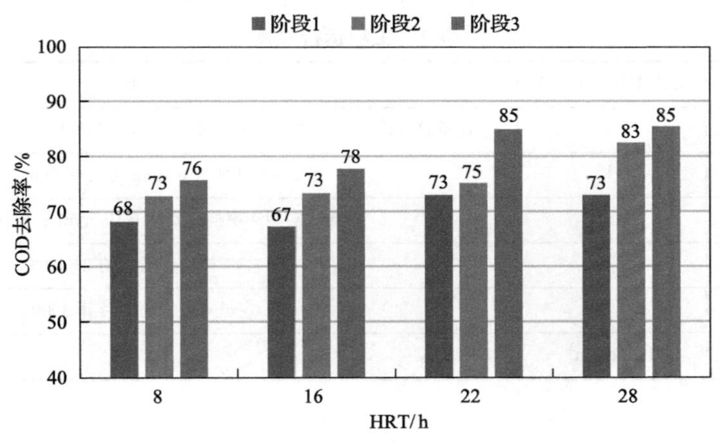

图 2　HRT 对 COD 去除率的影响

3.3.2　NH_3—N 去除效果分析

阶段 1 采出水进水 NH_3—N 含量较低且受 HRT 的影响小。在 HRT=28h 时，进水中采出水 NH_3—N 含量相对较低，可达到限定值。随着 HRT 的降低到 8h 时，由于好氧试验中采出水中的有机 NH_3—N 氧化生成 NH_3—N，进水中 NH_3—N 含量快速升高，但出水中 NH_3—N 值依旧满足限定值；阶段 2、阶段 3 通过添加一定比例的生活污水后，进水中的 NH_3—N 值与阶段 1 相比有明显的上升，出水 NH_3—N 值仍均满足限定值。由图 3 可知，阶段 1 前期的 NH_3—N 去除率相对较低，主要原因是采出水进水 NH_3—N 含量较低，随着进水 NH_3—N 含量逐渐升高，后期的 NH_3—N 去除率逐渐提高；在阶段 2 和阶段 3 中，不论 HRT 处于 8～28h 的哪一个阶段，NH_3—N 去除率均达到 99%以上，说明调整 HRT 对 NH_3—N 的去除率影响并不显著，是由于 IM-BAF 系统的生态结构在载体上保持着较稳定的动态平衡，且载体表面附着有大量的细菌以及多种形态的原、后生物，增强了对氮的硝化-反硝化能力。

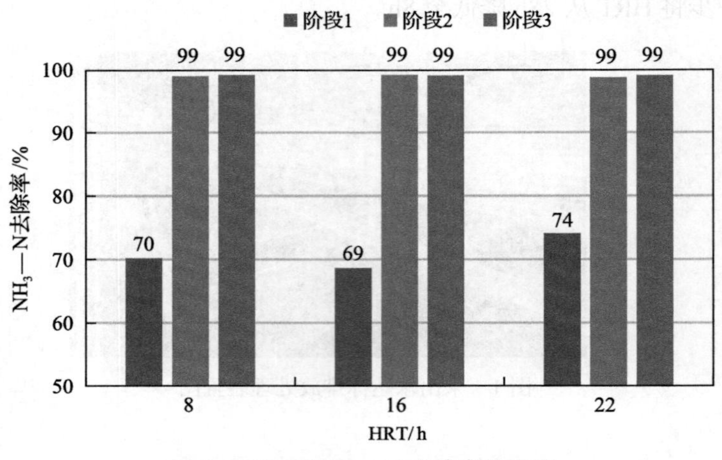

图 3　HRT 对 NH_3—N 去除率的影响

根据以上数据表明，在不同阶段内进水 NH_3—N 值不同，但出水中 NH_3—N 检测结果均低于检出限(0.5mg/L)，说明 HRT 对采出水 NH_3—N 的去除率影响并不显著，实际工程中应综合考虑 IM-BAF 系统对 COD 和 NH_3—N 的去除效果，确定最佳 HRT。

3.4　成本对比分析

煤层气采出水达标排放处理示范工程投产运行以来，已累计处理 40 万 m^3 煤层气采出水。统计数据显示，采用该工艺运行的总费用为 1.37 元/m^3，与原有工程 3.75 元/m^3 的处理费用相比，降低 63.5%，可实现煤层气采出水的低成本处理(表 2)。

表 2　工程运行成本

序号	费用明细	处理费用/(元/m^3)	备注
1	电费	0.35	设备总装机容量为 29.39kW，实际运行功率 20.82kW，电费按 0.85 元/(kW · h)计
2	药剂费	0.13	微生物补加量 0.1g/m^3 水、菌剂价格 1.3 元/g
3	耗材费	0.32	活性炭两年更换，费用 0.19 元/m^3；费用 0.13 元/m^3
4	设备维护费	0.24	按设备费用的 2%计算
5	人工费	0.33	定员 4 人，每人月薪 3000 元计
费用合计		1.37 元/m^3	

4　生物菌剂筛选及多样性分析

4.1　生物菌剂筛选

针对鄂东区块煤层气水质特征，设定了适用温度为 8～60℃、pH 为 6.6～7.8、密度不小于 10 亿 cuf①/g

① cfu 标示每克菌剂中的菌落数。

微生物生长环境参数，采用摇瓶实验在市售的生物菌剂中筛选出一种处理速度快、代谢作用强、繁殖情况好、有利于增强对煤层气采出水的处理的生物菌剂，应用于现场采出水处理示范工程中。

4.2 优势菌群的多样性分析

选取煤层气采出水达标排放处理示范工程稳定运行、出水稳定达标后的生物活性污泥作为研究对象，借助高通量测序技术进行多样性分析。结果显示，门分类水平上，厚壁菌门是无氧条件下的优势菌群，而变形菌门则是氧气充足条件下的优势菌群(图 4)。优势菌剂中微生物群落代谢途径最丰富的是氨基酸转运与代谢、细胞壁/膜/包膜的生物发生以及碳水化合物运输及代谢(图 5)，对鄂东区块采出水中有机物的降解处理起到了关键性的作用。

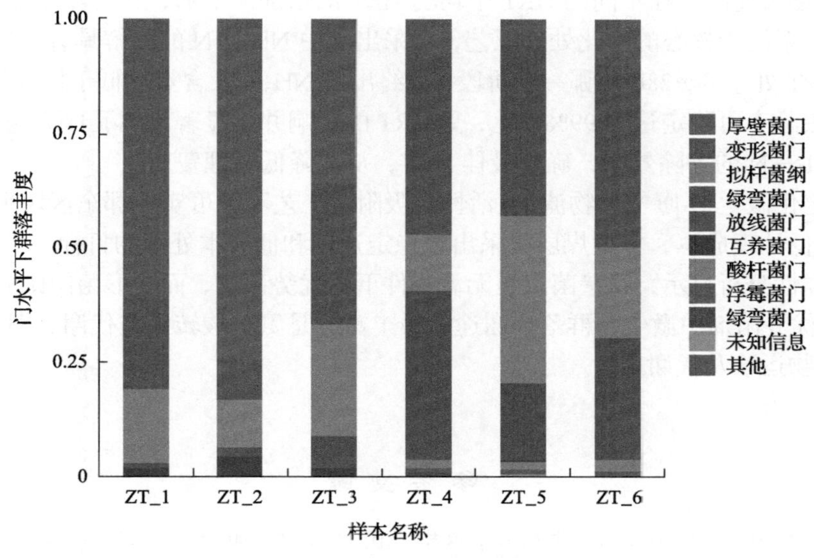

图 4 门分类水平上的群落结构

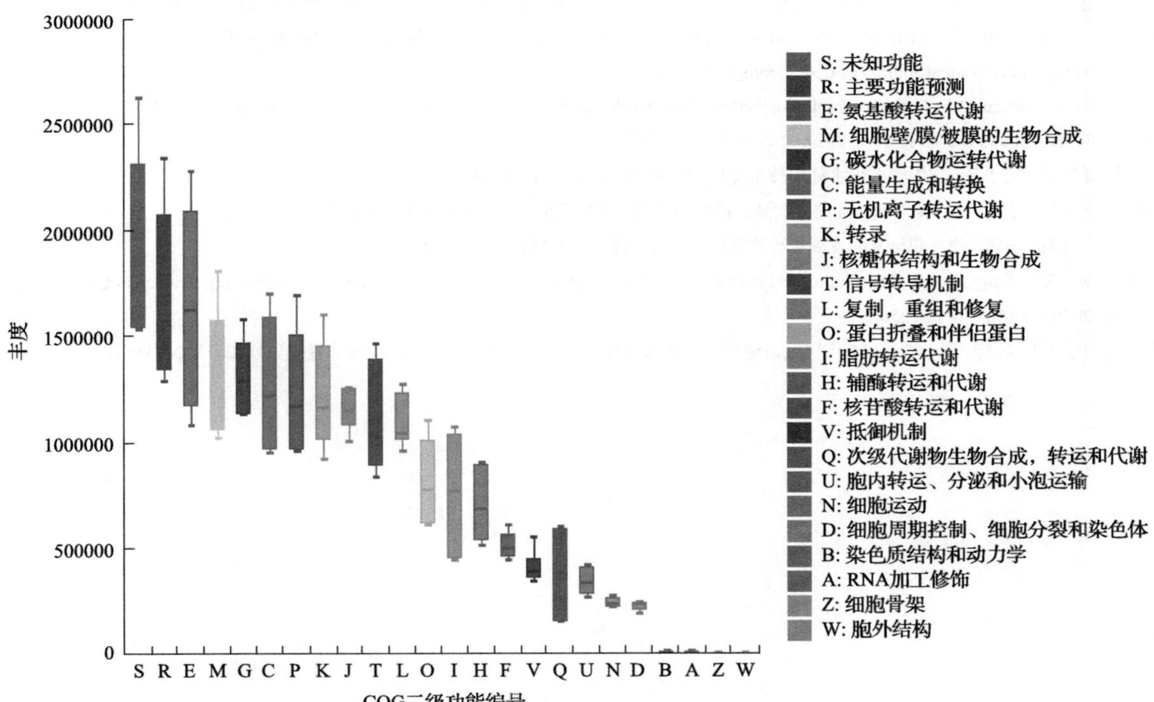

图 5 CG 功能分类统计箱式图

5 结　论

(1)鄂东区块煤层气采出水属于氯化钙型和碳酸氢钠型混合类，对比《地表水环境质量标准：GB 3838—2002》Ⅴ类水质指标，主要超标指标为 COD、NH_3—N，其中，有机物的主要成分分别为磷酸三乙酯、2,4-双(1,1-二甲基乙基)苯酚、4-氯-2,5-二甲氧基-苯胺，以及少量的酰胺类和苯类化合物。需要选择有针对性的水处理技术。

(2)以 IM-BAF 系统为核心的生化处理工艺，对采出水中 COD 的去除具有良好的效果，出水可持续稳定达标。在生化处理工艺的基础上增加活性炭吸附工艺后，COD 去除率达到 80%以上。除此之外，COD 去除率在三个阶段逐级递减，在不同的 HRT 中均随 HRT 的增加而增加，在阶段 2 和阶段 3 中最为明显。

(3)以 IM-BAF 系统为核心的生化处理工艺，对采出水中 NH_3—N 的降解具有很好的效果，在三个阶段应用中，不论 HRT 处于 8～28h 的哪一个阶段，最终出水 NH_3—N 含量均低于标准设定值 2mg/L。除阶段 1 外，NH_3—N 去除率可稳定达到 99%以上，受 HRT 的影响并不显著。实际工程中应综合考虑 IM-BAF 系统对 COD 和 NH_3—N 的去除效果，确定最佳 HRT，从而降低处理费用。

(4)采用“固定化微生物-曝气生物滤池+活性炭吸附”工艺不但可实现鄂东区块采出水的稳定达标处理，而且大幅度降低处理成本，实现煤层气采出水稳定达标和低成本处理的目标。

(5)微生物多样性分析显示，厚壁菌门是无氧条件下的优势菌群，而变形菌门则是氧气充足条件下的优势菌群。其中，优势菌剂中微生物群落代谢途径最丰富的是氨基酸转运与代谢、细胞壁/膜/包膜的生物发生以及碳水化合物运输及代谢。

参 考 文 献

[1] 段毅, 张胜斌, 郑朝阳, 等. 鄂尔多斯盆地马岭油田延安组原油成因研究[J]. 地质学报, 2007, 81(10): 1407-1415.

[2] 邹才能, 杨智, 何东博, 等. 常规-非常规天然气理论、技术及前景[J]. 石油勘探与开发, 2018, 45(4): 575-587.

[3] 伦伟杰, 赵董艳, 邵强, 等. 多效电催化氧化技术处理煤层气采出水 COD 的试验研究[J]. 工业用水与废水, 2016, 47(3): 36-38.

[4] Pashin J C, Mclntyre-Redden M R, Mann S D, et al. Relationships between water and gas chemistry in mature coalbed methane reservoirs of the Black Warrior Basin[J]. International Journal of Coal Geology, 2014, 126：92-105.

[5] Plumleea M H, Debroux J F, Taffler D, et al. Coalbed methane produced water screening tool for treatment technology and beneficial use[J]. Journal of Unconventional Oil and Gas Resources, 2014, 5: 22-34.

[6] 毛建设, 綦晓东, 王予新. 煤层气采出水处理技术探讨[J]. 中国煤层气, 2014, 12(6): 31-35.

[7] 王怀勐, 朱炎铭, 李伍, 等. 煤层气赋存的两大地质控制因素[J]. 煤炭学报, 2011, 36(7): 1129-1133.

[8] 张厚福, 徐兆辉, 王露. 油气藏研究的发展趋势预测[J]. 石油学报, 2010, 31(1): 165-172.

[9] Qin S F, Tang X Y, Song Y, et al. Distribution and fractional mechanism of stable carbon isotope of coalbed methane[J]. Science in China Series D: Earth Sciences, 2006, 49 (12): 1252-1258.

[10] 惠熙祥, 巴玺立, 郭峰, 等. 澳大利亚煤层气田地面工程技术对我国煤层气田开发的启示[J]. 石油规划设计, 2013, 24(3): 11-14.

天然裂缝性储层支撑剂分级注入缝网梯次支撑技术研究

刘会锋[1]，杨国彬[1]，周传义[2]，李万军[1]，刘 琦[1]，巴合达尔・巴勒塔别克[1]

（1. 中国石油集团工程技术研究院，北京 102206；2. 中国石油大学(北京)，北京 102249）

摘要：本文通过分析对塔里木盆地库车山前裂缝性砂岩储层天然裂缝和北美页岩储层天然裂缝开度分布数据，认识到微裂缝系统的充分支撑需要 200～1000 目的小粒径/微粒径支撑剂，并且要实现裂缝系统的立体支撑，需要使用不同粒径的支撑剂“由小到大”分级注入。同时，考虑支撑剂在闭合压力下的变形和在软地层中的嵌入，建立了基于“部分单层铺置假设”的微粒径支撑剂最优“堆积比”计算解析模型，可以计算给定地层条件下不同粒径支撑剂的最优用量。在此基础上，进一步建立了天然裂缝性储层“不压裂梯次支撑增产改造”“造主缝、撑支/微缝压裂梯次支撑增产改造”两套工艺技术及其设计方法，形成了“定时段”泵注和“定浓度”泵注两套现场作业泵注程序，并利用现场案例进行了模拟设计和分析。

关键词：天然裂缝；体积改造；微粒径支撑剂；梯次支撑；堆积比

Study on step-by-step injection fracture network support technology of proppant in natural fractured reservoir

Liu Huifeng[1]，Yang Guobin[1]，Zhou Chuanyi[2]，Li Wanjun[1]，Liu Qi[1]，Bahedaer·Baletabieke[1]

（1. CNPC Engineering Technology R&D Company Limited, Beijing 102206; 2. China University of Petroleum (Beijing), Beijing 102249）

Abstract: Based on the analysis of the natural fracture opening distribution data of Kuqa Piedmont fractured sandstone reservoir in Tarim Basin and shale reservoir in North America, it is recognized that the full support of microfracture system needs 200-1000 mesh of small particle size / particle size proppant; Moreover, in order to realize the three-dimensional support of fracture system, proppant with different particle sizes needs to be injected “from small to large”. At the same time, considering the deformation of proppant under closing pressure and embedding in soft formation, an analytical model for calculating the optimal “stacking ratio” of particle size proppant based on “partial single-layer paving hypothesis” is established, which can calculate the optimal consumption of proppant with different particle sizes under given formation conditions. On this basis, two sets of process technologies and their design methods of “non fracturing echelon support stimulation transformation” and “main fracture making, support / micro fracture fracturing echelon support stimulation transformation” for natural fractured reservoirs are further established, and two sets of field operation pumping procedures of “timing” pumping and “constant concentration” pumping are formed, and field cases are used for simulation design and analysis.

Keywords: natural cracks; volume modification; particle size proppant; echelon support; stacking ratio

体积改造是页岩油、页岩气、煤层气等非常规储层高效建产的“利剑”。体积改造技术的核心是在地层中制造错综复杂的裂缝网络，作为油气流动的通道。但由于水力能量的波及范围有限，压裂过程中一般是“近井裂缝开度大、远井裂缝开度小”，常规支撑剂不能进入远井端的“窄裂缝”，造成裂缝系统欠

作者简介：刘会锋(1986—)，高级工程师，长期从事非常规储层完井与储层改造技术研究。地址：北京市昌平区黄河街 5 号院 1 号楼，电话：010-80162133，邮箱：lhfdri@cnpc.com.cn。

通讯作者：周传义，电话：17862687471，邮箱：zcy17862687471@163.com。

支撑、改造范围不足。如何对水力作用制造出来的复杂缝网(主裂缝、分支缝和微裂缝)进行精细的支撑，从而建立起高效的缝网导流能力，是制约体积改造效果进一步提高的关键，也是当前业界关注的重点。为了解决这个问题，研究人员做了很多工作来刺激天然裂缝，以最大限度地提高体积改造。分析对塔里木盆地库车山前裂缝性砂岩储层天然裂缝和北美页岩储层天然裂缝开度分布数据：①以煤岩和页岩储层为例，天然裂缝和次级水力裂缝的开度在 10^4～10^5nm 数量级，需要的支撑剂粒径在 10～100μm 数量级，也就是 200～1000 目，而目前裂缝性储层体积改造所用的支撑剂粒径最小为 70/140 目，支撑远远不够；②以塔里木盆地克深和大北区块的裂缝性砂岩为例，天然裂缝的开度在 0.2～1mm 数量级，可进入的支撑剂粒径：60～300μm，即 40～250 目，而目前裂缝性储层体积改造所用的支撑剂粒径最小为 70/140 目，支撑能力远远不够；③目前业界微粒径支撑剂，有的用硅粉，有的用空心玻璃微珠，有的用煤粉灰，有的用石墨烯微球，粒径最小达到 5μm，但怎样使用微粒径支撑剂对缝网进行合理支撑而不造成导流能力伤害值得研究。通过以上分析提出了“由小到大”分级注入支撑剂的方法，该方法被证明是一项刺激微小裂缝的有效技术，可以显著提高裂缝导流能力[1-5]。

1 基于“部分单层铺置假设”的最优堆积比

1.1 支撑剂嵌入和变形解析计算模型

Li 等分析推导出了支撑剂的嵌入、变形和断裂孔径变化的解析计算模型。该模型假设条件是：支撑粒子和岩石均为线性弹性材料，所有天然裂缝中的支撑粒子均保持相同的闭合压力，裂缝孔径的变化是支撑剂变形和嵌入的结合效应产生的。式(1)为推导出的基本方程式和用于分级支撑剂铺置模型[6]。

$$\alpha=\zeta+h=1.04D_1\left[K^2p\left(\frac{1-\upsilon_1^2}{E_1}+\frac{1-\upsilon_2^2}{E_2}\right)\right]^{\frac{2}{3}}+D_2\frac{p}{E_2} \tag{1}$$

式中，ζ 为支撑剂变形；h 为支撑剂嵌入；α 为断裂开度的变化(实际上 α 为断裂开度变化的一半)；E_1、E_2 分别为支撑剂和岩石的弹性模量；υ_1 和 υ_2 分别为支撑剂和岩石的泊松比；p 为闭合压力；D_1、D_2 分别为支撑剂的直径和上下煤层的厚度；K 为无量纲的距离系数，$K=l/D_x\,(x=1, 2)$，其中 l 为支撑剂粒子之间的距离。

1.2 支撑式裂缝导流能力的计算模型

笔者在 2021 年文章中引入了导流能力修正系数，即支撑式裂缝导流能力与初始裂缝导流能力之比，以评估支撑剂嵌入和变形对裂缝导流能力的影响。首先分析计算了支撑式裂缝导流能力，然后得出了在考虑支撑变形和嵌入情况下的裂缝孔径，最后计算出导流能力和导流能力修正系数。图 1 说明了计算支撑式裂缝导流能力的基本对称单元[7]。

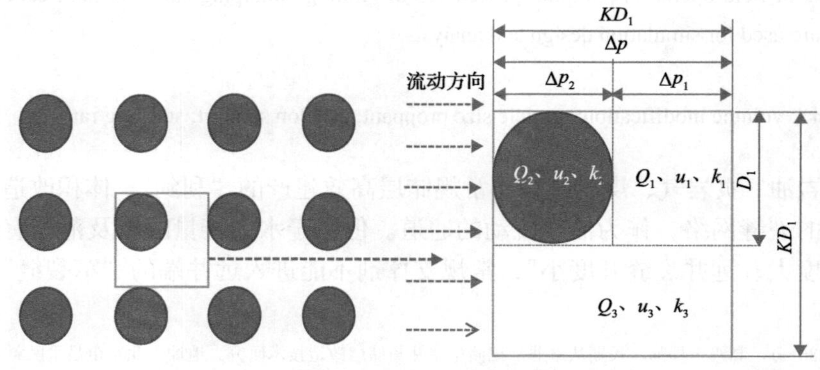

图 1 一种计算等效渗透率的对称单元

计算裂缝导流能力修正系数的基本方程式为

$$f_c = \frac{C_f(\beta,\varepsilon_\sigma)}{C_{f0}} \tag{2}$$

$$C_f = k_f w_f,\ C_{f0} = k_{f0} D_1 \tag{3}$$

$$k_f = \frac{k_1 k_2}{Kk_2 - k_2 + k_1} + \frac{k_3(K-1)}{K} \tag{4}$$

$$k_1 = k_3 = \frac{w_f^2}{12} \tag{5}$$

$$k_2 = \frac{\phi^3}{36C\left(1-\phi^2\right)} D_1^2 \tag{6}$$

$$\phi = \frac{D_1 - 2\alpha - \frac{\pi}{6}(D_1 - 2\zeta) + \frac{2\pi}{3}\left(\frac{3}{2}D_1 - h\right)\frac{h^2}{D_1^2}}{D_1 - 2\alpha} \tag{7}$$

$$k_{f0} = \frac{D_1^2}{12} \tag{8}$$

$$w_f = D_1 - 2\alpha \tag{9}$$

式(2)～式(9)中，u_i、$k_i\ (i=1,2,3)$分别为各部分的流量、速度、渗透率；Δp_1、Δp_2、Δp分别为第 1 部分、第 2 部分和整个流动单元的压差；f_c为渗透率修正系数；C_f为支撑裂缝导流能力；C_{f0}为初始裂缝导流能力；k_f为支撑裂缝渗透率(即第 1、第 2、第 3 部分的等效渗透率)；w_f为支撑裂缝的宽度(或开度)；k_{f0}为裂缝的初始渗透率(当闭合压力等于 0 且不放置支撑剂时)；β为无量纲支撑剂堆积比，即为距离系数的倒数，$\beta = D_1 / l$；ϕ为图 1 中第 2 部分的孔隙度；C为卡曼尼常数[8]，球形颗粒的卡曼尼常数为等于 5；ε_σ为无量纲有效应力，$\varepsilon_\sigma = p\left(1-\upsilon_2^2\right)/E_2$，其中$E_2$为岩石的弹性模量，$\upsilon_2$为岩石的泊松比。

1.3 支撑剂最优堆积比的建立

基于式(2)～式(9)，导流能力修正系数与支撑剂堆积比相关性可表示为

$$f_c = \left(1-\frac{2y}{D_1}\right)^3 \left[\frac{\beta}{1-\beta+\frac{15(D_1-2\alpha)^2(1-\phi^2)}{D_1 2\phi^3}\beta} + 1 - \beta\right] \tag{10}$$

$$\phi = \frac{D_1 - 2\alpha - \frac{\pi}{6}(D_1 - 2\zeta) + \frac{2\pi}{3}\left(\frac{3}{2}D_1 - h\right)\frac{h^2}{D_1^2}}{D_1 - 2\alpha}$$

根据支撑剂的性能、岩石的性能和闭合压力，可得出导流能力修正系数与支撑剂堆积比的关系图。图 2 是根据以下参数显示传导率修正系数与支撑剂堆积比关系图：D_1=1.0mm，E_1=10000MPa，E_2=4000MPa，$\upsilon_1 = \upsilon_2$=0.2，D_2=3mm，p=0MPa、0.4MPa、4MPa、40MPa。从图中可以看出，除$\varepsilon_\sigma = 0$外，

导流能力修正系数首先随堆积比的增加而增加，然后下降。导流能力修正系数达到峰值时的堆积比为支撑剂最优堆积比。

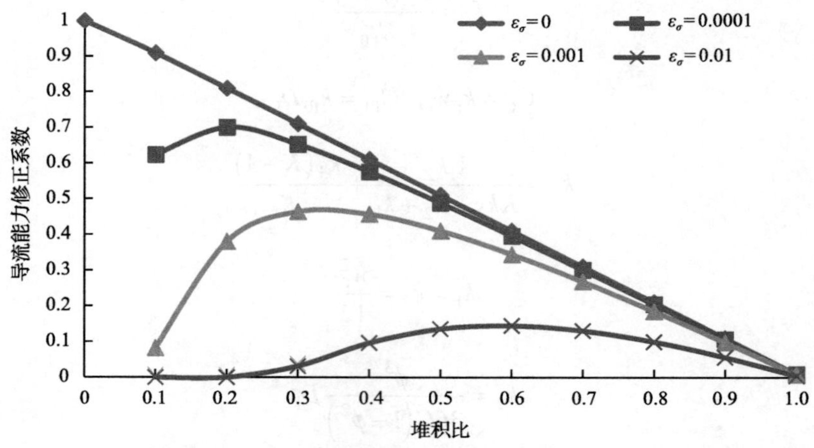

图 2　不同闭合压力下支撑裂缝导流能力与支撑剂堆积比的关系

2　“不压裂梯次支撑增产改造”工艺技术

最佳的分级支撑剂注入计划需考虑支撑剂的大小和浓度随时间的变化。Khanna 等基于天然裂缝均匀分布在井孔周围的假设建立了径向流模型(图 3)来计算最佳注入计划[9,10]。通过考虑支撑剂的变形和嵌入的情况来改进其最佳支撑剂浓度模型，得到粒径由小到大、浓度由高到低进行注入，保证各个裂缝级别的最优支撑方法，即“不压裂梯次支撑增产改造”工艺技术。

图 4 显示忽略支撑嵌入和变形与考虑支撑嵌入和变形对支撑剂最佳注入状态的差异。结果表明：在给定条件下，考虑到支撑剂嵌入和变形的不同阶段的支撑剂浓度比忽略这两个因素高出 21.8%。因此在规划支撑剂分级注入计划时，必须考虑支撑剂的嵌入和变形。

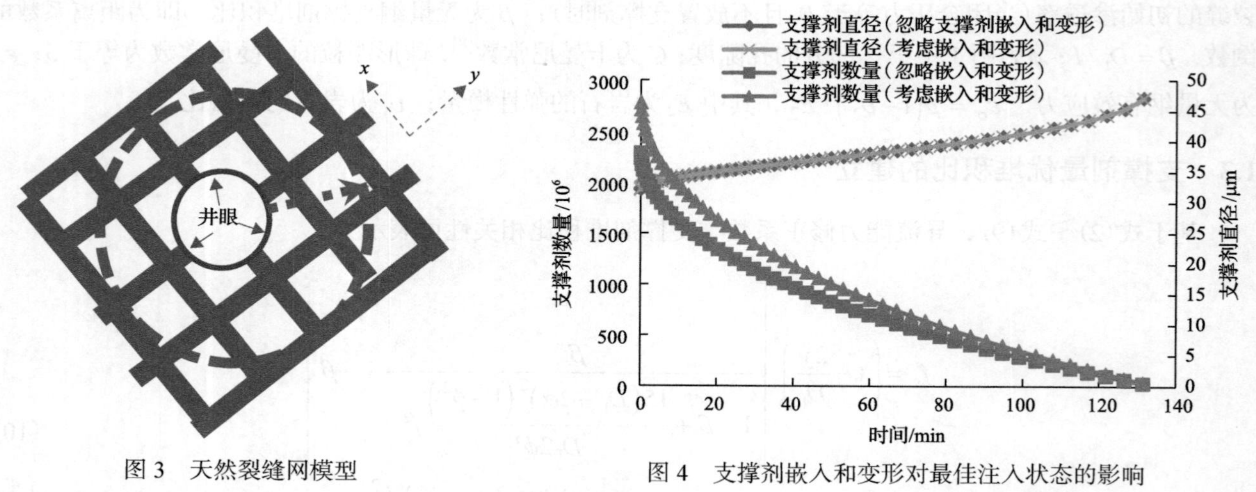

图 3　天然裂缝网模型

图 4　支撑剂嵌入和变形对最佳注入状态的影响

3　“造主缝、撑支缝”压裂梯次支撑增产改造工艺技术

3.1　分级支撑剂放置法在水力压裂过程中的应用

一些天然裂缝储层中的裂缝孔径较小，因此需要压裂技术来提高产油层的导流能力。在水力压裂的

作用下会产生“双翼”型裂缝，天然裂缝垂直于这两条主裂缝，我们在分级支撑剂“最优堆积比”的基础上通过主缝注入支撑剂支撑支缝实现梯次支撑增产改造的目的，即“造主缝、撑支缝”压裂梯次支撑增产改造工艺技术。水力压裂后周围天然裂缝系统中分级支撑剂位置分布如图 5 所示。

基础假设为：天然裂缝相互平行且间距相等，均匀分布在水力压裂裂缝周围；水力压裂周围为线性流动且流动线垂直于水力压裂裂缝[11-14]；水力压裂是基于压裂高度不变的 PKN 模型[15]；水力压裂后的裂缝与其相交的天然裂缝之间高度相同；进入每个天然裂缝或孔隙的泄漏速度恒定；水力压裂过程中的输送速率保持不变；给定时间点净压恒定且天然裂缝的孔径相同；微粒径支撑剂与流体的速度相同且被收集在孔径与其相等的天然裂缝中[16-18](图 6)。

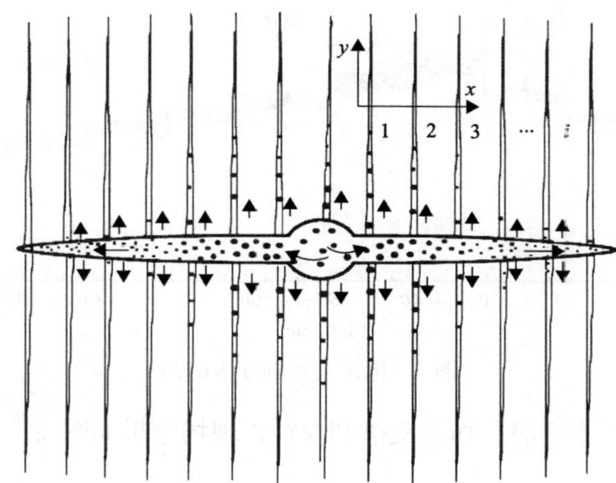

图 5 水力压裂双翼缝周围的天然裂缝系统

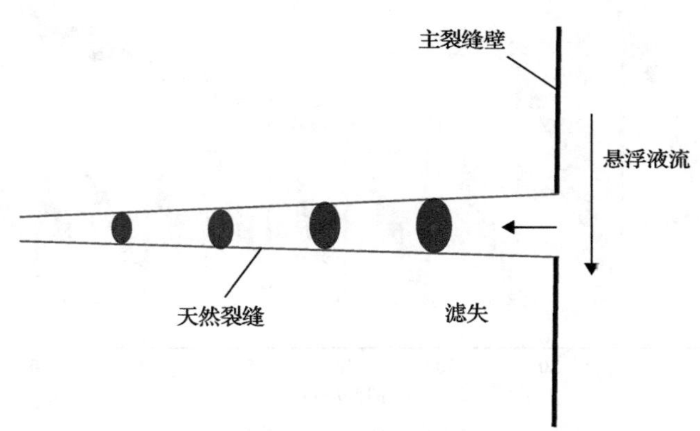

图 6 带有微型支撑剂的悬浮液从主缝(水力压裂)流到天然裂缝

支撑剂分级注入计划可以使用式(11)、式(12)来设计：

$$V(r_s)=\frac{Q\beta^*}{\pi v_l \alpha r_s c(r_s)} \tag{11}$$

$$\Delta t(r_s)=\frac{\beta^*}{\pi v_l \alpha r_s c(r_s)} \tag{12}$$

式中，$c(r_s)$为悬浮液中半径为r_s的微型支撑剂的浓度；$V(r_s)$为微型支撑剂r_s悬浮液的总体积；Q为悬浮液的输送速率；β^*为支撑剂最优堆积比；v_l为泄漏的速度；α为天然裂缝间距；$\Delta t(r_s)$为微型支撑剂 r_s 悬浮液的流动时间。

3.2　案例研究

我们采用了两种现场实施方法：

(1) 固定每一个粒径支撑剂的注入时间，“定时”切换支撑剂粒径和浓度，现场结果如图 7 所示，粒径由小增大，浓度由大变小。

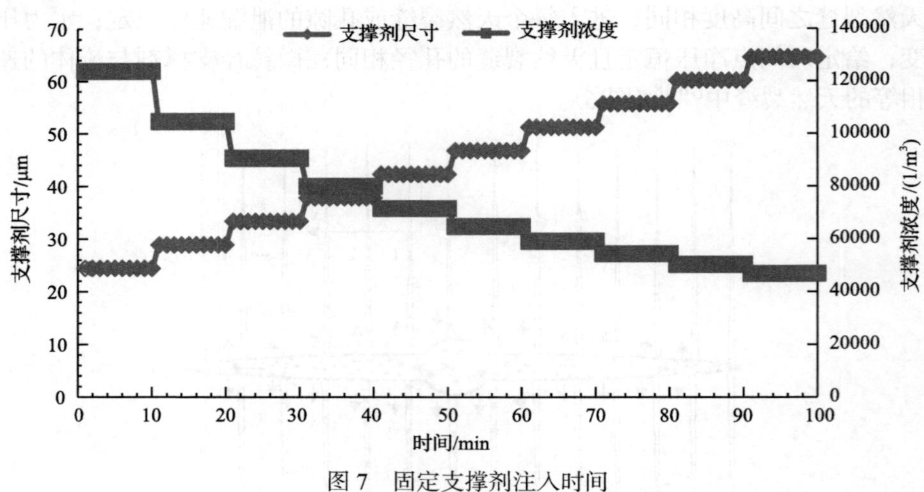

图 7　固定支撑剂注入时间

(2) 固定支撑剂的浓度，“不定时”切换支撑剂粒径，现场结果如图 8 所示，支撑剂粒径逐渐增大，但携砂液体积由大变小。

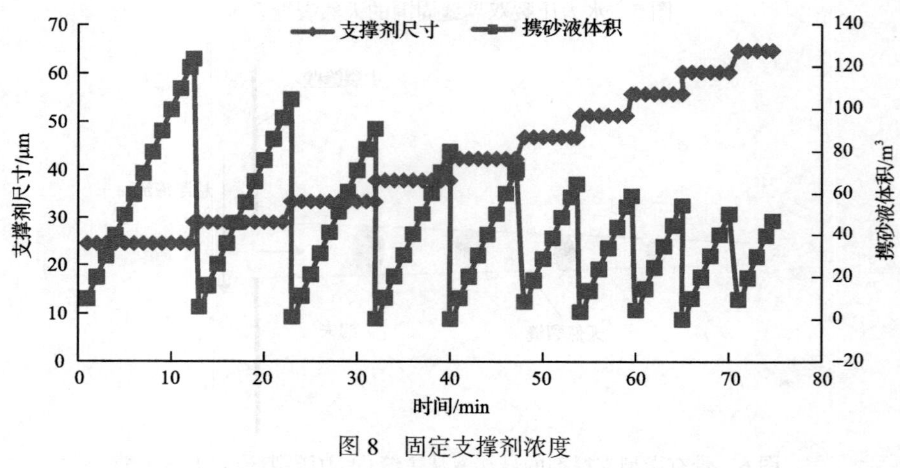

图 8　固定支撑剂浓度

4　结　　论

(1) 建立了部分单层支撑剂堆积的裂缝导流能力计算解析模型，并结合支撑剂嵌入和变形模型，研究了支撑剂嵌入和变形对支撑剂裂缝导流能力的影响。

(2) 支撑剂的嵌入和变形对支撑剂最优堆积比有很大的影响。忽略支撑剂的嵌入和变形，导致堆积比比最优值低 15%～18%。忽略支撑剂的嵌入和变形，将导致支撑剂分级注入期间支撑剂浓度不足 15%～18%。

(3) 建立了水力压裂双翼缝周围的天然裂缝系统支撑剂分级注入计算模型，设计了两种可直接现场实施的泵注计划，分别为定时泵注和固定浓度泵注。

参考文献

[1] Asadi M B, Dejam M, Zendehboudi S. Semi-analytical solution for productivity evaluation of a multi-fractured horizontal well in a bounded dual-porosity reservoir. Journal of Hydrology, 2019. DOI: https://doi.org/10.1016/j. jhydrol. 2019124288.

[2] Bedrikovetsky P, Keshavarz A, Khanna A, et al. Stimulation of natural cleats for gas production from coal beds by graded proppant injection. 2012. SPE 158761.

[3] Dahl, J, Nguyen P, Dusterhoft R, et al. Application of micro-proppant to enhance well production in unconventional reservoirs: Laboratory and field results//SPE Western Regional Meeting, Garden Grove, 2015.

[4] Dharmendra K, Ruben A, Ahmad G. The role of micro-proppants in conductive fracture network development//SPE Hydraulic Fracturing Technology Conference and Exhibition, Woodlands, 2015.

[5] Gale J F W, Laubach S E, Olson J E, et al. Natural fractures in shale: A review and New Observations. AAPG Bulletin, 2014,98(11): 2165-2216.

[6] Li K W, Gao Y P, Lyu Y C, et al. New mathematical models for calculating proppant embedment and fracture conductivity. SPE Journal, 2015, 20(3): 496-507.

[7] Liu H F, Bedrikovetsky P, Yuan Z B, et al. An optimized model of calculating optimal packing ratio for graded proppant placement with consideration of proppant embedment and deformation-Journal of Petroleum Science and Engineering, 2021, 196: 107703.

[8] Shamsi M M M, Nia S F, Jessen K. Conductivity of proppant-packs under variable stress conditions: An integrated 3D discrete element and Lattice Boltzman method approach//SPE Western Reginal Meeting, Garden Grove, 2015.

[9] Khanna A, Kotousov A, Sobey J, et al. Optimal placement of proppant in narrow fracture channels. Journal of Petroleum Science and Engineering, 100: 9-13

[10] Khanna A, Keshavarz A, Mobbs K, et al. Stimulation of the natural fracture system by graded proppant injection. Journal of Petroleum Science and Engineering, 2013, 111: 71-77.

[11] Keshavarz A, Badalyan A, Carageorgos T, et al. Graded proppant injection into coal seam gas and shale gas reservoirs for well stimulation//SPE European Formation Damage Conference and Exhibition, Budapest, 2015.

[12] Keshavarz A, Badalyan A, Carageorgos T, et al. Stimulation of coal seam permeability by micro-sized graded proppant placement using selective fluid properties. Fuel, 2015, 144(15): 228-236.

[13] Keshavarz A, Badalyan A, Johnson R, et al. Stimulation of unconventional reservoirs using graded proppant injection//SPE Russian Petroleum Technowgy Conference, Moscow, 2015.

[14] Keshavarz A, Badalyan A, Johnson R, et al. Productivity enhancement by stimulation of natural fractures around a hydraulic fracture using micro-sized proppant placement. Journal of Natural Gas Science and Engineering, 2016, 33: 1010-1024.

[15] Guo J C, Liu H F, ZhuY Q. Effects of acid-rock reaction heat on fluid temperature profile in fracture during acid-farcturing. Journal of Petroleum Science and Engineering. 2014, 122: 31-37.

[16] Morteza D, Hassan H, Zhangxin C. Semi-analytical solution for pressure transient analysis of a hydraulically fractured vertical well in a bounded dual-porosity reservoir. Journal of Hydrology, 2018, 565: 289-301.

[17] Wei M, Duan Y, Dong M. Transient production decline behavior analysis for a multi-fractured horizontal well with discrete fracture networks in shale gas reservoirs. Journal of Porous Media, 2019, 22(3): 343-361.

[18] Lacy L L, Rickards A R, Bilden D M. Fracture width and embedment testing in soft reservoir sandstone. SPE Drilling & Completion, 1998, 13(1): 25-29.